玉米育种的数量遗传学

Quantitative Genetics in Maize Breeding

〔美〕A. R. 哈劳尔
〔美〕M. J. 卡雷纳　　著
〔美〕J. B. 米兰达菲尔赫

陈泽辉　刘文欣　雍洪军等　译
张世煌　刘文欣　袁力行等　校

科学出版社
北京

图字：01-2014-1687 号

内 容 简 介

本书是美国著名玉米数量遗传学家 A. R. Hallauer 等编撰的经典著作，全书对玉米育种所涉及的数量遗传学问题及其在育种中的应用做了全面的介绍和论述，深入浅出，既有理论阐述，又有数据分析，还有实际应用。本书是迄今为止在玉米育种中最为经典和实用的育种手册，全书共 12 章，第 1 章为概论，对全书做整体介绍；第 2 章至第 4 章是数量遗传学基础；第 5 章为试验方差的估计，重点介绍 BSSS 群体；第 6 章介绍的是选择理论；第 7 章至第 12 章为数量遗传学在玉米育种中的应用。

本书是玉米育种人员的必备参考书，也可供高等农业院校作物遗传育种相关专业的教师和研究生参考。

Translation from English language edition: *Quantitative Genetics in Maize Breeding* by Arnel R. Hallauer, Marcelo J. Carena and J. B. Miranda Filho.

First edition 1981, *Second printing 1982*, *Third printing 1985*, *Fourth printing 1986*, Second edition 1988

图书在版编目（CIP）数据

玉米育种的数量遗传学/(美) A. R. 哈劳尔 (Arnel R. Hallauer), (美) M. J. 卡雷纳 (Marcelo J. Carena), (美) J. B. 米兰达菲尔赫 (J. B. Miranda Filho) 著；陈泽辉等译. —北京：科学出版社，2019.3

书名原文: *Quantitative Genetics in Maize Breeding*
ISBN 978-7-03-060692-1

Ⅰ. ①玉… Ⅱ. ① A… ② M… ③ J… ④陈… Ⅲ. ①玉米–遗传育种–数量遗传学–研究 Ⅳ. ①S513.032

中国版本图书馆 CIP 数据核字(2019)第 039586 号

责任编辑：陈 新 赵小林 / 责任校对：严 娜
责任印制：赵 博 / 封面设计：铭轩堂

科学出版社 出版
北京东黄城根北街 16 号
邮政编码: 100717
http://www.sciencep.com

中煤（北京）印务有限公司印刷

科学出版社发行 各地新华书店经销

*

2019 年 3 月第 一 版 开本：787×1092 1/16
2019 年 4 月第二次印刷 印张：31 1/2
字数：746 000

定价：258.00 元

(如有印装质量问题，我社负责调换)

《玉米育种的数量遗传学》译校人员名单

翻译人员

陈泽辉　刘文欣　雍洪军

刘红军　陈绍江

校对人员

张世煌　刘文欣　袁力行

陈绍江　陈泽辉

Foreword for Chinese Edition

Knowledge of the relative heritabilities of the quantitative traits important in maize breeding is essential in planning efficient and effective strategies to improve germplasm resources and develop inbred lines and hybrids. Most of the traits considered important in maize breeding are inherited quantitatively. It is important; therefore, that maize breeders understand the basic genetic concepts that affect the inheritance of quantitatively inherited traits. During the past 30 years, rapid, and significant changes have occurred, in the study and selection of quantitative traits. Initially, phenotypic data from replicated trials were the primary source information for determining the inheritance of quantitative traits. Rapid advances in molecular genetics and equipment (e.g., drones) have expanded the methods for phenotyping. The integration of information from the molecular laboratories and field phenotypic data has become common practices in breeding programs. However, targeting traits and data with the most efficient breeding methodologies are currently the challenge facing breeders today. Developing new breeding methods for quantitative traits that are difficult to measure and largely influenced by the environment will be essential. Also, collecting useful and specific data needed vs. collecting all data a drone could collect will be key.

Quantitative Genetics in Maize Breeding provides two types of information: ① Theoretical basis for the inheritance of quantitative traits and how they respond to selection; and ② Summaries of empirical data from studies conducted to estimate the relative importance of genetic effects and variances. It must be emphasized that estimates of genetic effects and variances and response to selection are unique for the population(s) studied. However, it is worth noting that certain phenotypic selection methods (e.g., stratified mass selection for earlier flowering) have been successful across all populations. Data for some specific populations are presented. But data summarized over populations will provide general trends that can be expected. Estimates for specific populations are unique because the allele frequencies for the traits studied, especially if complex genetically, will vary among populations. For example, the estimate of the additive genetic variance for grain yield is two to four times greater than the estimate of the dominance genetic variance in most maize populations. For the maize population Iowa Stiff Stalk Synthetic (BSSS), however, the estimate for the additive genetic and dominance variances are equal. BSSS has been the source population of several useful lines (e.g., B14, B37, B73, B84, B104) that have been either directly or indirectly important parents of U.S. Corn Belt hybrids. The genetic structure of BSSS, and, especially, its continuous selection via recurrent selection methods, has been an important factor for the successful development of hybrid parents, which are ultimately the secret formula of the hybrids planted by farmers.

Quantitative Genetics in Maize Breeding is not a manual for maize breeding strategies. However, it shows several successful strategies utilized to target specific traits putting down ideas that may help develop new ones. The volume presents the basic theory for the inheritance of quantitatively inherited traits and empirical data that summarizes the results of studies conducted that tests the validity of the theory. Information is provided for most aspects of maize breeding including the importance of genetic diversity for adaptation to challenging environments, intra- and inter-population schemes for improvement of genetically broad- based populations, the effects of inbreeding, heterosis, testers, and combining ability. All information was based upon phenotypic data collected in replicated yield trials across multiple locations and years. Technologies based on genetic mapping at the DNA level are beyond the scope of this volume. However, we do recommend utilizing the maize breeding strategies presented to validate hypotheses and application of these newer technologies before selection is conducted.

The authors sincerely hope the information presented will assist the Chinese maize breeders in planning their long-term breeding strategies for the development and improvement of their genetic resources and development of improved inbred lines for more productive hybrids. Based on previous information and experience, each maize breeder will develop their own unique breeding program. For continuous genetic improvement, however, it is essential that both short- and long-term goals be established. This is essential at all levels: individual programs, for the difference provinces, and nationally. All programs must be flexible, based on the results achieved and breeder's experience.

Authors wish to acknowledge and appreciate the interests and efforts of Professor S. H. Zhang and his colleagues for undertaking the translation. Thank you.

Arnel R. Hallauer
Marcelo J. Carena

中 文 版 序

玉米育种中重要数量性状遗传的相关知识，在种质资源改良和选育自交系及杂交种的有效计划和实际策略中是至关重要的。在玉米育种上考虑的大多数性状是按数量性状进行遗传的。因此，玉米育种者了解影响数量遗传性状的遗传学概念是非常重要的。过去的30年间，在对数量性状的研究和选择上已经发生了显著的变化。起初，从重复试验中得到的表型数据是确定数量性状遗传的最主要信息来源。分子遗传学及手段（如无人操作）的快速发展，已经拓展了表型研究方法。分子实验室和田间的表型资料的信息集成，已经成为育种计划的一般做法。然而，目标性状和最有效的育种方法的数据，正挑战着今天的育种者。针对难以测定并且受环境影响大的数量性状，发展新育种方法是必不可少的。此外，收集有用的和特定需要的数据与无人操作收集所有的数据是关键。

《玉米育种的数量遗传学》提供了两类信息：①作为数量性状的遗传及其选择响应的理论基础; ②在研究中估计遗传效应和方差相对重要的经验数据总结。需要强调的是，遗传效应和方差的估计，以及选择响应在群体研究上是唯一的。然而，值得注意的是，某些表型选择方法（如对早开花性的分层混合选择）对所有的群体都是成功的。从一些特殊的群体得到了试验数据，但跨群体数据总结将会提供预期的一般性趋势。对特定群体的估计值是唯一的，因为已经研究的性状的基因频率在群体间是变化的，特别是在遗传比较复杂的情况下。例如，在大多数玉米群体中，籽粒产量加性方差的估计值比显性方差的估计值大 2~4 倍。然而，对玉米群体 BSSS，加性方差的估计值与显性方差的估计值相等。BSSS 是几个实用自交系（如 B14、B37、B73、B84、B104）的选育来源，这些自交系是美国玉米带杂交种直接或间接的重要亲本，BSSS 的遗传结构，特别是通过连续的轮回选择，已经是育成杂交种亲本的一个重要因素，这是农民种植的杂交种的最终秘密。

《玉米自种的数量遗传学》不仅是玉米育种策略的一本手册，它在特定目标性状上也展示出了几个成功的策略。本书为数量性状遗传提供了基础理论，总结的研究结果为检验理论的正确性提供经验数据，也为玉米育种的大多数方面提供信息，包括适应挑战性的环境的遗传多样性、群体内和群体间改良计划用于改良广基群体、近交效应、杂种优势、测验种和配合力的重要性。所有的信息基于跨试验点和跨年份的重复试验的表型数据。基于 DNA 水平上的遗传作图技术已超出书的范围。然而，我们建议利用玉米育种提出验证假设的策略，并在选择实施前利用这些新的技术。

我们真诚地希望所提出的信息将会帮助中国玉米育种者，制订他们的长期育种策略，选育和改良遗传资源，以及选育高产杂交种的改良自交系。根据以往的信息和经验，每个玉米育种者将会制订自己独特的育种计划。然而，持续的遗传改良，必须建立短期和长期目标，其中包括各种层次：单个计划，不同省及国家的计划。基于所取得的成果和育种家的经验，所有的项目必须是灵活的。

我们认同和钦佩张世煌教授及其团队在本书翻译上所做的努力，在此致以谢忱！

A. R. 哈劳尔

M. J. 卡雷纳

（陈泽辉　译）

译 者 的 话

玉米是重要的粮食、饲料和能源作物，它的雌雄花器分开，是典型的异花授粉作物，通过控制授粉也能自花授粉。玉米容易产生大群体，可适应各种育种方法，使其遗传和育种有其特殊性。玉米是有较大遗传变异并容易取得显著遗传增益的作物，也是人工育种最成功的作物之一，自交系间杂交种的成功应用是杂种优势利用的成功典范。玉米育种的成功，得益于玉米数量性状遗传学的成就，同时也促进了遗传学的发展。我国玉米种植业发展很快，从播种面积和总产来看，已经是第一大作物。我国的玉米育种发展也很快，但玉米的数量遗传研究滞后于育种。为了持续提高玉米育种水平，必须强化玉米数量遗传的研究与应用。

分子遗传学的快速发展，深化和完善了玉米的数量遗传学，特别是数量性状基因座（QTL）的研究进展，使得数量遗传学研究进入分子水平，这对传统的数量遗传研究造成了很大的冲击，同时也使数量性状的遗传研究进入了现代数量遗传学研究时代。现代数量遗传学继承了传统数量遗传学的核心内容，并使其得到新的发展。但经典的数量遗传学仍是非常重要的，因为它与玉米的遗传育种有直接的联系。

《玉米育种的数量遗传学》于 1981 年出版，1988 年再版。中国农业科学院作物育种栽培研究所（现中国农业科学院作物科学研究所）邀请本书作者 Hallauer 博士于 1987 年来北京讲学，重点讲授玉米的群体改良。中国农业科学院作物育种栽培研究所对讲课内容进行整理后，于 1989 年在中国农业出版社出版了《玉米轮回选择的理论与实践》，这对当时在我国开展玉米群体改良工作起到了促进作用。

2010 年，Arnel R. Hallauer、Marcelo J. Carena 和 J. B. Miranda Filho 编写了《玉米育种的数量遗传学》第三版，全书从玉米育种所涉及的数量遗传学问题及其在育种中的应用做了全面的介绍和论述，在遗传基础部分尤其深入浅出，使读者更加容易理解其理论原理。数量遗传学在玉米育种上的应用部分，既有理论阐述，又有数据分析，还有实际应用。采用数量遗传学的思想和方法，了解轮回选择可提高有利等位基因的频率，进而达到对群体的改良和提高。估计育种群体的遗传方差、性状间遗传相关、遗传力和配合力等，用于指导玉米育种，包括育种流程设计，对群体的改良及自交系杂交种的选育。此外，本书关注数量遗传学原理和循环选择法在玉米育种中的应用，除了讨论原理，还根据研究报道汇总和更新了资料。翻译本书的目的，就是让我国更多玉米遗传育种工作者了解玉米的数量遗传学原理，从这些资料中得到更多的启发，以便更好地理论联系育种实践。

为了翻译本书，我们组成了翻译和校对团队，分工负责。由陈泽辉、刘文欣、雍洪军、刘红军和陈绍江翻译，张世煌、刘文欣、袁力行、陈绍江、陈泽辉校对。本书在翻译过程中得到了原著作者 Hallauer 博士的大力支持，并由其与另一位作者 M. J. Carena 一起专为中文版做了序。同时，也得到了全国玉米遗传育种界的鼓励与支持，在此一并表示感谢。如有翻译疏漏或不妥之处，恳请读者批评指正，以便今后修订补充。

译　者

2018 年 3 月 13 日

前　言

植物育种是一门进化的科学，它作为科学始于 20 世纪初。孟德尔遗传学的重新发现，以及随机和重复试验这些统计学概念的发展对植物育种方法有巨大影响，它们为个体间变异、区分遗传与环境效应提供了遗传学基础，为测定遗传变异提供了有效的试验技术。育种者的主要任务是围绕性状与环境，提高数量性状的有利等位基因频率，这些性状由数量众多，且与目标环境相互作用的多基因控制。

玉米是重要的饲料、纤维、燃料和食用作物，是满足人类多种营养需求的重要原料作物。玉米是雌雄花器分开的异花授粉植物，其育种方法与其他大田自花授粉作物完全不一样。玉米既能自花授粉，又能异花授粉，容易产生大群体，并采用各类育种方法。这些方法适于改良群体，也能选育自交系和为不同的市场需求组配杂交种。

玉米育种是育种家驱动植物进化的成功范例之一。在过去的 150 年，为了适应不断变化的栽培和环境条件，育种家有效地进行了品种改良。现代玉米育种方法始于 20 世纪初期，在过去的 100 年，玉米育种有效地培育了杂交种。玉米公益性研究机构提出了“自交系”和“杂交种”的概念，这是作物育种最伟大的成就之一，也被认为是公益性组织与私营机构合作研究最成功的突破之一。种子产业的发展，见证了按照育种方法生产出高质量的杂交种子，并得到了现代农民的认可。为了满足对玉米不断增长的多种用途的需求，玉米育种方法提高了对数量性状的选择效果和效率，包括在不同阶段和多环境下的选择，如果加上冬繁，每年可以种植多个季节。

玉米育种家在选育自交系和杂交种时，需要决定在什么环境下，对哪些性状进行选择。如果控制一个性状的基因受环境影响较小，那么选择会非常有效。例如，采用成本低廉的混合选择法改良早熟性，每年可缩短开花期 2~3 天（选择一株还不到一美分）。如果采用克隆基因（如 *vgtl*）的方法会非常昂贵。科技人员还利用联邦基金（如全国玉米协会）设法弄清玉米群体开花期的遗传基础，这提醒我们在把经典与现代数量遗传学方法相结合时需要增加样本数量。然而，育种者关心的大多是重要的经济性状（如产量、耐旱性等），这些性状表达受环境影响较大而难以测定。玉米育种利用转基因技术转入多基因耐旱性似乎是可取的。尽管种业已经产业化应用了单基因的耐旱性状，但只要选择正确的方法（可能两种方法共用），大多数耐旱性目标基因将会在遗传改良中得到应用。多基因效应的耐旱性育种在遗传改良方面几乎不受限制，从目前来看，多基因可比 QTL 更好地解释数量性状。

数量性状由大量基因控制，每个基因对整个性状表达的作用很小。环境影响数量性状表达，但取决于遗传背景，因为每个杂交种都有其独特的遗传效应。这些性状特征由表型间的差异程度来描述，而非截然相反的分类特征。它们是显性、上位性、连锁及遗传与环境互作的综合遗传效应。数量性状由许多基因联合控制，尽管对控制这些性状的基因了解不多，但植物遗传改良仍然很成功。

与其他作物不同，玉米是有较大遗传变异并取得显著遗传增益的模式作物。在施行品种权保护之前，遗传基础丰富的公共种质资源已被种业公司广泛利用并循环选系。B14、B37、B73 和 B84 是公益机构选育自交系的典型范例，这些自交系广泛用于杂交育种，产生了数百亿美元的效益。这些自交系都来自一项种质改良方案（经过 5 轮群体内半同胞轮回选择，然后选育了 B73）。选育这些自交系需要联邦和州政府持续的资金支持，经过数十年努力，创造出遗传基础丰富的艾奥瓦坚秆综合种群体 BSSS，与一个测验种测交鉴定，经过 5 轮半同胞轮回选择进行改良，再连续几年自交，测试杂交种，然后繁殖种子，用于发放和种业应用。由于公共经费的限制，以及育种者缺乏长期从事种质改良的奉献精神，这类种质改良计划延续下来的很少。此外，由于赠地大学教授职位有限和对专利的追求，以及对短期项目的激励，这类长期项目经常不能直接得到鼓励。但科学家能得到鼓励进行长期育种项目研究，这主要是因为他们的研究能够产生得到同行广泛好评的优质论文。

尽管早在 1910 年就提出了选育自交系和杂交种的基本方法，但转基因技术使育种方法现代化。然而，以耐旱育种为例，育种中涉及的多数基因，可以进行遗传改良。尽管基础群体的选择仍然是优先考虑，但当我们用有效的分子工具选择数量性状时，仍然面临挑战，因为数量性状（如根系、籽粒脱水等）的遗传力低，要么难以选择，要么选择成本太高。显然，现代技术应锁定那些表型选择困难的性状。现已完成 B73 自交系的基因组测序，但这一成果还没有完全在育种中应用，因此，我们只能采用其他途径来加速玉米杂交种选育。毫无疑问，实现育种的长期目标，需要加强基础研究与应用科学的整合。每个杂交种的杂种优势效应是独特的，只对 B73 测序很可能束缚了对复杂性状有用和独特的等位基因（如热带或早熟遗传背景）的识别，因此必须拓宽我们的种质基础。

与其他学科类似，自本书第一版问世以来，玉米育种的技术、方法、信息及种质资源都发生了很大变化。1945~1975 年这 30 年，玉米最重要的研究领域之一就是数量性状遗传。其间，看似达到了双交种的产量极限。玉米育种关注的焦点是育种所用的种质资源及其改良，以及有效提高选择自交系及杂交种效率的育种方法。玉米育种的各方面都共同关注杂种优势的遗传基础。大量数据报道了在不同玉米群体和杂交种中，数量性状遗传效应的重要性。尽管已经花掉数千万美元，但仍不能确定杂种优势的统一理论。虽然现在能够在分子水平进行预测，但仍然很难检测到上位性；尽管如此，人们还是普遍认为，其必然存在非加性（显性和上位性）效应。由于非加性效应对杂种优势的表达似乎很重要，且每个高产杂交种的多个基因和等位基因组合是唯一的，因此杂交组合间非加性效应的重要性各不相同。

本书关注数量遗传学原理和循环选择法在玉米育种中的应用。除了讨论原理，还根据研究报道汇总和更新了资料。这个版本不是刻意取代目前公益或私立机构所使用的育种方法，而是完善现有方法并帮助设计新方法。本书讨论的育种方法与现有方法的整合，应能够提高育种能力以继续保持过去 70 年的遗传增益水平，并实现种子产业 30 年后遗传增益加倍的目标。未来玉米杂交种的遗传增益取决于有用和独特的遗传多样性。本书新版讨论的育种方法整合应加强未来的育种研究，以保持和创造有活力的公益性育种项目，这不仅适用于遗传基础广泛的种质改良，而且用于选育新品种和培养下一代育种家。玉米的公益性应用育种计划比想象的少，这需要种业、种植者协会、资助机构和赠地大学等机构共同支持及保持强大的公益性应用育种计划。

遗传学改变玉米育种设计和育种计划的一个重要方面，就是分子遗传学取得大规模快速发展，能够以低成本得到基因型数据。与数量遗传学对性状遗传变异类型的研究相似，分子遗传学技术已经广泛用在玉米育种过程中，如对单个基因分子标记辅助回交。数量遗传学与分子遗传学代表不同的方向，数量遗传研究收集了多环境下有重复的家系和后裔的表型数据；而分子遗传学家在 DNA 水平研究基因和等位基因效应。遗传学两个领域的差异似乎不可调和，但随着分子遗传学发展和表型鉴定的需要，它们更多的是交织在一起。随着分子遗传学快速发展，人们对数量性状遗传研究的兴趣和重要性在降低，然而，它们似乎用不同的途径产生相似的信息。起初，分子遗传学希望研究复杂性状，后来却强调了对主效性状的研究，如对影响玉米病虫草害的抗（耐）性的研究。若分子遗传学要产生较大影响力，就必须能够改良像籽粒产量这样的重要经济性状。分子标记的鉴定和用于数量性状基因座（QTL）选择、全基因组选择及关联定位已成为很普通的研究领域。育种者试图找出那些有用的标记。只有未来分子遗传样本容量接近以往对数量遗传研究的样本容量时才会推进两者遗传信息的整合。公益性与民营机构在最新技术上的合作，似乎是一种解决方案，既避免了联邦和州基金用于实验室的宝贵资源很快过时，也允许了公益机构的科技人员能长期从事基础研究。玉米基因组有 6 万多个基因（每年还在增加），因此，遗传学的各领域研究都需要持续向前推进，关键是分子生物学家、遗传学家、生理学家和育种家应紧密结合。玉米育种者需要利用所有资源，使他们能够操控大量遗传因素，选育优良自交系和组配突出的杂交种，能够在各种不同的环境条件下表现优良，促进对气候变化的适应性演化。

本书作为植物育种手册的一部分，目的是提高对数量遗传学的认识，以及将玉米育种的影响扩展到其他作物，并讨论其安全性和可持续性。其包含的主题，不仅仅是育种和选择方法，还包括选育玉米及其他作物的自交系和杂交种，这些使学习植物育种的研究生和从事育种的人员都感兴趣。由于玉米自交系间杂交种概念迅速发展，大多数章节适合于玉米，但也能用到其他作物上。本书主要是让育种者、遗传学家、学生和政策制定者愿意一起为长期可持续地从事作物改良和生产而努力。我们希望对遗传基础广泛的玉米种质进行的长期育种改良计划得到鼓励，例如，玉米种质扩增（GEM）计划和早熟玉米种质扩增（EarlyGEM）计划。

我们感谢为本书出版做出贡献和提出建议的人。本书是对上一版本出版 20 周年的纪念，这是一本对研究、教学和育种应用都很有价值的书。我们的目的是更新内容，并使其具有独特风格，对已经检查到的错误进行更正，在符号的一致性上做了些改变。为了清晰起见，进行了重写，增加了每个主题的目录和参考文献。

我们非常感谢 Mary Lents 在过去 30 年的努力，使这本书的出版成为可能。她的勤奋、天赋、兴趣、坚持、细心、打字技能，以及在艾奥瓦和北达科他之间的沟通值得赞赏。除了秘书工作，她还完成了文字输入、联络沟通等任务。我们由衷地感谢她为本书所做的一切，期望她在将来也是最好的。

如果不是 Hannah Schorr 和 Jaime Prohens 的倡议和宝贵意见，就不可能出版本书。我们还要感谢北达科他州立大学和艾奥瓦州立大学玉米育种部门、北达科他州玉米种植者协会和北达科他州玉米理事会的支持，特别是 Duane Wanner 和 Paul White。还要感谢北达科他州立大学的研究生杨峻芸、Santosh Sharma 和 Tonette Laude 的意见及建议。

特别感谢 Irene Santiago 和 Jan Hallauer 在过去两年为本书所做的工作。

美国艾奥瓦州艾姆斯 Arnel R. Hallauer
美国北达科他州法戈 Marcelo J. Carena
（陈泽辉 译，张世煌 校）

目　　录

第1章 概　　论

当人类意识到玉米（*Zea mays* L.）作为食物、饲料、纤维和燃料的巨大潜力后，便通过育种来促进其进化。尽管玉米的祖先尚不完全清楚，但早期育种者对今天的玉米驯化和选育起到了重要作用。玉米是7000~10 000年前起源于西半球的少数几种栽培作物之一（Wilkes，2004）。

玉米从野生植物驯化为栽培作物，是早期育种者长年累月持之以恒努力的结果。美洲原住民根据他们的喜好和居住环境，对各种性状施加了不同的选择压力，能够有效地选择和固定性状，如在各种不同环境下选择出不同的籽粒颜色和类型。由于是单株收获，很容易识别植株和果穗的变异，如早熟性。另外，自然选择对玉米品系的形成起了很重要的作用，如抗虫性、光周期敏感性及耐旱、耐高温和低温等。人们选择和固定下来的性状，能够从一个地方引种到另一个地方，经人类选择与自然选择相结合培育了适应各种不同环境条件的地方种质。原住民会利用某些特殊性状作为特定玉米群体的遗传标记。在哥伦布到达西半球以前，不同玉米群体偶然发生混合及杂交传粉，使玉米品种发生很大变异。例如，300年前，居住在上密苏里山谷的美洲原住民农业部落（Mandan、Arikara和Hidatsa）的妇女们是北美第一批玉米育种者（Olson and Walster，1932）。北达科他州（ND）的第一个栽培作物便是玉米，Lewis和Clark能够度过1804~1805年的严冬，部分原因是当地原住民给他们提供了玉米作为食物。这些早期育种者精心呵护她们的玉米，称为"玉米母亲""不死的女人"，由此产生了各种各样的早熟品种。当1890年建立北达科他农学院时，这些在当地适应的品种就成为重要的早熟玉米种质来源之一。

与现在的育种方法相比，早期玉米育种者使用的选育方法很原始，但他们意识到，这些需要的性状延续了他们的文明。早期育种者的选择效果是显而易见的，这从已经收集和描述的数百个玉蜀黍族（race）和数千个品种得以证实。混合选择被认为是最简单的育种方法（Olson et al.，1927），他们在收获后选择果穗（方法Ⅰ），或从田间最好的植株上选择果穗（方法Ⅱ）。后一种方法从叶片健康和坚秆植株上选择果穗，尽量减少环境偏差对选择的影响。尽管使用的选择方法很简单，却使世界上几乎所有海拔和纬度都能种植玉米。当然，玉米育种的最大进展在于把产量较低的野草变成现代栽培条件下每公顷产量超过15t的作物品种。但取得这一进展的代价是牺牲了遗传多样性，即只利用了一个种族内很少的地方种质。

玉米育种经历了几个阶段。玉米起源于西半球，欧洲移民很快就认识了玉米并赖以生存。欧洲移民沿海岸线扩张，并深入西半球内陆地区，这些早期开拓者发现了多样性丰富的玉米种质，随着人类迁徙和玉米种质交换，形成了西半球不同类型品种的种质渗透。在北半球，北方硬粒型和南方马齿型扩大种植，形成了美国玉米带高产马齿型品种（Brown，1950；Anderson and Brown，1952）。北方硬粒型和南方马齿型种质有明显区别。北方硬粒型向南和南方马齿型向北扩展，引起两个种质的双向渗入（Hudson，2004）。两类不同地方种质被人们带到各地，它们互相窜粉形成杂交，而不是有计划的杂交。这样的杂交使玉米植株和果穗性状发生了巨大的遗传变异。于是，对单株进行简单的混合选择，就能够有效地选育出吸引种植者和早期育种者的优良品种。北方硬粒型和南方马齿型之间的杂交种群在前哥伦布时代还不是很普遍，但是变异范围很广，足够选育出许多在植株和果穗性状上差异较大的品种。

美国玉米带马齿型品种的选育并不是事先计划好了的育种项目。随着内陆开发，定居者从大西洋海岸带去了玉米种子，每一批种子都经历了不同的选择压力，这取决于为繁殖下一季所选择的个体种子。有时候，人们对果穗性状进行仔细选择（如穗行数、硬粒或马齿、籽粒颜色、双穗等），或者对其他性状如早熟、矮秆、无分蘖、株型进行选择。在哥伦布发现新大陆以前，人们针对特殊性状和适应特殊环境进行选择。随着玉米种植越来越广泛，隔离条件变差，品种之间会相互渗透，品系间的渗入量取决于地形和早期殖民者之间交换种子的数量。品种间遗传差异大，品种间杂交种就会优于品种本身，从而提高了品种间杂交种的产量。

Beal（1880）建议用两个品种杂交产生品种间杂交种，尽管这样的杂交种比双亲有明显优势，但从未大范围使用。然而，对某些改良品种施行群体间杂交在经济上值得一些农业机构进行投资，原因是种子生产成本较低（Carena，2005a）。Goodman（1976）概述了玉米育种的早期历史。

20 世纪早期，美国有两件事对现代玉米育种产生了深远影响：①建立玉米展示板，在全国玉米展示会上展示玉米果穗，吸引农民、生产者和育种者选送符合展示标准的果穗来参展；②由 Shull（1908，1909）和 East（1908）进行的公益性研究分别报道了选育和生产现代玉米杂交种的基本方法。虽然展示板只在短时间内对玉米育种起了重要作用，但却对玉米杂交种的公益性研究奠定了现代玉米育种和种子产业的基础。

建立玉米展示板引起人们对品种内选择的浓厚兴趣，因为要符合展示板的标准就必须对果穗增加选择压力（表 1.1）。

表 1.1　美国玉米展示板的打分标准（Bowman and Crossley，1908）

性状	评分
Ⅰ. 一般外观	25
1. 果穗大小和形状	10
2. 果穗顶端和基部的饱满度	5
3. 穗行平直	5
4. 籽粒的一致性	5
Ⅱ. 丰产性	60
1. 生育期	25
2. 活力	25
3. 出籽率	10

续表

性状	评分
III. 选择类型	15
1. 果穗大小和形状	5
2. 籽粒大小、形状及马齿	5
3. 粒色	2
4. 轴色	2
5. 穗行排列	1

展示会上单果穗或果穗样本的获奖者在出售它们作为种源时，通常会得到较高回报。尽管玉米田是开放授粉，但由于展示会上获奖品种的果穗样本数量太少仍然会使得遗传变异狭窄。通常获奖样品是展示者花费很多时间和精力在田间选择的均匀一致、符合展示板标准的果穗。他们在选择果穗类型上花费大量时间和精力形成许多有特殊性状的品种，通常在著名展示会上获得最高奖励的少数样品被分成许多份。虽然 20 世纪早期很流行玉米展示会，但对那些符合评分标准的获奖品种的比较试验表明，从优良环境选出的漂亮果穗不一定有很好的产量表现。试验还表明，没有达到展示板标准而未能入选的 Krug（黄马齿品种）与入选品种 Reid（黄马牙）在产量上没有区别，从此不再举行玉米展示板活动。在现代试验中，单株产量和单位面积产量之间的两难选择更证实了这一点。

早期玉米杂交种公益性研究最有名的科学家当属 G. H. Shull，他对玉米的研究可追溯到 1904 年，那时候，人们侧重于研究植物和动物改良的遗传基础，Shull 研究遗传理论在植物育种中的应用。East（1908）、Shull（1908，1909，1910）和 Jones（1918）不用打分表作选择标准，另为玉米育种制定了沿用至今的基本框架。尽管在 1920 年以前就描述了现代杂交玉米育种的基本特征，但图 1.1 记录了几十年来杂交玉米育种研究的几个发展阶段。现在，可以把 1 个、3 个，甚至 8 个单基因性状整合在杂交种中（孟山都和陶氏化学），这是一个新的挑战阶段，它需要把遗传转化、测试与自交系选育整合在一起，还需要数据管理系统。

Shull（1908）和 East（1908）提出对混杂基因型组成的自由授粉品种进行控制授粉，自交 5~7 代，可育成纯合一致的自交系。尽管自交系整齐一致，但长势太弱难以繁殖。当自交系间杂交，生长势得以恢复，自交系间杂交种（单交种）的产量通常超过产生这些自交系的自由授粉品种。单交种在遗传上杂合（heterozygous）但同质（homogeneous），所以整齐一致，每个植株都一样。基于对自交和杂交的这些研究成果，Shull（1910）提出了产生玉米杂交种的方法。尽管当时缺乏资料和经验，但他这一非凡结论，清晰地概括了玉米育种的技术路线。当时玉米自交系长势弱，很难生产足够的杂交种子，Shull 的“自交系间杂交种”这一概念没办法实际应用，使得他在 1916 年放弃了该项研究。

1906 年，East 在美国康涅狄格州，Shull 在冷泉港实验室分别开始了自交和杂交研究（Hayes，1963），对玉米的近交效应也进行了深入研究（East，1908；Shull，1909）。由于自交系长势弱，种子生产很困难，East 对自交系间杂交种的实际应用也持悲观态度。

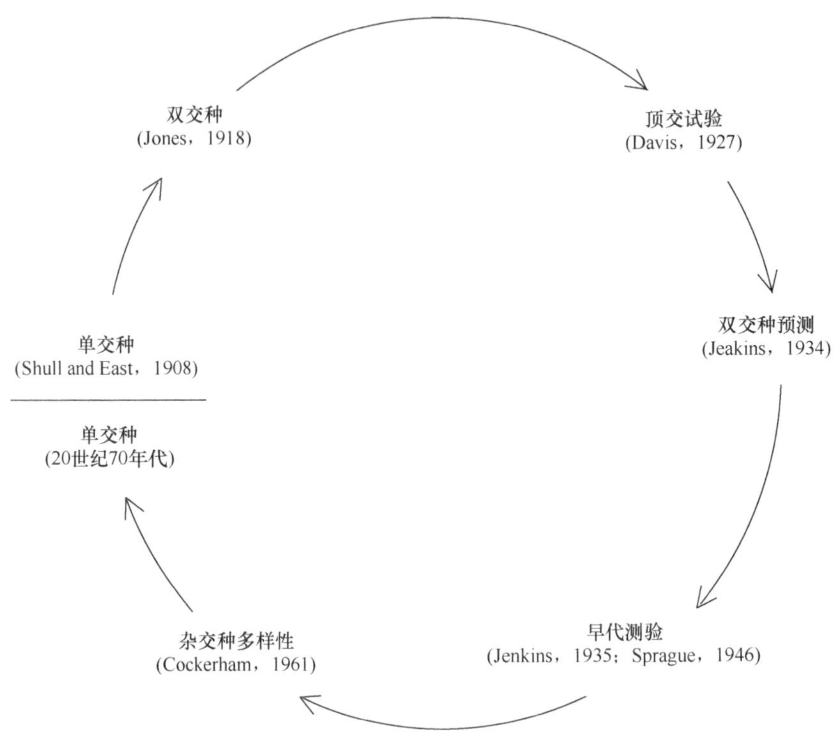

图 1.1　美国玉米杂交种育种方法的发展过程

East 育成第一个 Leaming 自交系，在植物改良上受 Darwin、Mendel、Festetics 和 Vilmorin 的生物学原理影响（Hayes，1956），East 根据这些原理进行育种实践研究。直到 Jones（1918）提出用两个单交种作亲本组配双交种，才使玉米杂交种变为现实。Jones 建议 East 用 Leaming 自交系作母本，Burr White 自交系作父本培育杂交种（Jones，1918）。有人担心用 4 个自交系组配双交种，可能又回到自由授粉品种，与单交种相比，产量会降低，但这一方法解决了制种难题，每年用单交种亲本生产大量杂交种子满足市场需要。从自由授粉品种到双交种是选育玉米杂交种的一个显著进步，解决了抗倒性并提高了籽粒产量，但人们忽视了对群体改良和遗传多样性的研究。

20 世纪 20 年代，双交种解决了制种难题，刺激了玉米自交系的选育研究。选育难度之大几乎使育种者绝望。经过对自交系的多年潜心研究，最大的玉米私营研究机构 Funk Farms 用公益机构选育的自交系育成了第一个玉米双交种（US13）（Crabb，1947）。先锋公司于 1924 年向市场推出第一个玉米杂交种 Copper Cross，使用了 East 选育的 Leaming 自交系作母本（Hayes，1963），这些自交系选自美国玉米带马齿品种 Leaming（Leaming，1883；Lloyd，1911）。

人们不久就认识到选育自交系比确定它们在杂交种中的利用价值要简单得多，特别是对数量性状，有时候对自交系的预期与实际结果相反。例如，不耐低温的自交系有时能组配出在北达科他州表现突出的早熟杂交种，并非杂交组合中所有的自交系都优于它们原始的自由授粉品种。双交种之间的差异表明只有某些自交系间的组合能组配出令人满意的双交种，这是早期玉米育种者面临的巨大挑战。Davis（1927）、Jenkins 和 Brunson

（1932）的初步筛选技术，即用公共测验种与自交系杂交（这一程序被玉米育种者称为顶交或测交），能够有效剔除在杂交种中表现欠佳的自交系。经过初步的测交筛选试验可以剔除大量自交系。通常用于组配杂交种的自交系数量很大，即使只用 20 个自交系作杂交种测试，也可以组配 190 个单交种和 14 535 个双交种。为此，Jenkins（1934）研究和测试了 4 种用单交种数据预测双交种的方法。试验表明方法 B 很可靠（4 个非亲单交种的平均表现），可以减少测交数量和确定高产双交种。那个时代，广泛使用测交法初筛自交系和预测双交种的方法，减少了测试数量，提高了育种效益。

通常需自交 7 代才能获得纯合一致的自交系。测交试验和杂交种预测有助于了解自交系接近纯合稳定后在杂交组合中的产量表现。在自交过程中能够对某些性状进行有效的选择（例如，株型、抗虫性、粒色及雄花和雌花特性，如散粉和果穗大小等），但杂交种的产量表现要在自交系接近稳定时通过测交才能确定。如果自交系在纯合前就能确定在杂交组合中的产量潜力，那么根据配合力就可以淘汰许多家系，从而减少自交的数量。Jenkins（1935）和 Sprague（1946）用数据证明，在自交早代就可以确定自交系在杂交种中的产量潜力，于是在早代就可以剔除那些不能使杂交种获得高产的自交系，这可以从群体中得到较好的优良自交系，使继续自交到纯合的家系数量大大减少。此外，早代测定和晚代测定结果之间的相关分析表明它们之间的差异主要是由非遗传因素引起的（Bernardo，1991）。

随着玉米育种技术发展，在 20 世纪 30~40 年代，育种研究迅速扩大，选育并测试了数千份自交系，育种者之间合作选育和交流自交系，鉴定出优良自交系并将其广泛用于双交种的生产和种植。农民接受双交种取决于他们获得杂交种子和对新种子的认识程度。图 1.2 表明，到 1943 年艾奥瓦州近 100%的玉米面积使用双交种，而全美国直到 1960 年才实现这一比例。20 世纪 30 年代北达科他州开始种植双交种，10 年后，即 1941 年，全州玉米双交种的面积达到 12%，从西部和北部（边缘地区）的 5%到东南部的 35%（Wiidakas，1942）。到 1948 年，这一比例达到 50%（80%在北达科他州东南部）。在适合种植玉米的区域，杂交种迅速取代自由授粉品种。推广玉米杂交种的积极效果是在机械化条件下提高了产量和抗倒性，杂交种产量比晚熟高产品种如 Minnesota 13 提高 5%~28%。同时，种子成本、州和联邦政府的补贴及农民向城市迁徙都在增加。北达科他州其他地区种植早熟品种，普通自由授粉品种（如 Falconer）仍然是早熟地区比较安全的选择。北达科他州立大学第一个长期从事玉米育种的是 William Wiidakas，他于 1934 年在明尼苏达大学 H. K. Hayes 的指导下获得硕士学位后，进入北达科他州农学院。因此，北达科他州立大学（NDSU）的玉米育种计划可能受 East 团队影响，育出了几个很有用的黄马齿型自交系（如 ND203 和 ND230 等）和早熟黄马齿型双交种（NODAK），由种子公司生产，并在该州广泛种植。这些早熟黄马齿型杂交种的相对熟期是 75~90 天（Wiidakas，1942），产量比普通自由授粉品种高 37%。

到 20 世纪 50 年代，双交种基本上取代了自由授粉品种，但产量也达到极限。据 East（1908）、Shull（1908，1909）和 Jones（1918）的经验，推广双交种似乎是唯一可行的办法。到 20 世纪 50 年代晚期和 60 年代初期，生产种植了少量单交种。种植管理的进步（如除草剂、杀虫剂、化肥）和自交系的改良（改进选择方法，用早期自交系选

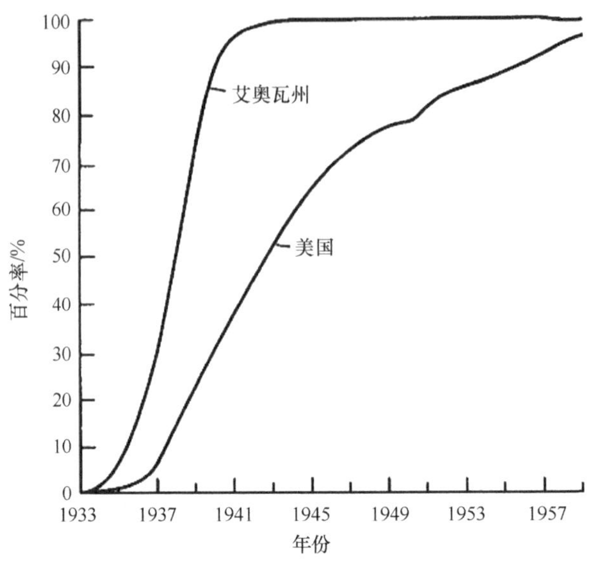

图 1.2 在美国和艾奥瓦州农民对玉米双交种的接受程度

育二环系）使得能够生产单交种，经济上对公司和农民都是可行的。双交种需要 4 个亲本自交系，而单交种只需要 2 个，于是，对单交种亲本自交系间的选择压力也增加了 1 倍。尽管用优良自交系生产杂交种，但选择亲本自交系时，它们之间必须能互补协调，以弥补各自的不足，这在 2 个自交系比 4 个系更容易做到。Cockerham（1961）从理论上证明，在一个群体中单交种间的遗传变异和遗传增益至少比双交种大 1 倍。无论从实际经验还是理论上考虑，玉米生产从种植双交种变为种植单交种，1960 年单交种的种植面积为 0，到 21 世纪初已接近 100%。由于田间耕作和玉米育种方法的改进，从 East（1908）提出单交种到现在已形成循环发展路径（图 1.1）。

自从提出自交系间杂交种的概念以来，二环选系的方法便得到广泛应用，这就引起外来玉米种质的引进、驯化、鉴定和改良与利用。当时，公益性机构的一些人意识到外来种质能够增加商业杂交种的遗传多样性，他们开启了前育种研究，目的是长期保持和利用以往育种使用的那些遗传资源（Carena et al.，2009b）。11 个拉丁美洲国家与美国启动了拉丁美洲玉米计划（LAMP），以鉴定和评价地方种质，从中发现最有利用价值的优良种质用于玉米育种（Pollak，2003）。当时的目标是通过遗传扩增使外来种质适应美国环境和在育种中的利用，随后由公益性机构与私营机构合作开展玉米种质扩增（GEM）计划，将 LAMP 鉴定出来的玉米种质与适应种质杂交，并用作育种的原始材料。北达科他州立大学在 1999 年启动了早熟玉米种质扩增（EarlyGEM）计划，目的是增加美国中北部地区玉米杂交种的遗传多样性。作为 GEM 计划的延续，EarlyGEM 计划将 GEM 计划的种质引入美国北部和西北部玉米种植带，目标是利用其独特和有用的遗传多样性，为美国玉米种植带北部的种子产业选育丰富多样的优质自交系，以增强早熟品种的竞争力。

1.1 数量遗传学

向育种者介绍数量遗传学理论可以规范育种程序。在 20 世纪 40 年代后期，主要是北卡罗来纳州立大学的研究人员从事数量遗传学理论在玉米育种中的应用研究。动物育种家广泛利用数量遗传学原理，但植物育种家只是用来指导育种计划，重点是自交系和杂交种选育。与动物育种相比，植物育种的世代周期较短，可以鉴定大量基因型，这导致育种者往往忽略数量遗传学的作用。

1950 年以后，数量遗传学强烈地影响了玉米育种思路。群体遗传结构、群体改良、选择理论和方法、基因作用类型、预期遗传增益和交配设计已变成育种者熟知的概念，用来指导广基和窄基玉米育种群体的长期育种计划。

除了数量遗传学原理和概念，人们还常常忽视育种基础群体的改良。例如，在前育种研究中采用轮回选择法改良群体。最初的群体改良项目常常用理论预测与实证结果进行比较。在 20 世纪 50 年代玉米产量进入停滞期，群体改良方案很自然地被用于提升选育自交系的育种群体水平。遗传方差成分估值表明，在总遗传方差中主要是加性方差。于是，群体的循环改良（轮回选择）方案便成为既保持遗传变异又增加优良选系频率的最有效方法。B73 就是用半同胞轮回选择法改良广基育种群体，然后选育优良自交系的典型例子。

玉米育种者接受数量遗传学原理比较慢，他们的主要任务是选育用于组配杂交种的优良自交系。然而，大多数育种者都了解一些数量遗传学研究，他们通过经验观察，认识到量化遗传参数的重要性。Dudley 和 Moll（1969）、Moll 和 Stuber（1974）、Hallauer（1992）归纳和解释了数量遗传学研究的数据，以及这些数据与植物育种的关系。对玉米做数量遗传学研究比其他作物更深入，因为玉米交配很灵活，容易产生大量后裔和种子进行测试和重组。几种后裔类型和交配方法可以很容易地扩大种子数量，然而，最近的数量性状基因座（quantitative trait locus，QTL）作图群体，比经典数量遗传学研究所用的样本容量小，因此，很少有整合数量遗传学和 QTL 两种方法的报道。上位性和杂种优势现象使这两种方法受到很大限制。

采用什么样的育种方法取决于育种目标、种业需求、区域农业发展水平和最终产品。育种者的目标可按长期、中期、短期设定，育种计划中每个时期的目标往往是不一样的（图 1.3）。

育种计划需要灵活性以应对未来可能出现的可预见或不可预见的突发事件。例如，1970 年在美国暴发的玉米小斑病（病原菌为 *Helminthosporium maydis*）。由于种子生产和销售成本问题，一些发展中国家并不急于启动自交系和单交种育种计划。发展中国家的育种目标可以是选育、鉴定和改良群体，以及测试群体间杂交种。若干年以前，一些比较先进的育种项目已经启动这些目标，育种者不太看重选育自交系和杂交种，除非育成了非常独特的优良自交系。然而，所有的育种计划都应该有长期、中期和短期目标，以适应当前和今后一个特定地区玉米生产持续发展的需要。育种者应当拥有经过鉴定适应当前目标和地区的种质（不仅是在目标地区进行育种和测试），同时也为中期和长期目标作种质储备。

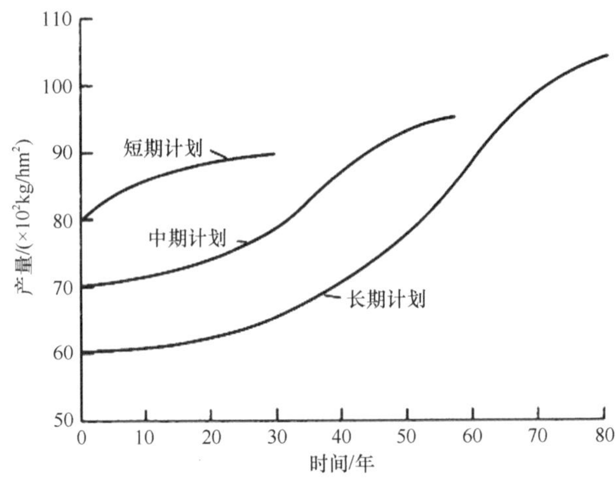

图 1.3　玉米育种的近期目标和远景

从玉米自由授粉品种过渡到杂交种，涉及几个不同的育种方法和技术（图 1.1）。按时间顺序排列的阶段不太明显，因受个人偏好、玉米育种的数据和信息及育种目标的影响，有相当大的重叠。表 1.2 中列出的玉米育种方法在使用的时候很随意，它们不一定都适用于短期与长期目标、群体内与群体间选择、群体改良与自交系和杂交种选育。这些方法分为两大类：①最终在杂交种中使用的自交系选育；②群体改良，既可用作育种群体，也可作选育自交系的基础群体或被农民直接使用。玉米育种所处的阶段、群体的遗传结构、耕作栽培技术将决定采用哪一种方法。很明显，在特定育种计划中，会使用每个类别的一些方法，或一个类别中的若干种方法，这些计划包含短期和长期目标，也包括前育种研究与品种选育方法的整合。

表 1.2　玉米自交系选育和群体改良的育种方法

群体改良		自交系选育
群体内	群体间	
1. 混合选择（M） 2. 半同胞选择（HS） 　a. 穗行法和改良穗行法（MER） 　b. 测交法（HT） 3. 全同胞轮回选择（FS） 4. 自交后代选择（S）	1. 半同胞相互轮回选择（HR） 2. 全同胞相互轮回选择（FR） 3. 测交法	1. 系谱选择 2. 回交选择 3. 单粒传 4. 配子选择 5. 单倍体 　a. 纯合二倍体（母本） 　b. 雄性单性生殖 　c. 配子体 　d. 花粉培养

1.2　群体改良：我们利用轮回选择做什么？

群体改良的目的是循环提升自由授粉品种、综合种，以及由种族、品种和自交系组成的复合种。轮回选择通常被认为是优系×优系，然后通过系谱方法选育二环系的一种手段。轮回选择一词是 1940 年由 Jenkins 提出的，作为群体内改良的一种方法，随后又采用测验种的群体改良方法（Hull，1945；Hallauer et al.，1988）。后来，轮回选择被重新定义为一类育种程序，包括从杂合群体中循环选择符合特定目标的优良基因型，然后用选中的部分重组（Lonnquist，1952）。为了突破 20 世纪 50 年代的玉米产量极限，人们用轮回选择方法作为改良自交系籽粒产量的一种手段。它的最大好处是增加控制数量性状的优良等位基因频率，同时保留继续改良所需要的遗传变异（Jenkins，1940；Hull，1945；Comstock et al.，1949；Horner，1956）。

私营机构的育种者很少做轮回选择（Weatherspoon，1973；Good，1990），有人试图将不同轮回选择方法与系谱法选育自交系进行比较（Duvick，1977；Good，1990）。然而，优良自交系的选育取决于对窄基和广基群体的种质改良，它们的共同点是都需要进行评估鉴定（图 1.1）（Carena and Wanner，2009），两种方法互相补充，应给予同等重视，育种才能取得成功（Hallauer，1985）。玉米轮回选择研究是为了获得改良种质，以便选择自交系和杂交种。有必要对这些种质进行持续改良，因为这是未来多样性杂交种的来源，这些杂交种在杂种优势群间会表现出较高的配合力（Barata and Carena，2006）。玉米种业需要与现有自交系没有亲缘关系的新自交系（Weatherspoon，1973），未来杂交种子产业的持续发展依赖于提高种质的遗传潜力（Coors，1999）。利用多样性的优良种质能够提升 21 世纪玉米平均产量的增长率。

改良群体既可用作选育新自交系的原始群体，也可供农民直接使用，或用于配置杂交组合。前一种情况用于现代育种方案，后一种情况用于发展中国家和地区，这些国家或地区没有单交种生产、销售和种植手段，以及没有低成本种植方式。因此，从最初级到最先进的育种方案，群体改良都是很重要的方法。群体内改良是和玉米育种一样古老的方法，而群体间改良则是针对杂种优势而广泛使用的新方法。

群体改良的选择方法包括最简单的群体内混合选择到复杂的群体间相互轮回选择。显然，每种方法在育种过程的某些阶段对某些性状都是很成功的，证据表明不同选择方法都有一定效果，但还需要进一步的数据来证明长期效果。一些方法只能用于群体内改良，而另一些方法既可用于群体内，也可用于群体间改良（如半同胞和全同胞方法）。至于用哪种方法，取决于育种者、育种阶段、种质改良阶段、对群体了解的程度和育种目标。通常情况下，可以对一个或多个群体采用多种方法进行改良。循环育种方法通常用于改良广基群体，但类似的理念也用于系谱选择（Hallauer，1985）。主要差别不在于广基或窄基群体，而是广基群体封闭改良，但系谱选择法需要引入不同种质以改良特定性状。图 1.4 给出了用作玉米育种的种质类型。

1.2.1　混合选择

混合选择是最古老的玉米育种方法，选择单元是无重复的单株表现型，中选植株的果穗收获后脱粒，种子等量混合用于下一季种植。混合选择能有效地固定一些性状，但存在一些技术问题，对改良产量性状一般没有效果（Sprague，1955）。导致混合选择无效的原因是没有隔离、无环境控制、基因型与环境互作、无亲本控制、无小区控制技术。但不同的群体之间有明显差异，混合选择对受环境影响小的性状（如吐丝前天数）有固定作用，因此，混合选择对遗传力高的性状有效。Gardner（1961）对混合选择法的不足

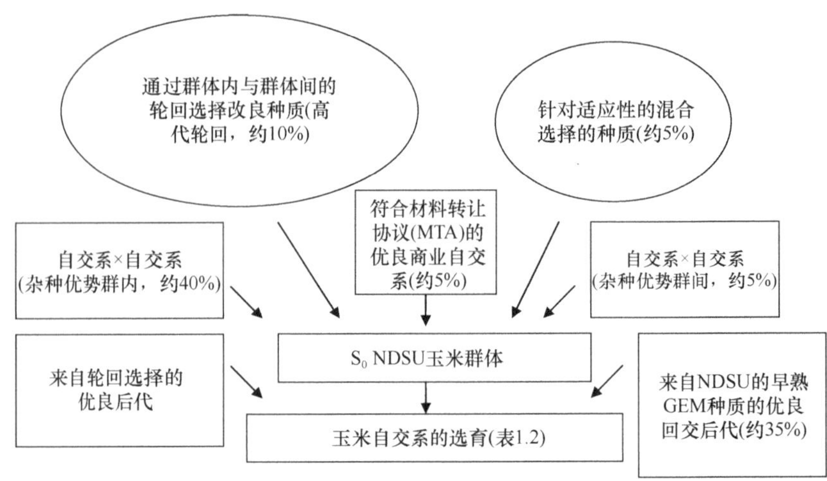

图 1.4　NDSU 选育玉米自交系的前育种资源（Carena et al.，2009c）

之处进行了修订。尽管混合选择是最古老的育种方法，但该方法仍然被用来改良玉米群体。它的有效性取决于选择的性状、足够的隔离条件、样本大小和育种者的精确试验技术。混合选择法主要有两个优点：每轮仅需种植一季，以及对群体大小没有严格限制。Carena 等（2008）和 Hallauer（1999）通过对 22 500 个 F_2 植株进行早熟性选择，使吐丝前天数每轮提早 3.8 天。

1.2.2　半同胞选择

半同胞选择法用一个共同测验种作亲本，测验种可以是正在选择的群体（群体内选择），也可以是与选择群体无关的基因型（群体间）；可以是遗传基础狭窄的自交系，也可以是遗传基础广泛的自由授粉品种、综合种及复合种。测验种既可以用低配合力，也可以用高配合力。半同胞选择可能是群体改良中使用最多的方法。

在半同胞选择中，对测验种的选择取决于育种目标和在产量杂种优势中基因作用的类型。半同胞测交时可以用选自群体的单株或家系与测验种杂交，这可以通过人工授粉（测验种作母本，被测系作父本进行杂交，同时父本自交加代），也可以在隔离条件下，用测验种作父本，被测家系作母本并去雄。如果测验种不是自交系、姊妹系或杂交种，必须从测验种取得足够多的配子数量。半同胞后裔（所有后代均有一个共同亲本）进行设置重复的多点产量鉴定，以确定优良基因型。当亲本群体作测验种时，半同胞后裔保存的剩余种子或配置杂交组合的植株自交的种子重组形成下一轮群体。半同胞选择能用于群体内改良，也可用于 Comstock 等（1949）提出的半同胞相互轮回选择。

1.2.2.1　穗行法

在隔离条件下，穗行法就是一种半同胞选择，该方法由 Hopkins 于 1899 年设计并用来改良玉米籽粒的化学成分，这是一个延续时间最长而又古老的作物选择试验。选自群体的每个果穗按穗行种植，进行后代鉴定。不同于混合选择法，穗行选择的单位是后裔（一个果穗的半同胞家系），而混合选择法是单株选择。穗行选择要求隔离条件以阻止其他品种的花粉侵入。一直到 1925 年，一些育种者仍在使用这种方法。穗行选择在某些情况下很有效，而在另一些情况下无效，这在很大程度上取决于性状受环境影响的程度。穗行选择法可迅速改良外来品种在北达科他州的适应性（Olson et al.，1927），但连续使用穗行选择法对产量无效。Lonnquist（1964）、Compton 和 Comstock（1976）提出两种改良穗行法提高了选择效率，即采用设重复的多点试验进行后代鉴定，其中一个点设隔离区用于重组。因此，改良穗行法提高了后代穗行鉴定的精确度，隔离区阻止了其他玉米花粉对中选后代的影响，从而得到较好的结果（Carena，2005b）。

1.2.2.2 测交选择法

在玉米改良中，普遍根据测交结果进行选择，这是一种半同胞家系选择法。由于在杂交种鉴定中普遍做测交鉴定，因此测交选择法这一术语比半同胞选择用得更普遍。当用亲本群体作测验种时，测交和半同胞选择的预期遗传进展是一样的（Sprague and Eberhart，1977）。用一个公共测验种配置测交（半同胞）组合，进行鉴定和选择。如果测验种作父本，就用中选家系的剩余种子重组。如果在群体中选单株作父本，可以用自交 S_1 或 S_2 重组，形成下一轮群体。

测交选择法通常仅用在群体内改良，但 Russell 和 Eberhart（1975）提出用自交系作测验种进行相互轮回选择，他们建议用选自各群体的优良自交系取代对应群体作测验种。由于遗传方差的绝大部分来自加性效应，因而可以用优良自交系作测验种。既然加性效应最重要，用自交系作测验种就不会妨碍进一步的选择进展。再者，用自交系测验种对两个相对立的群体杂交产生测交组合比半同胞相互轮回选择更简单。测交选择主要用在群体内改良，但也能有效地用在群体间改良。从相互对立的杂种优势群选择商用测验种，这一改良措施对今后从改良群体中选育自交系与现有自交系测验种会有更好的亲和力。

1.2.3 全同胞轮回选择

与半同胞选择（仅有一个共同亲本）不同，全同胞轮回选择鉴定的后代具有共同双亲。全同胞后代通常由两个个体杂交产生，这两个个体可以来自同一群体（群体内），也可以来自不同群体（群体间）。全同胞后代进行多点重复的产量鉴定，用剩余种子重组产生下一轮群体。然而，全同胞轮回选择没有半同胞用得普遍，原因可能是用于鉴定的种子数量不够多。Hallauer 和 Eberhart（1970）建议用多穗型植株进行全同胞轮回选择，每个植株的一个果穗用于产生全同胞后裔，另一个果穗的自交种子用于重组形成下一轮群体。此外，Hallauer 和 Carena（2009）提议用 S_1 家系以增加全同胞后代种子量用于鉴定，还减少了基因型与环境互作效应，但这样做必须进行冬繁。

1.2.4 自交后代选择

在群体改良中，自交后代选择法没有混合选择、半同胞选择和全同胞轮回选择那样用得广泛。自交后代选择包括鉴定自交后代、根据多点测试结果确定优良的自交后代，然后用中选后代的剩余种子重组形成下一轮群体。尽管可以使用任何程度的自交，但通常是在 S_1 或 S_2 进行鉴定。自交后代选择法的优点是增加了后代间的变异度，便于暴露和淘汰隐性不良基因，而高世代群体很容易进行系谱选择（产生自交系）。它的缺点是每轮需要的时间较长（可通过冬繁来解决），后代鉴定的试验误差较大，如果用高代系重组，可能有连锁和近交效应。Sezegen 和 Carena（2009）提出在选择耐冷性时，通过选择和重组 S_1 后代系进行“群内双列杂交”以达到一季做一轮的效果。

1.3 自交系选育

B73 是公益性机构育成的最成功的自交系（Russel，1972），为种业和农民创造了数百亿美元的效益，其种质来源是改良的艾奥瓦坚秆综合种 BSSS（Sprague，1946），这是一个经过 5 轮半同胞轮回选择的广基群体。尽管从改良的广基群体中成功选育公共自交系的频率很低，但只要有一个就足以产生巨大影响（Hallauer，2009）。公益性的玉米育种计划提供遗传多样性储备（Duvick，1981），而未来的遗传进展取决于公益性机构对有用的遗传多样性所做的努力（Smith，2007），因为种业不会对区域品种选育进行大投入。北达科他州北部和西部环境就是当地需要进行品种选育的明确例子，包括耐旱、耐冷、早熟和籽粒快速脱水。

由于普遍使用自交系生产杂交种子，人们强调和大量培育自交系（图 1.1），重点在分离和选育二环系，并在杂交组合中进行测试，却忽视了其他育种方法。

1.3.1 系谱选择

系谱选择及其改良方法是用得最普遍的自交系选育方法。Shull（1908，1909）提出自交和杂交原理，可以对杂种优势进行商业开发以后，系谱选择就变得非常普遍。通过近交从原始群体选育自交系，其中用得最普遍的是自交。尽管系谱选择意味着在两个相近基因型（如玉米自交系）杂交的 F_2 群体进行选择，但也可以在改良的自由授粉品种、复合种、综合种、回交群体和混合种质中分离自交系。通常情况下，公益性玉米育种计划采用各种不同的改良种质（图 1.4）。但最常见的方法是在杂种优势群内用关系近的优良自交系杂交产生 F_2 群体，即遗传上的窄基群体选育自交系。

无论哪一种情况，建立的后代家系都有一个指定的识别名称（系谱），即数字编号（ID）、系谱世代、来源和备注（表 1.3）。保持详细的记录是为了正确地识别多年自交过程中选择的每一代后裔。选择单位通常是后代穗行及每个穗行中的单株，中选穗行的单株种子在下一季继续按穗行种植，一般不设重复。由于控制授粉，对遗传力较高性状的选择很有效。但早代可进行设重复的多点试验，以增加选择精度。施行不同的种植密度使后代家系处在不同的环境条件，也使每个后代产生大量种子。对家系自身及其在杂交组合中的产量性状，有必要在系谱选择的某些阶段进行设重复的多点试验。在多数情况下，可进行早代测定，接近纯合时进行高代家系测交组合鉴定，两者互相补充。系谱法还广泛用在对某些性状互补的自交系进行二环选系。二环选系的系谱可能比较复杂（图 1.5，表 1.4），但亲子关系控制可满足自交系选育的特殊需要。系谱选择技术由 Harrington（1952）、Allard（1960）和 Hallauer（1981）提出，并广泛用于玉米育种计划（Bauman，1981；Bernardo，2006；Carena and Wanner，2009；Hallauer and Carena，2009；Carena et al.，2009a，2009b，2009c）。

表 1.3 S_4 和 S_5 系谱记录示例

数字编号	系谱	来源	备注
08WNNDNZ1650	BS21(R-T)C8-89-2-1-1	083602-1	母本
08WNNDNZ1651	BS21(R-T)C8-89-3-1-1	083606-1	母本
08WNNDNZ1652	BS21(R-T)C8-89-3-2-1	083607-1	母本
08WNNDNZ1653	BS21(R-T)C8-89-2-2-2	083607-2	母本
08WNNDNZ1654	BS21(R-T)C8-46-2-1-1	083725-1	母本
	60 NDSU Lines × TR3030		**60 行**
08WNNDNZ1655	NDL(FS)C1-208-3-1-2-1	083452-1	母本
08WNNDNZ1656	(ND08-144)[(ND278×ND290)]-38-2-1-3-1	083455-1	母本
08WNNDNZ1657	BS21(R-T)C8-89-2-1-1-1	083595-1	母本
08WNNDNZ1658	BS21(R-T)C8-17-1-1-1-1	083610-1	母本
08WNNDNZ1659	BS21(R-T)C8-17-2-1-1-1	083614-1	母本
08WNNDNZ1660	BS21(R-T)C8-7-1-2-1-1	083631-1	母本
08WNNDNZ1661	BS21(R-T)C8-99-2-1-1-1	083636-1	母本
08WNNDNZ1662	BS21(R-T)C8-143-1-1-2-1	083639-1	母本
08WNNDNZ1663	BS21(R-T)C8-143-1-2-1-1	083640-1	母本
08WNNDNZ1664	BS21(R-T)C8-135-1-1-1-1	083641-1	母本
08WNNDNZ1665	BS21(R-T)C8-135-1-2-1-1	083645-1	母本
08WNNDNZ1666	BS21(R-T)C8-33-1-1-1-1	083648-1	母本
08WNNDNZ1667	BS21(R-T)C8-33-2-1-1-1	083651-1	母本
08WNNDNZ1668	BS21(R-T)C8-41-1-1-1-1	083653-1	母本
08WNNDNZ1669	BS21(R-T)C8-41-1-2-1-1	083654-1	母本
08WNNDNZ1670	BS21(R-T)C8-41-2-1-1-1	083656-1	母本
08WNNDNZ1671	BS21(R-T)C8-41-3-1-1-1	083657-1	母本
08WNNDNZ1672	BS21(R-T)C8-139-1-1-1-1	083658-1	母本
08WNNDNZ1673	BS21(R-T)C8-139-2-1-1-1	083660-1	母本
08WNNDNZ1674	BS21(R-T)C8-113-3-1-1-1	083662-1	母本
08WNNDNZ1675	[ND2000 × ND290]-169-2-1-1-1	083871-1	母本
08WNNDNZ1676	[ND2000 × ND290]-180-1-1-1-1	083872-1	母本
08WNNDNZ1677	[ND2000 × ND290]-26-1-1-1-1	083873-1	母本
08WNNDNZ1678	[ND2000 × ND290]-62-1-1-1-1	083874-1	母本
08WNNDNZ1679	[ND291 × ND2000]-141-1-1-1-1	083885-1	母本
08WNNDNZ1680	[ND291 × ND2000]-50-2-1-1-1	083886-1	母本
08WNNDNZ1681	NDBS1011(FR-M-S)C4-49-2-1-1-1	083889-1	母本
08WNNDNZ1682	NDBS11(FR-M-S)C3-126-1-1-1-1	083890-1	母本

续表

数字编号	系谱	来源	备注
08WNNDNZ1683	NDBSK(HI-M-S)C3-45-1-1-1-1	083892-1	母本
08WNNDNZ1684	NDBSK(HI-M-S)C3-47-1-1-1-1	083893-1	母本
08WNNDNZ1685	[((Mo17 × ND2000) × ND2000)-1]-125-1-1-1-1	083896-1	母本
08WNNDNZ1686	[((Mo17 × ND278) × ND278)-2]-107-1-1-1-1	083895-1	母本
08WNNDNZ1687	[((Mo17 × ND278) × ND278)-2]-2-1-1-1-1	083897-1	母本
08WNNDNZ1688	[((Mo17 × ND278) × ND278)-2]-86-1-1-1-1	083898-1	母本
08WNNDNZ1689	[((Gem2 × ND2000) × ND2000)-1]-102-1-1-1-1	083899-1	母本
08WNNDNZ1690	[((Gem2 × ND2000) × ND2000)-1]-8-2-1-1-1-1	083900-1	母本
08WNNDNZ1691	[((Gem2 × ND2000) × ND2000)-1]-94-1-1-1-1	083901-1	母本
08WNNDNZ1692	[((Gem2 × ND2000) × ND2000)-1]-15-1-1-1-1	083902-1	母本
08WNNDNZ1693	[((Gem2 × ND2000) × ND2000)-1]-79-1-1-1-1	083903-1	母本
08WNNDNZ1694	[ND291 × B100]-42-1-1-1-1	083904-1	母本
08WNNDNZ1695	[ND291 × B100]-59-1-1-1-1	083905-1	母本
08WNNDNZ1696	[ND291 × B100]-6-1-1-1-1	083906-1	母本
08WNNDNZ1697	[ND291 × B100]-62-1-1-1-1	083907-1	母本
08WNNDNZ1698	[ND291 × B100]-67-1-1-1-1	083908-1	母本
08WNNDNZ1699	[A619E × ND291]-27-1-1-1-1	083909-1	母本
08WNNDNZ1700	[A619E × ND291]-5-1-1-1-1	083910-1	母本

注：这些 NSS 自交系经过早代测试以后，与 Thurstons Genetics 公司的早熟 SS 测验种 TR3030 测交

1.3.2 回交选择法

回交法是系谱选择的一种特殊形式，在育种中很少使用，但常用于转基因的性状整合。通过有计划的杂交，然后进行系谱选择，但经常需要将一个或几个特殊基因整合进另一个理想基因型，可以用也可不用分子标记进行选择。

在育种中，回交选择的目的通常是从供体亲本（非轮回亲本）向优良自交系（轮回亲本）转育一个特殊性状（如 Ht、o_2、fl_2、lg_2、Lg_3 及后来通过分子标记回交转育的 Bt、RR），育种者想在连续回交中恢复优良自交系的基因型，同时从供体亲本转入需要的性状。作为系谱选择，需要详细记载以鉴别轮回亲本、供体亲本、回交世代、选择的特殊性状（表 1.3）。由于回交转育的性状常常属于不连续分布，因此在不设重复的后代穗行内选单株。从一个亲本向另一亲本转育单基因性状，回交选择比系谱法更有优越性，因为回交选择的目标性状有 50%个体纯合，而系谱法在自交一代只有 25%纯合。

回交法不仅用在少数基因控制的性状，也可以用回交法把复杂的外来种质引入适应群体。北达科他州立大学的玉米育种项目用优良的早熟×晚熟杂交组合回交形成 BC_1 群体在美国北方进行种质扩增，通过北达科他州立大学的早熟种质扩增计划（EarlyGEM）增加早熟杂交种的遗传多样性（Carena et al.，2009b）。早熟×晚熟杂交成功地将晚熟自交系育成早熟系（表 8.3）（Hallauer et al.，1988）。在这种情况下，需要对轮回亲本和非轮回

亲本群体进行大量单株取样。回交是把特定性状转育到优良自交系的简便方法。Hallauer 等（1988）总结了早熟系和晚熟系杂交，成功选育出早熟自交系的途径，Richey（1927）提出了“聚合改良”（convergent improvement）的概念，单交种与双亲回交以积累所有的显性有利基因。通过回交，聚合改良成功地将简单遗传性状引入现有自交系，但对产量这样复杂的性状，该方法效果不佳。Hayes 等（1955）和 Allard（1960）对回交法的技术和原理做了详细介绍。在玉米育种中，回交法比聚合改良更重要。

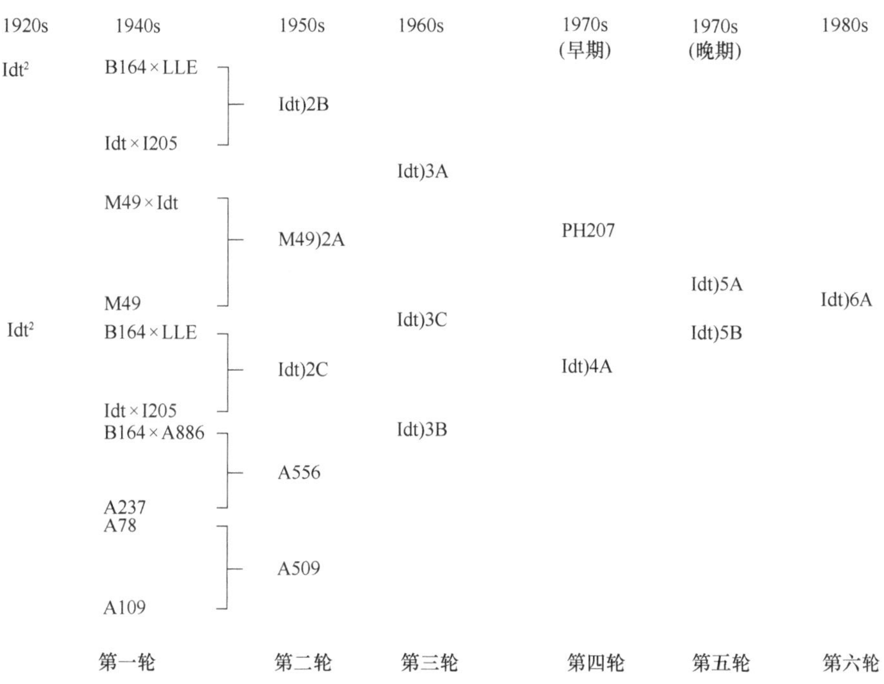

图 1.5　系谱法循环选育自交系的原理示例

I205 和 Idt（I205-5-4）是由 L. C. Burnett 选自 Iodent 的姊妹系（Wallaces，1923）；B164（或 Ind 461-3）选自 Troyer Reid；LLE 选自 E. W. Lindstrom 培育的一个长穗自交系（Troyer 私人通信）；M49 是明尼苏达栽培品种 1949（Troyer，1999；还要感谢先锋公司 Raymond Baker 先生提供该信息）

表 1.4　艾奥瓦州和北达科他州的玉米二环选系

原始群体	来源	衍生系
BSSS	B14	A632，A636，CM105，B64，B68，FR140，LH190，HC60，LH224，LH225，LH301，MBS1130，TR1017，TR2040，TR3026，TR3030，TR4033
	B37	B76，H84，H93，LH195，TR3030，TR3273，SGI890，SGI912，LH132，LH225，HC34，MBS2681
	B73	A681，N196，N201，NC292，H123，FS1064，LH195，LH198，TR3026，TR3127，SGI890，SGI952
Minnesota #13	ND203 ND230	A624，A640，A641，A664，A665，LH201，LH147，SD106，PA3401，PA3402，PA3422，PA3432
W755×W771	ND246	LH160，LH161，LH162，LH256
B14×WD	ND302	A635，A636，FR19
NDSCD(M)C8	ND2000	北达科他州立大学早熟玉米种质扩增计划

1.3.3 单粒传法

尽管单粒传法有它的优势，但在玉米育种中没有广泛使用。Jones 和 Singleton（1934）对单粒传法进行改良，称为单穴法，但也没有在玉米中大量应用。单粒传法在玉米育种中的应用远没有像在自花授粉作物中那样普遍。单粒传法就是在连续自交世代中，上一代从样本群体的每个基因型至少留一粒种子进入下一代，直到基因型接近纯合。对同一果穗分切作不同方法的自交，与系谱法相比，单粒传法的明显优点是需要的育种圃面积小，用较少的资源达到快速纯合，除自然选择外施予的选择压力最小。在一定的纯合水平下，扩繁单粒传后代家系的种子，可以重复试验进行鉴定。对自花授粉植物，天然进行自花授粉。

因为从中选后代中选取单株进入下一代，所以系谱法和回交法都实行单粒传。它们的区别在于系谱法和回交法的人工选择作用最大化，而单粒传人工选择作用最小，当然，在所有方法中都存在自然选择。在玉米数量遗传研究中用单粒传法估计特定群体的参数（Hallauer and Sears，1973；Silva and Hallauer，1975）。因为玉米需要控制授粉才能自交，所以单粒传法不适合玉米。

1.3.4 配子选择法

配子选择法是由 Stadler（1944）提出的，与系谱法和回交选择法相比，在玉米育种中用得很少。Stadler 的理论认为，如果优良合子的频率是 p^2，优良配子的频率就是 p，即如果 p^2 是 0.25，p 就是 0.5。因为优良配子的频率比优良合子的频率高得多，所以，配子取样比从合子取样更有效。简要地说，配子选择包括：第一季从原始群体取混合花粉与优良自交系杂交；第二季对 F_1 进行自交（每个 F_1 植株的差异仅是来自原始群体的配子不同），同时，F_1 植株和优良自交系的花粉均与共同测验种杂交；第三季进行设重复的测交种产量试验。若产量超过优良自交系×测验种的那些测交组合，就可能接受了来自原始群体的优良配子。

尽管测交种能鉴选出优良配子，但该方法的主要缺点是在纯合自交系中不能固定优良配子。因为中选单株与优良自交系的 F_1 植株自交，单个位点仅 25%的植株纯合，在所有 S_1 后代，这个比例增加到 37.5%，但不是所有后代都能根据测交结果而保留下来。选择单位是原始群体中的单株，包括后代穗行和 F_1 植株自交后代的单株。对配子选择法有一些正面报道，但总的来说在玉米育种中没有得到应用。对配子选择法做一些改进似乎可以从原始群体中鉴选出优良基因型。

Hallauer（1970）对配子选择法做了一些改进，提出合子选择法。原始群体的植株自交，并与一个优良自交系（测验种）测交，测交组合中的配子分布与自交 S_1 后代的配子相似。尽管由于重组使测交组合中的优良配子不能恢复，但比配子选择法有更大的选择机会。这些方法的主要目标是在选择新系的同时改良现有的优良自交系，或选择衍生系或姊妹系。

当然，配子选择的一个案例是配子体系统的发明，通过花粉与雌蕊互作限制外来花粉，防止产生污染种子（如 Thomas C. Hoegemeyer 的专利 US 6875905），这是最近转基因产品考虑的一个重要问题。

1.3.5 单倍体

育种者总是希望快速育出纯合植株，特别是对新的育种计划。有一些快速纯合自交系的方法，但在多数情况下，既不能充分评估其优点，也不能确定在选育自交系中的效果。然而，在玉米育种中自交系选育不是一个很突出的问题，特别是现有的育种方案每年能够提供不同代数的自交系，而确定这些自交系在杂交种中的表现却非常困难。同时，在自交过程中对植株和果穗性状、病虫害抗性，以及通过早代测验对杂交组合的产量等可以施加很大的选择压力。而单倍体技术对大多数性状随机产生了一大批自交系，其中有许多在早代就可被淘汰掉。获得自交系以后，我们还必须种植这些未经选择的大量自交系，对性状进行鉴定，这增加了杂交组合的数量。

1.3.5.1 纯合二倍体

Chase（1952a，1952b）提出了从玉米单倍体产生纯合二倍体作为选育自交系的新技术（如双单倍体）。这一方法的使用取决于单倍体的发生及雌性单倍体能以较高频率（1/1000）自然产生大量单倍体植株。从单倍体成功地产生纯合二倍体取决于单倍体的产生与识别，以及单倍体加倍成纯合二倍体。Chase（1949）在苗期用显性的紫色胚芽（Pu）遗传标记来鉴别自然发生的单倍体。许多单倍体能够存活至成熟产生正常配子体，单倍体自交产生纯合二倍体的频率是 1/10，这时候，可以对自花授粉的单倍体植株进行选择。

Thompson（1954）用常规方法得到的自交系与单倍体加倍随机得到的自交系进行产量配合力比较，分析纯合二倍体方法在实际育种中的优缺点。所有自交系均来自 BSSS 种质。单倍体产生的自交系及在测交组合中的产量属于随机样本，平均数间差异不显著，且频率分布相似。尽管有少数自交系（如 B67、B69）是用这种方法育成的，但该方法没有被育种者普遍采用。理论上讲，纯合二倍体与 Stadler（1944）的配子选择法有同样的优点，即优良配子的频率比优良合子的频率高得多。这个方法的优点是单倍体配子在纯合条件下自交一代就能固定，缺点是鉴定优良配子的难度很大，只有在多环境下重复观察才能识别。

对玉米单倍体育种的兴趣随时间推移而摇摆不定（Chase，1949；Kermicle，1969），主要问题是单倍体（n=10）产生的频率和单倍体的染色体加倍成可育二倍体（n=20）的频率偏低。后来，单倍体育种再度兴起（Seitz，2005），其主要吸引力（和以前一样）在于直接获得纯合自交系（Seitz，2005；Longin et al.，2006），Spitko（2006）证实单倍体的产生是个遗传性状。常用的方法是用普通玉米与被称为诱导系的特殊材料杂交，诱导系花粉使普通玉米产生单倍体胚的种子，经化学处理使染色体加倍后产生可育植株。这一方法最初由 Chase（1949，1952a，1952b）提出以后便得到应用，现在的技术、设施和遗传材料（如诱导系）已经有很大改进，能够获得较高频率的双二倍体。随着分子遗传学发展，能够在加倍以前对单倍体位点进行筛选。近几年尽管材料和技术都有很大提高，可以大量产生可育二倍体，对自交系和杂交种表型进行筛选，但仍需要大量人力和物力。通过单倍体育种方法，选育纯合自交系的时间大大缩短，但最终确定其价值与其他育种方法是一样的。现在单倍体育种方法比以前更受重视，一个显而易见的优点是与早代测验和晚代测验相比，该方法更简单。当然，双单倍体技术能够作为育种策略的补充，包括种质改良和在已测定配合力的自交系群体中选育自交系。此外，参与生长刺激的特定蛋白质能显著提高单倍体频率，这个发现已申请了专利。

1.3.5.2 孤雄生殖

Goodsell（1961）描述了鉴定雄性单倍体和自交一代产生纯合二倍体的技术，其育种程序与 Chase（1952a，1952b）的雌性单倍体技术相似，需要遗传标记鉴定单倍体。Goodsell 使用了幼苗根尖显紫色的遗传标记，这与 Chase 的系统类似。非紫色根尖的雄性可育株与紫色根尖的雄性不育母本杂交，从 F_1 鉴选非紫色根尖的幼苗，Goodsell 在 4 个组合 40 万株杂交后代中发现 4 株白色根尖，这比母本单倍体的频率（1/1000）低。单倍体授粉的植株与雄性供粉者植株相似，但雄性不育，即雄配子不能与雌配子结合，于是获得雌核细胞质。这种方法与母本单倍体有同样的优点和缺点，至今没有得到应用。这种方法似乎能把自交系快速转育成细胞质雄性不育，能够增加父本单倍体的发生频率。

1.3.5.3 不定配子体（不定胚）

Kermicle（1969）报道了不定胚基因（*ig*）天然突变，在携带突变基因的植株胚囊中，产生特殊效果。*ig* 基因影响雌配子体发育：纯合突变体植株（*igig*）通常雄性不育；来自 *igig* 植株的大约 50%的籽粒和来自 *Igig* 植株的 25%籽粒，胚发育不全或有缺陷；大约 6%的种子胚乳正常，但含有来自 *Igig* 或 *igig* 母本的 *ig* 基因，出现多胚现象。当 *igig* 植株作母本杂交时，后代中约有 3%的单倍体，出现雌性和雄性单倍体的比例约为 1∶2。因此，*ig* 基因使雌配子体在发育中丧失了正常功能。

通过 *ig* 基因产生单倍体在玉米育种上可能有一些优点：①通过雄性单倍体加倍，能快速分离新自交系；②能迅速地把普通细胞质的优良自交系转育为细胞质雄性不育系。这两个优点与 Goodsell（1961）介绍的孤雄生殖很相似，但 *ig* 基因产生单倍体的频率较高。Goodsell 强调，如果在育种上应用孤雄生殖，单倍体发生的频率就很重要。Kermicle（1969）发现 R-Navajo（R^{nj}）基因的花青素着色特性与它的非花青素基因 r^g 是鉴定单倍体很有用的遗传标记，r^gr^g 和 $R^{nj}R^{nj}$ 相互杂交可分别用于检测源自雌性或源自雄性的单倍体。到目前为止，不定胚还没有广泛地用于玉米育种，但它的单倍体发生频率较高，比前面介绍的其他单倍体技术更有吸引力。

1.3.5.4 花粉培养

细胞与组织培养技术的最新发展为有远见的植物育种家提供了机会，假如一株玉米产生 100 万~1000 万粒花粉，通过小孢子培养能产生大量单倍体植株。于是可以利用小孢子培养技术分化出单倍体植株。然后使成千上万的单倍体植株的染色体加倍，变成纯合可育的自交系。需要发展鉴定技术来确保育种上能够使用双二倍体，包括测定自交系和杂交种的抗病虫、籽粒品质和产量潜力。如果花粉培养技术得到实际利用，会增加单倍体出现的频率，给育种者提供更多的选择机会。

1.4　本 章 小 结

只要选对了育种材料，选育自交系和杂交种的各种方法（表 1.2）都能在玉米育种中得到应用。系谱选择法在过去和现在都被广泛使用，将来会继续得到广泛应用。另外，其他育种方法，如混合选择、回交育种仅在特殊情况下使用。特定情况下的育种方法取决于特定环境。例如，美国大多数农民使用杂交种，于是，提升选育优良自交系的能力就极其重要。然而，私营（表 1.5）和公益（表 1.6）性机构应继续合作鉴定优良杂交种，同时，通过短期和长期的种质改良计划形成窄基和广基群体，用来增加玉米生产的遗传多样性。

表 1.5　商业化杂交玉米育种计划（Bernardo，2002）

种植季	从事的内容
夏季 1	（1）种植 45 个优良系×优良系杂交组合的 F_2 或 BC_1 分离群体
	（2）在每个群体中根据株型选择 S_0 植株
	（3）每个群体自交 50 个 S_0 植株并与一个测验种测交
夏季 2	（1）根据夏季 1 的亲本表现数据，淘汰 10%的分离群体
	（2）在 3 个点不设重复种植 2000 个 S_0 测交组合（每个群体 50 个）
	（3）种植 S_1 家系（夏季 1 中自交的 S_0 果穗按穗行种植），每个 S_1 穗行自交 3 株，获得 3 个 S_2 亚系，根据外观淘汰表现差的 S_1 家系
	（4）根据 S_0 测交组合的表现，选择最好的 200 个 S_1 家系（得到 S_2 种子）
冬季 1	（1）用最好的 600 个 S_2 家系与 2 个测验种测交
	（2）自交 S_2 形成 S_3 家系
夏季 3	（1）在 6~10 个地点，不设重复，鉴定 1200 个 S_2 测交组合
	（2）根据 S_2 测交组合鉴定结果，选出 5~10 个 S_3 家系
冬季 2	自交中选的 S_3 家系获得 S_4 新自交系种子
夏季 4	（1）用每个新自交系与 5~10 个优良自交系杂交
	（2）自交 S_4 家系获得新自交系的 S_5 种子
夏季 5	（1）在 15~50 个点安排杂交种产量试验
	（2）自交 S_5 家系获得新自交系的 S_6 种子
夏季 6	（1）在 20~75 个地点进行高代杂交种的产量试验
	（2）在 30~500 个点进行农场条田试验（每个区 150~300m^2）
夏季 7	在 50~1500 个点进行商用杂交种条田试验
秋季	发放 0~2 个商用杂交种给农民

表 1.6　公益性玉米杂交育种计划（Carena et al.，2009c；北达科他州立大学）

种植季	从事的内容
冬季 1，2	早熟材料一年种植 3 季，其中冬季种两茬，用优良自交系杂交，然后自交，或者对 F_1 自交，F_2 自交和测交。如果冬季对 F_2 测交，我们按照表 1.5 进行操作，否则，按下面程序进行
夏季 1	（1）在高密度条件下（夏季）种植 25~30 个来自广基或窄基群体（图 1.4）的 F_2 或 BC_1 分离群体。有些群体是早熟×晚熟，目的是把优良自交系转育成早熟系。从长期遗传改良计划的前育种研究提供优良的遗传基础广泛的分离群体及后代家系。例如，分组混合选择（Carena et al.，2008）、群体内和群体间轮回选择（Carena and Hallauer，2001；Carena and Wanner，2003；Carena et al.，2003；Hyrkas and Carena，2005；Melani and Carena，2005）、BC 早熟 GEM 计划（Carena et al.，2009b）。在这种情况下，发放北达科他州立大学的改良群体（Carena，2008）

续表

种植季	从事的内容
夏季 1	（2）每个群体选最早熟的优良 S_0 植株，每个谱系用 50~400 株 S_0 与分别来自 2 个杂种优势群的各 1 个测验种测交
冬季 3	（1）种植 S_1 衍生系和优良杂交种，在控制条件下进行耐旱性选择
	（2）中选 S_1 家系自交（3~5 个最好植株），每个家系最多保留 3 个果穗
	（3）鉴定和产生特别耐旱的杂交种
夏季 2	（1）根据亲本数据淘汰部分分离群体
	（2）种植大约 1000 个 S_0 测交组合，每个谱系在 4~6 个地点，按 1~2 次重复的不完全区组设计进行产量试验（阶段Ⅰ）
	（3）在 2~3 个地点种植 S_2 家系行（根据需要种植育种圃、病圃和测交组合圃），在各点收集出苗和苗期长势数据，用综合指标排序法淘汰 10%~30%。每个 S_2 家系穗行自交 3~5 株，每个家系通常只保留一个果穗
冬季 4	（1）选择最好的 200~400 个 S_2 家系与每个杂种优势群的 2 个商用测验种杂交（共 4 个）。如果生长季节遇到灾害，快速运送冷藏种子
	（2）再次对自交系和杂交种进行耐旱性筛选
夏季 3	（1）按设重复的不完全区组设计在 4~10 个北部和西部地点鉴定 200~400 个 S_2 测交组合（阶段Ⅱ）
	（2）在北达科他州法戈市种植 S_3 家系，每个家系收获 3 个果穗
冬季 5	（1）用最好的 20~40 个 S_4 家系与每个杂种优势群的 4 个商用测验种杂交
	（2）种植中选家系（每个家系种 3 行）并自交，开始检查整齐度
	（3）进行耐旱性筛选
夏季 4	（1）在 16~20 个点实施北达科他州立大学的杂交种产量试验（阶段Ⅲ）。生育期和一些特性要求适宜北达科他州，即北达科他州西部的耐旱性，北部的耐冷性，以及南部和中部地区产量、含水量、早熟性、快速脱水、容重、籽粒品质、抗倒性。用遗传力指数和基准测试方法做前育种研究（即用于轮回选择试验和早代、晚代杂交种试验）
	（2）释放前在育种圃种植新自交系（S_5），同时检查整齐度
冬季 6	（1）中选家系自交加代，检查整齐度
	（2）选出 5~10 个 S_6 新自交系，用每个系的混合种子与 12~16 个商用测验种测交（每个杂种优势群至少 6 个），这取决于能用的早熟测验种的数量
	（3）新自交系和杂交种再次鉴定耐旱性
夏季 4	（1）至少在 20 个点进行北达科他州立大学的杂交种产量试验（阶段Ⅳ）
	（2）在育种圃种植新自交系，同时再次检查整齐度
冬季 7	（1）最好的自交系与每个杂种优势群中更多的商业测验种杂交
	（2）自交系加代，鉴定自交系自身和在杂交组合中的耐旱性
夏季 5	（1）与企业合作至少在 30 个点进行优良杂交种的产量试验（阶段Ⅴ）
	（2）在育种圃再次扩繁自交系，并再次检查整齐度

续表

种植季	从事的内容
夏季 5	（3）通过基础种子公司扩繁、鉴定有潜力的自交系和更多的杂交组合
秋季	（1）作为早熟杂交种的亲本，或选育早熟自交系的育种新材料，向私营和公益性机构发放北达科他州立大学的自交系。一旦正式发放，就在植物引种站（Ames，IA）和国家植物种质系统（Fort Collins，CO）注册
	（2）与基础种子公司及其他公司签订独家代理协议，北达科他州立大学作为原创者实行特许授权
	（3）对每次种子申请（每批自交系 50 粒，改良群体 200 粒），需通过北达科他州立大学研究基金会签订《育种材料转让协议》（MTA）、《自交系研究协议》和《商用协议》

（陈泽辉 译，张世煌 校）

参考文献

Allard, R. W. 1960. *Principles of Plant Breeding*. Wiley, New York, NY.

Anderson, E., and W. L. Brown. 1952. The history of the common maize varieties of the United States corn belt. *Agric. Hist.* 26:2–8.

Bauman, L. F. 1981. Review of methods used by breeders to develop superior corn inbreds. *Annu. Corn Sorghum Res. Conf Proc.* 36:199–208.

Barata, C., and M. J. Carena. 2006. Classification of North Dakota maize inbred lines into heterotic groups based on molecular and testcross data. *Euphytica* 151:339–349.

Beal, W. J. 1880. Indian Corn Rep. *Mich. Board Agric.* 19:279–89.

Bernardo, R. 1991. Correlation between testcross performance of lines at early and late selfing generations. *Theor. Appl. Gen.* 82:17–21.

Bernardo, R. 2002. *Breeding for Quantitative Traits in Plants*. Stemma Press, Woodbury, MN.

Bernardo, R. 2006. *Breeding for Quantitative Traits in Plants*. Stemma Press, St. Paul, MN.

Bowman, M. L., and B. W. Crossley. 1908. *Corn*. Kenyon, Des Moines, IA.

Brown, W. L. 1950. The origin of Corn Belt maize. *J. New York Bot. Gard.* 51:242–55.

Carena, M. J. 2005a. Maize commercial hybrids compared to improved population hybrids for grain yield and agronomic performance. *Euphytica* 141:201–8.

Carena, M. J. 2005b. Registration of NDSAB(MER-FS)C13 maize germplasm. *Crop Sci.* 45:1670–71.

Carena, M. J., and A. R. Hallauer. 2001. Response to inbred progeny recurrent selection in leaming and midland yellow dent populations. *Maydica* 46:1–10.

Carena, M. J., and D. W. Wanner. 2003. Registration of ND2000 inbred line of maize. *Crop Sci.* 43:1568–9.

Carena, M. J., and D. W. Wanner. 2009. Development of genetically broad-based inbred lines of maize for early-maturing (70–80 RM) hybrids. *J. Plant Reg.* 3:107–11.

Carena, M. J., C. Eno, and D. W. Wanner. 2008. Registration of NDBS11(FR-M)C3, NDBS1011, and NDBSK(HI-M)C3 maize germplasms. *J. Plant Reg.* 2:132–6.

Carena, M. J., D. W. Wanner, and H. Z. Cross. 2003. Registration of ND291 inbred line of maize. *Crop Sci.* 43:1568.

Carena, M. J., D. W. Wanner, and J. Yang. 2009a. Linking pre-breeding for local germplasm improvement with cultivar development in maize breeding for short-season hybrids. *J. Plant Reg.* 4:86–92.

Carena, M. J., L. Pollak, W. Salhuana, and M. Denuc. 2009b. Development of unique lines for early-maturing hybrids: moving GEM germplasm northward and westward. *Euphytica* 170:

87–97.
Carena, M. J., G. Bergman, N. Riveland, E. Eriksmoen, and M. Halvorson. 2009c. Breeding maize for higher yield and quality under drought stress. *Maydica* 54:287–298.
Chase, S. S. 1949. Monoploid frequencies in a commercial double cross hybrid maize and its component single cross hybrids and inbred lines. *Genetics* 34:328–32.
Chase, S. S. 1952a. Production of homozygous diploids of maize from monoploids. *Agron. J.* 44:263–7.
Chase, S. S. 1952b. Monoploids in maize. In *Heterosis*, J. W. Gowen, (ed.), pp. 389–99. Iowa State University Press, Ames, IA.
Cockerham, C. C. 1961. Implications of genetic variances in a hybrid breeding program. *Crop Sci.* 1:47–52.
Compton, W. A., and R. E. Comstock. 1976. More on modified ear-to-row selection. *Crop Sci.* 16:122.
Comstock, R. E., H. F. Robinson, and P. H. Harvey. 1949. A breeding procedure designed to make maximum use of both general and specific combining ability. *Agron. J.* 41:360–7.
Coors, J. G. 1999. Selection methodology and heterosis. In *The Genetics and Exploitation of Heterosis in Crops*, J. G. Coors and S. Pandey, (eds.), pp. 225–45. ASA, CSSA, and SSSA, Madison, WI.
Crabb, A. R. 1947. *The Hybrid Corn Makers: Prophets of Plenty*. Rutgers University Press, New Brunswick, NJ.
Davis, R. L. 1927. Report of the plant breeder. *Rep. Puerto Rico Agric. Exp. Stn.* 14–15.
Dudley, J. W., and R. H. Moll. 1969. Interpretation and use of estimates of heritability and genetic variances to plant breeding. *Crop Sci.* 9:257–62.
Duvick, D. N. 1977. Genetic rates of gain in hybrid maize during the last 40 years. *Maydica* 22:187–96.
Duvick, D. N. 1981. Genetic rates of gain in hybrid maize during the last 40 years. *Maydica* 22: 187–96.
East, E. M. 1908. Inbreeding in corn. *Connecticut Agric. Exp. Stn. Rep.* 1907: 419–28.
Gardner, C. O. 1961. An evaluation of effects of mass selection and seed irradiation with thermal neutrons on yield of corn. *Crop Sci.* 1:241–5.
Good, R. L. 1990. Experiences with recurrent selection in a commercial seed company. *Annu. Corn Sorghum Res. Conf Proc.* 45: 80–92.
Goodman, M. M. 1976. Maize. In *Evolution of Crop Plants*, N. W. Simmonds, (ed.), pp. 128–36. Longman Group, London.
Goodsell, S. 1961. Male sterility in corn by androgenesis. *Crop Sci.* 1:227–8.
Hallauer, A. R. 1970. Zygote selection for the development of single-cross hybrids in maize. *Adv. Front. Plant Sci.* 25:75–81.
Hallauer, A. R. 1985. Compendium of recurrent selection methods and their application. *Crit. Rev. Plant Sci.* 3:1–34.
Hallauer, A. R. 1987. Breeding systems. In *CRC Handbook of Plant Science in Agriculture,* I. B. R. Christie, (ed.), pp. 61–87. CRC Press, Boca Raton, FL.
Hallauer, A. R. 1992. Use of genetic variation for breeding populations in cross-pollinated species. In *Plant Breeding in the 1990s*, H. T. Stalker and J. P. Murphy, (eds.), pp. 37–67. CAB Int'l, Wallingford.
Hallauer, A. R. 1999. Conversion of tropical maize germplasm for temperate area use. Ill. *Corn Breeders' Sch.* 35:2036.
Hallauer, A. R., and M. J. Carena. 2009. Maize breeding. In *Handbook of Plant Breeding: Cereals*, M. J. Carena (ed.), pp. 3–98. Springer, New York, NY.
Hallauer, A. R., and S. A. Eberhart. 1970. Reciprocal full-sib selection. *Crop Sci.* 10:315–16.
Hallauer, A. R., and J. H. Sears. 1973. Changes in quantitative traits associated with inbreeding in a synthetic variety of maize. *Crop Sci.* 13:327–330.

Hallauer, A. R., W. A. Russell, and K. R. Lamkey. 1988. Corn breeding. *In Corn and Corn Improvement*, 3rd ed., G. F. Sprague and J. W. Dudley, (eds.), pp. 469–564. ASA-CSSA-SSSA, Madison, WI.

Harrington, J. B. 1952. *Cereal Breeding Procedures*. FAO Paper 28, Rome.

Hayes, H. K. 1956. I saw hybrid corn develop. *Annu. Corn Sorghum Res. Conf Proc.* 7:48–55.

Hayes, H. K. 1963. *A Professor's Story of Hybrid Corn*. Burgess Publishing Company, Minneapolis, MN.

Hayes, H. K., F. R. Immer, and D. C. Smith. 1955. *Methods of Plant Breeding*. McGraw-Hill, New York, NY.

Hopkins, C. G. 1899.Improvement in the chemical composition of the corn kernel. *Ill. Agric. Exp. Stn. Bull.* 55:205–40.

Horner, E. S. 1956. Recurrent selection. *Annu. Corn Sorghum Res. Conf. Proc.* 11:75–79.

Hudson, J. C. 2004. *Making the Corn Belt: A Geographical History of Middle-Western Agriculture (Midwestern History & Culture Series)*. Indiana University Press, Bloomington, IN.

Hull, F. H. 1945. Recurrent selection and specific combining ability in corn. *J. Am. Soc. Agron.* 37: 134–45.

Hyrkas, A. K., and M. J. Carena. 2005. Response to long-term selection in early maturing synthetic varieties. *Euphytica* 143:43–9.

Jenkins, M. T. 1934. Methods of estimating the performance of double crosses in corn. *J. Am. Soc. Agron.* 26:199–204.

Jenkins, M. T. 1935. The effect of inbreeding and of selection within inbred lines of maize upon the hybrids made after successive generations of selfing. *Iowa State J. Sci.* 9:429–50.

Jenkins, M. T. 1940. The segregation of genes affecting yield of grain in maize. *J. Am. Soc. Agron.* 32: 55–63.

Jenkins, M. T., and A. M. Brunson. 1932. Methods of testing inbred lines of maize in crossbred combinations. *J. Am. Soc. Agron.* 24:523–30.

Jones, D. F. 1918. The effects of inbreeding and crossbreeding upon development. *Conn. Agric. Exp. Stn. Bull.* 207:5–100.

Jones, D. F., and W. R. Singleton. 1934. Crossed sweet corn. *Conn. Agric. Exp. Stn. Bull.* 361: 489–536.

Kermicle, J. L. 1969. Androgenesis conditioned by a mutation in maize. *Science* 166:1422–4.

Leaming, J. S. 1883. *Corn and Its Culture*. J. Steam Printing, Wilmington, OH.

Lloyd, W. A. 1911. J. S. Leaming and his corn. *Columbus Annu. Rep.* 87–103.

Longin, C. F. H., H. F. Utz, A. E. Melchinger, and J. C. Reif. 2006. Hybrid maize breeding with doubled haploids: comparison between selection criteria. *Acta Agron. Hung.* 54:343–50.

Lonnquist, J. H. 1952. Recurrent selection. *Annu. Corn Sorghum Res. Conf. Proc.* 7:20–32.

Lonnquist, J. H. 1964. Modification of the ear-to-row procedures for the improvement of maize populations. *Crop Sci.* 4:227–8.

Mclani, M. D., and M. J. Carena. 2005. Alternative heterotic patterns for the northern corn belt. *Crop Sci.* 45:2186–94.

Moll, R. H., and C. W. Stuber. 1974. Quantitative genetics: empirical results relevant to plant breeding. *Adv. Agron.* 26:277–313.

Olson, P. J., and H. L. Walster. 1932. Corn in its northern home. *North Dakota Agric. Exp. Stn. Bull.* 257.

Olson, P. J., H. L. Walster, and T. H. Hooper. 1927. Corn for North Dakota. *North Dakota Agric. Exp. Station Bull.* 207:No page number needed.

Pollak, L. M., 2003. The history and success of the public-private project on germplasm enhancement of maize (GEM). *Adv. Agron.* 78:45–87.

Richey, F. D. 1927. The convergent improvement of selfed lines of corn. *Am. Nat.* 61:430–49.

Russell, W. A. 1972. Registration of B70 and B73 parental lines of maize. *Crop Sci.* 12:721.

Russell, W. A., and S. A. Eberhart. 1975. Hybrid performance of selected maize lines from reciprocal recurrent and testcross selection programs. *Crop Sci.* 15:1–4.

Seitz, G. 2005. The use of doubled haploids in corn breeding. *Proc. Ill. Corn Breeders' School* 41:1–7.

Sezegen, B., and M. J. Carena. 2009. Divergent recurrent selection for cold tolerance in two improved maize populations. *Euphytica* 167:237–44.

Shull, G. H. 1908. The composition of a field of maize. *Am. Breeders' Assoc. Rep.* 4:296–301.

Shull, G. H. 1909. A pure-line method of corn breeding. *Am. Breeders' Assoc. Rep.* 5:51–9.

Shull, G. H. 1910. Hybridization methods in corn breeding. *Am. Breed. Mag.* 1:98–107.

Silva, J. C., and A. R. Hallauer. 1975. Estimation of epistatic variance in Iowa Stiff Stalk Synthetic maize. *J. Hered.* 66:290–96.

Smith, S. 2007. Pedigree background changes in U.S. hybrid maize between 1980 and 2004. *Crop Sci.* 47:1914–926.

Spitko, T., L. Sagi, J. Printer, L. C. Marton, and B. Barnabas. 2006. Haploid regeneration aptitude of maize (Zea mays L.) lines of various origin and of their hybrids. *Maydica* 34:537–42.

Sprague, G. F. 1946. Early testing of inbred lines of corn. *J. Am. Soc. Agron.* 38:108–17.

Sprague, G. F. 1955. Corn breeding. In *Corn and Corn Improvement*, G. F. Sprague, (ed.), pp. 221–92. Academic, New York, NY.

Sprague, G. F., and S. A. Eberhart. 1977. Corn breeding. In *Corn and Corn Improvement*, G. F. Sprague, (ed.), pp. 305–62. American Society of Agronomy, Madison, WI.

Stadler, L. J. 1944. Gamete selection in corn breeding. *J. Am. Soc. Agron.* 36:988–9.

Thompson, D. L. 1954. Combining ability of homozygous diploids of corn relative to lines derived by inbreeding. *Agron. J.* 46:133–6.

Troyer, A. F. 1999. Background of U.S. hybrid corn. *Crop Sci.* 39:601–26.

Wallace, H. A. 1923. Burnett's iodent. *Wallaces' Farmer* 46(6), Feb. 9, 1923.

Weatherspoon, J. H. 1973. Usefulness of recurrent selection schemes in a commercial corn breeding program. *Annu. Corn Sorghum Res. Conf. Proc.* 28:137–43.

Wiidakas, W. 1942. Early North Dakota hybrids. *North Dakota Agr. Exp. Stn. Bull.* 4:1–14.

Wilkes, G. 2004. Corn, strange and marvelous: but is a definitive origin known? In *Corn: Origin, History, Technology, and Production*, C. W. Smith, J. Betran, and E. C. A. Runge, (eds.), pp. 3–63. Wiley, Hoboken, NJ.

第2章　平均值和方差

2.1　广基与窄基的基础群体

对育种者来说，选育优良自交系的原始材料最重要，如果育种的基础群体选择失误，没有任何育种方法能使你取得成功。

玉米群体具有下列特性：随机交配（95%以上异花授粉），二倍体（$2n$=20），雌雄同株异花，通常雄花先散粉，一般没有母体效应，连锁平衡，正常授粉（无配子间竞争），正常减数分裂和分离。

在选择基础材料培育自交系和杂交种时，群体平均值和遗传方差是最重要的因素。显然，应当选择平均值高的群体。但群体遗传变异研究表明，对不同类型的群体应采取不同的研究方法。基础群体有可能来自两个自交系杂交后形成的窄基群体，或者来自改良过或未经改良过的遗传基础较广的群体。广基群体可能来源于许多自交系的杂交后代（综合种）、自由授粉品种或品种与种族混合的复合品种。一般从理论上讲，并不刻意区分群体来源，除非有特殊要求。

在育种上普遍使用两个优良自交系杂交的后代群体，于是，我们能确定两个纯系杂交后不同世代，也包括回交群体的遗传组成。估计这些世代的遗传方差，假定每个位点有2个等位基因，已知基因频率（p 和 q），且分离位点频率相同（p=q=0.5），这就不同于广基群体，很容易进行推导和解释。对广基群体，由于不知道等位基因频率，只能根据交配设计产生的后代来估计遗传方差。这些后代是基于亲属间协方差的遗传组成（见第3章）。交配设计后代的方差分析，用于估算加性和显性遗传效应、平均显性度、上位效应、相对遗传力及期望的遗传增益。公益性育种机构种植这些交配设计的后代不仅是为了估算遗传方差，而且不只是依赖共祖系数而进行选择。遗传方差估值用于制定育种方案，预测选择响应，建立选择指数，预测杂交种表现和更有效地配置育种资源（Bernardo，2002）。

按照现代数量遗传学理论，群体均值和方差是由基因效应和基因频率，即由群体的遗传结构决定的。但群体遗传结构取决于几个因素，如倍性水平、连锁、交配系统和一系列环境与遗传因素。因此，为了建立理论模型，必须知道这些因素的效应，或者必须对它们的效应加以限制。

通常是在一组特定环境条件下抽样估算群体参数（Cockerham，1963），于是，必须指定基础群体的基因型和所处环境，不能把一个群体的遗传参数推论到另一个群体，特别是经过选择的群体。例如，在全基因组选择时，即使是群体内选择，每次选择后，都要重新优化分子标记（例如，轮回选择中不同轮次的群体）。Kempthorne（1957）和Falconer（1960）对群体平均值和方差有更详细的介绍。

2.2 Hardy-Weinberg 平衡

假定基础群体处于 Hardy-Weinberg 平衡条件。1908 年，Hardy 和 Weinberg 分别发现这一定律：在随机交配的大群体中，如果没有发生突变、迁移和选择，基因频率和基因型频率就不会随世代而改变，该群体就处于 Hardy-Weinberg 平衡，除非有某种力量改变群体基因频率和基因型频率。

这一概念可用经过一代随机交配的任何群体的单位点效应来解释。Hardy-Weinberg 平衡定律可用二倍体生物（如玉米）一个位点的两个等位基因（A_1 和 A_2）来说明，现在我们分析一个群体的基因型频率，如下。

基因型	A_1A_1	A_1A_2	A_2A_2	
个体数量	n_1	n_2	n_3	$n_1+n_2+n_3=N$
频率	$P=n_1/N$	$Q=n_2/N$	$R=n_3/N$	$P+Q+R=1$

在该群体中，位点 A 的基因数是 $2N$，即每个二倍体单株有 2 个基因。于是，基因 A_1 和 A_2 的数量分别是 $2n_1+n_2$ 和 $2n_3+n_2$，它们的频率是

$$p(A_1)=\frac{2n_1+n_2}{2N}=\frac{n_1+\left(\frac{1}{2}\right)n_2}{N}=P+\frac{1}{2}Q$$

$$q(A_2)=\frac{2n_3+n_2}{2N}=\frac{n_3+\left(\frac{1}{2}\right)n_2}{N}=R+\frac{1}{2}Q$$

由于在随机交配群体中配子随机结合，下一代基因型及频率是

基因型		雄配子		频率		雄配子	
		A_1	A_2			p	q
雌配子	A_1	A_1A_1	A_1A_2	雌配子	p	p^2	pq
	A_2	A_1A_2	A_2A_2		q	pq	q^2

于是，基因型频率是 p^2（A_1A_1）：$2pq$（A_1A_2）：q^2（A_2A_2），由于下一代不改变基因型频率，该群体就被认为是处于 Hardy-Weinberg 平衡。图 2.1 显示在基因频率从 0 到 1 时基因型频率的变化过程。

Hardy-Weinberg 平衡定律可以扩展到多个等位基因的情况。一般情况下，如果用 p_i 表示一个位点第 i 个等位基因的频率，那么基因型频率分别为

$$\sum_i p_i^2 \quad \text{表示纯合基因型（}A_iA_i\text{）}$$

$$2\sum_{i<i'} p_i p_{i'} \quad \text{表示杂合基因型（}A_iA_{i'}\text{）}$$

若每个位点有两个等位基因，当基因频率 $p=q=0.5$ 时，杂合子频率最大（$Q=2pq$）。因此，在优良纯系×优良纯系的 F_2 群体中，杂合子频率最大。

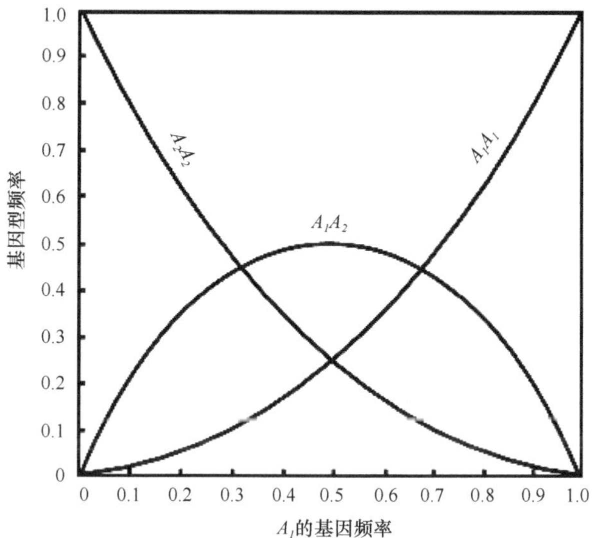

图 2.1　Hardy-Weinberg 平衡群体中一个位点两个等位基因频率从 0 到 1.0 时基因型频率的分布

2.3　非自交群体和衍生家系的平均值

一个群体的表型特征不仅仅是基因和基因型频率，还包括数量性状的平均值和方差（图 2.2）。环境因素会显著地影响性状表达。研究这些性状需要考察它们的集中度和离散度，而不仅仅是表现型的比例。只要样本量足够大，并采用随机方式，基因组学方法就能够提供更多的数量性状的遗传结构和基因信息。

碱基对>基因>染色体>基因型>环境>表现型>群体

图 2.2　群体的表现型包含了基因型和环境效应

一个数量性状的表型值就是它的观测值，其效应能够度量。与基因型相关的数值需要间接地通过相应的表型值才能得到。

表型值可剖分为基因型值和环境偏差：

$$P（表型值）=G（基因型值）+E（环境偏差）$$

表型值由遗传和非遗传因素所决定，要准确测定个体的基因型值仍然很难。但如果我们用一个简单的遗传模型（一个位点两个等位基因），可以把基因型值与表型区分开，就可以测定基因型值了。于是，如果给基因型任意赋值，我们就可以建立一个基因型值的尺度，如下。

A_2A_2		A_1A_2	A_1A_1
$-a$	0	d	a

这里，d 和 d/a 表示显性水平，0 为中亲值，d 取决于 d/a 或位点所显示的显性度。

影响玉米株高的基因显性度不同于小麦等自花授粉作物中影响株高的基因显性水平。在玉米中，杂种优势很重要，自交系与杂交种的株高差异非常明显，而且影响这类性状的基因显性水平也有巨大差异。

如果	d=0	d/a=0	无显性
	d>0 但 d<a	0<d/a<1	部分显性
	d=a（或$-a$）	d/a=1	完全显性
	d>a	d/a>1	超显性

基因频率怎样影响群体中性状的平均值呢？

设一个位点有两个等位基因，A_1 和 A_2，假定每个位点对单株总的表型有特定效应，任意假定 A_1 为增效基因，我们分别用 a、$-a$ 和 d 表示 A_1A_1、A_2A_2 和 A_1A_2 的基因型值。这些效应用与两个纯合体平均值的离差来表示。

计算群体平均值既要考虑基因型频率，又要考虑基因型效应（表 2.1）。令 p 和 q 分别作为基因 A_1 和 A_2 的频率。

表 2.1　在 Hardy-Weinberg 平衡群体中一个位点两个等位基因的基因型值及频率

基因型	频率（F_i）	A_1 等位基因数	基因型值*（X_i）
A_1A_1	p^2	2	$\boldsymbol{a}$　d　u　z
A_1A_2	$2pq$	1	$\boldsymbol{d}$　$\hat{h}$　au　$\hat{h}$
A_2A_2	q^2	0	$\boldsymbol{-a}$　$-d$　$-u$　o

注：表中前两列表示随机交配群体中 3 种基因型及其频率；* 表示在文献中使用的不同符号，本书使用 a、d 和$-a$

群体平均值等于每个基因型的值（X_i 或基因型效应）与频率（F_i）的乘积，然后 3 种基因型求和。

$$\overline{X} = \sum(X_iF_i) \text{ 或 } \sum X_i/n$$

因为频率的总和等于 1（p+q=1），基因型值乘以频率的总和即为平均值：

$$\begin{aligned}\overline{X} &= p^2a + 2pqd - q^2a \\ &= \left(p^2 - q^2\right)a + 2pqd \\ &= \left(p+q\right)\left(p-q\right)a + 2pqd \\ &= \left(p-q\right)a + 2pqd\end{aligned}$$

如果是多个位点，则

$$\overline{X} = \sum\left(p-q\right)a + 2\sum pqd$$

从上式可见，群体平均值随显性水平和基因频率及基因的固定而发生变化。设问，如果 d=0，或 A_1 固定，或 d=a，或者在平衡群体，平均值会发生怎样的变化？任何位点对群体平均值的贡献包括纯合子和杂合子两种情况。公式假定位点组合对性状产生联合加性效应，因此，加性反应不仅与单位点等位基因有关，也包含不同位点的等位基因效应。若既没有显性效应，位点间也不存在上位性离差，则单位点等位基因只有加性反应。由于环境效应被认为是与群体总平均值的离差，它们的效应超过 0，并表现为平均表型值。

2.3.1 半同胞家系平均值

群体的随机花粉对一母本植株授粉后产生种子即得到半同胞家系（表 2.2）。

表 2.2　在一个位点两个等位基因的 Hardy-Weinberg 平衡群体中半同胞家系的基因型值和频率

雌性亲本	频率	家系基因型[a]			半同胞家系的基因型值
		A_1A_1	A_1A_2	A_2A_2	
A_1A_1	p^2	P	q	—	$pa+qd$
A_1A_2	$2pq$	(1/2) p	1/2	(1/2) q	(1/2) $[(p-q)a+d]$
A_2A_2	q^2	—	p	q	$pd-qa$

[a] 由 p（A_1）和 q（A_2）雄配子授粉产生

半同胞家系的群体平均值为

$$\overline{X}_{\text{HS}} = p^2(pa+qd)+2pq(½)[(p-q)a+d]+q^2(pd-qa)=(p-q)a+2pqd$$

（原书稿中该公式有误，现已更正——译者）

这等于原始群体的平均值。

2.3.2 全同胞家系

群体内两个随机植株杂交产生全同胞家系，每个杂交组合的概率是基因型频率的乘积（表 2.3）。

表 2.3　在一个位点两个等位基因的 Hardy-Weinberg 平衡群体中全同胞家系的基因型值和频率

雌性亲本	雄性亲本	组合概率	家系基因型			全同胞家系基因型值
			A_1A_1	A_1A_2	A_2A_2	
A_1A_1	A_1A_1	p^4	1	—	—	a
	A_1A_2	$2p^3q$	1/2	1/2	—	$(1/2)(a+d)$
	A_2A_2	p^2q^2	—	1	—	d
A_1A_2	A_1A_1	$2p^3q$	1/2	1/2	—	$(1/2)(a+d)$
	A_1A_2	$4p^2q^2$	1/4	1/2	1/4	d
	A_2A_2	$2pq^3$	—	1/2	1/2	$(1/2)(d-a)$
A_2A_2	A_1A_1	p^2q^2	—	1	—	d
	A_1A_2	$2pq^3$	—	1/2	1/2	$(1/2)(d-a)$
	A_2A_2	q^4	—	—	1	$-a$

全同胞家系的群体平均值为

$$\overline{X}_{\text{FS}} = p^4a+2p^3q(½)[(a+d)+\cdots+q^4](-a)=(p-q)a+2pqd$$

结果表明，半同胞家系和全同胞家系的期望值都等于基础群体的平均值。

2.3.3 自交家系

自交是最常见的近交系统，在育种实践中主要用于系谱法选育自交系。从非自交的Hardy-Weinberg平衡群体得到自交家系，表2.4是自交一代的S_1家系结构。假定F_2群体等同于S_0，且全书都遵循这一设定。

表2.4 在一个位点两个等位基因的非自交Hardy-Weinberg平衡群体中自交（S_1）家系的基因型值及频率

亲本基因型	频率	家系基因型*			S_1家系基因型值
		A_1A_1	A_1A_2	A_2A_2	
A_1A_1	p^2	1	—	—	a
A_1A_2	$2pq$	1/4	1/2	1/4	$(1/2)d$
A_2A_2	q^2	—	—	1	$-a$

*经过一代自交

自交家系的群体平均值为

$$\overline{X}_{S_1}=p^2a+2pq(½)d+q^2(-a)=(p-q)a+pqd$$

（原书稿中该公式有误，现已更正——译者）

在无显性，即d=0时，自交家系的群体平均值等于基础群体的平均值。如果存在显性效应，则自交家系的群体平均值会降低。如果 S_1 群体的基因频率与基础群体相同，则S_1群体的平均值介于S_0与S_∞代均值的一半。

如果S_1群体与参照群体有相同的基因频率，S_1群体的平均值比S_0群体减半。在常规自交过程中，由于杂合子频率降低，群体的平均值也逐渐降低。在自交n代后的通用公式如下：

$$\overline{X}_{S_n}=(p-q)a+(½)^{n-1}pqd$$

（原书稿中该公式有误，现已更正——译者）

当n=0时，该均值等于非自交群体的平均值。

上式可表示为自交n代后近交系数F_n的函数，群体平均值为

$$\overline{X}_{S_n}=(p-q)a+2(1-F_n)pqd$$

（原书稿中该公式有误，现已更正——译者）

当F=0时，上式等于非自交群体的平均值。

大多数基础群体（第一代分离群体，在玉米中用 S_0 表示）来自优良自交系与优良自交系杂交，所有分离位点基因频率的期望值是1/2，于是假定F_2群体的基因频率处于平衡状态p=q=1/2。然而，连锁会造成严重偏倚。例如，大多数商业育种群体就偏离平衡状态；但北达科他州立大学的玉米育种项目却用任意基因频率的广基群体选育自交系。

若两个自交系杂交，在考虑一个位点、两个等位基因A和a的情况下：

亲本　　AA　　×　　aa

F_1　　　Aa

以 S_0 为基础群体，则

F_2（S_0）　$(1/4)AA$　$(1/2)Aa$　$(1/4)aa$（基础群体等位基因分离）

↓　↓　↓

⊗50　⊗100　⊗50（假如群体共200株）

经过一代自交授粉得到 S_1 群体：

$$F_3(S_1)\quad (1/4)AA\quad (1/2)[(1/4)AA+(1/2)Aa+(1/4)aa]\quad (1/4)aa$$

于是，我们能计算每一世代的平均值：

$$\begin{aligned}\overline{X}_{S_0} &= (1/4)AA+(1/2)Aa+(1/4)aa\\ &= (1/4)a+(1/2)d-(1/4)a\\ &= (1/2)d\end{aligned}$$

$$\begin{aligned}\overline{X}_{S_1} &= (1/4)AA+(1/2)\left[(1/4)AA+(1/2)Aa+(1/4)aa\right]+(1/4)aa\\ &= (1/4)a+(1/2)\left[(1/2)d\right]-(1/4)a\\ &= (1/4)d\end{aligned}$$

如果回到基因型值尺度，当存在显性效应和自交时，平均值逐渐减少，示意图如下。

aa	0			Aa	AA
$-a$		$(1/4)\ d$	$(1/2)\ d$	d	a
		↓	↓	↓	
		F_3	F_2	F_1	

玉米的株高和籽粒产量都很接近理论值。

2.4　自交群体和衍生家系的平均值

自交与非自交群体的主要差别是基因型频率。若基因频率保持不变，但在自交的情况下，基因型频率发生很大变化；自交减少了杂合子的频率，相应地增加了纯合子的频率。用 Wright 的近交系数 F 来确定近交程度，表 2.5 是在自交时基因型频率的分布。

表 2.5　在一个位点两个等位基因的自交群体中基因型值与频率

基因型	频率	基因型值
A_1A_1	p^2+Fpq	a
A_1A_2	$2pq(1-F)$	d
A_2A_2	q^2+Fpq	$-a$

于是，自交群体的平均值为

$$\overline{X}_S=(p-q)a+2pq(1-F)d$$

当 F=1 时（完全纯合群体），由于没有显性效应，自交群体的平均值等于 $(p-q)a$。

当 $F=1/2$ 时，自交群体平均值为 $(p-q)a+pqd$，等于 S_1 家系的平均值（表 2.4）。

从非自交后代产生的自交群体所衍生的半同胞和全同胞家系，因为进行了一次随机交配，所以群体平均值等于非自交系群体的平均值 $(p-q)a+2pqd$。

Kempthorne（1957）给出了自交群体平均值变化的通用公式，其中包括了上位效应。根据他的定义，在自交过程中，尽管缺少了显性和显性上位效应，但并不改变群体平均值。如果没有显性上位效应，即使存在加性上位效应，自交群体的平均值也与 F 呈线性相关。

2.5 两群体杂交组合的平均值

令 P_1 和 P_2 为两个 Hardy-Weinberg 平衡群体，设群体 P_1 的两个等位基因 A_1 和 A_2 的频率分别为 p 和 q，群体 P_2 的两个相同等位基因的频率分别为 r 和 s，表 2.6 为两个群体杂交后的遗传结构。

表 2.6 在两个 Hardy-Weinberg 平衡群体杂交组合，一个位点两个等位基因下的基因型值和频率

基因型	频率	基因型值
A_1A_1	pr	a
A_1A_2	$ps+qr$	d
A_2A_2	qs	$-a$

群体杂交单位点平均值：

$$\overline{X}_{12}=(pr-qs)a+(ps+qr)d$$

也可根据家系结构获得两群体杂交的平均值。若 P_1 为母本群体，得到半同胞家系，我们便可获得表 2.7 的家系结构。

表 2.7 一个位点两个等位基因下两个半同胞家系群体杂交的基因型值与频率

母本 P_1	频率	家系基因型*			半同胞家系基因型值
		A_1A_1	A_1A_2	A_2A_2	
A_1A_1	p^2	r	s	—	$ra+sd$
A_1A_2	$2pq$	$(½)r$	$(½)(r+s)$	$(½)s$	$(½)(r-s)a+(½)d$
A_2A_2	q^2	—	r	s	$rd-sa$

* 用 P_2 群体的 $r(A_1)$ 和 $s(A_2)$ 花粉授粉

那么，半同胞家系的平均值为

$$\begin{aligned}\overline{X}_{\mathrm{HS}_{12}}&=p^2(ra+sd)+2pq\left[(½)(r-s)a+(½)d\right]+q^2(rd-sa)\\&=(pr-qs)a+(ps+qr)d\end{aligned}$$

该平均值等于随机交配群体的平均值。请注意，不管哪个群体作母本，平均值都是一样的。

如果全同胞家系的群体杂交，那么我们得到的基因型值和频率见表 2.8。

平均值为

$$\overline{X}_{\mathrm{FS}_{12}}=p^2r^2a+2p^2rs(½)(a+d)+\cdots+q^2s^2(-a)=(pr-qs)a+(ps+qr)d$$

平均值也等于随机交配群体的平均值，且不管哪个群体作母本，平均值都一样。

表 2.8　一个位点两个等位基因下两个全同胞家系群体杂交的基因型值和频率

母本 P_1	父本 P_2	组合频率	家系基因型			全同胞家系基因型值
			A_1A_1	A_1A_2	A_2A_2	
A_1A_1	A_1A_1	p^2r^2	1	0	0	a
	A_1A_2	$2p^2rs$	1/2	1/2	0	$(1/2)(a+d)$
	A_2A_2	p^2s^2	0	1	0	d
A_1A_2	A_1A_1	$2pqr^2$	1/2	1/2	0	$(1/2)(a+d)$
	A_1A_2	$4pqrs$	1/4	1/2	1/4	$(1/2)d$
	A_2A_2	$2pqs^2$	0	1/2	1/2	$(1/2)(d-a)$
A_2A_2	A_1A_1	q^2r^2	0	1	0	d
	A_1A_2	$2q^2rs$	0	1/2	1/2	$(1/2)(d-a)$
	A_2A_2	q^2s^2	0	0	1	$-a$

2.6　平 均 效 应

基因的平均效应值与基因型无关，而是由个体所携带和传递给后代的基因所决定的。一个等位基因的平均效应值是个体与群体平均值的平均离差（表 2.9）。

表 2.9　单位点模型中等位基因的基因型值、频率与平均效应值

基因型	频率（F_i）	基因型值（Y_i）	A_1 配子	A_2 配子
A_1A_1	p^2	a	p	0
A_1A_2	$2pq$	d	q	p
A_2A_2	q^2	$-a$	0	q

于是，A_1 等位基因的平均效应值 α_1 为

$$\alpha_1 = pa + qd - \overline{X} = pa + qd - \left[(p-q)a + 2pqd\right]$$

$$\alpha_1 = q\left[a + (q-p)d\right]$$

A_2 等位基因的平均效应值 α_2 为

$$\alpha_2 = pd - qa - \overline{X} = pd - qa - \left[(p-q)a + 2pqd\right]$$

（原书该公式有误，现已更正——译者）

$$\alpha_2 = -p\left[a + (q-p)d\right]$$

基因的平均效应是理解育种值的基础。一个基因的平均效应定义为群体内接受了某个基因的所有个体的平均基因型值距群体平均值的离差，这些个体的其他基因则随机来自整个群体（表 2.10）。

表 2.10　单位点下拥有共同亲本配子的后代基因型和平均效应（Falconer，1960）

配子	子代基因型*			子代效应	群体平均值	基因的平均效应
	A_1A_1	A_1A_2	A_2A_2			
A_1	p	q	0	$pa+qd$	$(p-q)a+2pqd$	$\alpha_1 = q\left[a+(q-p)d\right]$
A_2	0	p	q	$pd-qa$	$(p-q)a+2pqd$	$\alpha_2 = -p\left[a+(q-p)d\right]$

*用 p（A_1）和 q（A_2）随机配子授粉

若一个位点有两个等位基因，我们可以定义两个等位基因间平均效应的差为基因平均代换效应α：

$$\alpha = \alpha_1 - \alpha_2 = (p+q)\left[a+(q-p)d\right]$$

（原书公式有误，现已更正——译者）

$$\alpha = a+(q-p)d$$

基因的平均代换效应是每个基因型的一个基因被它的等位基因代换所产生的平均离差。设随机交配群体中A_2基因被等位基因A_1替代。如果A_1A_1、A_1A_2和A_2A_2的基因型频率分别为p^2、$2pq$和q^2，那么，基因型A_1A_2和A_2A_2中基因被代换的频率为$pq+q^2=q$。同理，A_1A_2的基因型频率为$pq/q=p$，A_2A_2的基因型频率为$q^2/q=q$等，即在A_1A_2和A_2A_2中A_2基因被代换的频率分别为p和q。当A_1A_2发生代换时，基因型值从d变为a，当A_2A_2发生代换时，基因型值从$-a$变为d。群体变化为

$$\alpha = p(a-d)+q(d+a) = a+(q-p)d$$

这是基因代换平均效应的定义，可以看出基因代换平均效应α是发生代换的两个基因平均效应之差，即$\alpha=\alpha_1-\alpha_2$（表 2.10）。基因的平均效应和基因代换的平均效应都取决于基因效应和基因频率，所以这两种平均效应既是群体特征，又是基因特征。

2.7 育 种 值

研究随机交配群体时，必须明白任何子代的基因型与它们的双亲是不同的，子代个体与亲本的关系只是从该亲本得到配子。众所周知，配子是单倍体，只携带基因而不是基因型。因此，在理解随机交配群体中数量性状遗传的时候，需要度量基因（而不是基因型）的个体效应，Falconer（1960）称为育种值，它是由子代平均值来推断的个体值。

于是，可以度量个体的育种值。由于只有一半基因传递到子代，因此育种值是子代对群体平均值离差的 2 倍。

个体育种值等于它所携带的基因平均效应的总和（表 2.11）。如果考虑所有位点，一个特定基因型的育种值是每个位点育种值的总和（累加基因型）。

表 2.11 单位点模型的基因型值、频率及育种值

基因型	频率	基因型值	育种值
A_1A_1	p^2	a	$2\alpha_1$
A_1A_2	$2pq$	d	$\alpha_1+\alpha_2$
A_2A_2	q^2	$-a$	$2\alpha_2$

把平均基因效应的概念延伸到个体基因型，给出了个体育种值概念。在基因水平上，育种值是所有位点所有等位基因平均效应的总和。与基因的平均效应类似，育种值既是个体特征，又是群体特征，但育种值可通过试验来测量。于是，育种值是可测量的数值，在动物育种中用得较多，因为个体值是最重要的指标。但玉米的个体值不太重要，人们更关注整个群体。在这种情况下，个体只是暂时代表整个群体和基因库。然而，基因平

均效应和个体育种值概念与基因型评价程序如玉米的顶交测试密切相关。

2.8 遗传方差

选择育种群体不仅要有较高的表型值，还要有较大的有用遗传方差。

表型值变异（表型方差）可剖分成几个能够观察到的方差成分：

$$\hat{\sigma}_{\mathrm{P}}^2=\hat{\sigma}_{\mathrm{G}}^2+\hat{\sigma}_{\mathrm{E}}^2+\hat{\sigma}_{\mathrm{GE}}^2$$

尽管育种者的目标是把遗传方差（$\hat{\sigma}_{\mathrm{G}}^2$）与环境方差（$\hat{\sigma}_{\mathrm{E}}^2$）区分开，但由于基因型与环境之间存在交叉（改变次序）与非交叉（量级）的互作方差（$\hat{\sigma}_{\mathrm{GE}}^2$），因此方差是最难控制的。

Fisher（1918）最先提出在随机交配群体中，把遗传方差剖分成 3 个部分：①由基因的平均效应产生的加性成分；②由等位基因互作产生的显性成分；③由非等位基因互作产生的上位性效应。于是，遗传方差由以下成分构成：

$$\hat{\sigma}_{\mathrm{G}}^2=\hat{\sigma}_{\mathrm{A}}^2+\hat{\sigma}_{\mathrm{D}}^2+\hat{\sigma}_{\mathrm{I}}^2$$

上位性互作引起上位性方差$\hat{\sigma}_{\mathrm{I}}^2$，这是由不同位点的互作离差引起的方差成分。根据参与互作的位点数可进一步剖分为不同类型的上位性方差成分，如两位点互作、三位点互作等。还可根据互作类型进一步剖分，如果互作效应涉及育种值，那就是加性×加性互作方差（$\hat{\sigma}_{\mathrm{AA}}^2$）；如果一个位点的育种值与另一个位点的显性离差之间发生互作，那就是加性×显性互作方差（$\hat{\sigma}_{\mathrm{AD}}^2$）；如果两位点的显性离差之间发生互作，那就是显性×显性互作方差（$\hat{\sigma}_{\mathrm{DD}}^2$）。

Cockerham（1954）和 Kempthorne（1954）提出了剖分遗传方差的一般理论，于是，遗传方差可剖分成以下成分。

$\hat{\sigma}_{\mathrm{A}}^2$是由同一位点内加性等位基因平均效应引起的加性方差。

$\hat{\sigma}_{\mathrm{D}}^2$是由同一位点内等位基因平均效应互作引起的显性方差。

$\hat{\sigma}_{\mathrm{AA}}^2$，$\hat{\sigma}_{\mathrm{AAA}}^2$，…是由两个或多个位点间加性效应互作引起的上位性方差。

$\hat{\sigma}_{\mathrm{DD}}^2$，$\hat{\sigma}_{\mathrm{DDD}}^2$，…是由两个或多个位点间显性效应互作引起的上位性方差。

$\hat{\sigma}_{\mathrm{AD}}^2$，$\hat{\sigma}_{\mathrm{AAD}}^2$，$\hat{\sigma}_{\mathrm{ADD}}^2$，…是由两个或多个位点间加性与显性效应互作引起的上位性方差。

集合所有这些成分，总的遗传方差为

$$\hat{\sigma}_{\mathrm{G}}^2=\hat{\sigma}_{\mathrm{A}}^2+\hat{\sigma}_{\mathrm{D}}^2+\hat{\sigma}_{\mathrm{AA}}^2+\hat{\sigma}_{\mathrm{DD}}^2+\hat{\sigma}_{\mathrm{AD}}^2+\hat{\sigma}_{\mathrm{AAA}}^2+\hat{\sigma}_{\mathrm{AAD}}^2+\cdots$$

在同一染色体或不同染色体上，控制数量性状表达的位点间经常发生互作效应。但即使在分子水平上估算互作方差也是非常困难的。

遗传方差的另一来源是连锁不平衡，在这种情况下，不能用基因频率来预测多位点基因型频率。如果没有上位性效应，我们可以估计两个位点的总基因型方差，计算如下：

$$\hat{\sigma}_{\mathrm{TG}}^{2}=\hat{\sigma}_{\mathrm{G}}^{2}(\text{第1个位点})+\hat{\sigma}_{\mathrm{G}}^{2}(\text{第2个位点})+2\widehat{\mathrm{Cov}}(\text{2个位点})$$

（原书有误，现已更正——译者）

协方差是不同个体在两个位点基因型值间的相关，该相关既可能是正，也可能是负。因此，连锁不平衡是增加抑或减少遗传方差取决于连锁相。相引相连锁能引起加性和显性遗传方差上行偏倚；相斥相连锁只能增加显性遗传方差，而加性遗传方差将会减少。在随机交配的平衡状态没有协方差。

用分子标记研究性状连锁已成为改良数量性状的热门话题，但数量性状是由大量基因控制的，与环境效应相比，每个基因的效应相对较小（Lonnquist，1963）。根据这一定义，数量性状是由多基因（Mather，1941）和数量性状基因座（QTL）（Geldermann，1975）或影响数量性状的染色体片段（Falconer and Mackay，1996）决定的。这并不是当前流行的基于分子标记的两亲本作图群体的 QTL 定位分析，现在的育种计划可以根据位点和标记间的连锁程度（如种质的关联分析、全基因组选择）来评价种质，并产生与改良种质有关的信息（Sorrells，2008）。然而，所有这些研究手段都依靠强大的育种项目来维持，还需要证明是选育品种的有效方式。其他方法，如 Meta-QTL 分析，专注于在许多群体中都稳定表达并有育种潜力的主效 QTL（Snape et al.，2008）。

2.8.1 总遗传方差

如下表，一个 Hardy-Weinberg 平衡群体的总遗传方差来自表 2.1 的变形。

基因型	频率（F_i）	基因型值（GV）	F_i×GV
A_1A_1	p^2	a	p^2a
A_1A_2	$2pq$	d	$2pqd$
A_2A_2	q^2	$-a$	$q^2(-a)$

于是，我们能够用统计学方法来估算方差，并估算群体的遗传方差：

$$\hat{\sigma}_{\mathrm{G}}^{2}=\sum F_iX_i^2-\sum\left(F_iX_i\right)^2 \text{ 或 } \sum X_i^2-\left(\sum X_i\right)^2/n \text{ 或 } \sum\left(X_i-\overline{X}\right)^2$$

在这种情况下，平均值是计算公式中的校正因子，于是

$$\hat{\sigma}_{\mathrm{G}}^{2}=\left[p^2a^2+zpqd^2+q^2\left(-a\right)^2\right]-\overline{X}^2$$

这样，单位点总遗传方差为

$$\begin{aligned}\hat{\sigma}_{\mathrm{G}}^{2}&=p^2a^2+zpqd^2+q^2\left(-a\right)^2-\left(p-q\right)^2a^2-4pq\left(p-q\right)ad-4p^2q^2d^2\\&=2pqd^2+2pqa^2-4pq\left(p-q\right)ad-4p^2q^2d^2\\&=2pq\left[d^2+a^2-2\left(p-q\right)ad-2pqd^2\right]\end{aligned}$$

（原书公式有误，现已更正——译者）

$$\hat{\sigma}_{\mathrm{G}}^{2}=2pq\left[a^2+2\left(q-p\right)ad+\left(1-2pq\right)d^2\right]$$

若平衡群体的 $p=q=0.5$（如 F_2 群体），我们得到

$$\hat{\sigma}_{\mathrm{G}}^{2}=\left(\tfrac{1}{2}\right)a^2+\left(\tfrac{1}{4}\right)d^2$$

公式中的第一项对育种者最重要，而第二项无法固定。

2.8.2　加性遗传方差

加性遗传方差来自下表：

基因型	频率（F_i）	育种值
A_1A_1	p^2	$2\alpha_1 = 2q\alpha$
A_1A_2	$2pq$	$\alpha_1+\alpha_2=(q-p)\alpha$
A_2A_2	q^2	$2\alpha_2 = -2p\alpha$

于是，加性遗传方差如下：

$$\hat{\sigma}_{\mathrm{A}}^2 = p^2(2q\alpha)^2 + 2pq[(q-p)\alpha]^2 + q^2(-2p\alpha)^2 = 2pq\alpha^2(2pq+q^2+p^2)$$

单位点加性遗传方差为

由于 $p^2+2pq+q^2=1$，于是单位点加性遗传方差为

$$\hat{\sigma}_{\mathrm{A}}^2 = 2pq\alpha^2 \text{或} 2pq[a+(q-p)d]^2$$

（原文公式有误，现已更正——译者）

显然，$\hat{\sigma}_{\mathrm{A}}^2$ 取决于基因频率，在平衡群体中分离等位基因。例如，$p=q=0.5$ 时，得

$$\hat{\sigma}_{\mathrm{A}}^2 = 2pq[a+(q-p)d]^2 = 2pqa^2$$

$$\hat{\sigma}_{\mathrm{A}}^2 = (1/2)a^2$$

这是在 F_2 群体特殊情况下的加性遗传方差。

在任意基因频率时，如遗传基础广泛的群体，应用下面公式：

$$\hat{\sigma}_{\mathrm{S}_0}^2 = \hat{\sigma}_{\mathrm{A}}^2$$

但要注意，在这个分离群体中 $\hat{\sigma}_{\mathrm{A}}^2$ 在等位基因之间有显性效应。

2.8.3　显性遗传离差

显性方差是总方差的剩余项，通过减法计算。

$$\begin{aligned}\hat{\sigma}_{\mathrm{D}}^2 &= \hat{\sigma}_{\mathrm{G}}^2 - \hat{\sigma}_{\mathrm{A}}^2 \\ &= 2pq[a^2+2(q-p)ad+(1-2pq)d^2] - 2pq[a+(q-p)d]^2 \\ &= 2pqd^2(2pq)\end{aligned}$$

这样，单位点显性遗传方差为

$$\hat{\sigma}_{\mathrm{D}}^2 = 4p^2q^2d^2$$

$\hat{\sigma}_{\mathrm{D}}^2$ 也依赖于基因频率，于是在平衡状态的分离等位基因，如 $p=q=0.5$ 时，则有

$$\hat{\sigma}_{\mathrm{D}}^2 = 4(1/4)(1/4)d^2 = (1/4)d^2$$

这是在 F_2 群体特殊情况下的显性遗传方差。

在任意基因频率时，如遗传基础广泛的群体，应用下面的公式：

$$\hat{\sigma}_{S_0}^2=\hat{\sigma}_D^2$$

但在这个分离群体中$\hat{\sigma}_D^2$不含加性效应。

加性（$\hat{\sigma}_A^2$）和显性（$\hat{\sigma}_D^2$）遗传方差都可以用回归分析来解释（Falconer and Mackay，1996）。$\hat{\sigma}_A^2$定义为个体基因型中基因型值对基因频率的线性回归的方差，即回归方差分析中的平方和，而$\hat{\sigma}_D^2$代表对回归离差的方差。于是，显性方差是基因型值对基因型中基因含量回归的离差。

于是，从加性遗传方差的例子，得

$$\begin{aligned}\hat{\sigma}_A^2&=[\widehat{\text{Cov}}]^2/\widehat{\text{Var}}\\&=\left\{2pq\left[a+(q-p)d\right]\right\}^2/2pq\\&=2pq\left[a+(q-p)d\right]^2\end{aligned}$$

表 2.12 是在最简单的情况下，即取一阶导数为零，无显性和完全显性时，$\hat{\sigma}_G^2$、$\hat{\sigma}_A^2$和$\hat{\sigma}_D^2$最大值时的基因频率。

表 2.12　单位点两个等位基因下无显性和完全显性的$\hat{\sigma}_G^2$、$\hat{\sigma}_A^2$和$\hat{\sigma}_D^2$最大值时的基因频率（p）

基因作用方式	$\hat{\sigma}_G^2$	$\hat{\sigma}_A^2$	$\hat{\sigma}_D^2$
无显性	1/2	1/2	0
完全显性	$1-\sqrt{\frac{1}{2}}$	1/4	1/2

2.8.4　非自交家系间的方差

从表 2.2 得到 Hardy-Weinberg 平衡群体中半同胞家系的遗传方差为

$$\begin{aligned}\hat{\sigma}_{HS}^2&=\sum F_iX_i^2-\overline{X}_{HS}\\&=(1/2)pq\left[a+(1-2p)d\right]^2\end{aligned}$$

由于

$$\hat{\sigma}_A^2=2pq\left[a+(q-p)d\right]^2$$

于是

$$\hat{\sigma}_{HS}^2=(1/4)\hat{\sigma}_A^2$$

理论上，半同胞家系内和家系间总遗传方差等于基础群体的总遗传方差，即$\hat{\sigma}_G^2=\hat{\sigma}_A^2+\hat{\sigma}_D^2$。其中，$(1/4)\hat{\sigma}_A^2$是半同胞家系间的总遗传方差，其余项$(3/4)\hat{\sigma}_A^2+\hat{\sigma}_D^2$，属于整个家系群体的半同胞家系内的方差。

从表 2.3 得到全同胞家系间的遗传方差为

$$\begin{aligned}\hat{\sigma}_{FS}^2&=\sum F_iX_i^2-\overline{X}_{FS}\\&=pq\left[a+(q-p)d\right]^2+p^2q^2d^2\end{aligned}$$

由于

$$\hat{\sigma}_{\mathrm{D}}^2 = 4p^2q^2d^2$$

于是

$$\hat{\sigma}_{\mathrm{FS}}^2 = (1/2)\hat{\sigma}_{\mathrm{A}}^2 + (1/4)\hat{\sigma}_{\mathrm{D}}^2$$

相对于群体的总遗传方差，$\hat{\sigma}_{\mathrm{FS}}^2 = (1/2)\hat{\sigma}_{\mathrm{A}}^2 + (1/4)\hat{\sigma}_{\mathrm{D}}^2$，这是家系间的总遗传方差，总遗传方差的其余部分 $(1/2)\hat{\sigma}_{\mathrm{A}}^2 + (3/4)\hat{\sigma}_{\mathrm{D}}^2$ 是整个群体家系内的遗传方差。

考虑到上位性效应，近似的实际遗传方差为

$$\hat{\sigma}_{\mathrm{G}}^2 = \hat{\sigma}_{\mathrm{A}}^2 + \hat{\sigma}_{\mathrm{D}}^2 + \hat{\sigma}_{\mathrm{AA}}^2 + \hat{\sigma}_{\mathrm{DD}}^2 + \hat{\sigma}_{\mathrm{AD}}^2 + \hat{\sigma}_{\mathrm{AAA}}^2 + \hat{\sigma}_{\mathrm{AAD}}^2 + \cdots$$

同理，$\hat{\sigma}_{\mathrm{HS}}^2 = (1/4)\hat{\sigma}_{\mathrm{A}}^2 + (1/16)\hat{\sigma}_{\mathrm{AA}}^2 + (1/64)\hat{\sigma}_{\mathrm{AAA}}^2 + \cdots$ 或简化为 $\hat{\sigma}_{\mathrm{HS}}^2 = (1/4)\hat{\sigma}_{\mathrm{A}}^2 + \cdots$，这表明上位性引起偏倚。

全同胞家系间的方差为 $\hat{\sigma}_{\mathrm{FS}}^2 = (1/2)\hat{\sigma}_{\mathrm{A}}^2 + (1/4)\hat{\sigma}_{\mathrm{D}}^2 + (1/4)\hat{\sigma}_{\mathrm{AA}}^2 + (1/16)\hat{\sigma}_{\mathrm{DD}}^2 + \cdots$，或简化为 $\hat{\sigma}_{\mathrm{FS}}^2 = (1/2)\hat{\sigma}_{\mathrm{A}}^2 + (1/4)\hat{\sigma}_{\mathrm{D}}^2 + \cdots$，表明上位性引起偏倚。

家系间方差和家系内亲属协方差之间的关系将在第 3 章介绍。

2.8.5　自交家系间的方差

从表 2.4 推导出从非自交基础群体衍生的 S_1 家系间的方差：

$$\hat{\sigma}_{\mathrm{S}_1}^2 = \sum F_iX_i^2 - \overline{X}_{\mathrm{S}_1}^2 = 2pq\left[a + (1/2)(q-p)d\right]^2 + p^2q^2d^2$$

（原书公式有误，现已更正——译者）

随着自交产生一个问题，即自交家系间的遗传方差与基础群体的遗传方差成分没有线性关系。从上式看出，在下述情况下，$\hat{\sigma}_{\mathrm{S}_1}^2$ 可转化为 $\hat{\sigma}_{\mathrm{A}}^2$ 及或 $\hat{\sigma}_{\mathrm{D}}^2$。

无显性（所有位点 d_i=0）：$\hat{\sigma}_{\mathrm{S}_1}^2 = \hat{\sigma}_{\mathrm{A}}^2$

当所有位点基因频率为 1/2 时：$\hat{\sigma}_{\mathrm{S}_1}^2 = \hat{\sigma}_{\mathrm{A}}^2 + (1/4)\hat{\sigma}_{\mathrm{D}}^2$

若假定无显性，可证明自交两代的 S_2 家系间的遗传方差为 $\hat{\sigma}_{\mathrm{S}_2}^2 = (3/2)\hat{\sigma}_{\mathrm{A}}^2$。同理，若假定基因频率为 1/2，那么 $\hat{\sigma}_{\mathrm{S}_2}^2 = (3/2)\hat{\sigma}_{\mathrm{A}}^2 + (3/16)\hat{\sigma}_{\mathrm{D}}^2$。

换个方式来理解，上面强调了家系间和家系内是两种方差。因为不包括后代内 S_1 植株间的变异，那么后代间的方差便不会从杂合植株产生加性效应值。此外，括弧内的方差与 F_2 个体间的方差类似。

如果 F_2 代的遗传方差是

$$\begin{aligned}\hat{\sigma}_{\mathrm{F}_2}^2 &= \sum g_i^2 - \overline{X}^2 \\ &= \left[(1/4)a^2 + (1/2)d^2 - (1/4)a^2\right] - \left[(1/2)d\right]^2 \\ &= (1/2)a^2 + (1/2)d^2 - (1/4)d^2 \\ &= (1/2)a^2 + (1/4)d^2\end{aligned}$$

个体间的方差（以单株为基础）

$$\hat{\sigma}^2_{F_2} = \hat{\sigma}^2_A + \hat{\sigma}^2_D$$

S_1 家系间的方差为

$$\hat{\sigma}^2_{\overline{S}_1} = \left[(1/4)a^2 + (1/2)\left(0 + (1/4)d^2 + 0\right) + (1/4)a^2\right] - \left[(1/4)d\right]^2$$
$$= \left[(1/2)a^2 + (1/2)(1/4)d^2\right] - (1/16)d^2$$
$$= (1/2)a^2 + (1/16)d^2$$
$$\hat{\sigma}^2_{\overline{S}_1} = \hat{\sigma}^2_A + (1/4)\hat{\sigma}^2_D$$

S_1 家系内的方差为

$$\overline{\sigma}^2_{S_{1w}} = \left[0 + (1/2)(1/4)a^2 + (1/4)d^2 + 0\right] = (1/4)a^2 + (1/8)d^2$$
$$\overline{\sigma}^2_{S_{1w}} = (1/2)\hat{\sigma}^2_A + (1/2)\hat{\sigma}^2_D$$

更详细的描述见 4.12 节。

如果我们从 F_3（S_1）到 F_8（S_6）连续自交，家系间和家系内的方差分布随近交系数而变化，F=1–（1/2）^{n}，其中，n 为自交的代数（表 2.13）。

表 2.13　连续自交情况下家系间和家系内的方差分布［假设 $p=q=0.5$，$F=1-(1/2)^n$］

世代	F	系间		系内		总和	
		$\hat{\sigma}^2_A$	$\hat{\sigma}^2_D$	$\hat{\sigma}^2_A$	$\hat{\sigma}^2_D$	$\hat{\sigma}^2_A$	$\hat{\sigma}^2_D$
S_1	1/2	1	1/4	1/2	1/2	3/2	3/4
S_2	3/4	3/2	3/16	1/4	1/4	7/4	7/16
S_3	7/8	7/4	7/64	1/8	1/8	15/8	15/64
S_4	15/16	15/8	15/256	1/16	1/16	31/16	31/256
S_5	31/32	31/16	31/1024	1/32	1/32	63/32	63/1024
S_6	63/64	63/32	63/4096	1/64	1/64	127/64	127/4096
∞	1	2	0	0	0	2	0

假定 $p=q=0.5$，在 S_6 阶段 F 接近 1，系间遗传方差 $\hat{\sigma}^2_G = 2\hat{\sigma}^2_A$，这在育种上有重要意义。随着近交系数接近 1，系间加性遗传方差接近非自交基础群体加性遗传方差的 2 倍。于是，系间差异增加，育种者能够比在非自交状态更有效地鉴别出优良家系。

表 2.13 归纳了连续自交后代系间和系内 $\hat{\sigma}^2_A$ 和 $\hat{\sigma}^2_D$ 的分布，有两个重要特征：①连续自交，使系间遗传方差增加而系内遗传方差减少；②当从 F=0 变为 F=1，总的遗传方差增加 1 倍，而且全部是加性遗传方差。第 3 章将讨论近交的限制条件。

2.8.6　近交群体的方差

近交效应增加群体的总遗传方差，增加的量取决于近交程度。符号 u_S 表示自交群体遗传方差的平均值。从表 2.5 计算得到的总遗传方差为

$$\hat{\sigma}_{G_S}^2 = \left(p^2 + Fpq\right)a^2 + 2pq\left(1 - F\right)d^2 + \left(q^2 + Fpq\right)a^2 - u_S^2$$
$$= 2pq\left(1+F\right)\left[a + \frac{1-F}{1+F}\left(q-p\right)d\right]^2 + 4pq\frac{1-F}{1+F}\left(p+Fq\right)\left(q+Fp\right)d^2$$

这等于非自交群体（$F = 0$）的遗传方差。加性遗传方差为

$$\hat{\sigma}_{A_S}^2 = 2pq\left(1+F\right)\left[a + \frac{1-F}{1+F}\left(q-p\right)d\right]^2$$

再用 $\hat{\sigma}_{G_S}^2 - \hat{\sigma}_{A_S}^2$ 计算显性方差：

$$\hat{\sigma}_{D_S}^2 = 4pq\frac{1-F}{1+F}\left(p+Fq\right)\left(q+Fp\right)d^2$$

当 $F = 0$ 时，$\hat{\sigma}_{A_S}^2$ 和 $\hat{\sigma}_{D_S}^2$ 分别等于 $\hat{\sigma}_A^2$ 和 $\hat{\sigma}_D^2$。如果 $F>0$，$\hat{\sigma}_{A_S}^2$ 和 $\hat{\sigma}_{D_S}^2$ 既不能用 $\hat{\sigma}_A^2$ 和 $\hat{\sigma}_D^2$ 表达，也不能从一代自交传给下一代。如果基因频率为 0.5，$\hat{\sigma}_{A_S}^2 = (1+F)\hat{\sigma}_A^2$，$\hat{\sigma}_{D_S}^2 = (1-F^2)\hat{\sigma}_D^2$。如果只考虑加性效应，且 $\hat{\sigma}_{G_S}^2 = (1+F)\hat{\sigma}_A^2$，第一个表达式仍有效。

当半同胞和全同胞家系来自自交群体，而家系本身不是自交系，则家系间方差的表达式为

$$\hat{\sigma}_F^2 = \theta_1\hat{\sigma}_A^2 + \theta_2\hat{\sigma}_D^2 + \theta_1^2\hat{\sigma}_{AA}^2 + \theta_2^2\hat{\sigma}_{DD}^2 + \theta_1\theta_2\hat{\sigma}_{AD}^2 + \theta_1^3\hat{\sigma}_{AAA}^2 + \cdots$$

根据 Cockerham（1963），上式中，对于半同胞家系，$\theta_1 = (1+F)/4$，$\theta_2 = 0$；对于全同胞家系，$\theta_1 = (1+F)/2$，$\theta_2 = (1+F)^2/4$。在第 3 章，这些协方差项以亲属协方差的形式表达。

连续自交，假定只有加性效应，总遗传方差剖分成系间和系内遗传方差：

系间遗传方差：$2F\hat{\sigma}_G^2$

系内遗传方差：$(1-F)\hat{\sigma}_G^2$

总遗传方差：$(1+F)\hat{\sigma}_G^2$

上式中，$\hat{\sigma}_G^2$ 为随机非自交群体的总遗传方差。于是，在完全自交（$F = 1$）时，系间遗传方差是随机非自交基础群体遗传方差的 2 倍，系内则没有遗传方差。在完全自交（$F = 1$）时，加性模型完全有效（无显性效应），而且对 F 略小于 1 的高代自交系提供了一个很好的近似值。

2.8.7　两个群体杂交的方差

两个群体首次杂交后便处在不平衡状态下，其总遗传方差与任何一亲本群体都没有线性关系。但总遗传方差可剖分成加性和显性成分：

$$\hat{\sigma}_{A_{(12)}}^2 = pq\left[a + \left(s-r\right)d\right]^2 + rs\left[a + \left(q-p\right)d\right]^2$$
$$= \tfrac{1}{2}\left(\hat{\sigma}_{A_{12}}^2 + \hat{\sigma}_{A_{21}}^2\right)$$

$$\hat{\sigma}^2_{\mathrm{D}_{(12)}} = 4p(1-p)r(1-r)d^2 = 4pqrsd^2$$

上式仿表 2.6 的符号（Compton et al.，1965）。

上面的两个组分与群体内的加性方差 $\hat{\sigma}^2_{\mathrm{A}}$ 和显性方差 $\hat{\sigma}^2_{\mathrm{D}}$ 同调，实际上，当 $p=r$，即两个群体的基因频率相同时，$\hat{\sigma}^2_{\mathrm{A}_{(12)}} = \hat{\sigma}^2_{\mathrm{A}}$，$\hat{\sigma}^2_{\mathrm{D}_{(12)}} = \hat{\sigma}^2_{\mathrm{D}}$。在上面的符号中，我们用 $\hat{\sigma}^2_{\mathrm{A}_{(12)}}$ 表示总的加性遗传方差，而用 $\hat{\sigma}^2_{\mathrm{A}_{12}}$ 或 $\hat{\sigma}^2_{\mathrm{A}_{21}}$ 代表群体 P_1 或 P_2 分别作母本时的加性方差。

当半同胞家系构成杂交群体时，从表 2.7 获得家系间方差如下：

$$\begin{aligned}\hat{\sigma}^2_{\mathrm{HS}_{12}} &= p^2(ra+sd)^2 + \cdots + q^2(rd-sa)^2 - u^2_{\mathrm{HS}_{12}} \\ &= (1/2)pq\left[a+(s-r)d\right]^2 = (1/4)\hat{\sigma}^2_{\mathrm{A}_{12}}\end{aligned}$$

u_{HS} 代表半同胞群体的平均值。

如果群体 P_2 作为母本，则

$$\hat{\sigma}^2_{\mathrm{HS}_{21}} = (1/2)rs\left[a+(q-p)d\right]^2 = (1/4)\hat{\sigma}^2_{\mathrm{A}_{21}}$$

如果形成两种类型的家系，平均方差为 $(1/4)\hat{\sigma}^2_{\mathrm{A}_{12}} + (1/4)\hat{\sigma}^2_{\mathrm{A}_{21}}$；当 $p=r$ 时，等于 $(1/2)\left[(1/4)\hat{\sigma}^2_{\mathrm{A}} + (1/4)\hat{\sigma}^2_{\mathrm{A}}\right] = (1/4)\hat{\sigma}^2_{\mathrm{A}}$，这是一个群体半同胞家系间的方差。

同理，从表 2.8 得到全同胞家系间的遗传方差为

$$\begin{aligned}\hat{\sigma}^2_{\mathrm{FS}_{(12)}} &= p^2r^2a^2 + \cdots + q^2s^2a^2 - u^2_{\mathrm{FS}_{(12)}} \\ &= (1/2)pq\left[a+(1-2r)d\right]^2 + (1/2)rs\left[a+(1-2p)d\right]^2 + pqrsd^2 \\ &= (1/2)\hat{\sigma}^2_{\mathrm{A}_{12}} + (1/4)\hat{\sigma}^2_{\mathrm{D}_{12}}\end{aligned}$$

u_{FS} 表示全同胞群体的平均值。

应注意的是，不管哪个亲本群体作母本，结果都是一样的。当 $p=r$ 时，则有 $\hat{\sigma}^2_{\mathrm{FS}} = (1/2)\hat{\sigma}^2_{\mathrm{A}} + (1/4)\hat{\sigma}^2_{\mathrm{D}}$，这是群体全同胞家系间的方差。

2.9 回交群体的平均值和方差

同样的原则适用于回交群体（详见 4.12）。假定基因频率处于平衡状态，对群体描述如下，A 和 a 是两个等位基因。

亲本 AA × aa

AA × Aa × aa

↓ ↓

（BC_1） $(1/2)AA + (1/2)Aa$ $(1/2)Aa + (1/2)aa$ （BC_2）

则

$$\overline{X}_{BC_1} = (1/2)a + (1/2)d$$

$$\begin{aligned}\hat{\sigma}^2_{BC_1} &= (1/2)a^2 + (1/2)d^2 - [(1/2)a + (1/2)d]^2 \\ &= (1/2)a^2 + (1/2)d^2 - [(1/4)a^2 + 2(1/2)(1/2)ad + (1/4)d^2] \\ &= (1/4)a^2 + (1/4)d^2 - (1/2)ad\end{aligned}$$

如果 $p=q=1/2$，则

$$\hat{\sigma}^2_{BC_1} = (1/2)\hat{\sigma}^2_A + \hat{\sigma}^2_D - (1/2)\widehat{\text{CovAD}}$$

第二个回交群体（指对不同亲本 1 和 2 的回交，而不是两次回交的结果）：

$$\overline{X}_{BC_2} = (1/2)d - (1/2)a$$

$$\begin{aligned}\hat{\sigma}^2_{BC_2} &= (1/2)d^2 + (1/2)a^2 - [(1/2)d - (1/2)a]^2 \\ &= (1/2)d^2 + (1/2)a^2 - [(1/4)d^2 - 2(1/2)(1/2)ad + (1/4)a^2] \\ &= (1/4)a^2 + (1/2)d^2 + (1/2)ad\end{aligned}$$

（原书公式有误，现已更正——译者）

如果 $p=q=1/2$，则

$$\hat{\sigma}^2_{BC_2} = (1/2)\hat{\sigma}^2_A + \hat{\sigma}^2_D + (1/2)\widehat{\text{CovAD}}$$

于是，$\hat{\sigma}^2_{BC_1} + \hat{\sigma}^2_{BC_2} = \hat{\sigma}^2_A + 2\hat{\sigma}^2_D$（原书公式有误，现已更正——译者），消除了协方差项。同样的程序可以估算回交世代自交家系间和家系内的方差（第 4 章）。

2.10　遗传力和遗传增益及相关概念

遗传力是某一性状的表型值与个体育种值的吻合程度。决定育种值的最好办法是看它的后代表现。如果育种值与表型值间的相关程度高，则遗传力就高（如遗传上不太复杂的质量性状）。如果显性、上位性和环境效应高，遗传力就低（如数量性状）。同时，估算的结果完全取决于群体本身的特征。

估算的是广义遗传力还是狭义遗传力，取决于遗传方差的类型。我们还能以单株为基础或者以后代平均值为基础计算遗传力，这取决于所用的世代。

狭义遗传力定义为加性遗传方差与表型方差的比值：

$$\hat{h}^2 = \hat{\sigma}^2_A / \hat{\sigma}^2_P$$

Warner（1952）提出了用简单的代数方法研究世代资料可清楚地估算 $\hat{\sigma}^2_A$ 的方法（详见 4.12）。

如果 $2\hat{\sigma}^2_{F_2} = 2\hat{\sigma}^2_A + 2\hat{\sigma}^2_D$，则

$$\hat{\sigma}^2_{BC_1} + \hat{\sigma}^2_{BC_2} = \hat{\sigma}^2_A + 2\hat{\sigma}^2_D = \hat{\sigma}^2_A$$

于是，$\hat{h}^2 = \hat{\sigma}^2_A / \hat{\sigma}^2_P$（狭义遗传力），这是以单株为基础的狭义遗传力。

在玉米上，产量遗传力的估计值变化较大，在一个试验点估计的单株遗传力会小于0.1（如混合选择法）；通过多点鉴定估算自交后代的遗传力会大于0.8，而用半同胞或全同胞家系多点估算，则遗传力居中。

有几种方法估算单株遗传力，从一个群体可以得到不同的估计值：

（a）Burton（1951）

$$\hat{h}^2=\left(\hat{\sigma}_{F_2}^2-\hat{\sigma}_{F_1}^2\right)\Big/\hat{\sigma}_{F_2}^2 \quad \text{（广义遗传力）}$$

（b）Warner（1952）

$$\hat{h}^2=[2\hat{\sigma}_{F_2}^2-(\hat{\sigma}_{BC_1}^2+\hat{\sigma}_{BC_2}^2)]\Big/\hat{\sigma}_{F_2}^2 \quad \text{（狭义遗传力）}$$

（c）Mahmud 和 Kramer（1951）

$$\hat{h}^2=\left[\hat{\sigma}_{F_2}^2-\left(\hat{\sigma}_{P_1}^2\times\hat{\sigma}_{P_2}^2\right)^{1/2}\right]\Big/\hat{\sigma}_{F_2}^2 \quad \text{（广义遗传力）}$$

（原书公式有误，现已更正——译者）

（d）Weber 和 Moorthy（1952）

$$\hat{h}^2=\left[\hat{\sigma}_{F_2}^2-\left(\hat{\sigma}_{P_1}^2\times\hat{\sigma}_{P_2}^2\times\hat{\sigma}_{F_1}^2\right)^{1/3}\right]\Big/\hat{\sigma}_{F_2}^2 \quad \text{（广义遗传力）}$$

现回到各世代：

$$\hat{h}_{F_2}^2=\frac{\hat{\sigma}_{F_2}^2-\hat{\sigma}_{We}^2}{\hat{\sigma}_{F_2}^2}$$

$\hat{h}_{F_2}^2$ 通常低于0.1，是单株为基础的广义遗传力，通常仅用单点数据，能够估算环境效应 $\hat{\sigma}_{We}^2$。

$$\hat{h}_{F_3}^2=\frac{\hat{\sigma}_{F_3}^2}{\hat{\sigma}_e^2\big/r+\hat{\sigma}_{F_3}^2}$$

$\hat{h}_{F_3}^2$ 能够达到0.75，是广义遗传力，通常用 S_1 家系观察值的平均值来估算。

$$\hat{h}_{F_4}^2=\frac{\hat{\sigma}_{F_4}^2}{\hat{\sigma}_e^2\big/r+\hat{\sigma}_{F_4}^2}$$

$\hat{h}_{F_4}^2$ 能够达到0.85（50%以上为加性方差），是广义遗传力，通常用多个 S_2 家系观察值的平均值来估算。

如果在多环境（e）下进行重复（r）试验，根据家系（g）平均值计算的广义遗传力为

$$\hat{h}^2=\frac{\hat{\sigma}_g^2}{\hat{\sigma}_e^2\big/re+\hat{\sigma}_{ge}^2\big/e+\hat{\sigma}_g^2}$$

预期遗传力对遗传增益的贡献为

$$\Delta G=\hat{h}^2S,\ S\text{（选择差）}=\overline{X}_S-\overline{X}$$

式中，$\overline{X}_S$ 为中选后代的平均数；$\overline{X}$ 为整个群体的平均值。

表 2.14 是北达科他州 NDSAB 进行的群体内轮回选择，用改良穗行法对一个广基群体选择 12 轮，再加上 2 轮全同胞轮回选择。用籽粒产量（YIELD）、收获时籽粒含水量（MSTR）、籽粒容重（TWT）、抗茎倒伏（SL）形成遗传力指数，选择最好的后代。表中的 TRT 为处理数，PI 是由籽粒产量和收获时含水量组成的指数。

育种者需鉴定出平均值高和遗传变异丰富的群体。根据群体的产量平均值和遗传方差给出一个函数公式，称为获益标准：

$$U = \overline{X} + \Delta G$$

表 2.14　200 个全同胞轮回选择家系在北达科他州 3 个点的鉴定结果

系谱	TRT	产量	PI 指数	籽粒含水量	茎倒伏	容重	指数
NDSAB（WER-FS）C13SYN1-142	145	81.3	118.5	24.5	4.5	53.5	7.42
NDSAB（WER-FS）C13SYN1-3	12	70.5	120.2	21.3	2.7	53.6	6.85
NDSAB（WER-FS）C13SYN1-106	54	74.0	125.3	21.0	12.5	56.3	4.73
NDSAB（WER-FS）C13SYN1-76	95	71.9	109.4	23.6	6.9	52.4	4.54
NDSAB（WER-FS）C13SYN1-112	43	66.5	107.2	22.1	6.2	55.4	4.06
NDSAB（WER-FS）C13SYN1-73	80	63.9	113.8	20.0	8.1	56.8	3.99
NDSAB（WER-FS）C13SYN1-119	55	64.3	102.5	22.3	4.3	57.1	3.97
NDSAB（WER-FS）C13SYN1-4	3	67.2	108.2	21.8	9.1	55.1	3.52
NDSAB（WER-FS）C13SYN1-17	18	68.0	114.9	20.8	11.5	57.7	3.52
NDSAB（WER-FS）C13SYN1-24	129	74.0	121.7	21.7	15.1	52.8	3.50
NDSAB（WER-FS）C13SYN1-14	5	55.4	100.8	19.7	2.9	58.1	3.47
NDSAB（WER-FS）C13SYN1-97	64	67.4	99.7	24.0	5.6	52.6	3.46
NDSAB（WER-FS）C13SYN1-61	84	59.0	98.9	21.6	3.1	56.7	3.35
NDSAB（WER-FS）C13SYN1-36	122	79.2	112.1	25.3	13.8	51.1	3.32
NDSAB（WER-FS）C13SYN1-94	58	68.4	107.0	23.0	9.3	54.5	3.07
NDSAB（WER-FS）C13SYN1-92	70	61.7	94.3	23.4	3.0	53.4	3.04
$\overline{X}$		57.9	91.0	23.0	15.1	53.9	−1.78
$\overline{X}_S$		68.3	109.7	22.2	7.4	54.8	4.11
S		10.37	18.65	0.75	7.69	0.88	5.89

注：增广无重复试验设计，表中是 16 个最好的全同胞家系，用于形成第 14 轮选择群体；指数 = [(0.30 × YIELD) + (0.69 × TWT) − (0.58 × MSTR) − (0.33 × SL)]

2.11　世代平均值分析

现在介绍世代遗传分析的第一种方法。该方法用作初步的遗传分析，已经提出世代平均值分析的几种模型。需要注意，这些模型是基于各世代平均值估算遗传效应，而不是基于世代方差。遗传方差由每个位点效应的平方和来确定。这种遗传分析不需要培育有同胞关系的后裔（将在第 4 章介绍），但包括类似 p=q=0.5 的特殊遗传群体（如 F_2 群体）。我们只从不同世代平均值估算相对遗传效应，而不去估算世代内的遗传变异。Mather（1949）提出了几种世代比较方法，以检测对 $\hat{\sigma}_A^2$ 和 $\hat{\sigma}_D^2$ 遗传效应的累加性。如果测定值偏离累加性，他建议通过变换使遗传效应具有累加性。世代模型经过扩展包括了上位效应，现在已经有若干个模型用于世代平均值分析（Anderson and Kempthorne，1954；Hayman，1958，1960；Van der Veen，1959；Gardner and Eberhart，1966）。由于许多术语很相似，我们采用 Hayman（1958，1960）模型举例说明世代平均值分析所获得的遗传信息类型。例如，两个自交系杂交产生的世代（$p=q=0.5$）。为了估算遗传效应，我们采用每个世代的平均值，而不是在分离世代内衍生后代家系。

Hayman（1958）把两个自交系杂交后的 F_2 群体定义为基础群体。如果在任何不连锁位点有差异，双亲及后代相对于 F_2 群体的遗传效应期望值如下：

$$P_1 = m + a - (1/2)d + aa - ad + (1/4)dd$$
$$P_2 = m - a - (1/2)d + aa + ad + (1/4)dd$$
$$F_1 = m + (1/2)d + (1/4)dd$$
$$F_2 = m$$
$$F_3 = m - (1/4)d + (1/16)dd$$
$$F_4 = m - (3/8)d + (9/64)dd$$
$$F_5 = m - (7/16)d + (49/256)dd$$
$$F_6 = m - (15/32)d + (225/1024)dd$$
$$BC_1 = m + (1/2)a + (1/4)aa$$
$$BC_2 = m - (1/2)a + (1/4)aa$$
$$BC_1^2 = m + (3/4)a + (9/16)aa$$
$$BC_2^2 = m - (3/4)a + (9/16)aa$$
$$BS_1 = m + (1/2)a - (1/4)d + (1/4)aa - (1/4)ad + (1/16)dd$$
$$BS_2 = m - (1/2)a - (1/4)d + (1/4)aa - (1/4)ad + (1/16)dd$$

或者通常观察的平均值$= m + \alpha a + \beta d + \alpha^2 aa + 2\alpha\beta ad + \beta^2 dd$，式中的$\alpha$和$\beta$分别是$a$和$d$的系数。由于 F_2 平均值是 (1/2) d，而 F_1 平均值是 d，则 F_1 平均值比 F_2 多了 (1/2) d 的增量，a 和 d 与 $p=q=0.5$ 时的情况相同，a 代表加性效应，d 代表显性效应。Hayman（1958）用小写字母代表两亲本所有差异位点的总和，于是 a 和 d 分别表示加性效应和显性效应总和，aa、ad 和 dd 表示两基因上位效应总和。

在自花授粉和异花授粉作物中都很容易获得上列不同世代，玉米人工授粉能够获得各个世代，而自花授粉作物可以自然获得各个自交世代。每个世代家系的混合种子在多环境下进行重复试验，可以得到世代平均值。在种植各世代时，为了得到有效的世代平均值，要考虑两个重要因素。

（1）必须有足够的分离世代样本量才能代表基因型。双亲和 F_1 不存在取样问题，但 F_2、F_3、F_4、… 和回交世代都是分离世代，必须有较大的样本容量。

（2）在玉米上，必须考虑每个世代的近交程度，同时，要有足够的保护行以减少邻近小区的竞争效应。

世代平均值试验包括多种世代类型和世代数量，如果用两个亲本和 F_1、F_2、F_3 世代做鉴定，就有 5 个平均值可资比较；可确定每个世代的期望值，采用较准确的最小二乘

法估算 m、a 和 d。这是一个简单试验，可采用拟合度测试（观察的平均值与期望均值比较）来确定估算 m、a 和 d 模型的充分性，解释世代均值间的差异。

令 m=总平均值，a=加性效应总和，d=显性效应，我们有 F_2 基础群体的表达式：

$$P_1 = m + a$$
$$P_2 = m - a$$
$$F_1 = m + d$$
$$F_2 = m + (1/2)d$$
$$F_3 = m + (1/4)d$$

（原书公式有误，现已更正——译者）

用 Mather（1949）的方法，将 5 个公式简化成下面的通用公式.

$$5m + (1/4)d = Q_1(P_1 + P_2 + F_1 + F_2 + F_3)$$
$$2a = Q_2(P_1 - P_2)$$
$$(1/4)m + (5/16)d = Q_3(F_1 + F_2)$$

矩阵方程等于：

$$\begin{bmatrix} 5 & 0 & 1/4 \\ 0 & 2 & 0 \\ 1/4 & 0 & 5/16 \end{bmatrix} \begin{bmatrix} m \\ a \\ d \end{bmatrix} \begin{bmatrix} Q_1 \\ Q_2 \\ Q_3 \end{bmatrix}$$

用下面的方程估计 m、a 和 d 参数：

$$\hat{m} = (5/24)Q_1 - (1/6)Q_3$$
$$\hat{a} = (1/2)Q_2$$
$$\hat{d} = -(1/6)Q_1 + (10/3)Q_3$$

可以把 m、a 和 d 估值插入预测值，并与每个世代的观察值进行比较。如果期望值与观察值的离差平方显著，那么估算的 3 个参数不足以解释世代平均值的差异。这是检测上位性或连锁效应的拟合度，以确定 3 个参数是否足够用或是否需要增加更多参数。最佳程序应该是依次拟合各个模型，先从平均值开始，然后每一步增加一项，连续做拟合度检验。检验每个模型的剩余均方可以确定世代间的总变异有多少可以用模型中的不同参数来解释。高速计算机可以促进这样的计算，用加权最小二乘法比较容易做这样的分析。

这个世代平均值试验很简单，与估算遗传方差的特殊群体（$p=q=0.5$）类似。如果对不同的遗传群体进行测定，我们得到下面一组公式：

F_2 个体间方差 $= \hat{\sigma}_A^2 + \hat{\sigma}_D^2 + E_1$

F_3 后代平均值间的方差 $= \hat{\sigma}_A^2 + (1/4)\hat{\sigma}_D^2 + E_2$

F_3 后代内的方差 $= (1/2)\hat{\sigma}_A^2 + (1/2)\hat{\sigma}_D^2 + E_1$

F_2 个体与 F_3 代平均值间的协方差 $= \hat{\sigma}_A^2 + (1/2)\hat{\sigma}_D^2$

亲本和 F_1 个体间的方差=E_1

试验误差=E_2

这 6 个方程可用于估算两个可遗传和两个不可遗传的变异来源，E_1 和 E_2 可直接估算，但可以用未加权的(或优选加权的)最小二乘分析法从这 6 个方程估算 4 个参数($\hat{\sigma}_A^2$、$\hat{\sigma}_D^2$、E_1 和 E_2)。如果估算遗传效应 a 和 d（世代平均值分析）及遗传方差 $\hat{\sigma}_A^2$ 和 $\hat{\sigma}_D^2$，可能两组估值间的相关性不大。这是意料之中的，因为前者估算遗传效应之和，后者估算遗传效应的平方，即方差。在玉米上，特别是包括 F_1 世代时，d 效应估值往往偏大。另外，玉米加性遗传方差估值 $\hat{\sigma}_A^2$ 通常近似或大于显性方差 $\hat{\sigma}_D^2$ 估值。两个玉米自交系杂交表现出的杂种优势效应对 d 估值的影响可能比其他作物都要大。

Hayman（1960）指出，如果模型中包含上位效应，世代平均值分析就有局限性。简要地说，当拟合了 m、a 和 d 以后，如果残差与 0 差异不显著，我们可以精确估算 a 和 d。如果模型中必须包括上位效应，那么两基因间的上位效应估值是唯一的，a 和 d 的估值都包含了上位效应的干扰。如果不存在上位效应，根据连锁不平衡估计的 a 和 d 值就有意义和无偏；如果存在上位效应，根据连锁不平衡估计的 a 和 d 值就有偏倚。如果互作位点不存在连锁和高阶上位效应，那么两基因间上位效应估值就是无偏的。由于 a 和 d 效应估值有偏倚，当使用的模型含有上位效应时，就无法判断 a 和 d 效应估值与上位效应的相对重要性。当拟合三参数模型（m、a 和 d）和六参数模型（m、a、d、aa、ad 和 dd）后，通过比较残差平方和能够发现它们的相对重要性。

世代平均值分析的主要功能是获得一对特定自交系的特殊信息，但对育种者来说，并不知道从世代平均值分析得到的信息到底有多大用处。对于数量性状，不同亲本自交系估算的遗传效应完全不同，这取决于所研究的那一对自交系的正向和负向效应的相对频率。消除反向效应可能会引起混淆，对自交系做完全双列杂交可以确定哪些是正效应，哪些有负效应。世代平均值分析适合用于自花授粉作物，因为用不了多少人工授粉就能产生不同世代，于是，世代平均值分析可提供信息来评估非加性效应的相对重要性，供杂交育种参考。比较两个亲本杂交 F_1 产生的不同世代，可以确定显性效应的相对重要性。但对玉米来讲，所有世代都必须控制授粉。

与估算遗传方差成分的各种交配设计比较，世代平均值分析既有优点，也有缺点(第 4 章)。用平均值（一阶统计量）进行估算必然比方差（二阶统计量）估算的误差要小些。我们能够较容易地就把世代平均值分析扩展到包含上位性的复杂模型中。当存在上位效应时，a 和 d 平均效应不唯一。世代平均值分析同样适用于自花授粉作物和异花授粉作物。世代平均值分析只需要较小的试验规模就能达到较好的估算精度；但因为不能估算遗传方差，所以无法估算遗传力和预期遗传进度。最大的缺点可能是抵消了一部分效应，因为显性效应在不同位点上的作用方向可能相反，互相抵消。世代平均值分析不能揭示相反的效应，但这在一定程度上能够由均衡的双列杂交来克服。

这里关于世代平均值分析的讨论仅限于自交系或纯系。世代平均值分析也可以扩展到双亲非纯合的群体，Robinson 和 Cockerham（1961）提出两个品种，每个位点 n 个等位基因的分析方法。Gardner 和 Eberhart（1966）提出 n 个品种，每个位点只有两个等位基因的分析方法。Robinson 和 Cockerham（1961）的分析方法是采用正交法剖分平方和，以判断非加性效应的存在。所有世代平均值分析都给出遗传效应相对重要性的信息，但大多数情况下，这些信息对育种者没有用处，特别是对从事长期育种计划的育种者没用。

总之，如果考虑两个自交系杂交产生的世代，Hayman（1958）定义 F_2 为基础群体。因此，如果两个亲本自交系在任何不连锁的位点上有差异，根据 F_2 代的遗传效应，亲本及其后继世代的期望值可按下面模型进行估算：

观察的平均值：$Y_{ijkl} = m + \alpha_i + \beta_j + \alpha_k^2 + 2\alpha_i\beta_j + \beta_l^2$（原书公式有误，现已更正——译者）

或

$$Y = m + \alpha_a + \beta_d + \gamma_{aa}^2 + 2\alpha\beta ad + \beta^2 dd$$

下面是 Gamble（1962a，1962b）对上面公式的注解：a 为多个位点加性效应总和，d 为多个位点显性效应总和，aa、ad、dd 为双基因上位效应。

每个世代的平均值如下。

世代	平均值	期望值
P_1	a	$m + a - (1/2)d + aa - ad + (1/4)dd$
P_2	$-a$	$m - a - (1/2)d + aa + ad + (1/4)dd$
F_1	d	$m + (1/2)d + (1/4)dd$
F_2	$(1/2)d$	m
BC_1	$(1/2)a + (1/2)d$	$m + (1/2)a + (1/4)aa$
BC_2	$-(1/2)a + (1/2)d$	$m - (1/2)a + (1/4)aa$

还可包括更多的世代，世代越多估计值就越好（误差小、精确性好），但需要做更多的试验。

因此，当存在上位效应时，我们可以根据世代平均值估算基因效应：

$a = \overline{BC_1} - \overline{BC_2}$

$d = \overline{F}_1 - 4\overline{F}_2 + 2\overline{BC_1} + 2\overline{BC_2} - (1/2)\overline{P}_1 - (1/2)\overline{P}_2$（原书公式有误，现已更正——译者）

$aa = 2\overline{BC_1} + 2\overline{BC_2} - 4\overline{F}_2$

$ad = (1/2)\overline{P}_2 - (1/2)\overline{P}_1 + \overline{BC_1} - \overline{BC_2}$

$dd = \overline{P}_1 + \overline{P}_2 + 2\overline{F}_1 + 4\overline{F}_2 - 4\overline{BC_1} - 4\overline{BC_2}$

在这种情况下，我们不期望有离差，因为未知的估计值数目等于模型中使用的世代数。

2.11.1 该分析方法所基于的假设

（1）每个位点两个等位基因。

（2）P_1 大多数位点为正效应，P_2 大多数位点为负效应。

（3）互作位点间无连锁。

（4）无三基因或高阶上位性。

（5）F_2 为参照群体。

（6）分离世代有足够的样本量（基因型代表性）。

（7）在不同近交水平的世代间无竞争效应。

2.11.2 该分析方法的局限性

（1）与方差不同，平均值既不能估算遗传力，也不能估计预期遗传进度。

（2）遗传效应总是相加或相减，于是检测不到被抵消的效应。

2.11.3 该分析方法的优点

（1）这是很有用的初步研究，如是否有足够的显性效应以获得好的杂交种？可以研究新的或未知群体。

（2）平均数的估值比方差估计得更准确。

（3）能够扩展到较复杂的模型。

（陈泽辉 译，张世煌 校）

参考文献

Anderson, V. L., and O. Kempthorne. 1954. A model for the study of quantitative inheritance. *Genetics* 39:883–98.

Bernardo, R. 2002. *Breeding for Quantitative Traits in Plants*. Stemma Press, Woodbury, MN.

Cockerham, C. C. 1954. An extension of the concept of partitioning hereditary variance for analysis of covariance among relatives when epistasis is present. *Genetics* 39:859–82.

Cockerham, C. C. 1963. Estimation of genetic variances. In *Statistical Genetics and Plant Breeding, Vol. 982*, W. D. Hanson and H. F. Robinson, (eds.), pp. 53–94. NAS-NRC. Washington, DC.

Compton, W. A., C. O. Gardner, and J. H. Lonnquist. 1965. Genetic variability in two open-pollinated varieties of corn (*Zea mays* L.) and their F_1 progenies. *Crop Sci*. 5:505–8.

Falconer, D. S. 1960. *Introduction to Quantitative Genetics*. The Ronald Press, New York, NY.

Falconer, D. S., and T. F. C. Mackay. 1996. *Introduction to Quantitative Genetics*, 4th edn. Longman Group, Essex.

Fisher, R. A. 1918. The correlation between relatives on the supposition of Mendelian inheritance. *Trans. R. Soc. Edinb.* 52:399–433.

Gamble, E. E. 1962a. Gene effects in corn (*Zea mays* L.). I. Selection and relative importance of gene effects for yield. *Can. J. Plant Sci*. 42:339–48.

Gamble, E. E. 1962b. Gene effects in corn (*Zea mays* L.). II. Relative importance of gene effects for plant height and certain component attributes of yield. *Can. J. Plant Sci*. 42:349–58.

Gardner, C. O., and S. A. Eberhart. 1966. Analysis and interpretation of the variety cross diallel and related populations. *Biometrics* 22:439–52.

Geldermann, H. 1975. Investigations on inheritance in quantitative characters in animals by gene markers. I. Methods. *Theor. Appl. Genet*. 46:319–330.

Hayman, B. I. 1958. The separation of epistatic from additive and dominance variation in generation means. *Heredity* 12:371–90.

Hayman, B. I. 1960. The separation of epistatic from additive and dominance variation in generation means. II. *Genetica* 31:133–46.

Kempthorne, O. 1954. The correlations between relatives in a random mating population. *Phil. R. Soc. Lond.* B 143:103–13.

Kempthorne, O. 1957. *An Introduction to Genetic Statistics*. Wiley, New York, NY.

Lonnquist, J. H. 1963. Gene action and corn yields. *Annu. Corn Sorghum Res. Conf. Proc.* 18:37–44.

Lush, J. L. 1945. *Animal Breeding Plans*. Iowa State University, Press, Ames, IA.

Mather, K. 1941. Variation and selection of polygenic characters. *J. Genetics* 41:159–193.

Mather, K. 1949. *Biometrical Genetics*. Methuen, London.

Robinson, H. F., and C. C. Cockerham. 1961. Heterosis and inbreeding depression in populations involving two open-pollinated varieties of maize. *Crop Sci.* 1:68–71.

Snape, J., J. Simmonds, M. Leverington, L. Fish, E. Sayers, L. Alibert, S. Orford, M. Ciavarrella, and S. Griffiths. 2008. The yield dynamics of European winter wheat improvement revealed by large scale QTL analysis. In *Breeding 08: Conventional and Molecular Breeding of Field and Vegetable Crops*, p. 29. Novi Sad, Serbia.

Sorrells, M. E. 2008. Association breeding strategies for improvement of self-pollinated crops. In *Breeding 08: Conventional and Molecular Breeding of Field and Vegetable Crops*, p. 20. Novi Sad, Serbia.

Van der Veen, J. H. 1959. Tests of non-allelic interaction and linkage for quantitative characters in generations derived from two diploid pure lines. *Genetica* 30:201–32.

Warner, J. N. 1952. A method for estimating heritability. *Agron J.* 44:427–30.

第 3 章　亲属间的相似性

3.1　引　　言

亲属间的关系程度取决于遗传相关，这对育种者很重要，不仅用来估计参照群体的遗传方差，而且用于确定育种方法。所有的育种方法在一定程度上都涉及亲属间的遗传相关。

轮回或非轮回选择进展直接与后代和中选亲本间的相似程度成正比。除了双亲与子代，其他类型的关系对数量遗传和育种程序也很重要。为什么亲属间协方差在现代育种中这么重要呢？至少有 2 个理由：①在大多数情况下，亲属间协方差可表达为参照群体的遗传方差成分；另外，家系间的方差有时候能够表达为亲属间协方差的线性函数，于是可通过恰当的育种和试验设计来估算遗传方差成分。②预期的选择进度基本上取决于选择单元（个体或家系）与个体植株间的相关程度（协方差）。

Kempthorne（1954）指出，尽管 20 世纪早期就报道了相关研究（Pearson，1904；Yule，1906；Weinberg，1908，1910），但 Fisher（1918）和 Wright（1921）最先报道了亲属间的相关变异。Cockerham（1954）和 Kempthorne（1954，1955）提出了解释亲属协方差的遗传学理论，除加性和显性效应外，还包括上位效应。他们采用因子分析方法剖分遗传变异，假定没有连锁，Kempthorne（1954）的模型不限制每个位点的等位基因数。Cockerham（1956）和 Schnell（1963）进一步提出连锁效应。于是，Fisher 和 Wright 首先归纳了亲属间的遗传相关，Cockerham 和 Kempthorne 则给出了最常见的亲属间协方差并做出遗传解释。

许多科学家对此做过综述，包括 Fisher（1918）、Wright（1921）、Cockerham（1954，1963）、Kempthorne（1954，1957）、Falconer 和 Mackay（1996）。

3.2　协方差的理论基础

亲属协方差基本上取决于它们之间的相似性，环境效应通常在亲属间不相关，所以协方差只和基因型值有关。一般理论均假定参照群体为 Hardy-Weinberg 平衡，结论被推广到任意位点及每个位点的任意等位基因数。亲属或参照群体都可能存在近交效应。

下面把亲子协方差作为一个简单例子来考虑。

双亲	子代
X_1	Y_1
X_2	Y_2
$\vdots$	$\vdots$
X_i	Y_i
$\vdots$	$\vdots$
X_n	Y_n

分析 X_i 和 Y_i 相似的原因，X_i 基因型可表示为 $G_x = A_x + D_x$，G_x 是对群体平均值的离差，A_x 是 X_i 的育种值或加性基因型值，D_x 是对群体平均值的显性离差。由于 A 和 D 都是对群体平均值的离差，因此需要描述参照群体。

考虑子代 Y_i，它代表子代的期望值或平均值，可以看到子代平均值是亲本育种值的 1/2，即 $G_y=(1/2)A_x$。Y 基因型值的显性效应不确定，因为它与 X 的显性效应无关。换句话说，显性效应不能通过配子（单倍体）传递，但在子代中能够随机再生。于是，亲子协方差是育种值的一半，即

$$\widehat{\mathrm{Cov}}(X,Y) = E\left[\left(A_x + D_x\right)\left(\tfrac{1}{2}\right)A_x\right] = \left(\tfrac{1}{2}\right)E\left(A_x^2\right) = \left(\tfrac{1}{2}\right)\hat{\sigma}_{\mathrm{A}}^2$$

这是因为育种值平方的期望值 E 是加性遗传方差。由于 A 和 D 无关，因此 AD 的期望值为 0。

以上关于亲属间协方差的计算被称为直接算法（Kempthorne，1957）。但亲属间的相似性源自两亲属在给定位点有相同等位基因的概率。所谓相同意味着后代相同。两亲属相同的等位基因是从一个共同背景复制而来的。

亲子相关是子代的一个等位基因来自亲代同一等位基因的概率。于是，子代任一个体在特定位点上，由于两个等位基因中的一个来自另一亲本，故两个等位基因与亲代的两个等位基因一样的概率是 0。这就是为什么子代的显性效应与亲本不一样。

我们看到，只有在两个亲属有 2 个或更多的共同祖先时，在给定位点上它们有相同等位基因的概率才不为 0。例如，对非自交的参照群体，全同胞间协方差为 $(1/2)\hat{\sigma}_{\mathrm{A}}^2 + (1/4)\sigma_{\mathrm{D}}^2$。显性成分的产生是因为从一个后裔来的两个随机全同胞在一个位点上有两个相同基因的概率为 1/4。若只考虑后代的同一性，则两个全同胞的共显性效应与亲本的显性效应无关。例如，两个亲本，它们的基因型分别是 A_iA_j 和 A_kA_l，可能的全同胞家系基因型如下。

基因型	概率
A_iA_k	$\frac{1}{4}$
A_iA_l	$\frac{1}{4}$
A_jA_k	$\frac{1}{4}$
A_jA_l	$\frac{1}{4}$

若随机取一对个体，在 A 位点有相同等位基因的概率为

$$P\left(A_iA_k, A_iA_k\right) + P\left(A_iA_l, A_iA_l\right) + P\left(A_jA_k, A_jA_k\right) + P\left(A_jA_l, A_jA_l\right) = \tfrac{1}{4}$$

当全同胞是同卵双生的双胞胎时，在一个位点上它们有相同等位基因的概率是 1，协方差为 $\hat{\sigma}_{\mathrm{A}}^2 + \hat{\sigma}_{\mathrm{D}}^2$。

还有一种情况，子代的显性效应与亲本有关，这发生在无性繁殖作物中，子代基因型与亲代一样。在自花授粉的纯合作物中，后代基因型与亲本一样，但由于没有杂合体，也就没有显性效应。

3.3 作为遗传方差线性函数的亲属协方差

最常见的亲属协方差主要来自文献 Cockerham（1954，1963）和 Kempthorne（1954，1957）。一般情况下，有如下几种情况：①来自自交或非自交参照群体的非自交亲属；②当基因频率为 $\frac{1}{2}$ 或任意频率时的自交亲属。

3.3.1 非自交亲属

3.3.1.1 来自非自交参照群体的亲属

玉米育种中最常见的情况是来自于非自交群体的非自交亲属。Kempthorne（1954）给出了有上位效应存在时发现亲属协方差的方法，即协方差取决于两个系数 ϕ 和 ϕ'，它们依亲属间的遗传相似性而变化（Malecot，1969）。ϕ 被定义为两个亲属通过一个亲本从一个或多个共同祖先得到相同基因的概率，ϕ' 以同样方式定义，但来自另一亲本。这些方差的系数用 $\hat{\sigma}_x^2$ 作通用符号，x 含有一个 rA 下标（加性效应）和 sD 下标（显性效应），用下面公式表示亲属协方差：

$\widehat{\mathrm{Cov}}(X,Y)=\sum\left[(\varphi+\varphi')/2\right]^r(\varphi\varphi')^s$，可以获得 $\hat{\sigma}_{\mathrm{A}}^2$ 和 $\hat{\sigma}_{\mathrm{D}}^2$ 的系数 C。

例如，全同胞间的协方差，$\phi=\frac{1}{2}$ 和 $\phi'=\frac{1}{2}$，这样：

$$\hat{\sigma}_{\mathrm{A}}^2\ r=1,s=0 \qquad C=\left(\tfrac{1}{2}\right)^1\left(\tfrac{1}{4}\right)^0=\tfrac{1}{2}$$

$$\hat{\sigma}_{\mathrm{D}}^2\ r=0,s=1 \qquad C=\left(\tfrac{1}{2}\right)^0\left(\tfrac{1}{4}\right)^1=\tfrac{1}{4}$$

$$\hat{\sigma}_{\mathrm{AA}}^2\ r=2,s=0 \qquad C=\left(\tfrac{1}{2}\right)^2\left(\tfrac{1}{4}\right)^0=\tfrac{1}{4}$$

$$\hat{\sigma}_{\mathrm{DD}}^2\ r=0,s=2 \qquad C=\left(\tfrac{1}{2}\right)^0\left(\tfrac{1}{4}\right)^2=\tfrac{1}{16}$$

$$\hat{\sigma}_{\mathrm{AD}}^2\ r=1,s=1 \qquad C=\left(\tfrac{1}{2}\right)^1\left(\tfrac{1}{4}\right)^1=\tfrac{1}{8}$$

全同胞协方差的遗传方差成分的期望值为

$$\left(\tfrac{1}{2}\right)\hat{\sigma}_{\mathrm{A}}^2+\left(\tfrac{1}{4}\right)\hat{\sigma}_{\mathrm{D}}^2+\left(\tfrac{1}{4}\right)\hat{\sigma}_{\mathrm{AA}}^2+\left(\tfrac{1}{8}\right)\hat{\sigma}_{\mathrm{AD}}^2+\left(\tfrac{1}{16}\right)\hat{\sigma}_{\mathrm{DD}}^2$$

于是，根据 Kempthorne，我们可以归纳亲属协方差取决于以下两个系数：$\varPhi$ 为两个亲属通过一个亲本追溯来自一个或多个共同祖先的相同等位基因的概率，$\varPhi'$ 为两个亲属通过另一个亲本追溯来自一个或多个共同祖先的相同等位基因的概率。

从下式得到方差成分的系数：

$$\widehat{\mathrm{Cov}}=\frac{\varPhi+\varPhi'}{2}\hat{\sigma}_{\mathrm{A}}^2+\left(\varPhi\times\varPhi'\right)\hat{\sigma}_{\mathrm{D}}^2$$

下面举例作全同胞协方差的图形演示：

在这种情况下，概率总是 1/2（X 个体从 A 或 B 得到等位基因的概率）。

这样，e = g 的概率是多少（后裔同样）？

群体

♂　A (a,b)　　　B (c,d)　♀

X (e,f)　　　Y (g,h)

$$
\begin{aligned}
\Phi' &= P(\mathrm{f}=\mathrm{h}) \\
&= P(\mathrm{c{=}f;c{=}h}) + P(\mathrm{d{=}f;d{=}h}) \\
&= (1/2)\times(1/2) + (1/2)\times(1/2) \\
\Phi' &= 1/2
\end{aligned}
$$

于是，按照定义，假设 F=0，全同胞间的协方差为

$$\widehat{\mathrm{Cov}}_{\mathrm{FS}} = (1/2)\hat{\sigma}_{\mathrm{A}}^2 + (1/4)\hat{\sigma}_{\mathrm{D}}^2$$

这是来自非自交群体的非自交全同胞亲属协方差的遗传方差成分的期望值。

不管 F 值多大，全同胞后裔总是非自交的，F 值对亲本的影响（如部分自交或完全自交）将在后面解释。

下面图形举另外一个例子，演示半同胞间协方差。半同胞是一个共同亲本衍生的后代。

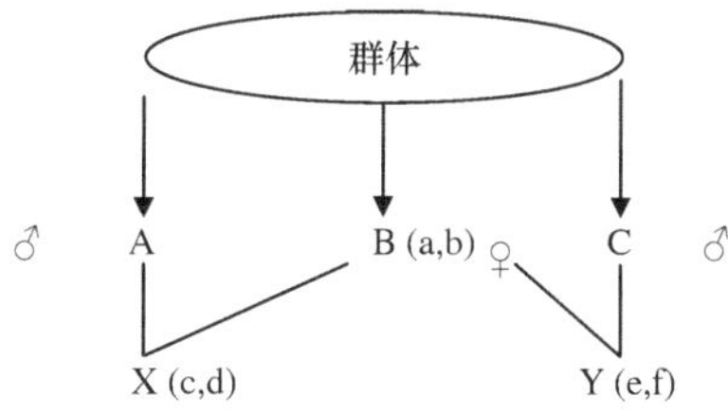

图中 c = e 的概率是多少？

$$
\begin{aligned}
\Phi &= P(\mathrm{c{=}e}) \\
&= P(\mathrm{a{=}c;\ a{=}e}) + P(\mathrm{b{=}c;\ b{=}e}) \\
&= (1/2)\times(1/2) + (1/2)\times(1/2) \\
\Phi &= 1/2
\end{aligned}
$$

$\Phi' = 0$　（父本不同，后代不可能有相同的等位基因）

于是，按照定义，假设 F=0，半同胞之间的协方差为

$$\widehat{\mathrm{Cov}}_{\mathrm{HS}} = (1/4)\hat{\sigma}_{\mathrm{A}}^2$$

3.3.1.2　来自自交群体的亲属

计算全同胞和半同胞协方差的方法简单明确。

如果亲属来自一个自交的参照群体，会有什么变化呢？Cockerham 提出了参照群体中包含近交系数 F 的通用公式。对于全同胞家系，公式如下：

$$\widehat{\mathrm{Cov}}_{\mathrm{FS}} = \left[(1+F)/2\right]\hat{\sigma}_{\mathrm{A}}^2 + \left[(1+F)/2\right]^2\hat{\sigma}_{\mathrm{D}}^2$$

于是，假设 F=1，则

$$\widehat{\mathrm{Cov}}_{\mathrm{FS}} = \hat{\sigma}_{\mathrm{A}}^2 + \hat{\sigma}_{\mathrm{D}}^2$$

半同胞情况下，公式如下：

$$\widehat{\mathrm{Cov}}_{\mathrm{HS}} = \left[(1+F)/4\right]\hat{\sigma}_{\mathrm{A}}^2$$

$$\text{或在 } F=1 \text{ 的情况下 } \widehat{\mathrm{Cov}}_{\mathrm{HS}} = \left(\tfrac{1}{2}\right)\hat{\sigma}_{\mathrm{A}}^2$$

类似的程序可以用在不同类型的亲属协方差（如亲子回归，或中亲值与子代回归等）。如果用多穗植株（一个植株有 2 个或多个果穗），在同一季内，既可繁殖亲代，又可产生子代。

$$\widehat{\mathrm{Cov}}_{\mathrm{PO}} = \left[(1+F)/2\right]\hat{\sigma}_{\mathrm{A}}^2 \quad \text{或者假设 } F=1\text{，则 } \widehat{\mathrm{Cov}}_{\mathrm{PO}} = \hat{\sigma}_{\mathrm{A}}^2$$

如果是自交的参照群体，则 Cockerham（1963）的通用模型为

$$\widehat{\mathrm{Cov}}(x,y) = \theta_1\hat{\sigma}_{\mathrm{A}}^2 + \theta_2\hat{\sigma}_{\mathrm{D}}^2 + \theta_1^2\hat{\sigma}_{\mathrm{AA}}^2 + \theta_2^2\hat{\sigma}_{\mathrm{DD}}^2 + \theta_1\theta_2\hat{\sigma}_{\mathrm{AD}}^2 + \theta_1^3\hat{\sigma}_{\mathrm{AAA}}^2 + \cdots$$

式中，θ_1 和 θ_2 为近交系数 F 的函数。显然，上式中包括了非自交参照群体（F=0），Cockerham（1963）和 Kempthorne（1954）把最常见的亲属协方差的系数列于表 3.1 中，F 为参照群体的近交系数。

表 3.1 在非自交的亲属协方差中加性和显性方差的系数（Kempthorne，1954；Cockerham，1963）

亲属关系	Cockerham		Kempthorne	
	θ_1	θ_2	φ	φ'
亲子*	1/2	0	1	0
半同胞	$(1+F)/4$	0	1/2	0
全同胞	$(1+F)/2$	$[(1+F)/2]^2$	1/2	1/2
叔-侄	$(1+F)/4$	0	1/2	0
半叔-侄	$(1+F)/8$	0	1/4	0
第一代堂兄妹	$(1+F)/8$	0	1/4	0

* 非自交亲本，因为它是亲属之一

3.3.2 自交亲属

玉米最常见的近交程序是从非近交群体 S_0 开始连续自交。S_0 植株自交形成 S_1 家系，连续自交并保持系谱，于是每代都可以追溯到以前各代的共同亲本。其实，这只是一个特殊情况。一般我们从任何一代 t 开始自交，连续自交到 t' 和 t''。通常，$t'=t+1$ 和 $t''=t'+1$，但不一定总这样（Cockerham，1963），如前所述相对于基因频率和遗传模型存在两种情况。

3.3.2.1 基因频率为 1/2（特殊情况）

假定基因频率为 1/2，在同一近交世代亲属间的协方差可表示为非自交群体中遗传方差成分的线性函数，系数为

$$\theta_1 = (1+F_t) \text{ 和 } \theta_2 = \left[(1+F_t)/(1-F_t)\right](1-F_g)^2$$

式中，F_t是自交链中离得最近的那个共同亲本的近交系数，而 F_g 是后代或亲属的近交系数。加性效应的系数 θ_1 只取决于共同亲本的近交系数，不受后代或亲属的近交系数影响。而 θ_2 取决于双亲 F_t 和后裔 F_g 的近交。让我们设想从非自交群体 S_0 开始连续自交的例子。

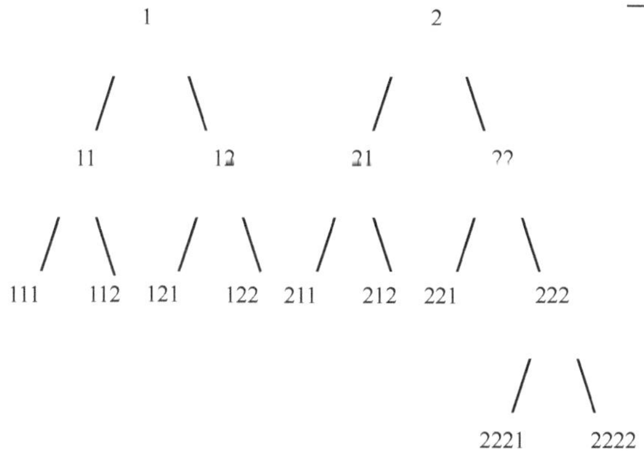

1　　2

11　12　21　22

111　112　121　122　211　212　221　222

2221　2222

通用符号	世代	F
i	S_0	0
ij	S_1	$\frac{1}{2}$
ijk	S_2	$\frac{3}{4}$
$ijkl$	S_3	$\frac{7}{8}$
⋮	⋮	⋮

从图解中，我们发现 S_2 家系间的遗传方差，并注意到亲属组间的方差可表示为组内亲属间的协方差。于是，S_2 家系间总的遗传方差包括可以追溯到同一 S_0 的 S_2 家系间的方差，以及可以追溯到不同 S_0 植株的 S_2 家系组间的方差，即 $\hat{\sigma}^2_{S_2}(\text{总}) = \hat{\sigma}^2_{S_1/S_2} + \hat{\sigma}^2_{S_0}$ 式中，S_0 和 S_1 取自 S_2 数据，这与第 4 章介绍的巢式设计类似。

我们有 $\hat{\sigma}^2_{S_0} = \widehat{\text{Cov}}_{\text{tgg}} = \widehat{\text{Cov}}_{022}$，这是 S_2 植株间的协方差，离得最近的那个共同亲本是一个 S_0 植株。在前面给出的自交系列中，这相当于个体间的协方差，这些个体有相同的 i 和不同的 j。协方差为

$$\widehat{\text{Cov}}_{022} = (1+0)\hat{\sigma}^2_A + \left[(1+0)/(1-0)\right](1-\tfrac{3}{4})^2\hat{\sigma}^2_D = \hat{\sigma}^2_A + (\tfrac{1}{16})\hat{\sigma}^2_D$$

$$\hat{\sigma}^2_{S_1/S_2} = \widehat{\text{Cov}}_{\text{t'gg}} - \widehat{\text{Cov}}_{\text{tgg}} = \widehat{\text{Cov}}_{122} - \widehat{\text{Cov}}_{022}$$

式中，$\widehat{\text{Cov}}_{122}$ 是离得最近的那个公共亲本为 S_1 时，S_2 代植株间的协方差。可以看到这是含有相同 ij 但不同 k 的植株间的协方差，于是，我们有

$$\widehat{\text{Cov}}_{122} = (1+\tfrac{1}{2})\hat{\sigma}^2_A + \left[(1+\tfrac{1}{2})/(1-\tfrac{1}{2})\right](1-\tfrac{3}{4})^2\hat{\sigma}^2_D = (\tfrac{3}{2})\hat{\sigma}^2_A + (\tfrac{3}{16})\hat{\sigma}^2_D$$

$$\widehat{\text{Cov}}_{122} - \widehat{\text{Cov}}_{022} = (\tfrac{1}{2})\hat{\sigma}^2_A + (\tfrac{2}{16})\hat{\sigma}^2_D$$

于是，S_2 家系间总的遗传方差为

$$\hat{\sigma}^2_{S_2} = \hat{\sigma}^2_A + (\tfrac{1}{16})\hat{\sigma}^2_D + (\tfrac{1}{2})\hat{\sigma}^2_A + (\tfrac{2}{16})\hat{\sigma}^2_D = (\tfrac{3}{2})\hat{\sigma}^2_A + (\tfrac{3}{16})\hat{\sigma}^2_D$$

当基因频率为 $\frac{1}{2}$ 时，S_2 代总的遗传方差为

$$(1+F_g)\hat{\sigma}^2_A + (1-F_g^2)\hat{\sigma}^2_D = (\tfrac{7}{4})\hat{\sigma}^2_A + (\tfrac{7}{16})\hat{\sigma}^2_D$$

于是，将 $\hat{\sigma}^2$(总) $-\hat{\sigma}^2$(系间) $=(1/4)\hat{\sigma}_A^2+(1/4)\hat{\sigma}_D^2$ 作为整个家系群体 S_2 家系内的遗传方差。

当亲属处于不同的近交世代（即 g 和 g'）时，系数为 $\theta_1=1+F_t$，而 $\theta_2=\left[(1+F_t)/(1-F_t)\right](1-F_g)(1-F_{g'})$，这包括同一世代的自交系，即（$g=g'$）。然而，当自交系处在不同世代时，只有在没有加性×显性互作的上位效应和显性上位效应时，协方差才能转化成遗传方差成分（Cockerham，1963）。例如，亲本在 S_0 代，假定没有显性上位效应，则亲子协方差为

$$\widehat{\text{Cov}}_{011}=\hat{\sigma}_A^2+(1/2)\hat{\sigma}_D^2+\hat{\sigma}_{AA}^2+\hat{\sigma}_{AAA}^2+\cdots$$

3.3.2.2 任意基因频率（一般情况）

在特定遗传模型下，亲属间协方差只能用方差成分的线性函数来表示，即只包括加性和加性上位效应的模型。于是只有一个系数 $\theta_1=1+F_t$，定义为非自交世代的方差成分。即使在显性效应下，我们仍有很好的近似加性模型。例如，亲本近交度很低（$F_t\approx 0$），或者后代或亲属的近交度很高（$1-F_g\approx 0$）（Cockerham，1963）。

Cockerham 提出了用遗传方差成分的线性函数表达亲属协方差的一般限制，总结在表 3.2。

表 3.2　亲属间协方差表示为遗传方差成分的线性函数的几种情况（Cockerham，1963）

亲属	近交系数	基因频率	遗传模型
非自交*	F=0	任意频率	不受限制
同一自交世代	0<F<1	任意频率	加性与所有加性上位效应
	F=1	任意频率	不受限制，但只包括加性和所有加性上位效应
	0≤F≤1	1/2	不受限制
不同的自交世代		任意频率	加性与所有加性上位效应
		1/2	加性、显性和所有加性上位效应

*来自非自交或自交参照群体

当 $F=0$ 时，既不受遗传模型限制，也不受基因频率限制。

在同一世代中部分自交的亲属（F<1），协方差表达为遗传方差的线性函数取决于对基因频率或遗传模型的假设。例如，S_1 家系间的协方差就属于这一类，因为 F=1/2。于是，对任意基因频率 $\widehat{\text{Cov}}_{S_1}=\hat{\sigma}_A^2+$所有加性上位性。假定只有加性上位效应（加性模型），就等于前面提到的 S_1 家系间的方差。如果基因频率是 1/2，协方差也可以是显性方差的线性相关，$\widehat{\text{Cov}}_{S_1}=\hat{\sigma}_A^2+(1/4)\hat{\sigma}_D^2+$所有类型上位性 $\left[\hat{\sigma}_{AA}^2+(1/16)\hat{\sigma}_{DD}^2+\cdots\right]$。

当亲属完全纯合（$F=1$）时，基因频率或遗传模型不再受限制。由于没有杂合体，也就没有显性方差，于是，只有加性效应和加性上位效应。完全自交亲属只通过自交得到，于是离得最近的那个共同亲本必须是 $F_t=1$，$\widehat{\text{Cov}}_{tgg}=2\hat{\sigma}_A^2$。连续自交在理论上渐近纯合，于是当自交代数 n 无限大时，F_g 的极限是 1。

当亲属处在不同近交世代时，遗传方差成分从一代传到下一代，因为近交水平越来

越高，于是假定完全加性模型，或显性效应不重要。如果假定基因频率为 1/2，遗传模型仅限于没有显性上位效应的情况。

（陈泽辉 译，张世煌 校）

参考文献

Cockerham, C. C. 1954. An extension of the concept of partitioning hereditary variance for analysis of covariances among relatives when epistasis is present. *Genetics* 39:859–82.

Cockerham, C. C. 1956. Analysis of quantitative gene action. *Brookhaven Symp. Biol.* 9:53–68.

Cockerham, C. C. 1963. Estimation of genetic variances. In *Statistical Genetics and Plant Breeding, Vol. 982*, W. D. Hanson and H. F. Robinson, (eds.), pp. 53–94. NAS–NRC, Washington, DC.

Falconer, D. S., and T. F. C. Mackay. 1996. *Introduction to Quantitative Genetics*, 4th edn. Longman Group, Essex.

Fisher, R. A. 1918. On the correlation between relatives on the supposition of Mendelian inheritance. *Trans. R. Soc. Edinb.* 52:399–433.

Kempthorne, O. 1954. The correlation between relatives in a random mating population. *Phil. R. Soc. Lond.* B143:103–13.

Kempthorne, O. 1955. The theoretical values of correlations between relatives in random mating populations. *Genetics* 40:153–67.

Kempthorne, O. 1957. *An Introduction to Genetic Statistics*. Wiley, New York, NY.

Malecot, G. 1969. *The Mathematics of Heredity,* 88pp. Freeman, San Francisco, CA.

Pearson, F. 1904. On a generalized theory of alternative inheritance with special reference to Mendel's laws. *Phil. Trans. Lond. R. Soc.* A203:53–86.

Schnell, F. W. 1963. The covariance between relatives in the presence of linkage. In *Statistical Genetics and Plant Breeding, Vol. 982*, W. D. Hanson and H. F. Robinson, (eds.), pp. 468–83. NAS–NRC, Washington, DC.

Weinberg, W. 1908. Uber Vererbungsgesetze beim Menschen. *Z. Indukt. Abstamm.-u. Vererblehre* 1:377–92.

Weinberg, W. 1910. Weitere Beitrage zur Theorie der Verebung. *Arch. Rass.-u Ges. Biol.* 7:35–49, 169–73.

Wright, S. 1921. Systems of mating. I. The biometric relation between parent and offspring. *Genetics* 6:111–23.

Yule, G. U. 1906. On the theory of inheritance of quantitative compound characters on the basis of Mendel's laws. *Third Int. Conf. Genet.* 3:140–2.

第 4 章　遗传方差：交配设计

在两个纯系杂交得到的 F_2 群体中，分离位点平均等位基因频率 $p=q=0.5$。但从现在起，我们把任意基因频率的广基群体作为原始材料，这意味着 $p=q=0.5$ 的特殊情况将不再适用，于是，p 将不等于 q。

估算广基群体的遗传方差成分，能够为育种者提供遗传结构信息，这样，育种者可根据收集到的遗传信息选择适合每个群体的育种方法。我们要计算这些群体目标性状的遗传参数，如 $\hat{\sigma}_G^2 = \hat{\sigma}_A^2 + \hat{\sigma}_D^2 + \hat{\sigma}_I^2$、$\hat{h}^2$ 和 ΔG。交配设计产生后裔，对其进行测试，然后估算方差成分。这些后裔包含已知遗传方差成分的亲属关系。例如，半同胞、亲子和全同胞的遗传期望分别为 $(1/4)\hat{\sigma}_A^2$、$(1/2)\hat{\sigma}_A^2$ 和 $(1/2)\hat{\sigma}_A^2 + (1/4)\hat{\sigma}_D^2$（第 3 章）。此外，需要对后裔做恰当的试验设计，并在多环境下进行鉴定，不仅估算遗传方差成分，还要估算环境方差。对试验设计做方差分析（ANOVA）以估算试验误差（多点重复试验），并获得无偏估计（随机化）。用方差成分表示期望值［期望均方或 E(MS)］，根据所用的交配设计，把方差成分转化成亲属间协方差。最后，我们能估算遗传参数，并对群体做出评估。

做试验要用恰当的种质材料。对群体的评估结果能够帮助制定育种计划。如前所述，具有最佳平均值的群体是不错的选择，因为经过多年选择，不同群体的遗传进度比较相似。无论从表现型还是分子水平上，从参照群体取代表性样本很重要，以便做出准确评价。例如，近年育成的巢式关联作图（NAM）群体可能不适合做这类研究，同样，B73 的基因组也不能代表玉米基因组的等位基因。

当育种者做出决定时，必须考虑基因型和环境共同作用的总表型变异，这些决定包括资源配置和期望的遗传进度。育种者观察和测量的只是基因型在一组特定环境下的表现型，即 $p_i = u + g_i + e_i + (ge)_i$，表型值 p_i 是总平均值 u、基因型效应 g_i、环境效应 e_i 和基因型与环境互作效应 $(ge)_i$ 的总和。这种线性效应的总和表明，测量单位 p_i 不仅包括基因型效应，还包括对基因型起作用的环境效应，环境效应可能重复，也可能不重复。在玉米育种中，环境“噪声”是一个重要参数，它往往超出了育种者的控制能力。在一些情况下，一些大的环境条件可以控制，如水的灌溉量，肥料、杀虫剂、除草剂的用量及耕作管理等。在控制水分条件下能进行基因型（自交系和杂交种）的耐旱性筛选（Carena et al.，2009a），如果 N_2×杂交种有互作效应，便可在低氮环境下选育新品种。另一些情况，可在常规耕作条件下选育少耕作品种，这是由于耕作×杂交种没有相互效应（Carena，2009b）。另外，如果不存在互作效应，育种者不必在有机条件下选育品种。对以往信息，如土壤类型、种植模式、长期气象记录等，有一些是不可控的，因为气候因素不确定（如云量多少、暴雨的发生、高温、温带地区的无霜期）和病害的发生也都受环境影响。于是，我们测定的表现型不仅包含基因型效应，还有不可估计的环境因素对基因型的影响，包括有规律的、无规律的、可预测的和不可预测的影响。此外，微环境因素比宏观环境因素更模糊。由于试验区的处理、水分流动和渗透的不均匀性、耕作管理等引起植物的细微损伤等都能引起植物发生微小变化，这些变化都难以预料。由于表现型是基因型与环境效应共同作用的结果，我们的主要兴趣是确定基因型和环境效应对表现型的影响。

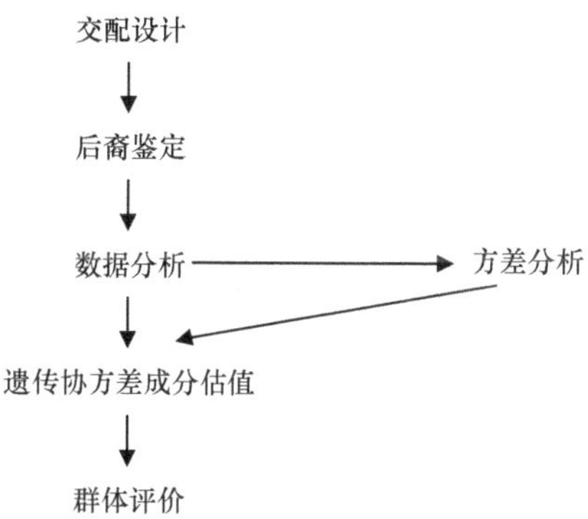

Cockerham（1956a）强调，一个特定基因型的效应就是那种基因型的所有表型平均值与群体中所有表型平均值的差。因此，基因型效应只能在相同环境下与其他基因型相比较来定义。如果基因型的表达从一个环境到另一个环境发生变化，则基因型间的相对差别可以在差别程度和符号上相同或相反。由于基因型间的变化可能不一样，而证据显示经常很不一样，于是有必要在多个环境下进行鉴定以确定它们的一般表现。若干基因型在多个环境下的排序和相对值的变化就称其为基因型与环境互作，这主要是由于大环境的影响。

合理设计多点重复试验，可以估计环境效应和确定环境变异对特定基因型在特定环境中的相对影响。在线性模型中，假定基因型与环境不相关，总的变异为 $\hat{\sigma}_{\mathrm{P}}^2 = \hat{\sigma}_{\mathrm{G}}^2 + \hat{\sigma}_{\mathrm{E}}^2 + \hat{\sigma}_{\mathrm{GE}}^2$，合理的试验设计和随机化排列将减少基因型与环境的相关性，于是可以用加性模型估算遗传方差成分。

我们在本章主要是关注方差成分的估值，这些估值是基于平衡数据的方差分析和适当模型的期望均方。在估算遗传方差成分时，假定使用随机模型，需要从试验材料中随机抽样。估算的程序包括以下两个步骤（Searle，1971）。

（1）以适当模型进行方差分析（ANOVA）时，观察值的均方等于它们的期望均方，期望值是未知方差成分的线性函数，因此得到一组方差成分的联立线性方程。

（2）解上述联立方程，方程的解就是方差成分的估值。

在方差分析中，均方的期望值不需要正态分布假设，因为方差成分的估值来自方差分析，其方法本身不需要正态假设。然而，由此产生的估值是有限的（Searle，1971）。

无偏性：对平衡数据作方差分析，不管是随机模型还是固定模型，得到的方差成分估值总是无偏的。

最小方差：通过方差分析得到的方差成分估值是最小二乘无偏估值。这意味着所有方差估值，无论是观测值的二次函数估值还是无偏估值，只要来自方差分析，其方差值就最小。

负的估计值：根据定义，方差成分应该是正值，但尽管如此，通过方差分析可能得到负的估值。Searle（1971）提出克服这种现象的建议，在玉米上负的估值可能是由于使用的遗传模型不合适（估计上位性方差的遗传设计）、抽样不合理（样本太小）和不适当的试验技术（后裔间存在竞争）。

为估计方差成分，我们来考虑用于产生后代的各种交配设计。所有交配设计都产生已知遗传方差成分的各种不同亲属关系的后代（第3章）。为了估计遗传方差和环境方差成分，先通过交配设计产生后裔，然后采用适当的试验设计对这些后裔进行多点鉴定。对试验结果做方差分析，用方差成分表示期望值，然后根据交配设计把方差成分转换成亲属关系（协方差）；最后，根据亲属关系，从理论上确定亲属协方差中遗传方差成分的功能。

除非针对特定情况作出规定，否则假设对于充分解释交配设计中亲属协方差的遗传组成是必要的。

（1）正常的二倍体孟德尔遗传。

（2）没有母体效应。

（3）连锁平衡。

（4）非自交系亲属。

（5）父母本和亲属随机选择。

（6）环境与亲属无相关性。

（7）无上位性。

（8）任意的基因频率。

玉米表现正常的二倍体遗传，大多数性状不表现母体效应，采用合理的试验设计和随机化处理将确保亲属与环境效应没有关联。在大多数情况下鉴定的是非自交亲属，但只要双亲没有关联，自交系或非自交亲本都能用于产生亲属，但亲本必须来自同一个群体。由于我们希望对遗传方差成分的估值做出推论，因此，必须从参照群体中随机抽取样本。最后一个假设，即连锁平衡在玉米中比其他作物会引起更多的麻烦。对某些群体（如 F_2 和用自交系新合成的综合种），连锁可能使遗传方差估值产生偏倚。研究不同类型的群体可能会表现出连锁效应，因此，建议在做遗传方差分析前先进行随机交配。

一些交配设计比其他方法使用得更普遍，但每一种设计都有各自的优点和缺点，这取决于参照群体和所需要的信息。一般考虑如下。

模型Ⅰ和模型Ⅱ。方差分析可按模型Ⅰ（固定模型）或模型Ⅱ（随机模型）进行。固定模型研究后代家系的亲本基因型，对一组固定的基因型能够收集到的信息很有限。另外，对于随机模型，亲本只是代表参照群体基因型的样本。

试验设计。不完全区组设计（如拉丁）能够减少试验误差。α-拉丁（Patterson and Williams，1976）比拉丁设计更灵活，它所鉴定的参试材料数量可以在拉丁设计的中间范围。分组设计（set design）是另外一种类型的不完全区组设计，当估计参试材料间的变异比估计平均值更重要时，采用这种设计。在每一组内单独估计方差成分，然后集合各组的估值。每一组方差成分估值都是可靠的。因此，它们可以集合成一个更好的估值，代价是估计误差时会牺牲一些自由度。如果同样的试验种为随机完全区组设计（RCBD），小区数量相同，但只能获得区组内变异。

有两种类型的分组设计，一种是组内重复（reps in sets），另一种是重复内分组（sets in reps）。对基因型变异的估计，与分组设计的估计相等。如果不仅要估计方差成分，还想从不同组的不同材料间选出优良基因型，这样的比较就不够精确。因此，分组设计在估计方差成分时可能很理想，但其他设计（如拉丁设计）更适合用作基因型选择。例如，若各组都是随机安排基因型，每一组内优良基因型数量相同，我们就能够在组内进行选择。

另外一种方法，可以用各组相同对照的平均值对参试材料的平均值进行校正，这就可以比较不同组的基因型。这些设计是假定我们有足够的土地、劳力和种子，然而，我们在进行早代测定时种子数量很有限。于是，有一些设计可以用较少的重复比较更多的基因型。重复对照设计（replicated check design）的每个基因型只有一个随机小区，但对照小区按固定间隔设置，误差方差取决于对照间的变异。增广设计（augmented design）（Federer，1961）与上述设计相似，但能够减弱环境效应从而减少试验偏差。试验划分成区组，区组内分成小区。在区组内随机设置两个或多个对照，所有区组设置相同对照。不同的基因型被安排在不同的区组，但所有区组都设置相同的对照。用区组之间的差异进行校正，根据重复对照可以估算 $\hat{\sigma}^2$ 。在早代杂交组合鉴定中经常使用不设重复的多点试验。

交叉分组与巢式设计。一个试验可以是因子设计或巢式设计，然而，一个设计并不能给出试验设计所能够给予的全部信息（如重复）。因此，一个试验设计只是给出处理的定义，这是试验设计的额外信息（如拉丁试验设计中的因子试验设计）。一个完全因子试验设计具有所有因子的交叉分组（如 A 因子的所有水平专门应对 B 因子的相同水平）。在下面的例子中，两个交配设计（设计 I 和设计III）对此进行比较。对设计 I ，我们说母本是在与父本进行巢式组配，因为每个父本均有一组不同的母本，所以，一个因子的水平并不对应另一个因子的水平。另外，设计III属于交叉分组设计。

父本	设计III		设计 I							
	亲本		母本							
	P_1	P_2	f_1	f_2	f_3	f_4	f_5	f_6	f_7	f_8
m_1	×	×	×	×	×	×				
m_2	×	×					×	×	×	×
m_3	×	×								
m_4	×	×								
m_5	×	×								

Cockerham（1963）给出了植物交配设计的进一步信息，那么这一理论究竟好不好呢？答案是离它越近就越能够得到选择增益。

4.1 双亲后裔

Mather（1949）给出了双亲后裔法这个术语，这是估计参照群体遗传方差成分最简单的交配设计之一。这种交配设计能以最少的代价获得关于变异程度的初步信息（如异花授粉作物）。如果在一个经历长期选择的群体中存在显著的遗传变异，但不知道变异类型，该方法能提供所需要的信息。

双亲后裔法从群体中随机抽取单株成对杂交。在玉米上，用成对植株相互杂交，产生两个果穗，把种子混合后进行多点鉴定。为了更好地对参照群体进行分析，应尽量多做杂交（如全同胞家系大样本）用于后代测定。

如果有 n 个植株被选定，将会有 $n/2$ 个组合：

$$
\begin{array}{cccccc}
(P_1 \times P_2) & (P_3 \times P_4) & (P_5 \times P_6) & \cdots & (P_{399} \times P_{400}) \\
\downarrow & \downarrow & \downarrow & & \downarrow \\
FS_1 \text{-----------} & FS_2 \text{------------} & FS_3 & & FS_{200}
\end{array}
$$

$\hat{\sigma}_C^2$ 表示杂交组合间方差

表 4.1 给出了变异来源中杂交组合间和组合内的估计信息，即自由度 df，均方 MS 和期望均方 $E(\text{MS})$。用 F 检验来确定组合间的差异是否比组合内的变异大。也可以根据表 4.1 的方差分析计算组内相关 r_I，$r_I = \hat{\sigma}_C^2 / (\hat{\sigma}_C^2 + \hat{\sigma}_w^2)$。

表 4.1 双亲杂交组合间和组合内的方差分析

变异来源	df	MS	E (MS)
组合间	$(n/2)-1$	M_2	$\hat{\sigma}_w^2 + k\hat{\sigma}_C^2$
组合内	$(n/2)(k-1)$	M_1	$\hat{\sigma}_w^2$
总计	$(nk/2)-1$		

注：n 和 k 分别为样本中的亲本数量和每个杂交组合的植株数

Mather（1949）给出了当 $F=0$ 时，双亲后裔间和后裔内的遗传期望。由于任何组间方差成分等于组内个体间的协方差，因此，表 4.1 中的组合间方差 $\hat{\sigma}_C^2$ 等于 $\widehat{\text{Cov}}_{\text{FS}}$。换言之，后裔内个体间越相似，后裔间差异就越大。

$$\hat{\sigma}_C^2 = \widehat{\text{Cov}}_{\text{FS}} = (1/2)\hat{\sigma}_A^2 + (1/4)\hat{\sigma}_D^2$$

组合内方差为

$$
\begin{aligned}
\hat{\sigma}_w^2 &= [\hat{\sigma}_G^2 - \widehat{\text{Cov}}_{\text{FS}}] + \hat{\sigma}_{we}^2 \\
&= (1/2)\hat{\sigma}_A^2 + (3/4)\hat{\sigma}_D^2 + \hat{\sigma}_{we}^2
\end{aligned}
$$

式中，$\hat{\sigma}_{we}^2$ 为组合内方差的环境变异，遗传方差成分 $\left[\hat{\sigma}_G^2 - \widehat{\text{Cov}}_{\text{FS}}\right]$ 经常用 $\hat{\sigma}_{wg}^2$ 表示。

如果群体中有显著的遗传变异，但不了解遗传变异类型，这种交配设计就能够提供所需要的信息。在重复试验中种植双亲后裔，就可进行表 4.2 的方差分析。

表 4.2　在有重复的多点试验中，对双亲后裔的方差分析

变异来源	df	MS	E (MS)	
			方差成分	亲属间协方差
重复	$r-1$			
组合间	$(n/2)-1$	M_3	$\hat{\sigma}_w^2+k\hat{\sigma}_P^2+rk\hat{\sigma}_C^2$	$\hat{\sigma}_w^2+k\hat{\sigma}_P^2+rk\widehat{\text{Cov}}_{\text{FS}}$
误差	$(r-1)[(n/2)-1]$	M_2	$\hat{\sigma}_w^2+k\hat{\sigma}_P^2$	$\hat{\sigma}_w^2+k\hat{\sigma}_P^2$
总计	$r(n/2)-1$			
组合内	$r(n/2)(k-1)$	M_1	$\hat{\sigma}_w^2$	$\hat{\sigma}_{we}^2+(\hat{\sigma}_G^2-\widehat{\text{Cov}}_{\text{FS}})$

注：r、n 和 k 分别表示重复数、亲本数和株数

与表 4.1 相似，用 F 检验组合间差异，并计算组内相关系数。如果用其他方法替代 F 检验，那么可以用组合间的平方和除以误差均方来做卡方检验。

Mather（1949）给出了双亲后裔间和后裔内的遗传期望，杂交组合方差成分 $\hat{\sigma}_C^2$ 是双亲后裔平均值间的方差，$\hat{\sigma}_C^2=(1/2)\hat{\sigma}_A^2+(1/4)\hat{\sigma}_D^2$［即 Mather 注释中的 $(1/4)D+(1/16)H$］或等于 $\widehat{\text{Cov}}_{\text{FS}}$。组合内的方差 $\hat{\sigma}_w^2$ 是双亲后裔的平均方差，它包括了遗传（$\hat{\sigma}_{wg}^2$）和环境（$\hat{\sigma}_{we}^2$）变异。组合内的遗传方差是总遗传方差（$\hat{\sigma}_G^2$）减去 $\widehat{\text{Cov}}_{\text{FS}}$，即 $\hat{\sigma}_G^2-\widehat{\text{Cov}}_{\text{FS}}=(1/2)\hat{\sigma}_A^2+(3/4)\hat{\sigma}_D^2$［即 Mather 注释中的 $(1/4)D+(3/16)H$］。于是，我们有 4 个未知数（$\hat{\sigma}_A^2$、$\hat{\sigma}_D^2$、$\hat{\sigma}_P^2$ 和 $\hat{\sigma}_{we}^2$），但仅有 3 个均方。从试验误差均方（M_2）可以估计 $\hat{\sigma}_P^2$，但从方差分析得不到 $\hat{\sigma}_{we}^2$ 的估值。若假定显性效应为 0，我们就能得到遗传力（$\hat{h}^2$）估值，表达式减化为 $\hat{\sigma}_C^2=(1/2)\hat{\sigma}_A^2$ 和 $\hat{\sigma}_w^2=(1/2)\hat{\sigma}_A^2+\hat{\sigma}_{we}^2$。从表 4.2 的期望均方就可以得到两个方差成分。

于是，可以得到 $\hat{\sigma}_A^2$、$\hat{\sigma}_P^2$ 和 $\hat{\sigma}_{we}^2$ 的估值。从方差分析能够计算出 $\hat{\sigma}_P^2$：

$$\hat{\sigma}_P^2=\left(M_2-\text{MS}_1\right)/k$$

如果假定 $\hat{\sigma}_D^2=0$，我们就能够估计 $\hat{\sigma}_A^2$ 和 $\hat{\sigma}_{we}^2$ 及 $\hat{h}^2$，得

$$\hat{\sigma}_C^2=(1/2)\hat{\sigma}_A^2\text{，于是 }\hat{\sigma}_A^2=2\hat{\sigma}_C^2\text{，}\hat{\sigma}_{we}^2=\hat{\sigma}_w^2-\hat{\sigma}_C^2$$

于是，我们就能从方差分析的期望均方估计出方差成分：

$$\hat{\sigma}_A^2=2\left(M_3-M_2\right)/rk$$

从 $\hat{\sigma}_A^2$、$\hat{\sigma}_P^2$ 和 $\hat{\sigma}_{we}^2$，根据假设条件，能够确定加性遗传方差在总变异中所占的比例，即 $\hat{h}^2=\hat{\sigma}_A^2/\left(\hat{\sigma}_A^2+\hat{\sigma}_P^2+\hat{\sigma}_{we}^2\right)$。随着 $\hat{\sigma}_D^2$ 越来越趋近于 0，这个近似估值就越准确。

在遗传控制条件下，我们可以考虑群体变异的近似值：

$\hat{h}^2=\dfrac{\hat{\sigma}_C^2}{\hat{\sigma}_w^2/rk+\hat{\sigma}_P^2/r+\hat{\sigma}_C^2}$，根据全同胞家系平均值计算的广义遗传力。

$\hat{h}^2=\dfrac{\left(\frac{1}{2}\hat{\sigma}_{\mathrm{A}}^2\right)}{\hat{\sigma}_{\mathrm{W}}^2/rk+\hat{\sigma}_{\mathrm{P}}^2/r+\hat{\sigma}_{\mathrm{C}}^2}$，根据全同胞家系平均值计算的狭义遗传力。

如果未收集单株数据，组合间或全同胞家系间的遗传力估值是相似的：$\hat{h}^2=\hat{\sigma}_{\mathrm{C}}^2\Big/\left(\hat{\sigma}_{\mathrm{P}}^2/r+\hat{\sigma}_{\mathrm{C}}^2\right)$。可按照 Knapp 等（1985）的定义计算遗传力估值的置信限。

标准误（SE）与方差估值有关，应予以考虑。由于方差成分是通过独立的均方线性函数计算的，故可以估算 $\hat{h}^2$ 的方差。

θ 比值的方差大约是

$$V(\theta)=V(X)Y^2-2\left[X\widehat{\mathrm{Cov}}(X,Y)\right]\Big/Y^3+\left(X^2/Y^4\right)V(Y)$$

式中，$\hat{\sigma}_{\mathrm{A}}^2=X$，$\hat{\sigma}_{\mathrm{A}}^2+\hat{\sigma}_{\mathrm{P}}^2+\hat{\sigma}_{\mathrm{we}}^2=Y$（Kempthorne，1957）。Snedecor（1956）指出，如果从独立均方线性函数计算方差成分，则 $\hat{\sigma}_i^2$ 的方差近似值定义为

$$V\left(\hat{\sigma}_i^2\right)=\left(2/f^2\right)\sum_i\left(\lambda_i^2M_i^2\right)\Big/\left(\mathrm{df}_i+2\right)$$

式中，$\lambda_i=\pm1$，M_i 是用作确定方差成分的均方，df_i 是相应均方的自由度，f 是方差成分的系数。由于 $\hat{\sigma}_{\mathrm{C}}^2$ 是由 $(M_3-M_2)/rk$ 来计算，于是，$\hat{\sigma}_{\mathrm{C}}^2$ 的方差为

$$V(\hat{\sigma}_{\mathrm{C}}^2)=\frac{2}{(rk)^2}\left[\frac{M_3^2}{(n/2+1)}+\frac{M_2^2}{(r-1)(n/2)+1}\right]$$

Dickerson（1968）提出一个令人满意且保守，但容易计算 $\hat{h}^2$ 的近似标准误的方法。如果按下式计算 $\hat{h}^2$：

$$\hat{h}^2=2\hat{\sigma}_{\mathrm{C}}^2\Big/\left(2\hat{\sigma}_{\mathrm{C}}^2+\hat{\sigma}_{\mathrm{P}}^2+\hat{\sigma}_{\mathrm{we}}^2\right)$$

$\hat{h}^2$ 的标准误为

$$\mathrm{SE}\left(\hat{h}^2\right)=2\mathrm{SE}\left(\hat{\sigma}_{\mathrm{C}}^2\right)\Big/\left(2\hat{\sigma}_{\mathrm{C}}^2+\hat{\sigma}_{\mathrm{P}}^2+\hat{\sigma}_{\mathrm{we}}^2\right)$$

式中，$\mathrm{SE}\left(\hat{\sigma}_{\mathrm{C}}^2\right)$ 是 $\hat{\sigma}_{\mathrm{C}}^2$ 的方差的平方根，分母是表型方差（Knapp，1985，1986）。

双亲后裔法为育种者提供了识别加性遗传方差相对重要性的初步信息，它是一个简单的交配设计，这些信息不足以用于制定长期育种计划。但如果群体中的确有足够的遗传变异，双亲后裔法提供的信息能够对选择计划起到一定的指导作用。

4.2 纯系后裔（用在自花授粉作物）

可以有把握地说，在自花授粉作物中没有显性效应，它或者不存在，或者效应值很低。于是，杂种优势（H）不太重要，按 Falconer 和 Mackay（1996）：

$$H=\sum y^2d$$

式中，d 为显性效应，y^2 为两亲本等位基因频率的差异。

一般的程序非常简单：

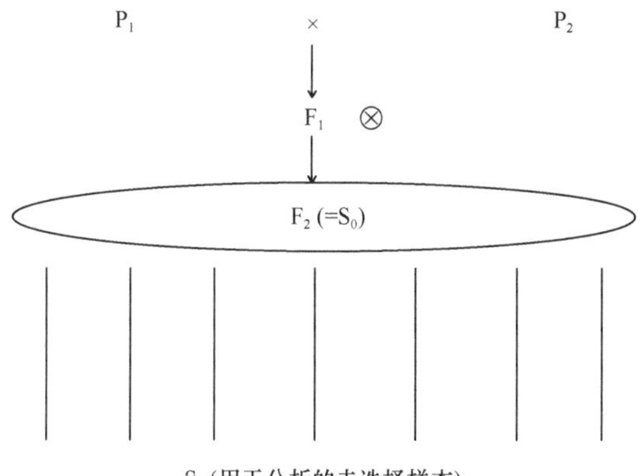

S_8 (用于分析的未选择样本)

方差分析如下：

变异来源	df	MS	E (MS)
重复	$r-1$		
后裔	$g-1$	M_2	$\hat{\sigma}^2+r\hat{\sigma}_g^2$
误差	$(r-1)(g-1)$	M_1	$\hat{\sigma}^2$

多点试验的方差分析如下：

变异来源	df	MS	E (MS)
环境	$e-1$		
重复/环境	$e(r-1)$		
后裔	$g-1$	M_3	$\hat{\sigma}^2+r\hat{\sigma}_{ge}^2+re\hat{\sigma}_g^2$
后裔×环境	$(g-1)(e-1)$	M_2	$\hat{\sigma}^2+r\hat{\sigma}_{ge}^2$
合并误差	$e(r-1)(g-1)$	M_1	$\hat{\sigma}^2$

对 F_2 群体我们假定 $p=q=0.5$，在 F_8 时近交系数 F 接近于 1，$\hat{\sigma}_g^2=\hat{\sigma}_A^2$。于是，遗传力估计为

$\hat{h}^2=\dfrac{2\hat{\sigma}_A^2}{\hat{\sigma}^2/re+r\hat{\sigma}_{ge}^2/e+\hat{\sigma}_g^2}$，基于 S_7 后裔平均值计算的狭义遗传力。

有关在玉米自交系应用的进一步信息见 4.10。

4.3　亲 子 回 归

在玉米中，我们可以通过下面 3 种方式估计亲子回归。

（1）子代与单亲（半同胞法）的回归。

（2）子代与双亲平均值（全同胞法）的回归。

（3）自交后代与双亲（自交法）回归。

假定在一个群体中测定单株性状（如籽粒产量、生育期、籽粒脱水性、籽粒品质、抗倒性和耐旱性），然后收获已测量植株的种子。在每个亲本的子代测量同样性状，目的是确定双亲与相应子代在同一性状的关联程度。双亲是从参照群体产生出来的，在玉米上可能是广基品种或者是由两个纯系杂交产生的 F_2 群体。由于玉米是异花授粉作物，测量的单株需要控制授粉。

Robinson 等（1949）举了玉米中应用亲子回归的一个例子，随机选择 S_0 植株作父本，与随机选择的另外一组 S_0 植株作母本进行杂交。对选作父本和母本的植株进行目标性状的测量。用杂交后裔做鉴定试验，在重复的后裔试验中测定相同的性状。

如果参照群体是 F_2，一般做法是测量 F_2 植株及后裔平均值。在名词术语上可能有些不一致，但在两种情况下都要鉴定 S_0 植株和它们的后裔。正如本书前面定义，F_2 是参照群体，F_2 植株等同于自由授粉品种的 S_0 单株。在这两种情况下要尽量减少对 S_0 植株的选择，因为不论是两个自交系的 F_2 群体还是自由授粉品种，或综合种，或复合种，我们都想估计参照群体的遗传参数，以便获得遗传力的无偏估值。

我们分析 n 个后裔测量值（Y，因变量）与 S_0 亲本植株测量值（X，自变量）之间的回归，采用下面的标准回归模型：

$$Y_i = a + bX_i + e_i$$

式中，Y_i 是后裔平均测量值，X_i 是亲本 S_0 植株的测量值，b 是 X_i 对 Y_i 的回归系数，e_i 是 Y_i 的误差。我们得到

$$b = \sum(xy) \Big/ \sum x^2 = \sum_i \left[\left(X_i - \bar{X}\right)\left(Y_i - \bar{Y}\right)\right] \Big/ \sum_i \left(X_i - \bar{X}\right) = \hat{\sigma}_{xy} \big/ \hat{\sigma}_x^2$$

因为 $n-1$ 对分子和分母都是一样的，于是我们知道 $\hat{\sigma}_{xy}$ 有下面的遗传成分（亲子协方差 $\widehat{\text{Cov}}_{\text{PO}}$）：

$$\widehat{\text{Cov}}_{\text{PO}} = \sum_i \left(\frac{1+F}{2}\right)^i \hat{\sigma}_{\text{A}}^2 i$$

当 $F = 0$ 时，

$$\widehat{\text{Cov}}_{\text{PO}} = (1/2)\hat{\sigma}_{\text{A}}^2 + (1/4)\hat{\sigma}_{\text{AA}}^2 + (1/8)\hat{\sigma}_{\text{AAA}}^2 + \cdots$$

测量的亲本总变异为 $\hat{\sigma}_X^2$，假定没有上位效应：

$$b = (1/2)\hat{\sigma}_{\text{A}}^2 \big/ \hat{\sigma}_X^2 = \hat{\sigma}_{\text{A}}^2 \big/ (2\hat{\sigma}_X^2)$$

从亲子回归，基于单株数据估计的性状遗传力为

$$\hat{h}^2 = 2b = \hat{\sigma}_{\text{A}}^2 \big/ \hat{\sigma}_X^2$$

从亲子回归遗传力估值，很容易计算标准误，回归系数的标准误（SE）为

$$\hat{\sigma}_b^2 = \left[\sum_i y_i^2 - \left(\sum_i x_i y_i\right)^2 \Big/ \sum_i x_i^2\right] \Bigg/ \left[(n-2)\sum_i x_i^2\right] = \text{对回归平方的平均离差} \Big/ \sum x_i^2$$

于是，$\text{SE}(b) = \left(\hat{\sigma}^2 \Big/ \sum_i x_i^2\right)^{\frac{1}{2}}$，基于单株估算的遗传力标准误为

$$\mathrm{SE}\left(\hat{h}^2\right)=2\mathrm{SE}(b)$$

也可以从两个植株杂交的后裔鉴定获得亲子回归，这种情况下我们可以计算子代对双亲平均值的回归。平均亲子回归可用在玉米上，这是因为容易控制两个植株间的杂交，产生后裔的方式与前述双亲后裔法相同。所不同的是双亲后裔法只测定子代，而这里对每个杂交亲本的性状也要进行测定。子代性状测量值 Y 对双亲平均值 $\bar{X}$ 回归，如果 $\bar{X}=\left(X_1+X_2\right)/2$ 为中亲值，那么，中亲对子代的回归 $\widehat{\mathrm{Cov}}_{\mathrm{PO}}$ 就变成

$$b=\hat{\sigma}_{xy}\Big/\hat{\sigma}_x^2$$

假定 $\hat{\sigma}_{X_1}^2=\hat{\sigma}_{X_2}^2$，$X_1$ 和 X_2 不相关：

$$\hat{\sigma}_x^2=(1/4)\hat{\sigma}_{X_1}^2+(1/4)\hat{\sigma}_{X_2}^2=(1/2)\hat{\sigma}_X^2$$

于是

$$b=(1/2)\hat{\sigma}_{\mathrm{A}}^2\Big/\left[(1/2)\hat{\sigma}_X^2\right]=\hat{\sigma}_{\mathrm{A}}^2/\hat{\sigma}_X^2,\quad \hat{h}^2=b$$

中亲值对子代回归也能够用于估计雌雄异株作物（如啤酒花、麻、芦笋、椰枣树和柳树）的遗传力。不一定限于雌雄异株作物，但在中亲值与子代回归中必须测量 $2n$ 个亲本植株，而在亲子回归中只需测定 n 个亲本数据。在所有情况下，抽取亲本的群体是随机交配，且不是自交系。样本量要足够大，且无选择，才能确保对参照群体做出有意义的估计。

在玉米上，无论测量广基群体的 S_0 植株或 F_2 群体，以及对自交 S_0 形成的 S_1 后裔进行测量都很方便，可以对 S_0 植株或重复试验的 S_1 后裔进行测量。由于 S_0 植株自交，测量结果代表了父本和母本。因此，测量 S_0 植株将作为双亲的结果。S_1 后裔对 S_0 植株的回归提供了亲子回归的估值：

$$\widehat{\mathrm{Cov}}_{\mathrm{PO}}=\hat{\sigma}_{\mathrm{A}}^2+(1/2)\hat{\sigma}_{\mathrm{D}}^2+\hat{\sigma}_{\mathrm{AA}}^2\quad（p=q=0.5，见第 3 章）$$

可以看出 S_1 后裔对 S_0 植株的亲子协方差，除了有加性效应和加性类型的上位效应，还有显性和显性类型的上位效应。广义遗传力可定义为

$$\hat{h}^2=b=(\widehat{\mathrm{Cov}}_{\mathrm{PO}})/\hat{\sigma}_X^2$$

式中，$\hat{\sigma}_X^2$ 为 S_0 植株间的表型变异。

这是对 $\hat{h}^2$ 的保守估计，因为群体 S_0 植株间的遗传变异包括所有的遗传变异（$\hat{\sigma}_{\mathrm{A}}^2+\hat{\sigma}_{\mathrm{D}}^2+\hat{\sigma}_{\mathrm{AA}}^2+\cdots$），而 $\widehat{\mathrm{Cov}}_{\mathrm{PO}}$ 只包括一半显性效应和部分上位效应。如果显性效应很小，用 S_1 后裔对 S_0 植株的 $\widehat{\mathrm{Cov}}_{\mathrm{PO}}$ 计算的遗传力估值会与后裔对一个亲本的 $\widehat{\mathrm{Cov}}_{\mathrm{PO}}$ 和对双亲平均值的 $\widehat{\mathrm{Cov}}_{\mathrm{PO}}$ 计算的遗传力估值相似。然而，$\hat{\sigma}_{\mathrm{A}}^2$ 估值与前述公式不完全相同，除非 $p=q=0.5$ 或没有显性效应。

亲子后裔对双亲平均值的回归也能进行分析（表 4.2），我们有两个方程可以估计来自显性效应的方差。

$$\widehat{\text{Cov}}_{\text{FS}} = (1/2)\hat{\sigma}_{\text{A}}^2 + (1/4)\hat{\sigma}_{\text{D}}^2,\ \widehat{\text{Cov}}_{\text{PO}} = (1/2)\hat{\sigma}_{\text{A}}^2$$，假定没有上位性。

于是，可以用 $4(\widehat{\text{Cov}}_{\text{FS}} - \widehat{\text{Cov}}_{\text{PO}})$ 估计 $\hat{\sigma}_{\text{D}}^2$。如果有两个亲本杂交后裔的单株数据，我们就可以用 3 个方程估计 3 个参数。例如，估计加性×加性上位性方差，因为

$$\widehat{\text{Cov}}_{\text{FS}} = (1/2)\hat{\sigma}_{\text{A}}^2 + (1/4)\hat{\sigma}_{\text{D}}^2 + (1/4)\hat{\sigma}_{\text{AA}}^2$$

$$\widehat{\text{Cov}}_{\text{PO}} = (1/2)\hat{\sigma}_{\text{A}}^2 + (1/4)\hat{\sigma}_{\text{AA}}^2$$

$$\hat{\sigma}_{\text{G}}^2 - \widehat{\text{Cov}}_{\text{FS}} = (1/2)\hat{\sigma}_{\text{A}}^2 + (3/4)\hat{\sigma}_{\text{D}}^2 + (3/4)\hat{\sigma}_{\text{AA}}^2$$

如果非加性效应比加性效应小，每个方程计算的 $\hat{\sigma}_{\text{A}}^2$ 期望值相似，观察到的方差也相似。如果非加性效应很重要，对小区内所观察到的方差成分与其他两个参数就有差别。

用随机交配群体中的非自交系作亲本时，可以有两种方法根据亲子回归估算遗传力（$2b = \hat{h}^2$ 和 $b = \hat{h}^2$）。如果亲本是自交系或亲本之间有关系，Smith 和 Kinman（1965）指出，近交会给遗传力估值带来上行偏差，在雌雄同株群体中这一偏差并不大，但在自花授作物中就很重要。Smith 和 Kinman（1965）指出一般情况下的正确估值为 $b/(2r_{XY})$。式中，r_{XY} 为亲本 Y 与子代 X 的相关系数（Kempthorne，1957）。Malécot（1948）把 r_{XY} 定义为子代 X 中某特定位点的一个随机基因与亲本 Y 中同位点随机基因相同的概率。于是，$b/(2r_{XY}) = \hat{h}^2$ 的估值就能够对交配系统（异花或自花授粉）和已知近交水平或有相关性的亲本做出调整。

Smith 和 Kinman（1965）给出了亲子回归的例子，能够在连续自花授粉下估计遗传力。

亲子世代	r_{XY}	$\hat{h}^2 = b/2r_{XY}$
F_1，F_2	1/2	b_{F_2,F_1}
F_2，F_3	3/4	$(2/3)b_{F_3,F_2}$
F_3，F_4	7/8	$(4/7)b_{F_4,F_3}$
F_4，F_5	15/16	$(8/15)b_{F_5,F_4}$
F_5，F_6	31/32	$(16/32)b_{F_6,F_5}$

可见，在连续自交情况下，对近交水平的调节使估计值更为保守。对异花授粉群体，除了 r_{XY} 取决于亲本的近交程度［$Y,(F_Y)$］和两亲本之间的关系程度（r_{YZ}），估值是相同的。如果两个亲本不是自交系且无相关，$2r_{XY} = 1/2$。如果两个亲本同为纯合子（F_Y和 r_{YZ} 均等于 1），$2r_{XY} = 2$，与连续自交的情况相同。通常在玉米中用亲子回归估算遗传力时，在大多数情况下两个亲本不是自交系且无相关，但通过自花授粉能够产生不同的自交世代。如果用自交世代估算遗传力，必须调整自交水平。Smith 和 Kinman（1965）讨论过这种情况，当用亲子回归估计遗传力时，必须考虑近交效应和亲本间的关系。

按固定模型或随机模型做方差分析。固定模型也被称为模型Ⅰ，是基于一组固定基因型，于是，亲本被认为是唯一基因型。而随机模型，也被称为模型Ⅱ，基于一组随机

基因型，亲本是来自参照群体的随机基因型样本。

变异来源	df	MS	E (MS)	
			模型 I	模型 II
重复	$r-1$			
基因型	$g-1$	M_2	$\hat{\sigma}^2+rK_g^2$	$\hat{\sigma}^2+r\hat{\sigma}_g^2$
误差	$(r-1)(g-1)$	M_1	$\hat{\sigma}^2$	$\hat{\sigma}^2$

4.4　设计 I（NC I）

设计 I 也被称为 NC I 或 B/A 设计，Comstock 和 Robinson（1948）介绍了该设计的交配方案。在玉米中除双列杂交外，NC I 是使用最多的交配设计之一，因为它能够很容易地产生大量后裔。这种设计也用在含有多个花的自花授粉植物上。

NC I 仅适用于估计参照群体的遗传方差成分。因为产生后裔的亲本是来自参照群体的随机样本，所以采用模型 II 进行分析。

假定参照群体是一个连锁平衡的随机交配群体，如果随机抽取 S_0 植株，其中一部分作父本，另一部分作母本。每个父本与一组母本（独立样本）杂交产生后裔，即 m 个父本与 f 个母本杂交产生 mf 个用于鉴定的后裔。这些杂交后裔的遗传结构包括全同胞（有共同双亲）和半同胞（有共同父本），因此，可用亲属间协方差表示期望均方。

如果每个父本与 4 个母本交配，得到下面的交配方式：

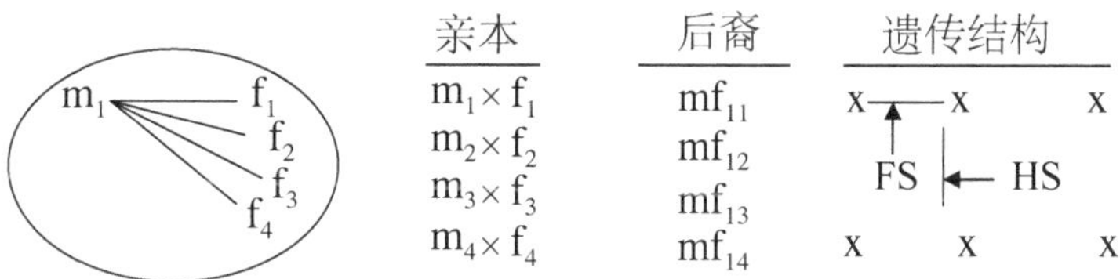

或者

$m_1\times f_1=p_{11}$	$m_2\times f_5=p_{25}$	$\cdots$	$m_i\times f_j=p_{ij}$
$m_1\times f_2=p_{11}$	$m_2\times f_6=p_{26}$	$\cdots$	$m_i\times f_k=p_{ik}$
$m_1\times f_3=p_{13}$	$m_2\times f_7=p_{27}$	$\cdots$	$m_i\times f_l=p_{il}$
$m_1\times f_4=p_{14}$	$m_2\times f_8=p_{28}$	$\cdots$	$m_i\times f_n=p_{in}$

在每个 p_{ij} 后裔的植株是全同胞，p_{ij}、p_{ik}、p_{il} 和 p_{in} 属于半同胞，因为它们有共同的父本 i。在一个环境下的线性模型是

$$Y_{ijk}=u+m_i+f_{ij}+r_k+e_{ijk}$$

式中，u 是平均数，m_i 是第 i 个父本的效应，f_{ij} 是第 j 个母本与第 i 个父本交配后的效应，

r_k是重复效应，e_{ijk}是试验误差。因为是巢式交配，期望均方也是按巢式设计得来的。同样，按照交配设计的遗传结构，期望均方可按有用的亲属协方差来表示（表 4.3）。

因此，$M_2 = \hat{\sigma}^2 = \left[\hat{\sigma}^2_{\text{we}} + \left(\hat{\sigma}^2_{\text{G}} - \widehat{\text{Cov}}_{\text{FS}}\right)\right]/k + \hat{\sigma}^2_{\text{p}}$，式中，$\hat{\sigma}^2_{\text{p}}$是试验小区误差。同样，NC I 也使用“双亲后裔”的概念。父本间的差异等同于父本内（$\hat{\sigma}^2_{\text{m}} = \widehat{\text{Cov}}_{\text{HS}}$）半同胞家系间的相似性，因为组内越是相关联，组间差异就越大。

表 4.3 一个环境下 NC I 交配设计的方差分析

变异来源	df	MS	E (MS)	
			方差成分	亲属间协方差
重复	$r-1$[a]			
父本	$m-1$	M_4	$\hat{\sigma}^2 + r\hat{\sigma}^2_{\text{f/m}} + rf\hat{\sigma}^2_{\text{m}}$	$\hat{\sigma}^2 + r\left[\widehat{\text{Cov}}_{\text{FS}} - \widehat{\text{Cov}}_{\text{HS}}\right] + rf\widehat{\text{Cov}}_{\text{HS}}$
母本/父本	$m(f-1)$	M_3	$\hat{\sigma}^2 + r\hat{\sigma}^2_{\text{f/m}}$	$\hat{\sigma}^2 + r\left[\widehat{\text{Cov}}_{\text{FS}} - \widehat{\text{Cov}}_{\text{HS}}\right]$
误差	$(r-1)(mf-1)$	M_2	$\hat{\sigma}^2$	$\hat{\sigma}^2$
总和	$rmf-1$			
后裔内	$rmf(k-1)$	M_1[b]		

[a] r、m、f和k分别表示重复数、父本数、父本交配中的母本数和每个小区内的株数

[b] $M_1 = \hat{\sigma}^2_{\text{w}} = \left(\hat{\sigma}^2_{\text{we}} + \hat{\sigma}^2_{\text{wg}}\right) = \left[\hat{\sigma}^2_{\text{we}} + \left(\hat{\sigma}^2_{\text{G}} - \widehat{\text{Cov}}_{\text{FS}}\right)\right]$

可以直接对父本均方和父本内母本均方做F检验，也可以从适当的均方来估计父本和父本内母本的方差成分。于是，亲属协方差与遗传方差成分有关，父本方差成分（$\widehat{\text{Cov}}_{\text{HS}}$）与双列杂交、部分双列杂交、NC II 中父本间和母本间的一般配合力（GCA）在遗传上是一样的。但与其他设计方式相比，父本内母本间方差成分（$\hat{\sigma}^2_{\text{f/m}} = \widehat{\text{Cov}}_{\text{FS}} - \widehat{\text{Cov}}_{\text{HS}}$）的期望值不同。在 NC I 中，每个父本与不同组的母本杂交，因此，仅包括半同胞，父本内母本间的方差成分为

$$当F=0时，\widehat{\text{Cov}}_{\text{FS}} - \widehat{\text{Cov}}_{\text{HS}} = \left(1/4\right)\hat{\sigma}^2_{\text{A}} + \left(1/4\right)\hat{\sigma}^2_{\text{D}}$$

于是，我们不能用 NC I 的均方直接估计$\hat{\sigma}^2_{\text{D}}$，只能通过求解方差成分的期望值来得到

$$\begin{aligned}\hat{\sigma}^2_{\text{D}} &= 4\hat{\sigma}^2_{\text{f/m}} - 4\hat{\sigma}^2_{\text{m}} = 4\left[\left(\widehat{\text{Cov}}_{\text{FS}} - \widehat{\text{Cov}}_{\text{HS}}\right) - \widehat{\text{Cov}}_{\text{HS}}\right] \\ &= 4\left[\left(1/4\right)\hat{\sigma}^2_{\text{A}} + \left(1/4\right)\hat{\sigma}^2_{\text{D}} - \left(1/4\right)\hat{\sigma}^2_{\text{A}}\right] = \hat{\sigma}^2_{\text{D}}\end{aligned}$$

综上，由全同胞个体组成的杂交组合，父本内存在半同胞协方差。因此，父本内母本间的变异遵循相同的概念，被定义为全同胞后裔间相似性和半同胞后裔间相似性的差异。

因为$\hat{\sigma}^2_{\text{m}} = \widehat{\text{Cov}}_{\text{HS}}$，$\widehat{\text{Cov}}_{\text{HS}} = \left(1/4\right)\hat{\sigma}^2_{\text{A}}$，所以$\hat{\sigma}^2_{\text{A}} = 4\hat{\sigma}^2_{\text{m}}$。

又因为$\hat{\sigma}^2_{\text{f/m}} = \widehat{\text{Cov}}_{\text{FS}} - \widehat{\text{Cov}}_{\text{HS}}$，$\widehat{\text{Cov}}_{\text{FS}} - \widehat{\text{Cov}}_{\text{HS}} = (1/2)\hat{\sigma}^2_{\text{A}} + (1/4)\hat{\sigma}^2_{\text{D}} - (1/4)\hat{\sigma}^2_{\text{A}}$，所以$\hat{\sigma}^2_{\text{f/m}} = (1/4)\hat{\sigma}^2_{\text{A}} + (1/4)\hat{\sigma}^2_{\text{D}}$，$\hat{\sigma}^2_{\text{G}} = 4\hat{\sigma}^2_{\text{f/m}} = \hat{\sigma}^2_{\text{A}} + \hat{\sigma}^2_{\text{D}}$

当$F=0$且无上位性，$\hat{\sigma}_{G}^{2}-\widehat{\mathrm{Cov}}_{FS}=(1/2)\hat{\sigma}_{A}^{2}+(3/4)\hat{\sigma}_{D}^{2}$。

由于没有很好地估计$\hat{\sigma}_{D}^{2}$，通过计算方差成分的标准误来估计其重要性。从表 4.3 可以看出，$\hat{\sigma}_{A}^{2}$的方差估值为

$$V\left(\hat{\sigma}_{A}^{2}\right)=\frac{16\times 2}{r^{2}f^{2}}\left[\frac{M_{4}^{2}}{m+1}+\frac{M_{3}^{2}}{m(f-1)+2}\right]$$

显性方差$\hat{\sigma}_{D}^{2}$的估值是$4\left(\hat{\sigma}_{f/m}^{2}-\hat{\sigma}_{m}^{2}\right)$，其中$\hat{\sigma}_{f/m}^{2}=\left(M_{3}-M_{2}\right)/r$，$\hat{\sigma}_{m}^{2}=\left(M_{4}-M_{3}\right)/(rf)$。于是，$\hat{\sigma}_{D}^{2}$的方差估值近似于：

$$V\left(\hat{\sigma}_{D}^{2}\right)=\frac{16\times 2}{r^{2}f^{2}}\left[\frac{M_{4}^{2}}{m+1}+\frac{(f+1)^{2}M_{3}^{2}}{m(f-1)+2}+\frac{f^{2}M_{2}^{2}}{(r-1)(mf-1)+2}\right]$$

由于估计$\hat{\sigma}_{D}^{2}$的函数很复杂，估值的方差通常很大。因此，这一估值不像其他估值那样准确。

必须从参照群体随机抽取父本和母本，并同每个父本杂交。对父本和母本做任何层次的选择，均会降低$\hat{\sigma}_{m}^{2}$和$\hat{\sigma}_{f/m}^{2}$。随机选择父本和开花期与父本相近的母本交配也会降低父本内母本间（$\hat{\sigma}_{f/m}^{2}$）的变异性。通过对群体错期播种可以调节花期，从而减少父本与母本的同型交配现象（Lindsey et al.，1962）。早开花的母本花丝可以套袋推迟授粉，从推迟播种的植株中随机选择父本与母本杂交，而不必考虑生长势、植株和熟期等。可以说，随机交配群体的不同生理隔离部分间的强制交配，并不代表异花授粉群体，但它满足了遗传模型的假定。

由于我们的兴趣在于估计参照群体的遗传方差成分，因此参照群体要有足够多的基因型样本。如果用大量的父本与母本交配，包括所有后裔的试验规模会非常大。为了减少试验规模和增加试验准确性，Comstock 和 Robinson（1948）建议对后裔按父本分组。如果 100 个父本植株分别与 4 个母本交配，那就需要鉴定 400 个后裔。为减少试验规模，分成 5 组，每组 20 个父本，得到 80 个全同胞后裔；或者用 10 个父本与 4 个母本杂交，每组就有 40 个全同胞后裔。最终每一组放多少个后裔取决于试验者对土壤肥力的了解和以往用当地对照设重复控制误差的经验。每组的后裔数量确定后，在试验地有两种方法安排后裔：①组内设重复；②重复内设组（亚区）。这是一个规模很大的试验，能代表较多的样本容量，我们尽量在大试验中分组进行小规模试验。分组能较好地控制试验误差，以便准确地估计方差成分。通过对若干个小试验的分析，再进行所有试验的联合分析，可以增加试验估值的精确度。

SET 1		SET 2		SET 3	
Rep 1	Rep 2	Rep 1	Rep 2	Rep 1	Rep 2
SET 4		以此类推			

因此，为了减少重复和增加试验精确度，根据以往经验把鉴定的后裔按父本分组。

每个组的分析见表 4.4，跨组的总自由度和总平方和见表 4.5，只在自由度的分布上有很小差异；因此，两种田间安排方式的主要差异在于误差平方和的大小。直观地说，

似乎组内重复更有利于控制试验误差。

表 4.4 NC Ⅰ 在一个环境多组试验的方差分析

变异来源	组内重复			期望均方[a]
	df		MS	
	一般表达式	例子		
组	$s-1$[b]	9		
组内重复	$s(r-1)$	10		
组内父本	$s(m-1)$	90	M_4	$\hat{\sigma}^2+r\hat{\sigma}^2_{\text{f/m}}+rf\hat{\sigma}^2_{\text{m}}$
母本/父本/组	$sm(f-1)$	300	M_3	$\hat{\sigma}^2+r\hat{\sigma}^2_{\text{f/m}}$
累计误差	$s(mf-1)(r-1)$	390	M_2	$\hat{\sigma}^2$
总和	$srmf-1$	799		
小区内	$srmf(k-1)$		M_1^{c}	
		重复内分组		
重复	$r-1$	1		
组	$s-1$	9		
组×重复	$(r-1)(s-1)$	9		
父本/组	$s(m-1)$	90	M_4	$\hat{\sigma}^2+r\hat{\sigma}^2_{\text{f/m}}+rf\hat{\sigma}^2_{\text{m}}$
母本/父本/组	$sm(f-1)$	300	M_3	$\hat{\sigma}^2+r\hat{\sigma}^2_{\text{f/m}}$
累计误差	$(r-1)(smf-1)$	390	M_2	$\hat{\sigma}^2$
总和	$rsmf-1$	799		
小区内	$rsmf(k-1)$		M_1^{c}	

[a] 亲属协方差列于表 4.3

[b] r、s、m、f 和 k 代表重复次数（2）、组（10）、父本、母本（4）和小区内株数

[c] 见表 4.2

表 4.5 NC Ⅰ 在多个环境多组试验的方差分析

来源	df	MS	期望均方[a]
环境（E）	$e–1$[b]		
重复/E	$e\,(r–1)$		
组/重复/E	$er\,(s–1)$		
父本/组	$s\,(m–1)$	M_6	$\hat{\sigma}^2+r\hat{\sigma}^2_{\text{ef/m}}+rf\hat{\sigma}^2_{\text{em}}+rf\hat{\sigma}^2_{\text{f/m}}+rf\hat{\sigma}^2_{\text{m}}$
母本/父本/组	$ms\,(f–1)$	M_5	$\hat{\sigma}^2+r\hat{\sigma}^2_{\text{ef/m}}+re\hat{\sigma}^2_{\text{f/m}}$
E×父本/组	$(e–1)\,s\,(m–1)$	M_4	$\hat{\sigma}^2+r\hat{\sigma}^2_{\text{ef/m}}+r\hat{\sigma}^2_{\text{em}}$
E×母本/父本/组	$(e–1)\,ms\,(f–1)$	M_3	$\hat{\sigma}^2+r\hat{\sigma}^2_{\text{ef/m}}$
累计误差	$es\,(r–1)\,(mf–1)$	M_2	$\hat{\sigma}^2$
总和	$esrmf–1$		
小区内	$esrmf\,(k–1)$	M_1^{c}	

[a] 亲属协方差列于表 4.3

[b] e、r、s、m、f 和 k 代表环境数、重复次数、组、父本、母本和小区内株数

[c] 见表 4.2

多环境 NC Ⅰ 重复试验的分析列于表 4.5，方差成分转换成亲属协方差可以估计遗传方差成分（$\hat{\sigma}^2_{\text{A}}$ 和 $\hat{\sigma}^2_{\text{D}}$）及与环境的互作。除了组内父本，可直接对所有变异来源进行 F

检验和方差成分的近似估计（Satterthwaite，1946）。

综上，在玉米中经常使用 NC Ⅰ，比较适合于在群体中的 S_0 植株样本。与其他交配设计和其他作物相比，在玉米上 NC Ⅰ 更容易产生大量后裔。后裔的巢式结构使该设计更适合对后裔分组，多组联合分析也很简单。假定没有上位效应，加性遗传方差（$\hat{\sigma}_A^2$）和总遗传方差（$\hat{\sigma}_G^2$）的估值可直接来自方差分析中的均方。可以从父本内母本方差与父本方差成分的差值得到显性遗传方差（$\hat{\sigma}_D^2$）估值，但遗憾的是，$\hat{\sigma}_D^2$ 的方差通常很大。与双列杂交和 NC Ⅱ 类似，NC Ⅰ 提供了父本的 GCA 信息。如果父本植株自花授粉，可以得到早代测验信息，在育种圃中筛选到 GCA 较高的父本 S_1 株。从 NC Ⅰ 分析可得到基因的平均显性效应。在没有上位性、连锁平衡和 $p=q=0.5$ 的约束条件下，方差成分的期望值为

$$\hat{\sigma}_m^2 = \widehat{\mathrm{Cov}}_{HS} = (1/4)\hat{\sigma}_A^2，\text{其中，}\hat{\sigma}_A^2 = (1/2)\sum_i a_i^2$$

$$\hat{\sigma}_{f/m}^2 = \widehat{\mathrm{Cov}}_{FS} - \widehat{\mathrm{Cov}}_{HS} = (1/4)\hat{\sigma}_A^2 + (1/4)\hat{\sigma}_D^2，\text{其中，}\hat{\sigma}_D^2 = (1/4)\sum_i d_i^2$$

平均基因显性效应为

$$\bar{d} = \left[\frac{2\left(\hat{\sigma}_{f/m}^2 - \hat{\sigma}_m^2\right)}{\hat{\sigma}_m^2}\right]^{\frac{1}{2}} = \left(\frac{2\hat{\sigma}_D^2}{\hat{\sigma}_A^2}\right)^{\frac{1}{2}} = \left[\frac{\left(\frac{1}{2}\right)\sum_i d_i^2}{\left(\frac{1}{2}\right)\sum_i a_i^2}\right]^{\frac{1}{2}}$$

根据 r 个小区平均值，按表 4.4 在一个环境下用方差成分来估算遗传力如下：

$$\hat{h}^2 = \frac{4\hat{\sigma}_m^2}{\hat{\sigma}^2/r + 4\hat{\sigma}_{f/m}^2}$$

对非自交亲本和无上位效应时，$\hat{\sigma}_m^2 = (1/4)\hat{\sigma}_A^2$，$\hat{\sigma}_{f/m}^2 = (1/4)\hat{\sigma}_A^2 + (1/4)\hat{\sigma}_D^2$；因此，$4\hat{\sigma}_{f/m}^2$ 包括了加性方差和显性方差，遗传力估值的标准误大约是

$$\mathrm{SE}\left(\hat{h}^2\right) = 4\mathrm{SE}\hat{\sigma}_m^2\Big/\left(\hat{\sigma}^2/r + 4\hat{\sigma}_{f/m}^2\right)$$

其中，$\mathrm{SE}\left(\hat{\sigma}_m^2\right)$ 是下面式子的平方根：

$$\frac{2}{(rf)^2}\left[\frac{M_4^2}{s(m-1)+2} + \frac{M_3^2}{sm(f-1)+2}\right]$$

对单株选择估计的遗传力为

$$\hat{h}^2 = 4\hat{\sigma}_m^2\Big/\left(\hat{\sigma}_w^2 + \hat{\sigma}_p^2 + \hat{\sigma}_{f/m}^2 + \hat{\sigma}_m^2\right)$$

式中，$\hat{\sigma}_w^2$ 是小区内变异估值，$\hat{\sigma}_p^2$ 是小区误差估值，$\hat{h}^2$ 标准误计算为

$$\mathrm{SE}\left(\hat{h}^2\right) = \frac{4\mathrm{SE}\left(\hat{\sigma}_m^2\right)}{\hat{\sigma}_w^2 + \hat{\sigma}_p^2 + \hat{\sigma}_{f/m}^2 + \hat{\sigma}_m^2}$$

这些遗传力都是在一个环境下的估值，这会因基因型与环境互作而产生未知的偏

倚，即 $4\hat{\sigma}_{\mathrm{m}}^2=\hat{\sigma}_{\mathrm{A}}^2+\hat{\sigma}_{\mathrm{AE}}^2$。对多个环境下的重复分析（表 4.5），通过基因型与环境互作，基于 re 小区均值估计的遗传力将是无偏的：

$$\hat{h}^2=\frac{4\hat{\sigma}_{\mathrm{m}}^2}{\hat{\sigma}^2/(re)+4\hat{\sigma}_{\mathrm{ef/m}}^2/e+4\hat{\sigma}_{\mathrm{f/m}}^2}$$

根据 Nyquist（1991）和 Holland（2003），在一个环境下，依半同胞后裔平均值计算的遗传力为

$$\hat{h}^2=\frac{\hat{\sigma}_{\mathrm{m}}^2}{\hat{\sigma}^2/(rf)+\hat{\sigma}_{\mathrm{f/m}}^2/f+\hat{\sigma}_{\mathrm{m}}^2}\quad（表 4.4）$$

在多环境下，基于半同胞后裔平均值：

$$\hat{h}^2=\frac{\hat{\sigma}_{\mathrm{m}}^2}{\hat{\sigma}^2/(ref)+\hat{\sigma}_{\mathrm{ef/m}}^2/ef+\hat{\sigma}_{\mathrm{em}}^2/e+\hat{\sigma}_{\mathrm{f/m}}^2/f+\hat{\sigma}_{\mathrm{m}}^2}\quad（表 4.5）$$

Knapp 等（1985）给出置信限。由于半同胞家系间的协方差，父本与一系列母本杂交用于测定父本的配合力和父本间的差异。根据半同胞家系平均值会得到遗传选择响应（第 6 章）。

在 NC Ⅰ 中通常用非自交亲本产生后裔，但如果亲本是部分自交或纯合，计算 $\hat{\sigma}_{\mathrm{A}}^2$ 的系数将会发生相应变化，即 $\widehat{\mathrm{Cov}}_{\mathrm{HS}}=[(1+F)/4]\hat{\sigma}_{\mathrm{A}}^2$。于是，若 $F=1$，则 $\hat{\sigma}_{\mathrm{m}}^2=(1/2)\hat{\sigma}_{\mathrm{A}}^2$，所有遗传力估值将是狭义的。

通过下面比较可以得到非加性上位效应的相对重要性：

$$4\hat{\sigma}_{\mathrm{m}}^2=\hat{\sigma}_{\mathrm{A}}^2+(1/4)\hat{\sigma}_{\mathrm{AA}}^2+\cdots$$

$$4\hat{\sigma}_{\mathrm{f/m}}^2=\hat{\sigma}_{\mathrm{A}}^2+\hat{\sigma}_{\mathrm{D}}^2+(3/4)\hat{\sigma}_{\mathrm{AA}}^2+\cdots$$

$$2\left(\hat{\sigma}_{\mathrm{f/m}}^2+\hat{\sigma}_{\mathrm{m}}^2\right)=\hat{\sigma}_{\mathrm{A}}^2+(1/2)\hat{\sigma}_{\mathrm{D}}^2+\cdots+(1/2)\hat{\sigma}_{\mathrm{AA}}^2+\cdots$$

所有亲属关系均包括 $4\hat{\sigma}_{\mathrm{f/m}}^2$，但它们含有不同比例的非加性方差，$4\hat{\sigma}_{\mathrm{m}}^2$ 由上位效应引起的偏倚最大，而 $4\hat{\sigma}_{\mathrm{A}}^2$ 最小。于是，由父本方差成分估算的遗传力，由上位效应所引起的偏倚比其他两种成分的偏倚小。

可以确定两基因上位效应，上位性偏倚的数量取决于近交水平。

当 $F=0$ 时，则

$$\widehat{\mathrm{Cov}}_{\mathrm{HS}}=(1/4)\hat{\sigma}_{\mathrm{A}}^2+(1/16)\hat{\sigma}_{\mathrm{AA}}^2$$

$$\widehat{\mathrm{Cov}}_{\mathrm{FS}}=(1/2)\hat{\sigma}_{\mathrm{A}}^2+(1/4)\hat{\sigma}_{\mathrm{D}}^2+(1/4)\hat{\sigma}_{\mathrm{AA}}^2+(1/8)\hat{\sigma}_{\mathrm{AD}}^2+(1/16)\hat{\sigma}_{\mathrm{DD}}^2$$

当 $F=1$ 时，则

$$\widehat{\mathrm{Cov}}_{\mathrm{HS}}=(1/2)\hat{\sigma}_{\mathrm{A}}^2+(1/4)\hat{\sigma}_{\mathrm{AA}}^2$$

$$\widehat{\mathrm{Cov}}_{\mathrm{FS}}=\hat{\sigma}_{\mathrm{A}}^2+\hat{\sigma}_{\mathrm{D}}^2+\hat{\sigma}_{\mathrm{AA}}^2+\hat{\sigma}_{\mathrm{AD}}^2+\hat{\sigma}_{\mathrm{DD}}^2$$

因此，如果 $F=0$，则

$$\hat{\sigma}_{\mathrm{m}}^2=\widehat{\mathrm{Cov}}_{\mathrm{HS}}=(1/4)\hat{\sigma}_{\mathrm{A}}^2+(1/16)\hat{\sigma}_{\mathrm{AA}}^2$$

$$\hat{\sigma}_{\mathrm{f/m}}^2 = \widehat{\mathrm{Cov}}_{\mathrm{FS}} - \widehat{\mathrm{Cov}}_{\mathrm{HS}}$$
$$= (1/2)\hat{\sigma}_{\mathrm{A}}^2 + (1/4)\hat{\sigma}_{\mathrm{D}}^2 + (1/4)\hat{\sigma}_{\mathrm{AA}}^2 + (1/8)\hat{\sigma}_{\mathrm{AD}}^2 + (1/16)\hat{\sigma}_{\mathrm{DD}}^2 - \left[(1/4)\hat{\sigma}_{\mathrm{A}}^2 + (1/16)\hat{\sigma}_{\mathrm{AA}}^2\right]$$
$$= (1/4)\hat{\sigma}_{\mathrm{A}}^2 + (1/4)\hat{\sigma}_{\mathrm{D}}^2 + (3/16)\hat{\sigma}_{\mathrm{AA}}^2 + (1/8)\hat{\sigma}_{\mathrm{AD}}^2 + (1/16)\hat{\sigma}_{\mathrm{DD}}^2$$

（原公式有误，现已更正——译者）

如果 $F = 1$，则

$$\hat{\sigma}_{\mathrm{m}}^2 = \widehat{\mathrm{Cov}}_{\mathrm{HS}} = (1/2)\hat{\sigma}_{\mathrm{A}}^2 + (1/4)\hat{\sigma}_{\mathrm{AA}}^2$$

$$\hat{\sigma}_{\mathrm{f/m}}^2 = \widehat{\mathrm{Cov}}_{\mathrm{FS}} - \widehat{\mathrm{Cov}}_{\mathrm{HS}}$$
$$= \hat{\sigma}_{\mathrm{A}}^2 + \hat{\sigma}_{\mathrm{D}}^2 + \hat{\sigma}_{\mathrm{AA}}^2 + \hat{\sigma}_{\mathrm{AD}}^2 + \hat{\sigma}_{\mathrm{DD}}^2 - \left[(1/2)\hat{\sigma}_{\mathrm{A}}^2 + (1/4)\hat{\sigma}_{\mathrm{AA}}^2\right]$$
$$= (1/2)\hat{\sigma}_{\mathrm{A}}^2 + \hat{\sigma}_{\mathrm{D}}^2 + (3/4)\hat{\sigma}_{\mathrm{AA}}^2 + \hat{\sigma}_{\mathrm{AD}}^2 + \hat{\sigma}_{\mathrm{DD}}^2$$

于是，我们能够估计哪一个方差成分（父本或母本）会由于不同近交程度的上位效应而产生较低的偏倚。然而，估计上位效应的局限性在于我们经常得到很大的负值。此外，第一阶和第二阶统计量间的关系［$(1/4)\hat{\sigma}_{\mathrm{A}}^2$ 和 $(1/16)\hat{\sigma}_{\mathrm{AA}}^2$］或许不可靠，这些值得考虑。

4.5　设计Ⅱ（NCⅡ）

交配设计Ⅱ或称因子设计由 Comstock 和 Robinson（1948）提出，也被称作 NCⅡ或 AB 设计。这种交配设计的前提假定与 NCⅠ相似：非母本效应，连锁平衡，无上位性，任意等位基因频率。这种设计精确度更高，更适合自花授粉作物，可直接估计显性水平。另外，很难用在单花序的异花授粉作物。因此，NCⅡ不常用在玉米的非自交植株上，因为不可能在母本株上进行多次杂交，这就需要对随机 S_0 植株进行自交。

在群体中，用任意 S_1 后裔作母本，与任意的父本 S_0 植株杂交（同一雄花与几个母本多次杂交）。从不同 S_1 植株上收获种子混合进行鉴定。

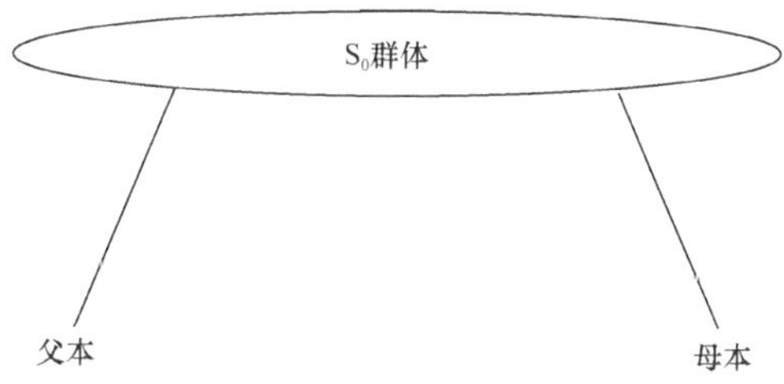

	m_1	m_2	m_3	m_4	边列均值
f_1					
f_2		全同胞			半同胞
f_3					
f_4					
边行均值		半同胞			

如果采用模型Ⅱ，随机抽取父本和母本，在不同的个体间尽可能杂交。图中以 4 个

父本和 4 个母本作例子，这只是许多同类型中的一个例子。

上述是在不同个体间进行杂交，如果在同一批个体间进行杂交，就成为双列杂交（本章后面介绍）。NCⅡ和双列杂交的基本特征完全不同，但获得的遗传信息却很相似。在双列杂交里，同一批亲本既作父本，也作母本；而 NCⅡ是用不同的亲本作父、母本（表 4.6）。如果是 4 个亲本，双列杂交就会有 6 个杂交组合，12 种排列方式。比较一下就会看到，若 8 个亲本做 NCⅡ就有 16 个杂交组合，亲本数比双列杂交多了 1 倍。随着亲本数增加，杂交组合数也迅速增加，但 NCⅡ的杂交组合数相当少，尤其使用的亲本数量较大时（表 4.7）。当亲本数是 10 或更多时，每增加 1 个亲本，NCⅡ的杂交组合数比双列杂交减半。因此，对于一个数量固定的试验单元，在 NCⅡ试验中大约可以使用两倍的亲本数量，这就是 NCⅡ的优势，更适合估计参照群体的遗传参数。

表 4.6　NCⅡ与双列杂交在亲本间可能的杂交组合的比较

双列杂交					设计Ⅱ				
母本	父本				母本	父本			
	1	2	3	4		1	2	3	4
1		X_{12}	X_{13}	X_{14}	5	X_{15}	X_{25}	X_{35}	X_{45}
2	X_{21}		X_{23}	X_{24}	6	X_{16}	X_{26}	X_{36}	X_{46}
3	X_{31}	X_{32}		X_{34}	7	X_{17}	X_{27}	X_{37}	X_{47}
4	X_{41}	X_{42}	X_{43}		8	X_{18}	X_{28}	X_{38}	X_{48}

表 4.7　双列杂交和 NCⅡ设计的杂交组合数及亲本分组的可能选择

亲本数	杂交组合数									
	双列杂交组					设计Ⅱ组				
	1	2	4	10	20	1	2	4	10	20
6	15					9				
10	45	20				25	12[a]			
20	190	90	40			100	50	24[a]		
40	780	380	180	60		400	200	100	40	
80	3 160	1 560	760	280	120	1 600	800	400	160	80
100	4 950	2 450	1 200	450	200	2 500	1 250	624[a]	250	120[a]
200	19 900	9 900	4 900	1 900	900	10 000	5 000	2 500	1 000	500
n	$n(n-1)$	$2[n'(n'-1)/2]$[b]	$4[n'(n'-1)/2]$	$10[n'(n'-1)/2]$	$20[n'(n'-1)/2]$	$n^2/4$	$2(n'^2/4)$	$4(n'^2/4)$	$10(n'^2/4)$	$20(n'^2/4)$

a 父本和母本数不相等

b n'取决于亲本的组数

从表 4.6 可知，很明显我们有一种交叉分类的设计用于分析，于是，在变异来源中就有父本、母本及两者互作。在方差分析中，因子设计可获得期望均方。表 4.8 列出了 m 个父本与 f 个母本杂交，在 r 次重复进行鉴定的方差分析。

用亲属协方差表示的期望均方，与双列杂交相似。在 NCⅡ中，父本和母本的期望值相当于双列杂交分析中的 GCA，父本×母本变异源相当于 SCA。由于 NCⅡ有两套亲本，我们可以分别估计 GCA。F 测验可用于检验父本间差异、母本间差异，以及父本与母本互作间的差异。与双列杂交分析类似，模型Ⅰ用于分析父本和母本的 GCA 效应，以及父本与母本间的 SCA。

模型Ⅱ分析可以从亲属协方差估算遗传方差成分。从表 4.8 可知，当 $F=0$ 时，

$\hat{\sigma}_{\mathrm{m}}^2 = \hat{\sigma}_{\mathrm{f}}^2 = \widehat{\mathrm{Cov}}_{\mathrm{HS}} = (1/4)\hat{\sigma}_{\mathrm{A}}^2$，当 $F = 1$ 时为 $(1/2)\hat{\sigma}_{\mathrm{A}}^2$；当 $F = 0$ 时，$\hat{\sigma}_{\mathrm{mf}}^2 = \widehat{\mathrm{Cov}}_{\mathrm{FS}} - \widehat{\mathrm{Cov}}_{\mathrm{HS_m}} - \widehat{\mathrm{Cov}}_{\mathrm{HS_f}} = (1/4)\hat{\sigma}_{\mathrm{D}}^2$，当 $F = 1$ 时为 $\hat{\sigma}_{\mathrm{D}}^2$；所有这些估值都假定无上位效应。在 $F = 0$ 时，获得两个独立的 $\hat{\sigma}_{\mathrm{A}}^2$ 估值，分别是 $\hat{\sigma}_{\mathrm{A_m}}^2 = 4(M_5 - M_3)/(rf)$ 和 $\hat{\sigma}_{\mathrm{A_f}}^2 = 4(M_4 - M_3)/(rm)$。

表 4.8　一个环境下 NCⅡ设计的方差分析

变异来源	df	MS	E (MS)（模型 II）	
			方差成分	亲属协方差
重复	$r-1$			
父本	$m-1$	M_5	$\hat{\sigma}^2 + r\hat{\sigma}_{\mathrm{fm}}^2 + rf\hat{\sigma}_{\mathrm{m}}^2$	$\hat{\sigma}^2 + r\left[\widehat{\mathrm{Cov}}_{\mathrm{FS}} - \widehat{\mathrm{Cov}}_{\mathrm{HS_f}} - \widehat{\mathrm{Cov}}_{\mathrm{HS_m}}\right] + rf\widehat{\mathrm{Cov}}_{\mathrm{HS_m}}$
母本	$f-1$	M_4	$\hat{\sigma}^2 + r\hat{\sigma}_{\mathrm{fm}}^2 + rm\hat{\sigma}_{\mathrm{f}}^2$	$\hat{\sigma}^2 + r\left[\widehat{\mathrm{Cov}}_{\mathrm{FS}} - \widehat{\mathrm{Cov}}_{\mathrm{HS_f}} - \widehat{\mathrm{Cov}}_{\mathrm{HS_m}}\right] + rm\widehat{\mathrm{Cov}}_{\mathrm{HS_f}}$
父本×母本	$(m-1)(f-1)$	M_3	$\hat{\sigma}^2 + r\hat{\sigma}_{\mathrm{fm}}^2$	$\hat{\sigma}^2 + r\left[\widehat{\mathrm{Cov}}_{\mathrm{FS}} - \widehat{\mathrm{Cov}}_{\mathrm{HS_f}} - \widehat{\mathrm{Cov}}_{\mathrm{HS_m}}\right]$
误差	$(r-1)(mf-1)$	M_2	$\hat{\sigma}^2$	$\hat{\sigma}^2$
总计	$rmf-1$			
小区内	$rmf(k-1)$	M_1[a]		

[a] M_1 是小区内均方，包括小区内遗传方差 $\hat{\sigma}_{\mathrm{wg}}^2$ 和环境方差 $\hat{\sigma}_{\mathrm{we}}^2$；$\hat{\sigma}_{\mathrm{wg}}^2 = \hat{\sigma}_{\mathrm{G}}^2 - \widehat{\mathrm{Cov}}_{\mathrm{FS}}$，故 $\hat{\sigma} = \left[\hat{\sigma}_{\mathrm{we}}^2 + \left(\hat{\sigma}_{\mathrm{G}}^2 - \widehat{\mathrm{Cov}}_{\mathrm{FS}}\right)\right]/k + \hat{\sigma}_{\mathrm{p}}^2$，式中，$\hat{\sigma}_{\mathrm{G}}^2$ 是总遗传方差，$\hat{\sigma}_{\mathrm{p}}^2$ 是试验小区误差，k 是每个小区测量的株数

总之，对 $F = 0$，由于 $\hat{\sigma}_{\mathrm{m}}^2$ 和 $\hat{\sigma}_{\mathrm{f}}^2 = \widehat{\mathrm{Cov}}_{\mathrm{HS}}$，$\widehat{\mathrm{Cov}}_{\mathrm{HS}} = (1/4)\hat{\sigma}_{\mathrm{A}}^2$，$\hat{\sigma}_{\mathrm{A}}^2 = 4\hat{\sigma}_{\mathrm{m}}^2 = 4\hat{\sigma}_{\mathrm{f}}^2$

$$\hat{\sigma}_{\mathrm{fm}}^2 = \left[\widehat{\mathrm{Cov}}_{\mathrm{FS}} - \widehat{\mathrm{Cov}}_{\mathrm{HS_f}} - \widehat{\mathrm{Cov}}_{\mathrm{HS_m}}\right] = (1/2)\hat{\sigma}_{\mathrm{A}}^2 + (1/4)\hat{\sigma}_{\mathrm{D}}^2 - (1/2)\hat{\sigma}_{\mathrm{A}}^2$$

因此，我们能直接估计 $\hat{\sigma}_{\mathrm{D}}^2$：

$$\hat{\sigma}_{\mathrm{fm}}^2 = (1/4)\hat{\sigma}_{\mathrm{D}}^2，\quad \hat{\sigma}_{\mathrm{D}}^2 = 4\hat{\sigma}_{\mathrm{fm}}^2$$

$\hat{\sigma}_{\mathrm{A}}^2$ 估值的方差为

$$V\left(\hat{\sigma}_{\mathrm{A_m}}^2\right) = \frac{16}{(rf)^2} \times 2\left[\frac{M_5^2}{m+1} + \frac{M_3^2}{(m-1)(f-1)+2}\right]$$

$$V\left(\hat{\sigma}_{\mathrm{A_f}}^2\right) = \frac{16}{(rm)^2} \times 2\left[\frac{M_4^2}{f+1} + \frac{M_3^2}{(m-1)(f-1)+2}\right]$$

当亲本的近交系数为 0，$\hat{\sigma}_{\mathrm{D}}^2$ 的估值为

$$\hat{\sigma}_{\mathrm{D}}^2 = 4(M_3 - M_2)/r$$

方差为

$$V\left(\hat{\sigma}_{\mathrm{D}}^2\right) = \frac{16}{r^2} \times 2\left[\frac{M_3^2}{(m-1)(f-1)+2} + \frac{M_2^2}{(r-1)(mf-1)+2}\right]$$

如果有上位效应，当 $F = 0$ 时，则

$$\widehat{\mathrm{Cov}}_{\mathrm{HS}} = (1/4)\hat{\sigma}_{\mathrm{A}}^2 + (1/16)\hat{\sigma}_{\mathrm{AA}}^2$$

$$\widehat{\mathrm{Cov}}_{\mathrm{FS}} = (1/2)\hat{\sigma}_{\mathrm{A}}^2 + (1/4)\hat{\sigma}_{\mathrm{D}}^2 + (1/4)\hat{\sigma}_{\mathrm{AA}}^2 + (1/8)\hat{\sigma}_{\mathrm{AD}}^2 + (1/16)\hat{\sigma}_{\mathrm{DD}}^2$$

（原书有误，现已更正——译者）

$$\hat{\sigma}_{\mathrm{m}}^2=\widehat{\mathrm{Cov}}_{\mathrm{HS}}=(1/4)\hat{\sigma}_{\mathrm{A}}^2+(1/16)\hat{\sigma}_{\mathrm{AA}}^2$$

$$\hat{\sigma}_{\mathrm{f}}^2=\widehat{\mathrm{Cov}}_{\mathrm{HS}}=(1/4)\hat{\sigma}_{\mathrm{A}}^2+(1/16)\hat{\sigma}_{\mathrm{AA}}^2$$

$$\begin{aligned}\hat{\sigma}_{\mathrm{fm}}^2&=\widehat{\mathrm{Cov}}_{\mathrm{FS}}-\widehat{\mathrm{Cov}}_{\mathrm{HS_f}}-\widehat{\mathrm{Cov}}_{\mathrm{HS_m}}\\&=(1/2)\hat{\sigma}_{\mathrm{A}}^2+(1/4)\hat{\sigma}_{\mathrm{D}}^2+(1/4)\hat{\sigma}_{\mathrm{AA}}^2+(1/8)\hat{\sigma}_{\mathrm{AD}}^2+(1/16)\hat{\sigma}_{\mathrm{DD}}^2-\left[(1/2)\hat{\sigma}_{\mathrm{A}}^2+(1/8)\hat{\sigma}_{\mathrm{AA}}^2\right]\\&=(1/4)\hat{\sigma}_{\mathrm{D}}^2+(1/8)\hat{\sigma}_{\mathrm{AA}}^2+(1/8)\hat{\sigma}_{\mathrm{AD}}^2+(1/16)\hat{\sigma}_{\mathrm{DD}}^2\end{aligned}$$

当$F=1$时，则

$$\widehat{\mathrm{Cov}}_{\mathrm{HS}}=(1/2)\hat{\sigma}_{\mathrm{A}}^2+(1/4)\hat{\sigma}_{\mathrm{AA}}^2$$

$$\widehat{\mathrm{Cov}}_{\mathrm{FS}}=\hat{\sigma}_{\mathrm{A}}^2+\hat{\sigma}_{\mathrm{D}}^2+\hat{\sigma}_{\mathrm{AA}}^2+\hat{\sigma}_{\mathrm{AD}}^2+\hat{\sigma}_{\mathrm{DD}}^2$$

$$\hat{\sigma}_{\mathrm{m}}^2=\widehat{\mathrm{Cov}}_{\mathrm{HS}}=(1/2)\hat{\sigma}_{\mathrm{A}}^2+(1/4)\hat{\sigma}_{\mathrm{AA}}^2$$

$$\hat{\sigma}_{\mathrm{f}}^2=\widehat{\mathrm{Cov}}_{\mathrm{HS}}=(1/2)\hat{\sigma}_{\mathrm{A}}^2+(1/4)\hat{\sigma}_{\mathrm{AA}}^2$$

$$\begin{aligned}\hat{\sigma}_{\mathrm{fm}}^2&=\widehat{\mathrm{Cov}}_{\mathrm{FS}}-\widehat{\mathrm{Cov}}_{\mathrm{HS_f}}-\widehat{\mathrm{Cov}}_{\mathrm{HS_m}}\\&=\hat{\sigma}_{\mathrm{A}}^2+\hat{\sigma}_{\mathrm{D}}^2+\hat{\sigma}_{\mathrm{AA}}^2+\hat{\sigma}_{\mathrm{AD}}^2+\hat{\sigma}_{\mathrm{DD}}^2-\left[\hat{\sigma}_{\mathrm{A}}^2+(1/2)\hat{\sigma}_{\mathrm{AA}}^2\right]\\&=\hat{\sigma}_{\mathrm{D}}^2+(1/2)\hat{\sigma}_{\mathrm{AA}}^2+\hat{\sigma}_{\mathrm{AD}}^2+\hat{\sigma}_{\mathrm{DD}}^2\end{aligned}$$

NCⅡ和其他交配设计都是从群体中随机抽样作亲本，然后用方差成分估值确定群体的性质。对它的优点要慎重，在玉米中不如双列杂交用得广泛。当用自交系作亲本时，配杂交组合与双列杂交几乎没有差异。但用非自交系 S_0 植株作亲本时，不可能对玉米的母本植株进行多次杂交。前面提到，只能从群体选株自交到 S_1，用随机的 S_1 后裔作母本与 S_0 植株作父本杂交，这要求每个组合杂交 5~10 株，然后用混合种子进行鉴定。父本 S_0 植株能够多次授粉，但要保护好雄花序。S_0 植株作父本与一系列 S_1 后裔杂交的主要问题是雌雄不协调，因为父本雄花先散粉而 S_1 开花推迟，所以，最好推迟播种 S_0，使 S_0 植株与 S_1 后裔花期相遇。Hallauer（1970）用非自交系亲本做 NCⅡ设计，有效地估计了玉米群体的遗传方差成分。但要注意，为了减少对 S_1 后裔和 S_0 父本的选择，在 S_1 后裔中要有足够的基因型样本。Yang 等（2010）用自交系作亲本组配杂交组合进行 3 组 NCⅡ设计来估计杂交种的 GCA 和 SCA 效应。

若估计参照群体的遗传方差成分，NCⅡ设计比双列杂交更有优越性：①可容纳更多亲本；②可分别估计两组亲本的 $\hat{\sigma}_{\mathrm{A}}^2$；③可直接从均方估计 $\hat{\sigma}_{\mathrm{D}}^2$；④若把亲本分成若干组，就可容纳更多亲本。其中①和④有关联，能够从参照群体抽取更多的样本。在 NCⅠ设计中，把亲本分成几组，可以跨组集合平方和。我们关注的是获得方差成分估值，而不是比较平均值。若想估计参照群体的方差成分，双列杂交也能分组集合，但①和④两方面，双列杂交的优势就不太大。一般来说，双列杂交是在一组亲本间做所有可能的杂交。例如，一个参照群体有 20 个亲本，双列杂交就有 190 个杂交组合，而 NCⅡ设计只需要 100 个组合（表 4.7）。但如果把 20 个亲本分成两组（$n'=10$），按 NCII 设计进行组配，我们只需要配 50 个组合。同理，若把 20 个亲本分成 4 组（$n'=5$），每组 5 个亲本按双列杂交组配，我们只需要组配 40 个杂交组合。从一个群体抽取 200 个亲本应该是合理方案，如果分成 40 组，每组 5 个亲本进行双列杂交，将会有 400 个杂交组合；若分成 20 个组，每组 10 个亲本进行双列杂交，将会有 500 个杂交组合。表 4.7 汇总了把亲本分组，每组 n' 个亲本所组配的杂交组合数，注意每个 NC Ⅱ 设计容纳的亲本数量是双列杂交的两倍。

表 4.9 包括了亲本分组的方差分析，父本、母本和父本×母本的期望均方与方差成分和亲属协方差是一样的。每个组进行分析，而平方和与自由度可跨组集合。

表 4.9 NC Ⅱ 设计亲本分组在一个环境下的集合方差分析

变异来源	df	MS	E (MS)
组	$s-1$ [a]		
重复/组	$s(r-1)$		
父本/组	$s(m-1)$	M_4	$\hat{\sigma}^2+r\hat{\sigma}^2_{\mathrm{fm}}+rf\hat{\sigma}^2_{\mathrm{m}}$
母本/组	$s(f-1)$	M_3	$\hat{\sigma}^2+r\hat{\sigma}^2_{\mathrm{fm}}+rm\hat{\sigma}^2_{\mathrm{f}}$
父本×母本/组	$s(m-1)(f-1)$	M_2	$\hat{\sigma}^2+r\hat{\sigma}^2_{\mathrm{fm}}$
总误差	$s(r-1)(mf-1)$	M_1	$\hat{\sigma}^2$ [b]
总和	$s(rmf-1)$		

[a] s、r、m 和 f 分别是组数、重复数、父本数和母本数

[b] 如果使用单株数据，则 $\hat{\sigma}^2$ 等于 $\left[\left(\hat{\sigma}^2_G-\widehat{\mathrm{Cov}}_{\mathrm{FS}}\right)+\hat{\sigma}^2_{\mathrm{we}}\right]/k+\hat{\sigma}^2_{\mathrm{p}}$，$k$ 是每小区测定的株数，$\hat{\sigma}^2_{\mathrm{p}}$ 是试验的小区误差

表 4.10 给出了多点重复试验的方差分析。除父本和母本外，多点重复试验可直接给出所有变异来源的 F 检验。Satterthwaite（1946）的近似检验程序能够用于整合除检验效应以外的具有同样期望值的均方。例如，对母本，可以用 M_4+M_3 检测 M_6+M_2 效应，其自由度如下：

$$n_1=\left(M_6+M_2\right)^2\Big/\left\{M_6^2\Big/\left[s\left(f-1\right)\right]+M_2^2\Big/\left[s\left(m-1\right)\left(f-1\right)\left(e-1\right)\right]\right\}$$

$$n_2=\left(M_4+M_3\right)^2\Big/\left\{M_4^2\Big/\left[s\left(m-1\right)\left(e-1\right)\right]+M_3^2\Big/\left[s\left(f-1\right)\left(e-1\right)\right]\right\}$$

表 4.10 NC Ⅱ 设计在多点模型 Ⅱ 的方差分析

变异来源	df	MS	E (MS)
环境（E）	$e-1$		
组（S）	$s-1$		
S×E	$(e-1)(s-1)$		
重复/S/E	$es(r-1)$		
父本/S	$s(m-1)$	M_7	$\hat{\sigma}^2+r\hat{\sigma}^2_{\mathrm{fme}}+rf\hat{\sigma}^2_{\mathrm{me}}+re\hat{\sigma}^2_{\mathrm{mf}}+ref\hat{\sigma}^2_{\mathrm{m}}$
母本/S	$s(f-1)$	M_6	$\hat{\sigma}^2+r\hat{\sigma}^2_{\mathrm{fme}}+rm\hat{\sigma}^2_{\mathrm{fe}}+re\hat{\sigma}^2_{\mathrm{mf}}+rem\hat{\sigma}^2_{\mathrm{f}}$
父×母/S	$s(m-1)(f-1)$	M_5	$\hat{\sigma}^2+r\hat{\sigma}^2_{\mathrm{fme}}+re\hat{\sigma}^2_{\mathrm{mf}}$
父本/S×E	$s(m-1)(e-1)$	M_4	$\hat{\sigma}^2+r\hat{\sigma}^2_{\mathrm{fme}}+rf\hat{\sigma}^2_{\mathrm{me}}$
母本/S×E	$s(f-1)(e-1)$	M_3	$\hat{\sigma}^2+r\hat{\sigma}^2_{\mathrm{fme}}+rm\hat{\sigma}^2_{\mathrm{fe}}$
父本×母本/S×E	$s(m-1)(f-1)(e-1)$	M_2	$\hat{\sigma}^2+r\hat{\sigma}^2_{\mathrm{fme}}$
总误差	$es(r-1)(mf-1)$	M_1	$\hat{\sigma}^2$
总和	$esrmf-1$		

注：e、s、r、m 和 f 分别是环境数、组数、重复数、父本数和母本数

表 4.9 和表 4.10 假定亲本和环境都是随机效应，于是，遗传方差成分是相对于参照群体的估值，它们与环境互作。在分析性状表达中，可以从均方估值来确定遗传方差成分，从而测定基因平均显性度。如果假定连锁平衡群体 $p=q=0.5$ 且无上位性效应，遗传方差成分估计如下：

$$\hat{\sigma}_{\mathrm{A}}^2=(1/2)\sum_i a_i^2$$

$$\hat{\sigma}_{\mathrm{D}}^2=(1/4)\sum_i d_i^2$$

当 $F=0$ 时，则

$$\hat{\sigma}_{\mathrm{m}}^2=\hat{\sigma}_{\mathrm{f}}^2=\widehat{\mathrm{Cov}}_{\mathrm{HS}}=(1/4)\hat{\sigma}_{\mathrm{A}}^2$$

$$\hat{\sigma}_{\mathrm{mf}}^2=\widehat{\mathrm{Cov}}_{\mathrm{FS}}-\widehat{\mathrm{Cov}}_{\mathrm{HS_m}}-\widehat{\mathrm{Cov}}_{\mathrm{HS_f}}=(1/4)\hat{\sigma}_{\mathrm{D}}^2$$

影响性状的基因平均显性度为

$$\bar{d}=\left(2\hat{\sigma}_{\mathrm{mf}}^2/\hat{\sigma}_{\mathrm{m}}^2\right)^{1/2}=\left(2\hat{\sigma}_{\mathrm{mf}}^2/\hat{\sigma}_{\mathrm{f}}^2\right)^{1/2}$$

从这个比率，我们能够确定基因作用的显性水平，0 为无显性，0~1 为部分显性，1 为完全显性，大于 1 属于超显性。对基因平均显性度的假设检验表明偏倚很重要。如果两个基因存在上位效应，d 的估值会偏大，在估计 $\hat{\sigma}_{\mathrm{fm}}^2$ 时，因为 $\widehat{\mathrm{Cov}}_{\mathrm{FS}}-\widehat{\mathrm{Cov}}_{\mathrm{HS_m}}-\widehat{\mathrm{Cov}}_{\mathrm{HS_f}}$ 给出上位性 $(1/8)\hat{\sigma}_{\mathrm{AA}}^2+(1/8)\hat{\sigma}_{\mathrm{AD}}^2+(1/16)\hat{\sigma}_{\mathrm{DD}}^2$ 部分的贡献率如下（原文有误，现已更正——译者）。

如果 $F=0$，则

$$\hat{\sigma}_{\mathrm{m}}^2=\widehat{\mathrm{Cov}}_{\mathrm{HS}}=(1/4)\hat{\sigma}_{\mathrm{A}}^2+(1/16)\hat{\sigma}_{\mathrm{AA}}^2$$

$$\hat{\sigma}_{\mathrm{f}}^2=\widehat{\mathrm{Cov}}_{\mathrm{HS}}=(1/4)\hat{\sigma}_{\mathrm{A}}^2+(1/16)\hat{\sigma}_{\mathrm{AA}}^2$$

$$\begin{aligned}\hat{\sigma}_{\mathrm{fm}}^2&=\widehat{\mathrm{Cov}}_{\mathrm{FS}}-\widehat{\mathrm{Cov}}_{\mathrm{HS_f}}-\widehat{\mathrm{Cov}}_{\mathrm{HS_m}}\\&=(1/2)\hat{\sigma}_{\mathrm{A}}^2+(1/4)\hat{\sigma}_{\mathrm{D}}^2+(1/4)\hat{\sigma}_{\mathrm{AA}}^2+(1/8)\hat{\sigma}_{\mathrm{AD}}^2+(1/16)\hat{\sigma}_{\mathrm{DD}}^2-\left[(1/2)\hat{\sigma}_{\mathrm{A}}^2+(1/8)\hat{\sigma}_{\mathrm{AA}}^2\right]\\&=(1/4)\hat{\sigma}_{\mathrm{D}}^2+(1/8)\hat{\sigma}_{\mathrm{AA}}^2+(1/8)\hat{\sigma}_{\mathrm{AD}}^2+(1/16)\hat{\sigma}_{\mathrm{DD}}^2\end{aligned}$$

当 $F=1$ 时，则

$$\hat{\sigma}_{\mathrm{m}}^2=\widehat{\mathrm{Cov}}_{\mathrm{HS}}=(1/2)\hat{\sigma}_{\mathrm{A}}^2+(1/4)\hat{\sigma}_{\mathrm{AA}}^2$$

$$\hat{\sigma}_{\mathrm{f}}^2=\widehat{\mathrm{Cov}}_{\mathrm{HS}}=(1/2)\hat{\sigma}_{\mathrm{A}}^2+(1/4)\hat{\sigma}_{\mathrm{AA}}^2$$

$$\begin{aligned}\hat{\sigma}_{\mathrm{fm}}^2&=\widehat{\mathrm{Cov}}_{\mathrm{FS}}-\widehat{\mathrm{Cov}}_{\mathrm{HS_f}}-\widehat{\mathrm{Cov}}_{\mathrm{HS_m}}\\&=\hat{\sigma}_{\mathrm{A}}^2+\hat{\sigma}_{\mathrm{D}}^2+\hat{\sigma}_{\mathrm{AA}}^2+\hat{\sigma}_{\mathrm{AD}}^2+\hat{\sigma}_{\mathrm{DD}}^2-\left[\hat{\sigma}_{\mathrm{A}}^2+(1/2)\hat{\sigma}_{\mathrm{AA}}^2\right]\\&=\hat{\sigma}_{\mathrm{D}}^2+(1/2)\hat{\sigma}_{\mathrm{AA}}^2+\hat{\sigma}_{\mathrm{AD}}^2+\hat{\sigma}_{\mathrm{DD}}^2\end{aligned}$$

与设计 NC Ⅰ 相比是正向的。

连锁偏倚效应在一定程度上取决于参照群体。若是大的随机交配群体，连锁偏倚可能最小；若两个纯系杂交产生 F_2 群体，连锁不平衡可能就很重要。相引组连锁不会引起 d 效应偏倚，若群体处于连锁不平衡，$\hat{\sigma}_{\mathrm{A}}^2$ 和 $\hat{\sigma}_{\mathrm{D}}^2$ 均是正向的，会增大偏倚：$\hat{\sigma}_{\mathrm{A}}^2$ 和 $\hat{\sigma}_{\mathrm{D}}^2$ 有偏倚，而 d 没有。当两个自交系杂交以纠正双方弱点时，可能发生基因间相斥相连锁，这时，独立分离基因的表达可能与超显性相似，尽管连锁基因中没有哪一个能单独超过其部分显性效应的等位基因。如前所述，相斥相连锁会引起 $\hat{\sigma}_D^2$ 估值向上或正偏倚（与相引相一样），但会引起 $\hat{\sigma}_A^2$ 估值向下或负偏倚。于是，$\hat{\sigma}_D^2$ 的估值过高，而 $\hat{\sigma}_A^2$ 的估值过低，这导致 d 估值过高。F_2 群体的基因频率未知，若没有人为选择，预计大约为 $p=q=0.5$，不会与 0.5 有太大偏差，但如果经历长期选择压力，就会偏离 0.5。

用父本和母本遗传方差成分的 $\hat{\sigma}_A^2$ 估值可以计算遗传力。假定亲本不是自交系和没有上位性，$\hat{\sigma}_A^2=4\hat{\sigma}_m^2$（表 4.9），单一环境下根据 r 小区平均值估计的 $\hat{h}^2$ 为

$$\hat{h}^2=\frac{4\hat{\sigma}_m^2}{\hat{\sigma}^2/r+4\hat{\sigma}_{mf}^2+4\hat{\sigma}_m^2}$$

标准差为

$$\mathrm{SE}\left(\hat{h}^2\right)=\frac{4\mathrm{SE}\left(\hat{\sigma}_m^2\right)}{\hat{\sigma}^2/r+4\hat{\sigma}_{mf}^2+4\hat{\sigma}_m^2}$$

可用类似的方法从母本变异估算遗传力。同样，如果父本和母本的自由度相同，可用父本和母本的集合自由度除平方和得到的均方来计算 $\hat{\sigma}_A^2$。可按常规方法计算方差成分的标准误，从父本和母本集合均方获得的 $\hat{\sigma}_A^2$ 标准误将会减少，因为分母中的自由度增加 1 倍。如果用单株数据计算遗传力估值为

$$\hat{h}^2=4\hat{\sigma}_m^2\Big/\left(\hat{\sigma}_w^2+\hat{\sigma}_p^2+\hat{\sigma}_{mf}^2+\hat{\sigma}_f^2+\hat{\sigma}_m^2\right)$$

式中，$\hat{\sigma}_p^2$ 是小区误差，$\hat{\sigma}_w^2+\hat{\sigma}_{we}^2+\left(\hat{\sigma}_G^2-\widehat{\mathrm{Cov}_{FS}}\right)$。如果亲本不是自交系（$F=0$），$\hat{\sigma}_w^2$ 包括小区内（$\hat{\sigma}_{we}^2$）植株间的环境方差和小区内的遗传方差，假定没有上位性，$(\hat{\sigma}_G^2-\widehat{\mathrm{Cov}_{FS}})=(1/2)\hat{\sigma}_A^2+(3/4)\hat{\sigma}_D^2$。如果亲本纯合，$\hat{\sigma}_w^2$ 当然只包括 $\hat{\sigma}_{we}^2$。单株遗传力估值的标准误为

$$\mathrm{SE}\left(\hat{h}^2\right)=4\mathrm{SE}\left(\hat{\sigma}_m^2\right)\Big/\left(\hat{\sigma}_w^2+\hat{\sigma}_p^2+\hat{\sigma}_{mf}^2+\hat{\sigma}_f^2+\hat{\sigma}_m^2\right)$$

用基因型与环境互作和 re 小区均值，可根据表 4.10 无偏估算遗传力。通常用父本或母本的方差成分来估计，但最佳估值来自父本和母本的集合平方和。就像 Nyquist（1991）和 Holland（2003）强调的那样，对遗传改良更有意义和更实用的遗传力估值来自半同胞和全同胞家系的平均值。对父本变异来源的半同胞家系平均值，遗传力估值是

$$\hat{h}^2=\frac{\hat{\sigma}_m^2}{\hat{\sigma}^2/ref+\hat{\sigma}_{efm}^2/ef+\hat{\sigma}_{em}^2/e+\hat{\sigma}_{fm}^2/f+\hat{\sigma}_m^2}$$（多环境，半同胞家系平均值）（表 4.10）

除了分母方差成分的除数 m，可以用母本变异来源估算遗传力。如果集合父本和母本变异来源，估计半同胞方差成分，计算的遗传力估值会更好些。针对父本×母本变异来源，根据全同胞家系平均值计算的遗传力如下：

$$\hat{h}^2=\frac{\hat{\sigma}_{fm}^2}{\hat{\sigma}^2/re+\hat{\sigma}_{efm}^2/r+\hat{\sigma}_{fm}^2}$$（多环境，全同胞家系平均值）

这些遗传力估值可以预测半同胞或全同胞家系的选择响应（Nyquist，1991），这是估计遗传方差成分的主要原因（第 6 章）。Knapp 等（1985）给出了遗传力估值的精确置信限。

NC Ⅱ 设计是估计群体遗传方差成分非常有用的方法。在植物上我们通常能获得均衡数据，能够集合父本和母本平方和，以较小的误差计算 $\hat{\sigma}_A^2$。如果亲本数量少，在估计亲本 GCA 和亲本间 SCA 时，双列杂交和 NC Ⅱ 设计能得到同样的信息，NC Ⅱ 设计并不具备特殊的优越性。当一组亲本分成雄性不育和雄性可育时，如高粱的 A 系和 B 系，NC Ⅱ 设计就很有用。

4.6 设计Ⅲ（NCⅢ）

NCⅢ交配设计也是由 Comstock 和 Robinson（1948）开发的。这种特殊的交配设计常用于测定影响性状的基因平均显性效应（表 4.11）。如果不存在连锁和上位效应，NCⅢ设计能较好地估计 F_2 群体的 $\hat{\sigma}_A^2$ 和 $\hat{\sigma}_D^2$ 值。NCⅢ设计优于前面几种交配设计的优点在于估计显性效应时不受基因频率的限制。

表 4.11 3 种交配设计的显性水平估值

NC Ⅰ 设计	NC Ⅱ 设计	NCⅢ设计
$p=q=0.5$	$p=q=0.5$	无假定
$\bar{d}=\sqrt{\dfrac{2\hat{\sigma}_D^{2*}}{\hat{\sigma}_m^2}}$	$\bar{d}=\sqrt{\dfrac{2\hat{\sigma}_{mf}^2}{\hat{\sigma}_m^2或\hat{\sigma}_f^2}}$	$\bar{d}=\sqrt{\dfrac{2\hat{\sigma}_{mp}^2}{\hat{\sigma}_m^2}}$

* $2\hat{\sigma}_{f/m}^2-\hat{\sigma}_m^2$

用两个自交系杂交，F_2 群体的基因通常被认为是在超显性范围。估计平均显性效应时，假定群体是在连锁平衡状态，由于对 F_2 群体抽样，连锁效应会对 $\hat{\sigma}_A^2$ 和 $\hat{\sigma}_D^2$ 估值造成较大的偏倚。如果存在连锁效应，不管是相引相或相斥相连锁，对 $\hat{\sigma}_D^2$ 估值总会有正向偏倚。而对 $\hat{\sigma}_A^2$ 估值的连锁偏倚，取决于连锁相的类型；相斥相连锁会低估 $\hat{\sigma}_A^2$，相引相会高估 $\hat{\sigma}_A^2$。这是由于基因效应在超显性范围，推测相斥相连锁高估了 $\hat{\sigma}_D^2$ 和低估了 $\hat{\sigma}_A^2$。因此，NCⅢ交配设计主要用来估计玉米 F_2 群体 $\hat{\sigma}_A^2$ 和 $\hat{\sigma}_D^2$ 的连锁效应和平均显性水平。NCⅢ交配设计的初始参照群体是 F_2，从 F_2 中随机选 S_0 植株作父本与两个纯合亲本 P_1 和 P_2 回交形成该设计的后裔。因此，种植大量的随机 F_2 种子产生相互的回交组合，然后用成对的后裔进行鉴定。

因此，X 等于 m 个 F_2 父本，用于回交的亲本数量总是等于 2，是固定因素。试验材料包括 m 对后裔（每对是一个 F_2 父本）和亲本自交系。表 4.12 是单点重复 NCⅢ设计的方差分析。

NCⅢ设计中均方的期望值是父本间（$\hat{\sigma}_m^2$）和父本与亲本自交系互作（$\hat{\sigma}_{mp}^2$）的方差成分。可以直接对 $\hat{\sigma}_m^2$ 和 $\hat{\sigma}_{mp}^2$ 与误差项进行 F 检验，但它们没有提供后裔遗传结构的信息及它们与方差成分的关系。Comstock 和 Robinson（1952）定义在无连锁（独立分配）和无上位性条件下的后裔遗传结构如下：

$$\hat{\sigma}_{\mathrm{m}}^2=(1/2)\sum pqa^2$$

$$\hat{\sigma}_{\mathrm{mp}}^2=\sum pqd^2$$

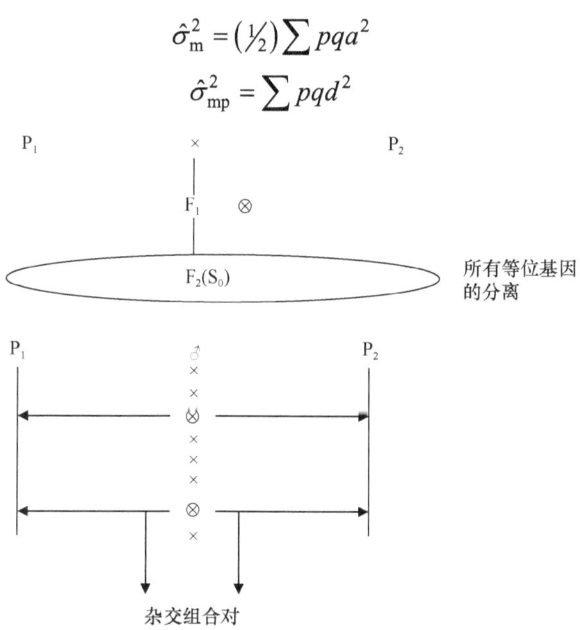

表 4.12 单点 NCⅢ设计的方差分析

变异来源	df	MS	E(MS)（模型Ⅱ）方差成分
重复	$r-1$		
亲本（p）	1	M_4	$\hat{\sigma}^2+r\hat{\sigma}_{\mathrm{mp}}^2+rmK_{\mathrm{p}}^2$
父本（m）	$m-1$	M_3	$\hat{\sigma}^2+2r\hat{\sigma}_{\mathrm{m}}^2$
m×p	$m-1$	M_2	$\hat{\sigma}^2+r\hat{\sigma}_{\mathrm{mp}}^2$
误差	$(r-1)(2m-1)$	M_1	$\hat{\sigma}^2$
总和	$2mr-1$		

注：r 和 m 分别是重复数和父本数

因此，能够像其他交配设计那样估计遗传参数。由于 F_2 中 $p=q=0.5$，得

$$\hat{\sigma}_{\mathrm{m}}^2=\left[(M_3-M_1)/2r\right]=(1/8)\sum a^2=(1/4)\hat{\sigma}_{\mathrm{A}}^2$$

$$\hat{\sigma}_{\mathrm{mp}}^2-\left[(M_2-M_1)/r\right]=(1/4)\sum d^2=\hat{\sigma}_{\mathrm{D}}^2$$

因此，得到 $\hat{\sigma}_{\mathrm{A}}^2=4\hat{\sigma}_{\mathrm{m}}^2$ 和 $\hat{\sigma}_{\mathrm{D}}^2=\hat{\sigma}_{\mathrm{mp}}^2$，从 $\hat{\sigma}_{\mathrm{m}}^2$ 和 $\hat{\sigma}_{\mathrm{mp}}^2$ 方差成分的期望值，可以得到基因显性效应，这与 NCⅡ设计的意义相同。

NCⅢ设计准确地给出对与显性效应有关的两个假定的 F 检验：①无显性（通过比较表 4.12 中的 M_1 和 M_2 均方进行检验，除了抽样误差，当一个或多个位点存在部分显性时，M_2 会大于 M_1 均方）；②完全显性（假定控制数量性状的基因表现杂种优势）。假定位点间基因独立分离、无上位效应，M_3 和 M_2 的期望值分别是

$$M_3=\hat{\sigma}^2+2r\hat{\sigma}_{\mathrm{m}}^2=\hat{\sigma}^2+(r/4)\sum_i a_i^2\text{，}\quad M_2=\hat{\sigma}^2+(r/4)\sum_i d_i^2$$

当$\sum_i a_i^2 = \sum_i d_i^2$时，期望均方相同。从任何方向显示的$M_3/M_2$离差表明$\sum_i a_i^2 \neq \sum_i d_i^2$，故显性不完全。

由表 4.12 可通过$\left[(M_2 - M_1)/(M_3 - M_1)\right]^{1/2}$来估算平均显性水平，$F_2$群体的基因显性水平经常在超显性范围。但连锁测验表明，这些群体的超显性检验不真实，连锁基因的共同作用在各个位点上被超显性代替。因此，F_2群体中连锁偏倚很重要。

由于用 F_2作参照群体，NCⅢ设计能够有效地估算性状遗传力。当然，必须有足够多的样本才能有效估计方差成分和确定显性水平。为了得到足够多的 F_2 群体样本，成对后裔的数量可能比我们期望包含在一个重复里的数量要大许多。与 NCⅠ和 NCⅡ设计控制误差的方法一样，NCⅢ设计也把成对的后裔分组，每组按表 4.12 进行分析，集合跨组的平方和与自由度。在 F_2群体，方差成分可用于估计狭义遗传力。由表 4.12 的方差成分，用 r 个小区平均值按下式估计遗传力：

$$\hat{h}^2 = 4\hat{\sigma}_{\mathrm{m}}^2 \Big/ \left(\hat{\sigma}^2/r + \hat{\sigma}_{\mathrm{mp}}^2 + 4\hat{\sigma}_{\mathrm{m}}^2\right)$$

表 4.13 给出多点重复试验的联合分析模型。多点联合分析提供了 NCⅠ和 NCⅡ设计中常见的加性和显性效应与环境互作效应的估值。对每个均方和方差成分通过均方与标准误直接做 F 检验。除了计算基因显性效应，若假定无连锁和无上位性效应，NCⅢ交配设计还能够估计 F_2群体的$\hat{\sigma}_{\mathrm{A}}^2$和$\hat{\sigma}_{\mathrm{D}}^2$。联合分析还可以计算加性和显性效应与环境的互作（表 4.13）。

NCⅢ设计的方差成分可以用来估计 F_2群体的狭义遗传力，如果试验是在多点重复进行，就可以无偏估计$\hat{\sigma}_{\mathrm{A}}^2$而不包含$\hat{\sigma}_{\mathrm{AE}}^2$，从而获得无偏的狭义遗传力估值：

$$\hat{h}^2 = \frac{4\hat{\sigma}_{\mathrm{m}}^2}{\hat{\sigma}^2/(re) + \hat{\sigma}_{\mathrm{mpe}}^2/e + \hat{\sigma}_{\mathrm{mp}}^2 + 4\hat{\sigma}_{\mathrm{me}}^2/e + 4\hat{\sigma}_{\mathrm{m}}^2}$$

表 4.13　多点 NCⅢ设计的联合方差分析

变异来源	df	MS	E(MS)
环境（E）	$e-1$		
组	$s-1$		
E×组	$(e-1)(s-1)$		
重复/组/E	$se(r-1)$		
亲本/组	s		
E×亲本/组	$s(e-1)$		
父本/组	$s(m-1)$	M_5	$\hat{\sigma}^2 + 2r\hat{\sigma}_{\mathrm{me}}^2 + 2re\hat{\sigma}_{\mathrm{m}}^2$
父本×亲本/组	$s(m-1)$	M_4	$\hat{\sigma}^2 + r\hat{\sigma}_{\mathrm{mpe}}^2 + re\hat{\sigma}_{\mathrm{mp}}^2$
E×父本/组	$(e-1)s(m-1)$	M_3	$\hat{\sigma}^2 + 2r\hat{\sigma}_{\mathrm{me}}^2$
E×父本×亲本/组	$(e-1)s(m-1)$	M_2	$\hat{\sigma}^2 + r\hat{\sigma}_{\mathrm{mpe}}^2$
总误差	$es(r-1)(2m-1)$	M_1	$\hat{\sigma}^2$
总和	$2esmr-1$		

注：e、s、r 和 m 分别表示环境数、每个环境内组数、重复数和每个父本对应的后代对数

上式是按照 re 个小区的平均值计算的。可按前面介绍的其他交配设计计算遗传力估值的近似标准误。

NCIII设计的主要目的是估计等位基因的相对显性效应和在自交系杂交形成的 F_2 群体中把分离位点等位基因频率简化为 $p=q=0.5$ 的假设。这种简化可能不适用于所有情况，但在玉米育种中，主要用在杂种优势群内优良自交系杂交后，在 F_2 群体进行选择。因此，在选育二环系时，需要计算 F_2 群体不同性状的遗传力估值（图 1.4）。F_2 单株作父本与两个亲本自交系杂交，父本均值间的差异是半同胞家系的协方差。与其他交配设计相似，根据半同胞家系平均值估算的遗传力如下：

$$\hat{h}^2=\frac{\hat{\sigma}_{\mathrm{m}}^2}{\hat{\sigma}^2/r+\hat{\sigma}_{\mathrm{m}}^2}\quad\text{（单个环境）（表 4.12）}$$

$$\hat{h}^2=\frac{\hat{\sigma}_{\mathrm{m}}^2}{\hat{\sigma}^2/(2re)+\hat{\sigma}_{\mathrm{mpe}}^2/(2e)+\hat{\sigma}_{\mathrm{me}}^2/e+\hat{\sigma}_{\mathrm{m}}^2}\quad\text{（多个环境）（表 4.13）}$$

每个 F_2 群体估值都是特定的，但 F_2 群体相对遗传力估值汇总以后，将在自交过程中对后裔选择的预期效果提供指导准则（如 Baoman，1981）。

NCIII设计监测显性效应非常有效，但估计 F_2 群体中 $\hat{\sigma}_A^2$ 和 $\hat{\sigma}_D^2$ 会产生严重的连锁偏倚，F_2 群体的连锁效应最大。F_2 继代以后连续几代随机交配，可以测定连锁偏倚（Gardner，1953，1963）。可隔离种植或人工授粉进行随机交配，但不对父本和母本进行任何选择。F_2 群体第 1 次随机交配定为 Syn1，8 次随机交配以后定为 Syn8，这样实现连锁位点间重组，至少打破连锁，达到连锁平衡。显然，连锁平衡取决于重组率，对紧密连锁的基因组合，需要多次随机交配才能重组。F_2 群体经过 8 次随机交配，可在 F_2 和 F_2 Syn8 群体进行 NCIII设计分析。比较两个群体的 $\hat{\sigma}_{\mathrm{A}}^2$、$\hat{\sigma}_{\mathrm{D}}^2$ 和 $\bar{d}$ 的估值，以确定连锁对估值的偏倚效应。Gardner 和 Lonnquist（1959）报道了检验连锁效应估值，发现 $\hat{\sigma}_{\mathrm{A}}^2$ 和 $\hat{\sigma}_{\mathrm{D}}^2$ 估值有明显偏倚。因此，F_2 群体的超显性估值是伪超显性，属于连锁基因的共同作用而不是单位点超显性。举个例子，用 200 个 F_2 个体相互交配来测定显性效应和连锁偏倚效应，不加选择和人工授粉进行个体间交配形成 Syn1。由于该群体重组率较高，进行 5 次随机交配，使大多数连锁位点重组。用 F_2 Syn5 和 F_2 群体按 NCIII设计估计遗传参数，下面是几种情况。

（1）数据显示 F_2 群体和 F_2 Syn5 的平均显性度大于 0 但小于 1。两群体的显性度差异不显著。在这种情况下，主要是部分显性效应（非超显性）。

（2）显性度差异不显著，在 0.5~1，主要位点是部分显性效应，少数位点是超显性。

（3）显性度差异显著，F_2 显性度大于 1，但 F_2 Syn5 群体低于 1。在这种情况下，可能是超显性效应，但连锁不平衡会有影响。

（4）与（3）类似，但两个群体的显性度均大于 1。这充分表明超显性效应受连锁不平衡而引起偏倚。

4.7　双列杂交方法

在玉米和其他作物上，双列杂交比其他任何交配设计使用和滥用得都最多。如果正确地分析数据和进行解释，它是非常有用的方法。尽管对双列杂交已进行了广泛的理论研究和探讨，但主要问题出在对双列杂交分析的解释和推论上。

顾名思义，n 个亲本成对杂交，这与 NC II 设计类似，但主要差别在于，双列杂交中亲本个体相同（即每一个体既作父本，也作母本），见下表：

亲本	**1**	**2**	**3**	**4**	$\mathbf{Y}_{i.}$
1	**1.1**	1.2	1.3	1.4	$Y_{1.}$
2	2.1	**2.2**	2.3	2.4	$Y_{2.}$
3	3.1	3.2	**3.3**	3.4	$Y_{3.}$
4	4.1	4.2	4.3	**4.4**	$Y_{4.}$
$\mathbf{Y}_{.j}$	$Y_{.1}$	$Y_{.2}$	$Y_{.3}$	$Y_{.4}$	$\mathbf{Y}_{..}$

双列杂交分析的亲本范围已从自交系扩展到遗传基础广泛的群体。配置杂交组合，进行数据分析，然后对基因作用类型做出推论。但对数据进行解释时，要了解对双列杂交设计的前提假设和局限性。如果分析方法正确，双列杂交是非常有效的，如可用来归纳杂种优势模式（Hallauer et al.，1988；Carena，2005；Melani and Carena，2005；Carena and Wicks Ⅲ，2006）。

首先要了解怎样组配双列杂交组合，如果是完全双列杂交，应包括所有可能的杂交组合及亲本。若 n 个亲本进行成对杂交，每次抽取 2 个亲本的排列数为 $n!/(n-r)!$或$n!/(n-2)!(r=2)$，于是减少到$n(n-1)$。在这种情况下，需要组配 n 个亲本间的反交组合（对亲本 1 和 2，需要 1×2 和 2×1 组合）。如果不包括反交组合，每次 2 个亲本杂交，所有可能的排列为$n(n-1)/2$。假定 10 个亲本做双列杂交，包括反交就有 90 个组合，不包括反交只有 45 个组合。如果 10 个亲本也参与评估试验，第一种情况有 100 个，第二种有 55 个参试材料用于鉴定。表 4.14 列出了不同亲本数的双列杂交设计产生的供试材料数。

表 4.14　不同亲本数的双列杂交设计产生的供试材料数

亲本数	组合数		排列数	
	杂交组合	供试材料[a]	杂交组合	供试材料[b]
5	10	15	20	25
6	15	21	30	36
7	21	28	42	49
8	28	37	56	64
9	36	45	72	81
10	45	55	90	100
15	105	120	210	225
20	190	210	380	400
50	1 225	1 275	2 450	2 500
100	4 950	5 050	9 900	10 000
n	$n(n-1)/2$	$n(n+1)/2$	$n(n-1)$	n^2

[a] 总的供试材料数，包括所有的杂交组合和亲本，即 $n+n(n-1)/2=n(n+1)/2$

[b] 总的供试材料数，包括所有的排列组合和亲本，即 $n+n(n-1)=n^2$

通过选择不同方法，从另外一个角度看双列杂交设计（Griffing，1956）。以上面 n=10 的例子，按双列杂交设计产生不同后裔，然后采用不同的分析方法。有 4 种产生后裔的方法。

（1）方法Ⅰ：n^2（10^2=100），包括所有可能的杂交组合与亲本。

（2）方法Ⅱ：$n(n+1)/2$（10×11）/2=55，这种方法最普遍，它包括一组杂交组合与亲本（没有反交）。

（3）方法Ⅲ：$n(n-1)$（$10\times9=90$），包括两组杂交组合，不含亲本。

（4）方法Ⅳ：$n(n-1)/2$（$10\times9/2=45$），只包括一组杂交组合，不含反交，也不含亲本。

至于选择哪一种方法取决于所使用的材料。玉米上用纯合自交系做双列杂交，最好是用一组或两组杂交组合，不包含亲本，否则，材料之间的竞争会产生很大影响。如果用综合种做双列杂交分析，不仅要包括杂交组合，还应包括亲本，这样可以比较平均值及它们的杂种优势。其他近交衰退轻微的作物，可以包括杂交组合与亲本的设计（F=1）。

基于前面的信息，我们知道双列杂交设计的局限性就在于容纳的亲本数量有限（表 4.15）。

表 4.15　不同的双列杂交设计方法的亲本数与供试材料

亲本数	方法			
	Ⅰ	Ⅱ	Ⅲ	Ⅳ
5	25	15	20	10
6	36	21	30	15
7	**49**	**28**	**42**	**21**
8	64	37	56	28
9	81	45	72	36
10	100	55	90	45
15	225	120	210	105
20	400	210	380	190
50	2500	1275	2450	1225
100	1000	5050	9900	4950
n	n^2	$n(n+1)/2$	$n(n-1)$	$n(n-1)/2$

随着亲本数增加，杂交组合数量会显著增加，因此，几乎不可能用双列杂交估计群体内的遗传变异。显然，随着亲本数增加，组合数增加得太快，如果用 10~15 个亲本，杂交组合的配置和鉴定就有点失控，如果想估计群体内的遗传变异，至少要用 100 个个体来代表群体内基因型的变化，但 100 个亲本的完全双列杂交需配置 4950 个组合（不包括反交）。很显然，亲本数量是影响双列杂交设计的重要因素。

用非自交系作亲本配置组合时，样本大小很重要。玉米需要 100~200 株才能代表群体的基因型。其他物种的双列杂交设计与自交系类似，但需要考虑组配杂交组合的困难程度和产生的种子数量。在自花授粉作物中要想增加种子量，可能只好选择自交 F_1，但其后裔 F=0.5，这将影响亲属间的协方差。

在作物之间（自花授粉与异花授粉）和作物内（自交系和非自交系），双列杂交配置的组合有很大区别。如果亲本相对纯合（自交系），每个杂交组合可多次组配。例如，整行亲本成对杂交产生一个杂交组合；对植株数量和每两行杂交授粉的唯一局限是测试所需要的杂交种子数量。通过整行亲本成对杂交，然后每行亲本产生的杂交种子混合。如果需要反交组合，可以把种子分开。一组自交系间的双列杂交一般不太困难，但需要调整父母本的开花期。

对玉米群体做双列杂交的方法与自交系类似，但组配群体间杂交组合时，要增加从群体中抽取基因型样本的数量。种子数量不是问题，但需要扩大群体规模和花费更多时间来增加样本量。每个杂交组合应多做几行成对杂交来增加样本量，同时，杂交以后父本去雄能够增加样本的代表性，以减少后续重复授粉，还可以去掉父本雌穗上套的纸袋。自交系用 10 个植株杂交，就能得到足够的种子，而群体杂交需要抽取更多的基因型样本。对燕麦、大麦、小麦和大豆这些纯系间的双列杂交与玉米自交系类似，但配置杂交组合时的困难程度是个限制因素。对多花的自花授粉植物，如烟草，很容易杂交，只要少量植株就能得到足够种子。显然，双列杂交可以用在大多数作物上，这取决于配置杂交组合的难易程度和所获得的种子量。若每组亲本间杂交的种子分别保存，便可通过反交鉴定母本效应，若只研究杂交组合表现，可把同一组合的种子混合。

用任何双列杂交方法产生的基因型可根据随机完全或不完全区组设计做重复鉴定试验。适当的随机试验可确定亲本在杂交组合中的相对优点。若不超过 10 个亲本作双列杂交，大多数情况下如果土壤均匀一致，可采用随机完全区组设计。若杂交组合很多，环境差异会很大，就应选择不完全区组设计。假定在多个环境下鉴定双列杂交组合，若组合间差异显著，可按表 4.16 做方差分析；若差异不显著就没必要继续分析，因为这表明亲本对子代间的差异没有贡献。

表 4.16　一组 *n* 个亲本的双列杂交在 *e* 个环境下鉴定的方差分析（方法Ⅳ）

变异来源	df	MS	E(MS)	
			模型Ⅰ	模型Ⅱ
环境（E）	$e-1$			
重复/E	$e(r-1)$			
组合（C）	$[n(n-1)/2]-1$	M_3	$\hat{\sigma}^2+reK_c^2$	$\hat{\sigma}^2+r\hat{\sigma}_{ce}^2+er\hat{\sigma}_c^2$
C×E	$(e-1)\{[n(n-1)/2]-1\}$	M_2	$\hat{\sigma}^2+rK_{ce}^2$	$\hat{\sigma}^2+r\hat{\sigma}_{ce}^2$
累计误差	$e(r-1)\{[n(n-1)/2]-1\}$	M_1	$\hat{\sigma}^2$	$\hat{\sigma}^2$
总计	$er[n(n-1)/2]-1$			

试验之前，必须确定亲本属性：是参照基因型还是参照群体的随机基因型？要区分亲本是参照基因型（模型Ⅰ或固定模型）还是参照群体中的随机基因型（模型Ⅱ或随机模型）。这会影响对分析结果的解释，尤其影响对双列杂交分析结果的解释，这通常是该设计引起争论的基本原因，不利于为研究者提供所需要的信息。一般来说，对亲本的假设不是如何进行试验与分析，而是很难对估计的参数进行解释。Griffing（1956）和 Cockerham（1963）详细讨论了双列杂交的方差分析，包括模型Ⅰ（固定模型，亲本就

是所研究的基因型）和模型Ⅱ（随机模型，亲本是参照群体中的基因型样本）。模型Ⅰ的估值仅适用于所研究的基因型，不能扩展到假设的参照群体。如果基因型是参照群体的随机样本，模型Ⅱ估值可以用来对参照群体进行解释。模型Ⅰ和模型Ⅱ的使用取决于样本大小，而不同作物会有所不同（例如，烟草只要 5~10 个家系作样本，容易做双列杂交）。尽管有些作物的样本量有限，不能用模型Ⅰ来估计遗传力、遗传进度和遗传相关，但我们仍然能够得到像模型Ⅱ那样多的信息（GCA 和 SCA 效应）。

当杂交组合的均方显著时，可以对平方和进行剖分。例如，5 个亲本双列杂交（方法Ⅳ或一组杂交组合），双列杂交总平方和的剖分列于表 4.17 和表 4.18。显然，5 个亲本的双列杂交不适于模型Ⅱ分析。但假如 5 次重复只鉴定 10 个杂交组合，从表 4.17 看出每个亲本有 4 个杂交组合，每个共同亲本在 4 个组合中的平均表现取决于最边列的均值，边列值代表了亲本在组合中的平均表现或亲本的一般配合力效应（GCA），它们是边列均值与总平均值的离差。另外，表中的单元格代表了单个杂交组合与边列均值的离差即亲本特殊配合力（SCA）效应。模型Ⅰ不适合估计方差成分，但可以有效地估计 GCA 和 SCA。该模型用来选择亲本（GCA）和杂交种（SCA）非常有用，种业公司总是要寻找最好的杂交组合（SCA）。

表 4.17　5 个亲本间双列杂交设计的 10 个可能组合

亲本	亲本					边列值
	1	2	3	4	5	
1		X_{12}	X_{13}	X_{14}	X_{15}	$X_{1.}$
2			X_{23}	X_{24}	X_{25}	$X_{2.}$
3				X_{34}	X_{35}	$X_{3.}$
4					X_{45}	$X_{4.}$
5						$X_{5.}$

表 4.18　表 4.17 双列杂交方差分析中的组合平方和的正交剖分

变异来源[b]	df[a]		MS	E(MS)	
	通用	例子		模型Ⅰ	模型Ⅱ
重复	$r-1$	4			
组合	$[n(n-1)/2]-1$	9	M_2	$\hat{\sigma}^2+rK^2$	$\hat{\sigma}^2+r\hat{\sigma}_c^2$
边列数值间	$n-1$	4	M_{21}	$\hat{\sigma}^2+[r(n-2)/(n-1)]K_g^2$	$\hat{\sigma}^2+r\hat{\sigma}_s^2+r(n-2)\hat{\sigma}_g^2$
边列内组合间	$n(n-3)/2$	5	M_{22}	$\hat{\sigma}^2+\{2r/[n(n-3)]\}K_s^2$	$\hat{\sigma}^2+r\hat{\sigma}_s^2$
误差	$(r-1)\{[n(n-1)/2]-1\}$	36	M_1	$\hat{\sigma}^2$	$\hat{\sigma}^2$
总和	$r[n(n-1)/2]-1$	49			

[a] r 和 n 分别代表重复数和亲本数

[b] m 和 c 分别代表边列和组合单元

因此，杂交组合间总的变异（自由度为 9）能剖分成边列间的变异（5 个亲本，自由度为 4）和边列内共同亲本组合间的变异。边列内组合间变异有 5 个自由度，因为表 4.17 中组合间有 5 个独立的观察值；如果我们知道边列值，亲本 1 有 3 个组合值，亲本 2 有 2 个，依此可以计算其余的组合值。因此，边列内组合间变异的自由度变成10－5＝5，F 检验可确定边列数值间和边列内组合间的变异是否显著。

Sprague 和 Tatum（1941）引入了 GCA 和 SCA 概念，以区别自交系在杂交组合中的平均表现（GCA）和杂交组合与边列均值间的离差（SCA）。GCA 和 SCA 的概念被广泛用在植物育种，尤其对双列杂交设计有特殊意义。如果把 GCA 和 SCA 插入表 4.18 就得到表 4.19。

表 4.19　n 个亲本产生 $n(n-1)/2$ 个杂交组合的固定模型 I 和随机模型 II 双列杂交的方差分析

变异来源	df		MS	E（MS）	
	通用	例子		模型 I	模型 II
重复	$r-1$	4			
组合	$[n(n-1)/2]-1$	9	M_2	$\hat{\sigma}^2+rK_c^2$	$\hat{\sigma}^2+r\hat{\sigma}_c^2$
GCA	$n-1$	4	M_{21}	$\hat{\sigma}^2+[r(n-2)/(n-1)]K_{GCA}^2$	$\hat{\sigma}^2+r\hat{\sigma}_{SCA}^2+r(n-2)\hat{\sigma}_{GCA}^2$
SCA	$n(n-3)/2$	5	M_{22}	$\hat{\sigma}^2+\{2r/[n(n-3)]\}K_{SCA}^2$	$\hat{\sigma}^2+r\hat{\sigma}_{SCA}^2$
误差	$(r-1)\{[n(n-1)/2]-1\}$	36	M_1	$\hat{\sigma}^2$	$\hat{\sigma}^2$
总和	$r[n(n-1)/2]-1$	49			

注：r 和 n 分别代表重复数和亲本数

两种模型均可用 F 测验来检验 GCA 和 SCA 均方。对模型 I，M_{21} 和 M_{22} 用 M_1 检验；对模型 II，M_{22} 用 M_1 检验，M_{21} 用 M_{22} 检验；如果 M_{22} 不显著，M_1 也是检验 M_{21} 的合适均方。

若亲本是群体，模型 I 不适合估计方差成分，但可以估计亲本间的 SCA 和每个共同亲本所有组合的 GCA。试验者不必为难，模型 I 分析 GCA 和 SCA 效应比方差成分包含的信息更多。同样，估算的配合力效应只限于所涉及的亲本，如果与不同的亲本测验，结果会很不一样。若模型 I 的 F 检验表明差异显著，则 GCA 和 SCA 效应估值给出每个亲本和杂交组合效应值的相对大小和符号。

模型 I 的方差分析为

$$X_{ijk}=u+r_k+g_i+g_j+s_{ij}+p_{ijk}$$

式中，u 是平均值，r_k 是重复效应，g_i 和 g_j 是 GCA 效应，S_{ij} 是 SCA 效应，p_{ijk} 是试验误差，X_{ijk} 是观察值（k=1,2,⋯,r；i=1,2,⋯,n）。模型 I 对 GCA 和 SCA 的估计如下：

$$\hat{g}_i=\{1/[n(n-2)]\}(nX_{i.}-2X_{..})$$（原书公式有误，现已更正——译者）

$$\hat{s}_{ij}=X_{ij}-[1/(n-2)](X_{i.}+X_{.j})+\{2/[(n-1)(n-2)]\}X_{..}$$

表 4.18 中，试验误差 $\hat{\sigma}^2$ 由均方 M_1 来估算，任何 X_{ij} 组合的方差是 $\hat{\sigma}^2/r$，两个杂交组合之间差异的方差是 $2\hat{\sigma}^2/r$，一个共同亲本所有组合的平均数的方差是 $\hat{\sigma}^2/[(n-1)r]$。GCA 和 SCA 效应的方差是

$$\hat{\sigma}^2(g_i)=\{(n-1)/[n(n-2)]\}\hat{\sigma}^2$$

$$\hat{\sigma}^2(s_{ij})=[(n-3)/(n-1)]\hat{\sigma}^2$$

模型 I 分析产生了一组固定亲本的大量信息，这些信息对选择亲本的一般配合力和

两亲本之间的特殊配合力非常有用，特别是选择用于单交种的亲本自交系很有用。另外，还可鉴定前育种改良种质用作相互轮回选择的杂种优势模式。

对模型Ⅱ分析，我们更关注遗传方差成分。表 4.19 中，为了在参照群体的基因作用类型与方差成分之间建立联系，需要把期望均方写作亲属遗传相关的形式，然后把亲属协方差转换成遗传方差成分（表 4.20）。这需要确定双列杂交中包含哪些亲属关系。矩阵表边列数值间（GCA）的变异反映了亲本间的 $\hat{\sigma}^2_{\text{GCA}}$ 差异（表 4.19）。

表 4.20　*n* 个亲本［*n*(*n*–1)/2］个双列杂交组合的方差分析中基于亲属协方差的期望均方、*E*(MS)

变异来源	df [a]	MS	*E*(MS)
			模型Ⅱ
重复	$r-1$		
组合	$[n(n-1)/2]-1$	M_2	$\hat{\sigma}^2+r\hat{\sigma}^2_{\text{c}}$
GCA	$n-1$	M_{21}	$\hat{\sigma}^2+r\left(\widehat{\text{Cov}}_{\text{FS}}-2\widehat{\text{Cov}}_{\text{HS}}\right)+r(n-2)\widehat{\text{Cov}}_{\text{HS}}$
SCA	$n(n-3)/2$	M_{22}	$\hat{\sigma}^2+r\left(\widehat{\text{Cov}}_{\text{FS}}-2\widehat{\text{Cov}}_{\text{HS}}\right)$
误差	$(r-1)\{[n(n-1)/2]-1\}$	M_1	$\hat{\sigma}^{2\text{b}}$
总和	$r[n(n-1)/2]-1$		

[a] *r* 和 *n* 分别是重复数和亲本数

[b] 如果取单株数据，则 $\hat{\sigma}^2=\left[\left(\hat{\sigma}^2_{\text{G}}-\widehat{\text{Cov}}_{\text{FS}}\right)+\hat{\sigma}^2_{\text{we}}\right]/k+\hat{\sigma}^2_{\text{p}}$，$k$ 为植株数

用亲属间的遗传关系表示期望均方，把亲属协方差转换成遗传方差成分。由于亲本间的差异，边列数值间的方差（$\hat{\sigma}^2_{\text{GCA}}$）等于后裔的协方差（有一个共同亲本），因此

$$\hat{\sigma}^2_{\text{GCA}}=\widehat{\text{Cov}}_{\text{HS}}=\left(1/4\right)\hat{\sigma}^2_{\text{A}}\text{，}F=0$$

$$\hat{\sigma}^2_{\text{GCA}}=\widehat{\text{Cov}}_{\text{HS}}=\left(1/2\right)\hat{\sigma}^2_{\text{A}}\text{，}F=1$$

包含全同胞个体的组合间方差（$\hat{\sigma}^2_{\text{SCA}}$）为

$$\hat{\sigma}^2_{\text{SCA}}=\widehat{\text{Cov}}_{\text{FS}}-\widehat{\text{Cov}}_{\text{HS}}=\left(1/4\right)\hat{\sigma}^2_{\text{D}}\text{，}F=0$$

$$\hat{\sigma}^2_{\text{SCA}}=\widehat{\text{Cov}}_{\text{FS}}-\widehat{\text{Cov}}_{\text{HS}}=\hat{\sigma}^2_{\text{D}}\text{，}F=1$$

这是本章前面解释过的另外一种表述方式，亲本间的方差等于共同亲本个体间的协方差，i 个亲本间的变异可表示为

$$\hat{\sigma}^2_{y_i}=E_i\left(X_i-\overline{X}\right)^2=E_i\left(X_i^2\right)-\overline{X}^2$$

如果我们在 i 个共同亲本的家系内有 j 个个体，协方差为

$$\widehat{\text{Cov}}\left(y_{ij},y_{ij'}\right)=E\left[\left(X_{ij}-\overline{X}\right)\left(X_{ij'}-\overline{X}\right)\right]=E\left(X_{ij}X_{ij'}-\overline{X}^2\right)=E\left(X_i^2\right)-\overline{X}^2$$

由于 $E\left(X_{ij}\right)=E\left(X_{ij'}\right)=X_i$ 和 $E\left(X_{ij}X_{ij'}\right)=X_i^2$，假定同胞家系围绕家系平均值对称分布，由于边列均值的所有组合有一个共同亲本，于是 $\hat{\sigma}^2_{\text{GCA}}$ 就等于半同胞协方差（$\widehat{\text{Cov}}_{\text{HS}}$）。接下来考虑 $\hat{\sigma}^2$ 的变异来源，它由表 4.18 的 M_1 来估计。试验误差 $\hat{\sigma}^2$ 包括小区机误方差 $\hat{\sigma}^2_{\text{p}}$

和小区内个体间的方差$\hat{\sigma}_{\mathrm{w}}^2$。于是，$\hat{\sigma}^2=\hat{\sigma}_{\mathrm{w}}^2/k+\hat{\sigma}_{\mathrm{p}}^2$，这里$k$为每个小区测量的株数。小区内的方差包含株间的环境方差$\hat{\sigma}_{\mathrm{we}}^2$和在$F\neq 1$时的遗传方差，这样$\hat{\sigma}_{\mathrm{w}}^2=\hat{\sigma}_{\mathrm{wg}}^2+\hat{\sigma}_{\mathrm{we}}^2$。个体间有共同亲本就属于全同胞，它们间的变异是全同胞协方差（$\widehat{\mathrm{Cov}}_{\mathrm{FS}}$），如果测量单株数据，后裔内的遗传方差表示为

$$\hat{\sigma}_{\mathrm{wg}}^2=\hat{\sigma}_{\mathrm{G}}^2-\widehat{\mathrm{Cov}}_{\mathrm{FS}}\text{，其中总遗传方差}\hat{\sigma}_{\mathrm{G}}^2=\hat{\sigma}_{\mathrm{A}}^2+\hat{\sigma}_{\mathrm{D}}^2+\hat{\sigma}_{\mathrm{AA}}^2+\cdots$$

$$\hat{\sigma}_{\mathrm{wg}}^2=(1/2)\hat{\sigma}_{\mathrm{A}}^2+(3/4)\hat{\sigma}_{\mathrm{D}}^2+(3/4)\hat{\sigma}_{\mathrm{AA}}^2+\cdots,\ F=0$$

由于$\widehat{\mathrm{Cov}}_{\mathrm{HS}}=(1/4)\hat{\sigma}_{\mathrm{A}}^2+(1/16)\hat{\sigma}_{\mathrm{AA}}^2+\cdots$和$\hat{\sigma}_{\mathrm{wg}}^2=(1/2)\hat{\sigma}_{\mathrm{A}}^2+(3/4)\hat{\sigma}_{\mathrm{D}}^2+(3/4)\hat{\sigma}_{\mathrm{AA}}^2+\cdots$，于是，总遗传方差为$(3/4)\hat{\sigma}_{\mathrm{A}}^2+(3/4)\hat{\sigma}_{\mathrm{D}}^2+(13/16)\hat{\sigma}_{\mathrm{AA}}^2+\cdots$（$F$=0）。剩余遗传方差是每个亲本内组合间的方差。每个亲本内的组合是由全同胞个体组成的半同胞关系。我们能确定每个亲本的组合间变异，但不能确定遗传关系。杂交组合由全同胞个体组成，组合平均值之间的方差等于$\widehat{\mathrm{Cov}}_{\mathrm{FS}}-2\widehat{\mathrm{Cov}}_{\mathrm{HS}}$，这里要减去两个$\widehat{\mathrm{Cov}}_{\mathrm{HS}}$，因为每个组合既包含父本又包含母本。从亲属关系，我们可以得到模型 II 的方差分析（表 4.20）。

在双列杂交中有两种类型的亲属关系可转换成遗传方差，即$\widehat{\mathrm{Cov}}_{\mathrm{HS}}$和$\widehat{\mathrm{Cov}}_{\mathrm{FS}}$。如果我们获得的是小区内数据，就有另外一个遗传方差的信息来源。因为在$F=0$时：

$$\widehat{\mathrm{Cov}}_{\mathrm{HS}}=(1/4)\hat{\sigma}_{\mathrm{A}}^2+(1/16)\hat{\sigma}_{\mathrm{AA}}^2+\cdots,\quad \widehat{\mathrm{Cov}}_{\mathrm{FS}}=(1/2)\hat{\sigma}_{\mathrm{A}}^2+(1/4)\hat{\sigma}_{\mathrm{D}}^2+(1/4)\hat{\sigma}_{\mathrm{AA}}^2+\cdots$$

假定无上位性，可以得到$\hat{\sigma}_{\mathrm{A}}^2$和$\hat{\sigma}_{\mathrm{D}}^2$的估计值：

$$\hat{\sigma}_{\mathrm{A}}^2=4\widehat{\mathrm{Cov}}_{\mathrm{HS}}=4(M_{21}-M_{22})/[r(n-2)]$$

$$\hat{\sigma}_{\mathrm{D}}^2=4\left(\widehat{\mathrm{Cov}}_{\mathrm{FS}}-2\widehat{\mathrm{Cov}}_{\mathrm{HS}}\right)=4(M_{22}-M_1)/r$$

如果测量的是单株数据，已知$\hat{\sigma}_{\mathrm{we}}^2$，得到$\hat{\sigma}_{\mathrm{wg}}^2=(1/2)\hat{\sigma}_{\mathrm{A}}^2+(3/4)\hat{\sigma}_{\mathrm{D}}^2$。

可以对无上位性假设进行粗略的检验：

$$\hat{\sigma}_{\mathrm{wg}}^2-3\widehat{\mathrm{Cov}}_{\mathrm{FS}}+4\widehat{\mathrm{Cov}}_{\mathrm{HS}}$$

若没有上位性或上位性较小，上式结果为 0 或数值很小。否则，如果上位性显著，上式结果会大于 0，因为在理论上应包括下面不同类型的上位性：

$$(1/4)\hat{\sigma}_{\mathrm{AA}}^2+(1/2)\hat{\sigma}_{\mathrm{AD}}^2+(3/4)\hat{\sigma}_{\mathrm{DD}}^2+\cdots$$

但这个检验有两个缺点：①单株数据间差异较大；②该估计来自复杂的线性函数，误差较大。

人们经常用自交系（F=1）作亲本进行双列杂交分析，如玉米的自交系和自花授粉作物品种。模型 I 适合对优良自交系进行 GCA 和 SCA 效应估计。这些信息对育种者非常有用。然而，用自交系作亲本以模型 II 进行分析，会改变亲属协方差的遗传方差成分的系数。加上上位性估值，在F=1 时，我们得到：

$$\widehat{\mathrm{Cov}}_{\mathrm{HS}}=(1/2)\hat{\sigma}_{\mathrm{A}}^2+(1/4)\hat{\sigma}_{\mathrm{AA}}^2+\cdots$$

$$\widehat{\mathrm{Cov}}_{\mathrm{FS}}=\hat{\sigma}_{\mathrm{A}}^2+\hat{\sigma}_{\mathrm{D}}^2+\hat{\sigma}_{\mathrm{AA}}^2+\cdots$$

因此，若没有上位性，$\hat{\sigma}_{\mathrm{A}}^2$ 和 $\hat{\sigma}_{\mathrm{D}}^2$ 如下：

$$\hat{\sigma}_{\mathrm{A}}^2 = 2\widehat{\mathrm{Cov}}_{\mathrm{HS}}\text{，}\quad \hat{\sigma}_{\mathrm{D}}^2 = \widehat{\mathrm{Cov}}_{\mathrm{FS}} - 2\widehat{\mathrm{Cov}}_{\mathrm{HS}}$$

如果用自交系间杂交组合的单株数据，将只包括小区内的环境方差（$\hat{\sigma}_{\mathrm{we}}^2$）。自交系作亲本按模型Ⅱ估计遗传方差成分的唯一限制条件为亲本必须是参照群体中的随机样本，可适用 $\hat{\sigma}_{\mathrm{A}}^2$ 和 $\hat{\sigma}_{\mathrm{D}}^2$。

若亲本来自一些假定群体未加选择的随机样本（表 4.19，模型Ⅱ），按组合均值估计的遗传力为

$$\hat{h}^2 = \frac{\hat{\sigma}_{\mathrm{c}}^2}{\hat{\sigma}^2/r + \hat{\sigma}_{\mathrm{c}}^2}$$（环境内），与双亲后裔法一样（表 4.1，表 4.2）。

到目前为止，我们只考虑了一种双列杂交设计（ 组杂交组合），其他试验设计包括杂交组合与亲本，还有包括或不包括亲本的反交组合（Griffing，1956）。在玉米上用得最普遍的方法是只有杂交组合而不包括亲本，因为亲本是自交系，亲本（F=1）和杂交组合（F=0）的长势相差太远，使田间鉴定复杂化。如果成熟期测量性状，就必须设置保护行；苗期生长势的差别会对后期测量性状造成很大影响。但对非自交系亲本来说，经常用包括亲本和杂交组合的设计方法（如改良群体及杂交种）。Cockerham（1963）提出一种分析方法，当亲本按所有排列配置杂交组合时，把杂交种平方和剖分为 GCA、SCA、母本效应和反交效应，这尤其适用于受母本效应和反交效应影响的性状（Jumbo and Carena，2008）。

如果鉴定时包括亲本，那么亲本与杂交组合相比较的变异来源可以检验非加性效应。如果分析亲本和所有杂交组合（不含反交），可以正交剖分表 4.21 中供试材料间的变异。用模型Ⅰ分析，可以对亲本间、亲本与组合间及组合间的变异进行检验。剖分的组合平方和与表 4.20 相同。除 SCA 的自由度是 $n(n-3)/2$，而 Griffing 方法是 $n(n-1)/2$ 外，表 4.20 中的分析与 Griffing 的试验方法 2 一样。这其中差了 n 个自由度，是把亲本间和亲本与组合间的变异从 SCA 变异来源中分离开。比较亲本与杂交组合是为了检验杂种优势，这是由非加性效应产生的。

表 4.21　含有 n 个亲本及 $n(n-1)/2$ 个杂交组合的双列杂交分析

变异来源	df		SS	MS
	通式	$r=3$，$n=10$		
重复	$r-1$	2		
供试材料	$[n(n+1)/2]-1$	54	S_2	M_2
亲本（P）	$n-1$	9	S_{21}	M_{21}
P 与 C	1	1	S_{22}	M_{22}
组合（C）	$[n(n-1)/2]-1$	44	S_{23}	M_{23}
GCA	$n-1$	9	S_{231}	M_{231}
SCA	$n(n-3)/2$	35	S_{232}	M_{232}
误差	$(r-1)\{[n(n+1)/2]-1\}$	108	S_1	M_1
总和	$[rn(n+1)/2]-1$	164		

注：r 和 n 分别指重复数和亲本数

含亲本的双列杂交分析试验经常用在自由授粉品种、综合种和复合品种，不管它们是否经过改良。我们关注这些品种自身及它们之间杂交组合的表现。由于生长势的差别比较小，因此不要求每个小区种植保护行。鉴定品种及品种间杂交组合在玉米育种中非常重要。例如，①鉴定这些品种作为育种群体的相对潜力；②鉴定它们对不同轮回选择方案的反应。由于它们是从最有前途的品种中选择的样本，模型 I 适合于分析品种的 GCA 和品种间杂交种的 SCA。

Gardner-Eberhart 分析 II 特别适用于鉴定品种及其杂交组合。该设计包括 n 个亲本品种及它们之间 $n(n-1)/2$ 个杂交组合，但供试材料平方和的剖分不同于表 4.21。下面的模型用于确定表 4.22 的平方和分析。

（1）$X_{jj'} = u + \left(\frac{1}{2}\right)\left(v_j + v_{j'}\right) = \left(B'G\right)_1$

（2）$X_{jj'} = u + \left(\frac{1}{2}\right)\left(v_j + v_{j'}\right) + v\bar{h} = \left(B'G\right)_2$

（3）$X_{jj'} = u + \left(\frac{1}{2}\right)\left(v_j + v_{j'}\right) + v\bar{h} + v\left(h_j + h_{j'}\right) = \left(B'G\right)_3$

（4）$X_{jj'} = u + \left(\frac{1}{2}\right)\left(v_j + v_{j'}\right) + v\bar{h} + v\left(h_j + h_{j'}\right) + vs_{jj'} = \left(B'G\right)_4$

表 4.22　n 个品种及其 $n(n-1)/2$ 个杂交组合的杂种优势效应方差分析
（Gardner-Eberhart 模型分析 II）

变异来源	df	SS	MS	
			Gardner-Eberhart	双列杂交
重复	$r-1$			
供试材料	$[n(n+1)/2]-1$	S_2^1	M_2^1	$=M_2$
品种（v_i）	$n-1$	$S_{21}^1=(B'G)_1-\text{CF}$	M_{21}^1	
杂种优势（h_{ij}）	$n(n-1)/2$	$S_{22}^1=(B'G)_4-(B'G)_1$	M_{22}^1	
组合平均（$\bar{h}$）	1	$S_{221}^1=(B'G)_2-(B'G)_1$	M_{221}^1	$=M_{22}$
品种（h_i）	$n-1$	$S_{222}^1=(B'G)_3-(B'G)_2$	M_{222}^1	
特殊（s_{ij}）	$n(n-3)/2$	$S_{223}^1=(B'G)_4-(B'G)_3$	M_{223}^1	$=M_{232}$
误差	$(r-1)\{[n(n+1)/2]-1\}$	S_1^1	M_1^1	$=M_1$
总和	$[rn(n+1)/2]-1$			

注：r 和 n 分别代表重复数和亲本数

在每个模型中，u、v_j、$\bar{h}$、h_j 和 s_{jj} 反映了平均值、品种和杂种优势效应。在这些模型中，当 j=j' 时系数 v 为 0，当 $j \neq j'$ 时为 1。由于杂种优势很重要，该分析使品种表现和品种间杂交组合效应的信息最大化。品种和杂种优势效应估值能够确定模型中的常数。双列杂交分析的 4 个均方（表 4.21）与 Gardner-Eberhart 模型分析 II（表 4.22）是等同的：供试材料均方与误差均方相等，平均杂种优势均方等于亲本相对于杂交组合的均方，特定杂种优势均方等于 SCA 均方。表 4.22 中的品种杂种优势均方不等于表 4.21 中的亲本均方，这是因为品种杂种优势均方包含了品种本身和它们在杂交组合中的表现。同样，GCA 均方（表 4.21）不等于品种杂种优势（表 4.22），因为 $g_i = (1/2)v_j + h_j$，于是 $M_{21} + M_{231} = M_{21}^1 + M_{222}^1$。表 4.22 的分析是对供试材料平方和的非正交剖分，但依次与 4 个模型拟合就能够获得平方和。

Matzinger 等（1959）给出了多环境（如多年与多点）的双列杂交分析。除了模型Ⅰ效应之间的互作估值和模型Ⅱ的品种与环境互作，关于模型Ⅰ和模型Ⅱ对亲本的假定均是相同的。表 4.23 是多点重复下含亲本及其杂交组合的双列杂交分析。

表 4.23 多环境重复下含亲本及其杂交组合的双列杂交分析

变异来源	df		E (MS)	
	通用	$E=6$, $r=3$, $n=10$	模型Ⅰ	模型Ⅱ
环境（E）	$e-1$	5		
重复/E	$e(r-1)$	12		
供试材料	$[n(n+1)/2]-1$	54	$\hat{\sigma}^2 + r\hat{\sigma}_{en}^2 + er\hat{\sigma}_n^2$	$\hat{\sigma}^2 + r\hat{\sigma}_{en}^2 + er\hat{\sigma}_n^2$
亲本（P）	$n-1$	9		
P 对 C	1	1		
组合（C）	$[n(n-1)/2]-1$	44		
GCA	$n-1$	9		
SCA	$n(n-3)/2$	35		
E×供试材料	$(e-1)\{[n(n+1)/2]-1\}$	270	$\hat{\sigma}^2 + r\hat{\sigma}_{en}^2$	$\hat{\sigma}^2 + r\hat{\sigma}_{en}^2$
E×P	$(e-1)(n-1)$	45		
E×P 对 C	$e-1$	5		
E×C	$(e-1)\{[n(n-1)/2]-1\}$	220		
E×GCA	$(e-1)(n-1)$	45		
E×SCA	$(e-1)[n(n-3)/2]$	175		
集合误差	$e(r-1)\{[n(n+1)/2]-1\}$	648	$\hat{\sigma}^2$	$\hat{\sigma}^2$
总和	$[ern(n+1)/2]-1$	989		

注：e、r 和 n 分别指环境数、重复数和亲本数

假定环境效应是随机的，模型Ⅰ和模型Ⅱ对主效应作 F 检验时用同样的均方。如果环境效应固定，当亲本符合模型Ⅰ要求时，所有主效应和与环境的互作效应，都用模型Ⅱ的集合误差进行检验。

对模型Ⅱ分析，可以用遗传方差成分来估算遗传力（$\hat{h}^2$）。从表 4.20 可知，假定亲本非自交，无上位效应，GCA 变异来源于半同胞协方差，或 $(1/4)\hat{\sigma}_A^2$；而 SCA 的变异是全同胞协方差减去 2 倍的半同胞协方差，或 $(1/4)\hat{\sigma}_D^2$。用表 4.19 的方差成分，可以计算 r 个小区平均值的遗传力：

$$\hat{h}^2 = \frac{4\hat{\sigma}_{GCA}^2}{\hat{\sigma}^2/r + 4\hat{\sigma}_{SCA}^2 + 4\hat{\sigma}_{GCA}^2}$$，这通常被称为狭义遗传力。遗传力的标准误如在双亲后裔中介绍过的，能够用两组方差成分比率的方差来估算。Dickerson（1969）根据 Graybill

等（1956，1957）的方法，提出了近似地估算遗传力标准差的一般公式，简化公式为

$$\hat{\sigma}\left(X/\hat{Y}\right)=\left(C/\hat{Y}\right)\left[V\left(\hat{X}\right)\right]^{1/2}$$

上式忽略了$V(\hat{Y})$和$\widehat{\mathrm{Cov}}(\hat{X},\hat{Y})$，在估计遗传力的公式中，$\hat{\sigma}^2_{\mathrm{GCA}}$等同于$\hat{X}$，总的或表型方差等同于$\hat{Y}$，于是，遗传力估值的标准误为

$$\mathrm{SE}(\hat{h}^2)=4\mathrm{SE}\left(\hat{\sigma}^2_{\mathrm{GCA}}\right)\Big/\left(\hat{\sigma}^2/r+4\hat{\sigma}^2_{\mathrm{SCA}}+4\hat{\sigma}^2_{\mathrm{GCA}}\right)$$

$\hat{\sigma}^2_{\mathrm{GCA}}$估值的方差来自表 4.19：

$$\frac{2}{\left[r\left(n-2\right)\right]^2}\left[\frac{M_{21}^2}{n+1}+\frac{M_{22}^2}{n\left(n-3\right)/2+2}\right]$$

单一环境下方差成分估值包括基因型与环境互作偏倚，于是，通过$\hat{\sigma}^2_{\mathrm{A}}$估算（$\hat{\sigma}^2_{\mathrm{A}}+\hat{\sigma}^2_{\mathrm{AE}}$）。如果多点重复双列杂交试验，通过基因型与环境互作可以得到无偏的$\hat{\sigma}^2_{\mathrm{A}}$估值，表型方差中包含$\hat{\sigma}^2_{\mathrm{GCA}}$和$\hat{\sigma}^2_{\mathrm{SCA}}$与环境的互作效应。双列杂交设计中遗传力估值与方差成分估值有同样的效果。由于双列杂交中包含的亲本数量有限，方差成分的标准误会相当大，特别是对 GCA 这一变异来源，因此遗传力的标准误也很大。

Sokol 和 Baker（1977）及 Baker（1978）综述了双列杂交设计应用中的关键问题，包含数据分析中选择适当的模型，如模型 I（基因型效应固定）或模型 II（基因型效应随机）。Baker（1978）强调在解释双列杂交分析结果时，两种假设很重要：①亲本中的基因独立分配；②无上位性。若双列杂交的亲本数量少，不符合这两个假设。如果是 n 个位点，除非 2^n 个亲本双列杂交，否则 n 个位点基因不能独立分配。经常假设无上位效应，但即使在分子水平，也无法估计上位性的相对重要性（第 5 章）。上位性效应对 GCA 和 SCA 的均方、方差和效应值都产生了不可预知的影响（Baker，1978），他总结出大多数双列杂交试验仅能用来估计 GCA 和 SCA 均方和效应。

双列杂交设计已广泛用于自花授粉作物，为了克服两个纯系品种配置 F_1 杂交种子数量少的难题，可用 F_1 加代后产生的 F_2 种子进行鉴定。到目前为止讨论双列杂交设计只包括从非自交系或自交系（或部分自交）亲本产生的非自交后裔，即评估的后裔都是非自交后代，但亲本可能有一定程度的自交。Stuber（1970）检验了自交后裔的鉴定试验，这些后裔来自每个杂交组合 F_1 代的自交混合种子。鉴定自交后裔的主要效应是显性方差的系数发生变化。尽管杂交组合自交后裔的评估试验既可用在异花授粉植物，也可用在自花授粉作物，但它最大的用处是在自花授粉作物上。Stuber（1970）还讨论了如何鉴定不同自交程度的后裔用于估计遗传方差成分。

4.8 部分双列杂交

Kempthorne 和 Curnow（1961）提出部分双列杂交设计。该设计是在双列杂交的基础上为了增加所容纳的亲本数而做的改进，配置杂交组合的方法和数据分析与完全双列杂交相似。部分双列杂交与完全双列杂交的区别就在于亲本间杂交组合的数量，

双列杂交中 n 个亲本的组合数是 $n(n-1)/2$，而部分双列杂交所配置的组合数较少，这是部分双列杂交设计的重要改进。因此，部分双列杂交设计的优点就在于可以用更多的亲本估计遗传方差。

部分双列杂交共有 $ns/2$ 个杂交组合，其中，n 是亲本数，s 是大于等于 2 的整数，k 是整数$\left[k=(n+1-s)/2\right]$，如果亲本数是 n，可以组配下面的组合：

$$
\begin{array}{llll}
1\times(k+1) & 2\times(k+2) & \cdots & n\times(k+n) \\
1\times(k+2) & 2\times(k+3) & \cdots & n\times(k+n+1) \\
\vdots & \vdots & & \vdots \\
1\times(k+s) & 2\times(k+1+s) & \cdots & n\times(k+n-1+s)
\end{array}
$$

k 是整数，我们不想让 n 和 s 均为奇数或偶数。如果每个亲本均出现 s 个杂交组合，则杂交组合数为 $ns/2$，如果 $s=n-1$，对应于双列杂交的$(n-1)/2$ 个杂交组合。举例说明，假如我们有能力种植 120 个组合，如果 $ns/2=x$，我们就能够确定亲本数量，即 $n=2x/s$。如果配置和鉴定 120 个组合，那么表 4.24 给出了可能包括的亲本数量和交配设计间的关系。

表 4.24　双列杂交、部分双列杂交和 NCⅡ配置 120 个杂交组合所需的亲本数

数量	双列杂交	部分双列杂交				NCⅡ设计
		s=3	s=4[a]	s=5	s=6[a]	n=8，组数=8
亲本数（n）	16	80	60	48	40	64
组合数	120	120	120	120	120	128

[a] 此列无效，因为 k 是整数，且 n 和 s 不能同时为偶数

当杂交组合固定在 120 个，包含的亲本数量可达到双列杂交的 3（s=5）~5（s=3）倍；当包括 8 组 8 个亲本时，NCⅡ与 s=4（无效的 s 值）相似。

n 个亲本间的特定杂交组合数由 k 值确定，如果假定 n=80，s=3，我们将有$(80\times3)/2=120$ 个杂交组合，k=(80+1−3)/2=39。于是，80 个亲本间的组合排列是

$$
\begin{array}{lllllllll}
1\times40 & 2\times41 & \cdots & 39\times78 & 40\times79 & 41\times80 & 42\times1^{a} & \cdots & 80\times39^{a} \\
1\times41 & 2\times42 & \cdots & 39\times79 & 40\times80 & 41\times1^{a} & 42\times2^{a} & \cdots & 80\times40^{a} \\
1\times42 & 2\times43 & \cdots & 39\times80 & 40\times1 & 41\times2^{a} & 42\times3^{a} & \cdots & 80\times41^{a}
\end{array}
$$

[a] 反交——只种一个，另一个不种。

因此，每个亲本在杂交组合中都有同样的代表性。从表 4.25 可以清楚地看到，当用大样本估计遗传方差时，部分双列杂交比其他交配设计更有优势。

表 4.25　100 个亲本的玉米群体在双列杂交、部分双列杂交和 NCⅡ的组合数

双列杂交	NCⅡ	部分双列杂交
$n(n-1)/2$	50×50	$ns/2$
4950	2500	150（如果 s=3）

部分双列杂交的方差分析与双列杂交很相似。试验设计模型、遗传模型、方差分析和亲属协方差都与双列杂交是一样的，但亲本间杂交组合的数量差异使得自由度和期望均方的系数不同（表 4.26）。因此，部分双列杂交除了亲本数量多，GCA 和 SCA 的自由度分布更均匀（表 4.27），这是由于在给定杂交组合数的前提下，能容纳更多的亲本。这样，部分双列杂交的 GCA 和 SCA 方差成分的精确度相似，而双列杂交的 GCA 均方相对 SCA 均方的自由度要小。这可能是估计 $\hat{\sigma}_g^2$ 时的明显劣势，除非与 $\hat{\sigma}^2 + r\hat{\sigma}_s^2$ 相比 $\hat{\sigma}_g^2$ 数值较小。当 s=3 时，GCA 的自由度几乎是 SCA 的 2 倍；当 s=5 时，GCA 与 SCA 的自由度比值是 0.65。随着自由度分布更趋均匀，遗传方差的估值具有大致相同的精确度。

表 4.26　单一环境下部分双列杂交的方差分析（模型 II）

变异来源	df	MS	E (MS)
重复	$r-1$[a]		
组合	$(ns/2)-1$	M_3	$\hat{\sigma}^2 + r\hat{\sigma}_c^2$
GCA	$n-1$	M_{31}	$\hat{\sigma}^2 + r\hat{\sigma}_s^2 + [rs(n-2)/(n-1)]\hat{\sigma}_g^2$
SCA	$n(s/2-1)$	M_{32}	$\hat{\sigma}^2 + r\hat{\sigma}_s^2$
误差	$(r-1)[(ns/2)-1]$	M_2	$\hat{\sigma}^{2b}$
总和	$(rns/2)-1$		
小区内	$r(ns/2)(k-1)$	M_1	

[a] r、n、s 和 k 分别是重复数、亲本数、每个亲本的组合数及小区内株数

[b] 如果取单株数据，$\hat{\sigma}^2$ 等于 $\left[\left(\hat{\sigma}_g^2 - \widehat{\text{Cov}}_{\text{FS}}\right) + \hat{\sigma}_{\text{we}}^2\right] / k + \hat{\sigma}_p^2$，式中，$k$ 是每个小区内测量的株数，$\hat{\sigma}_p^2$ 是小区试验误差

表 4.27　单一环境两次重复下 120 个双列杂交和部分双列杂交组合的自由度分布

变异来源	双列杂交	部分双列杂交		
		$s=3$	$s=4$[a]	$s=5$
重复	1	1	1	1
组合	119	119	119	119
GCA	15	79	50	47
SCA	104	40	60	72
误差	119	119	119	119
总和	239	239	239	239

[a] $s=4$ 无效，因为 k 是整数，n 和 s 不能同时为偶数

Kempthorne 和 Curnow（1961）用不同的估算方法，比较杂交组合的相对生产能力，确定了部分双列杂交与双列杂交的相对效率。设两种方法为 A 和 B，在方法 A 中用 $\hat{u} + \hat{g}_i + \hat{g}_j$ 估计非抽样组合，抽样组合用组合均值 y_{ij} 来估计；在方法 B 中，抽样和非抽样组合均由 $\hat{u} + \hat{g}_i + \hat{g}_j$ 来估计。

只有当 $r\hat{\sigma}_s^2/\hat{\sigma}^2$ 较小时，B 方法比 A 方法好；当 s=2，两个方法等同，但估计 $\hat{\sigma}_s^2$ 时，s 必须大于 2。若 s 大于 2，$\hat{\sigma}^2/r\hat{\sigma}_s^2$ 小于 1，A 方法优于 B。如果 r 大于 1，A 和 B 之间

的取舍取决于方差分析中的$\hat{\sigma}^2/(r\hat{\sigma}_s^2)$。

第三个比较，C 是由亲本与 t 个共同测验种杂交，然后评估杂交组合的表现。当 n=5，只有 $\hat{\sigma}^2/r\hat{\sigma}_s^2$ 小于 1/3 时，s=2 的部分双列杂交优先使用共同测验种。当 $n\geqslant 7$ 时，不管 $\hat{\sigma}^2/(r\hat{\sigma}_s^2)$ 值如何，s=2 的部分双列杂交优先使用一个共同测验种。

自从引入部分双列杂交，该方法用得并不多（Jensen，1959）。当亲本数量很少时，部分双列杂交并不比完全双列杂交提供更多的信息；当亲本数量很多时，NCⅡ比部分双列杂交更简单。部分双列杂交提供了另一种选择，但似乎不大可能广泛使用。组合平均数的遗传力为

$$\hat{h}^2=\frac{\hat{\sigma}_c^2}{\hat{\sigma}^2/r+\hat{\sigma}_c^2}\quad（表 4.26）$$

如果在不同环境（e）下鉴定杂交组合，组合平均数的遗传力为

$$\hat{h}^2=\frac{\hat{\sigma}_c^2}{\hat{\sigma}^2/re+\hat{\sigma}_{ce}^2/e+\hat{\sigma}_c^2}\quad（表 4.26）$$

遗传力估值能用来预测选择响应（第 6 章）。部分双列杂交也用于鉴定自交系的单交组合。部分双列杂交数据能用于最佳线性无偏预测（BLUP）和最佳线性无偏估计（BLUE）分析，预测单交种（Bernardo，2002）。

在大多数情况和相似精确度下，部分双列杂交比双列杂交设计更适合估计遗传方差成分（如 GCA 和 SCA），因为它能包含更多的亲本，能更好地代表群体的遗传变异。

4.9　三 重 测 交

Kearsey 和 Jinks（1968）提出三重测交（TTC）设计和分析方法，作为 Comstock 和 Robinson（1952）NCⅢ的拓展。TTC 设计用于检测数量性状的上位效应，在没有上位效应时，可以估计加性和显性效应。

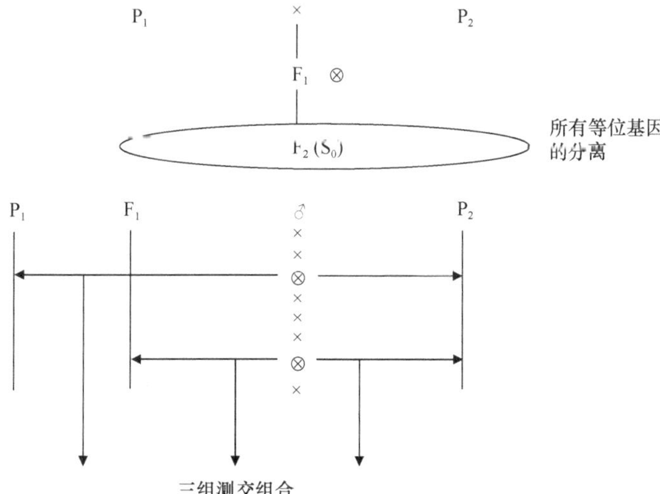

与 NCIII类似，F_2群体中的 S_0 植株作父本与双亲 P_1、P_2和 F_1杂交，产生 3 组测交组合。Kearsey 和 Jinks（1968）把 F_2群体中第 i 个父本与 P_1、P_2和 F_1的测交组合分别定为 L_{1i}、L_{2i}、L_{3i}，用 $L_{1i}+L_{2i}-2L_{3i}=D$ 作为上位性离差。不存在上位效应时，D 等于 0；有上位效应时，D 与 0 有显著差异。当计算 D 时，不管有多少个位点，加性和显性被消掉，而保留了上位性。不论群体的遗传结构（基因频率和连锁不平衡）如何，只要 P_1和 P_2有差异，该方法就可以检测到所有位点总的净上位效应。Perkins 和 Jinks（1970）给出有上位效应时 TTC 分析的两个 F 检验，3 个测验种间的遗传变异被剖分成上位效应的两个正交对比试验：

对比 1=$L_{1.}+L_{2.}-2L_{3.}$ 检测加性×加性的上位性效应

对比 2=$L_{1i}+L_{2i}-2L_{3i}$ 检测加性×显性上位性+显性×显性上位性效应

$L_{1.}+L_{2.}-2L_{3.}$ 被设为 TTC 分析的上位性对比，测验种×父本变异来源被剖分成两个变异来源，一个是父本间变异 $L_{1i}+L_{2i}-2L_{3i}$，被定为父本和测验种的上位性，即加性×显性和显性×显性的上位性效应。如果在多个环境下种植测交组合，两种上位性变异来源也能检测它们与环境的互作效应。如果离差平均值（$\overline{D}$）不等于 0，可采用 t 检验：

$$t=\left(\overline{D}-\mu_0\right)\Big/\left[V\left(\overline{D}\right)/n\right]^{1/2}$$

式中，$\mu_0=0$，n 是计算平均值的观察数量，$V\left(\overline{D}\right)$ 是 $\left(\overline{D}\right)$ 的方差，等于 $V\left(L_{1i}\right)+V\left(L_{2i}\right)+4V\left(L_{3i}\right)$。

Wolf 和 Hallauer（1997）报道，用 TTC 设计估计组合（B73×Mo17）检测到显著的上位效应。NCIII和 TTC 设计主要用于检测显性水平（NCIII）和上位性（TTC）效应。尽管只限于 F_2群体，只要从 F_2群体抽取足够量的父本（如 n=100），就能够计算遗传方差成分估值。Wolf 等（2000）还对 F_2 抽取的父本自交，用于配置 NCIII组合，鉴定 S_1后裔和两套测交组合。从 NCIII测交组合，S_1后裔和 DIII测交组合与 S_1后裔间的协方差分析，10 个均方和平均乘积被转换成遗传方差成分和机误方差。通过两基因上位性方差成分，用均方和平均乘积估算遗传方差成分。但 Wolf 等（2000）发现，在（B73×Mo17）F_2 群体中，上位性方差估值差异不显著，与加性和显性遗传方差相比，上位性方差不重要。

4.10 三交与四交

Cockerham（1961）用来自同一群体的一组亲本所形成的所有可能的单交、三交和四交种的亲本对，以遗传方差成分规定协方差。许多双列分析假定不存在上位效应，根据单交种分析结果，只能估计加性和显性效应。Rawlings 和 Cockerham（1962a，1962b）提出三交（triallel）和四交（quadrallel）分析方法来厘清杂交种的基因作用，估计遗传方差成分和检验遗传假设。用双列杂交模型 II 估计遗传方差成分和检验遗传假设，要求必须从参照群体随机抽取亲本组配杂交组合。育种者通常把自交系分群，然后用没有亲缘关系的自交系组配杂交种。这是很有效的育种思路，但育种者的目的不是估计遗传方差成分和解释参照群体。于是，对双列杂交模型Ⅱ、三交和四交设计分析来说，杂交组合的亲本不相关，它们是从参照群体随机抽取的 S_0，这些亲本可能是自交系，但它们没有共同祖先，因而不相关。还假定所有的系近交水平相同。

由于三交和四交分析结果能用来解释特定的参照群体，因此必须有足够的样本量。若有 n 个系，便有 $n(n-1)(n-2)/6$ 种三交组合，有 $3n(n-1)(n-2)/6$ 种可能的排列方式。同样，如果 n 个亲本，就有 $n(n-1)(n-2)(n-3)/24$ 种可能的四交组合，考虑到 4 个亲本有 3 种可能排列，于是有 $3n(n-1)(n-2)(n-3)/24$ 种可能排列的四交组合。

表 4.28 阐述了 3 种类型杂交组合的相对比例，当 n=10，即使三交和四交种的数量较多也可进行鉴定。通常很容易从一个群体选出 50 个亲本，但用于鉴定的杂交组合数量则难以控制。为了减少鉴定的杂交组合数量（但要包含足够数量的亲本作为参照群体基因型的样本），可以把亲本分成几组，然后计算跨组的平方和与自由度，这在前面的设计中已有介绍。

表 4.28　不同亲本数的可能杂交组合数（不包括反交）

亲本数量	杂交组合数		
	单交	三交	四交
5	10	30	15
6	15	60	45
7	21	105	105
8	28	168	210
9	36	252	378
10	45	360	630
20	190	3 420	14 535
50	1 225	58 800	690 900
n	$n(n-1)/2$	$n(n-1)(n-2)/2$	$n(n-1)(n-2)(n-3)/8$

多环境下重复的三交和四交设计的基本模型和方差分析与表 4.16 双列杂交模型Ⅱ的分析一样，可直接进行杂交组合和组合与环境互作均方的 F 检验，以决定是否进一步剖分组合的平方和。如果组合均方不显著，没必要进一步分析。对双列分析，组合的总平方和可正交剖分成一个亲本的平均表现（GCA）和亲本间特定组合的表现（SCA）。三交和四交的正交剖分也取决于组合间公共系的数量和组合内系的排列。例如，4 个亲本系（A、B、C 和 D）有 12 种$[(4\times3\times2)/2]$可能的三交组合，如下所示。

1. (A×B)C　5. (A×D)B　9. (B×D)A
2. (A×B)D　6. (A×D)C　10. (B×D)C
3. (A×C)B　7. (B×C)A　11. (C×D)A
4. (A×C)D　8. (B×C)D　12. (C×D)B

从三交种的基本模型 $Y_{i(jk)l}=u+r_i+C_{i(jk)}+e_{i(jk)l}$，我们能够把总平方和 $C_{i(jk)}$依 Rawlings 和 Cockerham（1962a）的方式进行剖分（表 4.29），$C_{i(jk)}$被定义为不相关效应的线性函数：

$$C_{i(jk)}=\left(g_i+g_j+g_k\right)+\left(s_{2ij}+s_{2ik}+s_{2jk}\right)+s_{3ijk}+o_{li}+o_{l(j)}+o_{i(k)}$$
$$+\left(o_{2aij}+o_{2aik}+o_{2ajk}\right)+\left(o_{2bi(j)}+o_{2bi(j)}+o_{2bi(k)}\right)+o_{3ijk}$$

从线性模型，表 4.29 为用方差成分表达的期望均方。

表 4.29　三交方差分析的变异来源

变异来源	df	MS	E（MS）
三交组合	$3pC_3-1$	C^*	
一系一般	p_1	g^*	$\hat{\sigma}^2+3r\hat{\sigma}_{s_3}^2+6rp_3\hat{\sigma}_{s_2}^2+(3rp_2p_3/2)\hat{\sigma}_g^2$
两系特殊	$pp_3/2$	s_2^*	$\hat{\sigma}^2+3r\hat{\sigma}_{s_3}^2+3rp_4\hat{\sigma}_{s_2}^2$
三系特殊	$pp_1p_5/6$	s_3^*	$\hat{\sigma}^2+3r\hat{\sigma}_{s_3}^2$
一系次序	p_1	o_1^*	$\hat{\sigma}^2+r\hat{\sigma}_{o_3}^2+3rp_2\hat{\sigma}_{o_{2b}}^2+(rp/3)\hat{\sigma}_{o_{2a}}^2+(rpp_2/3)\hat{\sigma}_{o_1}^2$
两系次序（a）	$pp_3/2$	o_{2a}^*	$\hat{\sigma}^2+r\hat{\sigma}_{o_3}^2+(2rp_1/3)\hat{\sigma}_{o_{2a}}^2$
两系次序（b）	$p_1p_2/2$	o_{2b}^*	$\hat{\sigma}^2+r\hat{\sigma}_{o_3}^2+2rp_3\hat{\sigma}_{o_{2b}}^2$
三系次序	$pp_2p_4/3$	o_3^*	$\hat{\sigma}^2+r\hat{\sigma}_{o_3}^2$
误差	$(r-1)(3pC_3-1)$	E^*	$\hat{\sigma}^2$

资料来源：Rawlings 和 Cockerham（1962a）

方差成分有下列解释。

$\hat{\sigma}_g^2=$亲本系出现在所有排列次序的平均效应，如含亲本 A 的三交组合 1、2、3、4、5、6、7、9 和 11。

$\hat{\sigma}_{s_2}^2=$两个亲本系同时出现在所有排列次序的平均互作效应，如含 $A\times B$ 的三交组合 1、2、3、5、7 和 9。

$\hat{\sigma}_{s_3}^2=3$ 个亲本系同时出现在所有排列次序中的平均互作效应，如 1 号三交组合 $(A\times B)C$。

$\hat{\sigma}_{o_1}^2=$一个亲本系的次序效应，如 A 亲本的三交组合 7、9 和 11。

$\hat{\sigma}_{o_{2a}}^2=$同时出现在所有排列次序中的两个系排列次序的互作效应，如含亲本 A 和 B 的三交组合 3、5、7 和 9。

$\hat{\sigma}_{o_{2b}}^2=$由特定排列次序组成的亲本系和祖代系间组合的两系互作效应，如亲本 A 和 B 的三交组合 7 和 9。

$\hat{\sigma}_{o_3}^2=$由特定排列次序的亲本系和祖代系间组合构成的 3 个系间的互作效应，如 $(A\times B)C$ 的 1 号组合。

一般（g）和特殊（s_2，s_3）效应与双列分析类似，但与以前的模型相比增加了排列次序效应。产生次序效应（o_1、o_{2a}、o_{2b}、o_3）是因为亲本系和祖代系在三交组合中的排列方式不同。除了单系次序效应，对那些显著的效应，*F* 检验可直接确定次序效应，这与前面介绍的其他交配设计类似，比较均方的差异显著性，但不提供任何遗传信息。而且，有必要用亲属间协方差表示期望均方 *E*（MS），因为它们的组成可以用遗传方差成分来表示。

Rawlings 和 Cockerham（1962a）给出三交组合有 9 种能够转换成遗传方差成分的亲属协方差，在以前介绍的交配设计中通常只有 2 种亲属协方差。三交分析有 7 个均方用来估计方差成分。表 4.29 从亲属协方差转换成遗传方差成分列在表 4.30 中。

从表 4.30 可知，方差成分 $\hat{\sigma}_{g}^{2}$ 和 $\hat{\sigma}_{o_1}^{2}$ 只包含加性效应和加性×加性的上位性效应。方差成分 $\hat{\sigma}_{s_2}^{2}$ 和包含显性及所有类型的上位性，或与所有加性模型的离差；$\hat{\sigma}_{s_3}^{2}$ 包含了除加性×加性的上位性以外的其他所有上位性效应。

如果假定模型的遗传效应属正态分布，可以用 F 检验某些遗传假设。例如，可以用零假设 $\hat{\sigma}_{g}^{2}=0=G/S_2$ 来检验加性遗传效应，如果检验结果有显著的遗传效应，就继续估算 $\hat{\sigma}_{A}^{2}$、$\hat{\sigma}_{D}^{2}$ 和 $\hat{\sigma}_{AA}^{2}$ 等的估值。

表 4.30　三交方差分析中由亲属协方差转换成遗传方差成分的函数所表达的方差成分系数

方差成分	遗传方差成分系数（F=1）								
	$\hat{\sigma}_{A}^{2}$	$\hat{\sigma}_{D}^{2}$	$\hat{\sigma}_{AA}^{2}$	$\hat{\sigma}_{AD}^{2}$	$\hat{\sigma}_{DD}^{2}$	$\hat{\sigma}_{AAA}^{2}$	$\hat{\sigma}_{AAD}^{2}$	$\hat{\sigma}_{ADD}^{2}$	$\hat{\sigma}_{DDD}^{2}$
$\hat{\sigma}_{g}^{2}$	2/9	0	1/16	0	0	25/1152	0	0	0
$\hat{\sigma}_{s_2}^{2}$	0	1/9	25/288	1/16	1/36	49/768	41/1152	1/64	1/144
$\hat{\sigma}_{s_3}^{2}$	0	0	0	1/24	1/24	3/64	5/96	1/24	1/32
$\hat{\sigma}_{o_1}^{2}$	1/8	0	9/64	0	0	49/512	0	0	0
$\hat{\sigma}_{o_{2a}}^{2}$	0	1/4	1/32	9/64	1/16	3/64	41/512	9/256	1/64
$\hat{\sigma}_{o_{2b}}^{2}$	0	0	0	1/64	0	3/256	9/512	9/256	0
$\hat{\sigma}_{o_3}^{2}$	0	0	0	1/32	1/8	0	13/256	13/128	3/32

四交模型和分析方法与三交设计类似，但亲属协方差和遗传方差成分的系数不同，共有 8 个亲属协方差和正交剖分出 7 个组合平方和，适宜的均方假设检验和遗传解释与三交设计类似。对四交分析感兴趣者可参考 Rawlings 和 Cockerham（1962b）的文献。

人们关注三交和四交设计是因为这些方法估计遗传方差成分时可用的独立均方数量较多。大多数交配设计都假定无上位效应，这样才能估计 $\hat{\sigma}_{A}^{2}$ 和 $\hat{\sigma}_{D}^{2}$。由于均方较多，有可能估计较低层次的上位效应。如果用遗传方差成分描述均方的遗传期望（在三交和四交设计中包括 8 个均方，含试验误差），可用最小二乘法、加权最小二乘法和最大似然法解方程，获得遗传模型估值。检验的第一个模型可排除上位性，以确定适合度。如果离差显著，就可以使用包含低层次上位项（如 $\hat{\sigma}_{AA}^{2}$）的模型。由于均方有不同的方差，Hayman（1958）建议用最大似然法解方程。由于一次迭代的最大似然法已经足够，于是加权最小二乘法可能是最好的估计方法。

三交和四交设计没有得到广泛应用，这是因为：①这种方法比较新；②交配设计和分析方法都比较复杂；③需要从群体中大量取样配置杂交组合；④需要用两季时间配置杂交组合，然后才能做试验。由于两种分析方法都针对特定的参照群体，而大多数育种项目没有来自同一个群体的随机亲本。把亲本分成若干组，可以大大减少参试组合的数量。表 4.28 给出一组 60 个亲本的杂交组合数，在三交设计中，60 个亲本可以组配 102 660 个杂交组合，但分成 10 组，每组 6 个亲本，杂交组合数就减少到 600 个。Wright（1971）用双列杂交和三交估计综合种 Krug Hi I Synthetic 3 的遗传方差，用遗传方差的函数表示双列杂交和三交的均方，以检验包含 $\hat{\sigma}_A^2$ 和 $\hat{\sigma}_D^2$ 及两基因上位性的遗传模型。这个分析尽管有 11 个方程适于估计 $\hat{\sigma}_A^2$、$\hat{\sigma}_D^2$ 和 $\hat{\sigma}_{AA}^2$ 及试验误差，但不能估计上位效应。由于亲本和杂交组合太复杂，三交和四交设计估计参照群体遗传方差的用处很有限。通常选择不同来源的家系，这就不能估计遗传方差。用双列杂交对家系进行评估，仅适用于这些系的杂交组合，当这些系与另一组系杂交时，遗传效应可能不同。

一组共同亲本杂交产生的单交、三交和四交组合的遗传方差成分，对选育自交系和杂交种的育种计划有重要意义。Cockerham（1961）指出单交种间的变异总是大于三交种，三交种间的变异总是大于四交种。如果我们假定亲本的近交系数 F=1，表 4.28 中杂交组合遗传方差的成分列于表 4.31。

表 4.31 不相关的单交、三交和四交组合间遗传方差成分的系数

组合类型	在 F=1 时的遗传方差成分					
	$\hat{\sigma}_A^2$	$\hat{\sigma}_D^2$	$\hat{\sigma}_{AA}^2$	$\hat{\sigma}_{AD}^2$	$\hat{\sigma}_{DD}^2$	$\hat{\sigma}_{AAA}^2$
单交	1	1	1	1	1	1
三交	3/4	1/2	9/16	3/8	1/4	27/64
四交	1/2	1/4	1/4	1/8	1/16	1/8

假定只有加性遗传效应，则单交、三交和四交的相对优势为 1∶3/4∶1/2，即单交组合间的变异比四交种大 1 倍。如果非加性方差很重要，单交比三交和四交的相对优势更大。

4.11 自 交 系

已经讨论了在双列杂交、NCⅡ、三交和四交设计中用自交系作亲本的各种情况。如果鉴定的杂交组合非自交，但亲本可能是非自交系（F=0）、部分自交系（0<F<1）或完全自交系（F=1），用自交系作亲本的效果是增加了亲属协方差的遗传方差成分的系数。

$$\widehat{\mathrm{Cov}}_{\mathrm{HS}} = (1/4)\hat{\sigma}_A^2 + (1/16)\hat{\sigma}_{AA}^2 \quad (F=0)$$

$$\widehat{\mathrm{Cov}}_{\mathrm{HS}} = (1/2)\hat{\sigma}_A^2 + (1/4)\hat{\sigma}_{AA}^2 \quad (F=1)$$

估计群体遗传方差成分的另一个方法是鉴定随机自交系的自身表现，尽管没有使用交配设计，但可以用自交系间的变异来估计参照群体的遗传变异。这里的自交系是指不同近交程度的所有类型，如 S_1（F=0.5），S_2（F=0.75）和完全自交系（F=1）。若鉴定中使用的自交系近交水平相同，就很容易分析和转换（第 3 章和 4.2 节）。

用自交系估计遗传方差成分与用自交系作杂交亲本要求同样的假设，即自交系必须是从参照群体抽取的随机大样本，产生自交系的 S_0 植株必须随机。如果用 S_1 家系，不但要有足够的样本量，且自然选择轻微，没有很强的人工选择。随着连续自交，有害的隐性基因暴露，要代表参照群体的原始 S_0 植株和维持 S_0 衍生的每一个自交系就变得很困难，这取决于参照群体的遗传负荷。在自由授粉品种，隐性有害基因的频率可能比自交系形成的综合种频率高，因为在自交系选育过程中，许多有害基因已被清除。所以，除突变外，综合种的有害隐性等位基因频率比较低。自由授粉品种（Eberhart，1966）和综合种（Hallauer and Sears，1973）分离自交系的结果支持这个假说。看来单粒传法是自交系加代的最佳方法（Brim，1966），理想状况是参照群体的每个 S_0 植株只产生一个自交系。

对育成的自交系进行鉴定以确定它们之间的变异情况，如果样本量足够多，如 196 个系，这些系可按交配设计方式种在一个大的重复里或分组种植（例如，增广设计、重复内分组或组内设重复），采用 14×14 的格子方田间设计可能比较适合控制试验误差。在每个环境下对小区内的自交系进行测量，然后按小区平均值做多环境的方差分析（表 4.32）。按表中均方直接估算 F 检验和方差成分。

表 4.32　多个环境重复的自交系方差分析

变异来源	df	MS	E (MS)
环境（E）	$e-1$[a]		
重复/E	$e(r-1)$		
自交系	$n-1$	M_4	$\hat{\sigma}^2+r\hat{\sigma}_{ge}^2+re\hat{\sigma}_g^2$
E×自交系	$(e-1)(n-1)$	M_3	$\hat{\sigma}^2+r\hat{\sigma}_{ge}^2$
累计误差	$e(r-1)(n-1)$	M_2	$\hat{\sigma}^{2}$[b]
总和	$ern-1$		
小区内	$ern(k-1)$	M_1	

[a] e、r、n 和 k 分别是环境数、重复数、自交系数和每个小区的株数

[b] $\hat{\sigma}^2=\left(\hat{\sigma}_{we}^2+\hat{\sigma}_{wg}^2\right)/k+\hat{\sigma}_p^2$，$\hat{\sigma}_p^2$ 是试验小区误差

假定自交系是从参照群体随机抽样，适合用模型Ⅱ进行分析。为了得到参照群体的遗传方差估值，必须把方差成分转换为遗传方差成分。不同近交程度的自交系方差成分的遗传组成见第 2 章。显性效应随着近交而迅速消失。由于只有一个方程，可以假定无显性，能够用自交系的遗传方差成分估计加性遗传方差。例如，S_1 间的方差可以估计加性方差 $\hat{\sigma}_A^2$。这表明当 F=1，系内没有遗传变异时，自交系间的变异加倍，这种情况下的方差成分为 $2\hat{\sigma}_A^2$。因此，根据近交水平，自交系加性方差从 F=0 时的 $\hat{\sigma}_A^2$，到 F=1 时的 $2\hat{\sigma}_A^2$。在估计 $\hat{\sigma}_A^2$ 时，显性偏差的严重性见表 2.13。如果 p=q=0.5（无显性效应），系间的方差只来自加性效应。

由于测试自交系能够估算 $\hat{\sigma}_A^2$，于是可以用后裔平均值估算遗传力。如果能在多环境下重复试验（表 4.32），可按 S_1 平均值估计遗传力如下：

$$\hat{h}^2=\frac{\hat{\sigma}_g^2}{\hat{\sigma}^2/re+\hat{\sigma}_{ge}^2/e+\hat{\sigma}_g^2}$$

由于使用 S_1 家系，如果 $p \neq q$（存在显性效应），源自显性效应的偏倚是 $(1/4)\hat{\sigma}_D^2$。由于联合方差分析估算了 $\hat{\sigma}_{AE}^2$，故遗传力估值不会因基因型与环境互作而产生偏倚。遗传力估值的近似标准误为

$$\mathrm{SE}\left(\hat{h}^2\right)=\frac{\mathrm{SE}\left(\hat{\sigma}_g^2\right)}{\hat{\sigma}^2/re+\hat{\sigma}_{ge}^2/e+\hat{\sigma}_g^2}$$

$\hat{\sigma}_g^2$ 的标准误为从表 4.32 计算的平方根：

$$\frac{2}{(re)^2}\left[\frac{M_4^2}{n+1}+\frac{M_3^2}{(e-1)(n-1)+2}\right]$$

由于用方差成分 $\hat{\sigma}_g^2$ 估计 $\hat{\sigma}_A^2$，我们得不到 $\hat{\sigma}_A^2$ 的标准误系数。

如果用接近纯合的家系作鉴定，从 $\hat{\sigma}_g^2$ 估计 $\hat{\sigma}_A^2$，不会有任何显性偏倚。当 F=1 时，$\hat{\sigma}_g^2=2\hat{\sigma}_A^2$，通常只根据加性效应来估计遗传力。

用自交系估计参照群体的 $\hat{\sigma}_A^2$ 看起来很诱人，但至少有两个严重障碍。首先，随着自交程度增加，要培育一组能代表参照群体基因型的随机自交系就变得越来越困难。其次，育成自交系的时间太长，尤其高代自交系，这比使用非自交系的交配设计所需时间都要长，除非采用双单倍体技术（第 1 章）。用 S_1 家系就没有这些障碍。一直有人猜测，通过自交系鉴定得到的信息不如从非自交材料获得的信息好，因为鉴定自交系时会有大量的试验误差。但现有证据没有表明鉴定自交系比鉴定非自交系的试验误差更大。如果假定偏倚不严重（例如，$p=q=0.5$，没有上位性），S_1 鉴定似乎是估计玉米群体 $\hat{\sigma}_A^2$ 的好方法。

4.12 选择试验

所有交配设计需产生后裔，然后做多点重复鉴定，以获得遗传方差估值。为确保从参照群体得到适量的样本，需要做大量试验，以合理的抽样误差估计遗传参数。还要做多点试验，才能排除环境效应，无偏地估计遗传参数。因此，通过试验获得遗传信息，将花费大量的时间和资源。计算遗传参数的主要目的是针对不同的遗传结构指导设计育种方案（例如，为特定育种群体设计专门的育种方法）和预测选择增益。育种者通常要对群体的不同性状进行选择，但由于遗传因素和环境压力而不能确定后裔间差异的相对比例，于是足够的样本量和多点鉴定试验，才能够提供遗传信息来预测选择增益。混合选择不能进行重复的后裔鉴定试验，所以不能提供遗传信息。

基于后裔信息选择最佳个体进行重组，然后用任何选择方法改良群体，都可以估算遗传方差（假定没有非加性效应）、遗传与环境互作方差和试验误差。以表 4.32 为例，能够直接从均方的线性函数估计方差。$\hat{\sigma}_g^2$ 估值的遗传组成取决于后裔的类型。表 1.2 列

出了可用于鉴定的后裔类型。例如，若鉴定半同胞后裔，$\hat{\sigma}_{\mathrm{g}}^2$ 含有 $(1/4)\hat{\sigma}_{\mathrm{A}}^2$，即 F=0 和无上位效应时，$\hat{\sigma}_{\mathrm{A}}^2=4\hat{\sigma}_{\mathrm{g}}^2$；如果鉴定 S_1 后裔，假定 p=q=0.5，或非显性时，$\hat{\sigma}_{\mathrm{g}}^2=\hat{\sigma}_{\mathrm{A}}^2$。由于 $\hat{\sigma}_{\mathrm{G}}^2$ 是由 M_4-M_3 来估计，因此估计的方差为

$$\left[2\Big/\left(r^2e^2\right)\right]\left\{M_4^2\Big/(n+1)+M_3^2\Big/\left[(e-1)(n-1)+2\right]\right\}$$

同理，可以从均方 M_3 和 M_2 计算遗传效应与环境互作及方差。用 $\left[\left(\hat{\sigma}_{\mathrm{g}}\Big/\overline{X}\right)\times 100\right]$ 计算遗传变异系数，这里 $\overline{X}$ 是所有后裔的平均值，遗传力估值与自交系的计算方法一样。

对一个选择群体的初始样本，如果做多点鉴定试验，假定没有上位性，可有效估计 $\hat{\sigma}_{\mathrm{A}}^2$。尽管 $\hat{\sigma}_{\mathrm{A}}^2$ 的估值会因显性和上位性而向上偏倚，但不会比大多数交配设计中假定的无上位性更严重。我们推测上位性效应平均为 0 或包含在其他遗传方差成分中。加性遗传方差对制定育种计划非常有用，因为它是固定的，而不像加性位点内效应（显性）和位点间效应（上位性）是不固定的。

$\hat{\sigma}_{\mathrm{A}}^2$ 估值取决于基因频率。如果选择有效，选择目标朝有利方向改变目标性状的基因频率，$\hat{\sigma}_{\mathrm{A}}^2$ 估值将随周期性选择而改变。每轮选择都有 $\hat{\sigma}_{\mathrm{A}}^2$ 估值，如果每轮的样本量足够大，对后裔进行大量鉴定，把遗传效应与环境效应区分开，$\hat{\sigma}_{\mathrm{A}}^2$ 估值便随着轮回选择而改变，但都是有效估值。由于抽样误差，各轮之间的 $\hat{\sigma}_{\mathrm{A}}^2$ 估值会不一样，于是引入了未知来源的误差（例如，每一轮分子标记辅助选择都需要重新优化标记）。在连续轮回选择中，可用 $\hat{\sigma}_{\mathrm{A}}^2$ 估值的标准误计算置信限。

对大多数数量性状，不要指望经过几轮选择，基因频率就有很大改变。几轮选择后，$\hat{\sigma}_{\mathrm{A}}^2$ 估值可能相似但不相等，这可能是抽样误差造成的。通过集合分析可以得到累计的 $\hat{\sigma}_{\mathrm{A}}^2$ 估值，这是预测未来 3~5 轮选择效果的理想参数。然而，不同选择轮次 $\hat{\sigma}_{\mathrm{A}}^2$ 估值的变化会受中选亲本合成下一轮群体的重组程度影响。若中选的重组亲本经过多代自交（如 S_2），因保留了大的连锁区段，重组效应可能特别明显。不同轮次的环境效应能够使后裔间的变异扩大或缩小（例如，在有利条件下后裔间的变异范围可能扩大，在不利条件下可能缩小）。当各轮次内和轮次间多点集合分析时，累计的 $\hat{\sigma}_{\mathrm{A}}^2$ 估值可能会缩小极端差值，给出更有效的估值。计算的每一轮遗传变异系数能提供一个相对于后裔总平均值的后裔间的变化范围。

育种者开展长期循环选择，需要通过鉴定后裔的选择试验估算遗传方差。如果决定启动育种方案，那么从 $\hat{\sigma}_{\mathrm{g}}^2$ 计算 $\hat{\sigma}_{\mathrm{A}}^2$ 估值，预测的选择进展比专门的交配设计更好些。这样可以进行选择，而不必把资源用于特殊研究。但如果试验者希望对一个特殊群体进行鉴定来回答特定问题，唯一办法是使用专门的交配设计。需要强调足够的样本量和鉴定试验，获得的结果与耗费研究者终生的长期选择试验所估计的遗传参数同等重要（Lamkey and Hallauer，1987）。我们应关注基于标记的选择方案，以降低基因型分析成

本。过去 20 年，发现复杂性状的 QTL 较为容易，但利用它们进行选择却很不容易（Bernardo，2008）。有人提出无需 QTL 定位的标记选择，但需要验证（如玉米全基因组选择）（Bernardo and Yu，2008）。

4.13 F_2 群体（$p=q=0.5$ 的特例）

我们一般不知道群体的基因频率。第 2 章介绍了群体的平均值和方差取决于基因频率，并随基因频率的变化而改变。可以知道某些特殊群体基因频率的期望平均值，即由两个自交系（$F=1$，相当于纯系或自花授粉作物的品种）杂交产生的 F_2 群体。如果两个自交系杂交产生 F_1 杂交种，然后对杂合同质的 F_1 自交，得到杂合异质的 F_2 群体，每个杂合位点发生孟德尔式分离，1/4 纯合显性，1/2 杂合体，1/4 纯合隐性（表 4.33）。

表 4.33　两自交系杂交 F_2 群体的基因型和基因型值分布（*A* 是有利等位基因，*a* 是不利等位基因）

基因型	基因型频率	基因型值	基因型值编码	
			Falconer（1960）	Mather（1949）
AA	$p^2=0.25$	$C+a$	a	d
Aa	$2pq=0.5$	$C+d$	d	$\hat{h}$
aa	$q^2=0.25$	$C-a$	$-a$	$-d$

如果两亲本在一些位点有相同等位基因，那些位点在 F_2 就不发生分离。由于两个自交系杂交，分离位点的平均等位基因频率是 0.5，于是就知道期望的基因型频率。表 4.33 中基因型值常数 C 包含所有基因作用，即包括了那些不在研究之列的基因和非遗传因素。Mather（1949），Mather 和 Jinks（1971）用表 4.33 的模型提出了两自交系杂交后不同世代的期望均值和遗传方差成分。平均基因频率 0.5 可以有两种解释：①每个位点上有利和不利等位基因的平均频率均是 0.5；②所有位点上有利和不利等位基因的平均频率是 0.5。

为了估计遗传方差成分，假定不存在基因连锁和位点间互作效应（大多数情况下并非如此）。F_2 群体随机交配直到连锁平衡，可以降低连锁对遗传方差成分估值的影响。连锁总是存在的，但通过随机交配可以达到连锁平衡。上位性可能也存在，Mather（1949）设计了检验上位效应的方法。通过比较不同世代及与加性模型的离差，来检验位点间的非加性遗传效应。如果检测到位点间有非加性效应，Mather 建议对数据进行转换，然后再分析。即转换成位点间的加性尺度，可以满足估计主效应时无上位性的假设条件，主效应是指加性和显性方差（位点内非加性），这是单个位点两个等位基因的总遗传方差。从表 4.33 可知，每个位点有 3 种基因型或两个自由度，可剖分为：①来自回归平方和的加性遗传方差；②来自偏离回归的显性方差。

Mather（1949），Mather 和 Jinks（1971）提出方法，计算平均值和总遗传方差中加性与显性遗传方差所占的比值。对 $p=q=0.5$ 的特殊情况，为了解释遗传方差成分，以 F_2 为参照群体，相当于在交配设计中作参照群体的自由授粉品种、综合种和复合种群体。因此，品种的 S_0 植株相当于 F_2 植株，群体遗传结构相似（表 2.2，表 4.33）。两个亲本自交系及杂交种没有遗传变异，不会影响 F_2 群体构建。从表 4.33 和第 2 章介绍的方法，F_2 群体均值为

$$(1/4)a+(1/2)d-(1/4)a=(1/2)d \quad \text{（一个位点）}$$

同样，F_2 群体总的遗传方差为

$$(1/4)a^2+(1/2)d^2+(1/4)(-a)^2-\left[(1/2)d\right]^2=(1/2)a^2+(1/4)d^2 \quad \text{（一个位点）}$$

对控制某一性状的所有位点总计，平均值是 $(1/2)\sum_i d_i$，总的遗传方差是 $(1/2)\sum_i a_i^2+(1/4)\sum_i d_i^2$。为简洁起见，我们把总的遗传方差命名为 $(1/2)A+(1/4)D$（注：为了一致性，我们用 A 代表 Mather（1949）的 D，用 D 代表 Mather（1949）的 H，用符号 $\hat{\sigma}_{\mathrm{A}}^2$ 代表加性方差，$\hat{\sigma}_{\mathrm{D}}^2$ 代表显性方差）。

依照群体平均值和总遗传方差的基本定义，第 2 章所列的关系和 F_2 群体是等同的。在第 2 章，平均值是 $(p-q)\mathrm{a}+2pqd$，当 $p=q=0.5$ 时，替换成 $(1/2)d$。总遗传方差为 $2pq[a+(q-p)d]^2+4p^2q^2d^2$，当 $p=q=0.5$ 时，替换成 $(1/2)a^2+(1/4)d^2$。于是，参照群体的总遗传方差［$\hat{\sigma}_{\mathrm{A}}^2+\hat{\sigma}_{\mathrm{D}}^2$ 与 $(1/2)A+(1/4)D$］是等同的，除非在 $\hat{\sigma}_{\mathrm{A}}^2$ 和 $\hat{\sigma}_{\mathrm{D}}^2$ 的定义中替换基因频率。

可以通过亲本及或 F_1（用于估计环境效应）和 F_2 群体来估计群体的总遗传方差。如果想确定 F_2 群体遗传方差中加性和显性效应的比率，就需要增加世代数，通常做法是在 F_2 群体中对 S_0 植株自交，加代到 S_1，通常称为 F_3 代。在玉米上，必须控制授粉。如果在 F_2 代测量个体，用 F_3 平均值（S_1）与 F_2 个体值（S_0）做回归就可确定亲子回归：

$$\hat{\sigma}_{\mathrm{A}}^2+(1/2)\hat{\sigma}_{\mathrm{D}}^2 \text{ 或 } (1/2)D+(1/8)H \quad \text{［Mather（1949）的表示方式］}$$

再次强调，估计遗传方差成分时，从 F_2 群体抽取足够多的样本来代表群体变异性是很重要的。S_1 代（$=F_3$）基因型排列为

$$(1/4)\mathrm{AA}+(1/2)[(1/4)\mathrm{AA}+(1/2)\mathrm{Aa}+(1/4)\mathrm{aa}]+(1/4)\mathrm{aa}$$

上式化简变成 $(3/8)\mathrm{AA}+(1/4)\mathrm{Aa}+(3/8)aa$

S_1 平均值为 $(3/8)a+(1/4)d+(3/8)(-a)$ 或 $(1/4)d$

F_3 的两个遗传变异来源：①F_3 后裔平均值间的变异；②F_3 后裔的平均变异。

F_3 后裔平均值的排列：AA 是 $(1/4)a$，Aa 是 $(1/2)d$，aa 是 $(1/4)(\ a)$。因此，F_3 后裔的方差为

$$\hat{\sigma}_{\mathrm{g}\bar{\mathrm{F}}_3}^2=\left\{(1/4)a^2+(1/2)\left[(1/2)d\right]^2+(1/4)(-a)^2\right\}-\left[(1/4)d\right]^2=(1/2)a^2+(1/8)d^2-(1/16)d^2=(1/2)a^2+(1/16)d^2$$

对所有位点，$\hat{\sigma}_{\mathrm{g}\bar{\mathrm{F}}_3}^2=(1/2)A+(1/16)D$，依照第 2 章的概念，也等于 $\hat{\sigma}_{\mathrm{A}}^2+(1/4)\hat{\sigma}_{\mathrm{D}}^2$。

F_3 后裔的平均方差（$\bar{\sigma}_{\mathrm{F}_3}^2$）是后裔内的变异。从基因型排列，AA 和 aa 不含遗传变异，不需要进一步考虑。源自 Aa 型 F_2 植株的 F_3 后裔，分离比率与 F_2 类似。这个 F_3 后裔的频率是 0.5，于是等于 $(1/2)\left[(1/4)\mathrm{AA}+(1/2)\mathrm{Aa}+(1/4)\mathrm{aa}\right]$，平均值是 $(1/2)d$。平均的 F_3 方差变成：

$$\bar{\sigma}^2_{gF_3}=(1/2)\left\{(1/4)a^2+(1/2)d^2+(1/4)(-a)^2-\left[(1/2)d\right]^2\right\}=(1/2)\left[(1/2)a^2+(1/4)d^2\right]=(1/4)a^2+(1/8)d^2$$

对所有位点，$\bar{\sigma}^2_{gF_3}=(1/4)A+(1/8)D$，等于$(1/2)\hat{\sigma}^2_A+(1/2)\hat{\sigma}^2_D$。

如果汇总所有位点效应，单位点效应可以累加（假定每个位点的效应是加性或者经过转换），我们得到 Mather（1949），Mather 和 Jinks（1971）给出的表型方差：

$$\hat{\sigma}^2_{F_2}=(1/2)A+(1/4)D+E_1$$

$$\hat{\sigma}^2_{F_3}=(1/2)A+(1/4)D+E_2$$

$$\bar{\sigma}^2_{F_3}=(1/4)A+(1/8)D+E_1$$

式中，E 是非遗传方差成分，与各自的方差成分有关。

用同样方法能够计算 F_2 衍生后的后续世代（F_4、F_5 等）的平均值和方差（Mather，1949）。自交系与 F_1 形成的回交群体与 F_2 群体类似，每个 S_0 植株不能重复。能够测量每个 S_0 植株，但不能估计误差。然而，测量 S_0 回交单株可计算亲子回归。

可通过对回交 S_0 单株自交加代，这与 F_2 植株加代到 F_3 是一样的方法。若杂交种 F_1 与含有利等位基因的亲本回交，回交后代基因型排列为$(1/2)$AA+$(1/2)$Aa。用各自的基因型值替换基因型得出，BC_1 的平均值为$(1/2)a+(1/2)d$，方差为

$$(1/2)a^2+(1/2)d^2-[(1/2)a+(1/2)d]^2 \text{ 或} (1/4)A+(1/4)D-(1/2)AD+E_1$$

这是汇总了所有位点，包括了非遗传方差 E_1。

如果把回交过的植株自交，回交-自交 1 代（BS_1）的基因型排列变成：

$(1/2)$AA$+(1/2)[(1/4)$AA$+(1/2)$Aa$+(1/4)$aa$]$，用基因型值替换基因型后，BS_1 的平均值为：$(1/2)a+(1/2)\,[\,(1/4)a+(1/2)d+(1/4)\,(-a)\,]$或$(1/2)a+(1/4)d$。$BS_1$ 平均值的方差为

$\hat{\sigma}^2_{BS_1}=(1/2)a^2+(1/2)[(1/2)d]^2-[(1/2)a+(1/4)d]^2$，汇总所有位点后变成：

$(1/4)A+(1/16)D-(1/4)AD+E_2$。

BS_1 后裔的平均方差（$\bar{\sigma}^2_{gBS_1}$）只来自 Aa 植株的自交后裔，与 F_3 的平均方差类似，于是，$\bar{\sigma}^2_{BS_1}=(1/4)a^2+(1/8)D^2$或者$(1/4)A+(1/8)D+E_1$。同样需要确定 F_1 与携带相反等位基因的另一亲本回交所形成的群体方差，即 BC_2 群体。BC_2 植株自交，产生 BS_2 后裔。BC_2 群体$(1/2)$Aa$+(1/2)$aa 平均值为$(1/2)d-(1/2)a$，方差为$(1/4)A+(1/4)D+(1/2)AD+E_1$。$BC_2$ 群体自交后裔有两个变异来源：

（1）BS_2 后裔间的方差或$(1/4)A+(1/16)D+(1/4)AD+E_2$。

（2）BS_2 后裔的平均方差或$(1/4)A+(1/8)D+E_1$。

两个回交群体的方差期望值归纳如下：

$$\hat{\sigma}^2_{BC_1}=(1/4)A+(1/4)D-(1/2)AD+E_1$$

$$\hat{\sigma}^2_{BC_2}=(1/4)A+(1/4)D+(1/2)AD+E_1$$

$$\hat{\sigma}^2_{\mathrm{BS}_1} = (1/4)A + (1/16)D - (1/4)AD + E_2$$

$$\hat{\sigma}^2_{\mathrm{BS}_2} = (1/4)A + (1/16)D + (1/4)AD + E_2$$

$$\bar{\sigma}^2_{\mathrm{BS}_1} = (1/4)A + (1/8)D + E_1$$

$$\bar{\sigma}^2_{\mathrm{BS}_2} = (1/4)A + (1/8)D + E_1$$

在 BC_1、BC_2、BS_1、BS_2 代，加性效应和显性效应不可分；如果它们大小相似，能够解联立方程中的 D 和 H。例如，

$$\hat{\sigma}^2_{\mathrm{BC}_1} + \hat{\sigma}^2_{\mathrm{BC}_2} = (1/2)A + (1/2)D + 2E_1$$

$$\hat{\sigma}^2_{\mathrm{BS}_1} + \hat{\sigma}^2_{\mathrm{BS}_2} = (1/2)A + (1/8)D + 2E_2$$

对 F_2 和 F_3 群体，E_1 和 E_2 分别指个体植株间和后裔平均值间的误差方差。

可以用不同世代的公式估计加性和显性方差。请注意，需要估计两个误差项，估计 F_2、BC_1 和 BC_2 群体的误差方差，可以从亲本自交系和 F_1 杂交种的环境方差来估计。但用玉米自交系和 F_1 杂交种估计环境方差受到批评，因为自交系单株间的变异可能超出预料，而 F_1 杂交种单株间的变异低于 F_2 分离群体或回交群体。然而，集合亲本自交系和 F_1 杂交种的平方和及自由度来估计 E_2，通常是唯一可用的估计方法。Warner（1952）建议不必测量亲本自交系和 F_1 杂交种单株的环境效应，Warner 的方法估计 $(1/2)A$，然后用于估算单株遗传力 $\hat{h}^2$；这个方法需要测量 F_2 和两个回交群体：

群体	预期的方差成分
F_2	$\hat{\sigma}^2_{\mathrm{F}_2} = (1/2)A + (1/4)D + E_1$
$2(F_2)$	$2\hat{\sigma}^2_{\mathrm{F}_2} = A + (1/2)D + 2E_1$
BC_1+BC_2	$\hat{\sigma}^2_{\mathrm{BC}_1} + \hat{\sigma}^2_{\mathrm{BC}_2} = (1/2)A + (1/2)D + 2E_1$

因此，$2F_2 - (BC_1 + BC_2) = (1/2)A$

基于 F_2 植株的狭义遗传力为

$$\hat{h}^2 = \frac{(1/2)A}{\hat{\sigma}^2_{\mathrm{F}_2}} = \frac{(1/2)A}{(1/2)A + (1/4)D + E_1}$$

估计 $(1/2)A$（或 $\hat{\sigma}^2_{\mathrm{A}}$）的方法不需要直接估计 E_2，但假设 F_2 和回交群体中非遗传方差成分与之相当。这一假设合乎逻辑，因为群体（F_2 和回交）包含同样的基因型，但回交群体有双倍的基因型频率。育种家研究一种植物或性状时，从该方法获得的初步信息很少。单株遗传力估值较高，表明简单的选择方法，如混合选择是有效的（如开花期）。

再举一例，不同世代的方差成分能提供 F_3 后裔的遗传信息，按我们的命名规则，F_3 等同于 S_1 家系。两个自交系杂交，F_1 自交，有足够的 F_2 植株自交产生 F_3 后裔，即 F_2 植株产生 F_3 家系种子。如果授粉得当，会产生足够的 F_3 种子用于重复鉴定试验。假如供试材料包括亲本、F_1 和 100 个 F_3 后裔，表 4.34 便是重复试验方差分析的一种形式。

直接用 F 检验 F_3 后裔间的差异是否显著，

$$\hat{\sigma}^2_{\mathrm{g}\bar{\mathrm{F}}_3} = (M_{32} - M_2)/r = (1/2)A + (1/16)D$$

等于 S_1 家系间的变异，即 $\hat{\sigma}_A^2+(1/4)\hat{\sigma}_D^2$。

F_3 后裔的平均方差由 M_{12} 的均方来估计，它的期望值为

$$\bar{\sigma}_{F_3}^2=(1/4)A+(1/8)D+E_1$$

由于亲本和 F_1 基因型是同质的，M_{11} 给出单株的环境效应，E_2 估值来自 M_2 均方，是基于 F_3 后裔小区均值的试验误差，即 $E_2=M_1/r$。于是，我们有 4 个均方和 4 个未知数 A、D、E_1 和 E_2。

表 4.34　两个亲本自交系、F_1 杂交种及 100 个 F_3 后裔在单一环境下的方差分析

变异来源	通用自由度	自由度	MS	E(MS)
重复	$r-1$	3		
供试材料	$n-1$	102	M_3	
世代间	$g-1$	3	M_{31}	$\hat{\sigma}^2+r\hat{\sigma}_g^2$
F_3 后裔间	$p-1$	99	M_{32}	$\hat{\sigma}^2+r\hat{\sigma}_{g\bar{F}_3}^2$
误差	$(r-1)(n-1)$	306	M_2	$\hat{\sigma}^2$
总和	$rn-1$			
小区内	$rn(k-1)$	3708	M_1	
F_3 材料间	$rp(k-1)$	3600	M_{12}	$\hat{\sigma}_{wg}^2+\hat{\sigma}_{we}^2$
同质材料间	$rh(k-1)$	108	M_{11}	$\hat{\sigma}_{we}^2$

$$\hat{\sigma}_{g\bar{F}_3}^2=(1/2)A+(1/16)D=(M_{32}-M_2)/r$$

$$\bar{\sigma}_{gF_3}^2=(1/4)A+(1/8)D=M_{12}-M_{11}$$

$$M_2/r=E_2,\quad M_{11}=E_1$$

E_1 和 E_2 的估值直接来自表 4.34 的均方，有两个方程用于估计 A 和 D:

$$(1/2)A+(1/16)D=(M_{32}-M_2)/r$$

$$(1/4)A+(1/8)D=M_{12}-M_{11}$$

解方程，得

$$A=(4/3)\{[2(M_{32}-M_2)/r]-(M_{12}-M_{11})\}$$

$$D=(16/3)[2(M_{12}-M_{11})-(M_{32}-M_2)/r]$$

很容易获得 E_1、E_2 和 A 的方差 V 估值，但如交配设计所示，D 估值来自均方的复值函数：

$$V_{E_1}=\frac{2M_{11}^2}{rn(k-1)+2},\quad V_{E_2}=\frac{2M_2^2}{(r-1)(n-1)+2}$$

$$V_A=\frac{128}{9r^2}\left[\frac{M_{32}^2}{p+1}+\frac{M_2^2}{(r-1)(n-2)+2}\right]+\frac{32}{9}\left[\frac{M_{12}^2}{rp(k-1)+2}+\frac{M_{11}^2}{rh(k-1)+2}\right]$$

$$V_D=\frac{512}{9}\left\{\frac{4M_{12}^2}{rp(k-1)+2}+\frac{4M_{11}^2}{rn(k-1)+2}+\frac{1}{r^2}\left[\frac{M_{32}^2}{p+1}+\frac{M_2^2}{(r-1)(n-1)+2}\right]\right\}$$

这个例子包括估计 4 个参数所需要的最少方程个数。由于方程数等于要估计的参数个数，这是一个完美拟合的例子。如果包括两个回交群体 BC_1 和 BC_2 及回交后的自交群体，还需要有另外 3 个方程用来估计 A 和 D。

$$\hat{\sigma}^2_{\overline{BS_1}} + \hat{\sigma}^2_{\overline{BS_2}} = (1/2)A + (1/8)D + 2E_2$$

$$\bar{\sigma}^2_{BS_1} = (1/4)A + (1/8)D + E_1$$

$$\bar{\sigma}^2_{BS_2} = (1/4)A + (1/8)D + E_1$$

假定 F_3、BS_1 和 BS_2 后裔平均值间的误差同质，但误差均方的剖分方式与供试材料相同。表 4.35 列出的每个变异来源的遗传方差和误差成分如下：

$$\hat{\sigma}^2_{g\bar{F}_3} = (1/2)A + (1/16)D + E_2 \text{ 和 } \bar{\sigma}^2_{F_3} = (1/4)A + (1/8)D + E_1$$

$$\hat{\sigma}^2_{\overline{BS_1}} + \hat{\sigma}^2_{\overline{BS_2}} = (1/2)A + (1/8)D + 2E_2$$

$$\bar{\sigma}^2_{BS_1} = (1/4)A + (1/8)D + E_1$$

$$\bar{\sigma}^2_{BS_2} = (1/4)A + (1/8)D + E_1$$

$$\hat{\sigma}^2/r = E_2,\quad M_{14} = E_1$$

A、D、E_1 和 E_2 的估值不像方程式数量等于未知数的数量时那样容易确定。在这种情况中，有 7 个方程和 4 个想要得到估值的未知数。最佳程序是用最小二乘法分析或更适合加权的最小二乘法分析。

表 4.35　给出亲本和 F_1（用于估计单株环境效应）及 F_3、BS_1 和 BS_2 后裔的方差分析

变异来源	df	MS	E(MS)
重复	$r-1$		
供试材料	$n-1$	M_3	
世代间	$g-1$	M_{31}	
材料/组			
F_3 间	$p-1$	M_{32}	$\hat{\sigma}^2 + r\hat{\sigma}^2_{g\bar{F}_3}$
BS_1 间	$s-1$	M_{33}	$\hat{\sigma}^2 + r\hat{\sigma}^2_{g\overline{BS_1}}$
BS_2 间	$t-1$	M_{34}	$\hat{\sigma}^2 + r\hat{\sigma}^2_{g\overline{BS_2}}$
误差	$(r-1)(n-1)$	M_2	$\hat{\sigma}^2$
总和	$rn-1$		
小区内株间	$rn(k-1)$	M_1	
F_3 后裔内	$rp(k-1)$	M_{11}	$\hat{\sigma}^2_{we} + \hat{\sigma}^2_{wg}$
BS_1 后裔内	$rs(k-1)$	M_{12}	$\hat{\sigma}^2_{we} + \hat{\sigma}^2_{wg}$
BS_2 后裔内	$rt(k-1)$	M_{13}	$\hat{\sigma}^2_{we} + \hat{\sigma}^2_{wg}$
P_1、P_2、F_1 内	$rh(k-1)$	M_{14}	$\hat{\sigma}^2_{we}$

对于玉米，特别是自花授粉作物，通过连续自交获得后续世代，能够增加用于估计方差成分的方程式数量，每个自交世代都提供后裔间方差和后裔平均方差的估值。如果

对 F_3 和 F_4 代，我们就有 6 个方程估计 4 个参数。表 4.36 汇总了后裔间方差和后裔平均方差的期望值。相比之下，Mather（1949），Mather 和 Jinks（1971）使用的表达式与 $\hat{\sigma}_A^2$ 和 $\hat{\sigma}_D^2$ 的表达式等价。再者，自交世代的等价性常用 F 和 S 表示自交。由于 F_2 是参照群体，常用 S 表示广基群体。可以看出，F_2 植株间的方差等同于 S_0 株间方差。虽然 F_1 自交得到 F_2 群体，这种自交只是为了得到基因频率为 0.5 的 F_2 群体。因此 F_3 后裔间的方差等同于 S_1 后裔间的变异，正如预期的那样，遗传关系是一样的，但术语上经常混淆。F_2 是在 $p=q=0.5$ 特例下的参照群体；尽管它是通过自交获得，但在基因频率相同时，它的基因型结构等同于随机交配的非自交群体。

表 4.36　连续自交后裔间平均值、方差和平均后裔方差及与 Mather 表示法的比较

世代		平均值		后裔鉴方差[a]		平均后裔方差[a]	
F_i	S_i	Mather	通用	Mather	通用	Mather	通用
F_1		$\hat{h}$	d	0	0	0	0
F_2	S_0	$(1/2)\hat{h}$	$(1/2)d$	$(1/2)D+(1/4)H$	$\hat{\sigma}_A^2+\hat{\sigma}_D^2$	$(1/4)D+(1/8)H$	$(1/2)\hat{\sigma}_A^2+(1/2)\hat{\sigma}_D^2$
F_3	S_1	$(1/4)\hat{h}$	$(1/4)d$	$(1/2)D+(1/16)H$	$\hat{\sigma}_A^2+(1/4)\hat{\sigma}_D^2$	$(1/8)D+(1/16)H$	$(1/4)\hat{\sigma}_A^2+(1/4)\hat{\sigma}_D^2$
F_4	S_2	$(1/8)\hat{h}$	$(1/8)d$	$(3/4)D+(3/64)H$	$(3/2)\hat{\sigma}_A^2+(3/16)\hat{\sigma}_D^2$	$(1/16)D+(1/32)H$	$(1/8)\hat{\sigma}_A^2+(1/8)\hat{\sigma}_D^2$
F_5	S_3	$(1/16)\hat{h}$	$(1/16)d$	$(7/8)D+(7/256)H$	$(7/4)\hat{\sigma}_A^2+(7/64)\hat{\sigma}_D^2$	$(1/32)D+(1/64)H$	$(1/16)\hat{\sigma}_A^2+(1/16)\hat{\sigma}_D^2$
⋮	⋮	⋮	⋮	⋮	⋮	⋮	⋮
F_{10}	S_8	$(1/512)\hat{h}$	$(1/512)d$	$\sim D$	$\sim 2\hat{\sigma}_A^2$	0	0

[a] 见表 3.2 中 $\hat{\sigma}_D^2$ 估值有效的情况

从 F_2 群体得到的遗传和环境参数估值，仅适用于一对亲本形成的特定群体，如果是其他亲本产生的 F_2 群体，估值是不同的。

F_2 群体估值表明了变异类型和指出下一步的选择方式，但与广基群体相比，这些估值通常只用作短期目标。就方差成分的构成而言，如果假定分离位点的基因频率都是 0.5，F_2 群体和广基群体的加性和显性方差是一样的，但在广基群体中不常出现这种情况。

连锁效应对自交系杂交所产生群体的加性和显性遗传方差成分的估值与 NCIII讨论是一样的。前面说过，不管哪种连锁相，显性方差都会向上偏倚，而加性遗传方差在相斥相会向下偏倚，相引相会向上偏倚。在 NCIII中，F_2 群体随机交配 4 次或更多次后会达到连锁平衡（Hanson，1959）。在玉米育种中，经常用两个优良自交系或一个优良系与含有要整合进优良系的特殊性状的系杂交形成 F_2 或回交群体作为基础群体。对 F_2 群体，连锁群可能非常有利，但在回交群体要打破紧密连锁却很困难，特别是在有不良基因多效性的情况下。

F_2 群体方差成分的估值非常重要，这是因为：①对性状遗传提供初步信息，②预测循环选择的进展。在第一种情况下，两个亲本自交系经常代表所研究性状的两个极端，在估计加性和显性效应造成的遗传变异时，连锁偏倚就很重要，而这些遗传变异被用来估计性状遗传力。第二种情况，通常不用 F_2 群体进行长期循环选择试验，这是因为遗传变异太小。一些循环选择计划，为了回答选择理论有关的特殊问题，需要用遗传方差成分估值来预测进一步的遗传增益，并把预期增益与实际增益进行比较（Robinson et al.，1949）。对 F_2 群体进行持续选择，由于打破连锁而释放遗传变异，可能会导致每一轮都发生重组。

4.14 上 位 性

所有交配设计在估算方差时均假定无上位性效应，或者在分析前把数据转换成加性尺度。无上位性假设在各种交配设计中对方差的影响并不明显，与加性和显性效应相比，上位效应的作用较小，而大多数估算上位性方差的试验是针对广基群体。用自交系杂交形成 F_2 和回交群体，上位性效应似乎比广基群体更重要。因此，通过比较不同世代平均值来检验上位性偏倚很重要（Mather，1949）。在 $p=q=0.5$ 时，可以估算方差成分和遗传力，但不能把结果推广到其他群体。对结果进行解释的限制条件在各种广基群体是一样的，但自交系杂交形成的群体基因型比广基群体如自由授粉品种、综合种和复合品种的限制更严格。

不管上位性效应有多大，必须表现在基因型的功能上。上位性表述为两个位点的性状表达，因此，没有理由认为上位性对产量等复杂性状的表达不起作用。尽管上位性效应是肯定的，但重要的是必须知道上位性效应在总遗传变异中占多大比例。如果上位性方差的比例较小，就可以忽略上位性偏差对选择进度的影响。Buckler 等（2009）和 Holland（2009）对优系×优系组合衍生的数千份自交系作分子标记，仅检测到不足 2%的表型变异属于上位性互作效应（如开花期性状，于是很容易用简单而廉价的混合选择法进行选择）。然而，尽管用近百万植株进行试验，还是没有检测到产量的上位性效应。他们认为，检测到的上位性效应低得出奇，但在其他生物，确实存在分子互作途径和上位效应。另外，Dudley 和 Johnson（2009）却建议在预测模型中增加上位性，在 500 个 S_2 家系中显著提高了预测效果。在该研究中，不仅用自交系，还评价了测交组合。在总的上位性方差中，只有加性上位效应可以固定，能够被育种者利用。其他大多数分子研究，估算上位性效应没有取得令人鼓舞的进展（Holland，2009）。然而，从植物育种角度，尽管分子标记数据很少（Dudley and Johnson，2009），但上位性很重要。种质选择和准确取样决定了每个试验项目的成功与否。

按数量遗传学定义，上位性是纯粹的统计学描述，不意味着生理学功能或表达。上位性方差是位点间（基因间）互作的正交剖分，而一个位点内的三相变化（如 *AA*、*Aa* 和 *aa*）被剖分为来自回归（$\hat{\sigma}_A^2$）的 1 个自由度，以及来自回归离差（显性，$\hat{\sigma}_D^2$，位点内互作）的 1 个自由度。因此，统计学意义的上位性是位点间的非加性效应，而显性效应是位点内的非加性效应。

Cockerham（1954）用两位点模型把上位性方差剖分为 3 种类型，即加性×加性，加性×显性和显性×显性，高层次的上位性包括了其他位点。Cockerham（1956a）提出两位点的不同类型上位性模型，建议用不同交配设计和在设计中包含不同近交程度的亲本来估计上位性效应。交配设计的组合与不同的近交水平提供了额外的方程和给出了亲属协方差的遗传方差成分的不同系数。

Eberhart 等（1966），Silva 和 Hallauer（1975）报道了对玉米群体估计上位性方差的两个试验。在两种情况下，评价了 NC Ⅰ 和 NC Ⅱ 后裔，NC Ⅰ 的亲本是非自交系（F=0），NC Ⅱ 的亲本是自交系（F=1）。自交系亲本是从群体随机抽样形成的自交系，与非自交系亲本来自同一群体。于是，从群体衍生两类 S_0 样本：①在 NC Ⅰ 中非自交系 S_0 植株；②随机自交系的原始 S_0 植株。由于在两种近交水平下，亲属间协方差不同，需要增加额外的方程估计上位性。表 4.37 和表 4.38 给出了 NC Ⅰ 和 NC Ⅱ 后裔试验的方差成分系数。表 4.37 的方差成分系数来自期望均方，有 9 个方程和一个包含两基因上位性成分的遗传模型，适合进行最小二乘法分析。

表 4.37　NC Ⅰ 和 NC Ⅱ 的期望遗传方差成分及系数

方差成分	遗传方差成分						
	$\hat{\sigma}_A^2$	$\hat{\sigma}_D^2$	$\hat{\sigma}_{AA}^2$	$\hat{\sigma}_{AD}^2$	$\hat{\sigma}_{DD}^2$	$\hat{\sigma}^2$	$\hat{\sigma}_{we}^2$
			NC Ⅰ（$F=0$）				
$\hat{\sigma}_m^2$	1/4		1/16				
$\hat{\sigma}_{f/m}^2$	1/4	1/4	3/16	1/8	1/16		
$\hat{\sigma}^2$						1	
$\hat{\sigma}_w^2$	1/2	3/4	3/4	7/8	15/16		1
			NC Ⅱ（$F=1$）				
$\hat{\sigma}_m^2$	1/2		1/4				
$\hat{\sigma}_f^2$	1/2		1/4				
$\hat{\sigma}_{f/m}^2$		1	1/2	1	1		
$\hat{\sigma}^2$						1	
$\hat{\sigma}_w^2$							1

尽管能用很多方程式估计上位性方差，但总的结果并不令人欣慰，Eberhart 等（1966），Silva 和 Hallauer（1975）无法得到两基因上位性互作成分的估值。例如，Silva 和 Hallauer 发现 $\hat{\sigma}_A^2$ 能解释产量遗传方差的 93.2%，而加性和显性遗传方差能解释模型中 99%的遗传变异。加进 $\hat{\sigma}_{AA}^2$ 没有改变拟合度。由于均方的方差各不相等，可考虑用加权最小二乘法或最大似然法进行改进。但当模型包含了多个两基因上位性成分时，它们通常为负且不现实，标准差非常大。一个模型包含许多个独立方程使得 X 矩阵近乎奇异。

Dudley 和 Johnson（2009）把上位效应加进偏最小二乘模型，提高了预测籽粒产量和品质的能力。他们鉴定所有可能的标记互作效应，而不仅仅是那些显著的标记，作为数量性状可能只是复杂基因网络涉及的所有染色体片段的一部分。作者提示大多数育种群体携带未打破的连锁区段，可能含有基因区段，它们的互作使上位性模型趋于平均，不适用于窄基群体。建议用大样本容量和多点鉴定来提高预测能力。多点重复试验能提供额外的方程来估算遗传与环境互作。

本章前面曾提出一系列 F 检验用于三交和四交方差分析，检验上位性假设，如果 F 检验表明变异来源显著，可继续估算遗传方差成分，包括两基因的上位性。例如，在三

表 4.38　NCⅠ和 NCⅡ分组累计的遗传和环境方差成分的期望均方

变异来源	方差成分						
	$\hat{\sigma}_{A}^{2}$	$\hat{\sigma}_{D}^{2}$	$\hat{\sigma}_{AA}^{2}$	$\hat{\sigma}_{AD}^{2}$	$\hat{\sigma}_{DD}^{2}$	$\hat{\sigma}_{we}^{2}$	$\hat{\sigma}^{2}$
			NCⅠ[a]				
父本（M）/组（S）	3.554	0.582	1.207	0.345	0.227	0.109	1
母本/M/S	0.554	0.582	0.457	0.345	0.227	0.109	1
误差	0.054	0.082	0.082	0.095	0.102	0.109	1
小区内	0.500	0.750	0.750	0.875	0.938	1.000	0
			NCⅡ[b]				
父本（M）/组（S）	4.000	2.000	3.000	2.000	2.000	0.110	1
母本（F）/S	4.000	2.000	3.000	2.000	2.000	0.110	1
（M×S）/S	0.000	2.000	1.000	2.000	2.000	0.110	1
误差	0.000	0.000	0.000	0.000	0.000	0.110	1
小区内[c]	0.000	0.000	0.000	0.000	0.000	1.000	0

[a] r=2，f=6

[b] r=2，m=4，f=6

[c] 每个小区株数（k）的调和平均数，对于 NCⅠ，k=9.2；对于 NCⅡ，k=9.1

交分析中有 9 个亲属协方差，它们有不同的遗传期望。求解均方（或方差成分）的联立线性方程组，然后拟合包含上位性的模型。Wright 等（1975）从自由授粉品种 Krug 黄马齿随机产生 60 个自交系，通过三交和双列杂交分析估计上位性。通过三交和双列杂交的集合分析，得到 9 个线性方程，用来拟合包括三基因加性上位性的遗传模型。比较了非加权最小二乘法和最大似然法估计的遗传方差成分。不管用哪一种遗传模型和估算方法，$\hat{\sigma}_{A}^{2}$ 在总遗传方差中占的比例都是最大的。尽管三交分析检测到显著的上位性效应，但拟合误差和六参数遗传模型（$\hat{\sigma}_{A}^{2}$、$\hat{\sigma}_{D}^{2}$、$\hat{\sigma}_{AA}^{2}$、$\hat{\sigma}_{DD}^{2}$ 和 $\hat{\sigma}_{AAA}^{2}$）表明，不可能获得上位性方差的真实估值。在非加权分析中，上位性方差经常为负值，且估值的标准误在 0 范围。在最大似然法计算中也常常出现上位性成分估值为负的情况，但通常很小且标准误较小。在加权和未加权的估算中，4 种上位性方差成分只占产量总遗传变异的 0.24%和 0.27%，而拟合误差和 $\hat{\sigma}_{A}^{2}$ 占产量总变异的 99%和 97%。

Chi 等（1969）用一个复杂的交配设计分析 Reid 黄马齿自由授粉品种，含一个家系的 11 个分支内和分支间共 66 个协方差，包括五类亲属关系，即全同胞、半同胞、堂（表）兄（妹）、叔侄及无关系。用 7 个遗传模型拟合观察值的均方，含三基因的加性上位性。他们用未加权的最小二乘法分析 Reid 黄马齿品种，没发现上位性效应。用包括 $\hat{\sigma}_{A}^{2}$ 和 $\hat{\sigma}_{D}^{2}$ 的模型估算表明，总遗传变异的主要部分来自这两个参数。Chi 等（1969）指出一个主要问题是涉及两基因和三基因上位性方差成分，它们与加性和显性方差成分高度相关。这种相关性是由于上位性方差成分的系数源于加性和显性方差成分的系数的平方或乘积，显然，这是来自第 2 章亲属协方差的一般关系。因此，亲属协方差模型的这种遗传属性，降低了模型检验上位效应的敏感性。Chi 等（1969）采用的包括 6 个遗传方差成分的模型，遗传方差成分系数的相关矩阵列于表 4.39 中。

表 4.39　遗传方差成分系数的相关矩阵

	$\hat{\sigma}_A^2$	$\hat{\sigma}_D^2$	$\hat{\sigma}_{AA}^2$	$\hat{\sigma}_{AD}^2$	$\hat{\sigma}_{DD}^2$	$\hat{\sigma}_{AAA}^2$
$\hat{\sigma}_A^2$	1.00					
$\hat{\sigma}_D^2$	0.75	1.00				
$\hat{\sigma}_{AA}^2$	0.92	0.93	1.00			
$\hat{\sigma}_{AD}^2$	0.71	0.98	0.92	1.00		
$\hat{\sigma}_{DD}^2$	0.67	0.95	0.89	0.99	1.00	
$\hat{\sigma}_{AAA}^2$	0.81	0.96	0.97	0.98	0.97	1.00

在所有情况下，上位性方差成分系数间的相关性，和 $\hat{\sigma}_D^2$ 与上位性方差成分间的相关性都比较高，如 $\hat{\sigma}_{AA}^2$ 与 $\hat{\sigma}_A^2$ 间的相关性为 0.92。于是，系数间很高的相关性将给出遗传方差成分的较大标准误。

虽然进行了大量研究，包括用大量均方数据拟合含上位效应的遗传模型，都未能获得对上位性方差成分的真实估值。在所有例子中，除了 Dudley 和 Johnson（2009）显著增加预测能力，包含误差、$\hat{\sigma}_A^2$ 和 $\hat{\sigma}_D^2$ 的简化模型都占据绝大部分变异。看来，一般情况下，上位性效应在总遗传变异中的分量非常小。

为了获得遗传方差成分估值，需要几个假设：①随机亲本，②二倍体遗传，③无连锁效应或处于连锁平衡，④无母本效应，⑤环境效应与基因型效应累加。Eberhart 等（1966），Wright 等（1971），Silva 和 Hallauer（1975）用来自群体的随机自交系进行研究，选择作用非常小，但显然，在自交过程中不可能保持每个原始 S_0 植株都留下后裔。Eberhart 等（1966）和 Wright 等（1971）从原始 S_0 植株选出的自交系样本较小，而 Silva 和 Hallauer（1975）则使用了 160 个自交系样本，但估计的上位性效应并不比 Eberhart 等（1966）和 Wright 等（1971）更成功。把后裔数增加到 500 个 S_2，并对伊利诺高油×低油和高蛋白×低蛋白进行测交，尽管概率水平有所提高，但只是略有差别。Wolf 等（2000）用 B73×Mo17 的 100 个 F_2 植株作父本，按 NCIII进行测交，鉴定 S_1 后裔和测交平均值。尽管 10 个均方和平均值可以按两基因上位性估计遗传方差成分，但 Wolf 等报道在 B73×Mo17 的 F_2 群体中，上位性效应比加性和显性效应小。连锁效应可能是一个扰乱因素，Cockerham（1956b）和 Schnell（1963）表明连锁会增加亲属协方差的上位性系数。在所有研究中，除 Wright 等（1971），Buckler 等（2009）及 Dudley 和 Johnson（2009）外，亲本应来自已接近平衡的原始群体。玉米中每个染色体上控制一个性状的所有因素似乎不存在完全连锁的情况。上位性偏倚不是很重要，除非平均重组频率小于等于 0.1。因此，在所有变异来源中，连锁效应不应该是一个重要的偏倚来源，除非互作效应最终达到平衡（Dudley and Johnson，2009）。在玉米中没发现与二倍体遗传、无母本效应、遗传与环境效应累加等前提假设例外的情况。上位性成分的系数比加性和显性的系数小很多，这在估计上位性方差成分时是个重要因素。上位性效应的系数小，也加大了对标准误的贡献。

然而，比较不同类型杂交种的平均值，分析上位性的定性证据，在大多数情况下，杂交种是由两个自交系杂交产生的。这些自交系固定了有利的上位性组合。用同一组自交系杂交产生一组平衡的单交、三交和四交种，表明上位效应发生了重组。当用一个单交种产生三交种，用两个单交种杂交产生四交种时会出现重组。对同一组自交系以不同排列方式做杂交组合，进行比较，得到特定自交系组合具有上位性效应的定性证据。这类证据不能定量确定与其他遗传方差比较的相对重要性，但它表明上位性对某些自交系间的特定组合很重要。Holland（2001）对检验和估算上位性的公式和方法，对近交衰退、杂种优势、选择响应的可能影响和上位性效应在植物育种中的应用做了综述。Holland（2009）还提出用分子标记检测上位性及互作效应所存在的问题。

（陈泽辉　译，张世煌　校）

参 考 文 献

Baker, R. J. 1978. Issues in diallel analysis. *Crop Sci*. 18:533–36.

Bernardo, R. 2002. *Breeding for Quantitative Traits in Plants*. Stemma Press, Woodbury, MN.

Bernardo, R. 2008. Molecular markers and selection for complex traits in plants: learning from the past 20 years. *Crop Sci. 48*:1649–64.

Bernardo, R., and J. Yu. 2007. Prospects for genomewide selection for quantitative traits in maize. *Crop Sci. 47*:1082–90.

Brim, C. A. 1966. A modified pedigree method of selection in soybeans. *Crop Sci*. 6:220.

Buckler, E. S., J. B. Holland, P. J. Bradbury, C. B. Acharya, P. J. Brown, C. Browne, E. Ersoz, S. Flint-Garcia, A. Garcia, J. C. Glaubitz, M. M. Goodman, C. Harjes, K. Guill, D. E. Kroon, S. Larsson, N. K. Lepak, H. Li, S. E. Mitchell, G. Pressoir, J. A. Peiffer, M. O. Rosas, T. R. Rocherford, M. C. Romay, S. Romero, S. Salvo, H. S. Villeda, H. S. da Silva, Q. Sun, F. Tian, N. Upadyayula, D. Ware, H. Yates, J. Yu, Z. Zhang, S. Kresovich, and M. D. McMullen. 2009. The genetic architecture of maize flowering time. *Science* 325:714–18.

Carena, M. J. 2005. Maize commercial hybrids compared to improved population hybrids for grain yield and agronomic performance. *Euphytica* 141:201–8.

Carena, M. J., and Z. W. Wicks III. 2006. Maize early maturing hybrids: an exploitation of U.S. temperate public genetic diversity in reserve. *Maydica* 51:201–8.

Carena, M. J., G. Bergman, N. Riveland, E. Eriksmoen, and M. Halvorson. 2009a. Breeding maize for higher yield and quality under drought stress. *Maydica* 54:287–98.

Carena, M. J., J. Yang, J. C. Caffarel, M. Mergoum, and A. R. Hallauer. 2009b. Do different production environments justify separate maize breeding programs? *Euphytica* 169: 141–50.

Chi, R. K., S. A. Eberhart, and L. H. Penny. 1969. Covariances among relatives in a maize variety (*Zea mays* L.). *Genetics* 63:511–20.

Cockerham, C. C. 1954. An extension of the concept of partitioning hereditary variance for analysis of covariance among relatives when epistasis is present. *Genetics* 39:859–82.

Cockerham, C. C. 1956a. Analysis of quantitative gene action. *Brookhaven Symp. Biol*. 9:53–68.

Cockerham, C. C. 1956b. Effects of linkage on the covariances between relatives. *Genetics* 41: 138–41.

Cockerham, C. C. 1961. Implications of genetic variances in a hybrid breeding program. *Crop Sci*. 1:47–52.

Cockerham, C. C. 1963. Estimation of genetic variances. In *Statistical Genetics and Plant Breeding*, W. D. Hanson and H. F. Robinson, (eds.), pp. 53–94. NAS–NRC Publ. 982. Washington, DC.

Comstock, R. E., and H. F. Robinson. 1948. The components of genetic variance in populations of biparental progenies and their use in estimating the average degree of dominance. *Biometrics* 4:254–66.

Comstock, R. E., and H. F. Robinson. 1952. Estimation of average dominance of genes. In *Heterosis*, J. W. Gowen, (ed.), pp. 494–516. Iowa State University Press, Ames, IA.

Dickerson, G. E. 1969. Techniques for research in quantitative animal genetics. In *Techniques and Procedures in Animal Science Research*. Am. Soc. Anim. Sci., Albany, New York, NY.

Dudley, J. W., and G. R. Johnson. 2009. Epistatic models improve prediction of performance in corn. *Crop Sci.* 49:763–70.

Eberhart, S. A., R. H. Moll, H. F. Robinson, and C. C. Cockerham. 1966. Epistatic and other genetic variances in two varieties of maize. *Crop Sci.* 6:275–80.

Falconer, D. S., and T. F. C. Mackay. 1996. Introduction to quantitative genetics. 4th ed., Longman Group, Ltd., Essex, England.

Federer, W. T. 1961. Augmented designs with one-way elimination of heterogeneity. *Biometrics* 17:447–73.

Gardner, C. O. 1963. Estimates of genetic parameters in cross-fertilizing plants and their implications in plant breeding. In *Statistical Genetics and Plant Breeding*, W. D. Hanson and H. F. Robinson, (eds.), pp. 225–52. NAS–NRC Publ. 982. NAS–NRC. Washington, DC.

Gardner, C. O., and S. A. Eberhart. 1966. Analysis and interpretation of the variety cross diallel and related populations. *Biometrics* 22:439–52.

Gardner, C. O., and J. H. Lonnquist. 1959. Linkage and the degree of dominance of genes controlling quantitative characters in maize. *Agron. J.* 51:524–28.

Gardner, C. O., P. H. Harvey, R. C. Comstock, and H. F. Robinson. 1953. Dominance of genes controlling quantitative characters in maize. *Agron. J.* 45:186–91.

Graybill, F. A., and W. H. Robertson. 1957. Calculating confidence intervals for genetic heritability. *Poult. Sci.* 36:261–65.

Graybill, F. A., F. Martin, and G. Godfrey. 1956. Confidence intervals for variance ratios specifying genetic heritability. *Biometrics* 12:99–109.

Griffing, B. 1956. Concept of general and specific combining ability in relation to diallel crossing systems. *Australian J. Biol. Sci.* 9:463–93.

Hallauer, A. R. 1970. Genetic variability for yield after four cycles of reciprocal recurrent selections in maize. *Crop Sci.* 10:482–85.

Hallauer, A. R., and J. H. Sears. 1973. Changes in quantitative traits associated with inbreeding in a synthetic variety of maize. *Crop Sci.* 13:327–30.

Hanson, W. D. 1959. The breakup of initial linkage blocks under selected mating systems. *Genetics* 44:857–68.

Holland, J. B. 2001. Epistasis and plant breeding. In *Plant Breeding Reviews, Vol. 21*, J. Janick, (ed.), pp. 27–92. Wiley, Hoboken, NJ.

Holland, J. B. 2009. Epistasis? 3rd *Plant Breeding Workshop*. Aug 3–5. Madison, WI.

Holland, J. B., W. E. Nyquist, and C. T. Cervantes-Martinez. 2003. Estimating and interpreting heritability for plant breeding: an update. In *Plant Breeding Reviews*, J. Janick, (ed.), pp. 9–111. Wiley, Hoboken, NJ.

Jensen, S. D. 1959. Combining ability of unselected inbred lines of corn from incomplete diallel and topcross tests. Ph.D. dissertation, Iowa State University, Ames, IA.

Jumbo, M.B., and Carena, M.J. 2008. Combining ability, maternal, and reciprocal effects of elite early-maturing maize population hybrids. *Euphytica* 162:325–33.

Kearsey, M. J., and J. L. Jinks. 1968. A general model of detecting additive, dominance, and epistatic variation for metrical traits. I. Theory. *Heredity* 23:403–9.

Kempthorne, O. 1957. *An Introduction to Genetic Statistics*. Wiley, New York, NY.

Kempthorne, O., and R. N. Curnow. 1961. The partial diallel cross. *Biometrics* 17:229–50.

Knapp, S. J. 1986. Confidence intervals for heritability for two-factor mating design single environment linear models. *Theoret. Appl. Genet.* 72:857–91.

Knapp, S. J., W. W. Stroup, and W. M. Ross. 1985. Exact confidence intervals for heritability on a

progeny mean basis. *Crop Sci.* 25:192–94.
Lamkey, K. R., and A. R. Hallauer. 1987. Heritability estimated from recurrent selection experiments in maize. *Maydica* 32:61–78.
Lindsey, M. F., J. H. Lonnquist, and C. O. Gardner. 1962. Estimates of genetic variance in open-pollinated varieties of Corn Belt corn. *Crop Sci.* 2:105–8.
Malécot, G. 1948. *Les Mathématiques de l'Hérédité*. Masson et Cie, Paris.
Mather, K. 1949. *Biometrical Genetics*. Methuen, London.
Mather, K., and J. L. Jinks. 1971. *Biometrical Genetics*. Cornell Univ. Press, Ithaca, NY.
Matzinger, D. F., G. F. Sprague, and C. C. Cockerham. 1959. Diallel crosses of maize in experiments repeated over locations and years. *Agron. J.* 51: 346–50.
Melani, M. D., and M. J. Carena. 2005. Alternative heterotic patterns for the northern Corn Belt. *Crop Sci.* 45:2186–94.
Nyquist, W. E. 1991. Estimation of heritability and prediction of selection response in plant populations. *Crit. Rev. Plant Sci.* 10:235–322.
Patterson, H. D., and E. R. Williams. 1976. A new class of resolvable incomplete block designs. *Biometrika* 63:83–92.
Perkins, J. M., and J. L. Jinks. 1970. Detection and estimation of genotype-environmental linkage and epistatic components of variation for a metrical trait. *Heredity* 25:157–77.
Rawlings, J., and C. C. Cockerham. 1962a. Triallel analysis. *Crop Sci.* 2:228–31.
Rawlings, J., and C. C. Cockerham. 1962b. Analysis of double cross hybrid populations. *Biometrics* 18:229–44.
Robinson, H. F., and C. C. Cockerham. 1961. Heterosis and inbreeding depression in populations involving two open-pollinated varieties of maize. *Crop Sci.* 1:68–71.
Robinson, H. F., R. E. Comstock, and P. H. Harvey. 1949. Estimates of heritability and the degree of dominance in corn. *Agron. J.* 41:353–59.
Satterthwaite, F. E. 1946. An approximate distribution of estimates of variance components. *Biom. Bull.* 2:110–14.
Schnell, F. W. 1963. The covariance between relatives in the presence of linkage. In *Statistical Genetics and Plant Breeding*, W. D. Hanson and H. F. Robinson, (eds.), pp. 468–83. NAS-NRC Publ. 982. NAS-NRC.
Searle, S. R. 1971. Topics in variance component estimation. *Biometrics* 27:1–74.
Silva, J. C., and A. R. Hallauer. 1975. Estimation of epistatic variance in Iowa Stiff Stalk Synthetic maize. *J. Hered.* 66:290–96.
Smith, J. D., and M. L. Kinman. 1965. The use of parent-offspring regression as an estimator of heritability. *Crop Sci.* 5:595–96.
Snedecor, G. W. 1956. *Statistical Methods*. Iowa State University Press, Ames, IA.
Sokol, M. J., and R. J. Baker. 1977. Evaluation of the assumptions required for the genetic interpretation of diallel experiments in self-pollinated crops. *Canadian J. Plant Sci.* 57:1185–91.
Sprague, G. F., and L. A. Tatum. 1942. General vs. specific combining ability in single crosses of corn. *J. Am. Soc. Agron.* 34:923–32.
Stuber, C. W. 1970. Estimation of genetic variances using inbred relatives. *Crop Sci.* 10:129–35.
Warner, J. N. 1952. A method for estimating heritability. *Agron. J.* 44:427–30.
Wolf, D. P., and A. R. Hallauer. 1997. Triple testcross analysis to detect epistasis in maize. *Crop Sci.* 37:763–70.
Wolf, D. P., L. A. Peternelli, and A. R. Hallauer. 2000. Estimates of genetic variance in an F_2 maize population. *J. Hered.* 91:384–91.
Wright, J. A., A. R. Hallauer, L. H. Penny, and S. A. Eberhart. 1971. Estimating genetic variance in maize by use of single and three-way crosses among unselected inbred lines. *Crop Sci.* 11:690–95.
Yang, J., M. J. Carena, and J. Uphaus. 2010. AUDCC: A method to evaluate rate of dry down in maize. *Crop Sci.* (in press).

第5章　遗传方差：试验估计

第4章介绍的交配设计已在玉米中广泛使用，主要用于确定变异中遗传部分和环境部分所占的比例，以及在遗传变异中加性和非加性效应所占的比例。不管是自交还是杂交，玉米通常都能够获得足够的种子用于测试鉴定，所以玉米可以采用各种不同的遗传交配设计来进行研究。玉米是异花授粉植物，研究者很容易观察到群体内的变异。基于East（1908）、Shull（1908，1909）和Jones（1918）所提出的自交系和杂交种选育原则，在20世纪40年代末以前，育种家和研究者十分专注于提高自交系和杂交种选育效率的育种流程的开发。由于玉米群体内的变异，玉米育种者未能像动物育种者那样试图去描述各种遗传变异的类型，以及它们是怎样影响自交系的选择和在杂交种中的表现，这种现象一直持续到Comstock和Robinson（1948）的文章发表和Mather（1949）的著作出版。同样，群体改良也被忽视。Jenkins（1940）、Hull（1945）和Comstock等（1949）的文章集成了基因作用类型对选择的可能效应，也激发了育种者对玉米群体自身特点及其改良的兴趣。

自20世纪40年代以来，研究者在估计不同玉米群体的遗传和环境方差成分上有较高的积极性，此外，他们还试图确定遗传方差成分中加性方差和非加性方差的比例，包括位点内和位点间作用方式的遗传方差。大量的文献给出了这些研究的实证结果，并用理论与不同选择流程进行比较。对几种不同的群体进行了抽样，因为他们对不同群体间遗传变异的可能差异有浓厚的兴趣。由于显性方差与加性方差的比率在杂交种应用上的认可已经得到广泛的关注，已有几项研究对其进行了估计。由两个自交系杂交形成的F_2群体常被用于特定参数的估计；要知道，各分离位点基因频率理论值为0.5这一特性，有利于估计影响性状的所有基因的平均显性效应。另外，利用F_2群体及其后继世代也研究估计了连锁对加性方差和显性方差的影响。

5.1　试 验 结 果

表5.1总结了玉米19个不同性状的加性方差和显性方差的估计值，大多数估计是用遗传交配设计Ⅰ、Ⅱ和Ⅲ，少量的估计是用F_2群体获得的（Mather，1949），这里没有包括从双列杂交设计得到的估计结果。表5.1的最后一列（No.）为每个性状所包含的估计次数，每个性状参数估计值所包含的估计次数决定了该平均数的估计精确度，表中的方差估计值是每个性状的平均值。

报道最多的估计是产量，每个参数的平均值显示，与其他性状相比，产量的显性方差与加性方差的比率是最大的。因此，在产量这个性状的表达上，显性方差看来是重要的。如果每项研究计算出各自的$\hat{\sigma}_D^2/\hat{\sigma}_A^2$值，再计算总估计次数下的平均值，那么

表 5.1　玉米 19 个性状加性方差和显性方差的平均估计值及其标准差，显性方差与加性方差的比率及以小区为基数的遗传力

性状	$\hat{\sigma}_A^2$	SE($\hat{\sigma}_A^2$)	$\hat{\sigma}_D^2$	SE($\hat{\sigma}_D^2$)	$\hat{\sigma}_D^2/\hat{\sigma}_A^2$	$\hat{h}^2$(%)	No.
产量（g）[a]	469.1	174.3	286.8	210.1	0.9377[b] （0.6113）	18.7	99
株高（cm）	212.9	51.6	36.2	46.5	0.5338 （0.1700）	56.9	45
穗位高（cm）	152.7	35.5	11.1	36.5	0.3743 （0.2324）	66.2	52
穗数（$\times 10^3$）	45.9	13.2	11.8	9.9	0.4366 （0.2875）	39.0	39
穗长（cm）（$\times 10^2$）	152.4	37.8	50.4	43.7	0.3746 （0.2480）	38.1	36
穗粗（cm）（$\times 10^2$）	4.6	1.1	0.9	1.1	0.3269 （0.2391）	36.1	35
穗行数（$\times 10^2$）	189.0	45.5	14.5	77.8	0.1774 （0.2407）	57.0	18
粒重（g）	34.9	8.5	9.5	9.4	0.5544 （0.2435）	41.8	11
到开花的天数	4.0	0.9	–0.1	0.9	0.6598	57.9	48
籽粒含水量（%）	7.2	1.7	0.5	2.5	0.4801 （0.2361）	62.0	4
含油量（%）（$\times 10^3$）	82.2	15.6	8.7	8.8	0.1808 （0.1897）	76.7	4
倒伏（%）（$\times 10^3$）	126.1	33.6	–30.2	24.2	0.0265		5
分蘖数（$\times 10^2$）	26.9	6.0	–1.6		0.1850	71.9	5
粒深（$\times 10^3$）	18.7	4.2	5.0	3.6	0.5114 （0.2673）	29.2	7
轴粗（$\times 10^3$）	16.6	2.8	3.4	3.0	0.2131 （0.2048）	37.0	6
苞叶伸展（$\times 10^2$）	54.8	10.4	25.2	14.7	0.4598	49.5	3
苞叶评分（$\times 10^2$）	65.2	1.0	20.4	12.9	0.3128	35.9	3
旗叶数（$\times 10^2$）	67.8		18.0		0.2654		1
旗叶长（$\times 10^2$）	154.0		58.6		0.3805		1

[a] 每株的基础上

[b] 比率来自 $\hat{\sigma}_A^2$ 和 $\hat{\sigma}_D^2$ 估计的平均值

产量的比率为 0.9377（表 5.1）；但如果用显性方差的平均值与加性方差的平均值来除，得到 0.6113，列在表 5.1 的括号内。该比率的两种估计结果之间的差异是因为 $\hat{\sigma}_D^2$ 的负估计值频繁出现，当报道的 $\hat{\sigma}_D^2$ 估计值为负时，就不可能确定 $\hat{\sigma}_D^2/\hat{\sigma}_A^2$。$\hat{\sigma}_D^2$ 平均值的无偏估计应从所有研究的 $\hat{\sigma}_D^2$ 估计值（含负值在内）的代数和来计算。如果 $\hat{\sigma}_D^2$ 的估计在现实中是很小的正值或零，那么负的估计值是不合理的。因此，具有负 $\hat{\sigma}_D^2$ 估计值的研究比率（为负值）不能用于总的平均值计算，那么 $\hat{\sigma}_D^2/\hat{\sigma}_A^2$ 的平均值是偏大的；而如果 $\hat{\sigma}_D^2$ 的实测估计值是很小的正值，那么比率 $\hat{\sigma}_D^2/\hat{\sigma}_A^2$ 就很小。对一个特定群体特定性状的某个参数真实值可通过重复试验而得到可靠估计，那么 $\hat{\sigma}_A^2$ 和 $\hat{\sigma}_D^2$ 的最佳估计值就是对所有报道研究结果取平均值，当然这里我们得假设所有的研究来自同一个广义的玉米群体。那么 $\hat{\sigma}_D^2/\hat{\sigma}_A^2$ 的最佳估计值看来应该由 $\hat{\sigma}_D^2$ 和 $\hat{\sigma}_A^2$ 的平均估计值来计算。尽管由 $\hat{\sigma}_D^2$ 和 $\hat{\sigma}_A^2$ 的平均估计值计算得到的 $\hat{\sigma}_D^2/\hat{\sigma}_A^2$ 值比这一比率的平均值低，但产量上依然显示了相当大的显性方差。假定没有上位性效应和连锁效应，在产量的总遗传变异中，平均的加性方差和显性方差分别占 61.2%和 38.8%。

表 5.1 也列出了 $\hat{\sigma}_A^2$ 和 $\hat{\sigma}_D^2$ 估计值的标准误。就 $\hat{\sigma}_A^2$ 和 $\hat{\sigma}_D^2$ 来说，产量上 $\hat{\sigma}_D^2$ 的标准误要大得多。$\hat{\sigma}_D^2$ 的许多估计值是利用遗传交配设计 I 研究得到的，已经知道，正是因为该设计使用了复合函数才导致这些估计值的标准误较大。对设计Ⅱ和设计Ⅲ，$\hat{\sigma}_D^2$ 是直接从期望均方来估计，而 $\hat{\sigma}_A^2$ 可以从所有交配设计的期望均方来估计。这样，$\hat{\sigma}_A^2$ 的估计标准误的平均值仅仅是 $\hat{\sigma}_A^2$ 平均估计值的 37.2%，而 $\hat{\sigma}_D^2$ 的估计标准误是 $\hat{\sigma}_D^2$ 平均估计值的 73.2%。在单个试验中，$\hat{\sigma}_D^2$ 的标准误经常比 $\hat{\sigma}_D^2$ 估计值大得多，然而，在可以直接估计的交配设计中，这个标准误就会降低。

我们想强调的是，与产量相比其他性状的比率 $\hat{\sigma}_D^2/\hat{\sigma}_A^2$ 大大降低。在大多数情况下，当用 $\hat{\sigma}_A^2$ 和 $\hat{\sigma}_D^2$ 估计的平均值来计算 $\hat{\sigma}_D^2/\hat{\sigma}_A^2$ 时，这个比率甚至低于报道的 $\hat{\sigma}_D^2/\hat{\sigma}_A^2$ 平均值。因此，看来在大多数性状中，总遗传方差中的绝大部分可归因于加性效应。相对较大的比率 $\hat{\sigma}_D^2/\hat{\sigma}_A^2$ 平均值出现在吐丝天数这个性状上，然而，其 $\hat{\sigma}_D^2$ 的平均估计值为较小的负值。与产量类似，频繁出现的 $\hat{\sigma}_D^2$ 的负值估计使得 $\hat{\sigma}_D^2/\hat{\sigma}_A^2$ 结果不可用，所以，该比率是偏大的，因为只有正的 $\hat{\sigma}_D^2$ 估计值才能用来计算 $\hat{\sigma}_D^2/\hat{\sigma}_A^2$。同样，该比率的最佳估计值似乎是来自 $\hat{\sigma}_A^2$ 和 $\hat{\sigma}_D^2$ 无偏的平均估计值，那么在吐丝天数这个性状上该比率几乎为零。粒重和粒深的 $\hat{\sigma}_D^2/\hat{\sigma}_A^2$ 平均值表明 $\hat{\sigma}_A^2$ 和 $\hat{\sigma}_D^2$ 有相似的估计值。在这两个性状上，若使用 $\hat{\sigma}_A^2$ 和 $\hat{\sigma}_D^2$ 的无偏平均估计值进行计算，这个比率就相当低，$\hat{\sigma}_A^2$ 的平均估计值约为 $\hat{\sigma}_D^2$ 平均估计值的 4 倍。

这里遗传力的估计是以小区为单位计算的，在报道的研究中给出了计算遗传力所必需的方差成分。Hanson（1963）强调，在植物研究中报道遗传力时给出其估计单位十分重要，因为有几个研究是在一个环境下进行的，没有包括基因型与环境的互作，遗传力是按下面的公式计算：

$$\hat{h}^2 = \hat{\sigma}_A^2 \big/ (\hat{\sigma}^2 + \hat{\sigma}_D^2 + \hat{\sigma}_A^2)，\ \hat{\sigma}^2 \text{ 为小区试验误差}$$

如果有遗传变异的方差成分、它们与环境的互作及试验误差的估计值，以后裔平均值为基础的遗传力会更有意义。列在表 5.1 中报道正值的 16 个性状遗传力在下面的分布范围中。

遗传力（%）	性状
$\hat{h}^2 > 70$	含油量、分蘖数
$50 < \hat{h}^2 < 70$	株高、穗位高、穗行数、到开花天数、籽粒含水量
$30 < \hat{h}^2 < 50$	穗数、穗长、穗粗、粒重、苞叶伸展、苞叶评分、轴粗
$\hat{h}^2 < 30$	产量、粒深

平均遗传力估计的大小反映文献中报道估计的数量及性状的复杂性。产量是玉米最重要的经济性状，但其遗传力是所有性状中最低的。产量的总方差中 $\hat{\sigma}_D^2$ 所占比例也很大。粒深、穗数、穗长和穗粗是产量的构成因素，它们的遗传力估计值大约是产量的 2 倍。产量是从播种到收获基因型总的表达的结果，因此，产量本身就是在生长期内基因型与环境共同表达的结果。然而，产量的构成成分是由基因型个体发育的特定阶段决定的，它们的表达只取决于生长期季节的某一部分。例如，单株穗数是由开花前 6 周内基因型与环境的共同作用决定的，如果在开花前和开花期的环境条件和基因型的遗传成分有利于多穗，那么单个植株上就会产生多穗。如果在开花前和开花期的环境条件和基因型的遗传成分不适宜于形成多穗，即使在开花后的果穗发育和籽粒灌浆期有最好的条件，仍然形成不了多穗。粒深、穗长和穗粗这些产量构成因素在很大程度上受开花后的环境条件影响。

穗行数也是一个产量构成因素，但其有着相对较高的遗传力估计值（57.0%），是在个体发育的早期决定的，受开花期和开花到成熟的环境条件影响较小，也就是说，开花后的环境条件影响粒深、粒重和果穗大小，但穗行数不会改变。到开花的天数和收获时的籽粒含水量的遗传力平均估计值相对较高，在成熟时这些相对较高的估计值与应用育种计划结合起来，加上它相对容易改变玉米的熟期，因此证明其能适应不同的纬度和海拔。然而，在分子水平上，开花期似乎是一个复杂性状，被较小的加性和少量遗传互作的 QTL 所控制（Buckler et al.，2009）。

由于产量构成因素（粒深、穗长、穗行数、粒大小、行粒数、单株穗数）的遗传力估计值一般比产量本身大，因此得出重视产量构成因素比增加产量本身更有效。一些研究显示，仅强调单个性状的选择一般对增加产量效果较差（Geadelmann and Peterson，1978；Odhiambo and Compton，1987；Carena et al.，1998；Hallauer et al.，2004）。由于决定最终产量表达的复杂性和产量构成众多，似乎应该根据产量来进行选择。在整个生长季节，各种环境效应均可影响植株和果穗的表现，由此引起的植株生长发育阶段的自我调节作用最终也将影响籽粒产量的最终表现。

表 5.1 中的参数估计平均值是来自 5 种类型的群体：①两个自交系杂交的 F_2 群体；②由优良自交系重组形成的综合种（通常 10~24 个自交系）；③自由授粉品种；④自由授粉品种或综合种间的杂交种；⑤通过来源差异较大的材料间杂交形成的复合种，如自由授粉品种、综合种、杂交种和自交系。5 类群体的平均估计值间有较大差异（表 5.2），各类群体的最好估计值取决于所包含的试验数量。表中的最后一列和最后一行分别是估计 5 种类型群体的估计数量和每个参数的估计数量。例如，报道了用 37 个自由授粉品种估计了 $\hat{\sigma}_A^2$，而复合种只有 10 个。对于在表面上每个参数估计数量有这样差异的原因是：①对 $\hat{\sigma}_A^2$ 和 $\hat{\sigma}_D^2$ 的标准差的计算；②用自交系就没有 $\hat{\sigma}_D^2$ 的估计值；③负的估计值不能用于估计 $\hat{\sigma}_D^2/\hat{\sigma}_A^2$；④部分文献中没有列出用于计算以小区为单位遗传力的试验误差。

对 $\hat{\sigma}_A^2$ 和 $\hat{\sigma}_D^2$ 的最大值在复合种和 F_2 群体，而在综合种最小，$\hat{\sigma}_A^2$ 和 $\hat{\sigma}_D^2$ 的估计标准误的最大值也出现在复合种和 F_2 群体中。复合种 $\hat{\sigma}_A^2$ 的平均估计值比 F_2 群体大，但 F_2

群体 $\hat{\sigma}_D^2$ 的平均估计值较大。$\hat{\sigma}_D^2/\hat{\sigma}_A^2$ 的平均值在 F_2 群体、品种间杂交种和复合种中较大，而在综合种和自由授粉品种中较小。然而所有情况下，从 $\hat{\sigma}_A^2$ 和 $\hat{\sigma}_D^2$ 的无偏估计计算的比率小于 1，并且在 F_2 群体和品种间杂交种相对较大。

对 5 类群体的每一类，$\hat{\sigma}_A^2$ 的平均值比 $\hat{\sigma}_D^2$ 的平均值大，范围从复合种的 2.56 倍到品种间杂交种的 1.05 倍。对综合种、自由授粉品种和复合种，加性遗传方差 $\hat{\sigma}_A^2$ 比显性遗传方差 $\hat{\sigma}_D^2$ 大得多，这表明在这些群体中，产量的加性方差比显性方差更重要。在 F_2 群体中，$\hat{\sigma}_A^2$ 和 $\hat{\sigma}_D^2$ 平均估计的平均标准差特别大，对自由授粉品种 $\hat{\sigma}_D^2$ 平均估计的平均标准差也较大。改进试验技术、优化试验设计和分析方法，将经典试验分析与现代分子研究相结合可进一步降低试验误差，从而获得更精确可靠的效应估计。

表 5.2　在 5 类玉米群体产量的加性方差、显性方差及其比率和遗传力

群体类型	$\hat{\sigma}_A^2$	SE($\hat{\sigma}_A^2$)	$\hat{\sigma}_D^2$	SE($\hat{\sigma}_D^2$)	$\hat{\sigma}_D^2/\hat{\sigma}_A^2$	$\hat{h}^2$	$\hat{\sigma}_A^2/\hat{\sigma}_D^2$	报道数
F_2	585.1	338.5	451.0	593.0	1.0022（0.7708）[a]	24.4	1.30	24
综合种	225.9	59.3	128.6	83.4	0.8255（0.5690）	22.9	1.76	15
自由授粉品种	503.8	178.9	245.8	320.8	0.7619（0.4879）	18.9	2.16	37
品种间杂交种	306.2	139.2	292.2	32.0	1.3854（0.9540）	13.4	1.05	13
复合种	721.9	432.0	281.8		1.3335（0.3902）	13.8	2.56	10
平均	468.6	229.6	279.9	257.3	0.9377（0.6343）	18.7	1.76	—
估计数	99	55	82	41	72	43	82	99

[a] 比率来自 $\hat{\sigma}_A^2$ 和 $\hat{\sigma}_D^2$ 估计的平均值

图 5.1 给出了 5 种类型群体产量的加性遗传方差的试验估计，在绘制每个 $\hat{\sigma}_A^2$ 前，5 种类型群体的安排是根据 $\hat{\sigma}_A^2$ 预期估计的相对大小进行的，即 F_2 群体有最小的变异，而复合种的变异最大。然而，图 5.1 给出的单个 $\hat{\sigma}_A^2$ 估计的分布，F_2 群体与自由授粉品种和复合种一样大。

$\hat{\sigma}_A^2$ 估计值的平均值（实线）和上下四分位数（虚线）也包括在图 5.1 中，除了综合种和品种间杂交种，很少有估计值与大多数相当不同。部分研究中报道的 $\hat{\sigma}_A^2$ 估计值非常大，相应的 $\hat{\sigma}_A^2$ 估计标准误也很大。有一份自由授粉群体的研究中 $\hat{\sigma}_A^2$ 的估计为负值（−144）。

最令人惊讶的分布特征是 F_2 群体与综合种分布上的差异，F_2 群体似乎比综合种有更大的变异平均数。由于综合种是由优良自交系重组形成的，似乎综合种内部的变异应该至少等同于 F_2 群体，综合种应该等于多个 F_2 的高世代群体。然而，研究报道的综合种 $\hat{\sigma}_A^2$ 的标准误比 F_2 群体小得多（5.7 倍）。1960 年开始使用了除设计 I 外的其他设计，获得了大多数综合种的估计。F_2 群体比综合种有更高的 $\hat{\sigma}_A^2$ 估计值可能源于基因频率的差异。假定是部分显性到完全显性的遗传模型，基因频率为 0.5 的 F_2 群体的 $\hat{\sigma}_A^2$ 估计值将高于综合种（基因频率大于 0.5）的 $\hat{\sigma}_A^2$ 估计值。综合种通常是优良自交系间交配形成的。在自由授粉品种中，基因频率也接近 0.5 或更低，部分到完全显性，所以 $\hat{\sigma}_A^2$ 接近最大值。品种间杂交种的 $\hat{\sigma}_A^2$ 的估计值与群体内杂交的情形略有不同，可能不相等。

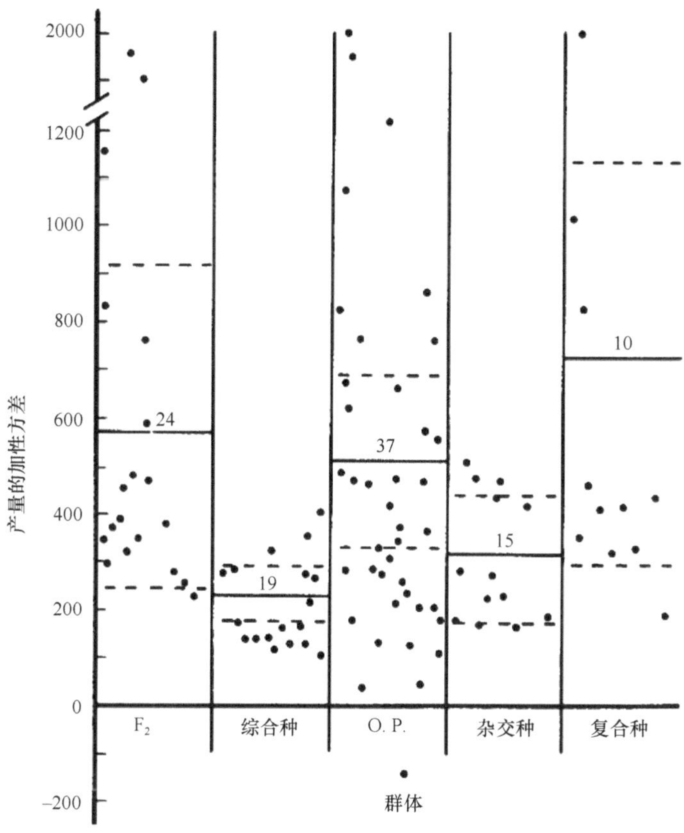

图 5.1　5 种类型群体籽粒产量加性方差的分布

由于 $\hat{\sigma}_A^2$ 的估计值取决于基因频率，5 种类型群体估计值间的差异受分离位点数量和分离位点基因频率的双重影响。从图 5.1 来看，任何群体都似乎有足够的变异在选择中产生显著的进展，因而玉米育种者需要决定是用 F_2 群体获得改良系，用变异较大的自由授粉品种和复合种选育新自交系，或是用看似遗传变异较小的群体选育新自交系。理想的情况下，实用育种流程应兼具短期和长期目标，充分利用产量和其他性状上的遗传变异来改良各类群体。Fountain 和 Hallauer（1996）估计了 3 种类型群体的遗传变异，发现窄基的综合种群体内的遗传变异比 F_2 群体内小，综合种是由相关自交系（如 B14、B73、Mo17 综合种）间交配形成的，可能等位基因的频率大于 0.5。

玉米中一些首次估计遗传方差成分是用 F_2 群体，因为预期的基因频率是 0.5，可以估计影响研究性状的基因的平均显性水平。提出的第一个问题是连锁偏差对 $\hat{\sigma}_A^2$ 和 $\hat{\sigma}_D^2$ 估计的影响。正如前面介绍，如果连锁主要是在相斥相，连锁会低估 $\hat{\sigma}_A^2$ 和高估 $\hat{\sigma}_D^2$ 。产量的平均显性水平的估计经常是超显性，这给出至少一些位点表现出超显性，或者是拟超显性，因为在 $\hat{\sigma}_A^2$ 和 $\hat{\sigma}_D^2$ 估计时连锁有偏差。那么下一步就该利用 F_2 群体随机交配几代进行重组接近遗传平衡，从而来测定连锁偏差对估计 $\hat{\sigma}_A^2$ 和 $\hat{\sigma}_D^2$ 的影响。F_2 和 F_2 随机交配的后继世代 F_n 再抽样估计 $\hat{\sigma}_A^2$ 和 $\hat{\sigma}_D^2$ ，以比较连锁效应，对 4 个性状的研究结果列于表 5.3。

表 5.3　四个性状在 F_2 和 F_n 的 $\hat{\sigma}_A^2$ 和 $\hat{\sigma}_D^2$ 及 $\hat{\sigma}_D^2/\hat{\sigma}_A^2$ 及平均显性水平（“a”）

性状	F_2				F_n				比率
	$\hat{\sigma}_A^2$	$\hat{\sigma}_D^2$	$\hat{\sigma}_D^2/\hat{\sigma}_A^2$	“a_2”	$\hat{\sigma}_A^2$	$\hat{\sigma}_D^2$	$\hat{\sigma}_D^2/\hat{\sigma}_A^2$	“a_n”	“a_n”/“a_2”
产量（g）	554.5 （13）[a]	537.5 （13）	1.1021 （0.97）	1.0498 （0.99）	623.4 （4）	169.8 （4）	0.3564 （0.27）	0.5969 （0.52）	0.5685
株高（cm）	189.4 （7）	42.0 （7）	0.2599 （0.22）	0.5098 （0.47）	255.5 （2）	20.5 （2）	0.0801 （0.08）	0.2830 （0.24）	0.5551
穗位高（cm）	84.3 （7）	14.4 （7）	0.2571 （0.17）	0.5070 （0.41）	134.5 （2）	8.0 （2）	0.0594 （0.06）	0.2437 （0.24）	0.4806
穗数（$\times 10^3$）	43.5 （8）	10.2 （8）	0.2906 （0.23）	0.5390 （0.48）	87.0 （2）	6.7 （2）	0.1135 （0.08）	0.3368 （0.28）	0.6248

[a] 括号内表示包含在平均值中的数量

在所有例子中，F_n 群体平均显性水平的估计值均低于 F_2 群体。F_2 群体产量的平均显性水平估计的平均值略大于 1，而 F_n 群体大约为 0.6。F_2 群体株高、穗位高和穗数的平均显性水平的平均估计值大约在 0.5，但 F_n 群体大约为 0.3。尽管数值小，但当用 $\hat{\sigma}_A^2$ 和 $\hat{\sigma}_D^2$ 的平均值估计显性的平均水平时，F_2 和 F_n 的平均显性水平遵循同样的趋势。因此，产量的主导基因表达方式似乎是部分显性，而非完全显性或超显性。从 F_2 群体得到的超显性估计明显是拟超显性，因为有相斥相的连锁。显性水平没有其他 3 个性状大，但连锁会对 $\hat{\sigma}_A^2$ 和 $\hat{\sigma}_D^2$ 的估计产生影响，因为在所有例子中显性水平都是降低的。比较 $\hat{\sigma}_A^2$ 和 $\hat{\sigma}_D^2$ 的平均估计表明，在所有例子中从 F_2 到 F_n 是 $\hat{\sigma}_A^2$ 增加，$\hat{\sigma}_D^2$ 减少。表 5.3 的最后一列给出了从 F_2 到 F_n 平均显性水平的改变，为 40%~50%。

从表 5.1 和表 5.2 所汇总的玉米 19 个性状试验参数估计结果可以得出如下结论：五类典型玉米群体在所有性状上均表现出遗传变异，而遗传变异的主要部分是加性遗传方差。加性遗传方差是育种选择的主要目的，而且，在大多数群体中选择是有效的。试验估计结果出人意料的是 5 类群体间产量加性方差的相对大小没有显著的差异趋势（图 5.1）。就加性遗传方差估计值 $\hat{\sigma}_A^2$ 的分布来看，没有哪一类群体具有明显优势；似乎 F_2 群体最小，而复合群体最大。不过，以上估计值汇总结果的讨论忽略了上位性和基因型-环境互作的影响，这将在后面加以考虑。

5.2　艾奥瓦坚秆综合种（BSSS）

艾奥瓦坚秆综合种是在 1933~1934 年由 G. F. Sprague（1946）用下面 16 个自交系合

成的综合种（表 5.4）。

表 5.4　高于平均抗倒性的一套自交系交配形成 BSSS

BSSS			
Ia.I159	Ind.461-3	I11.Hy	F1B1-7-1
Ia.I224	I11.12E	Oh.3167B	A3G-3-1-3
Ia.Os420	C.I.617	Ind.AH83	C.I.187-2
Ia.WD456	C.I.540	Ind.Tr9-1-1-6	LE23

这些自交系由不同的育种者选育，选择抗倒折。BSSS 被认为是高于平均水平作为自交系选育的原始群体，选出的自交系与其他优良自交系有高于平均水平的配合力（Mikel，2006）。通过美国种子贸易协会（ASTA）的调查得出源自 BSSS 的自交系广泛用在美国玉米带的杂交种中（Sprague，1971；Zuber，1975）。B14 就是一个很好的例子，这个曾在美国玉米带北部被广泛应用的优良自交系就来自 BSSS；被种业应用最著名的自交系 B73 则来自改良过的 BSSS。BSSS 被广泛用于产量遗传改良和玉米虫害的抗性选择中。相对于其他玉米群体，BSSS 具有高于平均水平的茎秆质量、植株生长势强、叶色浓绿、果穗形状好并适应美国玉米带中部的生育期的特性。BSSS 本身的产量只是中等，但与其他综合种杂交有高于平均水平的配合力（Hallauer and Malithano，1976）。从 BSSS 选育的自交系与属兰卡斯特的自交系杂交会得到产量突出的杂交种（Zuber and Darrah，1980；Darrah and Zuber，1986）。BSSS 在表现型上似乎比其他玉米群体更整齐，从中选出的自交系间的杂交组合表现出较高的产量，这表明了 BSSS 内产量的遗传变异（Lamkey and Hallauer，1986）。

对 BSSS 群体的遗传变异特性进行了数量遗传研究。BSSS 的遗传参数已通过遗传交配设计 I 和设计 II、未加选择的自交系、半同胞轮回选择和自交后裔鉴定进行了估计。BSSS 的遗传方差成分的详细估计结果可能与前面表 5.1 和表 5.2 中特定群体的估计结果一致或不一致，不过前面表 5.1 和表 5.2 也包括了 BSSS 的估计。

表 5.5 给出了 4 套试验对 8 个性状的估计值，我们的目的在于总结遗传方差成分的估计，并展示采用不同后裔材料和不同估计方法所得估计结果之间的比较关系。详细的试验细节可参阅相关报道文献（Hallauer，1970，1971；Obilana and Hallauer，1974；Silva and Hallauer，1975；Bartual and Hallaucr，1976）。表 5.5 中，试验 1 利用了设计 II 的后代，试验 3 使用设计 I 和设计 II 两种交配设计的后代，试验 2 和试验 4 则分别使用了自交单粒传法未加选择的自交系和近交全同胞后代。因此，试验 1 和试验 3 是用非近交后代，试验 2 和试验 4 是近交后代来鉴定进行遗传参数的估计。然而，所有例子的遗传方差成分估计都作近交调整，等同于基础群体 BSSS。

比较 4 个试验的方差成分估计结果，表现出较大的差异，但在大多数情况下显示出惊人的相似之处。如果我们用方差成分估计的标准误来比较各个独立的估计值，那么大多是在误差范围内。产量的 3 个 $\hat{\sigma}_A^2$ 估计值非常相似（表 5.5 的试验 1、2、3），而试验 4 的估计显著偏大。试验 4 的估计是在 2 个相似的环境下获得的，$\hat{\sigma}_{AE}^2$ 估计值很小，因此，估计值过高可能是由于基因型与环境互作偏差。对使用非近交全同胞后代进行估计的试验 1 和试验 3，各遗传方差成分及它们与环境互作的估计值都很相似，所有例子的估计值都是相似的。在用近交后代进行鉴定的试验 2 和试验 4，株高的 $\hat{\sigma}_A^2$ 估计值比试验 1 和试验 3 大。相比于其他性状，开花期的几个估计值间变异最大，但其估计值是在较少的环境下获得的；如果基因型与环境互作占有重要比例，那么环境数少会给估计值带来较大偏差，这对使用近交后代进行评估的试验里会更加明显。大多数性状的遗传力估计值在各套试验间是相似的，不过使用近交后代来做估计的试验的估计值要更高一些，在产量上，近交试验的估计值是非近交试验估计值的 2 倍左右。由于自交系后裔鉴定试验只有一个变异来源，不可能估计 $\hat{\sigma}_D^2$，这在自交系自交水平（$F=99\%$）下可以忽略不计。

比较表 5.1 和表 5.5，BSSS 的估计值要小于多个群体的平均水平。例如，表 5.1 的 $\hat{\sigma}_A^2$ 平均估计值是 469.1±174.3，而表 5.5 中的 BSSS 为 188±24；表 5.1 的平均估计值 $\hat{\sigma}_D^2$（287±210）也比表 5.5 中 BSSS 的 $\hat{\sigma}_D^2$ 估计值（179±29）大得多。尽管 BSSS 的 $\hat{\sigma}_A^2$ 和 $\hat{\sigma}_D^2$ 的估计值分别比表 5.1 中估计值小 60%和 38%，但 BSSS 群体的 $\hat{\sigma}_A^2$ 和 $\hat{\sigma}_D^2$ 的估计值的标准误也比表 5.5 相应值小 84%。如果考虑估计的精确度，我们用相应估计值的两个标准误来确定显著性，在产量上 BSSS 估计值与表 5.1 的估计值的差异并不显著。对株高、穗位高、穗长和穗粗，BSSS 的估计值与表 5.1 相似，在样本抽样误差的范围内。然而，对穗轴粗和籽粒深度，BSSS 的变异比表 5.1 总结的要小；开花期的 $\hat{\sigma}_A^2$ 估计值是表 5.1 的其他群体平均估计值的 4 倍。BSSS 群体开花期的 $\hat{\sigma}_A^2$ 估计值可能由于基因型与环境的互作而偏高。表 5.5 中的试验 3 的开花期 $\hat{\sigma}_A^2$ 估计值与表 5.1 的水平相似。

表 5.5　四个试验 BSSS 方差成分估计汇总

性状	试验数[a]	$\hat{\sigma}_A^2$	$\hat{\sigma}_{AE}^2$	$\hat{\sigma}_D^2$	$\hat{\sigma}_{DE}^2$	$\hat{\sigma}_D^2/\hat{\sigma}_A^2$	$\hat{\sigma}^2$	$\hat{h}^2$(%)	
								小区	后裔平均[b]
产量	1	156±29	83±32	174±37	74±13	1.12	387±13	17.8	34.9
	2	147±16	44±5	—[c]		a	129±7	45.9	80.2
	3	166±24	91±10	184±21	72±12	1.10	364±8	18.9	59.1
	4	283±29	22±6				157±10	61.2	89.4
	$\overline{X}$	188±24	60±11	179±29	73±12	1.11	259±10	24.8[e]	41.4[e]
株高	1	143±15	22±4	25±5	5±7	0.17	55±2	57.2	78.6
	2	191±18	15±2				58±3	72.3	92.9
	3	141±10	12±1	15±2	7±1	0.11	46±1	63.8	82.9
	4	191±18	4±2				47±3	78.9	95.4
	$\overline{X}$	166±15	13±2	20±4	6±4	0.14	52±2	64.6	81.7
穗位高	1	126±13	10±2	13±3	9±4	0.10	30±1	67.0	83.8
	2	102±10	3±1				35±2	72.8	93.7
	3	107±7	9±1	9±1	6±1	0.08	31±1	66.0	84.8
	4	111±11	1±1				26±2	80.4	96.0
	$\overline{X}$	112±10	6±1	11±2	8±2	0.09	30±2	67.1	84.4

续表

性状	试验数[a]	$\hat{\sigma}_{A}^{2}$	$\hat{\sigma}_{AE}^{2}$	$\hat{\sigma}_{D}^{2}$	$\hat{\sigma}_{DE}^{2}$	$\hat{\sigma}_{D}^{2}/\hat{\sigma}_{A}^{2}$	$\hat{\sigma}^{2}$	$\hat{h}^{2}$(%)	
								小区	后裔平均[b]
穗长（×10²）	1	104±14	22±9	24±12	−10±23[d]	0.23	185±6	31.0	62.6
	2	129±15	58±26				242±14	30.1	68.4
	3	121±11	22±3	41±6	23±4	0.34	121±3	28.9	61.4
	4	215±20	13±5				120±10	61.8	89.8
	$\overline{X}$	112±10	29±11	32±9	6±14	0.28	167±8	37.8	66.5
穗粗（×10²）	1	2.6±0.4	1.1±0.3	0.4±0.4	0.8±0.8	0.15	5.8±0.2	24.3	56.5
	2	4.1±2.0	3.9±1.5				11.5±1	21.0	56.0
	3	2.9±0.3	0.5±0.1	0.8±0.1	0.7±0.1	0.28	4.7±0.1	30.2	50.4
	4	6.0±0.5	0.2±0.1				4.0±0.2	58.8	89.0
	$\overline{X}$	3.9±0.8	1.4±0.5	0.6±0.2	0.8±0.4	0.22	6.5±0.4	29.5	52.0
轴粗（×10²）	1	1.9±0.2	0.1±0.1	0.1±0.2	0.1±0.4	0.05	2.8±0.1	38.0	75.0
	2	1.8±1.0	1.4±0.0				6.0±0.0	19.6	55.1
	3	1.4±0.1	0.2±0.1	0.2±0.1	0.2±0.1	0.14	2.4±0.1	31.8	65.6
	4	1.9±0.2	0.1±0.1				2.0±0.1	47.5	73.7
	$\overline{X}$	1.8±0.4	0.4±0.1	0.2±0.2	0.2±0.2	0.10	3.3±0.1	30.5	65.4
粒深（×10²）	1	1.5±0.3	1.0±0.2	0.5±0.3	−0.1±0.6d	0.33	4.8±0.2	19.2	47.9
	2	1.4±1.0	1.0±0.0				5.6±0.1	17.5	52.5
	3	1.5±0.2	0.2±0.1	0.5±0.1	0.3±0.1	0.33	3.9±0.1	23.4	43.3
	4	3.2±0.4	0.3±0.1				5.6±0.1	35.2	75.6
	$\overline{X}$	1.9±0.5	0.6±0.1	0.5±0.2	0.1±0.4	0.33	5.0±0.1	23.4	54.8
开花期	1	30.5±5.8		8.5±6.7		0.28	2.2±0.2	74.0	77.5
	2	8.6±0.6	0.4±0.2				4.8±0.2	62.3	90.2
	3	4.2±0.3	0.3±0.1	0.5±0.1	0.2±0.1	0.12	1.3±0.1	64.6	82.6
	4	16.8±1.6	8.6±0.6				3.0±0.3	59.2	83.3
	$\overline{X}$	15.0±2.1	0.4±0.2	4.5±3.4	0.2±0.1	0.20	2.8±0.2	65.5	74.4

[a] 用于获得方差成分估计的交配设计：①设计Ⅱ形成的 320 个全同胞后裔在 3 个环境下鉴定（Hallauer，1971），②自交形成的 247 个选择的自交系在 3 个环境下鉴定（Obilana and Hallauer，1974），③用设计Ⅰ和Ⅱ形成的 800 个全同胞后裔在 6 个环境下鉴定（Silva，1974），④通过全同胞形成的 231 个未选择自交系在 2 个环境下鉴定（Bartual and Hallauer，1976）

[b] 平均遗传力的估计是在 3 个环境每个环境 2 次重复下计算得出，即 $\hat{\sigma}_{A}^{2}\Big/\left[\hat{\sigma}^{2}/(re)+\hat{\sigma}_{ge}^{2}/e+\hat{\sigma}_{A}^{2}\right]$

[c] 无估计值

[d] 在遗传力估计计算中，负的估计值假定为 0

[e] 遗传力的估计是用方差成分的平均估计值计算

以小区为基础计算的遗传力，BSSS 与多群体平均值在产量、株高、穗位高、穗长、穗粗、轴粗、粒深和开花期等性状上非常相似。考虑到方差成分估计的抽样误差，表 5.1 和表 5.5 中遗传力估计的相似性是显著的。BSSS 中 8 个性状的相对遗传力估计与表 5.1 所有群体估计的平均值是相同的。

BSSS 与多群体均值在参数估计值上的明显差别体现在产量的 $\hat{\sigma}_{D}^{2}$ 上，多群体 $\hat{\sigma}_{D}^{2}$ 的平均估计值比 $\hat{\sigma}_{A}^{2}$ 平均估计值小 39%，而表 5.5 中 BSSS 的 $\hat{\sigma}_{D}^{2}$ 和 $\hat{\sigma}_{A}^{2}$ 的平均估计值近似相

等。有两个例子的 $\hat{\sigma}_D^2/\hat{\sigma}_A^2$ 的平均值大，约为 1（0.94 和 1.11），但 $\hat{\sigma}_D^2$ 和 $\hat{\sigma}_A^2$ 平均估计值的比率分别是 0.61（表 5.1）和 0.95（表 5.5）。如果对 BSSS 群体，我们仅考虑能同时估计 $\hat{\sigma}_A^2$ 和 $\hat{\sigma}_D^2$ 的试验 1 和试验 3，$\hat{\sigma}_A^2$ 的平均估计值为 161，低于 $\hat{\sigma}_D^2$ 的平均估计值 179，那么 $\hat{\sigma}_D^2/\hat{\sigma}_A^2$ 为 1.18。此外，BSSS 的 $\hat{\sigma}_A^2$ 估计平均值与表 5.2 中综合种的 15 个研究 $\hat{\sigma}_A^2$ 估计平均值比较，其结果相似，分别为 188 和 266。然而，BSSS 群体 $\hat{\sigma}_D^2$ 估计平均值比所有综合种估计值的平均值要大，但从标准误来看两个估计平均值间的差异可能并不显著。在产量上，似乎 BSSS 群体相对于其他综合种，$\hat{\sigma}_A^2$ 是平均值，但 $\hat{\sigma}_D^2$ 高于平均值。对其他性状，BSSS 群体与其他综合种在株高、穗位高、穗长和穗粗上的遗传变异是相似的，但在轴粗和粒深上高于平均值。除了 $\hat{\sigma}_D^2$，没有依据区分 BSSS 和其他综合种，二者在 $\hat{\sigma}_A^2$ 和 $\hat{h}^2$ 的估计值上都是相似的。

相比于多群体平均值，BSSS 的 $\hat{\sigma}_A^2$ 和 $\hat{\sigma}_D^2$ 的估计值都较小，但是其估计值的标准误也较小。在玉米群体中，茎秆的抗倒折性状在玉米生产和机械化种植下是非常重要的，也许通过偶发的配对选出茎秆强度高且产量显性效应强的优良自交系正是 BSSS 群体具有高配合力的原因所在（Hallauer et al.，1983；Mikel，2006；Mikel and Dudley，2006）。

5.3 试验和交配设计的预期选择

作为应用育种资源材料的育种群体循环改良，属于长期育种计划，这为群体内的遗传变异提供了依据。只有通过好的抽样技术获得合适的待测后代个体才能获得遗传变异的可靠估计。不管是抽取群体创建遗传交配设计以便估计遗传方差成分，或是抽取群体来测试循环改良后的个体，抽样技术都至关重要。在前述两种情况下，只有运用了恰当的抽样技术，群体方差成分估计和后裔鉴定才有效。大多数例子中，在交配设计（如设计Ⅰ和Ⅱ）中使用的样本的容量比在循环改良中的鉴定样本容量要大。然而，在循环改良计划中，每轮选择中根据后裔鉴定也要进行遗传变异的估计。在第 2 章已经介绍，遗传方差成分取决于所研究群体的基因频率，群体中基因频率的变化会影响遗传方差成分的估计。所有选择试验的主要目标是改变基因频率，即通过选择增加性状的有利基因频率。经过几轮选择后群体后代个体间的变异已经发生改变，可能就不适合作为对未经选择的原始群体的方差成分估计。如果和预期的一样，对复杂性状如产量的轮回选择，基因频率的改变相对较小，这种小的改变也许不会对方差成分的估计造成大的影响。事实上，抽样误差可能比基因频率的改变对方差成分估计精度的影响还要大。假定在连续的轮回选择中基因频率的改变不是很大，从长期循环改良中每轮都抽样进行长期连续的方差成分估计，这应该是对群体准确可靠的估计。因此，相比于常规遗传交配设计，长期轮回选择过程中连续抽样试验样本量大与基因频率的改变对参数估计是利弊共存。

表 5.6 给出了所有在艾奥瓦试验站（Ames，IA）进行的轮回选择研究，那时艾奥瓦州玉米育种非常活跃。现在只有少量的公共玉米育种计划得以保留，这些计划涉及用于

自交系选育的种质改良的轮回选择（第 7 章，在 Fargo 站进行的计划）。

表 5.6　在艾奥瓦进行的对 BSSS 群体进行产量、根和茎秆强度、叶片病害的抗性和早熟性的改良

选择群体	育成群体	测验种	鉴定后裔	已完成轮回
艾奥瓦坚秆综合种	BS13（HT）	Ia13	半同胞	7
	BS13（S）		S_2 后裔	12
	BS13（HI）[a]	B97	半同胞	6
艾奥瓦坚秆综合种	BSSS（R）	BSCB1	半/全同胞[b]	18
艾奥瓦玉米螟综合种 1 号	BSCB1（R）	BSSS	半/全同胞	18
Krug Hi Ⅰ. 综合种 3	BSK（HI）	自交系	半同胞	11
Krug Hi Ⅰ. 综合种 3	BSK（S）		S_1-S_2 后裔	11
艾奥瓦双穗综合种	BS10（FR）	BS11	全同胞	18
先锋双穗综合种	BS11（FR）	BS10	全同胞	18
先锋双穗综合种[c]	BS11（S）		S_1 后裔	11
艾奥瓦早熟综合种 1 号	BS21（R）	BS22	半同胞	9
艾奥瓦早熟综合种 2 号	BS22（R）	BS21	半同胞	9
Tuxpeno 复合种[d]	BS28（R）	BS29	半同胞	5
Suwan-1[d]	BS29（R）	BS28	半同胞	5
Midland	BS33（S）		S_1-S_2 后裔	4
兰卡斯特综合种	BS34（S）		S_1-S_2 后裔	4

[a]BS13（HI）——用 B97 作测验种，从 BS13（HT）C7 开始，与 BS13（S）是同源群体

[b]用半同胞选择到 C12，然后用全同胞进行选择

[c]每轮选择后，包含了 4 个选择计划，5、10、20 和 30 个选择间交配

[d]对两个热带群体进行相互轮回选择前，在两个温带环境下用混合选择方法进行适应性选择

这里将群体后代方差成分及与环境互作的估计进行总结，其中，有的研究已经中断，但有的研究却得到了加强。

（1）BS13（HT）：用测验种对艾奥瓦坚秆综合种进行 7 轮的半同胞轮回选择（H 为半同胞，T 为测验种）。

（2）BS13（S）：对艾奥瓦坚秆综合种进行 4 轮的自交后裔轮回选择（S 为 S_1 和 S_2 轮回选择）。

（3）BSSS（R）：用艾奥瓦抗螟综合种 1 号（BSCB1）作测验群体，对艾奥瓦坚秆综合种进行 10 轮的相互轮回选择（R 为用半同胞后裔进行相互轮回选择）。

（4）BSCB1（R）：用艾奥瓦坚秆综合种作测验群体，对艾奥瓦抗螟综合种 1 号（BSCB1）进行 10 轮的相互轮回选择。

（5）BSK（HI）：用 Krug Hi 综合种 3 号（BSK），属于 Krug 黄马齿的一个品系（Lonnquist，1949），用自交系作测验种进行了 8 轮的半同胞选择（HI 为半同胞轮回选择）。

（6）BSK（S）：用 Krug Hi 综合种 3 号（BSK）进行了 8 轮的 S_1 后裔轮回选择。

（7）BS12（HI）：Alph，一个自由授粉品种，用测验种 B14 进行了 7 轮半同胞轮回选择。

（8）BS2（S）、BS16（S）和（8）BSTL（S），用 S_2 轮回选择的外源种质群体。

（9）BS10（FR）和 BS11（FR）全同胞相互轮回选择（FR 为全同胞相互轮回选择），选择中强调籽粒产量。

以上所列的选择计划（表 5.6）中除了（7）和（8），其他还在继续选择。在轮回选择中估计遗传变异有两个方面的作用：①将选择试验的估计值与各种遗传交配试验的估计值（表 5.1~表 5.4）进行比较；②展示在连续的轮回选择世代中，遗传方差估计是怎样变化的。

有一些研究进行了 40~60 年，有一些也近 20 年。在研究中试验和鉴定程序已经发生变化，这要逐一说明。这里将所有的 $\hat{\sigma}_A^2$ 估计转换成 g/株，以便于与表 5.1~表 5.4 比较。在转换中，我们用的平均种植密度为每公顷 39 042 株，这是早年的密度，目前的种植密度为每公顷 60 000~70 000 株。

已经进行了 7 次或更多次轮回选择的试验资料列在表 5.7~表 5.12 中，包括每轮的遗传方差成分估计、遗传力和遗传变异系数等。

表 5.7　BS13（HT）用 Ia13 作测验种进行 7 轮半同胞和 2 轮 S_2 轮回选择籽粒产量方差成分估计汇总

选择群体	年份	试验数	重复数	方差成分估计[a]			$\hat{\sigma}_A^2$ [b]	$\hat{h}^2$	遗传 CV（%）	平均产量（kg/hm²）
				$\hat{\sigma}^2$	$\hat{\sigma}_{ge}^2$	$\hat{\sigma}_g^2$				
BS13（HT）C0	1940	1	3	41.9 ±3.2	—	12.9 ±3.3	338.5 ±86.6	48.0	10.2	3510
BS13（HT）C1	1948	1	6	15.3 ±0.8	—	4.2 ±0.8	110.2 ±21.0	62.2	3.8	5380
BS13（HT）C2	1952	2	3	29.3 ±2.1	5.9 ±2.2	9.9 ±2.6	259.8 ±68.2	58.9	4.8	6510
BS13（HT）C3	1955	2	3	63.2 ±5.1	13.5 ±5.6	−1.6 ±3.6	−42.0 ±94.5			4490
BS13（HT）C4	1958~1959	4	3	37.7 ±2.0	7.0 ±1.8	3.4 ±1.3	89.2 ±34.1	58.6	2.6	6960
BS13（HT）C5	1962	4	2	32.5 ±2.5	3.0 ±2.1	10.3 ±2.3	270.3 ±60.4	65.2	3.8	8500
BS13（HT）C6	1965	4	2	30.4 ±2.4	6.6 ±2.2	9.1 ±2.2	238.8 ±57.7	56.2	4.5	6740
C0-C6 累计		1.9[d]	2.8[d]	38.0 ±1.2	6.6 ±1.0	7.9 ±1.1	207.3 ±28.9	42.7	5.0	
BS13（S）C0	1972	3	2	37.2 ±2.4	23.4±4.5 3.9±0.8[c]	58.9±10.4 9.8±1.7[c]	257.6 ±45.5	76.7	14.6	5250
BS13（S）C1	1975	3	2	125.0 ±6.1	54.0±12.4 13.5±3.1[c]	80.2±17.2 20.0±4.3[c]	350.5 ±75.2	62.6	22.3	4020
BS13（S）C2	1978	3	2	78.4 ±6.6	21.5±6.9 5.4±1.7[c]	45.6±22.8 11.4±5.7[c]	199.3 ±99.6	69.2	12.9	5220
BS13（S）C3	1981	3	2	65.8 ±6.7	48.4±9.6 12.1±2.4[c]	27.8±8.4 7.0±2.1[c]	121.5 ±36.7	50.7	11.3	4650
BS13（S）C4	1984	3	2	42.8 ±3.6	10.5±3.7 2.6±0.6[c]	28.4±5.7 7.1±1.4[c]	124.1 ±24.9	72.8	16.4	3980
C0-C4 累计		3	2	65.4 ±2.5	32.0 ±3.2	53.7 ±12.0	234.7 ±52.4	71.3	15.9	4620

[a] 方差成分估计以 kg/hm² 表示

[b] 半同胞和 S_2 选择的 $\hat{\sigma}_A^2$ 估计转换成 g/株

[c] 相对于半同胞选择，估计值调整到 $(\frac{1}{4})\hat{\sigma}_A^2$

[d] 估计值为调和平均

表 5.8 BSSS（R）用 BSCB1（R）作测验种进行相互轮回选择籽粒产量方差成分估计汇总

选择群体	年份	试验数	重复数	方差成分估计[a]			$\hat{\sigma}_A^2$ [b]	$\hat{h}^2$	遗传 CV（%）	平均产量（kg/hm²）
				$\hat{\sigma}^2$	$\hat{\sigma}_{ge}^2$	$\hat{\sigma}_g^2$				
BSSS（R）C0	1950	1	3	27.9±3.0		13.3±3.4	349.0±89.2	58.8	7.9	4620
BSSS（R）C1	1953	2	3	33.1±2.3	0.1±1.7	11.1±2.5	291.3±65.6	66.7	6.2	5340
BSSS（R）C2	1956~1957	4	2.7[c]	41.4±2.2	3.3±1.7	3.9±1.2	102.3±31.5	43.5	3.7	5320
BSSS（R）C3	1960	2	3	24.5±1.7	4.0±1.8	4.2±1.7	110.2±44.6	43.7	2.8	7450
BSSS（R）C4	1964	4	2	30.2±2.4	3.0±2.0	2.0±1.0	52.5±26.2	27.5	2.1	6690
BSSS（R）C5	1970	4	2	64.6±4.1	4.6±4.7	13.2±3.3	346.4±86.6	56.0	5.3	6800
BSSS（R）C6	1973	3	2	70.6±4.5	14.0±5.9	15.6±5.5	409.3±144.3	45.4	5.5	7131
BSSS（R）C9[c]	1982	4	2	104.0±5.7	8.0±5.6	17.2±3.8	357.4±79.0	53.4	4.7	8820
BSSS(R)C10[c]	1985	4	2	45.4±3.1	5.8±2.7	5.7±1.8	118.4±37.4	45.0	3.3	7350
平均		2.6[d]	2.3[d]	57.8±3.8	7.8±4.1	14.1±3.6	359.3±92.4	52.8	5.4	6910

[a] 方差成分估计以 kg/hm² 表示

[b] 半同胞和全同胞选择的 $\hat{\sigma}_A^2$ 估计转换成 g/株

[c] 与 BSCB1 的相互轮回选择全同胞估计（表 5.9）

[d] 估计值为调和平均

表 5.9 BSCB1（R）用 BSSS（R）作测验种进行相互轮回选择籽粒产量方差成分估计汇总

选择群体	年份	试验数	重复数	方差成分估计[a]			$\hat{\sigma}_A^2$ [b]	$\hat{h}^2$	遗传 CV（%）	平均产量（kg/hm²）
				$\hat{\sigma}^2$	$\hat{\sigma}_{ge}^2$	$\hat{\sigma}_g^2$				
BSCB1（R）C0	1950	1	3	14.9±1.6		20.8±3.7	545.8±97.1	80.7	10.8	4200
BSCB1（R）C1	1953	2	3	34.1±2.8	2.3±2.3	16.9±3.8	443.4±99.7	71.2	7.7	5340
BSCB1（R）C2	1956~1957	4	3	43.1±2.2	4.6±4.7	2.8±1.1	73.5±28.9	37.1	3.2	5180
BSCB1（R）C3	1960	2	3	26.0±1.9	7.5±2.4	6.8±2.4	178.2±63.0	45.7	3.5	7410
BSCB1（R）C4	1964	4	2	23.5±1.8	5.8±1.8	5.7±1.5	149.6±39.4	56.7	3.6	6650
BSCB1（R）C5	1970	4	2	87.6±5.6	12.1±6.8	11.0±3.8	288.6±99.7	44.0	4.9	6750
BSCB1（R）C6	1973	3	2	81.3±5.2	11.2±6.4	32.9±8.8	863.3±230.9	65.3	8.0	7200
BSCB1（R）C9[c]	1982	4	2	104.0±5.7	8.0±5.6	17.2±3.8	357.4±79.0	53.4	4.7	8820
BSCB1（R）C10[c]	1985	4	2	45.4±3.1	5.8±2.7	5.7±1.8	118.4±37.4	45.0	3.3	7350
平均		2.6[d]	2.3[d]	59.1±3.9	8.2±4.4	13.7±3.7	349.1±93.6	53.8	5.4	6850

[a] 方差成分估计以 kg/hm² 表示

[b] 半同胞和全同胞选择的 $\hat{\sigma}_A^2$ 估计转换成 g/株

[c] 与 BSCB1 的相互轮回选择全同胞估计（表 5.8）

[d] 估计值为调和平均

表 5.10 BS12（HT）用自交系 B14 作测验种进行半同胞轮回选择籽粒产量方差成分估计汇总

选择群体	年份	试验数	重复数	方差成分估计[a]			$\hat{\sigma}_A^2$ [b]	$\hat{h}^2$	遗传 CV（%）	平均产量（kg/hm²）
				$\hat{\sigma}^2$	$\hat{\sigma}_{ge}^2$	$\hat{\sigma}_g^2$				
BS12（HT）C0	1950	1	3	4.8 ±0.6		18.8 ±3.2	493.3±84.7	92.2	11.6	3720
BS12（HT）C1	1954	2	3	26.8±2.0	16.4 ±3.7	15.9 ±4.5	417.2±118.1	55.7	7.8	5120
BS12（HT）C2	1959	4	3	36.8±1.8	8.8 ±1.9	4.4 ±1.5	115.4 ±39.4	45.3	2.8	7480
BS12（HT）C3	1963	4	2	28.6±2.2	10.1 ±2.4	16.0 ±3.3	419.8±86.6	72.4	4.5	8910
BS12（HT）C4	1967	3	2	46.2±4.2	1.2 ±3.3	3.8 ±1.9	99.7 ±49.8	31.7	2.4	8240
BS12（HT）C5	1972	4	2	85.5±6.7	24.4 ±6.4	19.7 ±5.3	516.9±139.1	54.0	5.0	8860
BS12（HT）C6	1975	3	2	211.9± 17.3	11.7 ±13.4	38.0 ±11.4	997.1 ±299.1	49.2	9.7	6370
BS12（HT）C7	1979	3	2	141.7± 12.9	30.6 ±13.6	121.9 ±8.6	574.6 ±225.7	39.0	6.1	7630
平均		2.4[c]	2.3[c]	72.8±6.0	14.7 ±6.4	17.3 ±5.0	454.2 ±130.3	54.9	6.2	7040

[a] 方差成分估计以 kg/hm² 表示

[b] 半同胞选择的 $\hat{\sigma}_A^2$ 估计转换成 g/株

[c] 估计值为调和平均

表 5.11 BSK（HI）用一个测验种进行 8 次半同胞轮回选择籽粒产量方差成分估计汇总

选择群体	年份	试验数	重复数	方差成分估计[a]			$\hat{\sigma}_A^2$ [b]	$\hat{h}^2$	遗传 CV（%）	平均产量（kg/hm²）
				$\hat{\sigma}^2$	$\hat{\sigma}_{ge}^2$	$\hat{\sigma}_g^2$				
BSK（HI）C0	1954	2	3	25.0±2.8	5.1 ±2.1	6.4 ±2.1	167.9±55.1	48.8	4.0	6310
BSK（HI）C1	1958~1959	4	2	23.1±1.7	6.1 ±1.6	13.0 ±2.4	341.1 ±63.0	74.7	5.2	6940
BSK（HI）C2	1962	4	2	26.6±2.1	12.8 ±2.5	3.0 ±1.5	78.7 ±39.4	31.6	2.4	7160
BSK（HI）C3	1965	4	2	32.9±2.6	3.8 ±2.2	3.6 ±1.4	94.5 ±36.7	41.5	3.4	5570
BSK（HI）C4	1968	4	2	18.5±1.4	6.3 ±1.5	5.6 ±1.4	146.9±36.7	58.9	3.4	6920
BSK（HI）C5	1971	4	2	76.4±6.0	6.0 ±4.7	9.9 ±3.1	259.8 ±81.3	57.2	5.0	6240
BSK（HI）C6	1974	3	2	115.4±10.4	−2.6 ±7.6	17.7 ±5.4	464.5 ±141.7	49.1	7.7	5490
BSK（HI）C7	1977	3	2	109.0±12.1	30.6 ±12.2	17.3 ±8.4	454.0 ±220.4	28.9	8.5	4880
平均		3.3[c]	2.1[c]	40.9±4.9	8.5 ±4.3	9.6 ±3.2	250.9 ±84.3	48.8	5.0	6190

[a] 方差成分估计在选择试验中以 kg/hm² 表示

[b] 半同胞 $\hat{\sigma}_A^2$ 估计转换成 g/株

[c] 估计值为调和平均

在所有的例子中，每个群体连续的轮回选择有相似的趋势：后裔方差成分 $\hat{\sigma}_g^2$ 的估计在开始的 2 轮最大，在 3~4 轮最小，而之后接下来的轮回选择又增加，这种趋势对 BSK（S）选择群体不如其他选择计划那么大，下面的几点理由可部分解释这种遗传方差成分下降或提高。

表 5.12　BSK（S）进行 8 次 S_1 轮回选择籽粒产量方差成分估计汇总

选择群体	年份	试验数	重复数	方差成分估计[a]			$\hat{\sigma}_A^2$ [b]	$\hat{h}^2$	遗传 CV（%）	平均产量（kg/hm^2）
				$\hat{\sigma}^2$	$\hat{\sigma}_{ge}^2$	$\hat{\sigma}_g^2$				
BSK（S）C0	1954	1	2	13.9±2.2		35.4±6.1	232.2±40.0	83.6	16.2	3660
BSK（S）C1	1958~1959	4	2	19.3±1.4	8.6±1.6	38.9±5.9	255.2±38.7	89.5	15.7	3980
BSK（S）C2	1962	3	2	24.5±2.2	10.7±2.7	31.7±5.9	208.0±38.7	80.6	10.8	5210
BSK（S）C3	1965	3	2	22.2±2.1	13.2±2.8	39.5±7.1	259.1±46.6	83.0	15.4	4070
BSK（S）C4	1968	4	2	17.9±1.4	10.6±1.8	18.4±3.3	120.7±21.6	79.0	8.8	4880
BSK（S）C5	1971	4	2	44.8±3.5	13.0±3.4	32.1±5.8	210.6±38.0	78.4	13.4	4210
BSK（S）C6	1974	3	2	65.9±6.0	30.1±7.0	59.3±11.5	389.0±75.4	73.8	20.6	3740
BSK（S）C7	1977	3	2	21.5±2.2	6.6±2.7	38.9±6.8	255.2±44.6	81.7	39.7	1570
平均		2.6[c]	2	28.8±2.6	13.2±3.1	30.5±6.6	241.2±43.0	81.2	17.6	3920

[a] 方差成分估计在选择试验中以 kg/hm^2 表示

[b] S_2 选择 $\hat{\sigma}_A^2$ 估计转换成 g/株

[c] 估计值为调和平均

（1）选择的前 2 轮后裔在少数几个环境下鉴定（大多数为 1 个或 2 个），基因型与环境互作使得遗传方差成分估计偏大。

（2）2~4 轮经常在水分胁迫环境的不利条件下鉴定。

（3）1970 年以前，所有的小区用人工收获，包含掉落的果穗和倒折植株上的果穗；1970 年以后，全部采用机械收获，收获机未采摘的果穗不再重拾和统计。

基因型-环境互作效应列于轮回选择计划汇总表 5.13 中。

将选择进程的方差成分估计值转换之后，计算其平均值并列入表 5.13 最后一行。估计平均值 $\hat{\sigma}_{AE}^2(166.8 \pm 69.2)$ 和 $\hat{\sigma}_A^2(311.2 \pm 72.2)$ 表明，$\hat{\sigma}_{AE}^2$ 的估计值是 $\hat{\sigma}_A^2$ 的 53.6%。因此，这一比较显示在一个环境下得到的 $\hat{\sigma}_A^2$ 由于基因型-环境互作将有平均 50%的向上偏差。在一些例子中[如表 5.13 中的 BS13 和 BSSS（R）]，由基因型-环境互作导致的偏差可能会大于 50%，BS13 和 BSSS（R）的 $\hat{\sigma}_{AE}^2$ 分别是 $\hat{\sigma}_A^2$ 的 84.2%和 61.8%。表 5.13 中 $\hat{\sigma}_{AE}^2$ 相对于 $\hat{\sigma}_A^2$ 的数值表明半同胞后裔的 $\hat{\sigma}_{AE}^2$ 估计值比自交后裔大，5 个半同胞选择过程（尽管 BS13 包含了 2 轮的 S_2 后裔选择）平均估计值 $\hat{\sigma}_{AE}^2$ 是 $\hat{\sigma}_A^2$ 的 66.6%；而在自交后裔选择（S_1 或 S_2）的 4 个群体，平均估计值 $\hat{\sigma}_{AE}^2$ 仅是 $\hat{\sigma}_A^2$ 的 32.8%。$\hat{\sigma}_{AE}^2$ 相对于 $\hat{\sigma}_A^2$ 更加直接的比较是在 BSK 群体中，这是进行半同胞和自交后裔轮回选择的群体。尽管两个选择过程是分开种植的试验，但其后裔每年在同一年份和同一地点进行，$\hat{\sigma}_A^2$ 的估计值非常相似[BSK（HI）为 250.9，BSK（S）为 241.2]，而 BSK（S）的 $\hat{\sigma}_{AE}^2$ 估计值偏小[BSK（HI）为 223.0，BSK（S）为 104.4]。尽管大多数 $\hat{\sigma}_{AE}^2$ 的估计值相互间在一个标准差之内，但

自交后裔选择的 $\hat{\sigma}_{AE}^2$ 估计值偏小。然而，有证据显示，基因型环境互作在估计遗传变异中是一个重要的因素，在 0~1 轮中，$\hat{\sigma}_g^2$ 的估计可能会向上偏差。

从 1954~1963 年获取的资料表明，在群体改良的第 2~4 轮 $\hat{\sigma}_g^2$ 的估计值下降了。在这段时间，鉴定试验中水分胁迫是经常出现的，这使得半同胞后裔鉴定的遗传变异降低，而自交后裔鉴定受影响小[表 5.12 的 BSK（S）]。少量认为环境类型可增大遗传变异的研究证据并未得到广泛支持（Stevenson，1965；Arboleda and Compton，1974）。实际上从选择试验的数据来看，胁迫环境会降低遗传变异。环境效应本身似乎比因选择导致变异降低更合理。大多数例子中，仅完成 2 轮或 3 轮，基因频率的变化可能不足以显著改变遗传方差。对于 BS13（HT），$\hat{\sigma}_g^2$ 的估计值在 1955 年的第 3 轮和 1958~1959 年的第 4 轮分别是 -1.6 ± 3.6 和 3.4 ± 1.3，这明显小于 1952 年的第 2 轮和 1962 年的第 5 轮（表 5.7）。选择试验中得到的信息支持在胁迫环境中遗传变异被压缩的假说，似乎在轮回选择的中期，遗传变异是环境的作用，而不是基因频率的变异，特别是对籽粒产量这样的复杂性状。另外，在选择的后期轮回中，$\hat{\sigma}_g^2$ 估计值急剧增加，可能是由于收集产量数据的收获方法的差异。在 1970 年以前，所有试验小区是人工收获，收获所有果穗；1970 年以后，采用机械收获来测产，不是所有果穗都得到收获，有许多果穗没有包含在产量中。因此，机械收获只测定了收获产量，而不是测定了基因型总的产量潜力。这种收获方式的变化，在选择研究的后裔鉴定中有相反的观点。

（1）机械收获得不到总产量，除非人工拾起掉下的果穗。

（2）如果研究的群体是用于应用育种计划，从站立植株得到的产量是重要的选择指标。

表 5.13　选择试验中方差成分、遗传力和方差遗传成分估计汇总

选择群体	选择轮回	方差成分估计			$\hat{h}^2$	遗传 CV（%）
		$\hat{\sigma}^2$	$\hat{\sigma}_{AE}^2$	$\hat{\sigma}_A^2$		
BS13[a]	11	641.4±37.0	156.5±20.1	214.5±64.0	68.1	10.7
BSSS（R）	11	1516.7±99.7	204.7±107.6	359.3±92.4	52.8	5.4
BSCB1（R）	11	1550.8±102.3	215.2±115.4	349.1±93.6	53.8	5.4
BS12（HI）	8	1910.3±157.4	385.7±167.9	454.2±130.3	54.9	6.2
BSK（HI）	8	1048.9±128.2	223.0±112.8	250.9±84.3	48.8	5.0
BSK（S）	8	755.7±68.2	104.4±24.5	241.2±43.0	81.2	17.6
BS2（S）	5	227.2±20.5	99.2±25.8	321.6±54.2	80.2	39.5
BSTL（S）	5	209.8±18.8	68.6±20.5	253.9±42.8	78.6	29.0
BS16（S）	4	157.3±12.7	78.7±15.7	223.3±34.5	80.2	29.9
BS10×BS11（FR）	9	1246.8±87.8	132.4±81.3	444.5±82.6	61.3	9.1
平均	8.0	926.5±73.3	166.8±69.2	311.2±72.2	66.0	14.9

[a] BS13 是包括 BS13（HT）和 BS13（S）估计的平均值（表 5.7）

在后期轮回中，机械收获引起籽粒产量遗传变异的增加，可能是由穗柄特性和倒伏倒折间接引起的，如果采用人工收获则不会对产量造成影响。

每轮遗传变异系数$\left(\hat{\sigma}_g/\bar{x}\right)\times100$是用标准差除以每轮平均数计算的，尽管表 5.7~表 5.12 中各轮的平均值被环境效应所混淆，但在所有例子中的从 C0 到最后轮回表现出增加的趋势。尽管年份效应使得比较不严谨，但 BS13（HT）的产量从 C0 的 3510kg/hm^{2}增加到 C6 的 6740kg/hm^2（表 5.7）。进行 7 轮的半同胞轮回选择使得半同胞后裔的产量接近翻倍。有趣的是，鉴定的后裔从半同胞改为 S_2 后，S_2 选择的 C0 和 C1 轮平均产量与 1940 年的半同胞产量大致相同。尽管数值较大的变数其变异往往超过数值较小的变数，但表 5.7~5.12 中的变异系数并没有给出后面的选择轮次有较高产量的趋势，这似乎看不出遗传变异系数的大小与后续选择轮次的平均产量间有关。然而，在用自交后裔作鉴定时（表 5.7 的最后 4 轮和表 5.12），这种关系是明显的。遗传变异系数与$\hat{\sigma}_g^2$估计值遵循同样的趋势，而不是每个轮次的产量。

尽管有例子表明在第一轮选择后遗传方差减少，但似乎改良的群体不同轮次间遗传方差估计值（每轮的估计是在不同环境下进行的）估计的波动表明并没有随轮次增加而降低的趋势。例如，从表 5.8 和表 5.9 中相互轮回选择的 BSSS（S）和 BSCB1（R）群体遗传方差成分$\hat{\sigma}_A^2$和遗传变异系数的估计来看，经过 10 轮选择后，两个群体在 C0 和 C10 的$\hat{\sigma}_g^2$估计值是相似的[BSSS（S）为 13.3±3.4（C0）和 14.1±3.6（C10）；BSCB1（R）为 20.8±3.7（C0）和 13.7±3.7（C10）]。因此，遗传变异系数从 C0 到 C10 没有太大变化，尽管 BSSS（S）和 BSCB1（R）的 C10 测交组合的平均产量比 C0 分别增加了 59%和 75%。

因此，数据显示轮回选择之所以能成功应用于玉米改良是因为选择流程符合两个重要原则。

（1）持续选择所需的遗传变异得以保持。

（2）在持续的轮回选择中，群体杂交组合的总体表现得到改良。

表 5.7~表 5.12 列出了每轮次选择中的$\hat{\sigma}_A^2$估计值，这些都是对选择流程中半同胞和自交后裔做了调整后的结果。在选择的轮回中，$\hat{\sigma}_A^2$估计值的变化遵循$\hat{\sigma}_g^2$估计同样的趋势。由于没有证据表明在选择轮回间加性遗传方差已经发生改变，每个群体$\hat{\sigma}_A^2$估计的平均值汇总于表 5.13。此外，有 3 个群体的估计仅有 2~3 个选择轮次包括在比较中。BS13（HT）和 BSSS（R）针对相同的群体，采用不同的轮回选择程序，其$\hat{\sigma}_A^2$估计值（表 5.13）与表 5.5 中 BSSS 的估计值非常相似。选择试验得到的$\hat{\sigma}_A^2$估计值（表 5.13）与表 5.5 中交配设计的估计值在一个标准差范围内。长期选择试验可提供$\hat{\sigma}_A^2$的有效估计，且具有充足的样本、历经测试和多轮选择的优势。遗传方差成分估计的试验误差本质上应该较大，从特定选择轮次得到的估计可能会明显偏离平均值[见表 5.7 中 BS13（HT）的 C3 和表 5.8 中 BSSS（R）的 C4]。如果仅有一个轮次的试验数据，可能会因抽样误差和基因型-环境互作导致的偏差而得出错误的结论。只有历经足够的选择轮次、抽样样本容

量和鉴定测试，才能获得有效的估计。通常，对 BS13（HT）和 BSSS（R），每个轮次只有 100 个后裔用于鉴定，其估计误差大约是交配设计（使用了 231~480 个后代个体）估计误差的 2 倍。选择研究中 BS13（HT）和 BSSS（R）基于后代个体均值的遗传力估计值，分别是 40.7%和 52.5%，这与表 5.5 中 4 个估计的平均遗传力（41.4%）相似。

BSSS 群体[BS13 和 BSSS（R）]和 BSK 群体[BSK（HI）和 BSK（S）]似乎比其他群体（表 5.2）遗传变异更小。涉及 BSSS 和 BSK 的两项选择，研究其 $\hat{\sigma}_A^2$ 的平均估计值分别是 286.9 和 246.0，而其他 6 个群体 $\hat{\sigma}_A^2$ 的平均估计值为 341.1。然而，对 BSSS 的两个估计与表 5.2 中所有综合群体 $\hat{\sigma}_A^2$ 估计的平均值有较好的一致性。BSK 的两个估计[BSK（HI）为 250.9 和 BSK（S）为 241.2]也与 Wright 等（1971）报道的（$\hat{\sigma}_A^2=202$）一致，他们采用的是双列杂交和三交设计的后代，并用加权最小二乘法作的估计。BSSS 和 BSK 是分别用 16 个和 8 个自交系重组形成的综合种。16 个自交系重组形成 BSSS 的目的是增强茎秆的强度，因此包含多个来源种质。而 8 个自交系重组形成 BSK，来源于 Krug 开放授粉品种，选择是根据用 Krug 作父本的测交组合的产量来进行的（Lonnquist，1949）。BSSS 和 BSK 的遗传变异可能受到组成综合种的自交系样本数的限制，也可能受到较大基因频率的限制。BS12 是一个来源未知的开放授粉品种，根据选择研究的平均估计值（表 5.13），有最大的遗传变异（大约 2 倍）。BS16、BSTL 和 BS2 已完成的轮回数少，$\hat{\sigma}_A^2$ 估计值与 BSSS 和 BSK 相似。BSTL 是兰卡斯特×Tuxpeno（一个墨西哥品种）的品种间杂交组合，再与兰卡斯特回交后形成的，它的 $\hat{\sigma}_A^2$ 估计值与 BSSS 相似。BS16 是由南美洲哥伦比亚的复合种 ETO 经 6 个轮回的早熟性混合选择而来的（Hallauer and Sears，1972），有最小的 $\hat{\sigma}_A^2$ 估计值。从 BS16 这有限的证据得出，在外来种质中选择会降低遗传变异。

从交配设计的选择试验得到 $\hat{\sigma}_A^2$ 估计值的比较有同样的有效性，如果从选择试验得到的 $\hat{\sigma}_A^2$ 估计值包含在表 5.2 和图 5.1 中，它们没有偏离用交配设计得到的估计值。图 5.1 给出所有类型的群体期望都有足够的加性方差来展现选择响应，尽管有一些群体高于另外一些群体。从选择试验的估计显示出选择轮回间的变化，但估计值的变幅不大于用交配设计获得的单项研究的估计。样本大小和基因型与环境的相互作用可能是选择轮回间估计值变化的原因，然而这些因素，仅仅在交配设计中不充分的抽样和鉴定中才会显得重要。通常选择试验的样本较小，但也不总是这样，特别是当考虑跨轮回的后裔在选择研究中大量进行鉴定时。然而，汇总在表 5.1、表 5.2 和表 5.13 中的估计值是从同期获得的数据得来的。选择试验是从 20 世纪 40 年代以来轮回选择进行的，用交配设计估计遗传参数在 Comstock 和 Robinson（1948）后得到广泛应用。总结两种方法显示类似的结果。如果采用足够的样本量和鉴定，交配设计能更快地提供遗传参数的估计。Silva 和 Hallauer（1975）在 4 年对 BSSS 的产量得到的估计值为 $\hat{\sigma}_A^2=166\pm24$（表 5.5 中的试验 3）；另外，从 BSSS 群体 11 轮的相互轮回选择得到的估计值为 $\hat{\sigma}_A^2 = 214.5 \pm 64.0$，历时 27 年。现在，一年可进行 3 代，同样的计划可在不到 10 年完成（例如，用交配设计还要快 2 倍）。尽管估计是相似的，但不是完全可比的，因为 Silva 和 Hallauer（1975）用了群体内后裔，而 BSCB1 群体在 BSSS 群体的相互轮回选择计划中被用作测验种。在两个例子中，大约有 800 个后裔用于鉴定；选择试验中从设计 I 和设计 II 来的 800 个全同胞后裔用于鉴定，800 个半同胞后裔（8 个轮回×每个轮回 100 个半同胞后裔）被鉴定。然而，从选择试验中得到的 $\hat{\sigma}_A^2$ 估计值，在 23 个环境下，只有 6 个环境采用了交配设计。如果我们用 $\hat{\sigma}_{AE}^2$ 和 $\hat{\sigma}_A^2$ 的标准差来确定显著性，$\hat{\sigma}_{AE}^2$ 和 $\hat{\sigma}_A^2$ 的估计值在两种估计方法中均不显著。

对玉米遗传方差的估计，采用交配设计比选择试验要快。如果试验是想确定一个群体的遗传变异来预测预期选择进度，使用适当的交配设计是很有必要的。如果试验者在预测选择进度前有耐心收集几个轮回选择的数据，不必用交配设计产生后裔进行专门研究来获得信息，这样做足够的样本和鉴定的花费是很大的。要回答关于某一特定群体用在育种计划中潜力的具体问题，也必须使用一些交配设计。目前，没有很多进行长期选择应用的育种计划，这些计划是最大限度地适应某个特定地区的遗传种质改良。其他的优先考虑事项已在私营和公益机构中得到重视，尽管科技人员有决定权。除了提供独特和适应的改良种质到边缘及非边缘环境，继续进行它们的原因是不同长期轮回选择计划的数据包括不同类型后裔的鉴定。根据这些数据的联合方差分析，能够获得玉米遗传参数的估计。

5.4　上位性方差和效应

上位性应该表现在由优良自交系组成的特定杂交种中，因此，上位性的相互作用似乎仅在特定的，而不是在杂交组合间普遍存在。然而，上位性方差分析研究结果使育种者要测定它变得很困难，特别是在群体中。

玉米群体中加性遗传方差和显性离差的方差的估计（表 5.1）是在假定无上位性下获得的。在大多数例子中，仅 1 个或 2 个方程用于估计遗传方差成分，因此，估计经常受所使用的交配设计的限制。

（1）如果仅一个变异来源（例如，全同胞间的变异），非加性变异来源（包括显性和上位性）被假定不存在。

（2）如果是两个变异来源（例如，半同胞间和半同胞内的全同胞间的变异），假定上位性不存在。

由于产生鉴定所需后裔的交配设计的局限性，这些假定是必需的。交配设计越简单，用于估计所需的限制越大。幸运的是，在玉米上似乎并不是无上位性的假设严重偏离加性和显性成分的估计。

更复杂的交配设计的发展，能够用于估计额外的遗传方差成分，但增加上位性必须增加预测能力（Dudley and Johnson，2009）。在大多数例子中，更为复杂的交配设计，可以估计所有类型的二基因间的上位性和少数例子中的三基因间的上位性，如加性×加性×加性。更为复杂的交配设计的主要目的是得到额外的亲属间协方差来估计额外的遗传方差成分。第一个提出上位性方差估计的是 Cockerham（1956），采用设计Ⅰ和设计Ⅱ，两个不同自交水平作亲本，但在两个例子中，鉴定的后裔是非自交系，这一建议被 Eberhart（1961）和 Silva（1974）所使用。Rawlings 和 Cockerham（1962a，1962b）发展了三交和双交分析，这些分析提供了 9 个亲属间协方差，并能进行 F 测验来检测方差分析中的上位性及估计上位性方差成分。Wright（1966）用三交和双交分析提供的 9 个均方，估计了 Krug Hi I 综合种 3 的上位性。Chi（1965）用 Kempthorne（1957）提出的较为复杂的交配设计，这种设计包含 11 个方差，55 个亲属间协方差，来估计 Reid 黄马齿的上位性。最近对经济重要性的数量性状进行上位性的估计中，Melchinger 等（2008）采用三重测交法，Buckler 等（2009）采用重组自交系，Dudley（2008）采用改良群体。

上位性方差成分的估计一般不太让人满意，尽管包括了足够样本和鉴定的大多数研究，估计的结果却是令人失望的，但似乎仍有希望。上位性对一个复杂性状，如产量，预计是存在的，加性类型的上位性对育种者在选择中是有用的。然而，加性与加性的上位性未获得现实的估计，因此，所使用的遗传模型可能是不恰当的，可能上位性方差在玉米群体中的遗传方差中相对较小。正如第 2 章所述，似乎主要的问题是上位性方差成分与加性和显性方差成分系数的内在相关性（第 4 章）。

表 5.14 包含了 4 个独立的研究，有 5 个群体的上位性方差得到估计，3 个群体（Jarvis、印第安酋长和 Reid 黄马齿）是自由授粉品种，而另外的两个[BSK（来自 Krug 黄马齿）和 BSSS]是综合种。每项研究采用了不同的方法，但他们都得出了未能得到上位性方差的现实估计的结论，因此他们都重新用简单的遗传模型来估计加性方差和显性方差。在一些例子中，负的上位性估计值比它们的标准差还大 2 倍。然而，Dudley 和 Johnson（2009）最近提出了在遗传模型中改变包含上位效应的概率水平。

表 5.14 中包含了 18 个上位性方差成分的估计，其中有 11 个是负值，没有正估计值比它的标准差大 2 倍的，大多数在一个标准差之内。Eberhart 等（1966）总结出：“加性方差似乎在两个群体使用性状的总遗传方差中占最大的比例”。Chi 等（1969）用复杂的交配设计对 Reid 黄马齿进行总结：“在所研究的 7 个性状中，相对于加性方差和显性方差，上位性方差是可以忽略不计的。遗传参数间高度的相关性，不可避免地降低了测定上位性的灵敏性”。Wright 等（1971）用最大似然估计法根据双列杂交和三交分析的均方来拟合误差和六参数遗传模型，并总结出：“尽管在方差成分检验中是显著的，但不可能获得上位性方差成分的现实估计。在两参数遗传模型中，所有性状的总遗传方差最大的比例是加性”。Silva 和 Hallauer（1975）对 BSSS 的深入研究得出：“在产量上，上位性不是一个重要的遗传方差成分，加性方差占总遗传方差成分的 93.2%，加上显性方差成分，占去遗传模型中总遗传变异的 99%，就算加上加性×加性的上位性方差，这一结果也不会改变”。在利用包含超过一个二基因上位性模型的上位性方差估计，与比较大的标准差相比，通常是负值和不实际的。一个完整模型的使用使得 $\boldsymbol{X}$ 矩阵几乎是奇异的。由于这样的结果，每项研究均借助于两参数模型来估计加性方差和显性方差。在简单模型下，这些估计值及与环境的相互作用列于表 5.15 中。表中的大多数例子中，

遗传参数的估计值是比较小的，并与包含上位性模型获得的结果相比，有比较小的标准差（表 5.14），使加性方差及与环境相互作用的估计值均超过它们的标准差的 2 倍。在大多数例子中，显性方差的估计值也超过它们的标准差的 2 倍。如果我们用超过标准差 2 倍作为显著性的标准，这些试验已有足够的样本量和鉴定程序来估计 $\hat{\sigma}_A^2$ 和 $\hat{\sigma}_D^2$ 的遗传参数。而且，表 5.15 中 $\hat{\sigma}_A^2$ 的估计是在表 5.1 和表 5.2 中的样本误差范围内。

表 5.14　5 个玉米群体用不同的估计方法对产量的上位性方差的估计

群体	上位性方差成分				$\hat{\sigma}_A^2$	$\hat{\sigma}_D^2$
	$\hat{\sigma}_{Ig}^2$	$\hat{\sigma}_{Ia}^2$	$\hat{\sigma}_{Id}^2$			
Jarvis（Eberhart et al., 1966）[a]	−300±136	128±119	−428±187		640±113	407±156
印第安酋长（Eberhart et al., 1966）[a]	175±132	78±107	97±183		313±80	247±136
	$\hat{\sigma}_{AA}^2$	$\hat{\sigma}_{AD}^2$	$\hat{\sigma}_{DD}^2$	$\hat{\sigma}_{AAA}^2$		
Reid 黄马齿（Chi et al., 1969）[b]	8.12	5.40	7.04		646.70	37.37
	$\hat{\sigma}_{AA}^2$	$\hat{\sigma}_{AD}^2$	$\hat{\sigma}_{DD}^2$			
BSK（Wright et al., 1971）[c]	−40±225	182±236	−225±96	−164±257	221±54	74±108
未加权	132±286	291±270	−102±120	−100±335	265±40	160±26
加权	−94±165	−305±122			271±73	544±94
BSSS（Silva, 1974）[d]	−94±165		−204±81		271±73	424±71

[a] 通过方差成分的数学期望获得估计值，$\hat{\sigma}_{Ig}^2$ 包含所有上位性方差成分，$\hat{\sigma}_{Ia}^2$ 仅为加性上位性方差成分，$\hat{\sigma}_{Id}^2$ 包含了除加性上位性外的其他上位性方差成分

[b] 遗传方差成分的估计是两年的平均值

[c] 估计方法为普通最小二乘法和加权最小二乘法

[d] 采用最大似然法估计

表 5.15　假定无上位条件下 5 个群体产量加性和显性遗传方差的估计

群体		方差成分估计				
		$\hat{\sigma}_A^2$	$\hat{\sigma}_{AE}^2$	$\hat{\sigma}_D^2$	$\hat{\sigma}_{DE}^2$	$\hat{\sigma}^2$
原始 Jarvis，Eberhart 等（1966）		247±105	234±95	574±183	202±193	1045±35
重组 Jarvis，Eberhart 等（1966）		374±58	214±45	127±33	150±43	1018±33
原始印第安酋长，Eberhart 等（1966）		181±97	134±105	43±179	407±138	1108±41
重组印第安酋长，Eberhart 等（1966）		259±45	189±39	140±31	25±41	1199±37
Reid 黄马齿，Chi 等（1969）		239±41	—	329±102	—	339±8
BSK，未加权，Wright 等（1971）		181±16	102±27	85±47	−29±90	538±78
BSK，加权，Wright 等（1971）		202±88	105±38	67±35	56±37	393±21
BSSS，Silva 和 Hallauer（1975）	ML[a]	169±24	92±10	193±21	75±12	185±7
	LS	138±34	149±63	73±147	−6±303	355±324
	WLS	150±34	91±16	189±30	76±17	185±11

[a] ML、LS 和 WLS 分别指的是最大似然估计、最小二乘法和加权最小二乘法

下面是通过联合方差分析对 BSSS 估计上位性方差的例子。交配设计 I 和设计 II 用于产生 800 个全同胞后裔（设计 I 为 480 个，设计 II 为 320 个）在 6 个环境下进行鉴定。通过设计 I 和设计 II 方差分析的期望均方估计，计算下面的估计值。

设计Ⅰ（$F=0$）

$\hat{\sigma}^2_{\mathrm{m}}=\widehat{\mathrm{Cov}}_{\mathrm{HS}}=34.8\pm11.4$

$4\hat{\sigma}^2_{\mathrm{m}}=\hat{\sigma}^2_{\mathrm{A}}=139.3\pm45.5$

$\hat{\sigma}^2_{\mathrm{f/m}}=\widehat{\mathrm{Cov}}_{\mathrm{FS}}-\widehat{\mathrm{Cov}}_{\mathrm{HS}}=101.9\pm10.0$

$4(\hat{\sigma}^2_{\mathrm{f/m}}-\hat{\sigma}^2_{\mathrm{m}})=\hat{\sigma}^2_{\mathrm{D}}=268.2\pm60.5$

$\hat{\sigma}^2_{\mathrm{w}}=\hat{\sigma}^2_{\mathrm{we}}+(\hat{\sigma}^2_{\mathrm{G}}-\widehat{\mathrm{Cov}}_{\mathrm{FS}})=1654.1\pm23.3$

$\hat{\sigma}^2_{\mathrm{p}}=354.3\pm9.5$

设计Ⅱ（$F=1$）

$\hat{\sigma}^2_{\mathrm{m}}=\widehat{\mathrm{Cov}}_{\mathrm{HS}}=37.1\pm18.0$

$2\hat{\sigma}^2_{\mathrm{m}}=\hat{\sigma}^2_{\mathrm{A}}=74.2\pm35.9$

$\hat{\sigma}^2_{\mathrm{f}}=\widehat{\mathrm{Cov}}_{\mathrm{HS}}=84.5\pm26.3$

$2\hat{\sigma}^2_{\mathrm{f}}=\hat{\sigma}^2_{\mathrm{A}}=169.0\pm52.6$

$\hat{\sigma}^2_{\mathrm{fm}}=\widehat{\mathrm{Cov}}_{\mathrm{FS}}-\widehat{\mathrm{Cov}}_{\mathrm{HS_f}}-\widehat{\mathrm{Cov}}_{\mathrm{HS_m}}=167.2\pm21.8$

$\hat{\sigma}^2_{\mathrm{w}}=\hat{\sigma}^2_{\mathrm{we}}=1280.6\pm29.6$

$\hat{\sigma}^2_{\mathrm{p}}=332.3\pm11.0$

另外的计算包括设计Ⅰ中$\hat{\sigma}^2_{\mathrm{wg}}$和设计Ⅱ中$\hat{\sigma}^2_{\mathrm{HS}}$的估计。由于$\hat{\sigma}^2_{\mathrm{w}}$（设计Ⅰ）仅包括全同胞后裔株与株之间的误差，小区内遗传方差的估计值为1654.1（设计Ⅰ）~1280.6（设计Ⅱ），变成373.5 ± 32.1，这是$\hat{\sigma}^2_{\mathrm{wg}}$或$\hat{\sigma}^2_{\mathrm{G}}-\widehat{\mathrm{Cov}}_{\mathrm{FS}}$的估计值。$\hat{\sigma}^2_{\mathrm{HS}}$的值的计算是通过父本和母本变异来源的累计自由度和总平方和的设计Ⅱ分析得到，$\hat{\sigma}^2_{\mathrm{HS}}$是从期望均方得到，为$60.8\pm16.2$，是$\hat{\sigma}^2_{\mathrm{m}}$和$\hat{\sigma}^2_{\mathrm{f}}$估计值的平均。因此，从设计Ⅱ，$\hat{\sigma}^2_{\mathrm{A}}$的估计值为$121.6\pm32.4$。

如果假定无上位性，$\hat{\sigma}^2_{\mathrm{A}}$的两个单独估计值为$139.3\pm45.5$（设计Ⅰ）和$121.6\pm32.4$（设计Ⅱ），$\hat{\sigma}^2_{\mathrm{D}}$为$268.2\pm60.5$（设计Ⅰ）和$167.2\pm21.8$（设计Ⅱ）。$\hat{\sigma}^2_{\mathrm{A}}$和$\hat{\sigma}^2_{\mathrm{D}}$的估计值在两个标准差之内，但从设计Ⅰ得到的估计值有较大的标准差，特别是$\hat{\sigma}^2_{\mathrm{D}}$的估计值。在设计Ⅱ中累计父本和母本半同胞之前，$\hat{\sigma}^2_{\mathrm{A}}$估计的标准差在两种设计上是相似的。由于设计Ⅰ（$F=0$）和设计Ⅱ（$F=1$）的亲本近交系数不同，半同胞的协方差有不同的遗传期望。如果在遗传期望中包括加性×加性的上位性$\hat{\sigma}^2_{\mathrm{AA}}$，设计Ⅰ的$\widehat{\mathrm{Cov}}_{\mathrm{HS}}$为$(1/4)\hat{\sigma}^2_{\mathrm{A}}+(1/16)\hat{\sigma}^2_{\mathrm{AA}}$，设计Ⅱ为$(1/2)\hat{\sigma}^2_{\mathrm{A}}+(1/4)\hat{\sigma}^2_{\mathrm{AA}}$。半同胞的协方差的遗传期望系数是不同的，因此，我们能用期望值和两个半同胞协方差的观察值来估计$\hat{\sigma}^2_{\mathrm{A}}$和$\hat{\sigma}^2_{\mathrm{AA}}$：

$$\hat{\sigma}^2_{\mathrm{HS}}=(1/2)\hat{\sigma}^2_{\mathrm{A}}+(1/4)\hat{\sigma}^2_{\mathrm{AA}}=60.8\text{（设计Ⅰ）}$$

$$\hat{\sigma}^2_{\mathrm{m}}=(1/4)\hat{\sigma}^2_{\mathrm{A}}+(1/16)\hat{\sigma}^2_{\mathrm{AA}}=34.8\text{（设计Ⅱ）}$$

解以上两个方程，得到$\hat{\sigma}^2_{\mathrm{A}}$的估计值是156.8，$\hat{\sigma}^2_{\mathrm{AA}}$的估计值是−70.8。然而，负的$\hat{\sigma}^2_{\mathrm{AA}}$的估计值是不显著的，因为较大的标准误（223.54）表明与零是没有差异的。$\hat{\sigma}^2_{\mathrm{AA}}$的这个估计值是应用了两个从不同设计的两个$\widehat{\mathrm{Cov}}_{\mathrm{HS}}$估计值来计算的，表明没有上位性存在的证据。上位性的另一个$\hat{\sigma}^2_{\mathrm{AA}}$估计值，能够从设计Ⅰ分析中的3个遗传变异来源计算。因为小区内的变异在两种交配设计中都是有的，小区内的遗传变异为$\hat{\sigma}^2_{\mathrm{wg}}=373.5\pm32.1$，是总的遗传变异减去$\widehat{\mathrm{Cov}}_{\mathrm{FS}}$。如果在设计Ⅰ中，把$\hat{\sigma}^2_{\mathrm{AA}}$包括在遗传

期望中，则得到

$$\hat{\sigma}_{\mathrm{m}}^2=(1/4)\hat{\sigma}_{\mathrm{A}}^2+(1/16)\hat{\sigma}_{\mathrm{AA}}^2=34.8$$

$$\hat{\sigma}_{\mathrm{f/m}}^2=(1/4)\hat{\sigma}_{\mathrm{A}}^2+(1/4)\hat{\sigma}_{\mathrm{D}}^2+(3/16)\hat{\sigma}_{\mathrm{AA}}^2=101.9$$

$$\hat{\sigma}_{\mathrm{wg}}^2=(1/2)\hat{\sigma}_{\mathrm{A}}^2+(3/4)\hat{\sigma}_{\mathrm{D}}^2+(3/4)\hat{\sigma}_{\mathrm{AA}}^2=373.5$$

解上面的 3 个方程，就得到下面 3 个遗传方程成分的估计值：

$$\hat{\sigma}_{\mathrm{A}}^2=36.6\text{，}\quad \hat{\sigma}_{\mathrm{D}}^2=63.2\text{，}\quad \hat{\sigma}_{\mathrm{AA}}^2=410.4$$

$\hat{\sigma}_{\mathrm{AA}}^2$ 的值非常大，而 $\hat{\sigma}_{\mathrm{A}}^2$ 和 $\hat{\sigma}_{\mathrm{D}}^2$ 的值比以前的任何估计都要小。但用同样的 3 个方程，去掉 $\hat{\sigma}_{\mathrm{AA}}^2$，而 $\hat{\sigma}_{\mathrm{DD}}^2$ 包括在遗传期望中，确定的估计值：$\hat{\sigma}_{\mathrm{A}}^2=139.2$，$\hat{\sigma}_{\mathrm{D}}^2=234.2$，$\hat{\sigma}_{\mathrm{DD}}^2=136.8$。包含显性与显性的上位性，在假定无上位性的水平上增加了 $\hat{\sigma}_{\mathrm{A}}^2$ 和 $\hat{\sigma}_{\mathrm{D}}^2$ 的估计值。通过设计 I 分析的方程，加性与加性的上位性似乎对 $\hat{\sigma}_{\mathrm{A}}^2$ 和 $\hat{\sigma}_{\mathrm{D}}^2$ 比显性与显性的上位性有更大的影响。上面 $\hat{\sigma}_{\mathrm{A}}^2$ 的两个估计均因上位性而有偏差，但似乎 $\hat{\sigma}_{\mathrm{AA}}^2$ 在没有包括在模型中时，偏差更大。在用设计 I 和设计 II 分析的半同胞协方差来估计 $\hat{\sigma}_{\mathrm{AA}}^2$ 时，没有证据表明有加性与加性的上位性。

上位性方差估计的讨论已经限制了对产量估计的报道。用经典的数量遗传研究估计，报道了不同的植株及果穗性状，然而，得到了相似的结果。分子标记研究检测到雌雄开花天数的上位性相互作用仅在 2 个家系内，花药和花丝间隔有总表型变异的 2%（Buckler et al.，2009）。Dudley 和 Johnson（2009）遵循不同的方法，得到籽粒含油量和蛋白质含量的上位性是显著的，为此，提出了相互作用的基因网络可能是重要的，尽管在玉米群体中上位性方差的数量估计没有令人信服，这些报道表明上位性效应（根据平均数，而不是方差）在数量性状上是存在的。大部分的证据来自于平均值的比较，其中包括了观测值及不同类型杂交种（单交、三交和双交）的预测表现，不同纯合水平的世代和比较不同近交世代理论纯合水平。在大多数例子中，世代是来自两个自交系杂交，与群体相比，期望某一个杂交组合有特定的希望的上位性效应。由 Anderson 和 Kempthorne（1954）、Cockerham（1954）、Hayman 和 Mather（1955）及 Hayman（1958，1960）提出的遗传模型可以进行加性、显性和上位性基因效应的估计，这些效应的估计是根据用在试验设计中的因子模型进行的。在所有例子中，具有上位性的质量证据，而不是数量证据。

Gamble（1962a，1962b）用 6 个配合力较好的玉米自交系杂交产生 6 个世代（P_1、P_2、F_1、F_2、$P_1 \times F_1$ 得到的 BC_1、$P_2 \times F_1$ 得到的 BC_2），用这些世代形成的 6 个方程进行 6 个遗传参数的估计。从 4 个试验中，对 15 个杂交组合 6 个性状的世代平均值，得到 6 个遗传参数的估计，每个性状显著性效应的频率汇总在表 5.16 中。显性效应在所有组合除籽粒行数外的所有性状都是显著的，除产量外的所有性状的加性效应也是较高的，在 15 个组合中有 47%是显著的。对这组杂交组合，似乎加性效应和显性效应对这些性状的遗传有显著的贡献。尽管没有加性效应和显性效应那么高的频率，但这些性状中显著的上位性也是频繁出现的。这些性状间株高有最大频率的显著二基因上位性，而产量这一频率则最低。在3种二基因上位性中，$a\times d$ 出现频率最大，而 $a\times a$ 最小，Gamble总结出所有基因效应贡献了所研究性状的遗传。在产量上，显性基因效应的估计值是相当重要的，而加性效应在数值上较低，通常是不显著的。产量的所有显性效应估计值是正的，有9个 $d\times d$ 估计值是负的。除3个外，所有的 $a\times a$ 估计值是正的。Darrah和Hallauer（1972）、Sprague和Suwantaradon（1975）对产量和其他性状发现了类型的结果。然而，Hayman（1975）指出上位性的出现会使加性效应和显性效应的估计出现偏差。

表5.16 6个自交系间的15个组合6个显著遗传效应的估计的数量（Gamble，1962a，1962b）

遗传效应	性状						相对频率（%）
	产量	行数	穗长	穗粗	粒重	株高	
平均值	15	15	15	15	15	15	100
加性（a）	7	12	13	12	11	11	73
显性（d）	15	9	15	15	15	15	93
$a\times a$	5	5	6	3	2	6	30
$a\times d$	6	6	6	9	8	8	48
$d\times d$	2	5	5	7	3	8	33

注：最后一栏为所有性状总的显著效应的相对频率

Moll等（1963）对4个自交系间的6个杂交组合，用世代均值分析玉米褐斑病（*Physoderma maydis*）的遗传，在2个杂交组合中检测到显著的上位性，在3个组合中有显著的加性效应，所有组合中没有显著的显性效应。由于所研究群体的遗传结构，加性和显性方差也被估计。在6个杂交组合中有4个组合的 $\hat{\sigma}_A^2$ 估计值超过它的标准差2倍，但没有 $\hat{\sigma}_D^2$ 的估计值超过它的标准差2倍。Moll等（1963）总结了在褐斑病反应中的大量的遗传变异是加性，但遗传力似乎较低。Hughes和Hooker（1971）研究了4个杂交组合在自然条件下对玉米大斑病（*Helminthosporium turcicum* Pass.）抗性得出类似的结果，即用世代均值分析显示出在所有组合中有显著的上位性，在4个组合中有3个的加性效应是非常重要的。假定无上位性，$\hat{\sigma}_A^2$ 的估计值方差大并且是显著的，而 $\hat{\sigma}_D^2$ 的估计值接近于0。他们总结出玉米大斑病的抗性是由相对较少的基因控制，这些基因主要表现加性效应。Hallauer和Russell（1962）也用两个自交系杂交得到的遗传群体来估计遗传方差和效应（方差和均值），研究的性状包括从播种到开花的天数、在生理成熟时的籽粒含水量和粒重，检测到显著的上位性，显性效应比加性效应大。假定无上位性，$\hat{\sigma}_D^2$ 的估计值超过它们的标准差，但 $\hat{\sigma}_A^2$ 的估计值对生理成熟时的籽粒含水量和粒重是0。到开花天数的 $\hat{\sigma}_A^2$ 估计值是显著的，但 $\hat{\sigma}_D^2$ 的估计值为0（Hallauer，1965），这与世代均值分析相比，显示出正的和显著的显性效应估计值，以及比较小的不显著的加性效应估计值。由于这个单交种的两套估计值大小的关系不大，方差和平均数的知识让我们把注意力集中在其他组合上，期望得到更好的估计值便于长期选择计划。再次提出，平均值是无符号的遗传效应的总和，方差是这些遗传效应的平方。此外，尽管平均值分析更准确，但事实上，上位性效应的存在会对遗传模型的精确度起相反的作用。

上位性效应可通过测定杂合性程度与数量性状表现间的关系来检测，这种关系的基础是基于 Wright（1922）对杂种优势与自交衰退的研究，如果表现的变化与杂合性的变化成比例，上位性就可忽略不计或检测不到，这暗示表现的变化取决于显性水平。在玉米中这种关系已被 Kiesselbach（1933）、Neal（1935）、Stringfield（1950）、Sentz 等（1954）、Robinson 和 Cockerham（1961）及 Martin 和 Hallauer（1976）发现，前面的 4 个报道支持这种关系是线性关系，而后面的 2 个报道则发现杂合百分率与表现间呈曲线关系（或上位性）。一个线性响应并不意味着没有上位性，但它没有显示出净的上位性，因为正负上位性的抵消可能产生线性关系。尽管在应用杂合性与表现间的关系中获得上位性的研究上报道了一些相互矛盾的结果，但考虑了包括在研究中的亲本样本、鉴定的环境及所测量的性状，这似乎是意料之中的。例如，Martin 和 Hallauer（1976）研究 4 组自交系（一环系、二环系、好的自交系和差的自交系）中每一组形成的 21 个杂交组合，每组包括 7 个自交系，以及它们所有可能的杂交组合。在每组 21 个杂交组合中的每一个组合，产生 F_2、F_3、回交世代及回交的自交后代，形成 4 种杂合水平（0%、25%、50% 和 100%）。在 4 组自交系中，上位性在穗粗和粒行数上最为频繁，而在产量上的频率最低，所有性状中差的自交系有最大的上位性频率。在所有组的 86 个中仅有 6 个的产量达到 0.05 的显著性水平，这预计是偶然发生的。图 5.2 指出了产量与杂合百分率的线性关系，而穗粗有轻微的曲线关系。产量和穗粗的总变异中，线性平方和分别占 98.2%和 92.8%。在 4 个组中，总共发生显著上位性，在产量上是 6 次，而穗粗是 43 次。Martin 和 Hallauer（1976）的结果与 Sentz 等（1954）在环境效应方面的结果是一致的，他们发现多个环境的联合数据使得增加杂合性更趋于线性化，减少杂交组合的数量表现出显著的上位性。通过自交增加纯合性的曲线反应是上位性出现的证据，这些自交是用于比较按单粒传法未经选择形成的不同世代（Hallauer and Sears，1973；Cornelius and Dudley，1974）。在所有例子中，线性回归是极显著的，这表明是有一定显性水平的加性遗传效应。Hallauer 和 Sears（1973）测量了 10 个性状，线性回归在穗行数上达 92.9%，而对

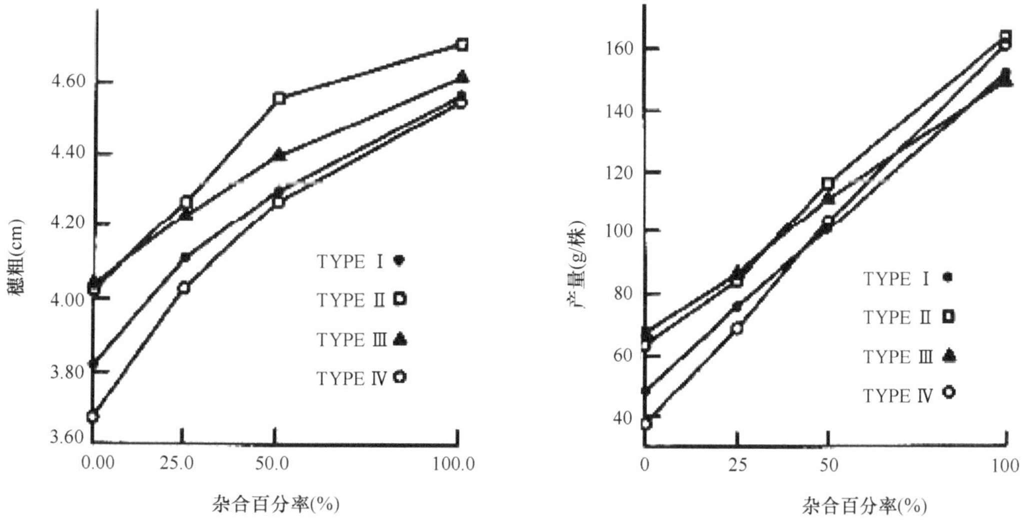

图 5.2　籽粒产量和穗粗与 4 种类型自交系产生杂合水平世代间的关系

株高、穗位高和籽粒产量，总变异中则超过了 99%。因此，线性回归模型能解释大多数世代间的变异，10 个性状中 6 个的二次与偏差平方和不到总变异的 2%，这也表明上位性是次要的。Sing 等（1967）也用 Jarvis 和印第安酋长自由授粉品种得到的未选择自交系形成代表 7 个自交水平的杂交后裔，在所有情况下线性均方是显著的。以产量为例，线性平方和能分别解释 Jarvis 和印第安酋长自由授粉品种总变异的 95.6%和 96.0%。Sing 等（1967）总结出：如果上位性效应对这两个群体的变异有贡献，它们就是引起平均表现与自交间线性关系的类型。

通过比较观测值和优良自交系组成的单交、三交和双交种的预期平均值，获得上位性效应相对重要性的估计，独特的基因上位性复合体在单交种的表现上是重要的，这种表现对每个杂交种是独特的，特别是如果使用的是优良自交系。三交和双交种的生产为亲本单交种在更复杂的杂交种中的遗传重组提供了机会，亲本单交组合的重组将会扰乱独特的基因复合体，引起预测值与实际观测值间的差异。因此，三交和双交表现的比较，将给单交组合表现的上位性效应的相对重要性提供一个定性的评估。Bauman（1959）、Gorsline（1961）、Sprague 和 Thomas（1967）、Eberhart 和 Hallauer（1968）、Stuber 和 Moll（1970）、Otsuka 等（1972）和 Stuber 等（1973）已经检测到不同类型杂交种间的关系。在大多数情况下，采用根据单交种表现的预测方法，如果从亲本单交种平均表现来预测表现有显著差异，那就有上位性。在所有研究中的几乎所有实例，显著的上位性是在特殊的例子中检测到的。从所有的研究中得出两个一般性的结论是显而易见的。

（1）尽管在一些组合中上位性偏差可能是比较大的，使用预测三交和双交的复杂流程是不必要的。

（2）在预测方法上，基因型与环境互作的偏差比上位性离差大，因此在预测流程中充分和广泛的鉴定应上位性优先。然而，Dudley 和 Johnson（2009）提出了预测方法，这个方法有助于在同样的鉴定环境下预测。

这些研究结果得出在优良自交系间的组合中上位性的出现，但与加性和显性相比，上位性是比较小的。

Russell 和 Eberhart（1970）及 Russell（1970，1976）应用 Fasoulas 和 Allard（1962）描述的方法来估计单个位点或影响数量性状的染色体短片段的遗传效应（例如，经典的多基因概念或现代的 QTL 概念及它们的效应）。他们的研究包括自交系 B14 和 Hy 的回交衍生等基因亚系，研究中有用于基因型鉴定的 3 个基因位点，每个研究包括 27 种基因型，基因型间的总变异能够垂直划分为每个位点间的加性和显性效应，以及位点间的上位性效应，这些上位性包括了二基因和三基因的上位性。分析是按基因型的平均值和上位性的定性估计，上位性效应在每个研究的 9 个性状中是存在的。在 B14 除产量外的所有性状中，加性、显性和上位性效应分别解释基因型间总变异的 52.5%、6.2%和 41.2%。对 B14 的单株产量，加性（31%）和显性（28%）几乎相等，上位性效应加性×加性（16%）、显性×显性（14%）也是明显的。在 Hy 的产量表达上，27 个组合加性效应（69%）是比较大的，其次是显性效应（23%），而上位性效应总共达产量变异的 8%。这项研究表明，对每个自交系考虑的 3 个位点，上位性是存在的。B14 和 Hy 是优良的自交系，在发放后就得到广泛使用。显然，产量是由 3 个以上的位点控制，在设计长期育种计划时，上位性值得考虑。玉米杂交种重要经济性状的持续改良需要鉴定独特的基因复合体，这无疑将包括有利的上位性组合。尽管玉米群体中上位性方差成分的估计一般不怎么成功，优良自交系间杂交组合间的平均比较总是给出上位性效应。最初，我们从亲属间协方差的复杂功能估计方差，经常使用复杂的交配设计或是多个交配设计联合进行，大的估计误差是不可避免的。平均值比较是一阶统计，误差较小并且更容易估计。起初，我们在群体中包括大量的基因型，然后比较了优良自交系间的基因型。正如以前提到的，由于所研究的遗传材料和估计参数的类型不同，差异是可能存在的。

5.5　性状间的相关性及间接选择的可能性

遗传相关在确定性状间的关联度和如何提高选择效果是很有意义的。如果间接选择比直接选择对同一性状的选择响应高，遗传相关就非常有用，这取决于这些性状的遗传力，以及它们间的遗传相关性。无论是循环选择或是自交系选育，通常在后裔鉴定中，需要测量多个性状。尽管产量是最感兴趣的性状，但生育期、稳定性、籽粒品质、茎秆强度、对生物和非生物逆境的耐性等是现代玉米育种者考虑鉴定产量最终有用基因型的性状。例如，如果一个基因型开花太晚，生理成熟时籽粒含水量高且脱水较慢，即使有较高的产量潜力在美国玉米带北部的使用也会受到限制。同样，一个高产潜力的基因型，如果茎秆强度差，不适于机械收获。因此，在选择和鉴定过程中，关注性状间理想的关联性是非常重要的。

在经典遗传学中已经知道许多基因有多方面的效应。例如，影响性状的一些基因似乎是不相关的。有多方面效应的基因就是基因的多效性，同一基因可以以互补的方式影响多个性状，而上位性是不同的基因影响同一性状。在经典遗传分析中，基因多效性的存在将在逻辑上意味着数量性状基因多性效应的存在，这使得对遗传力高的性状进行选择具有可能性。例如，如果穗行数与籽粒产量的基因多效性存在，对穗行数进行选择比对产量的选择更有效，因为穗行数的遗传力比产量要高（穗行数 57.0%，产量 18.7%）（表 5.1），并且容易测定。然而，选择的成功也取决于性状间的关联，如果这关联度不大，用穗行数对产量的间接选择是不会成功的。

间接选择是为了使期望性状获得正的响应为目的的第二性状选择。两个性状间高的遗传相关和第二性状有较高的遗传力可在节省时间和精力下对第一性状获得较好的遗传进展。在过去形态标记，如花色用作第二性状对期望的性状的选择取得进展。间接选择是有效的，如果：①第二性状的遗传力比第一性状高；②它们的遗传相关较大。

标记辅助选择（MAS）有同样的原理。因此，在标记和性状间需要有非常高的相关性，该性状也要有非常高的遗传力，有极少数的例外解释间接选择的有效性。

Mode 和 Robinson（1959）研究了在基因多效性假设下玉米性状遗传相关的概念，连锁是另一个性状遗传相关的原因，但假定在连锁平衡下的随机交配群体，遗传协方差能够以同样的方式划分成方差成分。因此，以每个性状方差分析的同样方式进行两个性状间的协方差分析是可能的。由于期望平均值交叉与期望均方类似，通过 Comstock 和 Robinson（1958）的交配设计分析，确定遗传和表型的相关系数是可能的。许多汇总在

表 5.1 中的报道包括性状间的遗传、加性和表型相关，一些报道利用估计值建立了选择指数，但大多数仅报道了性状间的关联。表 5.17 汇总了玉米 13 个性状间遗传相关的估计值，所有的相关是采用不同交配设计的方差和协方差成分来计算的，有不少的估计值是产量与植株和穗部性状的遗传相关，从平均值来看，产量与这些性状的关联是比较低的。

在前面引用的穗行数与产量的例子，平均遗传相关系数是 0.24（表 5.17），因此通过穗行数对产量改良的间接选择（I）比对产量直接选择效果差，假定对两个性状有同样的选择强度：

$$I = 0.24 \times \sqrt{57.0} / \sqrt{18.7} = 0.42$$

尽管穗行数的遗传力为 57.0%，而产量仅为 18.7%，但两个性状间的遗传相关系数（0.24）是很低的，间接选择比对产量的直接选择效率低 58%。

表 5.17　植株及穗部性状与产量的遗传相关多个研究平均值汇总

性状	性状							
	产量	高度		单株穗数	果穗		穗行数	行粒数
		植株	穗位		长	粗		
株高	0.26（23）[a]							
穗位高	0.31（23）	0.81（22）						
单株穗数	0.43（16）	0.12（11）	0.14（11）					
穗长	0.38（13）	0.22（11）	0.08（11）	0.03（1）				
穗粗	0.41（13）	0.03（11）	0.08（11）	−0.08（1）	−0.01（13）			
轴粗	0.10（9）	0.14（9）	0.12（9）		0.03（9）	0.67（9）		
粒深	0.51（9）	−0.11（8）	−0.05（9）		−0.18（9）	0.72（9）	0.61（1）	0.66（2）
穗行数	0.24（9）	0.00（5）	0.25（5）	−0.23（2）	−0.16（5）	0.57（5）		
行粒数	0.45（6）	0.25（3）	0.22（3）	0.15（2）		0.57（1）		
粒重	0.25（8）	0.05（4）	0.05（4）	0.05（2）	−0.03（3）	0.21（3）	−0.33（5）	0.27（2）
到开花天数	0.14（13）	0.32（9）	0.42（8）	−0.02（6）	−0.15（2）			
分蘖数	0.06（3）							

[a] 括号中的数值是每对性状估计值的数量

籽粒深度、单株穗数、穗长、穗粗与产量的遗传相关系数比穗行数的大，但它们的遗传力比穗行数低，间接选择比对产量进行直接选择的效率低 36%~46%，它的平均遗传力比穗部性遗传力估计值低 50%（表 5.1）。在所有情况下，性状与产量的遗传相关太小不能补偿高遗传力估计值。产量与穗部性状的平均遗传相关是较大的，而与株高、穗位高、到开花天数、分蘖数的遗传相关较低。例如，粒深与产量的遗传相关最高（0.51），但决定系数、总平方和通过粒深的线性回归产量的比率仅为 26%。在所有的其他例子中，与产量的决定系数为 20%或更低，也有一些例外，植株与穗部性状，包括产量的平均相关相对较低。株高和穗位高有最大的相关性（$r = 0.81$），有些穗部性状表现出适度的关联。一些穗部性状由于测量的类型，预计将有一些关联。例如，轴粗与粒深会有一定的关联，因为两个性状均包括在穗粗的测量中。粒深与穗行数呈正相关（这与一般的观察得到随着穗行数增加粒深也增加一致），但损失了籽粒的大小[由行粒数与粒重的负相关

（–0.33）得以证明]。除了株高和穗位高及穗粗和粒深，决定系数均低于 50%。

对艾奥瓦坚秆综合种（BSSS）10 个性状的遗传相关估计列于表 5.18，几个不同群体的平均相关列于表 5.17。表 5.18 的所有相关没有包括相同的估计数量，包括的估计数比表 5.17 更少，然而，两套相关的趋势是相似的。

植株和穗位高有高度的相关性（$r = 0.77$），穗部性状间的相关性相对较高。表 5.18 中行粒数与产量的相关性较高，但仅有一个估计值。在 BSSS 群体中，到开花天数与产量间有一个负相关，而表 5.17 中 13 个估计值的平均值是较小的正值。BSSS 的 2 个估计值是从两套未经选择的自交后裔得到的，开花时间与产量表现出负的相关性。众所周知，自交产生延迟开花，因此，要有足够活力的花粉来进行结实。

按小区和后裔平均为基础估计 BSSS 的遗传力列于表 5.5 中，粒深与产量的 5 个相关估计值是 0.65，这是从方差分析和后裔平均的协方差计算得来的。如果我们用遗传力的平均估计值，产量为 41.4%，而粒深是 54.8%，假如对每个性状有相同的选择强度，我们得出用粒深对产量的间接选择仅是对产量进行直接选择效率的 74.8%。仅有一个估计值，即行粒数与产量（$r = 0.84$）（表 5.18）是可用的，用它对产量进行间接选择比对产量的直接选择效率仅低 15%。看来在这种情况下，间接选择是有效的，因为性状间有高的相关及行粒数有较高的遗传力（91%），然而，产量遗传力的估计值也是高的（90%）。如果我们用表 5.5 中 BSSS 遗传力的平均估计值（41.4%），则对产量的间接选择比直接选择更有效，但这将是有偏的，因为用于计算预期响应的参数的精度是不同的。

表 5.18　BSSS 群体植株和穗部性状与产量遗传相关汇总

性状	产量	高度		果穗		轴粗	籽粒	
		植株	穗位	长	粗		行数	深度
株高	0.05（5）[a]							
穗位高	0.05（5）	0.77（4）						
穗长	0.45（5）	0.32（3）	0.00（3）					
穗粗	0.54（5）	–0.01（3）	0.08（3）	0.03（5）				
轴粗	0.13（5）	0.19（3）	0.23（3）	0.15（5）	0.67（5）			
穗行数	0.45（2）			0.19（2）	0.70（2）	0.42（2）		0.60（2）
行粒数	0.84（1）							
粒深	0.65（5）	0.32（2）	–0.13（3）	–0.06（5）	0.71（5）	0.01（5）		
到开花天数	–0.52（2）	0.27（1）	0.33（1）	–0.14（2）	–0.16（2）	0.15（2）	–0.21（2）	0.46（2）

[a] 括号中的数值是每对性状估计值的数量

遗传相关本身就有较大的误差，表 5.17 和表 5.18 中的估计值是用方差和协方差分析得到的方差和协方差成分计算来的，包括自交系和 F_1 杂交种没有简单的相关性，这些相关性会在第 8 章介绍。表 5.17 中遗传相关的估计值的精度是相当不同的，因为有不同的估计数量。例如，在植株和穗位高的遗传相关就有 23 个估计值，而分蘖数与产量的遗传相关只有 3 个。

文献中的几个例子声称，用果穗构成的一个性状对产量进行间接选择是成功的。在产量构成中，单株穗数被认为是可用作对产量潜力进行间接选择的一个很重要的产量构成性状（Lonnquist，1967；Mareck and Gardner，1979；Singh，1986；Subandi，1990）。

此外，Zavala-Garcia 等（1992）报道了选择环境以达到最大遗传进度的重要性，这是根据用于选择改良的最好环境能使加性方差最大化的假设而进行的。植株的密度是更容易变化、使选择更有效的环境因素。产量与其产量构成之间的基因型及表现型相关趋于随植株密度增加而增大（El-Lakany and Russell，1971）。然而，在低密度下（Coors and Mardones，1989）和在两种不同密度下（Carena et al.，1998）对多穗的选择没有增加籽粒产量。并且，在性状表达最有利的环境下选择（如低种植密度）没有产生最好的直接选择响应。种植密度影响籽粒产量的直接选择响应，在低密度下选择可能会产生玉米群体忍耐中高密度下的改良能力（Hyrkas and Carena，2005），更多的证据是可取的。当跨点筛选早代系，或用异质遗传材料作最大的遗传改良时，普遍用于选择的中高密度可能不是育种者最好的选择。然而，某些基因型忍耐高密度的能力，可能与在前育种阶段某些方法在高密度下选择没有关联（Carena and Cross，2003）。如果这是真的，由于需要的种子量少，育种者可以增加鉴定点数。

由 Cortez 和 Mendoza（1977）报道的另外一个例子，对穗长进行 10 代的多向选择，对长穗和短穗的选择均是显著的，对长穗进行选择产量没有得到改进，但选择短穗产量显著降低。发现增加穗长降低粒深的选择，表 5.18 中粒深与产量的相关性比穗长的相关性更大，这一趋势在对穗长进行了 27 轮和 30 轮的选择后得到证实（Lopez-Reynoso and Hallauer，1997；Hallauer，2005）。

似乎对产量这样的复杂性状进行间接选择是不合理的，产量是适合性的表达，一个产量构成因素的急剧变化会伴随其他产量构成的调整，暗示基因频率相关改变的存在。似乎对产量改良最有效的方法是对产量直接进行选择，产量构成间可能会发生相关变化，但这些相关变化会与在产量表达的生理上最有效基因型的发展相呼应。理想的情况是，产量直接计入包括农艺性状（如抗倒性、耐逆性、籽粒品质等）的指数（如遗传指数、秩总和指数等），这些性状在品种发展的目标区域具有经济重要性（如在当地的目标环境下，而不是在其他地方进行育种）。

遗传标记与数量性状间连锁的概念，与 20 世纪初早期由公益机构提出的自交系杂交种的概念同时得到发展。然而，按经典的选择理论，用遗传标记进行间接选择的有效性取决于遗传标记与性状的遗传相关，以及它们各自的遗传力估计值（Johnson，2004），这种关系是由标记与 QTL 间的连锁程度决定的。

（陈泽辉　译，刘文欣　校）

参考文献

Anderson, V. L., and O. Kempthorne. 1954. A model for the study of quantitative inheritance. *Genetics* 39:883–98.

Arboleda, R. F., and W. A. Compton. 1974. Differential response of maize to mass selection in diverse selection environments. *Theor. Appl. Genet*. 44:77–81.

Bartual, R., and A. R. Hallauer. 1976. Variability among unselected maize inbred lines developed by full-sibbing. *Maydica* 21:49–60.

Bauman, L. F. 1959. Evidence of non-allelic gene interaction in determining yield, ear height, and kernel row number in corn. *Agron. J.* 51:531–34.

Buckler, E. S., J. B. Holland, P. J. Bradbury, C. B. Acharya, P. J. Brown, C. Browne, E. Ersoz, S. Flint-Garcia, A. Garcia, J. C. Glaubitz, M. M. Goodman, C. Harjes, K, Guill, D. E. Kroon, S. Larsson, N. K. Lepak, H. Li, S. E. Mitchell, G. Pressoir, J. A. Peiffer, M. O. Rosas, T. R. Rocherford, M. C. Romay, S. Romero, S. Salvo, H. S. Villeda, H. S. da Silva, Q. Sun, F. Tian, N. Upadyayula, D. Ware, H. Yates, J. Yu, Z. Zhang, S. Kresovich, M. D. McMullen. 2009. The genetic architecture of maize flowering time. *Science* 325:714–18.

Carena, M. J., I. Santiago, A. Ordas. 1998. Direct and correlated response to recurrent selection for prolificacy in maize at two planting densities. *Maydica* 43:95–102.

Carena, M. J., and H. Z. Cross. 2003. Plant Density and Maize Germplasm Improvement in the Northern Corn Belt. *Maydica* 48:105–111.

Chi, K. R. 1965. Covariances among relatives in a random mating population of maize. Ph.D. dissertation, Iowa State University, Ames, IA.

Chi, K. R., S. A. Eberhart, and L. H. Penny. 1969. Covariances among relatives in a maize variety (*Zea mays* L.). *Genetics* 63:511–20.

Cockerham, C. C. 1954. An extension of the concept of partitioning hereditary variance for analysis of covariance among relatives when epistasis is present. *Genetics* 39:859–82.

Cockerham, C. C. 1956. Analysis of quantitative gene action. *Brookhaven Symp. Biol.* 9:53–68.

Compton, W. A., C. O. Gardner, and J. H. Lonnquist. 1965. Genetic variability in two open-pollinated varieties of corn (*Zea mays* L.) and their F_1 progenies. *Crop Sci.* 5:505–8.

Comstock, R. E., and H. F. Robinson. 1948. The components of genetic variance in populations of biparental progenies and their use in estimating the average degree of dominance. *Biometrics* 4:254–66.

Comstock, R. E., H. F. Robinson, and P. H. Harvey. 1949. A breeding procedure designed to make maximum use of both general and specific combining ability. *Agron. J.* 41:360–67.

Coors, J. G., and M.C. Mardones, 1989. Twelve cycles of mass selection for prolificacy. I. Direct and correlated responses. *Crop Sci.* 29:262–66.

Cornelius, P. L., and J. W. Dudley. 1974. Effects of inbreeding by selfing and full-sib mating in a maize population. *Crop Sci.* 14:815–19.

Cortez-Mendoza, H. 1977. Evaluation of ten generations of divergent mass selection for ear length in Iowa Long Ear Synthetic. Ph.D. dissertation, Iowa State University, Ames, IA.

Darrah, L. L., and A. R. Hallauer. 1972. Genetic effects estimated from generation means in four diallel sets of maize inbreds. *Crop Sci.* 12:615–21.

Darrah, L. L., and M. S. Zuber. 1986. 1985 United States farm maize germplasm base and commercial breeding strategies. *Crop Sci.* 26:1109–13.

Da Silva, W. H., and J. H. Lonnquist. 1968. Genetic variances in populations developed from full-sib and S_1 testcross progeny selection in an open-pollinated variety of maize. *Crop Sci.* 8:201–4.

Dudley, J. W. 2008. Epistatic interactions in crosses of Illinois High Oil x Illinois Low Oil and of Illinois High Protein x Illinois Low Protein corn strains. *Crop Sci.* 48:59–68.

Dudley, J. W., and G. R. Johnson. 2009. Epistatic models improve prediction of performance in corn. *Crop Sci.* 49:763–70.

Dudley, J. W., R. J. Lambert, and D. E. Alexander. 1971. Variability and relationships among characters in *Zea mays* L. synthetics with improved protein quality. *Crop Sci.* 11:512–14.

East, E. M. 1908. Inbreeding in corn. *Connecticut Agric. Exp. Stn. Rep.* 1907, pp. 419–28.

Eberhart, S. A. 1961. Epistatic and other genetic variances in two varieties of corn (*Zea mays* L.). Ph.D. dissertation, North Carolina State University, Raleigh, NC.

Eberhart, S. A., and A. R. Hallauer. 1968. Genetic effects for yield in single, three-way, and double-cross maize hybrids. *Crop Sci.* 8:377–79.

Eberhart, S. A., R. H. Moll, H. F. Robinson, and C. C. Cockerham. 1966. Epistatic and other genetic variances in two varieties of maize. *Crop Sci.* 6:275–80.

El-Lakany, M. A., and W. A. Russell. 1971. Relationship of maize characters with yield in testcrosses of inbreds at different plant densities. *Crop Sci.* 11:698–701.

El-Rouby, M. M., and L. H. Penny. 1967. Variation and covariation in a high oil population of corn (*Zea mays* L.) and their implications in selection. *Crop Sci.* 7:216–19.

El-Rouby, M. M., Y. S. Koraiem, and A. A. Nawar. 1973. Estimation of genetic variance and its components in maize under stress and nonstress environments. I. Plant date. *Egyptian J. Genet. Cytol.* 2:10–19.

Fasoulas, A. C., and R. W. Allard. 1962. Nonallelic gene interactions in the inheritance of quantitative characters in barley. *Genetics* 47:899–907.

Gamble, E. E. 1962a,1962b. Gene effects in corn (*Zea mays* L.). I. Selection and relative importance of gene effects for yield. *Can? J. Plant Sci.* 42:339–48.

Gamble, E. E. 1962b. Gene effects in corn (*Zea mays* L.). II. Relative importance of gene effects for plant height and certain component attributes of yield. *Can? J. Plant Sci.* 42:349–58.

Gardner, C. O., and J. H. Lonnquist. 1959. Linkage and the degree of dominance of genes controlling quantitative characters in maize. *Agron. J.* 51:524–28.

Gardner, C. O., P. H. Harvey, R. E. Comstock, and H. F. Robinson. 1953. Dominance of genes controlling quantitative characters in maize. *Agron. J.* 45:186–91.

Goodman, M. M. 1965. Estimates of genetic variances in adapted and exotic populations of maize. *Crop Sci.* 5:87–90.

Gorsline, G. W. 1961. Phenotypic epistasis for ten quantitative characters in maize. *Crop Sci.* 1:55–58.

Gwynn, G. R. 1959. Relation between means and components of genotypic variance in biparental progenies of a variety of maize. Ph.D. dissertation, Iowa State University, Ames, IA.

Hallauer, A. R. 1965. Inheritance of flowering in maize. *Genetics* 52:129–37.

Hallauer, A. R. 1968. Estimates of genetic variances in Iowa Long Ear Synthetic, *Zea Mays* L. *Adv. Front. Plant Sci.* 22:147–62.

Hallauer, A. R. 1970. Genetic variability for yield after four cycles of reciprocal recurrent selections in maize. *Crop Sci.* 10:482–85.

Hallauer, A. R. 1971. Change in genetic variance for seven plant and ear traits after four cycles of reciprocal recurrent selection for yield in maize. *Iowa State J. Sci.* 45:575–93.

Hallauer, A. R. 2005. Registration of BSLE(M-S)C30 and BSLE(M-L)C30 germplasm. *Crop Sci.* 45:2132.

Hallauer, A. R., and D. Malithano. 1976. Evaluation of maize varieties for their potential as breeding populations. *Euphytica* 25:117–27.

Hallauer, A. R., and W. A. Russell. 1962. Estimates of maturity and its inheritance in maize. *Crop Sci.* 2:289–94.

Hallauer, A. R., and J. H. Sears. 1972. Integrating exotic germplasm into Corn Belt maize breeding programs. *Crop Sci.* 12:203–6.

Hallauer, A. R., and J. H. Sears. 1973. Changes in quantitative traits associated with inbreeding in a synthetic variety of maize. *Crop Sci.* 13:327–30.

Hallauer, A. R., and J. A. Wright. 1967. Genetic variances in the open-pollinated variety of maize, Iowa Ideal. *Züchter* 37:178–85.

Hallauer, A. R., W. A. Russell, and O. S. Smith. 1983. Qunatitative analysis of Iowa stiff stalk synthetic. In *15th Stadler Genetics Symposium*, I. P. Gustafson, (ed.), pp. 105–18.

Hanson, W. D. 1963. Heritability. In *Statistical Genetics and Plant Breeding,* W. D. Hanson and H. F. Robinson, (eds.), pp. 125–40. NAS-NCR Publ. 982.

Hayman, B. I. 1958. The separation of epistatic from additive and dominance variation in generation means. *Heredity* 12:371–90.

Hayman, B. I. 1960. The separation of epistatic from additive and dominance variation in generation means. II. *Genetica* 31:133–46.

Hayman, B. I., and K. Mather. 1955. The description of genetic interaction in continuous variation. *Biometrics* 11:69–82.

Hughes, G. R., and A. L. Hooker. 1971. Gene action conditioning resistance to northern leaf blight in maize. *Crop Sci.* 11:180–84.

Hull, F. H. 1945. Recurrent selection and specific combining ability in corn. *J. Am. Soc. Agron.* 37:134–45.

Hyer, A. H. 1960. Non-allelic interactions in a population of maize derived from a cross of two inbred lines. Ph.D. dissertation, Iowa State University, Ames, IA.

Hyrkas, A., and M. J. Carena. 2005. Response to long-term selection in early maturing maize synthetic varieties. *Euphytica* 143: 43–49.

Jenkins, M. T. 1940. The segregation of genes affecting yield of grain in maize. *J. Am. Soc. Agron.* 32:55–63.

Johnson, R. 2004. Marker-assisted selection. *Plant Breed. Rev.* 24:293–309.

Jones, D. F. 1918. The effects of inbreeding and crossbreeding upon development. *Connecticut Agric. Exp. Stn. Bull.* 207:5–100.

Kempthorne, O. 1957. *An Introduction to Genetic Statistics*. Wiley, New York, NY.

Kiesselbach, T. A. 1933. The possibilities of modern corn breeding. *Proc. World Grain Exhib. Conf.* (Canada) 2:92–112.

Laible, C. A., and V. A. Dirks. 1968. Genetic variance and selective value of ear number in corn (*Zea mays* L.). *Crop Sci.* 8:540–43.

Lamkey, K. R., and A. R. Hallauer. 1986. Performance of high x high, high x low, and low x low crosses of lines from BSSS maize Synthetic. *Crop Sci.* 26:1114–18.

Levings, C. S., III, J. W. Dudley, and D. E. Alexander. 1971. Genetic variance in autotetraploid maize. *Crop Sci.* 11:680–81.

Lindsey, M. F., J. H. Lonnquist, and C. O. Gardner. 1962. Estimates of genetic variance in open-pollinated varieties of Corn Belt corn. *Crop Sci.* 2:105–8.

Lonnquist, J. H. 1949. The development and performance of synthetic varieties of corn. *Agron. J.* 41:153–56.

Lonnquist, J. H. 1967 Mass selection for prolificacy in corn. *Der Züchter* 37:185–88.

Lopez-Reynoso, J. J., and A. R. Hallauer. 1998. Twenty-seven cycles of divergent mass selection for ear length in maize. *Crop Sci* 38:1099–1107.

Mareck, J. H., and C. O. Gardner. 1979. Responses to mass selection in maize and stability of resulting populations. *Crop Sci.* 19:779–83.

Marquez-Sanchez, F., and A. R. Hallauer. 1970a. Influence of sample size on the estimation of genetic variances in a synthetic variety of maize. I. Grain yield. *Crop Sci.* 10:357–61.

Marquez-Sanchez, F., and A. R. Hallauer. 1970b. Influence of sample size on the estimation of genetic variances in a synthetic variety of maize. II. Plant and ear characters. *Iowa State J. Sci.* 44:423–36.

Martin, J. M., and A. R. Hallauer. 1976. Relation between heterozygosis and yield for four types of maize inbred lines. *Egyptian J. Genet. Cytol.* 5:119–35.

Mather, K. 1949. *Biometrical Genetics*. Methuen, London, UK.

Melchinger, A.E., H. F. Utz, and C. C. Shon. 2008. Genetic expectations of quantitative trait loci main and interaction effects obtain with the triple testcross design and their relevance for the analysis of heterosis. *Genetics* 178:2265–74.

Mikel, M. A. 2006. Availability and analysis of proprietary dent corn lines with expired U.S. plant variety protection. *Crop Sci.* 46:2555–60.

Mikel, M. A., and J. W. Dudley. 2006. Evolution of North American dent corn from public to proprietary germplasm. *Crop Sci.* 46:1193–205.

Mode, C. J., and H. F. Robinson. 1959. Pleiotropism and the genetic variance and covariance. *Biometrics* 15:518–37.

Moll, R. H., D. L. Thompson, and P. H. Harvey. 1963. A quantitative genetic study of the inheritance of resistance to brown spot (*Physoderma maydis*) of corn. *Crop Sci.* 3: 389–91.

Moreno-Gonzalez, M., J. W. Dudley, and R. J. Lambert. 1975. A design III study of linkage disequilibrium for percent oil in maize. *Crop Sci.* 15:840–43.

Neal, N. P. 1935. The decrease in yielding capacity in advanced generations of hybrid corn. *J. Am. Soc. Agron.* 27:666–70.

Obilana, A. T., and A. R. Hallauer. 1974. Estimation of variability of quantitative traits in BSSS by using unselected maize inbred lines. *Crop Sci.* 14:99–103.

Odhiambo, M. O., and W. A. Compton. 1987. Twenty cycles of divergent mass selection for seed size in corn. *Crop Sci.* 27:113–6.

Otsuka, Y., S. A. Eberhart, and W. A. Russell. 1972. Comparisons of prediction formulas for maize hybrids. *Crop Sci.* 12:325–31.

Rawlings, J., and C. C. Cockerham. 1962a. Triallel analysis. *Crop Sci.* 2:228–31.

Rawlings, J., and C. C. Cockerham. 1962b. Analysis of double cross hybrid populations. *Biometrics* 18:229–44.

Robinson, H. F., and C. C. Cockerham. 1961. Heterosis and inbreeding depression in populations involving two open-pollinated varieties of maize. *Crop Sci.* 1:68–71.

Robinson, H. F., C. C. Cockerham; and R. H. Moll. 1958. Studies on the estimation of dominance variance and effects of linkage bias. In *Biometrical Genetics,* O. Kempthorne, (ed.), pp. 171–77. Pergamon Press, New York, NY.

Robinson, H. F., R. E. Comstock, and P. H. Harvey. 1949. Estimates of heritability and the degree of dominance in corn. *Agron. J.* 41:353–59.

Robinson, H. F., R. E. Comstock, and P. H. Harvey. 1955. Genetic variances in open pollinated varieties of corn. *Genetics* 40:45–60.

Russell, W. A. 1971. Types of gene action at three gene loci in sublines of a maize inbred line. *Can. J. Genet. Cytol.* 13:322–34.

Russell, W. A. 1976. Genetic effects and genetic effect × year interactions at three gene loci in sublines of a maize inbred line. *Can. J. Genet. Cytol.* 18:23–33.

Russell, W. A., and S. A. Eberhart. 1970. Effects of three gene loci in the inheritance of quantitative characters in maize. *Crop Sci.* 10:165–69.

Sentz, J. C. 1971. Genetic variances in a synthetic variety of maize estimated by two mating designs. *Crop Sci.* 11:234–38.

Sentz, J. C., H. F. Robinson, and R. E. Comstock. 1954. Relation between heterozygosis and performance in maize. *Agron. J.* 46:514–20.

Shull, G. F. 1908. The composition of a field of maize. *Am. Breeders' Assoc. Rep.* 4:296–301.

Shull, G. F. 1909. A pure-line method in corn breeding. *Am. Breeders' Assoc. Rep.* 5:51–59.

Silva, J. C. 1974. Genetic and environmental variances and covariances estimated in the maize (*Zea mays* L.) variety, Iowa Stiff Stalk Synthetic. Ph.D. dissertation, Iowa State University, Ames, IA.

Silva, J. C., and A. R. Hallauer. 1975. Estimation of epistatic variance in Iowa Stiff Stalk Synthetic maize. *J. Hered*. 66:290–96.

Sing, C. F., R. H. Moll, and W. D. Hanson. 1967. Inbreeding in two populations of *Zea mays* L. *Crop Sci*. 7:631–36.

Singh, M. A. S., A. S. Kherra, and B. S. Dhillon. 1986. Direct and correlated response to recurrent full-sib selection for prolificacy in maize. *Crop Sci*. 26:275–8.

Sprague, G. F. 1946. Early testing of inbred lines of corn. *J. Am. Soc. Agron*. 38:108–17.

Sprague, G. F. 1964. Estimates of genetic variations in two open-pollinated varieties of maize and their reciprocal F_1 hybrids. *Crop Sci*. 4:332–34.

Sprague, G. F. 1966. Quantitative genetics in plant improvement. In *Plant Breeding,* K. J. Frey, (ed.), pp. 315–54. Iowa State University Press, Ames, IA.

Sprague, G. F. 1971. Genetic vulnerability to disease and insects in corn and sorghum. *Annu. Corn Sorghum Res. Conf. Proc*. 26:96–104.

Sprague, G. F., and K. Suwantaradon. 1975. A generation mean analysis of mutants derived from a doubled-monoploid family in maize. *Acta Biol*. 7:325–32.

Sprague, G. F., and W. I. Thomas. 1967. Further evidence of epistasis in single and three-way cross yields in maize. *Crop Sci*. 4:355–57.

Sprague, G. F., W. A. Russell, L. H. Penny, T. W. Horner, and W. D. Hanson. 1962. Effect of epistasis on grain yield in maize. *Crop Sci*. 2:205–8.

Stevenson, G. C. 1965. *Genetics and Breeding of Sugarcane* (Tropical Series). Longmans, Green, London, UK.

Stringfield, G. H. 1950. Heterozygosis and hybrid vigor in maize. *Agron. J*. 42:145–52.

Stuber, C. W., and R. H. Moll. 1970. Epistasis in maize (*Zea mays* L.). II. Comparison of selected with unselected populations. *Genetics* 67:137–49.

Stuber, C. W., R. H. Moll, and W. D. Hanson. 1966. Genetic variances and interrelationships of six traits in a hybrid population of *Zea mays* L. *Crop Sci*. 6:541–44.

Stuber, C. W., W. P. Williams, and R. H. Moll. 1973. Epistasis in maize (*Zea mays* L.). III. Significance in predictions of hybrid performances. *Crop Sci*. 13:195–200.

Subandi, W. 1990. Ten cycles of selection for prolificacy in a composite variety of maize. *Ind. J. Crop Sci*. 5:1–11.

Subandi, W., and W. A. Compton. 1974. Genetic studies in an exotic population of corn (*Zea mays* L.) grown under two plant densities. II. Choice of a density environment for selection. *Theor. Appl. Genet*. 44:193–98.

Williams, J. C., L. H. Penny, and G. F. Sprague. 1965. Full-sib and half-sib estimates of genetic variance in an open-pollinated variety of corn, *Zea mays* L. *Crop Sci*. 5:125–29.

Wright, J. A. 1966. Estimation of components of genetic variances in an open-pollinated variety of maize by using single and three-way crosses among random inbred lines. Ph.D. dissertation, Iowa State University, Ames, IA.

Wright, J. A., A. R. Hallauer, L. H. Penny, and S. A. Eberhart. 1971. Estimating genetic variance in maize by use of single and three-way crosses among unselected inbred lines. *Crop Sci*. 11:690–95.

Wright, S. 1922. The effects of inbreeding and crossbreeding on guinea pigs. III. Crosses between highly inbred families. *USDA Bull*. 1121:1–60.

Zavala-Garcia, F., P. J. Bramel-Cox, J. D. Eastin, M. D. Wit, and D. J. Andrews. 1992. Increasing the efficiency of crop selection for unpredictable environments. *Crop Sci*. 32:51–7.

Zuber, M. S. 1975. Corn germplasm base in the United States: Is it narrowing, widening, or static? *Annu. Corn Sorghum Res. Conf. Proc*. 30:277–86.

Zuber, M. S., and L. L. Darrah. 1980. 1979 U.S. corn germplasm base. *Annu. Corn Sorghum Res. Conf. Proc*. 35:234–49.

第 6 章　选 择 理 论

植物育种被尼古拉·瓦维诺夫定义为由人类进行的植物定向进化（Sanchez-Monge，1993）。通过对优良种质的鉴选和对育种者有效育种方法的应用，选择在本质上已成为植物育种的整体科学。进化（通过自然选择）和驯化（通过人工选择）创造和改良了对人类生存非常重要的作物。自从某种植物被认识到可作为食物的潜力时，已对更高产的植株类型进行了选择，特别是玉米，除了经过驯化和早期的经验育种取得的进展，在过去 100 年中，育种方法的改变已使玉米得到显著的改良。新的和老的改良玉米进行的育种方法对增加食物产量仍是非常重要的。应用玉米育种计划及它们的目标选择方法将能够持续地产生高效的品种，这些品种在不增加投入情况下能够进行持续不断的生产。公益育种计划不仅关注短期研究目标，也进行长期的种质改良。尽管产品（如杂交种、自交系）是目的，一些用作长期选择的育种策略被忽视，短期育种的成功需要长期的遗传改良支持。将来的遗传进度取决于由公益机构进行的有用的遗传多样性配置（Smith，2007）。

选择的最终结果是基因型的差异性繁殖，基因频率朝期望的方向改变。人工选择的目的和关键性特征是从一组能够繁殖的个体，在一定选择强度下尽可能有效。现在已设计了一些技术来帮助育种做出准确决定，这些技术包括遗传概念上的流程（如后裔鉴定或家系评鉴）和尽可能降低环境对基因型表达影响的试验流程。在玉米育种实践中，选择流程可划分成两个不同的阶段：①群体间的选择，例如，育种目的和种子生产而进行的群体间选择；②在一个群体内的基因型选择，例如，自交系选育和杂交组合鉴定。

6.1　群体间的选择

在育种流程的第一阶段，育种者必须决定哪个群体更适合他们的目的和所拥有的资源。如果群体的选择不正确，既不是育种方法也不是先进技术能解决的。中选的群体可直接用于生产或在育种中利用，结合以育种为目的几个中选群体可以形成一个独特的基础群体，或者两个中选群体杂交，群体间的杂交种可以直接用于生产。

通过群体的表现或分析它们的系谱及育成记录，能对以育种为目的的群体的遗传潜力进行简单的评价，而群体的内在遗传特性只能通过交配设计来评价。在某种情况下（例如，难以测定的复杂性状），交配设计产生的经典数据（第 4 章）能对分子遗传信息提供补充，如产量与测交、双列杂交及基因型数据（Barata and Carena，2006），脱水速度、双单倍体、基因型分型、NCⅡ（Yang and Carena，2008）。最重要的参数是平均数、加性遗传方差及它的相对大小，遗传力和重要性状间的加性遗传相关。通过选择能改变性状的平均值是很重要的，因为在一个较低水平的群体中开始进行选择，需要几个轮回才能从低水平达到较高的水平，同时，存在有用的遗传方差是达到选择效果所必需的。尽可能获得的其他遗传信息，可作为群体间选择的有用指标。例如，增加上位性对预测也是有益的（Dudley and Johnson，2009）。

群体间杂交对杂种优势和配合力提供有价值的信息，当有一套品种或群体时，通过双列杂交分析可得到相关的信息。由 Gardner 和 Eberhart（1966）提出的双列杂交分析广泛用于品种鉴评，因为群体本身，以及在杂交组合中表现的信息是品种效应 v_j、总的杂种优势 $h_{jj'}$、杂种优势成分 $\bar{h}$（平均杂种优势）、h_j（品种杂种优势）和 $s_{jj'}$（特殊杂种优势）的基础（第 4 章）。双列杂交设计近来一直用在群体中鉴选杂种优势模式（Melani and Carena，2005）、鉴选有竞争力的群体间杂交种和开发杂种优势组合（Carena and Wicks III，2006）、鉴选籽粒品质及其成分遗传多样性的独特种质（Osorno and Carena，2008）、鉴定不同性状跨群体的母本效应和互交效应（Jumbo and Carena，2008）。

双列杂交分析也能提供预测复合种的平均值，可以在由一组品种合成的群体（复合种）间进行选择。因此，群体间选择是可能的，不仅在一组品种内，而且可在所有可能的通过预测合成的群体间（详细见第 10 章的预测）。一个新形成群体的遗传变异是难以预测的，但可以保证结合了遗传上不同的品种（图 5.1）。杂种优势的大小最能显示出群体间的差异多少，有较高杂种优势的结合群体杂交可保证新形成的群体内有较大的遗传变异。然而，Moll 等（1965）指出，杂种优势增加到群体间差异的某一水平后，超过反而会下降。缺乏杂种优势不总表示群体间无差异（Cress，1966）。选择能影响杂种优势的大小，群体改良的水平甚至超过它们间距离对杂种优势的影响。

6.2 群体内基因型的选择

为了群体的遗传改良最大化，进行基因型间的选择。在这种情况下，或要考虑有限大小的群体是由一组固定的基因型组成，或是作为独特的基因圃，这个基因圃实际是理论上无限大小群体的随机样本。在第一种情况下包括来自自交系的所有类型杂交种。

6.2.1 杂交种间的选择

来自一个群体的自交系可以认为是由基因型组成的大群体的样本，但一旦育出的这些系（例如，试验自交系）与其他来源的系（例如，商用测验系）杂交作杂交种鉴定（这种情况下的杂交种高代试验），我们就有一套固定的基因型来考虑。在这种情况下将会在含有一套固定的亲本系的所有可能杂交组合间选择（用试验系与代表不同类型杂种优势组型的商用系杂交）。例如，有 n 个系，将会在 $n(n-1)/2$ 个单交组合间进行选择，随后最好的杂交种能够直接用于生产，好的系作为亲本发放或用作育种材料。然而，杂交种的选育是一种静态的过程，因为目标是获得一个或一组基因型，一旦被鉴定出来，就可无限的繁殖而无需再加以选择。实际上，杂交种基因型的准确复制，仅适用于完全纯合自交系间的单交种，但实际上所有类型的杂交种，都被假定以同样的方式繁殖。在自交系选育过程中的选择是连续的过程，直到大致纯合才结束，相对于双二倍体的选育方法，在自交过程中没有选择。当采用回交或聚和改良对亲本系进行连续选育时，独特的杂交种不被认为是静态的整体。

Cockerham（1961）给出了利用单交种优势的证据，单交种在今天已普遍使用。作者确定了单交种、三交种和双交种间选择的差异。3 种类型亲属的期望均方以亲属间协方差表示，并被转化成遗传方差成分。简要地说，遗传方差成分显示出单交种间的选择总是双交种间选择效率的两倍，三交种间的选择效率趋于单交种和双交种之间，单交种、三交种和双交种的加性遗传方差成分的比例分别为 1∶3/4∶1/2。并且，Cockerham（1961）还发现，如果非加性效应是重要的，单交种间的选择效率比双交种间大。但 Cockerham 的研究有一个缺陷，那就是所得的结果是来自同一个群体的自交系所形成的杂交种。然而，这一结果似乎也适用于来自不同群体的自交系所形成的杂交种。在大多数玉米育种计划中，用于产生杂交种的自交系往往来自不同的群体，目的是在杂种优势组型内的群体尽可能相似，组型间的差别尽可能大，可提高从不同组型间选出的自交系组配的杂交组合的杂种优势。

对自交系-杂交种育种体系的理论方法由 Comstock（1964）提出，假定来自一个非自交的原始群体的自交系的随机样本随机杂交产生杂交种，以这种方式产生的任何杂交种，将会有在原始群体中一样的基因型，这个在杂交种中的基因型概率与在原始群体中该基因型的概率是相同的。因此，自交系间杂交后再自交，这是不会产生新基因型的方法，杂交种间的选择是在原始群体中可能基因型排列的最终选择。按同样的方式，当杂交种是从来自不同原始群体的自交系间杂交产生的，任何这样的杂交种的基因型，是群体间杂交组合中的基因型中的一个，其概率是相同的。自交系-杂交种体系选择基因型的优势如下。

（1）中选的基因型能进行繁殖，并提交作广泛的测试，可以进行较为精确的鉴定。

（2）杂交种的商业化利用，要求是可繁殖的，这只能通过自交系-杂交种体系。

（3）用于自交系选育的一些过程是有次序的选择。

在（3）中，自交完成前的持续过程中有些自交系被淘汰，因此，在有效选择下，得到好的基因型的概率会增加，这对双单倍体的选育过程是不适用的。

Comstock（1964）给出了计算理论增益的表达式，这个表达式用于来自两个不同原始群体的自交系间杂交种的选择。

$$\Delta G = k\left(\hat{\sigma}_{\mathrm{y}}^2 / \hat{\sigma}_{\mathrm{ph}}\right) + \nu$$

式中，k 是有效选择强度函数，$\hat{\sigma}_{\mathrm{y}}^2$ 是杂交种间总的遗传方差，$\hat{\sigma}_{\mathrm{ph}}$ 是根据表型进行选择的平均表现型标准偏差（例如，在选择中测试的精度会增加选择增益），ν 是品种间杂交组合的杂种优势。尽管在理论上理解自交系-杂交种育种体系是重要的，但很难适应育种实际，原因如下。

（1）自交系的选育包含一个选择的顺序过程，以至于在自交的早代，有些表现差的自交系就会被淘汰，根据配合力测定结果有的是在之后被淘汰。

（2）在一个群体中生长势强的自交系，期望被用作种子生产的亲本，长势最旺的自交系不总是会形成最好的杂交种。

（3）一个自交系选育计划的成功，不总是由特定的杂交种选育计划来确定的，因为自交系经常是与已有的系或来自其他自交系选育计划或其他群体的系组配出好的杂交种（例如，有些育种计划是用商用自交系作测验种）。

（4）除了产量的其他的方式（例如，多性状选择和多时期选择）被应用在选择计划中，这主要是对选择效应难以预测的性状。

对自交系-杂交种选育最为重要的另一个问题，这涉及来自同一群体的新样本内选择的有效性。理论上，在相同的群体内再取样本是没有优势的，因为从第二次取样得到的系间杂交组合基因型与第一次会是一样的，关键因素是给出了以同样的方式来自同一群体的相等大小的连续样本，含有最极端个体的概率在所有样本中是相同的。另外，给出任何数量的样本，有一个有限的尽管比较小的概率，如果再一次取样本，将会发现一个更极端的个体，这比前面的样本更极端。这是在抽样理论中的一个原则，但从育种角度，可以得出结论，合理数量的杂交种被筛选后，在同一群体筛选更多时，每单位的努力所得到的回报急剧下降（Comstock，1964），除非重新取样是在自交早代，那时样本较小。

杂交种基因型在原始群体中以同样概率出现同样基因型的这一事实，得出一个显而易见的结论：在一个群体中要增加获得最好杂交种的概率最直接的方式就是改良群体本身，并且只有在原始群体被连续改良从一个轮回到另一个轮回，从改良群体中取新的样本。在选择和育种中用分子遗传的方法也是同样的。分子标记是基因组研究的副产物，能够用作间接选择或按表型性状的表达与标记一起进行选择（Johnson，2004）。然而，分子标记必须每个选择轮回进行鉴定，这将会延缓广基群体的遗传改良过程。另外，由于在公益和商用玉米育种计划中，F_2是最经常使用的群体，在预计有最大连锁不平衡的群体中有机会使用标记。在上面两种类型计划中，杂交组合的早代测定预测自交系的配合力。因此，结合标记和表型信息似乎在包含或不包含上位性情况下，预测育种值是有用的（Johnson，2004；Dudley and Johnson，2009）。模拟研究预测选择响应的改进，不需要被广泛地确认。Dudley 和 Johnson（2009）在用自交系和测交组合的实际数据预测模型中增加了上位性。预测和实际平均值间的相关性是比较高的，能够用在育种中。

6.2.2　轮回选择

前育种研究包括用于育种计划的种质资源的引进、适应种植、评价和改良（Hallauer and Carena，2009）。一旦独特的种质被引进并适应某一特定环境（第 11 章），就可通过轮回选择对它进行改良，改良后就可直接或间接地用于选育新的品种。图 6.1 就是北达科他州怎样发放育成自交系的例子（Carena and Wanner，2009），代表了整合种质改良的前育种和品种选育，用这种方式建立的长期公益育种计划已育成一些独特的自交系。要注意两种类型产量试验的重要性：轮回选择试验与早代和晚代杂交组合试验。

将来长期的玉米种质扩增仍然是不确定的，即使已经认识到这一问题，公益性扩增玉米种质和选育品种的计划已连续减少，但这些计划有助于增加商用品种的遗传多样

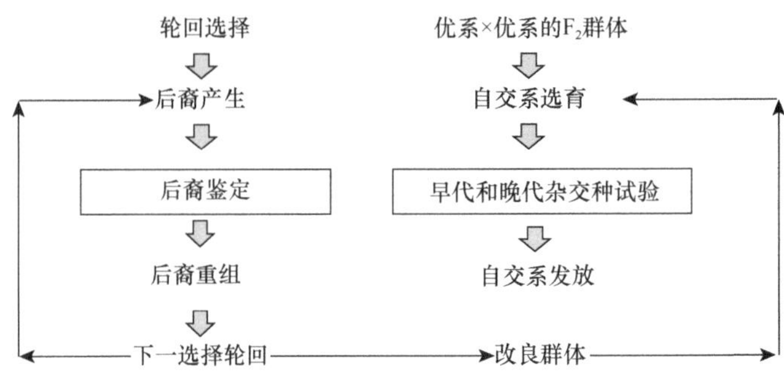

图 6.1　在北达科他和艾奥瓦选育自交系的育种步骤流程

性。公益性玉米育种计划提供的遗传多样性用作储备（Duvick，1981），通过对遗传广基群体的持续遗传改良，进行育种创新和为安全而抵御遗传脆弱性（Carena and Wicks III，2004）。将来的遗传进度取决于公益机构对有用遗传多样性材料的改良（Smith，2007）。

玉米自交系杂交种（East，1908；Shull，1909）和群体杂交种（Carena，2005；Carena and Wicks III，2006）的概念已在公益机构得到发展。最成功的玉米种质是艾奥瓦坚秆综合种或 BSSS（Sprague，1946），它是一个遗传上的广基群体。B73（Russell，1972）是通过对 BSSS 进行 5 轮的半同胞轮回选择后分离育成的（图 6.2），对玉米产业产生了数十亿元的效益。尽管从基础广泛的改良群体中成功选育公益自交系的可能性似乎较低，但只要选出一个就会产生重大的影响（Hallauer and Carena，2009）。

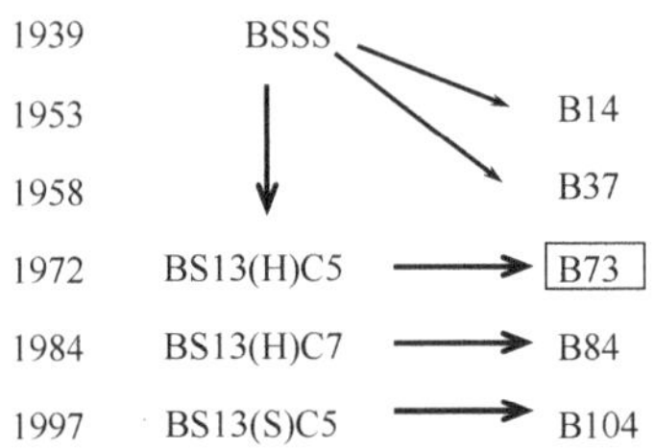

图 6.2　知识产权实施前 B73 的选育步骤流程

“轮回选择”一词首次由 Jenkins 于 1940 年提出（Hallauer et al.，1988），用于长期的早代测定及 S_1 后裔的重组。然而，Hayes 和 Garber（1919）被认为是轮回选择的第一个用户。Jenkins（1940）提出的轮回选择后来得到 Hull（1945）的改进（Lonnquist，1952），成为用测验种改良异质群体特殊配合力的方法。轮回选择后来被重新定义为一组育种流程，这组流程包括在异质群体中为特定的目的选择优良基因型的轮回选择，以及随后群体中选部分的重组（Lonnquist，1952）。

轮回选择方法设计的最大的优点如下。

（1）提高数量遗传性状有利基因的频率（例如，遗传力低的性状）。

（2）在连续的遗传改良中保持遗传变异（Jenkins，1940；Hull，1945；Comstock et

al.，1945；Horner，1956）。

通过轮回选择改良群体的总体流程如下：

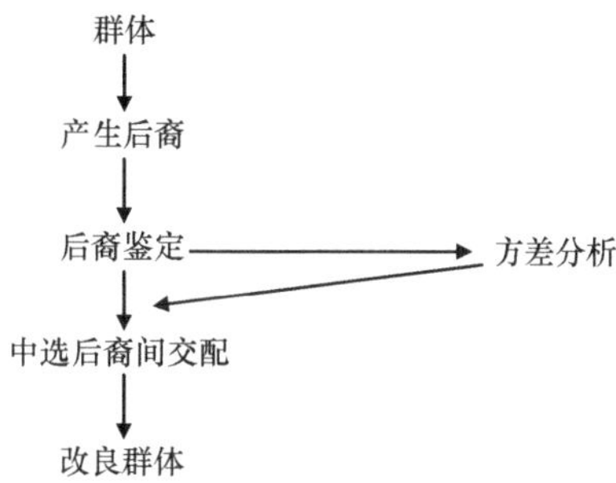

一般对籽粒产量的改良，每个轮回需要2~4年，但其他性状每轮只要1年就可完成，如耐寒性的后裔鉴定和重组可在同一季完成（Sezegen and Carena，2009）。每轮所用时间取决于所用育种方法及所具备的条件，如早熟材料可在冬季播种两次（Carena et al.，2009a，2009b）。

对艾奥瓦坚秆综合种的改良在1970年以前及以后均遇到挑战。在1970年后的选择，除了籽粒产量，对倒伏和早熟性进行了选择，仅对籽粒产量改良的品种没有产生优良的自交系。

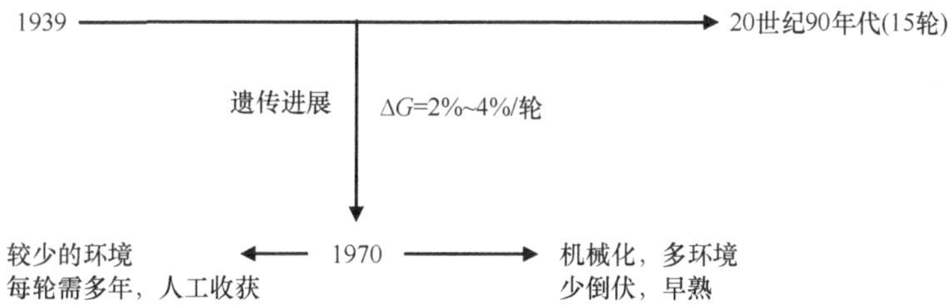

数量性状依赖于大量的基因，与环境效应相比每个基因的效应相对较小（Fisher，1918；Lonnquist，1963）。数量性状已用多基因（Mather，1941），数量性状基因座（Geldermann，1975），以及影响数量性状的染色体片段（Falconer and Mackay，1996）来进行解释。有时数量和质量性状间的区别在这些概念上不太明显，这是读者应该注意的。与复杂性状QTL关联的分子标记的检测方法已相对容易，几个限制（例如，验证、样本大小和互作）已对用QTL定位的标记辅助选择进行品种选育形成了挑战。回顾20年的QTL定位试验，Bernardo（2008）总结出利用QTL进行选择是困难的。此外，Heffer等（2009）认识到用分子标记选择改良数量性状已停滞不前。然而，在这一技术上的显著商业投资，试图提高移动染色体片段的可能性，这些片段发现在优良杂交种的亲本来源中，这增加了在F_2群体育种值的概率。Heffer等（2009）建议基因组选择（Meuwissen et al.，2001）来规避根据QTL体系选择的不足，利用所有的标记信息来避免标记效应估计的偏差，尽管他们承认还有许多工作要作，需要对其经验进行验证。Bernardo和Yu（2007）已建议用全基因组选择作为一种替代方法，这种方法所使用的标记要便宜并且标记丰富，并且标记的识别不受影响，但这些假设有待验证。最终，一个结合成本效

率的经典和现代的技术用在难以测量的性状上，将有助于从优良的种质中检测优良基因型来提高我们现在的育种效率。

在保持遗传变异的情况下，增加有利基因频率的目标通过两方面来达到，首先是对后裔进行多个环境的鉴定，其次是对中选后裔进行大样本的重组（Hallauer，1990）。创建家系结构和多个环境的后裔鉴定能够对表型变异按遗传效应和环境效应进行分离。而且，组合间的遗传变异可以分成一般配合力和特殊配合力。加性效应和加性与加性的上位性遗传效应同一般配合力相关联，而非加性效应包括显性效应和其他类型的上位性与特殊配合力相关联（Sprague and Tatum，1942）。由于遇到多性状和多时期选择的复杂性，Hallauer（1999）认为在轮回选择计划中分子标记没有突出的作用，尽管这些计划（没有广泛进行了）可能是目前模拟研究中全基因组选择的实际的数据源。此外，由于具有贡献有用种质的潜力，轮回选择计划的目标群体遗传基础广泛，需要的样本量大，通常是在公益育种计划中进行（Hallauer，1992）。理想情况下，获得高平均值和高有利基因频率的种质群体是可取的。这些种质群体在有利基因的纯合位点上应该有较低的遗传变异，而在缺乏有利基因的位点遗传方差则较高（Dudley，1982）。

商用玉米育种者以有限的方式使用轮回选择（Weatherspoon，1973；Goods，1990），试图比较不同轮回选择方法中系谱法选育自交系（Duvick，1977；Goods，1990）。然而，优良自交系的选育依赖于对选系种质的改良，这包括窄基群体和广基群体。值得注意的是两种方法的评价策略（图 6.1），两种育种方法需要互补，只有在两种方法都得到同等重视才会成功（Hallauer，1985）。在玉米上的轮回选择已得到发展，用于改良选育优良自交系的原始群体，育出的自交系可能用在杂交种中。连续的种质改良是非常有价值的，作为新的不同杂交种的来源。种业上仍然需要新的、不同的和与已有自交系没有关系的自交系（Weatherspoon，1973），杂交种产业未来的成功取决于有遗传潜力种质的增加（Coors，1999）。

6.2.3 群体内的轮回选择

在具有特定基因圃的群体内进行选择就是朝基因圃自身方向进行改良，增加群体内有利基因的频率。这是一个动态的过程，随着轮回选择的进行，基因频率逐渐地改变。按照相互轮回选择方案，对两个群体同时进行改良也属于这种情况。增加群体内有利基因频率的轮回选择程序可分成以下两大类（Moll and Stuber，1974）。

（1）群体内改良：在一个群体内的轮回选择方法，本身的响应是直接响应。而间接响应是通过与另一个群体或与测验种杂交得到的。

（2）群体间改良：在两个群体间进行的轮回选择方法，群体杂交是直接响应，而群体本身的响应是间接响应。

对这两种选择体系的讨论将会贯穿这一章，把一个群体作为独特的整体进行改良，可能按质量性状（通常由 1 个或少数几个基因控制）或数量性状（由多个基因控制）来进行，尽管选择的效果基本上是相同的（基因频率的改变）。选择理论的说明可以在Kempthorne（1959）、Lerner（1958）、Kearsey（1993）、Moreno-Gonzalez 和 Cubero（1993）、

Arus 和 Moreno-Gonzalez（1993）、Falconer 和 Mackay（1996）、Lynch 和 Walsh（1998）等中看到。

在确定进行轮回选择前要作如下的关键性考虑。

1. 种质的选择

种质的选择可能是要做的最重要决定，需要查阅文献，走访试验站，选择优良群体（例如，对目标性状有较高平均值和足够遗传变异的群体）。

2. 产生后裔

后裔的选择（如育种方法）取决于作物、性状和目标。

3. 用于选择的基因型鉴定

鉴定应该尽量减少误差（如正确的设计、广泛的测试），应该给出更多的信息。方差分析给出遗传方差成分的估计和环境方差，遗传力估计（或实际上的重复估计）可根据后裔平均值为基础得到。因此，能够预测和通过轮回选择实际测定选择的有效性。

4. 中选基因型的重组

我们必须对中选后裔通过双列杂交（数量较小时）、测交组合隔离种植、批量输入法（数量较大）进行等量的交配进行重组。

6.3　群体内的改良：质量性状

第 2 章介绍了在随机交配群体中，如果没有选择及其他干扰因素，基因频率保持不变。在一个哈迪-温伯格平衡的玉米群体中，让我们考虑一个位点有两个等位基因，它们的基因频率分别是 p（A）和 q（a），基因型排列为

$$p^2(AA):2pq(Aa):q^2(aa)$$

因此，选择有利的显性基因 A 或是隐性基因 a 将会导致基因频率和基因型频率的改变。选择有利的隐性基因是最容易的，如果鉴定隐性基因型不存在问题，在进行一次选择就可完成。例如，甜质籽粒的选择就属于这种情况，从一个群体中分离出甜质籽粒和正常籽粒，育种者就可仅需一次选择后获得完全的甜质籽粒群体。

在玉米中选择有利的隐性性状是常见的，如甜质籽粒、不透明籽粒、矮秆和无叶舌等，它们中大多数是完全隐性的，但即使在这样的情况下，选择效率取决于受环境和遗传背景的影响程度。例如，在一个异质群体中选择矮秆植株，如果育种者同时对其他性状也感兴趣，尽可能保持较大的群体，选择一般就不能通过一次选择来达到目的。选择矮秆（br_2br_2）植株的难度，遗传上是由多基因的修饰基因引起的，会产生一个连续的表型分布，因此，植株可能在矮秆的分级上会从很矮到正常高度。以同样的方式，其他的隐性基因也可能受修饰基因的影响，选择隐性性状可能会较为困难。

去掉隐性的选择是另一个困难，在群体的杂合基因型中，隐性基因被遮盖。尽管能识别纯合隐性基因型，但经一次选择不能完全去掉隐性基因。如果选择不包含在后裔鉴

定中，减少隐性纯合是渐进的，降低的频率依赖于原始基因频率。对基因型的排列为 $p^2(AA):2pq(Aa):q^2(aa)$，去掉隐性基因的选择后，用于继续繁殖的基因型为 $1(AA):1(Aa):0(aa)$，选择后，新的基因型比率为

$$\left[p^2/\left(p^2+2pq\right)\right]AA:\left[2pq/\left(p^2+2pq\right)\right]Aa$$

新的基因频率为

$$p_1(A)=1/(p+2q)$$
$$q_1(a)=q/(p+2q)$$
$$p_1(A)+q_1(a)=1.0$$

基因频率的降低为

$$\Delta q=q_0-q_1=q_0^2/(1+q_0)$$

式中，q_0 是原始基因频率，对完全去掉纯合隐性基因型的选择，最大的选择响应是在 q_0 比较高时。如果去掉隐性基因型的选择继续，任何一代新的基因频率仍与原始基因频率有关，为 $1(AA):1(Aa):(1-s)(aa)$。

$$q_n=q_0/(1+nq_0)$$

上式给出了基因型变化的渐进模式，理论上讲，q_n 的极限是 0，那是在无限世代的选择后达到的。然而，可以有选择性地计算基因频率从原始的 q_0 降低到一个具体低值 q_n 时所需世代数，$n=(q_0-q_n)/(q_0q_n)$

如果在每代的选择中不是完全去掉隐性基因型，基因频率的改变比前一种情况小。如果选择后剩余的基因型频率为 $1(AA):1(Aa):(1-s)(aa)$，s 为选择隐性纯合基因型的选择强度，基因频率的改变为

$$\Delta q=-\left[sq^2(1-q)\right]/\left(1-sq^2\right)$$

图 6.3 给出了在几种选择强度和原始基因频率下的基因频率改变量 Δq。

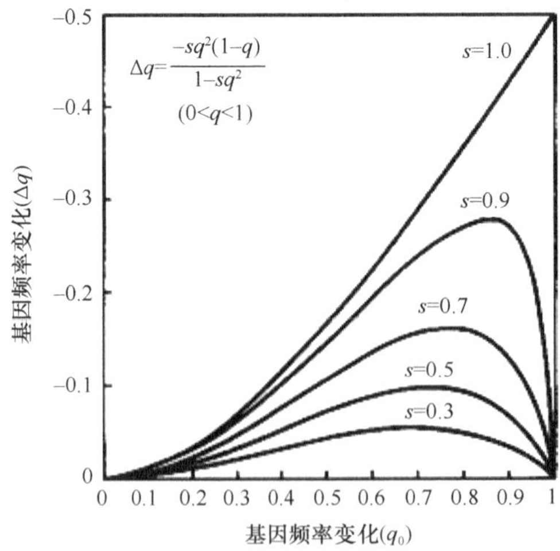

图 6.3　几种选择强度（s）和原始基因频率（q_0）下的基因频率改变量 Δq

如果一个性状杂合基因型的表达处于两种纯合基因型之间，选择是相当有效的。例如，对黄色籽粒的选择，大多数玉米有无色的糊粉层，所以籽粒表现的是胚乳的颜色。胚乳是三倍体（3*n*），它的颜色基因的基因型可能是以下几种情况。

胚乳基因型（3*n*）	胚基因型（2*n*）	籽粒颜色
YYY	*YY*	橘黄色
YYy	*Yy*	黄色
Yyy	*Yy*	淡黄色
yyy	*yy*	白色

仔细挑选深色籽粒，增加了去掉杂合基因型的概率，因此，会减少 *y* 基因的概率。另外，选择白色籽粒更有效，因为在 4 种籽粒颜色的表现型间容易识别。为了使自交系更为均匀整齐（例如，植物品种的保护），用同样的方式可以用于对轴色的选择。

在实际的玉米育种中，在一个基因水平上的选择（如黄色胚乳、糊粉层颜色、无叶色、轴颜色），可同时在轮回选择中进行，重点是对数量性状的选择。有一些质量性状（如不透明和甜质籽粒），需要特殊的选择计划，一些后裔测定类型，如测交或自交是普遍采用的，回交方案用在选择中也是很常见的。通常情况下，对质量性状的选择不能完全脱离数量性状，如产量、株高和抗倒性。

6.4　群体内的改良：数量性状

对数量性状的选择所涉及的方法与质量性状完全不一样，因为育种者关注的是由多基因控制的大量的数量性状和不能按个体分类的基因型。数量性状涉及一些数量的测定，不能直接测定基因型或基因频率，以及个体确切的遗传结构。因此，用于研究和测定选择效果的手段必须用统计参数，如平均数、方差和协方差。但要注意基因频率和基因型频率的改变是选择的基本结果，平均值和方差的改变是这些变化的最终效果。

育种者首先感兴趣的是选择的结果及其他在群体平均值上的效果，对选择效率的理论与实践的推论，取决于遗传和环境参数。

6.4.1　选择响应

对选择进展的估计，是数量遗传学对植物和动物育种最重要的贡献之一，它的一个直接应用是关于适合育种目的的一个群体放在一个特定环境下或一组环境下进行。它的另一个重要的用途是比较不同的选择方法，在理论上确定期望的遗传进度，这方面已有一些不同的研究进展。在任何情况下都要涉及回归问题。

对任何育种方法，选择是根据测量单位（个体或家系），选择单位是 *X*，它在改良群体中与个体 *W* 相关，实际上 *W* 是所有与 *X* 有相关性的个体的代表。在一些情况下，

W 直接来自 X，但大多数情况是有一个重组单元 R，使得 W 通过 R 与 X 有关（即改良群体不是直接来自中选个体）。

期望的选择进展与以下的基础问题有关：如果鉴定了最好的选择单元并进行了重组（直接或间接），群体平均值的期望改变量是多少？当选中优良的表现型时，那是假定已经选到了优良的基因型（表现型和基因型在某种程度上是相关的），否则，选择进展是不可能的。优良亲本的基因型值传递给下一代的程度，取决于选择性状的遗传力。只考虑 X 和 W 间的线性回归在 X 中对每个单位的离差，在 W 中 b_{WX} 的响应是期望的，这里 b_{WX} 是 W 对 X 的线性回归系数：

$$b_{WX}=\widehat{\mathrm{Cov}}(W,X)\big/\hat{\sigma}_X^2$$

式中，分母 $\hat{\sigma}_X^2$ 是选择单元的表现型方差，$\overline{X}_s$ 是中选组的平均值，差值（$\overline{X}_s-\overline{X}$）称为选择差 s，因此，期望进展的第一个公式可以重写成

$$\Delta G=s\widehat{\mathrm{Cov}}(W,X)\big/\hat{\sigma}_X^2$$

$\widehat{\mathrm{Cov}}(W,X)$ 是亲属间的一种协方差，在一些情况下，它可以表示为参照群体中遗传方差成分的线性函数（第 3 章），这一特性简化了预测程序。

选择差是中选单元子集 S 平均值与所有单元集 B 平均值间的差数，S 包含在 B 中（图 6.4a）。如果选择单元接近正态分布，图 6.4a 的概率分布接近于图 6.4b，$p=S/B$。

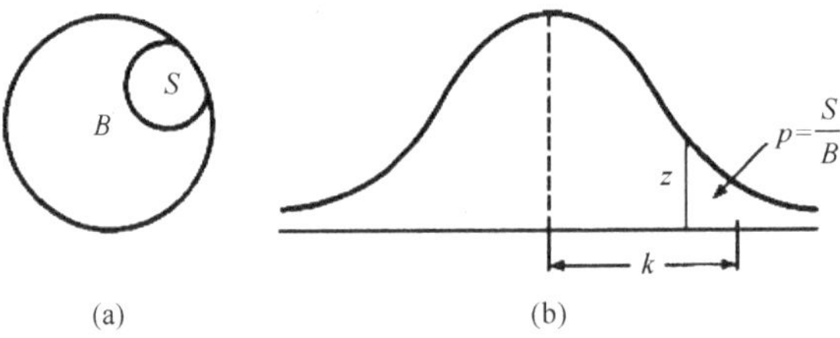

图 6.4　选自基础集 B 的子集 S（a），它在正态分布中的比率 p（b）

如果在图 6.4 中使用截断选择，选择差能够用表现型的标准离差单元来表示，即（$k=s/\hat{\sigma}_X$），当样本大小（选择单元数）大于 50，就可能直接由正态分布的特性来确定。理论表示为 $k=z/p$，p 为选择单元的比率，z 是中选组下限纵轴的高度，z 的值可以从 Fisher 和 Yates（1948）的表 I 和 II 中得到。

在表 I 中找到 P，$P=2p$，因为正态曲线是对称的。表 I 给出了相对偏差 x，使得 $1-P$ 处于 $-x\sim+x$，p 的值只是曲线的一半。从表 I 中得到的 x 值进入表 II，就可直接得到 z 值。例如，如果从大量样本中选择最高的 10%，那么 $p=0.1$，$P-0.2$。从表 I 得到 $z=1.28$，查表 II 得到 $z=0.1758$。因此，标准单元的选择差为 $k=0.1758/0.1=1.758$。

另外，k 可以通过直接得到的 z 进行近似值计算：

$$z=\left[1/(2\pi)\right]\mathrm{e}^{-X^2/2}$$

式中，$\mathrm{e}=2.718\,282$，$\pi=3.141\,593$，x 从 Fisher 和 Yates（1948）的表 I 和表 II 中得到，表 6.1 是一些常见的选择强度。

表 6.1 在标准离差单元几种选择强度（*p*）下样本大于 50 的选择差（*k*）

p	*k*	*p*	*k*	*p*	*k*	*p*	*k*
0.01	2.6652	0.11	1.7094	0.21	1.3724	0.31	1.1380
0.02	2.4209	0.12	1.6670	0.22	1.3459	0.32	1.1175
0.03	2.2681	0.13	1.6273	0.23	1.3202	0.33	1.0974
0.04	2.1543	0.14	1.5898	0.24	1.2953	0.34	1.0777
0.05	2.0627	0.15	1.5544	0.25	1.2711	0.35	1.0583
0.06	1.9854	0.16	1.5207	0.26	1.2476	0.36	1.0392
0.07	1.9181	0.17	1.4886	0.27	1.2246	0.37	1.0205
0.08	1.8583	0.18	1.4578	0.28	1.2022	0.38	1.0020
0.09	1.8043	0.19	1.4282	0.29	1.1804	0.39	0.9838
0.10	1.7550	0.20	1.3998	0.30	1.1590	0.40	0.9659

如果选择的样本 $N \leqslant 50$，k 就来自表 XX（Fisher and Yates，1948），N 的变幅为 2~50。如果 n（1~25）是选自 N 中的一个样本，k 的期望值是在相应的列 N 中首个 n 的平均值。例如，如果从一个 20 的样本中选出 5 个个体，期望的 k 值是 1.87、1.41、1.13、0.92 和 0.75 的平均值（即 $k=1.216$）。表 6.2 给出了大多数情况下的 k 值。

表 6.2 样本为 50 或更小情况下的预期 *k* 值（标准单元选择差）

N	样本大小（*N*）				
	10	20	30	40	50
1	1.540	1.870	2.040	2.160	2.250
2	1.270	1.640	1.830	1.955	2.050
3	1.067	1.470	1.673	1.810	1.910
4	0.895	1.333	1.550	1.693	1.798
5	0.740	1.216	1.446	1.594	1.704
10		0.768	1.061	1.241	1.371
15			0.777	0.991	1.139
20				0.782	0.950

到目前为止的选择程序中，仅考虑一种选择单元。有一些育种方法包含了多于一种选择单元，如家系内和家系间的选择，在这种情况下，对每个选择单元有预期的进度，预期的进度汇总得到总的进度，既可对雌雄都进行选择，也可只选择两者之一。如果对雌雄都选择，它的进度等于对雌性和雄性选择的总和。从这一点上，来自多元回归理论预测选择进度的一般公式为

$$\Delta G=\sum_i \Delta G_i=\sum_i k_i c_i\left[\hat{\sigma}_A^2\left(1+\beta_i\right)/\hat{\sigma}_{\mathrm{y}_i}\right]$$

下标 i 代表不同的选择单元或雌雄；β_i 是与加性方差的离差。当不是截断选择，在观测单元中 k_i 将会被选择差 s，以及 $\hat{\sigma}_{\mathrm{y}}$ 被 $\hat{\sigma}_{\mathrm{y}}^2$（表型方差）所取代。系数 c_i 随选择方法而变化，是亲属间协方差在遗传方差成分中的变换系数。当选择是在相同强度下对雌雄均进行选择时，总的结果是 c 由 $2c$ 取代。

6.4.2 群体内的选择方法

在大多数常用的轮回选择方法中，玉米群体内的轮回选择可以分为以下几种。

（1）混合选择（表型选择）。

（2）家系选择：

（a）半同胞家系选择

（b）全同胞家系选择

（c）自交（S_1 或 S_2）家系选择（也称为自交后裔选择）

（d）综合选择

6.4.2.1 混合（表型）选择

混合选择是对单个植株进行鉴定，并进行表型选择（除了自己的表型，没有其他信息用作选择指标）。因此，选择单元 X 是个体表现型，它也是重组单元，改良群体 W 是直接来自 X。

$$\underset{\text{（选择单元）}}{X} \longrightarrow \underset{\text{（改良群体）}}{W}$$

通常中选植株是从群体（开放授粉）中随机授粉而来，没有控制花粉，所以选择仅对雌配子进行选择。X 和 W 的相似性是由于亲子关系（第 3 章）。

$$\widehat{\mathrm{Cov}}(X,W)=\widehat{\mathrm{Cov}}(P-O)=(1/2)\hat{\sigma}_{\mathrm{A}}^2$$

单个植株间的表型方差包括群体内植株间的遗传方差，选择区内的所有环境方差。如果忽略上位性，遗传方差为 $\hat{\sigma}_{\mathrm{A}}^2+\hat{\sigma}_{\mathrm{D}}^2$。如果参照一些试验设计，环境变异能够表示为方差成分，因为混合选择没有根据设有重复的试验来选择。例如，选择区可按类似随机区组设计的一个重复来进行，区组内的环境变异来自于小区与小区间的环境方差 $\hat{\sigma}_{\mathrm{p}}^2$ 和小区内的环境方差 $\hat{\sigma}_{\mathrm{we}}^2$。在选择区内的这些成分，预计与设有重复的试验的估计值不一样。如果我们无视这一可能的偏差，植株间的表型方差为

$$\hat{\sigma}_{\mathrm{y}}^2=\hat{\sigma}_{\mathrm{A}}^2+\hat{\sigma}_{\mathrm{D}}^2+\hat{\sigma}_{\mathrm{p}}^2+\hat{\sigma}_{\mathrm{we}}^2$$

对这种情况混合选择的期望选择进度为

$$\Delta G=\frac{k(1/2)\hat{\sigma}_{\mathrm{A}}^2}{\left(\hat{\sigma}_{\mathrm{A}}^2+\hat{\sigma}_{\mathrm{D}}^2+\hat{\sigma}_{\mathrm{p}}^2+\hat{\sigma}_{\mathrm{we}}^2\right)^{1/2}}$$

从第 4 章的交配设计可以估计加性遗传方差，个体间的表型方差也可以从设有重复的家系试验的交配设计来估计。例如，如果是半同胞家系，单个植株选择期望进度中的表型方差为（第 2 章）

$$\hat{\sigma}_{\mathrm{p}}^2=\hat{\sigma}_{\mathrm{f}}^2+\hat{\sigma}_{\mathrm{p}}^2+\left(\hat{\sigma}_{\mathrm{G}}^2-\widehat{\mathrm{Cov}}_{\mathrm{HS}}\right)+\hat{\sigma}_{\mathrm{we}}^2=\hat{\sigma}_{\mathrm{A}}^2+\hat{\sigma}_{\mathrm{D}}^2+\hat{\sigma}_{\mathrm{p}}^2+\hat{\sigma}_{\mathrm{we}}^2$$

在上面的例子中，假如混合选择的性状是株高，选择的雌性植株是用整个群体来授

粉（没有对雄配子进行选择）。另外一种相反情况的混合选择，即只对雄配子进行选择，这不是一个实用的流程，但可在开花前对所有的雌穗套袋来进行。在开花时，仅从理想的植株采取花粉混合后对所有植株随机授粉。理论上讲，只要选择强度一样，选择的预望进度与雌性果穗选择是一样的。

雄配子的选择对开花前能够测定的性状是可行的，这种情况下，对不是选择类型的植株去雄，以便中选植株的雄配子授粉。一个对雌雄配子均可选择的替代流程是对中选植株自交。这种情况，自交后于下一季在隔离条件下种植并进行重组。如果重组是在冬繁地进行，每个轮回不需要增加年份。这样对雌雄配子在相同选择强度下进行选择的期望进度为

$$\Delta G=\frac{k\hat{\sigma}_{\mathrm{A}}^{2}}{\left(\hat{\sigma}_{\mathrm{A}}^{2}+\hat{\sigma}_{\mathrm{D}}^{2}+\hat{\sigma}_{\mathrm{p}}^{2}+\hat{\sigma}_{\mathrm{we}}^{2}\right)^{1/2}}$$

Gardner（1961）提出了分层选择，选择标准是与所有植株表现型平均值的每个个体表型值的离差，按同一层次进行选择。在这种情况下，隔离区被划分成段，每一段成一个单元，选择在单元内进行，段内植株间的差异更可能是由于遗传差异，而不是环境效应产生的。图6.5为一个有22 500株玉米群体的隔离区，该群体适应于北达科他州的条件（Eno and Carena，2008），该隔离区被划分成16段，在每段中选择最早熟的25株。尽管只是对雌穗进行选择，但将会有部分的花粉控制，这些花粉来自最早的植株。因此，

$$\widehat{\mathrm{Cov}}(X,W)=\widehat{\mathrm{Cov}}\left[\left(Y_{ij}-\overline{Y}_{i.}\right),W\right]=\widehat{\mathrm{Cov}}\left(Y_{ij},W\right)-\widehat{\mathrm{Cov}}\left(\overline{Y}_{i.},W\right)$$

式中，Y_{ij}是在第 i 个层次（$i=1,2,3,\cdots,s$）内第 j 个植株（$j=1,2,3,\cdots,n$）。将源自 W 的第 ij 个植株作母本：

$$\widehat{\mathrm{Cov}}\left(Y_{ij},W\right)=\widehat{\mathrm{Cov}}(P-O)=(1/2)\sigma_{\mathrm{A}}^{2}$$

$$\widehat{\mathrm{Cov}}\left(\overline{Y}_{i.},W\right)=(1/n)\widehat{\mathrm{Cov}}(P-O)=\left[1/(2n)\right]\hat{\sigma}_{\mathrm{A}}^{2}$$

因此

$$\widehat{\mathrm{Cov}}(X,W)=(1/2)\hat{\sigma}_{\mathrm{A}}^{2}-\left[1/(2n)\right]\hat{\sigma}_{\mathrm{A}}^{2}=(1/2)\left[(n-1)/n\right]\hat{\sigma}_{\mathrm{A}}^{2}\simeq(1/2)\hat{\sigma}_{\mathrm{A}}^{2}$$

如果我们考虑 n 足够大，以至于 $(n-1)/n\simeq1$。

在整个群体层内的表型方差为

$$\hat{\sigma}_{\mathrm{y}}^{2}=\hat{\sigma}_{\mathrm{A}}^{2}+\hat{\sigma}_{\mathrm{D}}^{2}+\hat{\sigma}_{\mathrm{we_s}}^{2}$$

式中，$\hat{\sigma}_{\mathrm{we_s}}^{2}$ 为层内的环境变异。因此，期望的进度为

$$\Delta G=\frac{k(1/2)\hat{\sigma}_{\mathrm{A}}^{2}}{\left(\hat{\sigma}_{\mathrm{A}}^{2}+\hat{\sigma}_{\mathrm{D}}^{2}+\hat{\sigma}_{\mathrm{we_s}}^{2}\right)^{1/2}}$$

如果是对雌雄进行选择，在同样选择强度下，预期的进度将会加倍。在上面的公式中，如果从重复试验的层和小区是相同大小，并有相同的环境效应，$\hat{\sigma}_{\mathrm{we_s}}^{2}$ 等于 $\hat{\sigma}_{\mathrm{we}}^{2}$（以前的定义）。如果没有使用分层，选择区假定被分成任意大小的层。包括不同层间的环境方差的表型方差为

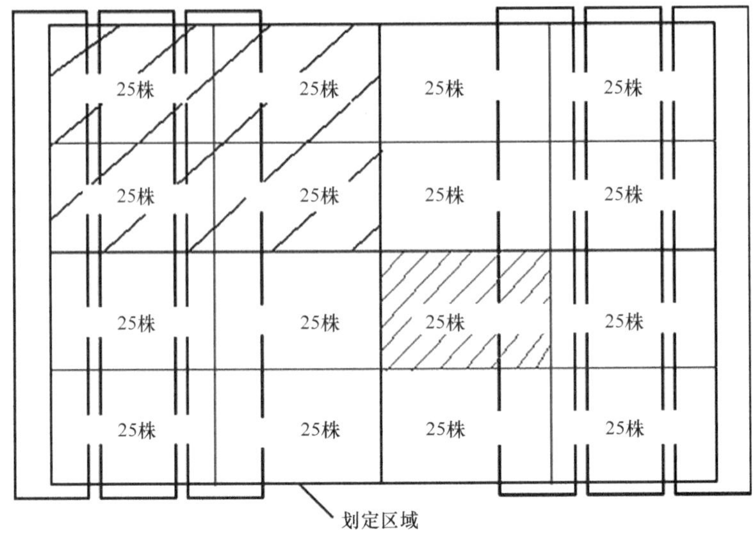

图 6.5 一个隔离区内有 22 500 株的玉米群体按分层选择筛选早熟性，不同颜色和线代表不同的环境条件，如淹水、干旱等

$$\hat{\sigma}_{\mathrm{S}}^2 \text{ 或 } \hat{\sigma}_{\mathrm{y}}^2 = \hat{\sigma}_{\mathrm{A}}^2 + \hat{\sigma}_{\mathrm{D}}^2 + \hat{\sigma}_{\mathrm{S}}^2 + \hat{\sigma}_{\mathrm{we}}^2$$

通过比较不同情况预期进度得到分层选择效益：

$$E = \left[\left(\hat{\sigma}_{\mathrm{A}}^2 + \hat{\sigma}_{\mathrm{D}}^2 + \hat{\sigma}_{\mathrm{S}}^2 + \hat{\sigma}_{\mathrm{we_s}}^2\right) \Big/ \left(\hat{\sigma}_{\mathrm{A}}^2 + \hat{\sigma}_{\mathrm{D}}^2 + \hat{\sigma}_{\mathrm{we_s}}^2\right)\right]^{1/2}$$
$$= \left\{1 + \left[\hat{\sigma}_{\mathrm{S}}^2 \Big/ \left(\hat{\sigma}_{\mathrm{A}}^2 + \hat{\sigma}_{D}^2 + \hat{\sigma}_{\mathrm{we_s}}^2\right)\right]\right\}^{1/2}$$

这种比较仅有的目的是给出在不同层间高环境变异下分层选择的优势增加，在 $\hat{\sigma}_{\mathrm{S}}^2 = 0$ 时，分层选择没有优势。

在所有情况下，考虑到目前为止，假定选择是仅在一个环境下进行，所有的方差成分能够进行估计。如果选择涉及一个群体在多个环境，预测进度的适合估计值来自多个环境下的群体，如果基因型与环境互作较大，预期进度小于一个环境下的估计值。混合选择在特定环境下进行，基因型与环境的互作仅是对多个环境下一个样本的估计。选择单元的表型方差在一个环境下被定义为

$$\hat{\sigma}_{\mathrm{y}}^2 = \hat{\sigma}_{\mathrm{A}}^2 + \hat{\sigma}_{\mathrm{D}}^2 + \hat{\sigma}_{\mathrm{p}}^2 + \hat{\sigma}_{\mathrm{we}}^2 \text{ 或 } \hat{\sigma}_{\mathrm{y}}^2 = \hat{\sigma}_{\mathrm{A'}}^2 + \hat{\sigma}_{\mathrm{D'}}^2 + \hat{\sigma}_{\mathrm{AE}}^2 + \hat{\sigma}_{\mathrm{DE}}^2 + \hat{\sigma}_{\mathrm{p}}^2 + \hat{\sigma}_{\mathrm{we}}^2$$

式中，$\hat{\sigma}_{\mathrm{A}}^2$ 和 $\hat{\sigma}_{\mathrm{D}}^2$ 是一个环境下的有偏估计，$\hat{\sigma}_{\mathrm{A'}}^2$ 和 $\hat{\sigma}_{\mathrm{D'}}^2$ 是在多个环境下一个群体的估计值。多个环境下随机样本的期望进度是 $\hat{\sigma}_{\mathrm{A'}}^2 / \hat{\sigma}_{\mathrm{y}}$ 的直接函数。

Gardner（1961）用设计Ⅰ交配设计在两个点估计了方差成分，表型方差的估计为

$$\hat{\sigma}_{\mathrm{y}}^2 = \hat{\sigma}_{\mathrm{m}}^2 + \hat{\sigma}_{\mathrm{f}}^2 + \hat{\sigma}_{\mathrm{me}}^2 + \hat{\sigma}_{\mathrm{fe}}^2 + \hat{\sigma}_{\mathrm{p}}^2 + \hat{\sigma}_{\mathrm{w}}^2$$

式中，$\hat{\sigma}_{\mathrm{m}}^2$ 和 $\hat{\sigma}_{\mathrm{f}}^2$ 分别是父本间和母本间的方差；$\hat{\sigma}_{\mathrm{me}}^2$ 和 $\hat{\sigma}_{\mathrm{fe}}^2$ 分别是父本与地点和母本与地点的互作效应；$\hat{\sigma}_{\mathrm{p}}^2$ 是小区与小区的环境方差；$\hat{\sigma}_{\mathrm{w}}^2$ 是小区内的表型方差。在 4 代中平均现实进度大约为 3.9%，期望进度是 4.5%。选择及所选材料的产量测试是在一个点进行。

另外，Hallauer 和 Sears（1969）两个玉米群体在一个点进行选择，但产量测试是 3 个点，获得非常小的选择进度。对简单性状的选择（如玉米开花）在一个点选择是比较成功的（Hallauer and Carena，2009）。

6.4.2.2 家系选择

混合选择与家系选择的主要差异在于家系选择是根据家系鉴定结果进行的（即植株的基因型是根据后裔的平均表现来评价的）。家系选择的流程如下：

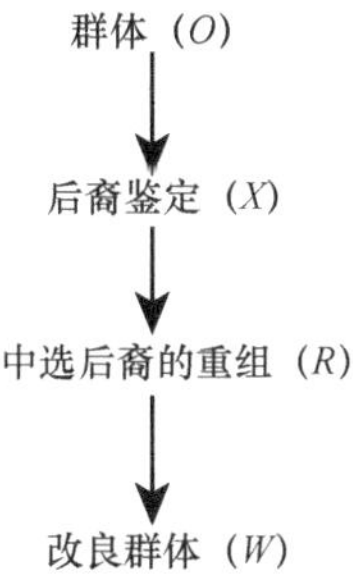

上面的 O 代表参照群体中的亲本植株，X 是选择单元，R 是重组单元，W 代表改良群体的个体，这些个体通过 R 和 O 与 X 有关。

家系选择的重要特征是根据家系的平均值（选择单元）来进行选择，而这个平均值是从多个环境下设有重复的试验得到的。因此，家系平均值的表型方差会低于单个植株，基因型与环境的互作对选择效果的影响也明显小，这在下面的表型方差的表达上就可见到。然而，测定基因型与环境的互作效应会受到每个后裔产生的种子量影响，并且经常为此受到限制。

家系值的模型为

$$Y_{ijkl} = m + f_i + b_j + E_k + \left(fE\right)_{ik} + e_{ij} + s_{ijkl}$$

式中，m 是平均值，f_i 为家系（$i = 1,2,3,\cdots,p$），b_j 为环境中的重复（$j = 1,2,3,\cdots,r$），E_k 为环境（$k = 1,2,3,\cdots,e$），e_{ij} 是第 j 个重复第 i 个小区的试验误差，s_{ijkl} 是小区内的植株（$l = 1,2,3,\cdots,n$）。

家系平均值间的表型方差为

$$\hat{\sigma}_{\bar{y}}^2 = \hat{\sigma}_{\mathrm{f}}^2 + \hat{\sigma}_{\mathrm{p}}^2 \big/ r + \hat{\sigma}_{\mathrm{p}}^2 \big/ nr \quad \text{（一个环境）}$$

$$\hat{\sigma}_{\bar{y}}^2 = \hat{\sigma}_{\mathrm{f}'}^2 + \hat{\sigma}_{\mathrm{fE}}^2 \big/ e + \hat{\sigma}_{\mathrm{p}}^2 \big/ (er) + \hat{\sigma}_{\mathrm{w}}^2 \big/ (ern) \quad \text{（多个环境）}$$

式中，$\hat{\sigma}_{\mathrm{f}}^2$ 是一个环境下家系均值间方差（遗传），$\hat{\sigma}_{\mathrm{f}'}^2$ 是多个环境下家系均值间方差（遗传），$\hat{\sigma}_{\mathrm{fE}}^2$ 是家系与环境的互作方差，$\hat{\sigma}_{\mathrm{p}}^2$ 是小区与小区的环境方差（误差方差），$\hat{\sigma}_{\mathrm{w}}^2$ 是家系内的表型方差。在任何情况下，选择的期望进度为

$$\Delta G = kc\left(\hat{\sigma}_{\mathrm{A}}^2 + \beta_i\right) \Big/ \hat{\sigma}_{\bar{y}}$$

为便于描述预期进度，我们考虑把家系按试验设计在一个点种植，如果种植多个点，

基因型与环境的互作就能考虑到（第 4 章）。因此，我们的讨论是基于表 6.3 的方差分析，所有参数的估计是以单个植株为基础得来的。方差分析经常是以小区总和或小区平均值来进行，以单株为基础的方差成分表示，期望均方就会改变。

表 6.3　在完全随机区组设计下一个试点家系的方差分析

变异来源	自由度	均方	期望均方
重复	$r-1$		
家系	$f-1$	M_1	$\hat{\sigma}_{\mathrm{w}}^2+n\hat{\sigma}_{\mathrm{p}}^2+nr\hat{\sigma}_{\mathrm{f}}^2$
误差	$(r-1)(f-1)$	M_2	$\hat{\sigma}_{\mathrm{w}}^2+n\hat{\sigma}_{\mathrm{p}}^2$
家系内	$rf(n-1)$	M_3	$\hat{\sigma}_{\mathrm{w}}^2$

1. 半同胞家系选择

半同胞家系可在群体内改良按以下几种方式：①改良穗行法；②再改良穗行法；③测交法。

一种常用的半同胞流程是由 Lonnquist（1964）提出的改良穗行法，这种方法包含半同胞家系内和家系间的选择，家系间的选择是根据半同胞家系的平均值，比较群体平均值或所有家系的平均值。选择单元是：

$$X=\overline{Y}_{\mathrm{I..}}-\overline{Y}_{\mathrm{...}}$$

式中，Y_{ijk}是第j个重复第i个家系第k个植株的表现型，亲子关系存在于R和W间，R也与半同胞第i个家系每个nr植株有关，因此，W作为半叔侄也与X中的每个植株有关。因此：

$$\widehat{\mathrm{Cov}}(X,W)=\widehat{\mathrm{Cov}}\left[\left(\overline{Y}_{i..}-\overline{Y}_{...}\right),W\right]=\left[1/(nr)\right]\sum_{jk}\widehat{\mathrm{Cov}}\left(Y_{ijk},W\right)=\left(1/8\right)\hat{\sigma}_{\mathrm{A}}^2$$

由于$\widehat{\mathrm{Cov}}(W,\overline{Y}_{...})=0$，在这种情况下，$\widehat{\mathrm{Cov}}(X,W)$是半同胞间遗传方差的一半，因此，家系间选择的进度为

$$\Delta G_1=k_1\left(1/8\right)\hat{\sigma}_{\mathrm{A}}^2/\hat{\sigma}_{\overline{\mathrm{P}}}$$

在这种情况下，$\hat{\sigma}_{\mathrm{f}}^2=\hat{\sigma}_{\mathrm{HS}}^2$是半同胞家系间的遗传方差；它也是半同胞家系间的协方差，可以用于估计加性遗传方差：

$$\hat{\sigma}_{\overline{\mathrm{HS}}}^2=\hat{\sigma}_{\mathrm{f}}^2+\hat{\sigma}^2/r+\hat{\sigma}_{\mathrm{w}}^2/(nr)$$

它可以通过$\hat{\sigma}_{\overline{\mathrm{HS}}}^2=M_1/(nr)$从相应的均方直接估计。

当半同胞家系在一组环境下进行鉴定，表型方差为

$$\hat{\sigma}_{\overline{\mathrm{HS}}}^2=\hat{\sigma}_{\mathrm{f}}^2+\hat{\sigma}_{\mathrm{fe}}^2/e+\hat{\sigma}^2/(er)+\hat{\sigma}_{\mathrm{w}}^2/(enr)$$

在$e=1$（一个环境）时，$\hat{\sigma}_{\mathrm{f}}^2$被高估，因为它实际上是$\hat{\sigma}_{\mathrm{f}}^2+\hat{\sigma}_{\mathrm{fe}}^2$的估计值，这引起预期进度不明的偏差。如果是估计加性方差，$\hat{\sigma}_{\mathrm{A}}^2=4\hat{\sigma}_{\mathrm{f}}^2$，$\hat{\sigma}_{\mathrm{A}}^2$也被高估，期望的进度会大于观测到的进度。

家系内的选择在重组区进行，那里所有的家系按穗行种植作为母本，用间作父本行的所有家系混合花粉授粉，选择仅在最好的家系内进行，但中选的植株是由整个群体来授粉，使得家系间的选择仅在母本。家系内的选择主要在表型上，通常也主要在母本上选择。可以表示为 $R \to W$，R 是一个半同胞家系（本身是家系间选择的重组单元）内的一个个体。选择单元是个体的表型值与它所属家系平均值间的差异。然而，家系平均值仅在一个区组内观测到，因此，选择单元是 $Y_{ijk} - \overline{Y}_{ij.}$。亲子关系存在于 W 和家系中的仅一个植株，家系中的剩余植株与作为半叔侄的 W 有关。因此

$$\widehat{\mathrm{Cov}}\left(W, Y_{ijk} - \overline{Y}_{ij.}\right) = \widehat{\mathrm{Cov}}\left(W, Y_{ijk}\right) - \widehat{\mathrm{Cov}}\left(W, \overline{Y}_{ij.}\right)$$

但

$$\widehat{\mathrm{Cov}}\left(W, Y_{ijk}\right) = \widehat{\mathrm{Cov}}(P - O) = \left(\tfrac{1}{2}\right)\hat{\sigma}_{\mathrm{A}}^2$$

$$\begin{aligned}\widehat{\mathrm{Cov}}\left(W, \overline{Y}_{ij.}\right) &= (1/n)\widehat{\mathrm{Cov}}(P - O) + [(n-1)/n]\widehat{\mathrm{Cov}}(\text{半叔侄}) \\ &= (1/n)\left\{\left(\tfrac{1}{2}\right)\hat{\sigma}_{\mathrm{A}}^2 + [(n-1)/8]\hat{\sigma}_{\mathrm{A}}^2\right\} \\ &\simeq \left(\tfrac{1}{8}\right)\hat{\sigma}_{\mathrm{A}}^2\end{aligned}$$

当 n 较大时，得

$$\widehat{\mathrm{Cov}}\left(W, Y_{ijk} - \overline{Y}_{ij.}\right) = \left(\tfrac{1}{2}\right)\hat{\sigma}_{\mathrm{A}}^2 - \left(\tfrac{1}{8}\right)\hat{\sigma}_{\mathrm{A}}^2 = \left(\tfrac{3}{8}\right)\hat{\sigma}_{\mathrm{A}}^2$$

家系内选择的进度为

$$\Delta G_2 = k_2 \frac{\left(\tfrac{3}{8}\right)\hat{\sigma}_{\mathrm{A}}^2}{\hat{\sigma}_{\mathrm{w}}}$$

式中，$\hat{\sigma}_{\mathrm{w}}^2$ 是半同胞家系内的表型方差，半同胞家系内和家系间的总选择进度为

$$\Delta G = \Delta G_1 + \Delta G_2 = k_1 \frac{\left(\tfrac{1}{8}\right)\hat{\sigma}_{\mathrm{A}}^2}{\hat{\sigma}_{\overline{\mathrm{HS}}}} + k_2 \frac{\left(\tfrac{3}{8}\right)\hat{\sigma}_{\mathrm{A}}^2}{\hat{\sigma}_{\mathrm{w}}}$$

这假定中选家系内的遗传方差与一套完整的家系一样。

改良穗行选择法的替代流程是设有重复的鉴定试验后仅用最好的家系重组。在这种情况下，用于鉴定时留存的种子必须保存在较好的条件下在下一季种植。在重组区内，雌雄配子均来自中选家系，因此，家系间的选择是对双亲的选择，这种情况下的家系内选择也是可能的，但通常是仅根据母本表型进行选择，故预期的进度与前面描述的一样。因此，总的遗传进度为（Vencovsky，1969）

$$\Delta G = \Delta G_1 + \Delta G_2 = k_1 \frac{\left(\tfrac{1}{4}\right)\hat{\sigma}_{\mathrm{A}}^2}{\hat{\sigma}_{\overline{\mathrm{HS}}}} + k_2 \frac{\left(\tfrac{3}{8}\right)\hat{\sigma}_{\mathrm{A}}^2}{\hat{\sigma}_{\mathrm{w}}}$$

如果重组不在正季进行，每轮不必增加一年。然而，在这种情况下不建议进行家系内的选择，这种方案仅包括家系间的选择，通常被称为半同胞选择。

基因型与环境互作效应与前面讨论的相同，即如果交互作用数值较大，家系鉴定是在一组环境下进行，加性方差的估计值比在一个环境下得到的小。另外，多个环境的鉴定对家系平均值间的表型方差有降低基因型与环境互作效应的优势，缩小观测值与实际

值间的差距。例如，Paterniani 等（1973）的研究很好地说明了基因型与环境的互作效应。

从一个经辐射（γ 射线）过的群体得到半同胞家系，控制授粉，并在 2 年进行鉴定。每个亚群体的加性遗传方差估计值从一年到另一年几乎没有改变，在数值上辐射过的要大些。然而，联合分析（2 年）得出辐射过的群体有显著的家系与年份的相互作用，引起 $\hat{\sigma}_A^2$ 和期望进度变小。在未辐射的群体中没有检测到交互作用，结果汇总在表 6.4 中。

表 6.4　用半同胞选择对群体 Centralmex 在辐射与对照下的加性方差和平均值估计及预期进度（Paterniani，1973）

处理	$\hat{\sigma}_A^2(\times 10^{-4})$			$\bar{x}(t/h)$			$\Delta G(\%)$		
	1971	1972	联合	1971	1972	联合	1971	1972	联合
辐射	1.2880	1.0624	0.1260	7.045	6.278	6.662	7.7	6.6	1.1
对照	0.7020	0.7184	0.7076	7.116	6.173	6.645	4.7	5.9	6.5

从半同胞间选择得到的进度也可通过多穗植株增加，一个果穗自由授粉，另一个果穗自交。用自由授粉果穗（半同胞家系）的种子进行没有重复的鉴定试验，用自交种子（S_1 家系）进行重组。如果仅用最好的 S_1 家系进行重组，对父母本均进行选择，期望的进度是

$$\Delta G=\frac{k\left(\frac{1}{2}\right)\hat{\sigma}_A^2}{\hat{\sigma}_{\overline{HS}}}$$

式中，$\hat{\sigma}_{\overline{HS}}$ 是家系平均值间表型方差的平方根（Empig et al.，1972）。这种选择方案需要多一年，因为重组单元是自交家系（S_1），自交会导致更高水平的近亲繁殖。在接下来的重组群体中，再次变成非自交系，能够作为新的半同胞的来源，形成 S_1 家系。重组可以在非正季进行，因为家系内没有选择，这一流程每个轮回用 2 年代替了 3 年。预期进度没有考虑多穗的选择，由于多穗似乎是一个适度遗传的性状（Lonnquist，1967a；Hallauer，1974；Carena et al.，1998），可能会导致额外的选择进度。

Lonnquist（1949）报道形成综合种的流程也是一种半同胞选择。根据这一流程，一系列的植株自交，同时每个父本植株随机与群体中另一植株杂交，杂交与第 4 章的设计 I 是同样的方式。所以，每个父本植株是以一系列的家系来鉴定，因为每个植株作为家系内的全同胞、家系间的半同胞。父本间的选择是根据设有重复的试验最好的后裔表现，新的群体是用自交的父本间杂交产生的，如果杂交的家系按设计 I 种植，方差的几个成分及预期进度为

$$\Delta G=\frac{k\left(\frac{1}{2}\right)\hat{\sigma}_A^2}{\hat{\sigma}_m^2+\hat{\sigma}_{me}^2+\left[\hat{\sigma}_f^2+\hat{\sigma}_{(f/m)e}^2\right]/n+\hat{\sigma}_p^2/r+\hat{\sigma}_w^2(rk)}$$

式中，n 是每个父本异交的植株数，r 是重复数，k 是每小区植株数，$\hat{\sigma}_f^2$ 和 $\hat{\sigma}_{f/m}^2$ 是父本及父本中母本效应的方差，$\hat{\sigma}_{me}^2$ 和 $\hat{\sigma}_{(f/m)e}^2$ 是父本效应及父本中母本效应与环境的互作方差（Robinson et al.，1955）（表 4.23）。

半同胞家系选择也能用在测交流程的选择方案中，在这种情况下，基础群体与一个测验种测交，该测验种既可以是遗传基础狭窄的自交系，也可以是遗传基础较广的品种或群体（包括亲本群体）。家系的鉴定是设有重复的试验，最好的亲本自交种子用于重

组。测定的半同胞家系间的方差，也包括亲属间的协方差，不能表示为基础群体遗传方差的线性函数，除非限制了基因频率和遗传模型。由于这一原因，必须引入解释遗传方差、协方差和预期进度的不同方法。在一个位点水平上（第 2 章）杂交组合（表 6.3 中的 $\hat{\sigma}_{\mathrm{f}}^2$ ）间的遗传方差为

$$\hat{\sigma}_{\mathrm{f}}^2=(1/2)pq\left[a+(s-r)d\right]^2$$

预期进度的分子（Empig et al.，1972）为

$$\widehat{\mathrm{Cov}}(X,W)=(1/2)pq\left[a+(q-p)d\right]\left[a+(s-r)d\right]$$

这是另一种情况，$\widehat{\mathrm{Cov}}(X,W)$ 不直接从测交组合间估计的方差 $\hat{\sigma}_{\mathrm{f}}^2$ 来估计。

当亲本群体用作测验种，$p=r$ 和 $q=s$，家系间的方差为 $\hat{\sigma}_{\mathrm{f}}^2=(1/2)\hat{\sigma}_{\mathrm{A}}^2$，预期进度的分子为 $\widehat{\mathrm{Cov}}(X,W)=2(1/4)\hat{\sigma}_{\mathrm{A}}^2$，这与前面介绍的根据半同胞家系选择，自交种子重组的结果完全是一样的。当仅用最好的家系重组，预期进度为

$$\Delta G=\frac{k(1/2)\hat{\sigma}_{\mathrm{A}}^2}{\hat{\sigma}_{\overline{\mathrm{HS}}}}$$

2. 全同胞家系选择

这种选择方案的选择单元 X 是进行设有重复试验的全同胞家系，留存的种子中用最好的家系进行重组。每个轮回需要 2 年，新的全同胞家系来自改良过的选择轮回。如果我们的选择只考虑雌雄亲本的一方，得

$$\widehat{\mathrm{Cov}}(X,W)=\widehat{\mathrm{Cov}}\left[\left(\overline{Y}_{i..}-\overline{Y}_{...}\right),W\right]=\widehat{\mathrm{Cov}}\left(W,\overline{Y}_{i..}\right)-\widehat{\mathrm{Cov}}\left(W,\overline{Y}_{...}\right)$$

但

$$\widehat{\mathrm{Cov}}\left(W,\overline{Y}_{i..}\right)=\left[1/(nr)\right]\sum_{j}\sum_{k}\widehat{\mathrm{Cov}}\left(W,Y_{ijk}\right)=(1/4)\hat{\sigma}_{\mathrm{A}}^2$$

因为

$$\widehat{\mathrm{Cov}}\left(W,Y_{ijk}\right)=\widehat{\mathrm{Cov}}(\text{叔侄})=(1/4)\hat{\sigma}_{\mathrm{A}}^2$$

$$\widehat{\mathrm{Cov}}\left(W,\overline{Y}_{...}\right)=0$$

$\widehat{\mathrm{Cov}}(X,W)$ 不是直接从全同胞家系间得出的方差估计，因为

$\hat{\sigma}_{\mathrm{f}}^2=(1/2)\hat{\sigma}_{\mathrm{A}}^2+(1/4)\hat{\sigma}_{\mathrm{D}}^2$ (假定没有上位性)

选择的预期进度将会是

$$\Delta G=\frac{k(1/4)\hat{\sigma}_{\mathrm{A}}^2}{\hat{\sigma}_{\overline{\mathrm{FS}}}}$$

式中，$\hat{\sigma}_{\overline{\mathrm{FS}}}$ 是全同胞家系平均值间方差的平方根。

通常雌雄都要进行选择（$c=2\times1/4=1/2$），如果只用最好的家系间杂交用于重组，预期的选择进度为

$$\Delta G=\frac{k(1/2)\hat{\sigma}_{\mathrm{A}}^{2}}{\hat{\sigma}_{\overline{\mathrm{FS}}}}$$

全同胞家系选择可以利用多穗植株，多穗植株的一个果穗用于产生全同胞家系来进行设有重复的鉴定试验，另一个果穗自交用于最好家系的重组。如果雌雄都要进行选择，预期选择进度与前面介绍的留存全同胞家系种子作鉴定方式是相同的。因此，用 S_1 代替全同胞家系重组在选择进度上是没有优势的，然而，多穗的选择能否对产量产生额外的进度是不可预测的。

3. S_1 家系选择

这种选择方案的选择单元，是与所有 S_1 家系平均值比较的中选 S_1 家系的平均值，自交果穗的留存种子用于重组。由于包括了近交，$\widehat{\mathrm{Cov}}(X,W)$ 不能直接表示为方差成分的线性函数，除非限制了基因频率和遗传模型。在一个位点情况下，有

$$\widehat{\mathrm{Cov}}(X,W)=2pq\left[a+(q-p)d\right]\left[a+(1/2)(q-p)d\right]=\hat{\sigma}_{\mathrm{A}_1}^{2}$$

如果雌雄都要进行选择。

上面的表达式可以表示为

$$\hat{\sigma}_{\mathrm{A}_1}^{2}=\hat{\sigma}_{\mathrm{A}}^{2}+\beta_1$$

式中，β_1 主要是显性效应与加性遗传方差的离差（Empig et al.，1972）。

$$\beta_1=2pq(p-1/2)d\left[a+(q-p)d\right]$$

在 $p=q=0.5$ 或完全加性模型（所有位点 $d=0$）时，离差 $\beta_1=0$，S_1 选择预期进度为

$$\Delta G=k\hat{\sigma}_{\mathrm{A}_1}^{2}\big/\hat{\sigma}_{\bar{\mathrm{S}}_1}=k\left(\hat{\sigma}_{\mathrm{A}}^{2}+\beta_1\right)\big/\hat{\sigma}_{\bar{\mathrm{S}}_1}$$

式中，$\hat{\sigma}_{\bar{\mathrm{S}}_1}$ 是 S_1 家系平均值间的表型方差的平方根。

方差 $\hat{\sigma}_{\mathrm{A}}^{2}=\hat{\sigma}_{\mathrm{A}}^{2}+\beta_1$ 不能从 S_1 家系试验中来估计，因为 S_1 家系间的方差有以下的期望（第 2 章）：

$$\hat{\sigma}_{\mathrm{A}'}^{2}+(1/4)\hat{\sigma}_{\mathrm{D}}^{2}=\hat{\sigma}_{\mathrm{A}}^{2}+\beta'+(1/4)\hat{\sigma}_{\mathrm{D}}^{2}$$

因此，预期选择进度只能限制在无显性或基因频率为 0.5 时，从加性方差来表示。

4. S_2 选择

通过这一选择方案，S_2 家系由 S_1 植株形成。选择单元是与总的 S_2 家系平均值比较的中选 S_2 家系平均值，重组是用留存的自交果穗种子。正如前面介绍的 S_1 家系选择，在没有限制基因频率和遗传模型情况下，$\widehat{\mathrm{Cov}}(X,W)$ 不能表示为方差成分的线性函数。对一个位点，有

$$\widehat{\mathrm{Cov}}(X,W)=3pqa^2+(7/2)pq(q-p)ad+(1/2)pq(q-p)^2d^2$$

经过对雌雄配子的适应选择乘以 2 后，我们可以定义表达式为

$$\hat{\sigma}_{\mathrm{A}_2}^{2}=(2/3)\widehat{\mathrm{Cov}}(X,W)$$

然后

$$\widehat{\mathrm{Cov}}(X,W)=(3/2)\hat{\sigma}_{A_2}^2=(3/2)(\hat{\sigma}_A^2+\beta_2)$$

式中，β_2 主要是显性效应与加性遗传方差的离差：

$$\beta_2=(10/3)pq(p-1/2)d[a+(q-p)d]$$

在 $p=q=0.5$ 或完全加性模型（所有位点 $d=0$）时，离差 $\beta_2=0$，S_1 选择预期进度计算为

$$\Delta G=\frac{k(3/2)\hat{\sigma}_{A_2}^2}{\hat{\sigma}_{\bar{S}_2}}=\frac{k(3/2)(\hat{\sigma}_A^2+\beta_2)}{\hat{\sigma}_{\bar{S}_2}}$$

式中，$\hat{\sigma}_{\bar{S}_2}$ 是 S_2 家系平均值间表型方差的平方根。

与 S_1 家系一样，$\hat{\sigma}_{A_2}^2=\hat{\sigma}_A^2+\beta_2$ 不能估计，因为 S_2 家系平均值间的方差用下式来估计：

$$(3/2)(\hat{\sigma}_A^2+\beta'')+(3/16)\hat{\sigma}_D^2$$

上式在完全加性遗传模型或基因频率为 0.5 时等于 $(3/2)\hat{\sigma}_A^2$。

在 S_1 和 S_2 家系选择，每个选择轮回所需年份数增加，但产生的早代系在自交系选育中具有优势。

5. 联合选择

联合选择就是应用 2~3 种选择方法，可分为以下几类。

（1）交替采用 2 种或多种方法。

（2）同时采用 2 种或多种方法。

例如，改良穗行选择法包括在第一类中，因为家系间选择（后裔选择）和家系内选择（混合选择）的交替进行。其他选择方法的组合也是可能的。例如，Lonnquist（1967b，1967c）建议采用 S_1 选择、混合选择和相互轮回选择或者在 S_1 和 S_2 家系间选择以增加 S_1 后裔的选择压力（第 12 章）。从联合选择方法得到的预期进度是各个选择方法的总进度。从广泛的意义上讲，大多数育种方法都被认为是联合选择方法。例如，所有的选择方法都需要多穗植株，对多穗性的表型选择有利于任何进一步的选择；在半同胞家系选择中，在选择亲本植株时，通常也做一些混合选择。除了 S_1 和 S_2 代，高自交水平也用在轮回选择中。当从一个群体中选择优良自交系 S_n 时，它们之间的互交形成综合群体，这个过程与轮回选择的一个轮回相似，每个轮回 N 代（$N>n$）。没有计划的额外选择的效应通常是不可预测的，但应考虑对选择方法的评价。

同时进行的联合选择方法没有进行深入的研究，Lonnquist 和 Castro（1967）通过半同胞和 S_1 家系同时鉴定获得的信息建议联合选择，已报道了这个方法的结果（Goulas and Lonnquist，1976）。简要地说，这个方法就是从同一个多穗植株上获得半同胞和 S_1 家系，这些家系同时进行鉴定，得到的信息用于选择优良个体。如果根据两种家系的平均值进行选择，可以估计方差成分的，预期进度也能计算。

家系鉴定可以按裂区设计进行，如果使用随机区组设计，每个亲本植株鉴定在整个小

区（包含半同胞和全同胞），每个家系类型在裂区鉴定。然而，当半同胞和 S_1 家系按这种方式鉴定，家系间的竞争是误差的主要来源，这是因为生长势的差异（S_1 家系来自自交），种植保护行可以减少这种误差。可以避免竞争的一个替代方式是使半同胞和 S_1 家系在不同的组作为两因素试验，分别按带状种植（Kempthorne，1952），方差分析见表 6.5。

表 6.5　一个环境半同胞和 S_1 家系鉴定两个因素带状试验的方差分析

变异来源	自由度	均方	期望均方 [a]
重复	$r-1$		
亲本（P）	$n-1$	M_6	$\hat{\sigma}_c^2+2\hat{\sigma}_a^2+2r\hat{\sigma}_p^2$
误差 a（$P\times R$）	$(n-1)(r-1)$	M_5	$\hat{\sigma}_c^2+2\hat{\sigma}_a^2$
家系（F）	1	M_4	$\hat{\sigma}_c^2+n\hat{\sigma}_b^2+r\hat{\sigma}_{pf}^2+nrk_f^2$
误差 b（$F\times R$）	$r-1$	M_3	$\hat{\sigma}_c^2+n\hat{\sigma}_b^2$
互作（$P\times F$）	$n-1$	M_2	$\hat{\sigma}_c^2+r\hat{\sigma}_{pf}^2$
误差 c（$P\times F\times R$）	$(n-1)(r-1)$	M_1	$\hat{\sigma}_c^2$

[a] r 是重复数，n 是家系对数，$k_f^2=\sum_k f_k^2$

由表 6.5 我们得到 $\hat{\sigma}_p^2=(M_6-M_5)/(2r)$，表达每对家系间的遗传方差，它们的表型方差为

$$\hat{\sigma}_F^2=\hat{\sigma}_p^2+\hat{\sigma}_a^2/r+\hat{\sigma}_c^2/(2r)$$

上式能通过 $\hat{\sigma}_F^2=M_6/(2r)$ 估计，建议采用保护行，但增加了试验地的面积。

尽管鉴定家系的试验设计与裂区设计相似，但每个类型的家系可单独分析，如果忽略上位性，能够从半同胞家系分析（$\hat{\sigma}_A^2=4\hat{\sigma}_{HS}^2$）得到 $\hat{\sigma}_A^2$ 的无偏估计。如果假定完全加性遗传模型，$\hat{\sigma}_A^2$ 也能从 S_1 家系分析估计（$\hat{\sigma}_A^2=\hat{\sigma}_{S_1}^2$）。如果在所有分离位点的基因频率是 0.5，$\hat{\sigma}_{S_1}^2$ 能够估计为 $\hat{\sigma}_A^2+(1/4)\hat{\sigma}_D^2$，显性效应的估计也能获得。

半同胞和 S_1 家系间的协方差能够通过下列关系估计：

$$\widehat{\mathrm{Cov}}(\mathrm{HS},\mathrm{S}_1)=(1/2)\hat{\sigma}_A^2$$

如果忽略上位性，就假定完全加性遗传模型或基因频率等于 0.5。如果没有证据支持该遗传模型或基因频率，对 $\hat{\sigma}_A^2$ 的无偏估计（来自半同胞家系）是最好的。

预期选择进度取决于用于重组形成下一代的家系类型，如果是用最好的半同胞家系进行重组，得

$$\widehat{\mathrm{Cov}}(X,W)=(3/8)\left(\hat{\sigma}_A^2+\beta_3\right)$$

在 $p=q=0.5$ 或完全加性遗传模型，式中 $\beta_3=(4/3)pq(p-1/2)d[a+(q-p)d]=0$。

$$\Delta G=\frac{k(3/8)\left(\hat{\sigma}_A^2+\beta_3\right)}{\hat{\sigma}_{\bar{p}}}$$

如果是 S_1 家系留存种子进行重组，得

$$\widehat{\mathrm{Cov}}(X,W)=(3/4)\left(\hat{\sigma}_{\mathrm{A}}^2+\beta_3\right)$$

预期进度为

$$\Delta G=\frac{k(3/4)\left(\hat{\sigma}_{\mathrm{A}}^2+\beta_3\right)}{\hat{\sigma}_{\overline{\mathrm{F}}}}$$

式中，$\hat{\sigma}_{\overline{\mathrm{F}}}$ 是家系平均值间表型方差的平方根，分子[$\widehat{\mathrm{Cov}}(X,W)$]对应于前面讨论的两种方法的平均值，即考虑基因频率 0.5 或加性遗传模型下用 S_1 种子重组的半同胞家系法和 S_1 家系选择。

6.4.3　群体间轮回选择方法

Comstock 等（1949）最初提出了相互轮回选择（RRS）来最大限度地利用一般和特殊配合力。设计的选择方案是根据 RRS 来改良两群体的杂交组合（表 6.6），所有的流程有一个共同的特点，即通过按方向性和互补方式改变基因的频率来改良群体，以致在杂交群体中得到广泛的不同类型的基因作用及相互作用，其最重要的特点是既改良了群体本身，也提高了两群体间的杂种优势。群体间杂交后裔的表现是方向性选择效应的基础。当两群体按这种方式改良，它们的第一代杂交种能在低成本种子情况下直接用于玉米生产（Carena，2005）。然而，最大的杂种优势效应是在用改良群体选育自交系，形成自交系间杂交种来获得的。

作为选育自交系的基础群体的改良，可以通过群体内的轮回选择方法，但改良只针对加性遗传效应，杂种优势（由于非加性效应）的改变仅是偶然的。建议从不同的适应类群的群体杂交用于改良杂交种的响应（Vasal et al.，1992）。此外，地理隔离群体间的杂交组合通过群体内改良计划，按长期遗传改良来进行（Carena and Wicks III，2006）。

表 6.6　相互轮回选择方案及其一般特点

RRS 方案[a]	选择单元[b]	重组单元	改良群体（A_1 和 B_1）
半同胞 RRS	HS 和 FS	S_1 家系	$S_1\times S_1$ 后裔
全同胞 RRS	FS	S_1 家系	$S_1\times S_1$ 后裔
改良半同胞 RRS-1	HS	HS 家系	重组 HS
改良半同胞 RRS-1	HS	HS 家系	重组 HS

[a] 方案 1：Comstock 等（1949）。方案 2：Hallauer 和 Eberhart（1970）。方案 3 和方案 4：Pateriani（1967a，1973，1978）及 Pateriani 和 Vencovsky（1977）

[b] HS. 半同胞；FS. 全同胞。在方案 3，HS 是一个汇集的半同胞家系，来自一个群体的 HS 家系与对应群体 HS 家系的杂交组合

所有的杂交家系在设有重复的试验中进行鉴定，方差成分通过方差分析获得。如果 n_1 和 n_2 个家系分别来自群体 A 和 B，在完全随机区组设计下鉴定，从表 6.7 的分析得到估计值。

表 6.7 一个环境下随机区组设计杂交家系鉴定的方差分析

变异来源	群体 A 作为父本		群体 B 作为父本	
	均方	期望均方	均方	期望均方
区组	M_a	$\hat{\sigma}_{w_1}^2+n\hat{\sigma}_1^2+nf\hat{\sigma}_{b_1}^2$	M_B	$\hat{\sigma}_{w_2}^2+n\hat{\sigma}_2^2+nf\hat{\sigma}_{b_2}^2$
家系	M_{1A}	$\hat{\sigma}_{w_1}^2+n\hat{\sigma}_1^2+nr\hat{\sigma}_{f_{12}}^2$	M_{1B}	$\hat{\sigma}_{w_2}^2+n\hat{\sigma}_2^2+nr\hat{\sigma}_{f_{21}}^2$
误差	M_{2A}	$\hat{\sigma}_{w_1}^2+n\hat{\sigma}_1^2$	M_{2B}	$\hat{\sigma}_{w_2}^2+n\hat{\sigma}_2^2$
家系内	M_{3A}	$\hat{\sigma}_1^2$	M_{3B}	$\hat{\sigma}_2^2$

[a] 下标 1 和 2 分别代表 A 和 B 群

下面是最常用的改良群体的方法。

6.4.3.1 半同胞相互轮回选择

半同胞相互轮回选择的选择流程（Comstock et al.，1949），是根据两个群体 A_0 和 B_0 杂交得到的家系来进行的，杂交家系以同样方式依第 4 章介绍的按设计 I 获得（即群体 A_0 中的植株作父本，每个与作为母本群体 B_0 的一定数量的植株杂交），以相同的方式在不同的植株进行相互杂交（可在隔离体条件下进行）。同时用作父本的植株自交，它们的 S_1 种子用于重组形成改良的群体（A_1 和 B_1）。这一流程限于开放授粉品种或具有杂种优势的群体或杂种优势组型。需要进行两组试验，所以像同时管理两个项目，流程如下。

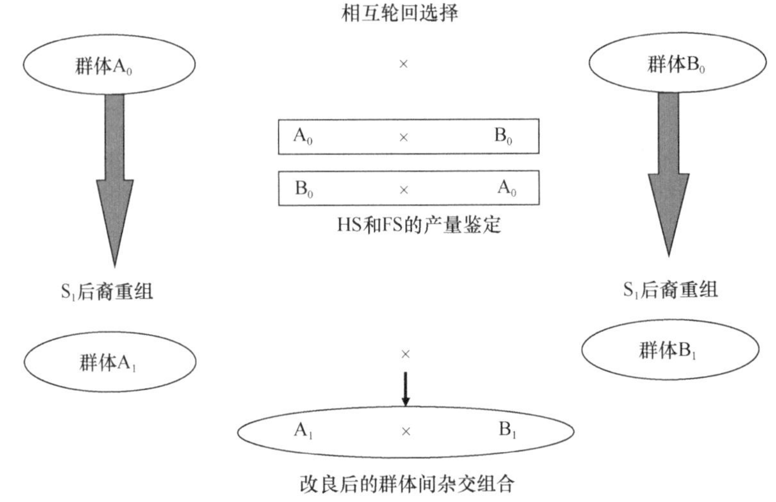

从表 6.7 可以确定下列估计：

$$\hat{\sigma}_{f_{12}}^2=\left(M_{1A}-M_{2A}\right)/(nr)$$

$$\hat{\sigma}_{f_{21}}^2=\left(M_{1B}-M_{2B}\right)/(nr)$$

上式分别可估计 $(1/4)\hat{\sigma}_{A_{12}}^2$ 和 $(1/4)\hat{\sigma}_{A_{21}}^2$（第 2 章）。

因此，预期选择进度为

$$\Delta G = \frac{k_1\hat{\sigma}^2_{f_{12}}}{\hat{\sigma}_{\bar{F}_{12}}} + \frac{k_2\hat{\sigma}^2_{f_{21}}}{\hat{\sigma}_{\bar{F}_{21}}} = \frac{k_1(1/4)\hat{\sigma}^2_{A_{12}}}{\hat{\sigma}_{\bar{F}_{12}}} + \frac{k_2(1/4)\hat{\sigma}^2_{A_{21}}}{\hat{\sigma}_{\bar{F}_{21}}}$$

式中，$\hat{\sigma}_{\bar{F}_{12}}$ 和 $\hat{\sigma}_{\bar{F}_{21}}$ 为家系间平均值间表型方差的平方根，可分别由 $M_{1A}/(nr)$ 和 $M_{1B}/(nr)$ 来估计。当在多个环境下鉴定，应包括基因型与环境的互作。

如果两个群体的基因频率相同，则

$$\hat{\sigma}^2_{A_{12}} = \hat{\sigma}^2_{A_{21}} = \hat{\sigma}^2_{A}$$

上面的表达与群体内轮回选择相同，选择是按家系进行的，从中选亲本的 S_1 种子用于重组。

6.4.3.2 全同胞相互轮回选择

除了用作鉴定的全同胞家系后裔，全同胞相互轮回选择在技术上可用半同胞相互轮回选择替代，这由 Comstock 等（1949）对其进行了描述。与半同胞轮回选择相比，在相同数量的鉴定后裔情况下，它的主要优势在于可以从群体中取样双倍多的植株。另外一个主要的优势是仅做一组鉴定试验。

全同胞相互轮回选择的主要目标也是对两个基础群体杂交组合的改良，如果两个基础群体的植株具有多穗性，选择将更加有效，即一个果穗产生 S_1 种子，另一个果穗用于产生全同胞后裔（Hallauer and Eberhart，1970）。然而，用 S_1 后裔配置全同胞后裔也是一个不错的选择，这样会有足够的种子进行广泛的鉴定（Hallauer and Carena，2009）。全同胞相互轮回选择的流程如下。

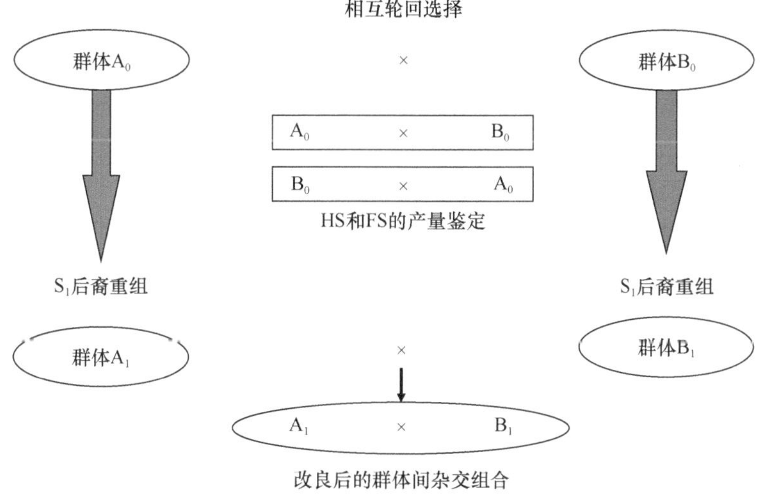

在表 6.7 中，$\hat{\sigma}^2_{f_{12}}$ 和 $\hat{\sigma}^2_{f_{21}}$ 估计同样的方差（第 2 章）：

$$(1/4)\left(\hat{\sigma}^2_{A_{12}} + \hat{\sigma}^2_{A_{21}}\right) + (1/4)\hat{\sigma}^2_{D_{12}}$$

期望的进度为

$$\Delta G=\frac{k\left(\frac{1}{4}\right)\left(\hat{\sigma}_{A_{12}}^{2}+\hat{\sigma}_{A_{21}}^{2}\right)}{\hat{\sigma}_{\bar{F}}}$$

6.4.3.3 改良相互轮选择（HS-RRS_1）

最初的 RRS 的改良方法是由 Pateriani（1976b）提出的。简要流程为：一定数量的自由授粉果穗（半同胞家系）按穗行作为母本种植在去雄区，父本行种植 B 群体。在另外一个隔离区，来自 B 群体的半同胞家系作母本，父本行来自 A 群体。从每个区的来自半同胞家系的自由授粉果穗混合收获，并进行设有重复的鉴定试验，来自 A 和 B 群体半同胞家系的流存种子（这里不是 S_1 后裔）分别重组形成 A_1 和 B_1，流程如下。

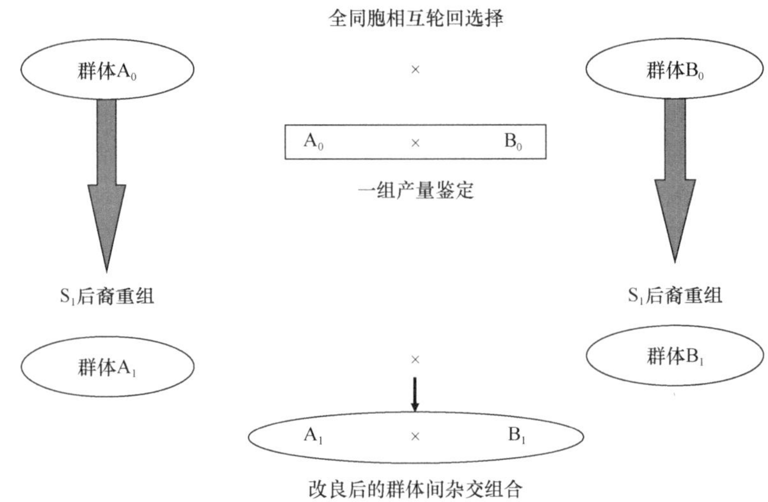

选择的期望进度为

$$\Delta G=\frac{k_1\left(\frac{1}{16}\right)\hat{\sigma}_{A_{12}}^{2}}{\hat{\sigma}_{\bar{F}_{12}}}+\frac{k_2\left(\frac{1}{16}\right)\hat{\sigma}_{A_{21}}^{2}}{\hat{\sigma}_{\bar{F}_{21}}}$$

改良相互轮回选择每个轮回需要 3 年，这是改良群体杂交组合的一个具有成本效应的方法。

6.4.3.4 改良相互轮回选择（HS-RRS_2）

另外一个改良 RRS 是由 Pateriani（1976b）提出的，要使用多穗植株。群体 A 种植在隔离区 I 作母本（去雄），群体 B 种植在父本行用于授粉。隔离区 II 群体 B 作母本，群体 A 作父本。在开花时从群体 A（隔离区 II 中的父本）中采集花粉用于对隔离区 I 中母本群体的第二个果穗授粉；同时，从隔离区 I 中父本取花粉用于隔离区 II 中母本第二个果穗授粉。每个隔离区母本行的第一个果穗是开放授粉，形成半同胞家系（隔离区 I 中 A 植株×B 群体，隔离区 II 中 B 植株×A 群体）。杂交的半同胞家系用于在重复试验中鉴定，每个群体人工授粉的果穗（半同胞家系）用于重组。因此，该方法与 RRS_1 相似，但使用了多穗植株，方法相对简单，每个轮回 2 年完成，家系产生和重组是在同一季完成，预期进度的计算由 Pateriani 和 Vencovsky（1978）提出：

$$\Delta G = \frac{k_1(1/8)\hat{\sigma}^2_{A_{12}}}{\hat{\sigma}_{\bar{F}_{12}}} + \frac{k_2(1/2)\hat{\sigma}^2_{A_{21}}}{\hat{\sigma}_{\bar{F}_{21}}}$$

$$= \frac{k_1(1/2)\hat{\sigma}^2_{f_{12}}}{\hat{\sigma}_{\bar{P}_{12}}} + \frac{k_2(1/2)\hat{\sigma}^2_{f_{21}}}{\hat{\sigma}_{\bar{P}_{21}}}$$

式中，$\hat{\sigma}^2_{f_{12}}$ 和 $\hat{\sigma}^2_{f_{21}}$ 来自表 6.7。

表 6.3 和表 6.7 的群体内和群体间加系鉴定的方差分析，是根据单个植株数据来进行的，所有的方差成分是按同样的单位计算。方差分析一般是按小区总数或小区平均数，方差成分按相应的单位来估计。按小区总数或小区平均数进行的方差成分通过改变期望均方的系数来以单个植株为基础估计，见表 6.8。

表 6.8 以小区总数、小区平均数和单个植株为基础的方差分析的期望均方

变异来源	期望均方 [a]		
	小区总数	小区平均值	单个植株
家系	$n^2\hat{\sigma}^2 + n^2 r\hat{\sigma}^2_f$	$\hat{\sigma}^2 + r\hat{\sigma}^2_f$	$n\hat{\sigma}^2 + nr\hat{\sigma}^2_f$
误差	$n^2\hat{\sigma}^2$	$\hat{\sigma}^2$	$n\hat{\sigma}^2$

[a] n 为每小区植株数；r 为重复数；$\hat{\sigma}^2 = \hat{\sigma}^2_w / n + \hat{\sigma}^2_p$，式中 $\hat{\sigma}^2_w$ 是小区内方差，$\hat{\sigma}^2_p$ 是小区间的环境方差

6.5 育种方法的比较

最大改良种质的利用育种方法已随植物育种及相关科学知识的增加逐渐得到发展和改进，已有几个选择流程对群体或群体间杂交组合进行改良，最好流程的选择取舍取决于性状和选择的群体，以及育种计划的阶段和育种计划的目的。第 12 章将会在玉米育种计划上作详细介绍，并给出每个育种和选择流程的特点。

在任何育种计划的任何时期，一个育种者需要知道一个给定育种流程的有效性，根据经验结果相对于选择流程的效应比较是很困难的，因为涉及多个变量。育种者在不同的环境和情况下对不同的群体，通常还包括不同的目的，使用不同的方法。不同的育种者所选择的依据也不会相同，样本大小、选择强度、对几个性状的选择权重是不同育种者的不同例子。在第 7 章对育种方法进行了具体比较。

数量性状遗传理论的发展，为几种育种系统的相对有效性进行了比较。由于所提到的难度，如果估计的参数是真实的，理论比较是有用的。当比较不同的选择方法时，应考虑两个方面：①要求同样的选择强度；②根据有效群体大小。

在比较短期计划的进度时，第一个考虑更重要，因为其目的是在几代内就要达到最大的进度。如果是长期计划，第二方面要考虑，因为在几代选择后，群体内的遗传变异不能迅速减少，我们的期望是持续具有选择进度。然而，当群体的有效大小保持在较高的水平，不同选择流程有效大小的差异是不相关的。Rawlings（1970）指出，在选择计

划中有效大小通常不是大问题，有效群体大小为30~45应该是合理的数量。尽管存在自交衰退和遗传漂移，然而，Guzman和Lamkey（2000），Tabanao和Bernardo（2005）得出在大的有效群体含量上没有优势，特别是当非加性遗传效应存在时。另外，Robertson（1960）强调在选择计划中有效大小的重要性，因为总的预期进度和轮回选择的半衰期是与有效群体含量成比例的。Robertson的主要结论如下。

（1）对单个基因，具有选择优势 s，固定的机会（预期的基因频率在无限的世代后达到一个极限）是原始基因频率的函数，并且为 $N_e s$，N_e 为有效群体含量，图6.3给出了加性基因固定的机会。根据单个测量数据对数量性状的人工选择，选择差用 k，标准差用 $\hat{\sigma}$ 表示，选择系数 $s = 2ka/\hat{\sigma}$，这里 a 是两个纯合体差值的一半（按度量尺度）。因此，在一个给定基因频率，一个群体固定概率的效应是 $N_e k$ 的函数（图6.6）。

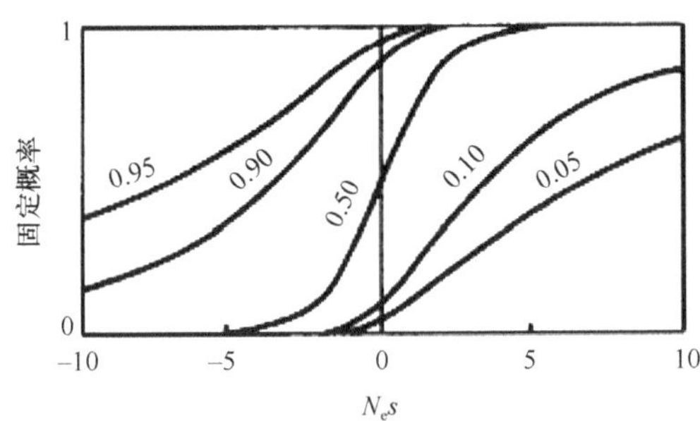

图6.6　一个加性基因在不同原始频率下的固定概率

（2）要多久才能达到选择极限是不确定的，因为基因频率极限是渐近的。然而，知道要多长时间平均基因频率达到半极限是很有用的，或者说什么是选择过程的半衰期。对加性基因，任何选择过程的半衰期不会超过1.4N代，对罕见的隐性基因能达到2N_e。因此，半衰期的选择过程直接取决于有效群体含量。

很少有关于不同选择流程固定频率的报道，Baker和Curnow（1969）测算了一个群体内一个特定的遗传模型下不同的有效群体含量对选择进度的影响，不同原始基因频率下有利基因的固定频率列于表6.9，给出了大的有效群体含量，最终固定概率增加。

表6.9　一个基因原始频率 p，有效群体含量 N_e 的群体中有利基因的固定概率（Pr）

N_e	原始基因频率				
	0.1	0.2	0.3	0.4	0.5
1	0.1275	0.2480	0.3617	0.4692	0.5707
4	0.1584	0.2997	0.4258	0.5383	0.6387
16	0.3699	0.6044	0.7531	0.8474	0.9071
32	0.5982	0.8386	0.9352	0.9740	0.9896
64	0.8385	0.9739	0.9958	0.9993	0.9999

注：① $Pr = (1-e^{-2N_e sp})/(1-e^{-2N_e s})$（Robertson，1960）；②Baker和Curnow（1969）给出选择系数，在 $N_e = 1$ 时，自交为 s=0.28，其他为 s=0.14（无限父本下对母本进行选择，如随机交配群体）

表 6.10 给出了 1~10 代具有显性的基因在原始频率为 0.2 下的基因频率的增加。

Baker 和 Curnow（1969）总结出在选择一代后，有效群体含量 16 和 256 期望的纯合子频率有小的差异，为此，建议在较小的有效群体含量下，一个合理的快速选择进度是可期的。此外，如果选择是在一些重复系中每个进行，这些重复系来自同一群体，选择最好的重复系，就能够获得一个大幅度增加的选择进度。

表 6.10 在 1、5、10 及无限选择代数下具有显性的基因在原始频率为 0.2 下的基因频率

有效群体含量	选择代数				
	0	1	5	10	∞
1	0.2	0.219	0.236	0.237	0.258
4	0.2	0.212	0.243	0.266	0.472
16	0.2	0.212	0.256	0.304	0.948
32	0.2	0.212	0.258	0.315	0.998
64	0.2	0.212	0.260	0.322	1.000
256	0.2	0.212	0.261	0.327	1.000

Vencovsky 和 Godoi（1976）利用一轮选择后基因频率的预期改变和最大固定概率来研究结合不同选择强度下 3 种选择方案的相对力量。

（1）半同胞家系间的选择：5/100 和 15/100。

（2）全同胞家系间的选择：10/100 和 30/100。

（3）混合选择：25/5000 和 80/16000。

所有的流程导致有效群体含量的均等化。对大量的遗传与环境参数组合进行特定的电脑模拟，得到如下结果。

（1）关于固定的极限概率，混合选择是最有效的方法，即使遗传力低至 0.05，全同胞轮回选择也列第二。然而，全同胞轮回选择方案选择系数 s 一般比较高，也表明每轮有较高的预期响应。

（2）当测定每代的预期进度时，混合选择是最为有效的方案，半同胞选择列第二。在较低的选择压力（500/5000）时，混合选择对立即响应是无效的，主要是因为有较高的基因型与环境的互作。这一结果建议选择计划中主要是在高选择压力下利用混合选择，这提供立即响应与长期变异间较好的平衡，这一理论已在开花期上得到广泛的证明（Hallauer and Carena，2009）。

选择的预期进度一直是广泛用于比较不同选择方法的方式，关键性公式为

$$\Delta G = (k/t)\left[c_i\left(\hat{\sigma}_{\mathrm{A}}^2 + \beta_i\right)/\hat{\sigma}_{\overline{\mathrm{Y}}}\right]$$

式中，k 是选择强度的函数，c_i 是决定选择方法和父本控制的系数，β_i 是加性方差的离差，$\hat{\sigma}_{\mathrm{A}}^2$ 是加性方差，$\hat{\sigma}_{\overline{\mathrm{Y}}}$ 是选择单元表型方差的平方根，t 是每轮选择需要的年数，这样预期选择进度就转换成每年（Eberhart，1970）。利用通用公式，群体内不同方法间的比较列于表 6.11 和表 6.12 中。

表 6.11　一个环境下几个群体内改良方法预期选择进度的通用公式组成

选择方法	$\hat{\sigma}_{\bar{Y}}$ 的成分						
	c_1[a]	c_2[a]	$\hat{\sigma}_f^2$	$\hat{\sigma}_p^2$	$\hat{\sigma}_w^2$	β	t[b]
混合选择	1/2	1	1	1	1	0	1
半同胞家系							
1.改良穗行法							
家系间	1/8	1/4	1	$1/r$	$1/kr$	0	2
家系内	3/8		1	$1/r$	$1/kr$	0	
2. 重组 S_1		1/2	1	$1/r$	$1/kr$	0	3
3. 测交组合[c]		1/2	1	$1/r$	$1/kr$		3
全同胞家系							
1. 重组 FS		1/2	1	$1/r$	$1/kr$	0	2
2. 重组 S_1		1/2	1	$1/r$	$1/kr$	0	3
自交家系							
1. S_1 家系		1	1	$1/r$	$1/kr$	θ^{d}	3
2. S_2 家系		3/2	1	$1/r$	$1/kr$	$(5/3)\theta^{d,e}$	4
联合选择（HS+S_1）							
1. 重组 HS		3/8	1	$1/r$	$1/2r$	$(2/3)\theta^{d,e}$	2
2. 重组 S_1		3/8	1	$1/r$	$1/2r$	$(2/3)\theta^{d,e}$	3

[a] c_1 和 c_2 分别是对雌雄之一和雌雄均进行选择

[b] t 的变化取决于重组是在当年或是第二年进行

[c] 当 $\beta = 0$ 时，c_2=1/2 仅适用于完全加性遗传模型

[d] 在一个位点时，$\theta = 2pq(p - 1/2)d[a + (1 - 2p)d]$

[e] 把 $\hat{\sigma}_a^2$ 替换 $\hat{\sigma}^2$，$\hat{\sigma}_c^2$ 替换 $\hat{\sigma}_w^2$（表 6.5）

混合选择是最古老和最简单的选择方案，列于表 6.11，它的简单性和每年一个轮回的可能性是与其他方法相比的最大优势。在通用公式中，$\hat{\sigma}_A^2$ 的系数是 1/2（仅对雌雄之一进行选择）或 1（雌雄均进行选择），表明该方法有较高比例的加性遗传方差。当遗传方差的数值对于非遗传的方差相对较高时，选择可以非常有效，这往往出现在遗传力较高的性状上。它的最大优势是根据单个个体的表现型进行选择（表 6.12 中的 I），这使得选择单元间的表现型间的方差比其他方法高。Gardner（1961）建议的田间分区选择，是为了减少表型变异，因而增加了预期选择进度。所以，这使得混合选择对遗传力低的性状选择更有效，对雌雄均能进行选择的可能性增加了预期进度，这在前面已介绍。如果采用较高的选择压力，混合选择最重要的特点是能保持较高的有效群体含量，这确保育种者在几轮的选择后仍使群体具有较高的遗传变异，可以在长期选择计划中保持选择进度。混合选择优于家系选择是对遗传力高的性状的选择，如玉米的开花期。

表 6.12　几种群体内选择方法相对于预期选择进度的加性遗传方差（$\hat{\sigma}_A^2$）[a] 的系数 c

选择方法	选择单元	重组单元	雌雄之一		雌雄[b]	
			之间	之内	之间	之内
1. 混合选择	I	I	1/2		1	
2. 混合选择	I	S_1			1	
3. 改良穗行	HS	HS	1/8	3/8	1/4	3/4
4. 改良穗行	HS	S_1	1/4	1/4	1/2	1/2

续表

选择方法	选择单元	重组单元	雌雄之一		雌雄[b]	
			之间	之内	之间	之内
5. 半同胞测交组合[c]	HT	S_1	1/4	1/4	1/2	1/2
6. 全同胞	FS	FS	1/4	1/4	1/2	1/2
7. 全同胞	FS	S_1	1/4	1/4	1/2	1/2
8. 自交（S_1）	S_1	S_1	1/2	1/4	1	1/2
9. 自交（S_2）	S_2	S_2	3/4	1/8	3/2	1/4
10. 联合（HS-S_1）	HS-S_1	HS	3/16	3/8	3/8	3/4
11. 联合（HS-S_1）	HS-S_1	S_1	3/8	1/4	3/4	1/2

[a] 加性方差由于自交有微小的变化，只有在基因频率为 0.5 或无显性（d=0）时等于 $\hat{\sigma}_A^2$

[b] 两种选择具有相同的选择强度

[c] 不相关的群体作测验种的测交组合

任何一个家系选择相对于混合选择的优势在于，基因型的测定可借助于后裔鉴定，即设有重复的家系鉴定试验。当试验是在一组环境下进行，基因型与环境的互作是可以得到的，而混合选择法做不到这一点。大多数的家系选择中，表现型方差得到降低，因而增加了预期选择进度。然而，$\hat{\sigma}_A^2$ 的系数可能比混选择的小，表现型方差的减少弥补了这一差异。家系选择比混合选择的优势是对遗传力低的性状，如玉米的产量。半同胞家系几种流程的使用，家系间和家系内的选择，每轮在 1 年内完成，家系间选择的 $\hat{\sigma}_A^2$ 系数是 1/8，而家系内是 3/8（表 6.12）。如果下一季用中选家系的流存种子重组，家系间的系数增加到 1/4，但与前面的情况（c=1/8）相比，每年的基础上每轮的进度必须除以 2。家系间的选择确保较高的有效群体含量，因为是所有的家系而不是只有中选的部分种植用于重组。当几个群体在同一计划中选择时，第二个流程可以使育种者在群体间错开产量试验和重组时期。家系内选择在同样例子中几乎与家系间选择一样有效（Webel and Lonnquist，1967），但每个阶段相对进度取决于 $\hat{\sigma}_w^2/\hat{\sigma}^2$ 的值和选择强度。正如预期的那样，家系内选择的有效性因遗传力系数高的值而增加（表 6.13）。

表 6.13　在 3 个群体不同选强度下总的预期进度中（群体间和群体内）半同胞家系间选择产量上的预期进度所占百分率

选择强度（%）		Cateto		ESALQ-HV1		Paulista Dent	
之间	之内	1-HS[a]	2-HS[a]	1-HS	2-HS	1-HS	2-HS
100	2	0.0	0.0	0.0	0.0	0.0	0.0
25	8	49.8	66.5	46.3	63.3	40.8	57.9
20	10	53.6	69.8	50.1	66.7	44.5	61.6
10	20	64.3	78.3	61.0	75.8	55.5	71.4
5	40	75.3	85.9	72.6	84.1	67.8	80.1
2	100	100.0	100.0	100.0	100.0	100.0	100.0
遗传力（%）		5.8		17.5		26.2	

[a] 1-HS 和 2-HS 分别是家系间对雌雄之一选择和雌雄均进行选择，两种情况下家系内仅对雌雄之一选择

另一个半同胞家系间的选择是在亲本植株中第二个果穗的自交种子进行重组，这一流程使 $\hat{\sigma}_A^2$ 的系数加倍（c=1/2），这不仅增加了选择进度，也增加了每轮所需的季数。如果重组不在正季进行，不需要增加一年。此外，这一流程是对多穗植株的选择，会使每轮产生额外的进度。根据不同群体作为测验种的测交组合进行的选择，与前面介绍的相似，仅有的差别是测验种间的方差（半同胞家系）取决于作为测验种的群体的遗传结构。在上面半同胞家系选择的两个例子中，有效群体含量预计比前面的任何情况都小，因为在重组区中只有中选亲本的自交果穗。当测验种中有利基因的平均频率低时，预期进度增加。换句话说，测验种中的基因频率 r 足够低时，平均值（$p-r$）将会是正值，并且显著（Comstock，1964），这种情况是可取的。然而，应用于玉米育种时，与用较差的测验种相比，用在早代杂交种试验的优良测验种增加了晚代杂交种试验的预测（Hallauer and Carena，2009）。

当留存的半同胞家系种子用作重组，全同胞家系选择比半同胞家系选择的 $\hat{\sigma}_A^2$ 系数（c=1/2）大。然而，在固定的环境下全同胞家系间的表现型方差也比半同胞家系的大，因为表型方差中的遗传部分比率为

$$\left(\frac{nr+1}{2nr}\right)\hat{\sigma}_A^2+\left(\frac{nr+3}{4nr}\right)\hat{\sigma}_D^2\text{，全同胞}$$

$$\left(\frac{nr+3}{4nr}\right)\hat{\sigma}_A^2+\left(\frac{1}{nr}\right)\hat{\sigma}_D^2\text{，半同胞}$$

式中，n 为植株数，r 为重复数。有效群体含量预计全同胞比半同胞小，因为在重组区内只有亲本包含在组合中。全同胞家系流程工作量也要大些，因为要控制授粉，而混合选择和半同胞家系选择可在隔离区内开放授粉，除了 S_1 种子用于重组。然而，种子混合法采用了更多的穗行，有效群体含量会增加 1 倍。

Ramalho（1977）在现实条件下应用遗传和环境参数平均估计值比较了半同胞选择和全同胞轮回选择，他的比较是根据第一种情况下同等的选择强度，以及第二种情况下同样的有效群体含量进行的。家系间和家系内采用不同选择强度，Ramalho（1977）得出了全同胞家系选择比半同胞家系选择（半同胞家系间和家系内选择用留存种子重组，即每轮两代）对遗传力低的性状更有效，变异系数较大。所有的比较是根据总的选择强度为 2%，群体间和群体内的联合选择见表 6.14。列于表 6.14 中对半同胞和全同胞轮回选择的相对有效性的特定条件在图 6.7 中。

表 6.14　半同胞和全同胞家系同样选择强度有关半同胞家系间和家系内变化的选择强度下的有效群体含量（N_e）

	A. 选择强度 i（%），相同的 N_e				B. 有效群体含量，相同的 i	
	半同胞家系		全同胞家系		$N_{e(HS)}=\frac{16S}{4-1/f}$	$N_{e(FS)}=\frac{4S}{2-1/f}$
	之间	之内	之间	之内		
（a）	5	40	10	20	20.2	10.3
（b）	10	20	19	10	41.0	21.0
（c）	15	10	35	6	84.2	44.4
（d）	25	8	42	4	106.7	57.1

资料来源：Ramalho（1977）

在全同胞流程中，可以用中选亲本的自交种子进行重组。然而，$\hat{\sigma}_A^2$ 的系数在预期进度中没有变化（c=1/2）。用自交种子重组在亲本中需要多穗植株，或增加一年获得 S_1 家系。除非采用非正季种植，否则需要增加一年。

利用自交后裔的家系选择有增加家系间遗传变异的主要优势（对 S_1，c=1/2；对 S_2，c=3/2）。每轮所需年份的增加限制了这些育种系统的使用。如果重组可以不在正季进行，每轮的年份数会减少。事实上，如果选择能在开花前测定的性状，就能一年一个轮回地进行 S_1 选择，就可在自交系选择中具有优良早代系。有效群体含量在这些到目前为止已给定数量的中选后裔方案间预计最小。S_1 和 S_2 家系选择特别推荐对遗传力低的性状，因此，家系间方差的增加是最重要的，这将产生选择进度。自交家系的应用也能够对不利隐性基因的选择，因此能够提供获得适合于选育生长势强的自交系群体的方法。

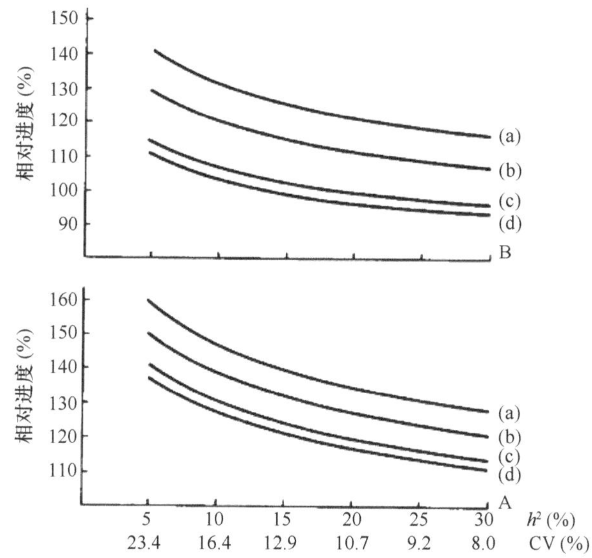

图 6.7 全同胞家系选择以百分数的相对有效性（之间和之内），半同胞家系选择在下面条件下遗传力变化的值：小区内的环境方差，$\hat{\sigma}_{we}^2/\hat{\sigma}_e^2=7.0$；$\hat{\sigma}_D^2/\hat{\sigma}_A^2=0.375$。上图中（b）为相同的有效群体含量；下图中（a）为相同的选择强度，是表 6.14 的特殊情况（CV 是试验误差的变异系数）

应用从半同胞和 S_1 得到信息的联合选择同时利用加性遗传方差的一部分，这些加性遗传方差是通过任何类型后裔得到的。当用半同胞家系的留存种子重组时，$\hat{\sigma}_A^2$ 的系数是 3/8，当用 S_1 家系重组，这个结果加倍（3/4）。在第一种情况下，能保证较高的有效群体含量，每轮仅需 2 年；而第二种情况每轮需要多一年或一季。然而，在所有情况下，应用来自两种类型后裔信息的优势是相对于基因作用方式的不同信息有来自不同的后裔类型（Goulas and Lonnquist，1976）。基因对杂种优势行为的贡献更有可能选择半同胞后裔鉴定，而不是 S_1 后裔鉴定，这样，有利加性效应基因能得到更大的重视。因此，利用半同胞和 S_1 后裔信息的联合选择相比它们中的单个选择方法，能提供有利基因频率增加，基因间的重组更有效。

群体内轮回选择流程的理论比较是由 Comstock（1964）根据一个群体中基因频率

改变的有效性提出来的，基因频率改变的表达转换成比较选择系统有效性的相对大小，这些比较列在表 6.15 中。

表 6.15 每代基因频率的预期变化和无超显性位点下选择系统的相对值

方法	Δp^{a}	相对值	
		无显性	完全显性
混合选择	$kA/(2\hat{\sigma}_{p})$	0.8~1.0	0.8~1.0
全同胞家系	$kA/(4\hat{\sigma}_{p})$	1.0	1.0
测定后裔（1）[b]	$kA/(6\hat{\sigma}_{p})$	0.67	0.67
测定后裔（2）[c]	$k[A+2(p-r)d]/(6\hat{\sigma}_{p})$	0.67	0.67~1.0
自交后裔	$k[A+(p-1/2)d]/(3\hat{\sigma}_{p})$	1.33	1.33~2.0

资料来源：Comstock（1967）

[a] $A=[a+(q-p)d]$

[b] 亲本群体作为测验种

[c] 没有关系的群体作为测验种

群体间改良的选择进度的公式列于表 6.16。

表 6.16 关于群体间选择方法预期进度的加性遗传方差 $\hat{\sigma}_{A}^{2}$ 的系数（c）

选择方法[a]	选择单元	重组单元[b]	雌雄之一		雌雄	
			$\hat{\sigma}_{A_{12}}^{2}$	$\hat{\sigma}_{A_{21}}^{2}$	$\hat{\sigma}_{A_{12}}^{2}$	$\hat{\sigma}_{A_{21}}^{2}$
1. HS-RRS	HS-FS	S_1			1/4	1/4
2. FS-RRS	FS	S_1			1/4	1/4
3. HS-RRS-1	HS	HS	1/16	1/16		
4. HS-RRS-2	HS	HS	1/8	1/8		

[a] 方法 1、3 和 4 在公式中对期望的进度有两个组分，而方法 2 只有一个组分，计算公式为 $(\frac{1}{4})\hat{\sigma}_{A_{12}}^{2}+(\frac{1}{4})\hat{\sigma}_{A_{21}}^{2}=(\frac{1}{4})\left(\hat{\sigma}_{A_{12}}^{2}+\hat{\sigma}_{A_{21}}^{2}\right)=(\frac{1}{2})\hat{\sigma}_{A_{(12)}}^{2}$

[b] 见表 6.6

在美国的优良温带群体中，几乎没有进行长期的相互轮回选择计划，但由于相互轮回选择计划有特殊效果，也有一些研究在不断地取得进展。Coors（1999）给出了相互轮回选择的年平均增益已显著超过商业育种公司的育种所取得的进展。除此之外，早熟群体（Hallauer and Carena，2009），热带和亚热带群体（Beck et al.，1991；Vasal et al.，1992），以及热带群体与温带群体（Mickelson et al.，2001）的群体间相互轮回选择已得到极大的重视。

由 Comstock 等（1949）提出的原始相互轮回选择是有效的（Collier，1959；Penny et al.，1963；Moll and Stuber，1971）。Penny 和 Eberhart（1971）在经 4 轮半同胞相互轮回选择后，两群体间的杂交组合得到较小改良，但在随后包括 5 轮的鉴定（Eberhart et al.，1973），对改良的估计大大超过前面的研究。尽管该方法具有潜力，但它有一些固有的困难，可能会妨碍其广泛利用。Pateriani 和 Vencovsky（1977）对这些困难概括如下。

（1）同时进行自交和测交需要相当大的工作量，这就减少了鉴定的基因型数量。

（2）4~5 个雌穗作为一个样本与 1 个雄穗杂交可能是不够的，这就降低了父本鉴定的准确性。由于这一原因，更为方便的是在冬季自交植株，来年母本在隔离区去雄，但这种流程增加了每轮所需的季数。

（3）中选 S_1 家系间更有效的重组需要额外的一年（或一个冬季），因此，轮回间的间隔增加了。

（4）如果每轮的间隔增大，以年为基础的进度就变小。鉴定仅在一年内进行，选择受特定年份的季节影响。如果缩短轮回间隔，问题是 S_1 家系重组的有效性降低，每个父本没有足够的有效母本植株。

Penny 和 Eberhart（1971）介绍的方法中每个父本包含 10 个母本植株，实际上通过半同胞家系增加了基因型鉴定的准确度。一个低效的 S_1 家系重组在 FS-RRS 中也是一个问题，每个植株的基因型在鉴定中是与另一个基因型的杂交组合。但每个组合的单个基因型在群体中通过自交得以繁殖，以保持每个基因型的配子结构。这一流程的一个优势在于表现好的家系得到繁殖，从中分离出杂交种选育中的自交系，这是 Hallauer（1967），Lonnquist 和 Williams（1967）提出来的，这使得全同胞相互轮回选择整合了群体改良和自交系选育。Hallauer 和 Eberhart（1970）描述了该方法的广泛应用。

Jones 等（1971）报道在理论上比较了半同胞和全同胞相互轮回选择在基因频率的预期变化和电脑模拟，全同胞相比半同胞相互轮回选择的效率为

$$\Delta G_{AF}/\Delta G_{AH}=k_F\hat{\sigma}_{\overline{PF}}\Big/\left(k_H\hat{\sigma}_{\overline{PH}}\right)$$

式中，ΔG_{AF} 和 ΔG_{AH} 是群体 A 分别作全同胞和半同胞相互轮回选择下的基因频率变化，利用现实参数估计，得到

$$\hat{\sigma}_{\overline{PF}}/\hat{\sigma}_{\overline{PH}}=1.18$$

因此，为了得到相同的选择响应，全同胞相互轮回选择的选择差需要 1.2 倍于半同胞相互轮回选择。模拟结果建议，当环境方差相比于遗传方差比较大时，全同胞相互轮回选择在低选择强度下比半同胞相互轮回选择有优势，选择强度增加，这种优势降低。

Vencovsky（1977）对全同胞相互轮回选择（FS-RRS）和半同胞相互轮回选择（HS-RRS-2）之间在有效群体含量和预期选择进度上进行了比较，它们的有效群体含量为

$$N_e\left(FS-RRS\right)=2p_{FS}T/\left(2-p_{FS}\right)$$

$$N_e\left(HS-RRS-2\right)=\left(8p_{HS}T\right)\Big/\left(1+3/\overline{M}\quad 1/\overline{F}\right)$$

式中，p_{FS} 和 p_{HS} 分别表示每种方法中中选家系的比例，T 是鉴定的总家系数量，$\overline{M}$ 和 $\overline{F}$ 分别是在杂交区域中半同胞家系中平均父本数和每个父本植株的平均母本数。

通过两个公式的比较，为了使有效群体含量相等，p_{FS} 必须等于 $2p_{HS}/(p_{HS}+0.25D)$，式中，D 是 HS-RRS-2 群体大小的分母。依据预期进度，相对效率将会是

$$HS-RRS-2/FS-RRS=0.75k_{HS}\hat{\sigma}_{\overline{FS}}\Big/\left(k_{\overline{FS}}\hat{\sigma}_{\overline{HS}}\right)$$

使用接近现实情况的参数，$\hat{\sigma}_{\overline{FS}}/\hat{\sigma}_{\overline{HS}}$ 的值为 1.12~1.23，这与 Jones 等（1971）的结果很相近。$\hat{\sigma}_{\overline{FS}}/\hat{\sigma}_{\overline{HS}}=1.18$，在 HS-RRS-2 中的中选家系比例为 0.17，对接近的有效群

体含量，相对效率是

$$\text{HS}-\text{RRS}-2/\text{FS}-\text{RRS}=(0.75)(1.489)/[(1.159)(1.18)]=1.137$$

这意味着在给定的条件下，HS-RRS-2 的预期进度比 FS-RRS 大 13.7%。如此的比较，考虑每个轮回的时间长短的差异，在这种特殊情况下，FS-RRS 是 3 年，而 HS-RRS-2 为 2 年。HS-RRS-2 比其他 2 种方法具有优势的是在杂交阶段应用了大量的样本。当比较是在相同的选择强度下（但不同的有效群体含量）时，得

$$\Delta G_{\text{HS}}/\Delta G_{\text{FS}}=(0.75)(1.18)=0.885$$

在改变群体间杂交组合的平均值上，HS-RRS-2 的效率比 FS-RRS 低 11.5%。

Pateriani 和 Vencovsky（1977）表明半同胞家系（HS-RRS-1）的相互轮回选择与多穗植株进行的轮回选择（HS-RRS-2）相比，仅利用了群体间杂交组合一小部分的加性遗传方差。因此，HS-RRS-1 的预期选择进度较小，但有效群体含量保持在较高的水平。结果表明，对 HS-RRS-1 每个亲本群体的有效群体大小由下式给出：

$$N_{\text{e}}=16S/(4+3/M-1/F)$$

式中，S 是中选的半同胞家系数，M 是父本行中每个中选家系留存种子数量，F 是每个家系去雄的植株数量，这些果穗将用作下一轮。

6.6　加快选择进度

从通用预测公式，有几种方式可以增加选择进度，下面进行详细讨论。

1. 增加选择压力

选择差（k）是中选单元比例的直接函数（即选择强度），以至于 k 增加，中选部分的数量降低，这会得到更大的预期进展。然而，强度的选择必须合理，因为在非常高的选择强度下，遗传变异会急剧下降。如果选择计划属长期性的，必须注意保持遗传变异，保证低的长期的选择增益。图 1.3 比较了短期、中期和长期选择计划的选择进度，合适的选择强度取决于群体的大小。在小群体中较低的选择强度可能在群体结构上引起急剧变化，这是有效群体含量小导致了自交效应。

2. 调整 $\hat{\sigma}_{\text{A}}^2$ 的系数

$\hat{\sigma}_{\text{A}}^2$ 的系数 c 值取决于所用的选择方法，如混合选择的 c=1/2；如果仅选择母本，半同胞家系选择的 c=1/8。然而，如果雌雄均在采用相同的选择强度进行选择，c 值分别为 1 和 1/4。因此，在一个给定选择方法情况下，父本的控制是非常重要的增加选择进度的方法。

3. 增加遗传变异

遗传变异是由当时形成的群体或对群体进行选择。从遗传基础广泛的群体形成复合品种是非常重要的，这是育种计划的第一步（Eberhart et al.，1967）。一旦已经形成了一个群体，$\hat{\sigma}_{\text{A}}^2$ 对预期遗传进度的影响仅受选择来控制（亲本控制）或者最终限制环境的范围。

4. 控制环境效应

选择进度直接通过降低选择单元的表型方差来增加，考虑一个固定的遗传变异，表型方差可以通过几种方式来降低，它们中的大多数是关于试验技术的改进。对单个植株的选择，表型方差能够通过控制引起试验误差的所有因素而降低：①选择均匀的土壤（在一些土壤中，异质性是固有的特性），地形，地理条件，任何正常生长的因素，如酸度、盐度和有机质等。在某些特殊情况下，受限制的环境条件代表了群体被选择的环境。同时，用一致的作物循环轮作是改良土壤均匀性的有效方法。②准备质地均匀的土壤，施肥、杀虫除草处理及耕作栽培措施差异的最小化。③注意数据收集、分析，以及整理所用的试验材料。④Gardner（1961）建议在田间分区，在每个小区内选择，使得区间的环境变异与表型方差（区内植株间）分离。

对家系选择，重复数和每小区植株数的增加会降低表型方差，因而增加遗传进度。环境的数量（多点或多年或多年多点）也影响表型方差的大小，这种影响可以在下面的家系平均值间的表型方差公式中见到：

$$\hat{\sigma}_{\mathrm{F}}^2 = \hat{\sigma}_f^2 + \hat{\sigma}_{fe}^2 \big/ e + \hat{\sigma}^2 \big/ (re)$$

式中，f、e 和 r 分别代表家系数、环境数和重复数。环境数量的增加降低了 $\hat{\sigma}_{\mathrm{F}}^2$，因为 $\hat{\sigma}_{fe}^2$ 和 $\hat{\sigma}^2$ 降低了。所以，如果对一个群体的选择是在多环境下进行，环境数是降低表型方差最有效的措施。在定义多环境的群体内，预期选择进度受基因型与环境的互作影响，如果仅考虑一个环境，选择是针对多个环境下的一个群体，预期选择进度被高估。广泛的选择试验往往受空间、工作量、条件和设施限制，环境数量的增加通常必须牺牲每个环境的重复数。如果基因型与环境的互作较低，牺牲 r 增加 e 这对表型方差的降低是比较小的。如果重复数降到 1，$\hat{\sigma}^2 + \hat{\sigma}_{fe}^2$，引起未知试验误差的估计，降低了家系平均值估计的准确性，特别是在基因型与环境的互作比较大的时候。

每个小区的植株数量在降低表型方差上的效应有一个渐近的模式，在一定的限制后改变很小。例如，Eberhart（1970）在 2 个重复和 4 个点每小区超过 15 株或 20 株，发现在进度上有非常小的增加，但每小区的植株数不可减少太多，因为遗传材料的样本数量是要考虑的，这也可能是试验误差的重要来源。重复数和试点数的增加也是有限度的，超过后选择进度的精确度又会降低（Eberhart，1970）。

应用适当的试验设计，通过去掉部分环境变异，也是在家系选择中降低表型方差的一种方式。例如，当鉴定的家系数量较大时，格子不完全区组设计可以使用，而不是完全随机区组设计，通常采用这样的做法。格子的效率表明几个性状重复内环境变化的存在，可以去掉来降低试验误差。

遗传进度的预测取决于遗传力估计的准确度、方差成分和现实与预期响应的关系（例如，基因型与环境的互作有多大）。选择差（有时用 D 表示）依赖于中选个体的比例和性状的标准差。性状的标准差代表了该性状的变异情况（例如，频数分布有多宽，见图 6.4），它是用表型标准差来表示的。选择强度是用选择差与表型标准差来表示（标准选择差或标准选择系数，$k = D \big/ \hat{\sigma}_{\mathrm{P}}$）。

因此，选择差是$D = k\hat{\sigma}_{p}$，期望的选择响应是$\Delta G = k\hat{h}^{2}\hat{\sigma}_{p}$。由于$\hat{h}^{2} = \hat{\sigma}_{g}^{2}/\hat{\sigma}_{p}^{2}$，遗传进度变成$\Delta G = k\hat{\sigma}_{g}^{2}/\hat{\sigma}_{p}$。Eberhart（1970）得到的公式为

$$\Delta G = \frac{kc\hat{\sigma}_{g}^{2}}{y\hat{\sigma}_{p}}$$

式中，y代表年，c为亲本控制，这就可以进行不同选择方法的比较。

正如以前一样，亲本控制（c）依赖于相互交配（重组单元）的家系结构。选择单元是被选择的家系类型或单个植株，重组单元是与其他中选基因型形成改良群体的家系类型或个体。如果我们交配半同胞（半同胞是重组单元），$c = 0.5$，因为仅在母本间进行选择。如果对父本和母本均进行选择（例如，在开花前就可对抗性植株进行选择，重组单元是所有全同胞），那么$c = 1$。当选择单元与重组单元不一样时，那么$c = 2$（例如，当中选基因型的自交种子用于重组的半同胞选择）。

遗传进度公式能在某种情况下预测最有效的育种方法。然而，选择响应能够通过增加遗传力和选择强度而得到提高。我们已经看到利用合适的试验设计，环境变异能够降低，增加试点数就能增加遗传力。我们也提到可以增加群体大小，以便增加一个性状的选择强度。但时间、人力和试验设施限制了群体大小的上限，同时，由于近交或基因的固定，群体大小又设置了下限。通过足够个体的重组，遗传变异得到维持，以阻止或减少遗传漂移（例如，基因频率的随机改变与预期不同）。表 6.17 给出了常用轮回选择方法的相对值，包括由于显性离差引起的方差。

表 6.17　轮回选择方法间的比较及预期遗传进度的y、c和$\hat{\sigma}_{g}^{2}$的相对值

选择方法	每轮季数 y	亲本控制 c	$\hat{\sigma}_{g}^{2c}$	
			$\hat{\sigma}_{A}^{2}$	$\hat{\sigma}_{D}^{2}$
混合选择				
原始混合选择	1	≤0.5[b]	1.00	1.00
开花后选择（Gardner，1960）	1	0.5	1.00	1.00
开花前选择	1	1.0	1.00	1.00
穗行法：				
原始穗行法（Hopkins，1899）	1	≤0.5[b]	0.25	0.00
改良穗行法（Lonnquist，1964）	1	0.5	0.25[d]	0.00
改良再改良穗行法（Compton and Comstock，1976）	2	1.0	0.25[d]	0.00
半同胞家系：				
群体作为测验种（Jenkins，1940）				
留存半同胞种子	2	1.0	0.25	0.00
自交种子	2	1.0	0.25+	0.00
群体表现差的自交系	2	2.0	0.25+	0.00
全同胞家系：				
植株与植株杂交	2	1.0	0.5	0.25
自交种子	3	2.0	0.5	0.25

续表

选择方法	每轮季数 y	亲本控制 c	$\hat{\sigma}_g^{2c}$	
			$\hat{\sigma}_A^2$	$\hat{\sigma}_D^2$
自交后裔：				
S_1（Hull，1945）	2	1.0	1.00	0.25
S_2	3	1.0	1.50	0.18
S_n	n+1	1.0	~2.00[e]	~0.00[e]
S_1 改良[a]（Dhillon and Khera，1989）	1	0.5	1.00	0.25
相互轮回选择：				
半同胞（Comstock et al.，1949）	2	1.0	0.25	0.00
改良 1（Pateriani and Vencovsky，1977）	3	0.25	0.25	0.00
改良 2（Pateriani and Vencovsky，1977）	2	0.5	0.25	0.00
改良 3（Russell and Eberhart，1975）	2	2.0	0.25	0.00
全同胞（Hallauer and Eberhart，1970）	2	1.0	0.50	0.25
改良（Marquez-Sanchez，1982）	3	0.5	0.50	0.25

资料来源：Hallauer 和 Carena（2009）

[a] 改良 S_1 也包括测交阶段

[b] 如果采用合适的隔离，亲本控制为 0.5

[c] 预期进度是根据 Eberhart（1970）推荐的公式 $\Delta G=(ck\hat{\sigma}_g^2)/(y\hat{\sigma}_p)$ 计算得出的

[d] 如果是小区内植株选择，预期进度要加上 $0.375\hat{\sigma}_A^2$

[e] 取决于鉴定后裔的近交水平，在单粒传没有选择且 F 接近于 1 时，系数接近于 2 和 0

6.7　性状与相关选择响应的关系

用相关系数来度量的相关性在植物育种中是很重要的，因为它能度量两个或多个性状间遗传或非遗传的关联度。如果遗传关联存在，对一个性状的选择会引起其他性状的改变，这成为相关响应。相关性的原因可能是遗传的或环境的，遗传原因可能是基因的多效性或连锁不平衡。当一个基因同时影响几个生理途径时，基因的多效性就产生，影响几个观测性状。连锁不平衡指的是在群体内几个基因有一起传递的趋势。如果两个非等位基因 A 和 B，在群体中的频率分别是 p_A 和 p_B，在配子中一起被传递的频率是

$p_{AB}=p_A p_B$，连锁平衡

如果基因连锁不平衡，它们被包括在配子中的频率会多于或少于 $p_A p_B$，连锁不平衡为

$$\Delta_{AB}=p_{AB}-p_A p_B$$

连锁不平衡趋于打乱随机群体中的世代，这种打乱的比例取决于染色体上基因间连锁的紧密程度，或者换句话说，是基因间的重组比例。用 r_1 和 r_0（$r_0=1-r_1$）分别表示重组个体和非重组个体的比例，在随机交配的任何世代 t 基因在一起的频率是

$$p_{ABt}=r_0 p_{ABt-1}+(1-r_0)p_A p_B$$

连锁不平衡的数量（Cockerham，1956）是

$$\Delta_{ABt}=p_{ABt}-p_A p_B=r_0\Delta_{ABt-1}$$

因此，连锁不平衡的初始值随机交配的每一代重组率，达到连锁平衡是渐进和渐近的，当重组率达到最大时(r_1=1/2)，就会变快，基因链锁紧密就会变慢。当基因不是紧密连锁，连锁不平衡不是随机交配群体引起性状间相关的重要原因，这种情况下遗传相关的存在主要是归因于基因的多效性。

环境相关也是存在的，因为对几个性状的测量是用同样的个体或来自同样的家系。例如，环境的正向相关发生在株高和穗位高间的相关，是在同一植株上，因为有利于株高的微环境，同样也有利于穗位高，反之亦然。当两个性状通过家系平均值来评价时，含有给定家系的小区的环境离差会影响那个小区内的所有个体，从而影响小区间性状的环境相关。

用 1 和 2 表示的变量间的线性相关系数 r 用下面的公式计算：

$$r = \widehat{\mathrm{Cov}}(1,2) / (\hat{\sigma}_1 \hat{\sigma}_2)$$

如果两个变量是一个玉米植株的两个性状，$\widehat{\mathrm{Cov}}(1,2)$ 就是它们的协方差，$\hat{\sigma}_1$ 和 $\hat{\sigma}_2$ 是它们的标准差。相关系数是对两个性状间关联度的度量，或者是两性状一起变化的程度，它用 ρ 来表示，是二元正态参数，数量 $r\sqrt{n-2}/\sqrt{1-r^2}$ 是自由度为 $(n-2)$ 的 t 分布，当 r 用成对数据计算时，用于测验 $\rho=0$ 的假设。

在植物育种上，遗传相关和表型相关是重要的，遗传相关仅是由遗传因素引起的。当包括所有的遗传效应（广义上）时，遗传相关的表达是合适的，这在纯合自花授粉植物和无性繁殖的物种上有广泛的应用。另外，加性遗传相关（或简称加性相关），仅包括了加性效应，适合于异花授粉作物，如玉米，主要是因为相关信息用在轮回选择上。表型相关包含了遗传效应和环境效应。遗传相关和表型相关的估计分别是根据方差成分和协方差发现中的方差和协方差成分进行的，协方差成分是用与方差成分一样的方式获得，因为对任何试验设计期望平均的系数与期望均方是一样的（Mode and Robinson，1959）。协方差的遗传成分与方差的遗传成分以同样的方式与亲属间协方差有关，因此能通过同样的方法估计，这在第 4 章已作介绍。例如，在半同胞家系的分析中，半同胞间两个性状的协方差的估计值是 1/4 加性协方差$[\frac{1}{4}\widehat{\mathrm{CovA}}_{12}]$。加性方差和协方差的估计实例列于表 6.18 中，其中的数据和分析是基于单个植株。

表 6.18　一个玉米群体中半同胞两个雄穗性状分枝数（下标 1）和重量（下标 2）的方差和协方差分析（Geraldi et al.，1975）

变异来源	自由度	MS_1	MP_{12}	MS_2	$E(MS)$[a]
重复/试验	4	123.34	10.73	7.35	
家系/试验	38	103.74	16.06	15.36	$\hat{\sigma}_w^2 + n\hat{\sigma}_p^2 + nr\hat{\sigma}_f^2$
合并误差	76	24.57	4.1	5.57	$\hat{\sigma}_w^2 + n\hat{\sigma}_p^2$
家系内[b]	1080	21.36	5.17	4.22	$\hat{\sigma}_w^2$

[a] 或 E(MP)，把方差换成协方差

[b] 用 40 个家系进行估计，每个家系的植株 n=10

根据表 6.18，下面的遗传方差和协方差成分可以进行估计：

$$\hat{\sigma}^2_{A_1} = 4\hat{\sigma}^2_{f_1} = 4(103.74 - 24.57)/30 = 10.556$$

$$\hat{\sigma}^2_{A_2} = 4\hat{\sigma}^2_{f_2} = 4(15.36 - 5.57)/30 = 1.305$$

$$\widehat{\text{Cov}}\text{A}_{12} = 4(16.06 - 4.91)/30 = 1.487$$

加性遗传相关计算如下：

$$r_A = 1.487/[(1.142)(3.249)] = 0.401$$

表现型方差（$\hat{\sigma}^2_{p_1}$ 和 $\hat{\sigma}^2_{p_2}$）及表现型协方差 $\widehat{\text{Cov}}\text{P}_{12}$ 可以分别通过 $\hat{\sigma}^2_f + \hat{\sigma}^2_p + \hat{\sigma}^2_w$ 和 $\widehat{\text{Cov}}\text{f} + \widehat{\text{Cov}}\text{p} + \widehat{\text{Cov}}\text{w}$ 估计。

由于 $\hat{\sigma}^2_{y_1} = 24.320$， $\hat{\sigma}^2_{y_2} = 4.681$， $\widehat{\text{Cov}}_{y_{12}} = 5.517$

利用这些估计值，计算出表现型相关系数是 $r_p = 0.516$。

当试验仅包括2个重复时，遗传方差和协方差的成分通过 Falconer 和 Mackay（1996）建议的交叉协方差技术就很容易得到，用性状1和2表示一个重复的测量值 I_1 和 I_2（所给例子的半同胞家系值），II_1 和 II_2 表示同样性状另一个重复的测量值，下面是半同胞关系。

$$\widehat{\text{Cov}}(I_1, II_1) = \hat{\sigma}^2_{f_1} = (1/4)\hat{\sigma}^2_{A_1} \quad \widehat{\text{Cov}}(I_2, II_2) = \hat{\sigma}^2_{f_2} = (1/4)\hat{\sigma}^2_{A_2}$$

$$(1/2)\left[\widehat{\text{Cov}}(I_1, II_2) + \widehat{\text{Cov}}(I_2, II_1)\right] = \widehat{\text{Cov}}\text{f}_{12} = (1/4)\widehat{\text{Cov}}\text{A}_{12}$$

加性遗传相关在选择计划中是很重要的，因为它给出了通过加性或个体间的育种值得到两个性状间关联程度的信息，选择能改变效应。换句话说，对一个性状的选择，通过中选个体的基因加性效应来改变其平均值。如果另一个性状与第一个性状是加性相关的，选择能引起第二个性状平均值的间接改变。基本问题如下。

如果是对一个性状进行选择，对第二个性状改变的程度有多大呢？这取决于两性状间的关联程度。这种间接改变被称为相关响应，能够像对一个性状的选择那样进行预测，预测的流程还涉及一个回归问题。用 X_1 表示中选个体或家系（选选择单元）第一个性状的测量值，W_1 为从遗传上与 X_1 相关的改良群体的一个个体同样性状的测量值，然后在 X_1 中一个单位的离差，就在 W_1 有一个 $b_{W_1X_1}$ 离差（W_1 在 X_1 上的回归系数），这一回归已被证明是 $c\hat{\sigma}^2_{A_1}/\hat{\sigma}^2_{A_1}$。在改良群体中同样个体用 W_2 表示第二个性状的测定值，选择性状每个单位在育种值上的离差，就在第二个性状的育种值上有 $b_{W_2W_1}$ 个预期的离差，在第二个性状上的总变化或相关响应为

$$\begin{aligned}\text{CR}_2 &= \Delta G_1 b_{W_2W_1} \\ &= \left[s\left(c\hat{\sigma}^2_{A_1}\right)/\hat{\sigma}^2_{P_1}\right]\left(\widehat{\text{Cov}}\text{A}_{12}/\hat{\sigma}^2_{A_1}\right) \\ &= sc\left(\widehat{\text{Cov}}\text{A}_{12}\right)/\hat{\sigma}^2_{P_1}\end{aligned}$$

如果采用截断选择，该公式变为

$$CR_2 = kc\widehat{\text{Cov}}A_{12} / \hat{\sigma}^2_{P_1}$$

式中，$\widehat{\text{Cov}}A_{12}$ 是两个性状间的加性协方差，$\hat{\sigma}^2_{P_1}$ 是选择单元的表型方差，k 是选择强度的函数。

例如，只对雌雄之一进行的混合选择，CR_2 被写成

$$\begin{aligned} CR_2 &= k(1/2)\left(\left[\widehat{\text{Cov}}A_{12}/(\hat{\sigma}_{A_1}\hat{\sigma}_{A_2})\right]\right)(\hat{\sigma}_{A_1}\hat{\sigma}_{A_2}/\hat{\sigma}_{P_1}) \\ &= (1/2)kr_{A_{12}}h_1\hat{\sigma}_{A_2} \end{aligned}$$

式中，h_1 是第一个性状遗传力的平方根。

在表6.18给出的样本中，采用混合选择，通过对雄穗分枝数按10%的选择强度（$k = 1.755$）进行选择，雄穗重量的相关响应为

$$CR_2 = 1.755(1/2)(1.487/24.320) = 0.265(\text{g})$$

这表示原始平均值（$m_1 = 7.37$）有 3.67%的变化。对半同胞家系间和家系内的选择（按每年一轮的速度），完全的相关响应为

$$\begin{aligned} CR_2 &= 1.400(1/8)(1.487/1.860) + 1.755(3/8)(1.487/4.622) \\ &= 0.140 + 0.212 = 0.352(\text{g}) \end{aligned}$$

家系间和家系内的选择强度分别为 20%和 10%。这表示雄穗重量的相关响应为原始平均值的 4.8%。

这个例子也说明了对于相关性状来说重要的一点：当主要的性状很难测定或鉴定时，可用间接选择。已经表明选择较小的雄穗能够增加玉米植株的有效性（Hunter et al.，1969，1973；Buren et al.，1974；Mock and Schuetz，1974），但对穗重的直接选择是困难的。每个雄穗的分枝数量更容易鉴定，有比较高的准确度。相当于性状 2，间接选择较直接选择的优点是能够用间接选择的相关响应与直接选择响应的比率来度量，换句话说，间接选择对直接选择的相对效率可用 $r_A k_1 h_1 / (k_2 h_2)$ 来表示，这里 r_A 是两性状的加性遗传相关，k_1 和 k_2 是标准单元的标准差，h_1 和 h_2 分别是性状 1 和 2 的遗传力平方根（Falconer and Mackay，1996）。当 $r_A h_1 > h_2$ 时，即当第二个性状比目标性状有较高的遗传力，并且两性状间的加性遗传相关较高时，间接选择有优势。在我们的例子中（表 6.18），对雄穗重的选择没有比直接选择有较大的进度，因为 $r_A h_1 < h_2$。然而，间接选择是成功的，因为雄穗重难以测量，与雄穗分枝数的加性相关为中等（$r_A = 0.40$），雄穗分枝数的遗传力（$\hat{h}^2 = 0.43$）实质上是高于雄穗重的（$\hat{h}^2 = 0.28$）。遗传力和遗传相关系数，取决于所选择的群体和环境条件，因此，间接选择必须针对特定情况来做。从以前的研究信息来看，遗传力、基因作用的类型和环境条件可能为育种者的决定起指导作用。

这一理论很容易按以下的方式解释。对一个性状 X 的选择，由于两性状间存在遗传相关（r_A），对另一个性状 Y 产生相关响应，遗传相关的公式为

$$r_A = \frac{\widehat{\text{Cov}}A}{\hat{\sigma}_{A(X)}\hat{\sigma}_{A(Y)}}$$ $\widehat{\text{Cov}}A$（为 X 和 Y 间的加性遗传协方差）

如果遗传相关是由控制不同性状的位点位于同一染色体上的连锁引起的，那么随机交配会打破这些连锁。然而，如果遗传相关是由基因的多效性（同一个位点控制多个性状）引起的，这种遗传相关是比较稳定的。因此，遗传相关和相关响应可能是有利的，也可能是不利的。例如，对玉米籽粒高含油量的选择会对淀粉含量产生负的相关选择响应，这是由于两性状间有负的遗传相关。

对 X 性状的选择而引起 Y 性状的改变，是根据 X 的育种值对 Y 的育种值的回归（性状 X 每单位育种值的变化引起性状 Y 育种值的改变量）：

$$b_{A(YX)} = \frac{\widehat{\text{CovA}}}{\hat{\sigma}^2_{A(X)}}$$

用 $\widehat{\text{CovA}}$ 替代上面的公式得

$$b_{A(XY)} = r_A \frac{\hat{\sigma}_{A(Y)}}{\hat{\sigma}_{A(X)}}$$

性状 X 的直接选择响应可写成下面的公式：

$$R_X = \frac{k\hat{\sigma}^2_A}{\hat{\sigma}_p} \text{ 或 } R_X = khx\hat{\sigma}_{A(X)}$$

因此

$$\text{CR}_Y = kh_x h_y r_A \hat{\sigma}_{P(Y)}$$

如果两性状间的遗传力和遗传相关是知道的，就可预测相关性状的选择响应。如前所述，间接选择是对期望获得正向选择响应的目标性状或重要性状作为第二性状进行的选择，与直接选择相比的相对选择效率为

$$\text{RE} = \text{CR}_Y / \text{R}_Y$$

为了使相关选择成功，性状间的遗传相关必须接近于 1.0，第二性状的遗传力必须接近于 0.9，有效解释间接选择的例子非常少。

6.8　多性状选择

在玉米育种实践中，对多个性状进行选择是常见的，最为重要的性状是籽粒产量，但如果要有竞争性，其他性状，如籽粒收获时的含水量、抗倒性及籽粒的品质都是必需的。对多个性状的选择有以下几种方式：①汇接选择；②独立水平选择；③选择指数。

汇接选择强调的是仅对一个性状进行多代选择，汇接选择的主要问题是对每个性状选择的代数。如果用较高的选择强度，遗传变异会迅速降低，这样，选择的遗传进度会在几代后迅速减少。因此，在进行汇接选择开始前必须确定每个性状的期望值、性状的重要性及其遗传力。例如，对籽粒产量的选择就比对株高和穗位高的选择代数多。相关选择的信息也是重要的，因为对一个性状的长期改变会引起另一个不希望改变的重要性状的间接响应。例如，如果籽粒产量和穗位高是正相关的，长期对籽粒产量的选择会增加穗位高，这在本质上是不希望看见的。解决办法是替代选择，就是在对 X 性状 M_1 轮选择后，又对 Y 性状进行 N_1 代的选择，再对 X 性状进行 M_2 轮的选择，如此进行下去

（Turner and Yang，1969）。当每个性状的相对重要性随时间变化时（大多数玉米性状不是这样的），汇接选择似乎是有用的。如果籽粒产量与病虫害不存在遗传相关，在对产量开始进行选择前，汇接选择就可有效增加病虫害的抗性水平。

独立水平选择是同一世代中每个性状按顺序在给定强度下的选择。假如对 500 个半同胞家系按家系选择得到数据，通常这些数据是设有重复的试验的家系平均值。育种者首先根据产量选择 200 个最好的家系（40%），然后从这 200 个家系中按 50%的选择强度对穗位高进行选择（100 个家系），随后按 50%的选择强度对抗倒性进行选择（50 个家系）。这样，总的选择强度为 $0.4\times0.5\times0.5=0.1$ 或 10%，最后仅有 50 个家系用于重组。这种方式没有在正式的玉米育种中广泛应用，但经常用在早代和晚代杂交种试验调和不同性状的玉米育种计划中。

一个广义概念的选择指数的应用似乎是常见的，在大多数应用选择流程中，育种者使用的是直观的选择指数。这种选择流程是同时对几个性状进行选择，育种者的决定来自于给每个性状的相对权重，直接观察和经验将改进他们的决定。选择过程的内在主体使育种者能够从实践认识到理想的基因型。从这个意义上讲，植物育种被认为是一门艺术，特别是在最终决定发放理想基因型时。基因型的鉴定是根据单个植株的观察所进行的表型选择，选择的效率取决于育种者用他们的实证权重对几个性状选择的有效性。根据设有重复的试验的家系鉴定所进行的选择，也需要对几个性状鉴定的准确度来达到选择的效率。一些产量性状，如产量、株高和穗位高，能够直接进行测定，但另一些性状，如抗病性和苗势是不能进行测量的。对这些性状，常用的是制定一个标准（如 0~5），鉴定的准确性依赖于育种者的经验和不同性状间协调的量。如果后裔的产量非常高，育种者可能会选择它，即使其他性状的水平没有期望的高。然而，这个特殊的家系本身将继续筛选，并作为跨年度自交系选育的材料来源，通过设有重复的试验，进一步测定家系的平均值。在每个重复种观察每个性状的表现也是非常重要的，一个家系在 4 个重复中有 3 个重复表现突出，但在第 4 个重复表现非常差，这得出相对较低的平均值，这表明可能那个家系在第 4 重复出现了异常情况，以前在试验地的观察可以作为辅助信息。在多个重复中家系表现的一致性是选择的重要指标。另一个细节就是必须注意株数的变化，如果作校正以弥补株数的变化，几个重复的株数均较少，家系的平均值就会被高估。此外，一直较少的植株表明存在遗传上的异常。使用电脑程序列出家系平均值和单个重复所有性状的数据，方便了育种者的工作，但对选择的决定仍然取决于他们给几个性状的合适权重的能力。

最佳选择指数首先被 Smith（1936）用在植物中，随后 Hazel 和 Lush（1942）在动物中使用，在玉米育种中没有得到广泛应用。几个学者已报道，相对于仅一个性状的选择，选择指数的应用将提高选择效率（Laible and Dirks，1968；Wolff，1962；Martin and Salvioli，1973；Kauffman and Dudley，1979；St. Martin，1980）。Young（1961）报道了选择指数与汇接选择和独立水平选择相比具有优势，他得出的结论是，随着选择性状数量增加，选择指数的优势也增加，但随着相对重要性的差异增加，选择指数的优势降低。当考虑的性状是同等重要时，它的优势最大。当额外性状包括在选择指数中，任何给定性状的选择进度预计会降低，所以对所包括性状必须要客观地取舍。

选择指数的应用最适合于动物，以及每个性状的相对值容易通过其经济价值来确定的作物。在玉米上，产量是最主要的性状，但其他性状（如抗倒性）当采用机械收获时，对产量有直接的影响。其他的性状不能像产量那样直接测定，但它们能对产量产生最终的影响，但对相对权重的确定是一个主观的任务。同时，对方差和协方差的估计精度普遍较低，因此，限制了对选择指数的利用。对高度改良的群体需要较好的技术作进一步的改良，当有提高预期选择进度的高精度估计参数时，选择指数可能是有用的。为选择指数应用的计算程序最初由 Smith（1936）、Hazel 和 Lush（1942）、Hazel（1943）、Robinson（1951）、Kempthorne（1957）和 Brim 等（1959）提出。一个个体每个性状的表型值用 $P = G + E$ 来表示，当考虑几个性状时，选择性状的最佳组合搭配是可取的。这样选择的基础是选择指数，根据性状的相对权重，考虑性状的组合搭配。因此，每个个体有一个指数值，选择是根据这个值来进行的。可能会出现最高产的个体，在指数选择应用中不是最高的分值。因为籽粒产量在玉米中是最重要的性状，具有直接的经济价值，对其他性状的权重应具有主观性。注意：即使除了产量（权重为 1），其他性状的权重是 0，如果它们与主要性状具有相关性，也有助于优化指数，Kempthorne（1957）描述了这种情况。

考虑一个个体几个性状的基因型值是 $H_j = a_1G_{1j} + a_2G_{2j} + \cdots + a_iG_{ij}$，这里 $a_i(i = 1,2,3,\cdots,n)$ 是相对权重，G_{ij} 是第 j 个个体第 i 个性状的基因型值。目标是制定一个选择，使上面的性状组合（H_j）是最理想的。由于不知道 G_{ij} 的值，但通过 P_{ij}（表型值）可以鉴定出。H_j 必须由一个指数 I_j 根据表型值来评价，这样 H_j 和 I_j 的关系（用 ρ_{HI} 表示）应尽可能大。ρ_{HI} 的最大化得到下列方程组：

$$\boldsymbol{GA} = \boldsymbol{PB}$$

式中，$\boldsymbol{G}$ 是遗传方差和协方差矩阵，$\boldsymbol{A}$ 是一个数值向量（相对权重），$\boldsymbol{P}$ 是表型方差和协方差矩阵，$\boldsymbol{B}$ 是未知 b 值的向量。这组方程的解就得到 b 的估计值，当应用于指数 I_j 时，与 H_j 有最大的相关，b 值使得按指数选择预期进度最大化（Turner and Young，1969）。

对指数选择已做了一些改进，Kempthorne 和 Nordskog（1959）提出了使用一个约束选择指数理论：构建一个包括 $N = n_1 + n_2$ 个性状的指数，n_1 是尽可能改变的理想性状，n_2 是剩余的不作改变的理想性状。Tallis（1969）推出了约束指数选择理论，这种情况下不受选择去改良 n_1 性状，对 n_2 性状仅有一个预定的极限。Williams（1962）建议使用与最大指数不同的基础指数，因为性状的权重由它的经济价值决定。Pesek 和 Baker（1969）使用了“理想遗传增益”的概念来克服作物中相对经济权重的分配问题，该改良方法的详细内容见 Pesek 和 Baker（1970）。Suwantaradon 等（1975）在玉米上比较了 3 种不同的指数选择方法，他们的结论是传统的指数选择方法不能满意地对所有性状进行改良，当使用经济权重时，基础指数的选择效率是传统选择指数的 95%和 97%。指定理想增益和相对经济权重的改良选择指数（根据理想增益）被证明是传统选择指数效率的 46%和 61%。

需要解决的一些挑战推出了额外的选择指数：乘法指数（Elston，1963）；秩总和指数（Mulamba and Mock，1978）及遗传力指数（或固定基因型的重复性）（Smith et al.，1981）。前面两个是自由权重，而遗传力指数是用遗传力估计值作相对权重，在方差分析中容易确定。Hallauer 和 Carena（2009）对这些选择指数的信息和应用进行了更新。

（陈泽辉　译，刘文欣　校）

参考文献

Arus, P., and J. Moreno-Gonzalez. 1993. Marker-assisted selection. *In. Plant Breeding: Principles and Prospects*, M.D. Hayward, N.O. Bosemark, and I. Romagosa (ed.), pp. 314–331. Chapman & Hall, London.

Baker, L. H., and R. N. Curnow. 1969. Choice of population size and use of variation between replicate populations in plant breeding selection programs. *Crop Sci*. 9:555–60.

Barata, C., and M. J. Carena. 2006. Classification of North Dakota maize inbred lines into heterotic groups based on molecular and testcross data. *Euphytica* 151:339–249.

Beck, D .L., S. K. Vasal, J. Crossa. 1991. Heterosis and combining ability among subtropical and temperate intermediate-maturity maize germplasm. *Crop Sci*. 31: 68–73.

Bernardo, R. 2008. Molecular markers and selection for complex traits in plants: Learning from the last 20 years. *Crop Sci*. 48:1649–64.

Bernardo, B., and J. Yu. 2007. Prospects for genome-wide selection for quantitative traits in maize. *Crop Sci*. 47:1082–90.

Brim, C.A., H.W. Johnson, and C. C. Cockerham. 1959. Multiple selection criteria in soybeans. *Agron. J*. 51:42–46.

Buren, L. L., J. J. Mock, and I.C. Anderson. 1974. Morphological and physiological traits in maize associated with tolerance to high plant density. *Crop Sci*. 14:426–29.

Carena, M. J. 2005. Maize commercial hybrids compared to improved population hybrids for grain yield and agronomic performance. *Euphytica* 141:201–08.

Carena, M. J., and Wanner, D. W. 2009. Development of genetically broad-based inbred lines of maize for early maturing (70-80RM) hybrids. *J. Plant Reg*. 3:107–11.

Carena, M. J., and Z. W. Wicks III. 2006. Maize early maturing hybrids: an exploitation of U.S. temperate public genetic diversity in reserve. *Maydica* 51:201–08.

Carena, M. J., I. Santiago, and A. Ordas. 1998. Direct and correlated response to selection for prolificacy in maize at two planting densities. *Maydica* 43:95–102.

Carena, M. J., L. Pollak, W. Salhuana, and M. Denuc. 2009a. Development of unique lines for early-maturing hybrids: Moving GEM germplasm northward and westward. *Euphytica* 170: 87–97.

Carena, M. J., G. Bergman, N. Riveland, E. Eriksmoen, M. Halvorson. 2009b. Breeding maize for higher yield and quality under drought stress. *Maydica* 54:287–298.

Cockerham, C. C. 1956. Effects of linkage on the covariances between relatives. *Genetics* 41: 138–41.

Cockerham, C. C. 1961. Implications of genetic variances in a hybrid breeding program. *Crop Sci*. 1:47–52.

Collier, J. W. 1959. Three cycles of reciprocal recurrent selection. *Annu. Hybrid Corn Ind. Res. Conf. Proc*. 14:12–23.

Compton, W. A., and R. E. Comstock. 1976. More on modified ear-to-row selection in corn. *Crop Sci*. 16:122.

Comstock, R. E. 1964. Selection procedures in corn improvement. *Annu. Hybrid Corn Ind. Res. Conf. Proc*. 19:87–94.

Comstock, R. E., H. F. Robinson, and P. H. Harvey. 1949. A breeding procedure designed to make maximum use of both general and specific combining ability. *Agron. J.* 41:360–67.

Coors, J. G. 1999. Selection methodology and heterosis. *In The Genetics and Exploitation of Heterosis in Crops.* J. G. Coors, and S. Pandey (eds.), pp. 225–245. ASA, CSSA, and SSSA, Madison, WI.

Cress, C. E. 1966. Heterosis of the hybrid related to gene frequency differences between two populations. *Genetics* 53:269–74.

Dhillon, B. S., and A. S. Khehra. 1989. Modified S_1 recurrent selection in maize improvement. *Crop Sci.* 29:226–228.

Dudley, J. W. 1982. Theory of transfer of alleles. *Crop Sci.* 22: 631–37.

Dudley, J.W., and G.R. Johnson. 2009. Epistatic models improve prediction of performance in corn. *Crop Sci.* 49:763–70.

Duvick, D.N. 1977. Genetic rates of gain in hybrid maize during the last 40 years. *Maydica* 22: 187–96.

East, E.M. 1908. Inbreeding in corn. *Connecticut Agric. Exp. Stn. Rep.* 1907. pp. 419–28.

Eberhart, S. A. 1970. Factors affecting efficiencies of breeding methods. *African Soils* 15:669–80.

Eberhart, S. A., S. Debela, and A. R. Hallauer. 1973. Reciprocal recurrent selection in the BSSS and BSCB1 maize populations and half-sib selection in BSSS. *Crop Sci.* 13:451–56.

Eberhart, S. A., M. N. Harrison, and F. Ogada. 1967. A comprehensive breeding system. *Züchter* 37:169–74.

Elston, R. C. 1963. A weight free index for the purpose of ranking or selection with respect to several traits at a time. *Biometrics* 19:85–97.

Empig, L. T., C. O. Gardner, and W. A. Compton. 1972. Theoretical gains for different population improvement procedures. *Nebraska Agric. Exp. Stn. Bull.* 26:3–22.

Eno, C., and M. J.Carena. 2008. Adaptation of elite temperate and tropical maize populations to North Dakota. *Maydica* 53:217–26.

Falconer, D. S., and T. F. C. Mackay. 1996. Introduction to quantitative genetics. 4th ed., Longman Group Ltd., Edinburgh.

Fisher, R. A. 1918. The correlation between relatives on the supposition of Mendelian inheritance. *Trans. Roy. Soc. Edinburgh* 52:399–433.

Fisher, R. A., and F. Yates. 1948. Statistical Tables for Biological, Agricultural, and Medical Research, 3rd ed., Oliver & Boyd, Edinburgh.

Gardner, C. O. 1961. An evaluation of effects of mass selection and seed irradiation with thermal neutrons on yields of corn. *Crop Sci.* 1:241–45.

Gardner, C. O., and S. A. Eberhart. 1966. Analysis and interpretation of the variety cross diallel and related populations. *Biometrics* 22:439–52.

Geldermann, H. 1975. Investigations on inheritance in quantitative characters in animals by gene markers. I. Methods. *Theor. Appl. Genet.* 46:319–30.

Geraldi, I. O., J. B. Miranda Fo., and E. Paterniani. 1975. Estimativas de parâmetros genéticos e fenotipicos em caracteres do pendão de milho (*Zea mays* L.). *Rel. Cient. Inst. Genét. (ESALQ–USP)* 9:87–91.

Good, R. L. 1990. Experiences with recurrent selection in a commercial seed company. *Annu. Corn Sorghum Res. Conf. Proc.* 45:80–92.

Goulas, C. K., and J. H. Lonnquist. 1976. Combined half-sib and S_1 family selection in a maize composite population. *Crop Sci.* 16:461–64.

Guzman, P. S., and K. R. Lamkey. 2000. Effective population size and genetic variability in the BS11 maize population. *Crop Sci.* 40:338–46.

Hallauer, A. R. 1967. Development of single-cross hybrids from two-eared maize populations. *Crop Sci.* 7:192–95.

Hallauer, A. R. 1974. Heritability of prolificacy in maize. *J. Hered.* 65:163–68.

Hallauer, A. R. 1985. Compendium of recurrent selection methods and their application. *Crit. Rev. Plant Sci.* 3:1–33.

Hallauer, A. R. 1990. Germplasm sources and breeding strategies for line development in the 1990's. *Annu. Corn Sorghum Res. Conf. Proc.* 45:64–79.

Hallauer, A. R. 1992. Recurrent selection in maize. *Plant Breed. Rev.* 9:115–79.

Hallauer, A. R. 1999. Temperate maize and heterosis. *In The Genetics and Exploitation of Heterosis in Crops.* J. G. Coors, and S. Pandey (eds.), pp. 353–61. ASA, CSSA, and SSSA, Madison, WI.

Hallauer, A. R., and M. J. Carena. 2009. Maize breeding. In *Handbook of Plant Breeding: Cereals*, M. J. Carena (ed.), pp. 3–98. Springer, New York, NY.

Hallauer, A.R., and S.A. Eberhart. 1970. Reciprocal full-sib selection. *Crop Sci.* 10:315–16.

Hallauer, A. R., and J. H. Sears. 1969. Mass selection for yield in two varieties of maize. *Crop Sci.* 9:47–50.

Hallauer, A. R., W. A. Russell, and K.R. Lamkey. 1988. Corn Breeding. In *Corn and Corn Improvement*, 3rd Ed., G. F. Sprague and J.W. Dudley (ed.), pp. 469–64. ASA-CSSA-SSSA, Madison, Wisconsin, WI.

Hayes, H. K., and R. J. Garber. 1919. Synthetic production of high protein corn in relation to breeding. *J. Am. Soc. Agron.* 11: 308–18.

Hazel, L. N. 1943. The genetic basis for constructing selection indexes. *Genetics* 28:476–90.

Hazel, L. N., and J. L. Lush. 1942. The efficiency of three methods of selection. *J. Hered.* 33: 393–99.

Heffner, E. L., M. E. Sorrells, and J. J. Jannink. 2009. Genomic selection for crop improvement. *Crop Sci.* 49:1–12.

Hopkins, C. G. 1899. Improvement in the chemical composition of the corn kernel. *Bull. Ill. Agric. Exp. Stn.* 55:205–40.

Horner, E. S. 1956. Recurrent selection. *Annu. Corn Sorghum Res. Conf. Proc.* 11:75–9.

Hull, F. H. 1945. Recurrent selection and specific combining ability in corn. *J. Am. Soc. Agron.* 37:134–45.

Hunter, R. B., C. G. Mortimore, and L. W. Kannenberg. 1973. Inbred maize performance following tassel and leaf removal. *Agron. J.* 65:471–72.

Hunter, R. R., T. B. Daynard, L. J. Hume, J. W. Tanner, J. L. Curtis, and L. W. Kannenberg. 1969. Effect of tassel removal on grain yield of corn (*Zea mays* L.). *Crop Sci.* 9:405–6.

Jenkins, M. T. 1940. The segregation of genes affecting yield of grain in maize. *J. Am. Soc. Agron.* 32:55–63.

Johnson, R. 2004. Marker-assisted selection. *Plant Breed. Rev.* 24:293–309.

Jones, L. P., W. A. Compton, and C. O. Gardner. 1971. Comparisons of full-and half-sib reciprocal recurrent selection. *Theor. Appl. Genet.* 41:36–39.

Jumbo, M.B., and Carena, M.J. 2008. Combining ability, maternal, and reciprocal effects of elite early-maturing maize population hybrids. *Euphytica* 162:325–33.

Kauffman, K. D., and J. W. Dudley. 1979. Selection indices for corn grain yield, percent protein, and kernel depth. *Crop Sci.* 19:583–88.

Kearsey, M. J. 1993. Biometrical genetics in breeding. *In. Plant Breeding: Principles and Prospects*, 1st edition, M.D. Hayward, N.O. Bosemark, and I. Romagosa (eds.) pp. 163–83. Chapman & Hall, London, UK.

Kempthorne, O. 1952. Design and analysis of experiments. Wiley, New York, NY.

Kempthorne, O. 1957. An Introduction to genetic statistics. Wiley, New York, NY.

Kempthorne, O., and A.W. Nordskog. 1959. Restricted selection indices. *Biometrics* 15:10–19.

Laible, C. A., and V. A. Dirks. 1968. Genetic variances and selection value of ear number in corn (*Zea mays* L.). *Crop Sci.* 8:540–43.

Lerner, I. M. 1958. The genetic basis of selection. Wiley, New York, NY.

Lonnquist, J. H. 1949. The development and performance of synthetic varieties of corn. *Agron. J.* 41:153–56.

Lonnquist, J. H. 1952. Recurrent selection. *Annu. Corn Sorghum Res. Conf. Proc.* 7:20–32.

Lonnquist, J. H. 1963. Gene action and corn yields. *Annu. Corn Sorghum Res. Conf. Proc.* 18: 37–44.

Lonnquist, J. H. 1964. Modification of the ear-to-row procedure for the improvement of maize populations. *Crop Sci.* 4:227–28.

Lonnquist, J. H. 1967a. Mass selection for prolificacy in maize. *Züchter* 37:185–87.

Lonnquist, J. H. 1967b. Intra-population improvement: combination S_1 and HS selection. *Maize* 5, CIMMYT.

Lonnquist, J. H. 1967c. Inter-population improvement: combined S_1, mass, and reciprocal recurrent selection. *Maize* 6, CIMMYT.

Lonnquist, J. H., and M. Castro G. 1967. Relation of intra-population genetic effects to performance of S_1 lines of maize. *Crop Sci.* 7:361–64.

Lonnquist, J. H., and N. E. Williams. 1967. Development of maize hybrids through selection among full-sib families. *Crop Sci.* 7:369–70.

Lynch, M., and B. Walsh. 1998. *Genetics and analysis of quantitative traits*. Sinauer Associates, Sunderland, MA.

Marquez-Sanchez, F. 1982. Modifications to cyclic hybridization in maize with single-eared plants. *Crop Sci.* 22:314–19.

Martin, G. O., and R. A. Salvioli. 1973. A study of the association between yield components and a selection index in maize (*Zea mays* L.). *Plant Breed. Abstr.* 43:216.

Mather, K. 1941. Variation and selection of polygenic characters. *J. Genetics* 41:159–93.

Melani, M. D., and M. J. Carena. 2005. Alternative heterotic patterns for the northern Corn Belt. *Crop Sci.* 45:2186–94.

Meuwissen, T. H. E., B. J. Hayes, and M. E. Goddard. 2001. Prediction of total genetic value using genome-wide dense marker maps. *Genetics* 157:1819–29.

Mickelson, H. R., H. Cordova, K.V. Pixley, and M. S. Bjarnason. 2001. Heterotic relationships among nine temperate and subtropical maize populations. *Crop Sci.* 41:1012–20.

Mock, J. J., and S. Schuetz. 1974. Inheritance of tassel branch number in maize. *Crop Sci.* 14: 885–88.

Mode, C. J., and H. F. Robinson. 1959. Pleiotropism and the genetic variance and covariance. *Biometrics* 15:518–37.

Moll, R. H., and C. W. Stuber. 1971. Comparisons of response to alternative selection procedures initiated with two populations of maize (*Zea mays* L.). *Crop Sci.* 11:706–11.

Moll, R. H., and C. W. Stuber. 1974. Quantitative genetics: Empirical results relevant to plant breeding. *Adv. Agron.* 26:277–13.

Moll, R. H., J. H. Lonnquist, J. V. Fortuno, and E. C. Johnson. 1965. The relationship of heterosis and genetic divergence in maize. *Genetics* 52: 139–44.

Moreno-Gonzalez, J. and J. I. Cubero. 1993. Selection strategies and choice of breeding methods. *In. Plant Breeding: Principles and Prospects*, 1st edn, M.D. Hayward, N.O. Bosemark, and I. Romagosa (eds.), pp. 282–13. Chapman & Hall, London.

Mulamba, N. N., and J. J. Mock. 1978. Improvement of yield potential of the Eto Blanco maize (*Zea mays* L.) population by breeding for plant traits. *Egypt. J. Genet. Cytol.* 7:40–51.

Osorno, J., and M. J. Carena. 2008. Creating groups of maize genetic diversity for grain quality: Implications for breeding. *Maydica* 53:131–41.

Paterniani, E. 1967a. Inter-population improvement: Reciprocal recurrent selection variations. *Maize* 8, CIMMYT.

Paterniani, E. 1967b. Selection among and within families in a Brazilian population of maize (*Zea mays* L.). *Crop Sci.* 7:212–16.

Paterniani, E. 1973. Recent studies on heterosis. In *Agricultural Genetics*, R. Moav (ed.), pp. 1–22. Natl. Counc. Res. Dev., Jerusalem, Israel.

Paterniani, E., and R. Vencovsky. 1977. Reciprocal recurrent selection in maize (*Zea mays* L.) based on testcrosses of half-sib families. *Maydica* 22:141–52.

Paterniani, E. 1978. Reciprocal recurrent selection based on half-sib progenies and prolific plants in maize (*Zea mays* L.). *Maydica* 23:209–19.

Paterniani, E. A. Ando, J. B. Miranda, and R. Vencovsky. 1973. Efeitos de raios gama no comportamento e na variância de progênies de meios irmaõs em milho. *Rel. Cient. Inst. Genét. (ESALQ-USP)* 7:161–67.

Penny, L. H., and S. A. Eberhart. 1971. Twenty years of reciprocal recurrent selection with two synthetic varieties of maize (*Zea mays* L.). *Crop Sci.* 11:900–903.

Penny, L. H., W. A. Russell, G. F. Sprague, and A. R. Hallauer. 1963. Recurrent selection. In *Statistical Genetics and Plant Breeding*, W. D. Hanson and H. F. Robinson (eds.), pp. 352–67. NAS-NRC Publ. 982.

Pesek, J., and R. J. Baker. 1969. Desired improvement in relation to selection indices. *Canadian J. Plant Sci.* 49:803–4.

Pesek, J., and R. J. Baker. 1970. An application of index selection to improvement of self pollinated species. *Canadian J. Plant Sci.* 50:267–76.

Ramalho, M.A.P. 1977. Eficiência relativa de alguns processos de selecão intrapopulacional no milho baseados em familias não endógamas. Tese de Doutoramento, ESALQ-USP, Piracicaba, Brazil.

Rawlings, J. O. 1970. Present status of research on long and short term recurrent selection in finite populations–choice of population size. *Proc. Second Meet. Work. Group Quant. Genet., sect. 22. IUFRO:* 1–15. Raleigh, NC.

Robertson, A. 1960. A theory of limits in artificial selection. *Proc. R. Soc.* 153:234–49.

Robinson, H. F., R. E. Comstock, and P. H. Harvey. 1951. Genotypic and phenotypic correlations in corn and their implications in selection. *Agron. J.* 43:282–87.

Robinson, H. F., R. E. Comstock, and P. H. Harvey. 1955. Genetic variances in open pollinated varieties of corn. *Genetics* 40:45–60.

Russell, W. A. 1972. Registration of B70 and B73 parental lines of maize. *Crop Sci.* 12:721.

Russell, W. A., and S. A. Eberhart. 1975. Hybrid performance of selected maize lines from reciprocal recurrent and testcross selection programs. *Crop Sci.* 15:1–4.

Sanchez-Monge, E. 1993. Introduction: Plant Breeding and the Vavilov concept. *In. Plant Breeding: Principles and Prospects*, 1st edin, M.D. Hayward, N.O. Bosemark, and I. Romagosa (ed.), pp. 3–5. Chapman & Hall, London.

Sezegen, B., and M. J. Carena. 2009. Divergent recurrent selection for cold tolerance in two improved maize populations. *Euphytica* 167: 237–44.

Shull, G. H. 1909. A pure line method of corn breeding. *Am. Breeders' Assoc. Rep.* 5:51–59.

St. Martin, S. K. 1980. Selection indices for the improvement of opaque-2 maize. Ph.D. dissertation, Iowa State University., Ames, IA.

Smith, H. F. 1936. A discriminant function for plant selection. *Ann. Eugen. London* 7:240–50.

Smith S., 2007. Pedigree background changes in U.S. hybrid maize between 1980 and 2004. *Crop Sci.* 47:1914–926.

Smith, O. S., A. R. Hallauer, and W. A. Russell. 1981. Use of index selection in recurrent selection programs in maize. *Euphytica* 30:611–618.

Sprague, G. F., 1946. Early testing of inbred lines of maize. *J. Am. Soc. Agron.* 38:108–117.

Sprague, G. F. and L. A. Tatum. 1942. General vs. specific combining ability in single crosses of corn. *J. Am. Soc. Agron.* 34:923–32.

Suwantaradon, K., S. A. Eberhart, J. J. Mock, J. C. Owens, and W. D. Guthrie. 1975. Index selection for several agronomic traits in the BSSS2 maize population. *Crop Sci.* 15: 827–33.

Tabanao, D. A., and R. Bernardo. 2005. Genetic variation in maize breeding populations with different number of parents. *Crop Sci.* 45:2301–306.

Tallis, G. M. 1962. A selection index for optimum genotype. *Biometrics* 18: 120–22.

Turner, H.N., and S.S.Y. Young. 1969. Quantitative Genetics in Sheep Breeding. Cornell Univ. Press, Ithaca, New York, NY.

Vasal, S. K., G. Srinivasan, F. Gonzalez, G. C. Han, S. Pandey, D. L. Beck, and J. Crossa 1992. Heterosis and combining ability of CIMMYT's tropical and subtropical maize germplasm. *Crop Sci.* 32:1483–1489.

Vencovsky, R. 1969. Genética quantitativa. In *Melhoramento e Genética*, W. E. Kerr (ed.), pp. 17–38. University, São Paulo, São Paulo, Brazil.

Vencovsky, R. 1977. Effective size of monoecious populations submitted to artificial selection. Institute de Genetica, ESALQ-USP, Piracicaba, Brazil.

Vencovsky, R., and C. R. M. Godoi. 1976. Immediate response and probability of fixation of favorable alleles in some selection schemes. *Proc. Int. Biom. Conf.* pp: 292–97 Boston, MA.

Weatherspoon, J. H., 1973. Usefulness of recurrent selection schemes in a commercial corn breeding program. *Annu. Corn Sorghum Res. Conf. Proc.* 28:137–43.

Webel, O. D., and J. H. Lonnquist. 1967. An evaluation of modified ear-to-row selection in a population of corn (*Zea mays* L.). *Crop Sci.* 7:651–55.

Williams, J. S. 1962. The evaluation of a selection index. *Biometrics* 18:375–93.

Wolff, F. 1972. Mass selection in maize composites by means of selection indices. *Meded. Landbouwhogesch. Wageningen* 72:1–80.

Yang, J., and M. J. Carena. 2008. Genetics of field dry down rate and test weight in early-maturing elite by elite maize hybrids. *50th Maize Genetics Conference Proceedings P189 (Section Quantitative Traits/Breeding).* Feb 27 – March 1. Washington, D.C.

Young, S. S. Y. 1961. A further examination of the relative efficiency of three methods of selection for genetic gains under less restricted conditions. *Genet. Res.* 2:106–21.

第 7 章　选择试验结果

玉米育种和选择的科学基础是始于 19 世纪末有计划的田间试验。最初的方法（混合选择和穗行选择）很快就被放弃，因为它们对如籽粒产量等复杂性状的选择没有效率。在人们认识到轮回选择是增加群体中有利基因频率的有效方法后，一些其他育种方法及对以往方法的改进，在 20 世纪被用于群体改良（Jenkins，1940；Hull et al.，1945；Comstock et al.，1949；Lonnquist，1949；Sprague and Brimhall，1950；Jenkins et al.，1954）。群体改良也被认为是培育多样性优良自交系和杂交种必不可少的手段。

众多选择试验结果已在文献中做了报道，最重要的信息通常涉及下面一项或几项内容：①对单个或多个性状选择方法的有效性；②未选择性状的相关响应；③用加性遗传方差、遗传力和遗传变异系数度量的遗传变异的改变；④用特定或非特定测验种测定配合力的改变；⑤自交后裔鉴定中的近交衰退变化；⑥群体内或群体间改良引起的杂种优势变化；⑦比较不同选择方法的相对选择效率；⑧环境效应及基因型与环境互作效应；⑨小群体中的随机漂移和近交效应；⑩改良群体作为选育自交系基础材料的价值；⑪环境控制及其他技术（隔离、亲本控制等）对提高选择效率的价值；⑫选择指数的价值和效率；⑬推断基因作用类型；⑭数量遗传模型的拟合度，如预期选择进度；⑮不同测验种对群体改良的价值。

7.1　测定选择效果

由于基因型与环境互作很重要，且方差成分难以估计准确，因此观察到的遗传增益从来不等于预期的遗传增益。为了得到选择响应的准确估值，当我们进行鉴定和重组之前，必须保持种子活力，每轮还要按有效群体含量保持较大的群体样本，使群体接近连锁平衡。

大多数选择试验的目的是获得改良品种或杂交种，需要通过不同方式量化选择效果，而选择成功本身就是对选择效果的估量（Hallauer，1992；Pandey and Gardner，1992）。例如，用改良穗行法对适应美国北方种植的早熟群体 NDSAB（MER）C12 进行 12 轮选择后，再进行 3 轮全同胞群体内选择，得到 NDSAB（MER-FS）C15。利用遗传力指数对 4 个性状同时进行选择。作为育种者想得到选择增益，可通过鉴定选择产生的变化来测定选择响应。2006 年繁殖每一轮种子，2007~2008 年对各轮群体进行重复多点试验，籽粒产量的平均值（Mg/hm^2）如下：

$$C0 = 4.2，C1 = 4.7，C2 = 5.9，C3 = 7.8$$

用不同的方式计算选择响应。

1. 总的选择增益法

$$R=[(Cn-C0)]/C0\times100=\%总增益$$

在这个例子中，有

$$R=\left[\left(7.8\text{Mg/hm}^2-4.2\text{Mg/hm}^2\right)/4.2\text{Mg/hm}^2\right]\times100\%=85.7\%$$

选择响应也可以按每轮或每年的进度来表示：

$$R=总的进度百分率/n，n 为轮回数$$

得

$$R=87.5\%/3轮=28.6\%/轮$$

对该选择方法，每个轮回需要 2 年，得

$$R=总的进度百分率/(n\times y)，y 为年数$$

得

$$R=85.7\%/6=14.2\%/年$$

当选择方法需要每轮有不同的年数时，可以用每年选择响应来比较不同方法间的效果。

2. 回归法

回归系数是每一轮选择的平均响应，可以度量选择增益。如上面讨论的例子中，回归系数 b 等于每轮 1.2Mg/hm^2（图 7.1）。每轮进度的百分率则可以表述为

$$R=b/C0，C0 为原始群体平均值$$

$$R=\left(1.2\text{Mg}/\text{hm}^2\right)/\left(4.2\text{Mg}/\text{hm}^2\right)=28.6\%/轮$$

一些研究者用群体表现值对选择轮数的线性回归系数，计算每轮选择增益。它可以用相对于原始单位平均值的百分率或用回归预测的平均值的百分率来表示。只有当选择响应和线性回归模型拟合得很好时（图 7.1），才是一个好的参考点。从上面例子看出，选择增益也可以用每轮选择增益除以每轮所需年数来表示。有时，用选择单位来表示选择增益。例如，在 S_1 家系选择中，可用 S_1 的表现来计算增益，而在轮回选择中，用群体与测验种的测交组合表现来表示增益。在相互轮回选择中，如果没有近交影响，尽管亲本群体和杂种优势的变化也很有用，但最重要的信息是群体间杂交组合的增益。度量选择增益的另外一种办法是在不同年份鉴定选择单位（家系）的平均值变化，但要用一

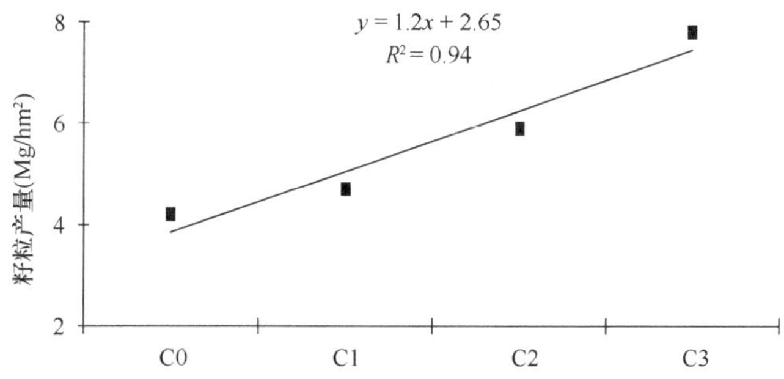

图 7.1　用回归分析法做的早熟玉米群体 NDSAB（MER-FS）的选择响应

个各轮固定的对照进行折算。通常用商业杂交种做对照，于是改良群体的表现或增益只用对照的百分率或基准值来表示。对表示增益的任何单位，评价选择增益最准确的方法是用原始群体、每轮改良群体和对照（如商业杂交种或其他参照基因型）在多点重复试验的产量结果。为简化起见，可从报道的选择试验的初步结果，用家系均值比对照增加的百分率表示每轮的选择进度。

Eberhart（1964）提出了用简单或多元回归模型估计连续选择的响应。对一个选择群体，最简单的线性模型是

$$Y_i = \mu_0 + \beta_1 X_i + \delta_i$$

式中，Y_i 是多个选择轮回后的平均观察值（i=1,2,3,⋯,c）；μ_0 是原始群体的平均估值；β_1 是线性回归系数，表示每轮选择增益率；X_i 是选择的轮回数；δ_i 是对线性模型的离差。由 Anderson 和 Bancroft（1952）或 Steel 和 Torrie（1960）提出的最小二乘回归分析，估计参数 $\hat{\mu}_0$ 和 $\hat{\beta}_1$，把群体间的变异剖分成线性回归平方和及与模型的离差。如果与模型的离差不显著，$\hat{\beta}_1$ 就能用来估计选择增益（每轮增益），而 $R\left(\hat{\beta}_1\right) = R\left(\hat{\mu}_0, \hat{\beta}_1\right) - R\left(\hat{\mu}_0\right)$ 计算的 $\hat{\beta}_1$ 平方和可用来检验选择变化的显著性。如果需要评价二次回归效应，模型是

$$Y_i = \mu_0 + \beta_1 X_i + \beta_2 X_i^2 + \delta_i$$

式中，β_2 是二次回归系数。

可用略有差异的模型拟合用不同选择方法选自同一个基础群体的群体平均值。线性回归系数必须适合对每一个选择方法估计参数和做方差分析。拟合两种不同选择方法的模型是 $Y_{ij} = \mu_0 + \beta_{11} X_{i1} + \beta_{12} X_{i2} + \delta_{ij}$ 或者采用下列一般式：

$$Y_{ij} = \mu_0 + \sum_j \beta_{1j} X_{ij} + \delta_{ij}$$

式中，j=1,2,⋯,m 是指选择方法。当只用一个基础群体时，便只有一个参数 μ_0 表示原始群体的平均值。适合该模型的玉米选择方案的实例如下。

（1）在一个群体中双向轮回选择。

（2）包含不同的轮回选择方法，如 S_1 选择和半同胞家系选择。

在方差分析中，可用下面的方法检验假设：

假设	假设的解释	平方和
H_0: $\beta_{11} = 0$	程序 1 无效	$R(\beta_{11}) = R(\mu_0, \beta_{11}, \beta_{12}) - R(\mu_0, \beta_{12})$
H_0: $\beta_{12} = 0$	程序 2 无效	$R(\beta_{12}) = R(\mu_0, \beta_{11}, \beta_{12}) - R(\mu_0, \beta_{11})$
H_0: $\beta_{11} = \beta_{12} = \beta$	程序 1 和程序 2 均有效	$R(\beta_{11} = \beta_{12}) = R(\mu_0, \beta_{11}, \beta_{12}) - R(\mu_0, \beta)$
H_0: $\beta_{11} = \beta_{12} = \beta'$	程序 1 和程序 2 在相反方向的效果相同	$R(\beta_{11} = -\beta_{12}) = R(\mu_0, \beta_{11}, \beta_{12}) - R(\mu_0, \beta')$

表 7.1 给出了对穗长进行 10 轮双向混合选择的数据（Cortez-Mendoza and Hallauer，1979）。在方差分析中，拟合线性回归的离差不显著。为了测验上述 4 种假设，用简化模型求解正规方程组，以确定每个联立假设的平方和（表 7.1）。

表 7.1　对玉米穗长 10 轮双向混合选择后进行的假设检验、平方和及均方
（Cortez-Mendoza and Hallauer，1979）

假设	估值	平方和		自由度	均方	F 值
		$R(\hat{\mu}_0,\hat{\beta}_{1j})$[a]	R'[b]			
$\beta_{11}=0$	$\hat{\mu}_0=20.91$ $\hat{\beta}_{11}=-0.82$	3925.04	9.18	1	9.18	42.9
$\beta_{12}=0$	$\hat{\mu}_0=16.77$ $\hat{\beta}_{12}=0.70$	3898.27	35.95	1	35.95	168.0
$\beta_{11}=\beta_{12}=\beta$	$\hat{\mu}_0=19.52$ $\hat{\beta}=-0.16$	3834.06	100.16	1	100.16	468.1
$\beta_{11}=-\beta_{12}=\beta'$	$\hat{\mu}_0=18.66$ $\hat{\beta}'=0.48$	3931.42	2.80	1	2.80	13.1
合并误差			4.36		0.21	

[a] $\hat{\beta}_{1j}$ ：$\hat{\beta}_{11}$，$\hat{\beta}_{12}$，$\hat{\beta}$，$\hat{\beta}'$

[b] $R'-R\left(\hat{\mu}_0,\hat{\beta}_{11},\hat{\beta}_{12}\right)-R\left(\hat{\mu}_0,\hat{\beta}_{1j}\right)$

双向混合选择增加和减少穗长的响应均达到显著水平，选择响应速率在增加和减少穗长上显著不同。

当需要得到群体自身、群体间杂交组合和群体间杂种优势信息时，可以使用群体间改良的复杂模型。当用一些群体内改良方法对两个群体单独进行改良时，也可以使用类似的模型。例如，Paterniani 和 Vencovsky（1977）报道了改良的相互轮回选择方案，用更复杂的模型分析结果。该模型包括基础群体的均值、原始群体间杂交组合的杂种优势，群体自身平均值的变化，高代轮回选择群体间杂种优势变化，以及正反交效应。该模型的应用和结果列入表 7.2。

表 7.2　半同胞测交组合相互轮回选择后，用多元回归模型估计群体（P：Piramex，C：Cateto）及群体杂交组合的期望值和观测值均方

群体	期望均方模型[a]	观测值	期望值[b]
P_0	m_p	5.641	5.727
C_0	m_c	4.109	4.023
P_1	m_p+g_p	6.012	5.927
C_1	m_c+g_c	4.236	4.323
$P_0\times C_0$	$(1/2)(m_p+m_c)+h+r$	5.834	5.822
$C_0\times P_0$	$(1/2)(m_p+m_c)+h-r$	5.799	5.724
$P_1\times C_0$	$(1/2)(m_p+g_p+m_c)+h+1/2g_h+r$	5.754	6.015
$C_1\times P_0$	$(1/2)(m_p+m_c+g_c)+h+1/2g_h-r$	4.530	5.967
$P_1\times C_1$	$(1/2)(m_p+g_p+m_c+g_c)+h+g_h+r$	6.505	6.258
$C_1\times P_1$	$(1/2)(m_p+g_p+m_c+g_c)+h+g_h-r$	5.998	6.160
估计值	$\hat{m}_p=5.727$；$\hat{m}_c=4.023$；$\hat{h}=0.898$；$\hat{r}=0.049$ $\hat{g}_p=0.200$；$\hat{g}_c=0.300$；$\hat{g}_h=0.185$		

资料来源：Paterniani 和 Vencovsky（1977）

[a] g_p 和 g_c 为选择后群体本身表现的进度，h 为原始群体杂交组合的杂种优势，r 为群体杂交组合的期望离差

[b] 与模型的离差不显著（R^2=0.69）

最小二乘多元回归没有被广泛地用来评价选择响应。但是 Eberhart（1964）指出，一般多元回归计算机程序可以使用非常大的 $X'X$ 矩阵，使估计参数和方差分析变得很容易。

3. Smith 模型（1983）

很少有人尝试为轮回选择原理和克服其局限性提供直接信息。群体内轮回选择的目标是增加有利等位基因频率，该频率通常不能直接评估，评估方法 1（总的进度）和 2（回归）不能解释平均变化与等位基因频率变化的关系，以及与选择作用和遗传漂移引起的近交效应之间的关系。Smith 模型用等位基因频率的平均变化来评价选择响应。为此，发展了基于世代平均值分析的遗传学模型（Burton et al.，1971；Hammond and Gardner，1974；Smith，1979a，1979b，1980）。

Gardner 和 Eberhart（1966）提出了一个品种间双列杂交模型，其中平均值与遗传期望有关。为了便于评价选择的遗传增益，Hammond 和 Gardner（1974）对该模型进行修饰，能够估计等位基因频率的变化，以及把选择进展剖分为纯合位点和杂合位点效应。

Smith（1979a）用一个遗传模型来解释群体经过选择以后平均值的变化，它不仅是等位基因频率和基因效应的函数，还考虑了近交衰退对提高选择增益的限制。该模型所需要的数据来自选择的轮回、自交轮回、杂交组合、两个群体杂交后自交的群体，能够估计加性效应和显性效应对群体平均值的贡献，杂种优势，以及对遗传漂移矫正过的选择响应的估值。该模型的基本假定包括 Hardy-Weinberg 平衡、二倍体遗传和无上位性效应。

Smith 模型最初用在 BSSS 和 BSCB1 间的相互轮回选择。Eberhart 等（1973）对 BSSS（R）和 BSCB1（R）群体自身进行评价，未得到显著的回归系数。然而，在该模型中，等位基因频率的平均变化很显著，这表明相互轮回选择能够有效地增加有利等位基因频率。据报道，许多近交衰退效应导致群体平均值在选择中没有发生显著变化（Smith，1979a）。尽管两种方法用于重组的自交系数量相同（Smith，1979a），但与相互轮回选择相比，对 BSSS 的半同胞选择因遗传漂变引起的近交衰退显著降低。自交后代选择法也比相互轮回选择的近交衰退小（Oyervides-Garcia and Hallauer，1986），这可以解释为 8 轮相互轮回选择后，基于 S_2 后代对籽粒产量的选择使加性效应的频率发生了重要变化，与此同时，显性基因频率的变化更重要。

Tanner 和 Smith（1987）发现自交后裔选择引起遗传漂移，但 Garay 等（1996）在两轮 S_1 后裔轮回选择后没有发现显著的遗传漂移。Stojšin 和 Kannenberg（1994）鉴定了 5 个群体和 4 种不同的选择方法，发现选择方法比群体类型对等位基因频率变化的影响更大。Smith（1979b）用他提出的模型对 BSK 群体的半同胞选择和 S_1 后裔选择进行评价（数据来自于 Burton et al.，1971），发现平均值的变化是近交衰退的函数，认为小群体效应可能比选择效应更大些。遗传漂移和选择是影响等位基因频率的两个主要因素，因此，任何选择方法的实际效果取决于二者间的平衡（Stojšin and Kannenberg，1994）。在大多数对产量的研究中，用 Smith 模型估计遗传漂移均为负值（Iglesias and Hallauer，1989；Eyherabide and Hallauer，1991b；Keeratinijakal and Lamkey，1993；Stojšin and Kannenberg，1994）。用 Smith 模型评估选择响应为改良籽粒产量提供了更丰富的信息。比较群体自身变化，遗传增益估值列于表 7.3 中。

表 7.3　基于 Smith 模型对玉米群体产量遗传增益的估计值

群体	遗传增益［mg/(hm²·轮)］		参考文献
	调整值[a]	未调整值	
BSSS（R）	0.356	0.344	Helms 等（1989）
BSSS（R）	0.259	0.118	Oyervides-G 和 Hallauer（1986）
BSSS（R）	0.296	0.284	Keeratinijakal 和 Lamkey（1993）
BSSS（R）	0.135	–1.17	Smith（1979a）
BSSS（HT）	0.344	0.331	Helms 等（1989）
BSCB1（R）	0.297	0.285	Keeratinijakal 和 Lamkey（1993）
BSCB1（R）	1.480	–0.920	Smith（1979a）
BSCB1（R）	0.372	0.336	Smith（1983）
BS13（HT）	0.496	0.483	Smith（1983）
BS13（S）	0.226	0.207	Helms 等（1989）
BSK（S）	0.468	0.335	Tanner 和 Smith（1987）
BSK（S）	0.197	0.014	Smith（1979b）
BSK（HT）	0.122	–0.060	Smith（1979b）
BS10（FR）	0.360	0.350	Eyherabide 和 Hallauer（1991b）
BS11（FR）	0.220	0.210	Eyherabide 和 Hallauer（1991b）
EZS1（S）	0.439	0.394	Garay 等（1996）
EZS2（S）	0.588	0.568	Garay 等（1996）
CGSynA（R）	0.120	0.117	Stojšin 和 Kannenberg（1994）
CGSynB（S）	0.080	0.080	Stojšin 和 Kannenberg（1994）
CGG（HS）	0.080	0.070	Stojšin 和 Kannenberg（1994）
CGN（S）	0.220	0.218	Stojšin 和 Kannenberg（1994）
CGW（S）	1.540	1.330	Stojšin 和 Kannenberg（1994）
BSSS（R）	0.276	0.254	Smith（1983）
Leaming（S）	0.352	0.275	Carena 和 Hallauer（2001）
Midland（S）	0.184	0.120	Carena 和 Hallauer（2001）

[a] 对遗传漂移作调整后的值

在大多数选择试验中，能够预测遗传增益，预测值一般比实测值要大。最可能的原因是抽样误差和基因型与环境互作效应。预测选择增益是基于遗传力系数，即方差比值。众所周知，一般方差估计都有较大误差，这就导致预测的增益也产生误差。降低抽样误差的一种途径就是用几轮选择后的估计值取平均数。上述流程引入了偏倚，因为轮和轮之间遗传状况会发生变化，但相对于减少抽样误差来说，偏倚的作用相对较小，于是平均值就比单株预测值更接近实际值（Moll，1959）。基因型与环境的互作会引起预测值向上偏倚，这在第 6 章已作过介绍。引起不一致的其他原因可能是随机漂移和小群体的近交效应、连锁不平衡和上位性效应。因此，在模型中增加更多的遗传参数可以增强预测能力（Smith，1983；Dudley and Johnson，2009）。尽管预测的增益值一般比实测值大，但一些观测结果表明，通过多轮选择后的一致性还是比较好的。

7.2 群体内选择

玉米轮回选择研究已成为获得改良种质的来源，这些改良种质可用于分离潜在的自交系和组配杂交种（Hallauer，1985）。改良自交系的选育取决于种质改良，包括广基和窄基群体。玉米轮回选择和自交系选育都要进行评估。这两种育种方法需要互为补充，只有对两者给予同样的重视，育种才会取得成功。

7.2.1 混合（单株）选择（M）

植物育种计划强调对籽粒产量的遗传改良。尽管已有混合选择法改良籽粒产量和其他复杂性状的实例，但混合选择只被证明对容易测量的遗传力高的性状相当有效。在各类育种方法中，混合选择的最大好处是用最低成本达到最好的资源配置，能够在最低的选择强度下做到最大的样本容量，可提供最大的加性遗传方差，每年可以得到一个轮回的遗传增益。玉米改良中混合选择效果差，不是由于方法本身，而是因未施行隔离、缺少环境控制和小区控制造成的。因此，恰当的隔离技术、加大样本容量和提高试验精度应该与性状选择同样重要。所以，混合选择仍是在有限的资源下改良性状的有效方法。

通过混合选择进行群体遗传改良最成功的例子可能就是对玉米开花期的选择。尽管已提出了用昂贵的分子标记辅助选择方法来鉴定和分离基因（如 *vgtl*），而且，Buckler 等（2009）最近在 8 个环境下鉴定了“近百万个”基因型，得出该性状在遗传上具有非常复杂的多个 QTL，且主要受加性基因控制。但尽管该性状的遗传控制比较复杂，但开花时间是很容易测量的最简单性状，用混合选择就能得到较高的遗传增益。遗传材料的取舍（如 NAM 群体）不一定代表该性状具有较大的变异。此外，文献中该性状已有 48 个估值，证明加性遗传方差的重要性（表 5.1）。根据母本（即亲本控制为 0.5）的分区混合选择（Gardner，1961）已被证明是成本效益较好的方法。这种方法尤其适合使外来种质应用到育种计划和适应目标环境。热带群体 ETO 复合种（BS16）、Antigua 复合种（BS27）、Tuxpeno 复合种（BS28）和 Suwan1（BS29）已有效地适应了温带环境（表 7.4）。这 4 个热带品种都得到相似的结果（$b=-3.0$天/年）。在每个品种内，吐丝前的天数平均每轮缩短 3 天。4 个热带品种经过 4~8 轮的选择后，可以适应艾奥瓦州中部的环境条件（Hallauer，1999）。从古巴来的 Tuson 复合种也得到相似的结果（未发表）。

表 7.4 在 ETO、Antigua、Tuxpeno 复合种和 Suwan1 玉米品种对早吐丝的选择响应，以及株高和穗位高的相关响应

轮回	ETO 复合种（BS16）[a]		Antigua 复合种（BS27）			Tuxpeno 复合种（BS28）			Suwan1（BS29）		
	吐丝前天数[b]	穗位高（cm）	吐丝前天数	穗位高（cm）	籽粒产量（kg/hm²）	吐丝前天数	穗位高（cm）	籽粒产量（kg/hm²）	吐丝前天数	穗位高（cm）	籽粒产量（kg/hm²）
C0	116	212	91	143	700	95	131	4330	105	141	4100
C1	112	192	91	146	1250	90	101	5600	99	131	5630
C2	110	182	82	137	3720	86	93	5800	96	124	6170
C3	106	178	79	133	4610	81	86	5600	93	120	5450

续表

轮回	ETO 复合种（BS16）[a]		Antigua 复合种（BS27）			Tuxpeno 复合种（BS28）			Suwan1（BS29）		
	吐丝前天数[b]	穗位高（cm）	吐丝前天数	穗位高（cm）	籽粒产量（kg/hm²）	吐丝前天数	穗位高（cm）	籽粒产量（kg/hm²）	吐丝前天数	穗位高（cm）	籽粒产量（kg/hm²）
C4	100	146	76	121	5090	79	81	5000	90	114	6780
C5			74	117	5040	79	81	5800	92	121	6200
C6			74	124	5090						
B[c]	−3.8	−15	−3.2	−5	1930	−3.3	−9	300	−2.6	−4	590

[a] BS16、BS27、BS28 和 BS29 是适应性改良后衍生群体的新名称

[b] 从播种到 50%吐丝的天数

[c] 对每个轮回混合选择的线性响应估计值（每年每个轮回的进度）

温带优良群体 BS11(FR)C13[NDBS11(FR-M)C3]，BSK(HI)C11[NDBSK(HI-M)C3]和杂交组合 BS10(FR)C13×BS11(FR)C13(NDBS1011)已经有效地适应了早熟温带环境（Carena et al.，2008）。另一个试验对 3 个优良品种进行选择，经过 3 年试验得到相似的结果（$b = -2.0$天/年）。经过 3~4 轮选择，3 个改良群体已经适应了北达科他州的环境（如：相对生育期小于 95 天）（表 7.5）。另一个相似结果（未发表）是对 4 个热带高地群体合成的一个复合种所进行的改良{[NDSHLC(M)C4]}。

表 7.5 对 BSK(HI)C11、BS11(FR)C13 和 BS10(FR)×BS11(FR)C13 早吐丝进行混合选择在 9 个北达科他州环境下的响应，以及籽粒含水量和籽粒产量的相关响应

轮回	BSK(HI)C11 [NDBSK(HI-M)C3][a]			BS11(FR)C13 [NDBS11(FR-M)C3]			BS10(FR)C13×BS11(FR)C13（NDBS1011）		
	吐丝前天数[b]	籽粒含水量（%）	籽粒产量（kg/hm²）	吐丝前天数	籽粒含水量（%）	籽粒产量（kg/hm²）	吐丝前天数	籽粒含水量（%）	籽粒产量（kg/hm²）
C0	72.0	28.1	5500	73.5	28.0	5680	77.2	32.4	4500
C1	69.6	25.9	5400	72.5	26.7	5800	73.1	28.7	5700
C2	69.0	24.0	5900	70.3	24.0	5900	71.6	26.4	5900
C3	65.1	21.9	6600	67.9	20.8	6600	70.2	24.0	6300
C4				79.0			69.1	21.5	6000
B[c]	−2.3	−2.1	370	−3.3	−2.4	300	−2.6	−2.7	380

资料来源：Eno 和 Carena（2008）

[a] NDBSK(HI-M)C3、NDBS11(FR-M)C3 和 NDBS1011 是改良后衍生群体的新名称

[b] 从播种到 50%吐丝的天数

[c] 对每轮混合选择的线性响应估计值（每年每个轮回的进度）

对早吐丝性状选择的相关响应一般是正向的。在艾奥瓦的试验中，这些相关响应包括降低了株高和穗位高，减小了雄花和叶片大小，减少了倒伏和倒折，降低了玉米瘤黑粉病的发病率；由于适应了温带环境，籽粒产量显著增加。在北达科他州的试验中（Eno and Carena，2008），对多个群体早吐丝选择的相关响应包括显著降低株高和穗位高、散粉天数、籽粒收获时含水量，以及显著增加籽粒产量和容重。这是因为它们较好地适应了美国北方的温带环境条件。在许多情况下，相关响应与艾奥瓦的结果相似（如株高和穗位高）。但随着遗传背景，产量构成的变化各不相同。例如，BSK(HI)C11 的改良衍生

群体 NDBSK(HI-M)C3 的穗轴粗降低；BS11(FR)C13 的改良衍生群体 NDBS11(FR-M)C3 的穗轴粗和籽粒行数减少。但在（BS10C13× BS11C13）的改良衍生群体杂交 NDBS1011 中，随着穗长、穗粗、轴粗和穗行数显著增加，而多穗性减少。此外，对 BS11(FR)C13 进行的早吐丝改良，降低了原始群体的含油量。

每轮选择的群体规模从 15 000（艾奥瓦州）到 22 500 株（北达科他州），用非常低的代价就能鉴定超过 100 万株，有效群体含量在 250~400 株。可能包括很复杂的遗传机制（Buckler et al.，2009），但根据对早吐丝的选择研究，开花时间似乎是几个主效基因在起作用。

用混合选择对开花时间进行选择不是现在才有的，Troyer 和 Brown（1972）对 3 个半外来的晚熟综合种（大约适应北纬 39°）进行早开花选择。进一步的报道（Troyer and Brown，1976）证实，对适应艾奥瓦南部（北纬 41.5°）的 7 个综合种的选择是有效的。在第 3 个试验中，Troyer（1975）对 3 个适应北纬 44°的综合种进行了 4 轮选择，在几个性状上都有显著变化。这 3 个试验的结果列于表 7.6 中。

表 7.6　以平均增益（a）或线性回归系数（b）按原始群体百分率表示的对早开花的选择结果

适应纬度		吐丝前天数	籽粒含水量	株高	穗位高	吐丝间隔	产量	茎秆折断
（Ⅰ）39°[a]	(a)	−2.3	−3.2	−2.1	−5.2	−7.6	1.9	47.2
	(b)	−2.4	−3.3	−1.9	−3.2	−7.1	2.2	47.0
（Ⅱ）41.5°	(a)	−2.3	−4.4	−1.9	−3.0	−12.4	1.8	3.5
	(b)	−2.2	−4.2	−1.8	−2.8	−11.4	2.0	31.4
（Ⅲ）44°	(a)	−1.1	−4.0	−1.4	−2.6	−7.3	−3.2	11.4
	(b)	−1.1	−3.7	−1.5	−2.8	−6.8	−3.3	10.0

资料来源：Troyer 和 Brown（1976），Troyer（1975）

[a]（Ⅰ）3 个适应北纬 39°的半外来晚熟综合种，（Ⅱ）7 个适应艾奥瓦南部北纬 41.5°的综合种，（Ⅲ）3 个适应北纬 44°的综合种

玉米开花时间能够通过选自交系的方法进行改良，该方法可以从早×晚杂交组合的 F_2 代大群体中分离自交系，甚至从晚×晚杂交组合的更大 F_2 代群体中分离自交系（例如，NDSU 玉米项目就是从晚×晚杂交组合中选出早熟自交系）。Troyer（1976）从 18 个 F_2 群体中选出最早开花的 2%植株。在一组 8 个群体（亲本开花期相似），进行两轮同胞交配，第 3 轮自交，然后与自交系 B14 测交，评估选择效果。结果每轮选择指数平均增加 4%，产量增加 340kg/hm^2，籽粒含水量降低 0.6%，开花期缩短 0.6 天。第二组（5 个优良自交系形成 10 个 F_2 群体）以同样方式选择，以系间所有可能的 15 个双交种杂交组合进行鉴定，每轮的选择效果是产量增加 250kg，籽粒含水量降低 1%，茎秆倒折增加 3.7%，株高降低 7.0cm，开花期缩短 1.6 天，吐丝推迟 0.1 天。Obilana（1974）在 3 个环境下进行鉴定，结果对早开花的选择没有效果。但只在一个地点鉴定时，抽雄天数从 52 天降到 46 天，两轮选择增益达到 11.5%，第 3 轮又增加 5.8%，但是单株穗数、株高、穗位高和籽粒产量没有显著变化。

Smith（1909）最早报道了对玉米开放授粉品种 Leaming 进行穗位高度的双向选择结果，选择高和低穗位按穗行相邻种植，仅在最高产量的穗行对穗位高进行选择，两个性状的结果列于表 7.7 中。

表 7.7　对玉米品种 Leaming 的穗位高双向选择的直接响应及籽粒产量的间接响应

年份	穗位高（cm）			产量（kg/hm^2）	
	高	低	差数	高	低
1903	143.2	108.7	34.5		
1904	127.8	97.3	30.5		
1905	160.8	105.7	55.1		
1906	143.8	64.8	79.0	4540	4560
1907	183.9	84.3	99.6	4050	4290
1908	145.5	58.7	86.8	3820	3730

由于数据的年份不同，因此，对选择效果的最佳评价是用高和低穗位小区间的差数来表示，用线性回归系数衡量，每代选择差按 15.7cm 的速度增加。假设高和低穗位选择同等有效，每代每个方向的变化是 7.9cm。不能测定产量的选择效果，因为对高和低穗位都进行高产选择，尽管如此，3 年的数据还是表明，对穗位高度进行双向选择产量差异不大。

在一些选择项目中，对穗位高的混合选择显示出良好的进展。Vera 和 Crane（1970）报道了在两个群体对低穗位进行 2 轮选择后，每轮增益 4.5%。随后，Acosta 和 Crane（1972）对两个群体按 20%的选择强度进行 4 轮选择后，穗位高降低 24%。Josephson 和 Kincer（1973）报道了对一个晚熟综合种和一个早熟综合种进行 10 轮降低穗位的选择，穗位高分别降低了 18.3cm 和 25.9cm。随后，Josephson 等（1976）又报道了对两个群体进行 12 轮降低穗位的选择，平均每轮降低穗位 3.8cm。在这些报道中也包含其他性状的变化，随着穗位降低，株高和产量都随之降低。当对产量进行选择时，得到了产量与穗位高度或株高的正相关（Gardner，1969a；Hallauer and Sears，1969；Darrah et al.，1972）。然而，正如前面所见，适应种质的产量可能与株高和穗位高没有相关性，同样，对果穗含水量进行双向混合选择时，收获时籽粒含水量似乎与产量没有关联性。同样，Cross（1990）只在一个环境中对叶片快速伸展进行单株选择而没有延长生育期。

Kiesselbach（1922）报道了若干个选择试验结果，对高、中、低穗位进行 5 年选择，结果穗位高分别达到 137cm、119cm 和 112cm，而产量只有微弱差异（3240kg/hm^2、3330kg/hm^2 和 3360kg/hm^2）。同样，对高和低倒伏率进行选择的结果分别是 22%和 29%（平均值）。对果穗直立性进行 3 个水平（直立、中度直立和下垂）的选择，结果是平均直立果穗分别为 42%、29%和 21%。经过 6 年对果穗长度、穗粗和质地（平滑和粗糙）等穗型性状的选择，没发现这些性状的变化与产量有明确的关系。当对深籽粒粗糙穗和浅籽粒平滑穗进行 2 年选择，然后与原始的 Hogue's 黄马齿自由授粉品种比较产量，籽粒平均产量分别是 4020kg/hm^2、4370kg/hm^2 和 4050 kg/hm^2。对瑞德黄马牙自由授粉品种进行平滑长穗型选择的其他数据，与同样品种标准的中等粗糙穗对比，结果是平滑类型果穗超过粗糙型果穗 250kg/hm^2。在总共 12 年对穗型选择的所有试验中，平滑长果穗型在产量上高于所有其他类型。但作者认为，从现有证据来看，在对产量进行选择时，对穗型的考虑应该无关紧要，但在划分杂种优势类群时可能很重要。

Lonnquist（1952），Lonnquist 和 McGill（1956）报道了对 4 个高代玉米综合种理想

株型的目测选择效果，在所有品种中，只得到很小的产量增益，且熟期略有延迟。这是非常有可能的，在高代综合种或复合品种中，世界各地许多育种者用简单的目测混合选择法对产量和其他性状也得到一些选择增益。例如，对半外来群体进行适应性混合选择每年产量增益 5%，同时增加了双穗率（Mathema，1971）。Hallauer 和 Sears（1972）在把外来种质整合到玉米带种质的研究项目里，用同样方式对早开花进行混合选择，对早吐丝很有效。Paterniani（1974b）对两个群体间的杂交组合进行两轮混合选择，观察到产量增益（2.3%）非常小。因此，混合选择对外来或半外来种质或综合种或复合种的适应性改良方面似乎非常有用。对重要的数量性状，如抗倒性、抗病性、多穗性、穗位高、其他植株和果穗性状，也包括一些质量性状，进行适当的混合选择，肯定会在群体中得到一些改良，并增加产量。由于混合选择保持了较高的有效群体含量，因此既有一定的改良效果，又不会大幅度降低遗传变异，用这种方法获得的群体可用作育种的基础群体，进行较高选择压力的选择试验（包括混合选择）。因此，作为长期育种目标，应先对优良种质进行适应性改良，然后再用其他育种方法进行最大程度的遗传改良。于是，可先用混合选择法改良外来种质适应性，然后再用后裔鉴定法进行轮回选择。

在采用 Gardner（1961）改良的混合选择法以后，对玉米产量的选择效果更好。在对 Hays Golden 自由授粉品种（辐照和对照）进行 4 轮混合选择后，利用格子试验设计减少环境效应，比亲本对照每年平均增益 3.9%，总增益 15%。Lonnquist（1961）对同一个品种又进行一轮选择得到持续改良效果，总增益达到 19%。对 Hays Golden 品种的后续混合选择试验表明，持续选择得到进一步增益。Lonnquist 等（1966）报道在 6 轮选择后产量增益达 12.7%，每轮 2.1%。Gardner（1966）在选择 10 轮后观测到每轮增益为 2.7%。在后续报道中，Gardner（1969a，1973）在 15 轮选择后每轮增益达 3.0%，用每轮的产量回归来预测增益，预期增益 3.1%，与实际增益非常吻合。Gardner（1976）对辐射处理和对照的 Hays Golden 品种进行 19 轮选择后，两种选择群体在 13 轮后选择响应趋近极限（图 7.2）。

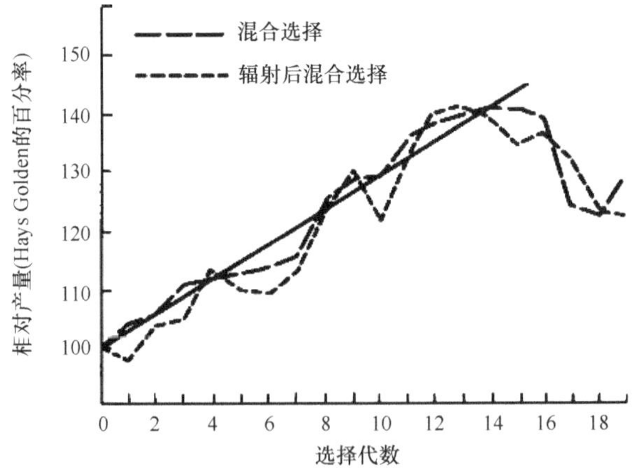

图 7.2　对 Hays Golden 品种籽粒产量进行混合选择的响应（Gardner，1976）

选择响应的趋势与线性回归没有显著离差，在 17 轮后产量开始下降，随后的产量没有回复到连续 15 轮选择所达到的产量水平。Gardner（1976）讨论了第 17 轮产量突然下降的可能原因，总结如下：原始群体可能被污染或在每年繁殖过程中无意中进行了选择，但没有证据表明群体已经发生改变。一个假设是，隔离圃的土壤极端不均匀，或其他环境因素妨碍了对优良基因型鉴定的准确性。后几轮遇到严重热害和干旱加重了这一问题。还有一种情况，前期选择导致有利的上位性基因组合，在极端环境变异下那些选择不再有效，因而降低了产量。另一个假设是后几轮选择在鉴定中基因型与环境互作。在试验中观察到 Hays Golden 即使在不利条件下仍表现良好，但在选择材料中没有发现选择响应具有可塑性。因此，选择世代与环境的互作比原始的 Hays Golden 品种更强，这就导致选择材料的产量相对降低。仅对一个性状选择的不利相关响应会引起其他问题。然而，有趣的是对同一个群体进行了 10 轮穗行选择以后得到很相似的结果（图 7.3）。

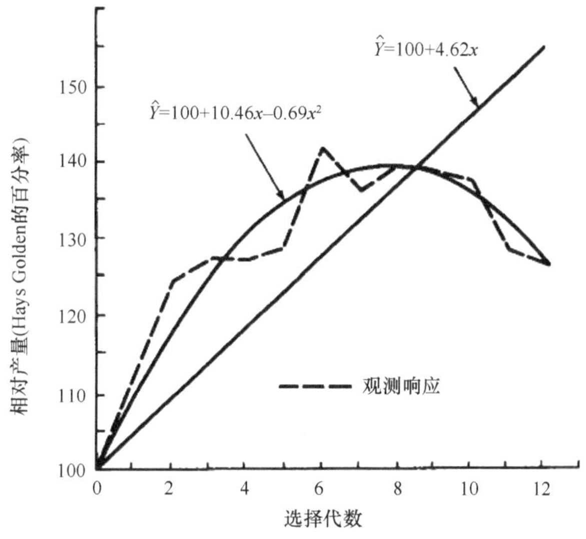

图 7.3　对 Hays Golden 进行半同胞家系（改良穗行）选择的响应（Gardner，1976）

Johnson（1963）对热带品种选择 3 轮后产量提高 33%，平均每轮增加 11%。Eberhart 等（1967）在 1 轮选择后把 Kitale 复合种 A 的产量从 5120kg/hm^2 增加到 5500kg/hm^2，增益 7.4%。Vencovsky 等（1970）报道了对两个巴西群体 Paulista 马齿进行 5 轮和 Cateto M. Gerais 3 轮选择后每轮增益分别达 3.8%和 1.7%。对产量构成因素进行混合选择的其他试验也得到正向结果。正如前面章节所述，产量与产量构成因素之间的基因型和表型相关都比较大，这些遗传参数在某些环境下能得到改进。例如，尽管选择环境不利于多穗性表达，但增加种植密度能增加产量与多穗性之间的关联度。多穗性选择成为对产量和其他性状的间接选择，因为它在改良产量、稳定性（如开花期茎秆含糖量更高）、雌雄开花间隔、早熟性、株高、倒伏、苗势、氮利用率甚至光合效率上具有优势。许多轮回选择计划需要多穗性作为辅助。

Arboleda-Rivera 和 Compton（1974）在 3 种不同季节条件下用混合选择法改良群体。在雨季选择并鉴定（直接响应），每轮增加籽粒产量和多穗性分别达 10.5%和 8.8%。但在雨季选择而在旱季鉴定（间接响应），每轮仅分别增加 0.8%和 1.0%。在旱季选择每轮产量的直接响应为 2.5%，而在雨季鉴定的间接响应则达到 7.6%；同样，单株穗数的每轮增益分别达到 4.4%和 11.4%。在雨季和旱季鉴定群体，每轮产量增益分别为 5.3%和 1.1%，多穗性的每轮增益分别为 7.0%和 3.3%。

Coors 和 Mardones（1989）对自由授粉群体 Golden Glow 进行 12 轮的多穗性混合选择，单株穗数的直接选择响应显著，从 C0 的 0.94 到 C12 的 1.25。对增加穗数选择的相关变化包括增加了籽粒产量［0.29t/（hm^2·轮）］、表型指数和株高。对多穗性选择引起籽粒产量的相关增加，这与 Lonnquist（1967）、Mareck 和 Gardner（1979）、Singh 等（1986）和 Subandi（1990）的研究结果一致，他们大多数采用了混合选择。在 4 个选择计划中仅有一个是用自交后裔法代替混合法对多穗性进行选择增加产量（Carena et al.，1998）。Coors 和 Mardones（1989）总结得出只要使用合适的技术，混合选择在种质改良计划中是一个很有效的方法。Rodriguez 等（1976）也进行了类似试验，对群体 MB21 按 3 种方式进行混合选择：在不利的季节选择（MB-21-A）；在最有利的季节进行选择（MB-21-B）；两种季节交替进行选择（MB-21-AB），结果是每轮的平均增益分别为 3.3%（2 轮）、−1.0%（2 轮）和 4.9%（4 轮）。在对多穗性上也在两种季节交替进行选择的 MB-21-AB 上得到最大增益（每轮 1.8%），而在（MB-21-A）和（MB-21-B）的多穗性每轮分别减少 0.4%和 3.2%。由此推断不利环境条件能得到更大的选择响应，这与 Carena 等（1998）得出的结果一致。Lonnquist（1967）对 Hays Golden 品种进行选择，单株穗数和籽粒产量均得到增加。在 5%选择强度下进行 5 轮选择后，每轮籽粒产量增加 6.3%，总增益相当于 Gardner（1969b）对同一品种按 10%选择强度进行 10 轮混合选择后的增益。Torregroza 和 Harpstead（1967）也报道了对多穗性双向混合选择的效应，对多穗性的选择使籽粒产量提高 14%，单株穗数增加 28%。对单穗植株的选择导致产量降低 5%，单株穗数降低 7%。Torregroza（1973）又报道了类似的试验结果，在 11 轮多穗选择后，多穗性增加 48%，籽粒产量增加 35%。另外，对单穗植株进行选择，多穗性降低 16%，籽粒产量降低 7%。Torregroza 等（1976）对 MB-51 和 MB-56 分别进行 9 轮和 4 轮多穗性混合选择，然后对高代品种间杂交组合进行评估，结果 MB-56 的单株穗数平均响应从 1.3（原始群体）增加到 1.6（9 轮）。MB-51 和 MB-56 的每轮增益（回归系数）分别为（3.4±0.3）%和（2.0±0.8）%；每轮产量增益分别为（5.5±1.2）%和（3.0±1.7）%。Kincer 和 Josephson（1976）报道了对 Jellicorse 品种进行 9 轮产量选择后，又进行 5 轮多穗性选择，单株穗数增加 13.2%，产量增加 33.1%。对 BS11 群体完成 11 轮多穗性混合选择（Weyhrich et al.，1998）。混合选择对增加单株穗数是有效的，但与其他 6 种轮回选择方法相比，混合选择对籽粒产量的选择响应最低（每轮 0.6%），而半同胞选择、全同胞相互轮回选择和 S_2 后裔选择每轮响应分别是 1.6%、2.5%和 4.5%。

Williams 和 Welton（1915）对穗长的选择是无效的，他们认为：在品种内选择，至少玉米穗长受环境影响，不能对下一代产生影响。Sprague（1966）证明这一结论是不正确的，因为穗长的遗传力较高（表 5.1）。把艾奥瓦长穗综合种按长穗和短穗分成两群分别进行选择是有效的（Hallauer，1968）。Cortez-Mendoza 和 Hallauer（1979）经过 10 轮选择观测到长穗和短穗两个亚群每年分别增加 0.32cm（1.6%）和减少 0.64cm（3.2%），选择响应不对称很可能是由于长穗自交系组成的原始群体中穗长基因的频率较高。经过 27 轮选择后，

Hallauer 等（2004）报道了对长穗［b=（0.27±0.03）cm］和短穗［b=（–0.37±0.03）cm］的连续选择响应；而籽粒产量则分别减少，其中，长穗选择为［b=（–0.01±0.01）t/hm^2］，短穗选择为［b=（–0.08±0.01）t/hm^2］。对长穗选择产生的其他性状相关响应包括：显著减少了穗粗、穗行数和籽粒深度，显著增加了株高和穗位高及播种到开花天数，对短穗选择得到了相反的相关响应。

针对其他产量构成因素也做了混合选择。Moreira 等（2008）对葡萄牙品种 Pigarro 的果穗大小进行了 20 年选择证明是有效的，但所用的选择方法不足以提高籽粒产量。Padgett 等（1968）对籽粒大小作双向混合选择，百粒重获得每轮 2%增益。对籽粒大小进行选择，产量没有选择响应（Odhiambo and Compton，1987）。为了改良产量，Cross 和 Djava（1985）对早熟群体 NDSAB 进行了 4 轮籽粒深度的混合选择，成功地增加了粒深、粒重和产量，但对籽粒容重产生了不利的相关响应。

Genter（1976b）报道了对一个墨西哥复合种进行 10 轮混合选择，产量增加了 171%，每轮增益（回归系数）19.1%。产量的增加伴随着株高、穗位和籽粒含水量降低，以及播种到吐丝的天数、黑粉病株和散粉到吐丝的间隔天数降低，同时根倒伏没有变化，但倒折增加。Josephson 和 Kincer（1976）对品种 Jellicorse 进行了 14 轮的产量混合选择，结果前 4 轮产量没有增加，最大的产量增益为每轮 13.1%，在 10 轮后产量也没有增加。Osuna-Ayalla（1976）对两个群体进行 6 轮选择后，得到类似结果，每轮估计增益（回归系数）在马齿型复合种和硬粒型复合种分别为 2.8%和 3.5%。其他的短期选择试验证明对产量混合选择有效。Miranda 等（1971）报道了对一个马齿型复合种进行产量双向选择的结果，只对雌性进行 2 轮高产选择无效（增加 1.7%），但对雌雄均进行 1 轮的高产选择有效（增加 7%）。然而，对雌雄均进行 1 轮低产选择无效，但仅对雌性进行低产选择的响应较高（减产 15.7%）。尽管在结果有差异，结合最小二乘分析，显示出仅对雄配子选择（对表现差的植株去雄）与仅对雌性选择（不去雄）同样有效。因为选择轮数少，难以得到一般性结论。Hakim 等（1969）在菲律宾仅 1 轮选择获得了 4%的增益；当选择材料在同一季进行鉴定时，与原始群体相比，增益达 9%。采用两种混合选择方法，一轮选择结果也是显著的，普通的分区选择增益达到 11.6%。第二种选择方法：用双交种代表一个恒定基因型与白色 o2 品种（选择群体）相邻交替种植，收获时每个 o2 植株的产量与邻近的双交种植株进行比较，这种选择方法的增益为 5.6%。理论分析表明，第二种方法比分区混合选择的效果好，这是因为邻近恒定基因型植株间的变异比分区选择的环境变异小，如果改用单交种作为恒定基因型效果会更好。Palma 和 Burbano（1976）对 o2 群体进行简单混合选择，第一轮和第二轮的选择增益分别为 3.3%和 8.2%。

一些人报道对产量进行混合选择的响应不太明显。Hallauer 和 Wright（1976）对自由授粉品种艾奥瓦 Ideal 进行 3 轮选择后，产量增加 4.5%，还观察到籽粒含水量、倒伏和果穗下垂有增加的趋势。在随后的报道中，Hallauer 和 Sears（1969）对 Krug（6 轮）和艾奥瓦 Ideal（5 轮）进行选择，产量增加不显著，每轮增益仅 1.5%。Darrah 等（1972，1978）对群体 Kitale 复合种 A 在 2%的选择强度下混合选择，2 年和 6 年后的增益分别为 0.9t/hm^2 和 0.38t/hm^2（0.8%）；在 10%的选择强度下，2 年和 6 年后的增益分别为 0.8t/hm^2 和 0.53t/hm^2（1.1%）。Obilana（1974）对尼日利亚复合种 B 进行 4 轮选择后得到 16%的产量选择增益。

对早熟综合品种 NDSM（M）、NDSAB（M）和 NDSCD（M）长期进行产量和抗倒折的混合选择不成功，因为这些群体不管是在高密度还是在低密度下，在产量和抗倒折上没有显著改变（Hyrkas and Carena，2005）。在这种情况下，即使在低密度下选择，也没有发现基因型与环境互作。表 7.8 列出了对产量进行 3 轮或多轮混合选择的结果。

表 7.8　在不同选择强度下对几个群体产量进行混合选择，用原始群体百分率表示增益

群体	选择强度（%）	轮数	每轮平均增益（%）	参考文献
Hays Golden	10.0	15	3.0	Gardner（1976）
Tropical	4.7	3	10.3	Johnson（1963）
Paulista 马齿	20.0	5	3.8	Vencovsky 等（1970）
Cateto M. Gerais	20.0	3	1.7	Vencovsky 等（1970）
Jellicorse		14	0.9	Josephson 和 Kincer（1973）
马齿复合种	10.0	6	2.8	Osuna-Ayalla（1976）
硬粒复合种	10.0	6	3.4	Osuna-Ayalla（1976）
Krug	7.5	6	1.6	Hallauer 和 Sears（1969）
艾奥瓦 Ideal	7.5	5	1.4	Hallauer 和 Sears（1969）
Kitale 复合种 A	2.0	6	0.8	Darrah 等（1978）
Kitale 复合种 A	10.0	6	1.1	Darrah 等（1978）
尼日利亚复合种 B	10.0	4	1.9	Obilana（1974）
墨西哥复合种	6.0	10	19.1	Genter（1974b）
Mezcla Varietales Amarillos[a]	5.0	3	2.5（7.6）	Arboleda-Rivera 和 Compton（1974）
Mezcla Varietales Amarillos[b]	5.0	3	0.8（10.5）	Arboleda-Rivera 和 Compton（1974）
Mezcla Varietales Amarillos[c]	5.0	3	1.1（5.3）	Arboleda-Rivera 和 Compton（1974）
MB-21[a]	5.0	2	3.3	Rodriguez 等（1976）
MB-21[b]	5.0	2	−1.1	Rodriguez 等（1976）
MB-21[c]	5.0	4	4.9	Rodriguez 等（1976）
MDSM	1.0	7	2.3	Hyrkas 和 Carena（2005）
MDSAB	1.0	17	−0.2（0.8）[d]	Hyrkas 和 Carena（2005）
MDSCD	1.0	10	0.2（2.2）	Hyrkas 和 Carena（2005）

[a] 在旱季选择、雨季选择和旱季雨季均进行选择，各自在旱季或雨季（括号内）鉴定的进度

[b] 在不利季节、适宜季节和两种季节分别进行选择，一年中在两个季节鉴定的平均值

[c] 在不利季节、适宜季节和两种季节分别进行选择，一年中在两个季节鉴定的平均值

[d] 括号内是经过 14 轮（NDSAB）和 7 轮（NDSCD）选择的增益

文献中报道了对其他性状的选择。Ariyanayagan 等（1974）在双向表型选择中观察到每轮叶片角度变化 3.8°和 10.2°（两种方法测定叶片角度）；朝直立叶片类型的选择使植株变矮，熟期推迟，抗倒伏增强，光的通透性增强，因叶夹角差异引起的产量变化较小，且不显著。Zuber 等（1971）在两个综合种中对棉铃虫（*Heliothis zea* Boddie）抗性进行 10 轮选择，每轮损失百分率减少 2.8%。Dudley 和 Alexander（1969）在 4 个综合种对结实率和农艺性状进行 4 轮选择，观测到产量、株高和穗位的变化。Hanson（1971）在自由授粉品种 Jarvis 的同胞家系内对高和低茎秆量进行 6 轮表型选择后，高和低茎秆量的比率分别是 1.42（鲜重）和 1.32（干重），结论是：选择主要改良了茎叶，其次是

根。净光合速率与生产能力的差异没有关联性，这支持了在适合的群体内净光合速率对生产能力的差异没有决定作用。随后，Hanson（1973）报道了茎秆量对叶绿体的数量和效应的选择效果。对高茎秆量的选择导致每克鲜重的叶绿素减少，但总的叶绿素含量仍超过对低茎秆量的选择。对 DNA 也有相似结果。选择作用似乎导致每个细胞的叶绿体数量相同，但对高茎秆量的选择使每片叶产生了更多的叶绿体，两种选择间叶绿体的生理特性没有明显差异。

Sprague 和 Brimhall（1950），以及 Sprague 等（1952）对玉米籽粒含油量的选择流程就是一种混合选择，用留存的自交种子进行重组。选择流程如下：将一定数量的植株自交，用种子分析含油量。含油量最高的果穗按穗行种植，人工进行所有可能的杂交，得到的种子用于下一轮选择，这被称为轮回系列。为了便于比较，自交果穗样本连续自交和选择（自交系列）。Sprague 等（1952）对 BSSS 群体进行选择，轮回系列比自交系列在增加玉米籽粒含油量上更有效。在轮回系列中，5 轮选择使油分从 5%增加到 7%，或每年增加 0.4%；而自交系列在 5 轮选择后平均含油量从 5%增加到 5.6%，每年平均增加 0.13%。Jenkins 等（1954）采用这一选择流程，但未包括自交选择植株，而是把选择植株的花粉等量混合再对这些植株授粉，等于对雌雄均进行了选择。对玉米大斑病（*Helminthosporium turcicum* Pass.）进行 3 轮选择后，证明轮回选择方法对增加抗病基因的频率是有效的。

Smith 和 Brunson（1925）对瑞德马齿品种的产量经 10 轮选择，混合选择与穗行选择同样有效，对高产的 10 年混合选择和穗行选择平均产量分别是原始群体的 106.8%和 109.3%，两种选择增益都比较小。

混合选择是最古老的选择方法，该方法在玉米育种中一直起重要作用。混合选择在前育种中比较有效，至少在群体的适应性和初步改良是有效的。然而，主要基因的频率在开始阶段的选择响应快速上升，然后下降或者达到平稳状态（Gardner，1976）。因此，混合选择是其他后裔选择方法的补充，以使遗传改良最大化。

7.2.2　半同胞家系选择（HS）

长期持续的选择对种质改良是必要的。但选择合适的种质进行长期遗传改良可能会决定种质扩增计划的成败。半同胞家系选择是种质改良中应用最广泛的方法。除了混合选择，半同胞选择（穗行选择）比其他方法使用的时间更长。Illinois 的含油量和蛋白质研究是在玉米中选择时间最长的试验，Dudley 和 Lambert（2004）对这项研究做了有趣的总结。

7.2.2.1　穗行选择（ER）

在玉米改良中用半同胞家系作后裔鉴定是由 Hopkins（1989）在伊利诺伊大学的玉米籽粒品质改良计划中引入的。自由授粉品种 Burr White 用作基础群体，试验的总目标是确定玉米籽粒的化学组成是否随选择而改变。该计划从 163 个自由授粉果穗开始，根据油和蛋白质含量的分析结果从中选择 4 类家系，即高、低含油量和高、低蛋白质含量

（Hopkins，1899）。每类在隔离地块种植，在 9 轮中按穗行流程选择，大约选择 20%的果穗。从第 10 轮到第 25 轮，在每个小区内交替行去雄，用作分析的 20 个果穗来自产量最高的 4 行，每行留 4 个果穗。在 1921 年，再次改变系统，因为生产能力被忽视，从 12 个去雄穗行中各选取 2 个果穗。28 轮以后，采用亚系间相互杂交，人工授粉取代自由授粉（Leng，1962）。该育种流程一直持续了 100 轮，在这项长期的选择试验过程中，对含油量和蛋白质的改良是有效的（Dudley and Lambert，2004）。Hopkins 在 2 轮选择后报道了最初的选择试验结果。随后，定期报道对 4 类家系的持续选择进度（Smith，1909；Winter，1929；Woodworth et al.，1952；Leng，1962；Dudley et al.，1974；Dudley and Lambert，2004）。Dudley 等（1974）报道了选择 70 轮后高油系和低油系的平均含油量是 16.6%和 0.4%，分别是原始品种含油量的 354.8%和 8.5%。在高蛋白和低蛋白系中，平均蛋白质含量是 26.6%和 4.4%，分别是原始品种蛋白质含量的 244.0%和 40.4%。

37 轮以后，一个随机交配（非选择）系统与 8 轮（1934~1941 年）常规育种相比较，在这期间连续选择和放松选择都没有在高蛋白系的选择中产生任何显著变化。在对低蛋白含量的选择也产生了显著进展，但随机交配则没有观测到变化。在高含油量的选择中也观测到了相同的情况，即在最初的 4 轮选择产生显著变化，但随机交配后又没有变化。在 4 轮后两类家系的含油量急剧增加。选择群体在下一年回到了以前的水平，但非选择的群体在随后几年保持较高的水平（Leng，1962）。

在 48 轮以后，对所有的家系与正常选择并行开始反向选择。与之前含油量分别是 13.7%和 0.7%的反向选择比较，在第 70 轮对反向高含油量（8.9%）观测到 5.6%的变化，反向低含油量（2.4%）仅有 1.6%的变化。与反向选择开始前蛋白质含量分别是 19.2%和 5.1%相比，22 轮选择后，反向高蛋白系达到 8.5%，反向低蛋白系为 9.6%。在 7 轮反向选择后，反向高油系再次分化，包括向高含油量的选择（过山车式选择）。在第 7 轮代，平均含油量又增加到 14.0%。Dudley 和 Lambert（1969）报道了 4 类系的平均期望值与实际值有较好的一致性，结果汇总于表 7.9。

表 7.9 对含油量和蛋白质选择 65 代每代遗传进度的预测值与实测值

方向	含油量（%）		蛋白质含量（%）	
	预测值	实测值	预测值	实测值
高	0.13	0.16	0.26	0.22
低	−0.02	−0.07	−0.16	−0.09

Dudley 报道了 76 轮后对高油系和低油系的选择增益，分别是原始群体平均值的 279%和 92%。同样，高蛋白系和低蛋白系的增益分别是 133%和 78%。Dudley 也分析了 Illinios 含油量和蛋白质选择试验的其他遗传方面，总结得出了仍有足够的遗传变异获得进一步的选择响应。

Dudley 和 Lambert（2004）对自由授粉品种 Burr White 在高、低油系和高低蛋白系选择 100 轮的结果进行详细分析（Hopkins，1899）。他们依据选择轮数把 100 轮分成 5 段。大多数情况下所有段的选择在含油量和蛋白质均有显著的每轮选择增益，但在第 1 段后的增益趋于变小。在第 1 段高含油量选择每轮变化为 0.22±0.07，而在第 5 段则为

0.16±0.01；在第 1 段高蛋白质选择每轮变化为 0.30±0.14，而在第 5 段则为 0.10±0.06。现实遗传力估计值和有效遗传因子的数量也随高含油量和高蛋白质含量的选择减少。数据显示未达到高含油量的上限，但在第 88 轮后蛋白质含量的增加不显著。高含油系的总增益（17.1%）是低含油系（4.2%）总增益的 4 倍，高蛋白系的总增益（19.6%）是低蛋白系（6.3%）总增益的 3 倍。总增益有差异并不奇怪，零含量将是低含油和低蛋白的低限。对籽粒含油量和蛋白含量的成功改良，可用鉴定出的两个性状至少 40 个微效 QTL 来解释，这与早期用经典数量遗传学理论估计结果是一致的（Dudley et al.，2007）。另外，在 NAM 群体中发现不到一半的 QTL 可能在某些性状和特殊等位基因存在抽样和选择群体问题。

20 世纪初报道了半同胞选择（穗行法）的一些试验结果，最初的试验令人鼓舞，但进一步试验却令人失望，从而认为该方法在改良玉米籽粒产量上无效。Smith（1909）应用穗行法在穗行间对产量进行选择，以及在穗行内对高和低穗位进行选择。首先是在穗行间对产量进行选择，其次在穗行内对穗位高（表型）的选择。通过 3 年的鉴定结果，对产量的选择效果似乎不显著（表 7.7）。最近的研究结果表明，在适应种质对低穗位的选择中通常伴随着产量降低（Hallauer，2004）。在 Smith 的试验中，对低穗位的选择特别有效。尽管没有准确的数据比较其可能性，但合理的假设是对产量的选择效果被对低穗位选择所抵消。Smith 也选择了直立型和下垂型果穗，也用同样的选择流程对穗位高进行选择，5 年选择后性状发生相当程度的变化，但产量没有明显变化。

Williams（1907）报道了对几个籽粒产量穗行选择的测试结果。他认为用中选穗行的留存种子代替从穗行鉴定中直接选择，效果更好。Ohio Standard Leaming 自由授粉品种用留存种子的方法，得到 450kg/hm^2 的选择增益。另外，在自由授粉品种 Clarage 最高产量的穗行内选择，增益为 180kg/hm^2。在两个例子中，鉴定比较是在邻近小区进行，没有设重复，因此，其精度很差。Hartley（1909）报道从高产穗行选择的方法，果穗产量达 1170kg/hm^2，这超过上一年在一般玉米地用隔行种植法的果穗产量 16%。另外，Noll（1916）观察到，在 College White Cap 自由授粉品种的选择试验中，从高产穗行产生的种子比一般玉米地里产生的种子少。用一个 90 天的 Clarage 品种进行类似试验，两种不同来源的产量几乎一样。接下来 90 天 Clarage 品种的试验中，分别种植从不同穗行收获的种子。在 1913 年的测试中，最大增益为 290kg/hm^2，但 6 个小区中有 2 个的产量低于田间种植的种子。在 1915 年的测试中，来自高产穗行的所有小区产量超过了田间种植的种子，有一个甚至多产 800kg/hm^2。1914 年种植最好果穗的留存种子并杂交，从每个杂交组合选 5 个果穗种穗行。在这两种情况下，把大田种植种子作对照，产量比较高，但没有选择增益。

Kiesselbach（1922）报道了内布拉斯加试验站穗行选择法的试验结果。下面的选择流程用于繁殖高产系。

（1）在最高产的穗行内连续选择。

（2）繁殖最高产的原始果穗，在隔离区内种植留存种子，避免污染。

（3）混合几个高产的穗行系，然后在隔离区内繁殖。

（4）高产穗行系之间自然杂交。

对 Hogue's 黄马齿进行穗行选择，经过 7 年（1911~1917 年）比较试验没有得到显著的增益。连续选择的平均产量是 3340kg/hm^2，而用单个高产系留存种子繁殖的产量是 2990kg/hm^2，用 4 个系组成的复合种的产量是 3450kg/hm^2，4 个系间杂交的产量是 3420kg/hm^2，Hogue's 黄马齿的原始种产量是 3360kg/hm^2。对内布拉斯加 White Prize 品种的选择，采用同样的选择流程，在流程（1）、（3）和（4）的产量分别是 3970kg/hm^2、3810kg/hm^2 和 4070kg/hm^2，原始群体的产量是 4000kg/hm^2。

Smith 和 Brunson（1925）用穗行选择法对瑞德马牙品种进行高产和低产的双向选择，该群体还在隔离区进行混合选择。10 年后，高产系平均产量达 3910kg/hm^2，低产系为 3250kg/hm^2，这两个值分别是原品种的 109.3%和 90.9%。这期间，混合选择使产量比原品种增加 6.8%。得出的结论是对低产的穗行选择比对高产选择更有效。但比较试验的精确度很差，这是早期玉米试验的共性问题。

一般来说，在选择和比较选择结果的试验中缺乏恰当的田间小区技术，加上其他因素如小群体导致的近交效应和没有施行隔离，这些导致穗行选择法被认为对改良玉米产量没有效果。自从 Lonnquist（1964）对该方法做了改良以后，穗行选择法才再次被认为是群体改良的有效方法。与 Gardner（1961）对混合选择方法做的改良相似，Lonnquist（1964）意在更好地估计环境效应。

7.2.2.2 改良穗行选择（MER）

改良穗行选择法（Lonnquist，1964）是对半同胞家系间和家系内进行选择。Paterniani（1967）首次报道了用改良方法选择的结果，在 Paulista 马齿群体内选择 3 轮后，改良材料的产量比原始群体高 42%，选择周期的回归系数为 13.6%。Webel 和 Lonnquist（1967）对 Hays Golden 品种进行 4 轮选择后，与亲本品种相比，每轮增益 9.4%。第一轮是全同胞家系间和家系内选择，用于鉴定的后裔来自群体内个体间的杂交。全同胞家系在隔离区内自由授粉重组后开始半同胞选择。第 2 轮，从杂交小区（重组）得到的数据信息用于家系间选择。在随后选择中，重组信息不再作为选择依据，这为家系内选择提供了较好的机会，因为能够对单株籽粒产量进行鉴定和选择。

其他报道也显示，改良穗行是玉米群体改良的有效方法。Eberhart 等（1967）报道了 3 个群体进行 2 轮穗行选择（仅在家系间选择）的结果，群体 Kitale Ⅱ（每轮 2.8%）和 Ec573（每轮 11.4%）选择有效，但对 Kitale 复合种 A-综合种 1 无效。Paterniani（1969）报道了对群体 Piramex 的每轮选择增益达 3.8%（线性回归系数）。Darrah（1972）报道了 4 个群体（KⅡ、Ec573、H611 和 KCA）的每年增益为 90~320kg/hm^2。Darrah 等（1978）经过 6 年选择后，观测到群体 KⅡ、Ec573 和 H611 每年选择响应的不同趋势分别为 83kg/hm^2、259kg/hm^2 和−43kg/hm^2。群体 Kitale 复合种 A（KCA）在 4 个试验中进行了 10 年的选择得到平均每年 190kg/hm^2 选择响应（5.2%）（Darrah，1975）。Hakim 等（1969）在菲律宾改良 1 轮后得到 6%的改良增益。

Troyer 等（1965）报道对引进群体用穗行选择进行适应性改良是有效的，选择 6 年后观测到产量增加，籽粒含水量降低，以及倒伏倒折率降低。Paterniani（1974a）对 ESALQ-HV1 群体在 2 轮混合选择和 1 轮半同胞家系间和家系内选择后，产量大约增加

5%。Lima 等（1974）对 2 个群体经过 2 轮选择后的选择增益相对较小，硬粒复合种和马齿型复合种的增益分别达到 3%和 2%，其间也对其他性状（穗位高和倒折）进行了选择。Paterniani（1974b）对曲柄自由授粉群体 Piranão 选择 1 轮后获得了相当大的增益（大约 35%）。Sevilla（1975）鉴定了对 PMC-561 品种的 8 轮选择效果，获得每轮 9.5%的增益。Segovia（1976）报道了对 Centralmex 品种 3 轮选择后每轮增益 3.2%，但在接下来的 3 轮选择中没有进一步的增益。

Webel 和 Lonnquist（1967）最先报道了对 Hays Golden 群体连续 10 代的选择，之后，Compton 和 Bahadur（1977）报道了选择结果。观测到每轮 5.3%的响应（线性回归估值），与预测的响应（4.9%）很接近。Gardner（1976）报道了选择到 12 轮时的结果，得到了对所有选择轮数的响应曲线（图 7.3）。

每轮增益的线性回归估值为 4.6%，这和预期的响应（4.5%）比较一致，但响应趋势显然非线性，而是较好地拟合二次曲线。没想到最后一轮产量是降低的。加性遗传方差减少不足以解释这一现象，虽然它可能引起群体产量持平，但不至于降低。选择响应下降可能是在第 8 轮改变了选择标准（用包含倒伏植株和脱落果穗构成的选择指数）。其他数据显示在 IAC-1 群体中每轮平均增益 1.8%（Miranda et al.，1977）。在 NDSAB 群体对籽粒产量长期进行改良穗行法是有效的，籽粒产量按非线性每轮增加 2.5%。Vasal 等（1982）用改良穗行法对 5 个 CIMMYT 基因库的产量、开花期和穗位高进行了 4~9 轮的选择后，5 个基因库的籽粒产量、提早开花和降低穗位平均每轮响应分别比原始基因库（C0）增加 479kg/hm^2（12.5%）、2.4 天（3.1%）和 13.4cm（12.7%）。一些按改良穗行法的半同胞选择试验结果汇总于表 7.10。

表 7.10　用半同胞家系选择（改良穗行法）对几个群体籽粒产量的选择效应

群体	选择强度（%）	轮回数	每轮增益（%）	参考文献
Paulista Dent	15.0	3	13.6	Paterniani（1967）
Piramex	23.7	4	3.8	Paterniani（1967）
Hays Golden[a]	20.0	4	9.4	Webel 和 Lonnquist（1967）
Hays Golden[a]	20.0	10	5.3	Compton 和 Bahadur（1977）
Hays Golden[a]	20.0	12	4.6	Gardner（1976）
Kitale 复合种 A		6	2.2	Darrah（1975）
Centralmex	22.5	3	3.2	Segovia（1976）
IAC-1	15.5	7	1.8	Miranda 等（1977）
NDSAB	33.3	12	2.5	Hyrkas 和 Carena（2005）

[a] 指相同选择方案的后续报道

7.2.2.3　利用测验种的半同胞家系选择（HT）

使用测验种（如商业自交系和群体）进行测交组合鉴定的选择方法也属于半同胞选择。测交组合代表半同胞家系，进行多点有重复的鉴定试验。用测验种产生半同胞家系，测验种的遗传基础与最初用半同胞家系作测验种进行的轮回选择是有区别的。Jenkins（1940）提出用原始群体作测验种来改良群体一般配合力（GCA），而 Hull（1945）则建议用自交系或单交种作测验种改良特殊配合力（SCA）。测验种可以与改良群体有关或无关，后者符合典型的育种方案。

在建立知识产权之前，艾奥瓦坚秆综合种（BSSS）和 B73 是公共研究部门培育的两类完全不同的产品，而那时候赠地大学研究基金很充足。很显然，B73 是艾奥瓦州立大学对长期育种计划投资的有价值的结果，更重要的是，B73 是把前育种研究与品种选育结合在一起最成功的例子（Carena，2008）。然而，要想寻找 B73 基因组以外的独特等位基因序列，这不是最好的例子（Carena et al.，2009）。用双交种 IA13 作测验种对 BSSS 进行一般配合力（GCA）的半同胞选择，该群体被命名为 BS13（Hallauer，1992）。对 BS13 的半同胞选择一直持续到 1970 年，之后改为按 S_1-S_2 自交早代系的自交后裔选择法。对 BS13 进行半同胞家系轮回选择的过程非常有效，鉴选出 B14、B37、B73 和 B84 等自交系，广泛用于杂交育种，并在系谱选择中作为循环选系的种质材料（Mikel and Dudley，2006）。

Lonnquist（1949）根据家系与亲本品种 Krug 的测交组合表现选择 S_1 家系，这些测交组合代表半同胞家系，进行有重复的鉴定试验，用最好组合父本的 S_1 留存种子进行重组。尽管半同胞家系来自 S_1 后裔×群体，但预期它们与 S_0 后裔×群体组合的基因型排列次序相同。鉴定 S_1 后裔更有优性越，因为它比鉴定 S_0 单株表现更精确。Lonnquist（1940）的结果表明，一轮选择后，产量发生显著变化。对高产和低产进行一轮选择，在第一年的产量比较中综合种 2 的产量分别是亲本品种的 142%和 85%，在第二年的产量比较试验中则是 118%和 88%。接下来目测混合选择，低产综合种 3 的产量与亲本品种持平，而高产综合种 3 的产量则高出亲本品种 27%。Lonnquist（1951）报道了轮回选择获得的高产和低产综合种，用亲本群体作测验种和用 WF9×M14 单交种作测验种得出的配合力有差别。Lonnquist 和 McGill（1956）在 3 个群体（自由授粉品种 Krug、Reid 和 Dawes）中根据与亲本品种的测交组合表现选择 S_1，产量分别增加 22%、9%和 9%。对群体 Krug、Reid、综合种 A 和综合种 B 进行两轮选择后，4 个改良群体第 1 轮的相对表现分别是双交种 US13 产量的 87%、85%、86%和 72%，在第 2 轮分别是 98%、95%、102%和 88%。每一轮改良群体做所有可能的杂交组合，第 1 轮平均籽粒含水量为 18.8%，平均产量为 6800kg/hm^2，第 2 轮籽粒含水量为 19.2%，平均产量为 7190kg/hm^2。而商用杂交种 US13 的籽粒含水量为 19.0%，平均产量为 6800kg/hm^2。Lonnquist 和 Gardner（1961）对群体 Krug 和 Nubold Reid 改良 1 轮后，群体的产量分别由 5730kg/hm^2 增加到 6040kg/hm^2 和从 5430kg/hm^2 增加到 5670kg/hm^2，两群体杂交组合的产量也从 5910kg/hm^2 增加到 6710 kg/hm^2，相对中亲杂种优势从 6.0%增加到 14.6%，这表明群体改良主要得益于加性效应。

Lonnquist（1952）对两个群体进行两轮改良，用没有亲缘关系的综合种作测验种。在第 1 和第 2 轮，品种 Krug 的产量分别是双交种 US13 产量的 82.4%和 88.4%，倒折和籽粒含水量略有增加。同样，综合种 A 的产量在第 1 和第 2 轮分别是 US13 的 81.4%和 99.5%，籽粒含水量略增，但倒折没有变化。Lonnquist（1961）对 5 个群体（Krug、Reid、综合种 A、综合种 B 和 SSS）进行 3 轮改良，产量平均增加 720kg/hm^2，每一轮改良群体间的杂交组合平均产量也增加 720kg/hm^2。在另一个对 3 个群体（Krug、综合种 A、综合种 B）2 轮改良的比较试验中，产量平均增加 390kg/hm^2。这 3 个群体经过 4 轮选择后产量平均增加 340kg/hm^2，组合间杂交组合产量平均增加 350kg/hm^2（Lonnquist，1963）。Thompson 和 Harvey（1960）报道了对综合种 A 进行 5 轮选择后，测交组合的平均产量从对照的 77.8%增加到 98.9%。Eberhart 等（1967）对品种 Kitale 用 Lonnquist（1949）的方法进行选择，由 Eberhart 和 Harrison（1973）进行鉴定试验，2 轮选择后产量在 3460kg/hm^2 的基础上增加了 520kg/hm^2（15%）。但在不同环境下差异较大，在较好环境下，原始 Kitale 的产量为 6500kg/hm^2，改良群体的产量达到 7440kg/hm^2（增加 14%），而在较差环境下，原始 Kitale 的产量仅为 1500kg/hm^2，改良群体的产量增加 240kg/hm^2（16%）。

Hull（1945）建议用自交系和杂交种作测验种。因此，根据窄基（遗传基础狭窄）测验种的测交组合表现进行特殊配合力轮回选择。Sprague 和 Russell（1957）选择 2 个群体（Lancaster 和 Kolkmeier）用一个特定自交系 Hy 作测验种，研究配合力的选择。根据每个群体×测验种和两个群体相互杂交组合的表现得到第 1 轮 6%的增益。用窄基测验种进行 2 轮半同胞轮回选择后以回归系数表示组合 Lancaster×Hy、Kolkmeier×Hy 和 Lancaster×Kolkmeier 的每轮增益分别是 4.3%、12.8%和 15.1%。Sprague 等（1959）报道用自交系 Hy 进行特殊配合力选择，每轮测交组合比原始群体测交组合产量分别增加 4.2%和 14.7%。群体自身产量略有降低，但群体间杂交组合的平均产量每轮增加 7.9%。Lonnquist（1961）用单交种 WF9×M14 作测验种对 Krug 进行 3 轮选择后，每轮增益（回归系数）约 3.6%，籽粒含水量略有降低，而倒折略有增加。

Penny（1959）和 Penny 等（1962）用 B14 自交系作测验种对 2 个群体（Alph 和 WF9×B7）的配合力进行选择得到显著进展。对高产和低产进行 2 轮选择后，高产选择群体自身产量的变化每轮分别为 7.1%和 4.3%，对低产选择分别是–17.4%和–7.1%。组合 Alph×B14 在高产选择下每轮变化 7.2%，但低产选择也略有增加（1%）。组合（WF9×B7）×B14 在低产选择下产量降低（每轮–3.5%），但高产选择增加较小（每轮 1.1%）。两个群体的杂交组合在高×高情况下每轮增加 3.8%，而在低×低每轮降低 7.1%。分析所有数据，选择作用的主要类型似乎表现出部分到完全显性及主要是基因的加性效应。在 Alph 和 WF9×B7 与 B14 的配合力选择中也得到其他信息（Russell et al.，1973）。5 轮选择后，测交组合、群体自身，以及与相关或不相关测验种的组合产量所表现的每轮选择进度列于表 7.11。

表 7.11　群体自身和与相关或不相关测验种测交组合的线性回归系数（5 轮选择的每轮平均进度）以百分率表示

群体		产量（kg/hm^2）[a]	每 100 株穗数 [b]	籽粒含水量 [b]	株高（cm）[b]	穗位高（cm）[b]
Alph	Alph	540	3.4	2.4	1.8	1.8
	Alph	600	2.9	1.4	2.2	2.2
	B14	440	2.0	0.9	0.7	0.8
	BSBB	670	3.2	1.3	1.7	2.3
WF9×B7	WF9×B7	380	4.1	1.3	1.2	1.1
	Alph	360	0.9	–0.6	0.7	0.8
	B14	180	–0.8	–1.0	0.6	1.3
	BSBB	2.4	0.8	–0.2	1.0	1.0

资料来源：Russell 等（1973）

[a] 以原始群体观测平均值的百分率表示

[b] 以原始群体估计平均值的百分率表示

表 7.11 表明在大多数情况下，几个性状均有增加的趋势，群体杂交组合每轮增加 410kg/hm^2。由于与特定测验种 B14 的配合力及与无亲缘关系的测验种配合力的选择进度均显著，从而得出选择主要是一般配合力（大部分为加性）效应。

Walejko 和 Russell（1977）在用自交系 Hy 对 Kolkmeier 和 Lancaster 进行 5 轮配合力选择并鉴定后，未观测到明显的选择效应（表 7.12）。

表 7.12 两个群体、它们的杂交组合及与特定测验种 Hy 的组合所估计的平均值（*a*）和每轮增益（*b*：回归系数）*

群体	产量（kg/hm^2）		籽粒含水量（%）		倒伏（%）		倒折（%）	
	a	*b*	*a*	*b*	*a*	*b*	*a*	*b*
Kolkmeier（K）	4400	160	28.6	−0.3	24.3	−10.4	11.3	10.7
Lancaster（L）	4770	−200	22.6	−0.5	18.2	−3.3	26.3	−2.0
K×L	5990	410	25.2	−0.8	19.7	−4.4	16.9	3.3
K×Hy	6320	440	26.7	−1.0	19.2	−2.9	9.1	9.4
L×Hy	6720	330	24.5	−0.9	11.5	−2.4	15.1	−4.4

*以估计群体平均值（*a*）的百分率表示

产量是主要选择性状，C0 与 C5 的许多产量比较均差异显著。尽管群体自身产量略有增加或减少，但轮回选择在增加影响产量的基因频率上是成功的，因为自交系 Hy 与群体的测交组合产量得到显著改变。他们的结论是用自交系作测验种的轮回选择似乎是改良育种群体的有效方法，当用另一个系替代测验种，不会造成以前测验种的改良效果有任何损失。

Horner 等（1976）用单交种 F44×F6 作测验种对群体配合力进行选择也得到相同的结果，经过 7 轮选择后测交组合的籽粒产量增加 18%，穗位高降低 9%，倒伏降低 35%。当改良群体与无亲缘关系的综合种杂交，表现相似，说明窄基群体对改良一般配合力和特殊配合力都是有效的。Eberhart 等（1973）报道了用 IA13 作测验种对艾奥瓦坚秆综合种进行 7 轮选择的结果，测交组合的籽粒产量以每轮 165kg/hm^2（每轮 2.6%）的速度呈线性增加，而群体自身产量增加速度较低（每轮 1.4%）。

少数报道证明用测验种进行半同胞选择也有负效应的情况，如对玉米螟抗性的选择证明无效（Widstrom et al.，1970），用单交种作测验种对综合种进行 4 轮选择后，螟虫级别呈线性增加（$b = 0.07 \pm 0.05$）。

有人提出其他类型的半同胞选择。Moll（1959）提出一个选择流程，在群体中，用一些植株作父本，每个植株与 4 个母本植株杂交；从表现最好的半同胞家系鉴定出最好的父本用于重组。用这个方法在 Indian Chief、Jarvis 和（C121×NC7）F_2 群体经过 1 轮、2 轮和 3 轮选择后，产量分别比原始群体增加 11%、7%和 17%。

产量一般配合力和特殊配合力的轮回选择结果汇总于表 7.13 中。

表 7.13　群体自身与测交组合的产量配合力选择效应（每轮增益）

群体	测验种[a]	轮回数	每轮进度（%）				参考文献
			群体自身[b]		测交组合[b]		
Krug（高）	B	1	17.7				Lonnquist（1949）
Krug（低）	B	1	−12.0				
Krug	B	2	6.8	（1）			Lonnquist（1952）
Syn.A	B	2	18.1	（1）			Lonnquist（1952）
Krug	B	1	22.0				Lonnquist 和 McGill（1956）
Reid	B	1	9.0				Lonnquist 和 McGill（1956）
Dawes	B	1	9.0				Lonnquist 和 McGill（1956）
Krug	B	2	11.0	（1）	4.8	（1.2）	Lonnquist 和 McGill（1956）
Reid	B	2	9.0	（1）	1.5	（1.2）	Lonnquist 和 McGill（1956）
Syn.A	B	2	17.0	（1）	5.5	（1.2）	Lonnquist 和 McGill（1956）
Syn.B	B	2	16.0	（1）	11.3	（1.2）	Lonnquist 和 McGill（1956）
Lancaster	N	2			4.3		Sprague 和 Russell（1957）
Kolkmeier	N	2			12.8		Sprague 和 Russell（1957）
Lancaster	N	2	−1.0		4.3		Sprague 等（1957）
Kolkmeier	N	2	−0.6		14.7		Sprague 等（1957）
Alph	N	2	2.8		6.3		Penny（1959）
（WF9×B7）F_2	N	2	10.3		1.3		Penny（1959）
SS Syn.	N	4			1.3		Penny（1959）
Krug	B	3	3.9	（3）	4.9	（2.3）	Lonnquist（1961）
Reid	B	3	8.6	（3）	4.9	（2.3）	Lonnquist（1961）
Syn.A	B	3	−0.5	（3）	4.1	（2.3）	Lonnquist（1961）
Syn.B	B	3	9.0	（3）	8.0	（2.3）	Lonnquist（1961）
SS Syn.	B	3	13.9	（3）	6.2	（2.3）	Lonnquist（1961）
Krug	N	3			3.6		Lonnquist（1961）
Krug	B	1	5.4		8.9	（4）	Lonnquist 和 Gardner（1961）
Nubold	B	1	4.5		4.0	（4）	Lonnquist 和 Gardner（1961）
Alph（高）	N	2	7.2		7.2		Penny 等（1962）
Alph（低）	N	2	17.7		1.0		Penny 等（1962）
（WF9×B7）（高）	N	2	4.4		1.1		Penny 等（1962）
（WF9×B7）（低）	N	2	−7.3		−3.5		Penny 等（1962）
3 个群体	B	4	6.4	（5）	5.2	（2）	Lonnquist（1963）
Kitale	B	2	7.5				Eberhart 和 Harrison（1973）
Alph	N	5	5.9		4.6		Russell 等（1973）
（WF9×B7）	N	5	4.4		1.8		Russell 等（1973）
Lancaster	N	5	−2.0		3.3		Walejko 和 Russell（1977）
Kolkmeier	N	5	1.6		4.4		Walejko 和 Russell（1977）
FSB（HT）	N	5			3.5	（6）	Horner 等（1976）

[a]B. 广基测验种；N. 窄基测验种

[b]①第 1 和第 2 轮是以 US13 的百分率计算；②轮回内所有可能组合的平均表现；③从第 1 到第 3 轮以原始群体平均值的百分率表示；④12×12 双列杂交组合的平均表现；⑤3 个群体（Krug、综合种 A 和综合种 B）与原始群体以材料百分率的平均增益（线性回归）表示；⑥第 7 轮的产量超过第 5 轮 3.3%

7.2.3 全同胞家系选择（FS）

群体内全同胞家系选择应该得到比其他方法更多的关注，因为在理论上全同胞家系间的选择包括了对加性和显性两种遗传效应的选择。全同胞来自不同单株间的杂交，这为选择优良家系提供了更好的亲本控制，但这需要更多的时间用于授粉和核对授粉纸袋。如果群体的每个植株只有一个果穗，全同胞家系将由两个授粉果穗混合而成，因此，鉴定的多少受果穗大小限制。A. E. Blount 早在 1868 年就使用了不同单株杂交，这在 1936 年的《美国农业年鉴》中已有报道。A. E. Blount 选择了 100~300 个优良植株，利用其他优良植株的花粉作为父本对其授粉。显然没有对测配组合做进一步鉴定，而是把所有杂交组合的种子混合，这与控制父本的表型（混合）选择很相似。用这种方法选出了 Blount 白粒多穗品种，并得到推广应用。

Harland（1946）提出一种方法，即成对杂交组合在设有重复的试验中进行鉴定，然后选择最好的组合在去雄区进行重组。对没有选择过的本地品种应用这一方法进行选择，改良品种的产量达到 6280kg/hm^2。Lonnquist（1961）对 KrugIII综合种进行 $S_0 \times S_0$ 杂交选择，结果经 1 年鉴定，高产组的产量增加 3.5%，低产组减产 6.1%（相对于原群体）。下一年鉴定试验，对第 1 轮高产和低产选择的产量，分别是亲本群体的 114%和 101%。两年鉴定结果的平均产量是高产选择增加 8.9%，低产选择减产 2.6%。同时他又提出了成对杂交系统，每个 S_0 植株与两个其他基因型而不是一个进行杂交。该系统被称为链式杂交，按顺序如下：

$$1\times 2, 2\times 3, \cdots, (n-1)\times n, n\times 1$$

建议第一阶段根据两个杂交组合的平均效应选择植株，然后在两个组合中选择最好的那个组合。对 KrugIII进行高产和低产选择，1 轮选择后经过 2 年鉴定，产量分别增加 10.6%和减少 4.9%。因此，链式杂交选择似乎比成对杂交对改良产量更有效。

Robinson 和 Comstock（1955）对 4 个群体（CI21×NC27、NC34×NC45、Jarvis 和 Weekly）进行 1 轮选择后，平均产量比对照增加 9.8%，对前两个群体的再一轮改良没有进一步提高产量。Moll 和 Robinson（1966，1967）报道了对群体 Jarvis 和 Indian Chief 经 3 轮全同胞轮回选择，然后经 2 年鉴定试验，产量分别增加 3.6%和 2.1%。两个群体的杂交组合在 1 年的鉴定试验中，产量增加 3.8%。Moll 和 Stuber（1971）报道，6 轮全同胞轮回选择显著地增加了产量，Jarvis、Indian Chief 和 Jarvis×Indian Chief 每轮单株籽粒产量增益分别是 9.47g、6.81g 和 9.76g。在每公顷 50 000 株的密度下，这些增益分别是 4703kg/hm^2、340kg/hm^2 和 488kg/hm^2，品种间杂交组合产量以每株 7.21g（360kg/hm^2）的速度增加。Moll 等（1975）对 Jarvis 品种依据 5 个选择指标进行双向全同胞相互轮回选择，用留存种子进行重组。每项指标的选择平均效应列于表 7.14 中。数据显示在所有选择指标中，产量和穗位高与原品种有显著差异。

Jinahyon 和 Moore（1973）进行了 4 轮全同胞家系选择，观测到每轮产量增速（回归系数）为 7.9%，倒伏从 24%降到 8%，并有降低株高和穗位的趋势。在一个 F_2 群体中，4 轮全同胞轮回选择使产量增加 34%或每轮增益（回归系数）超过原始群体 8.6%

表 7.14　从 5 个选择指标选择得到的亚群体的平均产量、株高和穗位高

性状	选择指标[a]					
	A	B	C	D	E	Jarvis
产量（g/株）	249.5	234.5	247.5	249.5	250.4	239.5
株高（cm）	284.5	264.1	271.8	285.7	293.6	282.5
穗位高（cm）	126.5	110.2	115.3	128.5	136.1	124.5

资料来源：Moll 等（1975）

[a]A、B 分别是用产量和株高单个性状进行选择，C、D 分别是穗位高–5.1cm 和+5.1cm 的限制性选择指数，E 为预期产量最大变化的选择指数

（Genter et al.，1976a）。Compton（1977）对品种 Krug 报道了同样的选择效果。用一个所谓“收获产量”（系数=产量×未掉果穗×直立植株数）的选择指数进行了 4 轮全同胞轮回选择，直接响应很成功，产量从 6410kg/hm^2 增加到 7290kg/hm^2[$b=(290\pm120)\text{kg}/\text{hm}^2$]，选择指数从 4920kg/hm^2 增加到 5790kg/hm^2 [$b=(280\pm60)\text{kg}/\text{hm}^2$]，未掉果穗和直立植株增加，籽粒含水量略有降低。

Moll 和 Hanson（1984）对品种 Jarvis、Indian Chief 及杂交组合 Jarvis×Indian Chief 进行全同胞轮回选择。经过 8~10 轮全同胞轮回选择后，籽粒产量分别增加 26.2%（Jarvis）、5.6%（Indian Chief）和 20.6%（Jarvis×Indian Chief 杂交组合），Jarvis 获得的增益也体现在杂交组合中。

CIMMYT 为不发达地区选育品种，其玉米育种项目比其他机构更多地使用全同胞家系选择（Vasal et al.，1982；Pandey and Gardner，1992；Dowswell et al.，1996）。例如，对 8 个热带品种的籽粒产量、吐丝天数和株高度（CIMMYT，1984）经过 4~5 轮全同胞轮回选择后，平均产量增益为 5.9%、吐丝天数减少 2.6%、穗位高降低 4.6%。CIMMYT 玉米育种者对不同的植株性状和抗虫性进行了全同胞家系内和家系间选择。

对 NDSAB（MER-FS）C13 进行 12 轮穗行选择和 1 轮全同胞轮回选择，然后进行鉴定。用包括籽粒产量、收获时籽粒含水量和根、茎倒伏的遗传力指数进行选择，从 196 个后裔中选择了 16 个家系。在冬繁地用集团法进行家系重组，只需要 32 行。分别在北达科他州的 15 个地点测试群体自身产量和在 10 个地点测试群体杂交组合。改良群体与 BS21（R）C7 的杂交组合在籽粒产量、倒伏、倒折方面与某公司最好的转基因杂交种在统计学上没有差异。

全同胞家系选择的增益与其他轮回选择方法类似。一些全同胞轮回选择的试验结果汇总于表 7.15。Hallauer 和 Carena（2009）扼要介绍了北达科他州立大学的玉米育种计划尚在进行的几个全同胞轮回选择项目（表 7.25）。

表 7.15　全同胞家系选择对几个群体产量的选择效果

群体	轮数	每轮进度（%）	参考文献
Krug（高）[a]	1	8.9	Lonnquist（1961）
Krug（低）[a]	1	–2.6	Lonnquist（1961）
Krug（高）[b]	1	10.6	Lonnquist（1961）
Krug（低）[b]	1	–4.9	Lonnquist（1961）

续表

群体	轮数	每轮进度（%）	参考文献
Jarvis	6	3.5	Moll 和 Stuber（1971）
Indian Chief	6	2.8	Moll 和 Stuber（1971）
（Jarvis×Indian Chief）[c]	6	2.5	Moll 和 Stuber（1971）
（Jarvis×Indian Chief）-Syn.	6	2.8	Moll 和 Stuber（1971）
（CI21×BC7）	10	4.0	Moll 和 Stuber（1971）
Cupurico×硬粒复合种	4	7.1	Jinahyon 和 Moore（1973）
（Va17×Va29）F_2	4	9.3	Genter（1976a）
CIMMYT	4~5	5.9	CIMMYT（1984）
NDSAB（MER-FS）	1	12.5	Carena（2005）
NDAB22（R-FS）[d]	2	15.2	Sezegen 和 Carena（2009）
Krug[e]	4	7.5[f]（5.8）	Compton（1977）

[a] 成对杂交组合全同胞家系双向选择

[b] 链式杂交全同胞家系双向选择

[c] 群体内改良后群体间的杂交组合

[d] 对耐冷性双向选择的间接响应

[e] 分别对籽粒产量和选择指数（括号内）选择的每轮增益

[f] 单个性状（产量）选择

7.2.4 自交家系选择（S）

基于自交后裔的轮回选择育种流程，对种质扩增和培育自交系原始材料是有效的。基于不同近交水平的自交后裔轮回选择在改良耐冷性、抗虫性和籽粒品质上取得进展，但从长期来看对改良籽粒产量却遇到困难。在轮回选择中最早用自交方法保持已鉴定的基因型。可以用任意近交水平，但通常用 S_1（F=0.5）或 S_2（F=0.75）后裔，这样可以减少每轮选择所花费的时间。如果联合使用 S_1 和 S_2 进行 S_1 后代的直观筛选可以减少产量试验的鉴定数量。S_1-S_2 多阶段选择能够在改良籽粒产量的同时提高农艺性状。为了获得成功，两个阶段互补选择是必要的。

只需要种几行植株就可以完成上百个自交授粉，很容易产生后裔。基本方案包括产生 S_1 和 S_2 家系，然后在重复试验中鉴定自交家系，最后用中选后裔的留存种子进行重组。鉴定和重组可以在同一季进行（Dhillon and Khehra，1989）。尽管可以冬繁，每年都可以估计遗传增益，但并不比其他轮回选择方法更有优越性。选择的直接效应可通过自交群体来测定，间接效应则由群体自身来表示（Hallauer，1992）。已经证明后裔间的变异性随自交而增加，因此，在轮回选择系统中，自交家系方法主要用于遗传力低的性状。此外，由于自交家系间加性遗传方差的增加，遗传力也会逐渐提升。然而，后裔平均值比非自交群体降低并不意味着精确度也降低。

自交后裔选择的优越性包括遗传力较高、容易鉴定到理想的基因型和产生自交系，以及去掉不良等位基因（Hallauer et al.，1998）。然而，Iglesias 和 Hallauer（1989）指出去掉不利等位基因必须小心，因为许多外来有利等位基因可能与不良等位基因连锁。因此，在群体规模很小时固定有利和不利等位基因可能都很重要。Mulamba 等（1983）报道了自交选择 BSK（S）C8 相对于其他选择方法，遗传变异有相当大的降低（55.2%），固定位点导致丧失了继续改良的潜力。

Hull（1945）提出用自交后裔轮回选择（根据 S_1 后裔）代替半同胞选择。表型（混合）选择能有效提高对大斑病（*H. turcicum*）的抗性（Jenkins et al.，1954），之后 Bojanowski（1967）用 S_1 家系选择提高抗黑粉病（*Ustilago maydis*）能力。然而，对各种自交选择方法进行比较，相对于连续自交和选择效果，以及 S_1 家系均值的轮回选择效果，结果都很令人失望。进一步报道表明自交家系选择对数量性状是有效的。

Penny 等（1967）对 5 个群体进行 3 轮抗欧洲玉米螟（ECB *Ostrinia nubilalis* Hübner）选择，观察到两轮选择足以使所有品种改变抗性基因频率达到较高水平，3 轮选择得到了突出的抗螟品种。Klenke 等（1986）报道了 5 轮选择后的数据，支持 Penny 等（1967）抗玉米螟的结论，但一个严重的相关效应是籽粒产量显著降低。在 1996 年 Bt 单基因玉米被引入商业化后，再没有 ECB 抗性基因频率增加的报道。

Jinahyon 和 Russell（1969a，1969b）对开放授粉品种 Lancaster 进行 3 轮选择以改良对玉米茎腐病［*Diplodia zea*（Schw）Lev.］的抗性，并对各轮群体自身、群体与测验种 WF9×Hy 和 Os420×187-2 的测交组合，以及 C0、C1、C2 和 C3 间的双列杂交组合评估改良增益。根据人工接种 *D. zea* 的所有鉴定都表明对茎腐病抗性得到改良。抗茎腐病选择带来相关性状的改变，包括植株生长势更强、更晚熟、较好的抗病性、更强的茎秆强度和杂交组合籽粒产量更高。Devey 和 Russell（1983）发现最后几轮选择更抗茎腐病，抗性水平和茎秆强度得到进一步提高，但籽粒产量随着抗茎腐病选择而有所下降。

Scott 和 Rosenkranz（1974）用 3 种不同的自交家系选择法对玉米矮化病（stunt）进行抗性选择：①在 463 个 S_1 穗行中选择最好的 10 个穗行单株；②从 463 个 S_1 后裔中选择 23 个最佳后裔；③在重复试验鉴定的 100 个 S_1 后裔中选择 10 个最好的家系。结果每种方法都有效，但最有效的是重复鉴定选择（方法 3）；经 1 轮选择后，群体中有 25% 的植株感染玉米矮化病，而原始群体中高达 52%。

玉米生产已经扩展到短季节生长环境，需要在冷凉环境下发芽和生长。因此，玉米育种者的一个重要目标是改良用于选育自交系的本地种质，能够在非常寒冷和干燥或潮湿环境下生长。在这些高风险环境中，出苗率和生长速率都会降低。Hoard 和 Crosbie（1985）将耐冷性定义为某基因型在低温潮湿土壤及冷空气下出苗和生长的能力。轮回选择被认为是选育耐冷材料的最好方法，因为它可以利用所有可能的基因贡献（Mock and Eberhart，1972）。Mock 和 Bakri（1976）根据 S_1 后裔选择耐冷性取得进展，群体 BS13（SCT）的出苗百分率和干重分别增加 30.1% 和 13.2%。但在另一个群体 BSSS2（SCT）中，对某些性状的 S_1 家系选择没有获得一致的响应，两个群体的出苗指数没有因选择而改变。Hoard 和 Crosbie（1985）用同样方法经过 5 轮选择后进行鉴定，得出结论是，在多个环境下采用包含出苗百分率的指数选择是有效的。Sezegen 和 Carena（2009）对耐冷性进行跨地点双向选择，目的是筛选耐冷性性状（如北达科他州北部和高海拔的 Montana 地区）。以每年一轮的苗势和出苗百分率作为秩求和指数进行选择。在冬繁地产生 S_1 后裔，在随后夏季的多个地点进行鉴定。由于选择是在开花前进行，可以在同一个夏季用内双列杂交法进行重组（Sezegan and Carena，2009）。对这些性状只做 2 轮双向选择然后鉴定，其直接选择响应不显著。然而，这种方法能获得许多有利的相关变化，可进行长期选择，然后再鉴定。此外，在极冷的环境（如在高海拔地区控制低温条件）下对200多个自交后裔进行耐冷性选择，这在北达科他州是很有前景的自交系选育方法。

自交后裔选择法属于群体内轮回选择。理论上预期，这种方法能在籽粒产量上得到最高的遗传增益（Comstock，1964），因而是一种改良群体和选育自交系的有效方法（Smith，1979b）。同时，在遗传基础广泛的群体中，似乎基因加性效应连同部分显性到完全显性效应在遗传变异中占较大比例（Tanner and Smith，1987；Hallauer，1992）。根据这些假设，自交后裔选择法似乎是适当的。

自交后裔选择能够在短期内提高籽粒产量。Jinahyon 和 Moore（1973）对 Thai 复合品种进行2轮 S_1 家系选择后，观测到每轮产量提高8.3%；倒折从C0的53%降低到C2的17%。同时，观察到株高和穗位也略有降低，而播种到吐丝的天数没有变化。Weyhrich 等（1998）用 5 种方法对 BS11 进行 4 轮 S_2 选择，结果显示出该方法的优越性。Hallauer（1978）也报道了对 BSK 进行 5 轮选择后每轮产量增加 3.1%。对 Leaming 和 Midland 黄马齿进行 3 轮 S_1-S_2 选择后，选择响应也是有效的（Carena and Hallauer，2001a）。Leaming 的籽粒产量平均每轮增加 0.28Mg/hm^2（10.1%），Midland 黄马齿则平均每轮增加 0.22Mg/hm^2（14.9%），且差异非常显著（$P \leqslant 0.01$）。显性遗传效应增加了 Leaming 中有利等位基因的频率。另外，还观察到对适应性相关性状的有利相关响应。Midland 黄马齿的倒伏率每轮降低 7.0%，Leaming 的倒折率每轮降低 3.8%（$P \leqslant 0.01$）。这种情况下，S_1 和 S_2 选择对于改良两个群体的适应性都是有效的。这意味着在 S_1 和 S_2 后裔间得到了适当的平衡。

自交后裔选择也有不如预期效果的例子，特别是对籽粒产量的长期选择（Tanner and Smith，1987；Iglesias and Hallauer，1991；Helms et al.，1989；Lamkey，1992）。最初2~4 轮，对籽粒产量进行自交后裔选择的改良效果显著，但以后轮回的改良效果不理想。如果采用全同胞或半同胞选择和鉴定，从长期来看似乎选择响应更高些。玉米几乎是100%的异花授粉作物，似乎不适合长期自交后裔选择。用两阶段（S_1-S_2）程序对 3 个群体进行研究（Iglesias and Hallauer，1989），由于这些群体包含外来种质，因此在 S_1 阶段强调成熟期，但是，经过 3 轮选择后对产量都缺乏响应。其他国内背景种质的选择响应也表现同样趋势。Tanner 和 Smith（1987）对 BSK 经 4 轮自交后裔选择后没有得到选择响应。经过 7 轮半同胞轮回选择后，对 BS13（HI）C7 再进行自交后裔选择也没有效果。Lamkey（1992）对 BS13 进行 4 轮和 6 轮选择后没有得到选择响应。Helms 等（1989）对同样群体经过 4 轮选择也没有响应。由于小群体效应，群体遗传变异降低（Weyhrich et al.，1998），自交后裔轮回选择不能持续改良（Mulamba et al.，1983；Hallauer，1992），特别是在早代有利等位基因频率较低，位点随着选择而固定。但随着自交后裔选择，由遗传漂移引起的近交衰退效应降低（Helms et al.，1989；Garay et al.，1996），这就使近交衰退效应没有群体间选择那么重要（Oyervides-Garcia and Hallauer，1986；Rodriguez and Hallauer，1988）。显性基因的方向和数量随基因不同而变化（Kearsey，1993），都能够降低加性效应。在自交家系选择中，显性方差的作用通常会降到最小，但仍在19%~25%，因此不应低估显性方差。选择响应导致有利等位基因频率增加，这不仅是加性效应的结果，也包含显性效应，尽管它们的效应并不总是互补（Stojšin and Kannenberg，1994）。缺乏选择响应的另一个原因可能是不同阶段选择的性状之间呈负相关（如 S_1-S_2

选择)(Oyervides-Garcia and Hallauer，1986; Iglesias and Hallauer，1989)。Hallauer(1992)指出 2~3 轮 S_1-S_2 选择后缺乏响应的原因是对一些性状的选择强度过高而淘汰了高产基因型，如抗虫性可能会对光合产物形成激烈竞争。

已经对许多性状用 S_1-S_2 家系进行遗传改良（Hallauer，1992；Oyervides-Garcia and Hallauer，1986；Iglesias and Hallauer，1989；Carena and Hallauer，2001a）。在后裔基础上把 S_1 或 S_2 选择与 S_1 或 S_2 测交组合鉴定相结合是未来玉米育种的共同特点。GCA 和 SCA 较高的自交后裔被保留在育种圃中作进一步自交、选择和测交组合鉴定。优良自交系可用于系谱法选育二环系。这套方案可持续提高那些对杂交种很重要的等位基因组合。因此，通过测试鉴定优良自交系，轮回选择培育更好的自交系。两阶段选择（S_1+S_2 轮回选择）是一种节约成本的方法（Hallauer，1992）。第一阶段选择遗传力估值比产量高的那些性状，以大样本在目标环境下进行 S_1 后裔间和后裔内鉴定，第二阶段选择 S_2 后裔在设有重复的试验进行鉴定，随后，用优良 S_2 后裔留存的 S_1 种子进行重组。表 7.16 列出了用自交后裔至少改良 3 轮的育种计划。

表 7.16　自交后裔选择对玉米群体自身籽粒产量的遗传增益

群体	轮回	每轮遗传增益（%）（ΔG）[a]	参考文献
BSK（S）C4	4	4.1	Burton 等（1971）
BSK（S）C4	4	2.5	Genter 和 Eberhart（1974）
BSK（S_{1-2}）C5	5	3.1	Hallauer（1978）
BSK（S）C8	8	2.9	Tanner 和 Smith（1987）
BSK（S）C8	8	4.0	Rodriguez 和 Hallauer（1988）
BS13（S）C4	4	1.3	Helms 等（1989）
BS13（S）C6	6	0.2	Lamkey（1992）
BS13（S）C6	6	1.2	Holthaus 和 Lamkey（1995）
BS11（S）C5	5	2.2	Weyhrich 等（1998）
BS11（S_2）C4	4	4.8	Weyhrich 等（1998）
BS16（S）C3	3	3.2	Rodriguez 和 Hallauer（1988）
BS16（S_2）C4	5	−1.2	Iglesias 和 Hallauer（1989）
BS2（S）C4	4	6.0	Rodriguez 和 Hallauer（1988）
BS2（S_2）C5	5	4.5	Iglesias 和 Hallauer（1989）
VCBS（S）C4	4	5.4	Genter 和 Eberhart（1974）
BSSS2（S）C3	3	6.2	Oyervides-G 和 Hallauer（1986）
BSTL（S_2）C5	5	5.2	Iglesias 和 Hallauer（1989）
Leaming（S_1-S_2）C3	3	10.1	Carena 和 Hallauer（2001a）
Midland（S_1-S_2）C3	3	14.1	Carena 和 Hallauer（2001a）

[a] 增益值是根据 $\Delta G=\{[Cn-C0]/Cn\}\times100\%$

7.2.5　群体内选择方法的搭配与比较

自交系的表现通常不同于它们衍生的杂交种，因此，自交后裔选择方法的改进似乎是合理的。自交后裔间的适度选择及对优良后裔测交组合的产量鉴定，为持续的选择响应提供变异（Goulas and Lonnquist，1976；Moreno-Gonzalez and Hallauer，1982；Hallauer，1992）。根据两阶段选择法进行自交后裔选择，随后做半同胞选择。例如，艾奥瓦州立大学按这一方法对 BS26 Lancaster 群体进行遗传改良，400 个自交果穗种植穗行，对农艺性状作初步筛选。然后，大约 225 个最好的 S_1 后裔与一个 BSSS 测验种测交，对 S_1× 测验种进行多性状多环境鉴定试验。在每一轮选择中，来自艾奥瓦坚秆杂种优势群的测验种各不相同，但都得到选择响应。

Lonnquist 和 Rumbaugh（1958）对一般和特殊配合力的选择效应进行了研究。在 Krug（KI）品种中选择第一批 152 个 S_0 植株样本并与单交种 WF9×M14 测交，选出 31 个最好的测交组合，用 S_1 种子相互杂交形成综合种 KII。KII 与 KI 没有表现出差异，于是又选择 90 个 S_0 植株样本进行自交，并用亲本 KI 作测验种进行测交。同时，第一批样本中的 30 个 S_1 系与 KI 杂交形成 121 个测交组合进行产量鉴定，选出 16 个测交组合，用它们的 S_1 留存种子重组形成 KII（s）综合种。随后，两个第二轮综合种 KII（窄基群体作测验种）和 KII（s）（广基群体作测验种）进行比较试验。产量分别是双交种 US13（6260kg/hm^2）的 95.0%和 98.5%。于是，一般配合力选择能更有效地选育具有较高加性遗传效应的自交系，比用窄基测验种选择产生了更高的群体产量，这与前面对 BS26 的研究结果一致。Horner 等（1963）用窄基测验种 F6 和广基的亲本群体 Florida 767 作测验种，得出了不同的结论。测交种产量以对照双交种 Dixie18 的百分率表示，窄基测验种的前 3 轮测交种产量超过对照较多，但第 4 轮用广基测验种的产量超过 6%。对窄基和广基测验种的每轮线性增长率分别是 Dixie18 的 1.7%和 3.4%。在前 3 轮，系间杂交形成的复合种与 11 个不同的测验种测交，结果在 F6 系列中籽粒产量从总体平均值的 96.3%增加到 102.8%。但在广基测验种系列中，与同一批测验种测交的组合没有显著变化（98.6%~100.8%）。两个复合种与自交系 F6 的配合力显示出籽粒产量的平均增益是每轮 6.5%，而与广基测验种系列仅为 1.5%。结论是对玉米籽粒产量配合力的轮回选择，用自交系作测验种比广基测验种更有效。

Horner 等（1969）再一次比较了用自交系 F6 和广基测验种（亲本群体）的选择，也包括了根据产量进行的 S_2 家系选择。经过 3 轮选择，按以下方法鉴定：①随机交配群体；②自交群体（S_1 家系混合）；③与 11 个不相关测验种的测交组合。仅在第 2 轮和第 3 轮发现 3 种方法之间有差异。用亲本群体作测验种时，获得最高产量的是随机交配群体，而最高产的自交群体来自 S_2 家系的自身选择。与不相关测验种的平均配合力在 3 种方法中都得到显著增加（5.2%），但它们之间差异不显著。自交系测验种选择法能有效增加自交群体产量，但总的来说不如其他 2 种群体改良方法。结论认为 S_2 后裔法和亲本测验种方法都有效，但方式不同。基于自交家系的选择强调纯合位点的贡献，而亲本测验种法更强调杂合位点的贡献。用上述方法，Horner 等（1973）随后比较了 5 轮选择结果。通过对 2 个广基测验种测交组合的评估，表明所有改良方法的群体一般配合力都显著地呈线性增加。基于自交系测验种的选择比其他 2 种方法更有效，平均每轮产量增益 4.4%。而用亲本作测验种和 S_2 后裔法的选择增益分别为 2.4%和 2.0%。在调整了近交衰退效应以后，随机交配群体的增益也显示线性增加，但 3 种选择方法间差异不显著。这些结果及 Lonnquist（1968）报道的结果表明自交家系（S_1 或 S_2）选择法没有预期那么有效。特别是从理论上来说 S_2 选择法能比测交方法更有效地改变加性效应的基因频率（Horner et al.，1969）。后来，Horner 等（1989）又做了 1 轮选择，然后比较自交后裔选择与半同胞选择的响应，半同胞家系选择的响应比自交后裔选择更大，他们认为这是由于选择响应中包括了自交系测验种的测交组合中表达的超显性基因效应。

Penny（1968）也比较了窄基测验种（双交种）和广基测验种（综合种）对 BSSS 的选择试验。分别用广基测验种选择 3 轮和用窄基测验种选择 6 轮后，每轮增益没有差异，分别是 1.4%和 1.8%。用优良自交系形成的复合品种的籽粒产量比原品种增加 5%。然而，由于后者需要更多时间和精力来选育自交系并进行重组，因此该方法与前者没有可比性。

Lonnquist（1968）比较了采用不相关测验种（BIII综合种）的轮回选择和用亲本群体作测验种（KIII）的轮回选择，也包括 S_1 自身选择。当用亲本群体 KIII作测验种时，衍生群体的产量比 KIII增加了 15%。S_1 家系选择法衍生的群体籽粒产量增加了 4%，而基于不相关测验种的选择没有明显增益。然而，在前述试验（Lonnquist and Lindsey，1964）中进行了 S_1 轮回选择和用不相关群体（BIII）作测验种的半同胞轮回选择方法的比较，结果两种方法都有效，但应用不相关测验种略占优势。

其他几份报告中报道了根据 S_1 家系和根据测交种产量进行选择。Koble 和 Rinke（1963）发现在 S_1 家系和这些家系与一个有关联或无关联测验种的测交组合间在籽粒产量和其他性状上有显著的相关性。Genter 和 Alexander（1966）比较了在群体 CBS 中根据 S_1 系自身产量和根据测交组合产量进行的选择。两轮选择后，按 S_1 后裔产量进行选择形成的群体中所选育的自交系，籽粒产量增加 31.4%，而按测交组合（两个无关联的单交种作测验种）形成的群体选育的自交系产量增加速度较低（两轮 17.9%）。

Duclos 和 Crane（1968）用 3 种方法产生 S_1 家系，分别是来自原始群体的 S_1 家系、根据产量选择 S_1 衍生的群体再选 S_1 家系和根据与双交测验种的配合力选择 S_1 衍生的群体再选 S_1 家系，这些 S_1 家系与 3 个综合种测交，鉴定 1 轮选择后 S_1 家系的表现，产量分别是对照杂交种的 31.9%、40.7%和 36.9%。这些 S_1 家系与无关联测验种的测交组合产量分别是对照的 85.7%、85.4%和 88.7%。一轮选择结果表明，根据 S_1 表现的选择方法产生了产量较高的 S_1 家系，而根据与双交测验种的测交组合产量的选择方法，产生的 S_1 家系测交组合产量较高。在每种方法中用最好的家系进行重组形成群体，表明两种选择方法都能显著地改良籽粒产量，但第二轮改良没有效果。

Carangal 等（1971）对两种家系类型两轮选择效果进行评估。在第 1 轮，测交选择的产量比 S_1 系高 42.6%，这是由近交造成的。第 2 轮，基于 S_1 产量的选择与基于测交组合产量选择的 S_1 系产量没有差异。然而，经配合力（基于测交组合）选择的群体测交组合产量比基于 S_1 产量选择的群体的测交组合产量略高（2%）。经 S_1 后裔选择和测交组合产量选择所形成的高代群体产量分别超过亲本品种 4.6%和 2.7%。

对自交后裔选择与半同胞家系选择法进行了大量比较，没有得到倾向任何一种方法的决定性结果（Hallauer et al.，1988；Hallauer，1992；Moreno-Gonzalez and Cubero，1993）。但尚未对两种方法的结合进行足够研究。Burton 等（1971）对 Krug Hi I 综合种 3 用基于 S_1 后裔产量和基于与无关联双交测验种的测交组合进行了 4 轮选择后的群体进行评估。从两种方法（S_1 和测交组合）选择的群体中得到 S_1 家系分别混合，自交系列的产量增幅（38.7%）比测交组合系列的产量增幅（12.0%）高得多。与 4 个单交种的测交组合的选择效应表明，自交系列中 4 轮选择后的测交组合产量增幅 10.6%，而测交选择的产量仅增加 5.7%。两种选择方法又进行了 4 轮研究，Tanner 和 Smith（1987）比较了 S_1-S_2 和半同胞家系选择在 8 轮选择后的选择响应。4 轮选择后的结果与 Burton 等（1971）的报道相似，自交后裔选择 C4 的选择响应比半同胞家系选择 C4 的选择响应大。他们发现所有半同胞家系选择 C8 的选择响应更大。自交后裔选择 C4 的籽粒产量最高，此后的 4 轮选择没有进一步的选择增益。两种轮回选择方法衍生的群体间杂交组合的中亲优势在 C4×C4 为 7.1%，而在 C8×C8 达到 14.1%，这表明两种方法选择了不同的等位基因。自交后裔选择的 C8 比半同胞选择 C8 的近交衰退低 7.9%，这表明两个 C8 群体的等位基因频率有所不同。Horner 等（1989）对玉米群体 Fla.767 进行了自交后裔和半同胞家系两种轮回选择方法的比较试验，得到类似结果。他们认为，用 F6 自交系作测验种进行的半同胞选择中超显性基因效应对选择的响应不同。这支持了 Hull（1945）的最初建议，比较两种选择方法为认识玉米杂交组合中基因效应的类型提供了证据。

Genter（1973）报道了对两个群体的产量进行 2 轮选择的结果。在群体 VLE 中，无论测交组合法（有关联或无关联的测验种）还是 S_1 选择法，都没有观测到选择增益。但在改良 VCBS 群体中，基于 S_1 表现的选择很有效，2 轮增益 14.3%，但基于测交组合选择的产量并未比亲本品种显著增加（2.7%）。

Silva 和 Lonnquist（1968）对全同胞家系选择和 S_1 家系选择进行比较，两个选择后的群体产量明显比原品种 Krug 提高。在选择强度为 4%和 33%的情况下，S_1 选择和全同胞轮回选择的增益分别为 11.2%和 15.0%。

Thompson（1972）用 3 种不同方法对抗倒性进行双向选择。为提高抗倒性，采用 3 轮测交组合评估（第 1、4 和 5 轮）、1 轮 S_1 家系选择（第 2 轮）和 3 轮全同胞轮回选择（第 3、6 和 7 轮）。抗倒性增加表现在第 1 轮的测交组合评估，接下来是 5 轮全同胞轮回选择。采用两个群体（综合种 8 和 9）及它们相应轮回的杂交组合来鉴定选择增益，如第 2 轮的综合种 8×第 2 轮的综合种 9。以原始未选择综合种间的杂交组合为 100%来进行比较。在最后 1 轮，选择作用增加和减少的直立植株数分别是 28%和 228%。Thompson 早在 1963 年已报道过第 1 轮选择结果。

Goulas 和 Lonnquist（1976）同时用两种类型家系，即半同胞家系和 S_1 家系的产量进行联合选择。对同一植株的半同胞家系和 S_1 后裔的平均产量进行选择，群体得到显著改良。2 轮选择后，产量比亲本品种增加 24%，籽粒含水量降低 6%而穗位高增加了 7%。

Moreno-Gonzalez 和 Hallauer（1982）提出，利用后裔联合数据进行选择，可能会得到较大的遗传响应。应重点关注对不同后裔的信息给予多少权重，但可以用遗传力估值作为系数（Smith et al.，1981）。如果想用 S_1 后裔（降低不利隐性等位基因频率）和测交组合（测定配合力）进行联合选择，可以在 3~4 个点，每个点设 1 次重复的 S_1 后裔鉴定，一个点隔离种植。在隔离区，S_1 穗行去雄，与一个公共测验种测交（如另一个杂种优势群的优良自交系或原始群体）。S_1 家系的测交组合进行重复试验。在获得 S_1 家系和 S_1 测交组合数据后，根据下面指数进行选择：

$$\bar{X}_{ci}\mathrm{S} = \hat{h}_1^2 \bar{X}_{1j} + \hat{h}_2^2 \bar{X}_{\mathrm{tc}i}$$

式中，$\bar{X}_{ci}$S 是最终选择系数，$\hat{h}_i^2$ 是遗传力估值，$\bar{X}_{1j}=\mathrm{S}_1$ 的平均值，$\bar{X}_{tci}$ 为测交组合平均值。

根据 S_1 后裔和 S_1 测交组合方差分析的后裔平均值计算遗传力估值。S_1 后裔和 S_1 测交组合分别种植试验，可在同一环境或不同环境，也可在同一年或不同年份进行。最后的选择不会受数据选项影响，因为数据质量是由 S_1 后裔和测交组合平均值计算的遗传力估值作为权重所确定。指数可以扩展到多个性状。在轮回选择不同类型后裔数据的利用上有几种可能的选择，特别适合改良穗行法（Lonnquist，1964；Compton and Comstock，1976），改良 S_1 后裔选择法（Dhillon and Khehra，1989）或包含自交家系产生测交组合的任何方案。鉴定两种类型后裔有助于减少近交衰退（自交后裔）和确定自交后裔的相对配合力（测交组合）。

涉及测交组合和自交方法比较的几个选择方案的结果汇总在表 7.17 中。

表 7.17 在轮回选择的比较研究中，群体自身和测交组的产量选择效应（每轮增益）

群体	家系类型[a]	轮回数	每轮增益				参考文献
			群体自身[b]		测交组合[b]		
Florida767	BT	4			3.4	（1）	Horner 等（1963）
	NT	4			1.7	（1）	Horner 等（1963）
KrugIII	BT	1	13.8				Lonnquist 和 Lindsey（1964）
	S_1	1	10.9				Lonnquist 和 Lindsey（1964）
CBS	BT	2	9.0	（2）			Genter 和 Alexander（1966）
	S_1	2	15.7	（2）			Genter 和 Alexander（1966）
BSSS	BT	3	1.4		7.4		Penny（1968）
	NT	6	1.8		2.6		Penny（1968）
KrugIII	BT（P）	1	15.0				Lonnquist（1968）
	BT（U）	1	4.0				Lonnquist（1968）
	S_1	1	−1.0				Lonnquist（1968）
Purdue	BT	1	25.4	（2）	12.4	（3）	Duclos 和 Crane（1968）
	S_1	1	38.7	（2）	8.1	（3）	Duclos 和 Crane（1968）
Krug 黄马齿	FS	1	15.0				Silva 和 Lonnquist（1968）
	S_1	1	11.0				Silva 和 Lonnquist（1968）
复合种	BT（P）	1	8.1				Horner 等（1969）
	NT	1	−3.2				Horner 等（1969）
	S_2	1	−2.6				Horner 等（1969）
Syn.A	BT	2	2.7		18.0	（4）	Carangal 等（1971）
	S_1	2	4.6		15.7	（4）	Carangal 等（1971）
BSK	BT	4	3.9		1.7	（5）	Burton 等（1971）
	S_1	4	1.9		2.5	（5）	Burton 等（1971）
Florida767	BT	4			16.7	（7）	Horner 等（1973）
	NT	4			19.6	（7）	Horner 等（1973）
VLE	BT	2	−1.3		0.8		Genter（1973）
	S_1	2	1.3		0.6		Genter（1973）
VCBS	BT	2	1.4		2.1		Genter（1973）
	S_1	2	6.7		3.6		Genter（1973）

[a] BT 为广基测验种（P 为亲本，U 为无关联测验种）；NB 为窄基测验种；S_1 和 S_2 为自交家系；FS 为全同胞家系

[b] ①与 Dixie-18 的百分率；②通过 S_1 系产量进行鉴定；③测交组合产量；④与 Min707 测交组合的产量增益，从第 1 轮到第 2 轮以第 1 轮的百分率表示；⑤测交组合的产量；自交群体的相应增益分别为每轮 3.9%和 9.6%；⑥S_2 系自身产量；⑦与两个无关联测验种的测交组合每轮分别增加 2.4%、4.4%和 2.0%

7.3 群体间改良

群体间选择方法用在杂交作物，目的是利用杂种优势组合。这套方法的目的是增加两个群体间等位基因频率的差异（见“杂种优势”的定义），这将增加杂交组合的直接响应。这些方法在群体内选择时不常用。群体间轮回选择包括两个原始群体。用群体间杂交组合来测定直接选择响应，而两个亲本群体自身的响应是间接响应。这不应与群体内改良相混淆，群体内改良的直接响应是群体自身或测交组合。

自从 Comstock 等（1949）提出相互轮回选择（RRS）后，就开始了群体间改良的选择方案。通常选用有遗传差异的优良遗传材料作为改良的群体。如果群体的背景及在杂交组合中的潜力不是太清楚，可通过优良群体间的交配设计（如双列杂交）获得数据，这有助于通过 RRS 进行群体选择。RRS 能有效地选择互补等位基因，因为群体间杂交组合的中亲优势从 C0×C0 的 7.3%增加到 Cn×Cn 的 37.4%（见 Hallauer and Carena，2009 的表 5）。

1949 年，艾奥瓦州立大学开始对艾奥瓦坚秆综合种（BSSS）和抗螟综合种 1 号（BSCB1）进行相互轮回选择，两轮选择以后，群体间杂交组合每轮直接响应为 5.1%（Penny，1959）。在 4 轮选择后经 2 年评估试验，Penny（1968）又报道产量从 6080kg/hm^2 增加到 6520kg/hm^2（每轮增益 1.8%）。Penny 和 Eberhart（1971）对若干个试验进行最小二乘分析表明，群体间杂交组合的增益非常小（120kg/hm^2）。3 轮选择后，亲本群体 BSSS 的产量有微弱增加（每轮 140kg/hm^2），而 BSCB1 则略有减产（每轮–60kg/hm^2）。Hallauer（1970）在鉴定了同样的群体和群体间杂交组合以后也观察到类似变化。在选择 5 轮以后，Eberhart 等（1973）做了更全面的评估，群体间杂交组合产量每轮增加 273kg/hm^2（4.5%）。用双交种 IA13 作测验种对 BSSS 进行配合力选择，当改良的 BSSS 群体与 RRS 的相应 BSCB1 杂交时，杂交组合产量每轮增加 231kg/hm^2（3.8%）。群体自身产量变化非常小，BSCB1 和 BSSS 每轮分别为 0.9%和 0.4%。群体及群体间杂交组合每 100 株果穗数增加，而几乎所有改良群体及它们的杂交组合减少了倒伏。群体的穗位高略有降低，而群体杂交组合则略有上升。相互轮回选择增加了群体间杂交组合的产量，但没有改良亲本群体或与无亲缘关系测验种的测交组合的产量，推测这与相关位点上超显性（或拟超显性）基因频率变化是一致的。Keeratinijakal 和 Lamkey（1993）对 BSSS 和 BSCB1 的 11 轮相互轮回选择结果进行评估，群体杂交组合的籽粒产量每轮增加 7.0%（直接选择响应）。对籽粒产量选择的间接响应包括较小的雄穗、更加直立的叶片、更高的根和茎强度，但籽粒含水量没有一致的变化。对 BSSS 群体自身的籽粒产量每轮增加 2%，而群体 BSCB1 产量没有变化。

Moll 等（1959）报道了北卡罗来纳州立大学对 Jarvis 和 Indian Chief 两个品种进行相互轮回选择的结果。1 轮选择后，测交组合的平均产量从当地商用双交种产量的 92%提高到 98%，对第 2 轮预测的测交组合产量将比双交种提高 7%。随后 Moll 和 Robinson（1966，1967）报道了 3 轮选择结果。第 2 轮 Jarvis、Indian Chief 品种及其杂交组合的产量分别提高 0.7%、0.2%和 2.9%。在第 3 轮，群体自身产量有较大提高（Jarvis 和 Indian

Chief 每轮分别提高 4.3%和 1.7%），但品种间杂交组合的产量增加得很少（每轮 0.8%）。对这两个品种进行群体内全同胞轮回选择，Jarvis 和 Indian Chief 品种及其杂交组合产量每轮分别增加 3.6%、2.1%和 3.8%，这表明对品种进行 3 轮群体内选择比对两品种的杂交组合进行相互轮回选择更有效。但由于前者的选择差较大，因此两种方法的选择效果几乎是一样的。群体内改良没有改变杂种优势，但群体间相互轮回选择在前 2 轮增加了杂种优势，而第 3 轮杂种优势降低。Moll 和 Stuber（1971）评估了同样的 6 轮相互轮回选择方案，Jarvis 和 Indian Chief 品种及其杂交组合总的产量变化分别比原品种及原品种的杂交组合增加 14%、7%和 21%。这两个品种对全同胞轮回选择的响应比它们在相互轮回选择中的响应高 2.1 倍，但相互轮回选择使品种间杂交组合的响应比全同胞轮回选择的响应高 1.3 倍。6 轮选择后形成品种间复合种的累计响应比未选择群体平均值高 20.3%，这近似于品种间杂种优势的值。因此，为了达到原始品种间杂交组合的产量水平，即相互轮回选择的起点，有必要对品种间的复合种进行 6 轮选择。换句话说，为了恢复本应在复合品种杂交组合中体现但失去了的那一半杂种优势，进行 6 轮选择是很有必要的。对其他性状的评估显示，伴随着产量增加，株高和穗位降低，分蘖数和单株穗数增加。Moll 等（1978）对 6 轮和 8 轮选择进行评估试验，群体内全同胞家系选择比相互轮回选择更有效，但对改良品种间杂交组合还是相互轮回选择更有效。Moll 和 Hanson（1984）归纳了对 Jarvis 和 Indian Chief 的 10 轮相互轮回选择效果。在该研究中，群体间杂交组合籽粒产量的平均直选择接响应为每轮 2.7%，中亲杂种优势从 C0×C0 的 6.6%增加到 C10×C10 的 28.9%。

S.T. Rodgers 在得克萨斯州启动相互轮回选择计划，Collier（1959）和 Douglas 等（1961）报道了最初 2 轮的选择结果。亲本群体 Ferguson 黄马齿和黄色 Surecropper 每年每轮产量分别增加 10.0%和 1.8%，群体间杂交组合的产量每年增加 5.8%。Thompson 和 Harvey（1960）对综合种 A 和综合种 G 进行 3 轮相互轮回选择，第 1 轮到第 3 轮测交组合的平均产量从对照产量的 82.5%增加到 94.0%。Torregroza 等（1972）对群体 Harinoso Mosquera 和 Rocamex V7 进行 2 轮相互轮回选择，平均每轮产量增益 4.5%和 15.0%，群体间杂交组合的产量在第 1 轮和第 2 轮分别比原始群体杂交组合增加 32%和 34%。

Darrah 等（1972）报道了在肯尼亚进行 2 轮相互轮回选择的结果，亲本群体 KII 和 Ec573 的产量以每年 60kg/hm^2 和 30kg/hm^2 的速度增加，群体间杂交组合的产量每年增加 330kg/hm^2。3 轮选择后，群体间杂交组合的产量增益为每年 210kg/hm^2，亲本群体 Ec573 每年增益 100kg/hm^2，而群体 KII 则变化很小（–2kg/hm^2）（Darrah et al.，1978）。

Gevers（1974）报道了对群体 Teko 黄色和 Natal 黄马牙进行 3 轮相互轮回选择的结果，在杂交以前用两种方法对父本进行抽样。当从群体中随机抽取父本时，两个群体及杂交组合的籽粒产量每轮分别增加 7.5%、7.4%和 5.8%；但通过农艺性状选择父本时，相应的产量变化为 7.1%、–0.3%和 3.3%。于是得出结论，在评估群体自身和群体间杂交组合产量以前，随机选父本比根据农艺性状选父本的评估产量高。两种方法对提高杂种优势的影响相似。

相互轮回选择也用于改良产量以外的其他性状。Jugenheimer 和 Bhatnagar（1962）对植株抗倒性进行 2 轮相互轮回选择，在一个群体中进行双向选择后，直立植株百分率从 71%分别增加到 83%和降低到 29%。在另一个群体中进行双向选择后，直立植株百分率从 62%分别增加到 81%和降低到 32%。Thomas 和 Grissom（1961）对爆裂玉米进行 2 轮相互轮回选择，以对照杂交种的百分率进行评价，膨化体积每轮增加 10.7%，产量增加 6.9%，倒伏降低 37.8%；在杂交群体中，相互轮回选择对几个性状的改良均有效。

Hallauer（1973）首次对全同胞相互轮回选择（FS-RRS 或 FR）进行评估，对艾奥瓦双穗综合种（BS10）和先锋双穗综合种（BS11）进行 1 轮选择后，C1×C1 比 C0×C0 产量提高 10.1%。Hallauer（1975a）报道在 3 轮选择后，全同胞后裔比原始群体的全同胞后裔产量更高，原始群体的全同胞后裔平均值比对照杂交种平均值低 4 个标准差。在 1 轮选择后，全同胞后裔仅比 6 个对照杂交种的平均值低 1 个标准差。第 2 轮用机械收获，没有观测到改良效果。经 3 轮全同胞相互轮回选择后，BS10、BS11 及 BS10×BS11 的产量分别增加 18%、17%和 9.7%（Hallauer，1977）。Eyherabide 和 Hallauer（1991）报道了对 BS10 和 BS11 进行 8 轮全同胞相互轮回选择的响应。群体杂交组合的籽粒产量平均每轮增加 7.5%，中亲杂种优势从 C0×C0 的 2.5%增加到 C8×C8 的 39.6%。在 8 轮全同胞相互轮回选择后，籽粒产量增加了 60%，伴随着雄穗减小，叶片直立，熟期缩短，根系和茎秆强度增加。产量是最主要的选择性状，但也考虑了全同胞家系的根茎强度和生育期。20 个全同胞轮回选择的 S_1 后裔用于 BS10 和 BS11 内的重组。BS10 和 BS11 群体自身的间接响应与群体间杂交组合有同样趋势（Eyherabide and Hallauer，1991）。

Paterniani（1971）提出了改良的相互轮回选择方法（HS-RRS2，见第 6 章），在 1 轮选择后，马齿型复合种产量增加了 13.6%，而硬粒型复合种产量降低了 7.8%。在 1 轮选择后，群体间杂交组合的产量提高 3.7%，第 2 轮的产量比原始群体间杂交组合提高了 6.4%（Paterniani，1974c）。在 2 轮 HS-RRS2 选择后，群体间杂交组合的产量每轮增加 3.5%（Paterniani and Vencovsky，1978）。

Paterniani 和 Vencovsky（1977）用半同胞家系测交的相互轮回选择法（HS-RRS1，见第 6 章）对 Cateto 和 Piramex 两个群体进行 1 轮选择，得到 7.5%的增益。对群体平均值的最小二乘分析表明，增益显著，与模型的离差不显著。此外，群体杂交组合的增益（7.5%）剖分成两个部分：4.3%来自群体平均值的变化，3.2%来自群体间杂种优势的变化。

表 7.18 汇总了群体间改良的结果。Hallauer 和 Carena（2009）汇总了相互轮回选择研究的数据，群体间杂交组合平均每轮响应为 4.8%，变幅为 2.7%~7.5%。选择轮数为 1~11 轮。

表 7.18 相互轮回选择对群体自身及其杂交组合产量的改良效果

亲本群体		方法[a]	轮回数	每轮进度（%）			[b]	参考文献
A	B			A	B	A×B		
Yellow Surecropper	Ferguson Y. Dent	HS-RRS	2	10.0	1.8	5.8		Collier（1959）；Douglas 等（1961）
Syn. A	Syn. G	HS-RRS	3			5.8	（1）	Thompson 和 Harvey（1960）
群体 A	群体 B	HS-RRS	2			7.1	（2）	Thomas 和 Grissom（1961）
Jarvis	Indian Chief	HS-RRS	3	4.3	1.7	0.8	（3）	Moll 和 Robinson（1967）
Stiff Stalk Syn.	Corner Borer Syn.	HS-RRS	4	1.4	−0.7	1.2	（3）	Penny 和 Eberhart（1971）

续表

亲本群体		方法[a]	轮回数	每轮进度（%）			[b]	参考文献
A	B			A	B	A×B		
Jarvis	Indian Chief	HS-RRS	10	3.1	−0.7	2.8		Moll 和 Hanson（1984）
Harinoso Mosquera	Rocamex V7	HS-RRS	2	4.5	15.0	17.0		Torregroza 等（1972）
Stiff Stalk Syn.	Corner Borer Syn.	HS-RRS	11	2.0	0.0	7.0		Keeratinijakal 和 Lamkey（1993）
Kitale Ⅱ	Ecuador 573	HS-RRS	3	−0.1	5.0	7.0		Darrah 等（1978）
Teko Yellow	N.Y.马齿	HS-RRS	3	7.5	7.4	5.8	（4）	Gevers（1974）
BS10	BS11	FS-RRS	8	3.0	1.6	7.5		Eyherabide 和 Hallauer（1991）
马齿型复合种	硬粒型复合种	HS-RRS1	1	13.6	−7.8	3.7		Paterniani（1971）
Piramex	Cateto	HS-RRS1	1	3.5	7.5	7.5		Paterniani 和 Vencovsky（1977）
马齿型复合种	硬粒型复合种	HS-RRS2	2			3.5		Paterniani 和 Vencovsky（1978）
Jarvis	Indian Chief	HS	6	2.7	0.9	3.1		Moll 等（1978）
Jarvis	Indian Chief	HS	8	2.5	1.4	3.2		Moll 等（1978）

[a] ①从第 1 轮到第 3 轮以对照的百分率表示；②爆裂玉米群体选择膨化体积、产量和抗倒性；③观测值平均值的百分率；④当对亲本农艺性状进行选择时，父本随机取样，增益分别是 7.4%、−0.5%和 3.3%

[b] 见第 6 章

目前，世界玉米主要产区生产上使用的最主要的品种类型是自交系间杂交种。如果从当前和长远考虑，决定进行长期选择方案来扩增种质资源，相互轮回选择是较为合适的选择方法。玉米育种利用自交系生产杂交种，必须考虑现在或将来的杂种优势群（第 10 章）。根据现有资料，似乎相互轮回选择方法可以增强杂种优势群的杂种优势表现，但现在很少有人进行相互轮回选择研究。

如果我们的目标是利用低成本的玉米生产系统，群体内和群体间长期的遗传改良方案也是必要的。利用玉米的群体间杂交种概念可以像单交种那样利用杂种优势（Carena，2005）。这个概念是通过优良群体杂交来利用杂种优势，因而可以利用遗传基础广泛的种质。Carena（2005）提供的证据表明通过群体内和群体间改良的地理隔离的群体间杂交组合，也能鉴定出杂种优势很强的杂交种（表 7.19）。在许多情况下，改良过的优良群体所形成的杂交种与商用杂交种的产量表现在统计学上很相似。为了鉴定出这些杂交组合，应鼓励较强大的前育种研究。

表 7.19 对温带优良种质进行长期轮回选择后籽粒产量和农艺性状的表现

系谱[a]	籽粒产量（Mg/hm^2）	倒伏（%）	倒折（%）	环境数	参考文献
BS10（FR）C8×BS11（FR）C8	7.5	3.6	12.5	8	Eyherabide 和 Hallauer（1991a）
BS10（FR）C13×BS11（FR）C13	6.5	0.9	28.9	7	Hallauer（未发表）
BSSS（R）C7×BSCB1（R）C11	6.8	5.7	11.4	7	Keeratinijakal 和 Lamkey（1993）
BS21（R）C7×BS22（R）C7[b]	7.4	0.0	3.4	20	Carena（2005）
BS21（R）C7×CGSS（S_1-S_2）C5	8.0	0.1	9.0	20	Carena（2005）
BS21（R）C7×CGL（S_1-S_2）C5	7.7	1.4	6.9	20	Carena（2005）
BS22（R）C7×Leaming（S）C4	7.1	7.9	8.1	20	Carena（2005）
BS21（R）C7×NDSAB（MER-FS）C13	7.2	0.4	7.4	10	Carena（未发表）

资料来源：Carena 和 Wicks III（2006）

[a] 杂交组合系谱，籽粒产量（GY），倒伏（RL），倒折（SL），用于鉴定的环境数（E）和参考文献

[b] 杂交组合在北达科他州收获时籽粒含水量较高

公益性机构提出自交系间杂交种的概念，由于当时用自交系生产杂交种子受到实践约束，Shull 在 20 世纪初中期停止了相关研究。而私营机构促成玉米杂交种取得成功。杂种优势可能是玉米遗传改良中唯一使人们聚焦自交系间杂交种研究的机制。但在 1920~1950 年对群体及其杂交组合的改良研究得很不够。对群体改良的重新兴起，使得育种研究重新重视轮回选择以改良遗传基础广泛的优良群体。这些研究包括大量的群体自身改良，但限制了对优良群体间杂交种的鉴定。优良群体间杂交种是那些经过长期选择并具有遗传差异的群体间杂交组合，至少在农艺性状上与商用杂交种有竞争力（Carena and Wick III，2006）。人们不接受群体间杂交种是因为疏于种质选择。通过大量鉴定和采用合理的育种方法进行遗传改良，选出适当的种质便会表现出超亲杂种优势（表 7.20）。

表 7.20　群体内和群体间轮回选择计划籽粒产量的中亲和超亲杂种优势

群体杂交组合	平均杂种优势（%）		参考文献
	中亲	超亲	
BS10（FR）C8×BS11（FR）C8	39.5	34.1	Eyherabide 和 Hallauer（1991a）
BSSS（R）C11×BSCB1（R）C11	76.0	72.4	Keeratinijakal 和 Lamkey（1993）
BS21（R）C6×BS22（R）C6	25.4	22.5	Menz 等（1999）
BS21（R）C7×BS22（R）C7	45.3	43.2	Carena（2005）
BS21（R）C7×CGSS（S_1-S_2）C5	50.6	43.2	Carena（2005）
BS21（R）C7×CGL（S_1-S_2）C5	55.8	52.0	Carena（2005）
BS21（R）C7×NDSB（Mer-FS）C13	31.0	18.2	Carena（未发表）
BS22（R）C7×Leaming（S）C4	43.0	36.2	Carena（2005）
Leaming（S_1-S_2）C3×Midland（S_1-S_2）C3	17.8	7.5	Carena 和 Hallauer（2001b）
SynB（S）C6×CCGPB（RRS）C3	28.9	26.7	Lee 等（2006）
SynA（S）C6×CCGPA（RRS）C3	19.9	16.7	Lee 等（2006）
HopeA（RRS）C5×CGSS（comb）C3	33.0	8.7	Lee 等（2006）
群体杂交种间平均[a]	38.9	28.2	
改良杂交种间平均[b]	18.8	11.1	

资料来源：Carena 和 Wick III（2006）

[a] 中选群体杂交种的平均值

[b] 包括 25 个改良过的亲本品种的 71 个品种间杂交种平均值

表 7.21 给出了在 Fargo 试验站（Fargo，北达科他州）进行的轮回选择研究，是早熟玉米区轮回选择改良种质与选育自交系相结合的玉米育种案例。

表 7.21　北达科他州立大学（NDSU）玉米育种项目对群体进行高产、抗倒、耐旱、耐冷、籽粒品质、籽粒脱水和早熟性的轮回选择

选择群体	目的群体	测验种	鉴定后裔	完成轮数
北达科他综合种 AB	NDSAB（Mer-FS）[a]		半同胞/全同胞	16
	NDSAB（M）		半同胞后裔	14
	NDSAB（M-DT）		全同胞后裔	16
北达科他综合种 M	NDSM（M-FS）[a]		半同胞/全同胞	10
	NDSM（M-CT）		半同胞/全同胞[b]	10

续表

选择群体	目的群体	测验种	鉴定后裔	完成轮数
北达科他坚秆	NDSS		全同胞	2
北达科他 Lancaster	NDL		全同胞	2
北达科他综合种 CD	NDSCD（M-FS）		半同胞/全同胞	13
Leaming	LEAMING（S-FS）		S_1-S_2/全同胞	7
	LEAMING（FR）	BS22	全同胞相互轮回选择	1
Krug Hi I.综合种 3[c]	NDBSK（M-FS）[b]		半同胞/全同胞	15
先锋双穗综合种[c]	NDBS11（M-FS）[b]		半同胞/全同胞	17
艾奥瓦双穗综合种×先锋双穗综合种[c]	NDBS1011（FR）[b]		半同胞/全同胞	17
CIMMYT 高地复合种[c]	NDSHLC（M-FS）[b]		半同胞/全同胞	8
艾奥瓦早熟综合种 1 号	NDBS21（R-HT）	LH176	半同胞	9
	NDBS21（FR）	CGSS	全同胞相互轮回选择	4
	NDBS21（FR）	NDSAB	全同胞相互轮回选择	2
	NDBS21（FR）	CGL	全同胞相互轮回选择	3
艾奥瓦早熟综合种 2 号	NDBS22（R-HT）	TR1017	半同胞	9
	NDBS22（R-CT）		半同胞	3
北达科他早熟 GEM[d]	他早熟 GEM（FS）		全同胞	2
CGSS（S）C5×CGL（S）C5	NDCG（FS）		S_1-S_2/全同胞	3

[a] 两个方案（Syn1 与 Syn）的重组数量不同

[b] 经过 3 轮包含全同胞轮回选择的适应性遗传改良后，群体 BSK（HI）C11 和 BS11（FR）C13 已经适应北达科他州，对这些群体还进行了籽粒蛋白质和含油量的育种研究

[c] 分级选择用于育种计划遗传改良之前，对热带和温带晚熟群体在美国北部环境进行适应性改良

[d] 包括 3 套育种方案，分别强调：①籽粒产量，②籽粒品质（萃取及可发酵淀粉），③早熟性（包括籽粒脱水和收获时籽粒含水量）

7.4　选择作用的一般效果

除了对产量和其他性状的直接选择效应，还能从选择试验获得其他重要信息。例如，当群体与特定或非特定群体或测验种杂交时，杂种优势和配合力也会发生相应变化。Lonnquist（1951）用亲本群体 Krug 作测验种进行高产和低产选择。获得的高产和低产综合种又与单交种 WF9×M14 杂交，测交组合的产量比测验种平均值分别低 170kg/hm^2 和 970kg/hm^2。结论认为，仅仅进行 1 轮选择后，根据与无关联窄基测验种的配合力，原始群体 Krug 便被分成完全不同的两组。

Sprague 和 Russell（1957）用半同胞家系选择法改良 Lancaster 和 Kolkmeier 群体与自交系 Hy 的配合力。2 轮选择后，杂交组合 Lancaster×Kolkmeier 的产量增益速度超过两个群体自身的产量增益，这个结果预示部分显性至完全显性的基因控制产量。Sprague 等（1959）对这两个群体做进一步研究也报道了相同的结论。Carena 和 Hallauer（2001a）在一个类似研究中，对 Leaming 和 Midland 群体内进行自交后裔选择并评价选择响应。Kauffmann 等（1982）鉴定表明这两个开放授粉品种在美国玉米带可能成为杂种优势模式。在 3 轮选择后，对籽粒产量的直接选择响应为 9.4%（Leaming）和 11.4%（Midland）。尽管没有进行相互轮回选择，对两个原始品种的杂交组合及 3 轮自交后裔选择后的杂交组合进行了鉴定。即使测定的是间接响应，杂种优势也从 C0×C0 的 4.9%增加到 C3×C3 的 17.7%。

正如前述，通过群体内轮回选择方法改良有遗传差异的群体，有许多杂种优势响应的例子。显然，在这些情况下，非加性基因效应似乎很重要。Lonnquist 和 Gardner（1961）对品种 Krug 和 Nubold 马齿进行 1 轮选择后，产量分别增加 5.4%和 4.5%，群体间杂交组合的产量增加了 13.5%，1 轮选择后杂种优势从 6.0%增加到 14.6%。Krug 和 Nubold 马齿的高代群体间和原始群体间杂交组合的中亲杂种优势分别增加 8.3%和 8.7%。这样的结果表明，衍生群体的产量得到提高是由于亲本群体中存在加性基因效应及基因处于部分到完全显性，因而提高了杂种优势。Penny 等（1962）用半同胞家系选择对 Alph 和 WF9×B7 与自交系 B14 的配合力进行改良得到相似的结果，两轮选择后群体间杂交组合的产量比原始群体间杂交组合的产量明显增加。在两轮选择中对群体间杂交组合进行低产选择也是有效的。

然而在每一轮内的 3 个群体间相互杂交，Lonnquist（1963）得到的产量平均增益，与群体自身平均产量增益幅度相同，这表明非加性遗传效应没有发生明显变化，组合间产量的持续增加直接来源于对亲本群体加性遗传变异所进行的选择和改良。

Horner 等（1963）对特殊配合力（自交系 F_6 作测验种）和一般配合力（亲本群体 Fla.767 作测验种）进行 4 轮选择。改良群体与 11 个无关联测验种的平均产量表明，特殊配合力增加显著，而一般配合力不显著。同样，与自交系测验种的特殊配合力增加显著，而一般配合力不显著。Horner 等（1969）对测交后代（自交系作测验种和群体作测验种）产量和 Fla.767 群体 S_2 后裔进行 3 轮选择，然后进行评估。与 11 个无关联测验种的配合力显著增加，但不同方法之间没有差异。Horner 等（1973）比较了 3 种轮回选择方法的 4 轮选择，各种方法产生的群体与无关联测验种的一般配合力均显著增加。结果表明用自交系 F6 作测验种改良加性基因频率的效果是广基测验种或 S_2 选择法的近 2 倍。窄基测验种（自交系）更有效，表明该自交系在许多重要位点是隐性纯合的。自交系测验种具有更大的测交组合方差，比广基测验种更容易筛选显性有利等位基因。Horner 等（1976）用单交测验种进行特殊配合力选择，结果表明，进行特殊配合力选择时，对一般配合力的改良同样有效。他们由此推测在轮回选择过程中改变测验种而丢失改良积累的可能性甚小。根据这些结果及其他作者（Sprague et al.，1959；Lonnquist，1961；Russell et al.，1973）报道的结果，提出用一个特殊定验种进行选择对基因加性效应是有效的。在后来的报告中，Horner 等（1989）在 8 轮选择后发现半同胞家系选择比 S_2 后裔选择的增益更大，他们把这一结果归因于 F6 自交系测验种产生的超显性效应。

Genter（1976）对群体 VLE 无论用 S_1 后裔或测交鉴定法进行选择，都没有得到显著的改良效果。对 VCBS 进行测交组合选择有效提高了杂交组合产量，但对群体自身没有效果。S_1 选择法则提高了两种配合力和群体产量。Genter 和 Eberhart（1974）用双列杂交评估 6 个原始群体和改良群体的表现，群体 VCBS（HT）、NHG、PHCB 和 PHWI 在杂交组合的平均产量得到显著改良，但群体 BSK 和 BSSS 则没有改良效果。然而，Vencovsky 等（1970）评价了群体 Paulista 马齿（PD）的 5 轮混合选择和品种 Cateto M. Gerais（CMG）的 3 轮选择效果，两群体间的杂种优势在第 1 轮增加，在第 3 轮减少，最大的杂种优势出现在 PDIII×CMGI 杂交组合，杂交组合的最高产量出现在组合 PDV×

CMGIII，但杂种优势不显著。这些结果表明群体间杂交组合的改良主要是牺牲了基于群体内加性效应的群体自身改良。

Moll 和 Robinson（1967）比较了对 Jarvis 和 Indian Chief 两个品种进行全同胞家系选择和相互轮回选择。3 轮选择后，全同胞家系选择比相互轮回选择的群体产量更高，群体间杂交组合的产量也以较高速度增加。随后 Moll 和 Robinson（1971）及 Moll 等（1978）报道，全同胞家系选择的品种间杂种优势从第 1 轮到第 6 轮降低 3%，到第 8 轮降低 12.1%，但采用相互轮回选择在第 6 轮增加 8.5%和第 8 轮增加 11.3%（表 7.22）。

表 7.22　采用全同胞家系选择（FS）和相互轮回选择（RRS）对两个群体及其杂交组合的每轮增益（原始群体的百分率）

群体	3 轮[a]		3 轮[b]		6 轮[c]		8 轮[c]	
	FS	RRS	FS	RRS	FS	RRS	FS	RRS
Jarvis	3.6	4.3	3.5	2.3	3.6	2.1	3.6	2.5
Indian Chief	2.1	1.7	2.8	1.2	2.7	0.9	3.2	1.4
Jarvis×Indian Chief	2.8	0.8	2.5	3.5	2.4	3.1	2.2	3.2

[a] Moll 和 Robinson（1966）
[b] Moll 和 Stuber（1971）
[c] Moll 等（1978）

Burton 等（1971）用双交测验种对 BSK 群体和对 S_1 自身产量进行选择，两种方法均能提高平均产量和一般配合力，但 S_1 选择更有效。进 8 轮选择后，半同胞选择比自交后裔选择更有效，自交后裔选择在 4 轮选择后就没有进一步响应（Tanner and Smith，1987）。两个高代群体间的杂交组合表现出杂种优势，这说明两种方法改良的群体基因频率不同。Johnson 和 Salazar（1967）对古巴黄色硬粒品种进行 3 轮混合选择提高了与 3 个自交系的平均配合力约 20%，品种自身产量也得到同样的改良速度（3360~4050kg/hm^2）。

Eberhart 等（1973）对 BSSS 和 BSCB1 进行相互轮回选择，杂种优势从 C0×C0 的 15%增加到 C5×C5 的 37%。同样，用 BSCB1 相互轮回选择第 5 轮与用双交种 IA13 作测验种对 BSSS 半同胞选择的第 7 轮杂交的杂种优势从 15%增加到 34%。在 11 轮相互轮回选择后，BSSS 和 BSCB1 群体间杂交组合的杂种优势从 C0×C0 的 25.4%增加到 C11×C11 的 76.0%（Keeratinijakal and Lamkey，1993）。Gever（1974）进行相互轮回选择时用 2 种方法选择父本，即随机选择和根据农艺性状选择，观测到杂种优势从原始群体组合的 6%分别增加到 10.3%和 11.0%。

Walejko 和 Russell（1977）报道用 Hy 自交系作测验种对特殊配合力进行 5 轮选择。从 C0×C0 到 C5×C5 群体间杂交组合（Lancaster×Kolkmeier）的产量变化速度为（62.23±11.43）kg/hm^2。非特定测验种的测交组合产量变化与 Hy 测验种的测交结果相似。对选择效果的综合评估显示，轮回选择有效提高了两个群体中有利等位基因的频率，产量杂种优势的基因作用方式为部分显性到完全显性的加性基因效应。

1981 年报道的群体内和群体间选择试验的产量中亲值、品种间杂交组合的平均产量和杂种优势的变化汇总于表 7.23。

表 7.23 群体内和群体间轮回选择后产量中亲值（MP）、品种间杂交组合的平均产量（VC）及杂种优势（H）的变化

方法[a]	轮回数	每轮进度				与 C0 相比的 H(%MP)	参考文献
		以 C0 的百分率表示			H^b（%MP）		
		MP	VC	H			
RRS	2	5.9	5.8	5.3	–0.14	24.6	Collier（1959）
HT	2	5.9	2.9	–3.3	3.87	47.4	Penny（1959）
HT 高	2	5.9	3.8	–0.3	–2.73	48.1	Penny 等（1962）
HT 低	2	–13.0	–7.2	4.4	11.21	48.1	Penny 等（1962）
RRS	3	2.9	0.8	–12.0	–6.88	16.7	Moll 和 Robinson（1967）
FS	3	4.4	3.7	–0.4	–2.13	16.7	Moll 和 Robinson（1967）
HS	3	3.1	6.1	47.2	2.92	11.2	Paterniani（1968）
M	3	3.9	2.7	–13.0	–1.09	7.4	Vencovsky 等（1970）
HT	5	5.2	7.3	12.6	1.98	39.4	Russell 等（1973）
RRS	5	0.5	4.2	24.8	4.20	14.4	Eberhart 等（1973）
HT	2	0.2	3.7	29.9	4.07	12.8	Genter（1973）
S_1	2	4.2	3.4	–2.5	–0.76	12.8	Genter（1973）
RRS^1	3	7.5	5.8	–7.8	–1.26	5.9	Genter（1974）
RRS^2	3	3.3	3.3	2.8	0.13	5.9	Genter（1974）
HT	5	–0.2	3.6	15.4	5.10	25.4	Walejko 和 Russell（1977）
RRS-1	1	5.1	7.5	20.6	2.71	18.4	Paterniani 和 Vencovsky（1977）
FS-RRS	3	5.9	3.2	–24.2	–24.9	9.7	Hallauer（1977）
HS	6	4.0	–0.7	–12.9	–5.3	39.2	Darrah 等（1978）
RRS	3	2.2	7.1	19.4	6.3	39.2	Darrah 等（1978）

a RRS 表示相互轮回选择；RRS^1 和 RRS^2 分别是父本随机抽取和根据性状选择父本；RRS-1 表示根据半同胞家系测交的 RRS；FS 表示全同胞家系选择；FS-RRS 表示全同胞相互轮回选择；HT 表示半同胞（测交）家系选择；HS 表示半同胞（改良穗行）家系选择；S_1 表示 S_1 家系选择

b $H=$（VC–MP），H（%MP）=100H/MP

在所有选择方案中，对高产的选择都增加了产量中亲值和品种间杂交组合的产量，但 Walejko 和 Russell（1977）的报道例外，选择作用提高了品种间杂交组合的产量，但不增加中亲值。汇总各方资料，大约 50%的研究结果表明品种间杂种优势降低。相互轮回选择的设计使对一般配合力和特殊配合力效应的选择最大化，通过对非加性效应的选择增加了品种间杂交组合的平均值。从目前有限的试验数据看，提高品种间杂种优势的选择效果并不一致。通过相互轮回选择提高杂种优势显然不成功，这是由于控制产量的基因效应有很大差异。由于这些研究的选择轮数还不够多，一个符合逻辑的解释是，如果效应较大的基因大部分都是加性基因，那么选择主要是改变这些基因的频率。因此，对位点内（显性）和位点间（上位性）基因相互作用的选择在最初几轮将不会太有效。有 5 个相互轮回选择方案超过 6 轮选择后，中亲杂种优势从原始群体间的 7.3%增加到选择群体间的 37.4%（表 7.24）。由此看来，相互轮回选择正在实现其最初的目标，即改良杂种优势模式群体间的杂交组合用于玉米育种（Hallauer and Carena，2009）。Melani 和 Carena（2005）提出了可在美国北部使用的杂种优势模式，目前正在进行全同胞相互

轮回选择，为了进行大量测试，他们用成对的 S_1 后裔杂交来代替多穗基因型产生的杂交种子。

表 7.24　至少 6 轮相互轮回选择后的直接与间接响应及中亲杂种优势

群体	参考文献	选择轮回	每轮响应（%）		中亲优势（%）	
			直接	间接	C0	Cn
Jarvis×Indian Chief	Moll 和 Hanson（1984）	10	2.7	3.1 −0.7	6.6	28.9
BS10×BS11	Eyherabide 和 Hallauer（1991）	8	7.5	3.0 1.6	2.5	39.6
BSSS×BSCB1	Keeratinijakal 和 Lamkey（1991）	11	7.0	2.0 0.0	25.4	76.0
BS21×BS22	Menz 等（1999）[a]	6	4.4	−0.2 0.5	1.0	25.4
BS21×BS22	Menz 等（1999）[b]	6	1.6	−5.9 −0.5	1.0	17.2
平均			4.6	0.3	7.3	37.4

资料来源：Hallauer 和 Carena（2009）

[a] 用群体作测验种

[b] 用自交系作测验种：A632 用于 BS21，H99 用于 BS22

Genter 和 Eberhart（1974）的深入研究汇总在表 7.25 中，包括原始品种及群体内改良的高代群体共形成 20 个品种间杂交组合，总的结果与表 7.23 差异不大。20 个杂交组合仅有一例选择后中亲产量降低，有 6 个品种间杂交组合产量降低。有 8 例选择后杂种优势绝对值降低。按中亲值百分率计算的杂种优势，有一半杂交组合是降低的。尽管数据有限，但这些结果表明，群体内选择后的杂种优势变化在很大程度上具有偶然性。然而，通过对遗传差异较大的群体进行群体内选择，也能鉴定出具有显著杂种优势的群体间杂交种（表 7.19）。因此，在群体内进行选择，能增加发现较好杂种优势组合的概率，这取决于优良种质的选择和改良的方法。

表 7.25　群体内轮回选择后产量中亲值（MP）和品种间杂交组合产量（VC）及杂种优势（*H*）的变化

群体[a]		方法[b]		轮回数		总的增益				*H*（%MP）（与 C0 比较）
						%（C0）			H^c（%MP）	
A	B	A	B	A	B	MP	CV	*H*		
VCBS	BSK	HT	S_1	3	4	16.2	18.4	30.6	1.5	13.0
VCBS	BSSS	HT	HT	3	7	8.9	18.0	73.9	9.7	16.3
VCBS	NHG	HT	M	3	12	17.0	8.1	−44.5	−8.9	17.0
VCBS	PHCB	HT	M	3	9	14.9	23.9	98.3	8.8	12.1
VCBS	PHWI	HT	M	3	9	8.4	17.8	117.8	9.4	9.4
VCBS	BSK	S_1	S_1	4	4	16.0	18.2	30.6	1.6	13.0
VCBS	BSSS	S_1	HT	4	7	8.7	19.3	84.8	11.4	16.3
VCBS	NHG	S_1	M	4	12	16.8	15.9	11.0	−0.9	17.0
VCBS	PHCB	S_1	M	4	9	14.7	23.9	100.0	9.0	12.1
VCBS	PHWI	S_1	M	4	9	8.2	29.3	149.5	12.2	9.4
BSK	BSSS	S_1	HT	4	7	2.8	−14.6	−89.0	−20.9	23.4

续表

群体[a] A	群体[a] B	方法[b] A	方法[b] B	轮回数 A	轮回数 B	总的增益 % (C0) MP	CV	H	H^c (%MP)	H (%MP) (与 C0 比较)
BSK	NHG	S_1	M	4	12	11.2	−0.2	−75.7	−11.8	15.1
BSK	PHCB	S_1	M	4	9	8.9	−6.5	−72.9	−17.4	23.2
BSK	PHWI	S_1	M	4	9	2.7	−5.4	−77.6	−8.7	11.2
BSSS	NHG	HT	M	7	12	4.3	−4.7	−37.4	−11.0	27.6
BSSS	PHCB	HT	M	7	9	2.0	1.3	−2.1	−0.8	19.2
BSSS	PHWI	HT	M	7	9	−3.4	3.3	45.9	−8.0	15.7
NHG	PHCB	M	M	12	9	10.1	12.7	29.8	2.7	14.8
NHG	PHWI	M	M	12	9	4.2	8.1	85.7	4.0	5.1
PHCB	PHWI	M	M	9	9	1.9	−1.1	−24.5	−3.4	13.3

资料来源：Genter 和 Eberhart（1974）

[a] VCBS 表示弗吉尼亚玉米带南部综合种；BSK 表示 Krug Hi I 综合种 3；BSSS 表示艾奥瓦坚秆综合种；NHG 表示内布那斯加 Hays Golden；PHCB 表示先锋 Hi-Bred 玉米带综合种；PHWI 表示先锋 Hi-Bred 西印第安综合种

[b] HT 表示半同胞家系（测交组合）选择；S_1 表示 S_1 家系选择；M 表示混合选择

[c] H =（VC−MP）；H（%MP）=100H/MP

理论与实证结果显示，选择作用会直接影响群体内的变异性，其变化程度取决于几个因素，如选择强度、原始群体（实际的和潜在的）变异性、连锁不平衡和重组率。环境因素也会影响重组率，因此，潜在变异性的逐渐释放在某种程度上取决于环境条件（Mock，1973）。

关于选择改变变异性的最早报道之一，是在 1896~1924 年对 Burr White 进行的蛋白质和含油量选择（Winter，1929）。通过 3 种方法（Weinberg 公式、标准差和额外模型系数）测定变异性表明，高蛋白和高油系有增加趋势，而低蛋白和低油系则呈降低趋势。高蛋白和高油系的变异系数显示出降低趋势，是因为通过选择两者性状平均值增加。同理，低蛋白和低油系的变异系数呈增加趋势，是因为通过选择两者性状的平均值降低。Leng（1962）对 4 类家系进行有效的反向选择，得出 48 轮后仍存在变异的结论。Dudley 和 Lambert（1969）对依利诺选择方案中的 5 类家系进行了遗传变异估计，所有半同胞家系间的方差估值都显著，但对选择性状降低（低蛋白和低油）则较大。由于机误方差不均匀，不能对不同的估值做直接比较。由于这一原因，只能基于单个小区遗传力的粗略估值进行比较（表 7.26）。

表 7.26　半同胞家系间遗传方差（$\hat{\sigma}_g^2$）和基于小区的遗传力（$\hat{\sigma}_g^2/\hat{\sigma}_p^2$）[a] 估值

群体	含油量 $\hat{\sigma}_g^2$	含油量 $\hat{\sigma}_g^2/\hat{\sigma}_p^2$(%)	蛋白质 $\hat{\sigma}_g^2$	蛋白质 $\hat{\sigma}_g^2/\hat{\sigma}_p^2$(%)
依利诺高油（IHO）	0.0724	12.5	0.1082	11.4
依利诺低油（ILO）	0.0008	16.7	0.0859	27.7
依利诺高蛋白质（IHP）	0.0438	39.8	0.1726	20.5
依利诺低蛋白质（ILP）	0.0090	15.5	0.0538	23.0
依利诺高蛋白质（HN）	0.0210	30.0	0.3136	27.3

资料来源：Dudley 和 Lambert（1969）

[a] $\hat{\sigma}_p^2$ 是基于小区的表型方差：$\hat{\sigma}_g^2+\hat{\sigma}_{gy}^2+\hat{\sigma}^2$

每个群体中非选择性状的遗传力预计比选择性状的遗传力要高，这是由于在非选择情况下变异性的变化只归因于近交效应；而选择性状减少变异，是由于近交和选择均起作用。这似乎已经发生在 ILO、IHP 和 IHP（HN）群体。ILO 低含油量的遗传力比 IHO 略高。然而，ILO 变异是由无胚籽粒百分率的变异引起的，这样的变异对低含油量选择几乎不起作用（Dudley and Lambert，2004）。

Robinson 和 Comstock（1955）对几个不同选择轮回的杂交群体和自由授粉品种估计加性和显性方差。结果表明，Jarvis、NC34×NC45 和 CI21×NC7 群体的加性方差估值降低，而 Weekly 品种的加性方差略有增加。随后，Moll 和 Robinson（1966）报道了多轮群体内改良，以及群体间相互轮回选择的组合间加性方差估值。结果列于表 7.27。

表 7.27　群体内和群体间经数轮改良后加性遗传方差（$\hat{\sigma}_A^2$）和测交后裔方差（$\hat{\sigma}_g^2$）的估值

群体	轮回数						
	0	1	2	3	4	5	6
加性遗传方差 [a]							
CI121×NC7	24±3	20±22	20±14	41±21	18±13	40±21	16±14
Jarvis	30±4	12±13	16±19	42±18	38±20	53±22	
Indian Chief	17±4	1±28	31±17	30±19	44±23		
测交组合后裔间方差 [a]							
Jarvis×Indian Chief	7±2	18±8	16±8	19±6	9±4		
Indian Chief×Jarvis	9±2	22±9	10±6	28±8	23±8		

资料来源：Moll 和 Robinson（1966）

[a] $\times10^{-4}$ 为单株产量（磅）

经连续多轮选择，对原始群体估计的群体内 $\hat{\sigma}_A^2+\hat{\sigma}_{AE}^2$（加性方差+加性与环境互作方差）估值似乎更为精确，但未发现随着选择的变化趋势。第 1 轮群体间选择后，测交组合后裔间的方差估值比原始群体间组合要大些。尽管第 1 轮选择之后的后续估值大小没有观察到明显的变化趋势，但数据显示选择后遗传方差增加。

Silva 和 Lonnquist（1968）发现在 1 轮 S_1 家系选择和全同胞家系选择后，产量和开花期的遗传方差下降。两种选择方法使遗传方差的大小产生了不同的变化。Hallauer（1970）估计两个原始群体和 4 轮相互轮回选择群体的加性遗传方差，结果选择没有增加抗螟综合种 1 号的产量，不同轮回之间加性遗传方差没有变化。

$$C0(\hat{\sigma}_A^2=143\pm35)，\ C4(\hat{\sigma}_A^2=133\pm35)$$

另外，选择作用有效提高了艾奥瓦坚秆综合种的产量，而加性遗传方差估值从 $C0(\hat{\sigma}_A^2=\ 184\pm48)$ 降低到 $C4(\hat{\sigma}_A^2=130\pm35)$。群体间杂交组合也表现出增加产量和降低加性遗传方差的趋势，从 $C0(\hat{\sigma}_A^2=216\pm46)$ 到 $C4(\hat{\sigma}_A^2=96\pm30)$。这些结果已汇总在第 5 章，但没有证据表明选择会引起遗传变异性的改变。

Hallauer（1971）对玉米产量进行 4 轮相互轮回选择后研究了几个性状的变化。在所有 3 个群体中籽粒长度的加性遗传方差降低，而显性方差增加。所有其他性状的加性遗传方差显著，但 3 对群体间的差异较小。从 C0 到 C4 生育期的变化似乎影响了吐丝期、株高和穗位高的加性遗传方差。Betra 和 Hallauer（1996a）对群体 BSSS 和 BSCB1 进行 9 轮相互轮回选择后，用 NCII 判定群体间的遗传变异，加性遗传方差是 10 个性状中最重要的方差成分。籽粒产量是很重要的选择性状，从 C0×C0 到 C9×C9，加性遗传方差随着选择而增加，而加性×环境互作方差成分降低。除产量外，其他 9 个性状在 9 轮相互轮回选择后显性方差均降低。

对自由授粉品种 Hays Golden 进行混合选择表明，选择群体遗传方差会持续降低（Gardner，1969b；Harris et al.，1972）。Gardner 等（1976）汇总了选择作用对品种 Hays Golden（HG）变异性（对照与辐射）的相对效果，列于表 7.28。

表 7.28 对玉米品种 Hays Golden 的衍生系在辐射和对照条件下进行混合选择后的相对遗传方差估值

群体	选择轮回数						
	6	10	15	9			
				（a）	（b）	（c）	（d）
Hays Golden	100	100	100	100	100	100	100
HG-对照	136	30	60	40	22	30	77
HG-辐射	236	89	49	67	47	14	57

资料来源：Gardner（1976）

注：（a）S_1 系群体自身，（b）（c）S_1 分别与 NG×NGG 和 H49×WF9 的测交组合，（d）$S_6 \times S_6$ 的随机杂交组合

在一些选择试验中，用遗传变异系数判定材料（半同胞、全同胞、自交和测交组合家系）间遗传变异的相对大小。几个半同胞和 S_1 家系（群体内改良）的选择试验相对遗传变异系数汇总在表 7.29，群体间改良，以及与无关联测验种的轮回选择结果列于表 7.30 中。

表 7.29 群体内半同胞和 S_1 家系选择群体的遗传变异系数估值

轮回	改良穗行选择				S_1 选择	S_2 选择
	Paulista Dent[a]	Hays Golden[b]	Pinamex[c]	马齿型复合种[d]	BSK（S）	BS13
0	15.3	11.3	10.6	7.4	16.2	14.6
1	9.3	4.2	6.1	7.3	15.7	22.3
2	9.1	4.1	5.0		10.8	12.9
3	7.1	5.0	3.4		15.4	
4		4.8	6.5		8.8	
5					13.4	
6					20.6	
7					39.7	

[a] Paterniani（1967）

[b] Webel 和 Lonnquist（1967）

[c] Paterniani（1969）

[d] Miranda 等（1972），Lima 等（1974）

表 7.30 相互轮回选择群体杂交组合及与无关联测验种测交组合的遗传变异系数估值

轮回	与测验种的半同胞选择			相互轮回选择		改良的相互轮回选择-2[a]	
	BSSS-1[(1)]	BS12(HI)[(2)]	BSK(HI)[(3)]	BSCB1[(4)]	BSSS[(5)]	硬粒型复合种[(6)]	马齿型复合种[(7)]
0	10.2	11.6	4.0	10.8	7.9	11.7	9.5
1	3.8	7.8	5.2	7.7	6.2	5.7	6.4
2	4.8	2.8	2.4	3.2	3.7	12.3	7.7
3		4.5	3.4	3.5	2.8		
4	2.6	2.4	3.4	3.6	2.1		
5	3.8	5.0	5.0	4.9	5.3		
6	4.6	9.7	7.7	8.0	5.5		
7			8.5	5.6	4.6		
8				3.9	8.8		

[a]Paterniani（1971，1974a，1974b）；测验种分别为（1）IA13，（2）B14，（3）IA4652、B14、B73，（4）BSSS，（5）BSCB1，（6）马齿型复合种，（7）硬粒型复合种

表 7.29 和表 7.30 的共同特征是在第 1 轮选择后遗传变异系数迅速降低，在随后的轮回中或保持不变或变化很小。当然，因为遗传变异丰富，第 1 轮选择应该是最有效的。在随后的轮回中，需要增加试验精确度来达到第 1 轮的选择效果。有效的选择作用会提高性状平均值，尽管遗传变异保持不变，也会降低遗传变异系数。由于遗传变异系数估值来自不同年份，环境效应和基因型与环境互作可能会影响遗传变异的大小。尽管大多数案例中仅完成了有限的轮回数（第 5 章），但总的来说实证结果表明，选择作用似乎降低了遗传变异性。这在很大程度上取决于每轮用于重组繁殖的家系数量。

Reeder 等（1987）对群体 BS10 和 BS11 进行 6 轮全同胞家系相互轮回选择，然后检查遗传变异情况。两群体全同胞家系的籽粒产量分别增加 6.3%和 5.7%，而同一群体 S_1 后裔的籽粒产量分别增加 11.6%和 21.3%。BS10 和 BS11 群体遗传方差估值的变化表明 6 轮选择后遗传变异呈下降趋势，但大多数变化很小且统计学上不显著。全同胞家系和自交后裔选择的响应促使 Moreno-Gonzalez 和 Hallauer（1982）提出两种不同类型后裔均衡选择（basing selection）的可能性。

轮回选择方法最重要的特征是改良群体，用作选育杂交种的自交系种质来源。理论和实证研究表明随着有利等位基因频率的提高，也增加了选育优良杂交种的机会。Horner 等（1973）认为用一个商用自交系作母本测验种的轮回选择方案中可以迅速产生商业杂交种，用这一方法已获得商业杂交种（Florida 200A）。B73 是一个很关键的例子，用轮回选择方法改良种质产生优良自交系，然后再用它选二环系。

Hallauer（1973）报道了 1 轮全同胞相互轮回选择后，全同胞后裔 $S_0 \times S_0$ 的产量超过未改良群体间杂交组合。两个亲本群体艾奥瓦双穗综合种（Iowa two-ear synthetic）和先锋双穗复合种（pioneer two-ear composite）在正常密度下双穗率较低。1 轮选择后，产量分别增加 14.8%和 18.7%；有 46%的全同胞家系产量超过对照平均值，16%的家系产量超过对照平均值 1 个标准差以上，而来自两个原始群体只有 1%的全同胞家系产量超过对照平均值。

Suwantaradon 和 Eberhart（1974）观测到两个改良群体形成的杂交种产量显著高于亲本群体杂交种。两个亲本品种 BSK 和 BSSS 分别经过 5 轮 S_1 家系选择和用 BSCB1 作测验种的相互轮回选择。改良品种间杂交组合产量至少是最佳对照杂交种的 90%，而改

良品种形成的最好杂交组合产量比品种间杂交组合产量高 18%。Betran 和 Hallauer（1996b）也比较了从 C0 和 C9 群体杂交组合的平均产量。C9 群体衍生的单杂交种比 C0 群体衍生的单杂交种平均产量显著增加（2.67t/hm^2 或 54.5%）。相互轮回选择比对 BS13 用半同胞和自交后裔产量选择的联合响应（2.09t/hm^2 或 42.8%）更有效。相互轮回选择在提高根茎强度、降低穗位高和到吐丝前天数更为有效。

Gardner（1974）用 3 个种质产生 S_2 家系：①对 Hays Golden 品种（HG）进行 12 轮产量混合选择（C12）；②进行 13 轮产量混合选择后对群体辐射处理（I13）；③对 7 轮单株穗数混合选择产生的多穗（P7）群体。当用自交系 Oh43 及有亲缘关系的单交种（姊妹系 N7A×N7B）与从改良群体中选出的自交系进行杂交的产量，比从亲本群体选出的自交系更有优势。当与 Oh43 杂交时，从 C12、I13 和 P7 选出的家系比从 HG 选出的家系产量分别提高 11.4%、10.0%和 10.6%。当与 N7A×N7B 杂交时，产量分别提高 10.9%、8.0%和 7.7%。有 10 个包含这些家系的杂交组合的试验产量均超过最好的对照杂交种。

Harris 等（1972）对品种 Hays Golden 进行 7 轮混合选择后鉴定了 S_1 家系自身和测交组合的产量。结果为来自改良群体的 S_1 家系产量优于来自亲本品种的家系。结论认为，选择作用淘汰了辐照群体中的有害突变，同时在两个选择群体中都增加了对产量有利的基因频率。这显然产生了相似的种质库，比亲本群体更适于选育优良自交系。此外，Martin 和 Gardner（1976）比较了源自 Hays Golden 的自交系、9 轮混合选择后从对照群体和辐照衍生群体选育的自交系配成的单交种、三交种和双交种。从 9 轮混合选择对照群体和辐照群体产生自交系形成的杂交组合比从原始 Hays Golden 自交系形成的杂交组合产量分别提高 9.3%和 7.4%，双穗率分别高 7.4%和 17.6%。

7.5 影响选择效率的因素

Eberhart（1970）详细讨论了不同因素对选择效率的影响，提出用于玉米育种各种选择方法的预测公式，并给出在预测公式中如何调控变量以提高选择效率。第 6 章介绍了不同选择方法的预测方程，并做了一些讨论。

表 7.31 和表 7.32 说明了预测公式的应用实例。对艾奥瓦坚秆综合种的 144 个 S_1 后裔种植 3 次重复，测定 3 个性状，每小区对 10 个植株接种欧洲玉米螟（*O. nubilalis* Hübner）和茎腐病（*O. zea* Pass.）。大约接种 3 周后，调查欧洲玉米螟抗性的小区平均值和每小区 10 株对茎秆的穿刺压力，随后用刀划开这 10 个植株，判断 *O. zea* Pass.感染程度。穿刺压力和 *O. zea* Pass.感染等级都是在地上部第 2 和第 3 节间进行。所有的分析均采用小区平均值，每个性状的方差分析和 3 个性状间的协方差列于表 7.31。3 个性状的材料间差异均显著，穿刺压力与 *O. zea* Pass.感染等级为负相关。根据 3 个性状的表现，选择 20 个 S_1 后裔重组形成下一轮选择群体。为了说明情况，我们假定对每个性状都进行了选择。需要确定单点 3 次重复是否能有效选择或是否需要增加或减少重复数。每个性状不同重复数所期望的增益列于表 7.32。由于数据仅来自一个环境，增加重复次数对每个性状的选择效率直接与性状的遗传力有关。穿刺压力的遗传力（85.6%）最大。因此，增加重复次数的效应比玉米螟效应小，玉米螟等级的遗传力估值最低，仅为 55.5%。把

重复次数从 2 增加到 5，穿刺压力的预期遗传增益仅提高 6%，而玉米螟等级的预期遗传增益增加 18%。这些结果显示，2~3 次重复对每个性状都合适，但对玉米螟等级来说，增加重复次数的效应较大。重复数增加 1 倍（土地和劳力也增加 1 倍），穿刺压力的预期遗传增益仅提高 6%。由于数据仅来自一个环境，遗传力估值也会有偏差，不可能用这样的数据来判断多环境下两次重复就能提高遗传增益。如果基因型与环境互作方差成分大于基因型方差成分，那就需要在不同环境下设置重复。

表 7.31　144 个 BSSS 群体的 S_1 家系对第一代欧洲玉米螟、茎秆穿刺压力和茎腐病等级的方差和协方差分析

变异来源	自由度	均方				平均互作		
						穿刺压力×		玉米螟
		穿刺压力	玉米螟	茎腐病		玉米螟	茎腐病	×茎腐病
重复	2	18.86	3.02	0.48		4.49	–1.57	–1.20
材料	143	14.62	5.67	2.19		1.05	–3.97	0.37
误差	286	2.10	2.55	0.60		0.13	–0.25	–0.03
总计	431							
$\hat{\sigma}^2$		2.10±0.17	2.55±0.13	0.60±0.05	$\hat{\sigma}$	0.13	–0.25	–0.03
$\hat{\sigma}_g^2$		4.17±0.17	1.04±0.23	0.53±0.01	$\hat{\sigma}_g$	0.31	–0.24	0.13
$\hat{h}^2$（%）[a]		85.6	55.0	72.6				
CV（%）		10.8	28.0	28.6	r_g	0.15	–0.83	–0.04
$\bar{x}$		13.4	5.7	2.7	r_p	0.12	–0.70	0.11

[a] 基于后裔平均值计算遗传力：$\hat{\sigma}_g^2/(\hat{\sigma}^2/3+\hat{\sigma}_g^2)\times 100$

表 7.32　对玉米 3 个性状预期增益的重复效应

重复数	穿刺压力			选择效率
	$\hat{\sigma}_p^{2a}$	$\hat{h}^{2b}$	ΔG^c	
5	4.59	90.8	1.61	1.02
4	4.70	88.7	1.60	1.02
3	4.87	85.6	1.57	1.00
2	5.22	79.9	1.51	0.96
1	6.27	66.5	1.38	0.88
		玉米螟等级		
5	1.55	67.1	0.69	1.10
4	1.68	62.0	0.66	1.05
3	1.89	54.9	0.63	1.00
2	2.32	44.9	0.58	0.92
1	3.59	29.0	0.46	0.73
		茎腐病等级		
5	0.65	81.8	0.54	1.06
4	0.68	78.2	0.53	1.04
3	0.73	72.9	0.51	1.00
2	0.82	64.2	0.48	0.94
1	1.12	47.3	0.42	0.82

[a] $\hat{\sigma}_p^2$ 是据表 7.30 中的方差成分计算

[b] $\hat{\sigma}_g^2/(\hat{\sigma}^2/r+\hat{\sigma}_g^2)\times 100$

[c] $\Delta G = k\hat{\sigma}_g^2/2\hat{\sigma}_p^2$，式中，$k$ 为 1.6591，$\hat{\sigma}_g^2$ 是 S_1 后裔间的遗传方差，2 表示每轮需要 2 年，$\hat{\sigma}_p$ 是表型方差的平方根

Rogers 等（1977）和 Russell 等（1978）从不同环境收集数据，分别计算了对玉米根虫（*Diabrotica* spp.）和第二代玉米螟抗性的预期选择增益。两项研究均对特定玉米虫害进行 S_1 后裔的抗性鉴定。靠自然感染鉴定根虫抗性，而对第二代玉米螟的抗性则采用人工接种。Rogers 等（1977）对 4 个综合种进行抗根虫轮回选择，在 2 个环境下对 4 个有关根系的性状（倒伏、根损伤、根大小和次生根）进行了 2 年试验研究，每个环境设 2 次重复。除根损伤外，其他性状的基因型方差和基因型与环境互作方差均显著。根据 4 个性状中的每一个，以及由 4 个性状组成的选择指数来计算对根虫抗性的预期选择增益。以根系大小、根损伤和次生根的间接选择对降低倒伏率不如抗倒伏直接选择那么有效。直接选择抗倒伏无效的唯一案例是没有适合倒伏的环境（如风和雨的效应），指数选择在非倒伏环境下更有效。由于抗倒伏可能是选择抗根虫的最佳性状，Rogers 等（1977）对重复数与环境数的不同组合计算了预期的遗传增益。图 7.4 给出了 3 个群体的预期增益，未包括第 4 个群体 BSLR，因为只在一个环境下发生倒伏，所以没有基因型与环境互作估值。

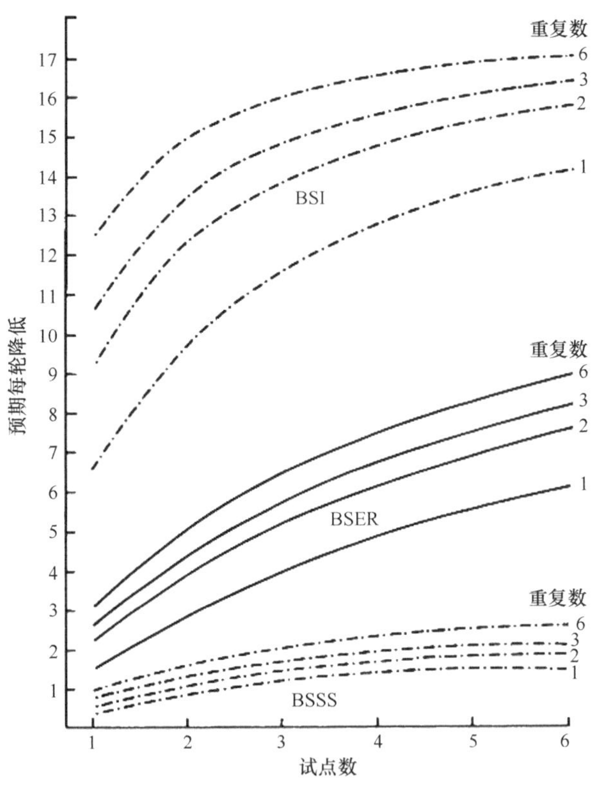

图 7.4　不同重复数和试点数的组合对 BSSS、BSER 和 BS1 预期的每轮倒伏下降百分率

3 个群体的预期进展各不相同是因为基因型方差（BSSS 最小）和基因型与环境互作方差（最小为 BS1）不同。BSSS、BSER 和 BS1 根倒伏的遗传力估值分别为 45.2%、41.8%和 84.6%。通过把重复次数从 1 次增加到 2 次，在各种情况下都得到可观的增益，但从前面章节中计算遗传力的公式便能看出，增加试点数比增加重复次数的效果更好。增加重复数超过 2 个以后，选择增益迅速降低。对这 3 个群体，有 3~4 个环境，每点 2

次重复将会是最可取的。对倒伏这样强烈依赖环境才能表现的性状，选择响应将会在条件允许的情况下因增加环境数而得到提高。

除了重复和环境，Russell 等（1978）根据单株数据研究 BS9C1 和 BS16 两个综合种群体的 100 个 S_1 后裔。BS9C1 进行了 1 轮抗欧洲玉米螟选择，而 BS16 没有进行任何抗性选择。来自 BS9C1 的 S_1 后裔于 1975 年和 1976 年在一个点进行鉴定，而来自 BS16 的 S_1 后裔仅在 1976 年单点鉴定。方差分析的方差成分估值列于表 7.33。

表 7.33　对 BS9C 和 BS16 的 S_1 后裔进行抗二代欧洲玉米螟鉴定的方差成分估值（Russell et al.，1978）

群体	方差成分估值[a]				
	$\hat{\sigma}^2_w$	$\hat{\sigma}^2$	$\hat{\sigma}^2_{ge}$	$\hat{\sigma}^2_g$	$\hat{h}^{2b}$
BS9C1	120.3	19.1	15.1	38.3	78.1
BS16	117.8	14.5		31.6	86.7

[a] $\hat{\sigma}^2_w$、$\hat{\sigma}^2$、$\hat{\sigma}^2_{ge}$ 和 $\hat{\sigma}^2_g$ 分别是小区内变异、试验误差、基因型与环境互作及基因型方差成分，$\hat{\sigma}^2_g$ 为 S_1 后裔间变异，在 $p=q=0.5$ 或无显性时，$\hat{\sigma}^2_g=\hat{\sigma}^2_A$

[b] 遗传力用 $\hat{\sigma}^2_g/(\hat{\sigma}^2/6+\hat{\sigma}^2_{ge}/2+\hat{\sigma}^2_g)\times 100$ 计算

方差成分的估值相似，但由于 BS9C1 的 S_1 后裔经过 2 年鉴定，用 BS9C1 的估值描述选择的预期遗传响应。

对第 2 代欧洲玉米螟抗性的选择，通常是按跨年份、环境和小区的平均值来确定。数据来自每小区 10 个植株，每年 3 次重复。图 7.5 描述了株数和重复数对每轮预期增益的效应。

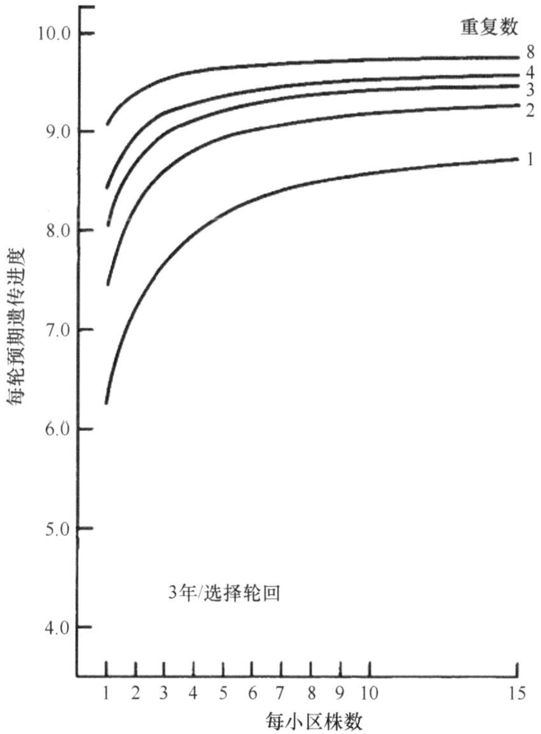

图 7.5　对 BS9C1 抗第二代欧洲玉米螟的 S_1 后裔轮回选择的株数和重复数对每轮预期增益的效应

在所有情况下，当株数超过 10 株后预期遗传增益最小。当重复数小于等于 4，每小区株数小于等于 5 时，遗传增益降低的幅度比较大。例如，采用 3 次重复，每小区的株数从 10 株降到 5 株，预期遗传增益仅降低 8%。而当每小区株数从 5 株降到 1 株时，预期遗传增益降低 35%。随着重复数增加，小区株数的效应降低。预期遗传增益和重复数的关系与小区株数的效应相似，重复数从 1 增加到 2 的预期遗传增益略大于从 4 增加到 8。小区株数的增加，也降低了增加重复数的效应。图 7.4 给出了小区株数减少一半（5 株），重复数增加 33%（4 次重复），没有改变遗传增益，但费用和接种第二代卵块和田间调查所花费的时间减少 30%。

到开花期以后才会得到第二代欧洲玉米螟抗性的数据。如果可以进行非正季加代，一年的数据就能选出抗性好的 S_1 后裔，2 年就可以完成一轮 S_1 后裔鉴定选择。如果需要增加一年获得数据，每个轮回需要 2~3 年。由于 BS9C1 的后裔鉴定用了 2 年时间，那就应计算每轮和每年预期的遗传增益来确定重复数和年数之间的关系。当按每轮表示预期遗传增益时，增加年份的效应较高（图 7.6）。

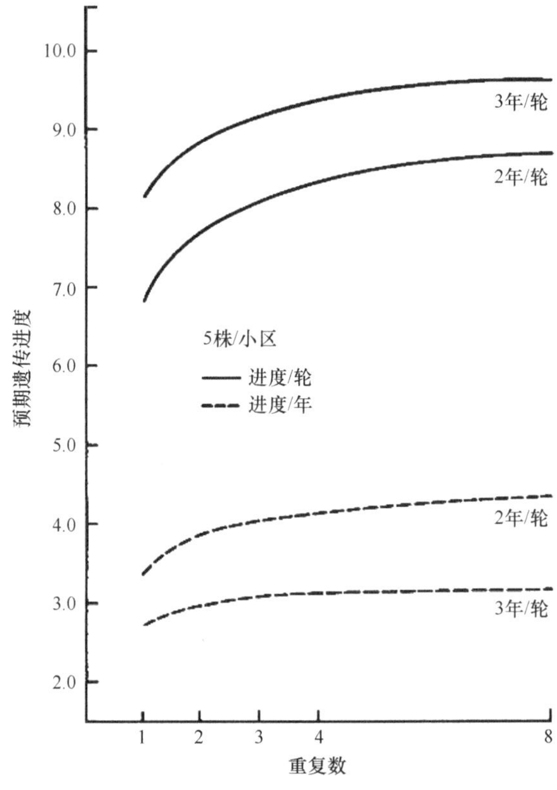

图 7.6 以按每轮和每年为基础的 S_1 选择的预期遗传增益与年数和重复数的关系

图 7.6 的结果表明，通过增加鉴定年数来降低表型方差，不足以弥补每轮所增加的时间。因此，每年设 4 个重复，每小区鉴定 5 株的 S_1 后裔鉴定法的遗传增益最大。在 S_1 后裔对第二代玉米螟的抗性鉴定上，如果基因型与环境互作很重要，在条件允许的情况下，每年多设几个鉴定点会更好。

用不同轮回选择方法对 BSSS 选择的预期遗传增益说明选择方法间遗传增益（每年和每轮）的差别。遗传增益是用在与美国玉米带类似的条件下，每年只能鉴定 1 季，冬繁地只用于重组和产生鉴定后裔。一般不在冬繁地进行鉴定，因为环境条件差异较大。表 7.34 描述了两季不同方法的组合搭配。

表 7.34　在一个夏季进行选择，一个冬季重组或产生选择后裔的情况下，不同选择方法的育种流程

季节	选择方法							
	混合选择	半同胞 I[a]	半同胞 II[a]	半同胞III[a]	全同胞	S_1	S_2	自交系
冬季						产生 S_1	产生 S_1	产生 S_1
夏季	选择	选择	产生半同胞	产生半同胞，自交	产生全同胞	测验和选择	产生 S_2	产生 S_2
冬季						重组		产生 S_3
夏季	选择	选择	测验选择	测验选择	测验选择	重组	测验选择	产生 S_4
冬季			重组	重组	重组	产生 S_1	重组	产生 S_5
夏季	选择	选择	产生半同胞	产生半同胞，自交	产生全同胞	测验和选择	重组	产生 S_6
冬季						重组	产生 S_1	产生 S_6
夏季	选择	选择	测验选择	测验选择	测验选择	重组	产生 S_2	测验选择
冬季			重组	重组	重组	产生 S_1		重组

[a] 半同胞 I 表示改良穗行选择；半同胞 II 表示用半同胞留存种子重组的半同胞选择；半同胞III表示用自交种子重组的半同胞选择

不可能在冬繁地进行混合选择和半同胞选择 I，因为选择和重组都需要在夏季完成。对其他选择方法，冬季能用于减少每轮所需年数。冬季的应用取决于选择所需数据的可用性、选择计划的顺序及可用资金情况。如果收获推迟，冬季播种太迟会影响随后夏季的正常播种。冬繁对减少选择轮回的间隔是有用的，但研究者必须灵活应用，因为在非正常条件可能需要调整选择方案。例如，全同胞后裔也可以在重组时产生，这样 2 年便完成 1 轮。

用于计算不同选择方法预期遗传增益的方差成分估值列于表 7.35。根据后裔平均值计算产量、穗长和穗位高 3 个性状的遗传力估值，分别是 38.9%、68.4%和 92.0%；按单株数据计算的遗传力估值分别是 8.4%、19.9%和 59.8%。穗位高比产量的遗传力更高。因此，用混合选择方法选择穗位高比选择产量更有效。似乎一些后裔鉴定方法对产量的改良比混合选择更有效，但我们必须考虑改良 1 轮所需要的年数。因而，后裔鉴定的每轮增益可能要大些，但总的增益又可能是混合选择大，因为每个夏季就可完成 1 轮。

表 7.35　BSSS 的 800 个全同胞后裔在 6 个点对 3 个性状进行鉴定的方差成分估值（Silva，1974）

性状	方差成分估值						$\hat{h}^2$(%)	
	$\hat{\sigma}_{\mathrm{w}}^2$	$\hat{\sigma}^2$	$\hat{\sigma}_{\mathrm{DE}}^2$	$\hat{\sigma}_{\mathrm{AE}}^2$	$\hat{\sigma}_{\mathrm{D}}^2$	$\hat{\sigma}_{\mathrm{A}}^2$	基于平均值[a]	基于单株
产量（g/株）	1301±18	185±7	75±12	92±10	193±21	169±24	38.9	8.4
穗长（cm）	3.98±0.06	0.64±0.02	0.26±0.04	0.22±0.03	0.45±0.06	1.38±0.11	68.4	19.9
穗位高（cm）	77.9±1.3	14.0±0.6	7.8±0.9	8.0±0.9	9.5±1.4	174±5.1	92.0	59.8

[a] 根据后裔平均值计算的遗传力估值：$\hat{h}^2=\hat{\sigma}_{\mathrm{A}}^2/(\hat{\sigma}^2/8+\hat{\sigma}_{\mathrm{DE}}^2/4+\hat{\sigma}_{\mathrm{AE}}^2/4+\hat{\sigma}_{\mathrm{D}}^2+\hat{\sigma}_{\mathrm{A}}^2)\times 100$

用不同选择方法对 BSSS 综合种 3 个性状的预期增益列于表 7.36 中。预期增益用每年和每轮表示，用来说明每轮预期增益的年数效应。在大多数例子中，每轮的年数越多，预期增益就越大。然而，当每轮间隔增加时，每年的增益降低。通过比较产量和穗位高的预期增益来说明不同选择方法的效应。对产量混合选择预期的每年增益比其他方法低得多。根据后裔平均值估计的产量遗传力比按单株估计的遗传力高 4.6 倍。穗位高的遗传力估值比较高，基于平均值的遗传力估值为 92.0%，是基于单株数据估值（59.5%）的 1.5 倍。因此，除 S_1 后裔法（2 年）外，对穗位高进行混合选择的每年期望遗传增益超过其他选择方法。如果开花前对穗位高进行选择，可以去掉不理想的父本株，可以提高混合选择的预期增益（系数 0.5~1），这超过任何其他方法的每年预期遗传增益（注：玉米育种通常选择较低的穗位高）。在混合选择中通过控制父本可以改良产量和增加穗长的预期增益，但现有技术不能在开花前直接鉴定高产和长穗。列于表 7.35 中的预期增益仅是根据 4 个环境下，每个环境 2 次重复鉴定结果计算的。

表 7.36　用 8 种轮回选择方法对 BSSS 的 3 个性状进行改良的每年和每轮的预期增益

选择方法	系数[b]	每轮季节数	预期增益[a]					
			产量（kg/hm²）		穗长（cm）		穗位高（cm）	
			每年	每轮	每年	每轮	每年	每轮
混合选择	1/2	1	54	54	0.46	0.46	8.92	8.92
混合选择	1	1					17.84	17.84
半同胞选择 I[c]	1/8	1	175	175	0.46	0.46	5.63	5.63
半同胞选择 II[c]	1/4	2	175	350	0.46	0.92	5.63	11.26
半同胞选择III[c]	1/2	3	234	701	0.61	1.83	7.91	15.82
全同胞轮回选择	1/2	2	225	451	0.63	1.26	7.91	15.82
S_1 后裔	1	2	361	722	0.96	1.92	11.33	22.66
S_1 后裔[d]	1	3	241	722	0.64	1.92	7.55	22.65
S_2 后裔	3/2	3	328	985	0.82	2.46	5.24	15.72
S_2 后裔[d]	3/2	4	246	985	0.62	2.46	3.93	15.72
自交系	2	5	234	1173	0.56	2.81	6.48	32.38

[a] 在 4 个环境 2 次重复下计算预期增益

[b] 见表 6.12

[c] 见表 7.34

[d] 在产生 S_1 后裔前，额外进行一季重组

表 7.36 中不同选择方法的预期增益是针对美国玉米带的。在热带和亚热带环境下，全年无霜期，因此，全年的季节变化不大，或者由于特定气候因素而变得相当不同。若只考虑温度和光照，每年可种 3 季作物，但某一季降雨可能稀少，不能做试验。但在灌溉条件下能够种植小面积轮回选择的重组区。因此，在热带和亚热带环境下，可以通过有效利用季节而提高选择效率。早熟种质（相对生育期≤90 天）可以在冬季种 2 季，夏天在美国北部种 1 季，1 年也可种 3 季，大多数情况下，北达科他州就是这样制定玉米育种计划的。

S. A. Eberhart（私人通信，1971）计算了不同选择方法在不同季节数和类型下的产量预期增益。计算预期增益的参数估值来自东非肯尼亚的 4 个半同胞选择试验(表 7.37)。根据 3 种情况（A、B 和 C）预测不同地区 5 种季节组合的选择增益。加性遗传方差在

A、B 和 C 情况下均稳定，但其他参数的变化影响预测的增益值。对 A、B 和 C 3 种情况预测增益值的相对改变（表 7.36）仅适用于同样季节内 4 个环境 2 次重复的产量试验。如果地点数和重复次数发生变化，预测不同方法选择增益的相对变化会有所不同。但是当季节相似，选择方法间的相对增益不会有变化，不管每年种 1 季、2 季或 3 季。

表 7.37　比较不同选择方法的产量遗传参数估值

选择情况	方差成分估值[a]							
	$\hat{\sigma}_A^2$	$\hat{\sigma}_D^2$	$\hat{\sigma}_{AL}^2$	$\hat{\sigma}_{DL}^2$	$\hat{\sigma}^2$	$\hat{\sigma}_{me}^2$	$\hat{\sigma}_w^2$	$\hat{h}^2$
A[b]	60	30	68	34	98	52	967	5.1
B	60	0	68	0	98	52	967	5.1
C	60	0	0	0	3	0	0	50

[a] $\hat{\sigma}^2$ 、$\hat{\sigma}_{me}^2$ 和 $\hat{\sigma}_w^2$ 分别表示试验误差、微环境的相互作用和小区内方差

[b] 估计值来自 4 个半同胞试验，包含 3 年，每年 4 个环境，2 次重复，每小区 21 株。显性方差和互作效应估值被认为是其相应加性遗传方差的一半。B 和 C 显示当加性方差保持恒定时参数变化的效应

不同选择方法的每轮增益（表 7.38）取决于性状的遗传力和鉴定后裔的类型。混合选择在情况 A 和 B 的每轮预期增益最小，但混合选择仅需种植 1 季就可完成 1 轮。情况 C 的遗传力较高（50%），每轮混合选择预期增益超过半同胞选择 I 和 II。每年的遗传增益也取决于每年的季节类型。在相似季节对遗传力低（A 和 B）的性状进行全同胞轮回选择，S_1 和 S_2 后裔选择得到的每年预期增益最高。如果每年有 1 个或 2 个相似季节，在遗传力较高的 C 情况下，混合选择优于其他方法。如果没有显性方差、遗传力低（情况 B）和季节相似，全同胞轮回选择会得到与 S_1 和 S_2 同样多的增益，但全同胞轮回选择需要在第二季做产量试验。当遗传力很高时，两季半同胞选择 I 的预期增益最高。在每年两个不同季节，全同胞轮回选择预期的每年增益比其他方法高，尤其是对于没有显性方差的情况 B 和 C。表 7.36 代表两个不同季节计算的 BSSS 遗传增益。但由于产量的显性方差略高于加性方差，因此对全同胞轮回选择预测的增益低于 S_1 和 S_2 选择。表 7.38 还给出了在 A 条件下两个不同季节，显性方差对全同胞轮回选择及 S_1 和 S_2 选择预测增益的影响。

表 7.38　在 5 种种植季组合下 3 套遗传参数（A、B 和 C）[a] 的每轮和每年预期增益

选择方法	每轮季数	每轮增益			预期每年增益：两个相似季节			两个不同季节			2 年 3 个不同季节			每年 3 个不同季节			每年 1 个季节		
		A	B	C	A	B	C	A	B	C	A	B	C	A	B	C	A	B	C
混合选择	1	1.5	1.6	6.8	3.0	3.2	13.6	1.5	1.6	6.8	1.5	1.6	6.8	1.5	1.6	6.8	1.5	1.6	6.8
半同胞 I[b]	1	2.3	2.3	3.4	4.7	4.6	6.8	2.3	2.3	3.4	2.3	2.3	3.3	2.3	2.3	3.4	2.3	2.3	3.4
半同胞 II[b]	2	4.7	4.7	6.7	4.7	4.7	6.7	4.7	4.7	6.7	2.3	2.3	3.4	4.7	4.7	6.7	2.3	2.3	3.4
半同胞III[b]	3	9.4	9.4	13.4	6.2	6.2	8.9	4.7	4.7	6.7	4.7	4.7	6.7	9.4	9.4	13.4	3.1	3.1	4.5
全同胞	2	6.8	7.3	9.5	6.8	7.4	9.5	6.8	7.4	9.5	3.4	3.7	4.8	6.8	7.4	9.5	3.4	3.7	4.8
S_1	3	10.6	11.1	13.5	7.0	7.4	9.0	5.3	5.6	6.8	5.3	5.6	6.8	10.6	11.1	13.5	3.5	3.7	4.5
S_2	4	13.6	13.9	16.6	6.8	7.0	8.3	6.8	7.0	8.3	4.5	4.6	5.5	6.8	7.0	8.3	3.4	3.5	4.1

[a] A、B 和 C 依表 7.36 中的定义

[b] 见表 7.35

在 2 年 3 个不同季节，S_1 后裔选择比 S_2 后裔选择的预期增益更高。每年 3 个不同季节的半同胞III和 S_1 后裔选择的预期增益比其他选择方法更高；半同胞III和 S_1 后裔选择对情况 C 也一样，但 S_1 后裔选择对情况 A 和 B 的预期增益更高，它们的遗传力较低。

使用的方法取决于所选择的性状和群体类型，以及整个育种计划中选择方案的目标。如果把外来种质引入育种计划，混合选择可能对改良适应性很有效（Hallauer and Sears，1972；Hallauer and Carena，2009）。如表 7.36 所示，高遗传力性状（如穗位高）能够通过混合选择得到显著改良，这对改良光照敏感的种质适应美国玉米带非常重要。对开花天数、多穗性和穗位高这样的性状，在开花散粉前通过去掉某些父本株，可以提高混合选择的效果，因为增加了亲本控制。然而，也可以通过早熟植株的散粉实现部分亲本控制。

半同胞 I 作为改良穗行法是很有希望的，因为：①方法简单，有后裔产量鉴定数据，②1 年或 1 季可完成 1 轮。如果选择方案与育种计划衔接，半同胞III、S_1 和 S_2 选择可能会更好，因为从鉴定试验中能得到初步的产量数据。半同胞III具有测交数据，用于重组的 S_1 系可与实用育种计划衔接，进一步自交和鉴定。

如果主要是加性遗传变异，S_1 和 S_2 选择应该很有效，均可在实用育种中产生新系。完成 1 轮 S_2 选择需要多种 1 季，每年的预期增益可能会比 S_1 选择低。预期增益略为降低可能会被 S_2 选择方法在实用育种计划中的优势所抵消。例如，如果从群体 S_0 植株产生 500 个 S_1 后裔，就可在单一环境的 2 次重复下对 S_1 后裔的抗虫性、生长势、出苗率、抗倒性、结实性和其他植株性状进行筛选。S_1 后裔间和后裔内的中选植株在育种圃或抗病圃加代到 S_2。在收获时进一步选择把 S_2 后裔减少到 100 个并用于鉴定。如果选中 20~25 个后裔用于重组，就意味着在进行高成本的鉴定试验之前，对那些遗传力高的性状施加了较强的选择压力。这里说的是选择方法如何适应于把选育自交系作为实用育种的主要目标。育种者必须对所有这些选择方法进行创新以适应他们自己的育种计划和目标。

给出的预期增益只适用 1 个轮回。如果选择有效地改变了原始群体的有利等位基因频率，用原始群体的遗传参数估值来预测后续轮回的预期增益可能无效，这需要每一轮都确定参数。然而，从后裔鉴定试验获得每轮的遗传参数估值，可用于预测下一轮的增益。从连续轮回选择估计的累积参数值能更好地用于预测增益，等位基因频率的变化不会很大。如果怀疑基因频率变化很大，应该采用从最近轮回得到的参数值，尽管误差较大，也比用几个轮回累积的参数值更恰当。

以扩增优良种质和选育新品种为目的的标记辅助选择（MAS）仍处于起步阶段。一些理论和假设（如模拟研究）建议用影响数量性状的基因组片段进行 MAS，这还在试验当中。对 MAS 与基于后裔鉴定的表型选择很少做比较研究，经常是在加性模型下做模拟计算。在补充交配设计和分子生物学方面的研究报道非常少。补充方法主要用在很难测定的性状上（如根系性状与脱水速率）。利用 MAS 的最佳平衡要对短期和长期响应有针对性（Hallauer and Carena，2009）。育种者强调的是对已经进行了长期改良的现有育种材料的育种和选择策略，以扩增遗传复合体。半同胞和全同胞家系相互轮回选择的每一轮都需要两个群体的分子标记，都要知道如何与对立面群体相结合。因此，对群体内和群体间轮回选择方法，每轮都需要对分子标记进行鉴定与验证（Hammond and

Carena，2008）。玉米基因组测序已经完成，可以通过基因信息强化对数量性状表型的选择效率。然而，目前 B73 的序列及独特、稀有等位基因的信息是可取的，因为每个基因型都有自己的遗传效应。

各种轮回选择都被证明是有效的。为了使遗传改良最大化，在未来获得显著的遗传增益，应进行持续选择。一般在广基玉米群体中，各种选择方案都能用于改良籽粒产量。通常加性遗传效应最重要，但非加性（显性、超显性和上位性）效应对扩增自交系的杂种优势群和培育杂交种比以往更重要。预测两种遗传效应和持续利用遗传多样性有利于在未来持续提高遗传增益。

（陈泽辉　译，陈绍江　校）

参考文献

Acosta, A. F., and P. L. Crane. 1972. Further selection for lower ear height in maize. *Crop Sci.* 12:165–67.

Anderson, R. L., and T. A. Bancroft. 1952. *Statistical Theory in Research*. McGraw-Hill, New York, NY.

Arboleda-Rivera, F., and W. A. Compton. 1974. Differential response of maize to mass selection in diverse selection environments. *Theor. Appl. Genet.* 44:77–81.

Ariyanayagan, R. P., C. L. Moore, and V. R. Carangal. 1974. Selection for leaf angle in maize and its effect on grain yield and other characters. *Crop Sci.* 14:551–56.

Betran, F. J., and A. R. Hallauer. 1996a. Characterization of interpopulation genetic variability in three hybrid maize populations. *J. Hered.* 87:319–328.

Betran, F. J., and A. R. Hallauer. 1996b. Hybrid improvement after reciprocal recurrent selection in BSSS and BSCB1 maize populations. *Maydica* 41:25–33.

Bojanowski, J. 1967. Recurrent selection for smut resistance in corn. *Züchter* 37:151–55.

Buckler, E. S., J. B. Holland, P. J. Bradbury, C. B. Acharya, P. J. Brown, C. Browne, E. Ersoz, S. Flint-Garcia, A. Garcia, J. C. Glaubitz, M. M. Goodman, C. Harjes, K. Guill, D. E. Kroon, S. Larsson, N. K. Lepak, H. Li, S. E. Mitchell, G. Pressoir, J. A. Peiffer, M. O. Rosas, T. R. Rocherford, M. C. Romay, S. Romero, S. Salvo, H. S. Villeda, H. S. da Silva, Q. Sun, F. Tian, N. Upadyayula, D. Ware, H. Yates, J. Yu, Z. Zhang, S. Kresovich, M. D. McMullen. 2009. The genetic architecture of maize flowering time. *Science* 325:714–718.

Burton, J. W., L. H. Penny, A. R. Hallauer, and S. A. Eberhart. 1971. Evaluation of synthetic populations developed from a maize variety (BSK) to two methods of recurrent selection. *Crop Sci.* 11:361–65.

Carangal, V. R., S. M. Ali, A. F. Koble, E. H. Rinke, and J. C. Sentz. 1971. Comparison of S_1 with testcross evaluation for recurrent selection in maize. *Crop Sci.* 11:658–61.

Carena, M. J. 2005. Registration of NDSAB(MER-FS)C13 maize germplasm. *Crop Sci.* 45:1670–1671.

Carena, M. J. 2008. Increasing the genetic diversity of northern U.S. maize hybrids: integrating pre-breeding with cultivar development. *Conventional and Molecular Breeding of Field and Vegetable Crops*. Novi Sad, Serbia.

Carena, M. J., and A. R. Hallauer. 2001a. Response to inbred progeny selection in leaming and midland yellow dent maize populations. *Maydica* 46:1–10.

Carena, M. J., and A. R. Hallauer. 2001b. Expression of heterosis in leaming and midland corn delt populations. *J. Iowa Acad. Sci.* 108:73–78.

Carena, M. J., I. Santiago, and A. Ordas. 1998. Direct and correlated response to selection for

prolificacy in maize at two planting densities. *Maydica* 43:95–102.
Carena, M. J., C. Eno, and D. W. Wanner. 2008. Registration of NDBS11(FR-M)C3, NDBS1011, and NDBSK(HI-M)C3 maize germplasms. *J. Plant Reg.* 2:132–6.
Carena, M. J., L. Pollak, W. Salhuana, and M. Denuc. 2009. Development of unique lines for early-maturing hybrids: moving GEM germplasm northward and westward. *Euphytica* 170:87–97.
CIMMYT. 1984. *CIMMYT research highlights 1984*. CIMMYT, El Batan, Mexico.
Collier, J. W. 1959. Three cycles of reciprocal recurrent selection. *Annu. Hybrid Corn Ind. Res. Conf. Proc.* 14:12–23.
Compton, W. A. 1977. Full-sib family selection in Krug under irrigation in Lincoln, Nebraska: four cycles of progress. *North Cent. Corn Breed. Res. Comm. (NCR-2)*, pp 1–10, Rep. Mimeogr. Library, Iowa State University, Ames, IA.
Compton, W. A., and K. Bahadur. 1977. Ten cycles of progress from modified ear to row selection in corn (*Zea mays* L.). *Crop Sci.* 17:378–80.
Compton, W. A., and R. E. Comstock. 1976. More on modified ear-to-row selection. *Crop Sci.* 16:122.
Comstock, R. E. 1964. Selection procedures in corn improvement. *Annu. Corn Sorghum Res. Conf. Proc.* 19:87–94.
Comstock, R. E., H. F. Robinson, and P. H. Harvey. 1949. A breeding procedure designed to make maximum use of both general and specific combining ability. *Agron. J.* 41:360–7.
Coors, J. G., and M. C. Mardones. 1989. Twelve cycles of mass selection for prolificacy in maize. I. Direct and correlated responses. *Crop Sci.* 29:262–6.
Cortez-Mendoza, H., and A. R. Hallauer. 1979. Divergent mass selection for ear length in maize. *Crop Sci.* 19:175–8.
Cross, H. Z. 1990. Selection for rapid leaf expansion in early-maturing maize. *Crop Sci.* 30: 1029–32.
Cross, H. Z., and K. Djava. 1985. Mass selection for kernel depth in early maize. *Euphytica* 36: 81–90.
Cross, H. Z., J. R. Chyle, Jr., and J. J. Hammond. 1987. Divergent selection for ear moisture in early maize. *Crop Sci.* 27:914–18.
Darrah, L. L. 1975. Maize genetics. *Rec. Res. Annu. Rep., 1971. East African Agric. For. Res. Org. Annu. Rep.*
Darrah, L. L., S. A. Eberhart, and L. H. Penny. 1972. A maize breeding methods study in Kenya. *Crop Sci.* 12:605–8.
Darrah, L. L., S. A. Eberhart, and L. H. Penny. 1978. Six years of maize selection in Kitale II, Ecuador 573, and Kitale Composite A by use of the comprehensive breeding system. *Euphytica* 27:191–204.
Devey, M. E., and W. A. Russell. 1983. Evaluation of recurrent selection for stalk quality in a maize cultivar and effects of other agronomic traits. *Iowa State J. Res.* 58:207–19.
Dhillon, B. S., and A. S. Khehra. 1989. Modified S_1 recurrent selection in maize improvement. *Crop Sci.* 29:226–8.
Dowswell, C. R., R. L. Paliwal, and R. P. Cantrell. 1996. *Maize in the Third World*. Westview Press, Boulder, CO.
Douglas, A. G., J. W. Collier, M. F. El-Ebrashy, and J. S. Rogers. 1961. An evaluation of three cycles of reciprocal recurrent selection in a corn improvement program. *Crop Sci.* 1:157–61.
Duclos, L. A., and P. L. Crane. 1968. Comparative performance of top crosses and S_1 progeny for improving populations of corn (*Zea mays* L.). *Crop Sci.* 8:191–4.
Dudley, J. W. 1976. Seventy-six generations of selection for oil and protein percentage in maize. In *Proc. Int. Conf. Quant. Genet.*, E. Pollak, O. Kempthorne, and T. B. Bailey, Jr., (eds.), pp. 459–73. Iowa State University Press, Ames, IA.

Dudley, J. W., and D. E. Alexander. 1969. Performance of advanced generations of autotetraploid maize (*Zea mays* L.) synthetics. *Crop Sci.* 9:613–15.

Dudley, J. W., and R. J. Lambert. 1969. Genetic variability after 65 generations of selection in Illinois high oil, low oil, high protein, and low protein strains of *Zea mays* L. *Crop Sci.* 9: 179–81.

Dudley, J. W., and R. J. Lambert. 2004. 100 generations of selection for oil and protein content in corn. In *Plant Breeding Reviews, Vol. 24, Part 1*, J. Janick, (ed.), pp. 79–100. Wiley, Hoboken, NJ.

Dudley, J. W., and G. R. Johnson. 2009. Epistatic models improve prediction of performance in corn. *Crop Sci.* 49:763–770.

Dudley, J. W., R. J. Lambert, and D. E. Alexander. 1974. Seventy generations of selection for oil and protein concentration in the maize kernel. In *Seventy Generations of Selection for Oil and Protein in Maize*, J. W. Dudley, (ed.), pp. 181–212. Crop Sci. Soc. Am., Madison, WI.

Dudley, J. W., D. Clark, T. R. Rocheford, and J. R. LeDeaux. 2007. Genetic analysis of corn kernel chemical composition in the random mated 7 generation of the cross of generations 70 of IHP × ILP. *Crop Sci.* 47:45–57.

Eberhart, S. A. 1964. Least squares method for comparing progress among recurrent selection methods. *Crop Sci.* 4:230–1.

Eberhart, S. A. 1970. Factors affecting efficiencies of breeding methods. *African Soils* 15: 669–80.

Eberhart, S. A., and M. N. Harrison. 1973. Progress from half-sib selection in Kitale Station Maize. *East African Agric. For. Res. J.* 39:12–16.

Eberhart, S. A., S. Debela, and A. R. Hallauer. 1973. Reciprocal recurrent selection in the BSSS and BSCB1 maize varieties and half-sib selection in BSSS. *Crop Sci.* 13:451–6.

Eberhart, S. A., M. N. Harrison, and F. Ogada. 1967. A comprehensive breeding system. *Züchter* 37:169–74.

Eno, C., and M. J. Carena. 2008. Adaptation of Elite Temperate and Tropical Maize Populations to North Dakota. *Maydica* 53:217–26.

Eyherabide, G. H., and A. R. Hallauer. 1991a. Reciprocal full-sib selection in maize. I. Direct and indirect responses. *Crop Sci.* 31:952–9.

Eyherabide, G. H., and A. R. Hallauer. 1991b. Reciprocal full-sib selection in maize. II. Contributions of additive, dominance, and genetic drift effects. *Crop Sci.* 31:1442–8.

Garay, G., E. Igartua, and A. Alvarez. 1996. Responses to S_1 selection in flint and dent synthetic maize populations. *Crop Sci.* 36:1129–34.

Gardner, C. O. 1961. An evaluation of effects of mass selection and seed irradiation with thermal neutrons on yield of corn. *Crop Sci.* 1:241–5.

Gardner, C. O. 1968. Mutation studies involving quantitative traits. *Gamma Field Symp.* 7: 57–77.

Gardner, C. O. 1969a. The role of mass selection and mutagenic treatment in modern corn breeding. *Annu. Corn Sorghum Ind. Res. Conf. Proc.* 24:15–21.

Gardner, C. O. 1969b. Genetic variation in irradiated and control populations of corn after ten cycles of mass selection for high grain yield. In *Induced Mutation in Plants*, pp. 469–77. Int. At. Energy Agency, Vienna.

Gardner, C. O. 1972. Performance of hybrids involving selected S_2 lines from Hays Golden and mass selected populations of corn. *Agron. Abstr.* 7.

Gardner, C. O. 1973. Evaluation of mass selection and of seed irradiation with mass selection for population improvement in maize. *Genetics* 74:88–9.

Gardner, C. O. 1976. Quantitative genetic studies and population improvement in maize and sorghum. In *Proc. Int. Conf. Quant. Genet.*, E. Pollack, O. Kempthorne, and T. B. Bailey, Jr., (eds.), pp. 475–89. Iowa State University Press, Ames, IA.

Gardner, C. O., and S. A. Eberhart. 1966. Analysis and interpretation of the variety cross diallel and related populations. *Biometrics* 22:439–52.

Genter, C. F. 1973. Comparison of S_1 and testcross evaluation after two cycles of recurrent selection in maize. *Crop Sci.* 13:524–7.

Genter, C. F. 1976a. Recurrent selection for yield in the F_2 of a maize single cross. *Crop Sci.* 16:350–2.

Genter, C. F. 1976b. Mass selection in a composite of intercrosses of Mexican races of maize. *Crop Sci.* 16:556–58.

Genter, C. F., and M. W. Alexander. 1966. Development and selection of productive S_1 inbred lines of corn (*Zea mays* L.). *Crop Sci.* 6:429–31.

Genter, C. F., and S. A. Eberhart. 1974. Performance of original and advanced maize populations and their diallel crosses. *Crop Sci.* 14:881–5.

Gevers, H. O. 1974. Reciprocal recurrent selection in maize under two systems of parent selection. *Proc. Fifth Genet. Congr.* Repub. South Africa.

Goulas, C. K., and J. H. Lonnquist. 1976. Combined half-sib and S_1 family selection in a maize composite population. *Crop Sci.* 16:461–4.

Hakim, R. M., J. C. Sentz, and V. R. Carangal. 1969. Mass and family selection for yield in a tropical variety of maize. *Agron. Abstr.* 7.

Hallauer, A. R. 1968. Effect of mass selection for divergent ear length on yield in maize. *Agron. Abstr.* 9.

Hallauer, A. R. 1970. Genetic variability for yield after four cycles of reciprocal recurrent selection in maize. *Crop Sci.* 10:482–5.

Hallauer, A. R. 1971. Change in genetic variance for seven plant and ear traits after four cycles of reciprocal recurrent selection for yield in maize. *Iowa State J. Sci.* 45:575–93.

Hallauer, A. R. 1973. Hybrid development and population improvement in maize by reciprocal full-sib selection. *Egyptian J. Genet. Cytol.* 2:84–101.

Hallauer, A. R. 1975a. Inbred and hybrid development from improved maize populations. *Proc. 8me Congr. Int. Sect. Mais-Sorgho. EUCARPIA*. pp. 44–78.

Hallauer, A. R. 1975b. Relation of gene action and type of tester in maize breeding procedures. *Annu. Corn Sorghum Res. Conf. Proc.* 30:150–65.

Hallauer, A. R. 1977. Four cycles of reciprocal full-sib selection. In *North Cent. Corn Breed. Res. Comm. (NCR-2) Rep. Mimeogr. Library*, pp. 11–13, Iowa State University, Ames, IA.

Hallauer, A. R. 1978. Potential of exotic germplasm for maize improvement. In *Maize breeding and genetics*, A.B. Walden, (ed.), pp. 229–247. University of Illinois at Urbana-Champaign, Champaign, IL.

Hallauer, A. R. 1985. Compendium of recurrent selection methods and their application. *Crit.Rev. Plant Sci.* 3:1–33.

Hallauer, A. R. 1992. Recurrent selection in maize. *Plant Breed. Rev.* 9:115–79.

Hallauer, A. R. 1999. Conversion of tropical germplasm for temperate area use. *Illinois Corn Breeders School* 35:20–36.

Hallauer, A. R., and M. J. Carena. 2009. Maize breeding. In *Cereals, Vol. 3*. M. J. Carena, (ed.), pp. 3–98. Springer, New York, NY.

Hallauer, A. R., and J. H. Sears. 1969. Mass selection for yield in two varieties of maize. *Crop Sci.* 9:47–50.

Hallauer, A. R., 1972. Integrating exotic germplasm into corn belt maize breeding programs. *Crop Sci.* 12:203–6.

Hallauer, A. R., and J. A. Wright. 1967. Genetic variances in the open-pollinated variety of maize, Iowa Ideal. *Züchter* 37:178–85.

Hallauer, A. R., W. A. Russell, and K. R. Lamkey. 1988. Corn Breeding. In *Corn and corn improvement*, G. F. Sprague and J.W. Dudley (eds.), pp. 463–564. ASA, CSSA, SSSA Publishers.

Madison, WI.

Hallauer, A. R., A. J. Ross, and M. Lee. 2004. Long-term divergent selection for ear length in maize. In *Plant Breeding Reviews, Vol. 24, Part 2*, J. Janick (ed.), pp. 153–168. Wiley, Hoboken, NJ.

Hammond, J. J., and C. O. Gardner. 1974. Modification of the variety cross diallel model for evaluating cycles of selection. *Crop Sci.* 14:6–8.

Hammond, J. J., and M. J. Carena. 2008. A breeding plan with molecular markers. In *Agronomy Abstracts [CD-ROM computer file]*. ASA, Madison, WI.

Hanson, W. D. 1971. Selection for differential productivity among juvenile maize plants: associated net photosynthetic rate and leaf area changes. *Crop Sci.* 11:334–9.

Hanson, W. D. 1973. Changes in efficiencies and number of chloroplasts associated with divergent selections for juvenile productivity in *Zea mays* L. *Crop Sci.* 13:386–7.

Harland, S. C. 1946. A new method of maize improvement. *Trop. Agric.* 23:114.

Harris, R. E., C. O. Gardner, and W. A. Compton. 1972. Effect of mass selection and irradiation in corn measured by random S_1 lines and their test-crosses. *Crop Sci.* 12:594–8.

Hartley, C. P. 1909. Progress in methods of producing higher yielding strains of corn. *USDA Yearbook*. pp. 309–20.

Helms, T. C., A. R. Hallauer, and O. S. Smith. 1989. Genetic drift and selection evaluated from recurrent selection programs in maize. *Crop Sci.* 29:606–7.

Hoard, K. G., and T. M. Crosbie. 1985. S_1 line recurrent selection for cold tolerance in two maize populations. *Crop Sci.* 25:1041–5.

Holthaus, J. F., and K. R. Lamkey 1995. Response to selection and changes in genetic parameters for 13 plant and ear traits in two maize recurrent selection programs. *Maydica* 40: 357–70.

Hopkins, C. G. 1899. Improvement in the chemical composition of the corn kernel. *Illinois Agric. Exp. Stn. Bull.* 55:205–40.

Horner, E. S., W. H. Chapman, H. W. Lundy, and M. C. Lutrick. 1973. Comparison of three methods of recurrent selection in maize. *Crop Sci.* 13:485–9.

Horner, E. S., W. H. Chapman, M. C. Lutrick, and H. W. Lundy. 1969. Comparison of selection based on yield of topcross progenies and of S_2 progenies in maize (*Zea mays* L.). *Crop Sci.* 9:539–43.

Horner, E. S., H. W. Lundy, M. C. Lutrick, and R. W. Wallace. 1963. Relative effectiveness of recurrent selection for specific and for general combining ability in corn. *Crop Sci.* 3:63–6.

Horner, E. S., M. C. Lutrick, W. H. Chapman, and F. G. Martin. 1976. Effect of recurrent selection for combining ability with a single cross tester in maize. *Crop Sci.* 16:5–8.

Horner, E. S., E. Magloire, and J. A. Morera. 1989. Comparison of selection for S_2 progeny vs. testcross performance for population improvement in maize. *Crop Sci.* 29:868–74.

Hull, F. H. 1945. Recurrent selection for specific combining ability in corn. *Agron. J.* 37:134–45.

Iglesias, C. A., and A. R. Hallauer. 1989. S_2 recurrent selection in maize populations with exotic germplasm. *Maydica* 34:133–40.

Jenkins, M. T. 1940. The segregation of genes affecting yield of grain in maize. *Agron. J.* 32: 55–63.

Jenkins, M. T., A. L. Robert, and W. R. Findley, Jr. 1954. Recurrent selection as a method for concentrating genes for resistance to *Helminthosporium turcicum* leaf blight in corn. *Agron. J.* 46:89–94.

Jinahyon, S., and C. L. Moore. 1973. Recurrent selection techniques for maize improvement in Thailand. *Agron. Abstr.* 7.

Jinahyon, S., and W. A. Russell. 1969a. Evaluation of recurrent selection for stalk-rot resistance in an open-pollinated variety of maize. *Iowa State J. Sci.* 43:229–37.

Jinahyon, S., and W. A. Russell. 1969b. Effects of recurrent selection for stalk-rot resistance on other agronomic characters in an open-pollinated variety of maize. *Iowa State J. Sci.* 43: 239–51.

Johnson, E. C. 1963. Mass selection for yield in a tropical corn variety. *Am. Soc. Agron. Abstr.* 82.

Johnson, E. C., and A. Salazar. 1967. Performance of crosses of corn varieties following mass selection. *Agron. Abstr.* 12.

Josephson, L. M., and H. C. Kincer. 1973. Selection for low ear placement in corn. *Agron. Abstr.* 8.

Josephson, L. M., and H. C. Kincer. 1976. Mass selection for yield in corn. *Agron. Abstr.* 54.

Josephson, L. M., H. C. Kincer, and B. G. Harville. 1976. Selection studies for low ear placement in corn. *Annu. Corn Sorghum Res. Conf. Proc.* 31: 85–97.

Jugenheimer, R. W., and P. S. Bhatnagar. 1962. Breeding for extremes in lodging resistance in corn by reciprocal recurrent selection. *EUCARPIA* 2:56–60.

Kauffmann, K. D., C. W. Crum, and M. F. Lindsey. 1982. Exotic germplasm in a corn breeding program. *Illinois Corn Breeders' School* 18:6–39.

Kearsey, M. J. 1993. Biometrical genetics in breeding. In *Plant Breeding: Principles and Prospects*, 1st edn., M. D. Hayward, N. O. Bosemark, and I. Romagosa (eds.) pp. 163–183. Chapman & Hall, London, UK.

Keeratinijakal, V., and K. R. Lamkey. 1993. Responses to reciprocal recurrent selection in BSSS and BSCB1 maize populations. *Crop Sci.* 33:73–77.

Kiesselbach, T. A. 1922. Corn investigations. *Nebraska Agric. Exp. Stn. Res. Bull.* 20:5–151.

Kincer, H. C., and L. M. Josephson. 1976. Mass selection for prolificacy in corn. *Agron. Abstr.* 55.

Klenke, J. R., W. A. Russell, and W. D. Guthrie. 1986. Recurrent selection for resistance to European corn borer in a corn synthetic and correlated effects on agronomic traits. *Crop Sci.* 26:864–8.

Koble, A. F., and E. H. Rinke. 1963. Comparative S_1 line and topcross performance in maize. *Agron. Abstr.* 83.

Lamkey, K. R. 1992. Fifty years of recurrent selection in the Iowa Stiff Stalk Synthetic maize population. *Maydica* 37:19–28.

Lee, E, R. Chakravarty, B. Good, M. J. Ash, and L. W. Kannenberg. 2006. Registration of 38 maize (*Zea mays* L.) breeding populations adapted to short-season environments. *Crop Sci.* 46:2728–36.

Leng, E. R. 1962. Results of long term selection from chemical composition in maize and their significance in evaluating breeding systems. *Z. Pflanzenzücht.* 47:67–91.

Lima, M., E. Paterniani, and J. B. Miranda. 1974. Avaliacão de progênies de meios irmãos no segundo ciclo de selecão em dois compostos de milho. *Rel. Cient. Inst. Genét. (ESALQ-USP)* 8:78–85.

Lonnquist, J. H. 1949. The development and performance of synthetic varieties of maize. *Agron. J.* 41:153–6.

Lonnquist, J. H. 1951. Recurrent selection as a means of modifying combining ability in corn. *Agron. J.* 43:311–15.

Lonnquist, J. H. 1952. Recurrent selection. *Annu. Hybrid Corn Ind. Res. Conf. Proc.* 7:20–32.

Lonnquist, J. H. 1961. Progress from recurrent selection procedures for the improvement of corn populations. *Nebraska Agric. Exp. Stn. Res. Bull.* 197:1–34.

Lonnquist, J. H. 1963. Gene action and corn yields. *Annu. Hybrid Corn Ind. Res. Conf. Proc.* 18:37–44.

Lonnquist, J. H. 1964. A modification of the ear-to-row procedures for the improvement of maize populations. *Crop Sci.* 4:227–8.

Lonnquist, J. H. 1967. Mass selection for prolificacy in maize. *Züchter* 37:185–8.

Lonnquist, J. H. 1968. Further evidence on testcross versus line performance in maize. *Crop Sci.* 8:50–3.

Lonnquist, J. H., and C. O. Gardner. 1961. Heterosis in intervarietal crosses in maize and its implication in breeding procedures. *Crop Sci.* 1:179–83.

Lonnquist, J. H., and M. F. Lindsey. 1964. Topcross versus S_1 line performance in corn (*Zea mays* L.). *Crop Sci.* 4:580–4.

Lonnquist, J. H., and D. P. McGill. 1956. Performance of corn synthetics in advanced generation of synthesis and after two cycles of recurrent selection. *Agron. J.* 48:249–53.

Lonnquist, J. H., and M. D. Rumbaugh. 1958. Relative importance of test sequence for general and specific combining ability in corn breeding. *Agron. J.* 50:541–4.

Lonnquist, J. H., O. Cota A., and C. O. Gardner. 1966. Effect of mass selection and thermal neutron irradiation on genetic variances in a variety of corn (*Zea mays* L.). *Crop Sci.* 6:330–2.

Mareck J. H., and C. O. Gardner. 1979. Responses to mass selection in maize and stability of resulting populations. *Crop Sci.* 19:779–83.

Martin, P. R., and C. O. Gardner. 1976. Comparison of hybrids derived from maize populations after nine cycles of mass selection for yield. *Agron. Abstr.* 56.

Mathema, B. B. 1971. Evaluation of progress in adapted × exotic maize population undergoing adaptive mass selection in Nebraska. Master's thesis, University Nebraska, Lincoln, NE.

Mendes Moreira, P. M. R., S. E. Pego, C. Van Patto, and A. R. Hallauer. 2008. Comparison of selection methods on 'Pigarro', a Portuguese improved maize population with fasciation expression. *Euphytica* 168:481–99.

Mikel, M. A., and J. W. Dudley. 2006. Evolution of North American dent corn from public to proprietary germplasm. *Crop Sci.* 46:1193–206.

Miranda, L. T., L. E. C. Miranda, C. V. Pommer, and E. Sawazaki. 1977. Oito ciclos de selecão entre e dentro de familias de meios irmãos no milho IAC-1. *Bragantia* 36:187–96.

Miranda, J. B., R. Vencovsky, and E. Paterniani. 1972. Variância genética aditica da producão de grãos em dois compostos de milho e sua implicacão no melhoramento. *Rel. Cient. Inst. Genét. (ESALQ-USP)* 5:67–73.

Mock, J. J. 1973. Manipulation of crossing over with intrinsic and extrinsic factors. *Egyptian J. Genet. Cytol.* 2:158–75.

Mock, J. J., and A. A. Bakri. 1976. Recurrent selection for cold tolerance in maize. *Crop Sci.* 16:230–3.

Mock, J. J., and S. A. Eberhart. 1972. Cold tolerance in adapted maize populations. *Crop Sci.* 12:466–469.

Moll, R. H. 1959. Quantitative genetics in corn and the implications to breeding methodology. *Annu. Hybrid Corn Ind. Res. Conf. Proc.* 14:139–44.

Moll, R. H., and W. D. Hanson. 1984. Comparisons of effects of intrapopulation vs. interpopulation selection in maize. *Crop Sci.* 24:1047–52.

Moll, R. H., and H. F. Robinson. 1966. Observed and expected response in four selection experiments in maize. *Crop Sci.* 6:319–24.

Moll, R. H., and H. F. Robinson. 1967. Quantitative genetics investigations of yield of maize. *Züchter* 37:192–9.

Moll, R. H., and C. W. Stuber. 1971. Comparison of response to alternative selection procedures initiated in two populations of maize (*Zea mays* L.). *Crop Sci.* 11:706–11.

Moll, R. H., C. W. Stuber, and W. D. Hanson. 1975. Correlated response and response to selection index involving yield and ear height of maize. *Crop Sci.* 15:243–8.

Moll, R. H., C. C. Cockerham, C. W. Stuber, and W. Williams. 1978. Selection responses, genetic-environmental interactions, and heterosis with recurrent selection for yield in maize. *Crop Sci.* 18:641–5.

Moreno-Gonzalez, J., and A. R. Hallauer. 1982. Combined S_2 and crossbred family selection in full-sib reciprocal recurrent selection. *Theor. Appl. Genet.* 61:355–8.

Moreno-Gonzalez, J., and J. I. Cubero. 1993. Selection strategies and choice of breeding methods. In *Plant Breeding: Principles and Prospects*, 1st edn., M. D. Hayward, N. O. Bosemark, and I. Romagosa (eds.). pp. 282–313. Chapman & Hall, London, UK.

Mulamba, N. N., A. R. Hallauer, and O. S. Smith. 1983. Recurrent selection for grain yield in a maize population. *Crop Sci.* 25:536–40.

Noll, C. F. 1916. Experiments with corn. *Pennsylvania Agric. Exp. Stn. Bull.* 139:3–23.

Obilana, T. 1974. Mass selection for yield and earliness in a Nigerian maize composite. *Abstr. Annu. Conf. Genet. Soc. Nigeria.*

Odhiambo, M. O., and W. A. Compton. 1987. Twenty cycles of divergent mass selection for seed size in corn. *Crop Sci.* 27:113–16.

Osuna-Ayalla, J. 1976. Stratified mass selection for production in two maize populations. *Agron. Abstr.* 45.

Oyervides-García, M. and A. R. Hallauer. 1986. Selection-induced differences among strains of Iowa Stiff Stalk Synthetic maize. *Crop Sci.* 26:506–11.

Padgett, C. H., W. A. Compton, and J. H. Lonnquist. 1968. Divergent mass selection in corn (*Zea mays* L.) for seed size. *Agron. Abstr.* 16.

Palma, M. C., and M. Burbano. 1976. Mejoramiento de rendimiento y calidad de maiz (*Zea mays* L.) opaco-2 modificado por seleccion masal. *Inf. Maiz* 16:14.

Pandey, S., and C. O. Gardner. 1992. Recurrent selection for population, variety, and hybrid improvement in tropical maize. *Adv. Agron.* 48:1–87.

Paterniani, E. 1967. Selection among and within half-sib families in a Brazilian population of maize (*Zea mays* L.). *Crop Sci.* 7:212–16.

Paterniani, E. 1968. Avaliacão do método de selecão entre e dentro de familias de meios irmãos no melhoramento do milho (*Zea mays* L.). Tese de Cátedra, ESALQ-USP, Piracicaba, Brazil.

Paterniani, E. 1969. Melhoramento de populacões de milho. *Ciênc. Cult.* 21:3–10.

Paterniani, E. 1971. Selecão recorrente reciproca com plantas prolificas. *Rel. Cient. Inst. Genét. (ESALQ-USP)* 5:129–32.

Paterniani, E. 1974a. Selecão entre e dentro de familias de meios irmãos no milho Piranão. *Rel. Cient. Inst. Genét. (ESALQ-USP)* 8:174–9.

Paterniani, E. 1974b. Selecão no milho semi-dentado ESALQ-HV-1. *Rel. Cient. Inst. Genét. (ESALQ-USP)* 8:180–6.

Paterniani, E. 1974c. Selecão recorrent reciproca utilizando progênies de meios irmãos obtidas de plantas prolificas. *Rel. Cient. Inst. Genét. (ESALQ-USP)* 8:187–91.

Paterniani, E., and R. Vencovsky. 1977. Reciprocal recurrent selection in maize (*Zea mays* L.) based on testcrosses of half-sib families. *Maydica* 22:141–52.

Paterniani, E., and R. Vencovsky. 1978. Reciprocal recurrent selection based on half-sib progenies and prolific plants in maize (*Zea mays* L.). *Maydica* 23:209–19.

Penny, L. H. 1959. Improving combining ability by recurrent selection. *Annu. Hybrid Corn Ind. Res. Conf. Proc.* 14:7–11.

Penny, L. H. 1968. Selection induced differences among strains of a synthetic variety of maize. *Crop Sci.* 8:167–8.

Penny, L. H., and S. A. Eberhart. 1971. Twenty years of reciprocal recurrent selection with two synthetic varieties of maize (*Zea mays* L.). *Crop Sci.* 11:900–3.

Penny, L. H., W. A. Russell, and G. F. Sprague. 1962. Types of gene action in yield heterosis in maize. *Crop Sci.* 2:341–4.

Penny, L. H., G. E. Scott, and W. D. Guthrie. 1967. Recurrent selection for European corn borer resistance in maize. *Crop Sci.* 7:407–8.

Reeder, L. R., Jr., A. R. Hallauer, and K. R. Lamkey. 1987. Estimation of genetic variability in two maize populations. *J. Hered.* 78:372–6.

Rinke, E. H., and J. C Sentz. 1961. Moving corn-belt germ-plasm northward. *Annu. Hybrid Corn Ind. Res. Conf. Proc.* 16:53–6.

Robinson, H. F., and R. E. Comstock. 1955. Analysis of genetic variability in corn with reference to probable effects of selection. *Symp. Quant. Biol.* 20:127–36.

Rodríguez, O. A., and A. R. Hallauer. 1988. Effects of recurrent selection in corn populations. *Crop Sci.* 28:796–800.

Rodriguez, C. G., F. Arboleda-Rivera, and J. E. Vargas. 1976. Efecto de la seleccion masal estratificada ambiental por prolificidad y rendimiento en el comportamiento de algunos caracteres de una poblacion de maiz (*Zea mays* L.). *Inf. Maiz* 16:14–15.

Rogers, R. R., W. A. Russell, and J. C. Owens. 1977. Expected gains from selection in maize for resistance to corn rootworms. *Maydica* 22:27–36.

Russell, W. A., S. A. Eberhart, and U. A. Vega. 1973. Recurrent selection for specific combining ability for yield in two maize populations. *Crop Sci.* 13:257–61.

Russell, W. K., W. A. Russell, W. D. Guthrie, A. R. Hallauer, and J. C. Robbins. 1978. Allocation of resources in breeding for resistance in maize to second brood of the European corn borer. *Maydica* 23:11–20.

Scott, G. E., and E. E. Rosenkranz. 1974. Effectiveness of recurrent selection for corn stunt resistance in maize variety. *Crop Sci.* 14:758–60.

Segovia, R. T. 1976. Seis ciclos de selecão entre e dentro de familias de meios irmãos no milho (*Zea mays* L.) Centralmex. Tese de Doutoramento, ESALQ-USP, Piracicaba, Brazil.

Sevilla, R. 1975. Ocho ciclos de seleccion mazorca-hilera en una variedad peruana de maiz. *Inf. Maiz* 5:11.

Sezegen, B., and M. J. Carena. 2009. Divergent recurrent selection for cold tolerance in two improved maize populations. *Euphytica* 167:237–44.

Silva, J. C. 1974. Genetic and environmental variances and covariances estimated in the maize (*Zea mays* L.) variety, Iowa Stiff Stalk Synthetic. Ph.D. dissertation, Iowa State University, Ames, IA.

Silva, W. J., and J. H. Lonnquist. 1968. Genetic variances in populations developed from full-sib and S_1 testcross progeny selection in an open pollinated variety of maize. *Crop Sci.* 8:201–4.

Singh M. A. S., A. S. Khehra, and B. S. Dhillon. 1986. Direct and correlated response to recurrent full-sib selection for prolificacy in maize. *Crop Sci.* 26:275–8.

Smith, L. H. 1909. The effect of selection upon certain physical characters in the corn plant. *Illinois Agric. Exp. Stn. Bull.* 132:51–62.

Smith, L. H., and A. M. Brunson. 1925. An experiment in selecting corn for yield by the method of ear-to-row breeding plot. *Illinois Agric. Exp. Stn. Bull.* 271:566–83.

Smith, O. S. 1979a. A model for evaluating progress from recurrent selection. *Crop Sci.* 19:223–6.

Smith, O. S. 1979b. Application of a modified diallel analysis to evaluate recurrent selection for grain yield in maize. *Crop Sci.* 19:819–22.

Smith, O. S. 1983. Evaluation of recurrent selection in BSSS, BSCB1, and BS13 maize populations. *Crop Sci.* 13:35–40.

Smith, O. S., A. R. Hallauer, and W. A. Russell. 1981. Use of index selection in recurrent selection programs in maize. *Euphytica* 30:611–18.

Sprague, G. F. 1966. Quantitative genetics in plant improvement. In *Plant Breeding*, K. J. Frey, (ed.), pp. 315–43. Iowa State University Press, Ames, IA.

Sprague, G. F., and B. Brimhall. 1950. Relative effectiveness of two systems for selection for oil content of the corn kernel. *Agron. J.* 42:83–8.

Sprague, G. F., and W. A. Russell. 1957. Some evidence on type of gene action involved in yield heterosis in maize. *Proc. Int. Genet. Symp.* 522–6.

Sprague, G. F., P. A. Miller, and B. Brimhall. 1952. Additional studies of the relative effectiveness of two systems of selection for oil content of the corn kernel. *Agron. J.* 44:329–31.

Sprague, G. F., W. A. Russell, and L. H. Penny. 1959. Recurrent selection for specific combining ability and types of gene action involved in yield heterosis in corn. *Agron. J.* 51:392–4.

Steel, R. G. D., and J. H. Torrie. 1960. *Principles and Procedures of Statistics*. McGraw-Hill,

New York.

Stojšin, D., and L. W. Kannenberg. 1994. Genetics changes associated with different methods of recurrent selection in five maize populations. I. Directly selected traits. *Crop Sci.* 34:1466–72.

Subandi, W. 1990. Ten cycles of selection for prolificacy in a composite variety of maize. *Ind. J. Crop Sci.* 5:1–11.

Suwantaradon, K., and S. A. Eberhart. 1974. Developing hybrids from two improved maize populations. *Theor. Appl. Genet.* 44:206–10.

Tanner, A. H., and O. S. Smith. 1987. Comparison of half-sib and S_1 recurrent selection Krug yellow dent maize populations. *Crop Sci.* 27:509–13.

Thomas, W. I., and D. G. Grissom. 1961. Cycle evaluation of reciprocal recurrent selection for popping volume, grain yield, and resistance to root lodging in popcorn. *Crop Sci.* 1:197–200.

Thompson, D. L. 1963. Stalk strength of corn as measured by crushing strength and rind thickness. *Crop Sci.* 3:323–9.

Thompson, D. L. 1972. Recurrent selection for lodging susceptibility and resistance in corn. *Crop Sci.* 12:631–4.

Thompson, D. L., and P. H. Harvey. 1960. Progress from recurrent and reciprocal recurrent selection for yield of corn. *Agron. Abstr.* 54:5.

Torregroza, M. 1973. Response of a highland maize synthetic to eleven cycles of divergent mass selection for ears per plant. *Agron. Abstr.* 16.

Torregroza, M., and D. D. Harpstead. 1967. Effects of mass selection for ears per plant in maize. *Agron. Abstr.* 20.

Torregroza, M., E. Arias, C. Diaz, and F. Arboleda. 1972. Evaluation of reciprocal recurrent selection in germplasm sources of highland Latin American maizes. *Agron. Abstr.* 20.

Torregroza, M., C. Diaz, E. Arias, J. A. Rivera, and C. Ramirez. 1976. Efecto de la seleccion masal en generaciones avanzades de hibridos varietales de maiz. *Inf. Maiz* 16:12–13.

Troyer, A. F. 1975. Extremely early corns and selection for early flowering. *Proc. Congr. Int. Sect. Mais-Sorgho. EUCARPIA* 161–8.

Troyer, A. F. 1976. Selection for early flowering in corn: III (18 F_2 population). *Agron. Abstr.* 65.

Troyer, A. F., and W. L. Brown. 1972. Selection for early flowering in corn. *Crop Sci.* 12:301–4.

Troyer, A. F., and W. L. Brown. 1976. Selection for early flowering in corn: seven late synthetics. *Crop Sci.* 16:767–72.

Troyer, A. F., G. R. Herrick, and R. F. Baker. 1965. Ear-to-row selection in corn for agronomic traits: six cycles compared. *Agron. Abstr.* 21.

Vasal, S. K., A. Ortega, and S. Pandey. 1982. *CIMMYT's Maize Germplasm Management, Improvement, and Utilization Program*. CIMMYT, El Batan, Mexico.

Vencovsky, R., J. R. Zinsly, and N. A. Vello. 1970. Efeito da selecão masal estratificada em duas populacões de milho e no cruzamento entre elas. *Abstr. 8 Reun. Bras. Milho.*

Vera, G. A., and P. L. Crane. 1970. Effects of selection for lower ear height in synthetic populations of maize. *Crop Sci.* 10:286–8.

Walejko, R. N., and W. A. Russell. 1977. Evaluation of recurrent selection for specific combining ability in two open pollinated maize cultivars. *Crop Sci.* 17:647–51.

Webel, O. D., and J. H. Lonnquist. 1967. An evaluation of modified ear-to-row selection in a population of corn (*Zea mays* L.). *Crop Sci.* 7:651–5.

Weyhrich, R. A., K. R. Lamkey, and A. R. Hallauer. 1998. Responses to seven methods of recurrent selection in the BS11 maize population. *Crop Sci.* 38:308–21.

Widstrom, N. W., W. J. Wiser, and L. F. Bauman. 1970. Recurrent selection in maize for earworm resistance. *Crop Sci.* 10:674–6.

Williams, C. G. 1907. Corn breeding and registration. *Ohio Agric. Exp. Stn. Bull.* 66:1–14.

Williams, C. G., and F. A. Welton. 1915. Corn experiments. *Ohio Agric. Exp. Stn. Bull.* 282:7–109.

Winter, F. L. 1929. The mean and variability as affected by continuous selection for composition in corn. *J. Agric. Res.* 39:451–76.

Woodworth, C. M., E. R. Leng, and R. W. Jugenheimer. 1952. Fifth generation of selection for oil and protein content in corn. *Agron. J.* 44:60–5.

Zuber, M. S., M. L. Fairchild, A. J. Keaster, V. L. Fergason, G. F. Krause, E. Hildebrand, and P. J. Loesch, Jr. 1971. Evaluation of 10 generations of mass selection for corn earworm resistance. *Crop Sci.* 11:16–18.

第 8 章　测验种与配合力

在 Darwin、Festetics、Mendel 和 Vilmorin 等的直接影响下，公立部门创立了“自交系杂交种”这个概念。East 将很多生物学理论与大量实际植物改良研究相结合，以实现他的各项研究目标（Hayes，1956）。Allard（1960）提出了“后裔测验”这个概念，是指通过有限交配获得的后代的表现来测定其亲本基因型值的测验方法。实际上这个方法早在 1850 年法国人 Vilmorin 就使用过，并且该方法在甜菜（*Beta vulgaris*）含糖量的改良上被证明是一个高效的途径。在 19 世纪后期，这种通过后裔测验进行系选的方法被称为“Vilmorin 方法”或“Vilmorin 隔离检测原理”，并被引入其他几种植物育种程序中。Hopkins 在 1896 年首次将后裔测验应用于玉米，并开创了著名的玉米油分和蛋白质含量的半同胞轮回选择（也就是穗行半同胞选择法）。

Davis（1927）提出用测交程序，实际就是一种后裔测验来评估玉米杂交育种中自交系的配合力。在 Jenkins 和 Brunson（1932）报道了测交程序的有效性之后，该方法被广泛应用于育种体系中。随后其他后裔测验方法，如基于全同胞后裔测验、基于近交（向亲本 1 回交 S_1 或向亲本 2 回交 S_2）后裔测验等都相继被报道。

自 Sprague 和 Tatum（1942）提出了“一般配合力”和“特殊配合力”的概念之后，后裔测验和测交的新途径也相继被提出。从而轮回选择的方法（Jenkins，1940；Hull，1945；Comstock et al.，1949；Lonnquist，1949）被引入并拓宽了玉米群体改良的应用空间。在一般配合力的选择中，有人提议使用基于广泛遗传基础的异质群体作为测交种。测交种可以是亲本群体，也可以是其他有着广泛遗传基础（综合种或者开放授粉品种）的不相关群体。无论如何，育种组配获得的基因型个体都要与测验种的一组样本充分组配杂交，也就是说，基础群体中的每个植株与测验种配子的一个随机样本进行杂交。因此，每个测交都构成了一个半同胞家系。当测验种的遗传基础比较狭窄时（自交系或者单交种），通过测交进行选择就是为了特殊配合力。相互轮回选择（RRS）最初的目的近似于选择一般配合力，因为两个群体同时选择，并且利用其中一个群体作为测交种与另外一个群体进行测交。

在玉米育种中，测交（或顶交）的目的如下：①估算杂交育种中自交系的配合力；②估算各基因型（单株）的育种值以便群体改良。

在每一种情况下，测验种选择要考虑的问题基本上是相同的，其目标就是根据选择目的找到一个对各基因型具有最佳鉴别度的测验种。

为了评价自交系，Matzinger（1953）定义了理想的测验种：既具有使用的最大简便性，又能获得最多的被测验材料表现信息，包括与其他材料的组合表现或是在其他环境的生长表现。然而众所周知，没有一个测验种能够完全满足这些要求。Rawlings 和 Thompson（1962）认为优良测验种应能够准确地对自交系的相关表现进行分类，并且能有效地鉴别待测自交系。为了改良育种群体，Allison 和 Curnow（1966）定义了最好的测验种是其能够将选择的基因型随机交配产生的群体的预期平均产量最大化。Hallauer（1975）指出，一般情况下，一个合适的测验种应该具有以下属性：使用的简单性，能够提供准确分类自交系优点的信息，以及使遗传增益最大化。

自 Jones（1918）提出双交杂种选育程序后，杂交种的选择通常就是基于一系列自交系的杂交表现。从 1920~1930 年在杂交育种项目所研发的自交系中选择出很少的几个自交系，对这 n 个自交系进行所有 $n(n-1)/2$ 种杂交组合就能评估这些自交系的杂交潜能。随着自交系个数的增加，交配和测试所有自交系的组合已经不再可能。对于自交系自身的评估没有太大的价值，因为自交系的特点和 F_1 杂交种表现的关系是不一致的（例如，不好的自交系能够获得优秀的杂交种，反之亦然）。由 Davis（1927）提出的测交测验，通过利用具有广泛遗传基础的测交种，使得基于一般配合力筛选自交系成为可能。这套程序被 Jenkins 和 Brunson（1932）证明非常有效，从此以后逐渐被广泛使用。Johnson 和 Hayes（1936）的研究也表明，在测交中普遍高产的自交系更有可能产生优良的单交种。这个结论与后来的关于早代测交与晚代测交的相关性研究（Jensen et al.，1983；Lile and Hallauer，1994），以及基于分子标记预测研究是一致的（Eathington et al.，1997；Johnson，2004）。

Jenkins（1935）和 Sprague（1939，1946）都提出了自交系的早代测定方法。二者在早代测定的程序上有所不同。

（1）S_0 代植株在首次自交的同时与测验种杂交，通过测交后代的一般表现鉴定 S_0 代基因型的配合力。

（2）通过早代测定淘汰部分材料可以将更多的精力投入具有最大潜力的家系，在这些家系的 S_1 和 S_2 世代则有更大的可能选择出优良的材料。

后续的若干报告都表明，在近交过程中，家系材料的配合力表现出了相当可靠的稳定性，正如 Loeffel（1964，1971）在综述中所阐述的那样。通常而言，自交系的选育是一个逐步选择的过程，有些材料在早期检测和苗圃中由于表现不好而被淘汰，还有些材料则会在后期由于一般配合力或是特殊配合力不佳而被淘汰。然而，近来通过单倍体加倍技术使得所产生的自交系大量增加引起了大家对于稳定性的关注，但是也产生了很多的未知事物（Hallauer and Carena，2009）。Jenkins（1935）指出，如果早期测试是实际育种程序的选择之一，那么家系材料的配合力在早期就被确立，并在后续的近交世代中保持相对的稳定。然而，也有可能因为家系内或家系间遗传变异的存在，在连续多代的近交过程中导致一些原本具有多样性或是优良配合力的纯合子在早期测试中被淘汰。若早期测试中近交的选择效果可能下降，就可能需要大量的田间试验小区用于评估近交世代家系的早期表现，这些田间小区的数目可能会接近加倍单倍体育种所需的数目。近交过程中，对那些高于平均配合力以上的家系间可以持续进行选择。对具有较高遗传力的性状，如株型、种子性状、生育期等，育种家可以在家系内或家系间通过眼睛观看进行选择操作。育种家也可以使用某些群体进行早期测试和（或）构建加倍单倍体系，还有一些群体可以根据其自身的遗传结构特点而采用其他方法测试。

无论是早期还是后期测试，选择什么样的测验种来评估配合力是最大的问题。在某些情况下，当目标是更换特定组合中的一个自交系时特殊配合力就是最为重要的，因此最合适的测验种就是适合作单交种的互补配对自交系或者是适合作双交种的互补配对单交种（Matzinger，1953）。不过最佳测验种的选择仍然模棱两可。

Green（1948a）对比了两个测验种的相对值，一个是低产、易倒伏品种，另一个是高产、抗倒伏的双交种。两个测验种使 F_2 个体分离具有差异性，并且两个测验种的测交后代平均产量存在差异，这显示了它们在遗传结构上具有显著差异。从现有数据看几乎不可能肯定哪个测验种具有较好的平均配合力估计，于是有人提出，同时使用两个测验种的测交后代表现要优于单独使用其中任何一个。也有人提出，创建现有测验种的综合种来测量新自交系的配合力。Keller（1949）还发现在某些农艺性状上测交后代的表现与其测验种（亲本群体）相关性很低，而一些不相关的测验种群体（单交 $R_4 \times Hy$）却表现出相同的农艺特性，表明这些测验种不能对待测育种家系给出相似的排序。没有证据表明一个测验种显著优于另一个测验种。

很多轮回选择试验已经获得了成功，其结果证实早代测试对于群体改良的有效性，这些试验也表明不同的测验种对群体基因型个体的鉴定排序结果有所不同（Lonnquist and Rumbaugh，1958；Horner，1963；Lonnquist and Lindsey，1964；Horner et al.，1969）。对于一般配合力的选择，唯一明显的要求是测交亲本应该遗传异质（具有广泛的遗传基础）。然而，一般配合力并不是家系的一个固定特性，它与所杂交的群体遗传组成紧密相关（Kempthorne and Curnow，1961）。

8.1 理 论 原 理

Hull（1945）从理论上考察了测验种间的相对值。他的研究以单个位点的两个等位基因按 1*AA*∶2*Aa*∶1*aa* 的比例分离，完全显性、基因型效应值随机等为前提，其结论则是基于测交群体内和群体间的方差（表 8.1）。

表 8.1 一个位点等位基因频率为 1/2 的群体基因型值和测交平均值

基因型	频率	基因型值	测交平均值	
			AA 测验种	*aa* 测验种
AA	1/4	1	1/4	1
Aa	1/4	1	1/4	1/2
Aa	1/4	1	1/4	1/2
aa	1/4	0	1/4	0
平均值		3/4	1	1/2
方差		3/16	0	2/16

如果两个自交系来自于同一个（平衡）群体，它们的频率分别是(1/2)*AA* 和(1/2)*aa*。当它们与亲本群体测交时，测交（群体）平均值则分别是 1 和 1/2。因此总均值为 3/4。测交群体间的方差是 1/16，从而测交群体内的方差是 3/16–1/16=2/16。于是，Hull（1945，1946，1952）认为理论上最有效的测验种将是所有位点都是纯合隐性的，而任何位点上

都应避免出现纯合显性基因型。为这一结论提供支持的还有恒定亲本回归法（也就是将后代表型对一组常用特定亲本的表型作回归分析）。这样的回归对于在恒定亲本中具有基因频率为 0 的性状来说差异最大（效果最显著）。对基因频率为 1 的完全显性或者基因频率平衡状态下的超显性基因，回归（系数）都是零。一些经验结果表明，当测验种表现很强时 F_1 对亲本自交系的回归系数通常为零甚至是负值；而当测验种表现较弱时 F_1 对亲本自交系的回归系数大概为 0.6，甚至更高。Green（1948a）报道易倒伏测验种比抗倒伏测验种所揭示的站立性能（抗倒性）变异范围大得多，这个结果能佐证 Hull 的假设。另外，Keller（1949）在使用两组测验种（高产组和低产组）进行测交时，发现两组测验的自交系与测验种互作方差没有差异。根据 Hull 理论假设，低产组的测验结果应该表现出更大的互作方差。这种互作的缺乏对育种家使用无关系的高产测验种进行测交更有利。前些年唯一的杂种优势群的概念还没建立，与那时相比，测验种的选择通常是互补杂优群内的优良自交系。

8.1.1 测交方差

Rawlings 和 Thompson（1962）为测验种研究做出了显著的贡献。他们用 6 个自交系按照一般配合力高低分组（低、中、高），与来自综合种 A 的产量多样性轮回选择所得到的 10 个杂合材料（5 个来自高产选择的配对杂交记为 HH，5 个来自低产选择的配对杂交记为 LL）杂交。分两种方式进行比较，第一种比较（方式Ⅰ）是把杂合材料作为测验种来考察 6 个自交系，相反第二种比较（方式Ⅱ）是把自交系作为测验种来考察杂合材料。在方式Ⅰ中，除了少数特例，自交系的排名与基于产量一般配合力水平的预期一致，不管是以高-高配（HH）的杂合材料作为测验种还是以低-低配（LL）的杂合材料作为测验种都是这样。在方式Ⅱ中，正确的相对分类是基于作为测验种的各自交系的均值做出的（只有在各自交系的均值层面才能做出正确的相对分类）。尽管两种分组情况下只是大部分吻合，但是所设置的两种情形下，测验种似乎都能够对被测试基因型给出一个合理的排序。作者也指出，对一个好的测验种的一个重要的要求就是对被测验基因型的鉴别精确度。也就是说，最好的测验种应该能够对进入测试的一系列材料做出最精确的分类，也就是说在一定估计精确度下可以容纳最多的材料进入测试体系。他们用 F 测验的基因型间方差（$\hat{\sigma}_{\mathrm{E}}^2$，此处的 E 为英文参试者 entry 的首字母）来比较测验种对被测试基因型鉴别的相对效率。在方式Ⅰ中，对假设 $\hat{\sigma}_{\mathrm{E}}^2=0$ 的 F 测验表明，有 4 个测验种（1 个来自高高配 HH，3 个来自低低配 LL）能够鉴别出自交系间有显著差异。在方式Ⅱ中，自交系（2 个高 GCA 的、1 个中等 GCA 的和 1 个低 GCA 的）作为测验种能够测得 10 个杂交组合间差异显著。使用 Shuman 和 Bradley（1957）显著性测验法对两种测量手段的相对灵敏度进行检测，他们发现只有其中一种灵敏度比较方案（即涉及自交系 NC44 和 NC216）是显著的。另外，在方式Ⅰ即以杂合系作为测验种的比较中，LL 组的平均灵敏度要比 HH 组高出 28%。在方式Ⅱ中，中等和低配合力测验种的平均灵敏度分别是 98%和 90%，大大高于高配合力测验种的平均灵敏度。以上所有的结果都印证了这个理论，那就是表现低下的测验种，即推测可能是在多个重要位点上有利等位基因频率低的测验种，往往是最有效的。

支持 Rawlings 和 Thompson（1962）结果的理论基本上是 Hull 假说的一个扩展。他们假设了一个没有上位性的模型，并检测了不同显性度和基因频率下测验种间的遗传变异性。通过使用第 2 章的符号进行改写后，对于某个特定测验种在一个位点上的测交后代遗传方差可以用下式表示：

$$\hat{\sigma}_{\mathrm{t}}^2 = (1/2)p(1-p)(1+F)[a+(1-2r)d]^2$$

通过上式若将所有位点相加求和就能得到总遗传方差。对于一个给定的群体，由于具有固定的 p、F、a 和 d 值，显而易见测交群体间的方差与测验种的基因频率 r 有关。当不存在显性效应（d=0）时，对于任意的基因频率测验群体间的遗传方差都是一个常数：

$$\hat{\sigma}_{\mathrm{t}}^2 = (1/2)p(1-p)(1+F)a^2$$

对于任何水平的正向显性效应，基因频率 r=0 的测验种的遗产方差总是较大的。当测验种中基因频率为 r=0.5 时，不管显性效应大小，$\hat{\sigma}_{\mathrm{t}}^2$ 都是个常数。当测验种中基因频率为 r=1.0 时，对于完全显性 $\hat{\sigma}_{\mathrm{t}}^2$ 为 0，这等于 r=0.5 且显性度为 0 或 2 时的遗传方差。以上关系来自于 Rawlings 和 Thompson（1962），见图 8.1。

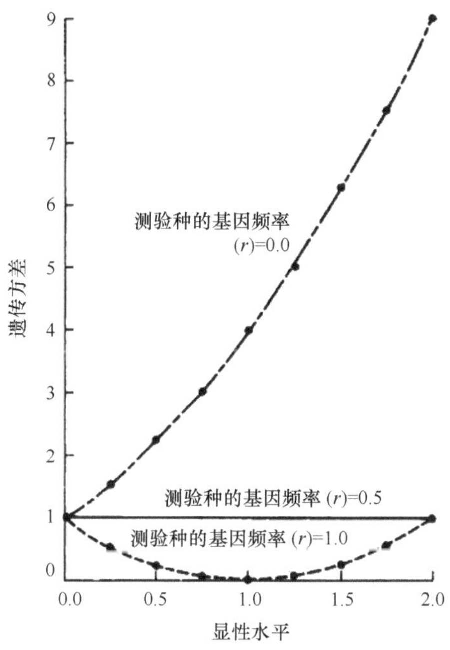

图 8.1　3 种基因频率及不同显性水平条件下测交组合间的相对遗传方差

图 8.1 显示测验种中低基因频率产生的遗传方差更大，不管是部分显性还是完全显性。如果超显性具有重要作用，测验种中高基因频率也可能产生较大的遗传方差。有些报道证据显示，玉米中控制产量和其他一些重要性状的基因大部分具有加性效应和部分至完全显性效应（第 5 章）。因此，低产测验种优于高产测验种的假说更可能是正确的。尽管 Rawlings 和 Thompson 的研究结果展示了能够支持他们的假说的一般性趋势，但是

由于绝大部分的测验种检测效率比较中没有显著差异，因而他们的推测还不能算是明确的结论。人们已经认识到，上位性可能完全混淆了我们基于加-显效应模型的预期结果。

当前测验种的选择涉及杂种优势群，并最终影响杂交种的产量（Hallauer and Carena，2009）。因此，新自交系的初级测试和高级测试始终都要用到一些代表育种过程中所形成的高端种质资源的自交系测验种。要产生相同数量的遗传变异，我们应优先考虑从互补优势群中选择测验种（例如，优良的行业测验种），而不是去选择低产劣质测验种。测验种的选择与育种目标也有关系。如果育种目标是改良成功杂交种的母本，那么该杂交种的父本就是测验种的理想选择。如果目标是培育一个全新的杂交种，那么这些自交系就要在不同的育种阶段，与来自互补优势群的多个优良测验种进行测交。Barata 和 Carena（2006）提出了培育与不同测验种都有很高配合力的特异自交系的可能性。

8.1.2 基因频率的理论变化

Comstock（1964）采用相同的模型分析了测验种问题，他比较了不同测验种的测交组合选择后的基因频率理论变化值（Δp）。结果如下。

（1）当亲本群体作为测验种时，Δp 与 $a+(1-2p)d$ 成比例（与第 2 章符号一致）。

（2）当使用不相关的群体作为测验种时，Δp 与 $a+(1-2r)d=a+(1-2p)d+2(p-r)d$ 成比例。

因此很显然，只要差值 $p-r$ 是正值且足够大，基因频率的变化值 Δp 在使用无关的测验种时要比使用亲本群体作为测验种时大。这种情形更有可能发生在表现较差的测验种上。因此，当重要位点基因频率较低时，使用低产测验种要比高产测验种效果更好。

Lopez-Perez（1979）进行了一个综合性研究，通过 50 个未经选择的 S_1 和 50 个未经选择的 S_8 家系与 5 个经过选择的对于产量基因频率有预期差异的测验种进行杂交。这些未经选择的家系的基础群体，以及 5 个测验种中的 4 个都是来自艾奥瓦坚秆综合种（BSSS）。从艾奥瓦坚秆综合种创制了 250 个 S_1 个体，通过单粒传法获得 247 个的 S_8 家系（Hallauer and Sears，1973），再从 S_1 和 S_8 世代各抽取 50 个组成家系样本。这 50 个 S_8 家系是 50 个 S_1 家系的直系后代。5 个测验种分别是 BSSS，也就是这 50 个家系的亲本群体；BS13(S)C_1 是一个 BSSS 的改良系（Hallauer and Smith，1979）；BSSS-222 是一个源自 BSSS 的 S_8 家系，并且经鉴定其自身产量水平极为低下；B73 是一个高产材料，其起源于经 5 轮半同胞轮回选择所得的家系 BS13(HT)；还有 Mo17，是一个远缘家系，是由 187-2×C103 杂交后经系谱选择所得。通过 5 个试验，对 500 个测交组合（50 个 S_1 家系和 50 个 S_8 家系分别与 5 个测验种杂交）进行表型鉴定，以便估计和比较每个测验种的测交组合间的变异性。表 8.2 列出了在 6 个性状上的 S_1、S_8 家系，以及它们与测验种互作的方差成分估计量。S_1 和 S_8 家系的系间方差成分估计量，与基因频率为 0.5 或无显性效应条件下的期望值（第 2 章）一致。S_8 家系间的变异大约是 S_1 家系间变异的两倍。S_1 家系的系间方差与 S_1 家系×测验种互作方差大小相当，然而，S_8 家系×测验种互作方差要小于 S_8 家系自身的方差。因此，就产生 S_1 家系间和 S_8 家系间差异的原因来看，加性效应似乎要比非加性效应更加重要。方差分析表明，几乎所有性状家系间差异及家系与测验种互作项的差异都为极显著（$P \leqslant 0.01$），只有根倒伏率 S_1 家系间差异为显著水平（$P \leqslant 0.05$）。

表 8.2　S_1 和 S_8 家系及它们与测验种的互作方差成分和标准误的估计量

性状	自交系		自交系×测验种	
	S_1	S_8	S_1	S_8
产量	8.9±2.5	23.3±5.9	8.7±2.1	13.2±2.7
籽粒含水量	0.5±0.1	0.8±0.2	0.2±0.1	0.2±0.1
抽丝期	0.7±0.2	1.0±0.3	0.4±0.1	0.4±0.2
根倒（%）	1.2±0.8	5.1±1.7	1.1±1.1	2.6±1.2
茎倒（%）	11.0±3.0	24.5±6.7	5.6±1.9	9.9±2.4
落穗数	0.4±0.1	0.9±0.3	0.4±0.2	0.8±0.3

方差分析表明，除了 B73 对 S_1 家系的测交组合，其他各测验种的测交组合间差异均为极显著。表 8.3 展示了每个测验种对 S_1 和 S_8 家系的测交组合的方差成分估计值，这里同样表明，S_8 家系测交组合间变异比 S_1 家系测交组合间变异更大。

表 8.3　产量性状（kg/hm^2）上每个测验种与 S_1 和 S_8 家系的测交组合间方差（$\hat{\sigma}_T^2$）及测交组合与环境互作方差（$\hat{\sigma}_{TE}^2$）的估计值及其标准误

测验种	方差组分			
	$\hat{\sigma}_T^2$		$\hat{\sigma}_{TE}^2$	
	S_1	S_8	S_1	S_8
BSSS	18.4±6.5	41.7±12.0	10.5±6.2	21.4±7.4
BS13(S)C_1	10.6±4.5	34.1±10.2	3.7±5.5	16.0±6.8
BSSS-222	21.7±6.4	38.7±11.1	–6.9±4.4	18.0±7.1
B73	3.8±3.5	26.4±8.0	12.9±6.5	6.2±5.8
Mo17	25.9±8.5	29.8±8.5	17.2±7.0	21.8±7.5
平均值	16.1±5.9	34.1±10.2	7.5±5.9	16.7±6.9

对于其中 4 个有亲缘关系的测验种，方差估计结果与当初选择测验种的预期吻合。BS13(S)C_1（BSSS 的改良系）和 B73（一个遗传背景狭窄的优良自交系）的测交组合间变异小于 BSSS（来源群体）和 BSSS-222（表现不佳的自交系）。因此，估计结果表明，测交组合间变异较小的测验种理论上其所具有的有利基因频率较大。Mo17 与这些待测自交系无亲缘关系，其与 S_1 测交组合间的变异水平同 BSSS 和 BSSS-222 相似，后面两个测验种理论上具有的有利基因频率较低。对 S_8 家系，Mo17 和 B73 的估计值相似，但是要低于其他 3 个测验种的估计值。S_1 和 S_8 的测交组合间变异的平均值，与 S_1 和 S_8 的系间变异（表 8.2）具有相同的趋势，这表明加性效应是测交组合间差异的主要原因。

从平均水平来看，测验种与环境互作的方差估计值大约是测交组合间变异的一半（表 8.3）。在 S_1 水平，只有涉及 B73 和 Mo17 的测交组合与环境的互作方差显著，不等于零；但是在 S_8 水平，B73 的测交组合是唯一的互作方差不显著组。测交组合与环境互作方差，S_8的平均值是S_1的两倍：S_1为 7.5 而S_8为 16.7。就测验种对不同环境的反应来说，目前测验种的选择还没有什么规律可循。

Matzinger（1953）研究表明，随着测验种杂合度的增加，待测系与测验种互作方差成分会下降。这里待测系与测验种互作方差成分估计值的比较结果也支持相关结论（表 8.4）。

表 8.4 三组测验种的自交系与测验种互作方差

测验种	自交系×测验种互作	
	S_1	S_8
BSSS 和 BS13(S)C1	4.1±3.0	12.3±4.8
BSSS-222 和 B73	7.3±3.6	20.8±6.6
B73 和 Mo17	8.7±4.4	6.8±4.0
自交系	—	17.2
单交种	—	11.9
双交种	—	6.5

就待测系与测验种互作方差成分估计值来看，遗传相关的两个测验种是遗传基础更宽的两个测验种的两倍。另外，从两组测验种的待测系与测验种互作项来看，S_8家系大约是S_1家系的 3 倍。然而，两个优良自交系测验种（B73 和 Mo17）的待测系与测验种互作，S_1和S_8家系相近。对于测交组合中包括的 50 个未经选择的自交系来说，遗传基础较窄的测验种的待测系与测验种互作项较大，但是小于对应的测交组合项方差。由此看来，遗传基础较窄的测验种能够有效地用来鉴定一般配合力好的家系。未经选择的家系组数据支持 Sprague 和 Tatum（1942）的报道结论。类似研究结果也可见 Lopez-Perez（1979）及 Hallauer 和 Lopez-Perez（1979）的报道。不管怎样，大多数证据支持 Hull's（1945）的假说——最有效的测验种其有利基因频率低。

8.1.3 选择的预期进展

Allison 和 Curnow（1966）研究了对测交组合进行选择之后不同测验种的预期进展。第 2 章中给出了群体均值的预期变化值：

$$\Delta G=\left(k/\hat{\sigma}\right)p\left(1-p\right)\left[a+\left(1-2p\right)d\right]\left[a+\left(1-2r\right)d\right]$$

该表达式也可以写成

$$\Delta G=\left(k/2\hat{\sigma}\right)\left[\hat{\sigma}_{\mathrm{A}}^{2}-4p\left(1-p\right)\alpha\left(r-p\right)d\right]$$

上式中的$\alpha=[a+(1-2p)d]$是有利等位基因的代换效应均值，而$\hat{\sigma}_{\mathrm{A}}^{2}=2p(1-p)\alpha^{2}$是非近交亲本群体中的加性遗传方差。

假设$\hat{\sigma}_{\mathrm{A}}^{2}>0$，使用不同测验种条件下的群体均值变化列入表 8.5。

显然，若没有显性效应，测验种之间没有差异。若具有部分以至完全正向显性（d>0），最佳测验种应是纯合隐性的。负向显性（under-dominance）并不常见，但是如果它发生，最佳测验种将是纯合显性的。对于任何水平的显性度，无论 p=0.0 还是 p=1.0，群体均值的改变ΔG=0。然而，在超显性条件下，有一个最优的基因频率 p_0（$0<p_0<1$）可保证Δp=0。平衡点发生在 p_0=0.5（1+a/d）时，于是当 $p<p_0$ 时，对高产杂交组合进行选择，或者当 $p<p_0$ 时，对低产杂交组合进行选择，其群体均值都会增加。在所有的例子中，最好的测验种似乎是隐性纯合子。一个自交系所有位点都是隐性纯合的概率微乎其微。因此，测验种的选择问题就是要找到在重要位点处于隐性纯合的自交系，或者是在重要位点基因频率低的品种。我们在这谈论测验种的重要位点基因频率，尽管一个位点的重要性是相对于表型性状的贡献来说的，也就是该位点基因频率上很小的增加能导致表型性状均值很大的改变，但是，测验种的重要位点应包括所有那些基因频率改变能导致表型均值显著增加的位点。

表 8.5　3 种类型测验种单位点水平下的预期遗传进展

测验种	基因频率	群体均值变化的预期值[a]
显性纯合体	r=1	$\frac{k}{2\hat{\sigma}}\left(\hat{\sigma}_A^2-4pq^2\alpha d\right)$
隐性纯合体	r=0	$\frac{k}{2\hat{\sigma}}\left(\hat{\sigma}_A^2-4p^2q\alpha d\right)$
亲本群体	r=p	$\frac{k}{2\hat{\sigma}}\left(\hat{\sigma}_A^2\right)$

[a] 改编自 Allison 和 Curnow（1966），这里 $\hat{\sigma}_A^2$ 是位点的加性遗传方差，$\alpha=a+(q-p)d$ 是有利等位基因的平均代换效应

由于单个数量性状往往受多个基因共同作用，因此很难针对单个基因进行研究，这是测验种选择上的难点所在。一些理论观点可以加深我们对该问题的理解。表型均值的预期变化值公式可以改写为

$$\Delta G=\left(k/\hat{\sigma}\right)p\left(1-p\right)\left[a^2-2pad-\left(1-2p\right)d^2\right]+\left(2k/\hat{\sigma}\right)p\left(1-p\right)\left[ad+\left(1-2p\right)d^2\right]s$$

于是在测验种中，依基因频率而变化的ΔG 组分是

$$\left(2k/\hat{\sigma}\right)p\left(1-p\right)\left[ad+\left(1-2p\right)d^2\right]s$$

而且，能够使该项表达式达到最大值的位点就是最重要的位点。假设所有基因效应大小相同，那么要使该项系数最大化，就 $s=r-1$ 来说则取决于基因频率，再有就是显性度（表 8.6）。

表 8.6　当值（$2ka^2/\hat{\sigma}$）固定时群体中不同基因频率（p）和不同显性度（d/a）条件下的均值改变量ΔG 中的系数 s（测验种的隐性基因频率）

等位基因频率	显性度（d/a）							
	0	0.2	0.4	0.5	0.6	0.8	1.0	1.2
0.0	0	0	0	0	0	0	0	0
0.1	0	0.021	0.048	0.063	0.080	0.118	0.162	0.212
0.2		0.036	0.079	0.104	0.131	0.189	0.256	0.220
0.3		0.045	0.097	0.126	0.156	0.222	0.294	0.373
0.4		0.050	0.104	0.132	0.161	0.223	0.288	0.357
0.5		0.050	0.100	0.125	0.150	0.200	0.250	0.300
0.6		0.046	0.088	0.108	0.127	0.161	0.192	0.219
0.7		0.039	0.071	0.084	0.096	0.114	0.126	0.131

续表

等位基因频率	显性度（d/a）							
	0	0.2	0.4	0.5	0.6	0.8	1.0	1.2
0.8		0.028	0.049	0.056	0.061	0.067	0.064	0.054
0.9	0	0.015	0.024	0.027	0.028	0.026	0.018	0.004
1.0	0	0	0	0	0	0	0	0
p（最大）	0	0.451	0.410	0.392	0.377	0.352	0.333	0.319

例如，当显性度为 0.5 时，给定测验种的基因频率，并给定加性效应，测验种能够引起的最大均值改变量将是原始的基因频率（p=0.392）。相同的条件下，测验种基因频率如果是 0.8 或者 0.2，测验种的影响明显下降。在这种情况下，均值的变化可能更大，但是那些依赖于测验种基因频率变化的比例将会更小。表 8.6 显示，若没有显性效应（d=0），所有值都为 0。对于正向显性（d>0），在不同显性度下因测验种而改变的均值均出现在基因频率 p≤0.5 条件下，但是群体中有一个最大值（均值变化值），出现在 p>0.5 时。

Allison 和 Curnow（1966）的结果给出了这样的结论：如果没有超显性，任何测验种都能导致群体均值的改良，只有完全显性及测验种的所有位点基因频率都固定为 p=1 的情况除外。然而，除非改变了选择的方向，不然在超显性的条件下，一个更适合的测验种的选择可能导致产量均值的降低。重要位点基因频率较低的测验种被证明是理想的测验种。选择亲本品种作为测验种曾被认为可保证选择效率，因为只有在这种情况下测验种的高频隐性等位基因才总是与被测验材料的高频隐性等位基因关联。只有当品种的低劣表现源于重要位点基因频率较低时，才会选择一个无亲缘关系、表现不佳的品种作为测验种。

Cress（1966）强调对于测验种的选择，为了使从杂合群体进行选择的响应最大化，要看测交组合的平均表现。这就意味着应选择测交组合平均表现最高的测验种。尽管如此，“除非选中的个体立刻用于与测验种组配杂交种，不然这种过分强调杂种优势反应就不合时宜。杂种优势反应对遗传潜力的揭示很少，更无关于预期选择进展”。因此，从他的陈述里可以清楚地知道，测验种的选择取决于所处的育种阶段。例如，可以分为杂合群体遗传改良最大化的前育种阶段和近交纯系开发的杂交种早期测试、后期测试时期。

Hull（1945），Rawlings 和 Thompson（1962），Comstock（1964），以及 Allison 和 Curnow（1966）展示的证据都可以得出相似的结论，测验种应选择：①在重要位点纯合隐性的近交系，有利于鉴别纯系材料用于组配杂交种；②在重要位点基因频率低的群体，有利于轮回选择的群体改良。

8.1.4 相互轮回选择

在相互轮回选择过程中没有机会选择测验种，因为每个群体都是它配对群体的自然测验种。然而，Darrah 等（1972）和 Horner 等（1973）报道的结果表明，在群体内轮回选择方案中，使用近交系作测验种的测交组合间遗传方差大约是使用非近交群体作测验种进行群内轮回选择的两倍。Comstock 等（1949）在开始提出 RRS 程序时是以群体作测验种，上面这些发现结果促使 Russell 等（1975）建议使用来自亲本群体的近交系作测验种，这样 RRS 的选择进展更大。Comstock（1977）进一步分析了这种调整可能造成的影响。基于没有复等位基因、没有上位性且连锁平衡的假设模型，表 8.7 显示了理论所提供的测交组合间方差和单个位点上基因频率期望改变量的表达式。

表 8.7　不同测验种条件下的测交组合遗传方差和基因频率期望改变量

测验种	遗传方差	基因频率期望改变量［$E(\Delta p)$］
配对的群体	$V_p=(1/2)p(1-p)[a+(1-2r)d]^2$	$\frac{k}{2\hat{\sigma}}p(1-p)[a+(1-2r)d]$
增效等位基因纯合体	$V_1=(1/2)p(1-p)(a-d)^2$	$\frac{k}{2\hat{\sigma}}p(1-p)(a-d)=\Delta_1$
减效等位基因纯合体	$V_0=(1/2)p(1-p)(a+d)^2$	$\frac{k}{2\hat{\sigma}}p(1-p)(a+d)=\Delta_2$

资料来源：Comstock（1977）

如果近交系来自测验种群体，那么测验种为增效等位基因纯合体 AA 的概率为 r，为减效等位基因纯合体 aa 的概率为 $1-r$。于是，用近交系作为测验种时测交组合间遗传方差的期望值为

$$V_{\mathrm{I}}=rV_1+(1-r)V_0=\left(1/2\right)p(1-p)\left[a^2+2(1-2r)ad+d^2\right]$$

因此

当 $a^2+2(1-2r)ad+d^2=[a+(1-2r)d]^2$ 时，$V_{\mathrm{I}}=2V_p$

此时，$r=(1+c)\pm\sqrt{2c^2-(1/4)c}$，$c=d/a$ 是显性度（相当于 Comstock 的符号 a）。

正如 Comstock（1977）展示的一样，只有 $c\geqslant 0.5$ 时，r 才可能有解。另外，使用来自测验种群体的近交系作测验种所导致的基因频率期望改变量为

$$E(\Delta p)=r\Delta_1+(1-r)\Delta_2=[k/(2\hat{\sigma})]p(1-p)[a+(1-2r)d]$$

这与使用配对的非近交群体作为测验种时的基因频率期望改变量相等。以上的比较并没有考虑系数值 $k/(2\hat{\sigma})$ 的差异；k 是选择强度函数，可看作常数；$\hat{\sigma}$ 是表型性状上测交组合均值的标准偏差，如果环境是变异的重要来源则该参数理论上不会有很大变化。Betran 和 Hallauer（1996）将来自群体 BSSS 和 BSCB1 未经选择的 S7 近交系所组配的杂交种，与经 9 轮相互轮回选择后所组配的杂交种进行了对比。他们发现经过 9 轮选择之后杂交种的表现显著提高，并且杂交种的改良速率近似于群体杂交组合的改良速率。

近交系是随机抽取出来的，这就有可能因为所抽取样品具有高于理论数目的隐性基因从而导致基因频率的巨大改变。就理论预期来讲，没有理论证据支持在测验种的选择上近交系会比群体获得更好的结果。Comstock（1977）倒是提出了一些在 RRS 过程中使用群体作为测验种更为有利的证据。首先，当使用群体作为测验种时测交组合间的表型方差更小，而且基因型与环境的互作也可能更小；其次，当使用群体作为测验种时基因频率期望改变量的方差 $V(\Delta p)$ 也更小。因此，减效等位基因作用的概率也较小。

Comstock（1979）进一步将比较扩展到了复等位基因以支持他的结论：从平均水平而言，在 RRS 方案中使用来自 RRS 群体的近交系取代群体自身作为测验种，等位基因频率的改变比率并没有得到改善。Comstock（1979）还强调认为，当考察用于 RRS 的测验种时，关键参数是单位时间等位基因频率变化的期望值。Russell 和 Eberhart（1975）的建议可能源于错误假设，“因为近交系作测验种其测交组合间方差更大，所以选择响应也会更大”。这再次表明测验种的选择取决于育种程序所处的阶段（例如，种质改良或者自交系开发）。

8.1.5 测交配合力

一般配合力和特殊配合力的主要区别归因于测验种的遗传基础（广泛或是狭窄的遗传基础）。这种差异本质上是基因频率的差异。遗传基础广泛的测验种各位点上的基因频率各不相同，其取值在 0~1 变化，然而遗传基础狭窄的测验种其基因频率是有限的几个值。对于一个近交系，一个位点等位基因频率可能是 0 或 1，或是在纯系单交种中等位基因频率可能是 0、0.5 或 1。不管测验种的遗传基础广泛还是狭窄，选择总能改变加性效应基因的频率从而导致群体均值的改变。因此，当我们通过测交组合来考察群体或是其他遗传材料中的不同基因型个体时，似乎很难区分一般配合力和特殊配合力。所以，应从更广泛的意义上理解和使用表现的配合力。

群体或是其他遗传材料中的不同基因型个体的配合力的估计值列入表 8.8。

表 8.8 一个群体或用一个群体作测验种的一组群体（Y）中基因型的配合力

TC	一个群体中的植株			一组群体[a]			TC 均值	配合力（c_i）
	G	F	f_g	P	F	f_y		
1	BB	p^2	1	P_1	$1/n$	p_1	$\overline{T}_1$	$\overline{T}_1-\overline{T}.$
2	Bb	$2pq$	0.5	P_2	$1/n$	p_2	$\overline{T}_2$	$\overline{T}_2-\overline{T}.$
3	bb	q^2	0	P_3	$1/n$	p_3	$\overline{T}_3$	$\overline{T}_3-\overline{T}.$
⋮				⋮				
N	—	—	—	P_n	$1/n$	P_n	$\overline{T}_n$	$\overline{T}_n-\overline{T}.$
Avg.	—	—	p	—	—	$\acute{p}.$	$\overline{T}.$	$\overline{T}.$

[a] 群体中基因型按 Hardy-Weinberg 比例；f_g 和 f_y 分别是基因型内和群体内的平均基因频率

注：TC 为测交，G 为基因型，F 为频率，Avg.为平均值

从遗传上讲，配合力的估计值如下：

$$c_i=\overline{T}_i-\overline{T}.=\left(p_i-\overline{p}.\right)\left[a+\left(1-2r\right)d\right]$$

式中，r 是测验种中有利等位基因的频率。当 r=0.5 或 d=0（无显性效应）时，配合力 c_i 不受显性效应影响。若测验种中基因频率固定为 1 时，$c_i=(p_i-\overline{p}.)(a-d)$；若为完全显性（$d$=$a$），无论 i 取何值，c_i=0。在这种情况下，测验种就没有能力区分待测家系或是群体中的基因型个体。

测交组合间方差 $\hat{\sigma}_{\mathrm{t}}^2$（同第 6 章）是配合力的方差估计值 $\hat{\sigma}_{\mathrm{c}}^2$。从遗传学角度有

$$\hat{\sigma}_{\mathrm{c}}^2 = \hat{\sigma}_{\mathrm{p}}^2[a+(1-2r)d]^2 \quad \text{（适用于任何测交组合）}$$

可以看出 $\hat{\sigma}_{\mathrm{c}}^2$ 取决于测验种中基因代换效应的平方和测验遗传材料中基因频率均值的方差。群体中几个特殊的基因型个体 BB、Bb、bb 的基因（假设 B 为有利等位基因）频率分别为 1、0.5、0。由于基因频率服从二项分布，那么

$$\hat{\sigma}_{\mathrm{p}}^2 = p(1-p)/2$$

并且

$$\hat{\sigma}_{\mathrm{c}}^2 = [p(1-p)/2][a+(1-2r)d]^2$$

这是测交组合间的方差（第 2 章）。如果基因型来自纯系（F=1）的随机样本，那么基因型数列为 p（BB）∶（1−p）（bb），基因型个体内的基因频率分别为 1 和 0。于是

$$\hat{\sigma}_{\mathrm{c}}^2 = p(1-p)[a+(1-2r)d]^2 \quad \text{（对于近交系的随机样本）}$$

总之，对于任何水平的近交系数 F，基础群体的配合力方差为

$$\hat{\sigma}_{\mathrm{c}}^2 = [p(1-p)/2](1+F)[a+(1-2r)d]^2$$

方差 $\hat{\sigma}_{\mathrm{c}}^2$ 必须扩展到所有基因位点的总和，并且当自交系作为测验种时，该方差将依赖于基因频率为 1 或 0 的位点数的平衡。重要位点基因频率为 0 总是有利于通过选择增加方差和改变群体均值。

迄今为止，所有理论模型仅涉及单个位点水平，因此，当把结果扩展到控制性状的所有位点上时，预测方差的相对大小和基因频率的预期变化几乎是不可能的。虽然还难以抓住控制某个数量性状的各个基因（例如 QTL），但是可以合理推测各基因的作用方式、效应大小各不相同，且相互之间存在着复杂的互作效应。而且可以合理假设等位基因在不同群体内频率不同。在异质群体中大多数基因具有中等水平的基因频率，少数基因频率近似于固定值（0 或 1）。因此，若考虑群体全部基因及其属性就需要进行更多的理论研究，也需要更关键的工具才能在玉米育种中充分利用数量遗传学理论。

与测验种选择相关的附加研究旨在确定如下方面。

（1）自交系表现与杂交种表现的关系。

（2）视觉选择法开发高配合力自交系的有效性。

（3）待测自交系的遗传多样性。

（4）测定近交系配合力的合适发育阶段。

（5）一般配合力和特殊配合力的相对重要性。

然而，任何一个研究都不能同时覆盖以上全部 5 个方面的信息。数据往往相互矛盾并且解释也不尽相同。在某些情况下研究的艺术性与玉米育种的科学本质也是有冲突的。

自花授粉作物栽培品种（如纯系）的开发创制过程不同于异化授粉作物栽培品种（如杂交种）。新玉米品系的创制要比对其配置杂交种的价值更容易。仅在几个性状上表现优良的玉米品系，除非它们在创制杂交组合中也表现优良，否则很难应用于商业化育种。自交系在创制优良杂交组合中贡献并不相同，这需要采用适当方法来鉴定优良自交系在杂交种中的潜在价值。有些形态缺陷明显，如会导致花粉量很少、影响幼穗的分化形成

等，从而导致植物体自身的生长困难，这些形态缺陷明显易感病、易遭虫害，或是降低植物生长活力，在培育自交系的过程中，通常的做法是剔除那些具有形态缺陷明显的自交系。在很多性状上通过表型剔除可以有效降低进入杂交种组配的自交系，但是通过表型剔除淘汰低配合力的自交系还需探索。有些性状，如病虫害抗性，已经用于淘汰自交系，有些自交系虽然在无病虫害的理想环境下具有很好的杂交种组配产量潜力，但是因为它们不能用于商业制种，只能被淘汰。

玉米自交系培育方法各种各样。“系谱选择”这一概念在玉米中通常被认为只能利用 F_2 和 BC 群体来对优良自交系及其杂交种进行测试。但自从系谱选择法应用于 B73（由 BSSS 半同胞轮回选择而来）及其他很多成功的商业自交系的创制后，老的系谱选择用法就不再有效。对遗传基础广泛的群体进行轮回选择，既能增加有利等位基因的频率，也能提高系谱选择的效率。公共部门通常使用系谱育种方法，通过轮回选择改良种质，培育新的家系（图 6.1）。

8.2 自交系与杂交种的相关性

自交系与杂交种在相同性状上的关系已经成为限制自交系和杂交种培育的主要因素。由于产量比较试验昂贵，任何有助于从自交系预测杂交种表现的信息（如相关、杂种优势预测）都是有价值的，可以据此降低杂交组合的组配数量，从而也就降低了产量试验的规模。因此，非常值得去研究可降低用于杂交种组配的自交系测试规模的可能方法，以及鉴定性状表达是否可以在自交系与杂交种间传递。

自交系与杂交种在相同性状上或是不同性状上的相关性研究已被用来确定杂交种表现的选择有效性（表 8.9）。这里的相关不同于第 5 章中由规范遗传交配设计创建的后代间相关。表 8.9 中的相关，除了其中一个，其余都是来自经过选择获得的最好、活力最强的自交系的组合，而且大都是单交组合。因此，样本容量通常都比较小，并且相关性也很难从群体角度进行解释。大部分例子中都只是计算了简单的表型相关。

表 8.9　自交系及其杂交组合性状之间的相关性研究汇总

性状	Nilsson-Leissner（1927）	Jorgenson，Brewbaker（1927）	Johnson，Hayes（1936）	Hayes，Johnson（1936）	Jenkins（1929）[a]		Gama 和 Hallauer（1977）[b]		
					1	2	1	2	Avg.
产量	0.46±0.05	0.50±0.08	–0.02	0.25	0.14±0.02	0.20±0.03	0.09	0.11	0.22
穗长	0.73±0.02	0.58±0.08	0.28	0.46	0.30±0.02	0.43±0.03	0.21**	–0.06	0.37
穗粗	0.92±0.01	0.63±0.06	—	—	0.35±0.02	0.40±0.03	0.18*	–0.02	0.41
穗行	0.95±0.01	0.79±0.04	—	—	0.47±0.02	0.67±0.03	—	—	0.72
粒深	—	—	—	—	—	—	0.25**	0.05	0.15
株高	0.75±0.02	0.48±0.08	0.28	0.37	0.32±0.02	0.45±0.03	0.39**	0.07	0.39
到开花天数	—	0.29±0.09	—	0.57	0.24±0.02	0.34±0.03	0.28**	0.28**	0.33
多穗	0.48±0.08	—	–0.26[b]	—	0.26±0.02	0.36±0.03	—	—	0.21

[a] 左面是亲本自交系与它所组配的所有杂交组合平均值间的相关系数，右面是两个亲本自交系平均值与它们的特定组合的相关系数

[b] 包括分蘖产生的果穗；*表示 0.05 的显著水平；**表示 0.01 的显著水平

Kiesselbach（1922），Richey（1924），Richey 和 Mayer（1925）的报道表明有些自交系要比其他自交系更易于向杂交组合传递高产性能力。虽存在这种部分自交系较其他自交系更易于传递高产性能的趋势，但是 Richey 和 Mayer（1925）强调，亲本自交系与杂交组合之间缺乏明确的相关性表明，对配合力的选择归根结底必须基于杂交组合中自交系的表现而不是基于自交系本身。Richey（1924）也强调，成功的最好机会似乎在于大量自交系的使用，并且尽量不要去设定最佳自交系的模型标准。

Jorgenson 和 Brewbaker（1927），Nilsson-Leissner（1927），Jenkins（1929），Johnson 和 Hayes（1936），Hayes 和 Johnson（1939）等研究了自交系与他们的杂交种在同一性状上的关系，以及自交系的各性状与杂交种产量的关系。大多数例子中，得到了简单相关关系，其相关系数值大到可用于育种选择，但是 Johnson 和 Hayes（1936）认为自交系的产量与测交的配合力没有显著相关性。在杂交组合的产量与自交系的产量及其他性状间，Jorgenson 和 Brewbaker（1927），Nilsson-Leissner（1927），Hayes 和 Johnson（1939）都得到了相当高的多元相关关系。在所有的实例中，相关系数 r 值变幅为 0.61~0.82，即表明自交系的性状能够解释 50%以上杂交组合产量的变异。

Jenkins（1929）通过一个综合研究考察了自交系与杂交种间在相同性状上的相关性，确定了下列情况间的相关性。

（1）亲本自交系的各个性状与杂交组合的相应性状间。

（2）亲本自交系的性状与涉及该亲本的所有杂交组合在相应性状上的均值之间的相关性。

所研究的 19 个性状中都发现有正的相关性，但多数都很小。在第一种情形中，没有哪个性状亲本自交系与其 F_1 杂交组合是紧密相关的；相关系数变化范围为–0.10~0.24。在产量上，情形 1 的亲本自交系与其 F_1 杂交组合间的相关系数是 0.14，而情形 2 为 0.20（表 8.9）。自交系的多个性状组合对其 F_1 代产量间的多元相关系数值变幅为 0.20~0.42。情形 2 中，相关系数普遍较大，变幅为 0.25~0.67。由于自交系与其杂交组合之间的正相关性，Jenkins（1929）总结认为，在部分情形下，相关具有预测价值。Gama 和 Hallauer（1977）从艾奥瓦坚秆综合种的后代中随机挑选一些自交系，并构建它们之间的单交种，进行了相似研究。他们考察了 8 个性状间的遗传相关，但所有情况下的相关系数都太小以至根本不具有预测价值。例如，两种情形下的产量相关系数仅分别为 0.09 和 0.11。自交系的植株性状、果穗性状，以及植株果穗的性状组合，与杂交种的产量间多元相关也非常小。

Kyle 和 Stoneberg（1925），Hayes（1926），Jenkins（1929），Kovacs（1970），Obilana 和 Hallauer（1974），以及 Bartual 和 Hallauer（1976）考察了自交系性状间的相关性；Kempton（1926），Jenkins（1929），El-Lakany 和 Russell（1971），以及 Silva（1974）考察了杂交种性状间的相关性。Hayes（1926）的研究是关于近交的几个不同世代自交系的 8 个性状间的相关性。其中果穗长度和果穗数量与产量的相关性都是显著正相关。Jenkins（1929）和 Kovacs（1970）鉴定了同一近交世代自交系的产量与几个性状间的相关性。Jenkins（1929）的研究指出，自交系产量与株高、每株果穗数、穗长、穗粗及出籽率等呈显著正相关，但是与吐丝期、果穗脱水期、叶绿素水平，以及果穗形态指数等呈显著负相关。

Kovacs（1970）从育种群体中抽取了一组自交系，对其 5 个果穗性状及产量进行了研究。4 组自交系的果穗性状与产量的相关系数平均值分别为 0.68（穗长）、0.56（穗行数）、0.74（籽粒数）、0.72（粒长）和 0.59（千粒重）。然而，产量潜力上表现优良与劣质的自交系在这些相关性上有极大差异。Obilana 和 Hallauer（1974）及 Bartual 和 Hallauer（1976）考察了来自 ISSS 的两套未经选择的自交系，估计了 11 个性状间及它们与产量间的遗传相关。除了部分果穗组分性状间及果穗组分性状与产量间的部分相关系数，其他多数相关系数都很小。籽粒深度（0.82 和 0.76）与行粒数（0.86）与产量间的相关系数最大。

此外，Love（1912），Collins（1916），Love 和 Wentz（1917），Etheridge（1921），Kempton（1924，1926），以及 Richey 和 Willier（1925）也给出了其他一些关于相关性的研究。这些研究通过计算相关性基本阐明了一些果穗性状及植株性状是否可以用于产量改良。研究所涉及的具体数据有几个不同的性状，结果基本都显示了显著的正相关。Kempton（1926）报道了雄穗主穗长度与果穗长度的显著相关性。相关系数分别为 0.27（F_2 植株）和 0.34（F_1 植株），这两项都超过它们标准误的 3 倍。非常类似地，在雄穗分枝数和穗行数上也有显著的相关性（分别为 0.19 和 0.17），但是进一步的偏相关分析显示穗行数与生育期（season）或是籽粒产量之间都没有遗传相关。所有的相关性都太小以至于不能充分地预测选择进度，而且相关性也仅限于墨西哥品种 Jala 与爆粒玉米品种 Tom Thumb 之间的系列杂交 F_2 群体。

Love 和 Wentz（1917）综述了文献背景并给出了早期玉米展的卡片（第 1 章）上所列性状与产量间的相关性研究结果。所有的相关系数都太小，并且不同研究的结果不尽相同。Love 和 Wentz 总结如下。

（1）如果仅仅从果穗的外形做出判断，那些玉米展示会上的裁判或者选择果穗留种的农民难以选出高产的种用果穗。很显然，通过计分卡片强调外形得分的做法对种用果穗的选择毫无价值，完全只能作秀。

（2）选择高产玉米种子的唯一依据是穗-行后代测验。虽然试验技术早已经历革新，但是这些深刻的结论在今天依然有效。

自交系本身的表现与各自交系测交组合的表现之间的相关性依然是一个挑战，仍然难以预测。Jensen 等（1983）通过模拟实际育种程序中的方法进行了一项研究。他从优良种质资源中选育了一些自交系，并考察了自交系 S_2 代自身的产量，以及各自在 S_2 代和 S_5 代的测交组合的产量。其中，S_2 代本身与 S_5 代测交组合间的相关系数为 0.14，相比之下 S_2 代测交组合与 S_5 代测交组合之间的相关系数则是 0.67。Jensen 等（1983）总结认为 S_2 代测交组合要比 S_2 代自交系本身更能准确地预测 S_5 代测交组合的表现。Smith（1986）也通过计算机模拟研究比较了自交系本身，以及各自测交组合的表现。他使用的遗传模型包含了大量完全显性效应的位点，且每个自交系均与优良、平均水平，以及不相关的 3 种类型测验种进行测交。结果显示自交系本身与 3 种测交组合间的相关系数分别为 0.22（优良测验种）、0.28（不相关测验种）和 0.34（平均水平测验种）。在确定相关性的研究中并未考虑连锁和上位性效应，但却提高了预测能力（Dudley and Johnson，

2009）。Smith's（1986）的结论与 Jensen 等（1983）的结论相似，那就是自交系本身的表现难以预测杂交种的表现。Obaidi 等（1998）也实施了一项计算机模拟研究，强调了自交系选育策略，认为选择标准应该基于测交组合的表现，甚至在 S_0 代就可以进行早代测交选择。

尽管一些报道中的相关性相对较大，但是几乎所有学者在结论中都表示杂交种的产量比较试验是必需的。无论如何，有必要依据自交系培育的实际进程进行选择。自交系最终的目的都是用于杂交种的组配，但是必须在确定其具有商业杂交种生产潜力前依据一定的活力和繁殖性能等标准进行选择。在某些情况下，自交系性状与其杂交组合产量间的不相关对于育种家可能是一件好事，这样他们就不必担心在针对多个性状的选择后丢失具有高产潜力的基因型材料。如果在一些不具有经济价值的性状（如植株颜色）上具有较小的相关性，我们选择出的高活力、高繁殖性能的自交系在这些性状上会存在变异而表现出正态分布。还有一些性状（如茎倒），我们将受益于自交系与其杂交种间的相关性，因为茎秆脆弱的自交系在测验前就被淘汰了。例如，Jenkins（1929）报道，收获时直立植株比例上自交系与杂交种间相关系数为 0.88±0.03，这意味着在直立植株这个性状上杂交组合间变异的 77%与相应自交系紧密关联。对于商业用途来说，自交系与其杂交组合间的这种相关性是相当可观的。

Bauman（1981）对那些活跃的玉米育种家进行了一项调查研究，以确定在自交系选育过程中哪些是重要性状、性状的重要程度，以及这 17 个性状在自交选育的后代间进行视觉选择的有效性。近交过程中视觉选择的有效性与这 17 个性状的重要性是负相关的（$r=-0.54^{*}$），见表 8.10。其中，一些性状（如开花期和抗病性）根据育种家的经验很容易进行遗传改良，但还有一些性状（如产量、脱水速率、耐旱性和根强度）一直是难点。育种家的常识似乎与性状的遗传复杂度相关。不过，例外情况也是有可能的，如开花期的例子（Buckler et al.，2009），育种家似乎可以轻易获得较快的遗传进展，然而文章的作者报道了大量的微效 QTL，表明该性状很复杂。正如 Obaidi 等（1998）所建议的那样，在多个性状上可以进行有效的视觉选择，但是自交系的最终价值将由它的杂交种表现决定。总之，看上去在多个性状上可以进行有效的选择，但是自交系的最终使用将在对其杂交组合的广泛产量评估试验之后决定。

表 8.10　自交系后代视觉选择的有效性

性状	重要性	有效性
籽粒产量	1.1	3.2
根强度	1.5	2.1
叶片直立习性	3.0	2.1
开花期	1.9	1.3
脱水速率	1.4	3.0
耐旱性	1.3	3.1
籽粒品质	2.0	2.7
耐寒性	1.4	2.9
抗病性	2.4	1.5

注：相对重要性为，1=很重要，4=不重要；相对有效性为，1=很有效，4=无效果

8.3 视觉选择法

Jenkins（1935）、Sprague 和 Miller（1952）、Wellhausen 和 Wortman（1954）、Osler 等（1958），以及 Russell 和 Teich（1967）等都曾研究了自交系选育过程中视觉选择法的有效性。这些研究所用的自交系都由视觉选择而来，但是没有也不可能对视觉选择与不选择之间进行比较。由于一些研究展示了自交系与其杂交组合在活力和繁殖性能上具有良好的相关性，这些研究人员测试了视觉选择相对于测交评估的有效性。

Jenkins（1935）通过测交评估试验比较了 7 对来自艾奥瓦马齿（Iodent）杂优群和 5 对来自兰卡斯特（Lancaster）杂优群的近交系在 S_2~S_8 世代（除 S_7 外）的产量表现。在每一世代中，每个近交系由一个入选的和一个被淘汰的同胞基因型个体代表。艾奥瓦家系的产量试验表明，在近交繁殖的前两个世代入选基因型的产量均值明显高于淘汰的基因型。而兰卡斯特家系的所有世代和艾奥瓦家系的 S_3 及其之后的世代，入选的与淘汰的同胞基因型在测交组合产量上差异并不显著，但确实入选的基因型要持续得稍好一些。Sprague 和 Miller（1952）也发现，对两套家系的 4 个近交世代进行视觉选择，在配合力上没有效果。

Brown（1967）从 Krug、Reid、Lancaster，以及 Midland 等 4 个开放授粉品种的 1160 个未经选择家系中以视觉选择法挑选了 20 个最佳基因型和 20 个最差基因型，并对这 40 个家系材料以测交方式进行评估。然而两组材料的测交产量却是惊人的相同（入选组 5420kg/hm^2，未入选组 5420kg/hm^2）。Brown（1967）总结认为，“目前还不能肯定已采用的选择方法对产量有任何有利影响，其对产量改良也没有什么贡献。”然而，对于根和茎秆倒伏性状来说，视觉选择的入选近交系的测交组合要明显优于未经选择的近交系材料。而且，Wellhausen 和 Wortman（1954）及 Osler 等（1958）发现视觉选择对产量配合力有较小的正向选择响应。

Russell 和 Teich（1967）比较了下面这些类型近交系的家系自身表现及产量配合力。

（1）在连续的近交世代，对后代穗行内和穗行间进行视觉选择。

（2）在连续的近交世代，基于后代测交表现的穗行内和穗行间进行选择。

从 M14×C103 的 F_2 群体在两种密度下进行近交系选育。

（1）高密度（59 304 株/hm^2）和低密度（29 652 株/hm^2）的视觉选择。

（2）高密度（59 304 株/hm^2）和低密度（29 652 株/hm^2）的测交选择。

测交评估在 F_2、F_3 和 F_4 世代进行，而视觉选择从 F_2 开始直到 F_6 世代。在两种选择方案、两种密度下进行近交系选择，亲本系 M14 和 C103 及其它们的杂交组合 M14×C103 都与 WF9×I205（测交选择的测验种）和 IA4810（用来估计一般配合力的一个双交种）进行杂交。近交系本身也得到了评估。简而言之，这些材料可以根据不同设计理念进行以下分组。

组 0：两种密度下完全根据测交表现混合选择的近交系。

组 1、2：两种密度下根据测交表现分别选择的近交系，低密度（1）和高密度（2）。

组 3、4：视觉选择的自交系，低密度（3）和高密度（4）。

组 5、6、7：测交组合，亲本 M14（5）、亲本 C103（6）和 M14×C103（7）。

组均值的比较表明，以配合力为目标，组 0、组 1、组 2 和组 4 的选择是有效的，但是组 3（低密度的视觉选择）相比于（M14×C103）×测验种的选择方案无效。组 0 的入选系优于组 1、组 2、组 3 和组 4 的入选系，并且组 0 入选系与环境互作更小。虽然 Russell 和 Teich（1967）总结认为，基于近交系自身表现的高标准视觉选择与基于广泛测交的选择效果相同，但似乎经广泛测交评估的组 0 中近交系产量更高，并且在多环境下更加稳定。由于经过了两种密度的测交评估，组 0 近交系能够获得不同环境响应的额外信息。此外，低密度下的测交评估可能相当于增加了测试小区数。组 3 和组 4 近交系的产量均优于组 1 和组 2 的产量，并且高密度下入选的近交系的产量均优于低密度下选择的近交系。然而，由于缺乏基因型×密度互作（和其他类型的互作）信息，因此不能保证在多环境下能再现选择结果（Carena and Cross，2003；Hyrkas and Carena，2005；Carena et al.，2009）。

在自交系选育的每个近交世代，玉米育种家都在实际使用视觉选择。Bauman（1981）的调查表明，在选育自交系过程中，视觉选择对一些性状（如开花期、植株颜色和株高）是有效的，但是对另一些重要性状（如籽粒产量和根强度）来说，视觉选择对自交系在杂交组合中的表现预测效果微乎其微。对后裔个体实施有效视觉选择以预测杂交组合产量表现仍然值得怀疑。不过，证据表明，自交系选育阶段对一些性状的视觉选择对杂交组合的产量至少不是有害的。

由于抽样差异，试图度量自交系选育过程中视觉选择的有效性十分困难。在某些选择的材料上，自交系的一些性状与其杂交组合产量表现是相关的，然而对其他材料却找不到这种相关性。这种差异可能源自抽样过程及群体中基因的原始聚集。在一套未经选择的自交系内，Gama 和 Hallauer（1977）就没有找到可以预测的任何相关性。

植物育种艺术或视觉选择在玉米育种中似乎具有一定的作用。由于自交系的活力和繁殖性能对于商业单交种生产的成本效益非常重要，那么基本要求是自交系的性状至少不会损害最终产品（表现优异的杂交种），易于繁种以便在较大的面积上推广种植。视觉选择用来改良自交系本身的某些性状是可以接受的，但是对于配合力有多大影响还有待进一步研究。

8.4　遗传多样性

大家普遍认为在杂交组合中使用的自交系需要一定的遗传多样性。过去的一般经验是，没有亲缘关系的基因型杂交能获得更高的产量，当然也并不总是如此。这通常需要实施大量的评估试验以鉴定出一套优良的特定亲本组合。虽然遗传多样性如此重要的遗传基础尚不清楚，但经验表明，优良杂交种的双亲自交系往往来自于两个或更多的遗传背景（Hayes，1963）。

Hayes 和 Johnson（1939），Wu（1939），Eckhardt 和 Bryan（1940a，1940b），Johnson 和 Hayes（1940），Cowan（1943），以及 Griffing（1953）等都报道了有关亲本自交系遗传多样性影响杂交种表现的经验数据。所有实例中，具有血缘关系的亲本其杂交组合产

量都较低，而只有一个共同祖先亲本甚至没有共同祖先亲本的自交系间杂交则产量都较高。尽管有一些例外，但是大部分高产杂交组合其亲本自交系来自不同品种。这些品种大多数都起源于美国玉米带，但 Griffing（1953）研究表明，来自美国玉米带之外的种质亲本对杂交组合的血缘多样性也有贡献。

1939 年美国中北部玉米育种研究学会（简写 NCR-2，后来改名为 NCR-167，现在称为 NCCC167）提出保持亲本自交系间遗传多样性的重要性，那时他们已经选育形成了 A 和 B 两群自交系。虽然设计出 A、B 两群自交系多少有些武断，但这是使两个基因池间基因交换最小化的一种尝试。虽然严格执行这种任意分组是不太可能的，但是人们意识到，通过两组自交系间的杂交和测交比各组内的杂交测交更能提高杂交种的产量。当时，由于经常从优良单交种的 F_2 群体中进行系谱选择，人们已经意识并开始关注这两群自交系的遗传侵蚀问题。因此，也就导致人们不断将外来种质引入育种进程以拓宽遗传基础。在美国玉米带上，瑞德血缘自交系与兰卡斯特血缘自交系杂交其产量通常高于平均水平。在欧洲和世界其他地方，硬粒型自交系与马齿型自交系杂交也同样会有较高的产量。然而，与相关性及视觉选择不同，杂交组合的亲本自交系间遗传多样性是重要且必需的。

亲缘关系较远的亲本之间杂交比关系较近的亲本间杂交有更强的杂种优势（Brown，1950；Anderson and Brown，1952；Moll et al.，1965；Melchinger，1999）。品种及家系间杂种优势模式的建立对选育新自交系配置杂交种奠定了重要的遗传多样性基础。杂种优势模式就是在那些已知基因型间杂交能表现出很强杂种优势的组配模式（Carena and Hallauer，2001）。这为基于系谱关系和实际杂种优势的强弱关系去鉴别基因型起了重要作用。由于通常只是基于系谱或是杂种优势强弱关系所确定的杂优群从属关系去选育新的玉米自交系，人们认为利用分子标记将可以提高杂种优势预测的效率。DNA 标记数据确实可以补充系谱信息并确定自交系的杂种优势类群（Melchinger et al.，1992；Mumm and Dudley，1994；Smith et al.，1997；Senior et al.，1998；Barata and Carena，2006；Sonnino et al.，2007），但却不能有效预测优良杂优组合。因此，鉴定优良杂种优势模式必须在遗传多样性基础上选择亲本配置组合并进行组合的表型评估（Melchinger，1999）。充分利用分子信息（如标记数据）和产量试验数据是一种有效可行的途径，当然也需要好的方法体系去整合两类数据。

8.5 测 验 阶 段

对近交系进行配合力测试的阶段备受关注。对近交系进行 5~7 代的近交并同时实施视觉选择之后，就将进行测交以考察自交系在杂交组配时的表现（Bauman，1981）。不过直到 Jenkins（1935）的研究发表才给出在近交繁殖的不同世代进行近交的比较试验证据。Richey 和 Mayer（1925）从他们的研究中得出结论：近交 5 代后的杂交并未比近交 3 代后的类似杂交表现出一般性的优势。这表明，杂交组合的产量与杂交前亲本自交系的近交世代数几乎没有内在联系。

由于自交系与其杂交组合 F_1 在相同性状上（而且是自交世代实施视觉选择后）的

相关性研究，未能展现出自交系对杂交种的产量潜力令人满意的预测指数，因此下一步需确定在近交早代的杂交表现是否可以有效预测近交晚代的杂交表现。人们普遍认为，从育种群体中分离基因型依赖于抽样样本大小。由于任何派生家系的潜力上限在 S_0 植株的第一次自交时就已确定，那么在近交早代通过采用优良的抽样技术淘汰部分材料就合情合理。这样基于早代测试淘汰之后就可以把更多的精力集中在基因型后代家系内选择。

Jenkins（1935）评估视觉选择有效性的研究中，报道的数据支持早期测试可有效降低拟保留高产家系数。对 7 个艾奥瓦马齿（Iodent）品系和 5 个兰卡斯特（Lancaster）品系的同胞家系入选与淘汰的比较表明，在艾奥瓦马齿型材料的入选与淘汰材料间多个世代都是差异不显著的，在兰卡斯特型材料上从自交第二代以后入选与淘汰材料间也都是差异不显著的。在其研究结果基础上，Jenkins 认为，自交系在测交中作为亲本的所有特性实际在近交的早期就已获得并且从那以后保持相对的稳定。他的结论激发人们去思考早代测试的价值，通过早代测试确定该保留哪些后代进入育种圃以便进一步选择和自交。在某些方面，Jenkins 的结论似乎是合理的，因为通常小群体的每个后代都保留在育种苗圃中；较低的产量遗传力、基因连锁，以及有限的视觉选择有效性等都将影响选择效果，想选择更多有利基因重组型个体的可能性很低。每自交一代成功率都会进一步降低。

正如 Jenkins（1935）和 Sprague（1939）的提议那样，Sprague（1946）设计了一套程序以比较早代测试的相对价值。Sprague（1946）选择了 167 个在表型上令人满意的艾奥瓦坚秆综合种 S_0 植株，每个 S_0 植株自交，并与双交种测验种 IA13 测交。167 个测交组合的产量呈正态分布，产量为 3860~6300kg/hm^2。入选 S_0 植株在产量上分布很广也佐证了视觉选择与杂交组合产量间较弱的关系。0.05 水平的显著性差异（600kg/hm^2）表明有 4 个杂交组合显著低于艾奥瓦坚秆综合种，另有 2 个杂交组合显著高于双交种 IA13。基于测交信息抽取了两组样本进行后续研究。

（1）代表 167 个测交组合最佳 10%的 S_1 家系自交，并与测验种 IA13 杂交。

（2）选取能代表 167 个测交组合连续变异的 12 个家系构成一组，每个家系配置 20 个自花授粉和测交组合。

在第二组中，最终只有 6 个家系获得了可用的测试结果。S_1 家系测交组合的产量分布清晰地显示出，那些表现高配合力的 S_0 植株将这一性状传递给了它们的 S_1 后代。最终保留下来的 6 个家系中，每个家系所组配的 20 个测交组合间都具有显著差异，这表明 S_1 世代的杂合度近似于 S_0 世代植株，均可产生良好和低劣产量的测交组合。产量最高的 4 个家系间差异并不显著，但它们与产量最低的 2 个家系间差异显著。Sprague（1946）对所选样本中的 3 个家系在 S_3 世代与 5 个标准系进行了测交比较。所有可能的杂交组合都得以配置，3 个入选家系在产量、根倒与茎倒抗性等方面，均优于 5 个标准自交系。Sprague（1946）从这些数据中得出结论，在育种流程中早期测试是一个有用的工具，这些数据似乎也支持 Jenkins（1935），Johnson 和 Hayes（1940），Cowan（1943），Green（1948a，1948b）等的观点——配合力是可遗传的性状。

Lonnquist（1950）对来自于 Krug Yellow Dent 型的系列入选单株进行了早期测验研

究。当得到 S_0 植株的测交表型数据，Lonnquist 对经由 S_0 测交选择的包含最佳和最劣产量的一套家系实施差异化选择，继续利用测交选取产量最佳和最劣家系。近交过程的早期 4 个世代结果表明，测交配合力是可以通过配套使用选择和测验进行改良的。在原始家系群体内的配合力高、低差异化选择 3 代后，低配合力的 S_4 家系与高配合力组家系 3 代选择后的低配合力材料没有显著差异。因此，配合力低的家系组内选择是无效的，后续选择和测试应集中于 S_1 世代中那些配合力优良的后代个体。

Richey（1945），Singleton 和 Nelson（1945），Payne 和 Hayes（1949）等都质疑早期测试对于配合力的价值。Richey 的结论是基于 Jenkins 数据的再分析，分析结果表明，Jenkins 对早期测试价值的解释其实并不可靠。结合 Richey 和 Mayer（1925）给出的结论，Richey 的结论多少有些令人吃惊。Singleton 和 Nelson 的数据是一组入选家系的连续三代近交，他们的结论是早期测试无效，不过他们研究中所使用的 10 个家系间没有显著差异。Payne 和 Hayes 比较了 S_0 和 S_1 的测交组合，并总结认为对 S_0 植株的测交其价值是值得怀疑的。然而，正如 Sprague（1955）指出的那样，Payne 和 Hayes 的数据表明，就所产生的高配 S_1 组合比例来说高配合力的 S_0 植株要显著高于低配合力 S_0 植株。

Lopez-Perez（1979）也比较了相同家系在近交 S_1 与 S_8 世代的测交产量（Hallauer and Lopez-Perez，1979）。研究估计了 S_1 与 S_8 测交组合间、S_1 与 S_8 世代不同测验种间，以及 S_8 测交组合与 S_7 家系自身的遗传相关（表 8.11）。

表 8.11 基于 5 个测验种的 S_1 与 S_8 测交组合间及 S_7 家系自身与 S_8 测交组合间的产量遗传相关

测验种	测验种					平均	S7 自交系[a]
	BSSS	BS13(S)C_1	BSSS-222	B73	Mo17		
BSSS	0.20[b]	0.74	0.25	0.22	0.65	0.46	0.17
BS13(S)C1	0.68	0.17	0.71	0.48	0.91	0.71	0.10
BSSS-222	0.61	0.71	0.42	0.61	0.04	0.40	–0.09
B73	0.41	0.58	0.37	0.56	0.62	0.48	0.07
Mo17	0.64	0.68	0.77	0.78	0.35	0.56	–0.04
平均	0.58	0.66	0.62	0.54	0.72	0.34	0.04

[a] S_7 家系自身与相应的 S8 测交组合间的相关系数

[b] 对角线为 S_1 与 S_8 测交组合间的相关系数、上三角为 S_1 测交组合间的相关系数、下三角为 S_8 测交组合间的相关系数

S_7 家系自身产量与 S_8 测交组合产量之间没有相关性（表 8.11 最后一列）。S_1 与 S_8 测交组合间的遗传相关系数变幅：S_1 世代为 0.22（BSSS 与 B73 的测交组合间）~0.91 [BS13(S)C_1 与 Mo17 的测交组合间]；S_8 世代为 0.37（BSSS-222 与 B73 的测交组合间）~0.78（B73 与 Mo17 的测交组合间）。在这两个近交繁殖世代，最低的相关系数都出现在产量表现低与产量表现高的测验种之间，而最高的相关系数都出现在两个表现好的测交种间。各测验种与其他 4 个测验种的相关系数平均值，S_1 世代最高的是 BS13(S)C_1，而 S_8 世代最高的是 Mo17。在 S_8 世代各测验种间的相关系数及平均相关系数都较高。由于相关系数太小，基于 S_1 测交组合产量难以准确预测 S_8 测交组合产量。遗传基础狭窄的测验种其相关系数高于遗传基础较宽的两个测验种。虽然 S_1 与 S_8 测交组合间相关系数

太小而不能用于预测，但有几个 S_1 测交组合的排序较高并与相应测验种的排序一致，这表明 S_1 世代测交组合可以较好地预示 S_8 测交组合（Hallauer and Lopez-Perez，1979）。BSSS-222（表现较差的自交系测验种）的 S_1 测交组合正确地预测了 S_8 世代 50 个测交组合中的 34 个。BSSS-222 的两组测交组合的图形相关性（图 8.2）中仅有一个重要特例。

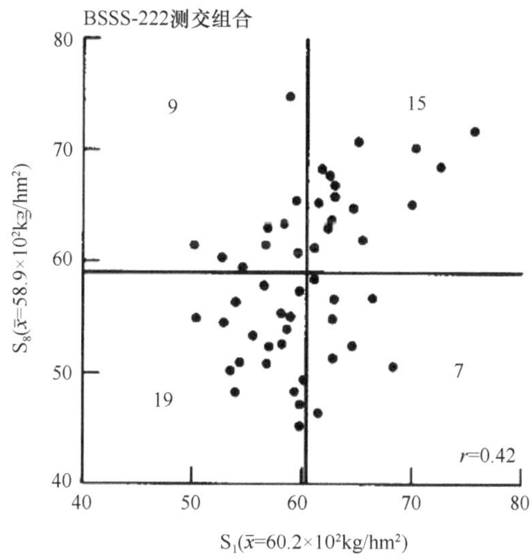

图 8.2　测验种 BSSS-222（产量低的家系测验种）的 S_1 与 S_8 世代测交组合产量分布

这个特例就是第46号家系与BSSS-222的测交组合，其 S_1 世代的产量为5910kg/hm^2，而在 S_8 世代的产量为 7480kg/hm^2，这是 S_8 世代中产量最高者。然而，若以 S_1 测交组合确定哪些家系得以保留进入下一步选择和测试，这个特例出现的概率是可以接受的。其他测验种的 S_1 与 S_8 之间的相关性就没有这么理想，其中 B73 的 S_1 测交组合产量最低，Mo17 的 S_1 测交组合与 BSSS-222 的类似。对所有 5 个测验种来说，加性效应似乎是决定测交组合间差异的重要因素，因此，5 个测验种的平均表现应该是配合力的最好度量。图 8.3 展示了基于 5 个测验种平均值的 S_1 与 S_8 世代产量分布图形关系。

一般来说，最高产的 S_1 测交组合其 S_8 测交组合的产量也较高，这似乎支持早就提出来的早代测试的价值。Jensen 等（1983）及 Lile 和 Hallauer（1994）报道了近交家系在历经测交选择的前、后期世代间更高的相关性。在近交过程中，对植株及果穗类型、开花期，以及根和茎等性状在后代个体中实施了视觉选择，但对家系本身产量数据没有实施视觉选择。Jensen 等（1983）报道的 S_2 与 S_5 的测交组合间（r=0.67）及 Lile 和 Hallauer（1994）报道的两套 S_2 与 S_7 测交组合之间（r=0.97 和 r=0.86）相关性都高于使用未经选择自交系的研究结果（Hallauer and Lopez-Perez，1979）。

虽然对配合力测试的最佳阶段还存在着一些分歧，但似乎大多数的育种计划中都包含了一定形式的早期测试。早代测交可称为早期测试，但可能会被延迟到近交繁殖的 S_2 代（实施选择）。虽然早期测试并不意味着近交的起初世代与后期世代之间具有极高的相关性，但是早期测试的设计初衷是以配合力的高低来区分群体内各家系。早期

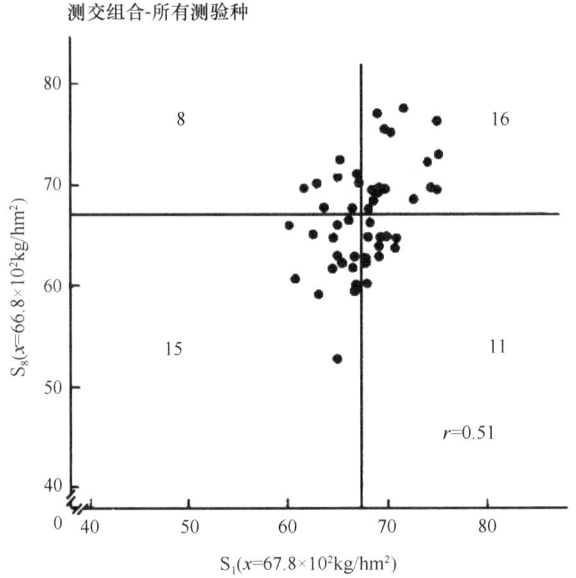

图 8.3 各测交组合基于 5 个测验种平均值的 S_1 与 S_8 世代产量分布

测试对于鉴别自交系配合力的高低似乎是有效的。于是，就可以将更多的精力放在优良家系的选择与测试上。然而，产量测试是昂贵的，无论在近交的哪个阶段都要投入大量的经费、时间和人力来创制初始测交组合。早期测试的目的是减少配合力低的后代，但是抽样可能受到所能配置和测试的组合数量的限制。而入选 S_0 植株的 S_1 后代的样本量很大，可以充分地进行抗虫性，以及不利于杂交种子生产的形态性状的视觉选择。S_1 后代个体间的选择，以及自交获得 S_2 世代就相对容易了。从某种意义上说，早期测试可能与测试 DH 系相似。

在早期与晚期之间进行测试的折中方案可能会降低育种流程的成本。S_2 后代的家系间与家系内都可以继续进行选择，而初始测交则在 S_3 世代实施。例如，假如在某个育种群体中产生了 500~600 个 S_1 后代，历经 S_1 和 S_2 世代的选择后数量显著下降以便测交，假设有 100 个 S_3 世代个体。若非如此，要对 S_0 世代植株创制和测试 500~600 个测交组合几乎是不可能的。虽然自交系和杂交种性状的相关性可能比较低，视觉选择对配合力的有效性也饱受质疑，但 S_3 世代的配合力测试将意味着部分表型优良自交系能被繁殖保留甚至作为杂交种的亲本储备。对很多性状来说，自交系与其配合力之间缺乏遗传相关性应该说是个优点而不是缺点。这样，人们就可预期优良表型自交系的配合力总体上服从正态分布，这意味着同一个群体可以发掘出多个优良自交系。另有一些性状，如茎秆质量，在玉米生长的所有类型环境下都是重要的。Jenkins（1929）和 Sprague（1946）的研究分别发现 S_0 与 S_1 世代的茎秆质量相关系数为 0.88 和 0.98，假设茎秆质量与产量配合力之间不存在负相关，这些结果将是完美的。然而，Eberhart（1974）并没有检测到茎秆质量与配合力之间显著的相关性。

早期测试的分析结果证明了测试方法在鉴别优良表型家系上的有效性，这些自交系最终也被广泛应用于组配杂交种。Jenkins（1934）研究的 27 个家系中，2 个兰卡斯特自交系（L289 和 L317）已被广泛用于杂交种组配。L289 和 L317 排在被测家系的前半部分，并经早期测试而入选。而 Jenkins 研究中的另外两个自交系（I224 和 L304A）却只得到有限的应用。I224 曾是艾奥瓦马齿型 S_1 系列家系中产量最高者，L304A 也曾排在兰卡斯特 S_1 家系的前半部分。Sprague（1952）报道的数据显示，有 3 个经早期测试鉴别出的自交系曾用于商业杂交种上；其中 B10 和 B11 的使用有限，但 B14 曾得到广泛应用。第 4 个自交系 B37 后来也被释放和广泛应用。B73 和 B84 被释放后广泛应用于商业杂交种。这两个自交系都是在轮回选择计划中基于早期测试选择出来的。B73 和 B84 在与 Mo17 杂交中都表现出很高的产量。因此，证据表明早期测试能够鉴别出那些可最终用于杂交种组配的自交系。当然，基于早期测试的自交系选择也有失误的时候，但是早期淘汰自交系可节省时间、资金和劳动力成本，降低近交繁殖后期（近似于 DH 纯系）的测试数量。也就可以将更多的精力用于早期测试后入选家系的进一步选择和测试。

Bernardo（1991）从理论上断定早期世代测试的有效性主要受限于非遗传效应。他发现就基因型个体或家系的测交表现来说，S_n 与 $S_{n'}$（$n'>n$）代之间的遗传相关系数是测交组合遗传方差的比值，这是测交涉及的两个自交世代的近交系数 F 的函数：

$$r_{GnGn'}=[(1+F_n)/(1+F_{n'})]^{0.5}$$

基于这一函数关系，Bernardo（1991）确定了 n 世代自交系及其直系后代 n'世代自交系间的遗传相关系数（表 8.12）。

表 8.12　玉米自交系 S_n 与 S_n'世代测交间的期望遗传相关系数（$r_{GnGn'}$）和 n 世代测交表型值与纯合体真正遗传值（r_{PnGx}）的相关系数。r_{PnGx} 是 3 个 S_0 测交遗传力的估计

S_n 系	近亲繁殖系数 F_n	S_n'系($r_{GnGn'}$)						$\hat{h}_0^2$ (r_{PnGx})		
		S_2	S_3	S_4	S_5	S_6	S_x	0.25	0.50	0.75
S_1	0.0	0.82	0.76	0.73	0.72	0.71	0.71	0.35	0.50	0.61
S_2	0.5		0.93	0.89	0.88	0.87	0.87	0.50	0.67	0.78
S_3	0.75			0.97	0.95	0.94	0.94	0.57	0.75	0.86
S_4	0.875				0.98	0.98	0.97	0.60	0.78	0.89
S_5	0.937 5					0.99	0.98	0.62	0.80	0.91
S_6	0.968 75						0.99	0.62	0.81	0.92

注：该表引自 Bernardo（1992）

不同世代间的亲属相关是影响遗传优异家系能否被保留下来的内在因素，那么测交组合遗传力的估计用来确定不同世代间的亲属相关就非常重要（Bernardo，1992）。通过优化试验技术、试验设计，以及测试规模可以提高遗传力估计值。在 3~4 个环境下进行 2 个重复的试验，S_0 植株个体测交组合（半同胞家系）的遗传力估计值一般在 0.45~0.60。较低的遗传力估计值对世代 n 的测交表型与纯系遗传真值间的相关性有重要影响（表 8.12）。基于 Bernardo's 函数，遗传相关系数的变化幅度为 0.71（S_1 与 S_x 之间）~0.99（S_6 和 S_x 之间）。正如所预期的那样，近交繁殖相近的世代间遗传相关系数要大于相距更远的世代间遗传相关系数（如 $r_{S_1S_2}=0.82$，而 $r_{S_1S_6}=0.71$），但所有可能世代间的遗传相关系数表明早期测试是有效的。Bauman（1981）报道在 20 世纪 80 年代初，约有 50%的玉米育种者在 S_3 世代进行初始测交。S_2 与 S_3 世代的测交组合遗传力要大于 S_0 世代个体，加之 S_2 世代较少的测试家系数及 S_3 世代的近交水平，可以保证能够准确鉴别出高于平均配合力的自交系。在近交早代对新家系的测试要远大于 Bauman（1981）所报道的规模。随着小区种植、收获设备、计算机硬件、记录和分析软件等多方面的快速提高，大大降低了人们对近交早期世代家系大规模测试的担心，尤其是 S_0 世代。

开发和利用多种轮回选择方法的重点在于通过早期测试鉴别分离个体以确定哪些材料可继续优化重组或是进行下一步选择。轮回选择的早期测试目标与早期测试的初衷相同：就是为了鉴定各基因型个体在杂交组配时的配合力高低。对那些配合力中等的材料可能会出现错误。当然，正如第 7 章所给出的证据那样，长期的循环选择可有效地改良产量。

从最纯粹的意义上讲，早期测试的应用几乎无处不在。虽然 Payne 和 Hayes（1949）及 Hayes（1963）曾质疑过早期测试的价值，但是 Hayes（1963）认为轮回选择对于未来玉米育种的发展十分重要，Hayes 和 Garber（1919）则推荐在玉米育种中使用轮回选择。优良基因的富集是有限的，这在 S_0 植株入选进入自交程序时就已确定。基因重组给后期世代的附加选择提供了一定价值，但相比 S_0 植株的选择价值是微小的。因此，一定形式的早期测试对育种程序的效率提升似乎理所当然。Betran 等（2004）及 Hallauer 和 Carena（2009）讨论了通过测交开发未来优良杂交种的亲本自交系的各种重要议题。

8.6 一般配合力与特殊配合力

自交系的配合力是决定其是否具有未来实用价值甚至用于商业杂交种的潜力的终极因素。配合力最初只是一个一般性概念，用于衡量和鉴别所收集自交系在杂交组配中的表现。Sprague 和 Tatum（1942）凝练了配合力的概念，并给出了一般配合力（GCA）和特殊配合力（SCA）两种表达模式，以区别应用于玉米育种中的待测特定自交系和待改良群体。

Sprague 和 Tatum（1942）针对两组自交系来解释基因作用方式的不同类型：①历经前期选择和测试所保留下来的一组自交系所组配单交种的 6 个测试；②未经历严格产量选择的一组自交系所组配单交种的两个测试。

他们通过双列杂交分析确定在每个杂交组合中自交系的一般配合力（GCA）与特殊配合力（SCA）的相对重要性。虽然之前在玉米育种中就已经有人利用双列杂交来考察杂交组合中自交系的产量潜力，但 Sprague 和 Tatum（1942）显然是首次将总配合力剖分为 GCA 和 SCA 的研究者。他们定义 GCA 为一个自交系在系列杂交组合中的平均表现，而 SCA 为特定杂交组合中优于或是次于其两个亲本平均表现组合预期值的部分。他们还强调指出，GCA 与 SCA 的估计值是相对并依赖于测试中所包含的特定自交系集合的，这是一个重要原则但却往往被遗忘。Sprague 和 Tatum（1942）发现，对于未经选择的自交系来说 GCA 要比 SCA 更重要；但是，对那些历经选择的自交系来讲，在产量影响和茎秆倒伏等性状上 SCA 要比 GCA 重要得多。此外，他们将 GCA 解释为重要加性效应基因数量的指示，而 SCA 则是对显性效应和上位性效应基因的指示。他们的研究结果支持利用测交试验来初步评估自交系的 GCA，当然还需要单交试验去最终确定最高产的特定组合。虽然单交组合配对中可以确定 GCA，但是通过测交试验，尤其是在面对大量自交系需要得出初步信息的情况下，可以更加有效。在单交组合不断产生且大量增加的现代育种体系下，Sprague 和 Tatum（1942）的结论依然同样有效。

GCA 和 SCA 的概念已经被广泛应用于玉米及其他作物育种之中。由于遗传材料类型多样、使用方法和所研究的性状不同，所做的解释也是多种多样。第 4 章已经重点阐述了通过双列杂交分析估计 GCA 和 SCA 的相关问题。统计遗传学家对双列杂交试验的遗传解析做出了重要贡献。Henderson（1952）和 Griffing（1953）分别在动物和植物试验中定义和应用了 GCA 和 SCA 的概念。Hull（1946，1952），Griffing（1950），Hayman（1954a，1954b），以及 Jinks（1954）对规范的遗传模型下遗传参数的估计给出了分析程序。Griffing（1956a）提出了双列杂交设计下亲属间协方差的概念，并给出了基于加性和显性遗传效应的函数公式。Griffing（1956b）展示了双列杂交设计 4 种情况下的方差分析模型。Matzinger 等（1959）展示了双列杂交设计中 GCA、SCA 及其与环境的互作效应的估算和解释。在大多数情况下，来自双列杂交设计的估算结果很难与某一参考群体关联起来（参见第 4 章）。

GCA 与 SCA 的概念逐渐用于表征杂交组合中的自交系，且通常是描述自交系的两个必备性状。在后来发展的利用遗传方差和基因作用方式来描述自交系特征特性的研究中，也常关联到自交系的 GCA 和 SCA 来进行解释。轮回选择中采用何种选择方法通常也都要结合 GCA、SCA，以及杂种优势表达的基因作用方式等背景来进行决策。如果伴有部分-完全显性效应的加性基因具有重要影响，轮回选择方法就应重点考虑 GCA（Jenkins，1940）。而如果超显性占据主导地位，轮回选择方法就应着重考虑 SCA（Hull，1945）。Comstock 等（1949）设计了 RRS 方法可适用所有类型的基因作用方式（即 GCA 和 SCA）以提高选择效果。在 RRS 方法得到发展之前，玉米育种家常常是极端化地考虑 GCA 与 SCA 到底哪个更为重要。

第 7 章列出的试验结果表明，无论测验种的遗传基础广泛还是狭窄，基于测验种的选择都可有效改良群体及测交组合的表现。以前人们普遍认为，使用遗传基础狭窄的测验种可提高针对特定测验种的配合力，而改良 GCA（主要是基于加性遗传效应）的效果寥寥无几。然而研究已表明，使用自交系作测验种不仅可以提高针对特定测验种的配合力，也能提高 GCA，不管是通过群体自身表型测得的 GCA 还是用系列未经选择的基础群体作测验种测得的 GCA 都是如此（Horner et al.，1973，1976；Russell et al.，1973；Russell and Eberhart，1975；Hoegemeyer and Hallauer，1976；Walejko and Russell，1977）。从遗传方差的相对类型（参见第 5 章），以及 Sprague 和 Tatum（1942）关于 GCA 对未经选择材料更加重要的原始结论来看，这个结果看来是合乎逻辑的。

在有关育种选择的试验中，测交后代（通常是半同胞）是用于重组后代选择的原始信息来源。Horner（1963，1976）报道了一项研究来检测 Hull 假说关于轮回选择对 SCA 的有效性，推测利用自交系测验种约有 1/3 的选择增益是针对特定测验种的，而 2/3 的选择增益源于加性效应是可以转移到其他组合中的。Horner（1976）还认为玉米育种家应该根据需求形势适当改变测验种，因为超显性和上位性对产量杂种优势似乎并不那么重要。Horner（1963，1976）的结论得到了 Russell 等（1973）及 Walejko 和 Russell（1977）在不同的群体和自交系测验种上的支持。

以上有关选择的研究结论得到了Russell和Eberhart（1975）及Hoegemeyer和Hallauer（1976）的证实。前者比较了经两个轮回选择评价的半同胞后代选系。系间杂交组合的方差分析表明，每组杂交组合的变异大部分可归因于杂交组合中自交系的平均表现（或GCA）。6 个实例中有 5 个，GCA 均方要显著高于 SCA 均方，这表明基因加性效应是杂交组合中主要的基因作用方式。Hoegemeyer 和 Hallauer（1976）测定了通过全同胞轮回选择方案选择的 S7 自交系间的单交组合，要知道该选择方案曾特别强调对 SCA 的选择。经过 4 代 SCA 选择保留下来的优良自交系在与其他优良自交系杂交时也具有很高的 GCA。Hoegemeyer 和 Hallauer（1976）还发现，他们的选择过程对 SCA 有效，但是 SCA 效应小于 GCA 效应。虽然现在的证据似乎表明 GCA（或者基因加性效应）要比 SCA 更加重要，但这些术语依然在玉米育种的专业术语中普遍使用，并且会继续使用下去。玉米育种家培育和测试都是为了鉴定出高产的自交系特定组合。尽管在确定自交系特定组合时 GCA 显得更为重要，但不管怎样，SCA 在确定的组合中依然会得到表达。基因的非加性效应从平均值来看似乎很小，但是在最终鉴定出的特定组合中可能非常重要。每个杂交种的杂种优势效应都是唯一的。因此，育种方法体系和旨在进行定向有效选择的基因组工具都应知晓这种唯一性。例如，仅对 B73 进行测序则会限制有关配合力和其他复杂性状的有利等位基因的发掘。

（刘文欣　陈绍江　译，雍洪军　校）

参考文献

Allard, R. W. 1960. *Principles of Plant Breeding*. Wiley, New York, NY.

Allison, J. C. S., and R. W. Curnow. 1966. On the choice of tester parent for the breeding of synthetic varieties of maize (*Zea mays* L.). *Crop Sci*. 6:541–4.

Anderson, E., and W. L Brown. 1952. The history of the common maize varieties of the United States Corn Belt. *Agric. Hist*. 26:2–8.

Barata, C., and M. J. Carena. 2006. Classification of North Dakota maize inbred lines into heterotic groups based on molecular and testcross data. *Euphytica* 151:339–249.

Bartual, R., and A. R. Hallauer. 1976. Variability among unselected maize inbred lines developed by full-sibbing. *Maydica* 21:49–60.

Bauman, L. F. 1981. Review of methods used by breeders to develop superior corn inbreds. *Proc. Annu. Corn Sorghum Ind. Res. Conf*. 36:199–208.

Bernardo, R. 1991. Correlation between testcross performance of lines at early and late selfing generations. *Theor. Appl. Genet*. 82:17–21.

Bernardo, R. 1992. Retention of genetically superior lines during early-generation testcrossing of maize. *Crop Sci*. 32:933–7.

Betran, F. J., and A. R. Hallauer. 1996. Hybrid improvement after reciprocal recurrent selection in BSSS and BSCB1 maize populations. *Maydica* 41:25–33.

Betran, F. J., M. Menz, and M. Banzinger. 2004. Corn. In *Corn: Origin, History, Technology, and Production*, C. W. Smith, J. Betran, and E. C. A. Runge, (eds.), pp. 305–98. Wiley,

Hoboken, NJ.
Brown, W. L. 1950. The origin of corn belt maize. *J. NY Bot. Gard.* 51:242–55.
Brown, W. L. 1967. Results of non-selective inbreeding in maize. *Züchter* 37:155–9.
Buckler, E. S., J. B. Holland, P. J. Bradbury, C. B. Acharya, P. J. Brown, C. Browne, E. Ersoz, S. Flint-Garcia, A. Garcia, J. C. Glaubitz, M. M. Goodman, C. Harjes, K. Guill, D. E. Kroon, S. Larsson, N. K. Lepak, H. Li, S. E. Mitchell, G. Pressoir, J. A. Peiffer, M. O. Rosas, T. R., Rocherford, M. C. Romay, S. Romero, S. Salvo, H. S. Villeda, H. S. da Silva, Q. Sun, F. Tian, N. Upadyayula, D. Ware, H. Yates, J. Yu, Z. Zhang, S. Kresovich, and M. D. McMullen. 2009. The genetic architecture of maize flowering time. *Science* 325:714–718.
Carena, M. J., and H. Z. Cross. 2003. Plant density and maize germplasm improvement in the Northern corn belt. *Maydica* 48:105–11.
Carena, M. J., and A. R. Hallauer. 2001. Expression of heterosis in Leaming and Midland Yellow Dent populations. *J. Iowa Acad. Sci.* 108:73–8.
Carena, M. J., J. Yang, J. C. Caffarel, M. Mergoum, and A. R. Hallauer. 2009. Do different production environments justify separate maize breeding programs? *Euphytica* 169:141–150.
Collins, G. N. 1916. Correlated characters in maize breeding. *J. Agric. Res.* 6:435–54.
Comstock, R. E. 1964. Selection procedures in corn improvement. *Annu. Corn Sorghum Res. Conf. Proc.* 19:87–94.
Comstock, R. E. 1977. An evaluation of RRS with inbred line testers. *North Cent. Corn Breed. Res. Comm. (NCR-2) Rep. Mimeogr. Library*, Iowa State University, Ames, IA.
Comstock, R. E. 1979. Inbred lines versus the populations as testers in reciprocal recurrent selection. *Crop Sci.* 19:881–6.
Comstock, R. E., H. F. Robinson, and P. H. Harvey. 1949. A breeding procedure designed to make use of both general and specific combining ability. *Agron. J.* 41:360–7.
Cowan, J. R. 1943. The value of double cross hybrids involving inbreds of similar and diverse genetic origin. *Sci. Agric.* 23:287–96.
Cress, C. E. 1966. Heterosis of the hybrid related to gene frequency differences between two populations. *Genetics* 53:269–74.
Darrah, L. L., S. A. Eberhart, and L. H. Penny. 1972. A maize breeding study in Kenya. *Crop Sci.* 12:605–8.
Davis, R. L. 1927. Report of the plant breeder. *Rep. Puerto Rico Agric. Exp. Stn.* 14–15.
Dudley, J. W. 1982. Theory for transfer of genes. *Crop Sci.* 22:631–7.
Dudley, J. W., and G. R. Johnson. 2009. Epistatic models improve prediction of performance in corn. *Crop Sci.* 49:763–70.
Eathington, S. R., J. W. Dudley, and G. F. Rufener II. 1997. Usefulness of marker-QTL associations in early generation selection. *Crop Sci.* 37:1686–93.
Eberhart, S. A. 1974. Annu. Rep. *Corn Breed. Invest. Mimeogr.* Ames, Iowa, IA.
Eckhardt, R. C., and A. A. Bryan. 1940a. Effect of method of combining the four inbred lines of a double cross of maize upon the yield and variability of the resulting double crosses. *J. Am. Soc. Agron.* 32:347–53.
Eckhardt, R. C., and A. A. Bryan 1940b. Effect of the method of combining two early and two late inbred lines of corn upon the yield and variability of the resulting double crosses. *J. Am. Soc. Agron.* 32:645–56.
El-Lakany, M. A., and W. A. Russell. 1971. Relationship of maize characters with yield in testcrosses of inbreds at different plant densities. *Crop Sci.* 11:698–701.
Etheridge, W. C. 1921. Characters connected with the yield of the corn plant. *Missouri Agric. Exp. Stn. Res. Bull.* 46.
Gama, E. E. G., and A. R. Hallauer. 1977. Relation between inbred and hybrid traits in maize. *Crop Sci.* 17:703–6.
Green, J. M. 1948a. Relative value of two testers for estimating topcross performance in

segregating maize populations. *J. Am. Soc. Agron.* 40:45–57.

Green, J. M. 1948b. Inheritance of combining ability in maize hybrids. *J. Am. Soc. Agron.* 40: 58–63.

Griffing, J. B. 1950. Analysis of quantitative gene action by constant parent regression and related techniques. *Genetics* 35:303–21.

Griffing, J. B. 1953. An analysis of tomato yield components in terms of genotypic and environmental effects. *Iowa Agric. Exp. Stn. Res. Bull.* 397.

Griffing, B. 1956a. A generalized treatment of the use of diallel crosses in quantitative inheritance. *Heredity* 10:31–50.

Griffing, J. B. 1956b. Concept of general and specific combining ability in relation to diallel crossing systems. *Austr. J. Biol. Sci.* 9:463–93.

Hallauer, A. R. 1975. Relation of gene action and type of tester in maize breeding procedures. *Annu. Corn Sorghum Res. Conf. Proc.* 30:150–65.

Hallauer, A. R., and M. J. Carena. 2009. Maize breeding. In *Handbook of Plant Breeding*, M. J. Carena, (ed.), pp. 3–98. Springer, New York, NY.

Hallauer, A. R., and E. Lopez-Perez. 1979. Comparisons among testers for evaluating lines of corn. *Annu. Hybrid Corn. Ind. Res. Conf. Proc.* 34:57–75.

Hallauer, A. R., and J. H. Sears. 1973. Changes in quantitative traits associated with inbreeding in a synthetic variety of maize. *Crop Sci.* 13: 327–30.

Hallauer, A. R., and O. S. Smith. 1979. Registration of maize germplasm (reg. GP 81 and GP 82). *Crop Sci.* 19:755.

Hayes, H. K. 1926. Present day problems of corn breeding. *J. Am. Soc. Agron.* 18:344–63.

Hayes, H. K. 1956. I saw hybrid corn develop. *Annu. Hybrid Corn. Ind. Res. Conf Proc.* 11:48–55.

Hayes, H. K. 1963. *A Professor's Story of Hybrid Corn*. Burgess, Minneapolis, MN.

Hayes, H. K., and R. J. Garber. 1919. Synthetic production of high protein corn in relation to breeding. *J. Am. Soc. Agron.* 11:308–18.

Hayes, H. K., and I. J. Johnson. 1939. The breeding of improved selfed lines of corn. *J. Am. Soc. Agron.* 31:710–24.

Hayman, B. I. 1954a. The analysis of variance of diallel tables. *Biometrics* 10:235–44.

Hayman, B. I. 1954b. The theory and analysis of diallel crosses. *Genetics* 39:789–909.

Henderson, C. R. 1952. Specific and general combining ability. In *Heterosis*, J. W. Gowen, (ed.), pp. 350–70. Iowa State University Press, Ames, IA.

Hoegemeyer, T. C., and A. R. Hallauer. 1976. Selection among and within full-sib families to develop single-crosses of maize. *Crop Sci.* 16:76–81.

Horner, E. S. 1963. A comparison of S_1 line and S_1 plant evaluation for combining ability in corn. *Crop Sci.* 3:519–22.

Horner, E. S., W. H. Chapman, M. C. Lutrick, and H. W. Lundy. 1969. Comparison of selection based on yield of topcross progenies and S_2 progenies in maize (*Zea mays* L.). *Crop Sci.* 9: 539–43.

Horner, E. S., W. H. Lundy, M. C. Lutrick, and W. H. Chapman. 1973. Comparison of three methods of recurrent selection in maize. *Crop Sci.* 13:485–9.

Horner, E. S., M. C. Lutrick, W. H. Chapman, and F. G. Martin. 1976. Effect of recurrent selection for combining ability with a single-cross tester in maize. *Crop Sci.* 16:5–8.

Hyrkas, A., and M. J. Carena. 2005. Response to long-term selection in early maturing maize synthetic varieties. *Euphytica* 143:43–9.

Hull, H. F. 1945. Recurrent selection for specific combining ability in corn. *J. Am. Soc. Agron.* 37:134–45.

Hull, H. F. 1946. *Maize Genetics Cooperation Newsletter* 20.

Hull, H. F. 1952. Recurrent selection and overdominance. In *Heterosis*, J. W. Gowen, (ed.), pp. 451–73. Iowa State University Press, Ames, IA.

Jenkins, M. T. 1929. Correlation studies with inbred and crossbred strains of maize. *J. Agric. Res.* 39:677–721.

Jenkins, M. T. 1934. Methods of estimating the performance of double crosses in corn. *J. Am. Soc. Agron.* 26:199–204.

Jenkins, M. T. 1935. The effect of inbreeding and of selection within inbred lines of maize upon the hybrids made after successive generations of selfing. *Iowa State J. Sci.* 3:429–50.

Jenkins, M. T. 1940. The segregation of genes affecting yield of grain in maize. *J. Am. Soc. Agron.* 32:55–63.

Jenkins, M. T., and A. M. Brunson. 1932. Methods of testing inbred lines of maize in crossbred combinations. *J. Am. Soc. Agron.* 24:523–30.

Jensen, S. D., W. E. Kuhn, and R. L. McConnell. 1983. Combining ability in elite U.S. maize germplasm. *Annu. Corn Sorghum Ind. Res. Conf. Proc.* 38:87–96.

Jinks, J. L. 1954. Analysis of continuous variation in a diallel cross of *Nicotiana rustica* varieties *Genetics* 39:767–88.

Johnson, G. R. 2004. Marker-assisted selection. pp. 293–309. In *Plant Breeding Reviews,* J. Janick, (ed.), pp. 293–309. Wiley, Hoboken, NJ.

Johnson, I. J., and H. K. Hayes. 1936. The combining ability of inbred lines of Golden Bantam sweet corn. *J. Am. Soc. Agron.* 28:246–52.

Johnson, I. J., and H. K. Hayes. 1940. The value of hybrid combinations of inbred lines of corn selected from single crosses by the pedigree method of breeding. *J. Am. Soc. Agron.* 32:479–85.

Jones, D. F. 1918. The effect of inbreeding and crossbreeding upon development. *Connecticut Agric. Exp. Stn. Bull.* 207:5–100.

Jorgenson, L., and H. E. Brewbaker. 1927. A comparison of selfed lines of corn and first generation crosses between them. *J. Am. Soc. Agron.* 19:819–30.

Keller, K. R. 1949. A comparison involving the number of and relationships between testers in evaluating inbred lines of maize. *Agron. J.* 41:323–31.

Kempthorne, O., and R. W. Curnow. 1961. The partial diallel cross. *Biometrics* 17:229–50.

Kempton, J. H. 1924. Correlation among quantitative characters in maize. *J. Agric. Res.* 28: 1095–102.

Kempton, J. H. 1926. Correlated characters in a maize hybrid. *J. Agric. Res.* 32:39–50.

Kiesselbach, T. A. 1922. Corn investigations. *Nebraska Agric. Exp. Stn. Res. Bull.* 20:5–151.

Kovacs, I. 1970. Some methodological problems of the production of inbred lines. In *Some Methodological Achievements of the Hungarian Hybrid Maize Breeding*, I. Kovacs (ed.), pp. 54–72. Akademiai Kiado, Budapest, Hungary.

Kyle, C. W., and H. F. Stoneberg. 1925. Associations between number of kernel rows, productiveness, and deleterious characters in corn. *J. Agric. Res.* 31:83–99.

Lile, S. M., and A. R. Hallauer. 1994. Relation between S_2 and later generation testcrosses of two corn populations. *J. Iowa Acad. Sci.* 101:19–23.

Loeffel, F. A. 1964. S_1 crosses compared with crosses of homozygous lines. *Annu. Corn Sorghum Res. Conf. Proc.* 19:95–104.

Loeffel, F. A. 1971. Development and utilization of parental lines. *Annu. Corn Sorghum Res. Conf. Proc.* 26:209–17.

Lonnquist, J. H. 1949. The development and performance of synthetic varieties of corn. *Agron. J.* 41:153–6.

Lonnquist, J. H. 1950. The effect of selecting for combining ability within segregating lines of corn. *Agron. J.* 42:503–8.

Lonnquist, J. H., and M. F. Lindsey. 1964. Topcross versus S_1 line performance in corn (*Zea mays* L.). *Crop Sci.* 4:580–4.

Lonnquist, J. H., and M. D. Rumbaugh. 1958. Relative importance of test sequence for general and specific combining ability in corn breeding. *Agron. J.* 50:541–4.

Lopez-Perez, E. 1979. Comparisons among five different testers for the evaluation of unselected lines of maize (*Zea mays* L.). Ph.D. dissertation, Iowa State University, Ames, IA.

Love, H. H. 1912. The relation of certain ear characters to yield in corn. *Am. Breeders' Assoc. Rep.* 7:29–40.

Love, H. H., and J. B. Wentz. 1917. Correlations between ear characters and yield in corn. *J. Am. Soc. Agron.* 9:315–22.

Matzinger, D. F. 1953. Comparison of three types of testers for the evaluation of inbred lines of corn. *Agron. J.* 45:493–5.

Matzinger, D. F., G. F. Sprague, and C. C. Cockerham. 1959. Diallel crosses of maize in experiments repeated over locations and years. *Agron. J.* 51:346–50.

Melchinger, A. E. 1999. Genetic diversity and heterosis. In *The Genetics and Exploitation of Heterosis in Crops*, J. G. Coors and S. Pandey (eds.), pp. 99–118. ASA, CSSA, SSSA, Madison, WI.

Melchinger, A. E., J. Boppenmaier, B. S. Dhillon, W. G. Pollmer, and R. G. Herrmnn. 1992. Genetic diversity for RFLPs in European maize inbreds: II. Relationship to performance of hybrids within versus heterotic groups for forage traits. *Theor. Appl. Genet.* 84: 672–81.

Moll, R. H., J. H. Lonnquist, J. Veléz Fortuno, and C. Johnson. 1965. The relationship of heterosis and genetic divergence in maize. *Genetics* 52:139–44.

Mumm, R. H., and J. W. Dudley. 1994. A classification of 148 U.S. maize inbreds: I. Cluster analysis based on RFLPs. *Crop. Sci.* 37:617–24.

Nilsson-Leissner, G. 1927. Relation of selfed strains of corn to F_1 crosses between them. *J. Am. Soc. Agron.* 19:440–54.

Obaidi, M. M., B. B. Johnson, L. D. Van Fleck, S. D. Kachman, and O. S. Smith. 1998. Family per se response in selfing and selection in maize based on testcross performance: A simulation study. *Crop Sci.* 38: 367–71.

Obilana, A. T., and A. R. Hallauer. 1974. Estimation of variability of quantitative traits in BSSS by using unselected maize inbred lines. *Crop Sci.* 14:99–103.

Osler, R. D., E. J. Wellhausen, and G. Palacios. 1958. Effect of visual selection during inbreeding upon combining ability in corn. *Agron. J.* 50: 45–8.

Payne, K. T., and H. K. Hayes. 1949. A comparison of combining ability in F_3 and F_2 lines of corn. *Agron. J.* 41:383–8.

Rawlings, J. O., and D. L. Thompson. 1962. Performance level as criterion for the choice of maize testers. *Crop Sci.* 2:217–20.

Richey, F. D. 1924. Effects of selection on the yield of a cross between varieties of corn. *USDA Bull.* 1209.

Richey, F. D. 1945. Isolating better foundation inbreds for use in corn hybrids. *Genetics* 30: 455–71.

Richey, F. D., and L. S. Mayer. 1925. The productiveness of successive generations of self-fertilized lines of corn and of crosses between them. *USDA Bull.* 1354.

Richey, F. D., and J. G. Willier. 1925. A statistical study of the relation between seed-ear characters and productiveness in corn. *USDA Bull.* 1321.

Russell, W. A., and S. A. Eberhart. 1975. Hybrid performance of selected maize lines from reciprocal recurrent selection and testcross selection programs. *Crop Sci.* 15:1–4.

Russell, W. A., and A. H. Teich. 1967. Selection in *Zea mays* L. by inbred line appearance and testcross performance in low and high plant densities. *Iowa Agric. Home Econ. Exp. Stn. Res. Bull.* 542.

Russell, W. A., S. A. Eberhart, and U. A. Vega. 1973. Recurrent selection for specific combining ability for yield in two maize populations. *Crop Sci.* 13:257–61.

Senior, M. L., J. P. Murphy, M. M. Goodman, and C. W. Stuber. 1998. Utility of SSRs for determining genetic similarities and relationship in maize using agarose gel system. *Crop Sci.*

38:1088–98.

Shuman, D. E. W., and R. A. Bradley. 1957. The comparison of the sensitiveness of similar experiments. *Theor. Ann. Math. Stat.* 28:902–20.

Silva, J. C. 1974. Genetic and environmental variances and covariances estimated in the maize (*Zea mays* L.) variety, Iowa Stiff Stalk Synthetic. Ph.D. dissertation, Iowa State University, Ames, IA.

Singleton, W. R., and O. E. Nelson. 1945. The improvement of naturally cross-pollinated plants by selection in self-fertilized lines. IV. Combining ability of successive generations of inbred sweet corn. *Connecticut Agric. Exp. Stn. Bull.* 490:458–98.

Smith, O. S. 1986. Covariance between line per se and testcross performance. *Crop Sci.* 26: 540–3.

Smith, J. S., E. C. L. Chin, H. Shu, O. S. Smith, S. J. Wall, M. L. Senior, S. E. Mitchell, S. Kresovich, and J. Ziegle. 1997. An evaluation of the utility of SSR loci as molecular markers in maize (*Zea mays* L.): comparisons with data from RFLPs and pedigree. *Theor. Appl. Genet.* 95:163–73.

Sonnino, A., M. J. Carena, E. P. Guimaraes, R. Baumung, D. Pilling, and B. Rischkowsky. 2007. An assessment of the use of molecular markers in developing countries. In *Markers-Assisted Selection: Current Status and Future Perspectives in Crops, Livestock, Forestry, and Fish,* E. P. Guimaraes, J. Ruane, B. D. Scherf, A. Sonnino, J. D. Dargie, (eds.), pp. 15–26. Food and Agriculture Organization of the united Nations, Rome, IT.

Sprague, G. F. 1939. An estimation of the number of top-crossed plants required for adequate representation of a corn variety. *J. Am. Soc. Agron.* 38:11–16.

Sprague, G. F. 1946. Early testing of inbred lines of corn. *J. Am. Soc. Agron.* 38:108–17.

Sprague, G. F. 1952. Early testing and recurrent selection. In *Heterosis*, J. W. Gowen, (ed.), pp. 400–17. Iowa State University Press, Ames, IA.

Sprague, G. F. 1955. Corn breeding. In *Corn and Corn Improvement*, G. F. Sprague, (ed.), pp. 221–92. Academic, New York, NY.

Sprague, G. F., and P. A. Miller. 1952. The influence of visual selection during inbreeding on combining ability in corn. *Agron. J.* 44:258–62.

Sprague, G. F., and L. A. Tatum. 1942. General vs. specific combining ability in single crosses of corn. *J. Am. Soc. Agron.* 34:923–32.

Walejko, R. N., and W. A. Russell. 1977. Evaluation of recurrent selection for specific combining ability in two open-pollinated maize cultivars. *Crop Sci.* 17:647–51.

Wellhausen, E. J., and S. Wortman. 1954. Combining ability in S_1 and derived S_3 lines of corn. *Agron. J.* 46:86–9.

Wu, S. K. 1939. The relationship between the origin of selfed lines of corn and their value in hybrid combinations. *J. Am. Soc. Agron.* 31:131–40.

第9章 近 交

9.1 玉米人工授粉的必要性

玉米是天然的异花授粉作物，可以通过风进行传粉（雄配子），因此更适合异花授粉。并且，玉米植株具有分开的雌雄花序（雌雄同株），使得通过人工杂交生产种子和自交授粉更加容易。雄穗，即带有雄蕊的雄花序，位于植株的顶部，是由茎尖分生组织发育而来。雌穗，即带有雌蕊的雌花序，位于茎秆的中部（通常在植株从顶端算起的第6节或第7节上），是由腋芽尖部组织发育而来。在发育进程中，花的发育是向雌雄异位（单性花）方向进行的。带有多穗（多穗基因型）的茎秆上表现出顶端优势。雄小花较雌小花通常更早成熟（雄蕊先熟）。基因型和环境（如逆境）能够影响玉米雌雄小花成熟的时期差异。散粉从雄穗的主分枝开始（中间小穗或花序轴部）；当每个小穗上的花粉囊开裂之后，花粉开始散粉。每个小穗具有两个小花，花粉从上部的小花开始散粉。小穗成对着生，分为有柄的和无柄。每个小穗有1对颖片，在颖片内，每个小花被外稃和内稃包被，含有3个花粉囊。其中两个花粉囊与内稃相邻，第3个与外稃相邻。雄穗散粉的数量取决于基因型或者植株活力，如杂交种要比自交系散粉多，一些开放授粉品种要比杂交种散粉量大。穗茎由苞叶（变态叶）形成，然后花丝从穗轴中抽出。花丝是功能性的柱头，每个柱头形成一个潜在的籽粒。花丝从底部向上部逐渐发生，高温和低水分都会使得花丝停止生长而导致授粉时期不能完成受精。穗分枝和穗柄由节点和短的节间组成，果穗有一个粗的穗轴，与雄穗非常相似，能够产生多行的成对穗状花序。每个小穗被1对颖片包被，只含有一个功能性小花。尽管两个小花都能发生，但仅上部的小花能够发育成熟。每个上部的小花还能够形成一个具有覆盖着毛状体延长型花丝的子房。

受精过程伴随着花粉与花丝的接触、花粉向下生长与雌配子融合的过程。胚囊内的双受精最终形成了含有二倍体的胚（$2n$=20）和三倍体胚乳的种子（$3n$=30）。配子无活力或是散粉与抽丝未能同步将导致种子的结实率低。

无论是杂交还是自交，人工授粉使得育种者能够保持产生种子的亲缘关系。已有的技术让即使没有经验的人员也可以对选择的植株进行自交和杂交，保证每个授粉能够产生300~500粒种子（Russell and Hallauer，1980）。可以通过覆盖雌雄花序来防止污染（雄穗和雌穗袋子）。已经建立了一系列的自交和杂交方法，可以保证产生高质量和无污染的种子。第一步是采用雌穗袋给雌穗子套袋，必须在抽丝前套上每个穗来防止被未知花粉受精的发生（即使仅一少部分花丝露出也不允许）。这是人工授粉最重要的阶段，在开花期间每天都要检查。第二步是检查雄穗，确定是否有花粉可用，用来授粉的雄穗可以是来自于已套雌穗的同一植株（自交），也可以是来源于其他植株（杂交）。在确定雄穗和雌穗都完全成熟后就可以进行授粉（第三步）。然而，雄穗和雌穗的准备要在授粉前进行。雌穗的尖部被切掉，雄穗袋子用来收集花粉。在田间有花粉可用时，雄穗和雌穗准备好后的第一天可以进行授粉。对于一个成功的授粉而言，雄穗袋子要保持干燥并且从植株上摘取前需要对其敲打。做这一步时速度要快以减小被污染的机会。雄穗袋稳稳套在雌穗上，并且固定在茎秆上直至收获。授粉日期通常要标识在袋子上。有时也需要一些额外识别标记（如全同胞轮回选择）。

由于玉米是异花授粉植物，玉米群体或品种是多种基因型的混合群体，每一个基因型都是独特的，它依赖于两个配子的特异性组合，两个配子的融合形成杂合子，产生了特异的基因型。雌雄花的结构越完整，人工授粉将越便利。尽管玉米雌雄穗各有特点，比其他作物更易识别，但是在不同种、群体、杂交种和自交系间存在着雌雄穗的变异。雄穗在长度、分枝数量、分枝结构、紧密程度、颜色、散粉难易程度及花粉数量等方面都存在差异。在进行植物品种权保护（PVP）和知识产权时所有的性状都可以被使用。果穗的变异表现为植株上的相对位置、直径、行粒数、穗数、籽粒颜色等。

玉米雄蕊先熟的特点促进了异花授粉，但是当散粉与吐丝时期相重叠时，也会发生小部分的自交（Weatherwax，1955）。Kiesselbach（1922）报道了在霍格黄马齿（Hogue's Yellow Dent）地中种植的内布拉斯加白奖（Nebraska White Prize）植株仅有 0.7%发生自交。因此，他认为普通的田间条件下玉米发生自交的数量可以忽略不计。

偏离随机交配的情况也有报道。它们发生的原因是一个群体或环境下玉米花期不同植株的成熟情况存在差异。Gutierrez 和 Sprague（1959）报道，玉米展现出显著地偏离随机交配。他们也得出结论，抽丝和散粉期、植株散粉量、散粉持续时期、植株高度及可能的选择性受精（Jones，1924）可能是偏离随机交配的因素。在一个假定的随机交配群体中，这些因素将会引起亚群的发生。例如，开花早的与开花早的杂交，开花晚的与开花晚的杂交，从而导致这些亚群的形成。尽管在开放授粉玉米群体中存在生理学隔离的亚群，但由于不同亚群间趋向于异花授粉，足以防止不同的亚群被轻易地识别出来。

尽管在一个开放授粉的玉米群体中完全随机交配不易实现，但是群体内基因型是广泛变化和复杂的。如前所述，群体内的每个个体来自于两个不同配子的结合。因此，事实上每个植株都是一个个不同的 F_1 杂交种。一个群体中所有大量的植株（假定的 F_1 个体）可以达到数量遗传性状的近似正态分布。例如，每个性状会有一定分布范围，但是群体将会表现出位于均值两个标准差内的特点。因此，一个玉米群体将含有自交系组合产生的杂交种那样高产的单株。但是，问题是如何鉴定和永久保持。直到有相关研究出现，现代玉米育种的概念才真正发展起来，即这些研究中，降低玉米群体中单株基因型复杂性，产生纯合基因型（自交系），并繁殖这些自交系来作为生产杂交种的亲本。

无论是自然的或人为发生的，近交都是指那些比随机更加紧密联系的单株对进行的交配，这些单株的关系比定义为非自交的特异群体的平均关系要近。我们关注来自于控制杂交的近交效应，但是近交可在有限个人数量的小群体内自然发生，因而，有限的杂交也能发生。近交作为一个群体规模的结果，而控制杂交得到了育种项目的特别关注。这些育种项目包括各种轮回选择入选单株的重组，如果有效群体含量较小，有限的植株被用来重组时，等位基因的随机漂变也可能发生。

当近交用来描述受精卵而不是配子体时，近交则由受精卵纯合性的比例决定。来源于纯合植株的配子，如玉米自交系，与来源于完全杂合植株，如两个相对纯合的自交系间的 F_1 杂交种相比不多也不少。这种关系表明当它们每一个都来自两个不相同和不重复的配子融合时，解释为什么异花授粉的玉米杂交群体的个体植株被认为是特殊的 F_1 杂交种。因此，主要通过自交授粉而实现的近交在现代玉米育种的概念中十分重要。

9.2 关于近交的早期报道

对于玉米近交和杂交的早期历史，East 和 Jones（1918）及 Jones（1918）进行了详细的概述。Kölreuter（1776）、Knight（1799）、Gärtner（1849）和 Focke（1881）在很多物种上进行了大量的试验，应该是孟德尔分离和重组定律再发现前的杰出杂交育种者。然而，他们当中没有人意识到近交和杂交是同一现象的相对表现。Darwin（1877）也记录了关于植物物种近交和杂交的许多观察，在孟德尔遗传学说被发现之前他已经有了对这一现象自身的理解。达尔文认为，近交不是交配的正常过程，近交效应逐渐积累，最终该物种注定要灭绝。虽然他对近交效应做了一个重要的解释，但是这些效应通常被归因于近交过程本身，而不是纯合性。达尔文观察发现植物自交或杂交在活力上并无差别，他解释为自交的各个成员能够表现出种间的相似性。同时，他构建的自交系同其他自交程度较低的系进行杂交发现，当相同的自交系与不同地区的新材料进行杂交时并未表现出较大活力的增加，这也有力地支持了他的上述解释。然而，两个自交系的杂交确实表现出活力显著增加，通常要超过其原品种。自交系和他们杂交组合表现差异可以归因于种质相似性和多样性。达尔文的解释与我们认识的分离和重组的概念非常相似，如果他掌握了孟德尔遗传学说，许多困扰达尔文的问题就可以澄清了。

尽管近交和杂交的现象在植物界被广泛研究，但是直到 Shull（1908，1909，1910）的研究被报道后，近交和杂交的基本相似性才真正被理解。并且，直到 Shull（1908）的解释后，近交确切的遗传基础才被理解。East（1908，1909）观察到了相似的现象，同时 East（1909）也关注通过近交来繁殖亲本用以生产组合来实现对玉米生产的提高。

尽管达尔文进行了一些玉米的近交和杂交研究，但是大家公认现代玉米育种方法（自交系和杂交种）是由 Shull 和 East 开始的。关于玉米长期的近交研究较少，并且大多数结果不那么令人满意。Shamel（1905）、Collins（1909）及 Davenport 和 Holden（1952）报道了玉米近交的效应。在大多数例子中，近交的不利效应被认识到，但是它在杂交组合中应用的益处却被忽略了。G. H. Shull 和 E. M. East 的发现，以及揭示杂交玉米潜力的研究是在同一时期独立进行的。关于 Shull 和 East 研究的历史回顾由 Shull（1952）和 Hayes（1956）进行了描述。

玉米自交系和杂交种的概念最早是由公益部门提出并应用的，时间可以追溯到 20 世纪早期。East 领导的研究团队（后来由 H. K. Hayes 和 D. F. Jones 所继承）发现和揭示了采用自交系 Leaming 获得的杂交种的潜力。East 受达尔文、孟德尔及 Vilmorin 等在植物进化方面的生物学规律的直接影响（Hayes，1956），并且把这些规律与实践中植物的改良研究联系起来实现了自己的目标。但是，最广为人知的早期玉米育种研究者可能是 Shull，他的玉米研究可以上溯到 1904 年，且主要集中在将遗传力作为动植物改良的基础，以及其遗传理论和在育种上的应用。East 在美国康乃迪克州，Shull 在冷泉港于 1906 年（Hayes，1963）独立地开始进行近交和杂交的研究，为尝试玉米近交的努力提供了基本的观点。然而，由于自交系获得种子量较少，Shull 认为自交系-杂交种的改良没什么实践意义，因此 1916 年他就中断了研究。Jones 给 East 的建议是采用已经选育好的 Leaming 为母本，自交系 Burr'White 为父本，使杂交种用于商业，让农民在生产上使用成为现实（Jones，1918）。从开放授粉品种向双交种的转变是发展改良玉米稳产和高产品种过程的一个重要进展，但是对玉米群体改良和遗传多样性研究却带来了负面的影响（Carena，2007）。

关于近交和杂交现象的正确解释是由 Shull 给出的，而自交系-杂交种概念的实际应用是由 East 所强调的。Shull 的非凡结论基于有限的资料，但是它形成了今天我们所知道的玉米育种的基本原则。Shull 关于玉米的研究并不是特意用来设计研究自交和杂交效应的，只是用来研究穗行数的遗传现象。基于近交和自交系间杂交的穗行数、植株高度及自交系的产量表现的遗传研究，Shull（1908）推断：得到的明显结论是一块普通的玉米地上生长的是一系列众多的基本株组成的复杂杂交种。自交能够很快消除杂交成分并减少其基本成分的限制。在同一来源的自交授粉株和杂交授粉株的比较中，我们没有比较自交和杂交的效应，只是比较了生物型和杂交种的活力。因此，他认为自交授粉并不是出现差异的直接效应，而是杂交种组合对它们的基本种或生物型分离的间接效应。自交系间的差异是属于遗传上的，与 Johannsen 所描述的纯系非常相似。

Shull 关于自交授粉将杂交种向纯合形式分离的结论对现在所说的系谱选择是一个重要的贡献。由于遗传分离和重组（如超亲分离），自交系间的特异杂交，以及对 F_1 进行自交授粉可以获得比它们亲本更好的自交系。Shull（1908）强调，"在这些方法中并不存在能够确定杂交种组合中几个生物型相对价值的有益尝试，而仅仅是达到纯合的状态。根据我们现阶段的知识不可能从两个纯系的比较研究中来预测它们杂交种后代的活力"。由于玉米育种者仍然面临着需要确定杂交种中自交系的相对优点，因此这些结论十分有趣（第 8 章）。

Shull（1909）进一步讨论了他的研究并列出了玉米杂交种生产的两个重要特征。他把这个过程称为玉米育种中的纯系方法，认为应该包括两个步骤：①找到最优的纯系；②采用纯系来生产玉米种子。

他讨论了尽可能多的自交授粉及持续自交直到家系达到纯合状态的必要性。他正确地假设了自交选育的自交系并不是在所有的情况下都有用，确定自交系好坏的唯一方法就是尽可能地配置自交系间的杂交组合，并评价其 F_1 杂交种。他认为在得到预期结果，决定采用哪对纯系之后，种子的生产方法相对简单，但可能成本较高。

Shull（1910）强调玉米育种纯系法的优势，突出特点就是比较了纯系法和 East（1909）及 Collins（1909）采用的品种间杂交法的差异。Shull 正确地分析到只有减少基因型的复杂性到纯合形式，并确定最优的 F_1 杂交组合对，才能获得最大的一致性和最高的产量表现。由于品种是不同基因型复杂的混合体，品种间杂交组合杂合性的模态水平要比两个纯系的杂交组合小。然而，轮回选择方法在一定程度上改进有利等位基因的频率，它们不仅能够提供优良的自交系，也能够提供群体杂交种，为自交系选育项目和单交种生产面临挑战的区域提供经济有效的种子生产体系（Carena，2005；Carena and Wicks III，2006）。Carena（2005）的研究已经表明，大范围的测试不仅可以鉴定可用于相互轮回选择和自交系选育项目的杂种优势模式，也可以鉴定那些与商业杂交种（不需要自交系统）无统计学差异表现的群体杂交种。尽管 Shull 同意 East 的观点，即“纯系法在理论上更加准确，但与品种间杂交方法相比，其实践性较差”。进行两种方法的比较前，Shull 担心纯系法还需要认真试验，但事实上从那时起，一系列的发展已经证明 Shull 原理的正确性，直到今天还仍被应用。East 和 Hayes（1912）及 Jones（1918）发展了试验程序，Jones 关于采用双交组合的建议为玉米育种的纯系方法研究提供了很大的试验动力。

9.3 近交系统

近交是在一定程度上相似的个体进行杂交的结果。在植物育种中，极端的和非极端的近交形式都起着重要作用。例如，近交增加一个群体内个体间的遗传变异而获得了更有效的遗传改良。并且，近交也是一个缓慢的非有利等位基因固定的过程，为选择提供了更多的机会。因此，育种项目必须权衡选择和达到近交水平所需时间的重要性。然而，对有利等位基因的选择减少了近交产生的潜在不利效应。

由于可以快速地达到纯合，通常玉米的近交是利用自交授粉来完成的。玉米雌雄花序分离，很容易进行人工的自交和杂交操作。自交授粉是最极端的近交方式，也可以选择其他的方法。建议用其他的不太严格的近交方法生产更具活力的自交系（Macaulay，1928；Lindstrom，1939；Harvey and Rigney，1947；Kinman，1952；Stringfield，1974）。理论上，不太严格的近交比严格的自交方法固定不利基因会更慢一些。自交获得后代合子的遗传结构由自交植株配子决定。将来近交过程的选择将被固定在原始 S_0 自交植株有限的基因型内。例如，如果采用一定形式的同胞交配来近交，固定有害等位基因就会减慢，但选择的机会将增强。高强度近交（如自花授粉或中度形式的近交）的优缺点需要考虑。例如，近交的选择优势是否超过自交快速实现纯合的优势呢？

表 9.1 列举了一些近交常用的体系。一些计算预期平均近交水平的早期方法被提出来。但是，不同类型亲属间（家系间）交配的近交水平的计算公式是由 Wright（1921，1922a）首次提出的。Wright 的近交系数（F）是结合的配子和直接测定增加的纯合性的可能性之间的相关水平。尽管 Wright（1922a，1922b）最先得出了这些公式，但其他人采用不同的方法也获得了同样的结果。Malécot（1948）采用的方法曾被最广泛地应用，因为这种方法更形象化，并且与 Wright（1922a）的通径系数的方法结果相同。Malécot 将近交系数定义为两个基因在同一位点来自于共同祖先的概率。同一位点的两个等位基因可能相同，这是因为它们或在状态上相似或是血统上完全相同。状态上相似的等位基因具有相同的功能，但是就目前所知而言，因为血统的关系它们并不一起出现，除非它们来自一些未知的远缘祖先。因此，近交系数或者近交水平是相对于一个特定的基本群体而言的。

表 9.1 不同近交体系不同世代的近交系数（预期纯合性）

世代	近交系统				
	半同胞	全同胞[a]	自交	回交[b]	
				亲本（F 为 0）	亲本（F 为 1）
0	0.000	0.000	0.000	0.000	0.000
1	0.000	0.000	**0.500**	0.250	0.500
2	0.125	0.250	0.750	0.375	0.750
3	0.219	0.375	0.875	0.438	0.875
4	0.305	**0.500**	0.938	0.469	0.938
5	0.381	0.594	0.969	0.484	0.969
6	0.448	0.672	0.984	0.492	0.984
7	**0.509**	0.734	0.992	0.496	0.992
10	0.654	0.859	0.999	0.500	0.999
	$(1/8)(1+6F'+F'')$[c]	$(1/4)(1+2F'+F'')$	$(1/2)(1+F')$	$(1/4)(1+2F')$	$(1/2)(1+F')$

[a] 与新的父母本后代杂交相同

[b] 涉及一个亲本与其后代杂交

[c] 用来计算近交体系中预期纯合性的递回关系式，这里 F 是 Wright 近交系数，F'指的是前一代，F''指的是第二代

Kempthorne（1957），Pirchner（1969）和 Li（1976）给出了确定不同近交体系亲属近交系数的理论、应用和说明。因此，近交系数被用来计算决定特异世代的纯合性水平。获得纯合性的方法在不同的近交体系中存在差异。自交授粉方法实现纯合性要快于其他任何体系，但在雌雄异体的植物中或者是自交不相容的体系中（及在具有不同性别的高级动物中），实现自交受精是不可能的。因此，全同胞交配是近交可能的最近式。然而，玉米可以进行所有形式的近交，所采用的体系依赖于具体的育种项目或者基础科学研究的目的。

自交选育相对纯合自交系的优势是显而易见的（表 9.1）。要达到一代自交所实现的近交水平或者纯合性，全同胞杂交需要 4 代，半同胞自交需要 6 代。即使可以利用非正季（如美国玉米带的冬繁圃），获得同样的理论纯合性水平所需要的季节数仍然很大，近交的半同胞和全同胞方法也通常需要额外的一代来产生家系用于下一步的杂交。如果在一个特定的群体中打算用全同胞近交方法，必须采用控制授粉来产生全同胞家系。从植株-植株的杂交（全同胞）收获的种子不进行自交，下一季全同胞单株的杂交授粉所获得的种子将会有一个 25%的预期纯合性。在相同的两季中，自交的预期纯合率为 75%。

可以采取两种方法获得半同胞家系，这依赖于近交所采用的群体。

（1）半同胞种子可以从隔离区每穗分别收获和脱粒来获得。假设不存在自然的自交授粉，每个植株的母本配子将被群体一个随机的雄配子样本授粉，因此半同胞种子具有共同的母本。

（2）在育种圃中，半同胞后代通过混合花粉的控制授粉的方法建立，通过混合预期能代表群体的花粉对不同植株样本的花丝进行授粉。在接下来的世代中，近交可以通过半同胞后代内一个植株混合花粉方法进行。无论哪种方法两代后的理论近交水平都为 12.5%，而自交授粉方法两代后的近交水平都为 75%。

回交通常不被认为是一种常用的近交体系，但是它在将一个基因从一个特定的基因

型向另一个基因型转移时或者改良自交系的一些数量性状时被广泛地应用。如果用于回交的亲本是纯合的（F=1），并且用回交方法转移一个简单的显性基因（例如，抗玉米大斑病 *Ht* 基因，Leonard 和 Suggs.），近交的速率与表 9.1 中自交的速率相同，理论上基因型可以很快恢复。对应于一个非自交亲本而言（F=0），回交方法的理论近交水平不会超过 50%。如果包含一个非自交亲本的回交项目需要完全纯合，一些其他形式的近交是必需的。纯合性是通过除了与非自交亲本进行回交，所有近交体系的最终目标。改良一个自交系的一个数量性状，如欧洲玉米螟抗性或者产量的构成因素不那么容易成功，这是因为连续的回交导致稀释效应（Geadelmann and Peterson，1978）。然而，采用回交的方法对于不太复杂的数量性状如花期，已经取得了很大的成功。通过采用独特有竞争性的温带或者热带种质材料进行一次回交（Carena et al.，2010）或几次回交（Rinke and Sentz，1961；Hallauer et al.，1988）（表 8.3），实现花期较晚的自交系向花期较早的自交系的转变，已经使玉米生产可以向高纬度地区扩展。

对玉米来说，我们可以选择不同的近交体系，但是在许多植物和高等动物中没有太多的选择余地。Macaulay（1928）提出一个较自交授粉相对较轻的近交体系，称为小区近交。他建议入选的果穗每小区种植 200~250 株，每个小区与其他区隔离。在每个小区内只种植入选植株上整齐度好的果穗，每一代进行持续的选择。提出的这个程序看起来像一个半同胞的近交形式。尽管没有数据支持，仍认为小区近交获得的自交系要比自交授粉获得近交系更具活力，自交授粉获得的自交系要比小区近交方法获得的最优自交系差，原因如下。

（1）通过自交授粉，所有的杂合因素一代要减少 50%，而小区近交需要数代才能达到这样的效果。因此对小区近交来说选择的机会更多。

（2）自交授粉选育的自交系仅能遗传那些出现在亲本中有利的因子，而小区近交提供了将小区内所有单株的有利因子向一个材料逐渐积累的过程。

Macaulay 也认为选育如 F_1 杂交一样有活力的纯合株是可能的（这部分将在第 10 章中进行讨论）。如果他的主张是对的话，有效的隔离将会限制这种体系的应用，那么将需要许多世代来选育自交系，它们组配杂交种的优势必须用传统的程序来实现。

Lindstrom（1939）及 Harvey 和 Rigney（1947）比较了全同胞和自交体系选育的自交系及全同胞和自交法相结合选育的自交系。在两个例子中，自交系的数量都是有限的，它们却获得了相反的结论。Lindstrom 建议在开始时使用中等程度的近交来防止过快固定有害性状，并且提供不同环境下更广阔的选择基础。他进一步认为，当采用较大量的材料进行的自交授粉也会出现同样的结果，这点非常重要。另外，Harvey 和 Rigney 建议在开始时最好采用高强度的近交来剔除不利因子，而不是采用中等程度的近交使不利因子保持到后期世代再进行剔除。它们的结论是基于三代全同胞轮回选择再进行第 4 代的自交后出现的较高的秃尖率的研究，Good（1976）也发现了类似的结果。

Kinman（1952）也建议采用复合姊妹交的方法选育应用于杂交种的自交系。然而，一般来说，测交杂交种涉及的姊妹选系在表现上或变异与来自于相同材料 S_3 家系（自交 3 代）没有差异。姊妹选系比相应的自交选系（S_4）在熟期上、雄穗分枝、植株高度和产量上具有更大的变异。Loeffel（1971）测试了一系列通过 1~4 代的近交选系组配杂交种用来比较。

（1）姊妹交的方法近交。

（2）自交后进行姊妹交。

（3）高强度近交。

研究发现，在熟期、产量或是其他这些可归因于近交水平或者是自交和姊妹交方法的性状上来看，并没有获得可观的增益。采用中等程度的近交进行杂交种自交系的选育的研究由 Stringfield（1974）进行了综述，他认为自交授粉形式近交的不利方面如下。

（1）持续的自交授粉看起来太过于激烈。

（2）纯合系在选择中造成许多性状的丢失。

（3）纯合系本质上可塑性差。

（4）纯合系在种子生产上不利，可能限制最终的种植。

所有的这些方面与自交授粉的纯合条件能够快速进行基因固定有关。Stringfield 认为较好有用的自交系可以采用中度近交的方法选育，中度近交的同时可以进行有效的选择（育种的艺术）。他提议采用连续的同型交配，按链式杂交方式进行入选株的授粉。这个程序是对 Macaulay（1928）提出的小区近交体系的一种改良，Stringfield 将之称为广基系选育和新系测试。广基系的概念并未广泛地使用，它看起来是一种对自交系选育无多大贡献的方法，尤其是当前的优良自交系产量已经超过 6t/hm^2（Hallauer and Carena，2009）。

关于在玉米中采用近交体系而不是自交授粉的建议已被提出来，但使用还不是太普遍。通常，这些建议具有哲学性，强调近交的严格性，尤其是在自交系选育中植物育种艺术性十分重要时。由于自交授粉快速固定基因，视觉选择机会就受限于对特定植株类型的后代内。例如，当 F=0.5 时，家系间的总的遗传方差（假设仅仅是加性效应）将会是家系内的 2 倍（第 2 章）。自花授粉 2 代后，F=0.75，S_2 家系间总的遗传方差是 S_2 家系内的自交增加了家系间的选择效果，但减少了家系内单株间的选择效果，这已经被育种试验地中自交 S_2 代表选出的整体的一致性充分证明。视觉选择（第 8 章）对一些性状是重要的，但在特定阶段后代间的视觉选择比后代内的选择更为有效。育种者在可能的地方应用视觉选择，并采用近交的方式尽快地使性状达到纯合（如自交授粉）。采用不同地点、密度和播期的早代重复可以改进视觉选择（第 1 章表 1.5；Carena and Hallauer，2001；Carena and Wanner，2003，2010；Carena et al.，2003；Carena，2008；Hallauer and Carena，2009；Sezegen and Carena，2009）。后代间的差异当然会比后代内大，因此，获得理想基因型可以通过理想基因型相互杂交来完成，这些理想的基因型已经进行了一些配合力测试，并开始下一轮的近交和选择。

尽管有一定合理的理由来采用中度近交体系，但是获得满足当前作为杂交种亲本材料一致性标准可接受的纯合性水平所需要的时间，限制了该种方法的应用。应用玉米育种者由于面临着为杂交种选育新自交系的压力，它们诉诸自交是因为能快速达到纯合。新系的循环利用和额外的系谱选择是由自交授粉开始的。因此通用的观点是尽可能多地采用自交授粉方法获得自交系，而不是耐心地选择那些固定基因较慢的近交体系选择自交系。无论正确与否，这套系统当前正在被应用，毫无疑问将来也还会被继续地应用。

系谱选择的自交授粉当然会造成用来生产杂交种的亲本遗传基础更加狭窄，关注亲本来源的遗传材料而不是近交体系将更能有效地解决这个问题。

9.4 基于小群体的近交

任何选择方法的效果都依赖于两个影响育种群体等位基因频率的主要因素的平衡：选择和遗传漂变（Stojšin and Kannenberg，1994）。有利等位基因频率的增加是选择响应的结果，不仅通过改变加性效应也通过显性效应的补充来实现，尽管显性效应并不总是具有补偿效应。进行轮回选择的育种者不断面临这样的决定，包括选择多少群体后代来进行评价，以及选择多少后代来重组形成下一轮遗传改良，并作为自交系选育的资源群体。每一轮中反复考虑用来评价和重组的采样单株的数量。在大多数例子中，相当数量的材料折中分配资源到育种项目中，使材料能保持持续的循环利用。采用的群体通常是封闭群体，这是因为研究者对特定选择项目长期效应感兴趣（第 7 章）。最终，根据群体的规模，封闭群体的所有成员相互关联起来。在再合成和改良群体中的重组和随机交配时，要尽可能地避免近交。然而，由于可以合理包含的个体数量，近交是不可避免的。一旦封闭群体的位点被固定（或者自交）下来，唯一的解决办法是与不相关的群体进行杂交。这在轮回选择项目的小群体中更普遍，封闭的群体没有一定程度的近交是不能保存下来的。

小的群体规模可以导致等位基因频率的随机变化（如遗传漂变）。尽管在特殊情况下可以与选择方向相同，大多数情况下，遗传漂变会减少选择响应。频率被随机地改变其结果导致了近交衰退。近交衰退是由于不利等位基因的表达引起的表型上的衰减。无论如何，近交不是近交衰退的原因。近交增加了纯合性（相同的等位基因被结合到一起），因此，被显性等位基因所掩盖的隐性等位基因（假定隐性等位基因是不利基因）表现了出来。由于选择后群体规模的缩小，遗传漂变经常在育种群体中出现。近交衰退也是遗传漂变的结果，然而，它可以通过增加有效群体含量或者加入新的遗传材料来避免。较小的有效群体含量看起来限制了选择响应（Smith，1983；Tanner and Smith，1987；Helms et al.，1989；Eyherabide and Hallauer，1991；Keeratinijakal and Lamkey，1993；Weyhrich et al.，1998b），特别是在早期有利等位基因频率较低的时候。然而，大规模的减少近交衰退的改良与在美国种质背景下自交后代选择有关（Oyervides-García and Hallauer，1986；Tanner and Smith，1987；Rodriguez and Hallauer，1988；Carena and Hallauer，2001），尤其是当有效群体含量超过 20 的时候。

发生在一个完全随机杂交群体中不可避免的近交的数量与群体中不相关个体的数目（N）相关，在每一代，这些不相关个体的配子随机融合。在一个雄配子依靠风媒授粉的隔离种植区，可能发生小规模的自交授粉，这取决于群体规模。在育种圃中可控制的人工授粉能够防止自交授粉，但由于群体规模限制，近交也会发生。Li（1976）的研究表明，一个配子与同一植株配子相融合的概率是 $1/N$，与不同植株配子融合的概率是$(N-1)/N$，这就包含了自交的可能性。由于全同胞杂交中基因后裔同样的概率是 1/4（第 3 章），全同胞杂交总和是 $2/N$，后裔相同单株的概率是 $1/(2N)$。因此

$$F = 1/(2N)$$

如果 N=1（自交授粉），那么 F=0.50，如果 N=2（两个单株杂交），F=0.25，这里 F 是全同胞方法的近交系数。在小群体中，相关联的植株交配的概率较高。在一些轮回选择研究中通常是选择 10 株进行杂交，这里平均的预期近交水平为 5%（1/20）。Gordillo 和 Geiger（2008）的研究已经给出了保持较大有效群体含量的方法。但是一些研究表明，采用较大的有效群体含量并没有什么益处（Weyhrich et al.，1998b；Guzman and Lamkey，2000）。在下一轮或者下一代，有两个比率对近交水平起作用。

（1）遗传上后裔相同位点的概率为 $1/(2N)$。

（2）由于上一代近交系数而产生的纯合位点比率。

总的近交系数，Li（1976）所表示的为

$$F = 1/(2N) + [1 - 1/(2N)]F'$$

式中，$1/(2N)$是群体规模增量，$[1 - 1/(2N)]F'$ 是已经存在群体中的近交部分。这个公式不论群体大小都可以应用。因此，在 N 个单株间进行杂交的可能数量为 $N(N–1)$。这种杂交类型在进行入选个体组成下一轮群体的轮回选择研究中普遍应用。对不产生自交授粉的雌雄同株的个体，递推关系为

$$F = [1/(2N)][1 + 2(N - 1)F' + F'']$$

式中，$1/(2N)$是该轮规模群体的部分，F'和 F''是以前轮中存在的近交增量。这个表达式反映了严格防止自交授粉的交配数量。例如，10 个单株杂交的第 3 轮中，采用第一个公式预期的近交水平为 0.1426，用后一个公式总的近交水平为 0.1402。这种总的预期近交系数的差异反映了交配数量的正确性。排除自交授粉改变了新的近亲交配向祖父母世代（F）返回的增量。如果自交增量是 F，关系式为

$$\Delta F = (F' - F)/(1 - F)$$

表明了相对于存在的杂合性而言纯合性的增加。重要的特点是杂合性的出现，在一个封闭群体中一旦一个位点被固定，除非杂交发生，否则它们会一直固定下来。新的“近亲”或者是“增量”计算了近交系数按比例的增量（Falconer and Mackay，1996）。因此，近交率和群体规模 N 有如下的关系：$\Delta F = 1/(2N)$。

一个具有 N 个雌雄同株二倍体的玉米群体达到 Hardy-Weinberg 平衡的情况下会产生 $2N$ 个配子。如果我们假定雌雄配子以相等的条件进行随机杂交，N 个单株产生的后代群体的预期分布为 $(pA + qa)^{2N}$，这是一种较常见的二项式扩展形式。基因频率预期是相同的，但是群体的随机取样或引起预期的随机偏差，如果我们让 $p' - p$ 表示之前群体产生的后代群体的基因频率的随机偏差，那么 p 的方差变为

$$\sigma_{\Delta p}^2 = [p(1 - p)]/(2N)$$

既然 $\Delta F = 1/(2N)$，近交系数的增量（而不是群体规模）就可以用来评价基因频率变化的方差：

$$\sigma_{\Delta p}^2 = [p(1 - p)]/\Delta F$$

Li（1976）基于 Wright（1931）的结果用这个关系式来确定有效的育种群体规模。

有不同的雌（f）雄（m）配子数组成的 N 个雌雄同株个体的杂合性衰减速率为

$$1/(8N_{\mathrm{m}})+1/(8N_{\mathrm{f}})$$

当雌雄配子数相等时，关系式的值大约为 $1/(2N)$。如果考虑到 N 个具有相等的雌雄配子组成的理想的玉米群体随机交配的话，基因方差的频率为

$$[p(1-p)]/(2N)\text{，近交速率为 }1/(2N)$$

与理想的群体相比，育种群组单株的有效规模就是实际的育种规模。当相同数量的雌雄个体为下一代贡献出相同的配子时，群体的有效含量（N_{e}）为

$$N_{\mathrm{e}}=2N\text{，或者说是重组单株数量的 2 倍。}$$

相同数量的父母本，杂合性衰减的速率为

$$1/(8N_{\mathrm{m}})+1/(8N_{\mathrm{f}})\text{，此时变成了 }[(N_{\mathrm{m}}+N_{\mathrm{f}})]/(8N_{\mathrm{m}}N_{\mathrm{f}})\text{ 或 }1/(2N_{\mathrm{e}})$$

重新变化一下，育种群体的有效含量为

$$N_{\mathrm{e}}=4N_{\mathrm{m}}N_{\mathrm{f}}/(N_{\mathrm{m}}+N_{\mathrm{f}})$$

这里面对的是相等的父母本减少到 $2N$。在大多数玉米群体中，父母本数目相等，但是如果父母本数目不相同，有效的群体含量主要依赖于数目较少的性别亲本数量。例如，10 个父本与 100 个母本，$N_{\mathrm{e}}=4(10)(100)/110=36.4$。相对地，10 个父本与 10 个母本杂交 $N_{\mathrm{e}}=4(10)(10)/20=20$，这里也是 $N_{\mathrm{e}}=2N$。

在一些轮回选择项目中，具有一定自交水平的后代相互杂交。自交的效应减少了有效群体含量，就如同 Sprague 和 Eberhart（1977）所研究的那样。

$$N_{\mathrm{e}}=2N/(1+F_{\mathrm{P}})$$

式中，F_{P} 是用于重组的亲本自交系的近交系数。如果是基于 S_2 自身表现的轮回选择，可以选择留存的 S_1 或 S_2 种子进行重组。由于 S_1 的配子比例与 S_0 植株相同，因此如果采用留存的 S_1 种子则 $F_{\mathrm{P}}=0$，如果选择 20 个 S_1 系进行重组，那么 N_{e} 是 40。如果利用留存剩余的 S_2 种子重组，则 N_{e} 减少到 26.7。N_{e} 的减少使应用 S_1 重组要比应用 S_2 更为有利。另外一个常用的育种技术是，对在某一性状或多个性状上一般配合力超平均以上的优良自交系进行重组，用来形成改良用的综合种。这种情况下，N_{e} 与所用的自交系数量相等。例如，16 个重组系将会是一个有效的群体规模（如 BSSS 改良）。相互杂交可随机进行，但是 $1/(2N)$的 F 值为 0.0319，除非允许有意或无意的一些异型杂交。

Sprague 和 Eberhart（1977）强调了轮回选择项目的有效群体含量，以及和近交相关效应的重要性。在大小合适的玉米群体中进行相互杂交和随机交配相对容易，但是必须决定选择强度和测验后代数量（Robertson，1960；Baker and Curnow，1969；Rawlings，1970）。尽管用来重组的单株数量常常是个问题，项目的测试阶段通常限制重组单株数量。近交和有效群体含量的计算式仅很少发生理想状态下。轮回选择项目中相互杂交的个体对下一代的贡献可能并不完全相同，除非整个选择项目的系谱关系都保持下来，否则它们的贡献就很难确定。表 9.2 的数据就表明了轮回选择的不同轮回在不同有效群体含量下的预期近交水平[改编自 Sprague 和 Eberhart（1977）的研究]。

表 9.2　不同有效群体含量下不同轮群体的预期近交水平

选择轮回	有效群体含量									
	20		30		40		50		60	
	F=0	F=0.5	F=0	F=0.5	F=0	F=0.5	F=0	F=0.5	F=0	F=0.5
	20[a]	13.3[a]	30	20	40	26.7	50	33.3	60	40
1	0.05	0.08	0.03	0.05	0.02	0.04	0.02	0.03	0.02	0.02
2	0.10	0.14	0.06	0.10	0.05	0.07	0.04	0.06	0.03	0.05
3	0.14	0.20	0.09	0.14	0.07	0.10	0.06	0.08	0.05	0.07
4	0.18	0.25	0.12	0.18	0.10	0.14	0.08	0.11	0.06	0.09
5	0.22	0.31	0.15	0.22	0.12	0.17	0.10	0.14	0.08	0.12
6	0.25	0.35	0.18	0.26	0.14	0.20	0.11	0.16	0.09	0.14
7	0.29	0.40	0.20	0.29	0.16	0.23	0.13	0.19	0.11	0.16
8	0.32	0.44	0.23	0.32	0.18	0.26	0.15	0.21	0.12	0.18
9	0.35	0.48	0.26	0.36	0.20	0.28	0.16	0.23	0.14	0.20
10	0.39	0.52	0.28	0.39	0.22	0.31	0.18	0.26	0.15	0.22
20	0.62	0.76	0.48	0.62	0.39	0.52	0.33	0.45	0.28	0.39
40	0.86	0.94	0.73	0.86	0.63	0.77	0.55	0.69	0.48	0.63

[a] $N_e=2[N/(1+F)]$，这里 N 是重组的家系数，F 是重组系的近交水平，如 S_2 家系的 F=0.5

显然，表 9.2 的有效群体含量理论上对预期的近交水平有显著的影响，选择的不同轮次的近交效应的积累也很显著。如果 N=10，5 轮选择后预期的近交水平是 0.22，对比 N=20 时则为 0.12。5 轮选择后 N=20 的预期近交水平比 N=10 的预期近交水平减少 47.8%。对 N=10 和 N=20 的情况，经过 40 轮选择后，N=20 的预期近交水平仅仅减少 26.8%。采用 S_2 系进行重组也表明预期近交水平在很大的程度上增加。采用近亲交配的单株（系）可以减少有效群体含量。例如，N=10 时，N_e 从 20 减少到 13.3，因此 5 轮后预期近交水平从 0.05 增加到 0.08，增长了 60%。

由于下一轮近交主要依靠上一轮的近亲交配，因此自交系单株的预期近交水平通常要比非自交亲本大。除非突变和外源杂交发生，通过随机交配进行额外的重组一般不会改变固定位点的预期水平。为了减少预期近交水平，一个替代办法就是采用在轮回选择中用来测试的 S_2 代留存的 S_1 代种子。在所有情况下，预期近交水平成为长期选择项目的一个重要因素。近交的降低可以通过采用大规模单株（或者减少选择压力或者增加测试的后代数量）或者采用那些不是自交单株来重组。基于半同胞、全同胞和 S_1 或 S_2 后代进行评价来完成 10 轮选择的轮回选择是合理的。如果用非自交单株进行重组，如果 N=25 而不是 10，预期近交水平就会从 0.39 减少到 0.18。但是，轮回选择的近交水平再一次随着选择的群体、选择的性状及改良的阶段变化而发生变化。

9.5　近交衰退的估算

在不同物种间表现出来的近交衰退大小有很大的差异，这与每种作物中我们所遇到的显性效应的大小有关。例如，自花授粉作物近交衰退较小，通常利用的是纯系品种。

另外，一些异花授粉的物种近交衰退较为严重（如苜蓿），或者近交衰退还可以接受，即可以产生纯合基因型但是表型较差（如玉米和向日葵）。因此，近交不是引起近交衰退的原因。

关于近交衰退不同的研究方法已有报道。非自交群体的均值为$(p-q)a+2pqd$，任意水平自交群体的均值为$(p-q)a+2pq(1-F)d$（第 2 章）。因此，近交衰退的绝对值可以定义为$2pqdF$。4 个可能的计算方法如下。

（1）$\bar{X}_0-\bar{X}_F=2pqdF$，这是遗传期望和测量性状的绝对值表达式。

（2）$\left(\bar{X}_0-\bar{X}_F\right)/\bar{X}_0\times 100=2pqdF/[(p-q)a+2pqd)]\times 100$，这是近交衰退的百分比。

（3）$\left(\bar{X}_0-\bar{X}_F\right)/F=2pqd$，这是$F$值每增加 1%的遗传期望。

（4）b是纯合性每增加 1%的不同近交水平观察均值的回归。

当加性和定向显性的位点结合后，近交均值的变化与近交系数成正比。如果存在上位性效应，群体近交均值就会呈现曲线变化。由于表型均值经常与近交水平线性相关，在玉米中大多数的估算表明，加性效应主要取决于性状均值。近交衰退率在性状间存在差异，性状间近交衰退的持续时间也不同。例如，非自交玉米在整个自交不同世代中玉米产量表现出下降的趋势（图 9.1）。近交系数与近交衰退程度存在较密切的关系，BSSS 材料每增加 1%的纯合性，产量大约减产 50kg/hm^2（见本章的后面的部分）。纯合百分率与数量性状表现通常具有线性关系。植株高度和花期在自交 3~5 代后趋于稳定。

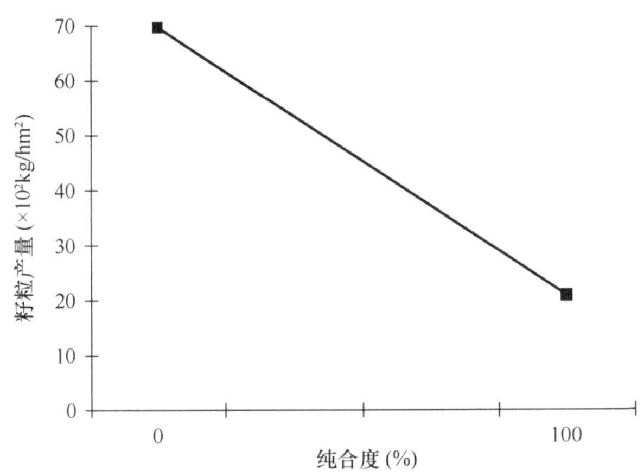

图 9.1　BSSS 玉米群体籽粒产量近交衰退速率

（1）尽管玉米自交授粉非常普遍，但是不同性状近交衰退的评估研究却很少。从早期的研究来看，玉米的近交衰退是非常明显的。随着纯合性的增加，活力和生产力都减少，性状被固定。

（2）家系间的差异增大，家系内的变异减少。

由于等位基因随着纯合性增加而被固定，因此近交效应可以利用孟德尔遗传来进行解释（Shull，1908）。其中均值和分布频率通常是给定的（Jones，1918；Shull，1952），但是近交衰退的速率并未给定。在大多数情况下，研究采用的系较少，并且观察值都是来自于不同世代和不同年际间的。由于不同年际间的环境影响，估值可能存在一定的偏差，估值的误差也变大。对于包含的系有限，收集详细的数据，每一代的每一观察值都得记录起来。然后，基于孟德尔分离的遗传规律，这些信息与近交预期水平的关系才能被正确揭示。

经典的玉米自交效应的研究报道是由 Jones（1918，1939）完成的，这个研究始于1904年Chester的开放授粉品种Leaming的12个自交授粉植株，East和Hayes（1912）首次对此进行了详细的报道。Jones（1918）报道了4个自交系（其中两个是原始杂交组合的亚系）的第一个11代自交用作产量和株高的评价。每一年自交授粉都进行计算。随着自交授粉的进行，产量和株高逐渐下降，但是所估计的自交衰减速率的环境效应明显。例如，家系1–6–1–3第8代的产量是4920kg/hm^2，而在第5和第9代的产量分别是1730kg/hm^{2}和1590kg/hm^2。3个家系的自交授粉持续了30代，Jones（1939）给出了研究结果。由于每代环境效应的干扰，他将5代分成一组，并对季节波动进行平均（表9.3）。在整个自交的30代中，产量呈减少的趋势，但是5个世代后穗位高并未降低。每个系的株高和产量均值的减少与纯合性的增加呈线性相关。平均来看，30代自交后株高下降29%，产量下降79%，两个性状的自交效应差异较大。5代后，株高减少30%，此后变化很小。另外，随着自交授粉产量持续减少，20代后已经减少75%。Jones（1939）讨论了两个性状自交衰退的可能原因。由于每次自交授粉，杂合性减少50%，株高快速地获得了均值的稳定性，原因可能是这一性状的遗传没有产量那么复杂。如果影响株高表达的遗传因子较少，那么较更复杂的性状（如产量）相比纯合化更容易达到。产量是整个生长季节包括生理机制表达的基因型生产能力的最终表现。遗传力研究（以单株和后代为基础，见第5章）表明株高的遗传力大约比产量的遗传力大3倍。

表9.3 3个玉米家系30代自交授粉株高和产量的效应（修改自Jones，1939）

自交世代	株高（cm）					产量（kg/hm^2）				
	自交系（1~6，1~7，1~9）					自交系（1~6，1~7，1~9）				
	1~6	1~7	1~9	平均	变化（%）	1~6	1~7	1~9	平均	变化（%）
0	297.2	297.2	297.2	297.2	—	5060	5060	5060	5060	—
1~5	221.0	205.7	195.6	207.5	30	4000	3190	2560	3250	36
6~10	246.4	213.4	208.3	222.8	25	2810	2250	2120	2390	53
11~15	246.4	213.4	210.8	223.5	25	2380	2120	1620	2040	60
16~20	223.5	215.9	190.5	210.0	29	1380	1500	880	1250	75
21~25	205.7	190.5	180.3	192.3	35	1250	1310	810	1120	78
26~30	233.5	203.2	195.6	210.8	29	1500	1120	560	1060	79
b^a	–8.7	–11.1	–12.6	–10.8	—	–630	–580	–650	–620	—

[a] 7组自交授粉的线性相关

Jones（1939）创制和测试了1~6和1~7家系的亚系（表9.3），证据表明F_1与每一个亲本表现均存在差异。

所有的关于纯合化的方法见图9.2，涉及不同的遗传因子。随着遗传因子数量的增加，杂合性的平均损失减少。

群体中所有单株的相同位点及同一单株的所有位点的预期杂合性都是给定的。随着影响一个性状的位点数增加，群体杂合性的损失并不如一个因素影响得那样快。当一个因素影响时，一代自交授粉杂合性减少 50%。影响大家所谓的数量遗传性状遗传因子的准确数量仍很难知晓（如多基因、QTL），但是 Jones 的数据的确表明，影响株高的遗传因子要少于产量性状的遗传因子。从图 9.2 和 Allard（1960）的研究来看，产量性状影响因子的数量一定多于 15 个，这是因为它达到纯合性比 15 个因子的影响下还要慢。

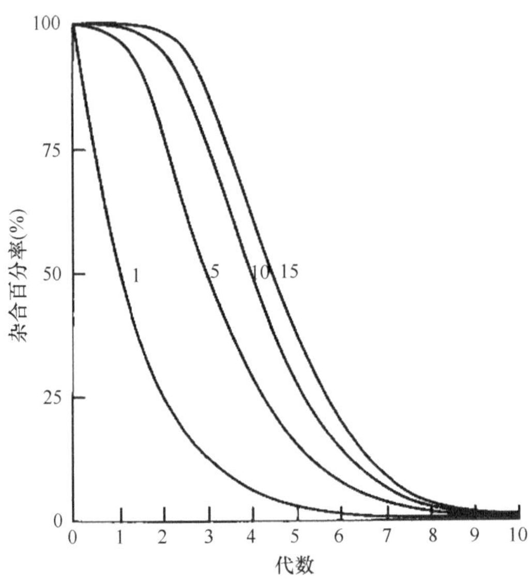

图 9.2 分别在 1、5、10、15 个等位基因的情况下自交授粉每一代群体中杂合型单株的百分比

玉米自交衰退的计算研究已经表明不同植株及穗部性状都存在着对应的自交衰退速率。与 Jones（1939）和其他人的研究相比，这些研究采用了大量的后代，并且后代是在相同的环境下采用试验设计进行比较。自交世代留存的种子和原始群体的种子也要在同一环境下进行比较来获得环境效应和实验误差的估计值。自交衰退速率的估算是基于预期纯合性水平下的不同自交世代均值的回归。在几个玉米性状自交衰退的评估中，11 个群体中至少列出了 8 个（表 9.4），其中 5 个是 6 个群体较高级别的世代。

表 9.4 不同群体的近交系数每增加 1%自交衰退引起的表型均值的变化

来源	群体	产量		高度（cm）		到开花天数	粒重（g）	穗数
		kg/hm^2	g/株	株高	穗位高			
Sing 等（1967）	Indian Chief	–20.18	–0.8438	–0.2400	–0.2000	0.0225		–0.0004
	Jarvis	–23.60	–0.9865	–0.3300	–0.1800	0.0410		–0.0004
Genter（1971）	BSSSC0	–78.20	–1.4385					
	BSSS(HT)C7	–55.60	–1.0228					
	VaCBSC0	–77.60	–1.4275					
	VaCBS(S)C4	–65.10	–1.1975					
Harris 等（1972）	NHG	–72.10	–1.3956	–0.2742	–0.3888	0.0680		
	NHG(M)C9	–710.72	–1.3883	–0.2114	–0.2342	0.0752		
	NHG(I)C9	–62.32	–1.2063	–0.1570	–0.2074	0.0852		
Hallauer 和 Sears（1973）	BSSSC0	–44.90	–1.1124	–0.4800	–0.3000	0.0460		

续表

来源	群体	产量		高度（cm）		到开花天数	粒重（g）	穗数
		kg/hm²	g/株	株高	穗位高			
Cornelius 和	Synthetic O. P.							
Dudley（1974）	自交	–38.55	–0.9510	–0.5805	–0.2900		–0.0427	
	姊妹交	–33.28	–0.8175	–0.5280	–0.2480		–0.0441	
	联合	–37.97	–0.9355	–0.5760	–0.2860		–0.0429	
Good 和 Hallauer	BSSSC0							
（1977）	自交（A）	–46.28	–1.1528	–0.4904	–0.3342	0.0535	–0.1040	0.0003
	姊妹交（B）	–45.11	–1.1176	–0.5268	–0.3507	0.0422	–0.0872	0.0004
	A+B	–45.88	–1.1366	–0.5381	–0.3416	0.0459	–0.1053	0.0002
	联合	–46.28	–1.1466	–0.4942	–0.3210	0.0519	–0.1006	–0.0002
	BSSS(R)C7							
	自交	–47.00	–1.1645	–0.5020	–0.4130	0.0300	–0.2030	–0.0004
	全同胞	–58.20	–1.4420	–0.6690	–0.5920	0.0380	–0.3170	–0.0009
	N	19	19	15	15	12	9	8
	平均	–51.04	–1.1517	–0.4398	–0.3124	0.0499	–0.1163	–0.0004
Levings 等（1967）	同源四倍体	–51.04	–1.1517	–0.4398	–0.3142	0.0499	–0.1163	–0.0004
Rice 和 Dudley	同源四倍体							
（1974）	自交		–1.5360	–0.8580	–0.4740			
			–1.3210	–0.5740	–0.2350			
	全同胞		–1.1140	–0.5580	–0.2950			
			–1.1730	–0.3770	–0.1610			

由于存在不同数量估值，不同性状平均估值的精确性不同，穗数是8个，产量是19个。产量自交衰退的评估是以小区（kg/hm²）和单株为基础（g/株）。对于产量，我们预期纯合性每增加1%，产量减少50kg/hm²（1.2g/株）。以每株为基础的情况是，所有群体的产量自交衰退估值都相似，范围从–0.82g/株（全同胞杂交的 OP 综合种）到–1.44g/株（BSSSCO）。尽管产量的自交衰退估值相似，但它们来自于不同环境下的不同群体，以及纯合性的理论值是由不同的近交体系获得的。Sing 等（1967）利用双交组合的系谱法获得了近交水平。Genter（1971）和 Harris 等（1972）利用 S_1家系获得了近交水平的估计值。Hallauer 和 Sears（1973）、Cornelius 和 Dudley（1974）及 Good 和 Hallauer（1977）通过比较自交授粉或者姊妹交获得不同世代的近交水平的估计值。因此，尽管群体、环境及纯合性预期水平获得的方法不同，在近交水平每增加1%时，线性下降的单株产量估计值几乎是一样的。因为在不同的研究中种植密度不同，以单位面积为基础的自交引起的产量损失要比以单株为基础的研究要大。如果每株减少的线性率调整成一个恒定值，纯合化造成产量的减少就会更加相似。自交的产量响应证实了早期玉米研究的观察数据。在这些研究中，所有的产量或是生产力都减少。

除了花期，其他所有性状的自交衰退的值都是负的。6 个秃尖百分比的估计值是正的（Good and Hallauer，1977）。这些近交效应的表现与之前报道的活力和植株降低、花期变晚和秃尖增加相一致。以到达开花的天数为例，估计值在所有的情况下都是正值，大小为+0.02~+0.09，平均为 0.05，自交和姊妹交所获得估计值也相似。近交预期可以减少产量和产量构成因素，降低植株高度，增加到开花的时间和秃尖率，这与之前的观察完全一致。

表 9.4 所列的各性状预期的近交变化情况见表 9.5（5 个纯合水平）。纯合性水平每增加 1%的平均估计值就被用来计算其他 4 个水平的纯合性。表 9.5 计算的均值假定线性回归是不同近交水平群体平均表现的有效的数学描述。假设存在线性关系，我们可以预期当纯合性达到 100%时，平均产量从非自交世代下降 115.2g/株，以单位面积为基础产量下降 5100kg/hm^2，自交系群体的平均株高下降 44cm，穗位下降 31cm，成熟期延后 5 天。

表 9.5　5 种纯合水平下获得的玉米群体近交衰退的预期值

性状	纯合水平（%）				
	1	25	50	75	100
产量（kg/hm^2）	–51.04	–1276	–2552	–3826	–5104
产量（g/株）	–1.1517	–28.79	–57.58	–86.38	–115.17
株高（cm）	–0.4398	–11.00	–21.99	–32.98	–43.98
穗位高（cm）	–0.3124	–7.81	–15.62	–23.43	–31.24
到开花天数	0.0499	1.25	2.50	3.74	4.99
穗数	–0.0004	–0.01	–0.02	–0.03	–0.04
籽粒含水量（%）	–0.0046[a]	–0.12	–0.23	–0.34	–0.46
出籽率（%）	–0.0720[a]	–1.86	–3.60	–5.40	–7.20
穗粗（mm）	–0.0926[a]	–2.32	–4.63	–6.94	–9.26
穗长（cm）	–0.3518[a]	–8.80	–17.59	–26.38	–35.18
行数	–0.0180[a]	–0.45	–1.09	–1.35	–1.80
粒深（mm）	–0.0642[a]	–1.60	–3.21	–4.82	–6.42
粒重（g）	–0.1163	–2.91	–5.82	–8.72	–11.63
含油量（%）	–0.0034[a]	–0.08	–0.17	–0.26	–0.34
轴粗（mm）	–0.0355[a]	–0.89	–1.78	–2.66	–3.55
叶宽（mm）	–0.1340[a]	–3.55	–6.70	–10.05	–13.40
秃尖度	0.0009[a]	0.02	0.04	0.07	0.09
直立数	–0.0792[a]	–1.98	–3.96	–5.94	–7.92

[a] 平均值的计算少于 8 个估计值，这里鼓励采用更多的估计值来使预期近交衰退值更有效

Good 和 Hallauer（1977）报道了来自于艾奥瓦坚秆综合种的一套未经选择自交系的自交授粉衰减的百分比。表 9.6 是从原始的非自交群体到第 8 代的相对下降值。从 S_0 到 S_8 产量相对下降的幅度最大，减少了 68%。在自交的整个范围内，产量稳定地减少，这与 Jone（1939）的数据一致。植株高度和 Jone 研究的其他性状到第 3 代时减少了 22%，在额外 5 代的自交授粉中只减少了另外的 2%，这也与 Jone 的研究是一致的。穗位高的降低与近交的相关性最大，所有世代都呈现出减少的趋势。在 S_3 代后变化仅为 5%，自交的前三代为 30%。花期从 S_0 到 S_8 增加了 25%，自交的整个过程都增加，但是增加最大的是从 S_0 到 S_1。在产量的构成因素中，籽粒深度随自交减少的幅度最大（37%），在自交的各个世代都出现减少。尽管自交对产量因素的影响没有一个达到对产量的影响程度，但自交对所有性状影响的积累最终影响了产量。

表 9.6 艾奥瓦坚秆综合种自交的观察均值和与原始非自交群体相关性状变化的百分率

世代	产量（g）		株高（cm）		穗位高（cm）		到开花天数		穗数		穗粗（mm）		穗长（mm）		粒深（mm）		粒重（g）		轴粗（mm）		秃尖（mm）		直立	
	$\overline{X}$	%	$\overline{X}$	%	$\overline{X}$	%	$\overline{X}$	%	$\overline{X}$	%	$\overline{X}$	%	$\overline{X}$	%	$\overline{X}$	%	$\overline{X}$	%	$\overline{X}$	%	$\overline{X}$	%	$\overline{X}$	%
SC[a]	172.3	102	192.1	99	95.7	97	26.2	98	0.12	120	48	100	185	103	18	95	78.7	102	30	100	0.01	25	41.9	95
DC[a]	165.5	98	195.4	101	97.9	99	26.9	101	0.08	80	48	100	184	102	18	95	77.0	100	30	100	0.01	25	44.5	100
BSSS S_0	168.6	100	194.1	100	98.9	100	26.7	100	0.10	100	48	100	180	100	19	100	77.3	100	30	100	0.04	100	39.1	88
S_1	112.1	66	175.5	90	84.1	85	30.4	114	0.12	120	45	94	166	92	16	84	71.3	92	29	97	0.04	100	37.7	88
S_2	87.0	52	162.0	83	73.9	75	30.3	113	0.13	130	43	90	155	86	15	79	70.3	91	28	93	0.07	175	35.3	80
S_3	75.1	44	152.4	78	69.6	70	31.1	116	0.13	130	42	88	150	79	14	74	69.6	90	28	93	0.10	250	35.3	80
S_4	64.9	38	150.5	78	67.5	68	32.1	120	0.13	130	41	85	143	79	13	68	69.2	90	28	93	0.13	325	33.0	74
S_6	61.2	36	148.1	76	65.7	66	32.3	121	0.12	120	41	85	143	79	13	68	67.5	87	28	93	0.12	300	33.9	79
S_8	54.4	32	147.9	76	64.3	65	33.5	125	0.13	130	40	83	140	78	12	63	65.9	85	28	93	0.14	350	35.0	79
（SE） $\overline{X}$	2.8		2.0		1.6		0.6		0.01		0.2		1.4		0.2		0.8		0.2		0.8		0.8	
S_0–S_8（%）	–68		–24		–35		25		30		–17		–22		–37		–15		–37		250		–21	

[a] S_7系间的双交和单交混合样本作为对照

Good 和 Hallauer（1977）全面评估和比较了不同近交方法所获得的非选择自交系的自交衰退率，包括自交授粉、全同胞交配、全同胞交配后再自交授粉这 3 种方式。3 个系列的自交系都是从艾奥瓦坚秆综合种中分离出来的，在自交的不同世代中没有特意进行选择。最初的 250 个 S_0 单株进行自交，243 对 S_0 植株进行了姊妹交。两个单独的 S_0 植株样本被用来选育自交和姊妹交。姊妹交系列进行了 5 代，在那时种植了两个后代行。一行进行持续的姊妹交，第二行则开始自交授粉。3 个系列的自交世代采用混合方法在艾奥瓦环境下 9 个地点进行了 5 次重复的评估试验。每个系列的家系的自交衰退率列于表 9.4 中。尽管线性回归系数间存在着统计学上的显著差异，但这些差异仍然比较小。3 个系列家系的线性回归系数在植株高度、穗轴直径、产量、300 粒重、直立性、秃尖上存在显著的差异，但是产量的线性回归（自交授粉、全同胞交配、全同胞交配后自交分别为–1.15、–1.12 和–1.13）实际差异并不大。自交衰退（图 9.3）的相对速率表现出与 3 种近交方法产量的降低具有相似性。

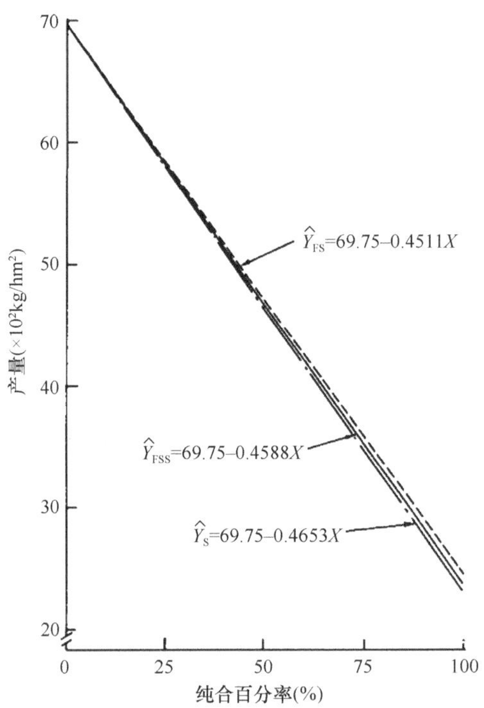

图 9.3 自交（S）、全同胞交配（FS）和全同胞后 3 代自交（FSS）下艾奥瓦坚秆综合种产量的自交衰退

尽管直接比较的两个例子得出全同胞交配产量的自交衰退率略微小于自交授粉（Cornelius and Dudley，1974；Good and Hallauer，1977）（表 9.4），但几乎没有迹象表明全同胞近交比自交产生更具活力的系。Good 和 Hallauer（1977）发现线性模型能解释超过 99%的产量变异。

Good 和 Hallauer（1977）也比较了相同纯合水平下 3 种近交方法的性状均值。理论的纯合水平尽管不完全相同，但用于比较的目的来说它们已经足够相似了（表 9.7）。在很少的例子中，具有相似纯合水平的均值呈现出显著的差异。最重要的差异可能是在最高纯合水平下产量的差异。10 代全同胞和 3 代自交选育的自交系平均产量显著高于自交授粉获得自交系的产量（2570kg/hm^2 对应 2200kg/hm^2）。值得怀疑的是，产量优势足以保证获得相同纯合水平所需另外 5 代的自交。表 9.7 的数据证实了 3 种近交方法理论上的纯合水平。可以看出，未经选择的自交系的纯合效应与采用任何近交方法获得自交系的效应都相同。实验数据与不同方法的理论预期值也一致。采用温和形式的近交，除了相信视觉选择的效果，也没有其他的方法可以推荐。对于一个给定的水平，无论采用何种方法近交效应都会相同。例如，50%的纯合率可以通过一代自交和 3 代全同胞杂交获得，但只有一个性状（果穗直径）世代均值间呈显著差异。在预期纯合性水平为 99%的情况下，3 种近交方法的世代在 5 个性状上差异极显著。在除了秃尖的所有性状中，10 代姊妹交自交系的均值和 3 代自交授粉自交系的均值要比 8 代自交授粉的大，尽管存在显著性，但在所有的例子中，5 个性状的差异相对较小。

表 9.7 3 种近交选系方法在相似预期纯合水平下世代间的比较

世代[†]	预期纯合（%）	产量（kg/hm^2）	产量（g/株）	株高（cm）	穗位高（cm）	到开花天数[§]	穗数	穗粗（mm）	穗长（mm）	粒深（mm）	粒重（g）	轴粗（mm）	秃尖（mm）	直立数
S_0	0.0	6800	168.6	194.1	98.9	26.7	1.10	48	180	19	77.3	30	0.04	44.3
S_1	50.0	4520	112.1	175.5	84.1	30.4	1.12	45[a]	166	16	71.3	29	0.04	39.1
FS_3	50.0	4590	113.5	170.2	81.4	30.6	1.08	46[b]	164	16	72.7	29	0.04	38.2
FS_6	73.4	3770	93.5	159.3	73.5	29.6	1.13	44[b]	157	15	70.9	29	0.06	38.7
S_2	75.0	3510	87.0	162.0	73.9	30.3	1.13	43[a]	155	15	70.3	28	0，07	37.7
FS_8	82.6	3380	83.8	153.6	69.3	30.6	1.12	43	152	14[a]	69.8	28	0.08	35.8
FS_5-S_1	83.6	3190	79.0	152.8	69.4	30.5	1.12	43	150	15[b]	68.4	28	0.08	38.3
S_3	87.5	3030[b‡]	75.1[b]	152.4	69.6	31.0	1.13	42	150[b]	14	69.2	28	0.10	35.3
FS_9	85.9	3120[b]	77.4[b]	150.2	66.8	30.1	1.13	42	151[b]	14	70.0	28	0.02	36.9
FS_{10}	88.6	2670[a]	66.1[a]	148.4	67.6	30.7	1.13	41	145[a]	13	69.8	28	0.13	35.3
S_4	93.8	2620	64.9	150.5	67.5	32.1	1.13	41	143	13	69.2	28	0.13[b]	33.0
FS_5-S_2	91.8	2740	67.9	147.9	67.1	31.7	1.12	41	146	13	67.5	28	0.08[a]	36.6
S_6	98.4	24.7	61.2	148.1	65.7	32.3	1.12	41[b]	143	13	67.5	28	0.12	33.9
FS_5-S_4	98.0	26.1	64.6	144.2	65.7	31.1	1.12	41[b]	144	13	68.3	28	0.12	34.6
FS_{10}-S_2	97.2	24.9	61.7	146.1	63.6	31.5	1.15	40[a]	141	13	69.4	28	0.12	33.3
S_8	99.6	22.0[a]	54.4a	147.9	64.3	33.5	1.13	40	140	12[a]	65.9[a]	28	0.14[b]	35.0
FS_5-S_6	99.5	22.8[ab]	56.2[ab]	142.6	65.3	32.2	1.12	40	138	12[a]	67.5[ab]	27	0.09[a]	33.8
FS_{10}.S_3	98.6	25.7[b]	63.7[b]	144.8	67.0	31.6	1.13	40	142	13[b]	69.6[b]	28	0.12[ab]	33.0

[†]S_i、FS_i 和 FS_i–S_i 分别代表自交、全同胞交配及全同胞后自交 3 种方法的世代数

[‡]带有不同字母的代数均值表示具有显著差异（$P \leqslant 0.05$），不带上标的表示差异不显著

[§]表示 7 月 1 日以后

预测的线性和二次模型同产量均值一起绘制在图 9.4 中。这里有一个较轻微的二次曲线趋势，但是随着纯合性的增加，产量的自交衰退在本质上是线性的。

Good 和 Hallauer（1977）的近交研究采用 22 个纯合水平，用于自交授粉、全同胞交配及自交和全同胞组合自交的 3 个系列的自交系进行研究。此外，采用半同胞的方法确立了 12.5%的纯合水平。线性和二次回归模型适合 22 个纯合水平下每个性状的均值。所有性状的线性模型的线性回归系数与 0 之间呈显著差异。花期、单株穗数及秃尖是正的，而其他性状都是负的。采用二次模型在果穗直径、单株穗数及秃尖性状上呈不显著

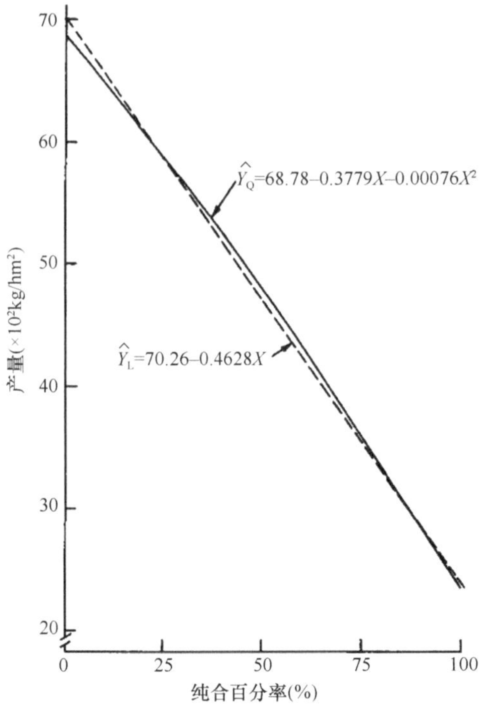

图 9.4　艾奥瓦坚秆综合种 3 种自交系列中 22 个材料产量自交衰退

的线性回归，在花期、植株和穗位高、轴粗、直立性及单株穗数性状上二次回归也不显著。尽管 12 个性状中有 6 个显著，但是由二次回归解释的纯合水平间总方差较小。产量的线性预测占总方差的 99.1%。

Wright（1922b）确定了独立的基因位点，在这些位点上性状的平均表现与杂合性的减少成正比（或是纯合性的增加），但是没有考虑有多少个等位基因或者是每个位点的显性水平大小。随着杂合性的降低，线性下降是可以预期的。等位基因间相互作用或上位作用可以用曲线响应来解释。所有关于均值表现和杂合水平的自交研究似乎可以用一个遗传模型来描述，包括非连锁位点的加性效应。通常，线性回归系数解释了不同近交世代间的大多数变异。多数情况下线性回归或者是纯合百分率 F 超过 90%（通常还要大于 98%~99%）解释了世代间总平方和的比例。显性作用（位点内互作）对于表现自交衰退和线性回归计算净显性偏差是必要的。缺少任何明显的回归偏差并不意味着位点间的互作（上位性）不存在；它可以反映由删除效应引起的位点间的净互作。由于线性模型通常无显著偏差，自交衰退的上位效应看起来并不重要。在不考虑玉米近交体系的情况下，似乎可以用线性回归模型来描述近交不同世代的平均表现。

与杂种优势相似，自交衰减（ID）效应受等位基因频率、定向显性和位点数的影响。Falconer 和 Mackay（1996）提出以下的表达式：

$$\text{ID} = \sum 2pqdF$$

公式说明采用不同的遗传材料，ID 值的估算是如何变化的。如果假设每个位点有两个等位基因，当等位基因频率为 0.5 时，ID 速率达到最大，当等位基因频率为 0 或者 1 时，自交衰退率则降低。Rodriguez 和 Hallauer（1988）及 Lamkey 和 Smith（1987）展示了 ID 估算值如何随着不同群体和不同的选择方法而变化（表 9.8）。

表 9.8 玉米群体 C0 及经轮回选择后（C*i*）产量自交衰退（ID）的估计值[a]（%）

群体间			群体内		
群体	%		群体	%	
	S_1/C0	S_1/C*i*		S_1/C0	S_1/C*i*
BSSSC0	37.4（44.4）[b]	—	BSKC0	54.9	—
BSSS(R)C10	15.0（26.4）	24.7	BSK(HI)C8	11.8	30.4
BS13(S)C4	–14.4（17.7）	12.7	BSK(S)C8	3.0	26.4
BSCB1C0	38.3	—	BS12C0	55.9	—
BSCB1(R)C10	47.7	37.5	BS12(HI)C7	–34.7	29.8
BS10C0	32.1	—	BS2C0	50.3	—
BS10(R)C7	27.2	36.1	BS2(S)C4	12.7	29.7
BS11C0	41.6	—	BS16C0	31.6	—
BS11(FR)C7	20.6	24.6	BS16(S)C3	39.6	44.8
			BSTLC0	37.7	—
			BSTL(D)C3	7.0	25.4
$\bar{X}$ C0	37.4	—		46.1	—
$\bar{X}$ C*i*	19.2	27.1		2.2	31.4

[a] 自交衰退估计值的计算采用公式 $(\bar{X}_0-\bar{X}_F)/\bar{X}_0\times100$，这里 F=50%；每个群体自交 100 株形成 S_1 代，每个授粉果穗等量混合进行性状评价

[b] Rodriguez 和 Hallauer（1988）报道的数据，括号中的数据是 Lamkey 和 Smith（1987）报道的

在表 9.8 中群体间选择包括半同胞或者全同胞相互轮回选择，直接的选择响应是以群体间组合进行计算的。群体内轮回选择包括半同胞、S_1-S_2 选择，直接的选择响应是以群体自身计算的。ID 估计值的变化表明有利等位基因频率随着选择而增加，或者随着选择分离的基因位点增加，或者两种情况兼而有之。对于艾奥瓦坚秆综合种群体（BSSS），经过一轮自交后产量下降 37.4%，原始群体的 ID 计算值为 37.4%。10 轮相互轮回选择后，BSSS(R)C10 的 ID 估算值为 24.7%，或者说比 BSSSC_0 减少了 12.7%。BS13(S)C4 已经完成了 12 轮的选择（8 轮半同胞和 4 轮 S_1 轮回选择），ID 估计值为 12.7%或者较 BSSSC_0 减少了 24.7%。相对于 BSSSC_0，BS13(S)C4 较非自交的 BSSSC0 群体增产 14.4%。在 BSKC0 上进行了两个系列（半同胞和自交）的选择研究（Tanner and Smith，1987），在 8 轮的选择之后，BSK(HI)C8 和 BSK(S)C6 的 ID 估计值分别为 30.4%和 26.4%，原始的未选择群体（BSKC0）为 54.9%。除了 BSCB1 和 BS16，选择通过增加产量的有利基因频率，或者减少不利的隐性等位基因的频率来改变等位基因频率似乎有效。BSCB1 是由 12 个欧洲玉米螟平均抗性以上的自交系互交合成的，并在配合力上只做了有限的关注。BS16 是来自南美哥伦比亚的 ETO 复合种的一个材料，适应了温带环境，仅在早开花这一性状上进行了混合选择。在对产量开始选择前，高产等位基因频率低于 0.5。平均来看，选择后群体的 ID 估计值较 C0 群体少 10%~15%（表 9.8）。表 9.9 举例说明了 BSSS 群体 S_1 和 S_7 代产量和穗长 ID 估计值。

表 9.9 BSSS 玉米群体两个性状的自交衰退

世代	F	籽粒产量（kg/hm^2）	穗长（cm）
S_0	0.000	4520	15.9
S_1	0.500	2680	13.9
S_2	0.750	2000	13.5
S_3	0.875	1580	12.7
S_4	0.938	1530	12.9
S_5	0.969	1470	12.8
S_6	0.984	1410	12.9
S_7	0.992	1300	12.5
ID（S_1）		4070	12.7
ID（S_7）		7120	20.1

9.6 有用自交系的频率

Lindstrom（1939）总结了一份美国农业部育种家和 24 个美国农业试验站的调查结果来确定分离出的自交系数量。他报道了 27 641 份经过 1~3 年自交的家系，其中大约有 677 份（约 2.4%）被认为是有用的。由于所用的自交系都有一个或者多个性状有严重的缺陷，包括较差的产量表现，因此他对自交系质量的评估结果非常悲观。Lindstrom（1939）得出结论，大约 10 万份自交系 3 年的测试实验表明仅有很少部分是有用的。由此，他对自交授粉作为自交系的分离方法是否适合提出了质疑。几乎是 20 世纪 70 年之后，杂种优势群内优良系×优良系的系谱选择成为最普遍的自交系选育方法，优良自交系相对数量的提高并不是因为表型鉴定和基因型鉴定能力的提高。当前的一个问题是，究竟需要多少特异的自交系才能够跨过不同熟期区域获得商业杂交种的遗传多样性呢？即使是循环选系和样本大小间接地受近交影响，这也只是在第 11 章中要谈到的种质问题。

公益机构是自交系的主要选育者，直到 20 世纪 80 年代，商业育种一直严重依赖这些自交系。自从第二次世界大战之后，尤其是 20 世纪 60~70 年代，商业部门在育种项目的数量和规模上大量扩张，这些项目主要集中在分离和测试新的自交系，以及后来的转基因技术，最初在 20 世纪 90 年代被称作基因改造生物（GMO）（如 Bt、RR）。这些杂交种的每一个转化性状都要支付一定的技术费。到 2010 年，带有 8 个转化事件的转基因杂交种将要问世，其涉及的性状仍是基于抗虫和除草剂。因此，在私营部门内，当主要的任务涉及转化、检测和转化性状的整合、自交系选育、数据管理、保护等时，自交系杂交种的概念将变得更加复杂。可以看出，这个系统实现其优势的简单性正在丧失。

艾奥瓦州阿姆斯联邦合作玉米育种项目每年有大约 360 个测交组合的测试，通常涉及最初的 S_2 或者 S_3 家系产量、倒伏及收获时籽粒含水量的配合力。这些家系是在育种圃中经过各种经农艺性状选择所获得的材料，在某些情况下，已经通过了轮回选择项目的测试。正在北达科他州法戈进行的州玉米项目每年包括 960 个新 S_0 水平测交组合的测试（包括各育种阶段最优组合的再测试，见第 1 章）。在这里，企业和生产者的合作十分重要。如果我们考虑一下，在 1939~1979 的 40 年间，每年有 360 个测交组合，那么一共就会有 14 400 个自交系进行测试。如果我们推断一下，在公益和私人部门联合之前，包括 25 个公益的和 25 个私营的项目，那么，每年就会有平均 18 000 个系或者从 1939 年开始共有 720 000 个系进行了测试。数量看起来比较大，但仍然比较保守，因为几个大的育种公司有几个育种站为特定的环境进行选系，进行自交、选择及升级测交的系的数量可能达到 100 万，即使大多数这些系遗传上具有一定的相似性。Sprague（1971）、Zuber（1975）及 Darrah 和 Zuber（1986）所报告的调查列出了自交系和他们所生产的杂交种的应用程度。由于知识产权保护，公共自交系已经在基础种子公司进行编码或者由公益机构的所有权代表研究基金会进行销售，因而难以对其进行追踪。那时由公益部门选育的自交系有 38 个，在 1967 年美国玉米种植午份中，这些自交系的应用占美国用种需求的 0.1%或更多（Zuber，1975）。38 份有用的自交系相对于公益部门所进行的测试来说只占了 0.01%，这意味着仅万分之一的 S_2 或者 S_3 测试家系最终在一定程度上被用于商业玉米杂交种的生产。无论是公益的还是私营的玉米育种者，尽管他们努力选育和测试玉米自交系，但是选育具有独特的商业价值的新自交系的频率实际上非常低。Smith（1988）、Mikel 和 Dudley（2006）及 Mikel（2008）研究了美国玉米自交系的遗传多样性来源，发现一些自交系种质，如 B14、B37、B73、C103、Idt 和 Oh43 在育成之后，仍然通过系谱法对优良自交系的循环改良而持续应用了几十年（第 1 章）。与自交系循环选育相结合的种质资源改良（如轮回选择）方法非常有效（Duvick et al.，2004）。然而，在有用自交系的比例评价上存在几个误区。在某种程度上，认为 0.01%的比例似乎太小。再次以美国玉米带中心艾奥瓦这个试验点为例，Zuber（1975）的报告中包括了 4 个自交系（B37、B73、B14A 和 B57），相对于艾奥瓦试验点评估的 14 400 个测交组合来说，有用自交系的比例为 0.027%，这个估算值要比所有试验点的值大 3 倍。这个计算值似乎非常小，但是与最终在商业杂交种上应用的自交系比较来说更接近真实情况。所参考的基础似乎不太有效，但是 40 年间选育的 B14、B37、Oh43 和 C103 这几个自交系总的跨度时间看起来是正确的。尽管 38 个自交系中包括一些改良系（A632、A619、Va26、H84、B68 等），一些循环选系的方法获得的自交系，可能会增加实际应用的自交系的数量。考虑到来自自交或回交项目有用自交系的百分比计算的优缺点，0.01%可能是一个很好的估计值，但是它要比 Lindstrom（1939）所报道的比例低很多。如果公益育种者关注非商业育种公司服务的多家的细分市场，这些市场通常受环境的显著影响（如短的生长季节、霜冻、盐害及干旱胁迫等），那么应用自交系估计值可能还会有所增加。

9.7 自交系产生杂交种的类型

Shull（1908，1909，1910）最初提出的概念是单交种的生产和种植，但是种子生产成本似乎限制了它的应用。Jones（1918）建议用两个单交种生产双交种来降低种子生产成本，有效地克服这种限制。结果，双交种在美国迅速被采用（第 1 章）。然而自 1960 年开始，单交种在美国玉米带和世界其他地区渐渐代替了双交种。实际上，当前美国玉米带所使用的杂交种 100%是单交种。此外，三交组合和改良的单交组合在某些特定情况下被应用，因为采用单交组合作为亲本之一有效地解决了种子生产的问题。对北美和加拿大玉米育种项目而言，这一策略对杂交种早代测试也十分有用。在改良后的单交组合中，一个或者所有亲本是相关自交系的组合。例如，亲本系在它们的祖先上有共同的亲本。由于杂交组合具有杂交种活力，种子亲本通常是由两个密切相关的自交系的杂交组合产生的，以增强种子的生产量。改良的单交组合亲本的血缘关系在这些改良的单交组合间并不确切，并存在一些变化。例如，人们可能认为(H84×H93)Va26 或者(LH176×LH177)ND2000 是改良的单交组合，所有 H84[(B37×GE440)HtHt]和 H93[(B37×GE440)B37^{4}Ht–Ht]在它们的血缘上含有不同程度的 B73 成分，一些杂交活力在 H84×H93 组合中表达，H84 和 H93 都能与 Va26 很好地组合（有较好的配合力）。LH176 和 LH177（由于具有较近的关系常被认为是姊妹系）都是 Holdens 系，背景中都有 LH82 血缘。LH82 是一个品种保护已经过期的老系。每年都会有几个商业自交系因为超过 20 年的保护期而被开放利用。尽管它们看起来是老系，但对育种家来说，仍具有获得成功的杂交组合的潜力。

不同类型的玉米杂交种各有优缺点。最初，较低的活力及可获得的自交系产量使在可接受的成本下生产单交种受到了限制。自交系循环利用和选择产生了比早期自交系更高产的自交系，但化肥、除草剂及改良的农艺措施的应用对单交种生产的可行性做出了一定的贡献（Duvick，1999；Duvick et al.，2004）。Schnell（1975）在它的不同类型杂交种比较中讨论了 3 个主要方面：①一致性；②产量；③产量稳定性。之后补充了第四方面：相对简单选择和测试 3 种杂交类型。使用简单对单交种非常重要。

一致性已经成为单交种被接受的一个重要因素。如果单交种生产中采用良好的实践措施，单交组合可以表现为遗传上的一致性和表型上的一致性。大面积的单交种对生产者是非常有吸引力的，因为在熟期和收获特性上表现出一致性。一个单交组合在遗传上的同质可能会是一个缺点。如果大面积种植同一个单交种，那么不仅仅在一块地上表现出明显的一致性，在大的区域也会表现出明显的一致性。这种情况在特定熟期的地区会存在 1970 年美国玉米小斑病暴发的情况，发生的原因是玉米 T 型不育系制种的应用。而当存在一个广泛的遗传一致性区域时，很难了解与 T 型不育系应用相类似的情况是否再发生。然而，单交组合的极端一致性确实引起了关于每一块试验地和区域内寄主-病原体关系的关注，这种寄主-病原体在单交组合间和组合内遗传多样性降低时会很快发展。种植遗传上存在差异的杂交种会部分解决这一问题。

采用单交种的一个好处通常是可以获得较高的产量。从直觉上来看，这是正确的，因为鉴定两个自交系组配的组合具有较高的丰产性要比鉴定 3 个或者 4 个自交系组成其他类型的杂交种的产量容易得多。高产的单交组合在测试的第一阶段就被鉴定出来。单交组合的数据被用来预测三交或双交杂交种，通常基于非亲本单交组合的平均表现（第 10 章）。不同类型杂交种的比较列于表 9.10 中，其中包括以单交种产量为基础比较杂交种数量、平均产量、相对产量。利用的不同类型的杂交种会存在一定的差异，但这种差异通常并不大。表 9.10 中加权和非加权的均值也非常相似。

表 9.10　单交、三交及双交玉米杂交种产量均值及相对产量（kg/hm²）

来源	单交组合			三交组合			双交组合		
	产量	数量	%	产量	数量	%	产量	数量	百分比（%）
Doxtator 和 Johnson（1936）	4700	6	100	5140	2	109.4	4490	3	95.5
Stringfield（1950）	5310	6	100	5310	12	100.0	5120	3	96.4
Jones（1958）	4440	317	100	—	—	—	4500	48.3	101.4
Jugenheimer（1958）	6540	6	100	6230	12	95.3	6130	3	93.8
Sprague 等（1962）	6810	60	100		60	97.8	—	—	—
Sprague 和 Thomas（1967）	7530	15	100	7380	60	98.0	—	—	—
Eberhart 和 Hallauer（1968）	7100	6	100	7070	12	99.6	7040	3	99.2
	7040	6	100	7120	12	101.1	7110	3	101.0
Eberhart 和 Russell（1969）	7100	45	100	—	—	—	6960	45	98.0
Weatherspoon（1970）	6510	36	100	6200	36	95.2	6030	36	92.6
Wright 等（1971）	4780	150	100	4840	600	101.2	—	—	—
Stuber 等（1973）-US[a]	5940	84	100	6040	168	101.7	5920	42	99.7
	6060	84	100	6140	168	101.3	6110	42	100.8
Lopez-Perez（1977）-SFS[b]	9220	—	100	8740	—	94.8	8990	—	97.5
	8900	—	100	8930	—	100.3	8800	—	98.9
未加权	65.3	15	100	6600	13	100.4	6430	12	98.6
加权	53.5	821	100	5550	1142	103.8	4980	663	98.6
	64.0[c]	354	100	6330[c]	542	98.9	6250[c]	180	97.7

[a] 选择和非选择系间组配的杂交种

[b] 自交和全同胞自交体系选育自交系的杂交种混群

[c] 平均值省略了 Jones（1958）和 Wright 等（1971）单交组合的研究、Wright 等（1971）三交组合的研究及 Jones（1958）双交组合的研究

在某些情况下均值的比较可能会产生误导，有两个例子可以说明。Schnell（1975）在细节上对 Weatherspoon（1970）报道的数据进行了核对，Weatherspoon（1970）用了 9 个不相关的自交系生产了 36 个可能的单交组合，36 个三交和双交平衡组合。Schnell 摘录 Weatherspoon 的数据（表 9.11）表明，单交组合比双交组合具有更大的平均产量、更大的标准差及更大的产量变化幅度，三交组合则居中。最好的单交组合比最好的双交和三交组合产量分别高出 1380kg/hm² 和 860kg/hm²。每类组合的预期最高产量也是根据 36 个组合中的最大的偏离预期的样本所得到的。在所有的情况下，看起来最优的单交组合比最好的三交和双交组合具有显著的优势。在预测每个类型最好的组合时，采用了一个恒定的 K 值。然而，Schnell 强调 9 个自交系间所有可能的组合已经进行了配置和测试，但是仅包括了一个平衡的三交和双交组合。单交组合的信息可以用来对可能的 252 个三交和 378 个双交组合进行预测。所得到的三交和双交（表 9.11）组合的最大的预测产量仅分别比单交组合低 150kg/hm² 和 240kg/hm²。对于均值和个别组合的预测，可能存在偏差，但是 Otsuka 等（1972）的研究结果表明，从非亲本的单交组合来看，较好的三交和双交组合的产量被低估了。

表 9.11 36 个单交、三交及双交平衡组合产量分布（kg/hm²）（Schnell，1975）

杂交组合	平均	标准偏差	极值		期望最大值组合[a]
			最小值	最大值	
单交	6510	880	4360	8150	8370
三交	6200	620	4770	7290	7510
双交	6030	380	5400	6770	6830
			预期		
三交	6510	640	4740	8000	—
双交	6510	480	5250	7910	—

[a] 产量预测基于 $\bar{X}+k\hat{\sigma}_x$，当 k=2.12，即 36 个样本中具有最大的预期偏差

Jones（1958）对 1951 年在艾奥瓦进行的 317 个单交和 483 个双交组合的田间产量数据进行了比较（表 9.12）。单交组合的配置是对经过高度选择的自交系进行组配来完成的，双交组合是通过组配一系列单交组合来完成的。两种类型杂交种平均产量相差不大，但两种类型的产量幅度和分布上存在很大的差异。所有的双交组合都未出现最高的和最低的产量水平，单交组合呈现出明显的双峰分布。单交组合比双交组合有更大的标准差。尽管仅涉及两种类型的杂交种，但单交与双交组合的比较仍然与 Weatherspoon（1970）报道的类似。因此可以认为，单交组合较其他类型的杂交种来说产量变化更大，并且有更大的标准差。

3 种类型杂交组合的产量差异看起来并没有预期的那么大。Cockerham（1961）研究发现，在一个特殊群体中进行选系，如果不考虑杂交组合中的基因作用方式，在单交组合间进行选系要比在三交和双交组合选系有一定的优势。Stuber 等（1973）提供的数据与 Cockerham（1961）所提出的遗传理论相一致。当加性遗传效应较为重要时，单交组合间的预期选择进程是双交组合的 2 倍。当非加性效应（显性和上位性）的重要性增大时，在单交组合间进行选择的优势将更大。

表 9.12 317 个单交和 483 个双交组合的产量频率分布

组合	各组中间值（kg/hm²）															
	2380	2690	3000	3310	3620	3940	4250	4560	4880	5190	5500	5810	6120	6440	$\bar{X}$	SD
单交	6	16	30	27	5	7	16	53	63	50	28	13	1	2	44.4	9.5
双交	—	—	4	18	32	55	89	89	119	52	24	1	—	—	45.0	5.6

第 5 章提到玉米群体的上位方差估算并不令人满意。然而，Dudley 和 Johnson（2009）的研究表明，上位性的加入增加了预测能力。特定基因型组成的遗传群体的均值比较提供了净上位性效应的证据。如果上位性有助于来源于两个自交系的杂交导致的杂种优势表现，那么单交组合要比三交和双交组合有优势。因为用单交组合配子来产生三交和双交组合，单交组合特异的上位性组成被打断而丧失了优势。鉴于上位性效应的独特组成在单交种中非常重要，就如 Jones（1958）和 Weatherspoon（1970）所阐述的那样，单交组合会比三交和双交组合预期获得更大幅度范围的产量。

Sprague 等（1962）及 Sprague 和 Thomas（1967）比较了不同来源的两套自交系形成的单交和三交组合，Sprague 等（1962）采用了从不同来源高度选择的 6 个自交系组配，发现 20 个单交组合中有 18 个产量超过相对应的三交组合。高度选择的自交系是依据它们在杂交组合中的表现而鉴定出来的。显然，选择和测交能够鉴定出那些对杂交组合具有上位性效应贡献的自交系。Sprague 和 Thomas（1967）采用了一系列从 Midland 品种中获得的未经选择的自交系，发现 19 个中有 11 个单交组合要比双交和三交组合产量高。从未经选择的自交系中获得的单交组合与三交组合的产量大致相等，这也符合预期，因为涉及基因作用类型任何选择都是中性的。Lopez-Perez（1977）的数据表明，未经选择的自交系组配的 3 种类型的杂交种产量都比较相似。

不同研究的结果差异，以及表 9.11 中所表现的均值差异，并不像它们显现的那样。上位性在单交组合中似乎很重要，但取样通常会影响结果。对于固定的一套自交系，三交和双交可能组合的数量要比单交组合大很多。如果可以对所有可能的三交和双交组合都进行全面的测试，那么就有可能鉴定出也能够表现特异的上位性效应的三交和双交组合。由于单交组合亲本的遗传重组，这些特异的组合可能与单交组合的表现存在不同。对于一套固定的自交系组合来说，可能的双交和三交组合数量会显著地增加（例如，9 个自交系会有 36 个单交组合，252 个三交组合，378 个双交组合），因此 Jenkins（1934）发展了特异的预测方法被用来测试特殊的三交和双交组合。Otsuka 等（1972）和 Stuber 等（1973）研究发现，采用非亲本单交组合会低估三交和双交组合的表现，但它们认为这种低估程度比较小，因为上位性和基因型与环境的互作造成的偏差比较相似。Eberhart 和 Hallauer（1968）也得出了同样的结论。目前还没有研究推荐采用更为复杂的方式来预测三交和双交组合的表现。

单交组合是杂合的，但是由于杂交种内每一个植株在遗传上相同，因此它们又是同质的。单交组合遗传变异的缺乏已经引起了以个体田块和区域为基础的育种者和种植者的关注。尽管单交组合比三交组合和双交组合高产，但是也需要关注不同环境下表现的一致性（稳定性）。外部环境因素（天气、土壤和虫害）似乎对遗传一致单交组合的影响大于存在遗传变异的三交和双交组合的影响。Jones（1958）通过比较单交和双交组合的表现，认为相比单交组合遗传一致性带来的问题，双交组合具有更大的遗传稳定性显得更为重要。Federer 和 Sprague（1947）及 Sprague 和 Federer（1951）评价了 3 种杂交种基因型和环境互作的方差成分，发现单交组合的互作成分比双交组合更大，说明单交组合在不同环境中具有更加分散的表现，这样稳定性就更差。因此，相关基因型混合的双交种要比单交种表现出较小的杂交种与环境的互作，所以，推测在不同环境下双交种要比单交组合表现出更大的稳定性。既然在每个杂交种类型内没有进行单个杂交种的比较，那么 Gama 和 Hallauer（1980）发现选择和未选择的自交系组配的单交组合在相对稳定性上没有差异。

Eberhart 和 Russell（1969）采用它们的稳定性分析方法对一个有 45 个单交组合的双列杂交和相应的 10 个选择自交系组成平衡双交组合进行了分析。90 个玉米杂交种种植于美国玉米带的 21 个环境下，传统的方差分析表明单交组合间的方差（490.0）要比双交组合（170.2）几乎大 3 倍。单交组合品种与环境的互作略大于双交组合（55.5 对

37.6)。稳定性分析发现两个单交组合与任何双交组合一样稳定。这两个单交组合比 4 个商业单交组合增产 11%，要比 3 个商业双交组合增产 13%。21 个环境的最高产的单交和双交组合比较表明，稳定性参数间不存在差异。一般来说，双交种在稳定性参数上会略微稳定一些，但是在所有类型环境下（差的、平均的和好的），单交组合都会略微高产，然而所有这些差异都不显著。Eberhart 和 Russell（1969）认为，在不同的环境测试上单交组合与双交组合一样稳定。然而为了鉴定出可以供商业应用的好的单交组合，仍然需要大环境范围的广泛测试。目前还不清楚鉴定稳定的单交组合所需要的环境资源是否需要高于三交和双交组合。为了提供预测三交和双交组合表现的有效数据，就必须要进行充分的单交组合的产量试验。单交组合的数据可以被用来进行三交和双交组合的预测，确定最优的表现和最稳定的三交和双交组合。三交和双交组合需要的两级测试已经满足了鉴定稳定的单交组合所要求的广泛测试的需要。因此，鉴定优良稳定的单交组合则无需额外的资源。

除了单交组合测试和鉴定比较简单，比较单交、三交和双交组合的各个方面并未发现各自独特的优势。具有优异农艺性状的高产单交组合通常比其他复杂的杂交种类型更容易被鉴定出来，但并不是说，通过广泛的测试也鉴定不出同样优秀的双交和三交组合。如表 9.11 所示，如果能够包括所有可能的三交和双交组合样本，高产的三交和双交组合也能被鉴定出来。对于一定数量的自交系来说，可能的组合数量迅速增加，因而限制了对所有组合进行鉴定。然而，改良单交组合可以是一个好的替代选择。

对于育种和种植的机械化流程来说，单交组合的简单性显然具有很大的优势。如果不需要更多的环境资源来生产三交和双交种子并进行测试，更多的育种资源可以放在自交系的选育上。复杂杂交种类型的鉴定通常需要两个阶段，而单交种只需要一个阶段，因此更加简化。单交组合的生产更为简单，只需要 3 个隔离地块（两个为亲本繁殖，一个杂交种生产区），而相应的双交组合生产需要 7 个隔离地（4 个亲本繁殖，2 个用于生产亲本单交组合，一个用于生产双交杂交种种子）。由于利用原种种子库可以生产亲本种子，两种类型的杂交种在隔离地块的差异上通常并不大。单位面积生产单交种的成本比生产双交种子更大，但是相对于保持单交组合需要 2 个种子库，也要考虑双交组合需要 6 个种子库这一缺点。单交组合的其他优点，以及种子成本占其他生产成本的比例也促进了单交组合杂交种的应用。

9.8 杂合性及其表现

正如近交衰退率和近交体系存在一定的关系，研究杂合性与一些数量性状的表现的关系也可以为上位性效应出现与否提供证据。这种关系的存在基础可以追溯到 Wright（1922b）关于几内亚猪的杂种优势和近交衰退关系的研究。这些试验基于 Wright 提出的“生活力的变化与群体杂合性的变化成正比”这个一般性结论。Wright 在总结他的发现时叙述到，“来源于 n 个自交家系的一个随机育种群体，与第一代杂交或者未经选择的近交家系产生的随机育种群体相比，它的近交祖先优势要减少（$1/n$）。” Wright 的结果可以用下面的公式表示：

$$F_2 = F_1 - (F_1 - P)/n$$

式中，n 是近交亲本数，P 是所有亲本的均值。对于单交种而言，n=2。Falconer 和 Mackay（1996）的研究表明，对于一个位点，杂种优势 $= y^2d$。如果 F_1 自交授粉，近交率的改变是 $-2pqdF$，或者 F_2 的杂种优势是 $(1/2)y^2d$。在玉米研究中已有应用杂合性表现的相关报道。Gilmore（1969）也讨论了近交的效应。

Kiesselbach（1933）获得了可以用来解释 Wright 结论的数据。2 个、4 个、8 个和 16 个自交系亲本的 F_1 杂交种和它们 F_2 代的数据似乎表明产量与杂合性存在高度相关。自交系亲本产量的数据还无从获得，但是 Kiesselbach（1933）的总结发现，F_2 代中任何杂交种产量下降值等于 F_1 和开放授粉品种产量差值的一半。F_2 产量的降低归因于近交所造成的有利生长因子的减少。Kiesselbach 进一步得出结论，认为对于由相同数量父母本自交系组成的杂交组合，其产量的降低与所用自交系的数量成反比。

Neal（1935）采用 Wright 的公式对玉米杂交种的高级世代进行了预测。他用了 10 个单交、4 个三交和 10 个双交杂交种；其中 6 个单交组合的 F_2 和 F_3 用来检验 Wright 的公式在玉米研究中的有效性。Neal 报道，单交、三交和双交的 F_2 代相对于 F_1 分别下降 31.0%、21.0%和 15.3%。Neal 认为生活力的下降符合 Wright 的公式。Wright 的公式是以算数化基因作用的假设为基础的。Powers（1941）采用了算术和几何模型对 Neal 的数据进行了再次分析，其中通过算术模型获得观察值与预测值之间的一致性最好。

Kinman 和 Sprague（1945）也研究了高世代生活力损失的模型类型。它们采用算术和几何学比较了 10 个玉米自交系，45 个全部单交组合和它们的 F_2 代的观察值和预期值表现。他们认为，算术模型要比几何模型与观察值更加接近。然而，它们也强调算术值的计算并不意味着一个特定性状涉及表达的所有遗传因子不是都以加性的模式起作用。例如，位点互作的取消可能或限制它们的检测。Neal（1935）、Kinman 和 Sprague（1945）的研究证实了该假设，即基于自交系、F_1 和 F_2 的表型与杂合性百分比是 0%、100%和 50%的线性函数。在这 3 个杂合性水平下，没有迹象表明观测结果偏离线性模型。后续的研究包括了额外的世代，杂合性水平介于 0%、50%、100% 3 个水平之间。Stringfield（1950）采用了 4 个自交系的组合产生了 7 个代表不同杂合性水平的遗传群体（0%、50%、75%和 100%）。他认为对于熟期和穗位高来说，杂合性和表型的相关性是曲线关系，并且小于产量。曲线的相关性说明，杂合性增加的效果逐渐变小，直到接近 100%的杂合性。他推测增加的基因复制了已经存在基因的功能，这与 Rasmusson（1934）所假设的回复递减率相一致。在一个相似的研究中，Sentz 等（1954）在两个玉米群体中采用了 5 个杂合性水平，研究 7 个性状在 4 个环境下的杂合性和表型相关性时发现，除一个群体的熟期和株高及第二个群体的穗粗外，其余性状都显著地偏离了线性关系。当杂合性在 25%~75%时，除了穗数的所有性状都具有曲线的相关关系。在单一环境内，所有群体的产量和熟期的反应相似，但在不同环境间存在一定的差异，说明存在与环境的互作。Sentz 等得出结论，杂合性水平的曲线响应证明了上位性基因作用的存在，但他们也承认所用材料的遗传基础有限。

Martin 和 Hallauer（1976）在 4 组自交系中分析了 4 个杂合水平与 5 个性状的关系。

每组自交系分配如下：类型Ⅰ，自交系来自开放授粉品种（第一轮）；类型Ⅱ，自交系来自系谱杂交或改良群体（第二轮）；类型Ⅲ，较高生活力和一般配合力的优良自交系；类型Ⅳ，生活力和配合力较差的自交系。每组中包含 7 个自交系，7 个自交系产生的 21 个可能的 F_1、F_2 和 F_3 代，与每个系回交形成的 21 个回交组合及这些回交组合的自交。试验数据由 5 个环境下的两次重复试验数据组成，每个环境下计算杂合性和表型均值的关系，然后进行 5 个环境的联合分析。不同杂合性水平的平方和划分成线性的、二次方程和失拟性成分。每个性状每个环境所有类型都出现了可检测的上位性效应。然而，可检测的上位性效应的频率要比显著的线性效应小得多。以产量为例，在 4 个类型 5 个环境下 84 个实例表现出显著的线性、3 个表现出二次方和 1 个表现出失拟均方关系。如果线性模型假设在所有位点中，单一位点对它们的效应的贡献是独立的，二次方程和失拟均方都证实了上位性效应的存在，同时产量的净上位效应很低。单个环境显著上位性效应的出现概率要大于 5 个环境的综合分析。除了检测上位性效应出现的均方值，Martin 和 Hallauer（1976）还确定了杂交组合内来源于线性、二次方程及失拟性方差的平方和的相对比例。对于产量，线性模型解释了 4 种类型自交系分别为总方差的 99.0%、97.8%、98.0%和 97.9%。所有类型中，二次方值为 1.5%或更小。在所有类型的所有性状中，20 个实例中有 15 个线性模型占总方差超过 90%或更多。图 9.5 给出了产量和杂合性水平的关系，对于 4 种类型自交系的每一个来说，线性趋势非常明显。尽管对于每个类型的每个性状来说至少有一个实例中检测到了显著的上位性效应，但净的上位性效应对均值的贡献很小。

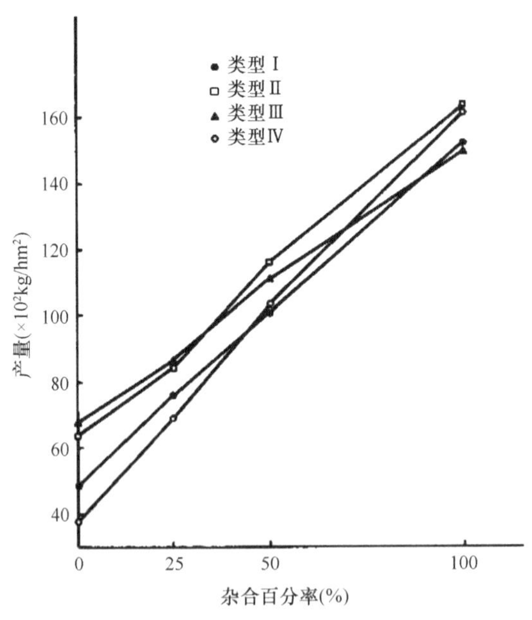

图 9.5　5 个环境下评价获得的杂合性水平与产量间的关系（Martin and Hallauer，1976）

大多数杂合性与表现的关系研究采用选择过的自交系间组合作为实验材料。同时，也有可能获得来自于开放授粉品种所组成的组合数据。Pollak 等（1957）采用了 3 个开放授

粉品种和它们的 F_1 代、F_2 代及回交群体来建立 3 个预期杂合性水平。基于预期，回交的杂合性水平会与 F_2 相等，而 F_2 的杂合性水平将会介于 F_1 代和双亲杂交组合均值之间。F_2 代的产量在亲本均值和 3 个组合的 F_1 代之间，回交与 F_2 代相似。除一个之外，其他的比较都在一个均值标准误之内。结果 Pollak 等认为，没有证据显示调控产量的重要的上位性基因组合出现。Robinson 和 Cockerham（1961）将产量和穗位高与两个开放授粉品种、它们的 F_1 代和 F_2 代，以及每一个的近交的杂合性水平联系在一起，这并不偏离于他们所提议的包含了显性作用的加性模型。Moll 等（1965）基于亲本品种的地理来源，采用了开放授粉品种和它们的 F_1 代和 F_2 代建立了不同遗传差异水平。亲本（159.8g）、F_1 代（196.3g）和 F_2 代（179.3g）单株产量均值表明 F_2 代的均值与亲本和 F_1 代均值（178.0g）仅偏离 0.7%。因此，总的来说，净上位性效应的出现对这些品种杂交组合来说似乎并不是很重要。对于 Moll（1965）采用品种的 F_1 代和 F_2 代，F_2 代产量比 F_1 代组合平均低 8.9%。Pollak 等（1957）发现，F_2 代仅偏离中亲值 1.2%，从平均来看，F_2 代均值比 F_1 代均值低 6.0%。

Shehata 和 Dhawan（1975）确定了 3 组双列杂交组合的近交衰退值，每一组包括 10 个亲本，亲本为开放授粉品种或综合种。F_2 代同 F_1 代相比，3 组双列杂交的每一个平均近交系数为 10.2%、11.4%和 11.2%。在所有例子中，F_2 代与亲本品种和它们的 F_1 代的偏离较小，这可以解释为产量的净上位效应相对于位点间的加性效应较小。

对于 F_1 代自交产生 F_2 代上位性下降，一般是品种要小于来源于自交系对的特异杂交组合（表 9.13）。尽管数据有限，自交系间杂交组合中显著的上位性效应的频率要大于杂交种间的杂交组合。合理的解释是杂交所用的材料不同。对于品种而言，包含了一系列的基因型的杂交组合，而两个自交系的杂交组合仅涉及两个特定基因型的表达。Martin 和 Hallauer（1976）发现 4 种类型自交系间检测的上位性频率的差异主要由于 4 种类型所采用的自交系的不同。自交系间 F_1 代的近交衰退效应要大于品种杂交组合。两个不同时代自交系的 F_1 代和 F_2 代的研究结果表现出从 F_1 代到 F_2 代有很大的降低。Kiesselbach（1922）报道 F_2 代的产量比 F_1 代下降 46.7%。Martin 和 Hallauer（1976）对 28 个自交系间的 84 个组合研究发现，F_2 代的产量比 F_1 代低 30.1%。一些差异可以归因于杂交组合中应用的自交系产量能力的改良。Kiesselbach 提供了 1 年的数据，发现 F_1 代杂交种的产量比自交系高 404.7%，而 Martin 和 Hallauer（1976）研究表明杂交种仅比自交系产量高 184.2%。通过对选育自艾奥瓦坚秆综合种的未经选择的自交系群进行研究，Lopez-Perez（1977）发现 F_2 代较 F_1 代单交组合产量下降 35.5%。

表 9.13 玉米自交系和品种间杂交组合亲本、F_1 代和 F_2 代的产量比较

来源	杂交组合类型	亲本（P）	F_1	$(F_1-P)/P\times100$	F_2	$(F_1-F_2)/F_1\times100$
		自交系亲本				
Kiesselbach（1922）	单交种	640	3230	404.7	1570	51.4
		—	3220	—	1840	42.8
		—	3260	—	1740	46.6
Kiesselbach（1930）	单交种	1500	3560	137.3	2400	32.6
		—	3340	—	2260	32.3
Richey 等（1934）	双交种	—	4910	—	4150	15.5

续表

来源	杂交组合类型	亲本（P）	F_1	$(F_1–P)/P×100$	F_2	$(F_1–F_2)/F_1×100$
		自交系亲本				
Neal（1935）	单交种	1480	3920	164.9	2760	29.6
	三交种	1490	4010	169.1	3080	23.2
	双交种	1560	4010	157.0	3380	15.7
Kinman 和 Sprague（1945）	单交种	1760	4990	183.5	3180	36.3
Stringfield（1950）	单交种	2590	5310	104.9	3890	36.6
Martin 和 Hallauer（1976）	单交种	2150	6110	184.2	4270	30.1
Lopez-Perez（1977）	单交种	—	9060	—	5840	35.5
	三交种	—	8740	—	5590	36.0
	双交种	—	8990	—	5600	37.7
		品种亲本				
Pollak 等（1957）[a]	品种杂交种	174.0	202.7	16.5	190.6	6.0
Robinson 和 Cockerham（1961）[a]	品种杂交种	236.0	267.8	13.5	181.6	32.2
Moll 等（1965）[a]	品种杂交种	159.8	196.3	22.8	179.3	8.9
Shehata 和 Dhawan（1975）	品种杂交种	82.2	101.8	23.8	91.4	10.2
		75.4	89.0	18.0	78.1	11.4
		81.9	93.1	13.7	83.5	11.2

[a] 产量单位为 g/株，所有其他产量单位为 kg/hm^2

不考虑比较方法和遗传材料的前提下，近交衰退率的估算及不同世代杂合性水平的均值比较都表明位点间的净上位效应相对于加性效应来说较小。总方差的最大部分通常可以用线性模型来解释，尤其对产量而言，这一比例超过 90%，通常会超过 98%。对于世代均值的试验（第 5 章），上位效应在特定的组合中可以被检测出来，但是相对频率较低，解释上位效应的总方差也较小。需要再次强调的是，被检测出来的仅仅是净上位效应，这并不意味着上位效应不存在（这也不现实），而是在世代比较时必须排除。因此，基于位点加性效应的遗传模型足以用来对玉米育种中发挥效应的基因作用进行足够的数学描述。

上文明确了近交效应及其不同性状的近交效率，还探讨了不同近交体系。目前美国玉米带杂交种需要自交系产生单交种。尽管对表型而言，近交效应通常并不令人满意，但采用自交系可以生产高产、一致性强的杂交种，这将继续保障近交被更广泛地应用。已使用广泛的自交授粉和近来应用的双单倍体技术似乎会被继续使用。Kiesselbach（1922）曾经说过，“在玉米中还未发现这样的株系，它具有和用来选育它的原始杂交种同样的生活力和生产力”。即使现在应用的自交系比过去更加高产，该论述依然正确。自从 Shull（1908）建议以来，自交系的一般生产力和活力已经得到了很大的改良。轮回选择也被有效地用来改进育种群体的综合水平，但是，近交降低了群体基因型的复杂性使之达到纯合的形式，最终生活力和生产力都会降低。随着我们不断提高育种群体的综合表现，我们可以期望获得更高产和更具活力的自交系。但是对群体内复杂的基因型进行自交授粉，自交衰退就会变得很明显。Duvick（1999）及 Duvick 等（2004）报道了1930~2000年的数据，发现自交系和杂交种的产量在这一段时间逐渐增加，但自交系的增产幅度要大于杂交种。结果，由于自交系产量的增加，杂种优势的水平看起来仅是小幅度增加。较高的自交系产量归因于育种者在优良自交系组合基础上进行选择来选育更具活力的循环系，这些系的抗性得到改良，或者对重要的虫害耐性提高、抗旱性提高并且具有更高的产量稳定性。有报道显示自交系的产量已经超过5~6t/hm^2（Hallauer and Carena，2009）。优良自交系的循环利用是现代玉米育种中一个非常重要的方面（Mikel，2008）。当前世界温带地区最高产的种植区域几乎是100%的种植单交种。由于经济和环境条件的限制，有些地方也推广和应用其他类型的杂交种（如改良单交种、杂交种的F_2代、三交种、双交种）、地方种和通过选择改良的地方适应性品种及其杂交种（Morris，1988；Dowswell et al.，1996；Carena，2005）。纯系基因型间杂交导致杂种优势的表现，自交授粉是成为所有玉米育种项目的一个重要特点。玉米育种的主要目标就是，降低育种群体中的基因型复杂性而形成纯系组分（自交系），以便用来鉴定和创造可用来生产特异优良杂交种的基因型。

（刘文欣 译，袁力行 校）

参考文献

Allard, R. W. 1960. *Principles of Plant Breeding*. Wiley, New York, NY.

Baker, L. H., and R. N. Curnow. 1969. Choice of population size and use of variation between replicate populations in plant breeding selection programs. *Crop Sci*. 9:555–60.

Carena, M. J. 2005. Maize commercial hybrids compared to improved population hybrids for grain yield and agronomic performance. *Euphytica* 141:201–8.

Carena, M. J. 2007. Maize population hybrids: Successful genetic resources for breeding programs and potential alternatives to single-cross hybrids. *Acta Agronomica Hung* 55:27–36.

Carena, M. J. 2008. Development of new and diverse lines for early-maturing hybrids: Traditional and modern maize breeding. In *Modern Variety Breeding for Present and Future Needs*. J. Prohens and M.L. Badenes (eds.), Eucarpia, Valencia, Spain.

Carena, M. J., and A. R. Hallauer. 2001. Response to inbred progeny recurrent selection in Leaming and Midland Yellow Dent populations. *Maydica* 46:1–10.

Carena, M. J., and D. W. Wanner. 2003. Registration of ND2000 inbred line of maize. *Crop Sci*. 43:1568–9.

Carena, M. J., and D. W. Wanner. 2010. Development of genetically broad-based inbred lines of maize for early maturing (70-80RM) hybrids. *J. Plant Reg*. 4:86–92.

Carena, M. J., and Z. W. Wicks III. 2006. Maize early maturing hybrids: An exploitation of U.S. temperate public genetic diversity in reserve. *Maydica* 51:201–8.

Carena, M. J., D. W. Wanner, and H. Z. Cross. 2003. Registration of ND291 inbred line of maize. *Crop Sci*. 43:1568.

Carena, M. J., D. W. Wanner, J. Yang. 2009. Linking pre-breeding for local germplasm improvement with cultivar development in maize breeding for short-season (85-95RM) hybrids. *J. Plant Reg*. (in press).

Carena, M. J., L. Pollak, W. Salhuana, and M. Denuc. 2009. Development of unique lines for early-maturing hybrids: Moving GEM germplasm northward and westward. *Euphytica* 170: 87–97.

Cockerham, C. C. 1961. Implications of genetic variances in a hybrid breeding program. *Crop Sci*. 1:47–52.

Collins, G. N. 1909. The importance of broad breeding in corn. *USDA Bull.* 141(IV):33–44.

Cornelius, P. L., and J. W. Dudley. 1974. Effects of inbreeding by selfing and full-sibbing in a maize population. *Crop Sci.* 14:815–19.

Darrah, L. L., and M. S. Zuber. 1986. United States farm maize germplasm base and commercial breeding strategies. *Crop Sci.* 26:1109–13.

Darwin, C. 1859. *The Origin of Species*. World Famous Books, Merrill & Baker, New York, NY.

Darwin, C. 1877. *The Effects of Cross- and Self-Fertilization in the Vegetable Kingdom*. Appleton, London.

Dowswell, C. R., R. L. Paliwal, and R. P. Cantrell. 1996. *Maize in the Third World*. Westview Press, Boulder, CO.

Doxtator, C. M., and I. J. Johnson. 1936. Prediction of double cross yields in corn. *J. Am. Soc. Agron*. 28:460–62.

Dudley, J. W., and G. R. Johnson. 2009. Epistatic models improve prediction of performance in corn. *Crop Sci.* 49:763–70.

Duvick, D. N. 1999. Heterosis: Feeding people and protecting natural resources. In *Genetics and Exploitation of Heterosis in Crops*, J. G. Coors and S. Pandey (eds.), pp. 19–29. ASA, CSSA, SSSA, Madison, WI.

Duvick, D. N., J. S. C. Smith, and M. Cooper. 2004. Changes in performance, parentage, and genetic diversity of successful corn hybrids, 1930–2000. In *Corn: Origin, History and Production*, C. W. Smith, J. Betran, and E.C.A. Runge (eds.), pp. 65–97. John Wiley & Sons, Hoboken, NJ.

East, E. M. 1908. Inbreeding in corn. *Connecticut Agric. Exp. Stn. Rep.* 1907:419–28.

East, E. M. 1909. The distinction between development and heredity in inbreeding. *Am. Nat.* 43:173–81.

East, E. M., and H. K. Hayes. 1912. Heterozygosis in evolution and in plant breeding. *USDA Bur. Plant Ind. Bull.* 243:58pp.

East, E. M., and D. F. Jones. 1918. *Inbreeding and Outbreeding*. Lippincott, Philadelphia, PA.

Eberhart, S. A., and A. R. Hallauer. 1968. Genetic effects for yield in single-, three-way, and double-cross maize hybrids. *Crop Sci.* 8:377–79.

Eberhart, S. A., and W. A. Russell. 1966. Stability parameters for comparing varieties. *Crop Sci.* 6:36–40.

Eberhart, S. A., and W. A. Russell. 1969. Yield and stability for a 10-line diallel of single-cross and double-cross maize hybrids. *Crop Sci.* 9:357–61.

Eyherabide, G. H., and A. R. Hallauer. 1991. Reciprocal full-sib selection in maize. II. Contributions of additive, dominance, and genetic drift effects. *Crop Sci.* 31:1442–8.

Falconer, D. S., and T. F. C. Mackay. 1996. Introduction to quantitative genetics. 4th edn., Longman Group Ltd., Edinburgh, UK.

Federer, W. T., and G. F. Sprague. 1947. A comparison of variance components in corn yield trials. I. Error, tester × line, and line components in top-cross experiments. *J. Am. Soc. Agron.* 39:453–63.

Focke, W. O. 1881. *Die Pflanzen-Mischlinge*, 569pp. Borntraeger, Berlin.

Gama, E. E. G., and A. R. Hallauer. 1980. Stability of hybrids produced from selected and unselected lines of maize. *Crop Sci.* 20:623–26.

Gärtner, C. F. 1849. *Versuche und Beobachtungen über die Bastarderzengung in Pflanyenreich*, 791pp. Stuttgart.

Geadelmann, J. L., and R. H. Peterson. 1978. Effects of two yield component selection procedures on maize. *Crop Sci.* 18:387–90.

Genter, C. F. 1971. Yield of S_1 lines from original and advanced synthetic varieties of maize. *Crop Sci.* 11:821–24.

Gilmore, E. C. 1969. Effect of inbreeding of parental lines on predicted yields of synthetics. *Crop Sci.* 9:102–04.

Good, R. L. 1976. Inbreeding depression in Iowa Stiff Stalk Synthetic (*Zea mays* L.) by selfing and full-sibbing. Ph.D. dissertation, Iowa State University, Ames, IA.

Good, R. L., and A. R. Hallauer. 1977. Inbreeding depression in maize by selfing and full-sibbing. *Crop Sci.* 17:935–40.

Gordillo, G. A., and H. H. Geiger. 1977. Alternative recurrent selection strategies using doubled haploid lines in hybrid maize breeding. *Crop Sci.* 48:911–22.

Gutierrez, M. G., and G. F. Sprague. 1959. Randomness of mating in isolated polycross plantings in maize. *Genetics* 44:1075–82.

Guzman, P. S., and K. R. Lamkey. 2000. Effective population size and genetic variability in the BS11 maize population. *Crop Sci.* 40:338–46.

Hallauer, A. R., and M. J. Carena. 2009. Maize breeding. In *Handbook of Plant Breeding. Cereals*, M. J. Carena (ed.), pp. 3–98. Springer, New York, NY.

Hallauer, A. R., and J. H. Sears. 1973. Changes in quantitative traits associated with inbreeding in a synthetic variety of maize. *Crop Sci.* 13:327–30.

Hallauer, A. R., W. A. Russell, and K. R. Lamkey. 1988. Corn breeding. *In Corn and Corn Improvement*, G.F. Sprague and J.W. Dudley (eds.), pp. 463–564. ASA, CSSA, SSSA Madison, WI.

Harris, R. E., C. O. Gardner, and W. A. Compton. 1972. Effects of mass selection and irradiation in corn measured by random S_1 lines and their testcrosses. *Crop Sci.* 12:594–98.

Harvey, P. H., and J. A. Rigney. 1947. Inbreeding studies with prolific corn varieties. Department of Agronomy, North Carolina State University, Raleigh, NC.

Hayes, H. K. 1956. I saw hybrid corn develop. *Annu. Corn & Sorghum Res. Conf. Proc.* 11: 48–55.

Hayes, H. K. 1963. *A professor's Story of Hybrid Corn*. Burgess Publishing Co., Minneapolis, MN.

Helms, T. C., A. R. Hallauer, O. S. Smith. 1989. Genetic drift and selection evaluated from recurrent selection programs in maize. *Crop Sci.* 29:606–7.

Jenkins, M. T. 1934. Methods of estimating performance of double-crosses in corn. *J. Am. Soc. Agron.* 26:199–204.

Jones, D. F. 1918. The effects of inbreeding and crossbreeding upon development. *Connecticut Agric. Exp. Stn. Bull.* 207:5–100.

Jones, D. F. 1924. Selective fertilization among the gametes from the same individuals. *Proc. Nat. Acad. Sci.* 10:218–21.

Jones, D. F. 1939. Continued inbreeding in maize. *Genetics* 24:462–73.

Jones, D. F. 1958. Heterosis and homeostasis in evolution and in applied genetics. *Am. Nat.* 92: 321–28.

Jugenheimer, R. W. 1958. *Hybrid Maize Breeding and Seed Production*. FAO, Rome.

Keeratinijakal, V., and K. R. Lamkey. 1993. Responses to reciprocal recurrent selection in BSSS and BSCB1 maize populations. *Crop Sci.* 33:73–7.

Kempthorne, O. 1957. *An Introduction to Genetic Statistics*. Wiley, New York, NY.

Kiesselbach, T. A. 1922. Corn investigations. *Nebraska Agric. Exp. Stn. Res. Bull.* 20:5–151.

Kiesselbach, T. A. 1930. The use of advanced generation hybrids as parents of double cross seed corn. *J. Am. Soc. Agron.* 22:614–26.

Kiesselbach, T. A. 1933. The possibilities of modern corn breeding. *Proc. World Grain Exhib. Conf.* (Canada) 2:92–112.

Kinman, M. L. 1952. Composite sibbing versus selfing in development of corn inbred lines. *Agron. J.* 44:209–41.

Kinman, M. L., and G. F. Sprague. 1945. Relation between number of parental lines and theoretical performance of synthetic varieties of corn. *J. Am. Soc. Agron.* 37:341–51.

Knight, T. A. 1799. An account of some experiments on the fecundation of vegetables. *Philos. Trans. R. Soc. London* 89:195.

Kölreuter, J. G. 1776. *Dritte Fortsetzung der vorläufigen Nachricht von einigen das Geschlecht der Pflanzen betreftender Versuchen and Beobachtunger*, 266pp. Leipzig.

Lamkey, K. R., and O. S. Smith. 1987. Performance and inbreeding depression of populations representing seven eras of maize breeding. *Crop Sci.* 27:695–9.

Levings, C. S. III, J. W. Dudley, and D. E. Alexander. 1967. Inbreeding and crossing in autotetraploid maize. *Crop Sci.* 7:72–3.

Li, C. C. 1976. *Population Genetics*. Boxwood Press, Pacific Grove, CA.

Lindstrom, E. W. 1939. Analysis of modern maize breeding principles and methods. *Proc. Seventh Int. Genet. Congr.* 7:191–6.

Loeffel, F. A. 1971. Development and utilization of parental lines. *Annu. Corn Sorghum Res. Conf. Proc.* 26:209–17.

Lopez-Perez, E. 1977. Comparisons among maize hybrids made from unselected lines developed by selfing and full-sibbing. Master's thesis, Iowa State University, Ames, IA.

Macaulay, T. B. 1928. The improvement of corn by selection and plot inbreeding. *J. Hered.* 19: 57–72.

Malécot, G. 1948. *Les Mathématiques de l'Hérédité*. Masson et Cie, Paris.

Martin, J. M., and A. R. Hallauer. 1976. Relation between heterozygosis and yield for four types of maize inbred lines. *Egyptian J. Genet. Cytol.* 5:119–35.

Mikel, M. A. 2008. Genetic diversity and improvement of contemporary proprietary North American dent corn. *Crop Sci.* 48:1686–95.

Mikel, M. A., and J. W. Dudley. 2006. Evolution of North American dent corn inbred lines with expired U.S. plant variety protection. *Crop Sci.* 46:1193–205.

Moll, R. H.;, J. H. Lonnquist, J. V. Fortuno, and E. C. Johnson. 1965. The relation of heterosis and genetic divergence in maize. *Genetics* 52:139–44.

Morris, M. L. 1998. *Maize Seed Industries in Developing Countries*. Lynne Rienner Publ., Boulder, CO.

Neal, N. P. 1935. The decrease in yielding capacity in advanced generations of hybrid corn. *J. Am. Soc. Agron.* 27:666–70.

Otsuka, Y., S. A. Eberhart, and W. A. Russell. 1972. Comparisons of prediction formulas for maize hybrids. *Crop Sci.* 12:325–31.

Oyervides-García, M., and A. R. Hallauer. 1986. Selection-induced differences among strains of Iowa Stiff Stalk Synthetic maize. *Crop Sci.* 26:506–11.

Pirchner, F. 1969. *Population Genetics in Animal Breeding*. W. H. Freeman, San Francisco, CA.

Pollak, E., H. F. Robinson, and R. E. Comstock. 1957. Interpopulation hybrids in open-pollinated varieties of maize. *Am. Nat.* 91:387–91.

Powers, L. 1941. Inheritance of quantitative characters in crosses involving two species of Lycopersicon. *J. Agric. Res.* 63:149–74.

Rasmusson, J. A. 1934. A contribution to the theory of quantitative character inheritance. *Hereditas* 18:245–61.

Rawlings, J. O. 1969. Present status of research on long- and short-term recurrent selection in finite populations: Choice of population size. *Proc. Second Meet. Work. Group Quant. Genet.*, sect. 22. IUFRO, Raleigh, NC.

Rice, J. S., and J. W. Dudley. 1974. Gene effects responsible for inbreeding depression in autotetraploid maize. *Crop Sci.* 14:390–93.

Richey, F. D., G. H. Stringfield, and F. F. Sprague. 1934. The loss of yield that may be expected from planting second generation double-crossed corn. *J. Am. Soc. Agron.* 26:196–9.

Rinke, E. H., and J. C Sentz. 1961. Moving corn-belt germ-plasm northward. *Annu. Hybrid Corn Ind. Res. Conf. Proc.* 16:53–56.

Robertson, A. 1960. A theory of limits in artificial selection. *Proc. R. Soc.* B153:234–49.

Robinson, H. F., and C. C. Cockerham. 1961. Heterosis and inbreeding depression in population involving two open-pollinated varieties of maize. *Crop Sci.* 1:68–71.

Rodriguez, O. A., and A. R. Hallauer. 1988. Effects of recurrent selection on corn populations. *Crop Sci.* 28:796–800.

Russell, W. A., and A. R. Hallauer. 1980. Corn. In *Hybridization of Crop Plants*, W. R. Fehr and H. H. Hadley (eds.), pp. 299–312. ASA, CSSA, SSSA., Madison, WI.

Schnell, F. W. 1975. Type of variety and average performance in hybrid maize. *Z. Pflanzenzuchrg* 74:177–88.

Sentz, J. C., H. F. Robinson, and R. E. Comstock. 1954. Relation between heterozygosis and performance in maize. *Agron. J.* 46:514–20.

Sezegen, B., and M. J. Carena. 2009. Divergent recurrent selection for cold tolerance in two improved maize populations. *Euphytica* 167.237–44.

Shamel, A. D. 1905. The effect of inbreeding in plants. *USDA Yearbook*. 377–92.

Shehata, A. H., and N. L. Dhawan. 1975. Genetic analysis of grain yield in maize as manifested in genetically diverse varietal populations and their crosses. *Egyptian J. Genet. Cytol.* 4:90–116.

Shull, G. H. 1908. The composition of a field of maize. *Am. Breeders' Assoc. Rep.* 4:296–301.

Shull, G. H. 1909. A pure line method of corn breeding. *Am. Breeders' Assoc. Rep.* 5:51–9.

Shull, G. H. 1910. Hybridization methods in corn breeding. *Am. Breeders' Mag.* 1:98–107.

Shull, G. H. 1952. Beginnings of the heterosis concept. In *Heterosis*, J. W. Gowen (ed.), pp. 14–48. Iowa State University Press, Ames, IA.

Sing, C. F., R. H. Moll, and W. D. Hanson. 1967. Inbreeding in two populations of *Zea mays* L. *Crop Sci.* 7:631–6.

Smith, J. S. C. 1988. Diversity of United States hybrid maize germplasm: Isozymic and chromatographic evidence. *Crop Sci.* 26:63–9.

Smith, O. S. 1983. Evaluation of recurrent selection in BSSS, BSCB1, and BS13 maize populations. *Crop Sci.* 13:35–40.

Sprague, G. F. 1946. The experimental basis for hybrid maize. *Biol. Rev.* 21:101–20.

Sprague, G. F. 1971. Genetic vulnerability to disease and insects in corn and sorghum. *Annu. Corn Sorghum Res. Conf. Proc.* 26:96–104.

Sprague, G. F., and S. A. Eberhart. 1977. Corn breeding. In *Corn and Corn Improvement*, G. F. Sprague (ed.), pp. 305–62. ASA, CSSA, SSSA, Madison, WI.

Sprague, G. F., and W. T. Federer. 1951. A comparison of variance components in corn yield trials. II. Error, year × variety, location × variety, and variety components. *Agron. J.* 43:535–41.

Sprague, G. F., and W. T. Thomas. 1967. Further evidence of epistasis in single and three-way cross yields of maize (*Zea mays* L.). *Crop Sci.* 7:355–6.

Sprague, G. F., W. A. Russell, L. H. Penny, and T. W. Horner. 1962. Effects of epistasis on grain yield of maize. *Crop Sci.* 2:205–8

Stringfield, G. H. 1950. Heterozygosis and hybrid vigor in maize. *Agron. J.* 42:145–51.

Stringfield, G. H. 1974. Developing heterozygous parent stocks for maize hybrids. DeKalb AgResearch, DeKalb, Ill.

Stojšin, D., and L. W. Kannenberg. 1994. Genetics changes associated with different methods of recurrent selection in five maize populations. I. Directly selected traits. *Crop Sci.* 34:1466–72.

Stuber, C. W., W. P. Williams, and R. H. Moll. 1973. Epistasis in maize (*Zea mays* L.). III. Significance in predictions of hybrid performance. *Crop Sci.* 13:195–200.

Tanner, A. H., and O. S. Smith. 1987. Comparison of half-sib and S_1 recurrent selection Krug Yellow Dent maize populations. *Crop Sci.* 27:509–13.

Weatherspoon, J. H. 1970. Comparative yields of single, three-way, and double crosses of maize. *Crop Sci.* 10:157–9.

Weatherwax, P. 1955. Structure and development of reproductive organs. In *Corn and Corn*

Improvement, G. F. Sprague (ed.), pp. 89–121. Academic Press, New York, NY.

Wright, J. A., A. R. Hallauer, L. H. Penny, and S. A. Eberhart. 1971. Estimating genetic variance in maize by use of single and three-way crosses among unselected inbred lines. *Crop Sci.* 11:690–5.

Wright, S. 1921. Systems of mating. II. The effects of inbreeding on the genetic composition of a population. *Genetics* 6:124–43.

Wright, S. 1922a. Coefficients of inbreeding and relationship. *Am. Nat.* 56:330–8.

Wright, S. 1922b. The effects of inbreeding and crossbreeding on guinea pigs. III. Crosses between highly inbred families. *USDA Bull.* 1121:60pp.

Wright, S. 1931. Evolution in Mendelian populations. *Genetics* 16:97–159.

Zuber, M. S. 1975. Corn germplasm base in the United States: Is it narrowing, widening, or static? *Annu. Corn Sorghum Res. Conf. Proc.* 30:277–86.

第 10 章　杂 种 优 势

10.1　杂种优势简介和主要成果

杂种优势作为生物界的一种普遍现象，虽然对其基本理论和作用机制的认识还不够完善，但该现象已经被广泛应用在商业化育种实践中。对于杂种优势表现明显的作物，尤其是那些利用杂种优势获得的收益超出杂交制种所需成本的作物，杂交种已经被大量用于商业化生产。

杂种优势是杂交种所表现出的杂交优势，代表杂交种较亲本所表现出的超级表现。其中，玉米的杂交优势则是通过高特殊配合力自交系之间的杂交后代表现来体现。19 世纪初，农民通过不同杂交后代的混合种植、天然杂交和留种，开启了杂种优势利用的先河（Enfield，1866；Leaming，1883；Waldron，1924；Anderson and Brown，1952）。然而，20 世纪初，玉米杂交优势或杂种优势的概念才被科学家 E. M. East 和 G. H. Shull 独立提出（Shull，1952；Wallace and Brown，1956；Hayes，1963）。之后的研究表明杂交组合的亲本之间的遗传分化是杂种优势表现的重要因素（Collins，1910），遗传差异的变异幅度限制了杂种优势的表现强弱（Moll et al.，1965），可以通过杂种优势模式来推测杂种优势的表现（Hallauer and Carena，2009）。而杂种优势模式则是指杂交后代具有强杂种优势表现的已知基因型之间的杂交模式（Carena and Hallauer，2001）。例如，源于艾奥瓦坚秆综合种（这是一个杂种优势群）的自交系与源于兰卡斯特群（另一个杂种优势群）的自交系杂交，可以获得很强的杂种优势。基于双列杂交表现和系谱关系的研究表明，不同来源种质间组配的杂交种的产量要远高于相似来源种质间组配的杂交种的产量，说明了将杂交组合的杂种优势与其所涉及亲本的地理来源进行关联就能建立杂优模式（Hallauer et al.，1988）。通过鉴定杂交组合的表现来获得高产杂交种需要耗费的时间较长，至少需要 50 年。因此，基于准确的种质系谱信息和大量的测试数据来预测最优的杂交组合是一个长期的育种过程。已有证据表明，基于生物化学（Smith et al.，1985a，1985b）或者 DNA 标记（Dudley，1993；Stuber，1994；Labate et al.，1997；Melchinger，1999）等现代化的研究手段可以有效地评估遗传多样性和遗传分化，但该方法在预测优势杂优组合的表现方面却不尽如人意，导致这种不成功的原因可能与一些其他的群体特性的认识相关，如显性遗传效应（Falconer and Mackay，1996）、DNA 标记与 QTL 位点之间的连锁程度（Dudley，1993）等，均需要进一步验证。因此，评价不同类群的多样性自交系之间的杂交组合的表现对发掘潜在杂种优势模式非常重要（Melchinger，1999）。一旦杂优模型建立，就能够经济有效地发掘最优杂交种。因此，建立玉米品系间杂种优势模式，对于选育优势自交系继而培育出有潜力的杂交种将具有重要指导意义。

Melchinger（1999）研究表明，基于亲本的遗传多样性评估类群间的杂交组合的表现对于揭示潜在的优势杂种优势模式具有重要意义。对于一些重要的经济性状，由于多性状和多阶段选择的复杂性，基因型与表型（如测交组合、双列杂交）数据间可能存在一些对应性的差异，因此对表型性状的广泛测试应该是玉米育种中的优先环节（Barata and Carena，2006）。

在杂交组合配置过程中，通过控制亲本杂交来获得强的杂种优势表现是非常重要的。因为杂交种的种子每年都需要购买，为杂交种种子生产提供了商业化动力。而育种方法的革新也导致了制种环节的改变。为了充分利用自交系间杂交一代的杂种优势，每个生长季都需要供应新的种子。因此，农民就不能通过自留种作为下一个生长季的种子。农民通常没有种子生产所需的遗传材料、知识储备及相应的生产设备。因此，杂交种的生产也就一直掌握在专业人员手中。

杂种优势（或杂交优势）与自交衰退具有互补现象，它们经常是同时出现在相同的研究中。玉米育种方法也在不断地改进，以便充分利用自交系间杂交组合的杂种优势表现。

美国公立机构率先培育出自交系，组配和测试了杂交种，并向农民推荐了他们的研究成果。鉴于杂交玉米快速被农民所接受（第 1 章），为了保障供应每个玉米生长季所需的高质量种子，其他组织及机构的参与也是必需的。加上杂交玉米的杂交种亲本的可控性，商业特性的特定吸引力，一些商业化公司成立，并分别从事杂交种的种子生产和销售，形成了激烈的竞争形势，其中一批具备很强竞争力的专业化和商业化公司不断涌现，为本行业提供了很好的服务。它们具有选育和改良亲本自交系的特定育种流程，对提升种子质量和活力进行专门的研究，利用大量的田间测试来筛选出适应每一个特定生态区的最适杂交种，并配备不同领域的专业人员来帮助农民解决杂交玉米种植过程中出现的各种问题。

杂交玉米的研发和日益壮大是植物育种和农业领域内的一个名副其实的突破和最伟大成就之一。杂交玉米的成功建立了一种全新的育种理念，可以被从事其他作物种类的育种家和商业育种公司所借鉴，甚至还可以在此基础上衍生出一些效率更高、成本更低的利用杂交玉米的理论体系，如群体杂交理论（Carena，2005；Carena and Wicks III，2006）。在群体杂交理论中，群体杂交种的使用避免了耗费额外的时间和精力去培育杂交制种所需的易于扩繁的自交系（Darrah and Penny，1975）。

Zirkle（1952）和 Goldman（1999）总结了玉米和其他作物上发现并利用杂种优势的早期研究。Köelreuter（1766），Knight（1799）与 Gärtner（1849）研究和介绍了植物杂交，但直到 1716 年，在一封信里面，Cotton Mather 才第一次解释了玉米杂交的正确概念。Darwin（1877）则最先通过生物学试验对相同来源的玉米自交植株与杂交植株进行比较研究，结果发现杂交植株的株高显著高于自交植株，表现为在苗期和成熟期分别高出 19%和 9%。

Beal（1880）在关注到达尔文的试验结果后，做了一个类似于当今玉米杂交方法的大规模试验。只是其所用的亲本材料是开放授粉品种而不是当时常用的自交系。在他的研究中，Beal 收集了两套相似玉米种质，但是这两个群体被种植在相距大约 160km 的地点已经若干年了。他把这两套种质同时种在同一田块上，其中一个去雄作母本，另外一个作父本。再次种植去雄植株上所收获的杂交种子，发现其产量比原来的品种提高了51%，因此，Beal 认为采用这种品种间杂交的方式可作为提高玉米产量的方法之一，但随着后来的发展，这种品种间杂交种在美国的推广应用失去了优势，这一研究结果在后来的研究中也得到进一步的证实（Sanborn，1890；McClure，1892；Morrow and Gardner，1893；Webber，1900，1901）。

既然品种间杂交种有如此强的优势，人们不禁要问，为什么在 20 世纪 20 年代，也就是自交系间杂交种的概念提出之前，杂交种并没有成为生产上重要的推广对象呢？有如下三方面的原因。

（1）那个时代还没有认识到杂交种子生产的潜在商业价值，且品种间杂交组合的表型与原来品种的表型没有明显的区别，其杂种优势较自交系间杂交种弱。

（2）关于自交衰退和自交系间杂交种的杂种优势研究进展神速，把人们的注意力从品种间杂交种转移到自交系间杂交种的生产和应用上来。

（3）虽然比较试验结果均表明杂交组合具有优势，但是由于缺乏对杂种优势的认知，并且这些研究的主要目的是控制种子生产的亲本来源。

尽管如此，轮回选择方法在群体改良中的广泛使用，以及后来提出的双列杂交试验设计不仅证实了杂种优势模式的有效性（Melani and Carena，2005），而且能够鉴定出具有与商业单交种类似表现的群体杂交种（Carena，2005）。

玉米上杂种优势这一概念首次出现是在 Shull（1908）的研究报告“一块玉米田的组成”中。Shull（1952）总结了他的研究，并且首次正确解释了自交衰退和杂交优势现象。“杂交优势”和“杂种优势”几乎同义；“杂种优势”一词是由 Shull（1914）创造的，用以描述相关现象的俗语，但是该词并不能表达出杂种优势表现过程中所涉及的遗传机制。

10.2 实验性证据

Beal（1880）试验中展示的品种间杂种优势让其他研究者意识到品种间杂交的可能益处。Richey（1922）综述了 20 世纪早期许多关于开放授粉品种及其杂交组合的相关研究，其中大多数研究都是采用一系列开放授粉品种作为亲本之一，高产或当地主推的开放授粉品种作为另一个亲本进行组配的策略，即利用一组开放授粉品种与一个共同的测验种进行杂交并鉴定相应杂交组合的表现，并估计两个开放授粉品种间杂交组合的中亲优势或超亲优势。Jones（1918）建议使用单交种作为亲本源来组配双交种。在 20 世纪 20 年代，关于自交系的选育和杂交种的配置受到了高度重视，以至于在 1920 年之后很少有关于品种间杂交相关的文献报道。直到 20 世纪 50 年代，由于数量遗传学的发展和轮回选择技术在群体改良中的应用，品种间杂交组合的表现才被重新关注。在杂种优势表达中，关于显性和超显性的相对重要性的认识存在分歧，加上 20 世纪 50 年代双交种的产量增益出现明显停滞，而轮回选择对群体改良的潜在作用促进了多元化玉米育种流程的发展。明显的增产停滞说明开放授粉品种中缺乏足够的遗传变异，因而很难选育出更高产量的双交种。数量遗传学研究通常是基于参考群体来推断结果，而相互轮回选择则是利用两个基础群体，并对一般配合力和特殊配合力进行同时选择。在所有的实例中，开放授粉品种的使用至关重要，因为它们既是双交种的亲本自交系的来源基础，也是改良群体的基础。

随着评价杂种优势的品种评估和选择方法的不断变化，在以往采用一组品种与一个共同的测验种进行杂交的基础上，通过引入双列杂交试验设计不仅可以评价某个品种相比其他品种的一般配合力表现，而且能同时评价其在特定组合中的特殊配合力表现。特殊配合力信息有益于为启动相互轮回选择（RRS）来选择品种和（或）改良群体。在很多双列杂交试验中，大都使用开放授粉品种，但也有综合种、复合种及通过选择改良过的品种。在大多数实例中，基于品种间杂交组合的表现来评价杂种优势是需要的；但在有些研究中，通过亲本品种或杂交组合的自交来获得相关遗传信息。

实际上，评价一个杂交种相对于其亲本表现差异的方法有两种。

（1）中亲优势（MPH）：指杂交种相对其双亲平均（MP）表现的百分比。

$$\mathrm{MPH}=\frac{\mathrm{F_1}-\mathrm{MP}}{\mathrm{MP}}\times 100$$

（2）超亲优势（HPH）：指杂交种相对其高值亲本（HP）表现的百分比。

$$\mathrm{MPH}=\frac{\mathrm{F_1}-\mathrm{MP}}{\mathrm{MP}}\times 100$$

虽然超亲优势（HPH）的应用越来越少，但它能够提供更好、更准确的信息。

表 10.1 和表 10.2 列出了玉米品种间杂交组合所表现出的杂种优势，包括 Morrow 和 Gardner（1893）研究中所涉及的杂交组合的杂种优势信息，包含了轮回选择的有效性信息。由于产量是玉米最重要的经济性状，因此只列出了产量性状的杂种优势。表 10.1 囊括了用于产量杂种优势评估的 611 个品种和 1394 个品种间杂交组合。值得注意的是表中数据所涉及的部分品种和组合是重复的。各研究的中亲优势值、超亲优势值，以及它们的平均值都被列出。1394 个杂交组合的中亲优势加权平均数为 19.5%，几乎所有研究中都存在明显的中亲优势；唯一的例外是 Noll（1916）研究中存在部分的品种及其杂交组合，它们的中亲优势值仅为–0.5%。表 10.1 中所列中亲优势值是各个研究的平均值。表 10.1 也列出了高于或低于中亲值的杂交组合数。除 Noll（1916）的研究外，大部分杂交组合都超过中亲值。超亲优势的组合数及超高亲比例也在表中列出。对于 1932 年之前的研究，存在超亲优势的比例非常小，超亲优势的平均值范围从 Garber 和 North（1931）报道的–9.9%到 Troyer 和 Hallauer（1968）报道的 10 个硬粒型玉米品种杂交组合的 43.0%，1394 个杂交组合的超亲优势平均值为 8.2%。

表 10.1　玉米亲本品种与第一代品种杂交种的比较总结

来源	亲本品种	杂交种	平均优势（%）		杂交品种					
			中亲优势	超亲优势	中亲（数）		超亲优势（%）			
					上限	下限	总计	0～5	6～15	16[a]
Morrow 和 Gardner（1893）	7	5	14.9	7.9	5	0	4	2	0	2
Hayes 和 East（1911）	3	2	41.2	5.0	2	0	0	0	0	0
Hartley 等（1912）	81	75	9.8	–1.9	62	13	36	12	14	10
Hayes（1914）	39	35	10.7	–0.1	28	7	18	8	7	3

续表

来源	亲本品种	杂交种	平均优势（%）		杂交品种					
			中亲优势	超亲优势	中亲（数）		超亲优势（%）			
					上限	下限	总计	0～5	6～15	16[a]
Williams 和 Welton（1915）	13	17	7.4	1.7	13	4	7	6	1	0
Noll（1916）	6	10	–0.5	–6.8	3	7	3	1	2	0
Hutcheson 和 Wolfe（1917）	5	4	4.4	–9.0	3	1	1	0	1	0
Jones 等（1917）	55	50	7.9	1.1	43	7	34	21	12	1
Hayes 和 Olson（1919）	13	12	14.3	11.5	12	0	11	3	4	4
Griffee（1922）	5	6	14.1	6.9	6	0	6	3	3	0
Kiesselbach（1922）	14	13	–3.6	–8.8	5	8	0	0	0	0
Waldron（1924）	13	12	9.1	4.8	11	1	9	5	2	2
Garber 等（1926）	5	8	37.2	–2.1	8	0	3	0	1	2
Garber 和 North（1931）　-0	2	1	45.4	13.6	1	0	1	0	1	0
- I	2	1	32.9	–9.9	1	0	0	0	0	0
Robinson 等（1956）	6	15	19.9	11.5	15	0	12	1	5	6
Torregroza（1959）	10	7	17.0	—	7	0	—	—	—	—
Lonnquist 和 Gardner（1961）	12	66	8.5	2.8	61	5	49	30	19	0
Moll 等（1962）	6	14	20.2	8.6	13	1	12	5	4	3
Paterniani 和 Lonnquist（1963）	12	63	33.0	14.0	61	2	47	2	22	23
Timothy（1963）	8	28	31.0	22.0	—	—	—	—	—	—
	8	6	50.3	15.1	6	0	4	1	0	3
Moll 等（1965）	8	28	22.8	8.7	28	0	16	1	5	10
Wellhausen（1965）	15	18	59.2	35.9	18	0	18	2	2	14
Hallauer 和 Eberhart（1966）	9	36	11.0	6.0	36	0	31	12	18	1
Paterniani（1967）	9	26	40.5	30.1	26	0	26	0	2	24
Castro 等（1968）	5	10	45.5	2.9	10	0	5	1	3	1
Paterniani（1968）	10	45	34.8	5.6	43	2	25	4	5	16
Crum（1968）[b]	10	45	21.3	7.0	43	2	32	7	7	18[a]
Hallauer 和 Sears（1968）	9	36	9.8	4.2	35	1	28	20	6	2
Troyer 和 Hallauer（1968）	10	45	72.0	43.0	45	0	43	1	6	36
Silva（1969）	3	3	18.2	0.3	3	0	2	2	0	0
Paterniani（1970）	16	55	2.6	–5.6	33	22	14	7	7	0
	6	12	18.1	6.9	12	0	10	2	7	1
Moll 和 Stuber（1971）[c]　-0	2	1	18.9	17.8	1	0	1	0	0	1
- I	2	2	23.0	21.0	2	0	2	0	0	2
Eberhart（1971）　-Corn Belt	9	36	14.2	4.5	32	4	23	6	11	6
-Southern	6	15	21.4	11.2	15	0	12	1	8	3
Tavares（1972）	6	3	13.6	0.4	3	0	2	1	1	0
Hallauer（1972）	9	36	14.0	8.1	32	4	33	11	17	5
EI-Rouby 和 Galal（1972）	7	21	6.4	–0.8	20	1	10	8	2	0
Crum（1972）[b]	10	45	18.4	11.2	43	2	32	7	13	12

续表

来源		亲本品种	杂交种	平均优势（%）		杂交品种					
				中亲优势	超亲优势	中亲（数）		超亲优势（%）			
						上限	下限	总计	0～5	6～15	16[a]
Barriga 和 Vencovsky（1973）		5	10	13.7	2.5	10	0	5	3	1	1
Valois（1973）[c]	-0	2	1	9.8	9.5	1	0	1	0	1	0
	- I	2	1	11.6	8.1	1	0	1	0	1	0
	-III	2	1	4.2	0.8	1	0	1	1	0	0
Vencovsky 等（1973）		10	45	21.6	12.0	45	0	38	9	14	15
Miranda（1974a）		9	36	15.2	5.8	32	4	24	5	9	10
Genter 等 Eberhart（1974）	-0	6	15	15.7	10.8	15	0	13	2	7	4
	-0× I	13	42	14.9	9.0	42	0	37	11	17	9
	- I	7	21	14.2	8.8	21	0	19	5	11	3
Shehata	-set1	10	45	24.0	11.8	26	9	19	—	—	—
和 Dhawan（1975）	-set2	10	45	19.0	8.0	22	3	15	—	—	—
	-set3	10	45	19.0	9.2	31	14	20	—	—	—
Hallauer	-0	7	21	18.8	5.8	21	0	17	9	4	4
和 Malithano（1976）[c]	- I	10	45	20.6	12.2	45	0	39	8	14	17
Paterniani（1977）		12	36	9.7	2.8	30	6	21	8	9	4
Obilana 等（1979）	-0	2	1	10.8	8.1	1	0	1	0	1	0
	- I	2	1	16.5	13.0	1	0	1	0	1	0
Paterniani 和 Goodman（1977）		6	15	18.7	7.9	15	0	11	2	5	4
总和及平均[d]		611	1394	19.5	8.2	1206	160	905	256	313	282

[a] 品种杂种优势为16%或更大
[b] 个人通信
[c] 资料中 0 表示原品种，I 为改良过，品种杂交种包含在第 7 章
[d] 杂交组合数加权

表 10.2 玉米不同年代原始品种及改良种的亲本品种和第一代杂交种的比较总结

来源	亲本品种	杂交种	平均优势（%）		杂交品种					
			中亲优势	超亲优势	中亲（数）		超亲优势（%）			
					上限	下限	总计	0～5	6～15	16[a]
Richey（1922）	—	244	—	—	86.5	13.5	67.8	25.8	25.8	16.2
表 10.1	611	1394	19.5	8.2	88.3	11.7	66.6	20.9	25.6	23.0
1932 年以前	263	251	9.9	0.0[b]	80.9	19.1	53.0	24.3	19.1	9.6
1955 年以后	348	1143	21.6	10.0	90.0	10.0	69.7	20.0	27.2	26.5
原始品种	21	40	17.9	8.3	100.0	0.0	85.0	27.5	35.0	22.5
改良品种	25	71	18.8	11.1	100.0	0.0	87.3	18.3	38.0	31.0

[a] 大于 16%
[b] 实际值是–0.028%

20 世纪 80 年代收集到具有中亲（MP）和超亲（HP）杂种优势值的改良群体 71 个，其中中亲优势的平均值为 19.5%，超亲优势的平均值为 8.2%。由于自交系来源种质的选择及其改良方向并不理想，这些杂交组合并没有被广泛接受。Weatherspoon（1973）认为，为促进轮回选择的成功应用，在原始种质资源池中应尽可能囊括更多的优良材料，并基于大量测试结果对改良种质的进行精心选择，可以实现中亲或超亲杂种优势的有效改良，能分别将中亲优势和超亲优势提升至 38.9%和 28.2%。

表 10.2 总结了 6 个不同类别品种的杂交组合的中亲优势和超亲优势。相比 Richey（1922）所提交的杂种优势综述的结果，杂交组合中超中亲和超高亲的比例存在惊人的相似。表 10.1 也包括一些由 Richey 所报告的结果，但在 1394 杂交组合中只有 244 个组合在 Richey 综述中可以被查阅到。超出高亲 0%～5%、6%～15%及≥16%等不同级别的杂交组合的比例也很相似。表 10.2 中最明显的对比差异是 1932 年前研究的平均超亲优势仅为 0.0%，而 1955 年后研究所测定的平均超亲优势为 10.0%。也许正是超亲优势值很小甚至表现不稳定才限制了品种间杂交的应用，直到基于自交系的双交种创制才改变了形势。由于不是总能观察到超亲优势（表 10.2 中只有 53.0%的杂交组合超过高亲），并且超亲优势值通常低于 5%（24.3%的杂交组合，见表 10.2），因此品种间杂交不被广泛接受也就不足为奇了。一般来说，品种间杂交的优势并没有 Beal（1880）报道的那么高。通常情况下，将一系列品种与一个共同的测验种进行杂交（正如前文所述）。用高产品种作测验种，会降低超亲优势的表现。如表 10.2 所示，1932 年之前研究测定过的品种间杂交组合中有 17.2%比例产量低于中亲。自 1955 年以后的研究，只有 10.0%比例的杂交组合产量低于中亲；之后的比较研究几乎都采用双列杂交遗传设计。通过轮回选择进行群体改良过程中，品种间及杂交组合比较表明，包括原始的和改进的所有品种间杂交组合都是超过中亲的。这与预期是相符的，因为大多数情况下，最终用于杂种优势鉴定的品种都基本上经过预备试验并通过选择以确保其具有杂种优势。不过，中亲优势和超亲优势的杂交组合比例非常相近，原始材料的组合优势比例为 8.3%，改良品种间杂交组合的优势比例为 11.1%。

与预期相符，表 10.1 所列的每项研究中，杂交组合间表现出相当大的差异。在早期的研究中，Richey（1922）提出杂种优势极强的情况通常出现在亲本差异极大的杂交组合中。例如，硬粒型（或粉质型）与马齿型品种间杂交的杂种优势要远大于马齿型品种之间杂交组合的杂种优势。尽管缺乏关键数据来确证，但是强杂种优势的表现似乎与胚乳类型差异程度无关。Paterniani 和 Lonnquist（1963）使用了胚乳形态各异的多个品种进行研究，发现胚乳形态有差异的品种间杂交组合所表现的杂种优势与胚乳形态相似的品种间杂交组合的杂种优势大小相近。影响品种间杂交优势强弱的因素远不只胚乳的形态。超强杂种优势表达的研究就出自 Troyer 和 Hallauer（1968）使用的早期硬粒型玉米品种间杂交。

对于早期所选择的品种间杂交组合（表 10.1，表 10.2）与后来经长期轮回选择后的品种间杂交组合，表 7.19（第 7 章）比较了中亲优势和超亲优势值在这两个不同时期研究中的差异。许多曾经辉煌的杂交组合如今看来已不堪大用，原因在于组合双亲之间的遗传多样性早已被充分挖掘利用（Carena and Wicks III，2006；Smith，2007）。毫无疑问，群体改良已经提高了杂种优势值。

两篇有关品种间杂交组合的综述文章阐明了杂交组合的潜力。Hayes 和 Olson（1919）指出，“使用纯系品种间杂交一代是提高玉米产量的重要途径，即使不是所有的组合产量都很高，甚至部分组合毫无价值”。Richey（1922）在有关品种间杂交的综述中也提到，“这是一种或多或少具有偶然性的杂交，所以杂交组合优于亲本或是低于亲本的机会几乎是相等的”。这些作者的结论都表明，品种间杂交的优势并不总是很明显。通常所有的相关数据收集在进行试验设计和数据统计分析之前就进行了，也许研究者希望通过试验设计和数据统计分析来试图掩饰真实的差异。这些结论的提出正值人们关注于构建自交系-杂交种育种程序之时。杂种优势可能是一个有效工具从而让研究者关注“自交系-杂交种概念”的公共研究，这也是玉米遗传改良唯一的机制研究（Carena and Wicks III，2006）。因此也导致了投入到品种改良和品种间杂交的精力微乎其微，应该试图去重新唤醒大家对育种群体进行改良的兴趣，引导大家通过轮回选择去改良遗传基础宽泛的优良育种群体。这需要对育种群体本身进行广泛的改良，而不是仅仅针对已经历长期选择的不同群体材料做有限的组配测试。

杂种优势的表现强度通常取决于两个亲本品种之间的遗传差异。品种间的遗传差异通常是未知的，而鉴定遗传差异水平的唯一途径就是通过杂交这一实践方法。亲本品种间的遗传差异可以通过一系列品种杂交所获得的杂优模式来进行推断。如果两个亲本品种杂交展现的杂种优势相对较大，我们就可以推断这两个亲本品种间的遗传差异比杂种优势较弱组合或是没有优势组合的双亲品种遗传差异大。杂优模式的建立对如何选择用于组配杂交种的自交系有重要启示作用（Hallauer et al.，1988）。育种家所做的第一个决定就是依据各个自交系的血缘关系，从一系列优良自交系确定拟组配的杂交组合。如果自交系的血缘关系是已知的，就可以依据亲本群体的来源和杂优模式确定合理的组配方案。举例来说，在美国玉米带，瑞德黄马牙或 BSSS 背景的优良自交系通常与兰卡斯特背景来源的优良品系进行杂交和测交。尽管我们已经在第 8 章讨论了优良自交系之间遗传差异的重要性，但这里需要同样程序对自交系进行早代测试以便获取其配合力的初步信息。如果品系的血缘未知，通常需要用已知来源的优良自交系与其杂交，相关的产量测定信息为其所属杂优类群的判别提供了必要的分组依据。

Moll 等（1962，1965）、Tsotsis（1972）、Kauffmann（1982）、Carena（2005）及 Melani 和 Carena（2005）等已经报道了多项研究实例，是有关品种杂优类群划分和遗传多样性对杂种优势表现的重要性。Tsotsis 的研究目的是判定一组开放授粉品种的杂优类群，以便构建两个遗传基础宽泛的育种群体。由于玉米育种家期望组配优良自交系来获得最大限度的杂种优势，因此一旦开始就在基础育种群体中建立了遗传差异，目的性将会加强。通过品种间杂交组合的鉴定评估，Tsotsis 根据杂优模式将这些品种分成两个杂优类群。从逻辑上讲，后续的工作仅需要在两个杂优类群之间进行杂交和测配。表 10.3 和表 10.4 给出了几个鉴定有潜力杂优组合的试验实例。需要注意的是，当双亲均值较低时所测定的中亲优势值可能具有误导性。

从表 10.3 和表 10.4 还可以看出其他的杂优模式（Kauffman et al.，1982；Melani and Carena，2005），在此基础上启动杂优群内和群间的轮回选择程序（Carena and Hallauer，2001；Hallauer and Carena，2009）。

表 10.3　5 个美国自由授粉玉米品种（对角线）和它们双列杂交组合的产量（Mg/hm^2）**（对角线以上）**

品种	品种				
	Midland	Leaming	Lancaster	Reid	Krug
Midland	**<u>6.04</u>**	6.43	6.99	6.22	6.21
Leaming	121.60[a]	**<u>4.54</u>**	6.05	4.85	5.88
Lancaster	132.60	133.85	**<u>4.49</u>**	5.79	5.71
Reid	107.43	96.23	115.57	**5.53**	4.63
Krug	112.30	122.50	118.96	87.36	**<u>5.02</u>**

注：加粗及下划线代表亲本品种的产量

资料来源：Kauffman 等（1982）和 Hallauer 等（1988）

[a] 对角线以下是中亲优势估计值（%）

表 10.4　10 个早熟玉米群体和它们的双列杂交组合在 29 个环境下的产量（Mg/hm^2）**（对角线以上）**

	NDSAB（MER）C12	BS-5	BS-21（R）C7	NDSCD（M）C10	LEAMNG（S）C4	BS-22（R）C7	NDSM（M）C7	NDSG（M）C15	CGSS（S1-S2）C5	CGL（S1-S2）C5
NDSAB(MER)C12	5.60	5.87	[7.27]	5.58	5.88	6.36	6.08	5.73	5.99	6.03
BS-5	121	4.11	5.48	5.42	4.85	4.43	5.54	4.45	5.76	5.01
BS-21（R）C7	137	120	5.04	6.98	6.54	[7.43]	6.73	6.55	[7.95]	[7.66]
NDSCD（M）C10	99	111	130	5.67	6.27	6.82	5.71	5.01	6.09	5.63
LEAMNG（S）C4	114	110	134	121	4.69	7.07	5.55	4.68	6.50	6.66
BS-22（R）C7	118	95	145	126	143	5.19	6.77	5.98	[7.45]	6.92
NDSM（M）C7	111	117	129	103	110	128	5.39	4.75	5.68	5.09
NDSG（M）C15	119	109	144	103	107	129	101	4.06	5.23	5.48
CGSS（S1-S2）C5	107	119	150	109	127	139	104	109	5.55	6.17
CGL（S1-S2）C5	116	113	156	108	141	139	100	124	119	4.79

注：中亲优势值在对角线以下（中亲值+100）；加框的杂交组合与最好的商用杂交种无统计差异

资料来源：Carena（2005）

一套固定开放授粉品种的双列杂交分析试验为不同品种间杂优模式的初步分析提供了基础。从方差分析的效应差异显著性就能进行初步的推断。对此，平均杂种优势 $\bar{h}$ 就可以显示出品种间杂交超过其中亲值的优势程度。当品种杂种优势作为重要的变异来源时，表明至少有一个不同于其他品种的杂种优势模式。特殊杂种优势产生于特定的杂交，一旦差异显著，就意味着至少有一个组合在非加性效应和基因频率方面有别于其他组合。表 10.5 简要列出了几个双列杂交研究中品种间组合效应显著性。

在以上 15 个研究中只有 4 个（或者 26.7%）的研究在产量上具有特殊效应的显著性差异，这表明在大多数情况下，对杂种优势开发利用的亲本品种选择，只需要考虑品种自身的产量及该品种与其他品种杂交组合的平均产量。只有少量的杂交组合具有显著的正向特殊效应能为组合带来杂交优势。

表 10.5　品种和品种双列杂交组合产量的显著性水平和杂种优势构成效应

来源		品种数	效应[a]			
			v_j	$\bar{h}$	h_j	s'_{jj}
Gardner（1965）		4	*	*	ns	ns
Gardner 和 Eberhart（1966）		6	*	*	ns	ns
Hallauer 和 Eberhart（1966）		9	*	*	*	ns
Gardner 和 Paterniani（1967）		6	*	*	ns	ns
Hallauer 和 Sears（1968）		9	*	*	*	*
Troyer 和 Hallauer（1968）		10	*	*	*	*
Castro 等（1968）		5	*	*	ns	ns
Vencovsky（1969）		12	*	*	*	ns
Eberhart（1971）	-Corn Be	9	*	*	*	*
	-Southern	6	*	*	ns	ns
Hallauer（1972）		9	*	*	*	*
Barriga 和 Vencovsky（1973）		5	*	*	*	ns
Miranda（1974a）	-set 1[b]	7	*	*	ns	ns
	-set 2[b]	9	*	*	*	ns
Genter 和 Eberhart（1974）[c]		13	*	*	*	ns

*表示显著，$P<0.05$；ns 为不显著

[a] 见 10.6 中的效应

[b] set 1 表示几个矮秆品种；set 2 表示 set 1 加上 2 个高产品种

[c] 包括 6 原始品种（0）和 7 个高代群体（1）

Moll 等（1962，1965）研究了具有不同遗传多样性的品种间的杂交组合。品种的遗传多样性水平可以根据其地理来源进行推测。例如，两个同样来自美国玉米带的开放授粉品种间遗传差异要低于分别来自美国玉米带和美国东南部的两个品种间的遗传差异。Moll 等（1962）收集了两个来自美国的玉米带、两个来自美国东南部和两个起源于加勒比海地区共计 6 个自然授粉品种并进行了双列杂交试验。所有亲本品种及 15 个可能杂交组合中的 14 个都在北卡罗来纳州进行了测试。所有杂交组合的相对杂种优势都与亲本间的遗传多样性的类型划分一致。

Moll 等（1965）进一步扩展了相关研究，增加了两个来自墨西哥的品种，共计 8 个亲本品种和 28 个杂交组合，并都在各亲本来源地进行了测试。他们发现遗传差异最大的品种间杂交其杂种优势小于遗传差异最小的品种间的杂种优势。这些结果表明，遗传差异越大、杂种优势越强的观点是有局限的。很显然，当极端遗传差异的亲本间的杂交导致了等位基因间的协调性被打破的不利状态，结果导致其生理功能不如类似选择压力条件下的等位基因间和谐有效。几年后，我们也认识到轮回选择可以改变基于地理起源的遗传差异。

开放授粉品种杂交中所观察到的杂种优势值实际是两个亲本品种中所抽取的系列基因型个体相互杂交所表现出的杂种优势值的平均值。就品种间杂交的 F_1 个体植株来说，其相对杂种优势是不同的，取决于两个亲本配子结合产生的 F_1 植株。在一对品种杂交产生的 F_1 世代中，部分 F_1 个体所表现出的杂种优势会显著高于其他个体。如果抽取的个体植株样本容量足够大，那么品种杂交个体植株所表现出的杂种优势值就接近正

态分布。主要目的是在品种中能鉴定出杂交时得到最大杂种优势的亲本植株（例如，品种间杂交后代的某个特定杂交种其表现性能大于其他大多数杂交种的表现值）。这一概念是基于 Shull（1908）提出选育纯系来组配杂交种的提议。不过并不是所有纯系间的杂交都能超过其品种间杂交组合。起源于某个品种的未加选择的一套纯系材料之间大量组配，所有杂交组合的平均值仅相当于其原始品种的水平（Good and Hallauer，1977）。鉴于 Shull 的提议，玉米育种的目标就是获取一系列优良自交系，并发掘它们的组合中杂种优势最强的组合作为杂交种。因为自交系几乎是同源纯合的，所鉴定出的优良杂交种也就可以复制。由改良群体创制的群体杂交种也是可复制的，只需要群体保持足够大的个体样本量。因此，杂种优势的表现，如产量性状，自交系间的单交种将会是更强的。

这里有一个来自 Martin 和 Hallauer（1976）的实例数据（表 10.6）。他们在同一个试验中，比较了 4 组自交系及其单交种的平均值。4 组自交系中每一组产量的杂种优势都接近或高于 150%。这套经过选择的纯合自交系单交种所展现的杂种优势基本上是表 10.1 和表 10.2 中所列品种间杂交的杂种优势值的 10 倍。

表 10.6　4 组自交系产量及产量构成的杂种优势

世代	性状				
	产量（g/株）	穗长（cm）	穗粗（cm）	穗行数	300 粒重（g）
组 1（第一轮的 7 个系和 21 个杂交组合）					
中亲值	48.62	12.60	3.82	14.16	63.63
F_2，BC_1，BC_2	100.97	15.87	4.30	15.24	70.61
F_1	152.65	18.37	4.57	15.84	76.07
H^a	213.96	45.8	19.6	11.9	19.6
I^a	−33.85	−13.6	−5.9	−3.8	−7.2
组 2（第二轮的 7 个系和 21 个杂交组合）					
中亲值	63.58	14.68	4.02	14.46	71.757
F_2，BC_1，BC_2	116.36	16.64	4.46	15.45	75.74
F_1	159.59	18.19	4.71	15.78	82.52
H^a	151.00	23.9	17.2	9.1	15.0
I^a	−27.08	−8.5	−5.3	−2.1	−8.2
组 3（7 个优系和 21 个杂交组合）					
中亲值	67.04	14.47	4.04	14.73	67.72
F_2，BC_1，BC_2	111.21	16.45	4.40	15.80	68.89
F_1	150.72	18.22	4.62	16.41	72.57
H^a	124.82	24.2	14.4	11.4	7.6
I^a	−26.22	−9.7	−4.8	−3.7	−5.1
组 4（7 个差系和 21 个杂交组合）					
中亲值	38.24	12.73	3.67	13.26	73.46
F_2，BC_1，BC_2	103.59	16.58	4.27	15.12	72.87
F_1	158.47	19.25	4.55	15.63	76.40
H^a	314.4	51.2	24.0	17.9	4.0
I^a	−34.64	−13.9	−6.2	−3.3	−4.6

资料来源：Martin 和 Hallauer（1976）

[a] H（杂种优势）$=[(F_1-MP)/MP]\times100$；I（近交衰退）$=[(F_1-F_2)/F_1]\times100$

两套材料的杂种优势差异如此之大的原因至少有两个。

（1）比较的基础材料不相同，大多数实例中纯合自交系的均值要远低于非纯系品种的均值。

（2）Martin 和 Hallauer（1976）所用的自交系都是因杂种优势表现强而被选中的，这与玉米群体中随机抽取的配子组合样本理论上是不同的。

由于杂种优势的计算涉及亲本的均值，因此上述第一个原因是比较常见的。Troyer 和 Hallauer（1968）报道的硬粒型玉米品种间杂交具有较高的杂种优势，而 Lonnquist 和 Gardner（1961）研究中马齿型玉米品种间的杂种优势较低，可能的原因是所涉及的亲本产量水平不同且测试的环境存在差异。第二个原因是单交种开发优良自交系的育种选择过程的结果。

我们已经认识到杂种优势依赖于构成显性效应的遗传差异（Moll et al.，1965；Falconer and Mackay，1996）。因此，杂种优势的响应可以通过对特殊配合力进行连续不断的选择而得以提高（Eyherabide and Hallauer，1991；Keeratinijakal and Lamkey，1993；Labate et al.，1997；Menz et al.，1999）。正因如此，以平均数为指标，超过 8 个周期的相互轮回选择能够有效改善群体杂交种的产量表现。在这些改良过程中，超亲优势值为 22.5%～72.4%。此外，经过改良的群体的杂种优势值是其未经改良群体杂种优势值的 5 倍，显示出选择对于杂种优势表达的重要性。

此外，Carena（2005）提供的证据表明，按群体内和群体间选择过程对地理隔离的群体进行改良，之后进行群体间杂交也可以获得杂种优势极强的优良群体间杂交种。加性遗传效应解释了在北达科他测试的最成功杂交组合（Melani and Carena，2005），因测试的大多数成功杂交组合并未经群体间选择（例如，广泛的测试可以鉴别出这些杂交组合）。Lonnquist（1963）认为育种程序没有充分利用存在于这些优良育种群体中的加性和非加性遗传变异。

玉米育种家应增加成功的杂种优势组合数（Duvick，1981）。美国玉米杂交种产业的很大部分仅仅利用了少数几个杂种优势模式（ISSS×Lancaster Sure Crop，ISSS×Iodent），应该重视其他杂种优势模式的鉴定。如果更加重视拓宽改良群体，新的高产杂种优势模式是能够鉴定出来的。

我们只讨论产量上观察到的杂种优势。有一些研究试图阐明杂种优势的来源及其产生原因。这些研究涉及双亲及其杂交组合的不同发育阶段的不同器官。简而言之，他们并没有对杂种优势现象进行充分的解释。观测结果一般都显示差别存在，但没有涉及其根本机制。有关玉米和其他植物物种这方面的详细研究，读者可参考 Sprague（1953）发表的综述。

国家公共实验室投入获得了大量的分子标记的基因型信息，以及近期有关 B73 的基因组序列信息。由于杂种优势效应在每一个杂交种上都各不相同，这将激励我们去阐明杂种优势的分子机制，并提出比过去 10 年中已发表的预测机制更有说服力的解释。

10.3 遗传基础

无论是品种间杂交还是自交系间杂交，杂种优势在玉米上都是存在的，但是杂种优势的遗传基础还仅仅停留在假说阶段（Coors and Pandey，1999）。有好几个理论假说被提出来试图对杂种优势现象进行解释，其中有些具有遗传学基础，有些则没有。虽然在过去的 100 年中已进行了大量的相关研究，但却难以证实或反驳这些理论假说。由于玉米的重要地位，以及玉米杂交中杂种优势表达的重要性，育种家和遗传学家正着力于研究杂种优势现象，并试图发展遗传模型来阐明相关机制。

几种假说试图解释杂种优势的原因，这些假说都是基于显性效应水平与杂种优势表现之间不相关的事实。现有数据支持显性假说是杂种优势的遗传基础（即杂种优势是部分到完成显性有利等位基因累积所产生的）。大部分已提出和讨论的玉米杂种优势的相关假说可以概括为两类：①生理促进（或等位基因的互作或超显性），②显性有利生长因子。

实际获取的数据及对这些数据的解释决定了到底支持以上哪一种假说。自从这些假设被提出和讨论，数量遗传理论就取得了快速的发展。产量作为一个性状，由于遗传模式非常复杂，以及杂种优势显著，其研究已经引起早期和现代研究人员的极大兴趣。产量是对繁殖能力的一种度量，几乎总是被视为一个数量性状。因此，数量遗传学研究的信息有助于对玉米杂种优势的认识。然而，在过去（举例见 Richey，1946），杂种优势和数量遗传学经常被视为毫无关系的，而事实并非如此。有关杂种优势解析的综述文章可参考 Whaley（1944），Richey（1946），Sprague（1953）及 Coors 和 Pandey（1999）。

Shull（1908）提出了第一个杂种优势理论，是生理促进假说或杂合性假说的代表。该理论认为，杂合性本身就是杂种优势的原因，属于非孟德尔遗传解释。East 和 Hayes（1912）及 Shull（1912）支持这一理论。1936 年，East 综述了杂种优势的证据，总结认为显性有利增长因子不足以解释杂种优势，并提出同一位点的多个等位基因在生理功能方面是有差别的。正如 Sprague（1953）指出的，所提出的思想属于生理促进范畴，但所给出的模型与 Hull（1945）提出的“超显性”概念相似。

杂种优势机制的第二个理论是显性有利生长因子假说，最早是由 Bruce（1910）以数学形式提出的。虽然假说阐述非常简洁，当初 Bruce 所给出的数学推导现在看来与当前的显性假说实质相通，杂种优势表现与否及其优势程度可以通过杂交组合来预测。Bruce 提出的推导可以涉及任何数量的基因对，任何范围的基因频率，以及任何程度的显性水平。Bruce 假设的突出特点是，只要亲本的基因频率不同且显性效应存在，那么杂种优势就会发生。这是一个孟德尔遗传假说。Jones（1917，1945，1958）是该假说的一个有力支持者，他认为只要不同位点的显性有利因子得以累积，杂种优势就会表现出来。

超显性假说的支持者抨击显性假说，是基于实际证据并未证实相关假说的模型，具体原因如下。

（1）如果杂种优势现象是由于显性有利生长因子的累积，那么应该能够获得如纯系单交种一样产量潜力的自交系，但这从来就没有实现过。

对该批评的一种回应是，尽管还没有关键数据的支持，但经验证据已表明，自交系的相对活力、抗性、产量潜力等在连续多个循环的选择中不断增加，这也是美国玉米带单交种产生的原因（Duvick，1999）。一些证据可以在表 10.6 中看到。二环系的产量要比一环系高出 30.8%。另外，Collins（1921）的研究表明，如果控制一个性状的因子对数超过 10，那么想要获得所有 10 个因子都纯合的植株几乎不可能。控制一些性状如活力、抗性、产量等的基因数量未知，但可以肯定其数目将是很大的。基因结构的解析表明，影响产量的核苷酸碱基对数目是非常庞大的。通过在此基础上明确的基因（如产量 QTL）来获得具有单交种同样活力的自交系的机会几乎为零。随着我们改良自交系的活力、抗性及产量潜力等方面已取得巨大进展，最终也会证实显性效应假说。

（2）F_2 群体的偏态分布很少出现，这表明显性效应并不是杂种优势的主要特征。如果显性效应存在，我们由二项分布 $(3+1)^n$ 的展开式可以推测 F_2 群体偏态分布的存在。

然而，Collins（1921）研究显示，如果参与性状表达的因子数量巨大，那么由显性效应引起的偏态分布并不明显。再说，由于参与影响产量的因子数量非常庞大，偏态分布的缺乏并不能反驳显性假说解释杂种优势基础。

（3）由于未能获得确凿的证据来支持数量性状表现中的显性效应，这也是不支持显性假说的一个原因。

正好相反，大多数证据表明部分乃至完全显性，而不是超显性是杂种优势遗传的主要模式。早期一些关于 F_2 群体的数量遗传学研究认为超显性（第 5 章）也许很重要。然而，经过几轮重组发现，由于连锁（F_2 群体的普遍特征），其估计是有偏的。因此，这是相斥相连锁导致的假超显性，而不是真正的超显性。此外，旨在最大限度地选择超显性基因效应（Hull，1945）的轮回选择实验表明，部分至完全显性效应比超显性效应更加符合选择的结果。对于复杂性状，如果涉及调控的基因数目大，那么很难对显性效应水平做出估计，不过大多数积累的证据都倾向于所涉及的基因多数为部分至完全显性。Horner 等（1989）报道了一个特例，总结认为，半同胞选择的响应比自交系后代选择更大是由于超显性发挥了重大作用。

对于以上杂种优势机制的两个假说，很难找到确凿的证据来证明，原因是数量性状的遗传复杂性，基因作用方式的多种多样，包括基因位点间和位点内的都可能会涉及。玉米育种家和遗传学家正开展以染色体片段为基础的研究工作。随着基因型测定的成本持续降低，作用因子的解析度正在慢慢提高。然而，即使杂种优势发生的确切遗传机制仍然未知，玉米杂种优势仍然一直在广泛利用。重要的是，理解何种基因作用方式对于设计高效可行的持续性育种方案最为关键。对于实际育种目标，证据似乎更支持显性有利因子累积的假说，应该发掘这些因子并进一步提高杂种优势的表达。

Crow（1948，1952）提出的观点认为，Bruce（1910）和 Jones（1917）所支持的显性假说不能完全解释来自平衡群体的自交系间杂交所观察到的杂种优势。Crow 的论点是基于一定假设条件下的数学计算，其中有些假设条件在实际育种中是不成立的。Crow 定义的平衡群体是指突变与选择的基因频率处于平衡状态，相应的基因型频率是随机交配的结果，并且也处于连锁平衡状态。在该平衡群体的定义下，假设有 5000 个位点、平均 10^{-5} 位点突变概率对产量作合理估计，计算结果显示来自亲本平衡群体杂交其杂种优势的最大值为 5%。因此，来自平衡群体内最好的自交系组配杂交种的杂种优势超不过 5%。由于一套自交系间最好的杂交种通常其优势值都超过了平衡群体上限 5%，因此杂种优势机制的唯一合理解释只能是超显性的重要作用，这也正是 East（1936）和 Hull（1945）所建议的。Crow 理论推导中的关键特征是平衡群体的有关定义。为了最大限度地提高自交系组配杂交种的杂种优势表现，育种家通常只在有明确杂种优势模式的群体间选系进行组配，如将瑞德黄马牙与兰卡斯特血缘的系进行组配，或者是马齿型和硬粒型自交系的组配。如果自交系来自不同的品种，那么有关平衡群体的假设只适用于遗传同质的品种，只有这种情况下自交系的来源群体的基因频率才可能是相同的。然而，表 10.1 和表 10.2 的证据显示，开放授粉品种之间存在遗传差异，因为品种间杂交存在杂种优势表现。有趣的是，由 Crow 推导的 5%近似于表 10.1 给出平均超亲优势值 8.2%。如果我们把玉米（*Zea mays* L.）这个物种视为平衡群体，5%的估计值近似于所观察到的超亲优势值 8.2%。如果影响产量的基因位点数远大于 5000，那么平均超亲优势值正好符合 Crow 的模型。除非开放授粉品种都被选择到了一个通常的平衡状态，亲本品种的平均产量与来自这些品种的选系杂交种产量上的差异，不能为显性效应水平提供关键证据。不过开放授粉品种之间杂交所表现出来的杂种优势（表 10.1，表 10.2）证明了这些品种间遗传差异的存在。通常情况下，玉米育种家只在有差异的亲本间配置杂交种。由于来源群体或品种间具有遗传差异，Crow 的论点并未否定显性假说作为自交系间杂种优势的一种解释，或者，也同样适用于开放授粉品种间杂交组合的杂种优势机制解释。

上位性也可能对杂交产生的杂种优势表现有所贡献。尽管有研究表明，上位性似乎并不是遗传变异的主要成分（第 5 章），但在一些特定的自交系杂交组合中显示了上位性效应存在（Bauman，1959；Gorsline，1961；Gamble，1962；Sprague et al.，1962；Sprague and Thomas，1967；Eberhart and Hallauer，1968；Stuber and Moll，1971；Moreno-Gonzalez and Dudley，1981；Dudley and Johnson，2009）。检测上位性效应表明，某些自交系的特定杂交组合中一些基因的独特结合对杂种优势表现具有贡献。Cress（1966）研究表明，多个等位基因在一些组合中可表现出负的显性效应，由此可以解释是所观察到的上位性效应缺失的结果。上位性效应的存在也可以由自交系间或品种间杂交组合的后代不同世代间的曲线关系来解释（第 9 章）。数量性状的上位性效应是肯定存在的，但是我们一直难以理解为什么上位性互作效应只能够解释玉米群体中微不足道的遗传变异，而加性和显性方差能够解释除此之外所有的遗传变异。虽然还不能够被量化，但是上位性效应在单交种的杂种优势表达中作用可能是重要的，只是基因相互作用的独特组合仅限于两个自交系间的杂交组合。无论如何，上位性效应在杂种优势表现中的潜在作用是不容忽视的（Coors and Pandey，1999；Melchinger et al.，2007）。Dudley 和 Johnson（2009）也报道了将上位性效应纳入预测模型中，预测结果与实测均值之间的相关性非常高，表明上位性效应对玉米育种是有价值的。

10.4 生物统计概念

当杂交种的双亲在同一位点具有不同的等位基因，且这些等位基因之间存在着一定水平的显性效应，如前所述的杂种优势（Falconer and Mackay，1996）可以表示为

$$H=\sum y^2 d$$

式中，d 为显性效应；y^2 为亲本间等位基因频率的差异。如果 $d=0$，理论上来讲等位基因频率间无差异，将不会产生杂种优势。

因此，Falconer 和 Mackay（1996）的研究表明，只有具备以下条件时，杂种优势才将得以表达。

（1）存在一定程度的显性。

（2）双亲间基因频率的相对差异决定杂交中杂种优势表达的高低。

如果上述条件中的一个或两个条件都不存在，那么杂种优势将不会表现出来。由 Falconer 所阐述的条件与 Bruce（1910）给出的本质上相同，只是被推广到了任意数量基因、亲本间基因频率的任意范围，以及任意程度的显性水平。Falconer 有关杂种优势的统计描述并不支持或减弱支持任何一种解释杂种优势的机制假说。如前所示，杂种优势的定义为 $H=\overline{F_1}-\overline{\mathrm{MP}}$，这里的 $\overline{F_1}$ 是两个处于 Hardy-Weinberg 平衡的亲本的杂交一代均值，$\overline{\mathrm{MP}}$ 是中亲值。

第 2 章表明，在一个位点水平的群体均值为

$$\mu_{\mathrm{A}}=(p-q)a+2pqd$$

式中，p 和 $q=1-p$ 表示基因频率，a 和 d 分别表示不同的基因型效应。

如果再考虑另一个群体，其相应的基因频率分别为 r 和 s，其均值可表示为

$$\mu_{\mathrm{B}}=(r-s)a+2rsd$$

因此，中亲值为

$$\overline{\mathrm{MP}}==(1/2)(p-q+r-s)a+(pq+rs)d$$

由第 2 章，我们已推导得出两个群体间杂交一代的均值为

$$\overline{F_1}=(pr-qs)a+(ps+qr)d$$

因此，我们得出

$$\begin{aligned}H&=\left[(pr-qs)-(1/2)(p-q+r-s)\right]a+\left[(ps+qr)-(pq-rs)\right]d\\&=(1/2)\left[2pr-2qs-(p-q)+(r-s)\right]a+(ps+qr-pq-rs)d\\&=(1/2)\left(q^2-s^2-2qs-p^2+r^2+2rp\right)a+p(s-q)d+r(q-s)d\\&=(1/2)\left[(q-s)^2-(p-r)^2\right]a+(s-q)(p-r)d\\&=0+(1-r-1+p)(p-r)d\\&=(p-r)^2 d\end{aligned}$$

用 Falconer 和 Mackay（1996）的表达式为

$$H = \sum y^2 d$$

它是等位基因频率存在差异 y 的所有位点之和。

由上面的推导可以看出，若没有显性效应，杂交 F_1 群体的均值等于其中亲值。

由杂交群体的遗传结构可以获得 F_2 代的均值（F_2）。在一个基因位点水平，F_2 代处于 Hardy-Weinberg 平衡，并且其基因频率是两个亲本群体的平均等位基因频率：

$$p' = (p + r)/2$$

基因型值数列为

$$p'a : 2p'q'd : q'^2(-a)$$

于是，杂交群体的均值为

$$\begin{aligned}\overline{F_2} &= (p' - q')a + 2p'q'd \\ &= (½)\left[(p - q + r - s)a + (p + r)(q + s)d\right]\end{aligned}$$

若没有显性效应，该值就等于 $\overline{\mathrm{MP}}$ 和 $\overline{F_1}$。那么，$\overline{F_2}$ 超过 $\overline{\mathrm{MP}}$ 的部分是

$$\left[(½)(p + r)(q + s) - (pq + rs)\right]d$$

这相当于

$$(½)(ps + rq - pq - rs)d = (½)(p - r)^2 d = (½)H$$

因此，$\overline{F_2}$ 大于 $\overline{\mathrm{MP}}$ 的量仅相当于杂交一代优势量的一半。换句话说，考虑多个位点且没有上位性效应的假设条件下，从杂交一代传递到二代有一半的杂种优势效应丢失了。杂种优势的总量可以通过所有位点优势值的加和获得。这里引用 Falconer 和 Mackay（1996）的符号即为

$$F_2 = \sum (½) y^2 d$$

考虑用两个自交系进行杂交时，唯一的区别在于，一个自交系的 p=0 或 p=1，这取决于基因是纯合隐性还是纯合显性状态。与此相似，对另一个品系，r=0 或 r=1。杂交一代的杂种优势响应源于其中 p=1 而 r=0，或反之亦然，所以杂种优势效应取决于这些有对比差异的位点数目及每个位点的显性效应水平。无论如何，只有在控制性状的位点中至少有一个或多个位点存在基因频率差异，且位点内等位基因间具有一定程度的显性效应，杂种优势效应才会出现。

10.5　基因型间杂种优势及其预测方法

均值的预测，就像选择结果一样，是数量遗传学对植物育种的重要贡献之一（Hallauer，2006）。遗传学对农业实验的贡献之一就是能预测控制的杂交结果。继孟德尔法则的重新认识，预测方法已被广泛用于数量性状研究。对于数量性状，参数，如均值，要比基因型的比例更为重要。以预测为目的的理论研究有助于人们更好地理解基因作用的本质，以及与群体均值及其构成组分的关系。在下面的几个小节中，列举群体均

值预测可能被应用的几个案例。所涉及的理论具有以下几个假设前提：亲本群体按二倍体分离、无优先受精、Hardy-Weinberg 平衡状态、连锁平衡和（或）忽略上位性效应。研究中涉及的可能杂交组合非常多而实际很难创造这么多组合，田间试验表型性状的鉴定将更加困难，在此情况下，我们所提到的分析过程也是有用的。

10.5.1 自交群体

有关纯合子（纯）系的预测理论最早是为自花授粉作物研发的，但这些理论对玉米或其他异花授粉作物的纯系利用时也是有用的（Hallauer，2006）。下面这些公式是由 Mather（1949）及 Mather 和 Jinks（1971）给出的。P_1 和 P_2 代表两个完全纯合系，F_1 代表其杂交一代。对于任何数量性状，F_2 代（F_1 自交或 F_1 同胞交配获得）的均值可以通过以下方式预测

$$\overline{F_2}=(1/4)\left(\overline{P_1}+\overline{P_2}+2\overline{F_1}\right)$$

式中，$\overline{P_1}$ 和 $\overline{P_2}$ 是亲本品系的均值，$\overline{F_1}$ 是杂交一代的均值。以同样的方式，其他高阶群体均值（$\overline{F_3}$，$\overline{F_4}$，…）可以通过以下方式预测：

$$\overline{F_3}=(1/8)\left(3\overline{P_1}+3\overline{P_2}+2\overline{F_1}\right)，\ \overline{F_4}=(1/16)\left(7\overline{P_1}+7\overline{P_2}+2\overline{F_1}\right),\cdots$$

由此可以获得未经选择的任何自交世代 n 的群体均值一般预测公式为

$$\overline{F_n}=(1/2)\left[1-(1/2)^{n-1}\right]\left(\overline{P_1}+\overline{P_2}\right)+(1/2)^{n-1}\overline{F_1}$$

这里的第 n 代是通过 n–1 代自交获得的（Mather，1949）。当 F_1 回交于任一亲本获得回交群体（BC_1 和 BC_2），其均值的预测公式为

$$\overline{\mathrm{BC}_1}=(1/2)\left(\overline{P_1}+\overline{F_1}\right)，\ \overline{\mathrm{BC}_2}=(1/2)\left(\overline{P_2}+\overline{F_1}\right)$$

F_2 代均值理论上也可表示为

$$\overline{F_2}=(1/2)\left(\overline{\mathrm{BC}_1}+\overline{\mathrm{BC}_2}\right)$$

10.5.2 双交和三交

单交种已在玉米生产上取代了双交种。然而，自 Jones（1918）提出建议以来，双交种已在玉米中广泛使用，特别是当自交系种子产量很低时双交种是一个很好的解决方案。在随后的几年中，玉米育种家主要目标是研发新的优良杂交种。双交种是由两个单交种杂交而来，这里的单交种是由两个自交系杂交产生。当 4 个不同的自交系被使用时，都期望获得的双交种是最好的组合结果。如果同一个自交系作为亲本在两个单交种中都被使用，在双交种中存在一定程度的近交，通常我们认为最终的双交种不可能获得最大化的杂种优势。理论如下。

若 4 个自交系一组，一套 n 个自交系可有 C_n^4 个分组方案。每个亚组（4 个自交系）内只有 3 个不同的双杂交组合。如在亚组（A、B、C、D）内，双交可能如下：(A×B) ×(C×D)，(A×C)×(B×D)和(A×D)×(B×C)。所以可能的双杂交的总数是

$$N_{\mathrm{dc}}=3C_n^4=(1/8)\left[n(n-1)(n-2)(n-3)\right]$$

例如，若 n=10，那么有 630 种可能的双交组合。如此之多的待检测对象很难在同一时间进行试验评估，就双交种种子生产来说更是困难重重，因此有了预测的需求。对 630 个双交种的信息预测通常只需要基于单交种（$N_{sc}=C_n^2$）的信息，这里单交种实际只有 45 种可能。双交种育种程序通常是使用两个具有遗传差异的群体。理论和经验数据表明，如果两个群体已由轮回选择，特别是相互轮回选择获得改良（Hallauer，1973；Suwantaradon and Eberhart，1974；Moll et al.，1977；Eyherabide and Hallauer，1991；Keeratinijakal and Lamkey，1993），那么更有可能获得表现优异的杂交种。在这种情况下，最佳流程是基于基础群体开发作为亲本的单交种，从而使双交种优势最大化。如果一个群体中有 n_1 个自交系，另一个基础群体中有 n_2 个自交系，那么可能的双交组合有

$$N_{dc}=C_{n_1}^2 C_{n_2}^2$$

在这种情况下，仅有 $n_1 n_2$ 个单交组合需要预测。如果 n_1=n_2=n，那么

$$N_{dc}=(1/4)\left[n(n-1)\right]^2$$

且有 n^2 个单交组合需要用于双交组合的预测。

三交种也已成功用于商业生产玉米杂交种。三交种是由一个单交种作母本与另外一个自交系杂交产生的杂交组合。当自交系数量很大时对三交种进行预测也是十分重要的。

如果有一套固定的 n 个自交系，那么可能的三交种数目是

$$N_{tc}=3C_n^3=(1/2)\left[n(n-1)(n-2)\right]$$

例如，若 n=10，那么 N_{tc}=360。

如果两组 n_1、n_2 个自交系分别来自两个不同的基础群体，则

$$N_{tc}=n_1 C_{n_2}^2=n_1 n_2(n_2-1)/2 \text{（当单交种来自第二组）}$$

$$N_{tc}=n_2 C_{n_1}^2=n_1 n_2(n_2-1)/2 \text{（当单交种来自第一组）}$$

可能的三交组合总数为

$$(1/2)n_1 n_2(n_1+n_2-2)$$

在这种情况下，仅有 $n_1 n_2$ 个单交组合需要预测。如果 n_1=n_2=n，那么有 n^2 个单交组合需要用于预测。例如，如果 n_1=n_2=5，则

$$N_{tc}=(1/2)25(8)=100$$

玉米双交种性能的预测最早报道是由 Jenkins（1934）使用单交组合数据进行的。Jenkins 提出 4 个可供选择的预测方法。

（1）来自任何一套 4 个自交系间杂交的 6 种可能单交组合的平均表现。

（2）4 个非同源亲本的单交种的平均表现。

（3）一系列单交种的 4 个亲本自交系的平均表现。

（4）以测验种测交获得的 4 个自交系的平均表现。

4 种预测方法所涉及的基因作用方式并不相同。方法 A、C 和 D 仅涉及基因加性效应，而方法 B 既涉及加性也涉及非加性（显性和各种类型的上位性）效应。Jenkins 采用了所有方法，发现实测值与预测均值间显著相关。然而，相关性最大的是方法 B 的结

果，这与数量遗传学理论一致。关于方法 B 的效率也有其他报道，如 Doxtator 和 Johnson（1936）、Anderson（1938）、Hayes 等（1943，1946）。

Jenkins 的方法 B 对双交种的预测过程如下。在每组 4 个自交系（称为 P_1、P_2、P_3 和 P_4），6 个可能的单交组合写作 S_{12}、S_{13}、S_{14}、S_{23}、S_{24} 和 S_{34}。3 个可能的双杂组合可按如下公式预测：

$$S_{12} \times S_{34} : \bar{D}_{12.34} = (1/4)\left(\bar{S}_{13} + \bar{S}_{14} + \bar{S}_{23} + \bar{S}_{24}\right)$$

$$S_{13} \times S_{24} : \bar{D}_{13.24} = (1/4)\left(\bar{S}_{12} + \bar{S}_{14} + \bar{S}_{23} + \bar{S}_{24}\right)$$

$$S_{14} \times S_{23} : \bar{D}_{14.23} = (1/4)\left(\bar{S}_{12} + \bar{S}_{13} + \bar{S}_{24} + \bar{S}_{34}\right)$$

虽然可能涉及一个相当复杂的理论，但仍然可以用一个简单的模型来说明预测过程。假设 4 个亲本自交系的基因型如下：P_1 为 $AABB$、P_2 为 $AAbb$、P_3 为 $aaBB$、P_4 为 $aabb$。我们确定 a（或$-a$）和 d 分别为纯合子和杂合子基因型效应，这些效应是与两个极端纯合子的均值 μ 的离差。在不考虑上位性效应的条件下，可以用双列表格的形式来展示各基因型效应值如下：

1	2	3	4
$\mu + a_A + a_B$	$\mu + a_A + d_B$	$\mu + d_A + a_B$	$\mu + d_A + d_B$
	$\mu + a_A - a_B$	$\mu + d_A + d_B$	$\mu + d_A - a_B$
		$\mu - a_A + a_B$	$\mu - a_A + d_B$
			$\mu - a_A - a_B$

双交组合 $D_{12.34}$ 由以下杂交组合构成：

亲本单交种	双交种基因型	基因型效应
AABb	*AaBB*	$\mu + d_A + a_B$
aaBb	*AaBb*	$\mu + d_A + d_B$
	AaBb	$\mu + d_A + d_B$
	Aabb	$\mu + d_A - a_B$
	平均	$\mu + d_A + (1/2)d_B$

一个双交组合的平均基因型效应可以由上面双列表的右上角 4 种基因型效应的平均预测得到。这些效应近似于非同源亲本单交种。按照相同的程序，由 3 个自交系的杂交得到的三交组合可以通过以下方式预测：

$$\bar{T}_{12.3} = (1/2)\left(\bar{S}_{13} + \bar{S}_{23}\right)$$

$$\bar{T}_{13.2} = (1/2)\left(\bar{S}_{12} + \bar{S}_{23}\right)$$

$$\bar{T}_{23.1} = (1/2)\left(\bar{S}_{12} + \bar{S}_{13}\right)$$

Eberhart（1964）提出了以下有关双交组合的预测公式：

（1）$\hat{D}^{sa}_{ij.kl} = (1/6)\left(S_{ij} + S_{ik} + S_{il} + S_{jk} + S_{jl} + S_{kl}\right)$

（2）$\hat{D}^{sb}_{ij.kl} = (1/4)\left(S_{ik} + S_{il} + S_{jk} + S_{jl}\right)$

（3）$\hat{D}^{til}_{ij.kl} = (1/2)\left(T_{ij.k} + T_{ij.l}\right)$

（4） $\hat{D}_{ij.kl}^{tkl} = \left(\frac{1}{2}\right)\left(T_{kl.i} + T_{kl.j}\right)$

（5） $\hat{D}_{ij.kl}^{t} = \left(\frac{1}{2}\right)\left(D_{ij.kl}^{tij} + D_{ij.kl}^{tk.l}\right)$

前两个公式与 Jenkins（1934）所提的方法 A 和 B 对应。其他几个公式则是基于三交种的表现进行预测，因为来自一组固定自交系的三交组合比单交组合可能性更多，所以并未被广泛使用。当已经有一个很好的单交组合（S_{ij}）并期望与两个新的自交系（k 和 l）组配开发成双杂交组合 $D_{ij.kl}$ 时，这些公式可能是有用的。

上面提到的 5 个公式中，除了公式（1）只是基于加性效应的无偏估计，其他都是基于加性效应和显性效应的无偏估计。因此，若上位效应可以忽略不计，式（2）～式（5），可以有效地用于预测双交组合。当显性上位性相对于其他类型上位性效应不重要时，下面的线性关系就能够预测双交种（Eberhart，1964）：

（6） $\hat{D}_{12.34}^{t-s} = 2D_{12.34}^{t} - D_{12.34}^{sb}$

$$= \left(\frac{1}{2}\right)\left(T_{12.3} + T_{12.4} + T_{34.1} + T_{34.2}\right) - \left(\frac{1}{4}\right)\left(S_{13} + S_{14} + S_{23} + S_{24}\right)$$

Eberhart 等（1964）使用了公式（2）（5）和（6）来预测双交组合的表现。虽然没有可用的实测值进行比较，但他们得出了这样的结论：这些方法的预测值间差异并不显著。此外，虽然上位性存在，但相对于实验误差和基因型与环境互作效应来说，上位性效应还不够大。因此，公式（6）并没有多少优势。

用于预测双交组合所需的单交和三交的总数是

$$n_{\mathrm{s}} + n_{\mathrm{t}} = \left(\frac{1}{2}\right)n\left(n-1\right)^2$$

这个数字只当自交系数 $n = 7$ 时，才能超过可能的双交组合数。如果使用了两个不同的群体，则

$$n_{\mathrm{s}} + n_{\mathrm{t}} = \left(\frac{1}{2}\right)n_1 n_2\left(n_1 + n_2\right)$$

其中 n_1 和 n_2 分别是来自每个群体自交系的数目。于是

$$当\ n_1 n_2 - 3n_1 - 3n_2 + 1 = 0\,,\ n_{\mathrm{d}} = \left(n_{\mathrm{s}} + n_{\mathrm{t}}\right)$$

如果 $n_1=n_2$，当 $n>5$，则 $n_{\mathrm{d}}>$（$n_{\mathrm{s}}+n_{\mathrm{t}}$）。只有当 n_{d} 比较大时，基于单交和三交组合的预测才是合理的。但是，如表 10.7 所示，$n_{\mathrm{s}}+n_{\mathrm{t}}$ 也很大。因此，基于本程序的预测在实际应用中是有局限的。

表 10.7　可能的双交组合数量（n_{d}）和预测所需材料数（$n_{\mathrm{s}}+n_{\mathrm{t}}$）

n	一组（n 个系）			两组（$n_1=n_2=n'$）		
	n_{d}	n_{s}	$n_{\mathrm{s}}+n_{\mathrm{t}}$	n'	n_{d}	$n_{\mathrm{s}}+n_{\mathrm{t}}=(n')^3$
4	3	6	18	2	1	8
5	15	10	40	3	9	27
6	45	15	75	4	36	64
7	105	21	126	5	100	125
8	210	28	196	6	225	216
9	378	36	288	7	441	343
10	630	45	405	8	784	512
15	4 095	105	1 470	9	1 296	729
20	14 435	190	3 610	10	2 025	1 000
30	82 215	435	12 615	20	36 100	8 000

Cockerham（1967）提出了一个统一的理论，利用包括遗传和试验两方面的条件，从单交种的数据预测双交种。考虑随机抽样方法并提出了最优预测因子。Cockerham 发现，虽然通常来说最优预测因子更加有效，但是与 Jenkins 的方法 A 和 B 相比在效率上差异很小。Otsuka 等（1972）使用“最优预测因子”的概念，并基于双列杂交设计中关于一般的和特殊的固定效应估计，创立了用于双交、三交，以及单交的估计公式。具体模型如下：

$$\hat{S}_{ij} = m + \hat{g}_i + \hat{g}_j + \hat{s}_{ij}$$

$$\hat{D}_{ij.kl} = m + (1/2)(\hat{g}_i + \hat{g}_j + \hat{g}_k + \hat{g}_l) + \lambda(1/4)(\hat{s}_{ik} + \hat{s}_{il} + \hat{s}_{jk} + \hat{s}_{jl})$$

$$\hat{T}_{ij.k} = m + (1/2)(\hat{g}_i + \hat{g}_j) + \hat{g}_k + \lambda(1/2)(\hat{s}_{ik} + \hat{s}_{jk})$$

这里的 λ，变化范围为 0～1，是特殊效应的权重系数。当 λ=1 时对双交组合的预测公式相当于 Jenkins 的方法 B。利用最优权重预测因子是可行的，但发现这与 Jenkins 的方法 B（λ=1）效率基本相同。作者还发现，某些情况下 Jenkins 的方法 A 还略优于其他预测方法，表明从一套特定的高端选系创建双交种，利用作为亲本的单交组合的信息进行预测是有效的。

就预测的准确性来说，增加试验的重复数和环境数要比预测方法间的些许差异更重要。例如，Otsuka 等（1972）指出，来自 10 个自交系的 45 个单交组合需要 450 个田间小区（2 次重复、5 个环境）来预测可能的 630 个双交组合。另外，若要获得相同的精度且使用双交组合自身进行估计就需要 2520 个小区（2 个地点、2 次重复）。

10.5.3 综合种与复合种

由 Hayes 和 Garber（1919）首次建议使用综合种之后，其已被广泛商业化和应用于育种中。Lonnquist（1961）将“综合种”定义为“由自交单株或自交系相互杂交而来，并在隔离条件下连续进行常规集团选择得以维持的开放授粉群体”。当开放授粉品种取代自交系进行相互杂交，产生的群体通常称为复合种或复合品种。综合种与复合种在结构上非常相似，区分它们可能在实践操作中有一定作用。广义上说，有些育种家使用综合种，囊括任何来自人工选择的开放授粉群体；为避免混淆，本书所用术语一律采用 Hayes 和 Garber（1919）所提出的概念（定义见 Lonnquist，1961）。

综合种的产量或其他任何数量性状的预测公式都是基于 Wright（1922）的表述：“一个来源于 n 个近交家系的随机育种种质，在其近交祖先的优势比第一个杂交组合小，或随机育种种质来源于未经选择的近交家系”。根据这个原则确立的公式通常称为赖特公式（Wright’s formula），Kinman 和 Sprague（1945）引用并表示为

$$\hat{\hat{Y}}_2 = \hat{\hat{Y}}_1 - \left(\hat{\hat{Y}}_1 - \hat{\hat{Y}}_0\right)/n$$

式中，$\hat{\hat{Y}}_2$ 为一组 n 个自交系间所有可能的单交组合间相互杂交获得的综合种的均值；$\hat{\hat{Y}}_1$ 为 n 个自交系间所有可能的单交组合的平均表现；$\hat{\hat{Y}}_0$ 为 n 个亲本自交系的平均表现。已有报道（如 Neal，1935）表明用赖特公式获得的预测值与实际观测值非常接近。

Busbice（1970）给出了一个预测综合种的一般性公式：

$$\bar{Y}_t = \bar{Y}_0 + \left[\left(F_0 - F_t\right)/\left(F_0 - F_1\right)\right]\left(\bar{Y}_1 - \bar{Y}_0\right)$$

$$F_0 \neq F_t$$

这里 F_i（i=0,1,2,⋯,t）是指第 i 代的 Wright's 近交系数。值 F_1 和 F_t 可由 F_0 计算得到，具体计算需要采用特定公式并考虑共祖度（r_0）、倍性（2k）、自交频率（s），以及亲本数（n）等参数。$\bar{Y}_0$、$\bar{Y}_1$ 和 $\bar{Y}_t$ 分别是第 0 代（亲本）、1 代（n 个亲本之间所有可能的单交组合）和 t 代的均值。如果亲本完全纯合（F_0=1）、不相关、二倍体（2k=2），且没有自交（s=0），那么一般性公式就可简化为赖特公式。

Gilmore（1969）总结认为赖特公式适用于任何近交水平的家系。他展示了赖特公式对 $S_1,S_2,\cdots,S_n$ 家系的有效性；亲本系不必局限于来自自交，基因频率必须限制在 1 或 0.5。仅仅要求亲本家系在每个位点都处于 Hardy-Weinberg 平衡状态。正如 Mochizuki（1970）所指出的，由于亲本品种处于遗传平衡状态，因此赖特公式可以用来预测复合群体。

10.5.4　复合群体

复合群体源自一组杂合品种（如群体或是农家种）间所有可能杂交组合的随机交配。复合材料已被广泛用作育种群体，原因是当复合材料源自多样性很高的原始群体混合而成，将有着极高的遗传变异。例如，多样性群体可以包括外源种质。已发现品种间杂交组合具有较高的杂种优势。因此，群体杂交种（Carena and Wicks III，2006）的概念同样遵循自交系-杂交种的概念。当一个复合群体形成后，我们期望这个新群体的平均产量要高于其亲本品种的平均值。

在亲本品种内和亲本品种间进行选择可能会提高复合群体的均值。在某些情况下表现较差的品种可以不考虑，育种家可以从产量较高的开始入手。对亲本品种的选择可以采用多个环境下的双列杂交评估试验（表 10.3～表 10.5）进行。从而可以用双列杂交数据表对复合材料的均值进行预测。

随着亲本品种数量的增加，可能的具有的差异复合材料数量 N_{co} 将会急剧增加（Vencovsky and Miranda，1972）：

$$N_{\mathrm{co}} = 2^n - \left(n + 1\right)$$

当有 n=10 亲本品种，那么所有可能的具有差异的复合材料数将达到 1013 个，对这些复合材料来说各亲本品种的种质贡献比例等同。实际上，如果假定亲本品种的贡献可以不相同，可能的复合材料的数量将是无限的。上面公式也给出基于一组 n 个自交系的可能的综合品种的数量。复合群体均值的预测最早是由 Eberhart 等（1967）提出的，这与赖特公式非常相似：

$$\hat{Y}_{\mathrm{co}}^r = \bar{Y}_{\mathrm{c}} - \left(\bar{Y}_{\mathrm{c}} - \bar{Y}_{\mathrm{v}}\right)/n$$

式中，$\hat{Y}_{\mathrm{co}}^r$ 为随机交配所得复合群体的某一数量性状的预测均值；$\bar{Y}_{\mathrm{c}}$ 为 n 个亲本品种间的所有可能的品种间杂交组合的平均值；$\bar{Y}_{\mathrm{v}}$ 为 n 个亲本品种的平均值；n 为品种的数目。

均值的预测可由如下双列表获得。以完整双列表为基础，对每个复合群体均值进行预测，需要将所涉及的 n 个亲本品种的部分双列杂交表中 n^2 个值（包括亲本和亲本间的杂交组合）进行平均即可。以下面双列杂交数据表为例说明预测两个复合群体均值 A（$\hat{Y}_{123}$）和 B（$\hat{Y}_{456}$）。

	1	2	3	4	5	6
1	60	71	67	69	63	62
2		58	62	62	58	57
3			46	60	55	54
4				48	55	54
5					47	51
6						41

复合种 A			复合种 B		
60	71	67	48	55	54
71	58	62	55	47	51
67	62	46	54	51	41
均值：$\hat{Y}_{123}$=62.7			均值：$\hat{Y}_{456}$=50.7		

Mochizuki（1970）展示了上述公式的详细推导过程，并给出了如下替代形式：

$$Y_{\text{co}}^{r}=\mu+\left(1/n\right)\left(a_1+a_2+\cdots+a_n\right)+\left(1/n\right)\left(d_1+d_2+\cdots+d_n\right)+\left(2/n^2\right)\left(h_{12}+h_{13}+\cdots+h_{n-1,n}\right)$$

$$Y_{\text{co}}^{r}=\mu+\left(1/n\right)\sum_{j=1}^{n}\left(a_j+d_j\right)+\left(2/n^2\right)\sum_{j\leqslant j'}h_{jj'}$$

式中，μ 是亲本品种的均值；a_j 和 d_j 是第 j 个品种纯合子和杂合子的离差；$h_{jj'}$ 是品种 j 和 j' 之间杂交组合总的杂种优势。

对于实测均值，其遵循

$$Y_{\text{co}}^{r}=\frac{2}{n(n-1)}\sum_{j\leqslant j'}y_{jj'}-\frac{1}{n}\left[\frac{2}{n(n-1)}\sum_{j\leqslant j'}Y_{jj'}-\frac{1}{n}\sum_{j}Y_{Y_{jj'}}\right]$$

当轮回选择的目标是开发杂交种时，推荐的方法是使用具有一定遗传差异的两个基础群体。从一套包含 n 个品种的资源开始，创建一对互补性高，或是二者间特殊配合力好的复合群体。这样一对复合群体可经相互轮回选择有效地开发出自交系和杂交种。可能的复合群体对数可以由下面公式（Vencovsky and Miranda，1972）计算：

$$N_{\text{pc}}=\left(1/2\right)\left[3^n-2^n\left(n+2\right)+n\left(n+1\right)+1\right]$$

这里每个复合群体包含相同数量的品种，对于配对复合群体均值的预测贡献相同。例如，

$$\hat{Y}_{\text{A}\times\text{B}}=\left[1/(mn)\right]\left(Y_{11}+Y_{12}+\cdots+Y_{1j}+Y_{21}+Y_{22}+\cdots+Y_{2j}+\cdots+Y_{i1}+Y_{i2}+\cdots+Y_{ij}\right)$$

式中，Y_{ij} 是复合群体 A 中第 i 个品种（i=1,2,…,m）与复合群体 B 中第 j 个品种（j=1,2,…,n）

的杂交组合。

例如，参考双列杂交数据表，复合材料间杂交组合（123）×（456）的均值可作如下预测：

$$Y_{\mathrm{A\times B}} = \left(\tfrac{1}{9}\right)(69 + 63 + \cdots + 54) = 60.0$$

复合群体杂交组合（135）×（246）的均值预测如下：

$$Y_{\mathrm{A'\times B'}} = \left(\tfrac{1}{9}\right)(71 + 69 + \cdots + 51) = 60.2$$

预测以如下表格展示：

69	63	62
62	58	57
60	55	54
均值：$Y_{\mathrm{A\times B}}$=60		

71	69	62
62	60	54
58	55	51
均值：$Y_{\mathrm{A'\times B}}$=60.2		

需要注意的是，对复合群体和复合群体配对组合的预测公式仅当其亲本品种为遗传平衡状态，且对复合群体的贡献比例等同时有效。针对亲本品种贡献不相等的情况，Vencovsky（1970）给出了一个一般性预测公式。以 p_{ij} 表示复合群体的第 j 个品种中第 i 个位点的（有利）等位基因频率，那么该位点的基因频率为

$$p_{i.} = \sum_j f_j p_{ij}$$

式中，f_j 是复合群体中第 j 个品种的种质比例，并且 $\sum_j f_j = 1$（Wahlund，1928）。

在遗传平衡状态条件下复合群体的均值估计为

$$\hat{Y}_{\mathrm{co}}^{r} = \mu' + \sum_i \left(2\overline{p}_{i.} - 1\right)a_i + 2\sum_i \left(2\overline{p}_{i.} - \overline{p}_{i.}^{2}\right)d_i$$

引入由 Gardner 和 Eberhart（1966）定义的参数，这个公式可表示为

$$\hat{Y}_{\mathrm{co}}^{r} = \mu' + \sum_j f_j\left(\hat{a}_j + \hat{d}_j\right) + 2\sum_{j\leqslant j'} f_j f_{j'} \hat{h}_{jj'}$$

也可以用实测均值进行表示：

$$\hat{Y}_{\mathrm{co}}^{r} = \sum_j f_j^2 Y_{jj} + 2\sum_{j\leqslant j'} f_j f_{j'} Y_{jj'}$$

式中，Y_{jj} 和 $Y_{jj'}$ 是双列杂交数据表中的数值。

以同样的方式，两个复合群体间杂交组合可以作如下预测：

$$\hat{Y}_{A\times B} = \sum_{jj'} f_j f_{j'} Y_{jj'}$$

式中，j 和 j' 分别指来自复合群体 A 和 B 的两个品种。

亲本品种贡献等同和贡献不等的两种条件下复合群体均值的预测都曾有过报道（Hallauer and Eberhart，1966；Darrah et al.，1972；Vencovsky et al.，1973；Miranda，1974a）。作为相互轮回选择程序的第一步，对复合群体配对杂交组合的预测也有应用报道（Vencovsky et al.，1973）。

10.5.5 预测方法的一般化

当忽略上位性的时候，对于双交种、三交种、复合种和综合种已有很多可用的预测公式。对于亲本处于平衡状态的任何非近交群体，Vencovsky（1973）给出了一个一般性的均值预测公式：

$$\overline{Y}=\left(\sum_i f_i p_i\right)\left(\sum_j f_j p_j\right)$$

在上面表达式中，通常假设所产生的群体是来自两个配子源（雌配子和雄配子源）。因此，第一个括号代表雄（或雌）配子源，第二个是雌（或雄）配子源；f_i 和 f_j 代表亲本种质（原始亲本的）在群体中的比例，因此 $\sum_i f_i=\sum_j f_j=1$。P_i 和 P_j 表示（原始）亲本的类型。一旦亲本的类型及其比例确定，表达式必须以代数形式展开并且以 $\overline{Y}_i$ 和 $\overline{Y}_j$（亲本均值）替代 P_i^2 和 P_j^2，以 $\overline{Y}_{ij}$（杂交种均值）替代杂交组合项 P_iP_j 和 P_jP_i（假设相互杂交的二者间没有差异）。

用一个数值实例来说明一般性公式的应用。以双列杂交数据表来显示某个数量性状的均值特性，这里任何亲本类型均处于 Hardy-Weinberg 平衡状态：

1	2	3	4
1.6	1.8	2.0	1.7
	1.4	1.6	1.8
		1.7	1.9
			1.5

（1）三交组合的预测

$$\hat{T}_{12.3}=\left[(1/2)P_1+(1/2)P_2\right](P_3)$$

转换以后，

$$\begin{aligned}\hat{T}_{12.3}&=(1/2)\overline{Y}_{13}+(1/2)\overline{Y}_{23}\\&=(1/2)(2.0)+(1/2)(1.6)=1.80\end{aligned}$$

这里三交组合估计值 $\hat{T}_{12.3}$ 是由一个单交组合（S_{12}）与一个自交系（P_3）杂交产生的。如果用单交组合作母本，雌配子的原始来源是自交系 P_1 和 P_2，且比例相同（f_1=f_2=1/2），这是第一个括号的部分。同理，雄配子的原始来源是自交系 P_3，这是第二个括号的部分。

（2）双交组合的预测

$$\hat{D}_{12.34}=\left[(1/2)P_1+(1/2)P_2\right]\left[(1/2)P_3+(1/2)P_4\right]$$

（3）由单交组合 S_{12} 得到的 F_2 代的预测

$$\begin{aligned}\overline{F}_2&=\left[(1/2)P_1+(1/2)P_2\right]\left[(1/2)P_1+(1/2)P_2\right]\\&=(1/4)\left(\overline{Y}_1+\overline{Y}_2+2\overline{Y}_{12}\right)=1.65\end{aligned}$$

需要注意的是，F_2 代是由 F_1 植株自交（其亲本是纯系）或株间相互杂交获得。对于这两种情况，雌雄配子来自共同的原始资源（P_1 和 P_2）。

（4）来源亲本贡献相同的综合种或复合种的预测。例如，$f_1=f_2=f_3=f_4=1/4$。

$$\begin{aligned}\bar{Y}_{\text{syn}}&=\left[(1/4)P_1+(1/4)P_2+(1/4)P_3+(1/4)P_4\right]^2\\&=(1/16)\left(\bar{Y}_1+\bar{Y}_2+\bar{Y}_3+\bar{Y}_4\right)+(1/8)\left(\bar{Y}_{12}+\bar{Y}_{13}+\bar{Y}_{14}+\bar{Y}_{23}+\bar{Y}_{24}+\bar{Y}_{34}\right)\\&=1.74\end{aligned}$$

综合种的配子来自相同的祖先种质，这里用亲本自交系表示。复合种的情况相同。

（5）来源亲本贡献不同的综合种或复合种的预测。例如，$f_1=1/2$，$f_2=1/6$，$f_3=1/6$，以及 $f_4=1/6$。

$$\begin{aligned}\hat{Y}_{\text{syn}}&=\left[(1/2)P_1+(1/6)P_2+(1/6)P_3+(1/6)P_4\right]^2\\&=(1/4)\bar{Y}_1+(1/36)\left(\bar{Y}_2+\bar{Y}_3+\bar{Y}_4\right)+(1/16)\left(\bar{Y}_{12}+\bar{Y}_{13}+\bar{Y}_{14}\right)\\&\quad+(1/18)\left(\bar{Y}_{23}+\bar{Y}_{24}+\bar{Y}_{34}\right)=1.74\end{aligned}$$

（6）回交世代的预测，如 $Y_{12.2}$。

$$\begin{aligned}Y_{12.2}&=\left[(1/2)P_1+(1/2)P_2\right](P_2)\\&=(1/2)\bar{Y}_{12}+(1/2)\bar{Y}_2=1.6\end{aligned}$$

10.5.6　均值组分中的杂种优势

杂种优势或杂种活力是杂交种相对其亲本的优势所在。它的数量测量通常用与双亲均值的相对值表示。

$$H=\bar{F}_1-\left(\bar{P}_1+\bar{P}_2\right)/2 \text{ 或 } \bar{F}_1=\left(\bar{P}_1+\bar{P}_2\right)/2+H$$

这适用于异花授粉和自花授粉两类物种。从 F_1 组合衍生的任何后代群体其均值与杂种优势的变化紧密相关。例如，由 F_1 代随机交配产生的 F_2 代。

$$\bar{F}_2=\left(\bar{P}_1+\bar{P}_2\right)/2+(1/2)H$$

这对亲本是纯系的 F_1 自交后代同样适用。可以看出，自交一代以后有一半的杂种优势效应丢失了。在连续自交的情况下，每自交一代其杂种优势都只是上一代杂种优势的一半。所以对 F_n 代的一般性预测公式是

$$\bar{F}_n=\left(\bar{P}_1+\bar{P}_2\right)/2+(1/2)^{n-1}H$$

式中，F_n 是自交了 $n-1$ 代后的群体（Mather and Jinks，1971）。每一代后杂种优势衰减一半的原因可解释为杂合位点频率的下降。对于一个位点，我们可推导如下。

世代数	基因型			杂合体频率（%）
F_1		Aa		100
F_2	（1/4）AA	（1/2）Aa	（1/4）aa	50
F_3	（3/8）AA	（1/4）Aa	（3/8）aa	25
⋮		⋮		⋮
F_n	［（1/2）－（1/2）^{n}］AA	（1/2）^{n-1}Aa	［（1/2）－（1/2）^{n}］aa	100（1/2）$^{n-1}$

当自交数代并与亲本一起进行评估就能获得杂种优势的估计值。当数据能很好地拟合理论模型时，对杂种优势及亲本均值的最佳均值估计方法是最小二乘估计。可用于杂种优势估计的一般性最小二乘估计公式：

$$H=\frac{(n+2)\left[\sum_{k=1}^{n}(1/2)^{k}\bar{F}_{k}\right]-\left(\frac{2^{n}-1}{2^{n}}\right)G}{2\left[\frac{(n+2)}{3}\frac{(4^{n}-1)}{4^{n}}-\frac{(2^{n}-1)^{2}}{2^{n}}\right]}$$

这里，

$$G=\bar{P}_1+\bar{P}_2+\bar{F}_1+\bar{F}_2+\cdots+\bar{F}_n \text{ 和 } \sum_{k=1}^{n}(1/2)^{k}\bar{F}_{k}=(1/2)\bar{F}_1+(1/4)\bar{F}_2+(1/8)\bar{F}_3+\cdots$$

除了自交，原杂种优势效应也可因其他交配类型而改变。对于回交可有

$$\overline{\mathrm{BC}_1}=(3\bar{P}_1+\bar{P}_2)/4+(1/2)H$$

对于综合种（或复合种），其均值也可以用来自 n 个亲本自交系（或复合群体的 n 个来源品种）所有可能杂交组合的平均杂种优势的函数形式表示：

$$Y_{\mathrm{syn}}=Y_{\mathrm{co}}=\bar{P}+[(n-1)/n]\hat{\bar{h}}$$

式中，$\bar{P}$ 是亲本平均值（自交系或品种）。需要注意的是，杂种优势的一部分效应可以在复合种中得以保持。因此，使用复合种即可直接利用品种间杂交所表达的杂种优势。表 10.8 显示一定品种数目下可能的复合种数和复合种配对组合数。表中也显示了当所有品种都参与复合种构成条件下所保持的杂种优势比例。

表 10.8　来自 n 个品种组配得到的复合种数目、复合种配对数及其所保存的平均杂种优势

n	复合种数[a]	复合种配对数	平均杂种优势[b]（%）
2	1	0	50.0
3	4	0	66.7
4	11	3	75.0
5	26	25	80.0
6	57	130	83.3
7	120	546	85.7
8	247	2 037	87.5
9	502	7 071	88.9
10	1 013	23 436	90.0
20	1 048 555	1 731 858 075	95.0
30	1 073 741 793	102 928 386 178 606	96.7

[a] 复合材料的来源种质中每个品种贡献等同

[b] 所有（n）品种都参与了复合材料的合成

在复合种的创制过程中，要保持所有参与品种都贡献等同并不容易。有时候我们收集这些品种是因为它们都有各自的特性，如产量、脱水快、早熟性、籽粒品质、耐旱耐

寒、株高、抗病性、抗倒伏等。如果其中某些性状比其他性状更重要，具有相关优势的品种可能对复合种的种质贡献就更高一些。一个类似的情形已被 Miranda 和 Vencovsky（1973）讨论过，其中 1 个高产品种和 7 个矮秆品种被用来创建复合种。大家期望能把矮秆植株的基因导入高产品种中。由于重点还是产量，第一个品种贡献了 50%而其他 7 个矮秆品种贡献了复合种种质的另外 50%。在这种情况下，复合材料的可能数目为 2^n-1，新的复合种表现可以通过 Miranda（1974a）公式进行预测：

$$Y_{\text{co}}^{r}=(1/2)(\overline{Y}_0+\overline{Y}_{\text{v}})+(1/2)\overline{h}_0+[(n-1)/(4n)]\overline{h}_{\text{v}}$$

式中，$\overline{Y}_0$ 为基础群体的实测均值；$\overline{Y}_{\text{v}}$ 为复合材料中包含的其他 n 个品种的平均值（本例中，n=7）；$\overline{h}_0$ 为基础群体与其他品种间杂交的所有可能组合的杂种优势平均值；$\overline{h}_{\text{v}}$ 为矮秆品种间杂交的所有可能组合的杂种优势平均值。

可以看出在本例中，新的复合种理论上可以保留 $\overline{h}_0$ 的 50%和 $\overline{h}_{\text{v}}$ 的 21.4%。对于类似情况可以给出一般性公式，这里假设有 k 组（根据定义的特性分组）品种可用。如果各组品种对于新复合种的种质贡献比例为 f_i（i=1,2,⋯,k），在第 i 组中各品种的比例为 f_i/n_i，其中 n_i 是第 i 组中的品种数目。那么新复合种的均值可以通过下式预测：

$$\hat{Y}_{\text{co}}^{r}=\sum_{i=1}^{k}f_i\overline{Y}_i+\sum_{i=1}^{k}f_i^2[(n_i-1)/n_i]\overline{h}_i+2\sum_{i\leqslant i'}f_if_{i'}\overline{h}_{ii'}$$

式中，$\overline{Y}_i$ 为第 i 组中所有品种的平均值；$\overline{h}_i$ 为第 i 组中品种间所有可能杂交组合的杂种优势平均值；$h_{ii'}$ 为第 i 组和第 i' 组间所有品种杂交组合的杂种优势平均值（Miranda，1974b）。

10.6 品种间双列杂交均值组分中的杂种优势

对品种间杂种优势是均值的组成部分，Gardner 和 Eberhart（1966）给出了更好的理解公式。他们将品种间杂交组合的均值表示为

$$Y_{jj'}=\mu+(1/2)(v_j+v_j')+\overline{h}+h_j+h_{j'}+s_{jj'}$$

式中，μ 为 n 个亲本品种的均值；v_j 为品种效应，作为亲本的第 j 个品种（j=1,2,3,⋯,n）；$\overline{h}$ 为所有杂交组合的杂种优势平均值；h_j 为品种杂种优势，是与第 j 个品种有关的（作为亲本）所有杂交组合的杂种优势（平均值），相当于一个固定的贡献值；$s_{jj'}$ 为品种 j 和品种 j' 杂交的特殊杂种优势，是其期望均值与 $\overline{h}$ 和 $\overline{h}_j$ 效应的偏差，即 $s_{jj'}=h_{jj'}-\overline{h}-h_j-h_{j'}$。

所有参数的估计都源自品种间双列杂交试验。Gardncr-Ebcrhart（1966）完全模型将总杂种优势 $h_{jj'}$ 分解为 3 个部分：

$$h_{jj'}=\overline{h}+h_j+h_{j'}+s_{jj'}$$

当忽略其中一些效应时，还有一些简化模型可以使用。这些简化模型是由 Eberhart 和 Gardner（1966）提出的，当经方差分析发现一些效应不重要时就可以使用。事实上，这些简化模型的估计精度更高。简化模型有

模型1：$Y_{jj'}=\mu+(1/2)(v_j+V_{j'})$

模型2：$Y_{jj'}=\mu+(1/2)(v_j+v_{j'})+\overline{h}$

模型3：$Y_{jj'}=\mu+(1/2)(v_j+v_{j'})+\overline{h}+h_j+h_{j'}$

模型4：$Y_{jj'}=\mu+(1/2)(v_j+v_{j'})+\overline{h}+h_j+h_{j'}+s_{jj'}$

模型中涉及参数的最小二乘估计如下：

参数估计	模型
$\hat{\mu}$	1，2，3，4
$\hat{v}_j$	1，2，3，4
$\hat{\overline{h}}$	2，3，4
$\hat{h}_j$	3，4
$\hat{s}_{jj'}$	4

Eberhart 和 Gardner（1966）提出了一个有关遗传效应的一般化模型，其中品种间杂种优势是根据基因频率和显性效应进行定义的。假如，若用 p_{ij} 和 q_{ij} 表示品种 j 中位点 i 上两个等位基因的频率，而 $p_{ij'}$和 $q_{ij'}$表示品种 j'在相同位点的等位基因频率，那么品种间杂种优势定义为

$$h_{jj'}=\sum_i(p_{ij}-p_{ij'})(q_{ij'}-q_{ij})\delta_i=\sum_i(p_{ij}-p_{ij'})^2\delta_i$$

这个公式可以拓展到多个等位基因的情况。Casas 和 Wellhausen（1968）给出了双列杂交的另外一个表达式，如下：

$$h_{jj'}=z_j+z_{j'}-2w_{jj'}$$

其中

$$z_j=\sum_i(p_{ji}-\overline{p}_{.i})^2 d_i$$

$$z_{j'}=\sum_i(p_{j'i}-\overline{p}_{.i})^2 d_i$$

$$w_{jj'}=\sum_i(p_{ji}-\overline{p}_{.i})(p_{j'i}-\overline{p}_{.i})d_i$$

Vencovsky（1970）利用这个模型（基于 z_j 和 $w_{jj'}$）对 $\overline{h}$，h_j 和 $s_{jj'}$ 进行了遗传解释。作者发现 z_j 和 $w_{jj'}$ 的最小二乘估计值是

$$\hat{z}_j=(1/n)\{Y_{(j).}-[(n-2)/2]Y_{jj}\}-(1/n^2)(Y_H+Y_v/2)$$

$$\hat{w}_{jj'}=(1/n^2)(Y_{jj}+Y_{j'j'}+Y_{(j).}+Y_{(j').}-(1/n^2)(Y_H+Y_v/2)-(1/2)Y_{jj'}$$

由这些表达式得出的一个结论是，假如某个品种 k 具有 $\hat{z}_k$=0（其基因频率与平均值没有离差），则必定有 $\hat{w}_{jk}$=0，因此

$$\hat{h}_{jk} = z_j \left(j = 1, 2, \cdots, n; j \neq k \right)$$

z_j 是以品种 j 为其中一个亲本的杂交组合的期望杂种优势，杂交组合中另外的亲本是完全双列杂交中其余亲本品种的混合池。

根据 Gardner 和 Eberhart（1966）的模型，总杂种优势的组分可表示如下。

（1）平均杂种优势

$$\bar{h} = 2\left[2/(n-1)\right]\bar{z}. = 2\left[n/(n-1)\right]\sum_i \hat{\sigma}_{ip}^2 d_i$$

式中，$\bar{z}. = (1/n)\sum \bar{z}_j$，且 $\hat{\sigma}_{ip}^2$ 是品种间基因频率（位点 i）的方差。因此，当所有基因位点 d_i=0 或者所有位点 $\hat{\sigma}_{ip}^2$=0（即品种间基因频率没有差异）时，平均杂种优势为 0。

当只考虑两个品种，$\bar{h}$ 是品种杂交的杂种优势。如果轮回选择引起基因频率方差增加，则将导致杂种优势的增加。然而，如果两个群体基因频率增加的方向相同且增加的量也相同，那么杂种优势将保持不变。

（2）品种杂种优势

$$h_j = \left[n/(n-2)\right]\left(z_j - \bar{z}.\right) = \left[n/(n-2)\right]\left[\sum_i \left(\bar{p}_{ji} - \bar{p}_{.i}\right)^2 d_i - \sum_i \hat{\sigma}_{ip}^2 d_i\right]$$

从根本上讲，h_j 是 z_j 对 $\bar{z}.$ 的离差。在 h_j 中大多数负值通常发生在 z_j=0 时，即 $p_{ji} = \bar{p}_{.i}$（意味着各基因频率等于所有亲本基因频率的平均值，假定显性效应是正值）。当品种中 $z_j > \bar{z}.$，正的 h_j 就会出现。考虑多个位点时，这种情况的产生可能源于：①这些品种在许多位点上都有很高的基因频率；②这些品种在许多位点上都有很低的基因频率；③这些品种在各位点基因频率分布处于分散状态（有高有低）。以上关系如表 10.9 所示。

表 10.9　3 个基因频率不同的品种 z_j 值，以 d_i=1 和 $\bar{p}_{.i}$=0.6 的 4 个位点为例（Vencovsky，1970）

品种	显性等位基因频率				z_j
	A	B	C	D	
1	0.8	0.8	0.8	0.8	0.16
2	0.6	0.4	0.4	0.4	0.16
3	0.8	0.4	0.8	0.4	0.16
⋮	⋮	⋮	⋮	⋮	⋮
$\bar{p}_{.i}$	0.6	0.6	0.6	0.6	

（3）特殊杂种优势

$$s_{jj'} = \left[2/(n-2)\right]\left[\left[n/(n-1)\right]\bar{z}. - z_j - z_{j'}\right] - 2w_{jj'}$$

特殊配合力或特殊杂种优势 $s_{jj'}$ 与双列杂交设计的容量大小 n、平均杂种优势，以及一般配合力的杂种优势组分有关，并且要减去组分 $w_{jj'}$。当 n 值很大时，$s_{jj'} = -2w_{jj'}$，表明在显性效应基因上包含较大基因频率差异的品种其一般配合力值更大。即使容量 n 很大，$s_{jj'}$ 也不是某个杂交组合的固定属性，因为它还与平均基因频率 $\bar{p}_{.i}$ 有关

（Vencovsky，1970）。

一般配合力效应可表示为

$$g_j = (1/2)(a_j + d_j) + [n/(n-2)](z_j - \overline{z}_.)$$

式中，a_j和 d_j是根据 Gardner 和 Eberhart（1966）所定义的纯合子和杂合子的贡献。Eberhart 和 Gardner（1966）也定义了品种效应，如下：

$$v_j = a_j + d'_j$$

另外，一般配合力的关系为

$$g_j = (1/2)v_j + h_j$$

一般配合力效应不仅取决于品种效应，同时也取决于在品种间杂交出现的显性效应，即依赖于品种杂种优势 h_j。

10.7 结　　论

早期检测植物杂交中杂种优势表达的研究，主要兴趣点在于亲本对杂交的贡献，以及杂交种自交若干代以后亲本性状的恢复情况（Zirkle，1952；Goldman，1999）。尽管他们观测到杂交种通常比其亲本更有活力和高产，但他们并没有意识到杂种优势的商业潜力。由于 20 世纪杂交玉米的成功商业化，杂交种（和杂种优势）的潜在价值让人们在其他作物种类上也产生了很大的兴趣（Coors and Pandey，1999）。杂交组合中表达的相对杂种优势与计算方法和亲本组合的相对值有关，公式如下：

（1）中亲杂种优势 $= (F_1 - \text{MP})/\text{MP} \times 100 = \%\text{MPH}$

（2）超亲杂种优势 $= (F_1 - \text{HP})/\text{HP} \times 100 = \%\text{HPH}$

（3）绝对杂种优势 $= F_1 - \text{MP} = \sum y^2 d$

如果 P_1=3.58、P_2=5.22，以及 F_1=6.44t/hm^2，那么中亲优势、超亲优势、绝对杂种优势分别为 46.3%、23.4%和 2.04t/hm^2。

相对杂种优势值可以改变，这取决于亲本与杂交种之间的相对值（Duvick，1999）。中亲优势值的估计在遗传学上意义很大，但超亲优势值的估计商业价值更高。表达式 $\sum y^2 d$ 包括了杂种优势表现和相对大小所必需的元素。因此，只要其中任一元素为零，那么都不会表现出杂种优势。一定水平的显性效应（及上位性效应）是杂种优势表现的必需条件，另外，基因频率的差异（y^2）决定了杂种优势的相对大小。虽然已有广泛而深入的研究，甚至还使用分子生物学方法来进行解释和预测，但杂种优势的遗传基础仍不清楚。用分子标记来分析自交系尽管有效，但仍然无法把供试自交系准确分到合适的杂种优势群，也无法预测杂交种的最后表现。最终的选择还得依靠有重复的田间比较试验，以确定在测试环境下遗传效应稳定的、表现优良的杂交组合（Hallauer and Carena，2009）。大量测试的实施就是为了鉴定出所关注性状上遗传效应和等位基因频率特定组合的杂交种。

Hallauer 和 Carena（2009）强调，每个杂交种都是许多基因及其互作效应的特殊组合，因此每个杂交种的确切遗传基础也是特定的。通常一般信息（例如，显性效应和显性上位性效应，以及等位基因频率的差异）可以被确定，但每个杂交组合会有所不同（即特殊配合力）。因为等位基因间的互作效应，杂种优势表现水平难以预测，特殊配合力估计也一样（难以预测）。每个单交种都是两个优良自交系之间特定杂交的结果，是一个非常复杂的遗传系统，代表每个亲本的加性遗传效应，每个亲本的加性×加性上位性效应，两个亲本的等位基因间互作效应及包括显性效应在内的上位性效应。而每种类型的遗传效应其相对重要性在各杂交种中并不相同。除了遗传效应，有利等位基因的频率差异程度会放大杂种优势的表现。

以双列杂交设计对群体及群体间杂交种进行广泛测试可以有效地选择出优良种质，可作为自交系选育的种质来源。这些测试也有助于鉴别潜在的杂种优势模式，以及可用于相互轮回选择的群体。相互轮回选择方法旨在对两个遗传基础广泛的群体之间的杂交组合进行遗传改良（Comstock et al.，1949）。育种实践中为了改良两个玉米群体之间的杂交组合，在相互轮回选择中应该合理选择群体，它们应该能代表当前选育自交系和杂交种的重要杂种优势群（Eckhardt and Bryan，1940）。群体内和群体间的轮回选择能有效改变互补等位基因的相对频率，从而影响产量的杂种优势表现（表 10.10）。中亲优势的估计随着相互轮回选择而增加（Hallauer and Carena，2009）。5 对代表着轮回选择的群体的平均中亲杂种优势值由群体初始杂交的 7.3%经过 6～11 次循环选择增加到了 37.4%。在 6 个群体内轮回选择其中亲优势的平均值为 40.6%。在这些结果的基础上，4 个全同胞相互轮回选择的程序得以启动。

Lamkey 和 Edwards（1991）研究了群体及其杂交组合和自交系及其杂交组合的中亲杂种优势。由于传统的杂种优势理论并没有区分群体水平的杂种优势（称为随机交配中亲优势）与自交系间或是部分近交群体间杂交的杂种优势（称为近交中亲优势），因此他们提出了一个能够在概念上统一以上两者的理论，其中的一般化公式包含近交水平、等位基因频率及显性效应，这些与 Falconer 和 Mackay（1996）所述的无近交（F=0）情况一致，差别之处仅是 Lamkey 和 Edwards（1991）将 F_2 作为参考群体，而 Falconer 和 Mackay（1996）是将结果减去 F_2 的均值。随机交配中亲杂种优势定义为群体杂交的均值与两个亲本群体的均值（随机交配中亲值）之间的差值。他们也对随机交配中亲-F_2 优势和随机交配中亲-F_1 自交优势做了类似表达式推导。通过这些关系的使用，他们将随机交配中亲值与近交中亲值的差值定义为基本杂种优势，也就是由两个群体得到的近交系间所有杂交组合的杂种优势平均值。因此，近交中亲优势就相当于基本杂种优势及随机交配杂种优势。自交系-杂交种的杂种优势理论也有类似的表达方式。正如大家期望的那样，随机交配与 F_1 代自交都得到相同的结果[$(1/2)d$]，这将导致杂种优势下降 50%，与 Falconer 和 Mackay（1996）之前所展示的一致。自交系-杂交种模型下基本杂种优势是 0。我们无法确定两个自交系间杂种优势比例的原因可能是遗传多样性也可能是近交衰退。Lamkey 和 Edwards（1991）阐述了 Eyherabide 和 Hallauer（1991）及 Keeratinijakal 和 Lamkey（1993）报道的研究中群体和群体杂交理论公式的使用。在

表 10.10　温带地区实施几个群体对玉米籽粒产量选择的轮回选择的中亲优势估计

群体	来源	选择轮回数	轮回响应（%）		中亲杂种优势（%）	
			直接	间接	C0×C0	Cn×Cn
		群体间轮回选择				
Jarvis 和 Indian Chief	Moll 和 Hanson（1984）	10	2.7	3.1	6.6	28.9
				−0.7		
BS10 和 BS11	Eyherabide 和 Hallauer（1991）	8	7.5	3.0	2.5	39.6
				1.6		
BSSS 和 BSCB1	Keeratinijakal 和 Lamkey（1993）	11	7.0	2.0	25.4	76.0
				0.0		
BS21 和 BS22	Menz 等（1999）[a]	6	4.4	−0.2	1.0	25.4
				0.5		
BS21 和 BS22	Menz 等（1999）[b]	6	1.6	−5.9	1.0	17.2
				−0.5		
平均					**7.3**	**37.4**
		群体内轮回选择				
Leaming 和 Midland	Carena 和 Hallauer（2001）[c]	3			4.9	17.7
BS21 和 CGSS	Carena（2005）[d]	7				50.6
		5				
BS21 和 CGL	Carena（2005）	7				55.8
		5				
BS21 和 NDSAB	Carena（2005）	7				31.0
		12				
BS21 和 Leaming	Carena（2005）	7				43.0
		4				
BS21 和 BS22	Carena（2005）	7				45.3
		7				
平均						**40.6**

资料来源：Hallauer 和 Carena（2009）

[a] 用于测交的群体

[b] 用于测交的自交系：用于组配 BS21 的 A632，用于组配 BS22 的 H99

[c] 群体内轮回选择的自交系后代（S_1-S_2），依据 Kauffmann 等（1982）建议的杂种优势群

[d] 10 个早熟群体的双列杂交在 29 个环境下评价得到的中亲杂种优势值（Carena，2005；Carena and Wicks III，2006）。其他数据来源于 Melani 和 Carena（2005）。选择响应没有报道

Keeratinijakal 和 Lamkey（1993）的研究中，经过几轮的选择，随机交配杂种优势得到了提高。近交的和随机交配的杂种优势值非常相似，从而导致了基础杂种优势估计值为负值。而 Eyherabide 和 Hallauer（1991）的研究结论有所不同。如果只鉴定随机交配杂种优势，人们可能会因为两个群体遗传差异增加而得出随机交配杂种优势提高了的结论。但他们检测出基本杂种优势在多轮选择中相对一致，然而近交杂种优势经过多轮选择后获得连续提高。他们总结认为还需要更好的试验设计来增加数量遗传模型的充分性和有效性，以便更好地解释杂种优势遗传基础。

经过 4 年的努力和投资，B73 玉米基因组的测序终于在 2009 年完成。然而，即使

我们所发现的遗传知识都是有用的，但是仍然无法得到每一个杂交种（玉米品种）杂种优势表现的明确遗传基础（Hallauer and Carena，2009）。杂种优势效应对于每一个杂交种都是唯一的，只对 B73 进行的测序可能限制了对于耐旱性和其他复杂性状有用等位基因的鉴定（Carena et al.，2009）。成千上万的基因型才能反映玉米基因组，而不是 B73 或少数几个优良的基因型能代表的。

由于知识产权问题，目前在农户水平上很难获得育种家所掌握的遗传多样性。然而，农民对增加美国玉米杂交种的遗传多样性有着感性上的兴趣。其中一个方法是寻找和开发新的杂种优势模式。杂种优势群是遗传上相关的一组基因型（如优良父本），当其与另外一组遗传相关的基因型（如优良母本）杂交会表现出很高水平的杂种优势。如表 10.3 所示，20 世纪 70 年代和 80 年代已提出了多个新的杂优模式，但使用前还需要改进。数据表明，不同种质来源的品系间杂交种的产量远高于那些来自相同种质资源的品系间杂交种。由于研究都仅限于少数种质资源所得到的自交系，只有以下杂种优势模式得到了发展：

瑞德黄马齿（RYD）×兰卡斯特 Surecrop（LSC）

艾奥瓦坚秆综合种（BSSS）×兰卡斯特 Surecrop（LSC）

表 10.4 和表 10.10 展示了新的杂种优势模式已在美国中部和北部得到确定，相关杂种优势群也已确认能够提高杂种优势表现。具有特别优秀超亲优势的新杂种优势模式还需要不断鉴定和发掘以适应不同区域。目前有多少个杂种优势群可用仍然是一个问题？2008 年，占据大部分市场份额的 5 家育种公司进行了磋商，评估玉米遗传多样性是如何限制农户进一步利用长生育期和短生育期种植区之间杂种优势模式的。五大公司中只有一个公司公布了最近的举措，那就是将非适应的等位基因转移到优良自交系中。

此外，测试的 5 个杂种优势模式也只有一个被使用。此外，在 80%的实际案例中，相关的材料都是作为杂交种的同一类型亲本使用。这应该引起关注。尽管硬粒型玉米只在一个案例中得到使用，但是短生育期玉米看上去更适合用马齿型玉米和硬粒型玉米进行组配（图 10.1）。

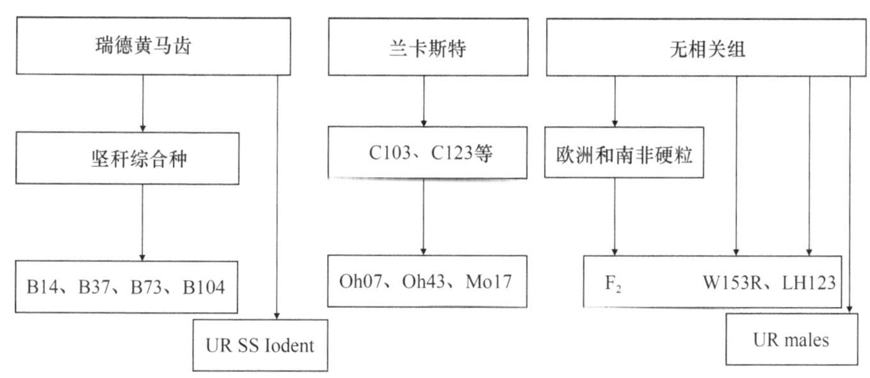

图 10.1　现在商业应用的杂种优势模式

此外，组间有交叉，如 Oh43/Iodent、B14/Iodent、Iodent/F2、W153R/Oh07、W153R/Mo17、B73/Mo17 及其他特殊杂交组合衍生系，如玉米种质扩增的 SS，玉米种质扩增的非 SS

（刘文欣　译，袁力行　校）

参 考 文 献

Anderson, D. C. 1938. The relation between single and double cross yields in corn. *J. Am. Soc. Agron*. 30:209–11.

Anderson, E., and W. L. Brown. 1952. The history of the common maize varieties of the United States Corn Belt. *Agr. History* 26:2–8.

Bauman, L. F. 1959. Evidence of non-allelic gene interaction in determining yield, ear height, and kernel-row number in corn. *Agron. J*. 51:531–34.

Barata, C., and M.J. Carena. 2006. Classification of North Dakota maize inbred lines into heterotic groups based on molecular and testcross data. *Euphytica* 151:339–349.

Barriga, P. B., and R. Vencovsky. 1973. Heterose da producão de graõs e de outros caracteres agronômicos em cruzamentos intervarietais de milho. *Ciênc. Cult*. 25:880–85.

Beal, W. J. 1880. *Rep. Michigan Board Agric*. 287–88.

Bruce, A. B. 1910. The Mendelian theory of heredity and the augmentation of vigor. *Science* 32:627–28.

Busbice, T. H. 1970. Predicting yield of synthetic varieties. *Crop Sci*. 10: 265–69.

Carena, M. J. 2005. Maize commercial hybrids compared to improved population hybrids for grain yield and agronomic performance. *Euphytica* 141:201–08.

Carena, M. J., and A. R. Hallauer. 2001. Expression of heterosis in Leaming and Midland Yellow Dent maize populations. *J. Iowa Acad. Sci*. 108:73078.

Carena, M. J., and Z. W. Wicks III. 2006. Maize early maturing hybrids: an exploitation of U.S. temperate public genetic diversity in reserve. *Maydica* 51:201–08.

Carena, M. J., G. Bergman, N. Riveland, E. Eriksmoen, and M. Halvorson. 2009 Breeding maize for higher yield and quality under drought stress. *Maydica* 54:287–98.

Casas, D. E., and E. J. Wellhausen. 1968. Diversidad genetica y heterosis. *Fitotec. Latinoam*. 5 (2):53–61.

Castro, M., C. O. Gardner, and J. H. Lonnquist. 1968. Cumulative gene effects and the nature of heterosis in maize crosses involving genetically divergent races. *Crop Sci*. 8:97–101.

Cockerham, C. C. 1967. Prediction of double crosses from single crosses. *Züchter* 37:160–69.

Collins, G. N. 1910. The value of first generation hybrids in corn. *US Dept. Bureau Plant Ind. Bull*. 191

Collins, G. N. 1921. Dominance and the vigor of first generation hybrids. *Am. Nat*. 55:116–33.

Comstock, R. E., H. F. Robinson, and P. H. Harvey. 1949. A breeding procedure designed to make maximum use of both general and specific combining ability. *Agron. J*. 41:360–7.

Coors, J. G., and S. Pandey. 1999. *Genetics and Exploitation of Heterosis in Crops*. ASA, CSSA, SSSA, Madison, WI.

Cress, C. E. 1966. Heterosis of the hybrid related to gene frequency differences between two populations. *Genetics* 53:269–74.

Crow, J. F. 1948. Alternative hypothesis of hybrid vigor. *Genetics* 33:478–87.

Crow, J. F. 1952. Dominance and overdominance. In *Heterosis*, J. W. Gowen, (ed.), pp. 282–97. Iowa State Univ. Press, Ames, IA.

Darrah, L. L., and L. H. Penny. 1975. Inbred line extraction from improved breeding populations. *E. Afr. Agric. For. J*. 41:1–8.

Darrah, L. L., S. A. Eberhart, and L. H. Penny. 1972. A maize breeding methods study in Kenya. *Crop Sci*. 12:605–8.

Darwin, C. 1877. *The Effects of Cross and Self Fertilization in the Vegetable Kingdom*. Appleton, New York, NY.

Doxtator, C. W., and I. J. Johnson. 1936. Prediction of double cross yields in corn. *J. Am. Soc. Agron*. 28:460–62.

Dudley, J. W. 1993. Biotechnology and corn breeding: Where are we? and Where are we going? *Annu. Corn & Sorghum Res. Conf. Proc.* 48:203–212.

Dudley, J. W., and G. R. Johnson. 2009. Epistatic models improve prediction performance in corn. *Crop Sci.* 49:763–70.

Duvick, D. N. 1981. Genetic rates of gain in hybrid maize during the last 40 years. *Maydica* 22: 187–96.

Duvick, D. N. 1999. Heterosis: Feeding people and protecting natural resources. In *Genetics and Exploitation of Heterosis in Crops*, J. G. Coors and S. Pandey, (eds.), pp. 19–29. ASA, CSSA, SSSA, Madison, WI.

East, E. M. 1936. Heterosis. *Genetics* 26:375–97.

East, E. M., and H. K. Hayes. 1912. Heterozygosis in evolution and in plant breeding. *USDA Bur. Plant Ind. Bull.* 243:58pp.

Eberhart, S. A. 1964. Theoretical relations among single, three way, and double cross hybrids. *Biometrics* 20:522–39.

Eberhart, S. A. 1971. Regional maize diallels with U.S. and semi-exotic varieties. *Crop Sci.* 11:911–14.

Eberhart, S. A., and C. O. Gardner. 1966. A general model for genetic effects. *Biometrics* 22: 864–81.

Eberhart, S. A., and A. R. Hallauer. 1968. Genetic effects for yield in single, three-way, and double-cross maize hybrids. *Crop Sci.* 8:377–79.

Eberhart, S. A., M. N. Harrison, and F. Ogada. 1967. A comprehensive breeding system. *Züchter* 37:169–74.

Eberhart, S. A., W. A. Russell, and L. H. Penny. 1964. Double cross hybrid prediction when epistasis is present. *Crop Sci.* 4:363–66.

Eckhardt, R. C., and A. A. Bryan. 1940. Effect of method of combining the four inbreds of a double cross of maize upon the yield and variability of the resulting hybrid. *J. Am. Soc. Agron.* 32:347–53.

El-Rouby, M. M., and A. R. Galal. 1972. Heterosis and combining ability in variety crosses of maize and their implications in breeding procedures. *Egyptian J. Genet. Cytol.* 1:270–79.

Enfield, E. 1866. *Indian Corn; its Value, Culture, and Uses.* D. Appleton, New York, NY.

Eyherabide, G. H., and A. R. Hallauer. 1991. Reciprocal full-sib selection in maize. I . Direct and indirect responses. *Crop Sci.* 952–959.

Falconer, D. S., and T. F. C. Mackay. 1996. *Introduction to Quantitative Genetics*, 4th edn., Longman Group, Edinburgh, UK.

Gamble, E. E. 1962. Gene effects in corn (*Zea mays* L.). I. Separation and relative importance of gene effects for yield. *Can. J. Plant Sci.* 42:339–48.

Garber, R. J., and H. F. A. North. 1931. The relative yield of a first generation cross between two varieties of corn before and after selection. *J. Am. Soc. Agron.* 23:647–51.

Garber, R. J., T. E. Odland, K. S. Quisenberry, and T. C. Mclbvaine. 1926. Varietal experiments and first generation crosses in corn. *West Virginia Agric. Exp. Stn. Bull.* 199:3–29.

Gardner, C. O. 1965. Teoria de genetica estatistica aplicada a las medias de variedades, sus cruces y poblaciones afines. *Fitotec. Latinoam.* 2:11–22.

Gardner, C. O., and S. A. Eberhart. 1966. Analysis and interpretation of the variety cross diallel and related populations. *Biometrics* 22:439–52.

Gardner, C. O., and E. Paterniani. 1967. A genetic model used to evaluate the breeding potential of open pollinated varieties of corn. *Ciênc. Cult.* 19:95–101.

Gärtner, C. F. 1849. *Versuche und Beobachtungen über die Bastarderzengung in Pflanzenreich*, 791pp. Stuttgart.

Genter, C. F., and S. A. Eberhart. 1974. Performance of original and advanced maize populations and their diallel crosses. *Crop Sci.* 14:881–85.

Gilmore, E. C. 1969. Effect of inbreeding of parental lines on predicted yields of synthetics. *Crop Sci*. 9:102–4.

Goldman, I. L. 1999. Inbreeding and outbreeding in the development of a modern heterosis concept. In *The Genetics and Exploitation of Heterosis in Crops*, J. G. Coors, and S. Pandey, (eds.), pp. 7–18. ASA, CSSA, SSSA, Madison, WI.

Good, R. L., and A. R. Hallauer. 1977. Inbreeding depression in Iowa Stiff Stalk Synthetic (*Zea mays* L.) by selfing and full-sibbing. *Crop Sci*. 17:935–40.

Gorsline, G. W. 1961. Phenotypic epistasis for ten quantitative characters in maize. *Crop Sci*. 1: 55–58.

Griffee, F. 1922. First generation corn varietal crosses. *J. Am. Soc. Agron*. 14:18–27.

Hallauer, A. R. 1972. Third phase in the yield evaluation of synthetic varieties of maize. *Crop Sci*. 12:16–18.

Hallauer, A. R. 1973. Hybrid development and population improvement in maize by reciprocal full-sib selections. *Egyptian J. Genet. Cytol*. 2:84–101.

Hallauer, A. R. 2006. History, contribution, and future of quantitative genetics in plant breeding: Lessons from maize. In *Int'l. Plant Breed. Sym*., R. Bernardo, (ed.), pp. S4–S19. Int'l. Plant Breed. Sym. Aug. 20-26, 2006. Mexico City.

Hallauer, A. R., and M. J. Carena. 2009. Maize breeding. In *Handbook of Plant Breeding: Cereals*, M. J. Carena, (ed.), pp. 3–98. Springer, New York, NY.

Hallauer, A. R., and S. A. Eberhart. 1966. Evaluation of synthetic varieties of maize for yield. *Crop Sci*. 6:423–27.

Hallauer, A. R., and D. Malithano. 1976. Evaluation of maize varieties for their potential as breeding populations. *Euphytica* 25:117–27.

Hallauer, A. R., and J. H. Sears. 1968. Second phase in the evaluation of synthetic varieties of maize for yield. *Crop Sci*. 8:448–51.

Hallauer, A. R., W. A. Russell, K. R. Lamkey. 1988. Corn Breeding. In *Corn and Corn* Improvement, 3rd ed., G. F. Sprague and J. W. Dudley, (eds.), pp. 469–564. ASA-CSSA-SSSA, Madison, Wisconsin, WI.

Hartley, C. P., E. B. Brown, C. H. Kyle, and L. L. Zook. 1912. Crossbreeding corn. *USDA Bur. Plant Ind. Bull*. 218:72pp.

Hayes, H. K. 1914. Corn improvement in Connecticut. *Connecticut Agric. Exp. Stn. Rep*: 353–84.

Hayes, H. K. 1963. *A Professor's Story of Hybrid Corn*. Burgess Publishing, Minneapolis, MN.

Hayes, H. K., and E. M. East. 1911. Improvement in corn. *Connecticut Agric. Exp. Stn. Bull*. 168:3–21.

Hayes, H. K., and R. J. Garber. 1919. Synthetic production of high protein corn in relation to breeding. *Agron. J*. 11:309–18.

Hayes, H. K., and P. J. Olson. 1919. First generation crosses between standard Minnesota corn varieties. *Minnesota Agric. Exp. Stn. Bull*. 183:5–22.

Hayes, H. K., R. P. Murphy, and E. H. Rinke. 1943. A comparison of the actual yield of double crosses of maize with their predicted yield from single crosses. *J. Am. Soc. Agron*. 35:60–65.

Hayes, H. K., E. H. Rinke, and Y. S. Tsiang. 1946. The relationship between predicted performance of double crosses of corn in one year with predicted and actual performance of double crosses in later years. *Agron. J*. 38:60–67.

Horner, E. S., E. Magloire, and J. A. Morera. 1989. Comparison of selection for S_2 progeny vs. testcross performance for population improvement in maize. *Crop Sci*. 29:868–874.

Hull, F. H. 1945. Recurrent selection for specific combining ability. *J. Am. Soc. Agron*. 37:134–45.

Hutcheson, T. B., and T. K. Wolfe. 1917. The effect of hybridization on maturity and yield in corn. *Virginia Agric. Exp. Stn. Tech. Bull*. 18:161–70.

Jenkins, M. T. 1934. Methods of estimating the performance of double crosses in corn. *J. Am. Soc. Agron*. 26:199–204.

Jones, D. F. 1917. Dominance of linked factors as a means of accounting for heterosis. *Genetics* 2:466–79.

Jones, D. F. 1918. The effects of inbreeding and crossbreeding upon development. *Connecticut Agric. Exp. Stn. Bull.* 207:5–100.

Jones, D. F. 1945. Heterosis resulting from degenerative changes. *Genetics* 30:527–42.

Jones, D. F. 1958. Heterosis and homeostasis in evolution and in applied genetics. *Am. Nat.* 92:321–28.

Jones, D. F., H. K. Hayes, W. L. Slate, Jr., and B. G. Southwick. 1917. Increasing the yield of corn by crossing. *Connecticut Agric. Exp. Stn. Rep.* 323–47.

Kauffmann, K. D., C. W. Crum, and M. F. Lindsey. 1982. Exotic germplasm in a corn breeding program. *Ill. Corn Breed.' Sch.* 18:6–39.

Keeratinijakal, V., and K. R. Lamkey. 1993. Response to reciprocal recurrent selection in BSSS and BSCB1 maize populations. *Crop Sci.* 33:73–7.

Kiesselbach, T. A. 1922. Corn investigations. *Nebraska Agric. Exp. Stn. Bull.* 20:5–151.

Kinman, M. L., and G. F. Sprague. 1945. Relation between number of parental lines and theoretical performance of synthetic varieties of corn. *Agron. J.* 37:341–51.

Knight, T. A. 1799. An account of some experiments on the fecundation of vegetables. *Philos. Trans. R. Soc. London* 89:195.

Köelreuter, J. G. 1766. *Dritte Forsetzung der vorläufigen Nachricht von einigen das Geschlecht der Pflanzen betreffenden Versuchen und Beobachtunger*, 266pp. Leipzig.

Labate, J. A., K. R. Lamkey, M. Lee, and W. L. Woodman. 1997. Molecular genetic diversity after reciprocal recurrent selection in BSSS and BSCB1 maize populations. *Crop Sci.* 37: 416–423.

Lamkey, K. R., and J. W. Edwards. 1991. Quantitative genetics of heterosis. In *The Genetics and Exploitation of Heterosis in Crops*, J. G. Coors, and S. Pandey, (eds.), pp. 31–49. ASA, Madison, WI.

Leaming, J.S. 1883. *Corn and its Culture*. J. Steam Printing. Wilmington, OH.

Lonnquist, J. H. 1961. Progress from recurrent selection procedures for the improvement of corn populations. *Nebraska Agric. Exp. Stn. Res. Bull.* 197:33pp.

Lonnquist, J. H. 1963. Gene action and corn yields. *Annu. Corn and Sorghum Res. Conf Proc.* 18:37–44.

Lonnquist, J. H., and C. O. Gardner. 1961. Heterosis in intervarietal crosses in maize and its implications in breeding procedures. *Crop Sci.* 1:179–83.

McClure, G. W. 1892. Corn crossing. *Ill. Agric. Exp. Stn. Bull.* 21:73–101.

Martin, J. M., and A. R. Hallauer. 1976. Relation between heterozygosis and yield for four types of maize inbred lines. *Egypt. J. Genet. Cytol.* 5:119–35.

Mather, K. 1949. *Biometrical Genetics*. Methuen, London.

Mather, K., and J. L. Jinks. 1971. *Biometrical Genetics*. Chapman & Hall, London.

Melani, M. D., and M. J. Carena. 2005. Alternative heterotic patterns for the northern Corn Belt. *Crop Sci.* 45:2186–194.

Melchinger, A. E. 1999. Genetic diversity and heterosis. In *The genetics and exploitation of heterosis in crops*, J. G. Coors and S. Pandey, (eds.), pp. 99–118. ASA, CSSA, SSSA, Madison, WI.

Melchinger, A. E., H. F. Utz, H. P. Piepo, A. B. Zeng, and C. C. Schon. 2007. The role of epistasis in the manifestation of heterosis: A systems – oriented approach. *Genetics* 177:1815–25.

Menz, M. A., A. R. Hallauer, and W. A. Russell. 1999. Comparative response to selection of two reciprocal recurrent selection procedures in BS21 and BS22 maize populations. *Crop Sci.* 39:89–97.

Miranda, J. B. 1974a. *Cruzamentos dialélicos e síntese de compostos de milho* (*Zea mays* L.) *com ênfase na produtividade e no porte da planta*. Tese de Doutoramento, ESALQ-USP, Piracicaba, Brazil.

Miranda, J. B. 1974b. Predicão de médias de compostos em funcão das médias das variedades parentais e das heteroses dos cruzamentos. *Rel. Cient. Inst. Genét. (ESALQ-USP)* 8:134–38.

Miranda, J. B., and R. Vencovsky. 1973. Predicão de médias na formacão de alguns compostos de milho visando a producao de graõs e o porte da planta. *Rel. Cient. Inst. Genét. (ESALQ-USP)* 7:117–26.

Mochizuki, N. 1970. Theoretical approach for the choice of parents and their number to develop a highly productive synthetic variety in maize. *Japan J. Breed*. 20:105–9.

Moll, R. H., and W. D. Hanson. 1984. Comparisons of effects of intrapopulation vs. interpopulation selection in maize. *Crop Sci.* 24:1047–52.

Moll, R. H., and C. W. Stuber. 1971. Comparisons of response of alternative selection procedures initiated with two populations of maize (*Zea mays* L.). *Crop Sci.* 11:706–11.

Moll, R. H., A. Bari, and C. W. Stuber. 1977. Frequency distribution of maize yield before and after reciprocal recurrent selection. *Crop Sci.* 17:794–96.

Moll, R. H., W. S. Salhuana, and H. F. Robinson. 1962. Heterosis and genetic diversity in variety crosses of maize. *Crop Sci.* 2:197–98.

Moll, R. H., J. H. Lonnquist, J. V. Fortuno, and E. C. Johnson. 1965. The relation of heterosis and genetic divergence in maize. *Genetics* 52:139–44.

Moreno-Gonzalez, J., and J. W. Dudley. 1981. Epistasis in related and unrelated maize hybrids determined by three methods. *Crop Sci.* 21:644–651.

Morrow, G. E., and F. D. Gardner. 1893. Field experiments with corn. *Ill. Agric. Exp. Stn. Bull.* 25:173–203.

Neal, N. 1935. The decrease in yielding capacity in advanced generations of hybrid corn. *Agron. J.* 27:666–70.

Noll, C. F. 1916. Experiments with corn. *Pennsylvania Agric. Exp. Stn. Bull.* 139:3–23.

Obilana, A. T., A. R. Hallauer, and O. S. Smith. 1979. Predicted and observed response to reciprocal full-sib selection in maize (*Zea mays* L.). *Egypt. J. Genet. Cytol.* 8:269–82.

Otsuka, Y., S. A. Eberhart, and W. A. Russell. 1972. Comparison of prediction for maize hybrids. *Crop Sci.* 12:325–31.

Paterniani, E. 1967. Cruzamentos intervarietais de milho. *Rel. Cient. Inst. Genét. (ESALQ-USP)* 1:49–50.

Paterniani, E. 1968. Cruzamentos interracias de milho. *Rel. Cient. Inst. Genét. (ESALQ-USP)* 2:108–10.

Paterniani, E. 1970. Heterose em cruzamentos intervarietais de milho. *Rel. Cient. Inst. Genét. (ESALQ-USP)* 4:95–100.

Paterniani, E. 1977. Avaliacão de cruzamentos semi-dentados de milho (*Zea mays* L.). *Rel. Cient. Inst. Genét. (ESALQ-USP)* 11:101–7.

Paterniani, E., and M. M. Goodman. 1977. *Races of Maize in Brazil and Adjacent Areas*. CIMMYT, Mexico.

Paterniani, E., and J. H. Lonnquist. 1963. Heterosis in interracial crosses of corn (*Zea mays* L.). *Crop Sci.* 3:504–7.

Richey, F. D. 1922. The experimental basis for the present status of corn breeding. *J. Am. Soc. Agron.* 14:1–17.

Richey, F. D. 1946. Hybrid vigor and corn breeding. *J. Am. Soc. Agron.* 38:833–41.

Robinson, H. F., R. E. Comstock, A. Klalil, and P. H. Harvey. 1956. Dominance versus overdominance in heterosis: Evidence from crosses between open-pollinated varieties of maize. *Am. Nat.* 90:127–31.

Sanborn, J. W. 1890. Indian corn. *Rep. Maine Dep. Agric.* 33:54–121.

Shehata, A. H., and M. L. Dhawan. 1975. Genetic analysis of grain yield in maize as manifested

in genetically diverse varietal populations and their crosses. *Egypt. J. Genet. Cytol.* 4:90–116.
Shull, A. F. 1912. The influence of inbreeding on vigor in *Hydatina senta. Biol. Bull.* 24:1–13.
Shull, G. H. 1908. The composition of a field of maize. *Am. Breeders' Assoc. Rep.* 4:296.
Shull, G. H. 1914. Duplicate genes for capsule form in *Bursa bursa pastoris. Z. Ind. Abstr. Ver.* 12:97–149.
Shull, G. H. 1952. Beginnings of the heterosis concept. In *Heterosis*, J. W. Gowen (ed.), pp. 14–48. Iowa State University. Press, Ames, IA.
Silva, J. C. 1969. Estimativa dos efeitos gênicos epistáticos em cruzamentos intervarietais de milho e suas geracões avancadas. Master's thesis, ESALQ-USP, Piracicaba, Brazil.
Smith, J. S. C., M. M. Goodman, C. W. Stuber. 1985a. Genetic variability within U.S. maize germplasm I. Historically important lines. *Crop Sci.* 25:550–555.
Smith, J. S. C., M. M. Goodman, C. W. Stuber. 1985b. Genetic variability within U.S. maize germplasm II. Widely used inbred lines 1970–1979. *Crop Sci.* 25:681–685.
Sprague, G. F. 1953. Heterosis. In *Growth and Differentiation in Plants*, W. E. Loomis (ed.), pp. 113–36. Iowa State University Press, Ames, IA.
Sprague, G. F., and W. I. Thomas. 1967. Further evidence of epistasis in single and three-way cross yields in maize. *Crop Sci.* 7:355–56.
Sprague, G. F., W. A. Russell, L. H. Penny, T. W. Horner; and W. D. Hanson. 1962. Effect of epistasis on grain yield in maize. *Crop Sci.* 2:205–8.
Smith, J. S. C. 2007. Pedigree background changes in U.S. hybrid maize between 1980 and 2004. *Crop Sci.* 47:1914–26.
Stuber, C. W. 1994. Enhancement of grain yield in maize hybrids using marker-facilitated introgression of QTLs. Analysis of molecular marker data. ASHS and CSSA Symposium, Corvalis, OR.
Stuber, C. W., and R. H. Moll. 1971. Epistasis in maize. II. Comparison of selected with unselected populations. *Genetics* 67:137–49.
Suwantaradon, K., and S. A. Eberhart. 1974. Developing hybrids from two improved maize populations. *Theor. Appl. Genet.* 44:206–10.
Tavares, F. C. A. 1972. Componentes da producão relacionados a heterose em hibridos intervarietais de milho (*Zea mays* L.). Master's thesis, ESALQ-USP, Piracicaba, Brazil.
Timothy, D. H. 1963. Genetic diversity, heterosis, and use of exotic stocks of maize in Colombia. In *Statistical Genetics and Plant Breeding*, W. D. Hanson and H. F. Robinson, (eds.), pp. 581–93. NAS-NRC. 982, Washington, DC.
Torregroza, C. M. 1959. Heterosis in populations derived from Latin American open-pollinated varieties of maize. Master's thesis, University Nebraska, Lincoln.
Troyer, A. F., and A. R. Hallauer. 1968. Analysis of a diallel set of maize. *Crop Sci.* 8:581–84.
Tsotsis, B. 1972. Objectives of industry breeders to make efficient and significant advances in the future. *Annu. Corn Sorghum Res. Conf. Proc.* 27:93–107.
Valois, A. C. C. 1973. Efeito da selecão massal estratificada em duas populacões de milho (*Zea mays* L.) e na heterose de seus cruzamentos. Master's thesis, ESALQ-USP, Piracicaba, Brazil.
Vencovsky, R. 1969. Análise de cruzamentos dialélicos entre variedades pelométado de Gardner e Eberhart. *Rel. Cient. Inst. Genét. (ESALQ-USP)* 3:99–111.
Vencovsky, R. 1970. Alguns aspectos teóricos e aplicodos relativos a cruzamentos dialélicos de variedades. Tese de Livre-Docência, ESALQ-USP, Piracicaba, Brazil.
Vencovsky, R. 1973. Synthesis of composite populations (abstr.). *Genetics* 74:284.
Vencovsky, R., and J. B. Miranda. 1972. Determinacão do número de possíveis compostos e pares de compostos. *Rel. Cient. Inst. Genét. (ESALQ-USP)* 6:120–23.
Vencovsky, R., J. R. Zinsly, N. A. Vello, and C. R. M. Godoi. 1973. Predicão da média de um caráter quantitativo em compostos de variedades e cruzamentos de compostos. *Fitotec. Latinoam.* 8:25–28.

Wahlund, S. 1928. Zuzammensetzung von Populationen und Korrelation-sercheinungen von Stadpunkt der Vererbungslehre aus betrachtet. *Hereditas* 11:65–106.
Waldron, L. R. 1924. Effect of first generation hybrids upon yield of corn. *North Dakota Agric. Exp. Stn. Bull.* 177:1–16.
Wallace, H. A., and W. L. Brown. 1956. Corn and its early fathers. Michigan St. University Press, East Lansing, MI.
Weatherspoon J. H. 1973. Usefulness of recurrent selection schemes in a commercial corn breeding program. *Annu. Corn Sorghum Res. Conf. Proc.* 28:137–143.
Webber, H. J. 1900. Xenia or the immediate effect of pollen in maize. *USDA Div. Veg. Phys. Bull.* 22:7–45.
Webber, H. J. 1901. Loss of vigor in corn from inbreeding (abstr.). *Science* 13:257–58.
Wellhausen, E. J. 1965. Exotic germplasm for improvement of Corn Belt maize. *Annu. Hybrid Corn Ind. Res. Conf. Proc.* 20:31–45.
Whaley, W. G. 1944. Heterosis. *Bot. Rev.* 10:461–98.
Williams, C. G., and F. A. Welton. 1915. Corn experiments. *Ohio Agric. Exp. Stn. Bull.* 282:7–109.
Wright, S. 1922. The effects of inbreeding and cross breeding on guinea pigs. *USDA Bull.* 1121: 1–60.
Zirkle, C. 1952. Early ideas on inbreeding and crossbreeding. In *Heterosis*, J. W. Gowen (ed.), pp. 1–13. Iowa State University Press, Ames, IA.

第11章　种　　质

玉米未来的遗传增益主要取决于公益性机构如何开发出有价值的遗传多样性种质（Smith，2007）。为了使得这些遗传增益显著并产生影响，种质改良和新品种选育需要将特异且有用的遗传多样性种质应用到育种项目中（Carena et al.，2009b）。美国艾奥瓦坚秆综合种（Iowa stiff stalk synthetic，BSSS）遗传基础广泛，是目前应用最为成功的种质（Sprague，1946）。玉米自交系 B73 就是从 BSSS 中经过 5 轮半同胞轮回选择和多年系谱选择，再结合杂交种测配选育而来的（Russel，1972）。在实施知识产权保护以前，B73 产生了数十亿美元的经济效益。虽然利用从遗传基础广的育种群体中选育公共自交系概率很低，但选育出一个带来的影响却是极为显著的（Hallauer and Carena，2009）。

筛选优良种质并进行前育种研究是增加玉米遗传多样性和新品种培育的必要条件（Carena et al.，2008a）。无论传统育种还是现代育种，没有合适的种质都是不可能成功的（Carena et al.，2008b）。私人育种项目一般不会去利用和改良多种多样性丰富的种质资源。Duvick（1981）把遗传多样性储备（育种储备）定义为，使用或准备使用的自交系、试验中的杂交种及育种群体具有较大幅度的遗传多样性。现在的育种项目中和长期育种储备的遗传多样性能够为降低遗传脆弱性提供保障（Duvick，1981）。公益性育种项目将对遗传基础广泛的优良育种群体进行持续改良，以便提供其遗传多样性储备、育种创新能力和降低遗传脆弱性（Carena and Wicks III，2006）。保持材料的遗传多样性可以减少由于跨区域种植一致或相近材料而带来的遗传脆弱性。

过去大量的积极育种计划、新种质导入与整合、不同的育种方法都缺少对玉米遗传多样性的关注（Hallauer，1997）。现在活跃的公益玉米育种计划数量在显著减少（Frey，1996），因为缺少联邦和国家资金的支持，一些公益性育种项目不是中断就是被削弱，所以影响了育种的可持续性、种质的利用与改良，以及未来育种家的培养。尽管在过去十年中公益性玉米种质改良项目数目在减少，但是保留下来的为数不多的项目仍然一直在努力开展工作。将来能否继续长期开展玉米种质创新工作还不确定。尽管人们已经认识到问题的严重性，但是公益性玉米种质扩增和品种选育项目数量仍在持续减少。因此，需要探索新的育种技术路线以满足育种目标、行业需求及消费者的喜好变化。目前，玉米中大部分期望的基因还尚未被利用。毫无疑问，如果利用新的优良种质，同时长期进行种质改良计划，植物育种项目将得到夯实。

在育种项目中，不管是选育自交系，群体改良，还是比较育种方法，种质的选择至关重要。不同育种群体间是存在差异的，种质的特异性选择最终将决定育种的成败。每个玉米育种家手里都有自己一套种质资源。在区域内环境相似，凭借经验和测试也能很快鉴定出特定的群体（或品种），这些群体（或品种）可直接用于生产，用于组配品种间杂交种，以及用作选育杂交种亲本的自交系。美国的育种经验表明，有些育种群体（如

Reid、Lancaster、Minnesota 13、Stiff Stalk Synthetic）选育出优良自交系的概率要高于其他群体（如 Hickory King、Krug、Corn Borer Synthetic 1）。育种群体的差异主要是原始基因和随后的选择过程而导致大量优良基因的聚合产生所期望的现代杂交种。对于像 Hickory King、Krug、Corn Borer Synthetic 1 这样的群体，选择可能是很强烈和有效的，但是它们没有提供育种家所期望的优良基因。如果这样的基因不存在，即使育种家再耐心，技术方法再先进，所有努力也都是徒劳的。因此，育种家在他们的育种项目中必须确定好以下两个重要方面。

（1）种质的选择。

（2）育种程序的选择。

玉米是一个非常多元化的属，在形态和生理上变异很大。玉米是一种雌雄同株的植物，具有单独的雄花和雌花，风传天然异交率基本上能达到 100%。玉米适应性强（例如，对于育种家来说开花期是很简单的性状，对其改良每年可达 2～3 天）。从北纬 58°到南纬 40°，横跨温带、亚热带、热带环境，都可以种植玉米。从北半球（如加拿大、北欧/美国、俄罗斯）到南半球（如澳大利亚、南非和阿根廷），不同类型的玉米都能够适应不同的生态位。在安第斯山脉地区，从海平面到海拔超过 3808m（秘鲁的的喀喀湖以上），从降雨量小于 25.4cm（如哥伦比亚瓜希拉半岛）到 1016cm 以上（乔科，在哥伦比亚太平洋海岸处），玉米都可以正常生长（Grant et al.，1963）。在美国的每个州，以及世界上其他重要的农业区玉米都能正常生长。玉米文化之久远可能超过其他任何栽培作物，在世界经济中是重要的粮食、饲料、纤维和新燃料来源。

玉米育种家已经越来越认识到 20 世纪种质资源遗传多样性的重要性。无论其遗传基础是什么，杂交组合是品种间杂交还是自交系间杂交，杂种优势的表现都依赖于亲本等位基因频率的差异。育种家利用不同育种群体选育出来的材料配置杂交组合，以观察其杂种优势反应。最初，人们关注育种所使用的群体的遗传多样性，这些群体通常是开放授粉品种，被用作品种间杂交种，或是用来分离自交系。过去的选择，无论是自然选择还是人为选择，不同地区的种质经过选择后具有独特的表型特征（Wallace and Bressman，1925），杂种优势表现在不同性状的不同等位基因频率差异见第 10 章。

种质遗传多样性越来越受到关注，有以下几个原因。

（1）杂交种从双杂交种迅速发展到单交种。

（2）1970 年在美国推广单一 T 型细胞质的玉米杂交种使得玉米小斑病大流行。

（3）认识到商用杂交种遗传多样性在降低，尤其在 21 世纪多个杂交种仅仅是在转基因事件上有所不同，如种质扩增计划（GEM）。

第 9 章的结果显示，与双交种相比，单交种好像没有任何严重的缺陷。由美国种子贸易协会主办的一系列调查（Sprague，1971；Corn，1972；Zuber，1975；Darrah and Zuber，1986），以及 Mikel（2006，2008）、Mikel 和 Dudley（2006）的研究报告指出，有几个公共自交系在组配杂交种中频繁使用。前两项调查主要涉及双交种使用的自交系，而最后三项调查主要针对双交种迅速转变为单交种时期。双交种是由两个单交种组配而成，可以提供比单交种更多的遗传多样性。因此，从双交种向单交种转变后，美国玉米带的杂交种的遗传多样性出现大幅度降低。但是，有遗传一致性导致小斑病暴发的教训，人们也不会再在生产上广泛使用只有一种细胞质生产杂交种。因为玉米是一年生作物，一致性引发的问题不如多年生作物严重，种质和新育种材料在很短时间内容易发生转移，而且杂交种的主要目的是粮食生产。1970 年玉米小斑病大暴发强调了减少种质遗传多样性会引起潜在问题的严重性。随后的报告（Sprague，1971；Genetic vulnerability of major crops，1972；Recommended actions and policies，1973；Lonnquist，1974；Brown，1975）也讨论了减少遗传多样性的潜在危害，阐述了纠正这一现象的步骤，还推荐了降低育种材料遗传一致性的可能研究途径。虽然育种家可以使用的种质遗传多样性是无限的，但杂交种亲本自交系使用就会引发一致性的问题。一旦两个自交系产生的杂交种优于其他杂交组合（例如，B73×Mo17），种子供应商考虑到经济效益和竞争优势就会大面积推广一个或少数几个特定的杂交种。Troyer（2004）、Mikel 和 Dudley（2006），以及 Mikel（2006，2008）研究指出，通过每轮优良系杂交的遗传改良和循环策略途径，一些优良基因型就会稳定下来，它们在育种项目中的重要作用也得以持续。

11.1 玉米的起源

玉米属于禾本科玉蜀黍族（Maydeae）（很多学者也称为 Tripsaceae，如 Hitchcock，1935）。玉蜀黍族有 7 个属，两个原产于西半球，5 个原产于亚洲。每个属具有相似的性状特征，在同一植株上有单独的雄花和雌花。起源于西半球的两个属是玉蜀黍属（*Zea*）和摩擦禾属（*Tripsacum*），有时也考虑第 3 个属，即类蜀黍属（*Euchlaena*）。人们以前是把一年生大刍草（teosinte）归在墨西哥假蜀黍中，现在将它归为墨西哥类玉米亚种（*Zea mexicana*）。人们以前认为多年生四倍体（$2n$=40）大刍草（四倍体多年生类玉米）来源于墨西哥玉米亚种，现在通常将它归为单独的物种，而且四倍体多年生类玉米也不是其他现存物种的祖先。二倍体多年生大刍草（多年生类玉米种，禾本科）已在墨西哥哈利斯科州南部被发现，这将为玉蜀黍属的进化，以及四倍体多年生类玉米种的起源提供有利线索（Iltis，1979）。

一年生大刍草具有类似玉米的植株，但通常每个植株上着生多个茎（或分蘖），且细长。大刍草的果穗比玉米果穗小，而且每穗 2 行，每行 5 或 6 粒。籽粒被颖壳包被，穗轴脆。一年生大刍草和玉米都有 10 对染色体，但前者的环状结构多于后者。玉米和大刍草杂交相对容易，且后代可育。

摩擦禾包括几个多年生种，玉米和摩擦禾物种之间的相似性比玉米和蜀黍之间要小得多。人们几乎同时发现摩擦禾与玉米之间的关系和玉米与大刍草之间的关系。雄花着生在植株顶部，雌花着生在植株中部。摩擦禾的每粒种子被角质层包围，但玉米和大刍草的种子没有叶片和外皮包被。由于摩擦禾的染色体数是 36 的倍数，因此将它与玉米杂交需要特殊的技术手段。迄今为止，摩擦禾和玉米杂交是雄性不育的，而且用玉米回交几次后仍然不育。

对玉蜀黍族5个亚洲属的研究不如西半球2个属那样深入。薏苡属（*Coix*）是5个亚洲属中唯一的一个曾经被认为可能是玉米祖先的属，对其余 4 个属（*Chionachne*、*Polytoca*、*Sclerachne* 和 *Trilobachne*）研究相对较少。其中 *Chionachne* 和 *Sclerachne* 的染色体有20条，*Polytoca* 有40条，薏苡属不同的种有10条、20条或40条，*Trilobachne* 的染色体数目还未知。薏苡也是5个亚洲属中唯一一个与玉米杂交成功的属。虽然玉米也能和甘蔗（*Saccharum officinarum*）成功杂交，但甘蔗也能与其他禾本植物杂交，杂交与否显然与亲缘远近无关（Goodman，1965a）。

对玉米的起源已有较为深入的研究，但我们今天了解的关于栽培玉米的祖先仍然是推测的。Weatherwax（1955）、Goodman（1965a）、Mangelsdorf（1974）、Galinat（1977）和 Wilkes（2004）阐述了玉米起源的不同观点，一般都认为玉米起源于西半球。历史上关于玉米起源有以下可能的4种观点。

（1）玉米、大刍草、摩擦禾，也许还有蜀黍族，都可以追溯到一个共同的已经灭绝的祖先，来源于墨西哥高地或危地马拉（Weatherwax，1955）。

（2）玉米起源于两个种（可能是薏苡和高粱）的杂交，每个种有 10 条染色体（Anderson，1945）。

（3）Mangelsdorf 和 Reeves（1939）有 3 个理论推测：①野生玉米是生长在南美洲低地的一种有稃玉米；②大刍草起源于栽培玉米和摩擦禾之间的杂交后代，生长在中美洲；③现代玉米起源于玉米和摩擦禾或大刍草的杂交后代。

（4）玉米起源于大刍草，通过人工选择而来（Beadle，1939）。

上述4个不同的理论，促进了对玉米起源的研究，试图解决这一问题。在某些情况下人们得到了额外的一些证据后，对这些理论做了修正和补充（Goodman，1965a；Galinat，1977；Wilkes，2004）。

Weatherwax 的假设最简单，获得了 Brieger 等（1958）的支持。他不认为玉蜀黍族与玉米关系紧密。Weatherwax（1955）描述了玉米野生类型必需的重要性状，认为大刍草不是玉米野生种。他认为原住美洲人开始种植玉米以后，野生玉米就很快消失；摩擦禾染色体的数目可能阻止其与玉米或大刍草杂交，并且为避免两两杂交三者相互排斥隔离开。Weatherwax 的说法一直受到批评，因为：①他提到了5个独立起源的区域；②假设现代玉蜀黍族来源于玉米原始种族和野生玉米；③异染色质凸起在玉米中的存在，他归因于大刍草的污染。

Anderson（1945）假设玉米起源于亚洲西南部，如果这样玉米可能来源于薏苡和高粱的杂交后代。但是这种假设（薏苡属×高粱属=玉米）没有受到重视。这一假说的反对者质疑：仅仅通过古代玉米花粉化石的发现，以及少量的遗传证据，即玉米起源于染色体基数 10 加倍，玉蜀黍族是如何及何时在亚洲南部和中美洲形成的呢？现在看来，玉米和薏苡属的杂交可能会给 Anderson 假说的合理性提供额外的证据信息。

Mangelsdorf 和 Reeves（1939）提出的“三方理论”加速了人们对理论有效性支持或者反对方面的研究，这要比其他假设更受关注。“三方理论”的第一条已经有人修正：Weatherwax 描述的有稃玉米转变为另一种有稃玉米类型，特点是每个籽粒仅部分是由小硬壳包裹着；起源中心也从南美低地环境转移到墨西哥；大刍草起源于玉米和摩擦禾的杂交后代，原因是大刍草几个性状表现处于二者之间。Mangelsdorf 和 Reeves（1939）的第二个理论有几方面受到质疑，表现在：①通过比较，玉米和摩擦禾差异较大，与大刍草可能更为一致；②许多人都认为大刍草性状不处于玉米和摩擦禾中间；③玉米和摩擦禾之间的杂种后代是不可育的，从而阻止了遗传物质摩擦禾与玉米的交换。Mangelsdorf 和 Reeves（1939）的第三个理论比前两个理论更能让人接受，但在摩擦禾和大刍草对玉米形成的贡献这方面还存在分歧。因为大刍草和玉米在遗传学和细胞学方面几乎是相同的，普遍认为大刍草对玉米的形成要比摩擦禾贡献大。现在主要的支持者已经放弃了这 3 个关于玉米起源假说的有效性。Mangelsdorf（1974）用将近 30 年时间调查了玉米起源，认为那 3 个理论假设是不充分的。而且，Mangelsdorf 的同事利用电子显微镜观察了玉米、大刍草、摩擦禾、玉米和摩擦禾杂交后代的花粉，证实了大刍草不是玉米和摩擦禾的杂交种（Mangelsdorf，1974）。

Beadle（1939）的理论假设认为玉米来源于人类从大刍草的直接选择。随后，Galinat（1970，1971，1975），Iltis（1970，1972），de Wet 和 Harlan（1971，1972，1976），Beadle（1972，1977）和 Kato（1975）对此提供了额外的证据。Beadle（1977）研究了大刍草和原始玉米类型（阿根廷爆裂、Chapalote 和 Chalco 大刍草）的 F_2 代和回交世代表现，从 16 000 份分离世代的遗传分析发现，亲本类型出现的概率是 1/500，表明独立分离基因相对较少。在近东地区的示范试验也指出，大刍草和野生小麦产量相当，可足够数量的籽粒作为人类的粮食。Kahn（1985）报道了不同科学家在大刍草对玉米起源的相关性和可能的影响方面很多有趣的争论。

Galinat（1977）和 Wilkes（2004）详细综述了关于玉米起源现存的证据。从遗传学、细胞学、花结构、化石证据、推测的祖先对玉米种质改良的贡献等方面，人们将玉米和推测的玉米祖先进行比较，Galinat 总结的目前关于玉米起源的假设中，基本上只有两个至今仍然是可能的。

（1a）现在的大刍草是玉米的野生祖先。

（1b）原始的大刍草是玉米和墨西哥大刍草共同的野生祖先。

（2）一种已经消失的有稃玉米是玉米的祖先，大刍草是这种有稃玉米的突变类型。

玉米起源的这 4 种假设也是可以兼容的，一般情况下有了新证据后，将在原始假设基础上做相应的修正。虽然问题至今还未解决，但大刍草似乎在玉米进化方面起到了重要作用，而且提供玉米育种的遗传变异比摩擦禾贡献大很多。虽然摩擦禾有可能被利用，但将其引入玉米种质中遇到的技术问题还很多。对于将来的研究，Goodman（1965a）认为应该更关注玉蜀黍族亚洲属；Galinat（1977）则认为大概有 9 份摩擦禾资源将对玉米种质改良提供更广泛的遗传变异；Iltis（1979）认为二倍体多年生大刍草（*Zea diploperennis*）的重新发现将为遗传学家和育种家在进行基因转移时提供丰富的种质变异。虽然研究二倍体多年生大刍草可能会对玉米起源的研究有重要意义，但是在玉米种质改良实际中的应用仍不确定。

直到今天，遗传学家接受了玉米唯一起源于大刍草（*Z. mays* ssp. *parviglumis*）的说法，尤其是来自于巴尔萨斯大刍草的一个群体（Wilkes，1967；Iltis，2006）。

11.2 玉米种质的类型

如果只考虑明显的表型差异，玉蜀黍族、品种、杂交种和自交系的株型、雌雄穗型、熟期的变异程度令人印象深刻。这些明显的表型差异与育种圃中常年所使用的玉米种质有关，在引入种质和适应种质范围内变化，它们之间存在显著的差异。玉米在可种植的不同纬度和海拔范围内，神奇地培育出诸多不同类型。玉米栽培的历史可能长达 5000 年，由于可以满足美洲土著居民食物、燃料、饲料、纤维及文化需求，大量的玉米种质资源应运而生。不同种族人群的文化发展和迁移、西半球的发现及随后欧洲人的迁入也是玉米种质多样性形成的重要因素。异花授粉使群体间的基因可以持续交换，因此人们创建出了更多的遗传变异种质库。后续的自然和人工选择也常常创造出与原始亲本种质表型和基因型截然不同的种质。

尽管对学生、爱好者、分类学家、植物学家和玉米育种人员来说，玉米种质阵容庞大是显而易见的，但是在 1940 年之前却无人试图依据玉米的自然类型进行分类。作为先驱者之一，Sturtevant（1899）将其了解的玉米种质分成 6 类，其中 5 个是基于胚乳组成而划分的。这个系统被普遍应用了 40 多年而从未修改过；除此之外，其他的在玉米分类上的研究活动几乎没有。

瓦维诺夫和他的同事从世界不同的地区收集了大量的样本，断定玉米的起源中心位于中美洲，因为该地区玉米类型最为丰富。Kuleshov（1933）后续通过胚乳类型将玉米分为 8 种类型：硬粒型、粉质型、马齿型、爆裂型、甜质型、甜粉型、糯质型、有稃型。

Kuleshov 的分类方法与 Sturtevant 的方法类似，在某些情况下改变分类只需一个基因的差别。这种分类方法虽然适于籽粒类型，但它并不能说明种质其他性状形态和多基因的差异。Kuleshov 所列出的 8 种类别的地理分布如下。

（1）硬粒型玉米遍布于西半球，但最重要的似乎是玉米种植在北部和南部边界。

（2）粉质型玉米分布于北美硬粒区北部范围的南部地区和美国西南各州，在哥伦比亚南部的安第斯山谷、秘鲁和玻利维亚占主导地位，在秘鲁呈现最大的多样性。

（3）马齿型品种以美国玉米带和墨西哥的一些地区为主。马齿型似乎没有出现于南美洲的原住民文化中，但是其最大的多样性似乎存在于墨西哥中部和南部的州。

（4）爆裂型玉米被多个国家和地区收集，但除了商业化生产的，其他没有进入北美地区。

（5）甜质型主要在美国的中部和东北地区收集到，在南部和热带地区几乎不存在。

（6）甜粉型玉米几乎都分布在玻利维亚和秘鲁，最大的多样性呈现于秘鲁。

（7）糯质型似乎只局限在东亚。

（8）有稃型玉米没有固定的地理分布区域。任何特殊类型的玉米中都未发现 *Tu* 等位基因，有稃型玉米可能在不同的地区自发出现。

正如 Sturtevant（1899）所指出，通过胚乳类型对玉米种质进行分类的方法并不理想。但直到 Anderson 和 Cutler（1942）研究玉米种质的变异范围并建立玉蜀黍族的概念后，人们才真正努力开始研究玉米种质的分类。Anderson 和 Cutler 认为种族的定义应尽可能宽松，他们将其定义为一群相关的个体，这些个体拥有的共同点足以使其作为一个类群得以识别。他们随后指出，正如 Hooton（1926）在其关于种族分析讨论中所述，“种族是大的类群，关于种族组分的任何分析必须以分析类群为主，而不是单独的个体。任何人都不能将种族视为每个人认识到种质特性的组合，而应该将其看作一个模糊的物质背景，或多或少地被单一个体差异掩蔽或覆盖，进而在一个复合的画面中实现最优”。他们二人定义种族时考虑了遗传和表型的差异。Anderson 和 Cutler（1942）将种族或亚种族定义为拥有足够多的共同点使其作为一个类群得以识别的多个品种作为一个类群；从遗传学角度来说，它是具有大量共同基因的一个类群。因此，种族是形成了一个更为自然的系统，而不是人工的描述。Anderson 和他的同事们用种族的定义对玉米种质进行了分类，而且这一概念得到了广泛的应用。如果仅用于编目、清理或保存，Anderson 和 Cutler 所提出的种质分类法就可以达到目的，当试图追溯不同种族的起源时，这种分类方法将更为合适。

“种族”的概念不容易理解，Wellhausen 等（1952）和 Brieger 等（1958）讨论了“种族”的概念及玉蜀黍族是如何形成的。人们普遍认为，种族是以区别于另一个种族的性状组合而存在的。种族的分化程度并不总是相同，但似乎能够保持几代而不失去自身属性。Brieger 等（1958）关于种族的定义阐述如下：“种族是拥有足够数量的具有共同鲜明特征的任何类群，通过群体内随机交配繁殖，并且占据特定区域”。这一定义与 Anderson 和 Cutler（1942）提出的并不矛盾，种族可简明定义为具有特定表型和遗传特征的随机交配群体。由于总会有例外出现，因此准确定义通用的种族与准确定义物种有着同样的难度。

尽管玉蜀黍族已经划分，但是涉及的机制及如何通过多代的繁殖保持其完整性尚不明确。数千年前伴随着原始玉米的分布，不同的区域已进化出独特的种族。最初，频繁的突变和隔离机制（地理的、开花的及配子体的因素）对种族的形成起到了重要作用。人类的迁移活动也推动了进化趋势，从而使种质迁移到不同的地理区域。美洲原住民通过隔离一定特征的群体促进了不同玉蜀黍族的保持，尤其是可用于仪式和（或）其他用途的雌穗及籽粒特征（如籽粒颜色）。玉蜀黍族的出现仅仅是因为人工和自然选择压力导致后续繁殖后代等位基因频率的变化而造成的。Wellhausen 等（1957）引用了“驯化下的玉米可能是一种自我改良的物种”的证据，过去的 4000 年雌穗逐渐增大已经验证了这一点。正是因为不同种族的杂交，最初可能无意提高了生产力，导致新的种族产生。Wellhausen 和他的同事断定，突变和种族间杂交是墨西哥和中美洲地区产生种族的两个重要的进化因素。

Brieger 等（1958）强调，必定存在着一定的隔离机制使得种族经多代随机交配后仍保持其特征，对于这一点在他引用的一些例子中却并不明显。玉蜀黍族被认为起因于突变基因的选择及伴随的有用遗传背景修饰，还有就是已存在的种族杂交后所产生的类似过程。两种关于种族产生的解释与 Wellhausen 等（1952）提出的类似，但 Brieger 等强调，通过杂交形成的假定合成种族的中间特性可能无法准确地推测出其亲本种族。虽然两个亲本形成的合成群体介于两个亲本中间，但 Brieger 等质疑，当假定合成种族选择拥有不同特征亲本，这些亲本特性不同，数量相等，方向相反，我们就无法预期合成种族会在所有或大多数特征上介于两个亲本之间。

种族的概念是对玉米种质进行分类，是一次成功的尝试。种族的特点体现在数量性状上的差异，这些性状在种族内通常是多变的（Wellhausen et al.，1952）。与简单遗传的性状相比，数量性状的应用是一个更自然的分类系统，但数量性状的表达易受环境偏差的影响，以致通常缺乏育种信息而无法辅助分类。鉴于种质资源可供研究的范围，目前人们正在研究其他的分类方法以辅助种族的分类。Goodman 和 Paterniani（1969）列出了 3 种可以减少环境偏差影响的方法。

（1）在多个环境下评估种质，取其性状的平均值。

（2）在多个环境下评估种质，确定在每个环境下相应的反应。

（3）限定在那些受环境偏差影响最小的性状（相对于均值间差异大小而言）上进行比较。

Goodman（1967，1968），Goodman 和 Paterniani（1969），Bird 和 Goodman（1977），Goodman 和 Bird（1977）已尝试使用数值分类技术来鉴定符合条件（3）的性状，并明确该技术与先前的种族分类有何关系。受环境因素和与环境的交互影响最小的性状为生育性状（如雌穗和籽粒性状），这些性状的方差成分大于年份间及年份与种族互作相应的方差成分的总和（Goodman and Paterniani，1969）。营养生长性状更倾向于与环境产生互作，雄穗性状介于生殖生长和营养生长性状之间。因此，较营养生长性状而言，生殖生长性状似乎可以更好地显示种族间的差异。

数值分类方法的初步信息表明，多元方法（主成分分析、因子分析、典型变量分析、使用加权变量的聚类分析等）能够为玉蜀黍族关系的整理提供更多的信息。然而，数值分类方法的使用非常复杂，因而应用有限。选择何种分类方法或更为传统的分类程序取决于目标性状的选择，以及这些性状如何受环境因素的影响。多元分析与传统程序在种族分类中保持着一致关系。由于分类程序和技术发展较快，更多不同形态和生理性状的数据能够得以收集，通过利用更多的育种信息，种族的分类将变得更完善（Paterniani and Goodman，1977）。对重复信息进行调整，分类将变得更为主观。汇集的信息对育种家了解玉蜀黍族间变异的范围非常有用，有助于其在种质筛选中识别变异类型，创造新的遗传多样性群体。

11.3 西半球玉蜀黍族

Wellhausen 等（1952）报道了最先在墨西哥全面收集玉蜀黍族的计划。在美国国家科学研究理事会保护本土委员会支持下，一些相似的玉米种质收集和保护计划在整个西半球也相继建立起来。由于在美国，新的杂交种和品种迅速代替了开放授粉品种，美国国家科学研究理事会开始关注收集和保护西半球的玉米本土品种。尽管目前还有超过 800 份稀有的开放授粉品种保存下来，但在美国以开放授粉品种为主的最原始的许多玉米种质已经消失了（Sturtevant，1899）。在西半球，玉米是主要粮食作物之一，成千上万年的驯化演化为现在的遗传多样性，被认为是西半球重要的天然资源之一。通过交流、旅行和育种项目的发展，其他国家在本土品种和种族上也面临同样的结果。这样，各国便开始了资源遗传变异宝库的收集、研究和保护工作。

Wellhausen 等（1952）提出的玉米种质收集、研究和分类方法应用较广，用于分类描述玉米特性可分成以下 4 类。

（1）植物生长属性，包括海拔、株高、总叶片数、穗上叶片数、穗位叶宽度、叶脉指数（venation index）、节间模式（internode patterns）。

（2）雄穗性状，包括雄穗长度、穗梗长、分枝长、分枝数百分比、二级分枝百分比、分枝总数。

（3）穗部性状，包括穗粗、穗长、行数、穗柄直径和长度（shank diameter and length）、数量、粒宽、粒厚、粒长、籽粒凹陷程度、轴粗、小穗轴直径（rachis diameter）、轴/小穗轴指数（cob/rachis index）、小穗轴长度（rachilla length）、小穗轴/籽粒指数（rachilla/kernel index）、颖花/籽粒指数（glume/kernel index）、颖壳毛（cupule hairs）、小穗轴旗（rachis flag）、下颖花和上颖花性状（lower and upper glume traits）、小穗轴硬化（rachis induration）、大刍草渗入（teosinte introgression）。

（4）生理学、遗传学、细胞学相关性状，包括播种到开花天数、叶鞘茸毛（pubescence of leaf sheath）、植株颜色、穗轴颜色（mid-cob color）、染色体节（chromosome knob）、B-染色体（B-chromosomes）。

上述性状描述了所有能考虑到的种质特征，而不仅仅是 Sturtevant 认为的胚乳的差异。

关于在西半球玉蜀黍族的研究汇总于表 11.1。

按出版时间先后顺序罗列了玉蜀黍族，并指出在每个国家的数量，经研究已分类种族的数量。另外，每一项报告都提供了生态条件、玉米文化、种质收集和分类方法。报告中含有的信息非常丰富，这可能是记载玉蜀黍族唯一详细的信息库。这些研究中共描述 285 个种族，其中不同国家和地区会有重复，但是种族分类不同。由于玉米种质交换后可能出现玉蜀黍族的杂交，但幸运的是这些研究在发生之前就开始了（虽然迟早会有所偏好）。这种分类明确了杂交出现的时间和地点，以及可能的杂交亲本。收集和分类工作对分析玉蜀黍族血统关系非常有效。

Brown 和 Goodman（1977）及 Goodman 和 Brown（1988）的汇总报告列于表 11.1，他们提出了似乎明确的玉蜀黍族分组，这将会提供种族间关系方面的信息，并有助于育种家选择种质。列于表 11.1 中的作者对玉蜀黍族进行了重新核查，他们认为许多种族是重复的，大约有 130 份种族能够区分开，组成了西半球原始玉米种质。表 11.1 的大部分报告是初步信息，因为报告中很少或者没有有助于种族分类的育种信息（包括自交和杂交）。

Brown 和 Goodman（1977）罗列并描述了美国 9 个玉蜀黍族。根据表 11.1 的内容，美国玉米种质的变异要小于其他地区（Wellhausen et al.，1952；Roberts et al.，1957；Brieger et al.，1958；Grobman et al.，1961）。在美国鉴定出的玉蜀黍族很少，但是很多美国玉米种质是消失后才显示出其在育种项目中的重要性。美国育种家感兴趣的是玉米自交系和杂交材料，几乎忽视了基础种质资源。例如，Iodent 是 20 世纪早期由艾奥瓦州立大学 L. C. Burnett 从瑞德黄马牙地方品种中分离出的（Wallace，1923），Jenkins 在 1922 年将

表 11.1 墨西哥、中美洲、南美洲、欧洲和美国玉蜀黍族的分布

来源	地区	收集数量	描述种族的数量	
			总计	分类
Wellhausen 等（1952）	墨西哥	2000	32	
			古代地方的	4
			前哥伦布时期外来的	4
			史前混交的	13
			难以确定的	7
Hathaway（1957）	古巴	—	7	
			商用的	4
			经驯化的	3
Roberts 等（1957）	哥伦比亚	1999	23	
			原始的	2
			可能是引进的	9
			哥伦比亚杂交种族	12
Wellhausen 等（1957）	中美洲	1231	13	
			原始的	2
			外来和衍生的	11
Brieger 等（1958）	巴西	3000[a]	52	
			阿根廷的	11
			安第斯山脉东坡的	1
			南回归线以南的	26
			亚马孙盆地的	14
Ramirez 等（1960）	玻利维亚	844	32	
Brown（1960）	西印度群岛	135	7	
Timothy 等（1961）	智利	39～114	19	
Grobman 等（1961）	秘鲁	1600	49	
			原始的	5
			古代衍生的	19
			最近衍生的	9
			引进的	5
			初期的	5
			有缺陷的	6
Timothy 等（1963）	厄瓜多尔	675	23	
Grant 等（1963）	委内瑞拉	685	19	
Brown 和 Goodman（1977）	美国	—	9	
Brandolini（1969）	欧洲	6000	11[b]（33）	
			285	

[a] Brown 和 Goodman（1977），描述了来源于 19 个种族和 15 个亚种族的 91 个群体

[b] 285 份材料中不包括 Leng 等（1962）描述的 11 个种族和 Pavlicic（1971）描述的 33 个组

Iodent 品种用于育种谱，并从中选育出 I205（Idt）和其他 18 个属于 Iodent 的自交系。但是在 20 世纪 30 年代中期以后，就没有 Iodent 品种信息的记载了。唯一知道的种质是 BS30，它是由 19 个 Iodent 来源的自交系相互杂交形成的综合种，这些自交系是 1922 年 Jenkins 从 Burnett 提供的 Iodent 品种中选育出来的（Hallauer，1995）。其他的开放授粉品种也有类似的情况发生，并且它们在 20 世纪前期没有被分类和保存。同时，由于某些公益性育种项目的结题或者缺少种质改良与品种发展项目的支持，一些稀有种质的衍生系也消失了。

根据适应海拔和胚乳类型的差异，Paterniani 和 Goodman（1977）汇总了不同玉蜀黍族所占的比例。根据适应海拔，大约 50%玉蜀黍族适合低海拔地区（1～1000m），约 10%玉蜀黍族种植在中海拔地区（1000～2000m），约 40%适宜在高海拔地区（超过 2000m）。根据胚乳类型，种族分类如下：约 40%属于粉质型，约 30%属于硬粒型，约 20%属于马齿型，约 10%属于爆裂型，约 3%属于甜玉米型。没有人根据低、中和高海拔不同对胚乳类型进行分类。对于海拔的适应主要是自然选择的结果，而胚乳类型的分布则主要是因人类偏好所产生的。

11.4　欧洲玉蜀黍族

克里斯托弗•哥伦布首先将玉米引进欧洲，1492 年开始种植在靠近西班牙塞维利亚的农田中（Brandolini，1971）。在接下来的 4 个世纪中，西半球的玉米种质一直在断断续续地以不同速度向欧洲转移。这种持续的流动使玉米种质产生了可供使用的一定程度的遗传变异，但自从美国玉米带引进改良后的地方种或杂交种后，一些适应性很强的地方种或被替代，或与引进种质杂交而消失。因此，欧洲重蹈了美国的覆辙。由于对美国玉米带的种质更感兴趣，那些在欧洲不同环境下选育的地方种和玉蜀黍族目前已消失。

Brandolini（1969，1971）和 Leng 等（1962）简要描述了在 1492 年以后玉米在欧洲及其周边地区的分布。Brown（1960）提出，两个西印度群岛的种族（沿海热带硬粒和加勒比早熟）是哥伦布带回来的最原始的玉米种质，但是 Leng 等（1962）报道欧洲西南部现存的玉米种质很少来源于这两个玉蜀黍族。玉米在西班牙环境下适应性很差，但西半球开发者还是将一些重复收集来的种质继续引进欧洲。经过 400 多年的选择，品种得以改良，使其适应从干燥的地中海周围环境到北欧早熟环境的广泛条件。不同种质的引进对玉米基因库的形成会有不同程度的影响，经过自然和人工的选择，有些品种已经适应了新的环境。海上运输的出现使得硬粒和爆裂品种对欧洲早熟种质起到了重要的作用，特别是在南欧。后来，英国人和法国人在北美的探索，把北方硬粒和南方马齿引进欧洲中部地区。1900 年以后，美国玉米带马齿型成为欧洲种质的重要部分。不同时期引进的种质进行杂交，以及为适应欧洲环境进行的种质适应性筛选，这些构成了欧洲当前复杂的种质资源。

欧洲东南部的种质最先由 Leng 等（1962）进行初步分类，欧洲大陆的种质最先由 Brandolini（1969）分类。Leng 等（1962）概括了在欧洲东南部发现的 11 种玉蜀黍族，如下。

（1）黑山小穗硬粒型：可能直接选自从西半球引进品种，穗部类型与安第斯山脉 Amarillo de Ocho 种族相似。

（2）小硬粒型：其植株和穗部性状与南美珍珠爆裂玉米相似。

（3）8 行北方硬粒型：Brown 和 Anderson（1947）描述北方硬粒可能直接由美国引进。

（4）地中海硬粒型：这部分资源相对稀少，看起来不像西半球任何种族。

（5）衍生硬粒型：可能来源于不同种族的杂交，如地中海硬粒和其他硬粒型种质的杂交。

（6）多穗行软质马齿型（南方马齿型）：Brown 和 Anderson（1948）认为这部分种质可能直接来源于原始南方的马齿型种族。

（7）大粒马齿型：可能直接引进过来，或由马齿型品种和 8 行硬粒型品种杂交选育来。

（8）Beaked（Rostrata）马齿型：Brown 和 Anderson（1948）认为可能来源于南方马齿型玉蜀黍族。

（9）玉米带马齿型：1890～1910 年直接引进于美国，构成了欧洲东南部玉米育种项目主要的种质资源。

（10）杂交种衍生材料：来源于硬粒和马齿玉蜀黍族的杂交。

（11）现代杂交种：第二次世界大战后直接引进来，并迅速替代旧的玉蜀黍族。

Leng 等（1962）认为欧洲种质已经适应了温带气候和日照长度，并强调其对温带玉米育种有很大的利用价值。中美洲和南美洲玉米种质的引进给美国玉米带和其他温带环境地区育种家带来的普遍问题是种质的适应性和光周期敏感性。引进的种质在进入育种过程前通常需要花费 5～10 年时间来适应玉米带环境。欧洲的种质资源更适应美国的玉米带，但这种从适应性获得的增益可能会被有限新基因的渗入所抵消。欧洲玉蜀黍族比西半球古老的玉蜀黍族发展时间短，虽然使用欧洲玉米种质短期的增益较大，但是如果能利用其他温带环境下的种质，总的遗传增益可能更大。

Sanchez-Monge（1962）、Brandolini（1969，1971）、Brandolini 和 Avila（1971）及 Pavlicic（1971）等学者最先报道了南欧和地中海地区玉米种质的分类。欧洲植物育种协会南方委员会（EUCARPIA）负责这些地区种质的收集、分类、保存和交换。他们大约收集了 6000 份样品，有 3260 份已研究过（Brandolini，1969）。收集这些种质的主要目的是确定来自不同国家样品的相似性和差异性，同时研究这些玉米种质适应不同环境下的遗传机制。收集种质范围很广，涉及的地区范围远远超过 Leng 等（1962）所报道的。人们发现，经收集和研究的种质有许多共同的性状特征，表明它们来源相同。例如，Leng 等描述的黑山小穗硬粒型种质与意大利的 Poliota 品种相似。Pavlicic（1971）公布了收集来的一些初步数据情况，如下。

（1）不同国家的硬粒型种质极为相似。

（2）意大利种质变异最丰富，南斯拉夫次之。

（3）意大利和南斯拉夫种质类型重叠较多。

（4）南斯拉夫和来自罗马尼亚、保加利亚和苏联的种质类型相似度高。

Brandolini（1971）发现在收集的相同种质中，染色体结出现的频率都很低。Brandolini

（1969）赞同 Leng 等（1962）的观点，认为南欧种族拥有在温带育种价值的种质。虽然本地的种质已经被引进的种质污染（通过杂交渗入方式），但是还是有大量的种质可用于温带育种项目。在不同的选择压力下，欧洲不同地区选择出了含有抗病、抗虫、耐旱、生育期早、春季耐冷、收获时含水量低等优良基因的种族和品种。但是迄今为止，美国玉米带很少利用欧洲种质，不过这种情况会因公益单位和私人之间的合作扩大而有所改善。在欧洲已经利用优良的马齿型和硬粒型自交系来培育饲草用和籽粒用杂交种。很多学者都研究了欧洲自交系的遗传多样性和测交组合表现，如 Messmer 等（1992）、Schon（1994）、Lubberstedt 等（1997a，1997b，1998，2000）。

11.5　美国玉米带种质

虽然对美国玉米种质的研究起步很晚，不过这些种质在进行自交系和杂交种育种计划之前就已经被描述过。大多数针对玉米种质的描述没有系统性，或对品种的来源和系谱不明确。第 10 章描述了多个品种的杂种优势效应，这种品种间的杂种优势将作为测量亲本间遗传多样性的指标。Wallace 和 Bressman（1925）和其他类似的文献和试验站的报告（如 Atkinson and Wilson，1914）描述了许多开放授粉品种的特征，不过范围小，同时信息也不完整。表 11.1 列出了一些关于玉蜀黍族描述的报道，其中多个报道涉及一些开放授粉品种，虽有微小的改变，但实际上大多是重复的。例如，开放授粉品种瑞德黄马齿的版本较多，它们名称不同，品种内各自实施了较为温和的选择。

尽管美国种质分类存在不足，人们还是明确了一些种质间的关系，以及无价的玉米带马齿型种族是如何产生的。Wellhausen 等（1952）概括了美国玉米种质尤其是玉米带马齿种族可能的起源（如 Hudson，1994）（图 11.1）。

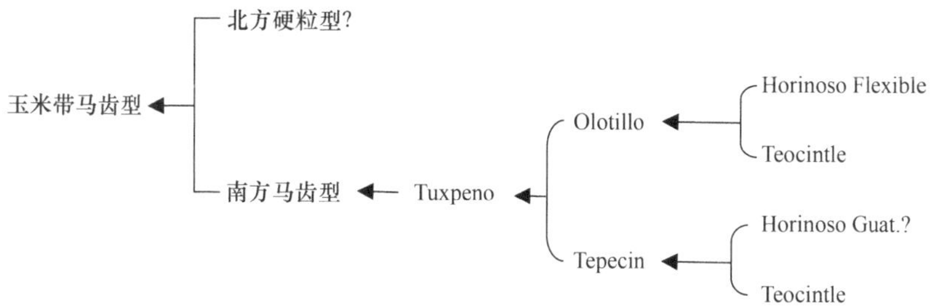

图 11.1　美国玉米带马齿型可能的来源（Wellhausen et al.，1952）

可以确定的是，玉米带马齿型品种来源于北方硬粒型和南方马齿型种质的重复杂交。北方硬粒型种质的起源不清楚，有关南方马齿型种质的起源说法是推测出来的。Brown 和 Anderson（1947）详细描述了北方硬粒玉蜀黍族，特点是籽粒硬质、行数少、果穗圆柱形、早熟，对玉米带马齿型品种的形成有贡献。北方硬粒型种质来源于美国西南部的墨西哥 Harinoso de Ocho 玉蜀黍族（Galinat and Gunnerson，1963；Mangelsdorf and Reeves，1939）和危地马拉高地的 San Marcenô 和 Serrano 种族（Brown and Anderson，1947）。Brown 和 Goodman（1977）认为这些推测有同样的错误。关于南方马齿型玉蜀黍族原始祖先的报道证据更多，而另一半证据是关于玉米带马齿型种族的起源。Wellhausen 等（1952）指出了南方马齿型种族起源于几个墨西哥玉蜀黍族（图 11.1）。Brown 和 Anderson（1948）详细研究了南方马齿型种质，认为它确实来源于特定的墨西哥品种。Brown 和 Goodman（1977）及 Goodman 和 Brown（1988）也认为许多南方马齿型品种与墨西哥中部的马齿型品种有关系，而且与之简单对应的北方种族目前仍然存在于墨西哥。关于墨西哥玉蜀黍族是否参与南方马齿型玉蜀黍族的起源还没有一致定论，但是其中 Tuxpeno 玉蜀黍族的参与还是能够确定的。南方马齿型种质的性状表现构成了玉米带马齿型种质的特征，表现在穗行数多、果穗尖细、籽粒软质、尖籽粒（Brown and Anderson，1948），以及多穗性和抗病虫基因频率高等特征。在 Brown 和 Goodman（1977）及 Goodman 和 Brown（1988）所描述的美国 9 个玉蜀黍族中，其中有 5 个种族对美国玉米育种的作用很小，它们是大平原硬粒与粉质、Pima-Papago、西南半马齿、西南 12 行、衍生南方马齿。南方马齿的衍生种质可能来源于南方马齿和东南硬粒、北方硬粒和玉米带马齿玉米种质的杂交，但是要比南方马齿型种质更丰产，而且其中几个品种已在美国东南部育种中起到重要作用，成为玉米带马齿型品种的丰产性种质资源。大平原硬粒与粉质种族包括几个独特的品种，很明显这个种族来源于北方硬粒型和美国西南部品种间的杂交后代，但是收集来的大平原硬粒与粉质种族似乎对玉米带种质没有显著的贡献。

美国玉米带的玉米育种家很重视育种材料的遗传变异，提倡要保持育种群体一定程度的遗传多样性。重视选育供杂交种利用的自交系的育种计划快速发展，玉米带农民很快接受了杂交种，使得自交系-杂交种的理念从理论到推向了实践。试验数据证实，杂交种最强的杂种优势来自不同来源自交系的使用（Hallauer，1999b；Hallauer and Carena，2000）。起初自交系的选育来自于开放授粉品种，但是很快转向基于 F_2 代的系谱选择，F_2 群体是优良自交系性状互补原则组建的。

20 世纪 40 年代以后，人们已经明确需要保持杂交种的杂种优势模式，这些杂交种所使用的自交系是由循环使用自交系产生的。尽管还没有将这些材料进行分类，在 20 世纪 30 年代人们已经开始重视收集和保存以开放授粉品种为代表的种质资源。在北方中部玉米改良会议中，经常让各个分会汇报种质资源的保存问题。根据 12 个州各自不同的兴趣，种质保存也有所差异，表现在种质收集、保存和描述上。鼓励每个州建立地方和中心种质保存机构。虽然开放授粉品种收集保存起来，但是用于育种项目的还是很少。利用 3 个不同熟期区域的美国公共自交系配置的杂交组合试验被终止，最后的试验来自北方中部玉米育种研究委员会（NCR167，现在是 NCCC167），那是 2008 年将康奈尔和北达科他州立大学自交系和商用测验种配置的早熟组（FAO 100–300）。

1970 年由于推广 T 型细胞质的种质造成小斑病大流行后，人们重新对玉米种质研究有了兴趣。1975 年，12 个北方中部州的育种家提议组建了一个抵御遗传脆弱性的委员会分会，主要负责美国北方中部地区种质基础的评价。该分会调研了北方中部地区所有公共机构的育种家，确定了他们育种项目种质基础的范围。分会撰写的报告总结了美国北方中部玉米育种研究委员会（NCR-2）1977 年报告（表 11.2，表 11.3，表 11.4）和一份对每个群体的简单描述。

表 11.2　根据来源和目前改良状态信息对美国中部地区群体的分类表[a]

来源/系谱	正处于选择		目前没有选择	
	数量	比例（%）	数量	比例（%）
Krug	9	3.6	1	0.1
兰卡斯特	4	1.6	3	1.5
Hays Golden	7	2.8	0	0.0
其他自由授粉品种	7	2.8	38	19.0
外来种[b]	62	25.2	39	19.5
坚秆综合种	24	9.8	8	4.0
其他综合种				
自交系[c]	2	0.8	10	5.0
早期（生育期单位 400–600）	42	17.1	45	22.5
晚期（生育期单位 700–800）	89	36.2	56	28.0
总计	246		200	

[a] 来自《北方中部玉米育种研究委员会报告》（NCR-2）（1977，p. 66）

[b] 代表群体中包括许多外来种质

[c] 代表群体中包括相同自交系的不同版本

表 11.3　美国中部地区群体选择的目标性状

性状	群体数量
产量	44
产量和熟期	9
农艺性状	43
抗虫	14
抗病	57
化学成分	28
适应性	15
不确定	36
总计	246

资料来源：来自《北方中部玉米育种研究委员会报告》（NCR-2）（1977，p. 67）

表 11.4　美国中部地区群体改良方法汇总

改良方法	群体数量
混合选择	140
S_1 表现	36
全同胞+混合选择	11
S_2 表现	11
自交系测验种	11
全同胞相互选择	8
全同胞选择	7
相互轮回选择	4
改良穗行法选择	4
半同胞选择	3
其他	11
总计	246

资料来源：来自《北方中部玉米育种研究委员会报告》（NCR-2）（1977，p. 68）

令人惊讶的是，美国玉米带育种项目种质基础狭窄的问题不像以前担忧得那么严重。经调查发现，246 个群体经历了针对不同形式的改良，另外还有 200 个群体在育种家的育种谱中保存着可供利用。表 11.2 列出了几个重复的正进行选择的基础种质。最明显的一个例子是来源于艾奥瓦坚秆综合种（BSSS）的就有 24 个版本。

产量是群体改良最常见的单一性状（表 11.3），另外针对抗病性改良也是优先考虑的。表 11.3 列出了选择的主要性状，通常是多个性状，特别是对产量的选择。例如，如果要改良机械收获产量性状，需要同时考虑茎秆质量（抗病）和果穗掉落（抗玉米螟）性状。

混合选择是最常用的育种方法（表 11.4）。有 36 个群体利用了 S_1 后代选择法进行改良，其他方法使用情况相似。统计正在改良的 246 份群体中，有 62 个（25.2%）群体包含外来种质，54.1%群体来自玉米带自交系合成的综合种（不包括艾奥瓦坚秆综合种），而 10.8%是开放授粉品种。处于储备的 200 份群体中，美国玉米带开放授粉品种和包括外来种质的群体所占比例相当，分别为 20.6%和 19.5%。

经过对美国玉米带育种项目的种质调查表明，种质的遗传脆弱性问题不像以前假设得那么严重。在 20 世纪 70 年代后期的种质调查期间，大量的种质正在用不同的选择方法，针对不同的性状进行改良。30 年后的情况似乎是有差异的，极少数的公共项目从事种质改良、品种选育和种子产业的整合。虽然储备种质的遗传多样性很广，但是仅仅依靠当前组配杂交种的一些自交系（Corn，1972，p. 105；Zuber，1975；Mikel，2006，2008；Mikel and Dudley，2006）和育种项目的种质中就可以调和了吗？所有的例子中，调查的自交系都是来自公共育种项目。如果对私人育种项目再开展类似的调查也可能会得到相似的结果（Duvick，1975，1992）。虽然育种项目没有受到遗传脆弱性方面的限制，但是限制来源于现代农民经济需求保证，田间的遗传变异要小于以前用开放授粉品种的年代。现代农民期望种植产量高的杂交种，而且株型和熟期要一致。这样的杂交种是由两个自交系特定组配而来。种子企业提供农民需要的杂交种，这一行业竞争性很强。许多情况下杂交种亲本中包括同样或相似的自交系（Mikel，2008），尤其是带有不同转基因事件的杂交种。具有相似遗传背景的几个自交系如果过度利用生产杂交种，就会引起遗传脆弱性。玉米育种家已经认识到这一问题，但是他们也无能为力。如果公益项目能整合前育种（如种质改良）与自交系改良，在遇到问题时就有改良好的材料可用。

11.6 种 质 改 良

种质资源的收集、整理和保存备受重视，以保障将来能够使用这些种质。尽管原始形式的玉蜀黍族和品种由于杂交种利用正在迅速消失，玉蜀黍族资源的保存也因兴趣、资金和设施有限而搁浅。玉蜀黍族和品种是由成群的个体组成，每个都有独特的基因型，需要相当大的量（如 200～500）和样本（如大量的穗数）以保持其遗传特征。尽管成千上万份材料得以收集，但如果在短期和长期内不能恰当地储存和保护，这些材料未来的应用潜力也将有限。

西半球建立了 3 个重要的中心用以保存收集到的种质资源。

（1）CIMMYT 玉米种质库，服务于中美洲和加勒比海区域。

（2）哥伦比亚麦德林种子储藏中心，服务于哥伦比亚及其他安第斯山脉国家（玻利维亚、智利、厄瓜多尔、秘鲁和委内瑞拉），由哥伦比亚农业部和洛克菲勒基金会共同维护。

（3）巴西种质库，服务于阿根廷、巴西、东玻利维亚、巴拉圭、乌拉圭和圭亚那。

其他种质资源由秘鲁 INIA、阿根廷 INIA、美国农业部国家种子储藏实验室（位于科罗拉多州的柯林斯堡）和美国农业部北部中心区域植物引进试验站（位于艾奥瓦州的埃姆斯）保存。收集在不同的存储和保护中心的许多种质资源具有重复性，可用的数量可能超过大多数其他作物种类。Lonnquist（1974）指出，25 000 多份材料在西半球的存储中心，约 6000 份材料保存在欧洲-地中海区域的存储中心。

大多数育种项目也保存了数量有限的资源，其中一些保存在种子存储中心。存储中心与育种项目中的重复资源是比较理想的，因为在保存过程中可能因遗传漂变而产生差异。然而，大多数未发放的遗传材料仍然依靠当地冷藏单位来保护，而这些单位又往往依赖于育种者的预算，因而存在风险。事实上，赠地机构往往缺少计划中止项目中种质资源的保护。具有长期冷藏保护玉米改良种质资源优先权的国家级项目（如美国农业部-CAP）是可取的。单个州立的冷藏单位对改良后的和当地适应性种质的保存存在一定风险。

Paterniani 和 Goodman（1977）讨论了与种质保存相关的问题，如保存种质所需的工作量和设施，最小化近交效应、基因流失和遗传漂变所需的群体大小，污染，满足研究人员需求所需的种子数量和难以适应当地用作繁殖的材料丢失。所有与种质资源保存相关的问题都离不开群体大小这一重要问题。

存储中心中重复样本的一些性状可能因用于保存的群体量有限而发生很大变化。为了克服其中的一些问题，Paterniani 和 Goodman（1977）使用了更为实用的方法来保存收集的种质，即混合起源相似的样本。使用此方法可更充分地保护数量较少但有代表性的群体。

玉米群体保存通常靠人工姊妹交授粉，需要大量的花粉和工作量，而且每个群体可能只涵盖数目有限的植株。因此可能出现支出、遗传漂变、种子供给和污染等问题。Omolo 和 Russell（1971）通过人工控制授粉繁殖，对开放授粉品种 Krug 的 5 个连续世代分别繁殖 500 株、200 株、80 株、32 株和 18 株。他们想要确定多大的群体规模适用于保存而不会引起显著的遗传变化。随着样本容量的降低，产量明显降低。他们得出结论，依靠人工姊妹交授粉，200 株样本足以保存一个异质的群体。只要允许一定程度的近交和不频繁繁殖，80 株样本就足够了。Omolo 和 Russell（1971）的结果强调，足够的群体大小对于保持原始的遗传变异很重要，但群体大小也会对种质保存产生严重问题。在隔离田繁殖收集的种质材料较为可取，但地点选取，田间作业和充分的隔离（至少 200m）使得这种方法不可行。除了工作量和设施成本，足够的隔离距离会减少与种质资源保存相关的所有问题。

有效群体含量是影响种质资源保存的一个重要因素（第 9 章）。群体遗传特性的保持程度部分依赖于群体中种子或个体的数目，主要依赖于上一世代中互交个体的数目，即有效个体数目 N_e。有效个体数目也依赖于雌雄配子产生下一代群体的方式。而且，如果群体是雌雄异株的物种，那么有效个体数目 N_e 取决于产生杂交后代的雌雄亲本的数目。如果群体是雌雄同株的物种，那么每个植株都有提供雌雄配子的可能性。

当每个植株取一个或者等量的种子繁殖下一代时，同质自花授粉物种可能具有最大的群体有效个体数目。在异花授粉物种中，如玉米，有效数目取决于交配体系和雌雄配子参与的方式。因此，种质资源的保存可以参照下面的任何一种步骤进行。

（1）群体是雌雄同株的物种。群体中的每个植株都有可能提供雌雄配子，抽样时可以不用考虑它们的相对数量。3 个抽样程序如下。

（a）控制雌雄配子的数目，这只能在人工授粉时进行操作，即每个雄性单株给下一代提供等量的配子。每个授粉的果穗上取等量的种子以确保雄配子的贡献相同，同时，也会保证雌配子对下一代的贡献相同。

（b）仅控制雌配子的数目。从每个果穗上取等量的种子以确保雌配子的贡献相同，随机授粉导致雄株对下一代的贡献并不相同。

（c）雌雄配子都不控制。随机授粉时雌雄配子都不控制（不控制雄配子的数量），并且从每个果穗上取不等量的种子（不控制雌配子）。当开放授粉区域的所有果穗混合收获，从混合的种子中取一个样本时，这种方式经常被采用。

（2）群体是雌雄异株的物种。像玉米一样雌雄同株的物种可以像雌雄异株植物一样交配，即一些作为雄性亲本，另外一些作为雌性亲本。通过人工授粉、去雄可以实现玉米雌雄亲本的分离。雌雄配子的控制将导致以下的情况。

（a）同时控制雌雄配子。同时控制雌雄配子需要人工实现单株对单株的授粉，或者一株作为父本，其他株作为母本。在第一种情况下，我们有相同的雌雄个体数。例如，雌雄个体数都等于总个体数的一半。在第二种情况下，雌个体数比雄个体数多些。例如，1 个雄性单株给 4 个雌性单株授粉，那么雄性个体占总数的 1/5，而雌性个体占总数的 4/5。在任何情况下，必须从每个授粉果穗中取等量的种子以控制雌雄配子的数目。

（b）仅控制雌配子的数目，这意味着授粉是在随机条件下进行的，所以每个雄性单株对下一代的贡献是不相同的。这样做最简单的方式就是去掉田间玉米中部分行的雄穗。例如，假设每一行的株数是相同的，如果每隔一行去掉雄穗，那么雌雄个体都是总数的一半。为了控制雌配子的个数，必须从母本行的授粉果穗中取等量的种子。

（c）雌雄配子都不控制，即从授粉果穗中选取不等量的种子，这些果穗通过人工授粉或者大田去雄随机授粉得到。

每个方式的有效群体数目列在表 11.5 中。

有两种不同的方式计算有效群体数目的大小：近交效应大小和变异效应大小。如果每个世代群体大小相同，那么这两种方式是一样的。

当群体是雌雄同株且在控制双亲配子数量的情况下［如（1）（a）］，与简单的没有配子控制的情况［如（1）（c）］相比，群体有效数目可以翻倍。这对小群体特别重要，在种质资源引进时这种情况也经常发生。另外，维持较小的群体时种子取样和人工授粉都比较容易。当群体按照雌雄异株的物种授粉时，采用相同的雌雄亲本按照雌雄同株的物种处理时，有效数目是相同的；否则，有效数目将向亲本数目较少的方向减少。因为有效个体数和父母本的调和平均值成比例，而该平均值受较少亲本的强烈影响。所以，如果母本的个数大于父本的个数，那么父本的个数对群体有效个体就有重要影响，反之亦然。

表 11.5　不同雌雄配子交配和抽样方式下的有效群体数*

交配方式**	配子控制		亲本数目		有效数目（N_e）***	相对数目****
	雌配子	雄配子	母本	父本		
（1）雌雄同株						
（a）	控制	控制	N	N	$2N$	200
（b）	控制	不控制	N	N	$4N/3$	133
（c）	不控制	不控制	N	N	N	100
（2）雌雄异株						
（a）	控制	控制	N_f	N_m	$8N_mN_f/(N_m+N_f)$	200
（b）	控制	不控制	N_f	N_m	$16N_mN_f/3(N_m+N_f)$	133
（c）	控制	不控制	N_f	N_m	$4N_mN_f/(N_m+N_f)$	100

*作者感谢 R. Vencovsky 对公式的推导

**见文中的注释

***表示每个方式恒定群体数目，没有随意去除植株

****雌雄同株时相对于 1c（N_e=N），雌雄异株时相对于 2c（N_m=N_f）

当考虑随机交配群体的几个世代时，有效数目可能因为样品大小和程序不同而不同。当一个随机交配群体大小产生波动时，最关心的应该是产生相同有效群体含量需要多大的群体量。Crow 和 Kimura（1970）研究表明，有效群体数目是多个值的调和平均数。因此$\left(1/N_e\right)=\left(1/t\right)\Sigma_i\left(1/N_i\right)$，$t$ 是考虑的世代数。例如，考虑 4 个世代下有效数目为 100、200、20 和 1000，相应的群体有效恒定数目 N_e 为 56.3。如需抵消第 3 代的瓶颈效应，在第 4 个世代中抽取 10 000 个个体而不是 1000 的效果都很小。有效群体大小和恒定 N_e 为 57.1 的群体相对应。这个例子说明在种质保存时，必须注意在世代间保存几乎相同的群体大小，因为某个世代的数量减少在下一个世代就很难补偿。

当经过某几个世代的恒定繁殖后，一个世代样本量的减少可以通过一个或多个世代的大样本恢复以前的有效数目。经历 t 代之后，群体经过（t–k–1）代的恒定数量（N_1）的繁殖，随后一个小样本的繁殖（N_2<N_1）。此时，我们想通过紧接着的 k 个有效数目为 N_3 世代的繁殖恢复原来的有效数目 N_1。研究表明当$(k+1)N_2>N_1$ 且紧接 k 个世代的有效数目 $N_3=(kN_1N_2)/[(k+1)(N_2-N_1)]$时可以实现。而 N_3 不依赖于群体开始的恒定数目。

如果通过一个世代恢复瓶颈效应造成的有效数目的损失，即 k=1，那么 $N_2>N_1/2$ 是必需的。在上面的例子中，N_1=100，N_2=20，N_3=1000。在这种情况下，$N_2<N_1/2$，那么一个世代的损失不可能在第 3 个世代中补偿。然而，如果 N_2=60，那么当 N_3=300 时就有可能补偿。例如，有效数目为 100、100、60 时，第 4 个世代样本为 300 时相当于群体大小恒定为 N_e=100。当 N_2=50 时，可能需要多个世代的大样本才能补偿。因此，有效数目为 100、100、50、200、200 产生的有效群体数目相当于群体大小恒定为 N_e=100。

地方种质的收集是不可替代的，它们代表了有限或者现阶段不易获得的种质。这些种质经过几千年的自然选择和人工选择，形成独特的群体以适应不同的环境。种子保存库储存基因或者基因的组合体，而这些基因或者基因组合会因为杂交种使用、耕地开发和农业从业人口减少而消失。杂交种的遗传改良仅仅利用了所有种质资源中的一小部分（如 Mikel，2008）。Brown（1975）声称，美国大于 90%的育种努力仅把重点放在 130

个地方种质中的3个。因此，他进一步指出美国玉米改良计划忽视了98%的玉米种质。Galinat（1974）对此表示担心，因为追求高产造成品种单一性的压力导致玉米种质遗传脆弱性和自然变异的丢失。将来，种子保存将在增加材料遗传多样性育种计划中发挥重要作用。重新获得自然变异的唯一方式将是利用种子保存中心。它们保存的材料可以被长期育种计划利用。它们可以用于玉米抗虫基因挖掘、杂种优势基础、亲缘关系和玉米起源的研究，是其他基础遗传研究的基因及基因组合的宝库。表11.1中的作者一致强调了地方种质资源的重要性。对于未来的育种项目，保存和利用玉米种质资源库是必需的。

11.7 外来种质的利用与潜力

今后的玉米遗传增益可能会受限于二环系育种和有限的种质遗传多样性。表11.1和一些研究小组报道了在玉米育种中利用外来种质的可能性（Brown，1953，1975；Griffin and Lindstrom，1954；Wellhausen，1956，1965；Rinke and Sentz，1961；Leng et al.，1962；Paterniani，1962；Goodman，1965b；Brandolini，1969；Lonnquist，1974；Brown and Goodman，1977；Albrecht and Dudley，1987；Goodman and Brown，1988；Iglesias and Hallauer，2003；Pollak，2003；Menz and Hallauer，1997；Salhuana et al.，1998；Pollak，2003；Carena and Wicks III，2006；Carena，2008a，Hallauer and Carena，2009；Carena et al.，2009a）。在大多数情况下，外来种质的直接利用可能局限于单个基因的转移。然而基于一些研究结果发现，大比例的外来种质已经整合到了育种计划中。如果考虑可能用到的资源收集后的数量，种质资源利用可能会徘徊不前。

外来种质利用有几个潜在问题。对于应用性的育种项目，外来种质包括一些目前还不适应本地玉米育种计划的遗传材料，需要经过适应性选择才能被利用，在成功利用前需要改良（Carena and Hallauer，2001）。今天美国玉米带种质所利用的资源较少就是因为缺乏资源评价和改良。尽管美国本地种质与热带种质资源相比有很多优点，但没有得到足够重视（Kauffman et al.，1982；Hallauer et al.，1988）。美国本地种质与优良种质有相似的进化史，相对于外来种质的适应性改良更容易，一些理想的性状也不会像热带种质那样受光周期影响所掩盖。

Paterniani（1962）把外来种质分为两种类型：①遗传基础广泛的地方种质或品种；②遗传基础狭窄的自交系。地方种质或品种既可以用于群体遗传改良，也可以用于品种间杂交来测定杂种的优势表现。自交系可以用于传统的杂交种，或者合成特殊用途的群体。两种类型的选择及成功与否取决于玉米改良水平、社会和经济形势及地方种质的遗传变异程度和潜力。

尽管玉米存在极大的表型变异，不同的地方种质、品种和株系之间的染色体仍然是相似的（Galinat，1977）。相似的染色体数目和多态性使得外来种质和适应种质之间可以进行广泛杂交。然而，外来种质与本地种质杂交进而选择的直接效应并不明显。有限的优异性状分离和丰产性造成很多材料被剔除掉。为了获得产生足够生化功能的基因重组，温和的选择可以产生更多的重组。Lonnquist（1974）强调了重组的重要性和连锁的问题。美国玉米带要利用外来种质就必须采用较低的选择压力，经过多个世代的随机交配进而产生丰富的重组（Brown，1953；Lonnquist，1974）。

Troyer 和 Brown（1972）证明了向美国玉米带适应种质中渐进引入外来种质的有效性。他们将墨西哥种质和美国玉米带的种质杂交，将其后代种植在相对封闭的环境中，通过 10 年的随机授粉以产生重组类型。在严格早熟性选择前，大量选择理想性状的重组类型。在前些章节中讨论了对外来种质适应性选择中经济有效，并且比较成功的混合选择方法。

每个地方种质都经过长期的进化而形成特定基因型的群体，它们在生理上适应特殊的生态环境。不同地方种质的遗传特征被长年累月的组合，产生了一些更容易生存和繁殖的基因型。虽然美国玉米带的种质不像表 11.1 中其他地方种质那样经过长期的选择，但是它正在经历相对严格选择压力来获得高产因子。不同地方种质的杂交会打破每个地方种质基因的协调结合。就像以前存在的情况一样，通过两个地方种质的杂交而产生一个新的地方种质。Wellhausen 等（1952）的例子表明，地方种质 Harinoso Flexible 与 Teocintle 杂交形成新的地方种质 Olotillo，地方种质 Harinoso de Guatemala 与 Teocintle 杂交形成新的地方种质 Tepecintle，最后地方种质 Olotillo 与 Teocintle 杂交形成新的地方种质 Tuxpeno。Tuxpeno 是丰产性较好的种质之一，也是当前墨西哥理想的地方种质，是美国南方马齿型种质形成的一个来源。南方马齿型和北方硬粒型杂交形成玉米带马齿型地方种质。杂交之后还经历了群体内互交和选择逐渐形成新的地方种质。不同地方种质之间的杂交是更高一级种质资源形成的重要因素（Wellhausen et al.，1952）。

新地方种质的形成进化与整合外来种质到适应种质中的方法类似。关键的问题似乎是给两个种质资源遗传因素整合提供足够的时间。如果需要在育种计划中模拟新种质的形成，那么在新的育种群体中，就必须采用较小的选择压力以产生丰富的重组来选择出理想的基因型。当新的种质资源看起来适应了特定的环境时，可以进行自交来提高选择压力。

Hallauer 和 Carena（2009）总结了美国外来种质利用的信息，分类如下：外来种质间和外来种质内的变异，外来种质之间及外来种质与适应种质之间的杂种优势，外来种质群体内，以及外来种质与适应种质的合成群体中的选择效应，外来种质选系和抗病虫基因挖掘的潜力。尽管 Wellhausen 等（1952）、Brown（1953）、Wellhausen（1956，1965）、Leng 等（1962）、Goodman（1985，1999b）和其他人强调美国以外玉米种质的重要性和潜力，但是有关美国以外玉米种质的利用信息还是十分有限。研究报道结果通常都是正面的，但是它们也可能会因为外来种质筛选和改良方面的诸多努力而产生误导。同时，它很有可能包括在大多数应用育种项目中，而且结果是负面的或者未见报道。美国北部中心地区的调查表明，25.2%的包括一些外来种质的群体实际上正在经历选择（表 11.2）。商业育种项目中外来种质所占的比例可能会更大。

Goodman（1965b）报道的数据涉及了适应性群体（玉米带的复合群体）与外来种质群体（西印度群岛的复合群体）遗传变异的重要比较。他的结果表明，含有外来种质的群体遗传变异较大，而且不是以牺牲产量为代价的。西印度群岛复合群体的预期遗传增益较大，而且该群体有较大的机会为杂种优势表现提供良好的材料，这也被 Eberhart（1971）采用包括该群体的品种双列杂交试验证实。据 Shauman（1971）报道，杂种群体

Krug×Taboncillo 13 Hi Synthetic 3 要比适应性品种 Krug 的加性遗传方差大。

现在已经测定了几个外来品种之间及外来品种与当地适应品种之间的杂种优势（Wellhausen，1956，1965；Vasal et al.，1999，见第 10 章）。地方种质和品种（包括适应性的和外来的）的评价并没有达到理想的水平。但是在过去的 25 年里，拉丁美洲玉米计划和玉米种质扩增计划的实施克服以前个人小规模项目的缺陷（Pollak，2003）。地方种质和品种的广泛试验有助于育种理想性状的鉴定，也可以获得杂种优势的信息。

Wellhausen 等（1952）及其他研究者（表 11.1）强调了杂种优势是玉米种质划分的重要信息。杂种优势通常包括对外来种质的杂交观察（Oyervides-Garcia et al.，1985；Vasal et al.，1992a，1992b，1999；Michelini and Hallauer，1993；Eschandi and Hallauer，1996）。然而，遗传多样性对杂种优势的贡献似乎是有限的。Moll 等（1962，1965）通过本地种质和外来种质的杂交研究表明，杂种优势开始随着遗传多样性的增加而增加，但随着遗传多样性的进一步增加而降低。可能的解释是，极端多样性种质遗传因子的组合太大以至于不能协调生理机制。在极端多样性外来种质引入前，弄清楚这些关系对育种效率的提高是有帮助的。这个问题可能会得到某种程度的减缓，因为在育种应用前，外来种质都需要进行适应性选择（Hallauer，1999a）。

在有限的报道中，有几例表明对外来种质和半外来种质的改良是有效的（Pandey and Gardner，1992；Hallauer，1992，1999a）。外来种质和适应性种质杂交形成的群体被用于选择改良，但是 Hallauer（1999a）直接在 ETO 复合群体、Antigua 复合群体、Tuxpeno 复合群体、Suwan-1 和 Tuson 复合群体中进行早熟性选择，经过 6～8 轮针对早熟性的表型选择，100%的热带群体已经适应温带的环境。3 轮有序的混合选择可以让美国玉米带温带群体适应北达科他州的环境（Eno and Carena，2008），而且 5～6 轮的选择可以让高原热带群体适应相同的环境。开始的选择通常注重适应性，如对成熟期和较低的株高的选择。针对适应性采用混合选择是有效的（Hallauer and Sears，1972；Troyer and Brown，1972；Hallauer，1999a；Carena et al.，2008；Hallauer and Carena，2009）。有研究报道玉米开花期的遗传结构很复杂（Buckler et al.，2009），Salvi 等（2002）基于杂交组合 N28×C22-4 衍生了一套作图群体，在 8 号染色体上定位到一个控制玉米营养生长向生殖生长阶段过渡的数量性状基因座（QTL）（*Vgt1*）。C22-4 是 N28 近等位基因系，含有来自早熟玉米品种 Gaspé Flint 的导入片段。因此，*Vgt1* 可用于分子标记辅助选择（MAS）项目中，用以培育比原始品种早熟一周的玉米品种。尽管分离此基因花费的精力和时间很多，但其作为一个遗传系统在基础科学领域的潜在用途是得到公认的。然而，由于早开花是高度可遗传的性状，并且易于测量。如果研究中优先考虑选择和改良，可替代和更便宜的选择方法是可行的。适应性性状的遗传力相当高，在轻度的选择压力下，混合选择技术可实现额外的重组。获得达到接受标准的适应性所需的混合选择轮数，取决于所涉及的种质、选择强度和转换种质的纬度范围。为提高产量而实行的群体（包括外来种质）轮回选择目的是比较增益率和遗传变异性，并且已在重复性的田间试验中对 S_2 后代进行评估（Hallauer，1978）。经过 S_2 轮回选择的群体包含不同比例的外来种质：BS16 是对 ETO 复合种进行早熟性混合选择而来的；BS2 是通过将 ETO 复合种与 6 个早熟自交系杂交，再经 5 代的互交而成；BSTL 是通过先将 Lancaster Surecrop 与 Tuxpeno

杂交，然后与 Lancaster Surecrop 回交而成；Krug Hi I 综合种 3 是适应性玉米带品种。BS16、BS2、BSTL 和 Krug Hi I 综合种 3 的外来种质的相对比例分别为 100%、50%、25%和 0%。这 4 个并行的选择项目的目标之一是确定不同比例的外来种质在连续数轮的选择中对遗传增益和变异性的影响。初步结果没有显示这 4 个群体出现了任何显著差异（Hallauer，1978），在额外的数轮选择之后才得出关键性的比较。Wellhausen（1965）认为一开始应将少量（25%或更少）的外来种质导入适应性群体。根据 Wellhausen 的建议，Whitehead 等（2006）在艾奥瓦进行了一个广泛的项目，旨在整合选定的 CIMMYT 优良种质与美国玉米带优良种质。在配置杂交组合时，考虑了相应区域内的杂种优势群：亚热带、热带熟期 BSSS×Tuxpeno 和 non-BSSS×non-Tuxpeno。在墨西哥进行了与温带群体的杂交和回交，后续又在美国玉米带测试回交后代及其测交组合。基于回交与测交试验，选定回交后代相互交配形成 4 个群体：两个亚热带×美国玉米带群体 BSSS×Tuxpeno（BS35）和 non-BSSS×non-Tuxpeno（BS36），两个热带×美国玉米带群体 BSSS×Tuxpeno（BS37）和 non-BSSS×non-Tuxpeno（BS38）（Hallauer，2005）。与经表型选择适应温带环境的种质资源（100%热带血缘）比较，无法用现有数据来确定由 Whitehead 等（2006）开发的种质（含 25%热带血缘）是否有任何优点或缺点（Hallauer，1999a）。然而，在所有情况下，都需要进一步的前育种研究。前育种不是一个新概念，其一直是培育单交种中的一个重要组成部分。前育种是对遗传资源的长期保存与利用，与有效品种的培育过程相关（Carena，2008b）。它包括用于育种项目的种质资源的引进、适应、评价与改良（Hallauer and Carena，2009）。前育种可开发出直接或间接用于新品种培育的种质资源（例如，轮回选择结合系谱选择）。

包含外来种质的材料的评价来培育自交系的工作已有报道，这些自交系可用于组配杂交种（Griffing and Lindstrom，1954；Paterniani，1964；Efron and Everett，1969；Nelson，1972；Goodman，1999a；Carena et al.，2009a，2009b）、抗病育种（Kramer and Ullstrup，1959）、抗虫育种（Sullivan et al.，1974；Carena and Glogoza，2004）和青饲生产（Thompson，1968）。Nelson（1972）在美国南部的一个应用育种项目中，用外来种质培育组配杂交种的自交系，他已经培育出在该区域杂交种生产中有突出作用的自交系。对美国北部来说，早晚杂交和回交已成为向北和向西扩展 0%、25%和 50%外来种质，培育新的独特的早熟自交系（Rinke and Sentz，1961；Hallauer et al.，1988；Hallauer and Carena，2009；Carena et al.，2009a，2009b）。其他玉米育种人员，无论隶属公立还是私立机构，毋庸置疑的是他们已将外来种质整合到其育种项目中，但其发展阶段要么限制其在杂交种中的应用，要么该材料用于知识产权保护的杂交种中，其利用程度未有报道。对病虫抗原的大量筛选已经在育种项目中出现，大量的这种材料包含一定比例的外来种质。在表 11.2 中，至少包含一些外来种质的群体是当前经过频繁（25.2%）或不频繁（19.5%）选择的最大种类之一，经过抗病虫选择的数目很可观（表 11.3）。在大多数情况下，尽管大量的精力花费在含有一定外来种质的群体上，但结果往往还是处于初级或起始阶段的选择或者被中止了。

Wellhausen 等（1952）、Brown（1953）、Wellhausen（1956，1965）和 Leng 等（1962）强调了外来种质的重要性，认为美国育种人员在利用外来种质方面处于优势地位。有专家曾间接地建议共同努力开发利用可用的海量种质（Brown，1975）。美国玉米育种人员通过传统育种程序和适应性种质在杂交种遗传改良方面取得显著的进展（Russell，1974；Duvick，1977，1992；Duvick et al.，2004）。从短期来看现状良好，而将外来种质融入适应性群体或对其进行直接利用将是育种项目的长期目标。外来种质必须包含有用基因，但只有融入生产力高的适应性种质才能对其进行有效利用，这需要时间和耐心，短期难以看到成效，但长期的效果是可能的。有关综合利用外来种质与适应性种质的大部分报道是鼓舞人心的。对新近获得的外来种质与适应性种质的杂交种进行自交的效果通常不好，因为近交衰退严重，几乎不能获得健壮的自交系，这些材料往往被舍弃，外来种质利用看似没有什么成效。一个共同的错误是没有对最优后代进行重组，并对最优材料进行新一轮重组。额外的选择和重组将进一步整合连锁群，选择适应特定环境的有利基因。

选择合适的外来种质加入育种项目必须加以考虑。Wellhausen（1965）、Brown 和 Goodman（1977）、Goodman 和 Brown（1988）、Vasal（1999）、Goodman（1999b）及其他学者讨论了一些墨西哥和加勒比地区有应用前景的种族和群体。关于育种项目中不同种族相对优点的系统资料缺乏阻碍了其在特定环境下的利用，作者在表 11.1 中强调了这一点。因此，外来种质的选择往往取决于在适应区域所获得的有限经验和有限的可用数据。

一个一致的主题是，最具生产力的种族和群体来源于先前种族的杂交。在偏远地区形成的古老种族通过人类的迁移和天然杂交的发生而得以聚集。似乎通过对种族杂交获得的一定程度的杂种优势在后续的世代中得以保持，从而产生了生产力更高的种族（参阅第 10 章）。高生产力的美国玉米带马齿型种质是这一现象近阶段的一个成功案例。有应用前景的种族或群体间的杂交需要花费时间以实现充分的重组。通过杂交实现新种族进化所需的时间与长期目标吻合，但是对发起此项目的育种人员来说成效并不明显。杂交形成“杂烩”（Brown，1953）或“混乱”（Wellhausen，1956，1965）需要长时间的轻度选择，从而在杂交衍生的群体中融合亲本中的有利因子。

由于玉米被公认为起源于西半球，生长在世界其他地方的玉米在一定程度上被看作外来种质。世界各地的玉米经过数百年的自然和人工选择，已经形成许多独特的地方种族和品种。直到过去的 50～60 年里，当人们认识到玉米种质存在大量变异时，收集、研究、保存和利用潜在遗传资源的工作在世界各地相继展开（表 11.1）。因而，世界大部分地区都试图将国外材料引入当地的育种项目中。外来引进种质在取代当地种质的过程中发挥的作用有所不同，从小成功或不成功到极大的成功都有出现。

第二次世界大战之前，大部分欧洲育种项目通过利用本土种质开发出许多品种和杂交种。第二次世界大战之后，美国自交系广泛用于杂交种的生产和种植。欧洲最具生产力的杂交种包括美国马齿系×欧洲硬粒系或晚熟美国马齿系×美国马齿系。欧洲种质改良项目以与美国相当的速度延续。直到约 40 年以前，非洲才开始实施玉米育种项目。在过去的 30～40 年里，由于本土品种整体表现很差，因此对外来种族和品种进行广泛的评价，比本土类型表现好得多的引入品种有效地用于群体改良。应用本土和外来种质的育种项目当前在非洲的大多数地区盛行，在一些情况下，由国际研究中心提供指导和帮助，私有部门对此兴趣更大。除耐干旱外，在近交-杂交系统和群体-杂交种项目（Carena，2005；Carena and Wicks III，2006）方面进行共同努力可能是当前合作系统中最经济有效的解决办法。

大部分玉蜀黍族和品种在中美洲和南美洲发现，几乎所有适应各种纬度和海拔的自然遗传变异，以及特用的和通用的种质都能在此区域获得。因此，在此区域外来材料的交换将会取得最大的成功。当地的生活习惯和社会条件对外来材料的利用带来一些限制。在许多地区，玉米用于人类消费，需要符合刚性的当地标准。例如，著名的 Cuzco 材料，穗行数为 8，籽粒极大，熟期很晚，应用广泛，不易被取代。人们不会轻易接受不同的产品，即使其被证明生产力较高或者有其他一些农艺优点。在这样的情况下，使用外来材料以融入一些遗传变异而不改变株型和穗型将是一个长期的过程。在阿根廷大部分玉米为杂交种，并且已经取得实质性进展。然而，创制深橙色的硬粒型材料以便在国际市场赚取高价的政策一直存在。结果，尽管美国马齿型材料表现相当好，产量比当地硬粒型杂交种要高，但是这些外来材料很少得到利用。然而，为了获得更高的生产力，一直有转换到软粒型（马齿或半马齿型）的趋势。然而，由于缺乏适应当地条件的广泛的种质改良（如缺乏公立的国家级基础研究设施），当病害（如 mal de Rio Cuarto）发生时，常常产生负面影响。Eyherabide 等（2006）认为需要改良硬粒型杂种优势群。智利几乎完全采用美国杂交种，并取得巨大成功。由于大部分玉米用作饲料，利用高产的美国黄马齿杂交种不会产生什么异议。南北战争期间，许多美国人携带美国黄马齿型玉米迁往巴西，这些材料与当地橙色的硬粒型 Cateto 杂交产生了许多类型的马齿型玉米。1910～1915 年，在巴西一些地区收集整理了与美国玉米表现相似的材料，并且引入了新的种质。这些材料也参与当地马齿型种质的自然形成。第一批培育的杂交种为 Cateto 种质（橙色硬粒型），生产力不高。后续又获得半马齿型杂交种，产量表现有少许提高。经验表明，当地马齿型和硬粒型种质普遍表现较差，培育自交系的可能性较小，马齿型材料尤其如此。直到 20 世纪 50 年代以后，收集整理的引入种质才在巴西发挥作用。起源于墨西哥的玉蜀黍族 Tuxpeno 在群体改良项目中使其生产力有了实质性的提高，后来用于培育自交系，最终产生了优良的商业杂交种。硬粒型种质的使用，尤其是来自哥伦比亚（ETO 材料）和古巴的一些种质也取得了显著的成效。在巴西，所有地方品种都表现较差，而外来种质起到了实质性的改良作用。据估计，外来种质可在本土种质基础上提高产量 100%。

Wellhausen（1978）报道了 10 个马齿型或半马齿型品种与 10 个硬粒型或半硬粒型品种分别杂交的产量数据。这些组合在拉丁美洲的 6 个地点进行测试。通过这些和其他一些试验，Wellhausen（1978）发掘了对热带玉米直接改良十分有用的 4 个复合种族。

（1）Tuxpeno 和与其相关的加勒比及美国马齿型种质。

（2）古巴硬粒型种质。

（3）热带沿海硬粒型种质。

（4）ETO 种质。

Tuxpeno 是唯一一个纯马齿型种质，因其产量能力、非凡的活力和普遍的抗病能力而表现突出。Tuxpeno 在美国玉米育种项目中也应该很有用，因为它一般被认为是玉米带马齿系的亲本之一（图 11.1）。Tuxpeno 与古巴硬粒、热带沿海硬粒和 ETO 种质的杂交组合高产，并表现出相当高的杂种优势。古巴硬粒、热带沿海硬粒和 ETO 属硬粒型复合种质，有很好的抗病性和良好的产量潜力。Wellhausen（1978）指出，在过去的 20

年里，4 个种族的复合在热带低地玉米育种项目中得到了广泛应用。

玉米种质最大的多样性聚集在中美洲和南美洲亚热带和热带区域。这丰富的种质资源可能携带 B73 序列中不存在的独特等位基因。在热带种质资源对主要温带区域玉米育种项目产生影响之前，有必要选择对温带环境的适应性，以及选择对现代大规模玉米生产重要的农艺性状（尤其是根和茎秆强度）。不同的方法已用于外来种质的引进和温带适应性等改良。

（1）包含在热带杂交种中的自交系（Goodman，1985，1999a）。

（2）热带品种（热带杂交种的自交系重要来源）内的选择（Hallauer，1999a）。

（3）优良热带群体和自交系（源于优良早熟系×优良晚熟 GEM 育种组合）适应早熟地区（Carena et al.，2009a）。

在所有情况下都有必要进行前育种以培育自交系或群体，从而为温带地区提供有用的基因。Hallauer 和 Carena（2009）总结了不同育种项目中有关外来种质的前育种活动。直到 20 世纪 80 年代，关于外来种质的保存、引进和扩增的协作项目才开始实施。在 W. L. Brown 的领导下，拉丁美洲玉米计划（LAMP）开始实施以挽救和再生有活力的种子，评价拉丁美洲的种质。共评价了 12 113 份材料，经过 5 个阶段的评价挖掘出 268 份材料，并被认为是优良种质资源（Pollak，2003）。在 LAMP 完成后，人们很快认识到，在所挖掘出的种质可能引起大家的兴趣并有助于拓宽温带地区育种项目种质基础之前，仍需额外的努力进行育种研究。为了完成 LAMP 计划的前育种阶段，美国国会每年拨款$500 000 来实施玉米种质扩增计划（GEM）。GEM 的最终目标是拓宽美国杂交种的遗传基础（Pollak，2003）。GEM 计划由公益和私立研究部门协作开展，主要针对美国中部和南部地区。为了扩大 GEM 的力度，北达科他州立大学（NDSU）发起了一个长期计划，10 年前利用优良外来种质的快速导入来增加美国北部杂交种的遗传多样性（Carena，2010）。其目的是将优良热带和温带玉米种质北移。通过使 LAMP-GEM 种质适应生长期短、干旱和冷凉环境，培育新的独特的早熟系作商业化利用（图 11.2）。

一项改良的系谱选择项目（包括 GEM 和北达科他州系）旨在将美国玉米带 GEM 种质北移和西移。该长期适应性改良计划的灵感来自明尼苏达州立大学 Pinnell 博士开展的回交育种项目（Rinke and Sentz，1961），该项目成功培育出“A”系（如 B14 的早期版本）。然而，不同之处在于，该计划中将早熟亲本作为轮回亲本，只回交一代，没有对 F_2 分离群体进行筛选从而缩短改良外来自交系所花费的时间（Carena et al.，2009b）。对来自 9 个 BC_1 群体的大约 5000 份材料进行选系和早代测验。坚秆供体（CUBA117：S1520-388-1-B，CHIS775：S1911b-B-B 和 AR16026：S17-66-1-B）和非坚秆供体（BR52051：N04-70-1，SCR01：N1310-265-1-B-B，FS8B（T）：N1802-35-1-B-B，UR13085：N215-11-1-B-B，CH05015：N15-184-1-B-B 和 CH05015：N12-123-1-B-B）是经过北达科他州立大学系谱选择程序（第 1 章）选出的高级材料，其中包括在可控的逆境环境下对耐旱性的筛选。代表 B14 和 Iodent 的基础种子公司的测验种和非相关的早熟杂种优势群测验种用于早代和晚代测试。结果喜人，第一批北达科他州立大学早熟 GEM 系计划在 2010～2011 年发布。该结果与前人的发现一致：含有一定非玉米带种质的玉米自交系的籽粒产量配合力高于含 100%美国玉米带马齿种质的自交系（Griffing and Lindstrom，

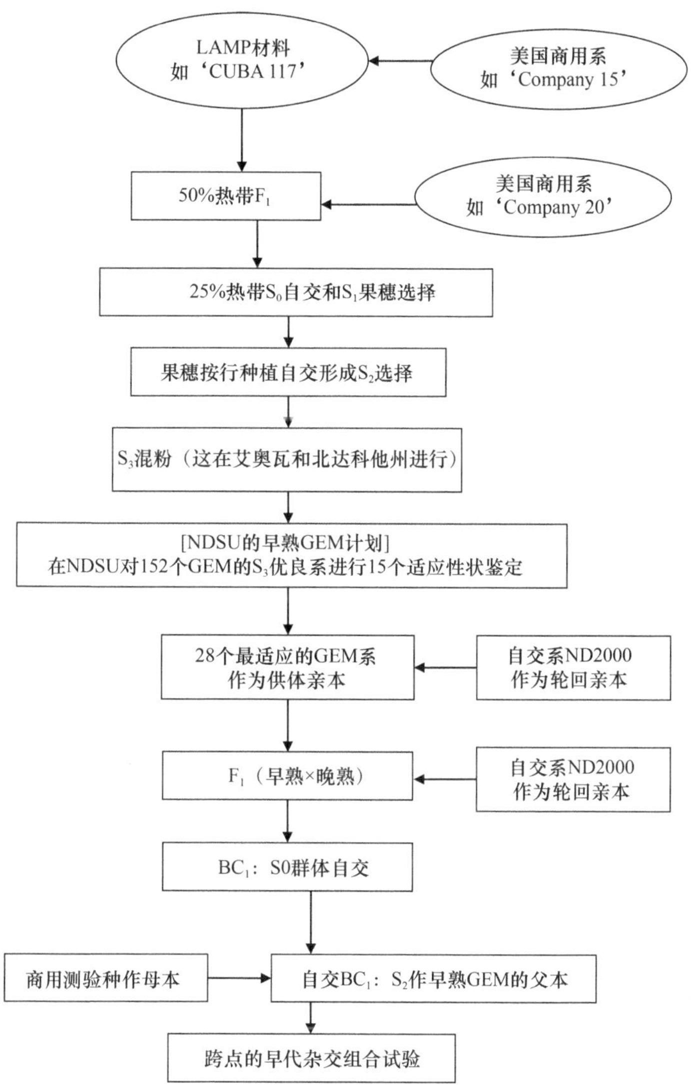

图 11.2　选育适应北达科他州的 NDSU 早熟 GEM 系的长期育种流程

1954)。其优势在于，外来群体带有更多的遗传多样性（Goodman，1965b)。因此，在玉米中整合外来等位基因取得显著成效的机会比一些自花授粉作物大（Carena et al.，2009a)。GEM 系的较早熟版本（早 12～20 天）得以创制。重新得到的 BC_1：S_1 系，在新的杂交组合中，熟期在北达科他州相当，且能保持产量。初步资料显示，几个实验性的北达科他州立大学早熟 GEM 系（理论上含有 12.5%的外来种质)，在收获时籽粒含水量相当的情况下，籽粒产量表现与商业上普遍应用的杂交种相当甚至更好。Rinke 和 Sentz（1961）认为该工作是 20 年育种研究中最突出的成就之一，而且两个研究项目在公-私合作的情况下均很好地利用了种质资源。这是致力于相对生育期<90 天种质扩增的首次研究，整合了热带和温带晚熟 GEM 遗传材料用于培育独特的自交系。可利用的最高级早熟 GEM 系的抗旱和耐冷性、籽粒品质、抗倒性、快速脱水性和抗穗腐病的能力均高于平均水平（尤其是 2009 生长季之后）（Carena et al.，2009a，2009b)。4 年中每年

3 代冬季繁育正在提供新的自交系。此外，正在构建新的早熟 GEM 育种群体，以便加大挖掘美国北部玉米带替代性杂种优势模式的力度，不断地培育当前商业中不存在的独特新系。GEM 中的长期合作将为美国北部不断地提供新的种质。

由于全球气候变化，干旱可能是玉米生产的主要限制因素，北达科他州西部地区也不例外。事实上乙醇植物最早在能源比较便宜的西部地区种植。选育抗逆境较强的优良杂交种才能获得最大的产量，降低生产和环境的成本。抗旱的遗传基础较复杂，而且与环境互作效应强。因此，分子标记辅助选择和转基因方法对解决该问题作用有限。非转基因的方法具有改良遗传增益的潜力，它们可以利用多个基因的效应，而转基因只是利用单个基因的效应。北达科他州西部和东蒙大拿的早代和晚代杂交种及北达科他州自交系试验表明，相对于商业对照品种，冬季干旱环境下选育的品种产量高、收获时含水量低、容重高、可提取淀粉含量高、可发酵淀粉含量高、含油量高和蛋白质含量高（Carena et al.，2009b）。在北达科他州西部至少 40 个北达科他州立大学试验杂交种比对照产量高，个别杂交种增产 193.8%，这些杂交种背景中有外来基因，来自于长期北达科他州适应生长期短的热带温带早熟 GEM 种质改良计划。在育种进程中对多数抗旱基因进行选择时，抗旱的遗传基础得到很好的改良。每个杂交种的杂种优势都是独特的。仅仅 B73 一个自交系的测序不足以挖掘抗旱和其他复杂数量性状的有利等位基因。现阶段遗传改良的一个限制因素是缺乏早熟抗旱的对照杂交种。北达科他州玉米育种项目计划在北达科他州西部和东蒙大拿生长期短的环境中使用转基因抗旱杂交种作对照品种，他们发现这种方式可行却缺乏适合该区域的转基因杂交种，这些地区需要公共机构的投入，因为这些地区太小而不足以让商业公司投入。

种质改良是永恒的，需要长期的项目以支持持续不断的遗传改良。玉米种质扩增计划是所有玉米改良都必需的。如果基金继续支持研究，玉米种质扩增计划应该提供利用外来种质拓宽温带育种遗传基础的机制。

众所周知，育种项目的成功取决于发展和获得优良的种质。而优良的种质促进自交系和杂交种的选育。虽然公认的优良种质资源十分有限，但种质资源的改良评价却花费了大量精力。在过去的 60 年里，仅仅有限的几个研究者和研究机构为了育种从事玉米种质资源的评价与改良。Harlan（1975）、Kahn（1985）、Raeburn（1995）和 Evans（1998）已经讨论了重要栽培作物从野生杂草祖先的进化，它们在现代栽培植物中的重要性，以及对种质资源收集、保存、评价和改良的重要性。与杂交种的选系相比，对种质资源的重视显然不够。像本章中陈述的那样，尽管有许多种质资源改良的报道，但是大多数没有得到延续，或因人员退休而降低规模，或者因机构研究重点的转变而改变。偶尔或多或少地强调一下对种质资源的持续改良是没有帮助的。西半球的 LAMP 和 GEM 计划解决玉米育种的种质将是令人兴奋的。为了保证过去的努力不被忽略，GEM 等类似的计划应该被合理的支持和管理，为将来的生产者提供遗传改良的产品。另外，私立和公立机构分享育种权，共同开发品种，提高局部生态环境中玉米的产量不仅有助于商业种质改良，还可以为农民提供可靠的杂交种。

（雍洪军　译，袁力行　校）

参考文献

Albrecht B., and J. W. Dudley. 1987. Evaluation of four maize populations containing different proportions of exotic germplasm. *Crop Sci.* 27:480–486.

Anderson, E. 1945. What is Zea mays? *Chron. Bot.* 9:88–92.

Anderson, E., and H. C. Cutler. 1942. Races of Zea mays: I. Their recognition and classification. *Ann. Missouri Bot. Gard.* 29:69–89.

Atkinson, A., and M. W. Wilson. 1914. Corn in Montana: History, characteristics, and adaptation. *Montana Agric. Exp. Stn. Bull.* 107.

Beadle, G. W. 1939. Teosinte and the origin of maize. *J. Hered.* 30:245–7.

Beadle, G. W. 1972. The mystery of maize. *Field Mus. Nat. Hist. Bull.* 44:2–11.

Beadle, G. W. 1977. The mystery of maize. *Annu. Corn Sorghum Res. Conf. Proc.* 32:1–5.

Bird, R. M., and M. M. Goodman. 1977. The races of maize: V. Grouping maize races on the basis of ear morphology. *Econ. Bot.* 31:471–81.

Brandolini, A. G. 1969. European races of maize. *Annu. Corn Sorghum Res. Conf. Proc.* 24:36–48.

Brandolini, A. 1971. Preliminary report on south European and Mediterranean maize germplasm. *Proc. Fifth Meet. Maize Sorghum Sect.* EUCARPIA. pp. 108–16.

Brandolini, A., and G. Avila. 1971. Effects of Bolivian maize germplasm in south European maize breeding. *Proc. Fifth Meet. Maize Sorghum Sect.* EUCARPIA. pp. 117–35.

Brieger, F. G., J. T. A. Gurgel, E. Paterniani, A. Blumenschein, and M. R. Alleoni. 1958. *Races of Maize in Brazil and other Eastern South American Countries.* NAS-NRC Publ. 593, Washington, DC.

Brown, W. L. 1953. Maize of the West Indies. *Trop. Agric.* 30:141–70.

Brown, W. L. 1960. *Races of Maize in the West Indies.* NAS-NRC Publ. 792, Washington, DC.

Brown, W. L. 1975. Broader germplasm base in corn and sorghum. *Ann. Corn Sorghum Res. Conf. Proc.* 30:81–9.

Brown, W. L., and E. Anderson. 1947. The northern flint corns. *Ann. Missouri Bot. Gard.* 34:1–28.

Brown, W. L. 1948. The southern dent corns. *Ann. Missouri Bot. Gard.* 35:255–68.

Brown, W. L., and M. M. Goodman. 1977. Races of maize. In *Corn and Corn Improvement*, G. F. Sprague, (ed.), pp. 49–88. Am. Soc. Agron., Madison, WI.

Buckler, E. S., J. B. Holland, P. J. Bradbury, C. B. Acharya, P. J. Brown, C. Browne, E. Ersoz, S. Flint-Garcia, A. Garcia, J. C. Glaubitz, M. M. Goodman, C. Harjes, K, Guill, D. E. Kroon, S. Larsson, N. K. Lepak, H. Li, S. E. Mitchell, G. Pressoir, J. A. Peiffer, M. O. Rosas, T. R. Rocherford, M. C. Romay, S. Romero, S. Salvo, H. S. Villeda, H. S. da Silva, Q. Sun, F. Tian, N. Upadyayula, D. Ware, H. Yates, J. Yu, Z. Zhang, S. Kresovich, M. D. McMullen. 2009. The genetic architecture of maize flowering time. *Science* 325:714–8.

Carena, M. J. 2005. Maize commercial hybrids compared to improved population hybrids for grain yield and agronomic performance. *Euphytica* 141:201–8.

Carena, M. J. 2008a. Development of new and diverse lines for early-maturing hybrids: Traditional and modern maize breeding. In *Modern Variety Breeding for Present and Future Needs.* J. Prohens and M.L. Badenes, (eds.). EUCARPIA, Valencia, Spain.

Carena, M. J. 2008b. Increasing the genetic diversity of northern U.S. maize hybrids: Integrating pre-breeding with cultivar development. In *Conventional and Molecular Breeding of Field and Vegetable Crops.* Novi Sad, Serbia.

Carena, M. J. 2010. The NDSU EarlyGEM program: Increasing the genetic diversity of northern U.S. hybrids. *Crop Sci.* (in press).

Carena, M. J., and P. Glogoza. 2004. Resistance of maize to the corn leaf aphid: A review. *Maydica* 49: 241–54.

Carena, M. J., and A. R. Hallauer. 2001. Response to inbred progeny recurrent selection in Leaming and Midland Yellow Dent populations. *Maydica* 46:1–10.

Carena, M. J., and Z. W. Wicks III. 2006. Maize early maturing hybrids: an exploitation of U.S. temperate public genetic diversity in reserve. *Maydica* 51:201–8.

Carena, M. J., Eno, C., and Wanner, D. W. 2008. Registration of NDBS11(FR-M)C3, NDBS1011, and NDBSK(HI-M)C3 maize germplasms. *J. Plant Reg.* 2:132–6.

Carena, M. J., L. Pollak, W. Salhuana, and M. Denuc. 2009a. Development of unique lines for early-maturing hybrids: Moving GEM germplasm northward and westward. *Euphytica* 170: 87–97.

Carena, M. J., G. Bergman, N. Riveland, E. Eriksmoen, and M. Halvorson. 2009b Breeding maize for higher yield and quality under drought stress. *Maydica* 54:287–98.

Corn. 1972. In *Genetic Vulnerability of Major Crops*, pp. 97–118. National Academy of Sciences, Washington, DC.

Crow, J. F., and M. Kimura. 1970. *An Introduction to Population Genetics Theory*. Harper & Row, New York, NY.

Darrah, L. L., and M. S. Zuber. 1986. 1985 United States farm maize germplasm base and commercial breeding strategies. *Crop Sci.* 26:1109–13.

de Wet, J. M. J., and J. R. Harlan. 1971. Origin and evolution of teosinte (*Zea mexicana* [Schrader] Kunte). *Euphytica* 20:255–65.

de Wet, J. M. J. 1972. Origin of maize: The tripartite hypothesis. *Euphytica* 21:271–9.

de Wet, J. M. J. 1976. Cytogenetic evidence for the origin of teosinte (*Zea mays* ssp. mexicana). *Euphytica* 25:447–55.

Duvick, D. N. 1975. Using host resistance to manage pathogen populations. *Iowa State J. Res.* 49:505–12.

Duvick, D. N. 1977. Genetic rates of gain in hybrid maize yields during the past 40 years. *Maydica* 22:187–96.

Duvick, D. N. 1981. Genetic diversity in corn improvement. pp. 48–60. In H. D. Loden, and D. Wilkinson (eds.) Proceedings of 36th Annual Corn and Sorghum Industry Res. Conf., Chicago, IL, 9–11 Dec. Am. Seed Trade Assoc., Washington, DC.

Duvick, D. N. 1992. Genetic contributions to advances in yield of U.S. Maize. *Maydica* 37: 69–79.

Duvick, D. N., J. S. C. Smith, and M. Cooper. 2004. Changes in performance, parentage, and genetic diversity of successful corn hybrids, 1930–2000. In *Corn: Origin, History, Technology, and Production*, C. W. Smith, J. Betran, and E.C.A. Runge, (eds.), pp. 65–97. Wiley, Hoboken, NJ.

Eberhart, S. A. 1971. Regional maize diallels with U.S. and semiexotic varieties. *Crop Sci.* 11: 911–14.

Efron, Y., and H. L. Everett. 1969. Evaluation of exotic germplasm for improving corn hybrids in northern United States. *Crop Sci.* 9:44–7.

Eno, C., and M. J. Carena. 2008. Adaptation of elite temperate and tropical maize populations to North Dakota. *Maydica* 53: 217–26

Eschandi, C. R., and A. R. Hallauer. 1996. Evaluation of U.S. Corn Belt and adapted tropical maize cultivars and their diallel crosses. *Maydica* 41:317–24.

Evans, L. T. 1998. *Feeding the Ten Billion: Plants and Population Growth.* Cambridge University Press, Cambridge.

Eyherabide, G., G. Nestares, and M. J. Hourquescas. 2006. Development of a heterotic pattern in orange flint maize. In *Plant Breeding* K. R. Lamkey and M. Lee, (eds.), pp. 368–79. Blackwell, Oxford.

Frey, K. J. 1996. National plant breeding study-I. Human and financial resources devoted to plant breeding research and development in the United States in 1994. *Special Rep. 98*, Iowa Agric. Home Econ. Exp. Stn., Ames, IA.

Galinat, W. C. 1970. The cupule and its role in the evolution of maize. *Univ. Massachusetts Agric. Exp. Stn. Bull.* 585:1–22.

Galinat, W. C. 1971. The origin of maize. *Annu. Rev. Genet.* 5:447–78.

Galinat, W. C. 1974. The domestication and genetic erosion of maize. *Econ. Bot.* 28:31–7.

Galinat, W. C. 1975. The evolutionary emergence of maize. *Torrey Bot. Club Bull.* 102:313–24.

Galinat, W. C. 1977. The origin of corn. In *Corn and Corn Improvement*, G. F. Sprague, (ed.), pp. 1–47. American Society of Agronomy, Madison, WI.

Galinat, W. C., and J. H. Gunnerson. 1963. Spread of eight-rowed maize from the prehistoric Southwest. *Bot. Mus. Leafl.*, Harvard University 20:117–60.

Genetic vulnerability of major crops. 1972. *USDA and Natl. Assoc. State Univ. Land-Grant Coll. Spec. Rep.*

Griffing, B., and E. W. Lindstrom. 1954. A study of combining abilities of corn inbreds having varying proportions of Corn Belt and non-Corn Belt germplasm. *Agron. J.* 46:845–52.

Goodman, M. M. 1965a. The history and origin of maize. *North Carolina Agric. Exp. Stn. Tech. Bull.* 170.

Goodman, M. M. 1965b. Estimates of genetic variance in adapted and exotic populations of maize. *Crop Sci.* 5:87–90.

Goodman, M. M. 1967. The races of maize: I. The use of Mahalanobis' generalized distances to measure morphological similarity. *Fitotec. Latinoam.* 4:1–22.

Goodman, M. M. 1968. *Corn: Its Origin, Evolution, and Improvement.* Harvard University Press, Cambridge.

Goodman, M. M. 1985. Exotic maize germplasm: status, prospects, and remedies. *Iowa State J. Res.* 59:497–527.

Goodman, M. M. 1999a. Developing temperate inbreds from tropical germplasm: Rationale, results and conclusions. *Ill. Corn Breed. Sch.* 35:1–19.

Goodman, M. M. 1999b. Broadening the genetic diversity in maize breeding by use of exotic germplasm. In *Genetics and Exploitation of Heterosis in Crops*, J. G. Coors and S. Pandey (eds.), pp. 139–48. ASA, CSSA, and SSSA, Madison, WI.

Goodman, M. M., and R. M. Bird. 1977. The races of maize. IV. Tentative grouping of 219 Latin American races. *Econ. Bot.* 31:204–21.

Goodman, M. M., and W. L. Brown. 1988. Races of corn. In *Corn and Corn Improvement,* 3rd ed., G. F. Sprague and J. W. Dudley, (eds.), pp. 33–79. ASA, CSSA, and SSSA, Madison, WI.

Goodman, M. M., and E. Paterniani. 1969. The races of maize. III. Choices of appropriate characters for racial classification. *Econ. Bot.* 23:265–73.

Grant, U. J., W. H. Hathaway, D. H. Timothy, C. Cassalett D., and L. M. Roberts. 1963. *Races of Maize in Venezuela.* NAS-NRC Publication 1136, Washington, DC.

Griffing, B., and E. W. Lindstrom. 1954. A study of the combining abilities of corn inbreds having varying proportions of Corn Belt and non-Corn Belt germplasm. *Agron. J.* 46: 545–52.

Grobman, A., W. Salhauana, R. Sevilla, and P. C. Mangelsdorf. 1961. *Races of Maize in Peru.* NAS-NRC Publication 915, Washington, DC.

Hallauer, A. R. 1978. Potential of exotic germplasm for maize improvement. In *International Maize Symposium*, W. L. Walden, (ed.), pp. 229–47. McGraw-Hill, New York.

Hallauer, A. R. 1992. Recurrent selection in maize. *Plant Breed. Rev.* 9:115–79.

Hallauer, A. R. 1995. Registration of BS30 maize germplasm. *Crop Sci.* 35:1234.

Hallauer, A. 1997. Maize improvement. In *Crop Improvement for the 21st Century*, M. S. Kang, (ed.), pp. 15–27. Research Signpost, India.

Hallauer, A. R. 1999a. Conversion of tropical germplasm for temperate area use. *Ill. Corn Breed.' Sch.* 35:20–36.

Hallauer, A. R. 1999b. Temperate maize and heterosis. In *The Genetics and Exploitation of*

Heterosis in Crops, J. G. Coors and S. Pandey, (eds.), pp. 353–66. ASA, CSSA, and SSSA, Madison, WI.

Hallauer, A. R. 2005. Registration of BS35, BS36, BS37, and BS38 maize germplasm. *Crop Sci.* 45:2132–4.

Hallauer, A. R., and M. J. Carena. 2009. Maize breeding. In *Handbook of Plant Breeding: Cereals*, M. J. Carena, (ed.), pp. 3–98. Springer, New York, NY.

Hallauer, A. R., and J. H. Sears. 1972. Integrating exotic germplasm into Corn Belt breeding programs. *Crop Sci.* 12:203–6.

Hallauer A. R., W. A. Russell, K. R. Lamkey. 1988. Corn Breeding. In *Corn and Corn* Improvement, 3rd ed., G. F. Sprague and J. W. Dudley, (eds.), pp. 469–564. ASA-CSSA-SSSA, Madison, Wisconsin, WI.

Harlan, J. R. 1975. *Crops and Man*. ASA, CSSA, and SSSA, Madison, WI.

Hathaway, W. H. 1957. *Races of Maize in Cuba*. NAS-NRC Publication 453, Washington, DC.

Hitchcock, A. S. 1935. *Manual of the grasses of the United States*. USGPO, Washington, DC.

Hooton, E. A. 1926. Methods of racial analysis. *Science* 63:75–81.

Hudson, J. C. 1994. *Making the Corn Belt*. Indiana University Press, Bloomington and Indianapolis, IN.

Iglesias, C. A., and A. R. Hallauer. 1989. S_2 recurrent selection in maize populations with exotic germplasm. *Maydica* 34:133–40.

Iltis, H. H. 1970. *The Maize Mystique: A Reappraisal of the Origin of Corn*. Mimeogr. Dep. Bot., University Wisconsin, Madison, WI.

Iltis, H. H. 1972. The taxonomy of *Zea mays* (Gramineae). *Phytologia* 23:248–9.

Iltis, H. H. 1979. *Zea diploperennis* (Gramineae): A new teosinte from Mexico. *Science* 203:186–8.

Iltis, H. H. 2006. Origin of polystichy in maize. In *Histories of Maize*, J. Staller, R. Tykot, B. Benz, (eds.), pp. 21–53. Elsevier, London.

Kahn, E. J., Jr. 1985. *The Staffs of Life*. Little Brown, Boston, MA.

Kato, Y., T. A. 1975. Cytological studies of maize (*Zea mays* L.) and teosinte (*Zea mexicana* [Schrader] Kuntze) in relation to their origin and evolution. *Massachusetts Agric. Exp. Stn. Res. Bull.* 635.

Kauffman, K. D., C. W. Crum, and M. F. Lindsey. 1982. Exotic germplasm in a corn breeding program. *Ill. Corn Breed.' Sch.* 18:6–39.

Kramer, H. H., and A. J. Ullstrup. 1959. Preliminary evaluations of exotic maize germplasm. *Agron. J.* 51:687–9.

Kuleshov, N. N. 1933. World's diversity of phenotypes of maize. *J. Am. Soc. Agron.* 25: 688–700.

Leng, E., R. A. Tavcar, and V. Trifunovic. 1962. Maize of southeastern Europe and its potential value in breeding programs elsewhere. *Euphytica* 11:263–72.

Lubberstedt, T., A. E. Melchinger, C. S. Schon, H. F. Utz, and D. Klein. 1997a. QTL mapping in testcrosses of European flint lines of maize: I. Comparison of different testers for forage yield traits. *Crop Sci.* 37:921–931.

Lubberstedt, T., A. E. Melchinger, D. Kelin, H. Degenhardt, and C. Paul. 1997b. QTL mapping in testcrosses of European flint lines of maize: II. Comparison of different testers for forage quality traits. *Crop Sci.* 37:1913–1922.

Lubberstedt, T., A. E. Melchinger, S. Fahr, D. Klein, A. Dally, and P. Westhoff. 1998. QTL mapping in testcrosses of European flint lines of maize: III. Comparison across populations for forage traits. *Crop Sci.* 38:1278–1289.

Lubberstedt, T., A. E. Melchinger, C. Dussle, M. Vuylsteke, and M. Kuiper. 2000. Relationships among early European maize inbreds: IV. Genetic diversity revealed with AFLP markers and comparison with RFLP, RAPD, and pedigree data. *Crop Sci.* 40:783–791.

Lonnquist, J. H. 1974. Consideration and experiences with recombinations of exotic and Corn Belt maize germplasms. *Annu. Corn Sorghum Res. Conf. Proc.* 29:102–17.

Mangelsdorf, P. C. 1974. *Corn: Its Origin, Evolution, and Improvement.* Harvard University Press, Cambridge.

Mangelsdorf, P. C., and R. G. Reeves. 1939. The origin of Indian corn and its relatives. *Texas Agric. Exp. Stn. Bull.* 574:1–315.

Menz, M. A., and A. R. Hallauer. 1997. Reciprocal recurrent selection of two tropical corn populations adapted to Iowa. *Maydica* 42:239–46.

Messmer, M. M., A. E. Melchinger, J. Boppenmaier, E. Brunklaus-Jung, and R. G. Hermann. 1992. Relationships among early European maize inbreds: I Genetic diversity among flint and dent lines revealed by RFLPs. *Crop Sci.* 32:1301–1309.

Michelini, L. A., and A. R. Hallauer. 1993. Evaluation of exotic and adapted maize (*Zea mays* L.) germplasm crosses. *Maydica* 38:275–82.

Mikel, M. A. 2006. Availability and analysis of proprietary dent corn inbred lines with expired U.S. Plant Variety Protection. *Crop Sci.* 46:2555–60.

Mikel, M. A. 2008. Genetic diversity and improvement of contemporary proprietary North American dent corn. *Crop Sci.* 48:1686–95.

Mikel, M. A., and J. W. Dudley. 2006. Evolution of North American dent corn from public to proprietary germplasm. *Crop Sci.* 46:1193–206.

Moll, R. H., W. S. Salhuayra, and H. F. Robinson. 1962. Heterosis and genetic diversity in variety crosses of maize. *Crop Sci.* 2:197–8.

Moll, R. H., J. H. Lonnquist, J. V. Fortuno, and E. J. Johnson. 1965. The relationship of heterosis and genetic divergence in maize. *Genetics* 42:139–44.

Nelson, H. G. 1972. The use of exotic germplasm in practical corn breeding programs. *Annu. Corn Sorghum Ind. Res. Conf. Proc.* 27:115–18.

North Central Corn Breeding Research Committee (NCR-2) 1977. Report. Mimeogr. Library, Iowa State University, Ames, IA.

Omolo, E., and W. A. Russell. 1971. Genetic effects of population size in the reproduction of two heterogeneous maize populations. *Iowa State J. Sci.* 45:499–512.

Oyervides-Garcia, M., A. R. Hallauer, and H. Cortez-Mendoza. 1985. Evaluation of improved maize populations in Mexico and U.S. Corn Belt. *Crop Sci.* 25:115–20.

Pandey, S., and C. O. Gardner. 1992. Recurrent selection for population, variety, and hybrid development in tropical maize. *Adv. Agron.* 48:1–87.

Paterniani, E. 1962. Evaluation of maize germplasm for the improvement of yield. *UN Conf. Appl. Sci. Tech. Benefit Less Developed Areas*. pp. 1–3.

Paterniani, E. 1964. Value of exotic and local inbred lines of corn. *Fitotec. Latinoam.* 1:15–22.

Paterniani, E., and M. M. Goodman. 1977. Races of maize in Brazil and adjacent areas. CIMMYT, Mexico.

Pavlicic, J. 1971. Contribution to a preliminary classification of European open-pollinated maize varieties. *Proc. Fifth Meet. Maize Sorghum Sect.* EUCARPIA. pp. 93–107.

Pollak, L. M. 2003. The history and success of the public-private project on germplasm enhancement of maize (GEM). *Adv. Agron.* 78:45–87.

Raeburn, P. 1995. *The last harvest.* Simon and Schuster, New York, NY.

Ramirez, R., D. H. Timothy, E. Diaz B., U. J. Grant, G. E. N. Calle, E. Anderson, and W. L. Brown. 1960. *Races of Maize in Bolivia.* NAS-NRC Publication 747, Washington, DC.

Recommended actions and policies for minimizing the genetic vulnerability of our major crops. 1973. *USDA and Natl. Assoc. State Univ. Land-Grant Coll. Spec. Rep.*

Rinke, E. H., and J. C. Sentz. 1961. Moving Corn Belt Dent germplasm northward. *Minnesota Agr. Exp. Stn.* 1110:53.

Roberts, L. M., U. J. Grant, R. Ramirez E., W. H. Hathaway, and D. L. Smith, and P. C.

Mangelsdorf. 1957. *Races of Maize in Colombia*. NAS-NRC Publication 510, Washington, DC.
Russell, W. A., 1972. Registration of B70 and B73 parental lines of maize. *Crop Sci.* 12:721.
Russell, W. A. 1974. Comparative performance for maize hybrids representing different eras of maize breeding. *Annu. Corn Sorghum Res. Conf. Proc*. 29:81–101.
Salhuana, W., L. M. Pollak, M. Ferrer, O. Paratori, and G. Vivo. 1998. Agronomic evaluation of maize accessions from Argentina, Chile, the United States, and Uruguay. *Crop Sci.* 38: 866–72.
Salvi S, R. Tuberosa, E. Chiapparino, M. Maccaferri, S. Veillet, L. van Beuningen, P. Isaac, K. Edwards, and R.L. Phillips. 2002. Toward positional cloning of Vgt1, a QTL controlling the transition from the vegetative to the reproductive phase in maize. *Plant Mol. Biol*. 48:601–13.
Sanchez-Monge, P. E. 1962. *Razas de Maiz en Espana*. Publisher Ministry of Agricuture, Madrid.
Schon, C. S., A. E. Melchinger, J. Boppenmaier, E. Brunklaus-Jung, R. G. Hermann, and J. F. Seitzer. 1994. RFLP mapping in maize: Quantitative trait loci affecting testcross performance of elite European flint lines. *Crop Sci.* 34:378–389.
Shauman, W. L. 1971. Effect of incorporation of exotic germplasm on the genetic variance components of an adapted, open-pollinated corn variety at two plant population densities. Ph.D. dissertation, University of Nebraska, Lincoln, NE.
Smith, J. S. C. 2007. Pedigree background changes in U.S. hybrid maize between 1980 and 2004. *Crop Sci.* 47:1914–26.
Sprague, G. F., 1946. Early testing of inbred lines of maize. *J. Am. Soc. Agron*. 38:108–17.
Sprague, G. F. 1971. Genetic vulnerability in command sorghum. *Annu. Corn Sorghum Res. Conf. Proc*. 26:96–104.
Sturtevant, E. L. 1899. Varieties of corn. *USDA Off. Exp. Stn. Bull*. 57:1–108.
Sullivan, S. L., V. E. Gracen, and A. Ortega. 1974. Resistance of exotic maize varieties to the European corn borer *Ostrinia nubilalis* (Hübner). *Environ. Entomol*. 3:718–20.
Thompson, D. L. 1968. Silage yield of exotic corn. *Agron. J.* 60:579–81.
Timothy, D. H., B. Pena V., R. Ramirez E., W. L. Brown, and E. Anderson. 1961. *Races of Maize in Chile*. NAS-NRC Publication. 847, Washington, DC.
Timothy, D. H., W. H. Hathaway, U. J. Grant, M. Torregroza, D. Sarria, and D. Varela A. 1963. *Races of Maize in Ecuador*. NAS-NRC Publication. 975, Washington, DC.
Troyer, A. F. 2004. Persistent and popular germplasm in seventy centuries of corn evolution. In *Corn: Origin, History, Technology, and Production*, C. W. Smith, J. Betran, and E.C.A. Runge, (eds.), pp. 133–231. Wiley, Hoboken, NJ.
Troyer, A. F., and W. L. Brown. 1972. Selection for early flowering in corn. *Crop Sci.* 12:301–4.
Vasal, S. K., G. Srinivasan, D. L. Beck, J. Crossa, S. Pandey, and C. De Leon. 1992a. Heterosis and combining ability of CIMMYT's tropical late white maize germplasm. *Maydica* 37:217–23.
Vasal, S. K., G. Srinivasan, J. Crossa, and D. L. Beck. 1992b. Heterosis and combining ability of CIMMYT's subtropical and temperate early maturity maize germplasm. *Crop Sci.* 32:884–90.
Vasal, S. K., H. Cordova, S. Pandey, and G. Srinivasan. 1999. Tropical maize and heterosis. In *Genetics and Exploitation of Heterosis in Crops*, J. G. Coors and S. Pandey, (eds.), pp. 367–73. ASA, CSSA, and SSSA, Madison, WI.
Wallace, H. A. 1923. Burnett's Iodent. *Wallaces' Farmer* 46(6), February 9, 1923, Des Moines, IA.
Wallace, H. A., and E. N. Bressman. 1925. *Corn and Corn Growing*. Wallace, Des Moines, IA.
Weatherwax, P. 1955. History and origin of corn. I. Early history of corn and theories as to its origin. In *Corn and Corn Improvement*, G. F. Sprague, (ed.), pp. 1–16. Academic Press, New York, NY.
Wellhausen, E. J. 1956. Improving American corn with exotic germplasm. *Annu. Hybrid Corn Ind. Res. Conf. Proc*. 11:85–96.
Wellhausen, E. J. 1965. Exotic germplasm for improvement of Corn Belt maize. *Annu. Hybrid Corn Res. Conf. Proc*. 20:31–45.

Wellhausen, E. J. 1978. Recent developments in maize breeding in the tropics. In *Maize Breeding and Genetics*, D. B. Walden, (ed.), pp. 59–84. Wiley, New York, NY.

Wellhausen, E. J., A. Fuentes, A. Hernandez C., and P. C. Mangelsdorf. 1957. *Races of Maize in Central America*. NAS-NRC Publication. 511, Washington, DC.

Wellhausen, E. J., L. M. Roberts, E. Hernandez X., and P. C. Mangelsdorf. 1952. *Races of Maize in Mexico*. Bussey Inst. Harvard University Press, Cambridge.

Whitehead, F. C., H. G. Caton, A. R. Hallauer, S. K. Vasal, and H. Cordova. 2006. Incorporation of elite subtropical and tropical maize germplasm into elite temperate germplasm. *Maydica* 51:43–56.

Wilkes, G. 1967. Teosinte: The closest relative of maize. Bussey Institution, Harvard University Press, Cambridge, MA.

Wilkes, G. 2004. Corn, strange, and marvelous: But is a definitive origin known? In *Corn: Origin, History, Technology, and Production*, C. W. Smith, J. Betran, and E.C.A. Runge (eds.), pp. 3–63. Wiley, Hoboken, NJ.

Zuber, M. S. 1975. Corn germplasm base in the United States: Is it narrowing, widening, or static? *Annu. Corn Sorghum Res. Conf. Proc.* 30:277–86.

第12章 育种计划

任何以品种选育为目的的应用玉米育种项目，必须达到的前育种目标是提高种质的适应性和获得最大的种质遗传改良效果。轮回选择方法可以有助于持续改良达到显著遗传增益的目的。与利用半同胞方法选育出自交系B73相同，轮回选择方法同样能够循环地提供改良后代，是对自交系选育方法（如系谱选择法、双单倍体法）的补充。但这并不能代替其他方法，可以与其他方法结合使用（Hallauer，1981，1985，1992；Pandey and Gardner，1992；Carnea and Wick III，2006；Carena，2008；Hallauer and Carena，2009）。然而，目前很少有育种项目采用群体内和群体间轮回选择的方法。

栽培玉米是由它们的野生祖先经过一系列突变、自然和人工选择及对环境的适应而来的。植物育种是一门通过改良作物来满足人们需求的艺术和科学。这其中涉及进化的过程，但这些进化过程被人类引导来加快满足人们的预期目标。植物育种是一个宽泛的学科，需要拥有一定的遗传学、植物学、统计学、病理学和昆虫学知识，以及理解环境对植物生长和发育的影响。将植物育种作为艺术和科学的相对重要性并不十分明确，但由于人类依赖植物生存，因此自从人类狩猎和采集阶段开始，植物育种就在作物发展中起着重要的作用。尽管人们总是试图改变和指导植物的进化以满足他们的需求，但是直到孟德尔的遗传规律及其随机和重复设置的原理被认识和发展时，作物育种发展成为一门科学才显得重要（Carena and Wicks III，2006；Hallauer，2007；Hallauer and Carena，2009）。

今天人们熟知的玉米育种主要原理开始出现在 Shull（1908，1909，1910）和 East（1908）发表的文章上，并在20世纪得到发展。从使用开放授粉品种到利用双交种这一转变是培育抗倒和高产玉米品种进程中的一个显著进步。自交和杂交技术对玉米产量的影响见图12.1。

直到20世纪30年代后期，美国平均玉米产量一直较低。在1935年之前，产量波动较小，美国的平均玉米产量仅有两年达到1800kg/hm^2。在20世纪30年代，为了适应玉米耕作和机械化的变化和挑战，双交种的使用使玉米产量得到了微小但持续性的提高。图12.1产量的增加反映了玉米杂交种被迅速应用、作物种植方式得到改进、亲本自交系的循环遗传改良，以及在利用分子遗传提高抗虫性和抗杂草上的快速变化（图12.1）。所有的转基因玉米都是利用传统的育种方法对特殊种质进行遗传改良的结果。

在美国玉米带，玉米杂交种遗传改良的证据由Duvick（1977，2004）和Russell（1974，1986）报道。两位作者是采用几十年以来选育和应用的杂交种来进行重复性产量试验的。每个报告都提供了玉米产量得到显著遗传改良的重要证据。Duvick的试验包括以下两类杂交种。

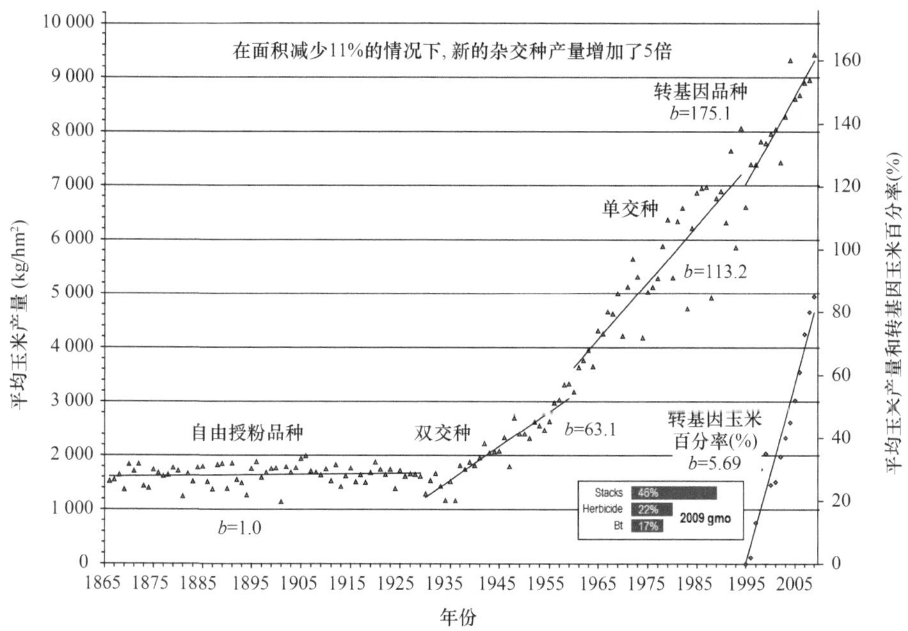

图 12.1　1965～2008 年美国平均玉米产量（由 A. F. Troyer 提供）

Stacks：兼抗除草剂和抗虫；Herbicide：抗除草剂；Bt：抗虫

（1）50 年来种植的杂交种，包括 20 世纪 30 年代、40 年代和 50 年代种植的双交种，以及 60 年代和 70 年代种植的单交种。

（2）50 年来应用于杂交种的自交系产生单交组合。

Russell 的试验采用的杂交种（单交和双交）都是 50 年来所种植的，所有的研究包括 3 个种植密度，采用这些种植密度是为了模拟美国玉米带早期的玉米种植密度、当前的种植密度，以及高于当前广泛种植的密度。所有的比较试验表明，品种选育过程中已经获得了能够满足品种种植条件的遗传改良。Russell 的计算结果表明，育种对杂交种性状增益的贡献为 63.2%。Duvick 研究表明，对于试验中两类杂交种而言，育种的贡献分别为 57%和 60%。产量的增加与 3 个试验有较好的一致性。Russell 同时发现，如果我们仍采用种植第一代双交种的密度来种植玉米，则可能不会实现产量的改良。因此，遗传改良同样依赖于栽培技术和这些品种对高密度的适应性。

杂交种对产量改良的响应依赖于根茎改良的响应、病虫害抗性的改良响应，以及几十年来高密度下玉米秃尖性状改良的响应。现代的玉米生产要求杂交品种应该具有可接受的根茎标准及果穗容易机械化收获的标准，籽粒产量本身是杂交种在现代玉米种植条件下总的基因型表现的结果。因此，应该是收获产量而不应是潜在的遗传产量成为评价杂交种好坏的标准——遗传产量是通过手工方法收获时所有果穗（无论是直立的还是倒伏的）来测定的。如果确实有产量基因存在，它们必须整合到包括良好的根茎、结实好的果穗、适宜的成熟期、良好抗病性和生长良好的基因型中。对现代玉米额外的要求是降低特定性状（如产量）的选择强度。因此，额外性状的增加拓展了对产量的定义。尽管选育超高产杂交种仍存在一些限制，但确实取得了重要的进展（图 12.2）。植物育种被描述成作物物种经济学应用和适应满足人类需求的选择技术。

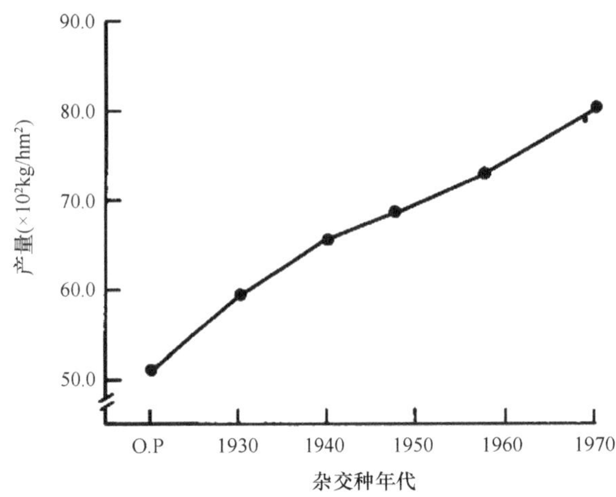

图 12.2　基于每个双交种的两个最好杂交种的实际产量对双交种产量的预测（以 10 年为间隔）（Russell，1974）

尽管看上去很慢，但在杂交种选育的过程中已经实现了持续的遗传改良。值得关注的是，同样的遗传改良进展在未来能否实现。机械设备的进步有效地改进了玉米播种和收获。1950 年以来，肥料（尤其是氮肥）的广泛应用已经十分常见；作物种植密度正在慢慢地增加；杀虫剂的研发和应用已经显著地为玉米生长和发育提供了更好的环境；农场操作人员的管理能力已经发展到了较高程度，如使用全球定位系统（GPS）。所有这些与遗传改良有关方面的发展和技术的凝练对实现作物高产做出了贡献。然而，许多因素或许已经到了其发展的平台期，因此戏剧性的变化可能不会马上到来。但是，目前并未出现表明产量已经达到最大（停滞期）的证据。有人提出分子辅助玉米育种可使产量到 2030 年增加 1 倍或者达到 18～19t/hm^2。B73 基因组测序已经完成，更多基因型测序需要瞄准目标，为等位基因和代表性样本测序。基因组测序能够使人们更好地理解杂种优势的遗传基础和（或）对抗旱性有贡献性状的遗传基础。每个转基因事件能够被鉴定和整合到目标性状中。考虑到环境质量、可能的气候变化、水资源及有限土地资源的限制，在强调实现高产的选择中，玉米育种者和生产者将面对更多的限制。例如，将来化肥的用量要比过去和现在有所下降，玉米育种者会选育适合低氮条件的杂交种来降低成本。处于环境质量的考虑，杀虫剂的研发和使用将会受到限制。对于未来栽培管理的变化及研发上的潜在限制强调了持续的遗传改良将成为必然。然而，重复育种计划（Carena et al.，2009c）或在特定的环境中进行鉴定（如有机的环境）或进行某些特定基因型（如进行高氮水平下选育的基因型对低氮需求的评估）研究之前，各种因素的相互作用的研究仍值得鼓励。利用独特的和逆境条件能够加速提高材料对气候变化的适应性。

通过推广和改进玉米育种技术、周期性选择计划和应用育种计划的整合，以及加强可用种质的利用，玉米遗传改良能够得到继续进行。第 5 章、第 7～11 章概括了从 Shull（1908，1909，1910）提出“纯系杂交种”概念后，近一个世纪以来开展研究所得的信息，这一育种概念被略经修饰后在大多数玉米育种计划中广泛应用，但群体改良方法和玉米种质资源并未得到广泛的利用。Dudley 和 Moll（1969）、Moll 和 Stuber（1974）对群体遗传方差及其结果之间的关联性进行了解释和利用。如果要得到持续的遗传改良，将上述这些方面与目前所应用的进行整合是必需的。利用单独的因素不可能产生显著的跨越，但是把所有这些因素整合起来利用将会产生虽然缓慢，但能达到稳定的遗传改良效果（Hallauer，1985，1992）。

应用玉米育种计划包括 3 个重要的阶段，分别可以满足短期、中期和长期的育种目标。

（1）种质的选择。

（2）选用种质的循环改良。

（3）选育用于组配单交种的亲本（适应于杂交种的区域），选育改良的品种、综合种和复合品种及其自用的杂交种（针对没有利用杂交种的区域）（Dowswell et al.，1996；Carena，2005；Carena and Wicks III，2006）。

所有阶段都同等重要，但每个阶段所需的资源和时间差别很大。

12.1　种质的选择

育种过程中用到的种质资源主要涉及如下。

（1）从当前的种质资源和可利用的信息中选择。

（2）在进行选择之前对资源进行收集、研究和评价。

首先，育种者主要依靠他人的信息和意见。如果评价种质资源的环境与种质被利用的环境相似，那么这种方法比较合适。如果信息来源于不同的环境，那么这些种质资源可能不适合育种者期望的环境。

尽管收集、发掘和评价种质资源需要几个季节，但是育种者有机会直接观察种质资源对特定环境的反应。从种质库中选取几份种质并把它们种下去可以得到最佳植株状态、果穗生长发育和适应性的种质，相似的种质类型可以组合到一起形成一个混合群或者形成几个彼此完全不同的混合群，这些种质混合群具有可被直接应用的丰富遗传变异。每种方法都可以使用，但几种方法组合起来应用较多。某些种质资源评价试验可以参考利用其他育种者的经验来进行。

种质选择至关重要，因此需要全面周到的考虑。从长远来看，草率地除去或减少种质资源种植季节数将会增加育成有用材料的季节数。选择的种质组成了育种项目的基础材料。那些对目标性状来说具有较低等位基因频率的种质，可能需要增加额外的种植代数或者增大的样本量来得到需要的基因型和群体。不幸的是，育种者可利用的大量种质信息是有限的，这就强调在进行种质选择前充分考虑所有信息的重要性。多数情况下，入选的种质将成为育种家一生育种过程中的基础材料或者成为进行遗传试验和丰富遗传知识的基础材料（如 NAM 群体）。因此，玉米遗传育种试验开始前的准确取样和种质选择十分关键。种质的选择将决定育种过程中能获得的最大改良潜力，而所使用的育种体系将决定最大的潜能可以实现多少。利用丰富的种质资源、采用大量分子标记来辅助选择亲本的育种过程，将会有更大的潜力在 F_2 群体中选出优良的后代。

12.2 轮回选择和种质改良

选择种质资源后，接下来就需要采用某些类型的循环选择计划使目标性状的遗传改良得到最大化。这样育种者可以自然而然地快速筛选出可供农民使用的材料。重要的是那些被应用在育种圃中的优良材料也应该被重新组合起来，构成基础群体。在种质资源的选择上如果考虑周全、时间充裕和费用充足，育种项目中不断应用这些种质将是一个理所当然的过程。从基础群体中选育出来的优良后代，大概含有能够满足育种者育种标准的遗传因素。可能这些材料并不能满足所有性状所指定的标准，但至少经过选择的后代要比一个随机选择的要好。优良后代的基因重组将会增加有利等位基因的频率，因此在将来的轮回世代中将会提高选出满足大多数性状标准后代的机会。与优良自交系选择的循环选择方法相似的方式也可用来选育常规自交系和杂交种（Hallauer，1985）。图 12.3 标明了利用轮回选择方法选出优良自交系和杂交种的概率优势。在这个理想化的例子中，改良后群体的遗传期望变异与原始群体相同，但前者的平均数增大了，并且从改良后的群体选育出杂交种的可能性要大于原始群体。仅进行一轮选择不可能达到图中的理想结果，如果改良群体经过 10 轮的选择、重组，则产量性状会有明显的改良。与采用优良后代互交方法相比，育种者更愿意尝试对原始群体重新抽样。如果样本数充足，从原始群体中重新取样的后代会产生同样的相对期望分布。但是，只经过 1～3 轮选择的后代的相对期望分布和平均值的变化很小可能难被检测出来。因此进行一定时期的轮回选择十分必要。

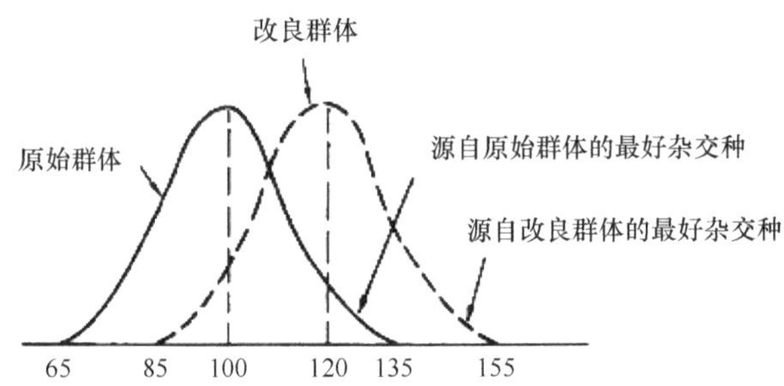

图 12.3 原始群体和改良群体后代选育杂交种的期望分布

第 7 章中概述了利用轮回选择技术选择的结果。轮回选择的效果取决于原始群体的遗传变异、等位基因的频率及目标性状的遗传力。例如，在获得转基因玉米（如 Bt）之前，进行了几个关于抗虫种质改良的项目。Penny 等（1967）报道，3 轮的自交后代轮回选择有效地提高了玉米对第一代欧洲玉米螟的抗性，所选育的群体抗性得到认可［图 12.4 显示抗性评价级别从 1 级（抗虫）到 9 级（感虫）]，5 个品种组成的 C0 群体的 484 个 S_1 后代的均值位于中间偏上的位置（5.5），而 5 个 C3 群体的 484 个 S_1 后代的抗性值为 2.5。此分布同样表明 3 轮的轮回选择与原始群体相比能够实现更高水平的抗性提高。3 轮的轮回选择群体的 S_1 代抗性频率峰值位于抗性级别内（无 7、8、9 等感虫级别）。

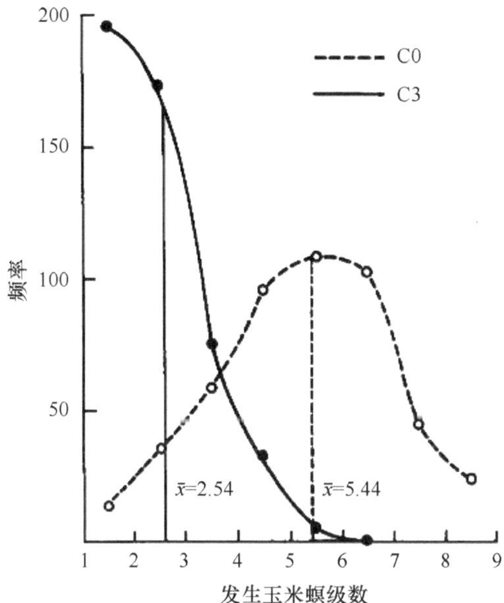

图 12.4 原始群体（C0）和经 3 次轮回选择改良群体（C3）的 S_1 代对欧洲一代玉米螟抗性分布

Jinahyon 和 Russell（1960）采用相似的轮回选择方法改良开放授粉品种 Lancaster Surecrop（该品种高感茎腐病）对玉蜀黍壳色单隔孢菌的抗性，并评价了 C0、C3 代两个群体的 100 个 S_1 株系的抗性选择反应（图 12.5）。

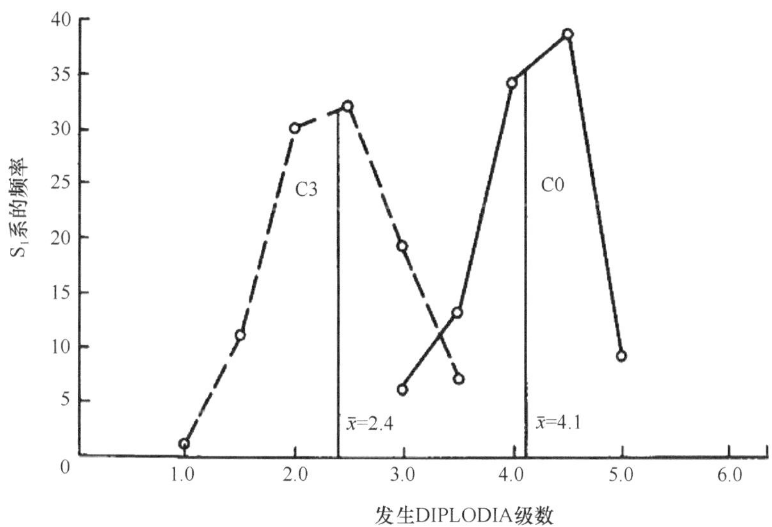

图 12.5 原始群体（C0）和经 3 轮轮回选择改良群体（C3）的 S_1 对玉蜀黍壳色单隔孢菌的抗性分布

抗性级别按照从 0.5（抗病）～5.0（感病）的范围划分。C0 代群体的 100 个 S_1 的平均茎腐级别为 4.1，C3 代群体的 100 个 S_1 的平均茎腐级别为 2.4。并且利用轮回选择方法进行茎腐病抗性选择的重要特征是抗性分布在 S_1 代发生显著改变。C3 代群体的 S_1 后代较少有抗病级别超过 3.0 的，而 C3 代群体的后代则很少抗性级别低于 3.0。

在上述抗虫和抗病试验中，基于对 S_1 后代目标性状改良的评价，利用 3 轮轮回选择方法在改良群体目标性状均值和分布上是有效的。在上述 2 种病虫害的人工接种技术的发展后，欧洲一代玉米螟和茎腐病抗性的遗传力要大于产量性状的遗传力。人工接种技术降低了病虫害表型鉴定遗漏的频率，提高抗性遗传力进而最终提高了选择的效果。人们期望对性状进行选择的响应要高于仅依赖自然侵染和病害的发生响应，高于环境对虫害的产生和发展的影响。如果技术（鉴定技术）可行，轮回选择对于提高群体平均表现将是一种有效的方法，并从改良群体获得优良后代的机会。对欧洲一代玉米螟和玉蜀黍壳色单隔孢菌抗性改良的结果与图 12.3 假设的例子一致。大多数情况下，利用 3～4 轮的轮回选择方法来改良群体抗性就可以达到目标水平（Hallauer，1973）。尽管 Penny 等（1967）、Jinahyon 和 Russell（1969）等实现了两种重要玉米病虫害的成功改良，但只强调病虫害的选择导致了产量下降及其他不利农艺性状的出现（Devey and Russell，1983；Klenke et al.，1986）。因此，多性状、多阶段及多环境的选择指数将是解决这一问题的有效办法（Hallauer and Carena，2009）。

Penny 和 Eberhart（1971）报道了在 20 年间两个合成群体 BSSS 和 BSCB1 的相互轮回选择。完成 4 轮产量的轮回选择需要 20 年，而完成第一代欧洲玉米螟和茎腐病抗性轮回选择只需 4～8 年的时间。4 轮的相互轮回选择提高了群体杂交组合产量［（118±24）kg/hm^2］和 BSSS 群体产量［（138±62）kg/hm^2］，但 BSCB1［（–64±62）kg/hm^2］群体产量并未提高。尽管上述改良结果并不显著，但由于有限的选择和重组机会（只有 4 次），因此这样的结果也在意料之内。如果加代条件允许的话，选择轮数还可以增加。Russell 和 Eberhart（1975）测试了原始 BSSS 和 BSCB1 群体间杂交组合、经过 5 轮相互轮回选择的 5 个 BSSS 和 BSCB1 后代的杂交组合。5 个入选的 BSSS 和 BSCB1 后代形成 S_2 代，每个群体 10 个入选 S_2 后代用来合成第 6 轮群体。S_2 代间杂交组合的平均产量超过群体间杂交组合的产量，最优的 S_2 代组合产量超过群体间杂交的 35%。两个 S_2 代组合的产量显著地超过被商业应用的杂交组合 B37×Oh43。Keeratinijakal 和 Lamkey（1993）报道了 BSSS 和 BSCB1 群体经过 11 轮相互轮回选择后群体产量直接选择响应为每轮 7.0%，同时杂种优势水平从原始群体的 25.4%增加到 76.0%。

Moll 等（1977）对两个群体 Jarvis 和 Indian Chief 进行相互轮回选择，进行 6 轮后选择可以提高获得优良杂交组合的概率。他们描绘出来自原始群体和经相互轮回选择的改良群体选育出的自交系组配单交组合的频率分布（图 12.6）。

选自改良群体的单交组合平均产量比选自原始群体的单交组合高出 12.5%。利用相互轮回选择方法可改良杂交种的平均产量，但是获得杂交组合的概率分布与利用原始群体获得杂交组合概率分布相似，这说明利用改良群体获得优良杂交种的概率要比利用未改良群体高。10 个来自改良群体的最优杂交组合平均产量要比 10 个最优的来自于未改良群体的杂交组合产量高 8.6%。

Hallauer（1984）及 Eyherabide 和 Hallauer（1991）提出采用全同胞相互轮回选择来改良用于选育出自交系和杂交种的种质资源群体的选择响应。C0、C7 和 C13 具有相同的频率分布趋势（Moll et al.，1977）。

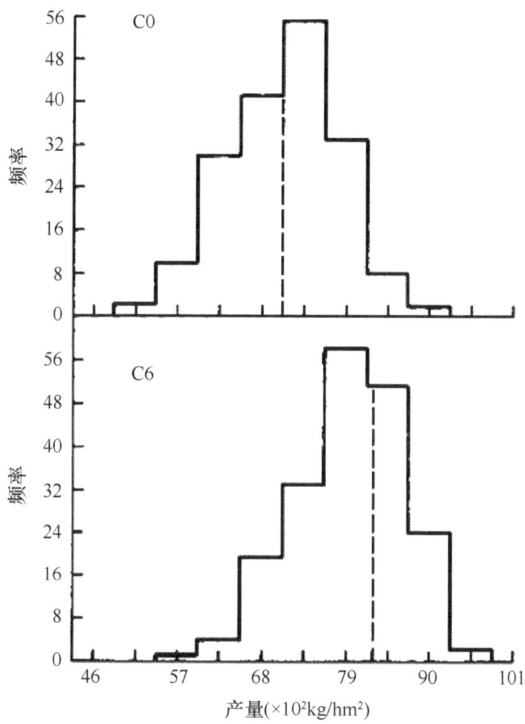

图 12.6 利用 C0 原始群体和经 6 轮相互轮回选择的改良群体选育出的自交系单交组合的频率分布

相对于 6 个对照杂交种的平均产量，C0 和 C13 的分布是截然不同的。144 个 C0 全同胞家系中仅有 2 个家系产量超过对照均值，而 214 个 C13 全同胞家系中仅有 17 个低于对照均值。Eyherabide 和 Hallauer（1991）得出经过 8 轮相互轮回选择后，BS10 和 BS11 每轮产量可增益 7.5%，并且对于 C0×C0 群体经过 8 轮相互轮回选择后，杂种优势从 2.5%增加到 39.6%。

有证据表明轮回选择可增加获得优良后代和杂交组合的机会。在大多数的例子中，尽管完成的轮回选择轮数有限，但结果仍令人鼓舞。报道结果与图 12.3 最简单的模型趋于一致。轮回选择最主要的目的是逐渐增加符合育种者主要育种目标的有利等位基因频率，并同时保留着遗传变异。不变的选择压力和能满足育种者所期望的基因的后代进行重组，这将产生改良的育种群体，这些群体会提高分离出类似优良自交系 B73 及其衍生系的优良杂交种的机会。如果玉米育种不是以选育自交系和杂交种为目的，持续的轮回选择也能够选育出可被农民直接应用的品种（如群体杂交种）（Dowswell et al.，1996；Carena，2005；Carena and Wicks III，2006）。轮回选择的相对成功与否依赖于选择性状的复杂性、用于筛选后代的可靠试验技术及环境的影响。比较分析结果表明，大多数性状都可以得到显著的改良，但对一些性状的改良效果比另一些效果好。

产量通常是玉米育种考虑的最重要的经济性状，但对于一定的环境（如北达科他州），其他性状（如收获时籽粒脱水速率及水分含量、耐冷和耐旱性）可能和产量一样重要。因为产量性状与具有高遗传力的性状，或者可采用一定方法来降低环境影响的性状不同，所以利用轮回选择产量并不能达到满意和持续的改良效果。产量是一个特殊的可度量的性状，是植物基因型和环境响应的综合反应。高产环境下具高生活力的健康植株能实现高产的情况是少见的。生活力强、植株健康，以及不受玉米虫害危害通常要比产量的遗传力高。看来，可以利用育种群体在相对较短的时期内（4～8 年）对遗传力高的性状进行改良，这样经济损失就不会十分严重，然后，再侧重对产量性状的改良，这表明了是两阶段的选择过程。但是，正如后者所描述的那样，对生活力、植株生长性状的选择可以与利用轮回选择对产量改良结合起来。由于两个阶段或者连续的选择会增加所需的时间，因此，把尽可能多的选择性状整合到一个选育过程中能够缩减时间。最近，分子生物学家成功实现了将基因片段插入用于生产杂交种的自交系中来增强玉米对欧洲玉米螟、根虫、除草剂的抗性。对于那些难以测量及遗传力低的性状，利用分子标记选择可以作为遗传改良的辅助手段。由于幼苗活力的选择与地下根系的选择不太容易同时进行，因而，所有的应用玉米育种者都乐意采用精确的根部性状的选择标记进行选择。尽管已经有了新的评价玉米自交系和杂交种脱水速率的方法，并且已通过产业合作方式成功选育出双单倍体，但是快速脱水可能是一个潜在的性状。遗憾的是，在不同的研究中，对这些性状的分子标记选择作用并没有优先考虑。

多性状成功的选择依靠被选择性状之间的遗传相关程度（第 7 章）。如果遗传相关程度较低，同时对不同性状进行选择将会比较容易。较低的遗传相关性对计划将植株生活力、植株健康程度和产量共同改良的育种者来说是有利的。目标性状之间具有较强的正相关关系有更大的优势。多数试验和数据表明植株生活力、健康性状与产量性状之间并没有较强的遗传相关关系。例如，Jinahyon 和 Russell（1969b）针对抗茎腐病性状进行改良选择（图 12.5）并没有减少产量，但在经过额外的 4 轮持续选择后确实对产量产生了不利影响（Devey and Russell，1983）。早期轮回选择发生的关联性变化主要表现在植株活力强、成熟期延后、较好的病害抗性、茎秆强度更强及更高的杂交种产量。在温带地区进行高产和强生活力选择会选育出成熟期退后的材料，除非强调将早熟和高产共同选择，否则群体将趋向于晚熟并伴随更高的穗位和株高。

Hallauer（1978）、Eyherabide 和 Hallauer（1991）利用全同胞相互轮回选择对 BS10 和 BS11 的收获产量进行选择时发现，经过 3 轮和 8 轮选择后群体自身及其组合的产量显著的增加。相关的变化表明倒折和籽粒水分含量显著减少，但是倒伏情况并未发生变化。对于其他目标性状，选择压力同样起到预期的作用。在全同胞相互轮回选择中，选择是基于自交后代和全同胞组合的。但在 Leaming 和 NDSAB 群体中，Carena 和 Hallauer（2001a）、Carena 和 Cross（2003）及 Hyrkas 和 Carena（2005）对多性状进行群体内轮回选择研究时发现了相似的结果（分别见图 12.7 和图 12.8）。即使选择只是针对单一性状，而适应性的分层群选同样产生了显著的预期相关响应（Hallauer and Carena，2009）。

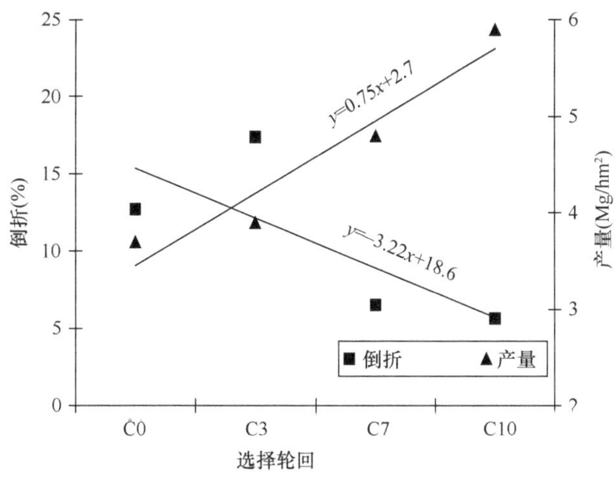

图 12.7　开放授粉玉米品种 Leaming 在 3 轮 S_1-S_2 轮回选择后的产量与倒折间的间接响应（Carena and Hallauer，2001a）

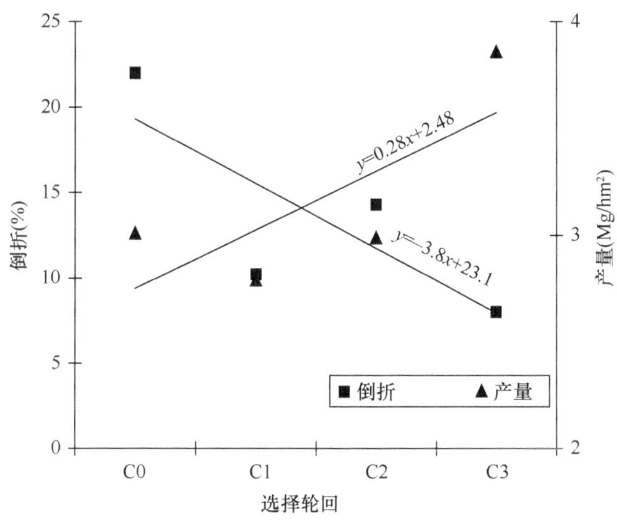

图 12.8　NDSAB 玉米综合种在 10 轮改良穗行法选择后产量与倒折间的直接响应（Hyrkas and Carena，2005）

对于 Penny 等（1967）、Jinahyon 和 Russell（1969a）及 Hallauer 和 Carena（2009）报道的那些性状，如果仅考虑进行单个性状选择的时间间隔，那么对单个性状的选择压力可能比对几个性状同时的选择更加有效。对欧洲玉米螟和茎腐病的抗性进行 3 轮的轮回选择可使育成群体的抗性达到可接受的水平。如果将上述性状和对产量性状的选择结合起来，那在对重组后代进行最终选择时我们就要做一些权衡。Devey 和 Russell（1983）、Klenke 等（1986）、Dudley 和 Lambert（2004）及 Hallauer 等（2004）研究表明，只强调单个性状的选择是有效的，但这种选择对种质的整体农艺性状是不利的。要达到这个目的，不是 3 轮选择，而需要 3～6 轮的选择才能获得水平相当的抗性。按折中考虑进行选择，虽然能够取得进展，但是进展将会很缓慢。另外，适应性选择（分层群选）强调在早期世代对花期进行高强度选择，而在适应后再强调对包括产量在内的多性状同时选择。

对植株活力和健康性状进行选择通常是在对产量选择之前进行。在某些类型的轮回选择方案中，进行成本较高的产量性状改良前，先进行其他性状的改良是比较方便的。选择可以在植株和后代的不同发育阶段进行，不符合目标性状的植株和后代可以在进行产量性状评价前被剔除，并且可以施以较强的选择压力。然而，如果性状间的遗传相关性较低，连同产量一起进行选择也是有效的。例如，Sezegen 和 Carena（2009）对自交和全同胞后代每年进行 1 轮耐冷性选择，即后代种植在冬季圃中，在夏季试验场圃中进行评估和重组。因为产量并不包括在选择指数内，所以对于北美玉米试验点，出苗率和幼苗活力可以在开花前进行筛选。所有后代都种植于育种圃中，利用内部双列杂交的方法对同季节不同地点得到的最优评价后代进行重组。

由于大多数育种过程同时关注改良几个性状，因此最初大家对 Smith（1936）提出的选择指数比较感兴趣。选择指数是最有效地实现最大遗传增益的方法，它能够提供以下信息。

（1）遗传方差、表型方差及协方差的可信估算。

（2）确定每个性状适当的经济权重。

Williams（1962）建议性状的基本指数只能通过他们的经济值被赋予权重。然而，对许多性状来说，这些值并不容易确定。Pesek 和 Baker（1969）意识到相对经济权重赋值的难度，并提出了利用性状预期增益的改良选择指数。Suwantaradon 等（1975）利用 3 种选择指数（传统的、基本的和改良的）在轮回选择过程中同时改良几个性状。从 S_1 代测验比较得出，当性状的经济值很难确定时应使用改良选择指数。在改良过程中利用某个选择指数的先决条件是这个指数的可靠性和简易程度。Subandi 等（1973）利用 5 个选择指数检验了 3 个农艺性状（籽粒产量、倒折、落穗）的预期增益。此研究的目标是发展一个简单实用的选择指数以便确定机械收获产量。研究还发现在增加机械收获产量选择上，利用选择指数比仅基于产量的选择更加有效。如果采用轮回选择的方法，同时进行几个性状的选择是必要的，必须采用指数选择来提高选择效率。例如，Smit 等（1981）建立了一个选择指数，其基于半同胞、全同胞及自交后代在不同环境下的方差分析时所获得的平均数和遗传力的评估值。每个性状的平均数根据各性状的遗传力赋予特定的权重。这种分析方法假定性状间的相关性为零或非常低。最终的某一指数的值由所测量性状的总和来决定。Baker（1986）讨论了所提出不同指数的理论及其优缺点，Hallauer 和 Carena（2009）在进行半同胞选择试验中也利用了 3 个选择指数并做出讨论。在大多数轮回选择体系中，对其他农艺性状的选择通常能增强改良育种群体未来的利用价值。

轮回选择的方法包括在单个群体内选择，多个群体（群体内）或两个群体（群体间）选择。采取哪种方法依赖于选择的性状、选择的目标及育种项目的能力。例如，对特定群体的茎秆质量或适应性进行选择时，群体内选择更适合一些。如果主要目的是改良群体间杂交组合，群体间选择会更合适。群体内主要强调对加性遗传效应的选择，而群体间强调对非加性和加性遗传效应的同时选择。MollStuber（1971）、Moll 等（1977）、Eyherabide 和 Hallauer（1991）、Keeratinijakal 和 Lamkey（1993）、Carena 和 Hallauer（2001a）及 Carena（2005）的研究数据表明，群体间选择增加群体间杂交的杂种优势，而群体内选择并不改变杂种优势。假设性状间对选择不存在相关响应的情况下，群体内选择能够被用来改良两个群体某些性状的杂种优势而不改变产量的杂种优势。某些群体内改良的方法要比群体间改良方法更简单，要根据改良的主要目标考虑改良方法的优缺点。除全同胞相互选择外，群体内和群体间轮回选择的进展都依赖于有利加性效应的等位基因频率的增加。

12.3　整合轮回选择和品种选育

提高玉米育种效果和效率的第三个重要阶段是将轮回选择与自交系选育计划整合。就像育种家今天认为分子研究是基础研究那样，过去曾经一度趋向于将轮回选择作为与应用育种项目关系很小或根本毫无关系的基础研究。然而，经过轮回选择改良的群体通常是玉米选育自交系的优良种质资源，公共育种项目经常发放这些群体。

最初的轮回选择计划是被用来研究群体对不同选择方式的反应，以及用来确定所观测到的响应是如何与可能的基因作用类型相关联的。但是，超显性对杂种优势的相对重要性、足够的群体遗传变异及合适的选择测验种对有效进行育种选择的影响、一般和特殊配合力的相对重要性等问题纷纷被提出，建立和使用有效的育种方法对解决上述问题十分必要。综合这些研究表明，育种群体中足够的加性遗传方差保证选择得到预期进展（第 5 章），而且在大多数情况下，无论何种选择方法还是选择什么目标性状，都实现了选择响应（第 7 章）。Sprague 和 Eberhart（1977）、Hallauer 等（1988）及 Hallauer 和 Carena（2009）的总结同样表明利用不同的群体内和群体间轮回选择方法对产量进行改良都得到比较相似的选择响应。

所有轮回选择改良方法的一个重要特征是优良后代的重组。重组后代的选择可以用后代自身或测交组合的鉴定来决定。在测交组合鉴定中，测交材料留存种子被用于重组，或者用于测交的植株自交种子被重组。在所有的例子中，除混合法选择外，选择都以后代自身或其测交产量为基础。所有的例子都进行了早代测验，因为在早代测验受到限制，即使对材料的相对评价还不确切，但至少会排除掉最差的后代（Rodriguez and Hallauer，1991）。由于可以获得一定的选择进展，在一些环境中早代测验的限制可在一定程度上通过重组、附加的测验，以及在后续的选择世代中被克服。大多数证据表明在高级选择世代中出现优良后代的频率更高，这让应用玉米育种家很受鼓舞。

文献中讨论了如何将每种轮回选择方法同自交系和杂交种选育过程结合起来。轮回选择是实际育种过程中一个不可分离的部分。只有当轮回选择被当成应用育种过程的一部分时，它的真正好处才能被大家认识到。进行轮回选择的过程中还可以获得额外的信息，并且轮回选择方法能被看作可获得最大玉米遗传改良的育种工具。如果进行早代产量鉴定是选择优良后代来重组成下一轮选择的有效基础，那么应该以优良的后代为材料，利用系谱法来选育自交系。每进行 1 轮轮回选择，选出来的后代数量不宜太大，而且是非随意选择，选出的后代应该能够代表遗传多样性的优良种质。那些边缘的、没有被用来重组的额外后代也应该包括进来。在随后的选择世代中，玉米材料要不断地定期种植于育种场圃中进行额外的选择和测试。当有利等位基因频率较高时容易获得最大的成功，但是在选择的早期世代，符合要求的基因型频率将不会十分令人满意。

将轮回选择作为育种过程不可分割的一部分才能发挥其最大作用，而不是将其作为仅在某一比较方便实施的季节才进行的育种过程中的一小部分。由于植物育种的季节性特点，所有育种者必须做好育种计划。轮回选择应该作为以持续性和周期性为基础的育种过程的一个重要阶段。轮回选择应该被看作应用育种，而不是确定如何比较实际响应和预期响应的基础研究。周期性进行长期轮回选择计划的潜在好处是得到改良的自交系（Mikel，2006；Mikel and Dudley，2006）。尽管利用轮回选择（包括自交系选育）选育出杂交种的概率比较小，但是利用艾奥瓦坚秆综合种不同轮回选择的轮内所选育的自交系表现出了重要性（如 B73），因为这些自交或被直接用于知识产权保护的杂交种选育或利用系谱法被进一步改良。

12.4 群体内遗传改良

12.4.1 混合选择

混合选择并不像其他轮回选择方法那样每一轮的选择都是为了产生后代家系。混合选择在高遗传力性状（如熟期、花期、适应性及多穗性）的选择上十分有用。由于混合选择方法是基于个体植株的半同胞杂交的开放授粉，其后代评价精确性要比后代经过重复性试验的要低。混合选择授粉可以被控制，但这将会降低混合法作为相对简单、成本低的轮回选择方法的优势。Harris 等（1972）研究表明，混合选择的高级世代优良测交组合的频率要高于其原始的、未选择的群体。但是，在评价混合选择法时需要用人工授粉的方法来产生后代。通常情况下，因为没有自交籽粒种子，混合选择每个果穗的半同胞种子并不种植于育种圃中，每一轮大量的种子（例如，20 000～25 000 个植株被用来进行玉米对美国北达科他州条件的适应性改良）限制了自交的应用。如果授粉前对不良株进行去雄，混合选择的效率将会得到提高。亲本控制成倍地提高了混合选择的效率（第 6 章）。Gardner（1977，1978）概述了利用混合选择对 Hays Golden 群体产量改良的选择响应。Hallauer（1999）采用混合选择法，有效地改良了 5 个热带品种对温带环境的适应性。Carena 等（2008）成功地使改良品种适应了北美的条件（表 12.1、表 12.2 和表 12.3）。然而，Williams 和 Davis（1983）通过混合法并未成功地提高玉米对西南玉米螟的抗性。混合选择的效果由单株为基础的遗传力水平决定。在任何情况下，通过混合法和分层混合法改良的群体还可以继续用针对复杂性状的轮回选择方法来继续改良。

表 12.1　2005～2007 年，在北达科他州环境下对 NDBSK 玉米群体的雌花性状进行分层混合改良后各性状均值（改编自 Carena et al.，2008）

基因型	散粉期（天）	吐丝期（天）	株高（cm）	穗位高（cm）	籽粒产量（Mg/hm^2）	籽粒水分（%）	容重（kg/hL）	轴粗（mm）
NDBSK（HI-M）C0	68.1	72.0	201.9	92.0	5.5	28.1	74.4	23.4
NDBSK（HI-M）C1	67.7	69.6	197.0	91.2	5.4	25.9	74.5	23.4
NDBSK（HI-M）C2	65.1	69.0	193.0	85.2	5.9	24.0	75.1	22.9
NDBSK（HI-M）C3	62.5	65.1	190.4	80.7	6.6	21.9	76.3	22.8
均值	65.9	68.9	195.6	87.3	5.9	25.0	75.1	23.1
每年平均响应	–1.90	–2.30	–3.83	–3.77	0.37	–2.07	0.63	–0.20

表 12.2　2005～2007 年，在北达科他州，对 NDBS11 玉米群体雌花性状进行分层混合改良后各性状均值（改编自 Carena et al.，2008）

基因型	散粉期（天）	吐丝期（天）	株高（cm）	穗位高（cm）	籽粒产量（Mg/hm^2）	水分（%）	容重（kg/hL）	单株穗数	轴粗（mm）	行数
NDBS11（FR-M）C0	72.2	73.5	222.3	105.6	5.6	28.0	72.1	1.3	22.5	15.1
NDBS11（FR-M）C1	70.8	72.5	218.3	103.9	5.8	26.7	72.1	1.2	22.2	14.4
NDBS11（FR-M）C2	67.9	70.3	206.3	93.6	5.9	24.0	73.5	1.2	22.0	14.4
NDBS11（FR-M）C3	64.2	67.9	197.9	86.2	6.6	20.8	74.8	1.2	21.7	14.1
均值	68.8	71.0	211.2	97.3	6.0	24.9	73.1	1.2	22.1	14.5
每年平均响应	–2.67	–1.90	–8.13	–6.47	0.30	–2.40	0.90	–0.03	–0.27	–0.33

表 12.3　2005～2007 年，在北达科他州环境下对 NDBS1011 玉米群体雌花性状进行分层混合改良后各性状均值（改编自 Carena et al.，2008）

基因型	散粉期（天）	吐丝期（天）	株高（cm）	穗位高（cm）	籽粒产量（Mg/hm^2）	水分（%）	容重（kg/hL）	穗长（cm）	穗粗（mm）	行粒数	单株穗数	轴粗（mm）
NDBS1011（FR-M）C0	75.9	77.2	213.7	112.9	4.5	32.4	71.8	13.0	38.0	13.7	1.5	21.3
NDBS1011（FR-M）C1	71.4	73.1	222	107.3	5.7	28.7	73.6	14.5	40.4	14.8	1.2	22.6
NDBS1011（FR-M）C2	69.0	71.6	217.0	105.6	5.9	26.4	74.6	14.6	40.2	15.0	1.2	22.2
NDBS1011（FR-M）C3	66.0	70.2	211.3	98.7	6.3	24.0	75.6	14.8	40.2	14.3	1.1	22.3
NDBS1011（FR-M）C4	66.0	69.1	206.6	92.9	6.0	21.5	75.3	14.4	41.1	14.8	1.1	22.2
均值	69.7	72.2	214.2	103.5	5.7	26.6	74.1	14.3	40.0	14.5	1.2	22.1
每年平均响应	–2.48	–2.03	–1.78	–5.00	0.38	–2.73	0.88	0.35	0.78	0.28	–0.10	0.23

12.4.2　改良穗行选择法

改良穗行选择法是基于半同胞家系间和家系内的选择，选择单位是半同胞家系，半同胞家系选择的理论基础已经在第 6 章和第 7 章进行了讨论。在这里，由于方法上的特殊性，因此将按常用术语讨论这些方法。改良穗行选择法的有限数据（Lonnquist，1964）表明其是一种有效的轮回选择方法（Paterniani，1967a，1967b；Webel and Lonnquist，1967；Carena and Cros，2003；Hyrkas and Carena，2005）。由于改良穗行选择法采取不只一个环境进行半同胞家系评价，因此与混合法和原来的穗行选择法比较更有优势。利用一个以上的环境能够对环境和基因型互作进行评估，将不同环境的数据进行汇总来确定进行重组的优良家系。相对于混合选择法，此法在一定程度上移除了环境影响带来的偏差，但却需要更多的资源。

改良穗行选择法包括在两个或多个环境下种植单个重复的家系。将一次重复种植于一个隔离区内以便进行重组。从群体中选取果穗样本。如果在 3 个环境中进行半同胞家系鉴定，每个半同胞的一次重复应包括在每一个环境内。在每一环境下进行随机试验，种在隔离区的一次重复除用于重组外还要用于记录每个家系的数据。除了半同胞家系，隔离区还种植了家系混合种子用来对半同胞家系授粉。将半同胞家系去雄，并杂交授粉产生后代种子。如果选择基于 3 个环境下半同胞家系的均值进行，那么家系均值间的方差成分为 $(1/8)\hat{\sigma}_A^2$（Empig et al.，1972）。如果选择在后代行内株间进行，那么预期的遗传增益包括了额外的成分 $(3/8)\hat{\sigma}_A^2$。例如，如果每个后代穗行内的植株都可以感染茎腐病及发生一代欧洲玉米螟，那么利用多环境的数据来选择优良的家系，在中选半同胞家系内选择单株。

Compton 和 Comstock（1976）提出了两季的而不是一季的改良穗行法的改进选择方法。所有的环境中在第一个季节都用来鉴定优良家系，而没有在隔离区种植进行重组。在第 2 季中，将入选的家系种成穗行、去雄并用入选的优良半同胞家系混合作父本进行授粉。由于只采用入选的家系混合作父本授粉杂交，控制父母本授粉的方法效果更好。另外，改良穗行选择只在一季进行时，那么入选家系就采用所有家系（包括选择和未经选择的）进行授粉。因此在预测方程中，家系间方差为 $(1/4)\hat{\sigma}_A^2$，家系内方差为 $(3/8)\hat{\sigma}_A^2$。Compton 和 Comstock 认为，在仅能种植单季的温带地区进行两季选择方法，可达到改良穗行法每年单季选择增益的 75%，第二季可以通过在冬季加代进行种植。

改良穗行选择是一种群体内的选择方法，对有足够遗传变异的群体进行改良是十分有效的。它可以用于从头改良群体或者经过混合法对高遗传力性状进行改良后再继续改良。由于可以估计环境效应，改良穗行法更适合用于如产量性状的改良。由于改良穗行选择是一种群体内的改良方法，因此 Lonnquist（1964）建议杂交组合展现出杂种优势的两个群体应该利用改良穗行法进行改良。在改良穗行法的选择响应降低之后，采用一定形式的群体间轮回选择就成为一个很自然的选择流程。

改良穗行选择并不使后代向任何程度的自交发展。因此，选择的后代可能不适合自交系的选育。然而，优良的后代可以进一步自交并整合到普通系谱选择的近交体系中。由于鉴定了优良后代，改良穗行法在比混合选择法更先进。利用两季的方法，小部分的入选家系可以种植于隔离区内进行重组。在入选家系中选择的单株，逻辑上将成为可种植到育种圃的候选单株。

12.4.3　S_1 后代轮回选择

S_1 后代轮回选择已经在几个性状的改良上应用，其选择响应通常是正向的（第 7 章），使得这种方法更适合于以后代为基础的大多数性状的鉴定。对限制性遗传模型（第 3 章和第 6 章）来说，$\hat{\sigma}_A^2$ 的系数是 1，而群体在选择条件下 $\hat{\sigma}_A^2$ 的估计值是由 S_1 后代方差成分决定的。通常，S_0 植株上产生 S_1 种子足够用来进行不同环境下的重复性试验。利用自交授粉来对 S_0 单株进行选择。由于在重复性试验中以单株为基础的遗传力要比以后代为基础的低，因此，以单株为基础的要比基于后代重复试验的遗传力评估选择的效果要差一些。具有较高的重复后代试验遗传力估计值是 Penny 等（1967）及 Jinahyon 和 Russell（1969a）采用 S_1 后代而不是 S_0 植株来选择抗欧洲一代玉米螟和茎基腐病单株的原因。

尽管 S_1 后代评价使其自身更适合于对大多数性状的改良，但它并没有如同半同胞或测交方法那样广泛地应用于产量改良。影响产量表现的遗传效应类型导致了人们不愿

采用 S_1 后代轮回选择进行产量的改良。基于自交后代的选择（S_1、S_2 等）理论上比测交的选择方法（第 6 章）在改变具加性效应的等位基因的频率上更加有效。测交方法更适合用在具有超显性效应基因的特定测验种情况下。

进行 S_1 和测交后代评价选择方法的比较研究结果并不完全一致，但两种方法都显著地改良了选择群体。Lonnquist 和 Lindsey（1964）及 Horner 等（1973）发现 S_1 和 S_2 选择同测交法比较没有预期的那么有效。Genter 和 Alexander（1962）、Burton 等（1971）及 Genter（1973）发现，所有的方法（S_1 和测交法）都改良了 S_1 代家系的群体产量，但 S_1 后代选择的改良效果更好。几乎在所有的研究中，从 S_1 后代选择法改良群体中选出来的 S_1 代家系的自交衰退程度要低于从测交法改良的群体中选择的 S_1 代家系。值得关注的是群体配合力是如何受两种选择方法影响的，尤其是基因作用方式的可能影响。目前并没有结论性的证据，但看起来测交法更利于实现对显性有利等位基因的选择。Burton 等（1971）提供证据表明，S_1 后代选择法和测交法选择，是入选群体存在不同等位基因或者是等位基因频率的差异程度足以使群体杂交组合的杂种优势增加，或者是遗传漂变足以引起等位基因频率的差异。由于 S_1 后代选择法和测交法选择强调对不同等位基因的选择，因此，可以期望得到等位基因频率的差异。Tanner 和 Smith（1987）及 Horner 等（1989）对自交 S_1 后代选择法和半同胞轮回选择（或测交）进行了深入的比较。Tanner 和 Smith（1987）进行了一个 8 轮选择后的比较，结果表明经 4 轮选择后 S_1-S_2 选择比半同胞选择法更有效。然而，经 8 轮选择后，半同胞选择法的选择响应更大，而 4 轮的自交后代选择后没有获得进一步的改良增益。Horner 等（1989）在对 Fla. 767 群体的研究中得出了相似的结论。通过与自交系测验种 F6 杂交，在半同胞家系中表现出超显性效应，他们解释了两种选择方法的不同响应。

配合力是一个值得关注的问题，但选出用来重组形成下一轮群体的 S_1 家系可以直接种植于育种圃作进一步近交和开始测交评价。Jinahyon 和 Russell（1969b）发现茎腐病的 S_1 后代选择并不改变配合力但增加了 S_1 代的平均产量，这比较适合用于选育自交系组配杂交种。入选的 S_1 代家系被选来用于重组，并种植于测交圃中来生产测交种子。这些入选的 S_1 代家系将成为基于每个 S_1 家系本身评价后的入选样本。由于一些 S_1 家系可能在育种圃中被舍弃，因此不是所有的 S_1 家系都包括在测交试验中。另外一个情况是，入选的 S_1 家系种植在育种圃中，只有到了自交后代（如 S_3 或 S_4 代）才被用来生产测交种子。入选家系的数量通常不大（20～40 个），因此，在一个测交圃中生产测交种子将不需要额外的空间。此外，这两个阶段可以在同一个季节进行，这样可以节省收集 S_1 代配合力的信息用于重组的时间。选择哪一代自交材料用于测交，对何时将入选家系用于测交圃中是会产生影响的，如 S_1 或 S_2 与 S_4 或 S_5（第 8 章）。

每一轮 S_1 后代轮回选择所需要的年数依赖于生长季数和所选择的性状（表 12.4）。如果选择可在授粉前完成（如欧洲一代玉米螟、苗活力、出苗率），入选 S_1 的重组和鉴定试验可以在同一季完成。如果在同一季内进行重组就需要大量的田间走动和携带花粉使 S_1 代入选家系间达到一种必需的授粉杂交平衡［例如，内部双列杂交的方法（Sezegen and Carena，2009）］。但如果采用加代手段，每年即可完成一轮选择。如果不在同一季进行杂交，那么每选择一代所需的时间与在生长季节后期才能评价的性状（如产量）相同。在温带地区，如果非季节性育种圃有利用的可能性，那么对于开花后进行鉴定的性状而言，1 轮两年是最短的世代周期。利用非季节性育种圃或者冬繁进行重组和自交授粉来实施下一轮选择。自交授粉可以在第 4 季进行（表 12.4），但是非季节性育种圃不适合用来鉴定性状，在自交前还需要一代重组。必须做出决定的是，再次重组是否比在非季节性圃中产生 S_1 代家系的成本更有价值。在每年超过一个生长季的地区，可根据表 12.4 的方案来进行调整以最大限度地利用生长季节。一个提高选择效率的最重要的方法是采用最少的年数来完成每一轮选择。每一轮周期长度依赖于选择的性状和可用于后代测验、鉴定及入选家系重组的季节（第 7 章）。

表 12.4　在温带地区不同季中同时进行 S_1 后代轮回选择和与自交系选育

季节	群体改良项目	品种选育项目
1（冬季）	**自交授粉** 选择下的 C0 群体自交授粉 300～600 个 S_0 植株 在授粉和收获时期对 S_0 植株进行选择 收获能够产生足够种子用于重复测验的 S_1 果穗	—
2（夏季）	**S_1 后代评价** 进行重复试验，选择 20～30 个 S_1 后代进行重组 如果花期前能够完成选择，重组可在这一代进行	—[a]
3（冬季）	**重组** 重组入选的 S_1 家系形成 C1 轮群体 如果重组可在第 2 季进行，植株可以自交形成用于第 4 季评价的 S_1 后代	将入选的 S_1 代家系种植于干旱管理的环境和测交圃中，生产测交种子
4[b]（夏季）	**重组或自交授粉** 重组形成 C1 合成群体 2 或者自交 C1 轮的合成群体 1 的 S_0 植株形成用于第 5 季的测试的 S_1 家系	将入选的 S_1 家系种植于育种和抗病圃中用于选择和自交

[a] 包含于重复试验中的 S_1 家系也可以种植于育种圃中用于产生 S_2 代

[b] 重复 1～3 季的过程

由于大多数的育种者渴望在育种圃中有新的育种材料，S_1 后代选择可以提供经过一代评价并自交的后代。每一轮用来重组的材料逻辑上将在育种圃中继续选择和作为自交系选育测验的候选材料。尽管需要额外的空间和时间，但所有的包含在评价试验中的 S_1 后代也应被种植于育种圃中用于进一步的选择和自交。一些未进行重组的选择材料也应该包括在育种圃中，这些材料可能是那些不太能满足重组标准的后代，但仍在选择后代所需的最小显著性差异范围之内。S_1 后代一代的测验可以筛选出最差的后代，但是对于一些处于满足重组条件边缘的材料而言，在选择和测验后可能是有用的。Dhillon 和 Khehra（1989）提出了一个改良 S_1 后代的选择方法，在隔离区内种植一个重复，植株间可以互交，这与改良穗行法比较相似。这个改良方法的优点是它减少了一季的时间，但缺点是降低了对亲本的控制。

12.4.4　S_2 后代轮回选择

除了进行设有重复试验前需要额外完成一代自交，S_2 后代轮回选择的机制与 S_1 后代选择相似。与 S_1 后代选择相比，S_2 后代轮回选择的确有一定的好处，但是，在温带地区需要再增加一年来完成每一轮的选择。在 S_1 后代轮回选择中强调对加性遗传效应的选择。根据限制性模型（第 6 章），S_2 后代间的方差成分为 $(3/2)\hat{\sigma}_A^2$，而 S_1 后代间的方差为 $\hat{\sigma}_A^2$。由于需要额外增加一年，在进行 S_2 代家系试验之前应对大样本的 S_1 代家系施加高强度的选择压力。通常利用 S_2 后代选择进行产量改良，而 S_1 后代轮回选择也用于产量以外其他性状的改良。

S_2 后代轮回选择的流程见表 12.5。用来改良的群体应该具有形成优良自交系的潜力，这些自交系应该与当前及将来杂交种生产中应用的优良自交系具有较高的一般配合力。在种子、时间及设施条件允许的情况下，第 2 季中 S_1 后代应该种植于尽可能多的场圃中。种植 S_1 后代的主要目标是在进行 S_2 代家系产量试验前淘汰一些家系。如果可以获得足够多的 S_1 家系，可以增加选择压力来淘汰感病的 S_1 家系。在每个场圃中只设置一次重复将无法排除遗漏的可能性和环境效应，但是如果在随后的 S_2 后代轮回选择中保持持续的选择压力，遗传改良的水平将会提高。试验圃地点和播期的重复设置将会提高可视选择效果。如果在花期前能完成选择，那么就会减少自交的数量。但多数情况下，选择都是在花期后进行的。在开花期间可以进行 S_1 家系间和家系内的几个农艺性状的选择，如育性、茎秆性状、雄穗类型、散粉情况及任何其他对自交系产生种子或作为父本制种有用的性状。

表 12.5　在温带地区利用不同季同时进行 S_2 后代轮回选择和与自交系选育

季节	群体改良过程	品种选育过程
1（冬季）	**自交授粉** 在选择下的 C0 群体中选择 300～600 个 S_0 植株自交授粉 在授粉和收获时期对 S_0 植株进行选择 收获具有足够种子用于重复测验的 S_1 果穗	—
2（夏季）	**S_1 后代评价** 在育种和抗性鉴定圃中种植 300～600 个 S_1 家系，在可能情况下进行不同地点和播期的重复试验 在 S_1 家系间和家系内进行抗虫性和其他农艺性状的选择 选择植株自交形成 S_2 代 收获 S_1 植株上足以用于进行产量重复性试验的 S_2 种子	—
3（夏季）	**S_2 后代评价** 在重复性产量试验中种植 100～200 个 S_2 代选择家系 选择 20～30 个后代用于重组	—[a]
4（冬季）	**重组** 重组入选的家系形成 C1 用留存的 S_1 或 S_2 种子进行重组	
5（夏季）	**重组或自交授粉** 重组形成 C1 群体 2 或者在 C1 群体 1 中自交 S_0 植株形成 S_1 后代用于第 7 季的鉴定	在育种、抗虫性鉴定或测交圃中种植入选的 S_2 后代，用来选择、自交及测交种子的生产
6（冬季）	**自交授粉** 在非正季圃产生 S_1 后代来开始下一轮选择	—
7[b]（夏季）	同第 2 季一样评价 S_1 后代	在育种圃中种植入选后代用于将来的选择和自交 在重复试验区进行测交试验

[a] 产量试验得到的 S_2 代也可种植于育种圃中用于形成 S_3 代

[b] 重复 2～5 季的过程

收获期的选择主要集中在果穗大小、茎腐病抗性、穗部病害、籽粒类型、饱满度、脱水速率等性状。在 S_2 后代轮回选择中一个必要条件是一个果穗必须有足够的种子用于进行产量重复性试验。果穗大小及粒数对于自交系能否作为亲本材料也是十分重要的。在种子和试验设施条件允许的情况下，S_2 代入选家系的重复性产量试验应该在尽可能多的环境下进行。基于多点综合的数据，选择优良的高产后代家系进行重组。进行产量试验的 S_2 代家系也可以在育种圃中进行额外的选择和自交。到产量试验完成时，就可以获得用于自交系选育的入选家系的 S_3 种子，这将带来很大的好处。如果用留存的 S_2 代种子进行重组，种子量的供给可能是一个限制因素。

尽管重组的机制与 S_1 后代轮回选择方法相同，但育种者要考虑选择利用哪一代种子进行重组，以及是否使用留存的 S_1 或 S_2 代种子。自交对 S_2 代种子的影响作用要大于 S_1 代种子（第 9 章），但 S_1 家系内穗行的额外选择被强加到选择 S_2 后代的产量试验过程中。因此，采用留存的 S_2 代种子有一定的好处。如果留存的 S_2 代种子不够，或者对自交的效应比较关注，那么留存的 S_1 代种子也可以用来重组。举个例子，20 个 S_1 后代重组和 20 个 S_2 后代重组，在轮回选择的第 5 轮中，S_1 后代的自交效应是 22%，相对的 S_2 后代的自交效应是 31%。或者说 18 个 S_2 后代与 12 个 S_1 后代具有相同的自交效应水平。将留存的 S_2 代种子用于重组要比在第 4 季增加一代重组更有优势（表 12.4）。因为在温带地区利用第 6 季对 S_1 后代进行鉴定通常令人不满意，额外的重组世代将不会增加进行每轮轮回选择时间。S_1 后代可在下一个非正季圃中获得（第 6 季，表 12.4）。

S_2 后代轮回选择的实际作用是可以将 S_2 后代整合到育种圃中进行选择、自交及生产测交种子。中选用来重组的 S_2 后代是从 S_1 和 S_2 代中经高强度多性状选择后的幸存者，具有选育出新自交系的潜力。上述后代是一个优良的样本，应该组配杂交种来进行产量试验以便确定它们与其他 S_2 代自交系及后期世代自交系的配合力。每轮 S_2 后代轮回选择至少需要 3 年时间。对于以选育新自交系为目的的应用育种项目，S_2 后代轮回选择看来是一个好的选择方法。由于增加了产量测试前进行选择的机会，以及选育的自交系已达到高级阶段，因此增加选择轮数也是有利的。S_1 代的选择剔除了不能满足标准的后代，关键是重组后代能够在将来的轮回选择中持续得到选择。基于优良自交系杂种优势反应进行了合理的种质类群划分，如马齿对应硬粒、BSSS 对应兰卡斯特，因此建议对从两个群体的 S_2 后代轮回选择出的后代进行配合力测试，如测试马齿群体选出的材料与硬粒群体选出的材料测定配合力。

12.4.5 半同胞轮回选择

根据产生半同胞（测交）后代的测验种的不同（第 7 章和第 8 章），半同胞轮回选择包括几种类型。半同胞轮回选择对于品种选育非常有用，如 B73 是由半同胞轮回选择和系谱选择法结合选育出的自交系。不同测验种类型半同胞轮回选择的机制相似。测验种的选择依赖于育种者对基因作用的方式不同、可利用的材料，以及育种过程所处的阶段相对重要性的把握和理解。与 S_1 和 S_2 后代轮回选择基于后代自身表现不同的是，后代半同胞轮回选择主要基于与其他基因型（配合力）杂交的表现。基于 S_1 和 S_2 后代的轮回选择方法比涉及测交的轮回选择方法（第 6 章）更强调选择改变基因加性效应。如果在某些位点上，超显性比较重要，那么半同胞轮回选择比 S_1 和 S_2 后代鉴定更利于筛选具有超显性效应的等位基因。测试阶段也会对是否采用半同胞轮回选择有影响，半同胞轮回选择强调配合力的早期测试。在第 8 章比较了自交后代和半同胞后代的鉴定。

半同胞后代的鉴定可通过产生 S_0 或 S_1 植株的测交组合进行，但是，看起来 S_1 植株更适合用于自交系的选育。表 12.6 关于半同胞选择的描述是以 S_1 植株测交组合为基础的，这个过程需要额外的一季，但完成 1 轮回选择所需的年限并不改变。它的主要优点是在选择 S_1 植株用于生产测交组合时，S_1 后代就可以得到筛选。S_1 后代代表了 S_0 基因型，可以应用于不同育种圃中，可在授粉和收获时选择植株用于测交试验。在入选的 S_1 后代中，只有选择后的植株才进行产量试验。非正季圃可以用来生产 S_1 后代而不增加半同胞轮回选择的间隔周期。

表 12.6　在温带地区不同季同时进行基于 S_1 测交的半同胞轮回选择与自交系选育

季节	群体改良过程	品种选育过程
1（冬季）	**自交授粉** 在选择下的 C0 群体中选择 300～600 个 S_0 植株自交授粉 在授粉和收获时期对 S_0 植株进行选择，收获产生足够种子用于重复测验的 S_1 果穗	—
2（夏季）	**配置测交组合** 在育种和鉴定圃中种植 300～600 个 S_1 尽可能在授粉前进行 S_1 后代间的选择 在 S_1 后代中配置入选 S_1 植株的测交组合（半同胞） 对用来配置测交组合的 S_1 植株进行自交授粉	—
3（夏季）	**测交组合评价** 在产量重复性试验中种植 100～200 个测交组合 选择 20～30 个后代进行重组	—[a]
4（冬季）	**重组** 重组自交的 S_1 或 S_2 后代或者留存的半同胞种子形成 C1	
5（夏季）	**重组或自交授粉** 用重组形成 C1 群体 2 或者自交 C1 群体 1 中的 S_0 植株来选育 S_1 后代并用于第 7 季的选择和自交	在育种圃、自交圃及抗虫鉴定圃中种植 S_2 后代或入选的半同胞家系来进行选择、自交及生产测交种子
6（冬季）	**自交授粉** 采用非正季圃来生产 S_1 后代开始下一轮选择	—
7[b]（夏季）	**生产测交组合** 与第 2 季步骤相同	在育种圃中种植入选家系用于进一步的选择和自交 在重复性测验中进行测交组合试验

[a] 生产测交组合的 S_1 植株的 S_2 代家系也可以用来产生 S_3 代

[b] 重复 2～5 季的流程

测验种的类型将会影响生产测交种子所需付出的努力程度。利用自交系或单交组合为测验种只需做足够的杂交组合来生产足够用于重复性产量试验的种子即可。对单交测验种，仅需 2～3 穗。采用亲本群体或具有广泛遗传基础的群体为测验种则涉及一定的取样问题。为了保证测交组合中有足够的配子群，应选取 6～10 株测验种进行授粉（Sprague，1939；Noble，1966）。利用广泛遗传基础测验种，授粉植株的数量未必比自交系测验种的数量大，但需要保证足够的取样。当采用自交系为测验种时应保证足够的种子量。因而，不同测验种所需授粉株的数量可能不会有太大差异。

进行半同胞轮回选择需要做认真的试验圃计划，在抗虫鉴定圃中，应该依次种植重复和非重复的 S_1 后代家系。在半同胞轮回选择的育种场圃中需要将 S_1 或 S_2 后代与测验种亲本交替种植。为了省力和减少生产测交组合的时间，测验种亲本应该靠近 S_1 代家系种植，可以减少配置测交组合的时间和挂牌的工作量。由于 S_1 后代自交衰退和生育期的原因，测验种和 S_1 后代可能面临花期不遇的问题。测验种亲本必须延后一到两个播期。第一期与 S_1 后代家系同时种植，5～10 天后种植第 2 期。一期种植密度较低就可以对二期种植的进行单行鉴定。如果采用自交系测验种，那么 S_1 后代要比测验种晚种，但这并不是关键所在。如果测验种和 S_1 家系是首尾相连地种植在不同行区内，收获就会比较简单。例如，为了满足上述目的，在进行北达科他州立大学玉米育种项目过程中，种植一排父本（S_1 家系）、一排母本（商用测验种）和第二排父本（S_1 家系），中间的母本被一分为二，两排父本用于自交和杂交。S_1 后代和商用测验种的成对杂交同样用于生产半同胞测交组合。测验种若为自交系和单交组合则测交后需要混合脱粒，但是当利用广基遗传测验种时，每个果穗需要脱粒满足测验需要的等量的种子（即如果有 8 个果穗的话，需要 500 粒种子进行产量测试，那么需要从每个果穗脱下 64 粒种子）。在第 3 季中，半同胞家系于 3～4 个环境中进行重复性试验鉴定（表 12.6）。

通过半同胞后代的表现决定选择的家系是否重组形成下一轮群体。生产测交组合留存的 S_1 和 S_2 代种子可用作重组。重组可以在非正季圃（温带地区的冬季）进行，下一季进行重组或自交授粉。既然温带地区可以进行非正季圃的种植，那么再增加一代重组看来更令人满意，尤其是当利用 S_2 的种子进行重组时。

半同胞后代轮回选择也可以产生应用于系谱选择的优良和丰富的材料。组配测交组合的 S_1 植株自交后产生 S_2 种子。由进行早代杂交种测验的优势体现出来，因此在获得测交组合的信息后，留存的 S_2 种子可以用于自交系选育。入选的 S_2 后代已经在 S_0 和 S_1 中经过选择，并且拥有 S_1 代测交的信息。因此，作为自交后代和为测定与测验种配合力的半同胞家系后代，S_2 代被施以了充分的选择压力。或者是，如果在第 3 季将 S_2 代的种子种于育种圃中便可获得 S_3 代。对于之前讨论的 S_1 和 S_2 后代轮回选择来说，并不能获得关于配合力的额外信息。如果育种者认为早期的 S_1 植株测验满足配合力的测验，半同胞轮回选择将十分具有吸引力。一些额外的 S_2 或 S_3 后代可以种于育种和测交圃中，这些圃中并不种植用于重组形成下一轮群体的家系（通常为 20～30 入选家系）。额外的自交、选择及测交可以筛选出在最初的测交试验中未被正确鉴定出来的优良家系，尤其是在基因型和环境（如年份）互作的情况下。

表 12.6 所描述的是基于单个群体的半同胞轮回选择。通常一个选育自交系和杂交种的应用育种计划包括几个具较大杂种优势的群体。一个自然的流程是将具最大的杂种优势和实用潜力的两个群体组配，而且将其中一个作为另一个的测验种，反之亦然。表 12.6 描述的方法可以被采用，但不局限于一个群体，而是利用两个群体进行轮回选择效果更好。为了减少每季的测交数量，改变利用两个群体进行育种的流程是明智的。在交替的季节进行测验将会减少试验小区的数量，尤其是要考虑到其他优先的育种试验时。如果一个群体是另一个群体的测验种，那么轮回选择方法与 Comstock 等（1949）所描述的

相互轮回选择相似。而利用自交系或单交种为测验种时则与 Russell 和 Eberhart（1975）描述的轮回选择方法相同。然而，Comstock（1979）从理论上解释了利用自交系或单交种做测验种的好处，与 Russell 和 Eberhart（1975）解释的相同，这主要依赖于测验种等位基因的频率。对于长期的育种项目来说，以群体为测验种更合适。

利用两个群体同时进行半同胞轮回选择可以很自然地分离得到用于杂交种测验的自交系。逻辑上，从 Reid/BSSS 或马齿型群体中选出的自交系可以作为从 Lancaster Surecrop/non～BSSS 或硬粒型群体中选出的自交系的测验种。两个半同胞轮回选择过程中产生的材料可种于育种圃中，这些材料是同时具两方杂种优势群的系谱，是非常令人满意的。如果对一个有较高育种前景的群体进行半同胞轮回选择，那么对所选育的自交系可能很难自然地划分出将来鉴定所需测验种的类型，或者很难决定如何将其应用于当前的杂交种选育中。如果进行半同胞轮回选择的群体事先已经得到测验，相对于其他育种材料的杂种优势反应已经被知晓，那么这种困境就不会那么严重。另外，如果自交系是从遗传丰富的群体中选出的，那么将会更有利于同其他杂种优势群进行组配（Barata and Carena，2006）。然而，缺点就是增加了测验种的数量和所配的组合数。

12.4.6　全同胞家系轮回选择

Moll 和 Stuber（1971）报道了全同胞家系轮回选择在 Jarvis 和 Indian Chief 品种上的应用。有人曾经对群体内全同胞家系轮回选择和群体间交互轮回选择（RRS）进行了比较。两个品种对全同胞家系轮回选择的响应要比相互轮回选择大 2.1 倍。因此，对群体本身的改良效果，全同胞家系轮回选择比相互轮回选择更有效。相反，相互轮回选择对 Jarvis 和 Indian Chief 品种间组合的改良效果要比全同胞家系轮回选择大 1.3 倍。由于设计的相互轮回选择主要用来改良两个群体的杂交组合，因此上述研究的结果似乎与两轮回选择方法的基本原则相一致。Mather（1949）将全同胞家系轮回选择描述为双亲杂交。

与生产自交系或半同胞后代原理不同，生产全同胞家系需要更多的细节，这些细节主要体现在雄穗授粉袋上。对于一个群体的改良，不同方法间需要种植的行数比较相似，而且不是很大（每个群体 20～40 行，每行 30～40 株）。这种情况下，明智的做法是对最后一株和行内的植株同时进行标记以便明确所作杂交植株的确切位置。改良群体的全同胞家系是将一个植株与另一个植株进行杂交建立起来的。相互杂交可在一个杂交组合的两个植株间进行，将种子混合（通常是两穗）进行鉴定试验。每一对这样的杂交是一个全同胞家系。全同胞家系的种子数量应该是充足的并能得到适宜大小的群体样本用于改良（如 400 个植株产生 200 个家系）。选择 S_0 家系来产生全同胞家系可在授粉和收获时进行（如淘汰茎秆较弱的杂交对）。在授粉时期进行选择仅适用于明显的植株表型性状（如散粉情况、茎的发育及植株类型），但是收获期可以进行穗型、结实情况及茎秆质量的选择。要保证足够的杂交组合以便能在收获期对组合进行选择。这种选择不能达到与基于后代自交和重复测验的选择相同的效果（如 S_1 和 S_2）。全同胞家系在重复性试验中得到鉴定，同时优良的家系被鉴定出来，留存的优良全同胞家系的种子用来重组进行下一轮选择（表 12.7）。

表 12.7　在温带地区不同季同时进行全胞轮回选择与自交系选育

季节	群体改良过程	品种选育过程
1（冬季）	**产生全同胞家系** 通过两个选择植株的相互杂交在选择下的 C0 群体中组配 150～200 个全同胞杂交 在授粉和收获时期对 S_0 植株进行选择 收获产生足够全同胞组合种子用于重复测验	—
2（夏季）	**评价全同胞家系** 在 3～4 个点进行 100～200 个全同胞家系的重复性试验 选择（如用多性状的选择指数）20～30 个最优全同胞家系用来重组	—[a]
3（冬季）	**重组** 重组入选后代形成 C1，采用混合的方法保证了最少的行数（如 2 倍于入选后代的数量）	将入选全同胞家系在冬季圃中进行自交、抗旱性鉴定和测交
4（夏季）	**重组或生产全同胞后代** 额外进行一次重组形成 C1 群体 2，或产生 C1 群体 1 的全同胞家系用于第 6 季的测验	将 S_1 后代种植于育种和抗病鉴定圃中用于选择和自交
5[b]（冬季）	**配置全同胞后代** 利用 C1 群体 2 生产全同胞组合开始下一轮的选择	将入选的 S_2 代种植于冬繁圃中进行自交、抗旱鉴定及测交

[a] 全同胞后代可在育种圃中进行自交（自交可以与混合方法结合进行），自交的后代可在育种试验田中进行重组并扩繁（Sprague and Eberhart，1977）

[b] 重复 1～4 季的试验过程

完成每轮全同胞家系轮回选择至少需要 3 季，而在温带地区完成 1 轮需要 2 年。

（1）产生全同胞家系。

（2）鉴定全同胞家系。

（3）对入选的全同胞家系进行重组，可在非正季圃或冬繁圃中进行。

如果在冬繁圃中产生全同胞家系，2 年 5 季可完成一轮，其中包括了 2 个世代（或 2 季）的重组。如果重组期间产生的相互杂交组合是全同胞的，这些组合可用于一年一次的鉴定试验。

全同胞家系轮回选择产生的后代并不适合用于自交系的快速选育。可以获得剩余的全同胞家系种子，但这些家系在这个阶段还处于非自交的状态。来源于非自交后代的入选的全同胞家系只是对 S_0 植株的混合选择。可以从经过选择的全同胞家系中选系，但更好的是从经过全同胞轮回选择的群体中选系，这个过程与混合选择、改良穗行选择方法相似。可对全同胞轮回选择改进，使其更适合用于系谱法进行选系。S_0 植株可以自交产生 S_1 后代，产生多穗的 S_0 植株的种子也可用于进行全同胞家系鉴定。Sprague 和 Eberhart（1977）建议种于试验田中的全同胞家系在进行产量试验的同时也可自交产生 S_1 后代用于进一步的鉴定。然而，更可取的是，可以等到全同胞后代数据出来后，用入选的家系后再进行自交产生 S_1。关于该方法的改进将会在相互全同胞选择方法部分进行更详细的讨论。

全同胞家系轮回选择是一种群体内改良方法，但是当两个群体间的杂交组合表现出杂种优势时才可以选择这种改良方法。尽管看起来群体内全同胞轮回选择不如交互轮回选择对群体间组合的改良有效，但是对改良结果的比较表明，利用全同胞家系轮回选择改良作为自交系选育资源的两个群体是合理的。Moll 和 Stuber（1971）研究表明，全同胞轮回选择对改良育种群体是可行的。微小的改良能够促进自交系的选育，将会增加全同胞家系轮回选择的应用潜力。由 CIMMYT 和北达科他州立大学所选育的几个群体和自交系就是充分地利用了这种方法。

12.5 群体间遗传改良

12.5.1 相互轮回选择

Comstock 等（1949）建议利用相互轮回选择改良群体间杂交组合的表现，包括对特殊配合力和一般配合力的选择。Hull（1945）认为由于自交系间杂交组合缺乏加性效应，超显性位点在对杂种优势的表现上起着重要的作用，因此在玉米中选择并不起作用。Hull 建议为了实现超显性位点的最大改良效果应采用自交系和单交种为测验种。为了改良一个育种群体，应采用具狭窄遗传基础的测验种进行每一轮的选择，因此，轮回选择强调的是特殊配合力的选择。然而，第 5 章中说明了如果玉米群体中存在着足够的加性遗传变异时，那么对于带有部分到完全显性的加性效应的选择仍能获得一定的预期改良进展。一些早期对 F_2 群体的估计显示了超显性作用，但随后的对随机交配 F_2 群体的研究表明超显性主要是由相斥相的连锁作用决定的（第 5 章）。由于自交系产生的 F_2 群体的连锁偏向性，假超显性被检测出来。特殊配合力的轮回选择与一般配合力的轮回选择相对，一般配合的选择主要基于加性效应（Jenkins，1940）。由于针对选择是强调一般配合力还是特殊配合力上存在分歧，Comstock 等（1949）提议采用相互轮回选择，这种选择方法既包括对一般配合力选择又包括对特殊配合力选择。如果相互轮回选择法产生的群体在育种中有一定的价值，那就说明从两个群体中选育出的自交系或是群体的杂交组合可以用于生产杂交种。在第 7 章中，由 Hallauer 和 Carena（2009）概述的相关证据表明相互轮回选择可有效地改良群体杂交组合（直接响应）而很少改变群体自身（间接响应）。

Comstock 等（1949）研究表明如果超显性位点更重要，对特殊配合力的轮回选择要比相互轮回选择更有效。如果是带有部分到完全显性的加性效应更重要，一般配合力的轮回选择要比相互轮回选择更有效。但是，如果两种效应对某一性状的表达都有作用，那么相互轮回选择将是更有效的选择方法。在特定例子中，特殊配合力和一般配合力轮回选择能超过相互轮回选择的优势并不大。因此，在特定例子中，看起来相互轮回选择至少与轮回选择一样有效，如果存在两种基因效应则会更加有效。如果带有部分到完全显性的加性效应为主的话，大多数轮回选择的方法同样有效。这已在第 7 章的综述中得到证实（Sprague and Eberhart，1977；Hallauer et al.，1988；Hallauer，1992；Hallauer and Carena，2009）。如同之前讨论的那样，对特殊配合力的轮回选择方法看起来对一般配合力也起作用（例如，Horner et al.，1973；Walejko and Russell，1977；Hoegemeyer and Hallauer，1976）。看来相互轮回选择作用似乎是有限的，但是，对于育种项目来说，尤其是当人们致力于从两个杂交组合表现出杂种优势的群体中选育自交系时，它是一个很有用的选择方法。如果存在多个等位基因，群体间选择会比群体内选择更有效，除非能将所有的等位基因积累到一个群体中。然而，将所有等位基因富集到一个群体中将会消除群体间的杂种优势。尽管 Hallauer 和 Carena（2009）的研究表现出一些例外，仍需要在杂交种群体中进行几轮选择才能得到与群体间选择（如 RRS）获得的杂交种一样的群体内杂交种。此外，Carena 和 Wicks III（2006）研究表明，不需要长期的相互轮回选择也可以获得具杂种优势的组合。总之，通过杂交组合的杂种优势来决定所用群体。大多数情况下，有一个很自然的方法对利用相互轮回选择出的自交系进行选择和测试。在北卡罗来纳、艾奥瓦及北达科他州利用相互轮回选择进行育种的信息表明，利用改良群体选出的自交系组配的杂交种表现比利用原始群体的要好（Russell and Eberhart，1975；Moll et al.，1977；Betran and Hallauer，1996；Carena et al.，2009a）。

在利用冬繁圃进行自交和重组的温带地区，相互轮回选择需要 3 年来完成 1 轮（表 12.8）。表 12.8 描述的相互轮回方法采用 S_1 植株进行测交。S_0 或 S_1 都可以使用，但在 S_1 后代间可进行其他重要性状的选择。S_1 后代选择可在冬繁圃中进行并不会延长每一轮的时间。可在授粉时对 S_0 植株进行选择并收获形成 S_1。S_1 后代种植于育种和虫害鉴定圃中，可以对群体内选择方法中讨论的一些性状进行选择。入选 S_1 后代内的选择植株与对应的亲本群体杂交，这个群体作为测验种。就是说，群体 A（如艾奥瓦坚秆综合种）的植株与群体 B（艾奥瓦玉米螟综合种 1 号）杂交，群体 B 为群体 A 的测验种群体。也可以将群体 B 的 S_1 植株与群体 A 杂交，那么群体 A 为群体 B 测验种群体。与 S_1 植株进行杂交的植株数量应该为 6～10 株。每个用来配置测交组合的 S_1 植株也用来自交授粉产生 S_2 代种子。收获所有的 S_1 测交果穗。从每个收获的果穗上获得等量的种子以便形成用于产量试验的足够量的单个种子批次。如果有两个隔离地块（与其他玉米至少 200m 远），那么 S_1 代可穗行种植（群体 A），去雄后以群体 B 为父本授粉。相似的，群体 B 的 S_1 代种植于第二个隔离地块，采用群体 A 对其授粉。由于两个群体正在进行选择，两种测交组合都应包括在产量试验中。因此，产量试验所需的材料数是群体内改良的 2 倍。但是，如果两个群体正在进行群体内轮回选择，产量试验的小区数就不会存在差异了。两组测交组合种植于分离的试验中。将 S_1 测交组合的 S_1 产生的 S_2 代种植于育种圃中形成 S_3 代。收获后，所有地点的数据汇总到一起，鉴定出两组测交组合中最高产的组合。由于群体内半同胞家系用于评价，S_1 或 S_2 代的种子则用于重组。S_1 和 S_2 的双亲控制力度要比留存的半同胞种子大（第 6 章）。每个群体的最优家系都需要用来重组。因此，需要两套重组，重组可在收获后的冬季圃中进行。摘掉纸袋，可通过对所有的父本或母本植株去雄来减少授粉的工作量，同时使取样或配子更有代表性。在接下来的夏季，可以形成 S_1 后代，但需要另一代重组，尤其是 S_2 代种子被用来重组时。在接下来的冬季，可以形成 S_1 后代（第 6 季，表 12.8），这样，每轮的时间并不增加。在 C1 轮获得 S_1 后代后，这一过程在后续周期内重复进行。

两套入选的 S_2 后代可在第 5 季育种圃中获得（如果第 3 季种植的是 S_2，那么就可以得到 S_3）。S_2 代是来自于 S_1 后代的幸存者，这些 S_1 后代被选择用于组配测交组合并具备最高的测交产量。因此 S_2 代从 S_1 代中被选择出来，它们具有适合的农艺性状和高

表 12.8　在温带地区不同季进行半同胞相互轮回选择与自交系选育

季节	群体改良过程	品种选育过程
1（冬季）	**自交授粉** 在两个群体（C0）中每个群体均自交授粉 300～600 个 S_0 植株 在授粉和收获时期对 S_0 植株进行选择 收获产生足够种子用于重复测验的全同胞组合	—
2（夏季）	**产生测交组合** 在育种和抗虫圃中种植 300～600 个 S_1 后代 利用入选的 S_1 后代与对应的群体配置测交组合。每个入选的 S_1 植株杂交 6～10 株，用于测交的每个 S_1 也自交授粉	—
3（夏季）	**测交组合评价** 在重复性产量试验中种植 100～200 个测交组合，选择最好的 20～30 个自交后代用来重组。将会获得两套杂交组合，对于选择下的两个群体各有一套	—[a]
4（冬季）	**重组** 重组入选的测交组合的自交后代，形成 C1 群体 1	将自交后代种植于干旱管理圃中进行鉴定和自交
5（夏季）	**重组** 重组 C1 群体 1 来组成 C1 群体 2	在育种和测交圃中种植测交组合的 S_2 或 S_3 自交后代
6（冬季）	**自交授粉** 在两个 C1 群体中每一个群体自交 300～600 个 S_0 植株 在授粉和收获时期对 S_0 植株进行选择	将自交后代种植于干旱管理试验圃中进行鉴定和自交
7（夏季）	重复 1～5 季的过程	将入选的 S_3 或 S_4 后代种植于育种圃，将入选的 S_2 后代测交组合种植于产量鉴定试验中

[a] 在种植测交组合的季中，S_2 后代也可以同时种植在育种圃中。开展 S_2 家系间和家系内的选择并进一步生成 S_3 代

于平均水平的一般配合力。对于 S_2 后代间额外的选择可在这些家系种植于测交圃之前或同时进行。测试时间的选择主要取决于育种者的喜好，但是测交种子可在同一季中获得而不需要额外的成本。是否将测交种子种植于测交试验中取决于 S_2 代家系是否值得用于后续育种试验中。

选择两组测交组合的合理的测验种再一次依赖于之前的种质杂种优势模式。例如，从艾奥瓦坚秆综合种选育的自交系的测验种可以是兰卡斯特 Surecrop 来源的自交系（如 Mo17），来自艾奥瓦玉米螟综合种 1 号的自交系的测验种可以是来源于艾奥瓦坚秆综合种选育的自交系（如 B73）。然而，北达科他州立大学玉米育种普遍采用当前的商业测验种（TR1017、TR303、TR1914、TR3622）在早代和晚代测试中鉴定自交系的遗传潜力。对于每一套自交系并不采用一个公共的测验种，测交组合是利用交叉分组（NCⅡ）的组配方法。例如，从 A 群体和 B 群体中选出 20 个系，A 中的 5 个系可以与 B 中的 5 个系进行杂交，产生 25 个测交组合。这个过程共需要 4 套交叉分组（NCⅡ）或者是 100 个测交组合。利用 NCⅡ需要在授粉上费一番功夫，测交试验中所包括的测交组合会更多。采用公共测验种与两套入选 S_2 系进行测交会产生 40 个组合，而同样情况下利用 NCⅡ会产生 100 个测交组合。方法 NCⅡ只有对于入选的系没有合理的测验种时才被应用。此外，它也能更容易和更经济地将入选的家系种植于测交圃中。也可以利用入选材料的部分双列杂交的方法，并且可以采用最佳线性无偏估计分析来预测那些未进行鉴定的组合（Bernardo，1996）。

尽管相互轮回选择是首个用于两个育种群体轮回选择的群体间改良方法，这种方法

的应用程度却不令人满意。在美国只有两个育种项目利用了相互轮回选择。

（1）北卡罗来纳州对两个开放授粉品种 Jarvis 和 Indian Chief 的改良，这一项目已经中断。

（2）艾奥瓦州对两个合成群体艾奥瓦坚秆综合种和艾奥瓦玉米螟综合种 1 号的改良，这一项目已经完成了 17 轮的相互轮回选择。

两个项目都进行了 50～60 年，有限的证据显示群体间杂交组合获得了显著的改良，而群体的遗传变异被降低。

在非洲，也进行了两个育种项目。

（1）在肯尼亚的基塔莱，改良的是 KII 和 Ec573（Darrah et al.，1978）。

（2）在南非的彼得马里茨堡，改良的是 Teko Yellow 和 Natal Yellow Horsetooth（Gevers，1975）。

Paterniani 和 Vencovsky（1978）报道了利用改良的相互轮回选择法改良巴西马齿综合种和硬粒综合种获得了 3.5%的遗传增益。利用改良的相互轮回选择法，在非洲和巴西的育种项目中已经完成了 3 轮的改良。

相互轮回选择似乎是一个合理的选育自交系的方法，能够将自交系选育和杂交种选育过程结合起来。可以支持杂交种系谱的双方新自交系选育，如 Reid 对应 Lancaster Surecrop，硬粒对应马齿。限制这种方法应用的是其看起来比群体内方法更复杂，但如果进行（类似之前建议的）两个群体的群体内改良，相互轮回选择方法并不比两个群体的半同胞选择复杂。Hallauer 和 Carena（2009）总结了关于相互轮回选择选择响应的报告，证据表明，由于杂种优势随着持续选择而增加，相互轮回选择法可有效地改变等位基因的频率。看起来，相互轮回选择方法应该被重点用于以选育新的、特异的基因型（系谱选择中可提供遗传变异）为目标的育种项目。但是由于周期长、看起来比较复杂和资源的限制，相互轮回选择方法目前受到的关注程度并不高。

12.5.2 基于半同胞家系测交的相互轮回选择

基于半同胞家系测交的相互轮回选择是对原始相互轮回选择方法的一种改进，该方法由 Paterniani（1967b）提出，由于采用隔离区内的开放授粉方式，因此减轻了组配测交组合的负担。利用原始方法产生的主要遗传差异在于测交组合个体（选择单元）的亲子关系类型。改良方法的个体之间的关系是半同胞和表兄弟关系，而原始的相互轮回选择方法个体间是母-父本后代间的半同胞和母本后代内的全同胞关系。

进行一轮的改良相互轮回选择法要从 200 个或更多的开放授粉果穗（半同胞家系）开始，这些果穗来自于 A 群体，以穗行的形式作为母本种植于隔离区内，父本行种植群体 B，母本行与父本行种植比例为 3∶1、2∶1 或 4∶2。在另外的一个隔离区内，同样数量（200 个或更多）的群体 B 的开放授粉果穗（半同胞家系）作为母本种植，以群体 A 为父本。通常需要种植更多的半同胞家系并在收获期淘汰一些令人不满意的家系。第二阶段就是在重复产量试验中评价测交组合（半同胞家系 A×群体 B 和半同胞家系 B×群体 A）。基于平均产量和农艺性状进行选择。群体 A 和群体 B 的入选半同胞家系的重组利用其留存的种子进行（表 12.9）。

表 12.9　基于半同胞家系测交组合的相互轮回选择与自交系选育方法的描述

季节	群体改良项目	品种选育项目
1（冬季）	**隔离区测交组合的组配** 来自于隔离的开放授粉地块（A 和 B）的果穗，采用穗行法种植于去雄地块，相对应的群体作为父本来配置测交组合	—
2（夏季）	**测交组合评价** 进行 100～200 个测交组合的重复性试验（A×B 和 B×A） 鉴定所有半同胞测验的优良测交组合	—
3（冬季）	**重组** 所有类型最优测交组合的留存半同胞家系种子被用来重组。可以采用双列杂交设计，但是也可采用一种简化的程序，在隔离地块入选后代被用作母本（去雄），把它们混合作为父本	在干旱管理环境和测交圃中种植入选的半同胞后代，用来自交和生产测交种子
4（夏季）	重复 1～3 季的操作	在育种和抗病圃中种植 S_1 后代用于选择和自交

Paterniani 和 Vencovsky（1977）对这类选择方法进行评估，发现尽管群体的遗传特性可能是影响选择响应的重要因素，如同作者强调的那样，但群体杂交组合具有显著的选择响应（7.5%）。方法简单易行且能够提供足够的用于测验的种子是这种方法的优点。此外，由于大量的后代检测和重组单元的特性，这种方法更适合长期选择的目的。这种方法虽只应用了一小部分遗传变异，但是由于有效群体含量大约是被测家系的 4 倍，因此这种方法允许获得更高的选择压力。所以，育种者可以很容易地防止有效群体含量降低或选择期间遗传漂变造成的遗传变异的耗减。

12.5.3　基于双穗植株的半同胞后代的相互轮回选择

基于双穗植株的半同胞后代的相互轮回选择是对原始相互轮回选择方法的另外一种改进。这种改进的方法与原来的相互轮回选择的主要不同点在于入选单元（测交组合）内的个体间是全同胞关系，而重组单元是半同胞家系而不是 S_1 家系。第一步在隔离区内去雄后获得测交后代。在一个隔离区中，群体 A 作为母本（去雄的行），群体 B 作为父本，在另一个隔离区内反之亦然。隔离区内的母本行混合种植或者穗行种植。每个区内母本行双穗株的第二穗（下边的）都套袋。用每个小区内相反的群体（父本）对每株的第一穗（上边的）进行开放授粉。当雄穗开始散粉时，每天将每个地块内花粉样进行收集。混合的花粉样被用来给另一地块同一群体的第二穗（母本行）授粉。这样，用第一块地父本 A 植株的花粉来给第二块地母本 A 授粉，反之亦然。每天至少收集 50 株来自父本行的花粉并用筛子筛掉花药。可以采用花粉枪将混合花粉给每个植株授粉。由于特定隔离地块的所有花粉粒属于同一个群体，因此混合花粉时无需特别注意避免花粉的污染。为了更好的控制，可以交替授粉。例如，第一天，授粉在一个方向上进行（收集 A 地块的花粉），第二天授粉在另一方向上进行（收集 B 地块的花粉）。

每个隔离地块的母本株可以提供：①群体间半同胞家系，来自于利用相对的群体进行开放授粉的上部果穗；②群体内半同胞家系，用同一群体（另一地块的父本）的混合花粉控制授粉获得。

群体间半同胞家系（inter-HS）在重复性产量试验中进行鉴定，群体内半同胞家系（intra-HS）用于重组。每个群体的群体内半同胞家系及相应的入选的群体间半同胞家系以穗行的形式作为母本种植于一块地内。同时，同一家系的混合种子作为父本行种植于另一块地内。重复第一季的过程来开始第二轮改良。这项技术保障了入选后代重组的同时提供了测交材料。因此，在第二轮第一个阶段中，母本行的低穗位上通过控制授粉获得的种子相当于第一轮的改良群体，即 A_I 和 B_I（表 12.10）。

表 12.10　对同时进行基于半同胞家系的相互轮回选择和自交系选育的描述

季节	群体改良过程	品种选育过程
1（冬季）	**分离测交群体** 群体 A 作为母本种于去雄的分离区中（田块 1），群体 B 作为父本行种植，父：母比例为 1：2、1：3，或者 2：4。在田块 2 中的群体 B 与田块 1 相同 保护所有田块中双穗植株的第二个果穗，混合花粉给另一地块的第二个果穗授粉（如可利用轮流授粉） 第一个果穗用于开放授粉 收获所有的果穗并鉴定，第一个果穗为群体间半同胞家系，第二个果穗为群体内半同胞家系	—
2（夏季）	**评价测交组合** 对两个田块中的 A×B 和 B×A 群体的各自 100～200 个测交组合进行重复试验，筛选出最优组合	—
3（冬季）	**重组** 在田块 1，第一季中收获的群体 A 的第二穗留存种子及对应的最优的 A×B 杂交组合作为母本以穗行的形式种于去雄的区域（如同第一季中） 父本行则混合种植群体 B 的留存半同胞种子，与最优的 B×A 测交组合对应 与最优的 B×A 测交组合相关的留存半同胞 B 同样以穗行的形式种于另一个隔离的地块中（已种植混合的半同胞 A 种子作为父本）	将半同胞后代种于干旱管理环境和测交圃中，用于自交及测交种子的生产
4（夏季）	重复 1～3 季的步骤	将入选的 S_1 后代种于育种和抗病鉴定圃中，用于选择和自交

每两季完成一轮增加了每年的增益。选择也可以在每一代中进行。例如，第一年母本穗行内的选择和第二年基于测交组合的选择。多穗性是在强大的选择压力下进行的，其原因是在发育上被第一穗削弱了的第二穗被保护起来。这减少了第一轮中较好种子结实的植株数量，但在随后的选择中两个果穗获得种子结实性好的成功率增加。

选择的流程可以适当地变化来适应育种者的设施及所掌握的材料。对于多穗性低的材料，两个幼穗可以被保护起来，在第一穗的授粉袋去掉前几天对第二穗授粉。另一个改变是在一个隔离区内种植群体。第一穗被保护起来，第二穗同一地块（同一群体）的花粉进行开放授粉。第一穗再用另一地块收集的花粉授粉。这可能会产生更多的具有种子结实性好的植株，但也存在一些缺点。

（1）第二穗被污染的风险增加。

（2）异交果穗结实较差，这可能限制产量试验的重复数。

这种方法也可以改良成每季完成一轮。每一年异交果穗在产量试验中进行鉴定，种植在两个隔离区并去雄。在一个地块内，以人工授粉获得的 A 植株（群体内半同胞）的半同胞家系作为母本，按穗行种植，以来源于半同胞家系的混合种子（B）作为父本。在另一地块，群体 B 作为母本（半同胞家系），按穗行种植，以群体 A 作为父本。当获得产量试验的数据时，仅考虑每个地块内最好的母本行。收获入选的母本行内开放授粉的(群体间半同胞)和人工授粉的(群体内半同胞)果穗用于进行下一轮的选择(Paterniani and Vencovsky，1978)。

每轮一季和每轮两季方法的亲本控制相同。

12.5.4　相互全同胞选择

相互全同胞选择是由 Hallauer 和 Eberhart（1970）提出的另外一种群体间改良的方法，并可以从两个处于选择下的群体中选育出新的自交系。相互全同胞选择的实施过程与 Comstock 等（1949）提出的相互轮回选择相似。主要的不同点在于鉴定的是全同胞后代而不是半同胞后代。相互全同胞选择法的一次轮回选择包括两个育种群体。相互全同胞轮回选择育种群体的选取基础与相互轮回选择方法相同。由于是对全同胞后代的鉴定，一个最大的好处就是只有一套全同胞后代被测试（在相互轮回选择方法中两套半同胞后代都要进行鉴定）。因此，在相互全同胞选择中，我们既可在两个群体的每一个中选取两倍于相互轮回选择方法的样本量又可以每种方法选取同样的样本量而只用一半的小区进行产量测试。例如，在每个选择方法中每个群体取样 100 株，对于相互轮回选择方法，需要测试 200 个半同胞后代（100 个 A 用 B 来测试，100 个 B 用 A 来测试），而对于相互全同胞选择来说就会有 100 个全同胞后代。如果我们从相互全同胞轮回选择的每个群体中取 200 个单株，从相互轮回选择的每个群体中取 100 株单株，那么两者所需产量测试的小区数相同。因此，第一种情况下，当两种方法样本数相同时，相互全同胞选择的测试小区数要比半同胞的减少 50%。第二种情况下，如果测试小区数相同，采用相互轮回选择所容纳的样本数为相互全同胞选择法的 2 倍。

Hallauer 和 Eberhart（1970）描述的群体相互全同胞选择法采用的是至少有两个果穗来产生种子的植株（Hallauer，1967a）。采用两个果穗生产种子可以允许两年完成一轮选择（表 12.11）。每一轮选择从夏季开始，而不是大多数其他轮回选择方法所描述的那样从冬季开始。在温带地区除非能利用非正季圃，否则第二穗上的种子的情况很难令人满意。如果利用非正季圃可产生 S_1 代，那么每一轮选择的全同胞杂交可在 2 年内完成，但额外的一轮重组可在选择的每轮之间完成。

假设在夏季生产 S_1 和全同胞后代，两个基本的群体要交替地种植于育种圃中。种植密度取决于育种圃中的双穗率。低种植密度有益于产生多穗植株(Carena et al.，1998)。在艾奥瓦的育种过程中，40 000～60 000 株/hm^2 的种植密度被用于正在实施的两个群体的相互全同胞选择上。双穗的产生频率在两个群体中一直都很高（BS10 和 BS11），但是这在一定程度上也依赖于环境条件，如水分和温度。两个群体入选的 S_0 植株种植于交替行中，在授粉的时候进行选择。通常情况下，最重要的性状是开花期。具有相同开

表 12.11 在温带地区不同季节下对多穗植株进行相互全同胞选择和自交系选育

季节	群体改良过程	品种选育过程
1（夏季）	**产生 S_1 后代和全同胞杂交组合** 在育种圃中将选择下的两个 C0 群体交替行种植 一个果穗自交，另一个杂交 授粉及收获时在 S_0 植株间进行选择	—
2[a]（夏季）	**全同胞家系评价** 在 3～4 个点的产量试验中种植全同胞组合 选择（如多性状的指数选择）20～30 个最优全同胞家系进行重组	在育种圃中种植 S_1 后代的组合对，以此来开始选系和杂交种选育产生 S_2 后代
3（冬季）	**重组** 入选的全同胞组合重组进入 S_1 代（如 20～30 个）形成两个群体的每一个的 C1 群体 1，采用混合杂交方法对每个群体进行重组	在冬繁圃中种植入选的 S_2 杂交组合用于自交、抗旱鉴定和测交
4（夏季）	**产生 S_1 后代和全同胞组合** 在育种圃中交替行种植 C1 群体 1 一个果穗自交，另一个杂交 授粉及收获时在 S_0 植株间进行选择	在育种圃、抗病鉴定及测交圃中种植入选全同胞组合的 S_2 或 S_3 后代（如果有冬繁圃的话），进一步选择和自交
5（夏季）	重复第 2～3 季的步骤	将入选的 S_3～S_5 后代种植于育种圃和重复测交试验中

[a] 另外一个可选的方法是所有群体只在自交和 S_1 后代间选择，在接下来的一季中产生 S_1 后代成对间的杂交组合。缺点是减少了一季，最大的优点是可以产生大量的种子用于几个环境的测交和当获得数据时能产生 S_3 代系（如非多穗性群体）

花期的 S_0 植株准备好（通过套雌穗的方法）用于授粉，第一次授粉在第二穗上进行。如果先进行杂交授粉，则先套雄穗，第二天再给第二穗授粉。在对第二穗授粉的当天，仍然套上雄穗，第二天再对第一个果穗进行自交。

研究发现，如果第二穗先于第一穗授粉，更容易成功地获得种子。必须准确地标记用于杂交授粉的两个植株的授粉袋，以便将两穗混合来产生全同胞后代，这与群体内轮回选择的鉴定全同胞家系相似。采用第二穗来产生全同胞后代的主要原因是可以增加用于杂交组合每个植株的自交种子的频率。如果两个果穗中的一个损失了，我们通常利用另一个果穗上足够的种子来进行 3 个地点的 2 次重复试验（300～500 粒）。仅保留能产生双穗植株的种子从而保证对多穗性强烈的选择压力。如果植株双果穗均无种子，它们就会被淘汰。持续的选择保证了双穗株的频率得到显著提高。收获 S_1 和全同胞后代的种子。一些情况下，茎秆较弱的成对植株应该被淘汰。所有的袋子都做好标记，这样可以决定特定的 S_0 植株杂交对是否成功。全同胞果穗对（或者一些情况下只有一个果穗）被混合起来用于第 2 季的产量试验（表 12.11）。对于每个杂交组合来说每对 S_1 果穗都是相同的，因此每个 S_0 植株杂交组合可以收获 4 穗。150～200 个全同胞后代种植于 3 或 4 个地点的 2 次重复的产量试验中。汇总各个地点的全同胞后代数据，多穗的全同胞后代被鉴定出来。或者，也可以采用多性状的指数选择。20 世纪 90 年代的 ISU（艾奥瓦州立大学）项目之后，NDSU（美国北达科他州立大学）玉米育种项目经常采用基于相互全同胞后代产量、收获期含水量、茎倒的抗性、容重的遗传力指数进行评价，但通常采用的密度接近 85 000～100 000 株/hm^2，S_1 后代杂交组合对产生足够的种子数。但是，指数的变化依赖于目标州的区域或者依赖于特定改良的目标性状（如可提取的淀粉和其他籽粒性状）。全同胞后代的 S_1 种子种于冬繁圃进行重组。对于相互轮回选择来说，将会有两套 S_1 后代需要重组，而在相互全同胞选择下，将会有两个群体中的一个需要重组。重组后，下一轮的相互全同胞轮回选择从 C1 群体的 1 代开始，此时是第 4 季（表 12.11）。同一季内，开始另一轮相互全同胞轮回选择，用于重组的 S_1 后代可种植于育种和测交圃中开展自交系的选育。除了在全同胞后代测验中进行了配合力选择，S_1 后代未进行任何预选择。测验种和测交时期的选择与相互轮回选择方法描述的相同。

设计相互全同胞轮回选择以便在单交种选育的过程中实现最大的特殊配合力（Hallauer，1967a，1967b）。自交的每一代都强调特殊配合力的选择，而不是先测定一般配合力再开发特殊配合力。入选后代并不种植于测交圃中而只种植于自交和抗虫鉴定圃中。入选的全同胞后代的 S_1 后代与各自相关的 S_0（全同胞后代测试）以穗行的方式成对种植在第 2 季（表 12.11）。在育种圃中，S_1 后代的每一对种植 16～25 行。在每一对后代行中，如第 1 季那样，第 1 季选择 3～5 对 S_1 植株进行自交和杂交。对于特定的农艺性状和第一代欧洲玉米螟抗性，一些杂交对在授粉前就被淘汰。S_1 代授粉的所有植株都要进行茎腐病抗性鉴定。只收获那些有良好茎秆性状和双穗均结实的植株种子。一个果穗是 S_2 种子，另一个是 S_1 植株间的全同胞家系。在获得所有的全同胞后代产量数据之后，许多后代被淘汰，只有那些表现出较好产量潜力的全同胞后代才被用于另外的自交、选择和测验。在一些例子中，一对在全同胞产量测验中高产的 S_1 后代可能由于某些农艺性状而淘汰。如果一些 S_1 后代在一些性状上表现较差但产量较高，它们可以继续种植用来重组，但不需种植在育种圃中形成 S_2 代。全同胞后代的机械收获试验将会淘汰茎折率高的后代，通常印证育种圃中茎秆质量差的 S_1 后代的数据。在育种圃和全同胞后代测验中都有筛选茎秆质量优良的后代的机会。相互全同胞选择的自交选育过程如同 Hallauer（1973b），图 12.9 所表述的那样进行。

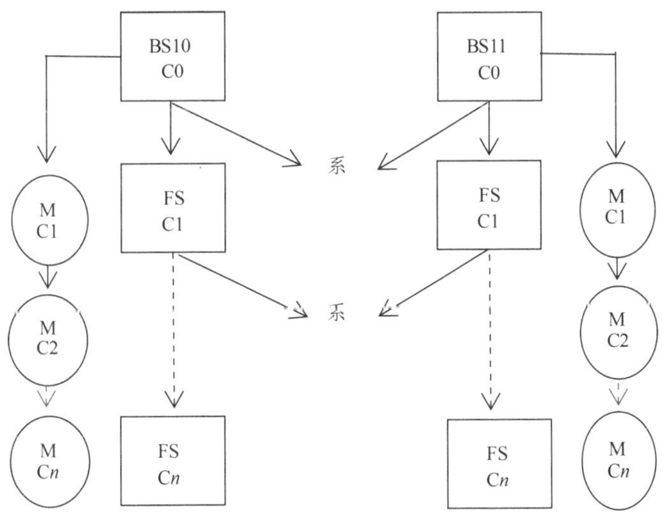

图 12.9　两个群体选择方法的整合对长期（适应性分层混合选择）、中期（遗传改良最大化的全同胞轮回选择）、短期（自交系选育和杂交种鉴定的系谱法）育种目标的贡献

尽管相互全同胞选择强调特殊配合力，但 Hoegemeyer 和 Hallauer（1976）发现相互全同胞选择选育的自交系与其他优良的自交系间有较好的一般配合力。令人关注的是，仅通过测验特定系而选育出的自交系，由于它们可能难以被接受用于单交种生产的母本或父本，因此它们的应用可能会受到限制。Hoegemeyer 和 Hallauer 采用 NCⅡ杂交方法测试相互全同胞选择的 S_4 代自交系单交种。24 对在 S_7 代入选的系组配成 96 个单交组合。主要的目的是确定 NCⅡ杂交方法在对角线上的杂交组合与非对角线上的杂交组合如何进行对比。对角线上的杂交组合是那些已经被测验过和经相互全同胞选择法选择后的组合，而非对角线上的组合（之前未被测验）由入选的系组配而成。6 组对角线上的杂交组合平均产量（9200kg/hm^2）显著高于非对角线上的组合的平均产量（8800kg/hm^2）。因此，相互全同胞选择法选择后的单交组合平均产量要高于那些之前未经测验的非对角线的杂交组合。但是在每一组中，至少有一个非对角线上的组合产量高于那些对角线上的组合产量。NCⅡ杂交方法的方差分析可估计一般和特殊配合力的效应及对它们的均方进行测验。Hoegemeyer 和 Hallauer（1976）发现在 6 个单交组合中有 4 个的特殊配合力均方具有显著性，而一般配合力的均方在所有的单交组合中都具有显著性。然而，24 个经过选择的对角线杂交组合的特殊配合力具有显著的正向效应（24 个中的 16 个），但 72 个非对角线上的未经测验的组合中有 21 个特殊配合力具有显著的正向效应、38 个具有显著的负向效应、0～13 个的效应不显著。看起来似乎相互全同胞选择对于特殊配合力是有效的，但同一般配合力相比，特殊配合力的效应较小。因此，相互全同胞选择选育的自交系强调特殊配合力的选择，同时强调与其他优良的自交系间也要有较好的一般配合力。因此，担心相互全同胞选择选育的自交系只能同那些进行测验的特定自交系组配是没必要的。结论是，尽管相互全同胞选择可有效地对特殊配合力选择（非加性效应），但选择过程对一般配合力（主要是加性效应）同样有效，并且一般配合力通常比特殊配合力更重要。

相互全同胞选择的技术最初是通过双穗植株上的应用来描述的（Hallauer，1967a）。如果没有双穗的材料或者育种者不想采用同一植株多次授粉的方法，相互全同胞选择同样有用（Hallauer，1967b，1973b；Marquez-Sanchez，1982）。表 12.12 是按照年的顺序描述单穗玉米植株进行相互全同胞轮回选择的过程。采用单穗植株而不是双穗植株会使每轮从 2 年增加到 3 年。每轮时间增加的影响由对农艺性状和抗虫性的选择来补偿。此外，产生足够数量的种子用于进行多点试验从而显著地降低环境和基因型的互作。S_1 后代成对行中的植株长有可以产生全同胞种子的果穗。理论上，每轮时间从 2 年增加到 3 年将会降低以每年为基础的预测产量，但是，额外的选择会获得用于自交系选育的改良材料。

通过两个广基群体入选 S_0 植株的自交，采用单穗植株进行的相互全同胞轮回选择从冬季开始。将授粉日期记在授粉袋上，收获时，带有授粉期的中选果穗准备于夏季圃中进行穗行种植（第 2 季）（表 12.12）。S_1 后代需按成对穗行种植，即群体 A 一行，群体 B 一行。记录 S_0 植株的授粉日期的目的是与具有相同花期的 S_1 后代配对。如果没有记录授粉期，将每行分开种植来确定授粉所需的抽雄和吐丝的时间。成对的 S_1 穗行也可以种植于另外的场圃中用于开花后（例如，淘汰那些对主要虫害敏感的、多分蘖的、籽粒灌浆差的、倒伏和对干旱比较敏感的家系）和花期前的筛选（欧洲一代玉米螟抗性、苗活力及萌发率等）。

表 12.12　在温带地区不同季节中对非双穗植株同时进行相互全同胞轮回选择和自交系选育

季节	群体改良过程	品种选育过程
1（冬季）	**自交授粉** 选择下的两个 C0 群体的 S_0 植株自交，将授粉日期记录在授粉袋上 在授粉及收获时在 S_0 植株间进行选择	—
2（夏季）	**组配全同胞组合** 在育种圃和抗虫圃中根据 S_0 的授粉日期交替种植两个 C0 群体的 S_1 后代 基于 S_1 植株的比例产生全同胞后代，入选的 S_1 植株（见讨论部分）自交授粉	—
3（夏季）	**全同胞组合评价** 在 6～8 个点的产量重复试验中种植全同胞杂交组合 选择（如多性状的指数选择）20～30 个最优全同胞组合	S_2 后代可种植于育种圃中用于额外的自交和杂交授粉
4（冬季）	**重组** 重组留存的 20～30 个 S_1 种子或者基于入选群全同胞组合的日期将 S_2 后代形成 C1 群体 1，采用混合样本法重组每个群体	将入选的 S_3 后代种植于冬繁圃中用于自交，抗旱性筛选和测交
5（夏季）	**重组** 种植 C1 群体 1 产生 C1 群体 2 轮的群体 为了减少用于重组的授粉株量，每个授粉完成后，摘掉授粉袋，去掉雌雄花序	在育种圃、抗病鉴定圃及测交圃中种植入选全同胞组合的 S_3 或 S_4（如果有冬繁圃）后代用于额外的选择
6（冬季）	**自交授粉** 自交两个 C1 群体 2 轮的群体，将授粉日期记录在授粉袋上在授粉和收获时在 S_0 植株间进行选择	在育种圃和产量重复试验中种植 S_3 或 S_5 后代
7（夏季）	继续 2～3 季的步骤	种植入选的 S_3～S_5 代用于育种圃和重复测交试验中测定配合力

由于只是单穗材料，同一植株不能被用来产生自交 S_2 和全同胞种子，每对 S_1 后代的不同 S_1 植株将被自交和杂交授粉。这样，将会存在自交和杂交样本基因型的差异。但是由于 S_1 后代的基因型代表了自交授粉的 S_0 植株的基因型，因此样本量不应太大。每一行内的入选植株自交授粉。相似地，成对 S_1 后代的入选植株间进行杂交授粉。或者（更可行的）自交授粉株可与其他入选植株进行杂交。所有的授粉工作在同一天进行。如果一部分 S_1 后代行自交而另一部分用于杂交，将会减少误差。清楚地标记好自交和杂交。或者利用另一个方法：自交采用普通授粉袋，杂交采用带条纹的彩色授粉袋。授粉后对行内所有授粉的植株接种病害，最好是在可重复发病的试验田中进行。收获具有令人满意的茎秆、果穗、籽粒等性状的 S_1 后代的自交和杂交果穗。每一后代行的自交果穗需要做好标记。收获杂交果穗混合脱粒用于产量试验。这种方式最大的好处是大量的授粉保证了产量试验所需的足够的种子。如果每一个自交授粉植株杂交 3～5 株，那么就会有足够的种子用于产量测定并且取样造成的差异降低。S_1 后代的全同胞家系在第 3 季进行鉴定（表 12.12）。

单穗植株的相互全同胞轮回选择的其他步骤与双穗植株的相同。主要的不同在于以第一季的自交授粉来开始轮回选择的每一轮还需要再增加一季，但 S_1 后代间的选择效果更好，然而如利用双穗植株的话，在 S_0 代进行选择是可能的。利用单穗株时，需要做的标牌减少了。同时，授粉、收获及脱粒中产生误差的概率也变小了。如果有冬季圃用于开始下一轮选择，另一次重组可以在夏季进行用以产生改良群体 2 代。单穗植株相互全同胞选择比双穗株的相互全同胞选择更适合应用到育种项目中（Marquez-Sanchez，1982）。

Hallauer（1978）和 Obilana 等（1979b）已经报道了艾奥瓦双穗综合种（BS10）和先锋双穗复合种（BS11）相互全同胞轮回选择的初步效果。选择在改良群体自身的产量和两个群体的杂交组合的产量上效果显著（表 12.13）。观测到的群体杂交组合的改良增益与预期的产量一致，这基于 C0 群体间杂交组合方差成分的估算。倒折、倒伏及收获时籽粒含水量等的选择也取得了令人鼓舞的进展。尽管原始群体与不同选择轮数下的群体差异并不完全显著，但从选择的前三轮来看变化是朝着预期的方向发展的。倒折是减少的，倒伏和收获时籽粒含水量也呈减少的趋势，但并不是在所有的例子中都显著。因为在应用育种过程中，选择对于改变群体的重要的性状、产量及相关的农艺性状是有效的。因此，选择仍在持续进行。

表 12.13　对 BS10 和 BS11 玉米群体和杂交组合进行 3 轮相互全同胞轮回选择后 4 个性状的比较

（Obilana et al.，1979a，1979b）

性状	BS10			BS11			BS10×BS11				
										杂种优势（%）	
	C0	C3	$\bar{d}$	C0	C3	$\bar{d}$	C0	C3	$\bar{d}$	C0×C0	C3×C3
产量（kg/hm^2）	5390	6280	890±360	5660	6680	1020±260	6120	7550	1430±360	10.8	16.5
水分（%）	22.1	19.9	–2.2±1.0	24.4	22.0	–2.4±1.0	22.0	21.5	–0.5±1.0	–5.4	2.6
倒伏（%）	5.6	8.3	2.7±3.6	7.5	5.0	–2.0±3.6	4.3	8.5	4.2±3.6	–34.4	27.8
倒折（%）	18.1	12.8	–5.3 ±3.3	19.4	12.3	–7.1±3.3	20.7	15.5	–5.2±3.3	10.4	23.5

在全同胞家系选择的 C0、C7 和 C13 轮，分别绘制出产生的全同胞家系在鉴定中的籽粒产量及含水量的频率分布图（图 12.10，图 12.11），以便分别解释说明 BS10 和 BS11 的选择响应。1964 年测试了 144 个 C0 全同胞家系，1984 年测试了 145 个 C7 全同胞家系，1999 年测试了 214 个 C13 全同胞家系。相同的 6 个杂交种对照（3 个单交种，3 个双交种）被应用于所有试验中为所有选择轮数提供一个持续一致的参照，分布以 6 个对照杂交种的均值表示。C0 和 C13 轮的产量分布相对于 6 个对照杂交种（图 12.10）发生了明显的移动。图 12.3 揭示的选择理论效应与图 12.10 数据显示的一致。同这一章前面所讲的一样，144 个 C0×C0 家系中只有 2 个产量超过 6 个对照杂交种的均值，而 214 个 C13×C13 全同胞家系中仅有 17 个产量低于 6 个对照杂交种的均值。在选择过程中籽粒产量被认为是比较重要的性状，但在现代玉米生产中，适宜的熟期、发达的根系和茎秆强度也是必要的。尽管较高的产量通常与较晚的熟期相关，图 12.11 的数据显示从 C0 到 C13 轮，平均籽粒含水量及其变异度已降低。

第 18 轮选择将在 2010 年完成，这些改良群体用改进的选择方法与系谱法整合后，自交系（B77、B79、B98、B113 和 B115）已经得到发放。表 12.13 表明 3 轮选择后这种趋势会持续但速度会下降。

如果群体是有用的育种材料，衍生出的自交系可用于组配杂交种，那么优良的茎秆质量是十分必要的。表 12.13 表明群体自身和杂交组合的倒折降低，图 12.12 表明全同胞后代的茎秆质量得到了改良。

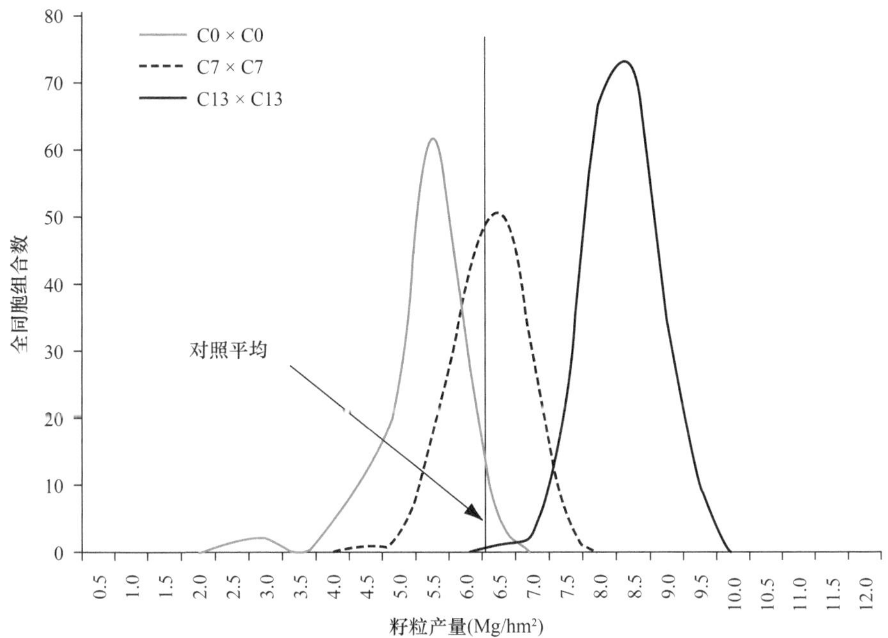

图 12.10　相互全同胞轮回选择下，BS10 和 BS11 原始群体（C0×C0，左侧的线）及 7 轮改良（C7×C7，点状线）、13 轮改良（C13×C13，右侧线）后全同胞籽粒产量频率分布，均以 6 个对照杂交种的均值为对照

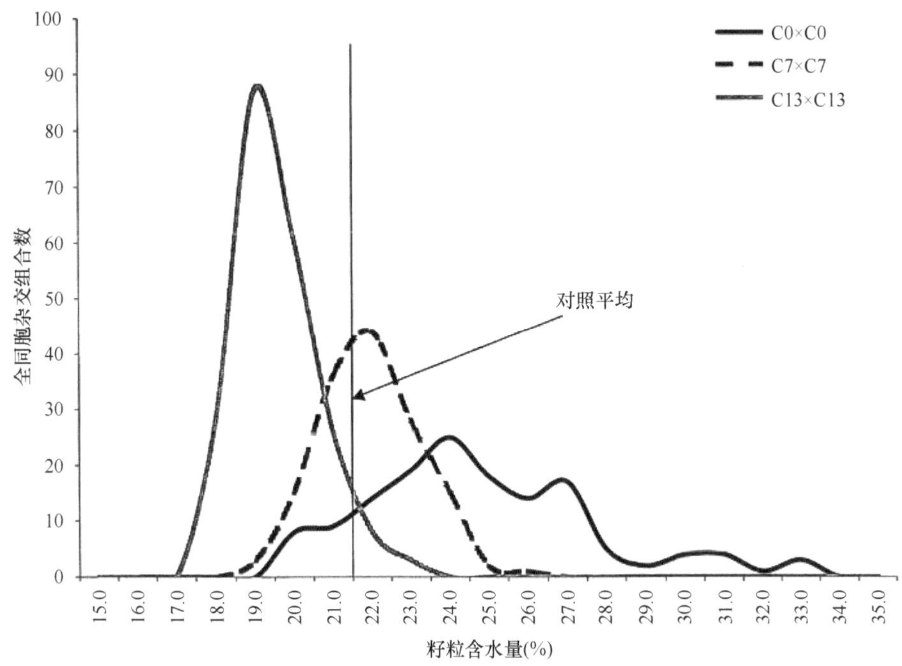

图 12.11　相互全同胞轮回选择下，BS10 和 BS11 原始群体（C0×C0，左侧的线）及 7 轮改良（C7×C7，点状线）、13 轮改良（C13×C13，右侧线）后籽粒水分含量频率分布，均以 6 个对照杂交种的均值为对照

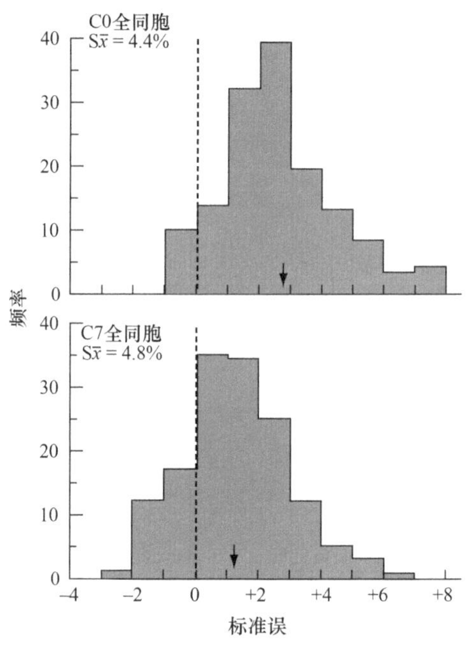

图 12.12　相互全同胞轮回选择下，C0 和 C7 全同胞后代倒折频率分布，以 6 个对照杂交种的均值为对照（垂直点状线）(Hallauer，984)

C0 和 C7 后代的均值都超过了 6 个对照杂交种的均值。然而，分布的变化更明显。仅有 6.9%的 C0 全同胞后代倒折率低于 6 个对照杂交种的均值，而 20.6%的 C7 全同胞后代倒折率低于 6 个对照杂交种的均值。144 个 C0 全同胞后代的均值标准误与对照比几乎提高了 4 倍，而 145 个 C7 全同胞后代均值标准误与对照比几乎提高一倍。对每一代自交进行选择和测验提供了改良茎秆质量的机会，这些机会如下。

（1）在育种圃中进行家系间和家系内的接种和选择。

（2）记录和测定进行机械收获产量试验时的可收获产量。

在育种圃中，可获得后代家系自身的信息，并在产量试验中，可获得全同胞后代杂交组合的茎秆质量的配合力信息。对两穗均能产生种子的植株的利用额外增加了对植株进行优良茎秆质量选择的选择压力。这看起来可将增加籽粒数和改良茎秆质量在生理水平上的限制结合起来。实际上，倒伏（–11.8%）和倒折（–8.7%）的发展趋势在 13 轮相互全同胞轮回选择后也下降了。

相互全同胞轮回选择（同其他轮回选择方法一样）可用来满足短期的、中期的和长期的育种目标（图 12.9）。在艾奥瓦州对 BS10 和 BS11 进行的混合选择为相互全同胞轮回选择提供了后备群体（Weyhrich et al.，1998a）。混合选择在大约 0.4hm^2 的隔离区内进行，收取直立产生双穗植株上的果穗。看起来，如果将来相互全同胞轮回选择降低了遗传变异，那么，经混合选择的群体可以和经相互全同胞轮回选择改良的群体杂交。项目中的混合选择部分可满足长期的目标。长期的目标可通过混合选择来改良，相互全同胞轮回选择可改良中期目标，短期目标就是在相互全同胞轮回选择的每轮中进行自交系的选育。

相互轮回选择和全同胞相互轮回选择之间比较的经验数据仅限于一些研究中，如 Hallauer 和 Carena（2009）的研究、Keeratinijakal 和 Lamkey（1993）关于 BSSS 和 BSCB1 半同胞相互轮回选择进展的报告、Eyherabide 和 Hallauer（1991）关于 BS10 和 BS11 全同胞相互轮回选择的报告。8 轮 BS10 和 BS11 的相互全同胞选择实现的遗传增益为每轮 7.5%，这与 Darrah 等（1978）和 Gevers（1975）报告的关于 3 轮相互轮回选择的每轮 7%和 6%的增益相比表现得更高一些。Jones 等（1971）提供了相互轮回选择和全同胞相互轮回选择实现预期响应理论上的指导。在加性和显性方差相等的情况下，半同胞家系间的表型方差为全同胞家系间表型方差的 1/3。为了弥补较低的表型方差，全同胞的选择差要比半同胞相互轮回选择高 1.7 倍。实际方差成分估算比较表明，相互全同胞选择的选择差应高 1.2 倍。Obilana 等（1979a）报道了 BS10 和 BS11 群体间加性遗传方差、显性遗传方差及它们与环境的互作。利用这些估计值来计算半同胞和全同胞后代的表型方差。在 3 个环境，两次重复的情况下，全同胞表型的标准差为半同胞的 1.24 倍。Jones 等（1971）得出结论，相互全同胞选择适合较低的选择压力和相对于总的遗传方差具有较大的环境方差的情况，但当选择压力增大时则不太适用。

12.5.5　利用自交系的相互轮回选择

由于特殊配合力似乎不太重要，Russell 和 Eberhart（1975）及 Walejko 和 Russell（1977）提议进行相互轮回选择时采用自交系为测验种。对于相互轮回选择方法而言，选择自交系作测验种和选择两个群体作测验种相同。因此，自交系测验种符合杂交种表现的杂种优势组型。尽管测验种为自交系而非相对应的群体存在不同，采用自交系测验种的相互轮回选择过程与基于半同胞家系测交组合的相互轮回选择相同（12.5.2 节）。不以群体 A 的植株同群体 B 的植株进行杂交，这里采用的是群体 A 的植株同群体 B 中选育出的自交系测验种杂交。反过来的情况则采用群体 B 进行。例如，两个群体瑞德和兰卡斯特 Surecrop，瑞德群可以与来自于兰卡斯特 Surecrop 群的自交系测验种（如 Mo17 或 Oh43）杂交，兰卡斯特 Surecrop 群可以与来自瑞德群的（B73 或 A632）杂交。如果同样是对马齿和硬粒型群体进行选择，当前的商业测验种将再次是很好的选择。

在群体和测验种自交系的选择确定之后，育种操作过程列于表 12.9 中。在第 1 季里于非正季圃中将入选的两个群体的 S_0 植株自交。每个群体的 S_1 后代家系间和家系内的选择将在第 2 季进行。之后，将入选的 S_1 植株同自交系测验种杂交。自交的每个 S_1 植株同样用于配置测交组合。在设有重复的产量试验中种植两套测交组合。用于组配测交组合的 S_1 植株的 S_2 后代也种植在育种圃中，进行下一代的选择和自交。当获得测交数据后，S_3 后代种植于育种圃进行自交系的选育。基于测交试验，选择 S_1 或 S_2 代用来重组形成下一轮。对用于重组的 S_1 或 S_2 后代的选择与相互轮回选择方法的讨论相同。另一代重组可在重组群体 S_0 植株自交开始前的夏季进行。采用自交系为测验种的每一轮相互轮回选择改良至少需要 3 年时间，每轮包括两代的重组（第 4 季和第 5 季）。

采用自交系为测验种的相互轮回选择法能够为育种圃提供 S_2 代家系，这些 S_2 家系经过了 S_1 家系间和家系内的选择及与自交系测验种配合力测定。测验种的选择很重要。

采用特定区域内具有较高杂种优势（如 B73×Mo17，A619×A632，TR3622GT×TR3030CBLL，ND400×TR3026，ND2000×TR1017Bt 等）的杂交种亲本自交系为测验种是比较合理的。尽管 Walejko 和 Russell（1977）建议采用自交系为测验种，但具有合适系谱的单交种也可用作测验种，这样可减少对产量试验用种量的考虑。由于看起来特殊配合力的重要性相对较小，因此可以改变测验种来满足当前杂交种对特定自交系的需要。一个或一些自交系可以适合 2～3 轮的选择，而且如果自交系的作用减小或在杂交种中不再应用也可以被更换。因为即使采用了特定的自交系，一般配合力看起来仍比特殊配合力重要（如 Horner et al.，1973，1976；Hoegemeyer and Hallauer，1976），所以改变测验种自交系并不会影响对改良群体的持续选择。

设计以自交系为测验种的相互轮回选择方法应用于育种项目（Russell and Eberhart，1975）。利用不同类型测验种时，特殊配合力对一般配合力的相对重要性信息的积累对轮回选择方法的发展是有帮助的。生产单交种需要优良的自交系作为亲本。因此，大多数应用育种项目的目标是改良自交系以供杂交种的一方或两方使用。大多数系谱选择过程强调一方或两方的系进行改良。采用自交系为测验种的相互轮回选择方法可对系谱法进行即时补充。对于轮回选择，采用自交系为测验种的优缺点在第 8 章进行了讨论。Comstock（1979）讨论了相互轮回选择方法的优缺点。

12.6 关于种质改良的附加思考

对改良群体的选择及对群体改良轮回选择方法的选择，应该在改良开始之前进行。改良所用的群体应该有足够的遗传变异，较高的均值及组合可显示出杂种优势，尤其是在进行一定形式的群体间轮回选择时。可用群体可能没有明确的信息，但是将试验数据、个人经验及其他人的经验结合起来可能会使改良群体的潜力充分发挥。看起来，尽管足够的遗传变异存在于可实现预期进展的大多数选择群体中，但一些群体可能比其他群体具有更有用的遗传变异。例如，艾奥瓦坚秆综合种看起来比艾奥瓦抗螟综合种 1 号在选育自交系上更有用，尽管它们有相似的遗传变异。具有较高平均产量而其他性状相差不大的群体，比具有较低平均产量的群体更适合。具有较高和较低平均产量的群体可能获得相同的改良效率，但低产群体并不等同于高产群体。即使低产群体的改良效率在一定程度上大于高产群体，但它可能不会像高产群体那样会产生较多的具有应用潜力的自交系。如果育种不是致力于杂交种的自交系选育，那么采用较高平均表现的群体则更加可行。所利用的自交系杂交组合（由正在进行轮回选择的群体中选育出）或群体杂交种（不以自交系应用为目的的育种项目）的杂种优势表现十分重要。群体内和群体间改良项目都要考虑杂种优势的表现。如果两个群体正在进行轮回选择，那么它们杂交组合的杂种优势的表现十分重要。第 5 章强调了群体间的选择对开始轮回选择的重要性，公式列在第 10 章。基于品种间双列杂交的数据，这些公式提供了复合品种均值或者两个复合种间杂交组合均值的预测基础。预测程序的使用不仅可以在现有的品种间进行选择，也可以在将来能够产生品种杂交组合的群体间进行选择。

群体改良对轮回选择方法的选择依赖于育种者的目的。看起来，所有的轮回选择方法在改良选择的群体上都是有效的。基于每轮实现的增益，所有的改良方法几乎是等效的。这些方法的选择结果在第 7 章中得到了概括（Sprague and Eberhart，1977；Hallauer et al.，1988；Hallauer，1992；Hallauer and Carena，2009）。群体内和群体间轮回选择每轮实现的增益为 3%～7%。不同区域条件下，不同的群体应用于不同轮回选择方法中，但每轮实现的平均增益没有多大差别。不同轮回选择方法的比较列于表 12.14 中，表中所列值为 20 世纪 80 年代不同的群体轮回选择方法的均值，这些与近期的综述相似。

表 12.14　几种轮回选择方法每轮平均的遗传增益

选择方法	不同轮回选择方法每轮平均的遗传增益	
	第 7 章	Sprague 和 Eberhart（1977）
群体内		
集团	2.9	3.4
穗行	6.5	3.8
全同胞	3.8	3.1
测交	5.4	2.8
S_1	6.4	4.6
S_2	—	2.0
平均	5.0	3.3
群体间		
相互轮回选择	4.2	2.9
Darrah 等（1978）[a]	7.0	—
Gevers（1975）[a]	6.0	—
Paterniani 和 Vencovsky（1978）[a]	3.5	—
测交	4.2	3.5
全同胞相互轮回选择	5.0	—
平均	5.3	3.2

[a] 不包括 Sprague 和 Eberhart（1977）的研究

Darrah 等（1978）报道了 3 个群体的多种选择方法的研究，这 3 个群体是 Kitale 综合种、Ec573 和 KII（Eberhart et al.，1967）。由于一个群体采用了不同的轮回选择方法，因此可以直接进行获得增益的比较（表 12.15）。Darrah 等（1978）展示了以年为基础的结果，数据被转换成每轮的增益来保证与表 12.14 展示的平均实现的增益相一致。除相互轮回选择方法外，每轮实现的增益与不同轮回选择方法平均实现的增益相似。相互轮回选择方法实现的增益为 7%，这与美国的研究结果相似，同时也与 Gevers（1975）报道的南非对 Teko Yellow 和 Natal Yellow Horsetooth 群体(6%)的研究结果相似。Weyhrich 等（1998a）比较了 BS11 玉米群体对 7 个轮回选择方法的响应，7 个方法是增加多穗性的混合选择、自交后代选择（S_1 和 S_2）、半同胞选择和自交系测验种的应用、全同胞和相互全同胞选择。所有方法都获得了遗传响应，但是籽粒产量的最大响应为 5 轮自交后代选择（每轮 4.5%），最低的为 10 轮混合选择（每轮 0.6%）。因此，对轮回选择方法的选择依赖于特定的方法如何对育种项目的不同阶段进行补充。

表 12.15　在东非肯尼亚一个育种方法的产量选择响应（Darrah et al.，1978）

选择方法		每轮产量和增益	
		产量（kg/hm^2）	增益（%）
混合选择	KCA-M9C6	38	0.8
	M10C6	93**	1.6
	M17C6	–70	—
穗行法	KII	–83**	1.8
	Ec573	259**	6.6
	KCA-E3C6	98**	2.1
	E4C6	82**	1.4
	E5C6	104**	2.2
	E6C6	56**	1.2
	E7C6	140**	2.5
半同胞[a]	KCA-H14C3	126	2.0
	H15C3	62	1.0
	H16C3	–326**	—
S_1[b]	KCAC3	–50	—
全同胞	KCAC3	160*	2.4
相互轮回选择	KIIC3	–4	—
	Ec573C3	194**	2.5
	（KII×Ec573）C3	418**	7.0

*和**分别表示 P=0.05 和 P=0.01 的显著性

[a] 测验种与群体的杂交组合，没有群体本身

[b] 基于 S_1 混合，而不是随机群体

在获得非自交或自交的 S_1 后代的配合力之前，在家系间和家系内对农艺性状进行初步的选择是合适的。例如，在一些半同胞轮回选择中 S_1 或 S_2 轮回选择更合适。两个群体是进行群体内还是群体间的轮回选择也依赖于育种者的偏好。S_1 或 S_2 轮回选择对于通常所接受的群体间选择方法可能不合适，但可以应用于满足同样标准的两个群体。合理的后序工作是用杂交改良的群体来产生群体杂交组合或者从改良群体中选育出自交系用于杂交种组配，而无需考虑是否采用群体内还是群体间轮回选择。

选择群体和轮回选择方法的决定并不总是那么明显，但是，如果育种者感到最初的选择是错误的，在育种进展的过程中可以进行调整。如果育种者感到当前的方法不能满足目标，可以在后续的选择中对轮回选择方法进行调整。例如，从半同胞轮回选择变成 S_1 轮回选择。举个例子，如果目的是将改良群体直接用于粮食生产，那么具广泛遗传基础的群体可采用半同胞家系法进行有效的改良。然而，由于自交后才会有预期的自交选择压力，如果群体从未经历过较强的自交选择压力，由于自交衰退它将不会快速成为选育优良自交系的资源。在项目实施过程中，育种者应该改变目标，采用改良的群体作为杂交种的自交系选育资源，一轮或更多轮的 S_1 家系选择将会提供降低有害隐性基因的

机会，使群体更适合选育自交系。如果基本群体来源于自交材料，如自交系的合成群体，采用自交的家系选择的效果不如从未进行过强烈的自交的群体明显。额外的种质可以整合到选择下的群体中来修正一些明显的不足。群体可以保持开放或不完全封闭。如果明智的选择群体后开始进行轮回选择，那么将来改变和调整选择方法造成的遗传增益的损失会低于因更换选择群体带来的损失。如果重新开始选择不同的种质资源，那么过去的增益就会丢失。当开始长期的选择项目时，合理、明智地选择种质十分重要。进行轮回选择过程中应该保持灵活性和对变化的适应性，但是种质的经常变化将会消除过去产生的遗传增益。

利用种质和轮回选择方法进行基础研究值得鼓励。建议是如果仅对获得育种方法的基本信息感兴趣，那么改进群体和轮回选择方法没什么坏处，就像 QTL 研究一样，经常将优良的和较差的材料进行重组。实际上，轮回选择方法对于阐明当前的基于理论和模拟的假说也是十分重要的（如全基因组选择）。

然而，本书主要的目的是将轮回选择方法作为能使应用育种项目中的种质改良实现最大化的一个纽带或重要组成部分。为了与当前的应用育种目标相一致，随着时间进行相应的调整是必要的，但调整不应该轻易地引起选择的遗传增益被破坏。一个毫无计划的调整将使改良过程成为一个单调枯燥的工作，导致改良失去持续性或者导致用来为应用育种项目提供材料的种质得不到遗传改良。

除了混合选择，每个轮回选择方法的每一轮选择包含 3 个阶段。

（1）产生用于鉴定的后代。

（2）在重复试验中鉴定后代。

（3）基于重复试验选择出的优良后代进行重组。

图 6.1 清晰地说明了通过将轮内选择改良过的最优良后代整合到自交系选育过程中，轮回选择可以直接应用于自交系和杂交种选育项目中。例如，美国北达科他州大学的玉米项目有两个类型的重复性试验（两者区别并不是很明显）。

（a）用于早熟资源改良的群体内和群体间轮回选择。

（b）为自交系配合力进行的杂交组合测配和单交组合鉴定（第 1 章）。

图 12.13 说明了一个育种项目是如何根据熟期和环境条件（如西部的干旱、北部的冷害和早熟）进行分类试验的例子。美国北达科他州大学为其他种子公司提供遗传材料。因此，自交系被编码进入基础种子公司，这些公司将它们提供给种子销售商，种子销售商则将杂交种卖给美国北达科他州的农民，自交系也作为亲本系或针对不同育种目的被释放。

与选择用于改良的群体和改良方法相反，改良的决定很难做出。改良群体和改良方法的选择很大程度由其与应用育种项目的关系及育种者经验来决定。用于辅助决定有关轮回选择实施步骤的经验和理论还比较少。例如，测验多少后代才能足够代表选择下群体的遗传变异？选择多少后代进行重组？在开始下一轮选择前要重组多少代？当 20～30 个个体被选择用于重组后应采取什么样的方法来重组？通常，折中的办法是必需的。

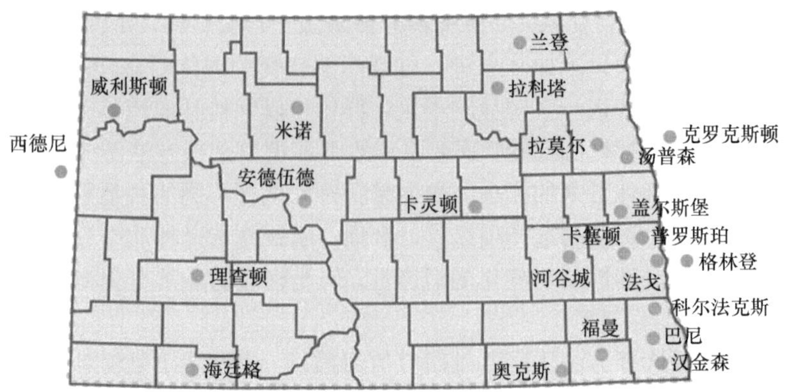

图 12.13 北达科他州立大学的玉米项目与公司、种植者协会、研究推广中心和生产者合作的应用试验点

显然，用于测试的群体数量和每个群体后代数量越大，每个群体的样本代表性就越高，成功的机会就越大（例如，可选择的杂种优势模式、可释放的自交系、收获期高产、含水量低和快速脱水的杂交种）。这依赖于所掌握的资源和如何最好地分配它们。这需要我们集中对已知遗传基础的群体进行选择。但是重复性后代测验限制了大规模的群体内和群体间改良项目的进行。大多数轮回选择项目最少包括 100 个后代，甚至一些项目包括的后代为 500 个或更多。遗传方差估计（第 5 章）证据表明利用 100 个后代即可获得合理的标准误。但是鉴定的后代越多，鉴定就越有效。Marquez-Sanchez 和 Hallauer（1970a，1970b）从经验研究中发现，采用巢式（NC Ⅰ）交配设计进行方差成分估算时，需要 180～200 个后代才能获得稳定的标准误。因此，实际上育种者应该基于空间、劳动力、资源来考虑总行数，然后再做决定。如果可以容纳 10 000 行，育种者可以种植 50 个群体的 200 个/群，或是 200 个群体的 50 个/群。

轮回选择方法采用样本的大小在一定程度上由选择强度或用于重组的入选后代数量决定。如果采用 10%的选择强度来测试 100 个后代，那么仅仅有 10 个后代可被重组形成下一轮的选择群体。然而，仅采用 10 个后代用于重组，几轮选择后将导致自交也会达到相当大的水平（第 9 章）。Smith（1979）提出在有限数量的后代进行重组的情况下，试验结果与预期效果一致。在植物选择项目中，一些理论研究也为样本大小提供一定指导。Robertson（1960）研究表明，预期的总进展和轮回选择的半衰期与有效群体含量成一定比例。因此，对于长期选择项目来说，有效群体含量应尽可能大一些。Baker 和 Curnow（1969）及 Rawlings（1970）得出，当选择强度为 10%时，有效群体含量为 30～45 对于短期和长期的植物选择项目目标是一个合适的折中大小。重组所需的后代数量取决于理论条件下的最小有效群体含量的后代类型。最近报道了将有效群体含量缩小到甚至 10 个后代也能表现出一定的优势。Weyhrich 等（1998b）对 5 个、10 个、20 个和 30 个入选的 S_1 后代进行相互交配，采用 20%选择强度对 S_1 后代进行 4～5 轮选择。相互交配的 10 个、20 个和 30 个体后代籽粒产量显著增加，但是 5 个的相互交配的籽粒产量显著减少，这些数据表明交配植株应不少于 10 个。因此，看起来 15～20 个后代为最小的样本数，但是较多的样本是更合适的。用于重组的后代数目的变化改变可选择强度。如果测试 100 个后代，选择强度为 10%（入选个体的比例），则选取 10 个进行重组。如果打算将重组后代增加到 20，那么选择强度减少到 20%。当增加入选单株比例时，要减少选择强度。为了在重组 20 个后代情况下保持 10%的选择强度，所需的测试后代要增加到 200 个。保证充足的测试后代样本数及一个可接受的选择强度对于实现选择进展是必要的。显然，为产生一个可控制的选择项目必须采取一定的折中。增加选择强度对短期项目和特定性状的改良是合适的，但对长期项目而言，由于自交和遗传漂变会限制将来的遗传增益，因此增加选择强度是不利的。对长期项目而言，应至少采用 20～30 个后代进行重组。因此，如果测试的后代数减少则选择强度降低；测试后代数增加，则选择强度提高。此外，如果我们采用自交后代进行重组，那么后代类型也存在一定影响，如 S_1 和 S_2 代（第 9 章）。选择 20～30 个材料进行重组也会产生关于重组的合适方法的问题。如果选择 10 份材料重组，则经常采用双列杂交形成下一轮群体。组配 10 个入选家系的双列杂交组合并不太吃力（45 个组合大约 90 行），但是随着入选家系增加到 20～30，那么杂交组合的数量显著增加（第 4 章）。例如，与完成所有杂交组合原理一样，20 个家系的双列杂交将会是 190 个杂交组合（或者需要 380 行来完成组合）。如果入选的材料数量为 10 或更少，双列杂交是可行的，但随着入选数量的增加，双列杂交变得更加困难。轮回选择中重组的主要目的是让入选的优良后代进行相互交配形成下一轮用于持续选择的群体。因此，一个有效的重组方法是必需的。

选择重组方法依赖于选择材料的数目、可利用的季节、可用的资源。育种者有如下选择。

（1）双列杂交方法：如同上边阐述的，在选择家系的数量不是很大时，双列杂交是一种可接受的方法。双列杂交的一个优点是保障每一个入选家系都可以和其他所有材料杂交。

（2）链式杂交：杂交选择材料所需的空间要比双列杂交方法小，但同样的杂交未必会在入选材料间进行。链式杂交 20 个入选材料在育种圃中需要 20 行。

（3）混合法：该方法需要按行轮流种植入选材料，在剩余行中种植除用于杂交的材料的所有等量后代种子。也就是说，如果第一行种植选择材料 A，第 2 行种植除 A 外的所有入选材料混合种子。第 2 行的所有材料都和第 1 行杂交。除非混合材料中丢失了一些植株，否则这种重组方法可使所有入选材料间进行相互杂交。成对的行间相互杂交降低了所有入选材料不能完全杂交的可能性。如果有 15 份入选材料互交，需要 30 行来完成重组（表 12.16）。除了比双列杂交需要的行数少，另一个重要的好处是可以同时进行自交和重组。因此，美国北达科他州大学玉米育种项目采用的是混合行为母本，以轮回选择后的材料作为父本。

（4）入选材料的等量种子进行混合，混合植株间在隔离区内开放授粉和育种圃中人工授粉进行相互杂交。所需的空间会减小，但如果一个或更多的选择材料花期较晚，萌发较差，或竞争力较差，一些入选的选择材料可能不会等量地包含在杂交组合中。

所有的重组方法都有优缺点，但选择必须要保障入选后代间有充分的杂交。重组方法的选择没有轮回选择中的某些其他步骤那么重要。选择的不同轮间可用不同的重组方法，而且不会严重削弱选择的进展。

表 12.16 美国北达科他州大学利用玉米群体内轮回选择进行混合重组示例

行号[a]	系谱[b]	来源
095221	NDSAB (MER-FS) C15 Synl-106 b	074061-106
095222	BULK1	
095223	NDSAB (MER-FS) C15 Synl-5	074061-5
095224	BULK2	
095225	NDSAB (MER-FS) C15 Synl-35	074061-35
095226	BULK3	
095227	NDSAB (MER-FS) C15 Synl-46	074061-46
095228	BULK4	
095229	NDSAB (MER-FS) C15 Synl-83	074061-83
095230	BULK5	
095231	NDSAB (MER-FS) C15 Synl-53	074061-53
095232	BULK6	
095233	NDSAB (MER-FS) C15 Synl-4	074061-4
095234	BULK7	
095235	NDSAB (MER-FS) C15 Synl-99	074061-99
095236	BULK8	
095237	NDSAB (MER-FS) C15 Synl-33	074061-33
095238	BULK9	
095239	NDSAB (MER-FS) C15 Synl-107	074061-107
095240	BULK10	
095241	NDSAB (MER-FS) C15 Synl-30	074061-30
095242	BULK12	
095243	NDSAB (MER-FS) C15 Synl-96	074061-96
095244	BULK12	
095245	NDSAB (MER-FS) C15 Synl-80	074061-80
095246	BULK13	
095247	NDSAB (MER-FS) C15 Synl-102	074061-102
095248	BULK14	
095249	NDSAB (MER-FS) C15 Synl-81	074061-81
095250	BULK15	

[a] 2009 年（“09”）育种圃中的实际行号

[b] 基于 12 轮的改良穗行法选择及 3 轮全同胞选择，入选材料重组形成 C16，Syn1 是指一次重组。因为上面标示的是 Syn1，所以这个群体到目前为止进行了一次和两次重组

开始相互杂交后，对代表性植株进行抽样用于额外的互交和群体保持是必要的。采用重复样本对减少因作物减产造成的相互杂交组合种子的损失是重要的。在一些轮回选择方法中，选择的不同轮回间只进行一次相互杂交。从杂交的入选后代中获得代表性的样本很重要，因为能够保证每个后代都等量地包含于混合样本中。最好的方法是通过计算可获得的果穗数来保障每个杂交组合具有等量的种子，然后利用每个果穗等量的种子至少形成两个平衡的混群（表 12.17）。例如，20 个杂交组合的每个组合可收获 10 个果

穗，需要两个 1000 粒种子的样本，那么每个混合样本的每穗上需要取 5 粒种子。如果利用入选材料与其他入选材料的混合样本杂交进行重组，那么需要统计所有的果穗数来决定两个混合样本中的每一个样本需要每穗提供多少种子。

表 12.17　北达科他州立大学玉米育种项目中每个群体各自产生的 3 个平衡混合样本在 2008 年的保存目录

群体保存				
库存号	系谱	2007 来源	重量（g）	穗数
087001-7020-1B	NDSSS Synl	077000～7039-2	185	143
087001-7020-2B	NDSSS Synl	077000～7039-2	185	143
087001-7020-3B	NDSSS Synl	077000～7039-2	185	143
087021-7040-1B	NDCG (FS) C1 Syn3	077161～7170-2	168	177
087021-7040-2B	NDCG (FS) C1 Syn3	077161～7170-2	167	177
087021-7040-3B	NDCG (FS) C1 Syn3	077161～7170-2	169	177
087041-7060-1B	NDL Syn1	077041～7080-2	172	125
087041-7060-2B	NDL Syn1	077041～7080-2	171	125
087041-7060-3B	NDL Syn1	077041～7080-2	172	125
087061-7080-1B	NDBSK (HI-M) C3 Syn1	077081～100-1	208	136
087061-7080-2B	NDBSK (HI-M) C3 Syn1	077081～100-1	206	136
087061-7080-3B	NDBSK (HI-M) C3 Syn1	077081～100-1	205	136
087081-7100-1B	NDBS11 (FR-M) C3 Syn1	077101～20-1	195	122
087081-7100-2B	NDBS11 (FR-M) C3 Syn1	077101～20-1	190	122
087081-7100-3B	NDBS11 (FR-M) C3 Syn1	077101～20-1	192	122
087101-7120-1B	NDBS1011 Syn1	077121～40-1	181	127
087101-7120-2B	NDBS1011 Syn1	077121～40-1	178	127
087101-7120-3B	NDBS1011 Syn1	077121～40-1	179	127
087121-7140-1B	NDBS1011 (FR-M-FS) C5 Syn1	075699～5722-1	181	141
087121-7140-2B	NDBS1011 (FR-M-FS) C5 Syn1	075699～5722-1	176	141
087121-7140-3B	NDBS1011 (FR-M-FS) C5 Syn1	075699～5722-1	179	141
087141-7160-1B	BS22 (R-T1) C9 Syn1	075501～24-1	183	136
087141-7160-2B	BS22 (R-T1) C9 Syn1	075501～24-1	182	136
087141-7160-3B	BS22 (R-T1) C9 Syn1	075501～24-1	183	136
087161-7180-1B	［NDSAB (MER-FS) C15 Syn2］ Syn1	075574～96-1	218	122
087161-7180-2B	［NDSAB (MER-FS) C15 Syn2］ Syn1	075574～96-1	210	122
087161-7180-3B	［NDSAB (MER-FS) C15 Syn2］ Syn1	075574～96-1	215	122
087181-7200-1B	BS22 (R-T2) C9 Syn1	075526～72-1	184	139
087181-7200-2B	BS22 (R-T2) C9 Syn1	075526～72-1	182	139
087181-7200-3B	BS22 (R-T2) C9 Syn1	075526～72-1	183	139
087201-7220-1B	［NDSM (M-FS) C9 Syn2］ Syn1	075622～48-1	194	119
087201-7220-2B	［NDSM (M-FS) C9 Syn2］ Syn1	075622～48-1	191	119
087201-7220-3B	［NDSM (M-FS) C9 Syn2］ Syn1	075622～48-1	190	119
087221-7240-1B	BS21 (R-T) C9 Syn1	075598～620-1	173	137
087221-7240-2B	BS21 (R-T) C9 Syn1	075598～620-1	173	137
087221-7240-3B	BS21 (R-T) C9 Syn1	075598～620-1	171	137
087241-7260-1B	CGL (S-FR2) C1 Syn1	075674～97-1	177	155
087241-7260-2B	CGL (S-FR2) C1 Syn1	075674～97-1	174	155
087241-7260-3B	CGL (S-FR2) C1 Syn1	075674～97-1	173	155

续表

群体保存				
库存号	系谱	2007 来源	重量（g）	穗数
087261-7280-1B	BS21 (R-FR2) C1 Syn1	075650～72-1	160	130
087261-7280-2B	BS21 (R-FR2) C1 Syn1	075650～72-1	159	130
087261-7280-3B	BS21 (R-FR2) C1 Syn1	075650～72-1	160	130
087281-7300-1B	CGL (S-FR3) C1 Syn1	075751～70	149	132
087281-7300-2B	CGL (S-FR3) C1 Syn1	075751～70	147	132
087281-7300-3B	CGL (S-FR3) C1 Syn1	075751～70	147	132
087301-7320-1B	BS21 (R-FR3) C1 Syn1	075722～90-1	167	135
087301-7320-2B	BS21 (R-FR3) C1 Syn1	075722～90-1	165	135
087301-7320-3B	BS21 (R-FR3) C1 Syn1	075722～90-1	165	135
087321-7340-1B	NDSHLC (FS-M-FS) C5 Syn1	075725～49-1	182	97
087321-7340-2B	NDSHLC (FS-M-FS) C5 Syn1	075725～49-1	178	97
087321-7340-3B	NDSHLC (FS-M-FS) C5 Syn1	075725～49-1	184	97
087341-7360-1B	EARLYGEM	075791～5823-1	186	123
087341-7360-2B	EARLYGEM	075791～5823-1	182	123
087341-7360-3B	EARLYGEM	075791～5823-1	183	123

对于允许选择轮间进行两轮重组的轮回选择方法，同样的方法被用来形成下一轮重组的混合样本。一个混合样本或者种植于隔离地块或者种植于进行相互杂交的场圃中，其他的混合样本置于冷藏条件下为紧急需要或将来做准备。充分的隔离（至少 200m 或田块间有显著的熟期差异）对于降低来自于其他植株的污染是必要的，在大田进行地块隔离比在育种圃中更容易实现。如果在一个种植圃中进行重组，则将这个圃中的每个植株作为父本或者作为母本都是合理的。需要保证每天对花丝套袋，准备雄穗、雌穗以便授粉。常用的流程是对每个果穗进行授粉，每个雄穗花粉授粉不超过两次，或者对所有用作母本或父本的植株在授粉后去除雄穗，打开雌穗套袋，这样它们仅使用一次。花粉也可以混合起来，用来给前一天做好授粉准备的所用果穗授粉。无论第 2 轮重组采用何种方法，应该选取每个果穗上等量的种子来形成群体 2 的混合样本（至少两个），一个冷藏，另一个进行下一轮的选择。建议每个混合样本至少包含 500 粒种子。利用可控制的人工授粉方式完成重组过程中，可对雌雄配子的数量进行控制，这些配子是由下一代每对父母本贡献的。因此，如果每一个人工授粉果穗上采取等量的种子，对于重组区内给定数量的后代来说将会获得最有效的数量（第 11 章）。

可以采用一个不需要人工控制授粉的简化程序对入选后代进行重组。每个入选后代的种子穗行种植，开花前去雄。所有后代的混合种子交替种植作为父本，为去雄行授粉，保证了每个母本行都可以用所有后代的混合花粉授粉。父母本行的比例为（1∶1）～（1∶4），父本行分开种植可减少选型杂交。由于授粉是随机的，因此每个植株贡献的雄配子数不受控制，但可选取等量的每种授粉果穗来实现对母本配子的控制。这种取样方法可确保比从混合的整体种子中单独取样获得更大的有效群体含量。另外，控制母本配子数量与之前讨论的选择方法相比，仅可产生一个较小的有效群体含量。保留用于重组的后代数量不太小或为自交系时，有效群体含量只产生微小差异。

当考虑选择轮回间的重组数时，连锁效应经常受到关注。轮回选择过程的连锁效应不如自交效应明显。已从两个自交系形成的 F_2 群体检测到连锁效应，它们的确影响遗传方差成分的估计（第 5 章）。F_2 群体中个体的后代用于遗传参数的估计。经过了几次重组的广基群体将会接近连锁平衡。连锁效应增加了入选后代重组的难度。由于连锁是存在的，问题是选择群体需要经过多少代的重组才能达到连锁平衡。Hanson（1959）认为 4 个重组世代比较合适。温带地区在利用冬繁圃的情况下，完成 4 代相互杂交需要两年。最小的相互杂交代数（1 或 2 代）被应用于大多数轮回选择过程中。在一些轮回选择方法中（表 12.7），如果有效地采用冬繁圃来进行额外的一轮重组，则可不增加选择轮数。选择后代的额外一轮重组被认为是有用的。目前还没有什么实验性证据，但看起来通过增加选择轮数比增加不同轮间的重组代数带来的增益大。

Latter（1965，1966a，1966b）检测了连锁对选择的限制效应，他认为除非位点间重组率小于 0.1，否则总体的选择响应下降很小。如同 Rawlings（1970）解释的那样，如果重组概率为 0.1，则选择响应下降 2.5%，如果重组率为 0.05，则选择响应下降 6%。在选择的早代，尤其是当处于连锁平衡的群体刚开始进行选择时，连锁对选择响应的影响较小。Rawlings 认为如果考虑连锁效应，那么应该增大有效群体含量来达到连锁抑制。改良群体时育种通常要求达到连锁平衡，但看起来连锁效应将不会严重地影响选择响应。选育自交系时可以采用不同的方法。在大多数的育种过程中，自交系的选育是在杂种优势群内进行的，这样最终的杂交种会有更大的杂种优势表现。然而，在特定情况下，育种者可以利用杂种优势模式直接选育自交系。北达科他州立大学的育种项目所选育的自交系中有 5%（第 1 章）是来自于那些在清楚定义的可能连锁群中表现出优良的特定遗传效应的杂交种，而且有必要继续保持这种清楚的连锁群定义。一个众所周知的例子就是 B73×Mo17。

Eberhart（1970）、Sprague 和 Eberhart（1977）给出了轮回选择实施过程中涉及各因素的基本关系。下边的公式表示预期的遗传变异（ΔG）：

$$\Delta G = \frac{ck\hat{\sigma}_{\mathrm{g}}^2}{y\left[\hat{\sigma}^2/(re) + \hat{\sigma}_{\mathrm{ge}}^2/e + \hat{\sigma}_{\mathrm{g}}^2\right]^{1/2}}$$

式中，c 代表亲本控制（第 6 章），k 代表标准化的选择差，$\hat{\sigma}_{\mathrm{g}}^2$ 代表后代间加性效应部分的遗传方差，y 代表每轮的年数，$\left[\hat{\sigma}^2/(re) + \hat{\sigma}_{\mathrm{ge}}^2/e + \hat{\sigma}_{\mathrm{g}}^2\right]^{1/2}$ 代表表型方差。这个公式与第 6 章的那些公式有微小的区别，在第 6 章中分子中的 k 代表选择强度（选择针对一个或所有的雌雄或是亲本控制），c 代表考虑杂交系统（指的是不同世代家系间的协方差）的系数。k 和 c 在一起与 $\hat{\sigma}_{\mathrm{A}}^2$（加性遗传效应）相乘，或者它们中的一个是相同的。另外，在 Sprague 和 Eberhart（1977）的公式中，k 代表同样的意义，c 只是考虑亲本控制的系数。这个系数已经包含在 $\hat{\sigma}_{\mathrm{g}}^2$ 中的家系间的协方差中，是选择单位间表达方差的加性部分或者同一世代各家系间的协方差。例如，在第 6 章中，分子是仅一个性别的（穗行选择法）半同胞家系间选择的预期增益，表示为 $k(1/8)\hat{\sigma}_{\mathrm{A}}^2$，这里 1/8 是半叔侄家系间协方差的系数。另外，Sprague 和 Eberhart 给出了同样的系数，表示为$k(1/2)(1/4)\hat{\sigma}_A^2$，这里面的 1/2 为亲本控制（一个性别的选择）的系数，$(1/4)\hat{\sigma}_A^2$是半同胞家系间方差的加性部分或者同一世代半同胞家系间的协方差。尽管所有公式都给出了本质上相同的结果，但对它们之间的差异也进行了讨论。公式中关于遗传增益的表示以每一年为基础。预测遗传增益的关系可以帮助在轮回选择的每个阶段做出决定。表 7.35 表明了预测公式为实现轮回选择中每年最大的遗传增益提供了指导。我们想获得每年可能的最大的遗传增益。如果对轮回选择方法的选择是基于每年的遗传增益，那么完成每轮选择需要的年数不同，选择也会不同（表 7.35）。轮回选择的不同方法的预测公式列于表 12.18 中。

表 12.18　不同的群体内和群体间轮回选择方法的每轮预期遗传增益（ΔG）

选择方法	预期遗传进度（ΔG）[a]	每轮年数
1. 混合选择[b]		
a. 控制单亲	$k(1/2)\hat{\sigma}_A^2\Big/\sqrt{\hat{\sigma}_w^2+\hat{\sigma}_{DE}^2+\hat{\sigma}_{AE}^2+\hat{\sigma}_D^2+\hat{\sigma}_A^2}$	1
b. 控制双亲	$k\hat{\sigma}_A^2\Big/\sqrt{\hat{\sigma}_w^2+\hat{\sigma}_{DE}^2+\hat{\sigma}_{AE}^2+\hat{\sigma}_D^2+\hat{\sigma}_A^2}$	1 或 2
2. 改良穗行法选择[b,c]		
a. 控制单亲	$k(1/8)\hat{\sigma}_A^2\Big/\sqrt{\hat{\sigma}^2/re+(1/4)\hat{\sigma}_{AE}^2/e+(1/4)\hat{\sigma}_A^2}$	1
b. 控制双亲	$k(1/4)\hat{\sigma}_A^2\Big/\sqrt{\hat{\sigma}^2/re+(1/4)\hat{\sigma}_{AE}^2/e+(1/4)\hat{\sigma}_A^2}$	2
3. 半同胞[d]		
a. 留存半同胞种子	$k(1/4)\hat{\sigma}_A^2\Big/\sqrt{\hat{\sigma}^2/re+(1/4)\hat{\sigma}_{AE}^2/e+(1/4)\hat{\sigma}_A^2}$	2
b. 自交种子	$k(1/2)\hat{\sigma}_A^2\Big/\sqrt{\hat{\sigma}^2/re+(1/4)\hat{\sigma}_{AE}^2/e+(1/4)\hat{\sigma}_A^2}$	3
4. 全同胞	$k(1/2)\hat{\sigma}_A^2\Big/\sqrt{\hat{\sigma}^2/re+\left[(1/2)\hat{\sigma}_{AE}^2+(1/4)\hat{\sigma}_{DE}^2\right]/e+\left[(1/2)\hat{\sigma}_A^2+(1/4)\hat{\sigma}_D^2\right]}$	2
5. S_1[e]	$k\hat{\sigma}_A^2\Big/\sqrt{\hat{\sigma}^2/re+\left[\hat{\sigma}_{AE}^2+(1/4)\hat{\sigma}_{DE}^2\right]/e+\left[\hat{\sigma}_A^2+(1/4)\hat{\sigma}_D^2\right]}$	2
6. S_2[e]	$k(3/2)\hat{\sigma}_A^2\Big/\sqrt{\hat{\sigma}^2/re+\left[(3/2)\hat{\sigma}_{AE}^2+(3/16)\hat{\sigma}_{DE}^2\right]/e+\left[(3/2)\hat{\sigma}_A^2+(3/16)\hat{\sigma}_D^2\right]}$	3
7. 相互轮回选择[f]	$\dfrac{k_1(1/4)\hat{\sigma}_{A_{12}}^2}{\sqrt{\hat{\sigma}_{12}^2/re+(1/4)\hat{\sigma}_{AE_{12}}^2/e+(1/4)\hat{\sigma}_{A_{12}}^2}}+\dfrac{k_2(1/4)\hat{\sigma}_{A_{21}}^2}{\sqrt{\hat{\sigma}_{21}^2/re+(1/4)\hat{\sigma}_{AE_{21}}^2/e+(1/4)\hat{\sigma}_{A_{21}}^2}}$	3
8. 全同胞相互轮回选择	$\dfrac{k(1/2)\hat{\sigma}_{A_{12}}^2}{\sqrt{\hat{\sigma}^2/re+\left[(1/2)\hat{\sigma}_{AE(12)}^2+(1/4)\hat{\sigma}_{AE_{12}}^2\right]/e+\left[(1/2)\hat{\sigma}_{A(12)}^2+(1/4)\hat{\sigma}_{D_{12}}^2\right]}}$	2
9. 基于半同胞家系测交组合的相互轮回选择	$\dfrac{k_1(1/16)\hat{\sigma}_{A_{12}}^2}{\sqrt{\dfrac{\hat{\sigma}_{12}^2}{re}+\dfrac{(1/16)\hat{\sigma}_{AE_{12}}^2}{e}+(1/16)\hat{\sigma}_{A_{12}}^2}}+\dfrac{k_2(1/16)\hat{\sigma}_{A_{21}}^2}{\sqrt{\dfrac{\hat{\sigma}_{21}^2}{re}+\dfrac{(1/16)\hat{\sigma}_{AE_{21}}^2}{e}+(1/16)\hat{\sigma}_{A_{21}}^2}}$	3
10. 基于双穗株的全同胞相互轮回选择	$\dfrac{k_1(1/8)\hat{\sigma}_{A_{12}}^2}{\sqrt{\dfrac{\hat{\sigma}_{12}^2}{re}+\dfrac{(1/8)\hat{\sigma}_{AE_{12}}^2}{e}+(1/8)\hat{\sigma}_{A_{12}}^2}}+\dfrac{k_2(1/8)\hat{\sigma}_{A_{21}}^2}{\sqrt{\dfrac{\hat{\sigma}_{21}^2}{re}+\dfrac{(1/8)\hat{\sigma}_{AE_{21}}^2}{e}+(1/8)\hat{\sigma}_{A_{21}}^2}}$	1 或 2

[a] k 是标准化的选择差，$\hat{\sigma}_A^2$ 和 $\hat{\sigma}_D^2$ 是加性和显性方差，$\hat{\sigma}_{AE}^2$ 和 $\hat{\sigma}_{DE}^2$ 分别是加性和显性与环境互作的方差，r 是每个 e 环境的重复数，$\hat{\sigma}_w^2$ 是小区内环境方差，$\hat{\sigma}^2$ 是试验误差

[b] 亲本控制仅对母本或一个性别或对两个性别（两个亲本），如果无区组效应则加上 $\hat{\sigma}^2$

[c] 如果在穗行内对主要性状进行混合选择，额外部分应加到预期增益中 $\dfrac{k(3/8)\hat{\sigma}_A^2}{\sqrt{\hat{\sigma}_w^2+(3/4)\hat{\sigma}_{AE}^2+\hat{\sigma}_{DE}^2+(3/4)\hat{\sigma}_A^2+\hat{\sigma}_D^2}}$

[d] a 为利用 $\hat{\sigma}_A^2$ 代表亲本群体测验种，b 为 $\hat{\sigma}_A^2=2pq\alpha_1\alpha_2$，表示不相关的测验种

[e] 自交使加性遗传方差的定义发生微小改变。如果 $p=q=0.5$，则容易定义显性方差

[f] $\hat{\sigma}_{A12}^2$、$\hat{\sigma}_{A_{21}}^2$ 和 $\hat{\sigma}_A^2$ 三者相同，$\hat{\sigma}_{A(12)}^2=(1/2)\left(\hat{\sigma}_{A_{12}}^2+\hat{\sigma}_{A_{21}}^2\right)$ 表示杂交群体的加性遗传方差

预测增益的公式表明如果增加对亲本的控制，降低每轮选择年数，那么遗传增益和后代间的加性遗传方差也可增加。两个其他的重要因素是选择强度和表型方差。如果能掌握信息，则可对上述 5 个因素进行各种搭配为最有效的利用轮回选择方法提供指导（Empig et al.，1972）。这些公式没有为群体的选择提供指导。可以对轮回选择的 3 个阶段进行调整来影响预期增益。测验和重组的后代数量影响选择强度，重组的世代数决定每轮选择需要的年数。第 7 章中阐述了各种因素如何对选择效率产生影响。

尽管预测公式可以为确定轮回选择最有效的方法提供帮助，每轮或每年预测增益的差异太小了，以至于在试验中很难检测到。因此，合理的过程是采用能够满足应用育种项目的轮回选择方法。其他增强轮回选择效果的因素包括利用机械化的种植和收获设备来保证对大量的小区（减少误差）进行精确的、及时的处理，利用高速的计算分析大量的数据，足够大的测试点来保证基因型和环境的互作，以及非正季圃的应用。虽然这些因素未直接体现在公式中，但它们为以每年为基础的预期增益的预测做出了很大的贡献。这些因素保证了有更好的抽样样本，会获得更好的 $\hat{\sigma}_g^2$ 的估计，减少了每轮的年数，降低了基因型与环境互作的混合效应。或许，加大观察值和预测值之间差异的最重要因素是基因型与环境的互作。因此，对每一轮做更广泛的测试的方法和机制十分重要。同样也鼓励寻找可以增加现有的轮回选择方法遗传增益的方法或者产生新的轮回选择方法。

以一定的基础准则来进行持续的轮回选择项目是必需的。如果经过某些轮回选择方法的群体改良过程对育种目标没有贡献，那么这个改良项目就不需要进行。进行基本的选择研究可为应用育种者提供信息同时也为应用育种提供育种材料（例如，Hallauer，1973a，1973b，1992；Suwantaradon and Eberhart，1974；Russell and Eberhart，1975；Hallauer and Carena，2009）。

12.7　自交系选育的附加考虑

育种的系谱法和回交方法将会一直发挥突出的作用，尤其在利用和整合用于转移单基因性状的分子标记的玉米育种项目中。轮回选择方法可以为这些育种方法提供补充，并被看作仅是育种者可用来选育改良品种和杂交种的方法库中的另外一种方法，相互之间不能代替。在应用育种项目中花费在轮回选择上的时间和努力只有对育种项目有用时才证明是合理的。几乎在所有的例子中，将轮回选择方法与其他选择和育种方法相结合是可行的。通常，在长期的前育种中，轮回选择方法被考虑用于改良优良的种质。因此，轮回选择方法主要在公共育种部门应用，应用的目标为增强可用种质的遗传多样性并弥补非优良材料和有用的竞争性强的遗传材料之间的差距。B73 就是轮回选择和自交系选育结合利用的结果。

幸运的是轮回选择和育种的经典系谱法之间的比较还是比较有限的，这是因为这些方法只是一种补充而不是一种选择。Sprague（1952）报道了对籽粒含油量选择的比较，Duvick（1977）报道了产量的比较。基于上述比较，Sprague 认为轮回选择比系谱法的选择效率高出 2～5 倍，经过持续的选择后，轮回选择法仍保持群体有遗传变异。Duvick

发现两种不同的育种方法增益率几乎相等。系谱选择是每年 68kg/hm^2（每轮 13.3 年），对比的轮回选择是每年 71kg/hm^2（每轮 3 年）。Sprague 和 Duvick 的比较并没有解决哪种方法更有效的问题，在当前的技术和设施的情况下，能表明哪种方法（系谱法或轮回的方法）是更重要还是更有效的论据令人怀疑。然而，系谱法每轮时间被减少了 50%，或者超过报道的 13.3 年。系谱和轮回选择法是目标不同的两个不同的选择方法。系谱法通常受限于更强调自交的遗传基础狭窄的育种群体（由两个自交系的杂交组合选育出），而轮回选择方法应用于最小化自交效应的遗传基础较广的群体。一般地，系谱法既注重质量性状又注重数量性状，是自交系选育最常用的方法，而轮回选择法为自交系选育提供种质资源，主要注重于数量性状。育种方法通常差异很大。有效的轮回选择方法贡献出的选择材料也可用于系谱选择法中，也可以直接作为杂交种的亲本或作为改良的品种。也就是说，轮回选择为其他选择方法提供了补充（例如，Mikel，2006；Carena and Wicks III，2006；Hallauer and Carena，2009）。

Jenkins（1978）强调系谱法和回交法在自交系选育的育种项目中的重要性。1936 年，350 个由联邦和各州选育的自交系被列举出来。仅 7 个（2%）是二环系。对释放的由联邦和各州选育的自交系的后续总结表明 1948 年的二环系比例为 20%，1952 年为 26%，1956 年为 40%，1960 年为 50%，1960 年开始，大多数由联邦和各州释放的二环系是经系谱法和回交法选择的自交系。同样的趋势也发生在受保护的自交系中。因此育种材料的遗传基础受到更大的限制。轮回选择方法对拓展育种项目的遗传基础有重要的作用，但只有当各种选择方法同育种项目的各个阶段相整合时，持续的遗传改良的目标才能实现。早晚杂交和回交（Rinke and Sentz，1962；Carena et al.，2009b）及进行多样性改良群体的系谱选择也可以显著地提高遗传增益，增加市场上销售的杂交种的遗传多样性。

北达科他州立大学的玉米育种工作有 80 年的持续玉米育种研究。此研究的目标是改良外来优良的广基遗传种质的适应性（如早期的 GEM 计划、分层混合选择）；适应性种质遗传改良的最大化（如群体内和群体间轮回选择项目）；选育独特的早熟系、早熟群体、北达科他州立大学系×商业杂交种；培养植物育种硕士和博士研究生。这里有一个例子，讨论了所有可用于新的和独特产品的研发的育种技术：这个项目是北美最北部的公共玉米育种项目，在这里大多数的商业杂交种不是在本地选育的（尽管在北达科他州种植面积几乎为 300 万英亩①）。因此，玉米商业杂交种通常是晚熟的、品质差的，甚至无法满足这一地区的性状需求（如抗旱性），这里的市场不大，不适合大量的投资。早熟的商业测验种的缺乏是造成这一问题的主要原因。因此，对于以利用所有的育种方法（上面讨论的）为目标的育种项目来说，合作是非常重要的。新技术和合作（SNP 标记、双单倍体、籽粒品质检测、逆境管理和其他冬繁圃、小区变换等）受到鼓励，这会使育种项目保持强大，尤其当在商业实验室（在处于进入市场的状态的）和学术实验室（受到联邦资金资助且很快就过时的）（例如，完成一个特定的分子项目，公司仅需要 1 周，而在学术实验室则需要 2 年的时间）之间做出决定时。专家一直强调利用冬繁加代来提高遗传改良的速度的重要性。除了每年进行自交系、杂交种的抗旱性检测和杂交种

①1 英亩≈4046.86 m^2

种子测试，可一年种植不止两季的冬繁圃在 4 年内提供了唯一的相对生育期小于 90 天的北达科他州立大学早熟系（Carena et al.，2009a，2009b）。

过去 100 年，美国公益和私立玉米育种已经获得成功改革（如公共的自交系-杂交种概念，植物育种科学基础提供遗传变异基础和有效度量差异的试验技术，遗传多样性和 B73，生物技术）。由于州和联邦对基础科学（如 B73 全基因组测序、QTL-作图策略）投入的基金减少，因此公共玉米育种项目已中断或被削弱。可以确定的是当大多数基因成为育种项目研究的目标时，遗传改良不会受到限制。每个杂交种有特异的杂种优势效应，仅仅是 B73 和相关材料的测序效应可能会限制热带、亚热带及早熟材料的复杂性状等位基因的发掘。

（刘文欣 译，陈绍江 校）

参 考 文 献

Baker, L. H., and R. N. Curnow. 1969. Choice of population size and use of variation between replicate populations in plant breeding selection programs. *Crop Sci*. 9:555–60.

Baker, R. J. 1986. *Selection Indices in Plant Breeding*. CRC, Boca Raton, FL.

Barata, C., and M. J. Carena. 2006. Classification of North Dakota maize inbred lines into heterotic groups based on molecular and testcross data. *Euphytica* 151:339–49.

Bernardo, R. 1996. Best linear unbiased prediction of maize single-cross performance. *Crop Sci*. 36:50–6.

Betran, F. J., and A. R. Hallauer. 1996. Hybrid improvement after reciprocal recurrent selection in BSSS and BSCB1 maize populations. *Maydica* 41:25–33.

Burton, J. W., L. H. Penny, A. R. Hallauer, and S. A. Eberhart. 1971. Evaluation of synthetic populations developed from a maize population (BSK) by two methods of recurrent selection. *Crop Sci*. 11:361–67.

Carena, M. J. 2005. Maize commercial hybrids compared to improved population hybrids for grain yield and agronomic performance. *Euphytica* 141:201–08.

Carena, M. J. 2008. Increasing the genetic diversity of northern U.S. maize hybrids: Integrating pre-breeding with cultivar development. In *Conventional and Molecular Breeding of Field and Vegetable Crops*. Novi Sad, Serbia.

Carena, M. J., and H. Z. Cross. 2003. Plant density and maize germplasm improvement in the northern corn belt. *Maydica* 48:105–111.

Carena, M. J., and A. R. Hallauer. 2001a. Response to inbred progeny recurrent selection in Leaming and Midland Yellow Dent populations. *Maydica* 46:1–10.

Carena, M. J., and A. R. Hallauer. 2001b. Expression of heterosis in Leaming and Midland Corn Belt dent populations. *J. Iowa Acad. Sci*. 108:73–8.

Carena, M. J., and Z. W. Wicks III. 2006. Maize early maturing hybrids: an exploitation of U.S. temperate public genetic diversity in reserve. *Maydica* 51:201–8.

Carena, M. J., C. eno, and D. W. Wanner. 2008. Registration of NDBS11(FR-M)C3, NDBS1011, and NDBSK(HI-M)C3 Maize Germplasm. *J. Plant Reg*. 2:132–6.

Carena, M. J., I. Santiago, and A. Ordas. 1998. Direct and correlated response to selection for prolificacy in Maize at two planting densities. *Maydica* 43:95–102.

Carena, M. J., G. Bergman, N. Riveland, E. Eriksmoen, and M. Halvorson. 2009a. Breeding Maize for Higher Yield and Quality under Drought Stress. *Maydica* 54:287–98.

Carena, M. J., L. Pollak, W. Salhuana, and M. Denuc. 2009b. Development of unique lines for early-maturing hybrids: Moving GEM germplasm northward and westward. *Euphytica* 170:87–97.

Carena, M. J., J. Yang, J. C. Caffarel, M. Mergoum, A. R. Hallauer. 2009c. Do different production environments justify separate maize breeding programs? *Euphytica* 169:141–50.

Compton, W. A., and R. E. Comstock. 1976. More on modified ear-to-row selection in corn. *Crop Sci.* 16:122.

Comstock, R. E. 1979. Use of inbred lines in reciprocal recurrent selection. *Crop Sci.* 19:881–6.

Comstock, R. E., H. F. Robinson, and P. H. Harvey. 1949. A breeding procedure designed to make maximum use of both general and specific combining ability. *Agron. J.* 41:360–7.

Darrah, L. L., S. A. Eberhart, and L. H. Penny. 1978. Six years of maize selection in Kitale Synthetic II, Ecuador 573, and Kitale Composite, using methods of the comprehensive breeding system. *Euphytica* 27:191–204.

Devey, M. E., and W. A. Russell. 1983. Evaluation of recurrent selection for stalk quality in a maize cultivar and effects of other agronomic traits. *Iowa State J. Res.* 58:207–19.

Dhillon, B. S., and A. S. Khehra. 1989. Modified S_1 recurrent selection in maize improvement. *Crop Sci.* 29:226–8.

Dowswell, C. R., R. L. Paliwal, and R. P. Cantrell. 1996. *Maize in the Third World.* Westview, Boulder, CO.

Dudley, J. W., and R. H. Moll. 1969. Interpretation and uses of estimates of heritability and genetic variances in plant breeding. *Crop Sci.* 9:257–62.

Dudley, J. W., and R. J. Lambert. 2004. 100 generations of selection for oil and protein in corn. *Plant Breed. Rev.* 24:79–110.

Duvick, D. N. 1977. Genetic rates of gain in hybrid maize yields during the past 40 years. *Maydica* 22:187–96.

Duvick, D. N., J. S. C. Smith, and M. Cooper. 2004. Changes in performance, parentage, and genetic diversity of successful corn hybrids, 1930–2000. In *Corn: Origin, History, and Production*, C. W. Smith, J. Betran, and E. C. A. Runge, (eds.), pp. 65–97. Wiley, Hoboken, NJ.

East, E. M. 1908. Inbreeding in corn. *Connecticut Agric. Exp. Stn. Bull.* 165:419–28.

Eberhart, S. A. 1970. Factors affecting efficiencies of breeding methods. *African Soils* 15:669–80.

Eberhart, S. A., M. N. Harrison, and F. Ogada. 1967. A comprehensive breeding system. *Züchter* 37:169–74.

Empig, L. T., C. O. Gardner, and W. A. Compton. 1972. Theoretical gains for different population improvement procedures. *Nebraska Agric. Exp. Stn. Bull.* 26:3–21.

Eyherabide, G. H., and A. R. Hallauer. 1991. Reciprocal full-sib selection in maize. I. Direct and indirect responses. *Crop Sci.* 31:952–9.

Gardner, C. O. 1977. Quantitative genetic studies and population improvement in maize and sorghum. In *Proceedings of the International Conference on Quantitative Genetics*, E. Pollak, O. Kempthorne, and T. B. Bailey, Jr., (eds.), pp. 475–89. Iowa State University. Press, Ames, IA.

Gardner, C. O. 1978. Population improvement in maize. In *Maize Breeding and Genetics*, D. B. Walden, (ed.), pp. 207–28. Wiley, New York, NY.

Genter, C. F. 1973. Comparison of S_1 and testcross evaluation after two cycles of recurrent selection in maize. *Crop Sci.* 13:524–7.

Genter, C. F., and M. W. Alexander. 1962. Comparative performance of S_1 progenies and testcrosses of corn. *Crop Sci.* 2:516–19.

Gevers, H. O. 1975. Three cycles of reciprocal recurrent selection in maize under two systems of parent selection. *Agroplantae* 7:107–8.

Hallauer, A. R. 1967a. Development of single-cross hybrids from two-eared maize populations. *Crop Sci.* 7:192–5.

Hallauer, A. R. 1967b. Performance of single-cross hybrids developed from two-ear varieties. *Annu. Hybrid Corn Ind. Res. Conf. Proc.* 22:74–81.

Hallauer, A. R. 1973a. Recurrent selection for polygenic resistance. Report of workshop on the downy mildews of sorghum and corn. *Texas Agric. Exp. Stn. Tech. Bull.* 74-1:32–40.

Hallauer, A. R. 1973b. Hybrid development and population improvement in maize by reciprocal full-sib selection. *Egyptian J. Genet. Cytol.* 1:84–101.

Hallauer, A. R. 1978. Recurrent selection programs. *Ill. Corn Breed Sch.* 14:28–45.

Hallauer, A. R. 1981. Selection and breeding methods. In *Plant Breeding II*, K. J. Frey, (ed.), pp. 3–55. Iowa State University. Press, Ames, IA.

Hallauer, A. R. 1984. Reciprocal full sib selection in maize. *Crop Sci.* 7:55–9.

Hallauer, A. R. 1985. Compendium of recurrent selection methods and their application. *Critical Rev. Plant Sci.* 3:1–33.

Hallauer, A. R. 1992. Recurrent selection in maize. *Plant Breed. Rev.* 9:115–79.

Hallauer, A. R. 1999. Conversion of tropical germplasm for temperate area use. Ill. *Corn Breeders' Sch.* 35:20–26.

Hallauer, A. R. 2007. History, contribution, and future of quantitative genetics in plant breeding; Lessons from maize. In *International Plant Breeding Symposium*, R. Bernardo, (ed.), pp. 4–19. August 20–26, 2006, Mexico City. ASA, CSSA, and SSSA, Madison, WI.

Hallauer, A. R., and M. J. Carena. 2009. Maize breeding. In *Handbook of Plant Breeding: Cereals*, M. J. Carena, (ed.), pp. 3–98. Springer, New York, NY.

Hallauer, A. R., and S. A. Eberhart. 1970. Reciprocal full-sib selection. *Crop Sci.* 10:315–6.

Hallauer, A. R., W. A. Russell, and K. R. Lamkey. 1988. Corn breeding. In *Corn and Corn Improvement,* 3rd ed., G. F. Sprague and J. W. Dudley, (eds.), pp. 463–564. ASA, CSSA, and SSSA, Madison, WI.

Hallauer, A. R., A. J. Ross, and M. Lee. 2004. Long-term divergent selection for ear length in maize. In *Plant Breeding Review,* Vol. 24, Part 2, J. Janick, (ed.), pp. 153–68. Wiley, Hoboken, NJ.

Hanson, W. D. 1959. The breakup of initial linkage blocks under selected mating systems. *Genetics* 44:857–68.

Harris, R. E., C. O. Gardner, and W. A. Compton. 1972. Effects of mass selection and irradiation in corn measured by random S_1 lines and their testcrosses. *Crop Sci.* 12:594–98.

Hoegemeyer, T. C., and A. R. Hallauer. 1976. Selection among and within full-sib families to develop single crosses of maize. *Crop Sci.* 16:76–81.

Hopkins, C. G. 1899. Improvement in the chemical composition of the corn kernel. *Ill. Agric. Exp. Stn. Bull.* 55:205–240.

Horner, E. S., H. W. Lundy, M. C. Lutrick, and W. H. Chapman. 1973. Comparison of three methods of recurrent selection in maize. *Crop Sci.* 13:485–9.

Horner, E. S., M. C. Lutrick, W. H. Chapman, and F. G. Martin. 1976. Effect of recurrent selection for combining ability with a single-cross tester in maize. *Crop Sci.* 16:5–8.

Horner, E. S., E. Magloira, and J. A. Morera. 1989. Comparison of selection for S_2 progeny vs. testcross performance for population improvement in maize. *Crop Sci.* 29:868–74.

Hull, F. G. 1945. Recurrent selection and specific combining ability in corn. *J. Am. Soc. Agron.* 37:134–45.

Hyrkas, A. K., and M. J. Carena. 2005. Response to long-term selection in early maturing synthetic varieties. *Euphytica* 143:43–9.

Jenkins, M. T. 1940. Segregation of genes affecting yield of grain in maize. *J. Am. Soc. Agron.* 32:55–63.

Jenkins, M. T. 1978. Maize breeding during the development and early years of hybrid maize. In *Maize Breeding and Genetics*, D. B. Walden, (ed.), pp. 13–28. Wiley, New York, NY.

Jinahyon, S., and W. A. Russell. 1969a. Evaluation of recurrent selection for stalk-rot resistance in an open-pollinated variety of maize. *Iowa State J. Sci.* 43:229–37.

Jinahyon, S., and W. A. Russell. 1969b. Effects of recurrent selection for stalk-rot resistance on other agronomic characters in an open-pollinated variety of maize. *Iowa State J. Sci.* 43: 239–51.

Jones, L. P., W. A. Compton, and C. O. Gardner. 1971. Comparison of full-and half-sib reciprocal recurrent selection. *Theor. Appl. Genet.* 41:36–9.

Keeratinijakal, V., and K. R. Lamkey. 1993. Responses to reciprocal recurrent selection in BSSS and BSCB1 maize populations. *Crop Sci.* 33:73–7.

Klenke, J. R., W. A. Russell, and W. D. Guthrie. 1986. Recurrent selection for resistance to European corn borer in a corn synthetic and correlated effects on agronomic traits. *Crop Sci.* 26:864–8.

Latter, B. D. H. 1965. The response to artificial selection due to autosomal genes of large effect. II. The effects of linkage on limits to selection in finite populations. *Australian J. Biol. Sci.* 18:1009–23.

Latter, B. D. H. 1966a. The response to artificial selection due to autosomal genes of large effect. III. The effects of linkage on the rate of advance and approach to fixation in finite populations. *Australian J. Biol. Sci.* 19:131–46.

Latter, B. D. H. 1966b. The interaction between effective population size and linkage intensity under artificial selection. *Genet. Res. Comb.* 7:313–23.

Lonnquist, J. H. 1964. A modification of the ear-to-row procedure for the improvement of maize populations. *Crop Sci.* 4:227–8.

Lonnquist, J. H., and M. F. Lindsey. 1964. Topcross versus S_1 line performance in corn (*Zea mays* L.). *Crop Sci.* 8:50–3.

Marquez-Sanchez, F. 1982. Modifications to cyclic hybridization in maize with single-eared plants. *Crop Sci.* 22:314–9.

Marquez-Sanchez, F., and A. R. Hallauer. 1970a. Influence of sample size on the estimation of genetic variances in a synthetic variety of maize. I. Grain yield. *Crop Sci.* 10:357–61.

Marquez-Sanchez, F., and A. R. Hallauer. 1970b. Influence of sample size on the estimation of genetic variance in a synthetic variety of maize. II. Plant and ear characters. *Iowa State J. Sci.* 44:423–36.

Mather, K. 1949. *Biometrical Genetics*. Methuen, London.

Mikel, M. A. 2006. Availability and analysis of proprietary dent corn inbred lines with expired U.S. Plant Variety Protection. *Crop Sci.* 46:2555–60.

Mikel, M. A., and J. W. Dudley. 2006. Evolution of North American dent corn from public to proprietary germplasm. *Crop Sci.* 46:1193–05.

Moll, R. H., and C. W. Stuber. 1971. Comparisons of response to alternative selection procedures initiated with two populations of maize (*Zea mays* L.). *Crop Sci.* 11:706–11.

Moll, R. H., and C. W. Stuber. 1974. Quantitative genetics. Empirical results relevant to plant breeding. *Adv. Agron.* 26:277–313.

Moll, R. H., A. Bari, and C. W. Stuber. 1977. Frequency distributions of maize yield before and after reciprocal recurrent selection. *Crop Sci.* 17:794–6.

Noble, S. W. 1966. Sampling of heterogeneous testers and the comparison of a double cross with parental and non-parental single crosses as testers for the evaluation of maize lines. Ph.D. dissertation, Iowa State University., Ames, IA.

Obilana, A. T., A. R. Hallauer, and O. S. Smith. 1979a. Estimation of genetic components of variance in the interpopulation formed by crossing two maize synthetics, BS10 and BS11. *J. Hered.* 70:127–32.

Obilana, A. T., A. R. Hallauer, and O. S. Smith. 1979b. Predicted and observed response to reciprocal full-sib selection in maize. *Egyptian J. Genet. Cytol.* 8:269–82.

Pandey, S., and C. O. Gardner. 1992. Recurrent selection for population, variety, and hybrid

improvement in tropical maize. *Adv. Agron.* 48:1–87.
Paterniani, E. 1967a. Selection among and within half-sib families in a Brazilian population of maize (*Zea mays* L.). *Crop Sci.* 7:212–5.
Paterniani, E. 1967b. Interpopulation improvement: Reciprocal recurrent selection variations. *Maize* 8, CIMMYT.
Paterniani, E., and R. Vencovsky. 1977. Reciprocal recurrent selection in maize (*Zea mays* L.) based on testcrosses of half-sib families. *Maydica* 22:141–52.
Paterniani, E., and R. Vencovsky. 1978. Reciprocal recurrent selection based on half-sib progenies and prolific plants in maize (*Zea mays* L.). *Maydica* 23:209–19.
Penny, L. H., and S. A. Eberhart. 1971. Twenty years of reciprocal recurrent selection with two synthetic varieties of maize. *Crop Sci.* 11:900–3.
Penny, L. H., G. E. Scott, and W. D. Guthrie. 1967. Recurrent selection for European corn borer resistance. *Crop Sci.* 7:407–9.
Pesek, J., and R. J. Baker. 1969. Desired improvement in relation to selection indices. *Canadian J. Plant Sci.* 49:803–4.
Rawlings, J. O. 1970. Present status of research on long- and short-term recurrent selection in finite populations – choice of population size. *Proc. Second Meet. Work. Group Quant. Genet.*, sect. 22. IUFRO, Raleigh, NC, pp. 1–15.
Rinke, E. H., and J. C. Sentz. 1962. Moving Corn belt germplasm northward. *Proc. Hyb. Corn. Ind. Res. Conf.* 16:53–56.
Robertson, A. 1960. A theory of limits in artificial selection. *Proc. R. Soc. London* B153: 234–49.
Rodriguez, O. A., and A. R. Hallauer. 1991. Variation among full-sib families of corn in different generations of inbreeding. *Crop Sci.* 31:43–7.
Russell, W. A. 1974. Comparative performance for maize hybrids representing different eras of maize breeding. *Annu. Corn Sorghum Res. Conf. Proc.*. 29:81–101.
Russell, W. A. 1986. Contribution of breeding to maize improvement in the United States, 1920′s-1980's. *Iowa State J. Res.* 61:5–34.
Russell, W. A., and S. A. Eberhart. 1975. Hybrid performance of selected maize lines from reciprocal recurrent and testcross selection programs. *Crop Sci.* 15:1–4.
Sezegen, B., and M. J. Carena. 2009. Divergent recurrent selection for cold tolerance in two improved maize populations. *Euphytica* 167:237–44.
Shull, G. H. 1908. The composition of a field of maize. *Am. Breeders' Assoc. Rep.* 4:296–301.
Shull, G. H. 1909. A pure line method of corn breeding. *Am. Breeders' Assoc. Rep.* 5:51–9.
Shull, G. H. 1910. Hybridization methods in corn breeding. *Am. Breeders′ Mag.* 1:98–107.
Smith, H. F. 1936. A discriminant function for plant selection. *Ann. Eugen.* 7:240–50.
Smith, O. S. 1979. A model for evaluating progress from recurrent selection. *Crop Sci.* 19:223–6.
Smith, O. S., A. R. Hallauer, and W. A. Russell. 1981. Use of selection index in recurrent selection programs in maize. *Euphytica* 30:611–8.
Sprague, G. F. 1939. An estimation of the number of top-crossed plants required for adequate representation of a corn variety. *J. Am. Soc. Agron.* 31:11–6.
Sprague, G. F. 1952. Additional studies of the relative effectiveness of two systems of selection for oil content of the corn kernel. *Agron. J.* 44:329–31.
Sprague, G. F., and S. A. Eberhart. 1977. Corn breeding. In *Corn and Corn Improvement*, G. F. Sprague, (ed.), pp. 305–62. American. Society of Agronomy., Madison, WI.
Subandi, W., W. A. Compton, and L. T. Empig. 1973. Comparison of the efficiencies of selection indices for three traits in two variety crosses of corn. *Crop Sci.* 13:184–6.
Suwantaradon, K., and S. A. Eberhart. 1974. Developing hybrids from two improved maize populations. *Theor. Appl. Genet.* 44:206–10.
Suwantaradon, K., S. A. Eberhart, J. J. Mock, J. C. Owens, and W. D. Guthrie. 1975. Index

selection for several agronomic traits in the BSSS 2 maize population. *Crop Sci.* 15:827–33.
Tanner, A. H., and O. S. Smith. 1987. Comparison of half-sib and S_1 recurrent selection in Krug Yellow Dent maize populations. *Crop Sci.* 27:509–13.
Walejko, R. N., and W. A. Russell. 1977. Evaluation of recurrent selection for specific combining ability in two open-pollinated maize cultivars. *Crop Sci.* 17:647–51.
Webel, O. D., and J. H. Lonnquist. 1967. An evaluation of modified ear-to-row selection in a population of corn (*Zea mays* L.). *Crop Sci.* 7:651–5.
Weyhrich, R. A., K. R. Lamkey, and A. R. Hallauer. 1998a. Responses to seven methods of recurrent selection in the BS11 maize population. *Crop Sci.* 38:308–21.
Weyhrich, R. A., K. R. Lamkey, and A. R. Hallauer. 1998b. Effective population size and response to S_1-progeny selection in the BS11 maize population. *Crop Sci.* 38:1149–58.
Williams, J. S. 1962. The evaluation of a selection index. *Biometrics* 18:375–93.
Williams, W. P., and F. M. Davis. 1983. Recurrent selection for resistance in corn to tunnelling by the second broad southwestern corn borer. *Crop Sci.* 23:169–71.
Yang, J., M. J. Carena, and J. Uphaus. 2010. AUDCC: A method to evaluate rate of dry down in maize. *Crop Sci.* (in press).